全国普通高等中医药院校药学类“十二五”规划教材

中药栽培养殖学

（供药学、中药学、中药资源学及相关专业使用）

主　编　张永清　杜　弢

副主编　董诚明　马　琳

李　明　肖深根

中国医药科技出版社

内容提要

本书是全国普通高等中医药院校药学类“十二五”规划教材之一，依照教育部相关文件和精神，根据专业教学要求和课程特点，结合《中国药典》和相关执业考试，编写而成。全书分为上、下两篇，共计23章，上篇中主要介绍了中药栽培养殖的基本知识与技术，涉及到中药菌物栽培、中药植物栽培及中药动物养殖；下篇中以功效为纲，将菌物类、植物类、动物类中药分为19章，分别介绍了101种中药具体的栽培、养殖技术等内容。

本教材实用性强，主要供中医药院校药学专业使用，也可作为医药行业考试与培训的参考用书。

图书在版编目（CIP）数据

中药栽培养殖学/张永清，杜弢主编. —北京：中国医药科技出版社，2015. 5
全国普通高等中医药院校药学类“十二五”规划教材
ISBN 978 -7 -5067 -7057 -6

Ⅰ. ①中…　Ⅱ. ①张…　②杜…　Ⅲ. ①药用植物 - 栽培技术 - 中医学院 - 教材
Ⅳ. ①S567

中国版本图书馆 CIP 数据核字（2015）第 013134 号

美术编辑　陈君杞
版式设计　郭小平

出版　中国医药科技出版社
地址　北京市海淀区文慧园北路甲 22 号
邮编　100082
电话　发行：010 -62227427　邮购：010 -62236938
网址　www. cmstp. com
规格　787 ×1092mm 1/16
印张　32 1/4
字数　695 千字
版次　2015 年 5 月第 1 版
印次　2015 年 5 月第 1 次印刷
印刷　三河市百盛印装有限公司
经销　全国各地新华书店
书号　ISBN 978 -7 -5067 -7057 -6
定价　64. 00 元

全国普通高等中医药院校药学类“十二五”规划教材

编写委员会

本书编委会

主　　编　张永清　杜　弢

副 主 编　董诚明　马　琳　李　明　肖深根

编　　者　（按姓氏笔画排序）

马　琳（天津中医药大学）
王泽永（河北农业大学）
王惠珍（甘肃中医学院）
龙　飞（成都中医药大学）
朱玉野（江西中医药大学）
乔永刚（山西农业大学）
刘　谦（山东中医药大学）
刘军民（广州中医药大学）
刘学周（吉林农业大学）
纪宝玉（河南中医学院）
杜　弢（甘肃中医学院）
李　明（广东药学院）
李　佳（山东中医药大学）
李卫东（北京中医药大学）
李永华（广西中医药大学）
李思蒙（南京中医药大学）
李效贤（浙江中医药大学）
肖深根（湖南农业大学）
张　芳（山东中医药大学）
张永清（山东中医药大学）
张建逵（辽宁中医药大学）
张新慧（宁夏医科大学）
范世明（福建中医药大学）
金国虔（中国药科大学）
宗　颖（吉林农业大学）
胡　珂（安徽中医药大学）
姜卫卫（江苏健康职业学院）
祝丽香（山东农业大学）
董诚明（河南中医学院）
童巧珍（湖南中医药大学）
魏升华（贵阳中医学院）

编写秘书　李　佳（山东中医药大学）

出版说明

在国家大力推进医药卫生体制改革，健全公共安全体系，保障饮食用药安全的新形势下，为了更好的贯彻落实《国家中长期教育改革和发展规划纲要（2010－2020年）》和《国家药品安全“十二五”规划》，培养传承中医药文明，具备行业优势的复合型、创新型高等中医药院校药学类专业人才，在教育部、国家食品药品监督管理总局的领导下，中国医药科技出版社根据《教育部关于“十二五”普通高等教育本科教材建设的若干意见》，组织规划了全国普通高等中医药院校药学类“十二五”规划教材的建设。

为了做好本轮教材的建设工作，我社成立了“中国医药科技出版社高等医药教育教材工作专家委员会”，原卫生部副部长、国家食品药品监督管理局局长邵明立任主任委员，多位院士及专家任专家委员会委员。专家委员会根据前期全国范围调研的情况和各高等中医药院校的申报情况，结合国家最新药学标准要求，确定首轮建设科目，遴选各科主编，组建“全国普通高等中医药院校药学类‘十二五’规划教材编写委员会”，全面指导和组织教材的建设，确保教材编写质量。

本轮教材建设，吸取了目前高等中医药教育发展成果，体现了涉药类学科的新进展、新方法、新标准；旨在构建具有行业特色、符合医药高等教育人才培养要求的教材建设模式，形成“政府指导、院校联办、出版社协办”的教材编写机制，最终打造我国普通高等中医药院校药学类核心教材、精品教材。

全套教材具有以下主要特点。

一、教材顺应当前教育改革形势，突出行业特色

教育改革，关键是更新教育理念，核心是改革人才培养体制，目的是提高人才培养水平。教材建设是高校教育的基础建设，发挥着提高人才培养质量的基础性作用。教育部《关于普通高等院校“十二五”规划教材建设的几点意见》中提出：教材建设以服务人才培养为目标，以提高教材质量为核心，以创新教材建设的体制机制为突破口，以实施教材精品战略、加强教材分类指导、完善教材评价选用制度为着力点。鼓励编写、出版适应不同类型高等学校教学需要的不同风格和特色的教材。而药学类高等教育的人才培养，有鲜明的行业特点，符合应用型人才培养的条件。编写具有行业特色的规划教材，有利于培养高素质应用型、复合型、创新型人才，是高等医药院校教学改革的体现，是贯彻落实《国家中长期教育改革和发展规划纲要（2010－2020年）》的体现。

二、教材编写树立精品意识，强化实践技能培养，体现中医药院校学科发展特色

本轮教材建设对课程体系进行科学设计，整体优化；根据新时期中医药教育改革现状，增加与高等中医药院校药学职业技能大赛配套的《中药传统技能》教材；结合药学应用型特点，同步编写与理论课配套的实验实训教材，独立建设《实验室安全与管理》教材。实现了基础学科与专业学科紧密衔接，主干课程与相关课程合理配置的目标；编写过程注重突出中医药院校特色，适当融入中医药文化及知识，满足21世纪复合型人才培养的需要。

参与教材编写的专家都以科学严谨的治学精神和认真负责的工作态度，以建设有特色的、教师易用、学生易学、教学互动、真正引领教学实践和改革的精品教材为目标，严把编写各个环节，确保教材建设精品质量。

三、坚持“三基五性三特定”的原则，与行业法规标准、执业标准有机结合

本套教材建设将应用型、复合型高等中医药院校药学类人才必需的基本知识、基本理论、基本技能作为教材建设的主体框架，将体现高等中医药教育教学所需的思想性、科学性、先进性、启发性、适用性作为教材建设灵魂，在教材内容上设立“要点导航、重点小结”模块对其加以明确；使“三基五性三特定”有机融合，相互渗透，贯穿教材编写始终。并且，设立“知识拓展、药师考点”等模块，和执业药师资格考试、新版《药品生产质量管理规范》（GMP）、《药品经营管理质量规范》（GSP）紧密衔接，避免理论与实践脱节，教学与实际工作脱节。

四、创新教材呈现形式，促进高等中医药院校药学教育学习资源数字化

本轮教材建设注重数字多媒体技术，相关教材陆续建设课程网络资源，藉此实现教材富媒体化，促进高等中医药院校药学教育学习资源数字化，帮助院校及任课教师在MOOCs时代进行的教学改革，提高学生学习效果。前期建设中配有课件的科目可到中国医药科技出版社官网（www. cmstp. com）下载。

本套教材编写得到了教育部、国家食品药品监督管理总局和中国医药科技出版社全国高等医药教育教材工作专家委员会的相关领导、专家的大力支持和指导；得到了全国高等医药院校、部分医药企业、科研机构专家和教师的支持和积极参与，谨此，表示衷心的感谢！希望以教材建设为核心，为高等医药院校搭建长期的教学交流平台，对医药人才培养和教育教学改革产生积极的推动作用。同时精品教材的建设工作漫长而艰巨，希望各院校师生在教学过程中，及时提出宝贵的意见和建议，以便不断修订完善，更好的为药学教育事业发展和保障人民用药安全服务！

中国医药科技出版社

2014年7月

全国普通高等中医药院校药学类“十二五”规划教材书目

序号	教材名称	主编	单位
1	无机化学	杨怀霞	河南中医学院
		刘幸平	南京中医药大学
	无机化学实验	杨怀霞	河南中医学院
		刘幸平	南京中医药大学
	无机化学学习指导	杨怀霞	河南中医学院
		刘幸平	南京中医药大学
2	有机化学	赵骏	天津中医药大学
		杨武德	贵阳中医学院
	有机化学实验	赵骏	天津中医药大学
		杨武德	贵阳中医学院
	有机化学学习指导	赵骏	天津中医药大学
		杨武德	贵阳中医学院
3	分析化学	张梅	成都中医药大学
		池玉梅	南京中医药大学
	分析化学实验	池玉梅	南京中医药大学
4	仪器分析	容蓉	山东中医药大学
		邓赟	成都中医药大学
5	物理化学	张师愚	天津中医药大学
		夏厚林	成都中医药大学
	物理化学实验	张师愚	天津中医药大学
		陈振江	湖北中医药大学
6	生物化学	郑里翔	江西中医药大学
7	天然药物化学	董小萍	成都中医药大学
		罗永明	江西中医药大学
	天然药物化学实验	董小萍	成都中医药大学
		罗永明	江西中医药大学
8	药剂学	杨明	江西中医药大学
		李小芳	成都中医药大学
	药剂学实验	韩丽	成都中医药大学
9	药理学	曾南	成都中医药大学
		周玖瑶	广州中医药大学
	药理学实验	周玖瑶	广州中医药大学
		曾南	成都中医药大学
10	药事管理学	曾渝	海南医学院
		何宁	天津中医药大学
11	药物化学	许军	江西中医药大学
		严琳	河南大学
	药物化学实验	许军	江西中医药大学
		严琳	河南大学
12	药物分析	彭红	江西中医药大学
		文红梅	南京中医药大学

续表

序号	教材名称	主编	单位
	药物分析实验	彭红	江西中医药大学
		吴虹	安徽中医药大学
13	中药化学	郭力	成都中医药大学
		康文艺	河南大学
	中药化学实验	郭力	成都中医药大学
		康文艺	河南大学
14	中药鉴定学	吴啟南	南京中医药大学
		朱华	广西中医药大学
	中药鉴定学实验	吴啟南	南京中医药大学
15	中药药剂学	傅超美	成都中医药大学
		刘文	贵阳中医学院
	中药药剂学实验	傅超美	成都中医药大学
		刘文	贵阳中医学院
16	中药分析学	张丽	南京中医药大学
		尹华	浙江中医药大学
	中药分析学实验	张丽	南京中医药大学
		尹华	浙江中医药大学
17	药用植物学	严铸云	成都中医药大学
		郭庆梅	山东中医药大学
18	生药学	李钦	河南大学
		陈建伟	南京中医药大学
19	中药栽培养殖学	张永清	山东中医药大学
		杜弢	甘肃中医学院
20	中药资源学	巢建国	南京中医药大学
		裴瑾	成都中医药大学
21	中药学	王建	成都中医药大学
		王诗源	山东中医药大学
22	制药工程原理与设备	周长征	山东中医药大学
	制药工程实训	周长征	山东中医药大学
23	中药炮制学	陆兔林	南京中医药大学
		胡昌江	成都中医药大学
	中药炮制学实验	陆兔林	南京中医药大学
		胡昌江	成都中医药大学
24	中药商品学	李峰	山东中医药大学
		蒋桂华	成都中医药大学
	中药商品学实验实训	李峰	山东中医药大学
		蒋桂华	成都中医药大学
25	中药药理学	彭成	成都中医药大学
		彭代银	安徽中医药大学
26	中药传统技能	田景振	山东中医药大学
27	实验室管理与安全	刘友平	成都中医药大学
28	理化基本技能训练	刘友平	成都中医药大学

前言

P R E F A C E

全国普通高等中医药院校药学类“十二五”规划教材《中药栽培养殖学》是在中国医药科技出版社全国高等医药教育教材工作专家指导委员会的指导下，根据教育部《关于“十二五”普通高等教育本科教材建设的若干意见》的精神，为适应我国高等中医药教育发展的需要，全面推进素质教育，培养21世纪高素质创新人才，由山东中医药大学和甘肃中医学院牵头组织全国25所医药和农业类高等院校的同行专家、教授编写而成的规划教材，可供全国普通高等中医药院校及综合院校、西医院校中医药学院的药学类及相关专业使用。

《中药栽培养殖学》是一门新兴学科，最终目标是解决中药资源短缺问题，是为满足中药行业发展和教学需要而建立起来的，是祖国中医药学伟大宝库的重要组成部分。在编写过程中，充分吸收了中药菌物、中药植物与中药动物栽培、养殖领域的最新研究成果，注重继承和创新，同时参考了该领域的相关教材与著作。力求突出理论系统性和技术实用性的密切结合，注重学生系统性知识的学习和实际操作技能的培养，旨在既能满足中药学、药学、中药资源学等专业学生学习的需要，也可为从事相关研究、生产和管理人员提供有价值的参考。

本书分为上篇和下篇，共计23章。其中，上篇共4章，下篇共19章。上篇主要介绍了中药栽培养殖的基本知识与技术，涉及到中药菌物栽培、中药植物栽培及中药动物养殖；下篇以功效为纲，将菌物类、植物类、动物类中药分为19章，分别介绍了101种中药具体的栽培、养殖技术。上篇编写任务分工如下：第一章绪论（张永清），第二章中药菌物栽培（马琳，李明），第三章中药植物栽培（杜弢，肖深根，李效贤），第四章中药动物养殖（董诚明，金国虔）。下篇由各位编委编写，并在每个中药品种后进行了注明，基本上是根据编委所在地及中药的道地性来分配编写任务。上篇初稿在副主编之间，下篇初稿在编委之间进行了相互审阅，最后由张永清教授进行了全书统稿，在统稿过程中得到了本书编写秘书李佳教授的大力支持。

《中药栽培养殖学》内容包括了中药菌物栽培、中药植物栽培和中药动物养殖，涉及的学科跨度大，将三大类生物的栽培、养殖内容融合在一起并形成系统的学科架构实非易事，虽然几经努力，仍然不尽人意。主要存在如下问题：①中药质量与环境关系密切，但中医“天地药合一”观念没有充分体现；②全书系统性、条理性尚不足，部分内容繁简不当；③与《中药学》课程内容的协调性有待加强，部分中药品种的栽培、养殖内容有待丰富和深化；④部分内容图示不足，缺乏栽培、养殖现场照片，等等。由于编者水平有限，加之时间仓促，上述问题未能有效解决，敬请各位专家、教授、同行及同学们提出宝贵意见，以便以后修订时进一步完善提高。

在本教材的编写过程中，得到了山东中医药大学等单位的大力支持和帮助，各位编委给予了积极配合，参考了许多作者的著作与论文，在此一并表示衷心感谢！

编　者

2015 年 1 月

CONTENTS

目录

上篇 中药栽培养殖基本知识与技术

下篇 中药栽培养殖技术的应用

上篇

中药栽培养殖基本知识与技术

第一章 绪 论

要点导航

1. 掌握：中药菌物、中药植物、中药动物、中药栽培养殖学概念；中药栽培养殖学主要研究内容；开展中药栽培养殖的重要意义。

2. 熟悉：《中药材生产质量管理规范》主要内容；中药栽培养殖学特点。

3. 了解：中药栽培养殖历史、现状与前景。

中医药是祖国丰厚传统文化中的一颗璀璨明珠，在中华民族生息繁衍的悠久历史长河中，始终闪烁着耀眼的光芒、发挥着保驾护航的重要作用。伴随着《黄帝内经》《神农本草经》《伤寒杂病论》《本草纲目》等医药巨著的相继问世，中医药逐渐形成了自身系统、独特的理论体系，特别是其“天人相应”“阴阳平衡”的基本思想非常适合当今国际社会“生物－社会－心理”的医疗模式，因而重新引起了世人瞩目。中药是中医治疗疾病的物质基础，其需求量随着国际社会对中医重视程度的提高而快速增加。在野生资源急剧减少、需求量大幅度增加的形势下，菌物性、植物性与动物性中药供不应求的局面日益加重。因此，大力开展中药栽培与养殖，已经成为满足用药需求、保障人们身体健康、促进中医药发展的必由之路。

第一节 中药栽培养殖与中药栽培养殖学

中药即中医用药，为中国传统中医特有药物。中药的概念比较宽泛，从不同的角度可将中药划分为不同的类别，例如根据加工工艺可以分为中药材、中药饮片与中成药等，根据功效可以分为解表药、清热药、泻下药、温里药、补益药等，根据自然属性可以分为植物类中药、动物类中药和矿物类中药，等等。

一、中药菌物、中药植物与中药动物

自然界中的生物多种多样，生物界究竟如何分类，在科学发展的不同阶段，学者们有着不同的看法。瑞典博物学家林奈（Carolus Linnaeus，1707～1778）在18世纪将生物界分为植物和动物两界，被称为两界系统；其次是三界系统，即在动、植物界外，又另立原生生物界；然后是四界系统，即后生植物界、后生动物界、原始有核界（包括单胞藻、简单的多细胞藻类、黏菌、真菌和原生生物）和原核生物界；再后是五界系统，即

植物界、动物界、真菌界、原生生物界和原核生物界；在20世纪70年代，我国学者又把类病毒和病毒另立非胞生物界，和植物界、动物界、菌物界（即真菌界）、原生生物界、原核生物界共同组成了六界系统。

关于中药类别划分，过去总是依据生物的两界系统，将中药划分为植物类中药、动物类中药和矿物类中药三大类。随着科学界对生物界认识的转变，再根据自然属性划分中药时，就应该相应地将中药划分为非胞生物类中药、原核生物类中药、原生生物类中药、菌物类中药、植物类中药、动物类中药和矿物类中药七大类。其基原则应分别被称为中药非胞生物、中药原核生物、中药原生生物、中药菌物、中药植物、中药动物和中药矿物。限于科学发展水平和人们认知的局限，目前来自非胞生物界、原生生物界、原核生物界的中药种类极少（如螺旋藻、葛仙米等就属于原核生物界的蓝藻类），所以目前依据自然属性一般将中药划分为菌物类中药、植物类中药、动物类中药及矿物类中药四大类。

菌物是指与动物界、植物界相并列的一大群无叶绿素、依靠细胞表面吸收有机养料、细胞壁一般含有几丁质的真核微生物，一般包括真菌、黏菌和假菌（卵菌等）三类。植物是构成植物界为数众多的任何有机体，其典型特征有：无自身移动性的运动能力，不具有迅速运动反应力；缺乏明显的神经和感觉器官；具有纤维素构成的细胞壁；具有特有的营养系统，即通过叶绿体的光合作用合成碳水化合物，而无需直接吸收有机营养物质和表现出有性与无性世代交替的明显趋向。植物界是一个庞大、复杂的生态系统，占据了生物圈面积的大部分。植物又分为藻类、地衣类、苔藓类、蕨类和种子类，种子类植物又分为裸子植物和被子植物。动物是不能将无机物合成有机物，只能以有机物（植物、动物或微生物）为食物，有神经系统和感觉，有细胞构成，细胞有细胞核，没有细胞壁，能运动的一类生命体，分为无脊椎动物和脊椎动物两大类。

药用菌物、药用植物、药用动物分别是指医学上用于防病、治病的菌物、植物及动物。其菌体、植株或动物体的全部或一部分可供药用或作为制药工业的原料。广义上还可包括用作营养剂、调味剂、色素添加剂、农药及兽药的菌物、植物、动物资源。药用菌物、药用植物及药用动物均种类繁多，其药用部位、化学成分、药理作用等各不相同。部分或全部被用作中药的药用菌物、药用植物及药用动物则被分别称为中药菌物、中药植物与中药动物。

我国地域辽阔，地形复杂，气候多样，是世界上菌物、植物、动物生物多样性最丰富的国家之一，其中的很多种类都具有重要的药用价值。全国第三次中药资源普查结果显示，我国有药用植物（包括菌物）11 146种，来自383科、2 309属，其中藻、菌、地衣类等低等植物有459种，苔藓类、蕨类、种子类高等植物有10 687种。另有数据显示，我国现有药用动物有11门、32纲、139目、454科、879属、2215种及亚种。来自这些药用植物、药用动物的常用中药材有700多种，其中有300多种主要来自人工栽培或人工养殖。

二、中药栽培养殖

开展中药栽培养殖，离不开生态与生态环境问题。生态是指生物之间和生物与周围环境之间的相互联系、相互作用。生态环境是指影响人类生存与发展的水资源、土地资源、生物资源以及气候资源数量与质量的总称，是关系到社会和经济持续发展的复合生态系统。高速发展的现代社会，一方面为我们创造了优越的居住、交通与生活条件，另一方面也对自然环境造成了破坏，生态平衡遭到了严重威胁。生态系统平衡失调后，中药菌物、中药植物与中药动物资源不断遭到破坏，野生蕴藏量急剧减少，部分珍稀中药菌物、中药植物、中药动物已濒于绝迹。特别是由于化肥、农药的大量施用及野蛮捕杀，野生中药动物的种类与数量更是下降明显，致使目前要收集少量的野生动物类中药材样品也难以办到。

资源在减少，用量在增加，供求矛盾日益加大，如何解决好这一矛盾，不仅关系到中医药文化的传承与发展，而且也关系到社会安全保障与经济发展。为解决这一矛盾，首先需要更好地保护、合理地利用中药菌物、中药植物与中药动物资源，建立、健全一系列保护野生生物的法律法规及管理措施，禁止乱采、乱挖、乱捕、乱猎野生中药资源。其次，应在适宜地区建立某些中药菌物、中药植物或中药动物的自然保护区，加大保存、保护力度。第三，对于用量大，而中医临床上又急需的中药菌物、中药植物与中药动物品种，在仅依靠野生资源已经不能完全满足市场需求的，必须要有计划、有步骤地进行人工驯化，最终实现规模栽培与规模养殖。

中药栽培养殖涉及的中药是指菌物类、植物类和动物类中药材，实际内容包括栽培和养殖两大部分，具体涵盖了中药菌物栽培、中药植物栽培和中药动物养殖等内容，只是为表述简单，才统称为中药栽培养殖。无论是中药栽培，还是中药养殖，其面临的目标生物都是一个庞大群体，其中的多数生物种类种植、养殖历史较短，有些甚至仅仅处于驯化阶段，仅仅依靠感性认识和经验积累难以满足生产需要，中药材的产量与质量也难以提高，这就需要建立一门新的学科——中药栽培养殖学，以形成较为系统、完善的理论体系，用于指导生产实践、满足实际需要。

三、中药栽培养殖学

所谓中药栽培养殖学是指专门研究中药菌物、中药植物或中药动物的生态习性、生长发育规律、产量与品质形成、栽培与养殖技术的应用科学，其目标是保证中医临床用药的足量供应和“安全、有效、稳定、可控”。它是中医药学的重要组成部分，是中医药行业健康可持续发展的可靠保证。

菌物、植物与动物分属生物界三个大类群，其基本的生物学特性、生长发育规律具有很大区别，将它们的栽培、养殖基本理论与技术方法交汇融合在一起，建立起一门新的学科，难度是相当大的。之所以坚持如此做，是处于以下几个方面的考虑：其一，中药菌物栽培、中药植物栽培及中药动物养殖都属于中药材生产的一部分，其目标产物是不同类别的中药材，都是用于保健或医疗的原料物质，具有一定的共性，在社会经济迅速发展，行业需求大幅度增加，野生资源急剧减少的形势下，建立中药栽培养殖学有利于解决中药资源减少、中药材短缺的共性问题；其二，为满足医药行业人才需求，许多高等学校都设立了中药学、药学、中药资源与开发、中草药栽培与鉴定等专业，这些专业的学生均需要掌握中药资源可持续利用及中药材生产的相关理论与技术方法，但由于学时有限，不可能同时开设中药菌物栽培、中药植物栽培及中药动物养殖等课程，因此将这些课程内容融合凝练成为中药栽培养殖学已经成为教学之必需；其三，中药栽培养殖学不同于一般的药用植物栽培学和药用动物养殖学，其最终目标产品是中医临床用于治疗疾病的各种中药，建立相应学科，从中医药产生发展的本源，本着“天人合一”的原则，探讨栽培养殖过程中环境条件、采收季节、加工方法对中药材质量的影响并采取有效措施进行人工调控，这对于从中药材生产的源头控制好中药质量，全面弘扬中医药文化，促进中医药事业发展，具有非常重要的现实意义。

开展中药栽培养殖生产，产量与质量是追求的两大目标，虽然高产优质难以同时实现，但二者需要兼顾，才能实现效益最大化。首先，没有产量就没有质量，也就没有效益，栽培或养殖就没有任何意义；其次，质量是中药的生命，质量低劣的中药没有任何药用价值，即使产量再高也是废物一堆。因此，在中药栽培养殖过程中，必须时刻关注产量与质量问题。为保证产量与质量，中药栽培养殖学的研究内容主要包括如下几个方面：其一是生态习性研究，目前大多数中药菌物、中药植物与中药动物仍然处于野生状态，在进行人工栽培或养殖前需要一个漫长的驯化过程，即使已经实现人工栽培或养殖，由于栽培或养殖历史较短，仍然具有较强的野生性，这就需要开展生态习性研究，只有了解清楚其生长环境及对温度、水分、光照等条件的要求，才能通过人工措施创造适宜的栽培或养殖条件，保证驯化与栽培或养殖成功，如人参、黄连需要遮阴，瓜蒌、何首乌需要搭架等；其二是生长发育规律研究，每种中药菌物、中药植物与中药动物均具有自身的生物学特性和生长发育规律，只有准确掌握，才能有目的的制定合理的栽培、养殖措施，例如不了解中药植物种子的生物学特性，就不能确定适宜的种子处理方法及贮藏条件，就无法实现种子繁殖，不了解中药植物对肥料的需求规律，就无法实现合理施肥等等；其三是良种选育研究，种质是决定中药材产量与质量的首要因素，根据种质资源与种质分化的具体情况，通过系统选育或人工加速变异育成优良品种，是提高中药材产量与质量的重要途径；其四是栽培或养殖技术研究，既包括在长期实践过程中积累和提炼而成的具有传承、推广价值的技能技巧，也包括现代农业、畜牧业和生物技术，具体内容包括选地与整地、繁殖方法、田间管理、病虫害防治等，在深入研究的基础上建立起中药材生产技术体系，对于保证中药材的产量与质量是至关重要的；其五是采收加工研究，中药材的产量与质量与中药菌物、中药植物和中药动物的个体生长发育阶段具有密切关系，通过研究确定合理的栽培、养殖周期和采收季节是保证中药材产量与质量的重要环节，产地干燥加工也会影响中药材的产量与质量，研究其影响机制和干燥加工设施，改进落后的产地加工方法，也是生产中需要予以重视的问题。此外，中药的安全性也是质量的重要指标之一，在种植或养殖区域确定、农药使用等方面，一定要严格控制重金属含量与农药残留量。

第二节　中药栽培养殖的历史、现状与发展方向

中药栽培养殖的历史非常悠久，在人类疾病谱与医疗模式发生巨大变化的今天，中医药学重新得到重视，中药需求量大幅度增加，为满足医疗保健需求，中药栽培养殖发展迅速，在保障人们身体健康、发展中医药产业方面发挥着重要作用，具有广阔的市场前景。

一、中药栽培养殖的历史

中医药学起源于原始社会时期。最初，原始人群在“饥不择食”的生活状态下，常常不可避免地误食一些有毒甚至剧毒的植物，以致发生呕吐、腹泻、昏迷甚至死亡等中

毒现象。同时，也因偶然吃了某些植物，使原有的病痛得以减轻或消除。经过世世代代无数次的反复试验，口尝身受，逐渐获得并积累了辨别食物和药物的经验，也逐步积累了一些关于植物药的知识，并进而有意识地加以利用。进入氏族社会后，由于弓箭的发明和使用，进入了以狩猎和捕鱼为重要生活方式的渔猎时代，人们在吃到较多动物的同时，也相应地发现了一些动物具有治疗疾病的作用。

氏族社会后期进入农业、畜牧业时代，由于种植业、饲养业发展发现了更多的中药。西汉·刘安《淮南子·修务训》称："古者民茹草饮水，采树之实，食蠃蚌之肉，时多疾病，毒伤之害。于是神农始教民种五谷，相土地，宜燥湿肥墝高下。神农尝百草之滋味，察水泉之甘苦，令民知所避就，当此之时，一日而遇七十毒。""神农尝百草"虽属传说，但在客观上反映了我国古代由渔猎、采集时代进入原始农业经济时代，人们为了选择食物而有意识地去尝百草、察水泉，以区别有毒无毒，由此发现中药进而积累使用经验的实践过程，也是中医药起源于生产劳动的真实写照。

随着历史递嬗，社会文化演进，生产力发展，医药学进步，人们对于药物的认识和需求也与日俱增。中药来源也由采集自然状态下的野生资源发展到人工栽培和驯养，并由植物、动物扩展到天然矿物及人工制品，用药知识与经验也日益丰富，记录和积累这些知识的方式、方法也由最初的"识识相因""师学相承""口耳相传"发展到文字记载。

商代甲骨文中有少量中药治疗记载，到公元前1000多年的西周正式出现了医药文字记载。如《尚书·说命篇》云："药不瞑眩，厥疾弗病子矿廖。"《周礼·天官冢宰下》谓："医师掌医之政令，聚毒药以供医事"及"以五味、五谷、五药养其病"等。《诗经》大约成书于周初至春秋初期，是我国最早的诗歌总集，也是我国现存最早记载具体药物的书籍，其中记载动物100多种、植物140余种，包括车前、苍耳、益母草、枸杞、白芷、甘草、蒿、芩、葛、芍药等50余种中药植物，对某些动植物的生长环境、采集季节、产地及服用季节等也有说明，如"七月蟋蟀"、"八月断壶"、"食其实，宜子孙"、"中谷有蓷"等，同时亦介绍了既供食用、亦可入药的枣、桃、梅等的栽培情况。《山海经》是一部古代地理著作，记载有春秋以前民间传说中的山川、物产、药物、祭祀、巫医、神话等，其中记载有动物药67种、植物药52种、矿物药3种、水类1种，另有3种属类不详，共计126种，明确指出了产地、形态、性能、功效和主治等。

春秋战国时期，"诸子蜂起，百家争鸣"，当时的医家以阴阳五行学说为指导思想，以人和自然的统一观，对前人的医学成就进行了总结。《黄帝内经》的问世开创了中医学独特的理论体系，标志着中国医药学由单纯的经验积累阶段上升到了系统理论总结阶段。此时期成书的《楚辞》收录了泽兰、辛荑、佩兰、花椒、杜衡、甘草、艾、葛、菊、白芷等中药植物，并对它们的形态、栽培、采集、应用等内容进行了吟咏。此时期与中药植物栽培关系密切的著作是《管子·地员》，它是古人关于土壤认识、利用以及保护自然的专论，对土壤的研究非常精细，意义深远。一是从地形地势和质地等级角度对土壤进行了细致划分，如按地形地势将土壤分为平原（即渎田）、丘陵、山地、高山四类，平原（即渎田）又分为息土、赤垆、黄唐、斥埴、黑埴五类，丘陵分为坟延、陕之旁、厄陕、杜陵、延陵、环陵六类，山地分为蔓山、付山、付山白土、中陵、青山、赤壤𪉼山、徙山、高陵土山九类，高山之上分为县泉、复吕、泉英、山之材、山之侧五类；按质地等级将土壤划分为上等土、中等土、下等土，上等土分粟土、沃土、位土、隐土、壤土、浮土六类，中等土分粟土、纑土、土、剽土、沙土、埴土六类，下等土分犹土、壮土、殖土、觳土、舄土、桀土六类。以上每种又分为五小类，“凡上（中、下）土三十物”。这种分类方法，基本上做到了以土壤的肥力、植被、颜色、质地、水文和酸碱度作为准则，也是今天所常用的。二是在土壤利用与保护方面有着深刻见解，强调种植作物要因地制宜，“凡草土之道，各有榖造，或高或下，各有草物”，“每土有常，而物有次”，对不同类型的土壤适宜什么样的物种，阐述详细，这对现今土壤利用与作物栽培仍有重要的参考价值。此外，《论语》云：“不撤姜食”，也说明在战国时期黄河流域已有姜的种植。

在秦汉时期，封建制逐渐代替了奴隶制，生产力获得迅速发展，社会、经济呈现出繁荣景象，文学、史学、哲学和科技都有突出成就，天文学、数学、农学也有较大发展。同时，内外交通日益发达。汉武帝于建元二年（公元前139年）和元狩四年（公元前119年）两次派张骞出使西域，开辟了从西安经宁夏、甘肃、新疆到达中亚各地的内陆大道，引入了红花、番石榴、胡桃、胡麻、大蒜等许多中药植物，并在长安建立了我国有史以来第一个中药植物引种园。此时，少数民族及边远地区的犀角、琥珀、麝香及南海的荔枝、龙眼等已逐渐为内地医家所采用，从而大大丰富了本草学的内容。在西汉初年，已有药物专书流传民间。《后汉书·马援传》载：“初，援在交趾，常饵薏苡实，用能轻身省欲，以胜瘴气。方薏苡实大，援欲以为种，军还，载之一车”，说明了引种薏苡的大体情况。《史记·货殖列传》称：“若千亩卮、茜，千畦姜、韭”，卮为栀子，茜为红花，可见当时中药植物的栽培规模。

大约成书于西汉末年至东汉初年的《神农本草经》，载药365种，其中植物药252种、动物药67种、矿物药46种，分为上、中、下三品，在其序例中简要介绍了中药的产地、采集、加工、贮存、真伪鉴别等内容。

两晋南北朝时期，由于中外通商和文化交流，西域、南海诸国的药物如乳香、苏合香、沉香等香料药输入我国，药物品种逐渐增多。此时期产生了大约70余种本草学著作，包括综合性本草及分论药物形态、图谱、栽培、采收、炮炙、药性、食疗等专题论著，反映了本草学的全面发展，但部分药物的性味、功效等与原来的记述不尽相同，并产生了一些错误而引起了混乱。陶弘景于公元494~500年间，参考大量图籍、医方和标本，对《神农本草经》进行了整理和研究，误者纠之，脱缺者补之，撰成《本草经集注》，对药物的形态、性味、产地、采制、剂量、鉴别等方面的论述比较详尽且有明显进步，强调药物的产地、采集与炮制方法和其疗效具有密切关系。

北魏时期贾思勰撰著《齐民要术》，该书主要研究北朝时期的生产活动，“食为政首”是贯穿于其中的主导思想，系统总结了6世纪以前黄河中下游地区农牧业的生产经验、食品的加工与贮藏、野生植物的利用等，正如序文所言“起自农耕，终于醯醢，资生之业，靡不毕书。”书中举凡五谷、瓜果、蔬菜、树木的栽培，牲畜、家禽、养鱼，酒、酱、醋、豉脯、羹、臛（肉羹）、菹（泡菜）、饼、饭、饴、糖等的制作，以及煮胶、造墨方法等，并记述了地黄、红花、吴茱萸、姜、栀子、桑、竹、胡麻、芡、莲、蒜等多种中药植物的具体栽培方法。

隋唐时期我国南北统一，社会经济繁荣发展，交通发达，从印度、西域等地输入的外来药物日益增多。人们对药物的认识也有很大提高，积累了不少新的用药经验，医学、本草学均有长足进步。隋代（公元581~618年）在太医署下，专设了“主药”、

“药园师”等职，掌管中药植物种植事务，“以时种莳，收采诸药”，并出现了《种植药法》、《种神草》等中药植物栽培专著。唐显庆四年（公元659年）颁布了经政府批准、由苏敬、李勣等人编著的《新修本草》，全书载药844种，新增药物114种，为我国历史上第一部药典，对我国中药学的发展具有推动作用，流传达300年之久，书中既收集了为民间所习用的安息香、龙脑香、血竭、诃子、胡椒等外来药，同时又增加了水蓼、葎草、山楂、人中白等民间经验用药。《千金翼方》收载了枸杞、牛膝、萱草、地黄等的种植技术，详述了选种、耕地、灌溉、施肥和除草等内容。

宋元时期，中药植物栽培又有相应发展。元丰年间（公元1078～1085年），彰明知县杨天惠，通过对该县附子生产实际的考察，写出调查报告性质的《彰明附子记》一文，比较系统地叙述了该县种植附子的具体地域、面积、产量，以及有关耕作、播种、管理、收采加工、品质鉴定的经验。宋代韩彦直的《橘录》（1178）记述了橘类、枇杷、通脱木、黄精等的栽培方法。元代（公元13～14世纪）的《王桢农书》，新增加了许多中药植物的种植方法，如莲藕、芡、荔枝、银杏、桔、皂荚、枸杞等。

明清时期（14～19世纪）的本草学和农学名著有明代王象晋的《群芳谱》（1621）、徐光启（1562～1638）的《农政全书》(1639)，清代吴其濬的（1789～1847）《植物名实图考》（1848）、陈扶摇（1612～?）的《花镜》（1688）等，均对多种中药植物的栽培法作了详细论述，特别是明代李时珍（1518～1593）的《本草纲目》（1578），记载了近200种栽培的中药植物（包括中药果蔬），并且较为系统地观察记载了生长习性、繁殖、种植和采收加工方法等内容，其中川芎、附子、麦冬、牡丹等许多中药植物的种植方法至今仍被沿用，为世界各国研究中药植物栽培提供了极其宝贵的科学资料。

近代在帝国主义、官僚资本主义的残酷压迫、剥削和掠夺下，民不聊生，中药栽培事业遭到严重摧残。中药仍以采挖野生品为主，栽培品种和数量都极为有限，处于中药栽培史上的低谷时期，无论是野生变家种、引种驯化，还是良种选育，均较前大为减少。1894年在四川通江县开始进行银耳栽培，其后传至贵州、湖北、陕西等地，后传入日本。在20世纪前半页，相继对独活、广藿香等少数品种进行了野生变家种。1921年采用辐射育种技术处理曼陀罗种子，获得了各种形态上的变异，其后相继应用γ射线照射毛花洋地黄获得有效成分含量高的新品系，用X射线处理萝芙木种子获得的突变体生物碱含量特别高，用γ射线照射一叶萩种子培育出了高产突变体系等。20世纪30年代由于抗日战争爆发、疟疾流行，在四川南川金佛山筹建了常山种植场（现南川药物种植研究所的前身），薄荷、北沙参等品种在这一时期也扩大了种植面积。20世纪40年代，四川大学农学院、华西医科大学药学院先后开设药用植物栽培课。江苏省国立医政学院、广西省立医药研究所都建立起药物种植场，栽培中药植物上百种。四川省建设厅还组织有关专家进行了川芎、泽泻等产地种植经验调查。

总之，我国古籍中记载的可进行人工种植或养殖的中药菌物、植物与动物达200余种。在长期的生产实践中，劳动人民在物种分类、品种鉴定、良种选育、播种繁殖、栽培管理、采收加工等方面，均积累了丰富的实践经验。这些宝贵的经验，不仅在当时促进了中药栽培养殖事业的发展，满足了中医临床用药的需要，而且对于我们今天发展中药栽培养殖生产，促进经济腾飞，发扬光大祖国的中医药事业，仍然具有非常重要的现实意义，我们应当努力发掘和继承，并使之不断完善和提高。

二、中药栽培养殖现状

中华人民共和国成立后，国家通过成立机构、建章立制、加强管理和规范等措施的实施，促进了中医药事业的发展。中药栽培养殖作为中医药事业的重要组成部分，也呈现出迅速发展的局面，成就卓著。

（一）引种驯化

建国后，在加强保护我国特有野生菌物、植物、动物中药资源的同时，注重引种驯化工作，使许多野生种类变为家栽、家养，从而促进了对野生中药资源的保护与利用。据统计，引种栽培成功的种类达数百种，其中野生变家种的中药植物主要有防风、龙胆、柴胡、细辛、甘草、半夏、丹参、天麻、山茱萸、黄芩、知母、何首乌、绞股蓝、钩藤、紫草、猫爪草、雷公藤、金莲花、菟丝子等200多个品种。从国外引进的有颠茄、番红花、西洋参、白豆蔻、儿茶、丁香、檀香、马钱子、古柯、印度萝芙木、毛花洋地黄、狭叶番泻叶、安息香、大风子、南天仙子等30余种。如爪哇白豆蔻，1971年开始从国外引种栽培，生长发育状况良好，1980年开始开花结实，人工授粉率达49%，挥发油含量达到5.4%，优于进口品（5.1%）。催吐萝芙木在云南、海南也已引种成功，植株不仅能正常开花结实，活性成分利血平的含量，西双版纳引种者为0.1%，海南引种者为0.059%。清化桂在海南、广东引种成功后，经过10年的驯化，实现了正常开花结实，11年树龄植株高6.2~8.0m，胸径9.1~11.8cm。印度马钱在海南岛引种栽培成功10年后，也已开花结实。从国外引进品种的栽培，无论在规模上或品种数量上也都达到了历史上前所未有的水平，如西洋参的引种栽培取得极大成功，并总结出了一套以施肥改土为中心，高棚、覆盖为特点的大田栽培技术，现已在北京、河北、山东、陕西、湖南、黑龙江、吉林、内蒙古等地大面积推广，不仅满足了市场需求，而且形成了独具优势的产业，取得了显著的社会效益与经济效益。过去局限在较小区域内栽培的种类，如人参、三七、天麻、黄连、贝母、地黄、附子、川芎、枸杞、当归、延胡索等名贵中药，也都扩大了种植范围，达到了广泛栽培。

我国中药动物种类虽然丰富，但相当一部分中药动物在长时间内主要依靠野外捕捉加工入药。随着社会经济快速发展和人民生活水平的日益提高，动物类中药的市场需求与日剧增，而由于对动物类中药资源的不合理开发利用和自然生态环境的破坏，使得野生中药动物资源日益减少甚至濒临灭绝，如赛加羚羊、印度犀牛、野马、华南虎、东北虎等野生资源几近绝灭，黑熊、林麝、原麝、马鹿、林蛙、蛤蚧、玳瑁、穿山甲、大灵猫、小灵猫等野生资源急剧减少。显而易见，有限的中药动物野生资源已经远远不能满足医药市场需求。党中央和国务院非常关心中药动物资源的保护和发展，在1956年至1967年全国农业发展纲要（草案）中明确提出，对保护野生药用动物的要求，1959年国务院又在“发展中药材生产的指示”中，把野生动植物药材变为家养家种作为一条方针提出，几十年的实践证明，这是完全英明的、正确的。据粗略统计，经多年努力，我国野生中药动物变家养或试养成功的种类超过了50种，从而扩大了紧缺、稀有动物药材的来源。实践证明，以生产为目的，对野生中药动物进行人工驯化，控制其生物行为，可以达到提高中药动物生产力的目的。如鹿茸的生产，在建国初期只有少数地区建有养鹿场，共计养鹿2000多头，鹿茸基本上靠野生资源提供，因此货源十分紧张。到1980年底，我国家养梅花鹿和马鹿的数量达到了30万头，年产鹿茸药材近50000kg，家产鹿茸的数量已占市场供应量的80%以上，不仅满足了国内需求，而且还有出口。又如麝香，自1958年开始，我国对野生林麝、马麝和原麝进行人工驯养，多年来经深入研究、反复试验，在麝的生物学特性、饲养管理技术、基地建设规划、配种繁育与取香技术、泌香机制、疾病防治等方面均取得了宝贵经验和丰硕成果。许多野生中药动物已经成功实现了驯化或变野生为家养，其中环节类动物有宽体金线蛭，软体类动物有牡蛎，节肢类动物有少棘蜈蚣、全蝎、地鳖虫等，鱼类动物有海马，两栖类动物有中国林蛙、蟾蜍，爬行类动物有乌梢蛇，鸟类动物有乌骨鸡，哺乳类动物有复齿鼯鼠、灵猫、林麝、梅花鹿、黑熊等。

菌物入药可追溯到公元一世纪，在东汉《神农本草经》中已有关于茯苓、灵芝、僵蚕的记述。但是，虽经长期累积，至今可正式药用的菌物尚不过50种，常用的约30种，编入我国现行药典者仅6种（未计入营养丰富的菇类和其他有一定药用价值尚待研发的品种）。目前，药用价值较高，并且已经引种栽培成功的野生真菌有茯苓、猪苓、爪哇香菇、虎皮香菇、菌核侧耳、松杉灵芝、硫黄菌、榆耳、金耳、银耳、蛹虫草、胶陀螺等。

（二）良种选育

选育良种是提高种植或养殖生产力的有效途径。中药菌物良种选育研究较少，主要集中在茯苓、灵芝等少数品种上。如茯苓，在二十世纪七十年代，从野生鲜菌核中分离出纯菌丝培育成菌种，经长期选育，目前已经选育出5.78号、A号、H_3号、Z_1号、T_1号等优良品种。其中Z_1号菌种所结菌核的质地、产量和质量均较优良，目前已经在湖北产区进行了大规模推广应用。又如灵芝，在二十世纪五十年代驯化栽培成功，1999年，中国医学科学院药用植物研究所首次通过“神州”号宇宙飞船搭载灵芝菌种进行太空育种，多年栽培试验结果显示，太空灵芝菌株的子实体比对照增长20%左右，子实体个大，色泽正，质地好，孢子粉粒大、饱满，产量增收15%左右。中药植物良种选育研究报道较多，选育出的许多品种已经在大田中推广应用。例如，经过连续四代自交纯化，逐步淘汰不良种质，选育出了人参边条1号，不仅活性成分含量提高，而且药材性状优良；通过报种和预选-初选-复选-决选出优良单株，再进行无性繁殖、品比试验、区域性试验等规范程序，选出了“鄂木瓜1号”、“鄂木瓜2号”2个优良品种，其适应性强、抗逆性高、丰产稳产，并且营养元素和活性成分高；经系统选育形成的2个具有推广价值的附子优良品系ZYYK1、ZYYK2，不仅植株高大、株叶形好、子根较大，而且单株鲜产和干产较高；通过品种之间多年的正交及反交，培育出了4个天麻杂交品种，其中有3个高产品种，尤其品种Tld和Tq不但高产，而且遗传稳定性强；经对丹参2个不同品种进行杂交，根据亲本与子代之间农艺性状的差异，鉴定出几个杂交种株系，并进行了主要活性成分含量测定，对杂交种F1代大量扩繁后，诱导出异源多倍体，为进一步选育优良品种奠定了基础；以秋水仙碱对南丹参、铁皮石斛进行多倍体诱导，获得了多倍体新品种；以薏苡干种子为诱变材料进行γ射线诱变，发现γ射线对M1幼苗生长产生较重的生理损伤，而且还能在M2诱发较高的叶绿素与株高突变；尤其是矮秆突变；采用^{60}Co射线对白术二倍体及多倍体E72株系进行辐射诱变，选育出优良品系72-15，其根系生长旺盛，根茎产量高，白术内酯含量也高，等等。近年育成的中药植物新品种还有：五味子（长白红珍珠红），沙棘（金阳、绥棘2号、绥棘3号），人参（吉参1号、黄果人参），栝楼（皖蒌1号），绞股蓝（恩七叶甜、恩五叶蜜），红花（川红一号、花油二号），枸杞（宁杞一号、宁杞二号、宁杞三号），柴胡（中柴1号、中柴2号、中柴3号），板蓝根（四倍体板蓝根），西洋参（三抗一号），浙贝母（新岭一号），地黄（北京1号、北京2号、红金号、茎尖16号、温85－5），半夏（鄂半夏1号），三七（文七1号）等。对于中药动物来讲，经过人工驯化饲养，获得中药材的产量和活性成分含量都与野生种有很大差异。所以，人们试图通过优良品种选育，来达到提高产量、改善外观品质、保障内在质量的目的，但相关研究较少。自20世纪60年代就开始了茸鹿种间和亚种间杂交的系统研究，获得了大量研究资料，为茸鹿杂种优势的利用奠定了理论和技术基础，对茸鹿的繁育和生产起到了推动作用。例如，利用我国3种茸鹿（梅花鹿、东北马鹿和天山马鹿）的正反交、回交、级进杂交、横交等多种杂交组合方式，筛选出了东北梅花鹿（♀）与东北马鹿（♂）杂交、天山马鹿（♂）与东北马鹿（♀）杂交的种间和亚种间的最佳杂交组合方式，极大地提高了养鹿业的经济效益；通过对比较研究我国鹿茸品种间的杂交优势，发现清原品系（♂）与乌兰坝品种（♀）杂交表现出明显的杂种优势。

（三）栽培养殖技术

栽培养殖技术直接影响着中药材的产量与质量，在生产实际中一直备受重视。在中药菌物栽培方面，研究较多的菌物主要是茯苓、猪苓、灵芝等少数几个品种。如茯苓的诱引栽培技术，在使用传统“菌种”栽培茯苓的过程中，当菌丝体生长到一定阶段时再补充植入一块新鲜的幼菌核块（称为诱引），以其为“基核”诱导周围菌丝体进行聚集、纽结，进而形成个体较大的菌核，结果诱引栽培后每窖形成的菌核（结苓）数量由平均3个减少为1个，平均单产由1kg（干品）提高到1.3kg，商品成品产出率由80%提高到90%，而主要活性成分含量却没有明显变化。又如，猪苓人工栽培的技术关键在于正确模拟其生态环境，掌握猪苓和蜜环菌的关系，人为创造良好的营养、温湿光气条件，协调“段木－蜜环菌－猪苓”之间的共生关系，自20世纪70年代以来，经不断探索，由最初的在树根上采用菌核伴蜜环菌的活树根栽法，发展到在灌木、阔叶林间人工半野生坑培法，使单产提高到15～30 kg/m^2。此后，有性繁殖栽培技术又获得成功，不仅解决了种源短缺问题，而且进一步提高了产量。

在中药植物栽培领域，其技术进展主要体现在以下几个方面：一是种植制度的确立，随着现代农业科技进步，林药、果药、农药等复合型栽培模式正在逐渐发展起来，在充分利用空间、提高土地和光能利用率方面显示出明显优越性，如青海在沙棘、青海云杉、白桦林中间作柴胡、大黄、板蓝根、黄芪等取得成功。林内种植天麻、细辛，农作物与绞股蓝、半夏间作等，都对改善生态环境、提高经济效益起到了良好促进作用。轮作是农业生产上恢复土壤地力、减少病虫害的重要措施。在前茬为紫苏和施紫苏子土壤上种植西洋参，存苗率及生物学重量比对照组提高26.8%和11.5%等。其二是合理施肥，研究证明施用牛粪是提高栽培丹参产量的主要途径，有机肥与无机肥配施既能使益母草增产又能提高活性成分含量，至今进行过合理施肥研究的有人参、西洋参、沙参、党参、竹节参、太子参、板蓝根、益母草、天冬、川芎、杜仲、枸杞、三七、白芍、连翘、龙胆草、薏苡、浙贝母、黄芪、半夏、红花、甘草、黄芩等。研究结果显示：氮肥水平是影响半夏产量和质量的主要因素，磷肥次之，钾肥的影响最小；氮肥、磷肥能不同程度地提高贝母鳞茎生物碱含量，而钾肥则降低其含量；氮肥、磷肥是影响青蒿产量的主要因素，钾肥是影响青蒿素含量的主要因素，适当增加钾肥用量可兼顾产量和青蒿素含量；适度控制氮肥，配合增施钾肥，药菊产量较高、品质良好；不同的氮、磷、钾施用水平对曼地亚红豆杉盆栽苗和田间栽培苗的生长量、枝叶产量和紫杉醇含量有显著影响；甘草、紫锥菊、川明参、益母草、丹参等施用一定量微量元素，都能不同程度提高产量和活性成分含量；人参、桑树、薏苡、灵芝、萱草、党参、春砂仁、沙棘、当归、绞股蓝、杜仲、拟南芥、银杏等施用稀土能促进植株发芽、生根，减少病害，提高出苗率，促进叶绿素增加和增强光合作用，增加产量，提高活性成分含量；叶面喷施5～10倍BOM菌肥可提高人参产量和质量，产量提高62%，人参皂苷含量提高1.64%；生物有机肥“垦易”能使人参地上部生长势比对照差异显著，参根产量较对照增产51.3%；各种肥料配合施用可增加西洋参产量88.7%，抗生菌肥较对照区增产33.8%。总之，有关中药植物施肥的研究，主要集中在探索氮、磷、钾等大量元素以及微量元素、稀土元素和有机肥对中药植物生长发育、产量和活性成分的影响，进而得出最佳的施肥量和配比组合，并对单一营养元素施入量的多少对活性成分的影响作用进行了初步定性探讨。其三是无土栽培，作为一种新的植物栽培形式，在国外主要用于农业生产，不少国家成立了作物无土栽培研究机构，专门从事无土栽培理论与技术研究。我国无土栽培的研究与生产应用起步虽然较晚，但在中药植物栽培领域也取得了一定的成绩，如西洋参采用无土栽培，生苗率高，病虫害少，生长良好，管理操作简便，缩短了生长周期，节省了人力和物力。基质通过处理，至少可连作2个周期，不影响产量与质量。在无土育苗中，也可进行嫁接育苗。嫁接育苗发展很快，有的中药植物也在试用，有的已在生产上取得了可喜成绩。其四是设施栽培，许多中药植物借助设施栽培显著提高药材产量与质量。例如人参、西洋参属阴性植物，根据其自然生长环境要求，人工栽培时需要遮阴，遮阴后参地的光照、温度、湿度均会发生变化，进而影响到植株的生长发育，决定着中药材的产量与质量。人参荫棚有单透棚、双透棚之分，并且覆盖材料也有不同，致使不同遮阴棚的生态效应是不同的，因此西洋参的生育状况也出现相应变化。对西洋参的栽培研究发现，单透光棚比全阴棚总干重高5.7%，根干重高82%，冠干重高71%。果实和种子产量单透光棚比全阴棚分别增产36%和41%。参苗产量单透光棚比全阴棚增产21.4%，前者1、2类优质苗率为47.3%，后者为14.9%。总之，单透光棚人参生长健壮，参根增重速度快，产量高，质量好，增产47%，单支头大，浆气足，病根少。另有研究证明，大棚设施栽培能使管花肉苁蓉接种率提高66.7%，单株柽柳接种管花肉苁蓉的个数提高116.7%；柽柳分枝数、分枝总长度及分枝平均长度依次增加28.0%、71.3%、28.7%；柽柳根、茎、光合枝及管花肉苁蓉鲜重依次增加62.3%、121.5%、93.9%、131.1%，干重依次增加23.8%、116.2%、35.2%、72.7%；大棚设施栽培管花肉苁蓉鲜干比为3.8，大田露地栽培管花肉苁蓉鲜干比为2.9，大棚设施栽培管花肉苁蓉可溶性糖含量降低16.8%，可溶性固形物含量降低13.7%，但两者累积量均高于大田栽培，其中可溶性糖累积量增加92.4%，可溶性固形物累积量增加99.4%。大棚设施栽培能够促进柽柳和管花肉苁蓉生长，较大田更适宜管花肉苁蓉生产。再如，当苗高5cm左右时，将铁皮石斛无菌试管苗分别移栽到3种不同的栽培基质中，经长势、产量比较试验，筛选出其最适生长基质为石灰岩碎石滤水层5 cm+锯末（杂木粗糙的锯末）8cm+活苔藓2cm，以此基质种植并浇灌适当浓度的营养液，可较大幅度地提高铁皮石斛的产量。

在中药动物养殖领域，相关技术也取得了突飞猛进的发展。例如，在变温动物中，通过人工打破休眠来延长生长期，达到了缩短生产周期，提高动物药材产量的目的，如土鳖、龟鳖、中华钳蝎、药用蛇类及蛤蚧等。中药动物种类繁多，食性复杂，在野生状态下可主动选择食物，而在人工养殖条件下需要依靠人来供应，如对食性了解不够，饲料营养不全面，往往会造成繁殖障碍，生长发育受阻，体质衰弱，产品质量下降。我国在鱼类、鸟类和兽类的中药动物饲料方面已采用科学配比、颗粒化。特别在添加剂、开口饲料、加速生长的高效饲料等方面，取得了丰硕的研究成果。具体饲养技术也有很大进展，如乌骨鸡等克服就巢性以提高产蛋量，多层笼养鸟和网箱养鱼等高密度机械化饲养以大幅度提高产量等。从珍珠、僵蚕、虫草的人工培养，到蛇、蝎、蛤蚧的电激采毒，从鹿的控光增茸，到麝的激素增香，特别是活麝取香、人工培植牛黄等技术，使动物药材产量提高了许多倍。

（四）现代生物技术的应用

生物技术作为一种综合了生命科学与多种现代科学理论与研究手段的高新技术，在中药材栽培养殖领域已经得到了广泛应用，主要体现在如下几个方面。其一是用于中药种质保存与鉴定，许多珍稀中药如虫草、贝母、重楼、石斛、全蝎、蟾蜍等的野生资源已濒临枯竭，种质保存迫在眉睫。另外，在中药材生产中选育出的良种，经长期种植或养殖会发生退化，导致产量下降、品质降低，也需要进行保存。在众多的种质保存方法中，试管保存是通过组织培养手段，在诱导培养基上建立无性系，获得试管植株、愈伤组织或悬浮培养细胞等贮存材料，再对其内部生长因子、外部环境条件进行适当调控，来达到长期保存种质的目的。通过两步冰冻法实现的超低温试管保存技术，更具有长期性和稳定性，已成为种质保存的常规技术。目前，千年健、粉叶小檗、金钗石斛、绞股蓝等中药植物已实现了种质的试管保存。种质鉴定是开展良种选育的基本手段，依靠形态学方法鉴定品种，周期长，可鉴别的位点有限，并且与环境互作，从而限制了应用，而依靠生物技术发展起来的各类电泳指纹图谱，不仅多态性丰富，而且具有高度的个体特异性和环境稳定性，非常适合于品种鉴定，这主要包括蛋白质电泳指纹图谱和DNA指纹图谱。其二是用于良种选育，利用当代育种技术和生物高新技术，对现有中药农家品种，如人参的大马牙、二马牙、长脖等，进行筛选、改良或创造新的品种，可以达到大幅度提高产量与质量的目的。利用生物技术开展育种的方式有多种，如通过花药培养进行单倍体育种，通过胚乳培养进行多倍体育种，通过组织培养进行细胞无性系育种，通过原生质体培养进行体细胞杂交育种，通过染色体工程进行远缘杂交育种等。近年来，由于通过基因工程可在短时间内实现植物某些遗传特性的定向改良，在中药育种领域得到了广泛应用。其三是用于中药材种苗生产，通过药用植物组织或器官的离体培养和形态发生，可使中药材种苗或种子得到大量快速繁殖。一些中药植物经过长期无性繁殖，病毒病非常严重，生长发育受到抑制，药材产量与质量大幅度下降，如地黄、太子参、半夏等，通过无病毒茎尖离体培养生产无毒苗，可显著提高药材的产量与质量。另外，一些中药植物有性败育，不能形成种子，采用无性繁殖时，繁殖系数较低，如菊花、番红花等，在需要大面积种植时，可采取组织或器官培养实现快速繁殖。另外，有的药用植物种子比较贵重，如西洋参，或由于市场行情影响种子价格较高时，也可采取此种方式进行繁殖。还有一些中药植物只能进行无性繁殖或种量有限，特别是珍稀、紧缺中药植物，可通过细胞培养达到快速繁殖的目的。利用现代生物技术，还可用于直接生产中药材的活性成分，如鹿茸细胞培养和麝香腺细胞培养就已进入生物工程水平。

（五）病虫害及其防治

首先是开展了病虫害的发生及流行情况系统调查。有些调查属于区域调查，如山东、重庆等地的中草药病虫害系统调查，另外一些调查属于品种调查，有的是调查某一种病害或虫害的发生与流行情况，如蚜虫的发生与流行情况调查，有的是调查某一种中药材的病虫害发生与流行情况，以后者多见，如对红花、阳春砂、南板蓝根、乌梅、麻黄、山茱萸、丹参、西洋参、吴茱萸、柴胡、葫芦巴、灵芝、杜仲等中药植物的病虫害均进行过系统调查。其次，是开展了各种中药材病虫害的防治技术研究。目前中药材病虫害防治仍然以化学药品为主，由于用药不合理，常常导致药物残留超标，严重影响着我国中药产品在国际市场上的竞争力，为此近年来中药材病虫害的防治问题尤其受到关注，并致力于综合防治技术体系建设，以期从根本上解决相关生产难题。目前中药植物病虫害的研究热点及其进展主要集中在如下几个方面：其一是天敌昆虫的繁殖及其利用，重点是管氏肿腿蜂的规模化繁殖和应用技术研究，从繁蜂中间寄主昆虫虫态的选择和处理、繁蜂蜂虫比例、蜂种质量与肿腿蜂寄生率的关系、肿腿蜂的蜂种贮存、目标害虫发生危害特性及肿腿蜂田间释放技术等多方位开展了研究，确定了最佳繁蜂寄主虫态和处理技术，明确了繁蜂蜂种质量的评价依据，制定了寄主昆虫饲养技术规程，建立了管氏肿腿蜂繁蜂技术体系，完成了天敌昆虫管氏肿腿蜂的人工繁殖、贮藏保存和规模化生产，建设了天敌昆虫繁育中心。应用肿腿蜂对广西罗汉果愈斑瓜天牛、云南萝芙木黑尾暗翅筒天牛、浙江雷公藤双斑锦天牛、甘草家天牛进行了室内外寄生及防治试验，确定了放蜂量、放蜂时间等。其二是利用拮抗微生物防治人参属植物根病，人参属植物是我国传统中草药中的重要品种，根病是限制此类植物集约化生产的重要因素。经过研究提出了以生物防治为核心内容的综合治理体系，为保障我国参类植物的安全生产提供了技术。分离鉴定了三七根际及土壤中的1000余株细菌、100余株放线菌、250株真菌。研究了生防菌剂和多抗霉素、甲霜灵锰锌、恶霉灵、速克灵等药物及其复配剂处理种子和种苗对三七根病的防效，其中根腐净固剂等4种混剂综合效果较好，其中BH1菌剂的防效与化学农药处理相当，平均防效超过70%，产量明显增加。筛选出的2株高效菌株分别为地衣芽饱杆菌和侧饱短芽饱杆菌。通过对高效拮抗菌BH1生物学特性的研究，明确了生长适宜温度、pH、发酵培养基，并通过正交实验对发酵培养基进行优化，筛选了7种吸附剂，完成了制剂研制，且成本低廉。另外，对优良木霉菌株适宜生长的培养基、光照条件、pH及固体培养条件进行了研究。研究发现，采用拮抗菌辅以有机添加剂“Mx”的根围微生态改良制剂和技术，使人参锈腐病的田间防治效果达到49.1%～68.6%。另外，还对优良生防菌株的活性成分及作用机制进行了研究，首次定量检测了木霉菌在人参种植地土壤中的种群动态，初步建立了拮抗微生物防治三七根腐病的综合技术体系。其三是植物源农药研制与应用，开展了专门针对中药植物病虫害的植物源杀菌剂、杀虫剂的研制工作，研究了从植物筛选到产品活性成分确定、制备工艺、合理配伍、助剂选择、质量控制等各环节的关键技术，为最终创制具有自主知识产权的产品奠定了技术基础。同时针对生产实际，进行了植物农药的田间应用技术研究，为减少及替代化学农药在中药材生产中的使用提供了新途径。针对西洋参叶斑病、立枯病、枸杞炭疽病、忍冬褐斑病等中药植物常见病害，筛选了14种植物提取物，经过多次分离纯化并结合生物活性测定，初步确定了3种植物的抗菌活性成分为萜烯、芸香苷、异槲皮苷和缩合单宁；另外，从9种植物粗提物中筛选出分别对严重为害金银花、柴胡的蚜虫、尺蠖、螨及粘虫具有较好杀虫活性的6种提取物，明确了其中1种植物活性成分为小檗碱。在蚜虫发生高峰期，用2种新植物杀虫剂对危害板兰根、柴胡的蚜虫进行田间防治试验，发现防治效果分别达到98.1%和80.0%，均优于化学农药灭扫利。在中药动物养殖领域，由于养殖历史较短，在中药动物疾病的预防、诊断和防治方面尚未形成系统的和技术体系。在充分吸收淡水养鱼、养蜂、养禽和养畜业上的动物疾病防治技术的基础上，特别是通过研究野生动物的保护技术，提高了中药动物疾病的防治能力。各种中药动物都有其主要病害，如麝的内脏化脓病，乌骨鸡的马立克氏病，龟鳖的红爪病，蛤蚧的口腔炎，海马的肠炎等。现在对这些疾病的防治，各地养殖场都已探索出了有效的防治方法。

（六）产地加工

中药材品种繁多，形、色、气、味、质地及含有的成分不尽相同，采收后产地加工方法有多种，通常主要有以下4种：①清洗杂质、挑选、去皮及清除非药用部分，以去伪存真，保证纯净；②修整、切片，加工修制成合格的原药材；③蒸、煮、烫、浸漂、发汗等，减除毒性与不良性味，以确保用药安全有效；④干燥、精制、分级、包装等，以便运输与贮存。在产地加工过程中，干燥起到承前启后的作用，没有干燥处理，就无法进一步精制与贮存，因此其相关研究报道也较多。目前，我国中药材干燥技术可归纳为自然干燥、传统熏烤干燥和机械干燥。自然干燥是在自然环境条件下晒干、风干或阴干，该法无法满足季节性的要求，且工效低、时间长，受天气变化的影响大，易发生霉变和腐烂，传统熏烤多用硫黄浸泡烘干或硫黄燃烧密闭烘烤，该法能有效预防贮藏中的霉变、虫蛀，但温度不易控制、干燥不均匀、干燥时间长，极易造成硫黄残留量的超标，甚至会对人体健康造成伤害，目前已禁止使用。机械化干燥，包括热风机干燥和现代新型干燥技术。成熟的中药材干燥机有火管式烘干机、厢式烘干机、隧道式干燥机、翻板式干燥机和振动流化床干燥机等。大型烘干机吞吐量大，并采用电能加热，成本较高。小型烘干机大都采用煤、柴作为能源，可就地取材，经济实用；而且烟尘与热空气各行其道，对干燥物无污染。采用这些干燥设备干燥，具有不受天气限制、温度可控、效率高的优点，已被广泛应用。然而，热风干燥会使药材活性成分损失较大，甚至有严重品质衰退现象。现代新型干燥技术主要有远红外干燥、微波干燥、冷冻干燥、真空干燥、高压电场干燥等。远红外干燥是利用硅管或远红外灯作热源，由于远红外线穿透力强，使中药材表面和内部物质分子同时吸收远红外辐射，因此加热均匀，产品外观好。同时，由于硅管或远红外灯等辐射元件结构简单，且烘道设计方便，使整个设备造价低，易于推广。微波干燥热量直接来自物料内部，因此热量损耗少、热效率高，干燥均匀。微波真空干燥法，是将微波加热和真空技术结合起来，可保证干燥物料的高品质。冷冻干燥能很好地保持中药材色、香、味，但设备投资和运转费用较高。高压电场干燥是把高压电场引入干燥过程，具有物料不升温、干燥速度快、能耗少和杀菌等优点。这些新型干燥技术虽然可以保证中药材品质，但设备投资大，能耗高，维修、维护不方便，此外，在动物中药材产品加工方面也吸收了很多新技术，如鹿茸切片吸取了薄片工艺，既便于包装运输，又用药方便。整枝鹿茸，采用微波与远红外线相结合的方法加工，功效与质量均有提高。很多动物中药材都可采用冷冻真空干燥，既可大批量生产，又可保证活性成分不被破坏。已经开展过产地加工研究的中药材还有茯苓、川明参、白芍、附子、川芎、黄连、白芷、丹参、地黄、甘草、大黄、北沙参、蛤蟆油、金银花、百合、全蝎、厚朴、黄芩、何首乌、橘红、白首乌、丹皮、广藿香、香附、延胡索、天南星、浙贝母、川贝母、半夏、连翘、桔梗、玉竹、乌药、菊花、天麻、莪术、郁金、猪苓、薄荷、牛膝、山药、山茱萸、徐长卿、乌梢蛇、地龙等。

（七）中药材规范化生产

中药材质量的安全、有效、稳定、可控，是中药饮片、中成药质量稳定可控的基础，是保证中药疗效的物质前提。为推行中药材规范化生产，解决当前存在的种质混乱、生产技术不统一、药材质量低而不稳等问题，建立中药材生产技术标准和质量标准，促进我国中药产品质量与国际市场要求接轨，推动我国医疗保健事业的健康发展，原国家药品监督管理局于2002年颁布了《中药材生产质量管理规范（试行）》（中药材GAP），为提高和稳定中药材质量奠定了基础。

1. 中药材生产质量管理规范的概念与内容 《中药材生产质量管理规范》（Good Agricultural Practice for Chinese Crude Drugs），简称中药材GAP，是由原国家药品监督管理局（现国家食品药品监督管理总局）2002年4月17日颁布并于2002年6月1日起施行的行业管理法规，是控制影响中药材产量和品质的各种因子，规范生产的各个环节乃至全过程，保证中药材真实、安全、有效及品质稳定可控的基本准则。我国实施中药材GAP是在吸取国外经验的基础上，结合我国实际情况而开展的，它同GLP（药品非临床研究质量管理规范）、GCP（药品临床试验管理规范）、GMP（药品生产质量管理规范）、GSP（药品经营质量管理规范）共同组成药品生产、流通较为完备的质量管理体系。

《中药材生产质量管理规范》是阐明中药材生产过程中各环节规范性要求的文件，分为10章、57条。主要内容包括：①产地生态环境：中药材生产企业必须对大气、水质、土壤环境条件进行检测，各项环境指标应符合国家相应标准。②种质及繁殖材料：养殖、栽培或野生采集的药用动、植物，应准确鉴定物种，包括亚种、变种或品种；种子、种畜（动物种）等繁殖材料，在生产、储运过程中应实行检验和检疫制度；加强中药材良种选育、配种工作，建立良种繁育基地。③栽培与养殖管理：根据各种药用植（动）物习性，确定生产适宜区，尽量避免不良环境干扰；制定药用植（动）物栽培（养殖）技术标准操作规程（SOP）。④收获：包括药用部分的确定，尽量减少非药用部分或异物（特别是有毒杂草）混入；最佳采收期的研究与确定；采收机械、器具应干燥洁净、无污染。⑤初加工或称产地加工：目的是清除异物，尽快灭活、干燥（鲜用药材除外），以便贮藏和运输，通常包括清洗（不宜用水洗的应说明）及加工（如蒸、煮等），加工器械必须干净无污染，并严格按规范操作。⑥包装：包装前应再次检查并清除劣质品及异物；包装材料（袋、盒、箱等）最好是新的或清洗干净、充分干燥、无破损的；易碎药材应装在坚固的箱盒内，毒剧、稀贵药材应采用特殊包装，并贴上明显标志，加封。⑦运输与贮藏：成品药材运输应防晒、防雨淋，易碎药材应轻装轻卸；药材仓库应通风、干燥、避光，并应有防鼠、防虫及防鸟等措施；成品药材应层架堆放，防止生霉变质，并定期检查。⑧质量管理：对有关质量管理的部门及人员，对与药材品质有关的检测项目等，必须提出具体要求，不合格的中药材不得出场和销售。⑨人员及设备：生产企业的技术负责人和质量管理部门负责人应具有药学、农学或畜牧学等相关专业的大专以上学历，并有药材生产实践经验和品质管理经验；从事中药材生产的有关人员应具有基本的中药学、农学或畜牧学常识，并按本规范要求定期培训与考核；中药材产地应设有厕所或盥洗室。⑩文件管理：每种药材的生产全过程均应详细记录、存档后由专人保管。

中药材 GAP 的制定与发布是政府行为，是对各种中药材和生产基地提出的应遵循的统一要求和准则。各生产基地应根据各自的生产品种、环境特点、技术状态、经济和科研实力，再制定出切实可行的、达到中药材 GAP 要求的方法和措施，这就是标准操作规程（Standard Operating Procedure，SOP）。标准操作规程的制订，必须在总结传统经验的基础上，通过科学研究、技术实验和综合评价，并在实践中加以反复应用证实是切实可行、行之有效的，要具有科学性、完备性、实用性和严密性。SOP 制定是企业行为，是企业的研究成果和财富，是检查和认证以及质量审评的基本依据。应注重研究和制定的 SOP 有：农业环境质量现状、评价及动态变化，药用动、植物的生物学特性及良种选育与品种复壮，物种鉴定及种子、种苗标准，栽培技术经验总结及优化组合，病虫害种类、发生规律及综合防治方法，农药使用规范及安全使用标准，农药最高残留及安全间隔期的确定，肥料的合理使用及农家肥的无害化处理，专用肥、专用饲料的研制，活性成分和指标成分的积累动态及最佳采收期的确定，药材采收、产地加工方法的研究与改进，药材品质的检测与认证（国家标准与企业标准），药材的包装、运输与贮藏，文件档案的建立与管理等。在制定中药材 GAP 各环节的标准操作规程（SOP）时，应遵循如下原则：①安全性原则：中药材的安全、有效、稳定、可控是实施中药材生产规范化管理的核心目标，其中安全性是放在第一位的。忽视了产品的安全，中药材产品就不能称为药品，甚至可能成为毒品。因此，在中药材生产过程中若涉及新品种、新技术和新工艺的引入，首先应遵循符合安全的原则。②区域性原则：中药材自然属性一个重要内容是具有很强的区域性，中药材的质量优劣与其生长环境紧密相关，应始终围绕中药材质量及可能影响质量的生产要素加以调控。③可操作性原则：各项标准操作规程是用来指导中药材生产实践的，应经过生产实践反复证明是行之有效、切实可行的，操作规程不能仅仅停留在研究阶段。既要认真吸取国际先进经验，力求操作规程的先进性，又须充分保持中国传统医药学的特色，重视传统的栽培技术和加工方法的总结和提升。在制定各项操作规程时，努力做到“实验研究和生产实际相结合，技术先进与经济合理相结合”。

2. 中药材 GAP 基地建设与管理 确定中药材 GAP 基地和品种，最重要的是要遵循两个原则：一是“因地制宜，分类指导，统一规划，合理布局”；二是“因品种制宜，尊重自然规律，尊重经济规律”。中药材 GAP 基地建设包括：①基地选点与规划，选择基地应主要考虑生态环境、交通、土壤肥力、水源、社会经济等因素，其中生态环境尤为重要。中药材生产具有显著的区域性，独特的生境直接或间接地影响着药用生物的分布、迁移、演变和兴衰。在对上述因素分析评价后，作为选择种植、养殖基地的参考，以充分发挥最佳的经济效益、社会效益和生态效益。中药材生产、养殖基地建设是一项比较稳定、长久且投资较大的建设项目，在确定具体地址时，必须对其进行全面评价、规划。尤其应重视基地的规划和设计，包括基地的土地规划和道路、饲舍（池）马排灌系统设计，药用植物种类和品种的选择与配置，防护林、水土保持的规划和设计等。②基地的环境质量要求，《中药材生产质量管理规范》（试行）第 2 章第 5 条明确规定，“中药材产地的环境应符合国家相应标准：空气应符合大气环境质量二级标准，土壤应符合土壤质量二级标准，灌溉水应符合农田灌溉水质量标准……”。因此，在选择中药材 GAP 基地时，要对环境进行实时跟踪监测，严格按照《中药材生产质量管理规范》

（试行）的要求选点，结果符合者才能作为中药材GAP基地。③品种的选择与配置，在基地建设前应正确选择和确定生产品种，是开展中药材GAP生产的前提条件。当地的气候土壤环境条件、经济生物生产历史和现状及药用生物品种生长现状，都应成为品种选择的参考依据。在实践上选择当地原产或已经试种、试养成功且有较长的栽培养殖历史、经济性状较佳的药用生物种类和品种，就地加以繁殖和推广，是最稳妥的途径。④基地的分类及其功能，中药材GAP基地按其功能可分为小试基地、示范基地和大规模生产基地。小试基地的功能是围绕具体生产品种就有关问题开展有针对性的试验，这些问题包括品种适宜性、施肥、病虫害防治等，通过小试确定最佳技术措施，以保证生产的科学化、合理化，并达到优质、高产、稳产的目的。示范基地是以新品种、新技术、新成果为先导，以科研单位或个人与地方政府或有一定经验的种植户共同管理为手段，多种经济成分合作，开展生产、科研、示范、培训和推广等多种经济和社会活动的农业综合示范区，具有试验、孵化、集聚、扩散和示范功能。大规模生产基地最突出的功能就是集约化生产和产业化经营。中药材GAP基地管理是指为确保中药材优质、可控、稳定，各中药材GAP基地（企业）应专设中药材GAP质量管理部门，并根据基地（企业）发展规划及生产规模，配备一定数量的专职和兼职的质量管理、检验（查）人员。中药材GAP基地质量管理人员必须由有一定实践经验、原则性强、政治业务素质高，具有相应专业技术职称或有大专以上（或相当学历）并能独立解决生产过程中质量问题的人担任，对中药材生产质量进行指导、监督和裁决。从事质量检验、检测及相应计量等工作的专职人员，必须经过专业技术培训，实行资格证制度、定期业务培训和考核制度。基地（企业）中药材质量管理部门负责中药材生产全过程的监督管理和质量监控，包括环境监测、卫生管理，生产资料、包装材料及药材检验，制订培训计划并监督实施，制订和管理质量文件等。

3. 中药材GAP认证及管理 为了推进中药材GAP的顺利实施，国家食品药品监督管理总局已于2003年9月19日颁布了《中药材生产质量管理规范认证管理办法（试行）》和《中药材GAP认证检查评定标准（试行）》，并于2003年11月1日起开始正式受理中药材GAP的认证申请，具体工作由国家食品药品监督管理总局药品认证管理中心承担。首先是认证申请，申请中药材GAP认证的中药材生产企业，其申报的品种至少完成3个生产周期，需填写《中药材GAP认证申请表》（一式二份），并向所在省、自治区、直辖市食品药品监督管理局提交以下资料：①《营业执照》（复印件）；②申报品种的种植（养殖）历史和规模、产地生态环境、品种来源及鉴定、种质来源、野生资源分布情况和中药材动植物生长习性资料、良种繁育情况、适宜采收时间（采收年限、采收期）及确定依据、病虫害综合防治情况、中药材质量控制及评价情况等；③中药材生产企业概况，包括组织形式并附组织机构图（注明各部门名称及职责）、运营机制、人员结构，企业负责人、生产和质量部门负责人背景资料（包括专业、学历和经历）、人员培训情况等；④种植（养殖）流程图及关键技术控制点、区域布置图（标明规模、产量、范围）、地点选择依据及标准；⑤产地生态环境检测报告（包括土壤、灌溉水、大气环境）、品种来源鉴定报告、法定及企业内控质量标准（包括质量标准依据及起草说明）、取样方法及质量检测报告书，历年来质量控制及检测情况；⑥中药材生产管理、质量管理文件目录、企业实施中药材GAP自查情况总结资料。其次是初审，省、自治区、直辖市食品药品监督管理局自收到中药材GAP认证申报资料之日起40个工作日内提出初审意见。符合规定的，将初审意见及认证资料转报国家食品药品监督管理局。国家食品药品监督管理局组织对初审合格的中药材 GAP 认证资料进行形式审查，必要时可请专家论证，审查工作时限为 5 个工作日（若需组织专家论证，可延长至 30 个工作日），符合要求的予以受理并转局认证中心。局认证中心在收到申请资料后 30 个工作日内提出技术审查意见，制定现场检查方案。内容包括日程安排、检查项目、需核实的问题、检查组成员及分工等。现场检查时间一般为 3～5 天，安排在该品种的采收期，必要时可适当延长。再次是现场检查，检查组成员的选派遵循本行政区域内回避原则，一般由 3～5 名检查员组成，可临时聘任有关专家担任。省、自治区、直辖市食品药品监督管理局可选派 1 名负责中药材生产监督管理的人员作为观察员，联络、协调检查有关事宜。现场检查首次会议确认检查品种，落实检查日程，宣布检查纪律和注意事项，确定企业的检查陪同人员。检查陪同人员必须是企业负责人或中药材生产、质量管理部门负责人，熟悉中药材生产全过程，并能够解答检查组提出的有关问题。检查组必须严格按照预定的现场检查方案对企业实施中药材 GAP 的情况进行检查。检查项目共 104 项，包括关键项目 19 项和一般项目 85 项。对发现的缺陷项目如实记录，必要时应予取证。现场检查结束后，由组长组织检查组讨论做出综合评定意见，形成书面报告，报告须检查组全体人员签字，并附缺陷项目、检查员记录、有异议问题的意见及相关证据资料。综合评定期间，被检查企业人员应予回避。现场检查末次会议现场宣布综合评定意见，被检查企业可安排有关人员参加，如对评定意见及检查发现的缺陷项目有不同意见，可作适当解释、说明，检查组对企业提出的合理意见应予采纳。检查中发现的缺陷项目及不能达成共识的问题，检查组须作好记录，经检查组全体人员和被检查企业负责人签字，双方各执一份。现场检查报告、缺陷项目表、每个检查员现场检查记录和原始评价及相关资料应在检查工作结束后 5 个工作日内报送局认证中心。第四是审查与发证，局认证中心在收到现场检查报告后 20 个工作日内进行技术审核，符合规定的，报国家食品药品监督管理局审批。符合《中药材生产质量管理规范》认证标准的，颁发《中药材 GAP 证书》并予以公告；不符合的不予通过中药材 GAP 认证，由局认证中心向被检查企业发认证不合格通知书。第五是管理及跟踪检查，在《中药材 GAP 证书》有效期内，省、自治区、直辖市食品药品监督管理局负责每年对企业跟踪检查 1 次，检查情况应及时报国家食品药品监督管理局。取得《中药材 GAP 证书》的企业，如发生重大质量问题或者未按照中药材 GAP 组织生产的，国家食品药品监督管理局将予以警告，并责令改正；情节严重的，吊销其《中药材 GAP 证书》。如发现申报过程采取弄虚作假骗取证书的，或以非认证企业生产的中药材冒充认证企业生产的中药材销售和使用等严重问题的，一经核实吊销其《中药材 GAP 证书》。中药材生产企业《中药材 GAP 证书》登记事项发生变更的，应在变更之日起 30 日内，向国家食品药品监督管理局申请办理变更手续，国家食品药品监督管理应在 15 个工作日内作出相应变更。终止生产中药材或者关闭的，由国家食品药品监督管理局收回《中药材 GAP 证书》。

三、中药栽培养殖的发展方向

随着人类疾病谱与医疗模式的改变，传统医药学重新受到了国际社会的高度重视，这有力促进了我国中医药事业的迅速发展，中药产品需求量逐年大幅度增长，从而为中药栽培养殖开拓了广阔的市场发展前景，同时也要求中药栽培养殖要“有计划地扩大种植数量，注重产品质量，提高经济效益”。经综合分析，中药栽培养殖的发展方向主要体现在以下几个方面。

（一）道地中药材生产是主流

道地性是中药材的显著特点之一，因地制宜、大力发展道地中药材，是保证栽培与养殖中药材质量的重要举措，也是保证临床疗效、促进中医药事业发展的基础。多年来，全国各地的中药栽培养殖工作者和药农在长期从事中药栽培养殖工作实践中积累了大量的宝贵经验，发展中药栽培养殖，首先要对这些先进经验进行系统总结，特别是道地中药材，要充分利用其产区集中，生产加工技术成熟，有着适宜的自然环境，中药材质量上乘等优势，逐步扩大生产规模。亦可引种驯化外地品种，但应经过反复研究和论证，在经科学实验并获得成功后，方可推广种植或养殖，要掌握科学性原则，避免或杜绝盲目性。

（二）多学科知识交叉融汇是趋势

中药栽培养殖内容丰富，涉及到多学科知识，需要多领域研究成果的综合运用。首先，生产目标涉及到生物界中的菌物、植物与动物三大类生物，不仅种类众多，而且种类间差异跨度大；其次，目标产品是中药材，是中医治疗疾病的物质基础，中药栽培养殖是中医药学的重要组成部分，在具体生产过程中，需要依据中医传统观念对各个环节进行调控，才能形成学科特色，才能满足临床医疗需要。在种质搜集与良种选育、土壤选择与改良、引种驯化、栽培养殖、采收加工、质量控制等工作中，需要交叉融汇菌物学、植物学、动物学、生物学、农学、遗传学、化学、地理学、土壤学、肥料学、保护学等多学科知识，才能达到提升栽培养殖技术水平，提高中药材产量和质量的目的。

（三）倡导利用新技术、新方法

随着科技发展，许多现代新技术、新方法不断地在中药栽培养殖领域得到研究和应用。例如，在人工选种和杂交育种的基础上，进一步开展单倍体、多倍体、细胞杂交、辐射、激光等多种方式育种，以改变物种遗传特性，培育新品种；利用植物生理生化理论与技术，提高中药植物光合作用效率、抑制光呼吸作用，进一步提高中药材产量；开展次生代谢研究，摸清活性成分合成与积累规律，采取措施进行人工调控，稳定和提高中药材质量；利用电子遥测技术，对病虫害发生进行预测预报，开展病虫害无公害防治技术研究，根据中药植物与动物的生物学特点合理使用化肥、农药或饲料、药品；采用冻精技术改良中药动物遗传特性，提高繁殖效率，改良生产性状等，都将极大地推动中药栽培养殖事业向现代化方向迅速发展。

（四）基地化、规模化、规范化

1. 基地化 目前我国中药材生产仍然处于盲目无序的状态，种植区域混乱、栽培品种杂乱、管理技术粗放、采收加工不一致，致使中药材产量与质量低而不稳。实行种植或养殖的基地化，是今后一段时间内中药材生产的发展方向。基地化管理，不仅有利于先进生产技术的推广应用，而且也有利于与企业的中成药大规模生产相接轨，是提高和稳定中药产量与质量的有效途径，也是国际制药业的通常做法。

2. 规模化 中药栽培、中药养殖的规模化，是节约成本、提高经济效益的必由之路，也是中药材生产基地化、产业化的需要。规模化的实现，既需要具备广泛的群众技术，也需要牵头企业的带动。实现中药材生产的规模化，也有利于中药栽培、中药养殖新技术、新方法的大面积推广应用。

3. 规范化 实行中药材生产的规范化，建立相应的标准操作规程，使中药栽培养殖逐步与国际规范接轨，确保产出中药材质量符合国际标准，提高国际市场竞争力，均是未来中药栽培养殖需要重视的问题。

第三节 中药栽培养殖学的特点

中药材是一种特殊商品，有着严格的质量要求。各种中药材的产量和质量都与当地的生态条件、栽培养殖技术和采收加工等有很大关系。要达到优质高产、无污染的目的，并获得较高的社会、经济效益，就要根据各种中药材的生长发育特性和栽培养殖目的，采用符合其生长发育特性的科学栽培养殖技术和采收加工方法。因此，要做好中药栽培养殖工作，一定要注意其特殊性。

一、中药材种类繁多

我国幅员辽阔、地形复杂、气候和土壤差异很大，适宜各类植物、动物的生长和繁衍，因而各地都蕴藏着丰富的中药材资源。它们当中既有弱小、很不起眼的小草、昆虫，如远志、柴胡、蚂蚁，也有高大、粗壮的乔木与大型动物，如银杏、杜仲、驴、鹿；有的喜欢南方热带、亚热带的温湿气候，如槟榔、砂仁、蛤蚧，也有的喜欢北方的寒冷气候，如龙胆草、北五味子、哈士蟆；有的喜欢阴凉环境，如人参、黄连、蚯蚓，也有的喜欢生长在水中，如莲、泽泻、水蛭；有的喜欢寄生在其他植物上，如菟丝子、肉苁蓉，也有的喜欢和真菌共生，如天麻等等。它们的药用部分也有许多不同。对于中药植物来讲，有的用地下根，如黄芪、当归、桔梗、丹参；有的用地上部分或全草，如芦荟、紫苏、薄荷；有的用花，如菊花、金银花、红花；有的用果实和种子，如枸杞、草决明、砂仁、吴茱萸；有的用皮，如黄柏、厚朴、桑白皮等。对于中药动物来讲，有的用动物的干燥整体，如水蛭、全蝎、蜈蚣、斑蝥、土鳖虫、虻虫、九香虫；有的用除去内脏的动物体，如蚯蚓、蛤蚧、乌梢蛇、蕲蛇、金钱白花蛇；有的用动物体的一部分，如鹿茸、鹿角、羚羊角、水牛角为角类，穿山甲、龟甲、鳖甲为鳞、甲类，石决明、牡蛎、珍珠母、蛤壳为贝壳类，哈蟆油、鸡内金、紫河车、鹿鞭为脏器类；有的用动物的生理产物，如麝香、蟾酥、熊胆粉、虫白蜡、蜂蜡为分泌物，五灵脂、蚕砂、夜明砂为排泄物，蝉蜕、蛇蜕、蜂蜜、蜂房为其他生理产物；有的用动物的病理产物，如珍珠、僵蚕、牛黄、马宝、猴枣、狗宝等；有的为动物体某一部分的加工品，如阿胶、鹿角胶、鹿角霜、龟甲胶。由于中药材种类多，其中较常用的有500多种，而需要量较大、主要依靠人工栽培养殖的约有250多种。所以，在进行栽培养殖时供选择的余地较大，可根据各地的具体环境条件，选择能在当地正常生长发育并能获得产量与质量的中药材进行栽培养殖。

二、中药材栽培养殖技术复杂

由于中药材种类多，分布广泛，药用部分不同，所以栽培养殖方法也比较复杂多样。

（一）原植物或原动物要求严格的生态环境

要求严格生态环境的中药材种类很多，必须采取措施满足其生理需求，才能保证栽培养殖成功。例如，当归原产于高寒阴湿山区，要求冷凉的气候条件，适宜在其道地产区甘肃岷县海拔2000m以上的地方种植，但要在2400～2900m的高山阴坡育苗，所产当归产量高、质量好，若在海拔较低的地区育苗、栽种，容易抽苔开花，根部木质化，产量低、质量差，若在在更低的地区引种，植株则因夏季高温而死亡。又如，砂仁喜欢生长在高温高湿的亚热带区域，主产区广东阳春和云南景洪年均气温在22℃左右，极端最低气温不低于1℃～2℃，春季开花期若气温低于20℃，花就不能开放或开放不正常，在长江流域一带种植时生长不良，开花少甚至不能开花，再往北移时，冬季则不能安全越冬。再如，黄连主产于四川、湖北、陕西等海拔1400～1700m的山区，性喜凉爽、湿润气候，为满足其喜阴湿、怕强光的生理特性，人工栽培时必须搭棚或在林下种植，同时要求土壤富含腐殖质、疏松肥沃，若移到低山区种植，生长快，叶茂密，但根茎不充实，质量差又易感病。在北方种植时，因空气干燥、土质偏碱，植株生长不良，又不能安全越冬。在全光照下栽培更无法生存。

对于中药动物来讲，同样如此。例如，蛤蚧主要分布于亚洲北回归线附近的亚热带地区，在我国分布于广东、广西、香港、福建及云南，野生状态下栖息在山岩或荒野的岩石缝隙、石洞或树洞内，动作敏捷，通常在3～11月份活动频繁，12月至翌年1月在岩石缝隙的深处冬眠。食物以各种活动的昆虫为主，包括蝼蛄、蚱蜢、飞蛾、蟑螂、黄粉虫和蚕蛾等，不食死的昆虫和食物，虽然自20世纪50年代以来就开始人工驯养及繁殖研究，但规模甚小，且在饲料及繁殖问题上未能很好解决。又如，东亚钳蝎主要分布于甘肃、辽宁、河北、山东、安徽、河南、湖北等地；喜生活于阴暗潮湿处，昼伏夜出，怕冰冻，冬季伏于土中，长期不食，直至惊蛰后才出来活动，喜食小昆虫、蚂蚁、蚯蚓、土鳖虫、潮虫以及其他多汁软体动物，多年生，繁殖力强，繁殖时间一般在7月左右；对温度、湿度有正趋性，对强光、声响、振动有负趋性等。由于许多关键技术问题未很好解决，目前大规模人工养殖仍有困难。

由于这类要求严格的中药材，多数长期生长在各种特定的环境中，代代相传，遗传特性各不相同，所以形成了各自独特的特性及对当地环境条件的适应性。如高寒山区的冷凉气侯和林下的阴湿环境，热带、亚热带地区的高温高湿，以及沙漠地区的干热、严寒气候等。具备这些环境条件的地方，往往成为许多道地药材的主产区。

（二）药用部位类别众多，栽培养殖技术迥异

对植物类中药来讲，以根和根茎类入药者，应选土层深厚、土质疏松、肥沃、排水良好的砂质壤土种植。种植前要深耕，施足基肥。苗期可适当追施氮肥，不宜过多，中后期多施磷钾肥，以促进根和根茎生长；不留种植株应及早打苔摘花；秋季是根或根茎膨大期，要适当浇水和培土。以全草和叶类入药的中药材，应多施氮肥，适当配施磷钾肥；注意适时采收，一般在蕾期或开花初期采收，少数在幼苗期采收，如茵陈等。以花蕾入药者要掌握好花蕾的发育程度，如款冬花应趁花蕾还没有出土时采收，金银花应在花蕾膨大变白时采收；以花朵入药的一般在花初开时采收，如玫瑰等，以花序、柱头、花粉入药的则宜在花盛时采收，如菊花、西红花、蒲黄等。以果实、种子类入药的中药材，除注意增施磷、钾肥外，还要注意适时采收，有些花期长的中药材，其果实成熟期很不一致，应分批采收，如要一次采收，一般掌握在70%～80%成熟时进行，如补骨脂、沙苑子等，以果实、种子入药的木本植物，如山茱萸、枸杞子等，要采用修枝整形、疏花疏果等保果措施，才能提高产量和质量。共生和寄生类中药材比较特殊，如没有与其共生和寄生的伴生植物是无法生长的，如天麻必须有蜜环菌与其共生，还要有营养源即菌材，天麻、蜜环菌和菌材三者连成一个有机的统一体，天麻才能正常生长发育，所以栽天麻前必须先把蜜环菌培养在菌材上，再伴栽天麻，才能成功；菟丝子、肉苁蓉等寄生类中药材，必须有寄主植物与其伴生才行。

对动物类中药材来讲，以全体入药者，如全蝎、蜈蚣、白花蛇等，需要创造适宜的居住环境及给予合适的食料，如采取适宜的恒温环境，可以使全蝎等不进入冬眠而连续生长，从而缩短生长周期而提高中药材产量。驴、牛等以皮部入药的中药材，宜在秋冬季采收，此时皮部脂肪含量较高而提高皮部的产量。为保护动物资源，常常采用现代科技手段来达到获取药用原料的目的，如采用引流技术获取熊的胆汁来代替熊胆，通过人工接种技术来获取天然牛黄等。

（三）繁殖方法多种多样

不同种类中药材的繁殖方法也各有千秋。一般植物类中药材多采用种子繁殖，也有许多是采用营养器官即无性繁殖的。动物类中药材的生殖也包括有性和无性两种基本方式。

中药植物有性繁殖又称种子繁殖，是生产中最常用的。种子寿命有长有短，一般热带中药材的种子寿命较短，采种后应立即播种，否则会丧失发芽力。有的种子寿命可达10年以上，如甘草种子于室温下贮藏13年还有60%的发芽率。但多数种子在室温下只能保存1年，隔年种子就会丧失发芽力。有的种子具有休眠特性，如甘草、黄芪种子因种皮坚硬不透水，播种后不易出苗，需处理后才能发芽。有的种子的胚尚未成熟，如人参、黄连等种子采收后应及时进行湿砂藏，直到秋末、冬初种子裂口，再给予冬季的自然低温等后熟处理，到第二年春才能发芽。生产中大约有35%的中药材采用无性繁殖，如贝母、百合用鳞茎繁殖，西红花用球茎繁殖，款冬、薄荷用根状茎繁殖，半夏、地黄用块茎、块根繁殖等。此外，还可采用扦插、压条和嫁接等方式繁殖。有些中药材长期采用无性繁殖易引起退化，可通过选优去杂、采用有性繁殖等进行品种复壮或杂交育种培育优良品种，或利用茎尖培养无病毒植株，或异地调种或改变季节培育幼嫩种栽等。

中药动物的生殖方式也分为有性生殖和无性生殖。有性生殖是生殖方式的高级形态，由于实现了基因重组，所以使生物不断进化，也是最常见的生殖方式。无性生殖又可分为以下几种：①孤雌生殖：存在于节肢动物与部分爬行动物和鱼类之中，是指卵在不受精的情况下发育为个体的生殖方式。又可分为偶尔性孤雌生殖（大部分属于这种）、经常性孤雌生殖（膜翅目昆虫）和周期性孤雌生殖（蚜虫）。②营养生殖：指在不形成生殖细胞的情况下产生下一代的生殖方式（如海星、水蛭等）。此外，还有一些比较特殊的生殖方式：①变性：有些动物在群体中雄性死亡后，个体壮硕的雌性会转变性别成为雄性继续维持群体的繁衍，如有些鱼类；②雌雄同体，异体受精：腹足纲的动物大部分都是雌雄同体，但它们并不能用自己的精细胞使卵细胞受精进行繁殖，必须两个个体进行交配，互相或单向受精，然后产生下一代。

三、中药材更加重视质量

中药材栽培与养殖除要求较高的产量外，还特别重视中药材的质量。没有质量，就没有产量。一般中药材的质量可从两个方面来衡量，一是中药材的外观形态、色泽、质地及气味等传统质量指标，二是中药材所含的活性成分及其含量。中药材的外观性状和活性成分含量必须符合国家药典规定，才能供药用，所以在栽培养殖中药材时所采取的技术措施都应以提高中药材的产量和质量为目的。只重视产量不重视质量，产量再高也是没有用的。中药材活性成分含量的多少和外观性状优劣，受中药材品种、产地、栽培技术、栽培年限、采收期及加工、贮藏等条件的影响，所以对生产中的每个环节都要严格把好关。

四、道地性是中药材最显著的特点

在中药材生产比较集中的产区，具有适宜某些中药材生长的自然环境，栽培、养殖的历史较长，有较完善、传统的栽培、养殖和加工技术，中药材的产量较高，质量也好，被称之为“道地药材”。这种“道地药材”是经过长时间历代名医临床验证有较好疗效，在国内外享有较高声誉，所以在生产上不宜采用远距离不同气候区域的引种。

五、产地加工是保证中药材质量的重要环节

产地加工就是把收获的新鲜中药材通过不同方法干燥、加工成商品中药材，它是中药材生产的最后一关，关系到中药材的质量和产量，加工得当不仅能提高中药材的商品等级，还会提高产量，相应地提高种植养殖的经济效益。

不同中药材的产地加工方法有很大差别，有的很简单，只要晒干、阴干或烘干即可，如多数全草类、种子、果实类中药材。有的则很复杂，如一些根和根茎类中药材，在干燥前还要洗涤、去皮、整形、蒸煮烫、浸漂、硫黄熏等工序。如附子，毒性较大，需用卤碱浸泡和高温蒸煮等措施来降低毒性。每道工序都要掌握适度，否则会引起不必要的损失和浪费，甚至影响产品质量。中药材在日晒过程中，要注意经常翻动，防雨淋，有的先晒至五六成干时要进行短期集中堆放，把内部水分扩散出来，使药材回软，俗称“发汗”，再晒至全干。有些含有挥发油的药材如薄荷、紫苏等，不宜曝晒，宜阴干，或先晒到七八成干，再放棚内阴干，以减少挥发油损失。在进行人工加温干燥时，除注意药材铺放厚度，常翻动外，还要严格控制火力，一般先大火、后小火，以免炕焦或烧毁药材，或发生火灾。以前在湖北、四川黄连产区，炕黄连时，由于火力没控制好，烧毁黄连发生火灾的事，时有发生。所以，最后一关一定要把好，严格遵守操作规程，避免不应有的损失，确保丰产又丰收。

第四节 开展中药栽培养殖的重要意义

中药栽培养殖涉及到中药菌物栽培、中药植物栽培及中药动物养殖，属于大农业范畴，是农业生产的一部分，其目标产品为种类繁多的中药材。而中药材与一般农产品不同，在市场流通、经营管理、质量控制、应用范围等方面具有自身显著的特点，是一种特殊商品。开展中药栽培养殖，大力发展中药材生产，在社会、经济、生态等领域均具有非常重要的现实意义。

一、弘扬民族文化，促进中医药事业发展

（一）促进中医药文化在国际社会的传播

中医药学是一个伟大的宝库，属于中华民族优秀传统文化，几千年来为炎黄子孙的

繁衍昌盛作出了不可磨灭的贡献，至今仍然受到世人的关注和青睐。中药栽培养殖是中医药学的重要组成部分，开展中药栽培养殖研究，建立相应的基本理论与技术方法，促进中药材生产发展，是弘扬民族文化，促进中医药事业发展的重要内容。世界上知名的传统医药体系有四个，即中国、埃及、罗马和印度，随着历史的变迁，惟独中医药体系经受住了时间的考验，前途无限光明。至今，不仅13亿中国人及大量华裔应用中医药，而且包括欧美各国政府和人民都不约而同地把希望的目光投向中国的传统医药。由此可见，中医药大踏步走向世界，已经是不可逆转的趋势。

（二）满足用药需求，为中医临床提供足量中药材

中医药是国家医疗保障体系中的重要组成，在防病治病过程中发挥着巨大作用。中药是中医治疗疾病的基本原料，是临床疗效发挥的物质基础。“医无药不能扬其术，药无医不能奏其效”。我国中药菌物、中药植物、中药动物种类众多，但需求量大、主要依靠栽培或养殖的种类约有250种，大部分种类依靠野生资源来提供。随着需求增加及环境破坏，仅靠野生资源已经远远不能满足需要。通过野生变家种、家养，建立和扩大中药材生产基地，实施优质高产栽培、养殖技术，可以达到不断开发药源的目的，改变目前中药材供不应求的局面。

（三）提高和稳定中药材质量，保证中医临床治疗效果

中药材的质量不仅直接影响到中医临床的治疗效果，而且还直接关系到中医药学的兴衰和存亡。中药材的质量低劣，中药饮片与中成药的质量必然低劣，即使医生辨证求因再精湛，选方遣药再准确，临床都不会取得好的疗效，甚至贻误病情。中药材的质量主要是由种质资源、生态环境、栽培条件以及生长年限、采收时间、产地加工方法等因素决定的。这些因素在野生状态下是难以控制的，所以野生中药材的质量很不稳定。在栽培、养殖状态下，可以人为地创造条件，通过控制中药的生长发育进程，来达到提高或保证中药材质量的目的，进而确保中医临床治疗效果。

二、促进区域经济发展

（一）调节农村剩余劳动力，调整农村产业结构，稳定农村社会

中药材栽培养殖在耕耘、饲养、管理、病虫害防治、采收、加工等方面需要一些特殊的技术，并且比较费工费时，但这些工作往往是在农闲季节或一天中的早上和晚上开展，因此，在地少人多的地区开展中药栽培或养殖，可以有效调节农村剩余劳动力。中药植物与动物多分布在老、少、边、远的山区，也是发展中药材生产的适宜地区。种植、养殖中药材相对经济效益较高，是调整农村产业结构、帮助农民致富的有效途径。事实上，许多比较贫穷的山区，正是通过发展中药材生产，调整了农村产业结构，提高了农民收入，发挥了稳定农村社会的积极作用。

（二）合理利用土地，提高经济收入

中药植物与动物种类繁多，生物学特性各异，生长发育所需要的自然条件各不相同。对中药植物来讲，有的根系浅，有的根系深；有的植株高大，有的植株较矮；有的喜肥，有的耐瘠薄；有的喜温，有的耐寒；有的喜光，有的耐荫；有的喜湿，有的耐旱。对中药动物来讲，有的水生，有的旱生，还有的两栖；有的喜温暖，有的耐寒冷；有的可以食用植物饲料，有的以活的小动物为食，等等。这不仅便于因地、因时搭配种植、养殖品种，合理利用地力、空间和时间，增加复种、复养指数，提高单位面积产量，而且还可以充分利用荒山秃岭、房前屋后等闲散土地，大幅度增加农业收入。

（三）稳定中药材质量，扩大产品出口

中药材是我国对外贸易的传统出口物资，早在1980年我国中药材就出口到五大洲85个国家和地区，出口总额达到1.74亿美元。近年来，由于疾病谱和医学模式的改变，“回归自然”的呼声日高，国际天然药物市场不断扩大，在全世界药品市场上，由天然物质制成的药品已占约30%，国际植物药市场份额已经达到了270亿美元。在这种形势下，我国中药材出口量也不断加大，1995年中药材出口总额达到了5.2亿美元，2009年上升到5.5亿美元。因此，大力发展中药栽培养殖，稳定中药材质量，扩大出口额，不仅可以增加外汇收入、支援国家建设，而且还可以为世界医药事业作出我们应有的贡献。

（四）有助于建立完整的产业链，促进中药产业发展

中药材生产是中药产业发展的第一个车间，开展中药栽培养殖，建立稳定的中药材生产基地，为各种中药产品提供产量足、质量优的原料，是整个中药产业健康发展的基础。中成药及中药保健产品生产企业，通过种植或养殖，建立自己的中药材生产基地，不仅可以保证货源的稳定供应，同时也可保证和提高产品质量，有利于促进企业的可持续健康发展。同时，由于产业链的向前延伸，也可进一步提高企业的经济效益。

（五）稳定中药材市场价格，降低经济损失

中药材的用量与粮食等具有很大不同，在一般情况下，它的市场需求量是有限的。紧缺时市场价格高，就会刺激栽培或养殖的发展，产量提高后市场价格又会降低。我国历史上中药材的供求余缺就证明了这一点，有时一个中药材品种会很紧缺，但一旦引起人们的重视而进行栽培或养殖时，生产规模很快就会扩大，产量迅速提高，甚至导致供应过剩而销不出去。常用中药材如此，贵重中药材如杜仲、西洋参、银杏、天麻等也是如此。实现农业产业化是党中央、国务院提出的农业经济工作的重大方针，中药材生产也必须走产业化发展的道路，要逐步改变落后、分散的中药材生产形式，把符合社会主义市场经济规律的企业组织形式引入到中药材生产之中，鼓励企业通过建立自己的中药材生产基地，实现中药材的规范化、规模化与产业化生产，不仅可以稳定药材市场供应，而且可以避免因中药材市场价格大起大落而造成的经济损失。

（六）造就优质品牌，提升产品销售水平

中药材生产基地多建设在道地产区，在这些中药材生产基地深入开展栽培或养殖技术研究，大幅度地提高中药材产量，稳定和提高中药材质量，有助于创建道地药材名牌，促进产品的市场销售。道地药材生产基地的建立，也有助于创建中成药名牌。

（七）为新药开发提供优质原料

从天然药物中开发新药是当前国际创制新药的重要途径，例如青蒿素、紫杉醇的开发等，但这类药物的开发是以优质原料为基础的。紫杉醇是从红豆杉属植物中提取的，在我国红豆杉属植物3个物种中，紫杉醇的含量仅有十万分之一，且变化较大。即使是同一植物种，随着生态环境条件的变化，其含量变化范围也很大。而且红豆杉为木本植物，生长周期长，现有资源难以满足药用需求，这就需要进行提高紫杉醇含量和快速繁殖研究，从而对中药栽培提出了新的要求。只有综合利用现代科技，加强栽培与养殖技术研究，才能不断满足生产需要。

三、美化环境，维持生态平衡

（一）美化环境

中药植物不仅种类多，而且千姿百态，许多品种茎叶优美、花朵鲜艳、气味芬芳，用来美化绿化庭院、村镇、街道、机关、学校、厂矿等场所，既能供人们观赏、调节情绪、陶冶情操，又能普及医药知识、增加经济收入，可谓一举多得。

（二）保护野生资源，维持生物多样性

中药材生产发展在保护生态环境和野生资源、维护生物多样性方面发挥着非常重要的作用。中药栽培养殖是保护、扩大、再生产中药资源的最有效手段。例如，对野生甘草、防风的恣意采挖是造成西北地区草原严重沙漠化、荒漠化的原因之一。现在通过引种驯化，实现了甘草、防风的人工栽培，在满足国内市场的同时，栽培甘草还大量出口创汇。中药动物养殖的发展，挽救了众多濒临灭绝的稀有物种。

（张永清）

第二章 中药菌物栽培

要点导航

1. 掌握：中药真菌类型、生长发育及影响生长发育的各种因素；菌种概念；中药真菌生长发育所需营养物质及培养基种类；中药真菌主要栽培方式。

2. 熟悉：菌种制备与保藏方法；菌种退化、复壮概念；菌种复壮常用方法；中药真菌主要病虫害及其防治方法。

3. 了解：中药菌物常见品种；消毒与灭菌常用方法；中药真菌采收与加工。

历来对中药材的分类是以自然属性作为重要依据的，如《中华本草》将万余种中药材分为植物药、动物药、矿物药三大类。长期以来真菌一直被视为低等植物，结果“真菌类中药”也多被归属于植物药内，至今业内也多习以为常。真菌入药最早见于东汉《神农本草经》，其中记载了茯苓、灵芝、雷丸、白僵蚕等，至明朝《本草纲目》，又有木耳、马勃、鸡纵、香菇等共约20余种，到清朝《本草从新》又增加了冬虫夏草等。被有关本草收录又被长期沿用的，即成为“传统品种”的约有30种，它们多属大型真菌，单味应用或配伍于复方汤剂、中成药等，至今仍是中药的重要组成部分。按照目前的生物分类，真菌隶属于菌物界，“真菌类中药”应是为“菌物中药”，其原菌物应称为“中药菌物”。中药菌物栽培涉及的种类大多是一些大型真菌。

第一节 中药菌物生物学特性

本节仅介绍大型真菌的生物学特性。

一、中药真菌的生活习性

真菌为异养生物，常以腐生、寄生或共生等方式获得营养。

（一）腐生型

一些菌物只能从没有生命的机体或活机体的死亡部位摄取营养以维持自身正常生活，这种营养方式称为专性腐生型。腐生类型又可分成三种，即木腐生型、粪土腐生型和土腐生型。

1. 木腐生型 某些真菌（主要包括伞菌类中的部分种类和非褶菌中的绝大部分种类）只能从木本植物残体中吸取养料，这种类型为木腐生型，属于这种营养类型的真菌有银耳、木耳、茯苓、云芝、灵芝、猴头菌、树舌、裂蹄及木层孔菌等。

2. 粪土腐生型 某些真菌多从草本植物残体或粪肥中吸取养料，这种类型称为粪土腐生型，羊肚菌、马勃、鸡油菌、臭黄菇、双孢蘑菇、鬼伞、牛肝菌等属于此类。

3. 土腐生型 多生长在腐殖质较多的落叶层、草地和肥沃田野中，从中摄取营养物质的方式称为土腐生，其代表菌物有环绣伞、麻脸菇、淡黄褐粉褶菌等。

（二）寄生型

从其他活的动、植物体表或体内直接获取养分的营养方式称为寄生，包括以下三种类型。

1. 专性寄生型 只能从生活的机体中获得营养物质，如粟白发、麦角菌。

2. 兼性寄生型 以腐生为主，兼营寄生。中药真菌中以蜜环菌、假蜜环菌及灵芝为主要代表。此外，猴头菌也常寄生在栎等阔叶树上。

3. 兼性腐生型 以寄生为主，又能兼营腐生生活。此类中药真菌为数不多，以虫草菌类为主，如冬虫夏草、安络小皮伞等。

（三）共生型

某些真菌一方面从其他活的有机物摄取养料，同时又为该活体提供养料或有利生活条件，这种双方互相受益的特殊营养关系．称为共生。如猪苓和蜜环菌。

（四）伴生

两种都能独立生活的生物共同生活在一起的现象。伴生的生物彼此不受影响，或一方可以从另一方获得好处，而又不损害另一方。如银耳在腐木上吸收养料只依靠自身不能形成子实体，纯菌丝必须和一种生活力旺盛的香灰菌丝（或称羽毛状菌丝）伴生，借助于香灰菌丝分解木材（木屑）提供营养物质，才会正常生长发育。银耳离开香灰菌丝无法正常生长发育，而香灰菌丝可单独生存。

二、中药真菌的生长

（一）孢子的萌发

在适宜的外界条件下，如有足够的水分，一定的营养，适宜的温度、酸碱度和充足的氧气等，孢子就可能很快萌发。孢子萌发时一般经过 3 个过程：核分裂、孢子膨胀和芽管生成。

（二）菌丝体的生长

1. 菌丝体的生长点 真菌菌丝体的形状一般是圆柱形，顶端钝圆锥形生长点就位于此顶部。生长点特点：①用苏水晶染色时，生长点的颜色加深；②此区真菌菌丝生长较旺盛；③内含物简单，主要是高浓度原生质和泡囊两大类，不同类群的真菌的泡囊大小和排列方式不同。

2. 菌丝体的生长方向 在固体培养基上培养的菌丝体，主要向两个方向生长，形成圆形菌落。而在液体培养基上生长的菌丝，向 3 个方向空间生长，形成球形菌丝团，称为菌球。菌丝的生长称为顶端生长，主要依赖于亚顶端提供营养物质。在菌丝顶端生长或亚顶区以及其后菌丝的伸长生长过程中，伴随着初生细胞壁的建成，其后细胞壁的加厚称为次生生长，加厚的壁称为次生壁。

3. 菌丝的分枝 一个简单的未分枝的菌丝，几乎沿着菌丝长度的任何一点都能产生分枝，第一次分枝再产生第二次分枝，周而复始连续不断，最终形成一个典型菌落的环形轮廓。由于分枝的交替，往往使彼此之间交错生长的菌丝发生融合，导致核和细胞质的交换，所以在单一菌丝中往往可以发现不同的细胞核和不同的细胞质，分别称为异核和异质现象。

4. 菌丝生长的四个时期 ①延迟期：当少量菌落接种到新鲜培养基后，它们并不立即进行生长，在开始的一段时间内菌落体数目并不增加，这段时间被称为延迟期。此期的长短与接种用菌落的遗传性、菌龄及所处环境如温度、湿度、培养基成分等因素有关，原来所处的环境与新环境条件之间差别越大，延迟期越长，反之则越短。②指数期：在延缓期末，菌丝适应了所处的生长环境，细胞开始出现分裂，菌体数目增加，进入指数期。在指数生长期内，细胞数目按指数增加。③稳定期：在指数期的后期，因为一种或者多种营养物质或环境因子变为限制生长的因素，那么该菌的生长便进入稳定期，在这一期间内大量积累真菌产物，尤其是某些次生代谢产物，这也是工业上分批培养的目的所在。④衰亡期：稳定期营养物质的被利用和代谢产物的积累使环境因子不断变化，此后便进入衰亡期，在这个时期菌丝体干重逐渐减少，培养液出现较多的氮和磷。

（三）子实体的形成

子实体由菌丝分化至形成的过程是一个复杂的代谢过程。如担子果的形成包括菌丝聚集、原基形成、担子果分化及子实体生长成熟几个阶段。子实体形成的条件包括两方面：一是菌丝体完成生理成熟过程；二是具备适合子实体形成的外界条件（包括营养、温度、湿度、光照等）。

三、中药真菌生长发育的环境条件

（一）温度

在影响真菌生长的各种物理因素中，温度是最重要的。根据真菌生长的基本温度，可分为：喜冷真菌，最低生长温度在0℃以下，最适生长温度范围为0℃～17℃，20℃以上则不能生长；中温真菌，0℃以上才能生长，最高生长温度不能超过50℃，最适温度为15℃～40℃，这个类群最大；嗜热真菌，20℃以上开始生长，最高生长温度50℃或50℃以上，最适生长温度35℃左右或更高。

即使同一种类在不同发育时期，对温度的要求亦不同。

1. 对温度的需求规律 由高到低：孢子萌发＞菌丝体生长＞子实体分化和生长（子实体分化需求温度最低）。

2. 孢子萌发的温度 在适宜的温度范围内，孢子萌发率随温度升高而增加。一般孢子萌发的适宜温度比子实体成熟产生孢子的温度要高，在15℃～32℃。

3. 菌丝体生长的温度 菌丝体生长亦有一定温度范围，可分为最低生长温度、最适生长温度及最高生长温度。在适宜范围内，中药真菌菌丝的生长速度随温度升高呈对数增长。中药真菌菌丝生长的温度范围一般为2℃～39℃，最适温度为20℃～30℃。

4. 子实体分化的温度 根据子实体形成的最适温度，可把中药真菌分成三种温度类型。①低温型：子实体分化最适温度20℃以下，如猴头菌、金针菇、蘑菇、平菇、香菇及松口蘑等。②中温型：子实体分化最适温度为20℃～24℃，如黑木耳、银耳、大肥菇、金顶侧耳及蜜环菌等。③高温型：子实体分化温度为30℃以下，最适温度在24℃以上，如灵芝、云芝、茯苓及草菇等。

5. 子实体发育的温度 子实体发育的温度一般比菌丝体生长的温度低些，但比子实体原基分化温度高些。子实体发育的温度范围常比菌丝体生长范围小。

（二）水分和湿度

真菌要在高湿条件下生长，一般以相对湿度表示。许多真菌在相对湿度为95%～100%条件下生长良好，相对湿度降至80%～85%，真菌生长缓慢甚至停滞。

1. 培养料含水度 中药真菌的正常生长发育，要求基物（培养基、土壤、木材等）中含有适宜的水分，空气中具有一定的湿度。当水分不足时，菌丝体将处于休眠状态，不能形成子实体。菌体对水分所需数量，因种类不同而异，一般规律为子实体发生与其以后的发育要比菌丝体生长需更多的水分和更大的空气湿度。水分不足子实体枯萎；水分过多，影响通气，子实体容易腐烂。中药真菌的菌丝体阶段，通常要求较干燥的环境。木生种类，段木含水量以40%～45%为宜，进行代料（木屑、棉籽壳等）栽培时，要求含水量为60%～65%。所以，在中药真菌的人工培养中，要注意水分的干湿交替，适时调节。

2. 空气湿度 一般说来，菌丝生长阶段比子实体形成时要求的空气湿度要低些。菌丝体生长阶段要求空气相对湿度为60%～80%，子实体发育阶段的适宜空气相对湿度为80%～90%。如果菇房内空气相对湿度低于60%，侧耳、平菇等子实体就会停止生长；当空气相对湿度降至40%～45%时，子实体不再分化，已分化的幼菇也会干死，当空气相对湿度超过90%时，由于菇房过湿，致使病菌滋生，菇体蒸腾作用受阻，严重影响细胞原生质流动和营养物质转运，造成中药真菌生长发育不良。

（三）氧气

所有中药真菌都是好气性的，在呼吸作用中要吸收氧气排出二氧化碳。真菌分解糖类等有机物质是靠氧化作用进行的，过高浓度的二氧化碳直接影响真菌的呼吸活动，有碍生长发育，真菌不形成子实体往往是由于呼吸产生的二氧化碳的积累。

1. 对氧气需求规律 中药真菌不同发育阶段所需的氧气量不同，一般在菌丝生长阶段不需要大量氧气，而在子实体形成阶段则要求充足的氧气，氧气不足会影响子实体的生长。

2. 通气效果 在中药菌物生长过程中，若通气好，氧气供应足量，则生长快速、强壮，不易生病虫害；反之，则菌丝弱，菇体畸形，易生病虫害。

（四）酸碱度（pH）

pH的大小影响着酶的活性和细胞透性，所以影响着菌物对营养物质的吸收、代谢和生长。不同中药真菌在不同生长阶段均有一定的pH范围，包括最高pH、最适pH、最低pH。这是由于不同菌类、不同发育阶段起主导作用的酶类不同所致。大多数真菌对酸碱度不太敏感，一般在pH 3～9范围都能生长，而与放线菌、细菌相比，多数真菌在偏酸的环境中易于生长，一般中药真菌的生长环境以pH在5.5～6.5为宜，但不同中药真菌的适宜pH范围不同，如猴头菌生长的适宜pH范围为3.0～4.0，银耳为5.0～6.0，木耳为5～5.5。

（五）光照

光照对真菌的影响是多方面的，光照可影响真菌的生长速度、合成能力和生殖器官的形成。不同菇类、不同生长阶段对光的需求量不同，许多真菌的繁殖不受可见光的影响，就是说，在黑暗、连续光照或交替光照下没有差别，但是有些种类没有光照就不出菇。

1. 需求规律　由暗→亮。在营养生长阶段，一般不需要光照，而由营养生长阶段转向生殖生长时光的作用则是必不可少的。子实体的分化及形成一般需要一定的散射光。多数中药真菌菌丝的生长不需要光照，而且光照对菌丝的生长有抑制作用。影响菌丝生长速度的光波主要为蓝光，波长为380～500nm，而红光（570～920nm）则对菌丝生长无影响。一定量的散射光对大部分中药真菌子实体的分化是必需的。如松口蘑、香菇等在完全黑暗下不能形成子实体，而灵芝等在无光下虽能形成子实体，但子实体不能正常发育而出现畸形或不产生孢子。

2. 光照强弱的影响　光照强度对子实体的分化有影响，是分化的必要因素。一般光照强度有一个最低限，低于这个限度，子实体则不能分化。另外，光照强度不够时，还将影响子实体的色泽，如黑木耳只有在光照强度为250～1000lx下才出现正常的红褐色，光照不足时则色泽变淡。

第二节　中药菌物制种

一、菌种的概念

菌种是指在适宜基质上生长良好，并以充分蔓延可以作为药食用菌生产的种源菌丝体。依据其生长基质即培养基的形态可分为固体菌种、液体菌种。依据菌种的来源、繁殖代数可分为三类：母种、原种、栽培种。

母种通常指由孢子、子实体组织，菇（耳）木或基质菌丝分离纯化并在试管培养基上繁殖的菌丝体、芽孢及其培养基。母种经出菇试验后可用于生产，称为一级种。其鉴定特点是菌丝洁白、健壮、无虫害、有蘑菇香味。原种通常指由母种扩大移植于固体或液体培养基上繁殖的菌丝体，又称为二级种。其鉴定特点是菌丝洁白、健壮、有凝水、不干燥。栽培种通常指由原种扩大移植于固体或液体培养基上繁殖的菌丝体，又称为三级种。通常以菌种瓶或菌种袋为容器。其鉴定特点是菌丝洁白、健壮、有凝水、不干燥、存放不超过25～35天。

二、营养物质

中药真菌生长发育所需的营养物质主要是：碳源、氮源、矿物质、维生素和其他物质等。

（一）碳源

碳是真菌细胞的结构物质和能源物质基础。碳是中药真菌菌体中含量最高的元素，约占菌体成分的50%～60%；真菌一般不能利用无机碳源，例如二氧化碳、碳酸盐等，而可用有机碳如多糖、单糖、有机酸、氨基酸、某些醇类，多环类化合物和天然碳源等，主要利用六碳糖－葡萄糖等小分子化合物。碳源的浓度也是很重要的，一般使用碳源的浓度过高反而抑制菌丝的生长。

（二）氮源

氮源是真菌合成氨基酸、蛋白质、核酸和细胞质的主要成分，同时也是合成真菌细胞壁中几丁质的成分。不同于碳源，大多数真菌可直接利用无机氮素化合物，其中以铵盐和硝酸盐最佳。此外，合适的氮源浓度对菌体的生长也是至关重要的。

另外，培养基中碳和氮的比也要恰当。培养料中碳的总量与氮的总量比值，称为碳氮比，它表示出了培养料中碳氮浓度的相对量。一般营养生长阶段碳氮比以20:1为佳，而生殖生长阶段以30~40:1为宜。

（三）矿物质

矿质元素是构成中药真菌细胞的成分，也是酶的组成成分，它可以调节细胞渗透压和pH等。中药真菌生长需要的矿质元素按其所需量分为常量（最适浓度100~500mg/L）和微量元素（1/1000mg/L）两类。常量元素有磷、钾、镁和硫，其中钾是真菌中最富量的元素。微量元素有铁、钴、锰、锌、钼等。主要矿质元素在粪、草、木屑等培养料中的含量，已基本满足中药真菌生长发育的需要。在配制培养料时尚需加入石膏粉、碳酸钙、石灰等，一般在培养料中添加0.03%~0.2%为宜。但应根据不同的培养材料和菌类，适当调整。

（四）维生素

维生素是真菌生长需要量较少的有机成分，其中主要是水溶性的B族维生素，一般要求维生素B_1的含量为0.01mg/L以上，缺少维生素B_1，中药真菌生长迟缓，严重缺乏则会停止生长，因此，缺乏时可适当加入一些麸皮。腐生性的真菌大都有自身所需要的各种维生素，不需要外源供给，只有少数真菌必须依赖外源供给。

其他物质：一些生长刺激素（生长因子）不是中药真菌的营养物质，但是它具有促进菌丝体生长的作用，如三十烷醇、α-萘乙酸等生长刺激因子类激素，对菌丝的生长也有一定的促进作用，特别是三十烷醇已成为目前已知生长调节物质中活性最强的一种，实验证明，1.0ppm的三十烷醇对蘑菇的生长有明显促进作用。不仅如此，核酸核苷酸也具有生长刺激素样作用。

三、培养基的种类

培养基按其营养成分、性状或用途可分成多种类型。

（一）根据物理状态分类

根据培养基制成后的物理状态，将其分为液体培养基、半固态培养基、固体培养基。

（二）根据营养物质分类

根据营养物质的来源，可以把培养基分为天然培养基、半合成培养基和合成培养基。

（三）根据培养基的特殊用途分类

根据培养基的特殊用途，还可将培养基分为基础培养基、加富培养基、鉴别培养基、选择性培养基等。

四、消毒与灭菌

消毒是部分灭菌，或称非彻底性杀菌，是指用物理或化学方法，杀灭清除物体表面或环境中的一部分微生物，或减少病原微生物以防止侵染，而不是消灭所有的微生物，也不能杀死细菌的芽孢或霉菌的休眠孢子。灭菌是指彻底杀菌，或称完全灭菌，用物理或化学方法，将所有的微生物（包括芽孢子和休眠孢子）全部杀死，使物体成为无菌状态。消毒与灭菌的常用方法有两种。

（一）物理方法

借助物理方法影响微生物的化学成分和新陈代谢，从而达到灭菌的目的。常见的方法包括热力灭菌法、过滤灭菌法、渗透压消毒、干燥消毒、微波灭菌法、辐射灭菌法等。以下重点介绍热力灭菌法和辐射灭菌法。

1. 热力灭菌法 有干热灭菌和湿热灭菌之分。①干热灭菌法：采用灼烧或干热空气灭菌的方法。适用于玻璃器皿和瓷器等物的灭菌，广泛应用于实验室和生产。②湿热灭菌法：利用蒸汽或沸水灭菌，是常用的一种灭菌法。常按是否加压又细分为高压蒸汽灭菌法、常压间隙灭菌法、常压蒸汽灭菌法、煮沸消毒法、巴斯德消毒法等。

2. 辐射灭菌法 利用辐射产生的能量进行灭菌。按辐射作用的方式可分为两大类，即电离辐射、非电离辐射。①电离辐射：经常用于灭菌的有γ射线、中子。②非电离辐射：常用紫外线灭菌。

（二）化学方法

用化学药品来杀灭或抑制杂菌的生长与繁殖。

五、菌种的制备

（一）纯菌种的分离

通常采用的菌种分离方法有孢子分离法、组织分离法、基内菌丝分离法，不同的菌种一般采用不同的方法分离。

1. 孢子分离法 孢子分离法也称孢子弹射分离法，是利用中药真菌的菌褶或菌孔中着生的孢子，使其在无菌条件下，弹射在适合生长的培养基上，并萌发生长成菌丝，而得到纯菌种的一种方法。①分离材料的选择与消毒：中药真菌的有性孢子，都是由异性的细胞核经核配后形成的，具有双亲的遗传性，变异性大，生命力强，适于育种。为防止杂菌感染，分离材料要严格消毒。对子实层未外露的子实体，可浸入0.1%~0.2%升汞溶液中2~3min，进行表面消毒；子实层外露的，为避免孢子遭受杀伤，需用70%~80%乙醇对菌盖、菌柄进行表面消毒。分离的全部过程都必须在无菌条件下进行，所用的一切器皿也都要经过严格消毒方可使用。②孢子的采集：常用的方法包括孢子弹射采集法、孢子印采集法、菌褶涂抹法、空中孢子捕捉法。③孢子分离：采集到的孢子一般需要经过分离选择后才能制作原种。包括多孢子分离法和单孢子分离法。多孢子分离中，因采收孢子的方式不同，可分直接培养法、斜面培养法、涂布分离法。单孢子分离法比多孢子分离法复杂的多，要使成堆的孢子相互分开，个个单独存在，按分离手段可分为稀释法、划线法、毛细管分离法和器械分离法等。采用单孢子分离器，进行单孢子分离，是目前较先进的手段，但这种设备昂贵，国内只有少数专业单位使用，应用较为普遍的单孢子分离方法为菌液连续稀释法。菌液的稀释方法很多，其原理都是用无菌水把孢子冲散，最大限度的降低孢子在无菌水中的分布密度，最后使每滴水中只含1~2个孢子，然后用无菌注射器吸入孢子悬浮液，滴在斜面培养基表面，转动试管，使菌液均匀分布在斜面上，经恒温培养，选优良菌落进行纯化。

还有一种方法更为简便——直接挑取法，即在实体解剖镜下直接挑取单个孢子进行分离纯化。分离时，把需分离的植物组织或制好的玻片等放于解剖镜下观察，找到需分离的孢子后，将挑孢针（把直径3~4mm、长约15cm的玻璃棒一端烧熔，将一个4号昆虫针尾部插入，把针尖部2mm左右弯折即成）在酒精灯外焰上灭菌，待稍冷却，然后用挑孢针尖把孢子粘上，转移入试管斜面培养基上，放入恒温培养箱内培养，即得单胞菌系。该单孢子分离法对许多孢子相对较大、颜色较深的真菌都适合，如锈菌的冬孢子、夏孢子、锈孢子，黑粉菌的厚恒孢子等。但对于一些孢子较小颜色又较淡的孢子，如担孢子、孢子囊孢子、镰刀菌的小孢子等用这种方法则难以分出。在操作时，多孢子分离法比单孢子分离法简单，适用于生产，而单孢子分离法只适用于杂交育种。异宗接合担子菌的单孢子分离物，不论菌丝如何繁殖，永远也不会形成子实体，所以不能用于栽培生产。

（二）组织分离法

所谓组织分离法，就是利用幼嫩组织（子实体、菌核、菌索）中的菌丝（三生菌丝），在无菌条件下，接种在培养基上，重新恢复为无组织分化的菌丝体。此种方法分离得到的菌种，生命力强，菌丝生长快，成活率较高。

1. 子实体组织分离 进行组织分离，首先要对分离材料进行选择，要求种菇或种耳必须是品系纯正、品质优良、幼嫩、肥壮而无病虫害，然后对选好的种菇进行表面消毒。先用无菌水冲洗数次，去掉泥土及杂质，放入0.1%升汞液中浸几分钟，然后用无菌水冲洗，再用无菌滤纸吸干，切去菇柄基部，从柄中间将种菇一撕两半，用无菌手术刀在菌盖与菌柄交界处切取米粒大小组织块作接种材料，在无菌条件下迅速接种于斜面培养基，适温下恒温培养数天，在组织块周围就可长出新的菌丝，再经纯化即可得到纯菌种。所有伞菌类的中药真菌，都可用此法分离纯菌种，但耳类的胶质菌肉很薄，不论是消毒处理，还是分离技术难度都较大。

2. 菌核的组织分离 少数中药真菌（如茯苓、猪苓、雷丸及麦角等）的子实体不发达，但其营养器官十分发达，能形成较大的菌核；还有些真菌与昆虫形成复合体成为假菌核，如冬虫夏草、僵蚕、蝉花等，它们都可通过组织分离获得纯菌种。在纯菌种分离时首先水洗去表面泥土等杂物，后用0.1%升汞液或70%乙醇液进行表面消毒，吸干药液后，用无菌手术刀把菌核从中间切开，取小块菌核组织，接种于斜面培养基，经培养、纯化，即得纯菌种。在菌核组织中，常含大量多糖类物质，在其中夹杂着少量菌丝，所以用菌核进行组织分离时，材料应适当大一些。

3. 菌索的组织分离 有一部分真菌子实体不易找到，也没有菌核，可以用菌索进行分离，如蜜环菌、假蜜环菌、亮菌及安络小皮伞等。菌索前端白色的生长点及后面的红褐色菌索适合作接种材料。接种时，切取前端菌索一小段，用0.1%升汞液或70%乙醇液进行表面消毒，再用无菌水冲洗数次，去掉升汞残液，用无菌滤纸吸去表面水分，后用无菌手术刀与镊子，剥去外面皮鞘，将内部白色菌丝束接入斜面培养基；或从中间劈成两半，将刀切口贴在培养基表面，经恒温培养，几天后在菌索周围就会长出新鲜白色菌丝，然后挑取外围菌丝，重新接种于另一斜面培养基上进行纯化。由于菌索细小，操作过程极易污染，若在培养基中加入青霉素或链霉素等抑菌剂（每1000ml培养基加40μg），则降低污染效果明显。

（三）基内菌丝分离法

基内菌丝分离法，就是利用生长菌丝的基质做分离材料获得纯菌种。该法虽难度不大，但操作过程较复杂，所以通常只有在上述两种方法不能达到目的的情况下，用此法补救。

选择菌木的标准：生长的子实体性状优良，基内菌丝发育旺盛，菌木不腐烂，无杂菌污染。为防止细菌污染，除使用酸化培养基或加入抗生素外，应使菌木风干失水。选好种菇、种耳后，在子实体生长部位，锯下1～1.5cm厚的菌物，去掉树皮把菌物片放入0.1%升汞液中浸泡几分钟，进行表面消毒，然后冲去药液，吸干表面水分，放入无菌培养皿内，必要时重复消毒1次。切去木片的外层，将中间生长菌丝的部分，用无菌刀劈成火柴杆粗细的带菌木条，置于斜面培养基，恒温培养几天之后，在木条周围长出绒毛状菌丝，经纯化即为纯菌种。

六、菌种的保藏

菌种一般在干燥、低温、冷冻或减少氧气含量等条件下保藏，使其代谢强度降低，维持菌种的休眠状态，防止菌种退化。菌种保藏一般有以下几种方法。

（一）斜面低温保藏法

除草菇等个别的高温型菌种适于在15℃左右的条件下保藏（常温保藏）外，绝大多数菌种都适合在低温条件下保藏。低温保藏法，即把保存的菌种放入4℃左右的冰箱中，经3～6个月转管传代培养1次。保藏时要注意环境温度不能太高，以防霉菌通过棉塞进入管内。因此，若用棉塞，可用干净的硫酸纸或牛皮纸包扎棉塞，既可减少污染的机会，也可防止培养基干燥。为恢复菌种的生活能力，须在使用前一天从冰箱中取出，置于常温下进行活化转管，不能直接使用。

（二）矿物油封藏法

将上述斜面菌种灌注一层经灭菌的液体石蜡等矿物油类，防止培养基中的水分蒸发及外界空气进入，有降低新陈代谢、保持菌种活力的作用，可达到延长菌种使用寿命的效果。

（三）冷冻干燥法

此法是同时采用真空、干燥和低温3种手段进行保存菌种的一种方法。保存期为10～20年，仍不改变和降低原有的性状和活性。具体方法是：将保存菌种的孢子制成悬浮液，装入安瓿瓶中，然后骤然降温冷冻，并抽出空气成真空状态，使培养物以固体形态升华脱水，熔封瓶口后在低温或室温下保存。

（四）液氮超低温保藏法

超低温能使代谢机能降低到最低水平，保持菌种不发生变异。实验证明，采用这种新技术，可以保藏所有的微生物菌种。不适宜冰冻干燥保藏的草菇菌种，用10%甘油作保护剂，也能在低温冰箱中包藏。液氮超低温冷箱内的温度低达－130℃～－196℃，超低温保藏菌种，具有效果好、使用范围广、操作简捷等优点，但超低温冰箱的价格昂贵，应用尚不普遍。

（五）生理盐水保藏法

取纯氯化钠0.7～0.9g，放入100ml蒸馏水中，搅拌均匀分装试管，每管5～10ml，进行灭菌（$1kg/cm^2$，30min），经无菌检查合格后备用。将待保藏的菌种接入马铃薯葡萄糖液体培养基中适温振荡培养5～7天。无菌操作吸取少许培养菌种注入经检验合格的生理盐水试管中，塞上无菌橡皮塞，用石蜡涂封，在室温或低温下保藏。

七、菌种退化与复壮

菌种（菌系）在应用一段时间后，品种的整体生活力和质量会下降，优良性状的优势变弱或丧失，这种现象称为菌种退化。

已经退化了的菌种仍继续保留或应用时，则必须进行菌种复壮。所谓菌种复壮，就是把已经衰老、退化的菌种，通过人为的方法，再使其优良性状重新得到恢复的过程。进行菌种复壮时，除应改善培养条件外，对于已经驯化的栽培种类，最有效的方法就是进行有性繁殖。采用段木或代用料及粪草进行复栽，即把栽培后具有优良性状的子实体，通过孢子或组织分离，重新获得菌种，就会再现原有的优良性状。菌种复壮常有以下几种方法：

（一）淘汰已衰退的个体

在无菌条件下，将试管中的菌丝体刮下，放入装有100ml无菌水的三角瓶内，充分摇动振荡，使菌丝分散，用注射器吸取10ml菌丝液，注入装有90ml无菌水的三角瓶内，充分摇匀后，接入培养皿培养基上。每个平板可接入2～3滴菌丝液，应使菌丝液分散在平板上，用适宜温度培养至菌丝萌发，挑选健壮的菌丝接入试管斜面，培养至菌丝长满斜面，经试验证明符合原菌种的性状，即可用于生产。

（二）定期重新分离菌种

生产上使用的菌种一般1～2年后都应重新分离1次，以起到复壮的作用。不管采用哪种分离方法，都应挑选形态和其他性状与原来菌种相同的子实体。新分离的菌种应经过复栽，符合要求后，才能用于生产。

（三）代料栽培的木生菌类

要定期接入木材中，待长出子实体后，挑选出菇木（或耳木）进行菌种分离，可起到复壮作用。

第三节　中药菌物栽培技术

中药真菌的人工栽培因真菌的种类、营养类型、环境条件及培养料的不同有多种方式，主要方式有段木栽培和袋料栽培。

一、段木栽培

采用段木栽培的中药真菌有灵芝、香菇、黑木耳、银耳、金耳、猪苓、茯苓等。其生产流程包括：栽培场地选择、整理，段木菌种准备，段木人工接种，培养，起架管理，病虫害防治及采收加工等。

（一）段木准备

一般对树种的要求并不十分严格，除含树脂及芳香类化合物的松柏科植物及香樟、檀香、香楠等少数树种外，均可利用，其中以壳斗科植物为佳。一般以15～20年为适宜树龄，树木粗度以胸径6～20cm为宜。

选择含营养丰富、水分适中的时期进行砍伐。适宜时期为晚秋树叶脱落后到第二年春季树木萌发以前，砍树后再进行剔枝、锯段、干燥、打孔等处理。

（二）接种

所谓接种，就是把已培养好的菌种接入段木的组织中，并使其定植下来的过程。接种质量的好与坏，是进行段木栽培的关键一环，在接种前务必要检查段木组织是否枯死，水分状况是否适中，再根据各地区的气温、栽培种类等情况选定适宜时期接种。

（三）管理

保持栽培场地清洁，根据中药真菌对光照、温度、湿度、空气等因素的要求，通过搭棚、遮阴、加温、喷水等方法调节环境。

二、袋料栽培

袋料栽培适应于灵芝、黑木耳、银耳、金耳、榆黄蘑、香菇、金针菇等中药真菌。袋料栽培生产流程主要包括原料准备、配制培养基、装袋（瓶）、灭菌、菌种准备、接种、发菌、子实体形成及管理。

（一）栽培场地选择

袋料栽培场所的选择，应考虑多数中药真菌在菌丝培育和子实体形成阶段对外界环境要求不同，尤其是对温度、湿度与光线的要求差异，把菌丝培育场与子实体发生场加以分开。

（二）袋料选择及配制

在选择袋料时，要根据各种真菌对营养物质的不同要求，尽量选择适宜其生长的原料。不同真菌袋料栽培时，所需营养组成、培养基结构均不相同。配制培养料时，先将易溶于水的辅料溶于少量水，再与主料混匀，配制后应尽快灭菌。

（三）袋料栽培

袋料栽培有瓶栽、袋栽、菌砖栽培、箱栽、阳畦栽培及室内层架式床栽等多种形式。

1. 瓶栽 常采用广口瓶或玻璃罐头瓶，容积500～1000ml。洗净后，将配好的培养料装瓶压实，装量为瓶高的2/3，松紧以瓶倒置培养基不落下为宜。用特制的木棒在瓶口料中打5～6cm左右深、直径1.5～1.8cm的接种穴，用布将瓶口及瓶壁擦干净，再用耐高温膜盖住瓶口，外覆一张牛皮纸，用绳线或牛皮筋扎紧，即可放入高压灭菌锅内，常规高压灭菌45～60min，灭菌后，瓶凉至30℃左右便可接种。

2. 袋栽 袋栽通常用耐温聚丙烯制成的不同规格的圆筒形，简称PP袋。市场上销售的有低压聚乙烯薄膜筒、高压聚乙烯薄膜筒及聚丙烯薄膜筒三种。

（四）栽培管理

接种后，一般放到菌丝体培养室，温度控制在20℃～25℃，空气相对湿度在55%～65%之间。多数中药真菌在菌丝体培养阶段要求黑暗条件。如黑木耳菌丝一接触光线，就容易形成耳芽，影响产量。金针菇发菌过程中，控制微弱的光线，可抑制菌盖细胞分化，促进菌柄伸长。应经常检查杂菌。当菌丝体生理成熟，便转入了子实体生长发育阶段，应将菌袋（瓶）移入栽培室。根据中药真菌子实体形成的生理和生态条件要求，以保湿为主，协调光、温、气诸因素。

第四节 中药真菌的病虫害防治、采收加工

一、中药真菌病害及其防治

中药真菌在生长发育过程中，由于遭遇不适宜的环境条件，或者受其它生物的侵染，致使中药真菌的生长发育、代谢活动和生理机能受到影响或破坏，降低其产量及质

量。中药真菌病害可分为非侵染性病害和侵染性病害。

（一）非侵染性病害（生理病害）

当环境条件中某种因子的变化超过了中药真菌所能适应的范围时，其正常的生理活动就会受到阻碍甚至遭到破坏而产生的病害，称为非侵染性病害（生理病害）。

常见的致病因素有营养物质缺乏或比例失调、水分失调、高温、冻害、光照不适、有害化学物质（CO_2、SO_2、H_2S 等）浓度过高及农药引起的药害等。

（二）侵染性病害

由真菌、细菌、病毒等病原生物侵染中药真菌后引起的病害称侵染性病害。这些病害是能够传播的，又称传染性病害。按照病原物对中药真菌的为害方式，侵染性病害可分为四大类：围食性病害、寄生性病害、竞争性病害、干扰性病害。

1. 围食性病害 这类病害的病原属于黏菌，它们生活史中的某个阶段是以变形体形式存在并围食中药真菌菌丝体、原基、孢子后进行细胞内消化，也可使中药真菌子实体呈黏液状腐败。多发生在香菇、木耳、银耳段木上。

2. 寄生性病害 此类病害的主要特征是：病原物直接从寄主的菌丝体或子实体内吸收养分，使中药真菌的正常代谢受到阻碍，从而使中药真菌的产量和品质下降。根据病原物的不同，可分为以下几种：（1）病毒病害：成熟的具有侵袭力的病毒颗粒称为病毒粒子，在香菇、茯苓、草菇、银耳、平菇上均有发现。防治方法主要有杜绝侵染源；菇房及其用具要彻底消毒；菇房通风时要使用高效的空气过滤装置；使用的菌种必须经过病毒检测，防止带毒；提倡早采菇，防止在菇床上开伞。（2）细菌性病害：蘑菇类真菌最常发生。防治方法：菇房设施要彻底消毒，床架用0.2mg/L漂白粉液刷洗，地面撒漂白粉；培养料充分发酵，覆土用甲醛消毒处理。发病区减少喷水次数，使菇房内的相对湿度降到85%以下。在琼脂培养基内加抗生素（如庆大霉素、链霉素等）。（3）真菌病害：寄生性真菌病害研究报道最多的是褐腐病、褐斑病、软腐病、猝倒病、红银耳病等。①褐腐病：也称疣孢霉病、湿泡病。病原为疣孢霉，该病原菌喜郁闭、潮湿环境，其菌丝生长最适温度为25℃，10℃以下极少发病，15℃以上发病重，65℃条件下经1h病菌死亡。防治方法：播种、覆土前5天，按每立方米覆土加50ml甲醛、25g高锰酸钾的比例进行密封熏蒸24h。开始发病后应停止喷水，加大菇房通风，并且尽可能将温度下降，在病区喷洒1%～2%甲醛溶液，或喷洒1∶500倍多菌灵或托布津灭菌。②褐斑病：亦称干泡病、轮枝霉病。防治措施：用甲醛熏蒸覆土，且避免覆土过湿；防止菇蝇等昆虫危害，工具用4%甲醛液及时消毒，已发病的菇床，可喷洒1∶500倍多菌灵溶液。③软腐病：又称树枝状葡枝霉病、蛛网病。防治措施：局部发生时，喷洒2%～4%甲醛液或1∶500倍的多菌灵药液；在染病床面撒0.2cm厚的石灰粉。减少菇床喷水，加强通风、降低湿度。

3. 干扰性病害和竞争性病害 病原物虽然不直接侵害寄主菌丝体和子实体，但病原菌分泌的“毒素”能抑制中药真菌菌丝体和子实体生长发育的叫干扰性病害；由于有害菌的存在夺取了中药真菌生长发育所需营养的叫作竞争性病害。（1）脉孢霉：又名链孢霉、红色面孢霉。菌丝透明，有分枝和隔。分生孢子梗为双叉状分枝，分生孢子串生，球形至卵圆形，粉红色。防治方法：①菌种生产尽量避开闷热、潮湿的夏季高温、高湿期；②注意搞好环境卫生，废料及时处理，培养料灭菌消毒要彻底，并避免棉塞受潮，搬运时不损伤菌种袋；③操作人员严格遵守无菌操作规程；④定期检查，发现霉菌污染及时处理。(2) 木霉：主要为绿色木霉和康宁木霉。木霉菌丝无色、多分枝、具分隔，分生孢子梗分枝，其小分枝常对生，上生分生孢子团。木霉可侵染所有的食用、中药真菌菌种和菇床。培养物碳水化合物过多，偏酸性及高湿均有利于其生长。防治方法：培养料的堆制、配比要合理；子实体采摘后及时整理菇床，清除残根；喷洒5%石灰水，始见木霉时，及时喷洒1∶500倍苯来特药液。(3) 曲霉：主要是黑曲霉，黄曲霉和灰绿曲霉。菌丝无色，有隔膜和分枝。黄曲霉不但与中药真菌、食用菌争夺养料和水分，而且还分泌毒素危害人体健康。防治方法同脉孢霉防治。此外还有青霉、根霉和毛霉。

用来栽培香菇、黑木耳、银耳的段木取之于山间树林，入菌种后的菌棒也在野外栽培，所以段木栽培中常会出现杂菌，主要有：裂褶菌（为害菇木、耳木的常见菌），桦褶孔菌（菇木、耳木上均有发生，为害较大），止血扇菇（亦称鳞皮扇菇），野生革耳（多发生在耳木上），小节纤孔菌（主要为害菇木），轮纹韧革菌（是耳木上常见杂菌），朱红栓菌（主要为害耳木，5～9月，多在第二年耳木上发生，阳光直射的菇木上也有发生），绒毛栓菌（耳木上的杂菌），薄黄褐孔菌（主要为害菇木），黄褐耙菌（5～8月在黑木耳耳木上发生）。防治方法：①适当增加栽培菌的接种穴数；②原木去枝断木后，及时在断面上涂刷生石灰水；③选用生活力强的优良菌种，且尽可能在气温尚较低（10℃～15℃）时接种；④栽培场地应选择通风良好、排灌方便的地方，避开不通风的洼地；⑤清除场地内及周围的枯枝、落叶和腐烂物，消灭杂菌滋生地；⑥适时翻堆，改换菌棒堆放方式，操作时轻拿轻放，保护树皮；⑦一旦发现杂菌，及时刮除，同时用生石灰乳涂刷刮面，根据杂菌发生的种类和规模，分析发生原因，调整栽培管理措施，抑制杂菌蔓延。

二、中药真菌虫害及其防治

药用、食用真菌害虫种类多，由于虫咬的伤口极易导致腐生性细菌或其它病原物的侵染，而且有些害虫本身就是病菌的传播者，所以很容易并发病害，造成更大损失。中药真菌害虫的防治坚持“预防为主，综合防治”的原则。

(一) 真菌瘿蚊

该虫是危害银耳、木耳、蘑菇等的主要害虫，是发菌期幼虫在料中为害，其后为害菌丝与子实体，菇蕾受害后发黄、萎缩枯死。防治方法：①菇房门窗应装纱窗纱门，减少瘿蚊成虫飞入菇房；②搞好环境卫生，清除菇房内外垃圾，撒石灰粉保持菇房周围干燥；③用1% 847混合剂喷洒菇房墙壁、地面和床架；④在培养料上床前一天再进行一次翻料，边翻边喷洒1.25%敌敌畏或1% 847混合剂，覆膜密封24h；⑤菇床上早期发现瘿蚊幼虫时，可用1%氯菊酯喷洒。

(二) 跳虫

是弹尾目小型低等昆虫，为害香菇、木耳及蘑菇、草菇等。防治方法：跳虫是栽培环境过于潮湿、卫生条件极差的指示害虫，故应以防治为主，改善卫生条件，防止积水。跳虫不耐高温，香菇培养料二次发酵为主要预防措施。

三、中药真菌的采收及加工

(一) 中药真菌的采收

中药真菌的合理采收与其产量和质量的关系很大。必须掌握中药真菌生长发育规律，做到不误时机合理采收。

1. 子实体 野生以子实体入药的中药真菌多在雨量充沛、气候湿润的7～8月份，及时采收，有些胶质菌如黑木耳等在5～6月即开始采收，人工栽培的菇类应在出菇的高峰期采收。另外，要根据菇的生长密度决定采摘量，一般生长过密的要多采摘。

2. 菌核 有许多中药真菌以菌核入药，如茯苓、猪苓、雷丸等。野生菌核的采收多在春季或秋季，人工栽培茯苓在接种后第二年春季采收，猪苓4～5年才能采收，以秋季为好。

（二）中药真菌的加工

中药真菌采回以后，要及时除去泥土、杂质及腐烂、虫蛀部位，尽快加工。一般真菌仅需干制。

1. 晒干 把中药真菌直接摊放在席子上，在阳光下曝晒。

2. 烘干 烘烤时温度不宜过高，初始温度一般在35℃～45℃，最后达60℃～70℃，不超过80℃。

（马 琳 李 明）

第三章 中药植物栽培

要点导航

1. 掌握：中药植物生长与发育概念及其影响因素和调控措施；中药植物繁殖与良种繁育概念、方法；中药植物引种驯化与野生抚育概念、方法；中药植物病虫害概念、发生特点及防治方法；中药植物采收期及其影响因素；中药产地加工概念与方法等。

2. 熟悉：中药植物生长进程与生长周期性；中药植物发芽分化、开花传粉及果实种子形成；中药植物生长与发育相关性；中药植物生命周期；中药植物播种方式；中药植物品种退化原因及防止措施；中药植物引种驯化影响因素与工作程序；中药植物病害的病状、病症与病原；中药植物病虫害防治原则；中药植物一般采收期。

3. 了解：中药植物营养元素与需肥量；肥料种类、性质与使用方法；中药植物种子特点与发芽条件；中药植物育苗方式；中药植物良种繁育基本程序；中药植物引种驯化的重要意义与基本理论；侵染性病害发生条件及病原物存在方式、侵入与传播途径；昆虫繁殖方式、习性和生活史；中药植物采收方法。

在常用中药中，植物性品种最多，约占全部种类的80%。因此，中药植物栽培是中药栽培养殖学的重要内容。本章介绍的内容主要有中药植物的生长发育及其影响因素和调控措施，中药植物的繁殖方法与良种选育，中药植物的引种驯化与野生抚育，中药植物的病虫害及其防治，中药植物的采收与产地加工等。

第一节 中药植物生长发育

中药植物生长发育是一个从种子到新一代种子产生的完整过程。种子播种后，在适宜的外界环境条件下萌发，先形成根、茎、叶等营养器官。当营养器官生长到一定程度时，产生花、果实和种子等繁殖器官。中药植物的生长与发育是一个从量变到质变的过程，是由其体内细胞在一定的外界条件下同化外界物质和能量，按照自身固有的遗传模式和顺序进行分生、分化的结果。

一、中药植物生长

了解中药植物生长规律，有助于把握其生长进程，便于在植株生长的关键环节采取有效栽培措施，促进植株生长，提高中药材产量。

（一）生长的概念

中药植物通过细胞分裂和增大，植物体由小变大，从幼苗长成植株，这种体积和质量在量上不可逆的增长，称为生长。植物的生长包括营养器官的生长和生殖器官的生长，存在于整个生命活动过程中。

（二）生长进程

植物细胞是构成植物体的基本单位。植物的生长是植物细胞分裂增加细胞数目，通过细胞伸长增大细胞体积，通过细胞分化形成各类细胞、组织和器官。植物细胞生长一般可为分裂期、伸长期和分化期3个时期。伸长期是细胞生长最快的时期。由于植物体是由细胞构成的，所以植物的任何一个组织、器官或整个植物体的正常生长都与细胞一样，有着相同的生长变化。从植物生长曲线（图3－1）上可看出，植物生长速度起初慢，这是由于组织中的各细胞处于分裂期，细胞数量虽增多，但细胞体积增加不显著；后来生长越来越快，是细胞体积增大的结果；到了后半段，生长速度减慢，乃是由于细胞生长逐渐进入分化期；最后进入成熟期，生长趋于停止。

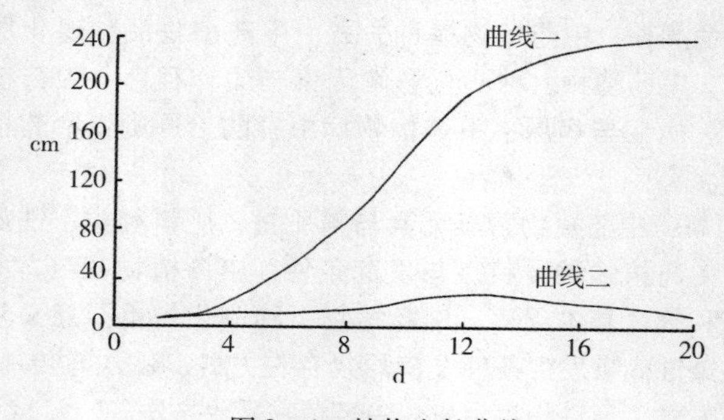

图3－1　植物生长曲线

（三）生长周期性

自然界中的所有生命都是由太阳辐射流入生物圈的能量来维持的，植物生长也是如此。但是，由于地球的公转和自转，太阳辐射呈周期性变化，因而与环境条件相适应的植物生命活动也表现出同步的周期性变化。其一，植物生长随着一年四季的变化而发生有规律的变化，称为植物生长的季节周期性。在一年的四季中，自然界的光照、温度、水分等环境条件是不尽相同的，这些环境因素又是影响植物生长的主要因子。所以，外界环境发生变化，植物的生长也会发生变化。其二，植物的生长随昼夜温度的变化而发生有规律的变化，称为植物日生长周期性。通常情况下，在夏季植物的生长速率白天较慢，夜晚较快；在冬季则白天较快，夜晚较慢。植物生长的季节周期性和日生长周期性主要是由于外界环境周期性变化而引起的。但是，有些植物不受外界环境条件的影响，在体内存在的内源性节奏变化，称为生理钟或生物钟。例如，豆科植物叶子夜合昼展等。

二、中药植物发育

植物体在一定的环境条件下进行生长的同时，还按照一定的遗传模式，发生着一系列有序、有规律的质的变化，导致由营养器官向生殖器官的转变，称为发育。发育与生长不同的是，生长是植物体积和细胞数量的增加，而发育则是植物细胞、组织和器官的分化，是植物体构造和机能从简单到复杂的变化过程，其中花的形成，是植物体从幼年期转向成熟期的显著标志。

（一）花芽分化

当植物生长到一定时期，植物体受到外界条件的刺激（主要是日照和温度的季节性变化）引起茎的生长锥发生花芽分化，然后现蕾、开花、结实形成种子。因此，花芽分化是营养生长到生殖生长的转折点。

花的发育过程是一个非常复杂的过程，不仅仅是形态上的巨大变化，而且体内发生了一系列复杂的生理变化。花的形成一般包括3个阶段：首先是成花诱导，某些环境因素刺激诱导植物从营养生长向生殖生长转变；然后是成花启动，茎尖顶端分生组织经过一系列变化分化成花原基；最后是花原基发育形成花器官。

在成花过程中起决定作用的是成花诱导过程，适宜的环境条件是诱导成花的外因。自然条件下特定地区的温度和日照长度随季节不同而发生有规律的变化，植物在长期的进化过程中，逐步发展了对温度和日照长度感应的敏感性，以更好地适应环境，顺利完成生活期。但有些植物花的形成对温度和日照长度要求不那么严格，几乎可以在任何适宜条件下成花。

大多数植物的花芽分化都是由茎尖生长锥伸长开始的。花芽分化时，生长锥的表面积增大。当成花诱导发生后，生长锥逐渐分化形成若干轮突起，在原来叶原基的位置上，分化形成花原基，包括花被原基、雄蕊原基和雌蕊原基，以后分别发育成花被、雄蕊（群）和雌蕊（群）。

根据花芽开始分化的时间及完成分化全过程所需时间长短不同，花芽分化可分为下列几个类型：①夏秋分化类型，花芽分化于6～9月高温季节进行，至秋末花器的主要部分已完成花芽分化，第二年早春后开花，其性细胞的形成必须经过低温，如许多木本植物牡丹、梅花、丁香等；②冬春分化类型，原产温暖地区的一些木本植物多属此类型，如柑橘类从12月至次年3月完成花芽分化，特点是分化时间短且连续进行，一些二年生植物和春季开花的宿根植物仅在春季温度较低时进行花芽分化；③当年一次分化的开花类型，在当年枝的新梢上或花茎顶端形成花芽，如萱草、菊花等；④多次分化类型，一年中多次发枝，每次枝顶均能形成花芽并开花，如月季、忍冬等；⑤不定期分化类型，每年只进行1次花芽分化，但无固定时期，只要达到一定的叶面积就能开花，主要视植物体自身养分和积累程度而异，如凤梨科、芭蕉科的某些种类。

（二）开花与传粉

1. 开花 当雄蕊中的花粉粒和雌蕊中胚囊（或二者之一）已经成熟时，花被展开，雄蕊和雌蕊露出，这种现象称为开花。各种植物在开花年龄和开花季节上常有差别。栽培作物的开花期与品种特性、营养状况以及外界条件等有密切关系，1～2年生草本中药植物，一般生长几个月就能开花，一年中只开1次花，开花后，整个植株枯萎凋亡；多年生植物在达到开花年龄后，就能每年到时候开花，延续多年，直到枯萎死亡为止；竹子虽是多年生植物，但一生只开花1次，花后即死亡。各种植物每朵花开放持续时间以及开花的昼夜周期性也有差别。花序类型不同，开花的次序亦不同。无限花序开花的次序是由下向上或由边缘向中央逐渐开放，而有限花序开花的次序则是由上向下或由中央向边缘逐渐开放。

植物的开花习性是植物在长期演化过程中形成的遗传特性，在一定程度上也受纬度、海拔高度、气温、光照、湿度等环境条件的影响。早春开花的植物，当遇上3~4月间气温回升较快时，花期普遍提早，若遇早春寒冷，晚霜结束又迟的年份，花期普遍推迟。晴朗干燥、气温较高的天气可以促进提早开花；反之，阴雨低温天气则有产生延迟开花的作用。掌握植物的开花规律和开花条件，可在栽培过程中及时采取相应措施，提高药材的产量和品质，也可在育种工作中，通过控制花期进行人工有性杂交。

2. 传粉 成熟的花粉粒，借助外力的作用，从雄蕊的花药传送到雌蕊柱头上的过程，称为传粉。成熟的花粉粒落到同一朵花的柱头上的传粉现象，称为自花传粉。在农业栽培上将同株异花间的传粉也称为自花传粉。自花传粉植物的花为两性花；雄蕊和雌蕊同时成熟；雌蕊的柱头对花粉萌发无任何生理阻碍。一朵花的花粉传递到同一植株或不同植株另一朵花的柱头上的传粉方式，称为异花传粉。异花传粉植物的花多为单性花（且雌雄异株）；若是两性花，但雌、雄蕊不同时成熟，雌雄蕊异长或异位，花粉落到本花柱头上不能萌发，或不能完全发育。在自然界中异花传粉是一种普遍存在的传粉方式。从生物学意义上来说，异花传粉比自花传粉优越。因为异花传粉时，由于雌雄配子来自于不同的植物体（或不同一朵花），分别在差别较大的环境中产生，遗传性的差异较大，由此结合而产生的后代具有较强的活力和适应性。

异花传粉的媒介主要是风和昆虫，少数为水、鸟、蜗牛、蝙蝠等。依靠风为传粉媒介的植物称为风媒植物，其花称为风媒花。风媒植物的花常形成小花密集的花序，花被一般不鲜艳、小或退化，无香味，不具蜜腺，花粉量大，细小质轻，外壁光滑干燥。有些植物雄蕊花丝较长，易摆动，有利于散发花粉，如玉米等。借助蜂、蝶、蛾、蚁等昆虫作为传粉媒介的植物称为虫媒植物，其花称为虫媒花。虫媒花一般具有鲜艳的花被，常具有香味或其他气味，有花蜜腺，花粉粒较大，数量较少，表面粗糙，有黏性，易粘于昆虫体上而被传播。虫媒植物的分布以及开花的季节性与昼夜周期性，与传粉昆虫在自然界的分布、活动规律之间具有密切关系。

（三）果实、种子形成与发育

1. 果实形成与发育 受精作用完成后，花的各部分发生显著变化。多数植物的花被枯萎脱落，有的花萼宿存，雄蕊及雌蕊的柱头、花柱枯萎凋谢，仅子房连同其中的胚珠生长膨大，发育成果实。这种单纯由子房发育成的果实，称为真果，如柑桔、桃的果实。有些植物除子房外，还有花托、花萼、花冠，甚至整个花序也都参与果实形成和发育，如梨、冬瓜等的果实，这类果实称为假果。

果实生长过程一般与营养生长一样，呈“S”形生长曲线。表现为慢—快—慢的生长周期。但一些核果类的中药植物，如桃、杏等果实的生长则呈双“S”形曲线，它们在生长的中期有一个缓慢期，即核果的硬核生长期、果实膨大期生长缓慢。这类果实的生长可分为3个时期：①迅速生长期，受精后子房壁、胚及胚乳细胞分裂，使果实迅速增大；②缓慢生长期，这时由茎叶运输至果实的营养物质主要供给胚、胚乳和果核生长所需，从外表上看，果实的体积增长较为缓慢；③迅速生长期，这时果实体积迅速增大，重量迅速增加。

在果实的发育过程中，形态和细胞内容物均发生很大变化，体积膨大，重量增加，其内部经各种生理生化变化达到成熟。果实成熟时，果皮中叶绿素分解，胡萝卜素和花青素等形成积累，使果实由绿转为黄、红或橙等色。果实内合成醇类、酯类化合物为主的芳香性物质而有香味。同时，果实化学成分单宁、有机酸减少，糖分增多。

2. 种子的形成与发育　种子是由子房内的胚珠受精后发育而成的。在种子形成初期，呼吸作用旺盛，因而有足够的能量供给种子的生长并满足有机物的转化和运输。随着种子的成熟，呼吸作用逐渐减弱，代谢过程也随之减弱。在种子成熟期间，可溶性物质如糖类、氨基酸、无机盐等大量输入种子成为合成贮藏物质的原料，而导致不溶性有机化合物不断增加。例如油料种子在成熟过程中，含油量逐渐提高，而淀粉和可溶性糖含量则相应下降。

3. 果实发育与种子发育的关系　果实和种子在发育过程中，相互间有一定影响。在自然成熟情况下，果实和种子的成熟过程同时进行。对于采收的未成熟果实，在贮存期间用乙烯利等人工催熟剂进行处理，果实可以发生成熟时的生化变化，但种子并不随之成熟。这表明种子和果实在成熟时各自有其独立的生理生化变化规律。种子发育情况对果实的影响相对较大，此影响因植物种类、发育时期不同而具有差异。种子数目在不同果实中是不同的，种子的数目及分布影响果实的大小与形状。没有种子的果实，一般果型小、糖度低。种子在果实内发育不整齐，常使果实呈现不对称的畸形。

三、中药植物生长与发育的相关性

植物的细胞、组织、器官之间既有密切协调，又有明确分工，有相互促进的一面，也有彼此抑制的一面，这种现象称为相关性。植物生长发育相关性的机制是多种多样的，有的是一种器官比其他器官消耗更多的水分和矿物质的结果；有的是由于有机营养物质供应与分配的结果；有的是由于各种植物激素调节的结果。为了获得优质高产的药材，在中药植物栽培过程中常通过合理施肥、灌溉、密植、修剪等人工调节措施，正确处理与调整各部分之间生长的相关性。

（一）地上部分与地下部分生长的相关性

地下部分是指植物体的地下器官，包括根、块茎、鳞茎等，而地上部分是指植物体的地上器官，主要是茎、叶。它们的相关性可用根冠比（R/T），即地下部分重量与地上部分重量的比值来表示。地下部分与地上部分的生长是相互依赖的。地下部分的根负责从土壤中吸收水分、矿物质以及合成少量有机物、细胞分裂素等供地上部分所用，但根生长所必需的糖类、维生素等却由地上部分供给。许多试验证明，根是赤霉素、细胞分裂素的合成场所，这些微量活性物质可沿着木质部导管运输到地上部分，以促进核酸和蛋白质合成，有利于器官生长和形态建成。一般而言，植物根系发达，地上部分才能很好的生长。所谓“根深叶茂”就是这个道理。地下部分与地上部分的生长还存在相互制约的一面，主要表现在对水分、营养等的争夺上，并从根冠比的变化上反映出来。例如，土壤水分缺乏对地上部分的影响远比对地下部分的影响要大。因为，虽然根和地上部分的生长都需要水分，但由于根生活在土壤中容易得到水分，而地上部分的水分是靠根来供应的，所以缺水时地上部分会更缺水，它的生长会受到一定程度的抑制，根的相对重量增加而地上部分的相对重量减少，根冠比增加。当土壤水分较多时，由于土壤通气性不良，根的生长受到一定程度的影响，而地上部分由于水分供应充足而保持旺盛生长，因而根冠比下降。“旱长根、水长苗”。矿质元素氮是由根吸收并运送到地上部分的，当土壤中氮素缺乏时，地上部分比地下部分更缺氮，因而地上部分的生长受到抑制，根冠比增加。当氮肥充足时，有利于地上部分蛋白质的合成，茎叶生长旺盛，同时消耗较多糖类，使运送到地下部分的糖类减少，因而根的生长受到抑制，根冠比下降。施足磷、钾肥，可促使叶内碳水化合物向根部运输，加速根系生长，使根冠比增大。在一定范围内，光强度增加，促进叶片光合作用，积累营养物质较多，有利于根与树冠生长。但高强度光对地上部分有抑制作用而增大根冠比；根系生长与活动所需适温较树冠部为低，低温可使根冠比增加。例如在冬季，小麦地上部分已停止生长，根仍在生长。又如，有些春播作物在早春温度较低时，根系生长较快，而地上部分生长则较慢。在生产上，控制与调整根和地下茎类中药植物的根冠比对产量影响很大。在生长前期，以茎叶生长为主，根冠比低；在中期，茎叶生长开始减慢，地下部分迅速增长，根冠比随之提高；后期，以地下部分增大为主，根冠比达最高值。故在生长前期要求较高温度、充足的土壤水分与无机氮素营养；到后期，适当降低土温，施用充足磷钾肥，有利于增大根冠比而提高产量。

（二）主茎与侧枝、主根与侧根的相关性（顶端优势）

正在生长的顶芽对位于其下的腋芽常有抑制作用，只有靠近顶芽下方的少数腋芽可以抽生成枝，其余腋芽则处于休眠状态。但在顶芽受损伤或人工摘除后，腋芽可以萌发成枝，快速生长。顶枝对侧枝、主根对侧根的生长也具有同样现象。这种现象称为顶端优势。由于顶端优势的存在使三尖杉等针叶类植物的树冠常呈现塔形。造成顶端优势的原因目前尚不清楚，主要存在两种假说：一是 K. Goebel 提出的营养学说，认为顶芽构成营养库，垄断了大部分的营养物质，而侧芽因缺乏营养物质而生长受到抑制；二是 K. V. Thimann 和 F. Skoog 提出的生长素学说，认为顶芽合成生长素并极性运输到侧芽，抑制侧芽的生长。

生产上育苗移栽或对枝条及根进行修剪，目的在于调整根或茎生长的相关性，以达到特定的生产目的。生产上有时需要增加一些中药植物的分枝，促进多开花多结果，可采用去除顶芽（打顶）的方法，例如忍冬的修剪整形、棉花的摘心整枝、番茄的打顶等。

（三）营养生长与生殖生长的相关性

营养生长和生殖生长同样存在着相互依赖和相互制约的关系。一方面，生殖生长必须依赖良好的营养生长，但生殖生长也可以在一定程度上促进营养生长；另一方面，营养生长和生殖生长会因为对营养物质的争夺而相互抑制。

由于营养器官与生殖器官之间存在着对营养物质的争夺，正在生长发育的花、幼果常成为植物体营养分配的中心，使茎叶中大量的矿物质、糖类、氨基酸等营养物质输送到花与幼果中去；同时，花、幼果中还可制造一些生长抑制剂运到茎叶中抑制营养器官的生长。所以，生产上常通过品种选育与栽培技术措施以调节营养器官与生殖器官两者的相互关系。一般一次开花植物，在生长前期，以营养器官生长占优势，营养器官生长到一定阶段，生殖器官才逐渐形成，开花结实后，营养器官的营养物质陆续向生殖器官转移，营养器官趋于消亡。如薏苡等禾本科植物抽穗后，其枝叶生长就明显受抑制，随着生殖器官的发育，营养器官即告衰退。但是，多次开花植物往往营养生长与生殖生长重叠和交叉进行，开花并不导致植株死亡，只是引起营养生长速率的降低甚至停止生长。这一结果导致大小年现象，即头年高产，次年低产。这主要是由营养生长与生殖生长的相互制约造成的。因此，在生产中，可采取疏花疏果等措施，调节营养生长与生殖生长的矛盾，达到年年丰产的目的。同时其他栽培措施也必须处理得当，以免两者关系失调。如水肥不足，营养器官生长太差，光合产物少，供应生殖器官的营养物质不足，势必影响花芽分化，或出现大量落花落果现象；如果水肥过多，枝叶过茂，营养器官出现疯长，消耗大量营养物质，也将造成花芽发育不良，开花结实稀少。

在生产上，根据所收获的部位是营养器官还是生殖器官，利用营养生长与生殖生长的相关性可制定出相应的生产措施。若以收获营养器官为主，则应增施氮肥促进营养器官的生长，抑制生殖器官的生长；若以收获生殖器官为主，则在前期应促进营养器官的生长，为生殖器官的生长打下良好基础，后期则应注意增施磷、钾肥，以促进生殖器官的生长。

（四）植物的极性与再生性

极性是指植物体或植物体的器官、组织、细胞在形态学的两端具有生理上的差异性。这种差异性在受精卵中就已形成，一直保留下来。如一段枝条，其形态学上端（远基端）总是长出芽，而形态学下端（近基端）总是长出根。即使将枝条倒挂在潮湿环境中，仍然如此。不同器官极性大小不同，一般而言，茎 > 根 > 叶。关于极性产生的原因，一般认为与生长素的极性运输有关。生长素在茎中极性运输，集中于形态学下端，从而促使下端发根，而生长素含量少的形态学的上端则发芽。极性在指导生产实践上有重要意义。在进行扦插繁殖时，应注意将形态学下端插入土壤中，不能颠倒；在嫁接时，砧木和接穗要在同一个方向上相接才能成功。再生性是指离体的植物细胞、组织或器官具有长出新的植物个体的能力。所以，可利用植物组织培养技术，使植物的单个细胞或一小块组织再生出完整植株。生产上常用的扦插、分根等无性繁殖，也都是植物再生性的实践应用。

四、中药植物的生命周期

中药植物种类繁多，其生物学特性与形态特征千差万别，在进行人工栽培时，需要了解每种中药植物的生命周期，才能确定合理的栽培周期与适宜的栽培技术，达到提高产量、保证质量的目的。

一个药用种子植物体从合子开始，经种子发芽，经历幼苗期、生长期、成熟期，直至形成新的合子、植株死亡，这一历程称为中药植物的生命周期。根据生命周期的差异，可以将中药植物划分为：①一年生植物：是指从种子萌发、生长、开花、结实，直至衰老死亡的整个生命周期在一年内完成的植物，如薏苡、荆芥等。②二年生植物：是指第一年种子萌发后进行营养生长，经过一个冬季第二年抽薹开花结实然后衰老死亡的植物，如萝卜、当归、菘蓝等。③多年生植物：是指寿命超过两年以上，每年完成一个从营养生长到生殖生长周期的植物。大部分多年生草本中药植物的地上部每年在开花结实之后枯萎而死，而地下部的根、根茎则能存活多年，如人参、浙贝母、丹参、黄芩等。但也有一部分多年生草本中药植物能保持四季常青，如麦冬、万年青、沿阶草等。木本中药植物均属于多年生植物，每年通过枝端和根尖的生长堆或形成层生长（或二者兼有）而连续增大体积。多年生植物大多数一生可多次开花结实，少数种类一生只开花结实 1 次，如天麻、肉苁蓉等，个别种类一年多次开花，如月季、忍冬等。

第二节　中药植物生长发育影响因素及其人工调控

中药材产量与品质的形成是通过中药植物生长发育来实现的，探讨影响中药植物生长发育的各种因素，采取有效措施对其加以人工调控，使之朝着有利于中药材产量与品质积累的方向发展意义重大。

一、影响中药植物生长发育的环境因素

中药植物生长发育受环境的影响，在不同的环境条件下，同种中药植物的形态结构、生理、生化及新陈代谢特征是不一样的。相同的环境条件，对不同中药植物的作用也是不同的。因此，了解中药植物生长发育与环境因素的关系，对获得高产稳产、优质高效的中药材是极其重要的。影响中药植物生长发育的环境因素主要有光照、温度、水分、土壤、微生物、空气和风等。

（一）光照

光对中药植物生长发育的影响主要体现在两个方面，一是绿色植物进行光合作用的必要条件，二是光能调节植物生长和发育。光对植物生长发育的影响称为光的形态建成。

1. 光照强度　植物的光合速率随光照强度的增加而加快，但超过一定范围后，光合速率的增加转慢。当达到某一光照强度时，光合速率不再随光照强度的增加而升高，这种现象称为光饱和现象，此时的光照强度的临界点称为光补偿点。不同的植物，其光饱和点和光补偿点是不一样的。根据对光照强度的要求不同，可将植物分为：阳生植物（喜光植物）、阴生植物（喜阴植物）与耐阴植物（中间型植物）。阳生植物要求生长在直射阳光充足的地方。其光饱和点为全光照的100%，光补偿点为全日照的3%～5%。若光照不足，植物则生长不良，如菊花、地黄、北沙参、红花、芍药、枸杞、知母等。阴生植物只适应于生长在阴湿环境或有遮蔽的地方，不能忍受强烈的日光照射，光饱和点为全日照的10%～50%，光补偿点为全日照的1%以下，如人参、三七、黄连、西洋参、细辛、石斛等。耐阴植物对光的适应性较强，在日光照射良好的地方能生长，在荫蔽条件下也能较好地生长，如天门冬、麦冬、款冬、豆蔻、紫花地丁等。

2. 光质　一般红光能促进茎的生长，紫外光对植物的生长有抑制作用，蓝光使植物的茎粗壮。在栽培中药植物时，可根据这些特点选择合适颜色的塑料薄膜，以促进中药植物的生长。例如，在人参、西洋参栽培中，薄膜色彩对增产的影响依次为黑色膜>蓝色膜>银灰色膜>红色膜>白色膜>黄色膜>绿色膜。

3. 光周期　一天中白天和黑夜的相对长度称为光周期。光周期影响植物的花芽分化、开花、结实、分枝习性，以及某些地下器官（块茎、块根、球茎、鳞茎等）的形成。植物对于白天和黑夜相对长度的反应，称为光周期现象。按照光周期反应的不同，可将植物分为下列三种类型：①长日照植物，日照必须大于某一临界日长（一般为12～14h以上），或者暗期必须短于一定时数才能开花的植物，如红花、当归、萝卜、牛蒡、紫菀、木槿等；②短日照植物，日照长度只能短于其所要求的临界日长（一般为12～14h以下），或者暗期必须超过一定时数才能开花的植物，如紫苏、菊花、穿心莲、苍耳、龙胆等；③日中性植物，对光照长短没有严格要求，任何日照下都能开花的植物，

如曼陀罗、颠茄、地黄、蒲公英、千里光等。光周期不仅影响植物花芽分化与开花，也影响植物器官的形成。如慈姑、大蒜鳞茎的形成要求有长日照条件。此外，豇豆、赤小豆等植物的分枝、结果习性也受到光周期的影响。

（二）温度

温度是植物生长发育的重要环境因子之一，温度的变化直接影响植物生长发育过程。

1. 中药植物对温度的适应 中药植物生长与温度的关系存在“三基点”，即最低温度、最适温度和最高温度。中药植物只有在适宜温度下，才能正常生长发育，若超过最低或最高温度范围，生理活动就会停止，甚至死亡。根据中药植物对温度的要求不同，可将其分为：①耐寒型中药植物，一般能耐－2℃～－1℃的低温，短期内可忍耐－10℃～－5℃的低温，最适生长温度为15℃～20℃，如人参、细辛、百合、当归、五味子等；②半耐寒型中药植物，能短时间忍耐－1～－2℃的低温，最适生长温度为17℃～23℃，如白芷、菘蓝、枸杞等；③喜温型中药植物，种子萌发、幼苗生长、开花结果都要求较高的温度，最适生长温度为20℃～30℃，低于10℃～15℃的温度则不利于授粉，而引起落花落果，如颠茄、枳壳、金银花、川芎等；④耐热型中药植物，生长发育要求较高温度，最适生长温度为30℃左右，有的在40℃下亦可正常生长，如槟榔、砂仁、苏木、罗汉果、丝瓜、冬瓜、南瓜等。

2. 温度对中药植物生长发育的影响 温度对植物的影响主要是气温和地温两个方面。一般气温影响植物地上部分，而地温主要影响地下部分。气温在一天中变化较大，夜晚温度较低，白天温度逐渐升高。地温变化小，距地面越深变化越小。植物的不同生育期对温度的要求不同。一年生植物从种子萌发到开花结实各个时期所要求的温度，一般最好与自然界从春季到秋季的气温变化相吻合。种子萌发时需要较高温度，幼苗期的最适生长温度比种子萌发时稍低，营养生长时期要求比幼苗期高些，生殖生长时期要求较高的温度，在一定范围内，植物花芽分化随温度升高而加快。原产于冷凉气候条件下的植物，每年必须经过一定的低温期才能打破芽和种子的休眠，否则不会萌发或萌芽不整齐。植物的不同器官的生长对温度要求不同。根及根茎等地下器官在20℃左右的地温条件下生长速度较快，若地温低于15℃，则生长速度减慢。适宜的温度促进种子成熟，温度过高使种子不饱满，过低则种子瘦小，成熟推迟。

3. 温周期变化 在自然条件下，温度呈昼高夜低的日变化和夏秋季高冬春季低的季节变化，称为温度的周期性变化。中药植物对温度的周期性变化的反应称为温周期反应。温周期反应主要影响营养生长、成花数量、座果率高低和果实大小。中药植物白天接受阳光照射，温度高，光合作用旺盛，而夜间光合作用停止，但气温低，呼吸作用降低，因而有利于物质积累，促进生长和花芽分化及植物形态建成。

4. 春化作用 是指由低温诱导而促进植物开花的现象。用人工的方法满足植物对低温的要求而完成春化过程称为春化处理。需要春化的植物有冬性一年生植物（如冬性谷类作物）、大多数二年生植物（如萝卜、荠菜、当归、白芷等）和某些多年生植物（如菊）。植物春化作用有效温度一般在0℃～10℃，最适合温度为1℃～7℃。

（三）水分

水在植物体生命活动的各个环节中发挥着极其重要的作用。首先，它是细胞中原生质的重要组成成分，直接参与植物的光合作用、呼吸作用、有机质的合成与分解过程；

其次，水是植物对物质吸收和运输的溶剂，水可以维持细胞的膨压和固有形态，使植物细胞进行正常的生长、发育和运动。所以，没有水，植物就不能生存。因而水是中药植物生长发育必不可少的环境条件之一。

1. 中药植物对水分的适应 根据中药植物对水分的适应能力和方式，可将其分为如下几类：①旱生植物，这类植物能在干旱的气候和土壤中维持正常的生长发育，具有很强的抗旱能力，如麻黄、仙人掌、芦荟、骆驼刺及景天科植物等；②湿生植物，这类植物主要生长在潮湿的环境中，如沼泽、河滩、山谷等地。其蒸腾强度大，抗旱能力差，水分不足就会影响生长发育，以致萎蔫，如半边莲、毛茛、石菖蒲、秋海棠等；③中生植物，这类植物对水分的适应性介于旱生植物与湿生植物之间，其抗旱、抗涝能力均不很强，绝大多数陆生植物均属于此类；④水生植物，此类植物生长于水中，根系不发达，根的吸收能力差，输导组织简单，但通气组织发达，如莲、泽泻、芡、浮萍、满江红等。

2. 水分对中药植物生长发育的影响 中药植物的种子萌发需要水的参与，种子只有在吸收大量水分后，其它的生理活动才能逐渐开始。水可以软化种皮，增强其透性，使胚易于突破种皮；水可以使种子中的凝胶物质转化为溶胶物质，加强代谢；水参与营养物质的水解，各类可溶性水解产物通过水分运输到正在生长的胚芽、胚根中，为种子萌发创造必要的条件。水分对植物地上部分和地下部分的生长的影响不相同，通常水分充足对地上部分生长有显著的促进作用。人们常说的“干长根，湿长芽”就是这个道理。在生产上可据此进行水分调控来调节中药植物地上部分与地下部分的生长，以提高药用部位的产量。

3. 中药植物的需水量和需水临界期 中药植物根部从土壤中吸收的水分，被保留在植物体内的大约只有1%，其余绝大部分的水分主要经过蒸腾作用又返回到大气中。通常把蒸腾耗水量称为植物的需水量，以蒸腾系数表示。蒸腾系数是指每形成1g干物质所消耗的水分克数。需水量大小因植物种类不同而异，如人参的蒸腾系数在150～200g之间，牛皮菜在400～600g之间。同一种植物的蒸腾系数也因品种和环境条件的变化而变化，植物不同生长发育阶段对水分的需求也不同。总体而言，前期需水量少，中期需水量大，后期需水量居中。植物需水量的大小还受气候条件和栽培措施的影响。低温、多雨、大气湿度大时，蒸腾作用减弱，需水量减小；高温、干旱、大气湿度小、风速大时，蒸腾作用增强，需水量增大。种植密度大，单位面积上个体总数增多，叶面积大，蒸腾量大，需水量随之增大，但地面蒸发量相应减少。因此，在中药植物栽培中要根据植物种类、生育期、气候条件和土壤含水量等情况制定相应合理的灌溉措施。

中药植物在一生中（1～2年生植物）或年生育期内（多年生植物）对水分最敏感的时期，称为需水临界期。在此时期内若缺水而造成的损失，后期不能弥补。植物从种子萌发到出苗期就是一个需水临界期。虽然在此时期对水分需求量不大，但对水分很敏感。这一时期若缺水，则会导致出苗不齐、缺苗；水分过多又会发生烂种、烂芽现象。大多数中药植物需水临界期在开花前后阶段，在生育生长中期因生长旺盛而需水较多。有些中药植物的需水临界期在幼苗期，如黄芪、龙胆、蛔蒿等。

4. 旱害与涝害 水分的蒸发大于根系吸收水分而造成植物严重缺水的现象，称为干旱。干旱使得细胞中原生质的水合程度降低，透性增大，造成细胞缺水，植物呈现萎蔫状态，植物气孔关闭，蒸腾作用减弱，气体交换和矿物质的吸收与运输缓慢，光合作用受阻而呼吸强度加强，干物质消耗多于积累，植物叶面积缩小，茎和根系生长差，开花结实少，衰老加速，严重时造成植株干枯死亡。植物对干旱有一定的适应能力，这种适应能力称为抗旱性。如知母、甘草、红花、黄芪、绿豆、骆驼刺等植物，在一定的干旱条件下，仍有一定产量。若在雨量充沛的年份或灌溉条件下，则其产量可大幅提高。

涝害是指田间水分过多，使土层中缺乏氧气，根系呼吸受阻，影响水分和矿质元素的吸收，从而对植物造成间接危害，种子不能正常成熟。同时，由于无氧呼吸而积累乙醇等有害物质，引起植物中毒。另外，氧气缺乏，好气性细菌如硝化细菌、氨化细菌、硫化细菌等活动受阻，影响植物对氮素等物质的利用；嫌气性细菌（如丁酸细菌）活动大为活跃，使土壤溶液酸性增强，同时产生有毒的还原性物质，如硫化氢、氧化亚铁等，使根部呼吸窒息。

（四）土壤

土壤是指地球陆地上疏松的表层。土壤是中药植物栽培的基础，是中药植物生长发育所需水、肥、气、热的供应者。除了寄生和漂浮的水生中药植物外，绝大部分的中药植物都生长在土壤里。要想中药植物健壮良好地生长发育，达到优质高产的目的，就必须创造良好的土壤结构，改良土壤性状，使土壤中的水、肥、气、热达到协调。土壤可分为自然土壤和耕作土壤两大类，自然土壤是指未被开垦耕作的土壤，耕作土壤是指在自然土壤的基础上经过人类开垦利用的土壤。

1. 土壤组成 土壤是由固体、液体和气体三相物质组成的。固体约占土壤总体积的50%，包括矿物颗粒、有机质和微生物；液体部分为土壤水分；气体部分为土壤空隙中的空气，液体和空气约占土壤总体积的50%。土壤矿物质是组成土壤固体部分最基本的物质，占土壤总重的90%以上；土壤有机质主要来源于动植物残体、分泌物和排泄物等，是在微生物的作用下，发生矿质化或腐殖质化而形成的；土壤微生物是土壤生物中最活跃的部分，其生物量很大，主要包括细菌、放线菌、真菌、蓝藻和原生动植物等。土壤水分是植物吸收水分的主要供给源，它实际是含有多种可溶性养分的土壤溶液。根据土壤的积水能力和水分移动情况，土壤水分分为束缚水、毛管水、重力水和地下水四种类型。其中束缚水不能为植物吸收利用，重力水一般不能为旱生植物吸收利用，地下水可经毛细管上升为植物利用，毛管水是植物生活中的有效水分，它能保证植物根系吸水的不断补给。土壤空气主要由大气渗入土中的气体和土壤中生物化学过程产生的气体所组成，如水汽、二氧化碳、沼气、氧气、硫化氢等。土壤空气也是土壤肥力因素，是植物根系和种子萌发所需氧气的主要来源，也是土壤中微生物活动所需氧气的主要来源。

2. 土壤结构 自然界中的土壤，不是以单粒分散存在的，而是土粒互相排列和团聚成为一定性状和大小的土块或土团。这种土粒的排列、组合形式称为土壤结构。这个定义包含两重含义：结构体和结构性。一般所讲的土壤结构多指结构性，即土壤颗粒的空间排列方式及其稳定程度、空隙的分布和通联状况等。土壤结构种类很多，有块状结构、核状结构、棱柱状结构、柱状结构、片状结构、团状结构等。

3. 土壤质地 指土壤中大小矿物质颗粒的不同百分率。含粗粒多的为砂土，细粒多的为黏土，粗细适量的为壤土。

4. 土壤肥力 是土壤供给中药植物正常生长发育所需的水、肥、气、热的能力。按来源不同可分为自然肥力和人为肥力。自然肥力是自然土壤所具有的肥力，它是在生物、气候、母质和地形等外界因素综合作用下发生和发展起来的，这种肥力在未被开垦的处女地上才具备。人为肥力是农业土壤所具有的一种肥力，它是在自然土壤的基础上，通过耕作、施肥、种植植物、兴修水利和改良土壤等农业措施，用劳动创造出来的肥力。自然肥力和人为肥力在栽培植物当季产量上的综合表现，称为土壤的有效肥力。

5. 土壤酸碱性 衡量土壤酸碱性的指标是pH值。若pH值大于7，则称为碱土，其值越大，碱性越强；若pH值小于7，则称为酸性土壤，其值越小，酸性越强。土壤的酸碱性是在土壤形成过程中产生的，因而受气候、土壤母质、植被及耕作管理条件等因素的影响。

（五）微生物

自然界的微生物种类很多，对植物生长发育有较大的影响，有的种类有益于植物的生长发育，有的种类则对植物的生长发育有害。有关土壤中微生物的情况在前面已作介绍，这里仅介绍对植物生长发育有影响的几种主要类型的微生物。

1. 根际微生物 存在于根表面和近根土壤中，既包括抑制植物生长的有害微生物，也包括促进植物生长的有益微生物。前者主要通过分泌植物毒素（如氰化物）、竞争营养物质等方式抑制植物生长，对植物的影响往往限于根或幼苗，使其生长缓慢。有益的根际微生物中，研究较多的有菌根真菌、根瘤菌和弗兰克氏放线菌等。

2. 植物内生菌 是指在其生活史的一定阶段或全部阶段生活于健康植物的各种组织、器官、细胞间隙或细胞内，对植物组织没有引起明显病害症状的微生物，包括细菌、真菌、放线菌等。内生菌与宿主之间存在相互作用、互利共生的关系，能调节植物生长、增加植物对生物和非生物胁迫的抗性、促进植物次生代谢产物的合成等。

3. 病原微生物 广泛存在于土壤或者空气中，能寄生于植物的病毒、细菌、真菌和原生动物都属于植物病原微生物。这类微生物的活动轻则使植物生长失调、降低生活和竞争能力，严重时则会导致植物死亡。

（六）空气和风

空气是影响中药植物生长发育的重要生态因素之一。因为空气中含有比较恒定的氮气、氧气、水汽、二氧化碳、稀有气体以及微量的氢、臭氧、氮的氧化物、甲烷等气体，而中药植物的生长发育需要某些气体。在人类活动或自然过程中，一些污染物（有害物质）被排放到大气中，并通过植物叶片中的气孔进入到叶中。当大气中污染物浓度达到一定限度时，即形成大气污染。空气湿度对中药植物生长发育的影响也很大，如兰科等气生植物，依靠气生根吸收空气中的水分，供给植物体生长发育所需。空气湿度还影响病虫害的分布和发生，很多病虫源只有在适宜的湿度下，才能生长发育、繁殖和传播。空气湿度还与其它环境因子共同起作用而影响中药植物体内一些有效成分的积累，如适宜的温度或湿润土壤或高温高湿环境，有利于生长的植物体内无氮物质的形成与积累，特别有利于糖类及脂肪的合成，不利于生物碱和蛋白质的合成；在少光潮湿的生态环境下，当归中挥发油含量低，而糖、淀粉等却含量高。

风可以改变空气中的气体分布、温度和湿度，从而影响植物的生长发育及其分布。适宜的风力使空气中的气体、热量均匀分布，尤其在植物种植密度大的情况下，还可改善田间小气候，保证光合作用、呼吸作用过程中氧气、二氧化碳的供应及排出，促进植物体内有机物的合成，同时降低小气候的空气湿度，减少病虫害的发生。对于风媒花植物来说，适宜的风力有利于其传粉。

二、中药植物生长发育的人工调控

中药植物生长发育有其自身的规律，同时，外界环境与其生长发育有着密切联系。为了促使中药植物朝着健康生长的方向发展，可以采取一些人工调控措施，来创造优良的生态环境或改变植物的某些生长发育规律，达到稳产、高产的目的。

（一）土壤耕作与改良

1. 土壤耕作的概念与目的 土壤耕作是指在生产过程中，通过农机具的物理机械作用改善土壤耕层构造和表面状况的技术措施。土壤耕作是农业生产中最基本的农业技术措施，它对改善土壤环境，调节土壤中水、肥、气、热等因素之间的矛盾，充分发挥土地的增产潜力起着十分重要的作用。

中药植物对土壤总的要求是：具有适宜的土壤肥力，能满足中药植物在不同生长发育阶段对土壤中水、肥、气、热的要求。栽培中药植物理想的土壤是：①土层深厚，整个土层最好深达 1m 以上，耕层至少在 25 cm以上；②质地松紧适宜，土壤质地砂粘适中，含有较丰富的有机质，具有良好的团粒结构或团聚体，尤其是耕层松紧要适中，能协调水、肥、气三者之间的关系；③pH 值适度，地下水位适宜，土壤中不含有过多的重金属和其他有毒物质。

通过土壤耕作可以达到如下目的：改良土壤耕层的物理状况和构造，协调土壤中的水、肥、气、热等因素间的关系；保持耕层的团粒结构；制造肥土相融的耕层；创造适宜播种的表土层；清除杂草，控制病虫害。

2. 土壤耕作措施及时间 土壤耕作措施可分为翻地和表土耕作两大类型。翻地是影响全耕作层的措施，对土壤的各种性状有较大的影响；表土耕作一般在翻地的基础上进行，多作为翻地的辅助措施，主要影响表土层。①翻地：是利用不同形式的犁或其他挖掘工具将田地深层的土壤翻上来，把浅层的土壤翻入深层。翻地具有翻土、松土、混土和碎土的作用，促使深层的生土熟化，增加土壤中的团粒结构，加厚耕层，改善土壤的水、气、热状况，提高土壤肥力，并能消除杂草，防除病虫害等。全田翻地在前茬作物收获后进行，具体时间因地而异，一般以秋冬季节土壤冻结前翻地最合适。因为此季节进行翻地，距春季播种或种植时间较长，使土壤有较长时间的熟化，既可增加土壤的吸水力，消灭越冬病、虫源，还能提高春季土壤湿度。如果秋冬季没条件翻地，那么第二年春天必须尽早进行。我国北方地区翻地多在春、秋两季；长江以南各地多在秋、冬两季进行，亦可随收随耕。翻地时应注意：翻地深度要根据中药植物种类、气候特点和土壤特性而定；分层深翻，不要一次把大量生土翻上来；翻地与施肥结合进行；选择晴天翻地；注意水土保持。②表土耕作：是用农机具改善 0 ~ 10 cm以内耕层土壤状况的措施，多在翻地后进行，主要包括耙地、耢地、镇压、作畦、垄作、中耕、培土等几种作业方式。

（二）种植制度选择

1. 种植制度的含义 某一地区或生产单位所有栽培作物在空间和时间上的配置及其种植方式，称为种植制度。种植制度主要包括种植作物的种类（粮食作物、经济作物、中药植物、油料作物等）、作物的布局（各种多少，种在哪里）、种植方式（单作、间作、混作、套作、复种、休闲、轮作或连作）等。中药植物种植制度是中药植物生产的全局性措施，合理的种植制度既能充分利用自然资源和社会资源，又能保护农业生态系统平衡，达到中药植物优质高产，促进一个地区农、林、牧、副、渔各行业全面发展。然而，种植制度受当地自然条件、社会经济条件和科学技术水平的制约。因此，中药植物的种植制度应根据当地农业的总体种植制度进行规划和布局。

2. 栽培植物布局 一个地区或生产单位种植植物的结构与配置，统称为栽培植物布局。种植植物的结构包括植物的种类、品种面积比例等；配置是指种植植物种类在区域或田地上的分布。栽培植物布局是种植制度的基础，只有确定了合理的布局，才能进一步确定种植方式。栽培植物布局的原则主要有：①满足需求：应根据能满足人类对农产品（包括中药材）的需求而确定栽培植物的布局。②高效可行：要根据当地的自然、社会、经济等条件和市场需求，合理安排和搭配各种植物，生产适销对路、高效优质的产品，达到生产上可行、经济上高效。③生态适用：应根据各种栽培植物的生物学特性及其对生态环境条件的要求，因地制宜地进行布局。④生态平衡：注意用地与养地结合，农田开发与生态保护并重，农、林、牧、副、渔各业协调发展，合理布局，达到经济高效、生态平衡和持续发展的目的。

3. 中药植物的种植方式 中药植物的种植方式很多，如复种、单作、间作、混作、连作、轮作等。采用何种种植方式，应根据中药植物特性、当地气候、土壤等环境条件及人们的需求等加以选择。下面介绍几种主要的种植方式：①复种：是指在同一年内连续种植两季或两季以上作物的种植方式。复种的方法主要有 3 种：一是在上茬作物收获后，直接播种下茬作物；二是在上茬作物收获前，将下茬作物套种在上茬作物的植株行间；三是用移栽的方法进行复种。前两种方法用的较多。②单作、间作、混作与套作：单作是在一块土地上一个生育期只种一种植物；间作是在同一地块上于同一生长期内，分行或分带相间种植两种或两种以上生育季节相近的植物；混作是在同一地块上，同时或同季节将两种或两种以上生育期相近的植物，按一定比例混合撒播或同行混播的种植方式；套作是在同一地块上，在前茬作物生育后期，在其株、行或畦间种植后茬作物的种植方式。间作、混作、套作实施过程中应掌握如下几个原则：作物种类和品种搭配必须适宜；种植密度和田间结构必须合理；栽培管理措施要与作物的需求相适应。③轮作与连作：轮作是在同一块土地上，轮换种植不同种类植物的种植方式。合理轮作不仅可以提高土壤肥力和单位面积的产量，而且可以减少病虫害、杂草滋生。连作是指在同一块土地上重复种植同种（或近源种）植物或同一复种方式连年种植的种植方式。前者又称单一连作，后者又称复种连作。很多中药植物可以实行连作，有的是在短期内（2～3 年内）可以连作，如菊花、菘蓝等；有的则在多年时间内都可以连作，如莲子、贝母、怀牛膝、洋葱、大蒜等。多数中药植物不耐连作。

（三）施肥与肥料

肥料是中药植物生长发育不可缺少的养分，土壤中含有一定量的肥料，但其养分含量有限，不能完全满足中药植物生长发育的需求，因此必需人为的向土壤中补充各种养分，即进行施肥。

1. 营养元素 目前已知的中药植物所必需的营养元素有碳、氢、氧、氮、磷、钾、钙、镁、硫、硅、铁、锰、硼、锌、钼、铜、氯、镍、钠等 19 种。其中碳、氢、氧、氮、磷、钾占植物干重的百分之几至千分之几。这些营养元素都是中药植物必不可少的，缺乏其中任何一种都可能导致中药植物生长受阻、发育不良，严重时影响其生命活动，降低药材产量与品质。在中药植物所需要的 19 种营养元素中，碳、氮、氧主要来源于空气中和水，其余16种主要由土壤供给。植物对营养元素需求量因种类不同或植物生长时期不同而异，其中对氮、磷、钾的需要量大，通常土壤中的含量不足以满足中药植物生长发育的需要，要通过施肥加以补充。

2. 需肥量 中药植物所需营养元素的种类、数量、比例等因植物种类不同而异。从需肥量角度来说，有的植物需肥量大，如地黄、苁蓉、玄参、大黄、枸杞等；有的需肥量中等，如曼陀罗、贝母、补骨脂、当归等；有的需肥量较小，如马齿苋、地丁、石斛、高山红景天、夏枯草等。从需要氮、磷、钾的量上看，薄荷、芝麻、紫苏、云木香、地黄、荆芥、藿香等为喜氮植物；五味子、薏苡、枸杞、荞麦、补骨脂、望江南等为喜磷植物；人参、甘草、黄芪、黄连、麦冬、山药等为喜钾植物。同一中药植物在不同生育期所需要营养元素的种类、数量和比例也不一样。以根及根茎等地下器官入药的中药植物，幼苗期需要较多的氮，以促进茎叶生长，但不宜过多，以免徒长，同时需配合追施适量的磷和钾，到了地下器官形成期则需要较多的钾、适量的磷、少量的氮；以花、果实和种子入药的中药植物，幼苗期需氮较多，磷和钾可少些，但到了生殖生长时间，需要磷的量剧增，吸收氮的量减少，若此阶段供给大量的氮，则茎叶徒长，影响开花结果。

3. 肥料的种类与性质 依据来源和性质可将肥料分为有机肥、无机肥和微生物肥料。①有机肥：是指来源于动物或植物，经过腐熟、发酵而成的含碳物质。施用有机肥不仅能为中药植物提供全面的营养，而且肥效长，可增加和更新土壤有机质，促进微生物活动，改善土壤的理化性质和生物活性，增强作物抗逆性，提高产量，是栽培中药植物的首选肥料。常见有机肥有堆肥、沤肥、厩肥、绿肥、沼气肥、饼肥、秸秆肥、草木灰、泥肥、商品有机肥等。②无机肥料：是经物理或化学工业方式制成，养分呈无机盐形式的肥料。其特点与有机肥相反，具有养分含量高、肥效快、使用方便等优点，缺点是成分单一、肥效短、成本高。由于无机肥易造成污染，在植物体内转化不完全可残留于植物体内，因而在中药植物栽培过程中被限制使用。必须使用时，应与有机肥或复合微生物肥配合使用，最后一次追肥必须在收获前30天左右进行。常见无机肥主要有氮肥、磷肥、钾肥、微量元素、复合肥等。③微生物肥料：是指用特定的微生物培养生产的具有特定肥料效应的微生物活体制品。它无毒、无害、不污染环境，能促进土壤养分转化，增加植物营养或产生植物生长物质，促进植物生长。根据微生物肥料所改善植物营养元素的不同，微生物肥料又分为根瘤菌肥料、固氮菌肥料、磷细菌肥料、硅酸盐细菌肥料、复合微生物肥料等。

4. 合理施肥的原则 施肥总体原则是：保护和促进中药植物生长和品质提高；不造成中药植物体内产生和积累影响人体健康的有害物质；对生态环境无不良影响。肥料要求以经无害处理后的有机肥料为主，其它肥料为辅，限量使用化肥。

5. 施肥时期（或种类） 中药植物从播种到收获，有着不同的生长发展阶段，各阶段需肥情况不尽一致，所以施肥必须经过多次施用，才能完成施肥任务，对于大多数一年生或多年生中药植物而言，施肥包括基肥、种肥、追肥等类别。

6. 施肥方法 包括撒施、穴施、条施、浇施、根外施肥等。

（四）灌溉与排水

中药植物在生长发育期间若土壤中的水分不足时，就会发生枯萎，严重时植株死亡；若土壤水分过量，则会引起植株茎叶徒长，严重时使根系窒息而死亡。因此，在中药植物栽培过程中，要根据植物对水分的要求和土壤中的水分状况，做好水分的灌溉和排水工作，以确保植物正常生长发育。

1. 灌溉　灌溉应根据植株的需水特性、生长发育时期和当时当地的气候及土壤条件，适时适量。灌溉的基本原则是：根据植物对水分需求情况合理灌溉；根据植物不同生长发育时期合理灌溉；根据季节不同合理灌溉；根据土壤结构和保水力不同合理灌溉。灌溉时间应根据植物生长发育状况和气候条件而定，要注意植物生理指标的变化。灌溉应在早晨或傍晚进行。目前，在实际生产中，灌溉量主要根据药农的实践经验而定，但科学的灌溉量应在充分了解土壤的含水量、土层厚度、灌溉前最适的土壤水分下限情况下，通过计算而定。灌溉方法主要有沟灌、浇灌、喷灌、滴灌等。

2. 排水　在雨季田间有积水时，应及时排水，防止田间积水，改善土壤通气条件，促进植物生长发育。排水方法主要有明沟排水、暗沟排水。

（五）株型控制

株型控制主要通过修剪来实现，包括修枝和修根。修枝主要用于木本植物，但有的草本植物也要进行修枝，如栝楼主蔓开花结果迟，侧蔓开花结果早，所以应剪除主蔓而留侧蔓。修根只在少数以根入药的植物中采用，目的主要是保证主根肥大以提高产量。如芍药除去侧根后，主根肥大，产量提高。修剪的具体方法包括短截、缩剪、疏剪、长放、曲枝、除萌和疏梢、刻伤和多道环刻、摘心和剪梢、扭梢、拿枝、环状剥皮等。

木本中药植物修剪可分为休眠期修剪（冬季修剪）和生长期修剪（夏季修剪），后者又可分为春季修剪、夏季修剪和秋季修剪。休眠期修剪（冬季修剪）是指落叶树木从秋冬落叶至春季芽萌发前，或常绿植物从秋梢停止生长至春梢萌发前进行的修剪。生长期修剪是指春季萌发后至落叶树木秋冬落叶前或常绿树木秋梢停止生长前进行的修剪。

（六）人工辅助授粉

绝大多数植物的传粉主要是通过风或昆虫为媒介而进行的，但由于受气候和环境条件的限制，有时授粉效果不佳，造成结实率低，这时进行人工辅助授粉，可提高结实率、增加产量。如薏苡通过人工辅助授粉可增产10%左右；砂仁进行人工辅助授粉，结实率可提高35%～42%。人工辅助授粉的方法因植物种类不同而异，有的将花粉收集起来，然后撒在雌蕊柱头上，如薏苡；有的采用抹粉法（抹下花粉涂入柱头孔中）或推拉法（推或拉动雄蕊使花粉落在柱头上），如砂仁；有的用小镊子将花粉块夹放到柱头上，如天麻。各种植物由于形态特性、生长发育的差异，授粉方式和时间不一致。

（七）覆盖与遮荫

覆盖是利用稻草、树叶、秸秆、厩肥、草木灰、土杂肥、泥土或塑料薄膜等覆盖于地面或植株上的栽培管理措施。其作用是调节土壤温度和湿度；防止杂草滋生和表土板结；帮助植物越冬和过夏；防止和减少土壤水分蒸发；提高药材产量等。覆盖时间和覆盖物的选择应根据中药植物生长发育及其对环境条件的要求而定。种子细小的中药植物，如荆芥、党参、紫苏等，在播种时不宜覆土或覆土较薄，但表土易干燥而影响出苗；种子发芽慢、需时长的中药植物，因土壤湿度变化大而影响出苗。因此，它们在播种后需要盖草，以保持土壤湿润，防止土壤板结，促进种子早发芽并出苗整齐。有些中药植物在生长过程中也需要覆盖，如栽培白术夏季在株间盖草，栽培三七在畦面上盖草或草木灰，浙贝母留种地覆盖稻草保种过夏等。

遮荫是在耐阴中药植物栽培地上设置荫棚或遮蔽物，使植株避免直射光的照射，防止地表温度过高，减少土壤水分蒸发，保持一定土壤湿度，以利生长环境良好的一项措施。对于一些阴生植物如黄连、三七、人参等，以及在苗期喜阴的植物如五味子、肉桂等，如不人为创造阴湿环境条件，它们就会生长不良甚至死亡。目前，遮荫的方法主要有间套种作物遮阴、林下栽培和搭棚遮荫几种，最常用的是搭棚遮荫。由于中药植物种类不同，对光照条件的反应亦不同，要求荫蔽的程度也不一样。因此，应根据中药植物种类及其发育时期，采用不同的遮荫方法与措施。

（八）其他调节措施

1. 抗逆措施 中药植物在栽培过程中，常会遇到不良气候条件的侵袭，如寒潮、霜冻、高温等，往往导致植物生长受到影响，轻则生长不良，重则枯萎死亡。因此，必须做好对这些恶劣环境的防御工作，包括抗寒防冻、预防高温等。

2. 苗间、定苗与补苗 根据中药植物最适密度，在幼苗期间拔除过密、瘦弱和有病虫的幼苗，选留壮苗，来调控植物密度的技术措施称为间苗。最后一次间苗称为定苗。无论是种子直播的，还是育苗移栽的，有时会出现缺苗现象。发现缺苗应及时补苗或补种。大田补苗是和间苗同时进行的，即从间出的苗中选择生长健壮的进行补栽。补苗最好选择阴天进行，所用苗株应带土，栽后浇足定根水，以利成活，如间出的苗不够补栽时，则需用种子补播。

3. 摘蕾与打顶 摘蕾与打顶均是针对草本中药植物来讲的。摘蕾即摘除植物的花蕾。以根、根茎、块茎等地下部分入药的中药植物，常将其花蕾摘除，使养分集中供应地下部分生长，以提高中药材产量与品质。摘蕾的时间与次数取决于花芽萌发现蕾时间，宜早不宜迟。植物种类不同摘蕾的要求亦不同，如玄参、牛膝于现蕾前剪掉花序与顶尖，白术、地黄等则只摘去花蕾。留种植株虽不宜摘蕾，但可适当摘除过密、过多的花蕾，因为疏花可促使果实发育，提高种子的饱满度和千粒重。

打顶即摘除植株的顶芽。打顶的主要目的是破坏植物的顶端优势，抑制地上部分的生长，促进地下部分的生长，或者抑制主茎生长，促使多分枝。如栽培乌头（附子），及时打顶并不断摘除侧芽，可促进地下块根迅速膨大；菊花、红花等花类中药材，通过打顶，促进多分枝，增加花的数目，提高单株产量；薄荷在分株繁殖时，因生长速度缓慢，于5月上旬打顶，可提早封行，增加茎叶产量。打顶时间和长短视植物种类和栽培目的而定，宜早不宜迟。

摘蕾与打顶都应选晴天，不宜在雨露时进行，以免引起伤口腐烂，感染病害，影响植株生长发育。同时，不要损伤茎叶、牵动根部。

4. 搭设支架 当藤本中药植物生长到一定高度时，茎不能直立，需要设立支架，以便牵引茎藤向上伸展，使枝条生长分布均匀，增加叶片受光面积，提高光合作用效率，促进空气流动，减少病虫害的发生。

对于株形较大的藤本植物，如栝楼、木鳖、罗汉果、绞股蓝等，应搭设棚架，使茎藤均匀地分布在棚架上，以便多开花结果；对于株形较小的藤本植物，如天门冬、党参、山药等，只需在株旁立杆作支柱牵引即可。

第三节 中药植物繁殖和良种繁育

中药植物的繁殖是指利用中药植物的种子或其它器官、部分等繁育材料产生同自己相似的新个体的过程。中药植物的繁殖方式包括营养繁殖和种子繁殖。中药植物种类繁多，不同中药植物的繁育材料与繁殖方式不同。在自然条件下，有的只能进行种子繁殖，如人参、西洋参、当归、桔梗等；有的只能进行营养繁殖，如番红花、川芎、姜等；还有的既能进行种子繁殖，又能进行营养繁殖，如地黄、天麻、玄参、山药等。生产上应根据中药植物自身的生长特性与栽培特点，因地制宜地选择最佳的繁育材料与相应的繁殖方式。

中药植物的良种繁育是指对中药植物种子不断地进行繁殖，生产出供大田应用的数量多、质量好、成本低的种子，并在繁殖中保持其原有优良种性的过程。良种繁育是品种选育工作的继续，是种子工作的一个重要组成部分。良种包括优良的品种以及优良的种子，对种子纯度、净度、发芽率、水分等指标有严格的标准，用良种繁育的后代具有产量高和品质好等特点。良种繁育的任务主要表现在两个方面：一是大量繁殖新选育出的优良品种种子，使新品种能在生产上迅速推广；二是要保持品种的纯度和种性，优良品种在大量繁殖和栽培过程中往往由于机械混杂、生物学混杂、自然突变等原因，使品种纯度降低，因此要防止品种退化变劣，并对已退化混杂的进行提纯复壮。

一、中药植物的营养繁殖

营养繁殖是由营养器官直接产生新个体（或子代）的一种生殖方式。其子代的变异较小，能保持亲本的优良性状和特性，并能提早开花结实。自然条件下的营养繁殖系数小，利用组织培养技术进行营养繁殖，其繁殖系数可超过或远远超过有性繁殖。

营养繁殖的生物学基础是：第一，利用植物器官的再生能力，使营养体发根或生芽变成独立个体；第二，是利用植物器官受损伤后，损伤部位可以愈合的性能，把一个个体上的枝或芽移到其他个体上，形成新的个体；第三，利用生物体细胞在生理上具有潜在全能性的特性，使中药植物的器官、组织或细胞变成新的独立个体。

（一）营养繁殖材料

1. 营养繁殖材料的种类 中药植物的营养繁殖材料包括除中药植物种子、果实以外的枝条、芽体、叶片、块茎、根茎、球茎、鳞茎、匍匐茎、块根、宿根、分蘖、花粉、细胞等材料。

2. 营养繁殖材料的采集 不论是插条还是接穗（芽）或者其他的营养繁殖材料，它们都必须是从品种特性表现典型的盛果期优良母树上剪取，且是无病虫危害的中庸营养枝，根据繁殖方法不同选取枝条生长健壮、组织发育充实、芽体饱满，插条和接穗年龄一般是1~2年生枝条或新梢。

除了注意采集材料的生长状况，对采集时间和使用也有严格要求。一般情况下，除绿枝扦插和生长季节剥皮取芽的嫁接是现采现用外，其他繁殖方式均可采取分次采集的方法。一种是早春芽体未萌动萌发之前，按良种繁育要求在母树上现采现用，而对于从外地引进品种而言，须在产地采集后按一定枝数捆成把，并用青苔或卫生纸类的吸水纸外加塑料薄膜包裹伤口处，以减少运输过程中水分的过分流失，然后放入透气性较好的木箱或纸箱内运输，或用4℃的恒温箱运输，注意在箱子上面标明品种名称、采集地、采集时间、操作人员等。收到材料后按照品种散开，以免运输途中温度太高使材料发热，并及时嫁接、扦插。另一种方式是安排在头年冬季采集休眠枝条，然后进行砂藏保存，切实防止枝条内水分蒸发丧失生命力。绿枝扦插材料剪取的是营养生长良好尚未完全木质化的新梢，切忌剪取生长过弱或过旺新梢，杜绝采集病虫危害过的新梢。

3. 营养繁殖材料的保存 一般来说营养繁殖材料都是现采现用，营养繁殖材料的保存主要是对于冬季采集的材料而言，一般使用河砂、山砂或营养土假植，营养土可以自己配制，一般用透气保水性能好的沙粒、土壤或无土栽培基质均可，但配制的营养土应该是病、虫、草少为好，有利于材料成活及根系生长。贮藏时要求繁殖材料一端埋入砂或营养土中，另一头暴露于砂或者土表面0.5cm左右便于透气。经常查看，保持适宜湿度，防止水分过干或过湿，特别注意并防止鼠害和虫害发生。

4. 营养繁殖材料的检验和检疫 营养繁殖材料是中药植物病害的重要初侵染来源之一，不少中药植物是用根、根茎、鳞茎、珠芽或枝条等进行繁殖的，这些营养繁殖材料常受到病害侵染而成为当代植株的病害初侵染来源。因此，在生产上建立无病苗种田，精选无病种苗和在地区间进行种苗检疫等是十分重要的防病措施。检疫对象一般是当地尚未发生或局部发生，引进后会对当地作物造成严重危害而目前又难于防治的病、虫、杂草等。对有害材料的处理包括禁止引入、对已引入的进行严格消毒、改变输入材料用途、铲除受害植物以消灭初发疫源地等措施。

（二）营养繁殖方法

常用的营养繁殖方法有分离繁殖、压条繁殖、扦插繁殖、嫁接繁殖等。

1. 分离繁殖 又叫分割繁殖或分株繁殖，是用人工方法从母体上把具有根、芽的部分分割下来，变成新的独立的个体。

大蒜、平贝母、浙贝母、百合等鳞茎类中药植物，可将子鳞茎分离或原鳞茎分瓣；番红花、唐菖蒲、慈姑等球茎类，可分离子球茎；地黄、土贝母、延胡索等块茎类，可将块茎分离或分割；知母、射干、款冬、薄荷等根茎类，可分段；玄参、川乌、山药、芍药、牡丹、孩儿参、栝楼、丹参等类可分根；麦冬、砂仁、雅连等可分株。百合、山药等的珠芽，也可采用分离繁殖。

分割繁殖多在每年春季植株萌动前进行，将具有根芽或能很快长出根芽的部分从母体上分离下来。有的分离后还可分段，分段时，每段上要有2～3个节，节上有能萌动的芽。山药之类分根最好纵向分割。玄参之类采用块根上端子芽作为繁殖材料，萌芽、生根快，成株率高。

2. 压条繁殖 压条繁殖是把植物的枝条压入或包埋于土中，使其生根，然后与母体分离形成独立新个体。枝条柔软扦插困难，或扦插生根困难时，可采取压条繁殖。压条时期应视中药植物种类和当地气候条件而定。通常多在生长旺盛季节进行，此时生根快、成活率高。多选取1～3年生枝条进行压条，这样的枝条营养物质丰富，生根快，生根后移植成活率高，并能提早开花结实。生根困难的材料，可用刀将压入土中的茎皮划破，以促其愈伤组织分化生根。

植株低矮、枝条柔软的可将枝条弯曲（也可连续弯曲），并部分埋入土中，促其生根，生根后从母体上分离栽植。枝条较硬，埋入土中不牢的，可用叉棍插入土中固定，埋土茎段的皮层可用刀割伤，利于生根。露出地面的枝条可竖起固定在支棍上，如南蛇藤、连翘、使君子等。

有些中药植物基部生有许多分枝，枝条较硬脆，不易弯曲，扦插生根困难时，可采取堆土压条方法。即在植物进入旺盛生长期之前，将枝条基部皮层环割，然后把环割部分埋入土中，促其生根，生根后与母体分离栽植，如丁香、郁李、辛夷等。

对于树身高大、枝条短而硬或弯曲不能触地、扦插生根困难的中药植物，如枳壳、肉桂、含笑等，可采用空中压条，即在母株适当位置选取适宜枝条（直径 1～2cm），用刀将皮层环割，并用对开竹筒或花盆盛土套缚在环割之处，浇水促其生根。亦可用塑料布包裹苔藓与土包缚环割之处，塑料布下端扎紧，上端松扎，扎后调好湿度促进生根，生根后分离。生根期间注意保持竹筒、花盆、塑料袋内的土壤湿度，严防过干或过湿。

3. 扦插繁殖 是指利用植物的根、茎（枝条）、叶、芽等器官或其一部分作插穗，插在一定基质（土、砂、草炭、蛭石等）中，使其生根、生芽形成独立个体的繁殖方法。扦插繁殖是生产中常用的繁殖方法，依据扦插材料的不同分为根插（使君子、山楂、大枣、吐根、吴茱萸等）、叶插（落地生根、吐根、秋海棠）、芽插（芦荟）、枝插（菊花、肾茶、丹参、薄荷、茉莉、忍冬、枸杞、肉桂、萝芙木、大枫子等），其中根插、枝插应用较多。枝插中，依据枝条的成熟度分硬枝扦插和软枝（又叫绿枝）扦插两种。通常用木本植物枝条（未木质化的除外）扦插叫硬枝扦插，用未木质化的木本植物枝条和草本植物茎作插材的扦插叫绿枝杆插。

扦插时，先将采集的插条剪成 10～20cm 长小段，每段 3～5 个芽，插条上端剪口截面与枝条垂直，与芽的间距为 1～2cm，插条下端从芽下 3～5cm 处斜向剪截，剪口为斜面，形似马耳状。绿枝扦插插条可短些，除条顶留 1～2 个叶片（大叶只留半个叶片）外，其余叶片从叶柄基部剪掉。剪后的插条插在插床或田间，行距 15～20cm，先开浅沟把插条摆插于沟内，插条上端露出地面（床面）2～4cm。插后浇水，保温保湿，并搞好苗床管理。

插条成活率的高低因植物种类和枝龄而异。例如，菊花、连翘、忍冬、杠柳等易于生根，成活率高，而杜仲、黄柏、水曲柳很难生根，五味子生根较慢，成活率低。就枝龄来说，多数植物以 1～3 年生枝条为好，过嫩或过老成活率低。枝龄大小也因植物而异，枸杞、使君子、云南萝芙木等，以 1～2 年生枝条为好，巴戟天、栀子等，以 2～3 年生枝条为好。山楂、大枣、吐根、吴茱萸等根插比枝插成活率高。枝条营养状况也影响扦插成活率。如用印度萝芙木 2 年生枝条试验，枝条上段插条成活率为 8.9%，中段为 42.2%，基段为 20.0%；海南萝芙木半老枝条和老枝条成活率为 80.8%，嫩枝条为 14%。另外，插床温度、水分状况也影响扦插成活率。插床湿度必须适宜，偏湿偏干均会降低成活率。自然插床温度一般以 15℃～20℃为宜，人工插床多控制在 20℃左右。有时插床温度也要因植物而异，如山葡萄扦插以 25℃～30℃为宜，五味子则以 28℃～32℃为好。

用激素浸处插条，浓度适宜可提高扦插成活率。使用激素种类与浓度要因植物而异，如枳壳用 1000mg/L 2，4－D 浸蘸插条切口，成活率可达 100%，中华猕猴桃则以 300mg/L NAA 浸处为好。

4. 嫁接繁殖 是指把一种植物的枝条或芽接到其他带根系的植物体上，使其愈合生长成新的独立个体的繁殖方法。人们把嫁接用的枝条或芽叫接穗；承接的带根系的植物叫砧木。嫁接苗既可利用砧木的矮化、乔化、抗寒、抗旱、耐涝、耐盐碱、抗病虫等性状来增强栽培品种的抗性或适应性，便于扩大栽培范围，又能保持接穗的优良种性。既生长快，又结果早，在花果类入药的木本中药植物上应用较多。中药植物中采用嫁接繁殖的有诃子、金鸡纳、长籽马钱、木瓜、芍药、牡丹、山楂等。中药植物的嫁接常用芽接和枝接两种。芽接包括T形芽接、嵌芽接等；枝接包括劈接、切接、舌接、靠接等。

（1）芽接：是应用最广泛的嫁接方法。接穗经济，愈合容易，接合牢固，成活率高，操作简便、易掌握，工作效率高，可接时期长。芽接法无论在南方北方，无论春夏秋，凡皮层易剥离，砧木达到要求粗度，接芽已发育充实，都可进行。东北、西北、华北地区一般在7月上旬至9月上旬，华东、华中地区一般在7月中旬至9月中旬，华南、西南落叶树在8~9月、常绿树在6~10月。①T形芽接（盾状芽接），芽片长1.5~2.5cm，宽0.6cm左右，通常削取时不带木质部，取芽时不要撕去芽片内侧的维管束。砧木在离地面3~5cm处开丁字形切口，长宽比芽片稍大一些，剥开后插入接芽，使芽片上端与砧木横切口紧密相接，然后加以绑缚（图3-2）。②嵌芽接，对于枝梢具有棱角或沟纹、砧木不易剥离皮部的树种（柑橘）可采用带木质部嵌芽接法，即先从芽的上方0.8~1.0cm处向下斜削一刀，长约1.5cm，然后在芽的下方0.5~0.8cm处，也向下斜切至第一刀刀口底部，使两刀斜切面夹角呈30°，取下芽片插入砧木的切口处。砧木切口比芽片稍长，芽片插入后，其上端必须露出一线砧木皮层，最后绑紧（图3-3）。

图3-2　T形芽接

1. 削取芽片　2. 取下的芽片　3. 插入芽片　4. 绑缚

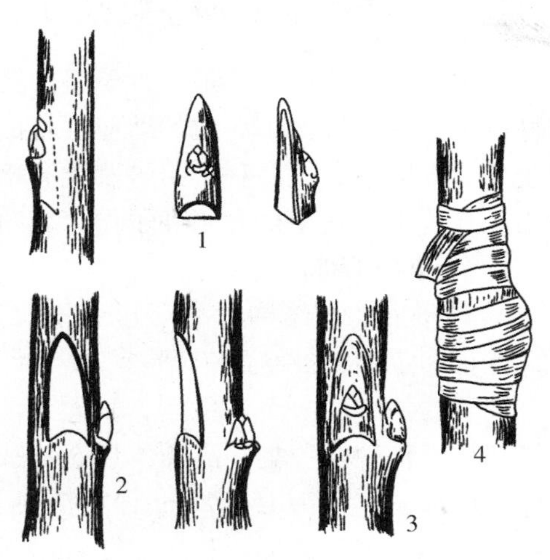

图3-3　嵌芽接

1. 削接芽　2. 削砧木接口　3. 插入接芽　4. 绑缚

（2）枝接：分劈接、切接、舌接、靠接等，最常用的是劈接、切接。切接多在早春树木开始萌动而尚未发芽前进行，砧木横径以2~3cm为宜，在离地面2~3cm处横截断，选皮厚纹理顺的部位垂直劈下，劈深3cm左右，取长5~6cm带2~3个芽的接穗削成两个切面。长面在顶芽同侧约3cm，在长面对侧削一短面，长1cm，削后插入砧木切口，使形成层对齐，将砧木切口的皮层包于接穗外面并绑紧，然后埋土（图3-4）。

嫁接成活率的高低受很多因素的影响，其中砧木和接穗的亲和力是主要因素，一般规律是亲缘越近、亲和力越强。另外，嫁接时期的温度是否适宜，砧木和接穗质量、嫁接技术等也影响着嫁接成活率。

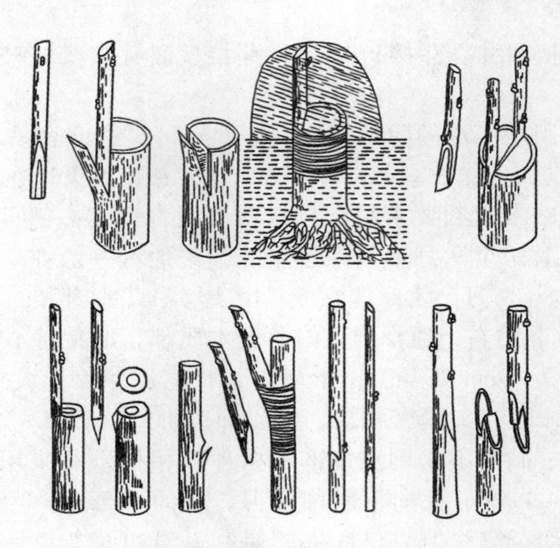

图 3－4　枝接的各种方式图示

二、中药植物的种子繁殖

种子繁殖又叫有性繁殖。种子是由胚珠或胚珠和子房形成的播种材料，种子繁殖是植物在长期发展进化中形成的适应环境的一种特性。在自然条件下，种子繁殖方法简便而经济，繁殖系数大，利于引种驯化和培育新品种，是自然界种子植物繁衍后代的主要方式。栽培中药植物也多用种子作为繁殖材料。

（一）种子的特点

1. 种子形态与结构　种子形态不仅是鉴别中药植物种类、判断种子品质的重要依据，也是确定播种技术的依据之一。

种子的外形、大小、色泽、表面光洁度、沟、棱、毛刺、网纹、蜡质、突起及附属物等都是区别种子种类和品质的形态特征，因为这些性状也是由遗传因素决定的。如椰子种子球形，直径为 15～20cm；木鳖种子扁平，边缘齿状；细辛种子卵状圆锥形，有种阜；天麻种子呈纺锤形，长不足 1mm，宽不到 0.2mm。又如，五加科的人参、西洋参、三七种子，外观形状和色泽相近，是有别于其它科属种子的共性，但它们之间又有大小、皱纹深浅之别。人参种粒小，皱纹细而深，种皮厚而硬；三七种粒大，皱纹粗而浅，种皮最薄；西洋参介于两者之间。伞形科植物从双悬果形状可以判断是哪个属的植物（图 3－5）。水飞蓟种子色深发黑者，活性成分含量高，色浅发灰者含量低。新种子色泽鲜艳或洁白，陈种子色泽灰暗或发黄。

种子都有种皮和胚这两部分，有胚乳种子还含有胚乳。种皮是保护种子内部组织的部分，真正的种皮是由珠被形成的。属于果实类的种子，常说的“种皮”是由子房形成的果皮，真正的种皮成为薄膜状，或贴于胚外，或贴于果皮内壁形成一体。种皮上有与胎座相联结的珠柄断痕，称为种脐，种脐的一端有个小孔，称为珠孔，种子发芽时，胚根从珠孔伸出。

中药植物种子种皮构造比较复杂，如黄芪、甘草、皂角等豆科种子种皮致密，阻碍吸水；桃、杏、郁李、胡桃、诃子等果核木质坚硬，阻碍种子萌发；草果、杜仲种皮表面或种皮含胶质，影响吸水速度；厚朴、辛夷种皮外有蜡质层，妨碍吸水；五味子、荜芨的种皮或种皮表面有油层，也阻碍吸水。上述各类种皮均阻碍正常吸水，影响萌发出苗，给生产带来不便。此外，有的种皮保护性能差，在常规存放条件下，易失水，易霉烂变质等。此类种子采收后应及时播种或拌湿沙（土）暂存。再者，还有少数种子种皮含发芽抑制物质，阻碍发芽。

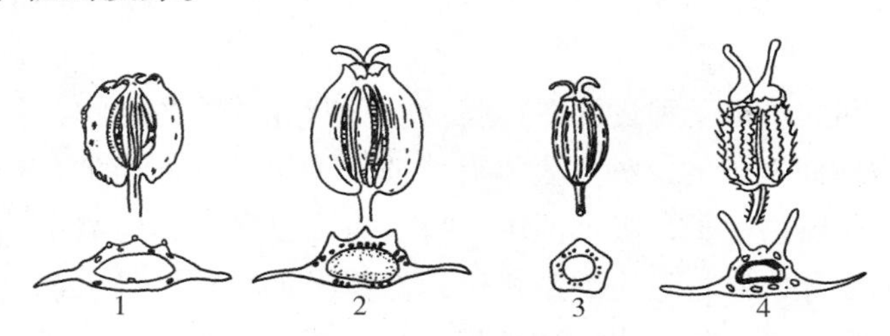

图 3－5 伞形科几属植物果实横切面
1. 当归属 2. 藁本属 3. 柴胡属 4. 胡萝卜属

胚是构成种子的最主要部分，是新生植物的雏体，是由胚根、胚芽、胚轴和子叶四部分组成，有胚乳种子（人参、西洋参、三七、细辛、五味子、黄连、芹菜、韭菜、葱、蓖麻、烟草、桑、薏苡、番木瓜等）的胚埋藏在胚乳之中。在种子发芽过程中，胚利用子叶和胚乳提供的营养物质生长。通常情况下，种子内的胚乳或子叶的营养物质足以满足种胚萌发出土长成小苗，如果胚乳、子叶受损，种胚生长发育就受影响，直至丧失发芽能力。健康种子胚乳、子叶鲜洁，胚乳色白，腐坏后色暗且易崩毁粉碎。在中药植物种子中，有部分种子种胚形态发育不健全（人参、西洋参、黄连、三七、五味子、细辛、山茱萸、银杏、贝母等），有的种胚形态虽然发育健全，但需要生理休眠或种皮、胚乳存在阻碍发芽因素，这类种子都不能正常发芽出苗，一般在播种前需要进行种子处理。有些中药植物（人参、苍耳等）的果实、种皮（种壳）、胚乳、子叶或胚中，所含的挥发油、生物碱、脱落酸、有机酸、酚类、醛类等物质对种子萌发有抑制作用。这类种子在播种前也要进行种子处理。

中药植物种子大小相差悬殊，大粒种子千粒重在 100g 甚至 1000g 以上，有的重达几万克，如古诃、印度马钱、拉果、山核桃、龙眼、山杏、椰子等。种子千粒重为 30～100g 的中药植物有红花、印度萝芙木、催吐萝芙木、薏苡、三七、北五味子等；种子千粒重为 10～30g 的有白豆蔻、番木瓜、安息香、人参、决明子、望江南、黄柏、曼陀罗等；种子千粒重为 1～10g 的有檀香、土沉香、大枫子、细辛、土木香、菘蓝、紫苑、紫苏、杭白芷、地榆、牛膝、黄连、知母、黄芩、当归、穿心莲等；种子千粒重 0.1～1g 的有地黄、莨菪、藿香、荆芥、旱莲草、枸杞、党参、地肤子等；种子千粒重小于 0.1g 的，有龙胆、天麻、草苁蓉等。种子大小与营养物质含量有关，对胚的发育有重要作用，还关系到出苗的难易和幼苗生长速度。种子愈小，种胚营养越少，出土能力越弱，对整地、播种质量的要求也高。

2. 种子发芽条件 种子发芽需要水分、氧气和温度等条件。种子吸水是发芽的先决条件，只有吸水后，种子内的各种酶类才能活化，种子中的各类物质才能被水解，由高分子的贮藏态转变成低分子的可利用状态。种子不断吸水，物质不断转化，种胚才能不断生长，直至出苗。

种子吸水可分为两个阶段，开始时，依靠种皮、珠孔等构造的机械吸水膨胀力，吸收的水分主要到达胚及其周围组织，吸水量可达发芽需水量的一半。当种胚吸水萌动后，种子吸水便进入第二阶段，即生理吸水，此期种子吸水受胚的生理活动支配。

种子吸水速度受环境温度的影响，在最适温度范围内，吸水速度随温度升高而加快，超过最适温度后，吸水速度减缓，超过发芽最高温度，种子生理活动受阻，生理吸水也随之受影响。

种子吸水速度和数量也受种皮构造、胚及胚乳营养物质的影响。种皮致密（有硬实现象）的，种皮木质而坚硬的，种皮表面有腊质、油层、黏液质的，种皮构造内含有油细胞、胶质等的中药植物种子，吸水困难，吸水速度也慢。其他类中药植物种子虽然吸水也有难易、快慢之分，但与上述类型相比，都算吸水容易，吸水速度较快的种子。含蛋白质多的种子，吸水多，吸水快；含脂肪、淀粉多（为主）的种子，吸水少，吸水速度也慢。

生产中对于吸水速度慢或吸水量大的种子，多采用播前浸种、闷种措施，先满足其萌发吸水；对那些种皮有阻碍吸水构造的种子，应进行层积处理、机械处理或酸碱处理等。进行播前浸种处理时，浸种时间应根据种皮透水难易及吸水量而定，通常浸种时间以不超过种子吸胀时间为好，否则浸种时间过长，种内营养成分外渗。

种子发芽过程中，营养物质的分解、转化依靠旺盛的酶促活动，这一活动需要有充足的氧气和能量作保证。发芽环境中氧气含量在20%以内时，种子呼吸强度与氧气含量呈直线关系。氧气含量超过20%时，呼吸强度与氧气含量关系不明显。种子发芽时，胚部位的呼吸强度最高，为通常时胚乳部位的3~12倍。所以种子催芽中都非常强调要有良好的通气条件。

种子萌发需要一定的温度条件，一般分为最低、最适、最高三基点。多数中药植物种子萌发所需的最低温度为0℃~8℃，低于此温度种子不萌发，原产热带、亚热带的中药植物种子发芽最低温度为8℃~10℃；多数中药植物种子发芽最适温度为20℃~30℃，发芽最高温度为35℃~40℃。部分中药植物种子发芽所需温度归纳于表3-1。应当指出，有的中药植物种子萌发时，变温条件下比恒温条件下发芽快，如白芷在10~30℃的变温条件下比18℃恒温条件下发芽快。

中药植物种子萌发过程中除了要求水分、氧气、温度外，有些种子发芽还要求有光照条件，特别是红光，如龙胆、莴苣、芹菜等，这些种子播种要浅，即覆土要薄。又如天麻种子萌发后必须与蜜环菌结合，才能继续发育，否则就不能形成块茎。

3. 发芽年限 中药植物种子的发芽年限即种子的寿命，是指种子保持发芽能力的年限。中药植物种类不同，种子发芽年限的长短也不一样，长的可达百年以上，短的仅能存活几周。种子发芽年限的长短受其自身遗传影响，还与种子自身状况（组成成分、成熟度等）和贮藏条件有关。多数中药植物种子发芽年限为2~3年，如牛蒡、薏苡、龙胆、水飞蓟、小茴香、曼陀罗、桔梗、青箱、尾穗苋、玄参、菘蓝、红花、枸杞等；大黄、丝瓜、南瓜及桃、杏、核桃、黄柏、郁李等木本中药植物种子和黄芪、甘草、皂角等具有硬实特性的种子其发芽年限为5~10年；党参、人参、当归、紫苏、白芷等小粒种子和含油脂高的种子，发芽年限多为1年或1~2年。

表3-1 部分中药植物发芽温度（℃）

植物名称	最适温度	发芽温度范围	植物名称	最适温度	发芽温度范围
红花	25	4~35	黄芪	14~15	5~35
白术	2528	15~35	射干	10~14	10~35
水飞蓟	18~25		党参	18~20	
莴苣	22		丹参	18~22	
丝瓜	30		龙胆	20	5~30
南瓜	30		牛膝	25	10~35
伊贝	5~10	0~20	曼陀罗	30	
平贝	5~10	0~20	印度萝芙木	30	
浙贝	5~12	0~20	缬草	25~28	5~35
葱	24		穿心莲	28	10~35
韭	24		防风	17~20	
油菜	10~20		芹菜	20	
菘蓝	16~21		薏苡	25~30	10~40
萝卜	25		金莲花	20	10~30
大黄	18~21	0~25			

值得提出的是，有部分中药植物种子发芽年限不足1年或半年，如天麻种子在自然条件下3天就失去活力，在果实内存放时只有15天；肾茶种子发芽年限也只有十几天；细辛种子为30~50天；平贝母为60~90天；金莲花、草果为3~4个月；儿茶、金鸡纳、檀香为4~7个月；北五味子种子（不带果肉）为6个月。

中药植物种子绝大多数都是自然干燥后采收的种子，发芽年限长。但肾茶、细辛、马兜铃等少数中药植物只要成熟就得采收，如果等其自然干燥，发芽率就降低。又如草果自然成熟后，不等自然干燥就霉烂失去活性，只有及时采收除去果壳并用草木灰除去表面胶层晾干方可保存60天（自然成熟时只能存活15天左右）。

贮藏条件影响种子寿命的长短。通常情况下，低温干燥环境中贮藏的种子寿命长，如细辛种子自然成熟后，在室内存放30天发芽率就由98%降到30%以下，50天后发芽率只有2%，而放在密闭干燥容器内于4℃条件下存放的种子，300天后发芽率仍在70%以上。又如葱、韭种子，一般室内干存时，寿命只保持1年左右，若改用封严的罐器存放，10年以后种子活力仍很好。这主要是因为低温、干燥的环境既不便吸湿提高酶的活性，又因低温低湿降低了呼吸消耗的缘故。

应当指出的是，少数中药植物的种子低温下仍能很快吸水，因此在贮存时，环境的温度湿度必须严格管理好。如洋葱种子在10℃时吸湿很快，红花种子4℃就能吸水萌动，此类种子贮存温度要求更低。另外，像银杏、龙眼、枇杷、芒果、肾茶、细辛、马兜铃、白豆蔻等种子，不宜干贮，干贮就失去活力，生产上都是年年留种，采后趁鲜播种，不能及时播种时，要拌3倍湿砂保存。再者，中药植物种子贮藏时，必须注意种子的组成成分，特别是含脂肪性成分多的种子，尤其是含挥发性成分的种子，除了低温存放外，还要限气保存，防止氧化变质。如白豆蔻种子在45℃条件下存放，种子内的脂肪油就会液化，使种仁变质失去活力。我国农民采用陶制坛罐与石灰存放种子，既降低了湿度，又限定了器皿内的氧气含量，所以种子寿命长。这也是莲子深埋古墓千年之后，仍能萌发成苗的原因所在。

4. 繁殖体的休眠与打破休眠技术 有生命力的繁殖体在适宜萌发的条件下，不能正常萌发出苗或推迟萌发出苗的现象叫休眠。休眠种子在一定环境条件下，通过种子内部生理变化，达到能够发芽的过程，在栽培上称为后熟。

中药植物繁殖体具有休眠特性的很多。有性繁殖材料中，具有休眠特性的有人参、西洋参、三七、黄连、细辛、贝母、五味子、牡丹、芍药、北沙参、紫草、延胡索、苍耳、天冬、金莲花、大枫子、酸枣、银杏、山茱萸、诃子、催吐萝芙木、黄柏、厚朴、核桃、杏、穿山龙、荜茇、使君子、草果、益智等等。此外，营养繁殖材料中，也有具有休眠特性的，如人参根、西洋参根的芽胞，细辛根茎上的越冬芽，贝母（平贝、浙贝、伊贝）鳞茎，延胡索、地黄块茎，番红花、唐菖蒲球茎，以及许多木本植物的越冬芽等。植物的休眠特性是适应不良环境条件的一种反应，是经过长期系统发育而形成的。从生产角度讲，休眠对种子贮藏是有利的，但给育苗、播种发芽带来了一些困难。

（1）种子休眠的原因：种子休眠是由自身原因引起的称为自发休眠或深休眠，若是因外界条件不适宜（如低温、寒冷或高温、干旱）引起的称为强迫休眠。

深休眠的原因很多，就有性繁殖材料来说，第一是由于种皮或果皮结构的障碍，如坚硬、致密、蜡质或革质，具不易透水透气特性或不易吸水膨胀开裂特性；第二是种胚形态发育不健全，自然成熟时，种胚只有正常胚的几分之一或几百分之一，这类种子的胚需要吸收胚乳营养继续生长发育；第三是种胚生理发育未完成，此类种子种胚形态发育健全，种皮无障碍，只是种胚需要一段低温发育时期，没有低温便不萌发；第四是种皮或果皮、胚乳、子叶或胚中含有发芽抑制物质，只要除掉发芽抑制物质或使其降解、分解，种子就能正常出苗。就营养繁殖材料来讲，休眠的主要原因是生理发育未完成，需要一段低温或高温条件。

在休眠的种子中，有的种子是由一种原因引起休眠，如紫草、水红籽因生理低温；银杏因种胚形态发育不健全；黄芪、甘草、厚朴、莲子等因种皮障碍；甜菜、橡胶草因有发芽抑制物质存在等。有的种子是由两种或两种以上原因引起休眠，如人参、杏、细辛、贝母等。

（2）打破休眠的方法：休眠的种子播于田间，在自然条件下可通过后熟使其萌发出苗。不过，由于中药植物种类不同，休眠类型不同，自然后熟时间的长短也不一样，短的几天、十几天，长的1~3个月或5~6个月以上，人参、西洋参、山茱萸长达1年以上。在生育期长的地方，晚出苗十几天对其生育影响不大，在生育期短的地方，晚出苗则会影响生育和产量。播于田间后3~5个月才能出苗者，不仅白白浪费了一季的生产管理，而且还减少了一季乃至一年的收入。因此，生产中都采取先打破种子休眠，然后适时播种。打破种子休眠的方法很多，如浸种处理、机械损伤种皮、药剂处理、激素处理、层积处理等。①浸种处理：冷水、温水或冷热水交替浸种，不仅可使阻碍透水的种皮软化，增强透性，还可使种皮内所含发芽抑制物质被浸出，促进种子萌发。有些种子还可用80℃~90℃热水浸烫，边浸烫、边舀动，待水冷却后停止舀动。浸烫不仅利于软化种皮、利于除掉种皮外的蜡质层，还可加快种皮内发芽抑制物质的渗出。不过浸烫时间不能过久，在生产上，桑、鼠李种子用45℃水浸种24h，吐根用常温水浸种48h。穿心莲种子用40℃~80℃水先烫种，边烫、边舀动，使水尽快冷却，然后浸种24h，使君子种子用40℃～50℃水浸种24～36h等。②机械损伤种皮：豆科、藜科、锦葵科等中药植物种子种皮具不透水性，可将种子放入电动磨米机内，将种皮划破或在种子内加入粗砂、碎玻璃等物，使其与种皮磨擦，划破种皮，使其具有正常吸水能力。在生产上，硬实的黄芪、甘草种子用电动磨米机划破种皮；鸡骨草种子用砂石磨擦处理；杜仲剪破种皮，使其可以尽快吸水萌发等。③药剂处理：有些中药植物种子表面有油质、蜡质、胶质、黏液等，有的种皮内含某些发芽抑制物质，采用药剂处理便于除掉这些物质，促进萌发。如生产上用30%草木灰搓草果种子，以除去表面胶质层；荜茇种子用30℃～40℃的草木灰水浸种2h，就可除掉种子表面的油质；用30%草木灰水洗去益智果肉，除掉黏质类物质；厚朴种子用浓茶水浸种1～2天，然后揉搓除去蜡质；有的核果类种子或硬实种子可用一定浓度硫酸液浸种，腐蚀种皮，增加透性，腐蚀后用流水洗至无酸为止，然后播种。④激素处理：需要生理后熟的种子，特别是需要低温后熟的种子，播前用一定浓度的激素处理（特别是赤霉素处理），不经低温就可正常萌发出苗。如人参和西洋参的越冬芽，用40～100mg/L的GA_3浸种24h，不经低温就可出苗；细辛潜伏芽、越冬芽用40mg/L GA_3棉球处理就可打破上胚轴休眠；人参、西洋参种子用50～100mg/L GA_3或50mg/L BA（6－苄基嘌呤）或Kt（激动素）浸种24h，可加速形态后熟，完成形态后熟的人参种子再用40mg/L GA_3处理24h，不经低温就可发芽出苗；金莲花用500rng/L GA_3浸种12h，可代替低温砂藏处理；用硫脲（0.1%）处理芹菜、菠菜、莴苣等要求低温催芽的种子，有代替低温的作用。⑤层积处理：层积处理是打破种子休眠常用的方法，对于具有形态后熟、生理后熟时间较长、坚硬的核果类种子或多因素引起休眠的种子——即后熟期较长的种子，此法最为适宜，如人参、西洋参、刺五加、黄连、牡丹、芍药、北五味子、黄柏、扁桃、山楂、核桃、枣、酸枣、杏、郁李、八角茴香等。层积处理常用洁净河沙作层积基质（也可用沙3份加细土1份），基质用量，中小粒种子一般为种子容积的3～5倍，大粒种子为5～10倍。基质的湿度以手握成团而不滴水为度。处理时，先用水浸泡种子，使种皮吸水膨胀，然后与调好湿度的基质按比例混拌层积处理。也可将吸胀的种子与调好湿度的基质分层堆放处理，中、小粒种子每层厚3～4cm，大粒种子每层厚5～8cm。层积处理时，容器底部和四周要用基质垫隔好，顶部再用基质盖好。处理温度因植物而异，如人参层积处理种子裂口前温度控制在18℃～20℃，种子裂口后16℃～18℃；萝芙木是在23℃～28℃下处理。一般需生理低温的种子，处理温度多控制在2～7℃。处理时间因植物而异，如山杏45～100天，扁桃45天，枣、酸枣为60～100天，杏100天，山楂200～300天，人参150～180天，山葡萄90天等。有些坚硬的核果类种子如杏、桃、核桃等，最好进行一段时间冷冻（使种皮开裂）后再层积处理。层积处理的早晚也因植物和播期而异，后熟期长的种子（人参、西洋参、山茱萸、黄连、山楂等）早处理，后熟期短的种子（萝芙木、紫草、水红籽、北沙参等）可晚处理。通常以保证种子顺利通过后熟，不误播期，种子不提早发芽为最好。

5. 种子质量　中药植物种子的质量优劣，反应在生产上是播种后的出苗速度、整齐度、秧苗的纯度和健壮程度等。这些种子的质量标准应在调种或播种前确定，以便做到播种、育苗准确可靠。

种子质量一般用物理、化学和生物学方法测定，主要检测内容有纯度、饱满度、发芽率、发芽势以及种子生活力的有无。

纯度，种子纯度又称种子净度或种子纯洁度。是指在供试样品中，除去杂质后剩余的纯属该样品好种子重量所占的百分数。即：

$$种子纯度(\%) = \frac{供试样品重量 - 杂质重量}{供试样品重量} \times 100\%$$

式中所说的杂质包括该品种中的伤残、霉变、瘪粒等废种子和其他种类或品种的好坏种子，以及泥砂、枝叶花残体等。中药植物种子纯度检查中，值得注意的问题是真伪问题。由于历史的缘故，中药同物异名、同名异物的原植物来源至今在个别地方尚未彻底纠正，如王不留行有12种同名异物的原植物，独活有15种同名异物的原植物。所以检查中，首先强调认真区别真伪。供试样品量因中药植物种子大小而异，大粒种子量多些、小粒种子可酌情减量。

中药植物种子的净度标准：生产通用品种要求达到95%；类似荆芥之类的小种子，因花梗、细茎残体与种子大小、比重相近，很难分开，所以要求达到70%左右；刚开始野生家种品种，要求达到50%左右。

饱满度，种子饱满程度通常用千粒重表示，即1 000粒种子的克数。同一种或品种的种子千粒重越大，种子越充实饱满，质量也越好。千粒重也是估算播种量的一个重要参数。部分中药植物种子的千粒重归纳于表3－2。

发芽率，是指种子在适宜条件下，发芽种子数与供试种子数的百分比。即：

$$种子发芽率(\%) = \frac{发芽种子数}{供试种子数} \times 100\%$$

测定发芽率可在垫纸的培养皿中进行，也可在砂盘或苗钵中进行，以使发芽更接近大田条件。实验室发芽率不是田间出苗率，两者比值（田间出苗率/实验室出苗率）多在0.2～0.9之间。

多数中药植物种子发芽率与作物、蔬菜相近，也可分甲、乙二级，甲级种子要求发芽率达到90%～98%，乙级种子要求达到85%左右。但是，有少数中药植物由于下述原因：第一、部分伞形科双悬果种子，两粒中常有一粒因授粉不良等原因，而发育不佳；第二、有些无限花序中药植物，未经摘心打顶，其花序上种子发育不一致，有的未成熟，有的过熟失水而丧失活力；第三、有的中药植物种子发芽参差不齐等，而使发芽率只有65%左右。此外，有少数中药植物种子外观看是一粒种子，实际属聚合果、聚花果，因此发芽率高出100%，如甜菜种子生产上要求发芽率高达165%以上。

发芽势，是指在适宜条件下，在规定时间内发芽种子数与供试种子数的百分比。即：

$$种子发芽势(\%) = \frac{规定天数内发芽种子数}{供试种子数} \times 100\%$$

发芽势是表示种子发芽速度和发芽整齐度，是种子生活力强弱程度的参数。像红花、芥子、莴苣、瓜类、豆类等规定的天数为3～4天，薏苡、葱、韭菜、芹菜和茄科种子为6～7天，有些中药植物种子可延至10天左右。

种子是否有生活力，也可以用化学试剂染色的方法来测定。如胭脂红水溶液测定、2，3，5－氯化三苯基四氮唑（TTC）溶液测定及溴代麝香草酚蓝溶液测定等。

用化学试剂染色法测定种子活力的速度快，其结果与发芽测试一致，是快速测定具有休眠特性或发芽缓慢种子活力的好方法。

表 3-2　部分中药植物种子千粒重

植物名称	千粒重（g）	植物名称	千粒重（g）	植物名称	千粒重（g）
人　参	23~35	杭白芷	3.1~3.2	藿　香	0.42
西洋参	28~38	紫　苏	2.0~2.1	欧当归	2.8~2.9
黄　连	1.0	牛　膝	2.4~2.5	番木瓜	20
桔　梗	0.97~1.4	地　榆	3.4~3.5	安息香	15
决　明	28~29	仙鹤草	11.8~12.0	檀　香	150~160
望江南	19~20	旱莲草	0.38~0.40	古　诃	110~125
党　参	0.35~0.43	菘　蓝	8.0~8.2	山　杏	714~1250
红　花	26~40	薏　苡	77~80	土沉香	1 110~1 120
紫　菀	2~2.2	穿心莲	1.2~1.3	大枫子	1 800~1 900
土木香	1.0~1.1	细辛（鲜）	14~20	枇　杷	1 850~2 000
枸　杞	0.8~1.0	地　黄	0.14~0.16	核　桃	1 100~1 430
曼陀罗	10~11	南天仙子	0.34~0.36	芒　果	20 000
紫花曼陀罗	6.8~7.0	白豆蔻	15~16	荔　枝	3 100~3 130
知　母	8~8.4	五味子	30	山　楂	76~80
黄　芩	1.3~1.5	印度萝芙木	35	枣	380~500
黄　柏	16~17	催吐萝芙木	40~41	酸　枣	198~250
龙　眼	1 667~2 000	印度马钱	1 700~1 800	山葡萄	33~39
韭　菜	2.8~3.9	丝　瓜	100	莴　苣	0.8~1.2
小茴香	5.2	豇　豆	81~122	大　葱	3~3.5
萝　卜	7~8	苋　菜	0.73	南　瓜	140~350

（二）播种

1. 种子准备　中药材生产在种植业中所占比例较小，各品种种植面积更小，分布区域又不广泛，所以，种子准备工作不如农作物、蔬菜、果树等那么方便。因此，列入生产计划的中药材种子，必须提早作好准备。由于中药材生产、经营部门对部分种子特性不十分熟悉，在贮存保管中，难免使种子活力受到影响，因此，购买或调入种子时，必须进行必要的检验，根据种子纯度、发芽率即种子用价和播种面积，换算出购入种子的量。

2. 播种量　播种量是指单位面积上所播的种子重量。群体生产力受单位面积上的株数和单株生产力两个因子影响。播种量小时，单株生产力高，但单位面积上株数少，群体总产低。如果播种量大，虽然群体的总株数增多，但因单株产量（生产力）低下，群体总产量也低。只有密度适宜，单株和群体生产力都得到发挥，单位面积产量才高。在确定单位面积播种量时，必须考虑气候条件、土地肥力、品种类型和种子质量，以及田间出苗率等因素。部分中药植物播种量见表 3-3。

表 3-3 部分中药植物播种量

植物名	播种量（kg/亩）	植物名	播种量（kg/亩）	植物名	播种量（kg/亩）
龙胆（育苗）	0.2~0.3	白 芷	1~2	苍 术	4~5
田基黄	0.2~0.3	独 活	1~2	酸 枣	5~6
车前子	0.4~0.6	芡实	1~2	射干（育苗）	7~10
牛 膝	0.4~0；6	栀子	1~2	草果（育苗）	7~10
南天仙子（水蓑衣）	0.4~0.6	木瓜（育苗）	1.5~2.5	天 冬	7~10
莨 菪	0.5~1	百 部	1.5~2.5	巴 豆	7? 10
山莨菪	0.5~1	山葡萄	1.5~2.5	伊贝母（育苗）	15~30
枸 杞	0.5~1	甘 草	1.5~2.5	山杏（育苗）	15~30
黄 芩	0.5~1	黄 芪	1.5~2.5	枳壳（育苗）	40~100
防 风	0.5~1	商陆（育苗）	1.5~2.5	枇杷（育苗）	40~100
党 参	0.5~1	黄连（育苗）	1.5~2.5	龙眼（育苗）	40~100
青葙子	0.5~1	薏 苡	2~3.5	芒果（育苗）	370~400
缬草	0.5~1	红 花	2~3.5	太子参（块根）	20~50
益 智	0.5~1	续 断	2~3.5	地黄（根茎）	20~50
峨 参	0.5~1	砂仁（育苗）	2~3.5	天南星（块茎）	20~50
知 母	0.5~1	木瓜（育苗）	2~3.5	半夏（块茎）	20~50
白花蛇舌草	0.5~1	催吐萝芙木（育苗）	2~3.5	紫菀（根茎）	10~15
紫 菀	1~2	当归（育苗）	4~5（7）	延胡索（块茎）	60~80
柴 胡	1~2	五味子（育苗）	4~5	白姜（根茎）	100
牛 蒡	1~2	细辛（育苗）	4~5	郁金（根茎）	150~250
水飞蓟	1~2	黄柏（育苗）	4~5	川芎（苓子）	150~250
仙鹤草	1~2	人 参	15~20g/m^2	川贝（鳞茎）	150~250
土木香	1~2	西洋参	10~20g/m^2	平贝（鳞茎）	150~400
补骨脂	1~2	八角茴香（育苗）	5~6	浙贝（鳞茎）	400~600
小茴香	1~2	北沙参	4~5	附子（块根）	400~600
大 黄	1~2	伊贝母	4~5	麦冬（根）	700
菘 蓝	1~2	穿心莲	0.4~0.5		
豇 豆	1~2	白 术	4~5		

就气候条件而论，一个地区的光照、温度、雨量、生长季节等，对中药植物生长发育有很大影响。一般温度高、雨量充沛、相对湿度较大、生长季节长的地区，植物体较高大，分枝多，密度可小些；反之，密度宜大些。在地区、肥力、品种相同的情况下，晚播的要比适期播种的适当增加播种量。土壤肥力水平不同，对植物生育影响很大，通常情况下，瘠薄土地或施肥量少的条件下，植株生长较差，应适当提高密度，反之，密度要小些。中药植物种类不同，植株大小也不一样，大的要稀些，小的要密些。同一种植物中，分枝多的，分枝与主茎间夹角大的（即水平伸展幅度大的）要稀播。另外，种子粒小的，播后需要间苗的，苗期生长缓慢的，抗御自然灾害能力弱的品种，都应适当

增加播种量。

在生产实际中，播种量是以理论播量为基础，视地块土壤质地松黏、气候冷暖、雨量多少、种子大小及质量、直播或育苗、耕作水平、播种方式（点播、条播、穴播）等情况，适当增加播种量。理论上的播种量公式如下：

$$播种量(g/667m^2) = \frac{(667m^2/行距 \times 株距) \times 每穴粒数}{每克种子粒数 \times 纯度(\%) \times 发芽率(\%)}$$

3. 种子的清选 作为播种材料的种子，必须在纯度、净度、发芽率等方面符合种子质量的要求。一般种子纯度应不低于95%，发芽率不低于90%。对于那些纯度不符合要求的种子，在播种前要进行清选，清除空瘪、病虫及其他伤残种子，清除杂草及其他品种的种子，清除秸秆碎片及泥砂等杂物，保证种子纯净饱满，生活力强，为培育壮苗提供优良种子。常用的种子清选方法如下：

（1）筛选：是常用的选种方法，方法简便，效率高。是根据种子形状、大小、长短及厚度，选择筛孔相适合的一个或几个筛子，进行种子分级，筛除杂物（特别是细小瘪粒），选取充实饱满的种子，提高种子质量。

（2）风选：是利用种子的乘风率分选，乘风率是种子对气流的阻力和种子在风流压力下飞越一定距离的能力。乘风率用种子的横断面积与种子重量之比表示。

$$K = C/B$$

式中，K 为乘风率；C 为种子横断面积（cm^2）；B 为种子重量（g）。

乘风率大的为空瘪种子，乘风率小的是充实饱满的种子，风车选种就是利用这一原理进行清选分级。在一定风力作用下，不同乘风率的种子依次分别降落在相应部位，充实饱满种子重量最重，乘风率最小，就近降落；空粒、瘪粒、轻的杂物在较远的地方降落。从中选取充实饱满洁净的部分作为种子。

（3）液体比重选：是根据饱满程度不同的种子比重不同的原理，借助一定的溶液将轻重不同的种子分开。通常轻种子上浮液面，充实饱满种子下沉底部，中等重量种子悬浮在液体中部。常用的液体有清水、泥水、盐水和硫酸铵水等。采用液体比重选种时，应根据中药植物种子种类或品种，配制适宜浓度的溶液，以便准确区分开不同成熟饱满度的种子。如用盐水选：海南萝芙木用4%~6%食盐溶液，催吐萝芙木为8%，印度萝芙木为15%~17%，油菜为8%~10%，诃子为27.5%。人参、西洋参、五味子、大枫子等都可用清水选。

4. 播前种子处理 具体包括晒种、消毒、浸种催芽等。

（1）晒种：种子是有生命的活体，贮藏期间生理代谢活动微弱，处于休眠状态。播种前翻晒1~2天，使种子干燥均匀一致，增加种子透性，保证浸种吸水均匀，并有促进种子酶的活性、提高生活力的作用。此外，晒种也有一定的杀菌作用。

（2）消毒：是预防中药植物病虫害的重要环节之一。因为许多中药植物病害是由种子传播的，如红花炭疽病、人参锈腐病、薏苡黑粉病、贝母菌核病、罗汉果根结线虫、枸杞炭疽病（黑果病）等。经过消毒处理即可把病虫消灭在播种之前。常用消毒方法有：①温汤浸种：是先使黏附在种子表面的病源孢子迅速萌发，然后在较低温下将其烫死，种子不受损伤。如薏苡温汤浸种：先把种子放在10℃~12℃水中浸10h，捞出后放52℃水中2min，接着转入57℃~60℃恒温水中浸烫8min，浸烫后立即放入冷水中冷却，冷却后稍晾干即可播种或拌药播种。红花温汤浸种：种子在10℃~12℃水中浸10~12h，捞出后放入48℃水中2min，接着转入53℃～54℃水中浸烫10min，浸后冷却并稍晾干播种或拌药播种。②烫种：把待要消毒的干种子装入铁筛网中（厚3～5cm），放入沸水中浸烫几十秒钟，迅速取出冷却，稍晾干就可播种。烫种只适于类似薏苡带硬壳的种子，小粒种子，不带硬壳的种子多不采用此法。③药剂浸种或拌种：不仅可以杀死种子表面、种皮带菌，还可抑制或杀死种子周围土壤中的病菌。药剂处理分浸种、拌种和闷种3种方式，通常多用浸种与拌种，拌种要求药剂要均匀附着在种子表面。浸种、闷种后要及时播种，否则易生芽或腐坏。常用浸种药剂及处理方法有：0.1%～0.2%高锰酸钾浸种1～2h（肉豆蔻、安息香）；1%～5%的石灰水浸种24～48h（薏苡）；100～200mg/L农用链霉素浸种24h；1∶1∶100波尔多液浸种等。对于根及根茎类等播种材料，可用400～500倍65%代森锌浸醮根体表面（形成药剂保护膜），也可用1∶1∶120～140的波尔多液浸醮根体表面（形成药膜）。拌种药剂目前常用的有50%的多菌灵，用量为种子重量的0.2%～1%（以下括号内的百分数均具同样含义）、70%代森锰锌（0.2%～0.3%）、50%瑞毒霉（0.3%）、90%敌百虫（0.2%～0.3%）等。

（3）浸种催芽：种子发芽除种子本身需具有发芽力外，还需要一定的温度、水分和空气，这些条件得到满足后，种子很快发芽。种子播于田间后，自然的温、水、气条件不能同时适宜，更不能保持不变，常因一种不适宜而延缓萌发出苗，影响中药植物生长发育（特别是发芽期长、需水多，要求温度稍高的品种）。浸种催芽就是发挥生产者的主观能动作用，创造适宜发芽的条件，促进种子萌动发芽，以便播后迅速扎根出苗。浸种催芽的时间和温度因植物种类和季节而异。通常低温季节浸种时间长，高温季节浸种时间短。小粒，种皮薄，种翅纸质或膜质，喜低温的中药植物种子，如党参、桔梗、莴苣、白芷、大黄、北沙参、马钱子、丝瓜、冬瓜等，一般用20℃左右洁净清水浸泡，时间因品种变化在6～12h之间。种皮坚硬、致密或光滑，吸水速度较慢，种皮内含有遇热易变性或易于分解之类的发芽抑制物质的种子，如甘草、苏木、皂角、颠茄、使君子、安息香、穿心莲等，可先用50℃～70℃（或更高）的热水浸烫，浸烫时用水量约为种子的5倍，边浸烫、边搅动，使水温在8～10min内降至25℃～30℃，然后浸泡，时间10～48h不等（颠茄、安息香、苏木、穿心莲为12h左右，使君子、决明、枸杞、甘草、皂角等24～48h），浸种过程中，每5～6h换水1次。浸种时间视种皮吸水状况而定，一般种子膨胀，即表明吸足了水，应及时捞出。浸种后的种子要及时播种，如遇天气有变，不能播种时，应将种子摊晾开来，待天气转好后及时播种。需要催芽的种子，浸后及时催芽。催芽是在种子吸足水分后，促进种子内养分迅速分解转化，供给胚生长的重要措施。催芽的技术关键是，保持适宜的温度、氧气和饱和空气相对湿度。保水可采用多层潮湿纱布、麻袋布、毛巾等包裹种子。包裹种子时，先要除掉种子表面的附着水，并尽可能使种子保持松散状态。催芽过程中每4～5h松动包内种子1次，以保证氧气供给。催芽温度多控制在最适温度区间。当种子待要露出胚根，就可取出及时播种。温室等保护地育苗用种，可待75%种子破嘴或露出胚根时，立即播种。为提高浸种催芽效果，常常在浸种时用生长调节物质、微量元素或其他化学药剂的水溶液浸种。微量元素用于浸种者有硼酸、钼酸铵、硫酸铜、高锰酸钾、磷酸氢二钾等，单用或混合使用，其浓度为0.02%～0.1%。常用的促进发芽效果较好的药剂有硫脲、赤霉素等。硫脲浓度为0.1%，GA_3浓度变化在5～100mg/L之间（因品种而异）。有的直接浸种，有的在烫种后浸种。此外，还有用磁化水或在超声波条件下浸种等方法，近年应用静电处理效果也很好。用这些方法处理种子，不仅发芽出苗快，而且植株生长发育良好，并有提高产量的（5% ~50%不等）效果。

5. 播种时期 播种期的正确与否关系到产量高低、品质优劣和病虫灾害的轻重。适期播种不仅能保证发芽所需的各种条件，而且还能保证植物各个生育时期处于最佳的生育环境，避开低温、阴雨、高温、干旱、霜冻和病虫等不利因素，使之生育良好，获得优质高产。适期早播还能延长生长期，增加光合产物，提高产量，并为后作适时播种创造有利条件，达到季季高产，全年丰收。确定播期的原则，一般依据气候条件、栽培制度、品种特性、种植方式和病虫害发生情况综合考虑。其中气候因素最为重要。

（1）气候条件：中药植物的生物学特性，即生长期的长短，对温度、光照的要求，特别是产品器官形成期对温度、光照的要求，以及对不良条件的忍受能力，是相对稳定的。根据各地气候变化规律，早春气温回升的早迟，灾害性天气出现时期等特点，使栽培品种从萌发出苗到产品器官形成期都处在最佳环境条件下。在气候条件中，气温或地温是影响播期的主要因素。通常春季播种过早，易遭受低温或晚霜危害，不易全苗；播种过迟，植物处于高温环境条件下，生长发育加速，营养体生长不足或延误最佳生长季节，遭受伏旱或秋雨、霜冻或病虫危害，都不能获得高产。一般以当地气温或地温能满足植物发芽要求时，作为最早播种期。如在东北、华北、西北地区，红花在地温稳定在4℃时就可播种，而薏苡、曼陀罗必须在地温稳定在10℃以上播种。在确定具体播期时，还应充分考虑该种植物主要生育期、产品器官形成期对温度、光照的要求。像油菜、红花越冬期苗龄太小，耐寒力弱，不利于次春早发。相反，苗龄太大甚至快要抽薹，冬季会被冻死。在干旱地方，土壤水分也是影响播期的重要因素（尤其是北方干旱地区），为保证种子正常出苗与保全苗，必须保证播种和苗期的墒情。

（2）栽培制度：间套作栽培和复种对栽培植物播期都有一定要求，特别是多熟制中，收种时间紧，季节性强，应以茬口衔接、适宜苗龄和移栽期为依据，全面安排，统筹兼顾。利用中药植物和作物、蔬菜搭配种植（两熟或三熟）时，必须保证播期、苗龄、栽期三对口。一般根据前作收获期决定后作移栽期，按照后作移栽期和苗龄的要求，确定好后作播种育苗期。间套作栽培应根据适宜共生期长短确定播期。一般清作播期较早，间套作播期较迟，育苗移栽的播期要早，直播的要晚。

（3）品种特性：品种类型不同，生育特性有较大的差异，播期也不一样。通常情况下，绝大多数的一年生中药植物为春播，如红花、决明、荆芥、紫苏、薏苡、续随子等；核果类、坚果类中药植物种子多秋播或冬播；多年生草本中药植物有的春播，如黄芪、甘草、党参、桔梗、砂仁等；有的夏播，如天麻、细辛、平贝母等；有的秋播，如番红花、紫草等；有的春播、秋播或春、夏、秋播均可以。有的中药植物，为达优质高产的目的而人为改变播期，如当归，当年春播秋收，根体小，商品等级低，这样的根体不采收，次年继续生长就抽茎开花，不能入药。产区改春播为夏播，变直播为育苗移栽后，夏播时间，以当年长出的根体次年移栽后不抽薹为最佳。这样就使当归的产品器官（根体）的形成期由不足一个生长季节延长到一个半生长季节，根体长得大。

6. 播种方式 中药植物的播种方式有撒播、条播、穴（点）播3种。

（1）撒播：撒播是农业生产中最早采用的播种方式，至今也是常用的播种方式。一般多用在生长期短的（贝母、亚麻、夏枯草等）、营养面积小的（平贝母、石竹、亚麻、荆芥、柴胡等）中药植物上，有些中药植物的育苗（当归、细辛、颠茄、龙胆、党参等）也多用撒播方式。这种方式可以经济利用土地，省工并能抢时播种，但不利于机械化管理。撒播对土壤的质地、整地作业、撒种技术、覆土厚度等要求比较严格。如果整地不精细，深浅不一，撒种不均匀，则会导致出苗率低，幼苗生长不整齐。一般播前用耙齿拉沟，沟深1~3cm，撒种后搂平床面即可。有时要适当镇压。

（2）条播：这是广泛采用的播种方式，一般用于生长期较长或营养面积较大的中药植物。需要中耕培土者，也多用条播。条播的优点是：覆土深度一致，出苗整齐，植株分布均匀，通风透光较好，既便于间作、套作，又便于经济施肥和田间管理。条播可分窄行条播、宽行条播、宽幅条播、宽窄行条播等。窄行条播行距为15~20cm，亚麻、红花、浙贝多用此法。植株高大，要求营养面积大的中药植物，或是长期需要中耕除草的中药植物，如薏苡、蓖麻、商陆、白芷、牛膝、望江南、水飞蓟等宜采用宽行条播，行距为45~80cm，有的甚至100cm。宽幅条播有利于增加密度，适用于植株分枝少或不分枝，株体又高的中药植物，如桔梗、百合、续随子等，播幅12~20cm，幅距20~30cm。宽窄行条播又称大小行种植，适宜用于间、套作，窄行可增加种植密度，宽行通风透光，便于中耕管理。一般播种时，按规定开沟，沟深2~5cm不等，沿沟播籽，然后将沟覆平。

（3）穴播：穴播也称点播，一般用于生长期较长的中药植物，如木本类中药植物，植株高大的多年生中药植物，或者需要丛植栽培的中药植物，如景天、黄芩、绿豆、赤小豆等。它的优点是：植株分布均匀，便于在局部造成适于萌发的水、温、气条件，利于在不良条件下保证苗全苗旺。穴播用种量最省，也便于机械化管理。珍贵、珍稀的中药植物，多采用精量播种，即按一定的行株距和播种深度单粒播种，如人参、西洋参等。精量播种要求精细整地，精选种子，还要有性能良好的播种机，这是未来精耕细作的发展方向。

中药植物种子播前进行浸种和催芽的较多，此类种子需播于湿润的土壤中，墒情不足时，应事先浇水或灌溉。在天气炎热干旱的季节播种，最好采用湿播方法，即在播种前先把畦地浇透水，然后撒种覆土，覆土厚度0.5~2cm（视种粒大小而定）。炎热天气播种后床面要盖草，小粒种子覆土薄，播后也要盖碎草或草栅子来遮阴防热和保墒，当幼芽顶土时，揭去碎草或草栅子。

三、中药植物的育苗

中药植物栽培有育苗移栽和直播两种方式。人参、细辛、颠茄、黄柏、龙胆、黄连、诃子、山茱萸等中药植物都以育苗移栽为主。有些在北方直播栽培的中药植物，在复种地区（特别是复种指数高的地方），为了解决前后作季节矛盾，充分利用土地、光、温等自然资源，也采用育苗移栽方式。育苗是争取农时，增多茬口，发挥地力，提早成熟，增加产量，避免病虫和自然灾害的一项重要措施。其优点是：便于精细管理，有利于培育壮苗；能实行集约经营，节省种子、肥料、农药等生产投资；育苗可按计划规格移栽，保证单位面积上的合理密度和苗全苗壮。但育苗移栽根系易受损伤，入土浅，不利于粗大直根的形成，对深层养分利用差，费工多。育苗的方式主要有保护地育苗（保温育苗）、露地育苗和无土育苗3类。现将生产上的主要作法简述如下：

（一）保护地育苗

保护地育苗是温室、温床、冷床（阳畦）和塑料薄膜拱棚育苗的总称。生产上应用最广泛的有冷床、温床、塑料薄膜拱形棚。

1. 育苗设备

（1）冷床：冷床又叫阳畦，是由床框、透明覆盖物（盖窗或塑料薄膜构成）、不透明覆盖物（草苫、苇苫或蒲苫等）和风障构成。透明覆盖物吸收太阳辐射把苗床加热，使床土贮藏热量；草栅等不透明覆盖物和床框则用来保温（特别是夜间）。冷床有单斜面、双斜面和拱形三类，其规格如图3-6、图3-7。苗床位置应选择地势高燥，避风向阳，排水良好，靠近水源的地块。单斜式都坐北朝南，也有朝东南或西南者（在15°以内）；双斜式或拱形多南北走向。

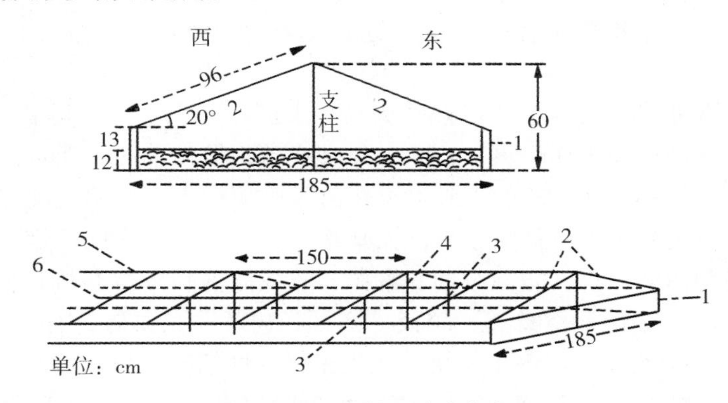

图3-6 双斜面玻璃苗床

上：横切面 下：外形

1. 床框 2. 玻璃窗倾斜面 3. 中腰支柱 4. 脊顶支柱 5. 脊顶横梁 6. 中腰横梁

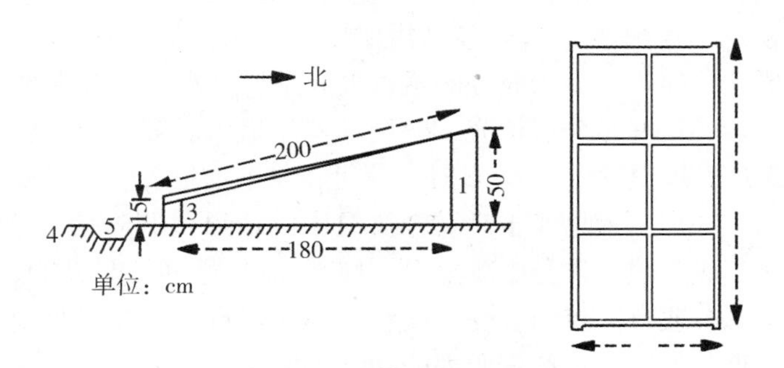

图3-7 单斜面玻璃苗床横切面（上海）

1. 后墙 2. 玻璃窗 3. 前窗 4. 地平线 5. 排水沟

床框用于架设盖窗和草苫等覆盖物，并起稳定气流和保温作用，用土、砖、木材、草等材料做成。床框有地上式（基线在地面或地面以上）、地下式（南框上沿与地面平或略高出5~10cm）、半地下式（介于两者之间）。床框厚度因气候条件而异，一般为20~50cm。单斜式冷床床框南低北高，南床框高15~20cm，北床框比南框加高10~30cm，使南北框斜面与地平面成5~15°倾斜角。双斜式床框等高，高度为15~20cm，拱形多不设床框，支架用木（竹）竿，用竹匹、铁筋做棚架。①透明覆盖物，一般严冬栽培则采用玻璃盖窗或双层薄膜，早春晚秋（或临冬）栽培则采用单层薄膜。盖窗长130~195cm，宽度有50~56cm或95~105cm两种。使用的塑料薄膜是聚乙烯或聚氯乙烯薄膜，厚度0.07mm，宽度140~220cm。②不透明覆盖物，冷床夜间没有热量吸收和补给，只有散热，为保证冷床内温度，防止热量散失过多、过快，各地都因地制宜地取材，用不透明覆盖物防寒保温。常用材料有稻草、麦秸、蒲草、山草、芦苇花穗等，都是编织成帘或苫使用，帘、苫经常保持干燥状态，不仅保温效果好，而且使用寿命长。③风障，风障是用来阻挡寒风和防止穿流风的，对提高覆盖物保温效果有一定作用，可用高粱秸、玉米秸、芦苇或细竹加草帘构成。设于苗床北面，高2m左右，向南倾10°左右。风障稳定气流的距离约等于障高的5倍，所以，每10m左右设一道风障。有的地方把风障延伸成围障，围障的东西两侧距床2m左右，高度可适当降低，南侧围障以不遮挡就近苗床阳光为度。④苗床大小，因地而异，一般单斜床宽1～1.8m，双斜冷床宽1.8～2m，长20～40m。拱形冷床小者高50cm，宽1m，长20～30m；大者高1～1.5m，宽3～5m以上。

（2）温床：依据加热方式分为酿热、火热、水热和电热4种。其中酿热温床是就地取用农村的农副业废弃物等作酿热物，无需什么设备，简便易行，所以，生产上应用较多。①酿热温床：结构是在冷床的基础上，在苗床底部挖出一个填充酿热材料的床坑即成（图3－8）。为使苗床底部温度均匀，坑底挖成南边较深，中间凸起，北边较浅的弧形。酿热加温是利用微生物（包括细菌、真菌、放线菌等）分解有机物质所产生的热量来加温。用作酿热的材料有畜禽粪、垃圾、藁秆、树叶、杂草等，有关酿热物的C、N含量参见表3－4。酿热物发热多少、快慢取决于好气性细菌繁殖速率高低。通常好气性细菌活动的强度与酿热物的C/N比和氧气、水分状况有关。C/N比为20～30，含水量70%的酿热物，在10℃条件下，氧气适量时，好气性细菌活动较正常而持久；C/N < 20则酿热温度高，但持续时间短；C/N > 30时，发热温度低而持久。所以，填加酿热物时，要有适宜的配比，酿热物的含水量和松紧度也要适当。酿热温床的温度，要做到适宜、持久、变动较小。我国南方填加酿热物厚度多为15～25cm，北方多为20～50cm。酿热物在填床前要充分拌匀，用水充分湿透，最好是加尿水，使含水量达75%左右。填床时，注意分布均匀，最好是分层填充，分层踏实。填床后盖窗加热，使酿热物受热发酵，当酿热物几天后升温至50℃～60℃时，就可在其上铺培养土。铺土前酿热物水分不足时，要及时补加，补加后铺培养土。②电热温床：是利用电热——即电流通过阻力大的导体，把电能转变成为热能进行土壤加温。1KW/h电能约产生3600J的热量。电热有加温快，便于人工调节或自动控制，受气候影响小等优点。电热线是根据苗床所需功率和电热线型号来计算其长度。求苗床所需的功率，应按下列公式计算苗床的散热量，以瓦数表示。

$$Q_{散} = K \cdot S\ (t_{内} - t_{外})$$

$Q_{散}$为苗床散热量瓦数；K为苗床保护面的传热系数。一般按床内外温度相差1℃时，$1m^2$保护面在1小时传出的热量瓦数计，不覆盖草苫时为5，盖草苫时为3；S为苗床保护面面积；$t_{内}$为苗床所需温度，喜温植物为12℃～14℃，喜凉植物为5℃～8℃；$t_{外}$为苗床外温度，按育苗期最低温度计算。冬春育苗时，喜温植物每平方米苗床所需功率大致在100～140W。有了苗床所需总功率瓦数，以及所用电压（12，30，50或220V），按W＝I·V计算所需电流（A）。W为功率，以瓦表示，I为电流（安培），V为电压（伏）。

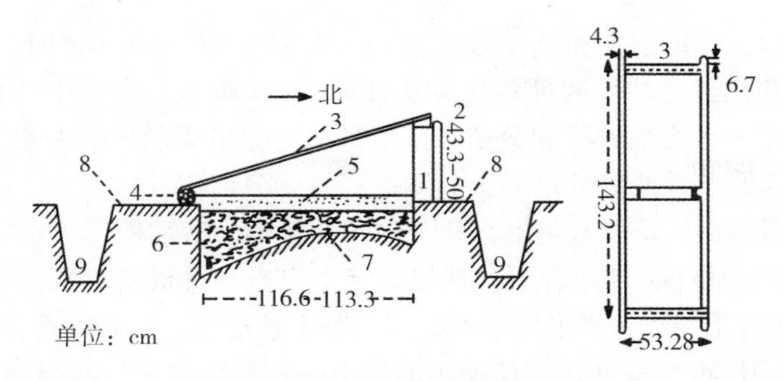

图3-8　酿热温床横结构

1. 后墙　2. 草辫　3. 窗盖　4. 草垄　5. 床土　6. 酿热物　7. 床孔底

8. 地平线　9. 排水沟

表3-4　各种酿热材料碳、氮含量和C/N

酿热材料	全C%	全N%	C/N	酿热材料	全C%	全N%	C/N
稻　草	42.0	0.60	70	大豆饼	50.0	9.00	5.5
大麦秸	47.0	0.60	78	棉籽饼	16.0	5.00	3.2
小麦秸	46.5	0.65	72	落叶松叶	42.0	1.42	29.5
玉米秸	43.3	1.67	26	标树叶	49.0	2.00	24.5
厩　肥	25.0	2.80	8.9	马粪（干）	35.0	2.80	13.0
米　糠	37.0	1.70	22	猪厩肥	26.0	0.45	57.0
纺织屑	59.0	2.32	25	牛厩肥	21.5	0.45	47.7

注：表中碳、氮指全量。（引自《蔬菜栽培学总论》，2000）

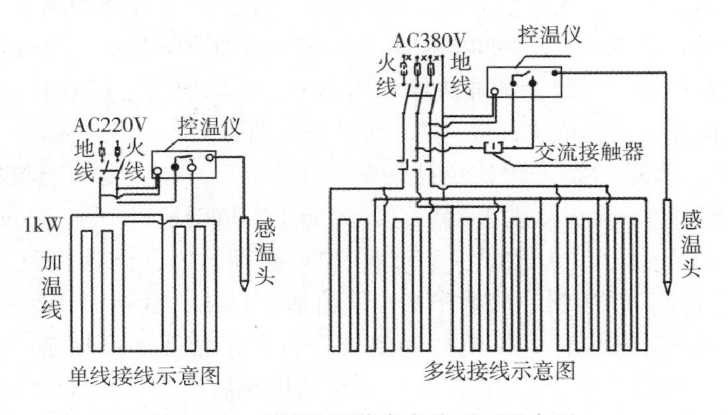

图3-9　电热加温苗床布线平面示意图

电热线的设置，电热温床是在酿热温床的基础上，改酿热为电热。铺设时，先将床底整平，并铺一层隔热材料（稻草、麦穰等），厚度约10cm，其上再铺3cm左右的干土或炉渣，搂平踏实后铺设电热线。电热线回纹形状铺设，两端固定在木板上，线间距离为10～15cm，线上再铺3cm厚的干沙（或炉渣）和3cm碎草，用以防止漏水和调节床温均匀，最后铺8～10cm培养土。近年许多地方（北京、沈阳等地）不设隔热层，直接将电热温床设在塑料大棚（或中棚）内，先挖个浅槽，搂平后就铺电热线，线上铺2cm土，搂平踏实，然后铺8～10cm厚培养土或者在2cm踏实土上放育苗箱或码育苗钵。为保持床土温度稳定，各地都在线路中设控温仪。负载电流小于10A时，采用单线接法，大于10A时，采用多线接法，两种接线方法如图3－9所示。有些中药植物（颠茄、龙胆等）把育苗的苗床分为播种床和分苗床，播种床与分苗床的比例大致是1:10或1:20。播种床的温度和光照条件要好，培养土的质量要好于分苗床。

2. 培养土及其调制 培养土是培育壮苗的营养基础，植物秧苗生长发育所需的养分、水分和空气主要取自床土，即培养土。理想的床土应当是有机质丰富，吸肥、保水力强，透气性好，土面干时不裂纹，浇水后不板结。土坨不易松散，营养元素齐备，符合幼苗生长要求，pH应为中性或微酸性。育苗使用的床土——最好是专门调制而成。调配培养土以园土或塘泥、充分腐熟厩肥、草炭土或腐殖土为主体，配合腐熟的禽粪、草木灰、石灰、过磷酸钙、尿素等。园土或塘泥黏重的可掺沙子或锯木屑，土质轻松的可掺黏土，调制培养土至松紧黏度适宜。一般腐殖质与土壤的比例（按体积计）可从30%增加到50%。常用的播种床土为园土6份加腐熟有机肥4份，分苗床土两者比例则是7:3。上述床土每$1m^2$中还可酌情添加腐熟禽粪25kg、硫酸铵0.5～1kg、草木灰15kg、硫酸钾0.25kg、石灰0.5～1kg。苗床中培养土铺垫厚度，播种床5～8cm，分苗床10～12cm。由于秧苗在苗床生长期间，根系吸收表面积大，叶子的蒸发同化表面积小（约为根系吸收表面积的1/10），而起苗移栽时，可使秧苗根系吸收表面积的90%受损失，致使根系表面积与叶表面积比例锐减，造成秧苗水分供应失调，一般要经7～15天之久才能恢复供需协调。为减少移栽对根系的损失，群众总结出采用营养土块、纸杯、草钵等保护根系的措施。营养土块育苗省工省料，方法简便易行。其做法是将培养土铺垫搂平后，浇透水，待水渗完时用薄板刀按8～12cm方格切割床土，并在每块培养土中央扎个穴眼，穴深因种子而异，通常为0.5～1.5cm。近年用机动压块机压制营养土块，每小时可压制1800～3900个营养土块。纸杯是用旧报纸（每张裁成8～12张）折叠成高8～10cm、直径7～9cm的纸杯，杯内装满土后放置在苗床上，杯的高矮要一致，杯间空隙用土填满。播种或分苗前先浇透水，播种或分苗后覆土时，盖土要严密，不要让纸杯边缘暴露出来。此法取苗、运输时，不会损伤根系，但制作较费工。此外，还有草钵、塑料钵、育苗纸育苗等。

3. 育苗时期 育苗时期一般比定植期早30～70天，如豆类比定植期早30天左右（苗龄20天，锻炼5～8天，机动3～5天），颠茄比定植期早80天左右（苗龄60天、分苗5～10天，锻炼5～8天，机动3～5天）。秧苗播期过晚，到移栽时，秧苗偏小，细弱，抗性、适应性差，缓苗慢，成活率低；秧苗播种过早，壮苗时未到移栽期，长期抑制秧苗生长，形成“僵巴苗”，影响后期生长发育和产量。如不抑制生长，秧苗过大，受光弱还会徒长，形成“晃秆”，也降低成活率或影响后期生长发育。

4. 苗床播种

（1）播种量和苗床面积：

$$\text{实际播种量}(g)=\frac{\text{单位面积需苗数}\times\text{栽培总面积}}{\text{每克种子粒数}\times\text{种子纯度}(\%)\times\text{发芽率}(\%)}\times\text{安全系数}(2.55)$$

$$\text{播种床面积}(m^2)=\frac{\text{实际需种量}\times\text{每克种子的粒数}\times\text{每粒种子所占面积}(cm^2)}{10000}$$

注：通常每$1cm^2$苗床面积播3～4粒种子

$$\text{分苗床面积}(m^2)=\frac{\text{分苗总数}\times\text{营养面积}(cm^2)}{10000}$$

注：一般按8~10×8~12cm的株行距，分1~3株

（2）播种技术：一般选天气晴稳时播种（播后有4~6个晴天），播后床内温度应保持25℃~30℃，这样才能苗齐、苗旺。一般要求播前浇足底水（尤其是保温苗床），这一底水应保证秧苗生长到分苗（2~3片叶左右），一般中途不浇水。这是秧苗能否正常出土和健壮生长的关键。打足底水后，床面薄薄盖1层细土，并借此把水凹处填平，然后播种。为防止立枯菌、镰刀菌、腐霉菌引起苗期病害，可在播种前后各撒1薄层药土。常用农药有多菌灵、敌菌灵等。一般是把农药与细土（1∶100）拌成药土撒施。撒播种子要均匀，小粒种子可拌细土撒播，撒后覆盖0.5cm厚的床土即可。在育苗中，撒种后还有覆盖提温保墒的作法，但要注意应在幼芽顶土时及时将覆盖物去掉。

5. 苗床管理 苗床管理是培育壮苗过程中最重要的环节。因为培育秧苗都是先于正常播种（或移栽）期开始的，此期自然环境变化剧烈，风、霜、雨、雪、冰冻、晴、阴天气不时发生变化，只有根据苗情和天气变化采取相适应的技术措施，精细管理，才能培育出壮苗。管理秧苗总的原则是，让秧苗在有促有控、促控结合的管理过程中茁壮生长。苗床管理可分为发芽期管理、幼苗期管理和移栽前锻炼3个阶段。

（1）发芽期管理：是指从播种到出苗期的管理。此时管理工作的关键是，必须保证床土有充足水分、良好通气条件和稍高的温度环境（喜温植物为30℃左右，喜凉植物为20℃左右）。另外还要及时向床面撒盖湿润细土，既可防止床面裂缝（或填平裂缝），又能保证种子脱壳而出。子叶出土后要控水降温（喜温植物昼/夜温度为15℃~20℃/12℃~16℃，喜凉植物昼/夜温度为8℃~12℃/5℃~6℃）。此阶段，要防止胚轴徒长，光照多控制在10klx以上。

（2）幼苗期管理：是指从幼苗破心开始到壮苗初步建成期的管理。此期是生长点大量分化叶原基或由营养生长向生殖生长转变的过渡阶段，其生长中心在根、茎、叶。既要保证根、茎、叶的分化与生长，又要促进花芽分化。此期苗床光照强度应提高，夜间床温不能低于10℃，白天控制在18℃~25℃。分苗的中药植物，多在幼苗破心前后进行分苗。此时苗小、根小、叶面积不大，移苗不易伤根，蒸腾强度小，成活快，并能促进侧根大量发生。随着幼苗生长，苗株间通风透光条件变差，秧苗间竞先争长趋势逐渐增强，为防止幼苗徒长，此期不仅要控制供水，而且还要通过调节夜晚温度和白天通风状况，来控制秧苗的生长速度和健壮程度。苗床通风不能过猛，否则会使秧苗因湿度、温度骤然变化，出现萎焉、叶缘干枯、叶片变白或干裂（俗称闪苗）。

（3）移栽前锻炼：为使秧苗定植到大田后能适应露地环境条件，缩短还苗时间，必须在移栽前锻炼秧苗。锻炼的措施就是通风降温和减少土壤湿度。锻炼后秧苗生长速度减慢，根、茎、叶内大量积累光合产物；茎叶表皮增厚、纤维组织增加；细胞液亲水胶体增加，自由水相对减少，细胞浓度提高，结冰点降低。锻炼秧苗根系恢复生长较快，利于加速还苗。锻炼秧苗作用虽好，但不能过度，否则影响还苗速度和还苗后的生长发育。一般锻炼过程5~7天。秧苗定植前1~2天浇透水，以利起苗带土。同时喷1次农药防病。起苗时注意检查有无病兆，见有病害侵染，应坚决予以淘汰。

（二）露地育苗

有的中药植物种粒小（龙胆、党参等）、田间直播出苗保苗率极低，有的苗期需要遮阴（当归、五味子、细辛、龙胆、党参）、防涝、防高温，有的需要拌菌栽培（天麻），有的苗期占地时间较长（人参，细辛，贝母，黄连及黄柏等），为便于集中管理，节约占地时间，合理利用土地，大都采用露地育苗。露地育苗技术措施与保护地育苗相

近，这里只介绍它们之间的相异要点。

1. 露地育苗的设施 露地育苗畦床与露地栽培畦床一样，只是要求精耕细作，适当增施苗田用肥。在高温多雨季节播种可采用高畦，注意排水。早春露地培养喜温药苗时，为增高气温、土温和稳定气流，应设临时防风障，或在出苗前铺盖薄膜，夜间加盖草苫。必要时架设防雨棚、遮阴棚等。为便于灌水，可增设喷、灌设施。

2. 播种技术 小粒种子要求精细整地，做到保墒播种，覆土要薄，播后可适当覆草保湿。喜光发芽的龙胆、莴苣、芹菜等，切忌覆土过厚。苗期占地时间较长的种类，苗田要施足有机肥，播种密度要小于保护地育苗，必须保证苗期（1～2季或年）的营养面积。露地育苗多选晴天播种，忌在大雨将要来临时播种。播期多在当地正常播种季节进行。

3. 苗期管理 苗期要适时匀苗，保证秧苗有充足光照，注意经常浇水保持湿润，及时中耕除草、喷药，需要遮光挡雨的要及时架棚等。

（三）无土育苗

无土育苗是近年发展起来的一种育苗技术，具有出苗快而齐，秧苗长势强，生长速度快等特点。可以人工调节或自动控制秧苗所需水、肥、温、光、气等条件，便于实现机械化育苗。

1. 育苗设备 无土育苗是利用营养液直接育苗，或利用营养液浇河砂、蛭石、炉灰渣等培养基质来育苗。所以应有特制的不渗水的育苗槽（或盆），制槽材料因地而异。槽深可根据秧苗需要而定（10～20cm不等）。由于营养液温度以10℃左右为宜，因此冬季、早春育苗需特设温室。

2. 培养基质与营养液 培养基质是用来固定根系，支持秧苗生长的。常用的材料有河沙、蛭石、火山土、炉渣、小砾石、稻谷壳、锯木屑等。使用炉渣需用硫酸或盐酸浸洗，除去有害物质，然后用清水洗净酸液再使用。营养液配方有许多，这里简介几种：①怀特营养液，硝酸钾80（mg/L，以下单位相同）、硫酸镁（$MgSO_4 \cdot 7H_2O$）720、氯化钾65、磷酸二氢钠16.5、硫酸钠200、硝酸钙［$Ca(NO_3)_2 \cdot 4H_2O$］300、硫酸锰（$MnSO_4 \cdot 4H_2O$）7、碘化钾0.75、硫酸锌（$ZnSO_4 \cdot 7H_2O$）3、硼酸1.5、硫酸铁2.5。②斯泰纳营养液，磷酸二氢钾134、硫酸钾154、硫酸镁（$MgSO_4 \cdot 7H_2O$）437、硝酸钙［$Ca(NO_3)_2 \cdot 4H_2O$］882、硝酸钾444、5 mol硫酸125 ml、乙二胺四乙酸铁钾钠溶液（每ml含5mg铁）400ml、硼酸2.7、硫酸锌（$ZnSO_4 \cdot 7H_2O$）0.5、硫酸铜（$CuSO_4 \cdot 5H_2O$）0.08、钼酸铵（$Na_2MoO_4 \cdot 2H_2O$）0.13。③古明斯卡营养液，硝酸钾700、硝酸钙［$Ca(NO_3)_2$］700、过磷酸钙（20% P_2O_5）800、硫酸镁（$MgSO_4 \cdot 7H_2O$）280、硫酸铁［$Fe_2(SO4)_3 \cdot 7H_2O$］120、硼酸0.6、硫酸锰（$MnSO_4 \cdot 4H_2O$）0.6硫酸锌（$ZnSO_4 \cdot 7H_2O$）0.6、硫酸铜（$CuSO_4 \cdot 5H_2O$）0.6、钼酸铵［$(NH4)_2MoO_4 \cdot 4H_2O$］0.6。

表3-5 部分植物对pH值适应范围

pH 4.8～5.2	pH 5.8～6.2		pH 6.3～6.7	
杜鹃花	黛豆	萝卜	石刁柏	胡萝卜
悬钩子	桃	豇豆	菠菜	猫尾草
乌饭树	变色鸢尾	花生	白三叶草	红三叶草
地毯草	欧洲防风	大豆	玉兰	桂花

续表

pH 4.8～5.2	pH 5.8～6.2		pH 6.3～6.7	
假俭草	芥菜	南瓜	牡丹	月季
马铃薯	胡枝子	烟草	水仙	文竹
西　瓜	多数禾本科植物	黄瓜	苜蓿	甘蓝
山茶花	甘薯	番茄	莴苣	豌豆
栀　子	苏丹草	绛三叶草	风信子	晚香玉
	羽叶甘蓝			

中药植物不同，对营养液 pH 值反应也不一样，在 pH 为5.0营养液中，生长最好的植物有悬钩子、栀子、乌饭树、山茶花、马蹄莲、秋海棠等；喜欢在 pH 为6.5～7的营养液中生长的植物有菊花、石刁柏、桂花、牡丹、月季等。不同植物对 pH 值适应的范围如表3－5。通常用营养液 pH 为6.5。近年报道西洋参以蛭石混砂（1∶1或1∶2）作培养基质物；床面覆盖稻草进行无土培养，营养液的氮源用硝态氮和铵态氮等比（1∶1）为佳，培养2年最大根重为6.5g。

采用无土培养育苗时，营养液的水分每天能减少1/3左右，所以要经常补充水分，并用电导计测定溶液浓度后补加原液使浓度与培养时一致。电导度 Ec 以0.6～0.9为适宜。为省去测定浓度的手续，近年多采用稻谷壳、锯木屑作培养基质物。培养育苗前先用营养液浸湿而不积水。培养育苗期间，只要轻浇勤浇，保持基质物湿润而不积水就可以了。

采用无土育苗时，要注意经常补给氧气，无土育苗的播种方法与保护地育苗一样。其管理上除勤浇轻浇营养液，注意不断补给氧气外，其他管理如温度、光照等同前述育苗。

四、中药植物的良种繁育

（一）品种退化的原因与防止方法

1. 品种退化的原因　品种退化是指品种在生产栽培过程中逐渐丧失其优良性状，失去原品种典型性的现象。优良品种在投入生产后，在缺乏良种繁育制度的一般栽培管理条件下，往往会发生混入同种植物的其他品种种子，或失掉原有的优良遗传性状的现象，最后甚至完全丧失栽培利用价值。品种退化后，会丧失原品种的特征、特性，产量降低，品质变差。引起品种退化的原因主要有以下几方面：①机械混杂，在生产的某一或某几个操作环节，如采种、种子处理、播种、移栽、收获、脱粒、贮运等，由于不严格遵守操作规程，把其他品种的种子混入良种中。或者不同品种连茬时，前茬种子自然落地又萌发，或外施未充分腐熟的有机肥料中带有的种子又萌发，都可引起机械混杂，从而降低良种的纯度。②生物学混杂，是指有性繁殖的中药植物在开花期间，因不同品种间或种间发生天然杂交而引起的混杂。生物学混杂使别的品种基因混入良种中，即常说的“串花”。生物学混杂会导致品种变异，品种种性改变，造成品种退化，特别是异花授粉的中药植物很容易发生生物学混杂。③自然突变和品种遗传性变异，环境选择导致自然突变、基因不纯合的品种发生基因重组变异、遗传基础差和衰老品种等都会导致品种变异，这些变异多是向不利的方面变异，从而造成种性退化。④长期的营养繁殖和近亲繁殖，长期的营养繁殖，后代始终是前代营养体的继续，得不到新的基因，致使品种生活力下降。此外，长期近亲繁殖也会造成品种退化。⑤病毒感染，当植株受到病毒感染时，会破坏其生理上的协调性，从而导致某些遗传物质变异。这种种子通常是不适于留种的，所以留种时一定要严格选择，剔除带病毒和虫害的种子，不然会引起品种退化。⑥不适宜的外界条件和栽培技术，这是引起自然突变、机械混杂和生物学混杂的原因，对于新品种一定要选择适宜的栽培条件和规范化的栽培技术。⑦不科学的留种，由于良种的品质和产量有优势，但是其种子的价格也较高，所以很多药农会选择收获一季后，自己留种以减少生产成本。但是药农良种方面的知识缺乏，不了解选择方向和没有掌握被选择品种的特点，进行了不正确的选择，不能严格去杂去劣；还有一些中药植物的种子和营养器官既可用作繁殖材料又可当作中药材产品，一些药农为了经济利益，只顾出售产品，而忽视留种，常常选次的、小的留种，或有籽就留，留了就种，从而引起种性降低、品种退化。

2. 防止品种退化的方法 根据上述品种退化的原因，生产上可通过下列技术管理来防止品种退化。①防止机械混杂，种子生产过程各项操作不规范是引起机械混杂的主要原因，要建立严格的种子生产操作规程，责任到人，从根本上杜绝人为造成的机械混杂。要合理安排轮作，一般不重茬；种子由专人看管，出库要登记去向；进行选种、浸种、拌种等预处理时应保证容器干净，以防其他品种种子残留；播种时按品种分区进行，设置隔离区，播种用的有机肥料要充分腐熟；不同品种要单收、单晒、单独贮藏，并贴好标签。②防止生物学混杂，防止生物学混杂的方法主要是设好隔离区，利用隔离方法防止自然杂交。隔离分为时间隔离和空间隔离两种。空间隔离可以将不同的品种种植在相隔很远的两个不同区域，或者利用套袋、温室和网罩等隔离虫媒花和风媒花植物等等。当栽培品种比较多时，可采用时间隔离，将容易发生自然杂交的数个品种分期播种，使其开花时间不一致，避免自然杂交。③加强科学留种，首先是加强田间管理，经常去杂去劣，去杂就是把变异的非本品种的植株拔除，去劣就是把群体中长势不好、矮小的植株，有病虫伤害过的植株等拔除，选择品种特性较为典型的植株留种。其次收获的种子要进行精选，以保证种子的纯度和质量。为保持种性，可选优良单株然后混合收种，即混合选择，可以起到提纯复壮作用。④改变生长发育条件和栽培环境，使品种在最适宜的环境条件下生长，使其优良性状充分表现出来。也可通过调整播期、优化土壤条件或将其转移至其他的环境条件下生长，以提高品种的种性等。⑤建立完善的良种繁育制度，这是中药植物优良品种在生产上充分发挥其优良性状的重要保证。良种繁育者应根据所繁育的中药植物良种，制订出配套的规范化操作流程和实施方案，以保证良种繁育工作的顺利进行。

（二）良种繁育的程序

良种繁育全过程可分为：大田（挑选优良单株）→株行圃（挑选种性较好的株行）→株系圃（比较不同单株的性状）→原种圃（挑选的优良单株进行混合繁殖，提纯复壮）→生产繁殖原种→种子田→大田生产。

良种繁育的程序主要包括原种生产、原种繁殖和种子田繁殖等。

1. 原种生产 原种是指育成品种的原始种子或由原种生产者生产出来的与该品种原有性状一致的种子。原种要求：一是性状典型一致，主要特征、特性符合原品种的典型性，株间整齐一致，纯度一般不小于99%；二是与原有品种比较，由原种生长成的植株其生长势、抗逆性和生产力等都不降低，甚至略有提高；三是种子质量好，成熟充分，饱满一致，发芽率高，无杂草及霉烂种子，不带检疫病虫害。

原种是繁殖良种的基础材料，对其纯度、典型性、生活力等方面均有严格要求。目前生产原种的方法主要有原原种和采用“三圃法”生产原种两种。

（1）原原种：指由育种者育出的种子，是育种者向生产者提供的纯度、质量最高的种子。

（2）采用“三圃法”生产原种：在无原种情况下，由生产者自己生产原种。该方法的一般程序是在大田中（选择圃）选优良单株，在株行圃对优良株行比较鉴定，在株系圃选择优良株系，在原种圃优系混合生产原种（图 3－10）。

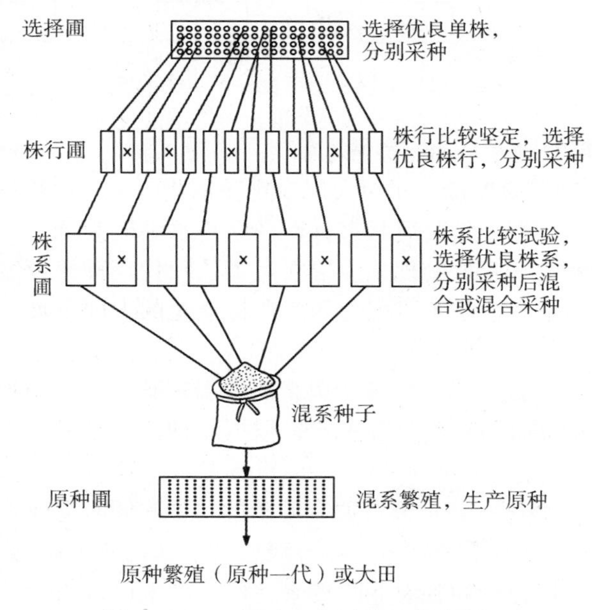

图 3－10　三圃法生产原种程序示意图

2. 原种繁殖　原种一般不能满足种子田用种，需要进一步繁殖，以扩大原种种子数量。生产上，一定要设置隔离区，以防混杂。根据原种繁殖次数不同，可相应得到原种一代、原种二代。

3. 种子田繁殖大田用种　是指在种子田将原种进一步扩大繁殖，以供大田生产应用的过程。由于种子田生产大田用种要进行多年繁殖，因此，每年都要留适当的优良植株以供下一年种子田应用，以免每年需要原种，而大部分种子经去杂去劣后就用于大田生产（图 3－11）。

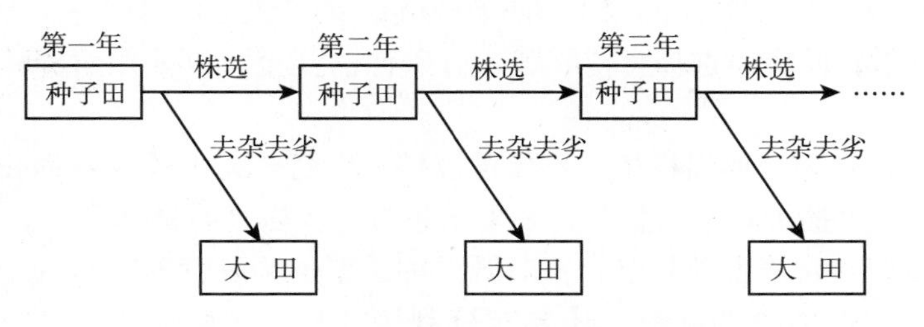

图 3－11　一级种子田良种繁殖法示意图

生产上，如种子数量不够，则还可采用二级种子田良种繁殖法，如图 3－12 所示。相对而言，用此法生产的种子质量则较差。

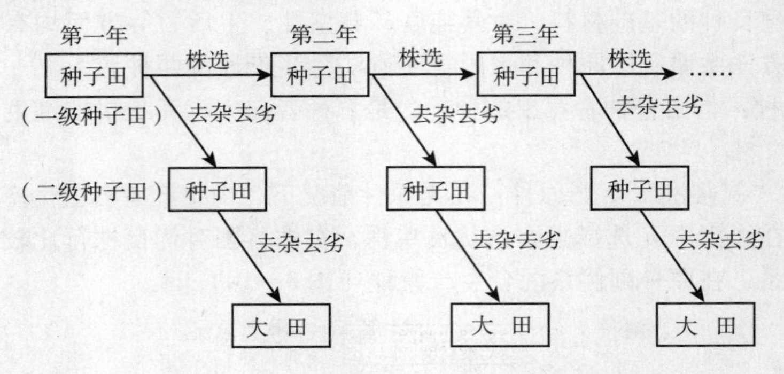

图 3－12　二级种子田良种繁殖法示意图

（三）建立良种繁育制度与加速良种繁殖

1. 建立完善的良种繁育制度　相对大田作物和蔬菜而言，中药植物良种繁育体系仍处于自选、自繁、自留、自用的落后状态，良种繁育水平较为低下，中药植物种子生产普遍存在多、乱、杂和放任自流的现象。建立完善的现代良种繁育制度，逐步向品种布局区域化、种子生产专业化、加工机械化和质量标准化的方向发展，需着重加强以下几方面的工作。

（1）加强品种审定制度：某单位或个人育成或引进某一中药植物新品种后，必须经一定的权威机构组织的品种审定委员会审定，根据品种区域试验、生产试验结果，确定该品种能否推广和推广地区。

（2）完善良种繁育制度：良种繁育要有明确的单位，同时需建立种子圃（良种母本园）。根据品种的繁殖系数和需要数量，可分级生产，即设立原种种子田和原种种子田，此任务一般由选育者、研究机构和农业院校来完成。种子田可由生产单位建立，但要与一般生产田分开，由有专业知识的人员负责，要建立种子生产档案，加强田间管理，加强选择工作，以确保种子质量。

（3）加强种子检验和种子检疫制度：中药植物种子生产后，必须通过检验环节，以保证种子质量。从外地引进、调进的种子或寄出的种子必须进行植物检疫，这样既促进种子生产，又保护种子生产。

2. 加速良种繁殖　一个新品种经审定批准推广后，为尽快在生产上应用，必须加速良种繁殖过程，要充分利用现有繁殖材料，提高繁殖系数，尽快满足生产需要。生产上，可以综合利用以下几种繁殖方法，以加速良种繁殖进程。

（1）育苗移栽：新品种刚推广时，种子种苗很少，要充分利用每一颗种子，生产上不宜采用种子直播，而应该选择育苗移栽，有条件的甚至可以采用营养钵育苗，以提高出苗率和成苗率。

（2）稀播稀植：通过稀播稀植，不仅可以扩大中药植物生长营养面积，使植株生长健壮，而且可以扩大播种栽培面积，提高繁殖系数，获得高质量种子。

（3）种子繁殖与营养繁殖相结合：对既可种子繁殖又可营养繁殖的中药植物，在充分利用种子繁殖生产用种的同时，还要充分利用插条、接穗、芽体、叶片、块茎、根茎、球茎、鳞茎、匍匐茎、块根、宿根、分蘖等进行营养繁殖，扩大繁殖系数。

(4) 组织培养：利用各种外植体，通过组织培养进行营养快繁，是中药植物良种提高繁殖系数的有效途径之一。通常一小段植株茎、叶，通过组织培养可育成上万株的小苗。

(5) 异地或异季加代法：对于生长期较短，但对日照要求不太严格的中药植物，可利用我国地形地貌与气候多样的有利条件，进行异地或异季加代繁殖，一年可繁殖多代，从而达到加速良种繁殖的目的。

第四节 中药植物引种驯化与野生抚育

我国对中药植物的引种驯化最早可追溯到秦汉时期，张骞出使西域，引入了安石榴、胡桃、大蒜、胡荽、红花等，种植于西安的引种园中。以后的《齐民要术》、《本草纲目》、《农政全书》等著作中，均有许多关于中药植物引种栽培的记载。

一、引种驯化

中药植物引种驯化就是中药植物人工迁移的过程，从外地或外国引入本地区缺少的中药植物品种或类型，经过驯化培育，使其在新地区正常生长发育，成为本地或本国的栽培物种或品种的过程，其本质是人类为了某种目的而利用和改造植物有机体的活动。自然界中依靠自然风力、水流、鸟兽等途径传播而扩散的植物分布，不属于植物引种驯化。

广义的植物引种驯化，包括野生植物家化栽培，农业、林业生产中从各地广泛征集的各类农作物、经济特产、速生林木等种质资源。狭义的植物引种驯化，又称生产性引种或直接利用引种，指作为解决某一地区生产上所需要的品种或类型的一条途径，从引入材料中得到能供生产上直接推广栽培的品种或类型。

引种和驯化是一个整体的两个方面，既有联系，又有区别。引种是驯化的前提，没有引种，便无所谓驯化；驯化是引种的进一步发展，是引种的特殊环节。两者统一在一个过程之中，通常将两者联系在一起，叫引种驯化。

(一) 引种驯化的意义

植物的引种驯化是伴随农业社会的诞生而兴起的，至今已有一万多年的历史。现在世界上大部分作物，包括谷物、果品、蔬菜及许多奇花异草等，都源于引种驯化。同样，引种驯化是发展中药植物生产、扩大药源的首要步骤，具有十分重要的意义。

1. 引进中药植物新品种，丰富本地中药植物资源 中药植物的引种驯化能够增加本地中药植物资源。如西洋参1948年从北美开始引种，穿心莲引自斯里兰卡。治疗高血压的“寿比南”和避孕药甾体皂苷元，过去都靠进口，自从发现我国的萝芙木和薯蓣资源中含有此类药效成分后，经引种栽培，实现了原料药的自给自足。从国外引种的中药植物还有砂仁、沉香、金鸡纳、颠茄、毛地黄、白豆蔻、木香、蛔蒿、水飞蓟等，许多品种已在国内大规模种植，逐步做到了自给。在节省外汇的同时，丰富了当地的中药植物资源。

2. 保护中药植物资源 引种驯化是保护野生中药植物资源，实现其永续利用的最佳途径。半夏于20世纪60年代在山东等地由野生变家种，濒危珍稀中药植物肉苁蓉于20世纪80年代栽培成功。21世纪，石斛在浙江实现了大面积栽培。现今，人参、甘草、巴戟天、川贝母、金莲花、龙胆、秦艽、七叶一枝花和金荞麦等均已引种栽培成功，使这些中药植物资源得到了很好的保护。

3. 提高中药植物的产量和品质引种 提高中药植物的产量和品质引种不仅可以保护中药植物资源，还可实现中药植物的大面积推广种植，以提高产量。在现今常用中药材中，约有200多种主要由家种提供，如当归、天麻、明党参、半夏、天冬、阳春砂、罗汉果、防风、杜仲等。通过对这些中药植物生长发育特性及品质形成规律的研究，为其中药材品质控制奠定了很好的基础。

（二）引种驯化的理论

1. 引种驯化的基因反应规范 基因反应规范指一种基因型在各种环境条件下所显示的所有表现型，即植物的表现型受植物的基因型及其生长环境的双重作用。植物的生长环境不同，其表现型亦不同。植物在长期的进化过程中，经历了各种不同生态条件的考验，形成了对各种生态条件的反应规范，即植物的适应性。若种和品种的基因型可塑性小，则反应规范窄，引种植物的适应性弱；反之，引种植物的适应性强，可在较大的区域内推广种植。

番茄和油渣果都起源于热带，而它们引种的结果却不同。起源于秘鲁的番茄现已引种到世界各地，而原产于广东湛江（N220°）、云南等地的油渣果却只能移种到广州（N230°），再向北移，便遭寒害。可见，不同物种的基因型可塑性差异大。一般来讲，遗传适应范围大的种或品种，其生态分布区域广，种内变异类型也多，引种也易于成功。

2. 气候相似论 20世纪初，德国科学家玛依尔（Mayr）提出的气候相似论是引种工作被广泛接受的基本理论之一。该理论首先是根据木本树种的引种提出来的，其实质是在引种时应注意引种地区的气候和土壤条件是否接近于原产地。只有相似的气候、土壤等条件，才有引种成功的可能，同纬度地区间引种较有把握。气候相似论的提出，打破了20世纪以前盲目的或单凭经验而进行的混乱的引种局面，使植物引种驯化理论与方法的研究进入了一个崭新阶段。气候相似论强调引种驯化的生态相似性，但未考虑植物基因的可塑性和植物的适应性。

3. 生态历史分析法 20世纪50年代，苏联植物学家库里齐亚索夫提出了生态历史分析法。有些植物在系统发育过程中经历了复杂多样的生态环境，形成了复杂的生态历史。研究植物在历史上的分布规律，可以阐明植物适合性的方向，对植物引种具有重要的参考价值。例如，我国特产植物银杏，在中生代侏罗纪时期，广泛分布于北半球，达15个属以上，经冰川袭击，其他地方的银杏类树木均绝迹了，只在我国保留了1属1种，后被引种到世界各地，表现出很强、很广的适应性。又如，现分布于天山干旱地区的天山蓝花苜蓿是旱生植物，但当它被原苏联的总植物园引种到湿生地区后，生长更好，且产量提高数倍，这说明此植物历史上原本是湿生性的，是因环境所迫而迁移到现在的分布区。所以，当它被引回到最初的生境后，生长发育又恢复到原来的水平。历史上分布广泛的植物，其适应性潜力可能较大，引种也较易成功。另外，进化程度较高的植物较之原始的植物易引种成功。如乔木类型较灌木类型原始，木本较草本原始，针叶树较阔叶树原始，后者适应范围较宽，引种成功率高于前者。

（三）引种驯化的影响因素

植物生长发育受到生态环境中光照、温度、土壤、生物等生态因素的综合作用。了解和掌握植物生长发育与生态环境间的规律，对植物引种驯化工作具有重要作用。

1. 温度 温度最显著的作用是支配植物的生长发育，影响植物的分布。不同植物品种对温度的要求不同，同一品种在各个生育期对最适温度的要求也不同。所以在引种时必须考虑自然的地理分布及其温度条件。

温度对植物生长发育的影响主要表现在：①植物生长的三基点温度，包括最低温度、最高温度和最适温度。最低温度是影响植物能否正常生长的最主要因素，是引种成败的限制因子。一般来说，生长在低纬度地区的植物低温阈值偏高，生长在高纬度地区的植物低温阈值偏低。②有效积温，即植物生育期内有效温度的总和。植物要完成生命周期，不仅要生长，还要完成个体的发育阶段，并通过繁衍后代使种族得以延续。如果在生育期内达不到有效积温值，植物就完不成生命周期。温度对引种的影响还表现在有些植物必须经过低温过程才能满足其发育条件，否则其发育受阻，不能抽穗或延迟成熟。如冬性较强的植物生长发育过程中，需要经过一个低温的“春化阶段”才能开花结果。

2. 光照 光照对植物的影响包括昼夜交替的光周期和光照度。根据植物对光周期的反应可分为长日照植物、短日照植物和日中性植物3种基本类型。长日照植物和短日照植物对日照时间有特定要求，若不能满足其对光照的特定要求，植物便不能进行正常生殖生长。

光照的质量和长短随纬度和季节的变化而变化。高海拔地区太阳辐射量大，光较强；低海拔地区太阳辐射量小，光强相对较弱。一般纬度由高到低，生长季节的光照由长变短；相反，纬度由低到高，生长季节的光照由短变长。北半球，夏至光照最长，冬至最短。植物由南往北或是由北往南引种时，光照长短的变化对植物能否正常生长及生长状况的影响均较大。因此，在进行引种驯化的同时，应充分考虑光照的影响。

3. 湿度 水分是植物生长发育必需的生态因子。年降水量决定了不同经度上的植被类型及植物群落，降水强度也与植物的适应性有关。降水量的大小与季节分配情况，往往决定着植物引种驯化成功与否。如地处胶东半岛的昆嵛山区，从南方引种杉木时，虽气温与南方各省相差很大，但由于降水和空气湿度相差小而获得成功。

我国年降水量分布很不均匀，自东南向西北逐渐减少，自沿海向内陆逐渐减少。纬度相近的东西向引种主要与降水量的大小密切相关。降水量的不同季节分配型，称为雨型。雨型与引种驯化的成败也有一定关系。如我国东部亚热带区属夏雨型，引种地中海地区和美国西海岸的冬雨型树种，如油橄榄、海岸松、美国黄松等往往不成功，而引种夏雨型的加勒比松、湿地松则生长良好。

此外，空气湿度对引进植物的选择也应注意。我国沿海湿度较大，在引种时要注意引种喜欢湿润的植物品种。

4. 土壤 土壤的理化性质、含盐量、酸碱度以及地下水位的高低等都会影响植物的生长发育，其中含盐量和酸碱度常成为影响某些种类和品种分布的限制因子。对于那些对光照、温度、湿度等气候条件要求幅度很广却对土壤性质要求严格的植物，土壤生态条件的差异决定了引种驯化的成败。我国南方多为酸性土或微酸性土，北方多为碱性土或微碱性土，华北平原还有较大范围的盐碱地。大多数植物能适应从微酸性到微碱性的土壤，但有些植物对土壤pH的要求较为严格。如在南方酸性土中生长的栀子，从华中引种到华北后，由于土壤碱性大，影响了植物对铁离子的吸收而黄化，采用能使土壤酸化的矾肥水浇灌，可使其生长良好。

其次，土壤的结构和质地影响着土壤的通气透水性能。有些中药植物在引种驯化时，需要对土壤结构和土壤质地进行改变。土壤中营养元素组成也影响着中药植物引种驯化的成败。中药材的道地性很大程度上取决于栽培土壤的养分组成，中药植物引种后即使生长发育正常，保证了产量，但若质量显著下降，引种也是不成功的。因此，中药植物引种驯化时，还应对引种地和原产地的土壤背景进行比较分析。

5. 生物因子 植物在长期生长、演化过程中，不仅适应了所在地的光、温、水、气、土等非生物环境，同时，也与周围的生物建立了协调或共生关系。生物之间的寄生、共生，以及与其花粉携带者之间的关系也会影响引种的成败。如主要分布于新疆南部的管花肉苁蓉是一种寄生植物，其寄主为柽柳属（Tamarix）植物，而我国华北平原广泛分布的柽柳属植物为管花肉苁蓉成功引种到华北平原提供了先决条件。此外，某些中药植物在引种驯化的同时，还要注意引进授粉植株或特殊的传粉昆虫。

（四）引种驯化的方法

引种驯化的方法主要有简单引种法和复杂引种法两种。

1. 简单引种法 在两地生态条件（特别是气候条件）相似或差异不大的条件下引种，引入植物能适应新的环境，在生产上能直接应用并发挥其预期效益，称为简单引种。如，从热带地区的越南、印度尼西亚、加纳等地将古柯、胖大海等中药植物引种到我国海南岛、台湾等地；向北京地区引种牛膝、牡丹、商陆、洋地黄、玄参等，冬季经过简单包扎或覆盖防寒即可过冬。一般说来，相同气候带内相互引种，可以不通过植物的驯化阶段，所以又称为简单移植。

2. 复杂引种法 对气候差异较大地区的中药植物，在不同气候带之间进行相互引种，引入种不适应新的环境，必须采用特殊的栽培措施进行驯化，或者进行人工培育，称为驯化引种，亦称地理阶段法。如把热带和南亚热带地区的萝芙木，通过海南、广东北部逐渐驯化移至浙江、福建安家落户，把槟榔从热带地区逐渐引种驯化到广东内陆地区栽培等。复杂引种法包括：实生苗多世代选择、逐步驯化、引种驯化与杂交选择相结合等方法。

（五）引种驯化的工作程序

1. 材料的搜集 我国中药植物种类繁多，“同名异物”或“同物异名”的情况屡见不鲜，就较常用的500种中药材而言，约有200种存在此类问题。因此，在引种前必须对引种植物进行详细的调查研究及准确鉴定。同时，对野生植物需进行种内划分及考察它们的特征和特性，对栽培植物则要注意考察各种农家品种（如地黄品种小黑英、金状元等）及无性系的特征和特性。此外，还需注意搜集以下几个方面材料。①掌握和了解中药植物生长地区的自然条件：引种某种中药植物时，首先要了解其原产地和引种地区的气候、土壤、地形等条件，并进行比较，以便采取措施，其中特别要注意气候条件。我国地跨热带、亚热带、温带（暖温带、中温带、寒温带），各气候带之间的温、湿度不同，分布的中药植物亦不相同。各气候带的温度及主要中药植物分布见表3－6。

表 3-6 各气候带的温度、降水量及主要中药植物分布

温度带	范围	≥10℃的活动积温（℃）	年降水量（mm）	适合种植的中药植物
寒温带	黑龙江省北部、内蒙古东北部	<1600	360~500	人参、升麻、五味子、细辛、黄芪、刺五加、桔梗和党参等
中温带	东北和内蒙古大部分、新疆北部	1600~3400	400~700	防风、柴胡、甘草、麻黄、龙胆、黄芩、杏仁等
暖温带	黄河中下游大部分地区和新疆南部	3400~4500	650~1000	澳洲茄、蓖麻、罗勒、决明、望江南等
亚热带	秦岭、淮河以南，青藏高原以东	4500~8000	800~1600	佛手、茶、厚朴、使君子、吴茱萸、喜树、萝芙木、荔枝、桂圆等
热带	港、澳、台南部，海南省	8000~9000	1000~2400	胖大海、马钱、槟榔、肉豆蔻、白豆蔻等

植物生长发育受温度和湿度的调节控制。因此，引种时不仅要考虑温度条件，还需考虑湿度条件（包括降雨量等）以及湿度条件在四季中的分布状况。湿度大小，主要取决于距海洋的远近。我国从东到西湿度逐渐变小，根据湿度条件，在同一气候带内，又划分为湿润地区、半湿润地区、干旱地区和半干旱地区。因此，引种工作者应该了解和掌握我国的综合自然区划中各自然区的气候特征。如将北京以北地区的中药植物（温带、寒温带）引种到北京，一般都能生长良好，因为北京地区的温度比原产地高。北京以西地区的中药植物，引种到北京后也易成活，因西部气候的温、湿度条件都不如北京地区优越，但北京在7~8月份雨水较为集中，需注意排水。中国的珙桐成功引入欧洲，而北京却因为冬季干旱而难以引种。由此可见，引种工作者掌握和了解植物生长地区及拟引种地区的自然条件是十分必要的。②了解和熟悉中药植物生物学和生态学特性：每一种中药植物都有其自身的生长发育规律，且不同的生长发育阶段对生态条件的要求不同。因此，了解中药植物的特性和所需的生态条件，是保证引种成功的重要因素之一。历史上，由于对中药植物生物学及其生态学特性缺乏了解，有过不少的经验教训。如上海从四川引种款冬花，因不了解款冬花喜阴湿的特点，在上海奉贤、浦东露天栽培，结果全部枯死，而在陕西华阴县给植物以适当荫蔽，结果引种成功。引种天麻时，由于不知其与蜜环菌的共生关系，多年没有引种成功。高山上的云木香，长期在冷凉、多雾、空气湿润环境中露天生长，而引种到北方较干燥炎热的地方时，需要给以荫蔽条件才能成活。③了解中药植物的分布情况：自然分布区较广的中药植物适应性较强，如南参、地锦、桔梗、穿龙薯蓣、薄荷、紫菀、旱莲草等，有些种类甚至在非洲也有分布，这些植物在引种或野生变栽培时均较易成功。而自然分布范围较窄的中药植物，特别是热带性强的植物，要求温度条件比较严格，如非洲没药、番泻、肉豆蔻、胡黄连等较难引种。

另外，有些中药植物，平面分布范围虽广，但是有明显的垂直分布界线，从平地向高山引种存在着一定困难，需要对其引种技术进行研究。

2. 植物检疫引种 植物检疫引种也是病虫害和杂草传播的一个重要途径，国内外在这方面都有许多深刻的教训。如国外的马铃薯晚疫病、棉红铃虫及我国的水稻白叶枯病、棉花枯萎病、甘薯黑斑病等。为避免随引种材料将病虫害和杂草等危害物（危害物

泛指危害或可能危害植物或植物产品的任何生命有机体）传入新地区，引种时一定要遵守国家颁布的动植物检疫法，对引种材料（特别是从国外引入的材料）进行严格检疫，及时处理。

同时，还要注意因引种不当而破坏当地的生态平衡。由于外来植物缺乏天敌制约，极易失去控制而疯狂生长，破坏植物多样性。如多年生菊科植物飞机草与紫茎泽兰原产于中美洲，20 世纪 50 ~60 年代被引入中国，用作绿肥和土杂肥。引入后，紫茎泽兰和飞机草在其引种区以满山遍野密集成片的单优植物群落出现，大肆排挤本地植物，并入侵林地、田地，堵塞水渠。因此，对新植物的引种必须综合考虑，审慎行事，以保证引种地的生态平衡。

3. 引种驯化试验 新引进的品种在推广前必须先进行引种驯化试验，以确定其优劣和适应性。以当地具有代表性的品种为对照，对所引进的品种进行系统的观察、比较、鉴定，包括植物学性状、物候期、植物生长发育特性、产量性状、产品品质、抗性及适应的环境条件等，以评价引进材料在本地区种植条件下的实际利用价值。①观察试验：对初引进的品种，特别是从生态环境差异较大的地区和国外引进的品种，必须在小面积上进行试种观察。根据情况各种几行或按小区种植，初步鉴定引种植物对本地区生态环境的适应性及其在生产上的利用价值。经观察比较，挑选品质较好的引种材料，进一步进行品种比较试验。②品种比较试验和区域试验：通过观察鉴定表现优良的引种品种，参加试验区面积较大的、有重复的品种比较试验。在完成或基本完成品种比较试验后，为了查明适于引进植物的推广范围，选择表现优异的品种参加区域试验。③栽培推广：对于通过初步试验加以肯定的引种品种，还要根据其特征特性，结合生态环境进行分析与栽培试验，探索关键性的栽培措施，使引种试验的成果产生经济效益。

（六）引种驯化成功的标准

中药植物引种成功与否的衡量标准：①与原产地比较，植株不需要采取特殊保护措施就能越冬、度夏，正常生长、开花结实，并获得一定产量；②能够以常规可行的繁殖方式（无性或有性）进行正常繁殖；③没有改变原有的药效成分和含量以及医疗效果；④种后有一定的经济效益和社会效益。

二、中药植物野生抚育

中药植物野生抚育是近年来我国中医药界及生态界提出的一种新理念，是一种新兴的中药材生态产业模式，在中药资源可持续利用中发挥着重要作用，已在川贝母、野山参、天麻和黄连等中药材生产中得到应用。

（一）中药植物野生抚育的概念

中药植物野生抚育是根据中药植物生长习性及对生态环境条件的要求，在其原生或类似生长环境中，通过适当的人为干涉或采用使其自然增加种群数量的方法，使其资源量达到能为人们采集利用，并能保持群落结构稳定，从而达到可持续利用的一种生产方式。其目的是增加目标中药植物种群数量并使之仍然保持天然野生中药植物的优良性状，实现中药材资源可持续、健康发展。

中药植物野生抚育与普通的农业生产差别大，不占用耕地，只在补种及中药植物生长过程中实施最低限度的人为干预，大幅降低了人工管理费用。野生抚育的中药植物在原生环境中生长，远离污染源，不易发生病虫害，产品为近乎天然的野生中药材，道地性好。中药植物野生抚育有效解决了中药植物采集与资源更新、中药材生产与生态环境保护、野生中药材供需间的矛盾，能较好保护珍稀濒危中药植物，促进中药资源的可持续利用。

（二）中药植物野生抚育的基础研究

中药植物野生抚育是一项系统工程技术，采用了中药植物资源学、生态学、中药植物栽培学、中药植物育种学等学科的原理和方法，是多学科交叉的新兴研究领域。

1. 资源学研究 资源学研究为中药植物是否适合野生抚育及抚育基地确定提供依据。主要研究内容有中药植物种质资源、资源储量、可采收量、中药材质量与种质、产地、气候、土壤、地理地貌等的关系，中药材资源合理采收期及可持续采集方法等。其研究的核心是中药材的道地性，即以准确定量的数据揭示中药材道地性成因，为野生抚育基地确定提供准确依据。

2. 生物学研究 生物学研究主要是研究原生环境中野生中药植物的生活史、繁殖特性、种群更新机制、收获器官生长发育规律等。掌握原生环境中中药植物生长发育的基本特性，是确定中药植物野生抚育方法的基础，是野生抚育的前提和关键。尤其对一些生长特性较特殊的中药植物（如重楼、雪莲、阿魏等）需重点研究。

3. 生态学研究 中药植物处于复杂生物群落中，其生长发育、种群的繁殖更新常受到其他生物种群及各种生态因子的影响。野生抚育生态学研究主要涉及：①生态因子（温度、光、水、气、坡向、坡度、海拔高度、土壤等）与抚育种群的关系，重点是光、温度、水及土壤因子；②种群生态，主要包括种群数量的时空动态、数量调节、生活史对策、种内与种间关系等；③中药植物种群所处生物群落生态，主要包括群落的组成与结构、群落的动态与控制等。

4. 抚育方法学研究 这是中药植物野生抚育研究的核心。包括：野生抚育基本方式的确定；抚育药材种群增加的繁殖方法；种群生长过程的管理方法；适合药材采挖的方法；种群可持续更新方法；生物群落动态平衡保持方法；病虫害综合防治方法；生态环境保护方法等。

5. 抚育基地管理学研究 中药植物野生抚育基地建设不仅涉及抚育植物生长管理，还涉及生态环境保护，当地群众采挖野生中药材习惯的管理，中药材集约化采挖等，是一项包含经济、生态和社会因素的系统工程。为此，需要加强基地管理机制等方面的研究，以保证基地顺利运转，达到抚育目的。

（三）中药植物野生抚育的基本方式

中药植物野生抚育的基本方式有封禁、人工管理、人工补种、仿野生栽培等。在生产实践中，因中药植物种类、中药植物所处的自然社会经济环境及技术研究状况不同，采用其中的一种或多种方法。

1. 封禁 是以封闭抚育区域、禁止采挖为基本手段，促进目标中药植物种群的扩繁。即把野生目标中药植物分布较为集中的地域通过各种措施封禁起来，借助中药植物的天然下种或萌芽增加种群密度。封禁的措施有划定区域、采用公示牌标示、人工看护、围封等各种方式，如甘草、麻黄的围栏养护。

2. 人工管理 人工管理是指在封禁基础上，对野生中药植物种群及其所在的生物群落或生长环境施加人为管理，创造有利条件，促进中药植物种群生长和繁殖。人工管理措施因中药植物不同而异。如冬虫夏草采用寄主昆虫接种，罗布麻的管理措施有清除混生植物、灭茬更新等，五味子的育苗补栽、搭架、修剪、人工辅助授粉及施肥、灌水、松土、防治病虫害等。

3. 人工补种　是指在封禁基础上，根据野生中药植物的繁殖方式和繁殖方法，在其原生地人工栽种种苗或播种，人为增加中药植物种群数量。如野生黄芪抚育采取人工撒播栽培繁育的种子。

4. 仿野生栽培　是指在基本没有野生目标中药植物分布的原生环境或相类似的天然环境中，完全采用人工种植的方式，培育和繁殖目标中药植物种群。仿野生栽培时，中药植物在近乎野生的环境中生长，不同于间作或套种。如林下栽培细辛、人参、天麻等。

（四）中药植物野生抚育的应用范围

与中药植物栽培相比，中药植物野生抚育具有独特优势，是中药材生产的一个新方向。但中药材生产可否采用野生抚育方式，应综合考虑以下几点：①野生抚育技术研究有一定基础；②采用自然繁殖或人工补种，可以较快增加种群数量；③抚育措施能明显增加中药材产量或提高质量；④抚育措施现实可行；⑤能有效控制抚育基地中药植物的采挖。

因此，野生抚育较适合以下种类的中药植物：①目前人们对其生长发育特性和生态条件认识尚不深入、生长条件较苛刻、种植成本相对较高的野生中药植物，如雪莲、川贝母等；②人工栽培后性状和质量会发生明显改变的中药材，如黄芩、防风、人参等；③野生资源分布较集中，通过抚育能迅速收到成效的中药材，如连翘、龙血树等。

第五节　中药植物病虫害及其防治

任何中药植物在生长发育过程中，都不可避免的会遭到病虫害侵染，轻则影响产量，重则毁田绝收。如果不能对病虫害种类正确识别或防治方法不合理，要么会导致病害蔓延，要么会因过量用药而造成环境污染。因此，合理防治中药植物病虫害，对于确保中药材生产安全及提高农民经济收入，都有着非常重要的意义。

一、中药植物病害

（一）病害及其病症、病状

中药植物在生长发育或中药材在贮藏过程中，由于遭受有害生物的侵害或不良环境因子的影响，导致植物生理机能及形态结构发生一系列不正常的变化。中药植物发生病害后，外部形态上所呈现的病变称为症状，分为病症和病状。病症是指病原物在发病部位所表现的特征，如在潮湿条件下，真菌所表现出的霉层、粉状物、锈状物、小黑点、小颗粒等，细菌的脓液、胶状物等。病状是指中药植物本身的变化：①变色，由于植物染病部位细胞内色素发生变化，而使植物叶片或植株变黄、变白、变红、变紫或成为花叶。②斑点，在植物叶片、茎杆或果实等器官的病部上，由于局部细胞组织坏死，会出现圆斑、角斑、条斑、轮纹斑、褐斑、黑斑、白斑等。有些病斑到后期会穿孔，有些病斑上还有轮纹。③腐烂，指植物根、茎、叶、果实等部位受病原物侵染而腐烂坏死，分为干腐、湿腐、软腐、黑腐、白腐、根腐及茎基腐等。干腐通常无味，而湿腐常伴有酸、臭味，腐烂从苗期到成株期都会出现，苗期的茎基腐常会导致植株猝倒。④萎蔫，植物遭受病菌侵染后，根或茎的维管束输导组织被菌体堵塞，致使地上部分缺水而表现出的全株或部分不可恢复的永久萎蔫，如各种枯萎病。⑤畸形，由于病原物寄生的刺激，导致植物局部生长异常的现象。常常表现为叶片皱缩、茎叶卷曲、肿瘤、矮化、丛生、缩果等，如病毒病往往导致叶片卷曲、发黄、植株矮化，严重者病株枯萎死亡。

（二）主要病原

病原，即引起植物病害的原因或因素，导致植物致病的寄生物称为病原生物或病原物，被侵染的植物称为寄主植物或寄主。病原分为侵染性病原和非侵染性病原。侵染性病原多由生物因素引起，如细菌、真菌、病毒等，引起的病害称为寄生性病害或侵染性病害；非侵染性病原即非生物因素，如光照、旱涝、严寒、养分等环境因子，引起的病害称为生理性病害或非侵染性病害。

1. 非侵染性病原 即不适宜的环境因子，主要有：①营养失调，植物在生活过程中需要合理的营养条件，若某种营养条件过多或过少，即可引起营养失调而发生变化。如缺氮使植株失绿、黄化，缺钾使组织枯死，缺磷使植株变色等；氮过多，会使植株徒长、迟熟、倒伏，降低抗病力，影响产量和质量等。②水分失调，土壤水分不足，会导致植株凋萎，叶尖、叶缘枯黄，落花落果。土壤水分过多，又容易造成根腐，特别是对营养丰富的肉质根来说，更容易引起腐烂；水分的骤然变化还会引起果实开裂。③光照影响，光照不足会引起茎叶徒长、叶片黄化、干物质积累少、植株长势弱，而弱苗又容易引发病害；高温条件下的光照过强，会引起植株灼伤，因此，黄连、人参、细辛、西洋参等中药植物需要遮荫；光照时间的长短还会影响生长发育和生殖。④温度影响，温度过低植株生长受抑制，叶片变黄、变紫、变红，低温还会显著影响开花、延迟果实成熟；高温及强光照下，土壤及空气湿度迅速降低，影响植物的水分代谢，还会造成植物灼伤。⑤药害，农药及各种生长调节物质使用不当，常会使植物受到损害，称为药害。药害会干扰或破坏植物正常生理活动，表现为叶面出现斑点或灼伤。

2. 侵染性病原 指病原生物，包括：①真菌，无根、茎、叶分化，细胞内无叶绿素，营寄生或腐生。②细菌，单细胞微生物，无营养体和繁殖体分化，常造成根腐、软腐、溃疡等。③病毒，没有细胞形态而比细菌还小的寄生物，常引发病毒病。④植物寄生线虫，低等动物，寄生在作物体内，受害植株矮小，生长缓慢，茎叶卷曲，产生肿瘤，如根结线虫病。⑤寄生性种子植物，少数高等植物由于缺少叶绿素或器官退化而不能自养，需要寄生于其他植物上才能生存，如菟丝子、列当等。

3. 两种病原引起病害的区别与联系 生理性病害在田间分布均匀，发病地点与地形、土质或特定环境有关，非生理性病害有侵染源。一般情况下，前者病原消除能恢复，后者不可恢复。二者之间不是截然分开的，生理性病害不仅降低了植物对非生理性病害的抵抗能力，而且创造了有利于病原物入侵的有利条件，故生理性病害很容易导致非生理性病害的发生。

（四）侵染性病害的发生与流行

在中药材生产实践中，大多数病害都是由真菌、细菌或病毒引起的侵染性病害，这类病害常常有侵染源，如不及时防治，将对中药材生产造成损失，有时甚至会造成绝收。因此，研究这类病害的病原物、入侵方式、发生条件、传播途径，是预防病害发生、减少经济损失的基础。

1. 病害发生的条件 除了病原物和寄主两个因素外，环境条件是必不可少的。①温度，病原物的萌发、生长与传播，需要在适宜温度下进行。真菌生长所需要的适宜温度为10℃～24℃，细菌为18℃～28℃。②湿度，病原物的萌发同样需要水分，水分来源于空气、土壤及寄主，湿度大有利于病害发生、发展。③土壤，土壤是许多病原物越冬（越夏）的场所，土壤湿度、土壤质地、土壤酸碱度、土壤微生物等对病原物的生存和发展都有影响，如病原物只有在土壤湿度满足其萌发条件时，才可以萌发。④栽培措施，如氮肥施入过多，往往会使植株徒长，导致抗病力下降；群体密度过大，一方面使得植株纤弱，另一方面会使田间通风透光性差，田间湿度增加，两者都容易引发病害，如菊花斑枯病、根腐病。以上因素，往往不是单独存在，也不是单独起作用，而是两个或两个以上共同作用。如温度为15℃～20℃，相对湿度大于95%时，就会引起三七根腐病的大发生或流行。

2. 病原物侵入寄主的途径和方式 ①直接侵入，也叫角质层侵入，一部分真菌可穿过寄主表皮角质层侵入寄主细胞内。②自然孔口侵入，一部分真菌可从寄主的气孔、水孔、皮孔、蜜腺等侵入，尤以气孔侵入较多。③伤口侵入，虫伤、机械伤是所有病原物侵入的重要途径。真菌孢子在适当条件下萌发，产生芽管侵入寄主。有的芽管顶端与寄主表面接触部分膨大形成附着胞，固着在寄主表皮上，然后从附着胞长出侵染菌丝侵入寄主。

3. 病原物的存在方式 ①病株残体，病株或染病器官死亡后，病原物可在病死组织内以腐生或休眠方式越冬、越夏，如人参的黑斑病就是病原菌随枝落入土中越冬或寄存在种子中，春季随风、雨传播到人参茎、叶上。有些病原物还可在其他作物的残体中腐生越冬。②土壤，一些病原物的休眠体（卵孢子、厚垣孢子、菌核等）可长期潜伏在土壤中，有些病原物还以腐生的方式存活在土壤中，如菌核病就是长期潜伏在土壤中，从土壤中向上传播。③粪肥，有些病原物可随病株残体混入肥料中，有些病原物的卵孢子随病株残体被牲畜采食后，经消化道后并未死亡，从而会进入肥料中。④繁殖材料，有的病原物以其休眠体和种子混在一起（线虫的虫瘿、菟丝子的种子、菌核等），有的病原物以其休眠孢子附着在种子上（苡薏黑粉病的厚垣孢子），有的病原物侵入潜伏在种子里（红花炭疽病菌的分生孢子）。这些带有病原物的种子或无性繁殖材料，进入下一个生长季节后，就成为病害发生的初侵染源。

4. 病原物的传播途径 ①风力传播，许多在病残体上越冬的真菌，遇到适宜温湿度就可以萌发产生大量孢子，随气流传播到田间引起发病，如锈病、白粉病等。②雨水传播，水滴的反溅和地面的流水，都可以传播在土壤中越冬、越夏的病原物孢子，从感病植株传播到健康植株，如柴胡斑枯病、黄芪白粉病等。③昆虫传播，昆虫往往会造成病毒病的传播，而且造成的伤口又会成为病菌的侵染通道，如番茄花叶病毒病。④人为传播，种子、种苗的调运，可把病原物从越冬、越夏场所传播到其他地区；使用未完全腐熟的农家肥，会把病原物带入田间；农事操作，如中耕、整枝等，也会将病原物从感病株传播到健康株。

二、中药植物虫害

危害中药植物的害虫很多，主要是昆虫、螨类、蜗牛、鼠类等。

（一）昆虫的繁殖和生活史

1. 昆虫的繁殖 昆虫种类繁多，在长期进化过程中，逐渐地形成了多种多样的生殖方式，常见的有以下几种：①两性生殖，绝大多数昆虫是以两性生殖的方式进行繁殖的，其特点是必需经过雌雄两性交配，精子与卵子结合后，由雌虫将受精卵产出体外。卵经孵化而成为新个体。②孤雌生殖，也叫单性生殖，是指卵不经过受精就能发育成新个体的生殖方式。昆虫的孤雌生殖大致分成三种类型：第一为偶发性的孤雌生殖，如家蚕、一些毒蛾和枯叶蛾等，在正常情况下进行两性生殖，但偶而也出现不受精卵发育为新个体的情况；第二为经常性的孤雌生殖，也叫永久性的孤雌生殖，一些昆虫如竹节虫、介壳虫、粉虱等，在自然条件下雄虫很少，或者至今尚未发现雄虫，几乎或完全进行孤雌生殖，还有一些昆虫像蚂蚁、蜜蜂等，雌成虫所产下的卵中，一部分是受精卵，而另一部分是没有受精的卵，受精卵发育为雌虫，未受精卵则发育为雄虫；第三为周期性的孤雌生殖，也叫季节性的孤雌生殖，如蚜虫在整个生长季节均进行孤雌生殖，而只在越冬之前才产生雌雄性蚜，进行雌雄交配，以两性生殖的受精卵越冬，来年开春后再进行孤雌生殖，大多数进行孤雌生殖的蚜虫，它们的卵在母体内已经孵化，由母体直接产下幼虫，一些蝇类也是这样进行繁殖的，这种现象叫做卵胎生。③多胚生殖：是由一个卵发生 2 个或更多胚胎的生殖方式。在很多内寄生蜂类和一部分捻翅目昆虫中，为了适应找寄主困难的问题而进行多胎生殖。如金纹细蛾跳小蜂，它的幼虫寄生在金纹细蛾幼虫体内，由一只卵可发育成十几个小蜂的个体。

2. 昆虫的生活史 昆虫的一生要经历几个不同的形态期，完全变态的昆虫要经历卵、幼虫、蛹、成虫 4 个阶段。每一个昆虫的生长发育都是从卵开始的，卵的形态随昆虫种类不同而不同，是识别害虫的主要特征。幼虫是昆虫发育的第二个阶段，是由卵孵化出的幼体，幼虫足型和腹足数量，是识别害虫的依据。蛹是完全变态昆虫由幼虫过渡到成虫时的中间阶段，此时大多不食不动，体内进行原有幼虫组织器官的破坏和新的成虫组织器官的形成。成虫是昆虫个体发育过程中的性成熟阶段，有繁殖后代的能力。

昆虫由卵发育开始到成虫能繁殖后代为止的个体发育史叫一个世代，简称一代或代。一个昆虫世代，短的如蚜虫只有几天，而长的可达几年甚至十几年，如大黑鳃金龟 2 年发生 1 代，沟金针虫 3 年发生 1 代；美州的一种 17 年蝉则需 17 年才能完成 1 个世代。一种昆虫在一年内所发生的世代，也就是说从当年越冬虫期开始活动，到第二年越冬结束为止的发育过程叫年生活史。舞毒蛾一年只发生 1 代；在华北，粘虫一年发生 3 代，棉铃虫一年发生 4 代，而棉蚜一年可发生 10 ~ 30 代。一年发生多个世代的昆虫，常出现上一个世代的虫态与下一个世代的虫态同时发生的现象，称为世代重叠。

（二）昆虫的习性

昆虫具有许多不同的习性，包括它们的活动和行为。

1. 趋性 是指昆虫对某种刺激所表现出来的定向活动。最常见的趋性是趋光性，大多数夜出性的昆虫对短波光有强烈的趋性，因此，常用黑光灯进行诱集。蚜虫对黄色光有趋性，可在菜田中用黄板进行诱杀。趋化性是指昆虫对某种化学物质具有趋性，菜粉蝶对十字花科蔬菜中含有的芥子油有强烈趋性。近年来，科学家们根据雄虫能在很远的地方闻到雌虫所散发出的性外激素气味的机理，研制出很多害虫的性诱剂，用来引诱雄虫并消灭它们。

2. 食性 昆虫取食的习性叫食性。昆虫的食性可有两种不同的分类方法。按昆虫取食食物的性质可将它们分为：①植食性，以植物的各部分为食物的昆虫，约占全部昆虫的 40% ~ 50%，如粘虫、棉铃虫、麦蚜等。②肉食性，以其他动物为食物的昆虫，如瓢虫、草蛉、各种寄生蜂等。③腐食性，以动物的尸体、粪便、腐败的植物为食料的昆虫，如苍蝇、屎克郎等。④杂食性，是指象蟑螂一样既吃植物性食物，又吃动物性食物的昆虫。按昆虫取食食物范围的广狭，可将昆虫分为：①多食性，可在不同科的植物上取食的昆虫，如棉铃虫可为害几十个科的200多种植物。②寡食性，只在一科植物上取食的昆虫，如菜粉蝶和小菜蛾只在十字花科不同属的植物上生活。③单食性，只能在一种植物上或者与它亲缘关系很近的几种植物上取食的昆虫，例如梨大食心虫，只在梨属植物上取食为害，绿豆象只为害绿豆，豌豆象只为害豌豆等。

3. 假死性 有些昆虫，例如很多甲虫，当受到震动时立即呈麻痹状态，从树上掉到地下，这种习性叫假死性。在害虫防治中，人们常常利用假死性将其集中消灭。

4. 群集性和迁飞性 一种昆虫的大量个体聚集在一起的现象叫群集性。昆虫群集在一起有两种情况：第一种是临时性的，象舟形毛虫从卵块中刚刚孵化出来的低龄幼虫群集生活，高龄以后四散为害；另一种是持久性的，例如东亚飞蝗，它们的群集性受遗传基因控制，从小到大总是生活在一起。还有的昆虫，象燕子一样有规律的飞来飞去，叫迁飞性昆虫。如粘虫，每年秋天飞到南方越冬，第二年春天再飞回北方，周而复始。许多农林害虫都具有迁飞性，如为害水稻的稻纵卷叶螟，为害作物根颈的小地老虎等等。

5. 保护色和拟态 昆虫生活的世界是一个危机四伏的世界。为了能够生存下去，昆虫在漫长的演化道路上进化了一些保护自己的绝招，其中的一项就是具有保护色。在生长季节草地上的蚂蚱是绿色的，而当草叶枯黄后，蚂蚱的颜色也随之改变成与枯草一样的枯黄色。还有的昆虫，既有保护色，又能配合自己的体型和环境背景来保护自己，如尺蛾幼虫、枯叶蝶成虫、竹节虫等。有些昆虫既有保护色，又有与背景形成鲜明对照的体色，叫警戒色。当有敌害时，突然展开吓它一跳，可以吓跑胆小的敌人。昆虫有时也可以“模拟”其他动物的姿态来保护自己，这种现象叫“拟态”。食蚜蝇的外形与蜜蜂非常相像，虽然它没有螫针来保护自己，但那些领教过蜜蜂厉害的动物一见到它，马上想起了蜜蜂，就远远地躲开了。人们可以利用昆虫的这些习性，对害虫进行预测预报，并确定有效的防治措施。

（三）虫害的发生与环境条件的关系

虫害的发生与环境条件有密切关系，环境条件影响着害虫的发生时期、地理分布、危害区域等的变化。

1. 气候因子 ①温度：昆虫是变温动物，没有稳定的体温，其体温基本上取决于太阳辐射的热量，因此昆虫的新陈代谢等活动与外界环境密切相关。温度直接或间接影响昆虫的发育、生活状态、生存数量和地理分布。各种昆虫的发育对温度有一定的要求，一般在10℃～40℃之间，最适温度为22℃～30℃。当温度高于或低于有效温区时，昆虫就进入休眠状态；当温度过高或过低时，昆虫就会死亡。同种昆虫也因所处地区、季节、虫期和生理状态不同，对温度的忍受能力也有差异，如越冬虫期较其他虫期更耐低温。②湿度：湿度对昆虫最明显的影响表现在发育期的长短、生殖力和分布等方面。昆虫种类不同，对湿度的要求也不一样，有的喜干燥，如蝗虫、蚜虫、飞虱，而粘虫则喜湿，在16℃～30℃范围内，湿度越大，产卵越多。③光：光影响寄主的生长，从而间接影响昆虫的生长发育。④风：风影响地面的蒸发量，也影响了大气温、湿度和昆虫栖息的小气候环境，从而影响害虫的生长发育。

2. 土壤因子 土壤的物理结构、酸碱度、通气性和温湿度等均影响着害虫的生长发育和地理分布。如蝼蛄喜欢在松软的沙质壤土中生活，而粘重的土壤则不利于其生活。

3. 生物因子 生物因子包括食物和天敌两个方面，主要表现在害虫和其他动植物间的营养关系。害虫食物的种类和质量与害虫的生长发育、繁殖和分布有很大关系，如飞蝗喜欢芦苇，粘虫喜食薏苡。天敌的种类和数量也是影响害虫消长的重要因素之一。

三、中药植物病虫害的防治

（一）中药植物病虫害的发生特点

中药植物病虫害的发生、发展与流行取决于寄主、病原（害虫）及环境因素三者之间的相互关系。环境因素常常是病虫害流行的决定因素，尤其以气候和土壤因素最为重要。由于中药植物的生态适宜性、植物学特征、生物学特性及栽培技术的特殊性，也决定了中药植物病虫害的发生有其自己的特点。

1. 道地药材与病虫害发生的关系 道地药材是在特定的生态条件下选用特定的种质，采用特定的栽培技术和加工方法生产出的中药材，质量优而稳定，在业界享有较高声誉。由于栽培历史悠久，在中药植物逐渐适应当地的生态条件及栽培技术的同时，伴生的病虫害也逐渐适应了这些条件，并且形成了与之适应的生活习性。因此，越是道地药材，病虫害越是严重，往往会形成一些适应当地条件的地方性病虫害。如三七根腐病、浙贝腐烂病、人参黑斑病、当归麻口病，这些病害有着鲜明的地方特色，而且难以防治，成为限制产区规模化栽培的瓶颈。

2. 地下病虫害突出 许多中药植物是以根、茎为收获器官，这些肥大的肉质器官营养丰富，水分充足，再加上土壤含水量高，在适宜温度下很容易受到病虫害的侵染，导致中药材减产和品质下降。由于地下部病虫害的防治难度大、成本高，常常给种植户带来极大的经济损失。尤其是道地药材，地下病虫害更加严重，如地黄线虫病、人参锈病等是目前中药材生产上的主要病害。还有一些病、虫复合感染的病害，防治难度更大，如当归麻口病，就是由马铃薯茎线虫侵染造成伤口，其他真菌从伤口侵入，形成复合侵染而致。

3. 害虫种类复杂、单食性和寡食性害虫相对居多 中药植物种类繁多，生长周期不一，因此为害的害虫种类亦多。由于每种中药植物本身都含有特殊的化学成分，这就决定了会有某些害虫喜食这些植物或趋向于在这些植物上产卵。因此，中药植物上单食性或寡食性害虫相对较多，如射干钻心虫、栝楼透翅蛾、白术术籽虫、山茱萸蛀果蛾及黄芪籽蜂等，它们只食一种或几种近缘植物。

4. 无性繁殖材料是初侵染的重要来源 许多根茎类中药材既可以有性繁殖，也可以无性繁殖。由于无性繁殖具有简便、生产效率高等优势，在生产上被大量使用，如地黄、贝母、元胡、半夏等。但是这些营养丰富的根、块根、鳞茎等地下部分，常携带病菌、虫卵，从而成为病虫害侵染的重要来源。随着中药材种植面积的扩大，种子、种苗的长途调运越加频繁，也加速了病虫害的传播蔓延。

5. 特殊栽培技术对病虫害的影响 许多根及根茎类中药材要经历育苗、移栽等生产程序，如当归、人参、三七等；有些药材还需要修根，如附子；有些还需要整枝，如枸杞。每增加一道程序，都会增加一分感染病虫的机会。

（二）中药植物病虫害的防治

1. 防治原则 预防为主，综合防治。这是农业生产中关于植物保护的基本策略，也是中药植物病虫害防治的基本原则。中药植物病虫害的防治分为“防”和“治”两个方面，“防”即预防，“治”为治理，预防为主是理念，综合防治是手段。中药材是中医防病、治病的物质基础，安全是第一要务。因此，在中药材的栽培过程中，预防的概念及手段要时时刻刻贯穿于生产过程中，要采取综合技术，尽量避免和减少病虫害的发生。但是从生物与环境的整体观点来说，病虫害又是不可避免的。基于中药安全性的考虑，在病虫害的防治过程中，要做到既控制病虫害的危害，使其对生产造成的经济损失降到最低阀值，又要保证中药材的品质，避免农药残留及其他污染物对中药材的污染。

2. 防治策略及手段 按照预防为主、综合防治的方针，中药植物病虫害的防治要本着预防为主的指导思想和安全、有效、经济、简便的原则，因地制宜，合理运用农业、生物、化学、物理的方法及其他有效的生态手段，减少或降低病虫危害，提高经济效益、生态效益和社会效益。

（1）植物检疫：是依据国家法规，对植物及其产品进行检验处理，防止检疫性有害生物通过人为传播进（出）境扩散蔓延的一种植物保护措施。依据《植物检疫条例》（1992年5月13日国务院第98号令）、《植物检疫条例实施细则（农业部分）》（1995年2月25日农业部第5号令）的规定，设立植物检疫机构，对植物检疫对象进行病虫害检验，以防止威胁性病虫害检疫对象传入和带出。根据农发［1995］10号文公布的全国植物检疫对象和应施检疫的植物、植物产品名单，中药材被明确列入植物检疫对象，因此在引种、种苗调运过程中，应进行必要的检查。对带有检疫对象的种子、种苗，严禁进入或输出，并对带病植物进行灭杀，防止扩大蔓延。

（2）农业防治：是在农田生态系统中，利用和改进耕作栽培技术，调节病原物（害虫）和寄主及环境之间的关系，创造有利于作物生长、不利于病虫害发生的环境条件，预防和控制病虫害发生、发展的方法。农业防治是一种预防措施，具有成本低、不造成污染、不伤害天敌、方法简单、安全有效等特点。①选用抗病品种：选育和利用抗病品种来防治病虫害是最经济有效的措施，选用抗病品种时，要使品种的抗病性多样化即在遗传上保持异质性，利用寄主群体的抗性来控制病原物群体组成的变化，避免品种单一化即遗传的同质性而造成其他病害的大发生。所选择的抗病品种的布局要合理，抗病品种要轮换种植，充分利用多抗性品种、耐病品种及病害发展速度较慢的品种。②合理轮作：轮作是在同一田地上有顺序地交换种植不同作物的种植方式。由于连作会使土壤中病原物及有害虫卵逐年累积，使病虫害加重，而轮作则使病原物遇到不适宜的寄主，特别是对寄主范围狭窄、食性单一的有害生物，轮作可恶化其营养条件和生存环境，或切断其生命过程的某一个环节。如大豆食心虫仅危害大豆，采用大豆与禾谷类植物轮作，就能防止其危害。轮作还能促进有颉颃作用的微生物活动，抑制病原物的生长、繁殖，对一些土传病害和专性寄主或腐生性不强的病原物，轮作也是有效的防治手段。如人参决不能连作，否则病害严重。合理选择轮作对象非常重要，同科、属植物或同为某些严重病虫害寄主的植物不能连作，一般中药植物的前作以禾本科植物为宜，如小麦、玉米、谷类等。③深耕细作：可促进根系发育，增强吸肥能力，促使植物健壮生长。冬耕晒土可改变土壤物理性状，破坏害虫的越冬场所或改变栖息环境，减少越冬病虫源；深翻可将害虫翻至地表，经日光照射、鸟兽啄食，也能减少部分虫源。④清洁田园：田间杂草及植株的老叶、枯叶常是病虫的隐蔽和越冬场所。及时除草、清理枯枝落叶、将病残体带出田外烧毁或深埋，可大大减少田间病虫基数，是防治病虫害的重要技术措施。

⑤调节播种期：使植物的某个生长发育阶段错过病虫大量危害的时期，可避开病虫危害，达到防治目的。如薏苡适期晚播，可减轻黑粉病的发生；黄芪夏播，可避免春季苗期害虫的危害；红花适期早播，可以避过炭疽病和红花实蝇的危害。⑥合理施肥：可促进中药植物生长发育，增强植物抗病虫害能力。增施钾肥可使植物茎杆粗壮，增强抗病性，而偏施氮肥则容易造成植株徒长，容易感病。如白术适当增施磷、钾肥可减轻花叶病，红花施用氮肥过多或偏晚易造成贪青徒长、诱发炭疽病发生。使用有机肥一定要腐熟，否则会加重病虫害。

（3）生物防治：应用自然界中的某些有益生物或其代谢产物来消灭或抑制有害生物种群的发生、发展或减轻其危害的方法。其优点是对人畜安全，不污染环境，效果持久，使用灵活、经济。①以虫治虫：利用天敌来防治害虫，包括捕食性和寄生性两类天敌昆虫。捕食性昆虫主要有螳螂、瓢虫、步行虫、食虫蝽象、食蚜虻及食蚜蝇等。寄生性昆虫寄生在害虫体内或卵内，在发育过程中逐步摄取寄主体内或卵内的营养，最后使寄主死亡，或使卵不能孵化，主要有寄生蝇和寄生蜂，如赤眼卵蜂，通过人工繁殖，释放到田间可以防治多种鳞翅目害虫。②以菌治虫：利用细菌、真菌、病毒等天敌微生物来防治害虫。病原细菌如苏云金杆菌，被昆虫食用后会产生晶体毒素，使害虫中毒、患败血病而死亡；又如白僵菌孢子，通过昆虫皮肤、口腔、气孔侵入虫体，在虫体内大量繁殖，并形成草酸钙结晶，最后虫体死亡僵硬。昆虫的病原病毒有核多角体病毒和细胞质多角体病毒，罹病昆虫可表现出食欲不振、皮肤易破等症状。③农用抗菌素的运用：对某些病菌能产生拮抗作用的菌类称为抗生菌，抗生菌的代谢产物称为抗菌素，能抑制其他微生物的生长，甚至杀死其他微生物，如链霉菌产生链霉素、青霉菌产生青霉素等。用抗生素或抗生菌防治中药植物病害已取得显著成绩，如用哈茨木霉防治甜菊白绢病，5406 菌肥防治荆芥茎枯病，抗 74 防治白术白绢病和根腐病等。④性诱剂防治：性诱剂是一种昆虫性外激素，无毒，对天敌无害。迄今已合成了几十种昆虫性诱剂用于防治害虫，如小地老虎性诱剂、瓜实蝇性诱剂等。性诱剂防治害虫主要有两种方法：一是诱捕法，也称诱杀法，在防治区放置适当数量的性诱剂诱捕器，把求偶交配的雄虫及时诱杀，以降低交配率及子代幼虫密度；二是迷向法，又称干扰交配，即用性诱剂干扰破坏雄、雌昆虫间的通讯联络，使其不能进行交配和繁殖后代。

（4）物理防治：利用光线、温度、风力、电流、射线等物理因素和器械设备等物理机械作用来防治病虫危害，如种子清选，温汤浸种，人工器械捕杀、诱杀等。①种子处理：播种前对种子进行消毒处理是预防病虫害的有效手段，常用方法有温汤浸种、高温烫种。温汤浸种就是将种子放入 55℃左右的温水中，浸泡 10min，即可杀死附在种子表面的病原物；将种子在沸水中浸烫几十秒，也可起到杀菌的效果。②人工捕杀：对于活性不强，危害集中，或有假死性的大灰象甲、黄凤蝶幼虫等，可进行人工捕杀。③诱杀：对有趋光性的鳞翅目、鞘翅目及某些地下害虫，可采用诱蛾灯或黑光灯诱杀；蚜虫对黄色光有趋性，可用黄板诱杀。

（5）化学防治：就是利用化学农药来防治病虫害，目前应用最普遍，见效快，效果显著，使用方便，适用于大面积防治，是综合防治中的一项重要措施，但要避免使用高毒、高残留、“三致”（致癌、致畸、致突变）农药。化学防治的方法有种子处理、土壤处理、植株喷药和灌根等。①种子处理：使用药剂处理种子以消灭种子内外的病原物，或使种子着药以保护幼苗免受病原物的侵染。目前商业化的是种子包衣剂，包衣剂内含有杀菌剂、杀虫剂及植物生长素，将包衣剂包裹在种子表面，直接播种入土，即可到达防治效果。②土壤处理：将药剂施入土中，以消灭土壤中的病原物或保护幼苗使其避免病原物的侵染。使用方法有穴施、沟施等，一般施药后要等一段时间，待药剂散发后才能播种。③植株喷药：在植株表面喷洒农药，以保护植物免受病原物侵染，这是最常见的化学防治方法。喷洒时要掌握好时间、使用浓度、次数、间隔期等。④灌根：对于由土传病菌引起的病害，必须采用灌根的方法，才能达到预期的防治效果。

第六节　中药植物采收与产地加工

采收与产地加工是中药材生产中的一项重要工作，采收时间、加工方法对中药材的产量、质量影响甚大。几千年来，劳动人民在继承传统的基础上不断创新，中药材的采收加工技术已成为中药材生产的关键技术之一，尤其是机械化采收机具和现代化加工设备的应用，使得中药植物的采收加工更加科学、高效。

一、中药植物的采收

（一）中药植物的采收时期

中药植物生长发育到一定阶段，入药部位符合药用要求时，采用相应的技术措施，从田间将其收获运回的过程，称为中药植物的采收。采回的药用部位经加工干燥后，便称为“中药材”。

中药植物种类繁多，药用部位不同，其最佳采收时间也不同。中药材质量的好坏，最终取决于其活性成分含量的多少，而活性成分含量与产地、品种、栽培技术和采收的年限、季节、时间、方法等有密切关系。所谓最佳采收期，是针对中药材的质量和产量而言的。

1. 影响采收期的因素　中药材的采收期分年内不同时期采收和不同生长年限采收两个方面。

（1）采收期与产量：采收期对产量影响很大。从中药植物的生长发育来看，其生物产量的积累与其生长阶段有着密切关系，对花、果实、种子等器官来说，只有当其达到生理成熟时，其产量才最高；对根、茎类器官来说，只有当其营养生长达到最旺盛时，才会形成较高的生物产量。因此，必须要选择适宜的采收期，才能获得最大产量。如黄芪，8 月花期采收，鲜干比为 7:1；9 月初采收，鲜干比为 5 ~6:1；10 月采收（接近枯萎期），鲜干比为 3 ~4:1；11 月（完全枯萎期）采收，鲜干比为 2 ~3:1；且鲜根产量也是 11 月最高，因此黄芪 11 月份采收产量最高。这类中药植物还有当归、党参、甘草等。采收期与产量的关系不单单是年内各时期、各月份的差异，像芍药、人参、西洋参和黄连等多年生宿根性中药植物，还有适宜采收年限的问题，采收年限不同，产量也不同。例如芍药栽培 3 年采收，其单产为 300 ~400kg/亩；栽培 4 年采收，其单产为 400 ~500kg/亩。又如人参，6 年采收比 5 年采收产量高 20% ~30%，7 年采收产量比 6 年又高 10% 左右。

（2）采收期与质量：中药植物采收期不同，其活性成分含量不同。古代本草就曾记有“药物采收不知时节，不知阴干暴干，虽有药名，终无药实，不以时采收，与朽木无殊”，还有“三月茵陈四月蒿，五月茵陈当柴烧”的谚语。中药植物生育时期不同，活性成分含量不一样。例如细辛醚溶性浸出物含量，苗期（4 月）为 4.52%，开花期（5 月）为 5.78%，果期（6 月）为 3.21%，果后营养期（7 ~8 月）为 3.45%，枯萎期（9 月）为 3.41%，故以开花期最高，传统采收期也是在 5 月。又如灰色糖芥地上部分强心苷含量，孕蕾期为 1.82%，初花期为 2.15%，盛花期为 2.31%，花凋谢种子形成期为 1.99%，种子近于成熟期为 1.39%，故以盛花期收获为佳。对于多年生中药植物来讲，生长年限不同，中药材中活性成分含量也不同，一般来说生长年限越长含量越高。但需注意的是，人参在 6 年以前，人参皂苷含量增长速度较快，6 ~7 年后，含量增长速度下降，所以栽培人参 4 ~7 年后即可采收。评价中药材质量的指标，除活性成分含量外还包括色泽、质地、饱满度、油性等外观性状。采收时期不同，这些指标的优劣也存在差异。如番红花适期采收产品色泽鲜红，有油性，采收偏晚柱头黏上花粉粒呈黄色，采收偏早干后呈浅红色，质脆、油性小。

（3）采收期与收获效率：许多以果实或种子入药的中药植物（如薏苡、紫苏、芝麻和介子等）必须适时采收，如果采收过晚，果实易脱落或果实开裂种子散出，这样不仅减少产量，还浪费人力。如枸杞、五味子等浆果类中药材，采收过早，肉少而硬，影响产量和质量，过晚，易脱落或弄破果实；厚朴、杜仲等皮类中药材，要在树液流动时采收，过早或过晚，则不仅剥皮费工，也不能保证质量。

2. 采收期的确定原则 采收期的确定必须把活性成分的积累动态与产品器官的生长动态结合起来，同时还应考虑中药材的商品性状和毒素成分含量。由于中药植物种类多，入药部位不同，其采收期的确定也要区别对待。

（1）活性成分含量高峰期与产品器官产量高峰期一致时，可以根据生产需要，在商品价值最高时采收：①活性成分含量有显著高峰期，而产品器官产量变化不显著的，则以含量高峰期为最佳采收期，属于此类的有蛔蒿、细辛和红花等。②活性成分含量变化不显著，而产量有显著高峰者，则以产量高峰期为最佳采收期，果实种子类多属这一类，以充分成熟时采收为宜。

（2）活性成分含量高峰期与产品器官产量高峰期不一致时，则应以活性成分含量与产量之乘积最大时为最适采收期，如薄荷叶中的薄荷油产量，花蕾期为 30kg/亩，开花期为 75kg/亩。

此外，采收期的确定除了看产量、活性成分含量外，还要看其他干扰成分。

3. 中药植物的一般采收期 中药植物的采收期因植物种类、药用部位、地区气候条件而异，一般规律如下。

（1）以根和根茎入药的中药植物：根和根茎类中药材一般以结实、根条直顺、少分叉、粉性足者为佳，多在植株生长停止、花叶凋谢的休眠期或早春发芽前采收。但也有例外情况，如太子参、半夏、附子等在夏季采收，活性成分含量高、质量好。

（2）以皮入药的中药植物：一般在春末夏初采收，此时树皮养分及液汁增多，形成层细胞分裂较快，皮部和木质部容易剥离，伤口较易愈合。少数皮类中药材在秋冬季节采收，如苦楝皮，肉桂可在春季和秋季各采 1 次。

（3）以叶入药的中药植物：叶类中药材宜在植株生长最旺、花未开放或花朵盛开时采收，此时植株已经完全长成，光合作用旺盛，活性成分含量最高。如大青叶、紫苏叶、番泻叶、臭梧桐叶、艾叶等，但桑叶须在霜后采收。

（4）以花入药的中药植物：花类中药材多在花蕾含苞未放时采收，质量较好，如花已盛开，则花易散瓣、破碎、失色、香气逸散，严重影响质量。例如金银花应在夏秋花蕾前头膨大、由青转白时采收，丁香应在秋季花蕾由绿转红时采收，辛夷在冬末春初花未开放时采收，玫瑰在春末夏初花将要开放时采收，槐米在夏季花蕾形成时采收，等等。但也有部分花类中药材需在花朵开放时采收，例如月季花在春夏季当花微开时采收，闹羊花在4～5月花开时采收，洋金花在春夏花初开时采收，菊花在秋冬花盛开时采收，红花在夏季由黄变红时采收，等等。

(5) 以果实和种子入药的中药植物：果实类中药材多在自然成熟或将近成熟时采收，种子类中药材应在种子完全发育成熟、籽粒饱满、活性成分含量高时采收。如火麻仁、马兜铃、五味子、王不留行、酸枣仁、连翘、马钱子、菟丝子、牵牛子、牛蒡子、薏苡仁等。对成熟度不一致的品种，应随熟随采，分批进行，如急性子、千金子等。

(6) 以全草入药的中药植物：全草类中药材多在植株生长最旺盛而将要开花前采收，如薄荷、鱼腥草、淫羊藿、藿香、茵陈等。但也有部分品种在开花后的秋季采收，如麻黄、垂盆草、荆芥等。

（二）中药植物的采收方法

因植物种类不同，采收的方法也不同，常用方法有：

1. 摘取法 花类、果实类、叶类、部分种子类中药材均采用摘取法。在进入采收期后，边成熟边采收，花期长的、开放不整齐的应分批采收。

2. 刈割法 果实类中药材中的薏苡，大多数种子类中药材（如补骨脂、芥子、牛蒡子、水飞蓟等）和大部分全草类中药材（如荆芥、薄荷、藿香、穿心莲等）的采收均采用刈割法，有的是一次割取，有的是分批割取。

3. 掘取法 根及根茎类和部分全草类中药材的采收多采用此法。一般先将地上部分用镰刀割去，然后用农具挖掘地下部分。掘取是一项非常费工费力的劳动，在劳动力成本日益上涨的今天，研究开发挖掘根与根茎类药材的机械是一项刻不容缓的工作，目前生产中已有一些简单机械应用，如甘肃采收当归、黄芩时，采用手扶拖拉机翻犁再人工拣拾。甘草、黄芪等中药材已有专用采收机械，但都存在收获效率不高、损伤较多等现象，还需进一步改进设计，以提高采收效率，降低劳动成本。

4. 剥取法 皮类中药材采用剥取法。一般在茎的基部先环割一刀，接着在其上相应距离的高度处再环割一刀，然后在两环割处中间纵向割一刀，就可沿纵向刀割处环剥。传统的剥取法是将树木砍伐，这对资源是极大的破坏，现在多采用活树剥皮法，即采用环剥或半环剥法。

二、中药植物的产地加工

（一）产地加工的概念

栽培的中药材除少数品种（如生姜、鲜生地、鲜石斛和鲜芦根等）鲜用外，其余都要加工成干品，凡在产地对中药材的初步处理与干燥，称之为产地加工或初加工。

（二）产地加工的目的和任务

产地加工的根本目的就是保持活性成分、提高药效、提高利用效率、便于贮运。

中药材种类繁多，加工的要求各不相同。但都应达到无杂质、干净整洁、体形完整、含水量适度、色泽好、挥发性成分散失少、有效物质破坏少等要求，才能确保中药材商品的规格和质量。根据上述要求，产地加工的主要任务是：①纯净中药材，去除混入的杂质，包括非药用部位、泥土、砂石等；②加工修制成各种规格的药材；③保持活性成分，保证疗效；④降低或消除毒性、刺激性或副作用，保证用药安全；⑤进行干燥，便于贮藏和运输。

（三）产地加工方法

由于中药材种类繁多，品种规格和地区用药习惯不同，加工方法也多种多样。

1. 精选修整 即通过清洗、挑选、削刮等方法，去除非药用部位及泥沙等杂质，并按大小及质量好坏分级，以利于后面的加工处理。如根及根茎类中药材需洗去泥沙，除去须根、芦头、残茎等。

2. 蒸、煮、烫 为了利于干燥和去皮、抽心，可对鲜药材进行蒸、煮或烫。对一些肉质型、含水量较高的块根、鳞茎类中药材，如百部、天冬等，应先用沸水稍烫一下，然后再切成片晒干或烘干；对那些含浆汁、淀粉足的中药材如何首乌、地黄、黄精、玉竹、天麻等，应趁鲜蒸制，然后切片晒干。有些种类，如明党参、北沙参等，应先投入开水中略烫一下，再行刮皮、洗净、干燥。

3. 切制 一些质地坚硬且干燥后不易浸润软化的中药材，采收后多在产地作切制处理，即趁鲜切片，如乌药、土茯苓等。还有一些体积较大的中药材，如大黄、木瓜、木通、鸡血藤等，要趁鲜切块、切段。

4. 浸漂 浸漂即浸泡和清洗，目的是为了减轻中药材的毒性和不良性味，如半夏、附子等，或抑制氧化酶的活性，以免药材氧化变色，如白芍、山药等。

5. 熏制 有些中药材需要熏干，如当归扎成把、大黄切成块后，放在架上，用湿柴或秸秆燃烟熏干等。

6. 发汗 有些中药材在干燥过程中，为了促使其变色、充分干燥、增加气味或减少刺激，常将其叠放堆置，使其发热，内部水分向外扩散，这种方法俗称“发汗”，如杜仲、厚朴、玄参、茯苓等。

7. 揉搓 一些中药材在干燥过程中需进行揉搓，可以防止根部皮肉分离或空枯，使中药材油润、饱满、柔软，如党参、麦冬、玉竹等。

8. 干燥 除少数中药材鲜用外，大多数需要在采后及时干燥，防止药效降低或变质，常用的干燥方法有阴干、晒干和烘干。

第四章 中药动物养殖

要点导航

1. 掌握：中药动物生长发育概念、规律及其影响因素；中药动物引种工作环节；中药动物驯化概念、工作环节与方式；中药动物繁殖影响因素。

2. 熟悉：熟悉森林生态系统、草原生态系统、淡水生态系统、海洋生态系统；中药动物养殖方式、管理制度；中药动物饲料组成与供应；中药动物疾病及其防治；中药动物繁殖期饲养管理；中药动物选种与选配。

3. 了解：常见中药动物种类；动物分类阶元、命名及种类鉴定工作要点；中药动物养殖场舍布局；中药动物交配方式。

中药动物是指身体的全部或局部可以作为中药使用的动物。在中医药发展过程中，中药动物与中药植物具有共同发生、发展的历史，是中药的重要组成部分，为中华民族的兴旺昌盛和人类科学文化的发展作出了重要贡献，历代本草均有记述。

动物药的种类很多，来源广泛，大约有800~1000种中药动物已被应用。依据入药部位可将中药动物划分为：①全身入药的中药动物，如水蛭、全蝎、蜈蚣、海马、地龙、金钱白花蛇、斑蝥、蛤蚧等；②以部分组织器官入药的中药动物，如蛤士蟆、梅花鹿、熊、水獭、海狗、刺猬、狗等；③以角骨贝壳入药的中药动物，如龟、穿山甲、大象、鲍鱼、乌贼、蝉等；④以生理、病理产物入药的中药动物，如三角帆蚌、蜜蜂、蝮蛇、兔、家蚕、蝙蝠、橙足鼯鼠、麝、牛、马等。按照生态环境可将中药动物划分为：①陆地中药动物，约有924种，占中药动物总数的40.3%，按中国陆地动物地理区系划分的七个区均有分布；②内陆水域中药动物，约有509种，占中药动物总数的22.2%，从分布类型上可以分为广布种与狭布种；③海洋中药动物，约857种，占中药动物总数的37.5%。

中药动物养殖是研究中药动物的生态环境及其生物学特征，采用现代科学技术进行引种、驯化、饲养、繁殖、育种等的一门学科。

第一节 生态系统概述

生态系统简称为生态系。研究生态系统的科学，称为生态系统学。生态系统是指生物与环境之间在能量与物质交换中有规律联系的统一整体。生态系的组成，必须包括有生命的部分，如生产者、消费者、分解者及转变者等分子，以及无生命的部分，如阳光、空气、水、土壤及营养等生态因子。

在人工养殖中药动物实践中，常会对自然生态系不同程度的施加了人为的影响，干扰了生物与环境间内在联系的规律，但这种人为因素应以满足动物种群对生态因子的需求及与生活、繁殖等相应条件为限度，尤其是散养和半散养生产模式，养殖的中药动物对生态系具有较大依赖性。

下面仅就与中药动物关系密切的几种生态系统加以介绍。

一、森林生态系统

森林生态系统作为一个有机整体在生物圈中发挥着巨大作用，是生物圈中最复杂的生态系统。森林生态系统内部存在着生物与生物之间、生物与环境之间不间断地、复杂而有规律的物质交换和能量流动，从而把森林联成一个有机整体。在森林生态系统中，树木从土壤中吸取营养物质；落叶则被微生物分解腐烂，又变成可利用的营养物质归还给土壤，再供给其他种类植物利用。这样物质就可以循环，森林自己养活自己。每公顷森林年可生产干物质 12.9t。森林生态系统在正常情况下，一般能维持自身的生态平衡。森林是野生动物的王国，是天然中药动植物的宝库，很多名贵动物药的原动物如虎（虎骨）、豹（豹骨）、麝（麝香）、熊（熊胆）、猕猴（猴骨）都是森林动物。

二、草原生态系统

我国的草原面积约有 2.7 亿 hm^2，是欧亚大陆温带草原的一部分。它的主体是东北—内蒙古的温带草原，另外，还有新疆荒漠地区的山地草原和青海、西藏的高寒草原。森林与草原相连接的过渡地带为草甸草原。草原气候的主要标志是年降水量。热带草原年降水量为 800mm，温带则以 200～450mm 为准。如高于此限则出现森林，低于此限则形成荒漠。由此可见，草原的形成是与一定的气候相联系的。草原生态系统动物种类贫乏，多为广适性的耐旱动物种类。我国草原辽阔，生活着除马、牛、羊、骆驼等家畜之外的黄羊、野牛、狼、獾、狐、鼬等野生动物，很多可供药用。

三、淡水生态系统

在淡水生态系统中，可分为流水和静水两大类型。如湖泊、池塘、沼泽皆属静水环境，江、河、溪则为流水环境，二者又进一步形成不同性质的生态系统。凡能适应在水中生活的生物即为水生生物。水中浮游生物、水的酸碱度、盐度及水深等都会影响水生动物的生长、发育及繁殖等，往往成为水生动物生命活动的限制因素。在研究水生中药动物的人工养殖时，必须对其在天然水体中的生境特征有充分的调查和了解，才能指导更好的创造人工环境，取得人工养殖的理想效果。

四、海洋生态系统

海洋生态系统中，生物运动和分布的变化很大、深度范围很广。初级生产者主要由体型极小、数量极大、种类繁多的浮游植物和一些微生物所组成。植物资源的效率很高，运转速度较快。与中药动物养殖关系较密切的生态系统有：自海岸线到 200m 水深的浅海区（带），是海洋生态系统中生物生产力最高的区域，生产性生物的种类与数量最多；海水落潮后所露出的陆地——潮间带，是栖息中药动物种类较多的区域；江河入海的地区——河口湾，是淡水和海洋栖息地之间的过渡区域群落交错区。但是，它的许多重要的理化特征和生物特征并不是过渡性的，而是独特的，构成一个独立生态系统。我国广阔海域孕育着极其丰富的海洋动物中药资源。据调查，我国药用海洋生物有1000多种，其中动物中药580多种。现在，海洋动物中药的研究开发已引起高度重视，牡蛎、海马、珍珠贝、鲍、鲎等中药动物已实现人工养殖。提倡在保护海洋生态系统、保护海洋生物多样性的前提下，科学而合理地持续开发利用海洋中药动物资源。

第二节　动物分类阶元、命名和鉴定

一、动物分类阶元、命名

分类阶元又称分类等级（catergory），意思为整个系统内或组合中的部门、种类。动物在种以上分类等级的划分，既有主观性又有客观性。主观性表现为分类等级之间的划分是由人们主观确定的，没有统一的客观标准；客观性在于它们是客观存在的，且是可划分的实体。物种又简称为种，与上述阶元不同，既有纯粹的客观性，又是最基本的阶元。

动物种（species）以下的分类，以往多从单模概念出发，有所谓的变种（variety）、品种（sort）、宗（race）等。而今从种群的概念出发，多以亚种为种以下的分类阶元，也是种内唯一在命名法上被承认的分类阶元。种未有亚种分化者，称为单型种（monotypic species）；凡是分化成几个亚种者，称为多型种（polytypic species）。凡是地方性种群，彼此间在分类上互有差异，而其差异至少达到种群的75%，就成为不同的亚种。亚种间在其分布相接触或重叠的地区，彼此可相互杂交而产生中间类型，这是与种的重要区别。因此，在动物药生产实践中，所养殖的中药动物是单型种者，其中文名及学名（science name）的记录应为种；所养殖的中药动物是多型种者，其中文名及学名的记录应为亚种。现举例加以说明。

例如，梅花鹿（*Cervus nippon* Temminck，1838）

界：动物界（Animal）

门：脊索动物门（Chordata）

纲：哺乳纲（Mammalia）

目：偶蹄目（Artiodactyla）

科：鹿科（Cervidae）

属：鹿属（Cervus）

种：梅花鹿种（nippon）

梅花鹿是中文名；*Cervus nippon* Temminck，1838是该动物的学名。其中，Cervus是属名；Temminck是命名人；1838是命名时间。梅花鹿是多型种，主要分化成以下几个亚种：①东北亚种 *Cervus nippon hortulorum* Swinchone，1864，仅分布于长白山区域；②华南亚种 *Cervus nippon pseudaxis*（kopschi）Eydoux & Soulcyct or Gervais，1841，现今残存于江西、安徽南部、浙江西部；③台湾亚种 *Cervus nippon taiovanus* Blyth，1860，分布于

台湾；④山西亚种 *Cervus nippon grassianus*（Heude，1884），分布于山西；⑤河北亚种 *Cervus nippon mandarinus* Milne – Edwards，1871，曾经分布于河北；⑥四川亚种 *Cervus nppon sichuannicus* Guo，Chen & Wang，1987，分布于四川省若尔盖、红原县。

又如，麋鹿［*Elaphrus davidianus*（Milne – Edwards，1866）］

界：动物界（Animal）

　门：脊索动物门（Chordata）

　　纲：哺乳纲（Mammalia）

　　　目：偶蹄目（Artiodactyla）

　　　　科：鹿科（Cervidae）

　　　　　属：麋鹿属（Elaphrus）

　　　　　　种：麋鹿种（davidianus）

麋鹿是单型种，无亚种分化。

界、门、纲、目、科、属均属于种以上的分类阶元，在分类范围的划分上有一定的主观性。种是最基本的阶元，具有自然的客观性。种下的分类阶元主要是指亚种。亚种主要是一个种内的地理种群或生态种群，与同种内的任何其他种群有别。这种差别不仅表现为形态学上的差异，地理分布上的不同；还在染色体组型、血清蛋白组成上反映了物种的变异。如中国林蛙有4个亚种，分别是中国林蛙指名亚种、中国林蛙兰州亚种、中国林蛙康定亚种和中国林蛙长白山亚种。这4个亚种，经染色体组型及血清乳酸脱氢酶（LDH）同工酶凝胶电泳分析，发现任意两地标本间均有显著性差异。所以，《规范》要求将养殖的中药动物准确鉴定至种或亚种，并记录其中文名及学名（science name）是非常必要的。

因此，在上述两例中，梅花鹿是多型种，分化有6个亚种，应根据具体养殖的动物准确鉴定至亚种。我国目前梅花鹿饲养种群主要有两个亚种。其中台湾亚种仅在台湾岛有饲养种群，祖国大陆则以东北梅花鹿亚种为主，经鉴定后可记录其中文名及学名为：梅花鹿东北亚种 *Cervus nippon hortulorum* Swinchone，1864。麋鹿是单型种，无亚种分化，经鉴定后可记录其中文名及学名为：麋鹿 *Elaphrus davidianus*（Milne Edwards，1866）。

从上述内容中，可以基本了解到动物命名主要采用的是“双名法”和“三名法”。双名法，是由物种的属名及其种名组成，并用拉丁文命名，即成为这个种的学名（science name）。双名法多用于物种命名，如：梅花鹿 *Cervus nippon* Temminck，1838；麋鹿 *Elaphrus davidianus*（Milne – Edwards，1866）。三名法是在属名及其种名之后加上亚种名，多用于亚种命名。如：梅花鹿东北亚种 *Cervus nippon hortulorum* Swinchone，1864；梅花鹿华南亚种 *Cervus nippon pseudaxis*（kopschi）Eydoux & Soulcyct or Gervais，1841 等。属名的第一个字母要大写，种名及亚种名皆用斜体小写，命名人拉丁文姓名缩写的首个字母亦应大写，最后标注发表年代。

二、动物鉴定

中药动物分类是隶属于整个动物分类学的一个组成部分，或者可称为应用分类学。动物分类学研究，需要广泛的动物生物学基本知识。这是动物种类的识别和物种鉴定的基础，尤其对中药动物进行属（genus）、种（species）和亚种（subspecies）等阶元的鉴定，具有重要的实用意义。

关于动物分类研究有以下几个工作要点：①首先要对动物进行生态观察，并记述栖息地、生活习性、食性、数量统计、繁殖及迁徙行为等内容。②其次要进行标本的采集，包括幼体和成体标本、雌性和雄性标本，并记录动物的体尺和体重，采集日期、地点、海拔高度等。③最后进行标本的鉴定。物种的鉴定主要遵循三个标准，即形态学标准、生态学标准和遗传学标准。

经核对标本、查阅《中国动物志》及其他专门性权威著作后，仍不能得出确切结论的，可委托有关单位或专家协助鉴定。

第三节 中药动物养殖管理

中药动物养殖源于野生动物的驯养，并与观赏动物养殖、经济动物养殖相互借鉴，共同发展。由于野生变家养的基础理论和基本技术尚未形成完整的体系，因此，中药动物养殖学科尚处于发展完善阶段。在中药动物人工养殖的长期实践中，尤其在近50年，通过融合生物学基础理论、基因工程理论和技术、现代生物生态学研究成果等，促进了中药动物养殖理论和技术和发展。

当前人工饲养的中药动物，多为野生的和半驯化的动物，不能生搬硬套家畜、家禽等已有很高驯化程度的动物饲养方式和方法，必须走出一条适应中药动物生物学规律的新路子。所以，在中药动物养殖管理中应注重生长发育特性研究，引种驯化研究、繁殖和饲养管理研究等，这是获取优质高产动物中药材产品的必要途径。

一、中药动物生长发育特性

生长发育是遗传因素与环境共同作用的结果，研究生长发育，既涉及到基因表达，又涉及到保证基因表达的环境条件。中药动物的生长发育都有其一定的规律性，不同品种、不同性别和不同时期，都会表现出各自固有的特点。研究生长发育，对中药动物选种非常重要。除了根据中药动物不同年龄特点进行鉴定外，还可利用生长发育规律进行定向培育，至少可在当代获得所需要的理想类型。如果长期根据生长发育特点来选择与培育，可望获得新的类型。另外，规模化养殖中药动物时，根据所处的发育阶段，采用不同养殖技术，才能保证中药动物正常发育，以获取最大经济效益。

（一）生长与发育的概念

生长是机体通过同化作用进行物质积累，细胞数量增多和组织器官体积增大，从而使个体的体尺、体重都增长的过程。即以细胞分化为基础的量变过程，其表现是个体由小到大，体尺体重逐渐增加。

发育是生长的发展与转化，当某一种细胞分裂到某个阶段或一定数量时，就分化产生出和原来细胞不相同的细胞，并在此基础上形成新的组织与器官。即以细胞分化为基础的质变过程，其表现是有机体形态和功能的本质变化。

动物生长发育起始于受精卵，然后通过有丝分裂的细胞增殖和细胞分化形成有组织的多细胞成体的连续过程。严格来说，生长和发育是两种不同的现象，是两个完全不同的概念。生长是以细胞增大和细胞分裂为基础的量变过程，而发育是以细胞分化为基础的质变过程。例如梅花鹿，从受精卵开始经过许多阶段的变化分化出不同的组织器官，形成完整的胎儿，胎儿成长出生，从幼年直至成年，这就是发育现象；而另外一种现象，如梅花鹿的四肢及其他各器官不断增长，但头仍然是头，眼睛依旧为眼睛，并未发生本质转化，这就是生长现象。

综上所述，生长和发育是同一生命现象中既相互联系，又相互促进的复杂生理过程。生长通过各种物质积累为发育准备必要的条件，而发育通过细胞分化与各种组织器官的形成又促进了机体的生长。

（二）生长发育的规律

动物生长发育的过程是一个十分复杂的基因表达调控过程，主要包括细胞周期调控和胚胎生长发育调控两方面。

任何一种动物都有它自己的生命周期，即从受精卵开始，经历胚胎、幼年、青年、成年、老年各个时期，一直到衰老死亡。生命周期是在遗传物质与其所处环境条件的相互作用下实现的，也就是说动物的任何性状都是在生命周期中逐渐形成与表现的。整个生命周期就是生长发育的过程，也是一个由量变逐渐到质变的过程。

（三）影响生长发育的主要因素

中药动物生长发育受多种因素的影响，深入探讨这些因素与生长发育的关系，将会更有效地控制各类性状的改进和提高。

1. 遗传因素 动物的生长发育与其遗传基础有着密切关系，不同动物有其本身的发育规律。有三类基因影响体型与部位：①一般效应基因，影响全部体尺与体重；②影响一组性状基因，如只影响骨骼的大小，不影响肌肉的生长；③影响某一特定性状基因，如只决定胸围、腹围的大小等。另外，影响骨骼生长的特定基因系统，只决定体高、体长、胸深和体重，但不影响腹围；影响肌肉发育的一些基因，对胸围、腹围也有影响。

同一组性状，如体长和体高间的遗传相关，随年龄的增长而提高；不同组的性状，如体高和腹围之间的相关，则随年龄的增长而降低；同一个体各性状间的表型相关，年龄小比年龄大相关高；不同组织的性状，如骨骼和肌肉的表型相关，随年龄的增长而大大降低。遗传相关和表型相关也随年龄的增长而变化，这表明对生长有一般效应的那些基因系统，在幼龄时期影响较强，而对特定的一组性状以及对特定的单一性状可能产生影响的基因系统，则随年龄的增长而变得更重要。

2. 母体大小 动物个体的大小和胚胎的生长强度有密切关系，母体愈大，胎儿体重愈大，也即“母大则子肥”。例如，母牛体重的大小，与其所生犊牛的初生重、断乳重和周岁重都有较强的正相关。凡初产时体重大的母牛，其后代的断乳和周岁体重也较大。所以要使后代出生体重大，需选用体重较大的母畜。

母体对胚胎大小也有影响，大家畜比小家畜更为明显，因为前者妊娠期长，胚胎在母体内生长发育时间长，影响也大。另外母体对胚胎生长发育还有直接或间接两种影响。

3. 营养 营养是影响家畜生长发育的重要因素，实验证明，合理和全价的营养水平能保证动物生长发育正常，使经济性状的遗传潜能得以充分表现。采用不同的营养水平饲养动物，可以调控各种组织和器官的生长发育。若在不同生长期改变营养水平，可控制中药动物的体型和生产力。如有些饲料的主要营养物质为蛋白质，蛋白质可以被消化为氨基酸，从新组合成新的蛋白质，构成个体组织等。无机盐也很重要，可维持细胞内的酸碱平衡，调节渗透压，维持细胞的形态和功能。例如其中的铁离子是构成血红蛋白的重要成分，如：镁离子是ATP酶的激活剂，氯离子是唾液酶的激活剂。还有一个重要因素是糖，生物的能量靠糖供给，糖可以缓慢氧化其能量转化为ATP，为生命活动提供能量。缺糖的个体会损失体内糖原来供给能量，导致个体消瘦。

4. 性别 雌雄动物躯体各器官、部位和组织的生长速度不同，一般雄性生长发育较快，异化作用较强，在丰富饲养条件下比雌性体格大，但在较差饲养条件下则发育不如雌性。研究发现：性别对体重和外形有两种影响，一是雄性和雌性间遗传上的差异；二是因性激素的作用，雌雄两性的生长发育差异比较大。

5. 环境 光照、温度、海拔、饲养密度、气流、空气清洁度等诸多环境因素均会对动物的生长发育产生影响。

（1）光照：光线通过视觉器官和神经系统，作用于脑下垂体，影响脑下垂体的分泌，进而调节生殖腺与生殖机能。在养禽业中延长光照时间，可以提高产蛋率。猪育肥时，在黑暗条件下比在光线充足条件下脂肪沉积能力提高10%左右。

（2）气温：在炎热干燥的地区，动物的外形和组织器官均会受到影响。如皮毛色泽变深，汗腺发达，体表面积增大，体躯较小，育肥能力差；在寒冷潮湿地区，皮下结缔组织发达，毛密而长，角变短，育肥能力增加。

（3）海拔：地势和海拔过高，气压的变化引起氧气不足，导致动物的生长发育受阻，繁殖能力降低。

上述各种因素，对动物生长发育的影响途径是多方面的，引起的变化也有多种，应将各种因素进行综合考虑，为优良品种的培育提供最适合的条件，有利于高产基因的充分发挥。同时，为规模化的中药动物饲养创造最佳环境，才能获取更大的经济效益。

二、引种

引种是野生动物变为家养的第一个重要环节。引种包括习性调查、捕捉、检疫、运输等一系列工作，是中药动物养殖的起始点，影响着后续种群的发展状况，甚至决定着养殖的成败。引种过程改变了动物的生活环境，对动物生命力和适应性是严峻考验，特别是对引种技术有较高的要求。因此，要充分重视以下环节的各项工作。

（一）习性调查

习性调查是人们研究动物在野生状态下生活规律的实践活动。这种实践活动是以生态生物学为理论基础，通过观察、了解、记录野生动物习性，分析生态因子及生物因子对野生动物的影响，为制定动物养殖方案奠定基础。为保证野生动物在人工环境中能够正常生活、繁殖、生长发育，至少要对动物生境、食性、行为和繁殖进行习性调查。

1. 生境调查 生境调查的目的在于了解动物在野生状态下对生存条件的要求。调查包括主要分布区栖息环境和范围、自然景观概况、主要植被类型、同类动物分布状况、海拔及四季气象资料等内容。生境调查资料经过综合分析得出的结论，是确定动物养殖方式、场舍建筑、设备供应和养殖管理的基础和依据。动物在野生状态下，根据其生活要求，可以主动地选择适合其生存的环境，是生境调查中尤其要注意观察和总结的内容。

在生境调查的基础上，为动物创造一定程度的人为环境，保证动物在越冬期内的环境温度，不仅能避免死亡，而且可保持动物的体质和机能，增强抗病能力。北方的养兽场，越冬棚舍或巢箱，其温度条件往往不如动物在野生状态下主动选择的生境，如背风向阳的林间栖息地或天然的树洞、土穴。片面地认为兽类耐寒性强而忽视对越冬环境的保温会使生产受到很大损失。因为寒冷可导致动物营养代谢的改变，内分泌机能失调，生殖机能障碍，严重地影响动物的生活、繁殖和生长发育。变温动物冬眠期的环境温度也应密切注意。

生境调查在整个习性调查中处于基础地位。在自然界中，动物与其生存环境之间的关系是相互依存的，都能选择其适宜的环境生存并繁衍后代。任何环境因子都不能对动物单独产生作用，而是相互制约、相互联系、综合地产生影响和作用。不同的气候条件，在不同的地区形成了类型各异的植被，也为动物提供了各式各样的生存条件。植物是动物食物的根本来源。动物栖息环境中的植物分布和丰度，决定了动物栖息地环境、繁殖、分布和数量。储备大量的生境调查资料对养殖企业是十分必要的，这不仅能反映一个养殖企业的技术实力，而且是养殖技术创新的原动力。

在生境调查及资料整理中，要特别注意对动物群落的分析，往往能得出一些对动物养殖具有前瞻性及重要指导意义的信息。群落分析能综合反映动物与所栖息环境之间的相互关系，尤其能直观的表明环境因子的差异对动物自主选择生境的影响。吴家炎先生在对分布于我国祁连山区域的白唇鹿进行研究时，将该区有蹄类动物划分为Ⅰ、Ⅱ、Ⅲ、Ⅳ4个不同类型的群落：①高山裸岩荒漠地带：岩羊+盘羊+白唇鹿群落；②高山草甸草原类型：白唇鹿+盘羊+野牦牛群落；③亚高山草甸草原类型：藏原羚+藏野驴群落；④荒漠半荒漠草原类型：藏野驴+鹅喉羚群落。通过比较群落间的相似指数，发现相邻群落Ⅰ和Ⅱ、Ⅱ和Ⅲ、Ⅲ和Ⅳ间的相似指数较高，均在0.724052以上。尽管群落处于不同的层次中，环境因子有所差异，但彼此间还存在着不少过渡类型。而非毗邻群落Ⅰ与Ⅲ、Ⅳ，Ⅱ与Ⅳ相似指数最低为I=0，没有相同种类，没有发现同一种动物垂直纵跨3~4个层次，说明因海拔高度变化急剧，自然环境条件变化剧烈，从而影响到光照、温度、湿度和植被类型。群落Ⅰ生长在悬崖峭壁，这对岩羊、盘羊等高山动物的生活具有特殊意义。群落Ⅱ位于山麓沟谷、河岸台地，多为山地和平滩过渡地带，植物种类丰富，动物栖息和食物条件良好。海拔4000~5000m，较少人为干扰，年平均气温0.4℃~4.4℃，最高平均气温3.2℃~10℃，最低平均气温-6.4℃~-11.5℃，相对湿度53%~64%。根据高原动物白唇鹿的生境，结合鹿类以往的饲养经验，可以预见一些基本养殖要点：白唇鹿系高原动物，具有随季节垂直迁移的特点，产地驯养难度不大，但移地饲养要注意解决降低海拔引出的气温、气压、湿度问题，以及是否会引发疾病，如何防治，是否会影响繁殖，是否会影响幼仔的成活率。白唇鹿食性广，耐粗饲，野外采食植物可达29科、95种，且有嗜食药草的特点，圈养时应注意避免饲料的单一性，营养物质补充要全面平衡。由于白唇鹿长期对高原生活的适应，具有耐干燥和严寒而怕湿热的特点，因此，对人工生活环境及圈舍的建设要求较高，夏季要能防暑降温，通风良好。群落Ⅲ分布在浅山，海拔较低，受人类影响较大，干旱缺水不利于动物觅食和栖息。群落Ⅳ海拔最低，干旱，以戈壁荒漠植被为主，生活在这里的动物由适应性极强的动物组成，藏野驴、鹅喉羚是典型的荒漠有蹄类动物，养殖相对较易成功。

2. 食性调查 食性调查是在生态环境调查基础上，通过观察、分析、记录动物在野外觅食活动规律，以确定食物种类，研究动物食物营养成分及结构的科学实践。食性调查为人工养殖中药动物，尤其是饲料选择、营养配比、确定饲喂次数和时间等养殖管理方案提供理论依据。

觅食活动规律是在对动物觅食时间、频次及部位的连续观察和记录基础上，总结出来的觅食活动周期或模式。确定食物种类的方法主要有两种，即通过对动物采食动植物的标本及其粪便、胃内容物未完全消化成分的综合分析、鉴定加以确知。

食物是动物的首要生活条件，每种动物都有它的食性特点。通过实践，已经了解了一些动物的食性特点。如麝喜食松萝（山挂面），麝鼠喜食侧柏，乌鸡喜食颗粒食物，蝎子喜食流质食物，蚯蚓可食腐烂物质，蛤蚧却吃活食等。很多种野生动物在不同季节和不同发育阶段存在着食性的变化。如梅花鹿春季喜采食嫩叶、幼芽和花蕾，夏季则以青绿枝叶为主，秋季喜食橡籽（柞实），冬季除采食地面的枯枝落叶之外，还啃食一些树木的树皮。还有一些动物在某些时期对一些植物有特殊的需要。如黑熊在冬眠过后，要采食一些有泻泄作用的植物，以排出它在漫长的冬季在直肠中积存的干硬粪便。与其他蛙类一样，中国林蛙，在蝌蚪期以浮游生物和水草为食，到了成蛙阶段，食性发生很大转变，要以活的虫类为食。如果不把这些食性特点调查清楚，人工养殖就很难获得成功。

现以 Takatsuki、郑生武、韩亦平等白唇鹿食性调查报告为例，来说明一个规范、系统的食性调查研究应该得出的结论要点。白唇鹿采食植物种类多达 95 种，隶属于 25 科，以禾草、莎草和部分双子叶杂草为主；草本植物匮乏时，亦进食部分灌木植物的嫩枝叶、芽苞等。随季节变化，白唇鹿所食植物种类、部位可发生变化，根据全年系统观察记录资料，可分成不同的喜食程度。最喜食性植物通常全年采食，为首选或拣食植物，约有 35 种，占采食种类总数的 37%；喜食性植物为遇食即采，但不挑选，约有 30 种，占总数的 32%；可食性植物，能食，但不经常采食的植物，约有 19 种，占总数的 19%；不喜食性植物，多属适口性较差的植物，一般不采食或只偶尔采食，约有 11 种，占总数的 12%。经观察分析表明，白唇鹿最喜食和喜食的植物种类一般具有适口性好、柔软、无异味等特点；消化物质成分分析多见禾草状植物的叶、秆、花、种子及双子叶植物等；营养成分分析可知，多为含较多粗蛋白、粗脂肪、粗纤维，而少含无氮浸出物和灰分的植物。由于高原日照充足，昼夜温差大，植物光合作用强，结合生境调查资料，禾本科、莎草科、蓼科、菊科的很多植物在高原上分布广、数量大，且具有上述特点，故这些植物在白唇鹿食性结构中占有很大的比重。这些基础研究为白唇鹿的人工养殖饲料选择、营养配比、圈养时的饲喂次数和时间确定，半散养时的补饲次数和时间确定等提供了理论依据。

3. 行为调查 行为调查是通过观察、记录和分析，研究动物在野外的生态活动、社群结构及特征的科学考察。其内容主要包括动物的日活动规律、季节活动规律、交配季节活动规律和社群结构及特征。其目的是为制定人工养殖中药动物的日周期、年周期饲养管理制度提供基本的依据。

了解动物的社群结构、行为及特征，是群居性还是独居性，以确定群养还是分养。独居性的动物在家养条件下未经驯化而强行群养会使动物之间殴斗、咬伤甚至死亡。其次是调查动物昼夜活动规律，包括捕食、饮水、运动和休息等。有的为昼出性，有的为夜出性。动物日活动规律是制定中药动物养殖日周期管理制度的依据。动物的季节活动包括繁殖、生长发育、休眠、蜕皮、换羽或换毛等，有的为春季繁殖，有的为秋季繁殖，有的冬眠，有的夏眠，形成季节性活动周期。这些活动规律的总结，是制定年周期、繁殖期动物饲养管理制度的基础。

鹿科动物在进化过程中有由单独活动向社会性活动发展的趋势。麝、獐等较为原始的鹿科动物，一般多单独活动，而鹿属的一些鹿种常集群活动。对于真正的社会性鹿种，其群内会有明显的等级序位。白唇鹿、梅花鹿群内的等级序位通常是靠威胁显示和争斗等一系列种内关系建立起来的，主要与体型大小、个体强弱及年龄相关。优势个体一般是性成熟的成年个体。鹿科动物社群结构与栖息环境密切相关，一般生活在植被较密生境的种类单独或仅集小群活动，生活在开阔地带的种类通常集大群活动。一般生在北方的鹿种，其群体受繁殖物候学因素影响，随季节变化而变化，冬季集大群，夏季分散成小群活动。白唇鹿、马鹿、梅花鹿的情况基本相似。白唇鹿集群形式依群体大小和组成，可以划分为3个主要类型：非繁殖季节的雄性群、非发情交配期的雌性群、发情交配期的雌性群。性别结构平均为：雌∶雄＝48∶100；雌∶幼＝42∶100。雌雄比能反映鹿群种群所处的状态；雌幼比则与雌鹿繁殖率和幼仔成活率相关。

白唇鹿个体活动所占频次较少，群体内个体在活动觅食时总是通过感官或多或少地保持着联络，日活动规律呈现食草循环期，但在清晨和夜晚有两个进食高峰期，趋于对周围生活环境草场的循环利用，每天并不在同一地点采食。白唇鹿在发情交配季节中的活动规律基本不变，但一般在清晨时采食较集中，很少卧下反刍；中午阳光照射到鹿群所在位置时，大多数个体会反刍或休息；傍晚或天黑后，会到固定的小溪或河边饮水，积雪期则舔食残雪；遇大雪，鹿群会改变正常活动，从开阔地带迁至灌丛或林缘，并中止交配活动。

行为调查研究，对养殖管理制度的制定及饲养技术规程的不断完善有着现实的指导意义。

4. 繁殖调查 繁殖调查是通过对动物在繁殖期内生活状况及繁殖特性的观察、记录、分析，总结动物繁殖规律的过程。繁殖调查包括动物繁殖与环境状况的关系和动物繁殖受季节、食物、地带性规律的影响，以及动物繁殖特性等内容，是人工养殖中药动物，制定繁殖期饲养管理制度及繁殖技术规程的基础。

由于动物种类繁多，中药动物又跨越11个门类，因此，不同种类中药动物的繁殖特性也就不尽相同，但都不同程度受到生态因子的影响。如蚯蚓虽是雌雄同体，但性细胞成熟时间不同，多数种类需要通过相互受精进行繁殖。蜗牛雌雄同体，异体交配，可见两种交配方式：双交配，是指双方雌雄性腺同时成熟，同时受精排卵；单交配，是指一方的雌性腺不成熟，只充当雄性使对方受精排卵。蜈蚣孵卵对环境的要求较高，一般在5～9月进行交配，在高温、高湿环境下孵卵，否则抱卵5～10天会出现吞食卵团现象，遇惊吓更会吞吃全部卵团。中华绒鳌蟹在每年的9～11月进行生殖洄游，霜降前后达高峰，故养殖的河蟹秋后极易顺水逃逸，这就是所谓的“西风向，蟹脚痒”；12月至翌年3月，当水温达10℃左右时，即可发情交配；当水温达9℃～12℃，盐度0.8%～3.3%时产卵。

梅花鹿、马鹿、驯鹿、白唇鹿等生活在北方的鹿种，受冬季食物匮乏及恶劣的气候条件影响，繁殖期具有明显的季节性。在繁殖期，雌性个体在一个较短的时间内进入同步发情、交配、产仔。分布在亚热带、温带的个别种类，麂属的种类，不分季节全年繁殖。白唇鹿在每年的9～11月进入繁殖期。雄鹿群开始解体，分别进入同一或不同的雌、幼鹿群，形成混合群。混合群内的成年雄鹿通过自我显示和争斗，形成一定的等级序位，胜者成为首位雄鹿，一般是5岁以上的雄性个体，控制一定数量的雌性个体。在繁殖聚集群中，雌鹿数目少于24只时，通常只有1只首位雄鹿控制全部雌鹿；雌鹿数目超过70只时，常会出现6只或更多的成年5龄以上雄鹿。大繁殖聚集群中，成年雄鹿经常争斗，在互有胜负情况下，首次将关系变得不明显。在发情交配高峰期内，雄鹿处于高度兴奋状态，停止或很少进食；雄鹿间的争斗更加激烈，甚至可互相撞断鹿角。首位雄鹿在交配结束后，处于精力不支、体力下降状态时，常会被其他外围精力旺盛的雄鹿击败，而失去其首位雄鹿的地位。在整个交配期内，几乎没有一只雄鹿能始终保持其首位雄鹿的等级序位。白唇鹿雌鹿首次排卵的年龄与其体型大小相关，小型者1岁左右，中大型者2岁以上，属于多次发情动物。发情周期为5~10天，同一群体发情交配期约持续15~30天，怀孕期约为8个月。白唇鹿产仔前乳房显著扩大，外生殖器肿大，腹部下垂；临产前1~2天食欲减退或停止进食，并单独立群；产前表现为频频排尿，反复起卧不安，站起并用前腿不断踢扒“产床”；站姿产仔，产后将从产道咬拽出包括胎盘在内的所有东西吃掉。幼仔多次企图站起，第一次站起约在出生后的30min，第一次吃奶约持续20s，出生2天内吃奶频繁，约7次/h，以后吃奶次数减少，持续时间缩短。

繁殖期中药动物的饲养管理，不仅是特殊期，而且是影响种群发展的重要期。因此，对中药动物繁殖特性的调查，尤其是细节观察，应该给予充分重视。

（二）捕捉

野生动物的捕捉是在国家法律允许的范围内，通过办理符合法律要求的程序，以中药动物养殖引种为目的，对健康的野生动物实施的捕获活动。

野生动物的捕捉应在细致的习性调查基础上进行。在采用跟踪临产雌鹿以捕获仔鹿的方法时，需要对雌鹿的活动地域十分熟悉，全天跟踪，才能发现仔鹿并用网捕获。活捕仔鹿的关键就在于对鹿的生境和分布是否有详细了解。由于不同种类野生动物的习性不同，决定了捕捉方式的多样性，但无论选择哪种方式，都需要遵循力求避免对动物机体造成损伤和注意尽量减少给动物精神造成损伤的原则。由于精神损伤在外表上没有痕迹，不易观察和发现，往往容易被忽略，所以需要特别细心和给予重视。

在捕捉野生动物时，要根据引种需要考虑雌、雄比例和年龄比例。如蝎子在自然界的雌、雄比例为3（♀）：1（♂）；在人工养殖时，各地都调整为21（♀）：1（♂），以保证较高的繁殖率。幼龄动物比成年动物具有易捕获、易运输、易驯化和易养殖等特点，所以在引种时多以幼龄动物为主，从年龄比例上适当搭配。以引种为目的的捕捉，要尽量选择健康、强壮、繁殖率高的野生动物。

野生动物多胆小易惊，因此，对初捕动物的护理十分重要。在护理原则上，一是要保持安静，二是要精心饲喂。要使动物尽快地解除惊恐状态，并适应新的环境。一些高等的脊椎动物，如鸟和兽，长期地惊恐会造成植物性神经系统机能失调，有的出现循环系统和呼吸系统的生理障碍或心力衰竭而死亡；有的出现消化系统机能紊乱，食欲减退或绝食，也会造成死亡。很多没有外伤的初捕动物，其死亡原因多属于此。所以，要避免给野生动物造成精神损伤，对初捕动物要尽量在原地暂养一个时期，保持安静，给予动物最喜食的食物，养到动物不拒食和精神稳定之后再起运。

（三）检疫

引种动物必须严格检疫，并进行一定时间的隔离、观察。1998年1月1日起我国施行了《中华人民共和国动物防疫法》，在该法中对动物的防疫和检疫作出了具体规定。这不仅是保护动物健康的需要，也是保护人类健康的需要；同时对促进养殖业发展具有十分重要的意义。我国每年畜、禽发病死亡率分别为8%和18%，造成的直接经济损失约达260亿元。近年来，从境外新传入的动物传染病达17种。目前，有几十种动物疫病在我国境内流行，包括已知的人畜共患病，如细菌病、病毒病、寄生虫病、衣原体病、真菌病等，其中血吸虫病、狂犬病、布氏杆菌病、结核病、炭疽病等都曾给人类带来灾难性的危害。至今，一些急性、烈性、危害性严重的传染病尚未得到完全控制。

动物疫病一直以来都是影响养殖业发展的重要因素之一。在野生动物中，存在不同种类疫病是较普遍的现象，如野生马鹿的布氏杆菌病、驯鹿的结核病、野猪的囊虫病、雉鸡的结核病等。野生动物在家养之前必须严格检疫。动物初捕之后，要在原地暂养和观察一段时期；在运回饲养场后，一般也应与原饲养的动物群隔离，饲养、观察一段时间之后再合群。对新引进或购买的动物隔离观察，应以各种传染病最长潜伏期为限，一般为1个月。一些野生动物饲养场，由于引种时不检疫而产生了严重后果。张掖农垦局宝瓶河牧场，地处祁连山深山区域，在疫病预防上有较好的自然屏障。牧场采取围栏放牧，鹿群不与其他畜群相接触。小鹿群主要进行舍饲，饲喂干燥带芒的青稞草，没有霉变现象。1981年7月，鹿场从外地引进马鹿22头，其中1头口流脓涎，逐渐咽喉肿大，后隔离在小鹿群中舍饲。同年11月，该病在牧场176头马鹿群中爆发，1个月内，共发病42头，发病率为23%；死亡31头，死亡率为17. 6%；致死率为81.6%。其中成年鹿5头，仔鹿26头，仔鹿发病数占总发病数的71.4%。经查系由马鹿坏死杆菌引发的坏死杆菌病，给该牧场造成了重大经济损失。

（四）运输

运输是将捕获的野生动物进行异地迁移的活动，这是特指野生动物的运输。广泛的运输是指引种、引进、购买的动物，经检疫后，用一定的运输工具装载，采取尽量避免动物死亡、机体及精神损伤的方式而进行的异地迁移活动。从以往的实践中，人们已经总结出了一些关于野生动物运输的经验。一般来说，未经驯化的野生动物比家养畜、禽类难运输，成年动物比幼年动物难运输，雄性动物比雌性动物难运输，独居性动物比群居性动物难运输，肉食性动物比草食性动物难运输。

运输时要注意的事项有：尽量缩短时间，不要时走时停，避免中途变换运输工具，要根据动物体型的大小、生理及行为特征采取相应方法和措施。

运输野生动物采用的主要工具是火车或汽车。为避免运输时野生动物机体和精神受到损伤，减少死亡，按运输时主要采取的措施分类，有以下几种方法：

1. 遮光运输 是指无论采取笼装运输还是散装运输，都需对动物在运输途中进行严密遮光，以使动物保持安静、减少活动、降低能量消耗的运输方法。遮光运输过程中，预留的透光孔隙易引起动物探头、冲撞和拥挤不安。一般只有在饲喂和给水时，才给予较大面积的光亮，保证动物摄食和饮水。运输过程中，要特别注意不断补充新鲜空气，注意卫生和控制温度相对稳定。

2. 麻醉运输 是指通过口服、肌内注射或喷雾等方法给动物服用麻醉药品，在运输过程中，使动物处于麻醉状态，待动物苏醒即已运输到目的地的方法。此法要求有较快的运输速度。仅适用于全程运输困难或路程较近的动物运输时使用。

3. 淋水运输 是指将动物盛装在一定容器内，在运输过程中，通过不断给动物淋水以保湿增氧的运输方法。这种方法多用于与水有非常密切关系的动物，如鱼类、两栖类及一些爬行类动物的运输。淋水湿运虽然成活率高，且能大幅降低成本，但由于运输的水容器量小，经过动物呼吸和排泄，容易造成水质污染，溶氧量降低，二氧化碳等有害物质增多，易使动物窒息或中毒。故选择此法运输时，应格外小心谨慎。

4. 节食运输 是指陆生动物在运输过程中，通过保证充足的饮水，提高食物的质量，以减少饲喂总量和次数的运输方法。节食增水可以激发动物应激潜力，提高运输过程中动物的抗病能力，亦可防止运输过程中，因饲喂过饱，引起动物消化不良等疾病。一般陆生动物在运输途中，既要保持良好食欲，又要降低代谢率，减少饲喂总量和次数。代谢率较高的鸟类及小型兽类饲喂次数可以相对较多，有些代谢率较低的耐饥动物饲喂次数要减少，甚至短日程运输可以不喂。

5. 散装运输 是指根据运输工具所能提供的空间，在其上搭建全封闭的临时棚舍，将一定数量的野生动物集中装载于其中的运输方法。散装运输一般用于草食性、大型哺乳动物。装运数量根据临时棚舍的空间及所运动物的雌雄、大小、体质强弱决定，通常以每只动物有足够的俯卧地盘为宜。临时棚舍的底部要铺上草垫，以防止动物在运输途中打滑撞伤；后部要预留位置，做好抽拉门，以供动物进出和添加食物及饮水；通气孔预留在侧板，观察孔预留在后部。途中要注意观察动物情况，防止动物逃脱或殴斗，如有外伤，应及时治疗。

6. 笼装运输 是指根据所运载野生动物的体态，选择坚固厚实的木板或铁条，制作略大于其体型的笼箱，将单个野生动物装载于其中的运输方法。笼装运输一般用于独居性或具有攻击性及其他不便采用散装运输的动物。笼箱的前后门应制做成抽拉门，高度以动物抬头时无法碰及为标准，观察孔预留在顶部，投食孔预留在下部，通气孔预留在两侧，底部铺垫草垫或制作成木格防止打滑。运输前应作好准备，动物提前装进笼箱，使其逐步过渡到运输饲养方式，以适应运输条件。储备好途中所需药品和质量较高的饲料及清洁饮用水。途中要特别注意卫生及通风，保证笼箱内温度的相对稳定，以防止动物染病。

三、驯化

驯化作为一种对野生动物行为控制的综合技术手段，长期以来广泛运用。按其应用目的的不同可大致分为役用目的的驯化、表演目的的驯化、观赏目的的驯化、侦察目的的驯化、捕猎目的的驯化、食用目的的驯化、药用目的的驯化等。此处所称驯化，主要指与药用目的有关的驯化。

（一）概述

动物的驯化有广义和狭义之分。广义的驯化不仅包括对动物行为的控制和运用，还包括品种选育的内容，如家鸡、乌鸡、鹌鹑、蜜蜂等。家鸡、乌鸡均源于原鸡，是原鸡经过长期驯化，改变生活条件，有目的的选择、培育形成的饲养种类。在驯化的过程中，原鸡不仅丧失了飞翔能力，而且伴随着有目的的选育，使遗传基因有了改变，遗传性状在子代得到了表达，形成了某些独特的体征，像我国特有的乌鸡，已经总结出了“十美”特征。此即所谓的全驯化动物。

狭义的驯化是指人类在饲养繁殖野生动物的过程中，通过对动物个体或群体反复的辅导和训练，使之学习、记忆、建立对新条件的反射，达到对动物习性控制或运用以满足养殖目的的要求，而进行的人类与动物之间的交流活动。

驯化须在熟知动物生物学特性基础上进行。对动物生物学特性了解不够，即进行盲目的驯化，可能导致动物当代不能繁殖或后代发育不良，甚至不能存活等后果，是驯化成败的关键。驯化是在给野生动物创造新的环境，保证给予食物及其他必要的生活条件基础上而进行的。最重要的时期是在动物个体发育的早期阶段，通过人工饲养管理而创造出特殊的水与热量代谢的条件，并使被驯化动物不受敌害的侵袭，避免寄生虫及传染病菌的感染。驯化是对动物行为的控制或运用，与生产性能之间有密切的联系，掌握动物的行为规律和特点，通过人工定向驯化，可以促进生产性能的提高，便于饲养繁殖各期的管理，产生明显的经济效果。驯化采取的主要手段有抚摸、怀抱、手中给食、口令调教、信号指引、模仿学习等。长期以来，人类掌握了对动物驯化的手段，有了使动物按照人类要求的方向产生变异的可能性。实践证明，对动物的驯化是完全可能的。驯化是在动物先天本能行为——无条件反射基础上建立起来的人工条件反射，是动物后天获得的行为。因此，这种获得的行为既可以得到加强也可以消退，是驯化程度的标志。所以，驯化不可能一劳永逸，是一个动态过程，需要不断巩固、反复进行。

（二）驯化方式

驯化是人类利用自然资源的一种特殊手段，通过驯化达到对野生动物的全面控制并进行再生产。根据不同的目的和要求，驯化的方式也有所不同。

1. 单体驯化 是指对动物个体的单独驯化。在中药动物养殖过程中，对个别集群活动性能较差动物的个体都需要进行补充性的单体驯化。

2. 群体驯化 是指单一个体动物在统一信号指引下，都建立起共有的条件反射，产生一致性的群体活动。如在统一信号指引下，养殖动物可进行定点、定时的摄食、饮水等共同活动。群体驯化给饲养管理带来诸多方便，在养殖实践中具有较大的实用意义。

3. 直接驯化 是指人与动物之间的直接交流、沟通活动。如在给仔鹿饲喂多汁青绿饲料或捏成团的精料时，边抚摸仔鹿的颈部，边让仔鹿在手中取食。群饲动物可利用灯光、音乐等信号建立新的条件反射，指引动物定时进食、饮水、休息，形成规律性活动。单体驯化和群体驯化都属于直接驯化。

4. 间接驯化 是指利用同种或异种动物在驯化程度上的差异，通过动物之间的互相影响，建立起行为上的联系，而产生统一性的行为活动。如利用家鸡孵育野鸡、乌鸡孵育鹌鹑。再如利用驯化程度很高的牧犬协助人去放牧鹿群，在人－犬－鹿之间形成一条“行为链”，收到很好的放牧效果。“母带仔鹿放牧法”是利用幼龄动物具有“仿随学习”的行为特点，通过驯化程度很高的母鹿带领着未经驯化的仔鹿群去放牧，可以在放牧过程中不断地提高仔鹿的驯化程度。

（三）中药动物驯化的主要环节

动物在驯化过程中的生活习性、生理机能和形态构造的改变都是在人工控制下朝着养殖目的的方向发展。中药动物人工驯化的最终目标是提高中药材质量，增加中药材产量。由于中药动物种类繁多，药用部位不尽相同，加之进化水平不一致，生活习性各异。因此，在驯化过程中所遇到的问题不同，需要重视的环节也不一致。根据目前不同种类中药动物人工养殖情况，中药动物驯化需要注意的主要环节有以下几个方面：

1. 生活环境的驯化 动物在野生状态下，根据其生活要求，可以主动地选择适合其生存的环境，也可以在一定程度上创造环境。动物对人工生活环境的适应是养殖驯化的起始点。良好人工环境的产生是在模拟野生环境的基础上，根据不同养殖目的的需求而加以创造的。人工环境是人类给动物提供的各种生活条件的总和，与野生环境不可能完全一致。因此，需要通过驯化使动物逐渐地适应人工环境，保证动物的生长发育，提高繁殖成活率。

2. 食性的驯化 动物的食性是在长期的系统发育过程中形成的，在不同的季节、不同的生长发育阶段，动物的食性也会有所改变。人工提供的食物不可能与动物在野外采食的食物完全一致，要根据食性调查的资料进行综合分析，科学合理地配制饲料，既要满足动物的营养需要，又要符合其适口性，同时，考虑到动物在不同时期食性会在一定范围内改变等因素，通过食性的驯化及科学的饲料组合，来降低动物养殖成本，保证动物的生长发育，提高中药材质量。

3. 群性的驯化 中药动物在野生条件下有的种类营群居生活，也有很多种类营独居生活。独居生活的动物，在人工饲养过程中通过驯化形成群性，会给人工饲养和管理带来诸多方便。如獐在野生时是独居动物，经人工驯化而产生群性，可以做到集群饲喂，定点排泄，并能像鹿一样集群放牧。

4. 幼龄期动物的驯化 抓住动物幼龄期这一关键环节进行驯化，往往会取得事半功倍的效果。动物年龄越小，可塑性就越大，也就越容易驯化。尤其是初乳对幼子的影响非常大。仔鹿在接受母乳后，就很难再进行人工哺乳，即使以后接受其他方式的驯化，一般也不会成为核心群中的骨干鹿。黄鼬出生 30 天内即接受人工哺乳，往往较易饲养管理，但接受母鼬哺乳的幼仔，经过几年的驯化，也很难改变其野性。

5. 休眠期动物的驯化 休眠是动物有机体对不利环境的一种适应。当环境恶化时，通过降低新陈代谢率进入麻痹状态，待外界环境有利时再苏醒的活动。休眠是动物界中较常见的生物学现象，很多昆虫、甲壳类、蜗牛、某些淡水鱼类、两栖类、爬行类及少数鸟类和哺乳类都具有休眠现象，但更普遍存在于陆生低等动物。休眠通常与暂时的或季节性的环境条件恶化相关。一般可分为冬眠、夏眠和日眠。休眠的诱因和机制尚不十分清楚。通常认为低温是冬眠的主要诱因，湿度是夏眠的主要诱因，食物暂时的短缺是日眠的主要诱因。冬眠的昆虫在温度低于10℃即进入麻痹状态，青蛙在8℃时开始入地，蛇在2℃～3℃进入休眠状态，蝙蝠冬眠山洞内的温度为1℃～10℃；黄鼬等地下穴居动物冬眠的土壤温度在1℃～8℃，刺猬体温降至32.5℃以下，就出现冬眠的迹象。所有冬眠动物，一般在0℃以下的环境条件下便不易存活。夏眠的蝾螈被迅速放到湿土上时，在几小时内可因皮肤吸水而使体重增大40%。夏季在昆虫不足时，蝙蝠常可进行一天或半天的休眠。

在人工饲养条件下，通过对温度的控制、食物的供应等措施，打破休眠期，不使动物进入休眠状态而继续生长、发育和繁殖，可以达到缩短生产周期，增加产量的目的。土鳖虫属于不完全变态昆虫，一生经过卵、若虫、成虫三个阶段，每年11～12月气温降至10℃以下时，除雄性成虫外，均进入冬眠期。人工养殖的土鳖虫经过驯化，打破其一个世代中的两次休眠现象，通过快速繁育的方法，而使生产周期缩短一半，成倍地增加了产量。

6. 孵卵期动物的驯化 不同种的鸟类每窝所产的卵数是不同的，通常认为，这是由遗传基因决定的孵卵斑上所具有的不同数量的感觉点所致。当产卵达到一定的数量时，母鸟就会坐巢，停止产卵，开始孵卵，这就是所谓的就巢性。如卵数已满，就能通过感觉点向中枢神经发出信号，产生抑制排卵的神经内分泌活动；如卵数不足，则排卵活动始终处于兴奋状态。为增加野生鸟类的产卵数，采取每天从巢中取走一枚卵的方法，观察到山鹑产了 128 枚卵，麻雀产了 57 枚卵，潜鸭在 158 天内产了 146 枚卵。

就巢性是鸟类的一种生物学特性。一些有很强就巢性的野生鸟类，在养殖条件下，通过驯化，随着产卵率的提高，就巢性会逐渐降低。如野生鹌鹑就巢性较强，每年仅能产卵20枚左右；经过人工驯养的鹌鹑已克服了就巢性，产卵数提高到每年300枚以上。乌鸡虽经数百年驯养，就巢性依然很强，每产10枚卵左右就出现“抱窝”行为，长达20天以上，每年仅产卵50枚左右。目前，经过驯化，采取多种及时“醒抱”的方法，可以使乌鸡的就巢期缩短到1～2天，使年产卵量提高到100～120枚。

7. 性活动期动物的驯化 性活动期是动物行为活动的特殊时期。由于体内性激素水平的增高，出现了易惊恐、激怒、求偶、殴斗、食欲降低、离群独走等行为特点，不利于饲养管理。必须根据这个时期的生理上和行为上的特点，进行特别的针对性驯化。在保持环境安静、控制光照的前提下，主要通过灯光、音乐或其他信号，驯化动物建立起新的条件反射，指引动物定时交配、饮食、休息等，形成规律性活动。对初次参加配种的动物进行配种训练，防止拒配，避免成年动物的伤亡，提高繁殖率。

8. 繁殖期动物的驯化 在野生哺乳动物中，很多种类具有刺激发情、刺激排卵和具有胚胎潜伏期的生物学特性。这些生物学特性，不仅限制了人工授精技术的应用，也使妊娠期拖得很长，不仅对繁殖率的提高产生不利影响，而且会造成不孕、胚胎吸收或早期流产。如紫貂的妊娠期为9个月左右，而真正的胚胎发育时期仅为28～30天。小灵猫的妊娠期变动在80～116天之间，其具有很长时间的胚胎潜伏期。由于对产生上述生物学特性的机理尚不十分清楚，这方面的人工驯化研究仍处于探索阶段。

四、饲养

目前，人工饲养的中药动物，多为野生或半驯化的动物，尚缺乏系统研究及成熟的养殖技术和方法。中药动物养殖学的理论基础主要来源于生态生物学、遗传学、兽医学及中药学，其中尤以种群生态学和系统生态学的理论更有指导意义。人类通过中药动物的养殖，是要得到比野生状态下更多的产品，为此，必须实行密集生产。这样就使得动物的密度比野外大许多倍；动物群的组成与结构、年龄比例和性别比例都要发生很大的变化。这种新的比例关系是为获取优质高产的动物中药材及其制品，而在人类有计划的安排下形成的。因此，中药动物饲养所涉及到的各方面的工作，如为动物创造生活环境、供应食物、建造场舍、防病治病等，都是在人工控制下进行的。为保证动物中药材的生产质量，对中药动物养殖的各个环节都要进行规范化管理。

（一）养殖方式

养殖方式的确定与动物的习性调查密切相关，尤其是动物的栖息环境、食性、食物链、生态社群结构及特征、社群行为、繁殖、动物群落、动物对环境的适应能力等养殖，对中药动物养殖的选择和养殖方法的运用都有十分重要的指导作用。

目前，中药动物的养殖管理方式大体上可分为散放养殖和控制养殖两大类。

1. 散放养殖 散放养殖是我国多年来沿用的养殖方式，又可以分为两种类型：

（1）全散放养殖方式：全散放养殖是指在选定的具有限制该种动物水平扩散的天然屏障和适宜栖息的环境区域内，以该种动物自我繁衍生息为主，较少施加人工干预的养殖方式，又称为“自然散养”。这种养殖方式，动物基本上仍处于野生状态，适宜于以本地区固有的品种但从异地引进的重要中药动物饲养，对在散养区内培育优势种具有很大的种群生产力，由于动物在散养区内总分布面积大，相对分布密度较小，总生产量较大，相对投入的人力、物力较少，故养殖成本低。该模式要求散养区内要有较大的区域范围，地势、气候、植被以及动物群落组成条件有利于该种动物的发展，没有限制种群数量发展的敌害。

（2）半散放养殖方式：半散放养殖是指在选定的具有限制该种动物水平扩散的天然屏障和适宜栖息的环境区域内，配合以人工隔离设施，在动物主动采食的基础上，施加一定人工干预的养殖方式。这种养殖方式，除要求在选定的半散养区内具有一定的防止养殖动物水平扩散的天然屏障，并需要以此为基础增设人工隔离措施，如电围栏、铁丝网、土木结构围墙、水沟等，将动物限制在半散放区范围内活动。在动物采食天然食料的基础上，适当补充人工食料。在一般情况下仅是补充精料、食盐和饮水。有计划地采取措施，改善动物生活环境，清除敌害，保证中药动物正常的繁殖和生长发育。与全散养方式比较，半散养方式动物活动范围小，养殖密度大，单产高，人财物的投入需要较大，成本也较高。

2. 控制养殖 控制养殖是将动物基本上置于人工环境下的养殖，简称为“精养”。对自然环境的气候变化和饲料作物的丰欠依赖性较小，具有更大的独立性。这种养殖方式占地面积小，动物密度大，人财物投入较多，单产高，成本也较高。如圈养鹿、麝，笼养灵猫、鹌鹑，池养龟、鳖，箱养蜜蜂，室养家蚕等。从饲养密度和技术水平上又可分为两种类型：

（1）半密集养殖方式：是指在养殖场地单位面积内，动物个体数量相对较大，养殖过程以人工操作为主，自动化程度较低的养殖方式。这种方式是我国目前大多数中药动物养殖企业采取的主要模式，养殖过程基本上是人工操作。

（2）高密度养殖方式：是指在饲养场地单位面积内，动物个体数量很大，养殖过程以人工操作为辅，自动化程度很高的养殖方式。这种养殖方式应用最普遍的是鹌鹑、乌鸡等药用禽类的养殖。其特点是：单位面积内动物个体数量很大，与生产相关的环境条件稳定在最佳状态，饲料、饮水供应及污物清扫等生产过程达到自动化；动物个体生长速度加快，生长期明显缩短，饲养过程中消耗减少，生产成本降低；产品质量与产量大幅度地提高。

（二）养殖管理制度和规程

养殖方式和养殖管理制度是相互对应的，养殖方式不同，管理制度也要随之变化。

1. 养殖管理制度 是指根据动物习性和养殖目的，制定的在中药动物养殖活动中应遵循的原则及措施。养殖管理制度是在养殖企业综合目标、计划方案指导下制定的，是对中药动物养殖全部活动的宏观要求，由一系列的规章制度组成。在制定养殖制度时，要根据养殖动物的季节活动和昼夜活动规律来确定。动物在野生状态下繁殖、生长发育、蜕皮、换毛和休眠等周期性季节活动规律，是划分每年生产期的基本依据。动物在野生状态下的摄食、饮水、排泄等周期性活动规律，是建立每日饲喂制度的依据。但同时也应兼顾人的活动规律，对昼伏夜出或晨昏采食动物，可适当改变饲喂时间。繁殖期是动物饲养管理的特殊时期，此时期动物易冲动，食欲降低，配种体力消耗大，对外界刺激敏感，可能出现流产、胚胎吸收、停育等现象。这些行为上的特点和生理活动规律，是制定繁殖期动物饲养管理制度的基础。

在制定管理制度时，也不能忽视管理措施的作用。自残现象在肉食动物中普遍存在，在草食动物中也时有发生，如乌鸡、环颈雉等因占领区而互相自残，草食兽类因争偶发生争斗等。自残现象产生的原因非常复杂，通常认为与居住空间不足、食物和饮水的缺乏或质量不佳、环境不够安静、外激素的干扰以及性活动期体内的生理变化等因素有关。因此，在制定中药动物养殖制度时，虫类群饲动物要掌握适当的密度，防止饥饿，避免自残；灵猫等肉食兽类要防止产后食仔，临产期要有监控措施；蛇类的自残主要在成年期出现，应建立分养制度；林蛙在蝌蚪期的自残现象多因饲料不足而发生，要适当投给动物性饲料。动物的自残现象是可以通过加强管理措施来防止或减轻的。

2. 养殖技术规程 是指根据中药动物养殖学理论、实践及实验技术指标，制定的具体养殖管理技术标准操作程序和方法。养殖技术规程包含的内容十分广泛，基本涵盖了所有的养殖技术环节。养殖技术规程与养殖管理制度的制定一样，是保证动物中药材生产质量稳定、均一的重要软件建设。

（三）食物供应

食物是动物维持生命和活动的能量来源。地球上的能源都直接或间接地来源于太阳能。绿色植物通过光合作用，将日光能转化为化学能贮存在体内，植物被其他生物食用，能量也随之转移。所以说，植物是动物食物的根本来源，一切动物都直接或间接地依靠植物而生存。植物可以被草食性动物食用，草食性动物又可以被肉食性动物食用，于是，基于营养关系可将环境中的各种生物联系起来，形成链条式关系，这就是所谓的“食物链”。例如：藻类—甲壳类—海马—凶猛鱼类；马尾松—松毛虫—蜈蚣。在生态系统中，所有的机体为了维持生命和繁衍后代，都需要摄取营养物质和能量，物质和能量的移动，在食物链上是逐级传递的。食物链上的每一个环节即为一个“营养级”，或称“营养层次”。在各营养级中，第一营养级的数量最大，生产率最高，而后依次递减，形成了各营养级之间的塔形关系，称为“食物塔”。各塔级之间的数量比例关系大体为10:1，这就是生态学上著名的“数量金字塔定律”。研究中药动物食物链的组成及其量的调节，对散放养殖中药动物，制定计划，准备饲料种类和数量，清除敌害，科学地安排动物群的性别和年龄比例，降低饲养成本，促进动物中药材产量稳定地增长，具有重要的经济意义。对名贵珍稀中药动物的种群保护和复壮，更具有现实的指导意义。因为，只有了解该动物与其所栖息环境中动物和植物的关系，在食物链上的前一环节（食物）和后一环节（天敌）的数量及其发展趋势，才能知道其是将要得到发展还是走向灭绝。

1. 饲料组成和供应 不同种类中药动物都有它特殊的食性，根据其采食范围可分为广食性和狭食性，根据其采食性质又可分为肉食性、草食性和杂食性。人工食物供应、加工调制、饲养工具配备和饲养制度的建立等，都必须在充分了解动物食性的基础上，根据其营养要求进行全面研究，才能保证中药动物在养殖条件下能够正常生长发育。

中药动物的食性不是一成不变的。很多中药动物在野生状态下，其食性在不同季节、不同生长发育阶段都有明显变化。认识动物食性的相对性，熟知食性的可变范围，是确定饲料组成、营养配比、饲料贮备、饲料加工及制度饲喂制定的前提。土鳖虫的食性以食植物性饲料为主，但在其饲料中适当地配加一些动物性食物，不仅可以提高其生长发育速度，而且可以减少混养时的互相自残。蝌蚪期的林蛙存在自残现象，增加一些动物性饵料既可以减少自残发生，又可以促使其提前变态，缩短饲养期。环颈雉通常以植物性食物为主，但却在繁殖期大量捕食昆虫，故此期的饲料应注意添加一定的动物性蛋白。水貂是食肉性动物，断乳后的幼貂，每日动物性饲料供给量不可低于日食总量的65%，但也应适当补充蔬菜，以防止黄脂病的发生。种公畜在配种期补充动物性饲料，既可以提高配种能力，改善精液质量。在肉食性动物饲料中适当增加植物性饲料，也可以补充维生素及微量元素的不足，以保持旺盛的食欲。养殖实践证明，动物的食性通过人工驯化可在一定范围内改变。动物食物范围的扩大，不仅有利于养殖生产，更好地促进其生长发育，而且可以开辟新的饲料来源，降低养殖成本。

根据野生动物在食性上的特异性和相对性，在人工养殖时应以动物营养的基本要求来考虑其饲料组成、配比，并根据其摄食方式研究饲料的加工形式和饲喂方法，经过饲养实践不断地检验和研究改进，才能获得最佳的饲料组合。通过借鉴我国传统三大虫类、淡水鱼类、家禽类、草食兽和杂食兽类的养殖经验，也会给中药动物养殖业的发展带来许多重要启示。现代动物饲养学的研究，对许多种动物的饲料组成、营养配比都已经形成了完整的设计，并在生产实践中经过检验被证明是行之有效的。在维生素、矿物质供应上，以往需要每日投给大量的青饲料，而现在用多种维生素、微量元素添加剂。在营养供应方面，以某些氨基酸作为营养添加剂，起到了改进动物毛绒、肉蛋质量以及各种动物中药材产品质量的效果。

2. 给水 水是生命起源和存在的前提。水生生物体内的水占70%～80%以上，陆生生物体内也占50%以上。水不仅是原生质的主要成分，是生命活动代谢的基础。水还是生物体内新陈代谢的一种介质，通过它把营养和代谢联系起来，因而没有水就没有生命。一般来说，低湿度大气能抑制新陈代谢，高湿度大气能加速发育。粉螟的幼虫在同样温度下，相对湿度为70%时需要33天完成发育，而相对湿度在33%时，则需要50天。黏虫的生殖力在25℃情况下，相对湿度为90%的产卵量比60%以下时增大1倍。湿度也是限制两栖类动物分布的重要因子，干旱是多种动物进入休眠的主要原因。湿度对恒温动物的影响主要通过水源及食物含水量起作用。降低草食性啮齿类食物中的水分，可显著地降低其繁殖力，并导致一些种类进入夏眠。

在中药动物饲养中，给水的时间、次数、质量等对动物各种生理过程有直接影响，而且通过给水也能摄取维生素、矿物质及各种微量元素。生产实践证明，天然水的成分对很多动物中药材的质量有明显影响，是地道药材形成的重要因素。所以给水和饲料供应一样，也是人类影响动物的一种手段。从动物对水分的摄取来看，以通过采食青绿多汁的新鲜饲料而吸收水分（结合水）和通过对营养成分的分解而同时获取水分（结晶水）最为理想。

（四）场舍布局

场舍布局与养殖动物的习性及养殖方式和目的直接相关。全散放养殖方式对环境的选择要求较高，散放区内的自然环境与野生自主栖息生态环境要基本近似，生活条件要优于相邻环境，且气候适宜，食物丰富，能主动吸引动物居于本区域内；防逃措施依赖天然屏障；场地建设只需考虑动物中药材的加工与贮藏。半散放养殖方式对环境的要求与前者类似，但需要建设一定的防逃设施，如电围栏、铁丝网、土木结构围墙、水沟等，将动物限制在半散放区范围内活动。

控制饲养由于动物种类不同、习性各异，对场舍布局的要求也不尽相同，且发展水平参差不齐。某些种类随着养殖技术日渐成熟，自动化程度提高，场舍建设已日臻完善。动物的生产期与自然气候条件密切相关，为了保证动物产品的质量和产量，延长生产期是一种有效措施。通过采用“单因子强化法”，即单独增加光照、温度或湿度等一种因子，而其他都与自然环境一样的方法，常能达到预期目的。通过模拟野生环境中不同时期动物最适宜的气候条件，采用人工气候综合强化法，建设人工气候室、气候棚（舍）等，可根据动物不同阶段的生理要求给予稳定的最佳气候条件。

控制饲养由于密度大，动物较易逃逸，主要依靠增设人工屏障加以控制。水生动物可以陆地为屏，陆生动物可以水为障；大型兽类用围墙、铁栅栏控制；飞行鸟类用笼网控制。目前，最难解决的是既能在水中活动，又能在陆地活动的一些小型中药动物，如爬行动物蛤蚧、两栖动物林蛙等。曾经采用的尼龙丝网法、电围栏法等都有一定效果，但应用成本较高。

（五）疾病及其防治

疾病是动物体与外界致病因素相互作用而产生的损伤与抗损伤复杂的相互作用过程。这种相互作用的结果，可能导致动物的生命活动发生障碍，对环境的适应能力降低，生产性能下降，甚至引起死亡。疫病防治与疾病防治不同，是疾病防治中重中之重的内容，是一个专有概念，特指动物传染病、寄生虫病。疫病防治对中药动物养殖企业更加重要，因为疫病的发生可以给养殖业带来灾难性的后果，一些人畜共患病还直接威胁到人类的健康。其总的原则就是以“预防为主，治疗为辅”。

动物传染病是在病原微生物侵入机体以后，机体抵抗力减弱而发生的。传染病的流行有三个环节：传染来源，传播途径，易感动物。建立消毒制度的目的就是防止疫病发生，遵从“预防为主”的原则，从传染来源这一主要环节入手，消灭病原微生物。因此，要对各种动物生活现场、设备、使用工具等，选用适当药物、采用不同的消毒方法进行定期消毒。在发生疫病期间，为消灭患病动物排出的病原体，应对其圈舍、粪便及污染用具等随时消毒。当全部患病动物痊愈或死亡后，应对患病动物接触的一切器物、圈舍、场所及痊愈动物体表，进行一次全面彻底的消毒。对工作人员或参观人员进入养殖室，也要严格消毒。

免疫接种是给动物接种免疫原（菌苗、疫苗、类毒素或免疫血清）使机体自身产生或被动获得特异性免疫力，以预防和治疗传染病的一种手段。有组织的接种，是预防和控制动物传染病的一种重要措施。一般可以分为预防接种和紧急接种两类。预防接种是平时有计划地、定期给健康动物接种。紧急接种是指在发生传染病时，对疫区和受威胁区尚未发病的动物进行的免疫接种。显然，有计划的定期接种，对传染病的预防，更具针对性，更能体现“预防为主”的原则。预防接种是防止传染病发生的有效措施，不同种类的动物应用不同种类的疫苗预防不同的疾病。预防接种方法很多，注射法一般常用皮下或肌肉注射，个别用皮内注射，还可选用皮下刺种、滴鼻、点眼、毛囊涂布的方法，也有使用经口免疫及气雾免疫的方法。无论那种方法，都要根据实际情况，正确选择运用。中药动物养殖以小型动物居多，且高度密集，单独治疗较为困难。即使是比较大型的中药动物，像鹿、麝等，野性很强，人工强行捕捉用药时，往往会造成病情恶化、加速死亡。野生动物自愈能力较强，加强集体化学药物预防和治疗是一条可行途径。可根据中药动物的种类、年龄、生长发育阶段，将适量药物投放到饮水或食料中，达到预防治疗的目的。

隔离就是要严格划分饲养区，合理布局。养殖人员要细心检查，发现有个别动物发病时，应立即予以隔离。普通病者可隔离饲养，以待其痊愈。经检疫确定为传染病者，应按《中华人民共和国动物防疫法》的有关规定进行处理。属一类动物疫病的，患病动物和同群动物应立即捕杀，做无害化处理。属二、三类动物疫病的，应立即隔离治疗，对病重或无价值治疗的动物，亦应尽早捕杀，做无害化处理。该法第十六条规定，凡是病死动物或死因不明动物的尸体应按下列方法处置：严密运送到指定地点或加工厂做无害化处理；焚烧，用于烈性传染病（如炭疽、气肿疽等）的尸体；掩埋，应选距人畜、农舍、水源、饲养场所较远的空旷地点，挖坑深埋，防止狼、犬掘食。污染的饲草、粪便等，要用焚烧法或生物热消毒法进行消毒。

五、繁殖

繁殖是动物维持种族生存的活动。研究动物的繁殖规律和繁殖技术，可提高动物的繁殖率。动物的繁殖与环境密切相关，对同种动物而言，其繁殖受地带性规律的影响。生活在北方的梅花鹿、马鹿、驯鹿、白唇鹿等鹿种，由于受冬季严酷恶劣的自然条件及食物匮乏的影响，其繁殖期具有明显的季节性。而分布在亚热带、温带的麂属种类，通常全年可以繁殖，不存在季节性。很多哺乳类动物，当生活条件不能满足其基本要求时，往往会发生性腺发育不良，发情和配种能力下降，不能受精或受精率降低；胚胎不能着床，胚胎吸收或流产；产后哺乳不足和仔代生活力衰弱等问题。这些现象在野生状态和人工养殖时均有可能出现。鸟类繁殖具有明显的季节性，并有复杂的行为，通常认为是对有利于后代成活的适应。动物繁殖行为的产生，是在环境因子的影响下，通过神经内分泌调节作用的结果。

（一）环境因子与繁殖

环境因子对动物繁殖有直接或间接的影响。环境因子的改变具有季节性，鸟类繁殖具有明显的季节性，大多数哺乳类动物的繁殖也有季节性。动物活动规律具有明显的季节性，如春季来临，昆虫从越冬的卵中孵化或从蛹中羽化而出，有冬眠习性的动物开始苏醒，迁徙鸟类和洄游鱼类开始回归，大多数种类在此时进入了繁殖期。通常认为，这是适应环境的结果。在影响动物繁殖的环境因子中，主要涉及光照、温度、营养、异性刺激等方面。

1. 光照　光照能促进动物的各种生理活动。光照的变化情况随纬度改变而不同，处于不同纬度地带的同一种动物的生殖周期也会有所不同。动物根据其季节性生殖周期的不同，大体上可以分成两类：“长日照动物”和“短日照动物”。春夏配种的动物，是由于日照的增长刺激其生殖机能，鸟类与食虫、食肉兽类及一部分草食兽类属于长日照动物。秋冬配种的动物，是在日照缩短时促进了生殖机能活动，鹿、麝等野生反刍兽类属于短日照动物。完全变态的昆虫，在蛹羽化为成虫发育阶段是受光周期控制或影响的。人工控制光的改变，可诱使春季动情的狐、貂提前到冬季配种。

根据 Farner 的研究，鸟类繁殖受内外环境条件刺激影响及神经内分泌控制的机理是：外部因子包括光、交配、食物、温度、巢等作用于感觉接受器，经过神经的整合、神经元交换、神经内分泌释放因子至门脉管，经垂体门脉循环，由垂体前叶释放一系列激素，共同协调控制鸟类的繁殖活动。

促性腺激素与性器官的成熟有关，可分为卵泡刺激素和黄体刺激素。这两种刺激素无论雌性或雄性动物都能产生，前者能促进精子或卵的成熟，后者促进睾丸间隙细胞的活动，或加速卵的释放，并使卵泡产生黄体。促肾上腺皮质激素促进肾上腺皮质分泌皮质激素，通过皮质类固醇与催乳素一道引起鸟类发生迁移生理学行为。

催乳素刺激黄体分泌孕酮，促进泌乳，与皮质类固醇一道引起鸟类发生迁移生理学行为；刺激性腺成熟，并能与性腺分泌的性类固醇共同引起鸟类发生生殖行为和孵卵。促甲状腺激素刺激甲状腺分泌甲状腺激素，甲状腺激素与精液质量、受精卵的发育及其他代谢功能有关。

另外，光照也可通过头盖直接作用于丘脑下部而起到刺激作用。皮肤裸露的动物，也可因皮肤对光的感受作用而增加雄性激素的产生。

2. 温度 温度的季节性变化也影响到动物的生殖活动。对鸟类来讲，温度作为环境因子之一，参与控制其繁殖行为。鸟类和哺乳类，其繁殖时间是在最适合的温度条件下进行的，离开了最适合温度范围，繁殖强度就会下降，甚至停止繁殖。春季繁殖的动物，随着气温的逐步升高，在温度达到一定程度时才使生殖腺成熟。秋冬季繁殖的动物，则是由于环境温度的降低，而促进性腺成熟。温度对精子生成过程有显著影响，哺乳动物阴囊有特殊的热调节能力，阴囊中的温度比腹腔低3℃～4℃，可以保证精子的生成过程正常进行和存活，而隐睾动物往往配种力下降。生产实践也证明，温度过高使雌性动物的繁殖力下降。

鹌鹑对环境温度十分敏感，产蛋期最适合温度为20℃～24℃。舍温低于15℃，产蛋量明显下降；低于10℃几乎停产。公鸡精液质量和睾丸组织存在明显的季节性变化，春季精液质量和每毫升精液的精子数最高，夏季最低。精液质量的季节性变化主要受气温的影响，光照是辅助因素。昆虫的交配、产卵、卵的发育，都需要一定温度。土鳖虫每年在气温上升至10℃以上才开始出土活动，15℃以上开始采食，25℃～28℃为生长、发育、产卵和孵化的最佳温度。温度甚至也决定繁殖日期，昆虫大量繁殖的年份几乎都是在温度条件适宜的年份。

另外，环境温度过低，时间过长，超过动物代谢产热的最高限度，也可引起体温持续下降，代谢率过低，而导致繁殖力下降。

3. 营养 在营养充足的情况下，牛、羊等家畜从野生种类的单动情周期改变为多动情周期。不论是肉食性、草食性还是杂食性动物，其繁殖时期都是在每年食物条件最优越的时期。在这个时期内，不但气候条件适宜，其食物条件也最丰富。在温带地区，动物多在春秋两季进行繁殖。这是因为春季各种植物萌发生长，小动物出蛰活动，食料丰富而营养价值高；秋季果实丰富，动物体肥，也是食物条件极好的季节，有利于动物觅食，增强体质和进行繁殖。在热带地区，有“旱季”和“雨季”之分，旱季由于干旱和缺少食物，动物繁殖活动多处于低潮，而雨季是生命活动的高潮期，大多数种类的动物都是在雨季进行繁殖。在寒带地区如北极区，只有到了夏季才有阳光长时间照射，土壤表层化冻，动物的活动立即活跃起来，觅食、交配、产仔、育幼等繁殖活动在短时间内完成，只有这样才能维持种族的生存。

4. 异性刺激 异性刺激在环境因子中是影响、控制繁殖行为最直接的因素。异性刺激可产生类激素的效果，通过嗅觉引起反射。兔的滤泡只有经过交配在10h后方能产卵。母鹿发情时尿中含有类固醇物质，公鹿对此气味十分敏感，表现出多种求偶行为。卷唇行为是求偶行为的一种，与犁鼻器的结构相关联。当发生卷唇行为时，吸入的气息通常用犁鼻器加以分析，再传送至大脑供动物感受这一信息，判断雌鹿的性状态，识别雌鹿是否发情，使雄鹿可以准确择偶、有效地交配。卷唇行为是多数有蹄类动物在繁殖过程中具有适用意义的一种行为。

（二）繁殖期饲养管理

由于动物在繁殖期，体内性激素水平升高，使动物的行为和食性产生了变化。根据动物在繁殖期内生理上和行为上的特点，饲养管理也应进行相应调整。动物繁殖期一般划分为配种前期、配种期和配种后期三个阶段。

1. 行为与食性

（1）行为：动物在繁殖期的行为十分复杂。鸟类在繁殖期间占据一定的区域，不准其他鸟类，尤其是本种鸟类侵入。食虫鸟类对巢区的保护最为明显。绝大多数鸟类具有筑巢行为。鸟类在占区和筑巢过程中，雄鸟常伴以不同程度和不同形式的求偶表态，终日在巢区内鸣叫，尤以雀形目最为突出。求偶表态和鸣叫都是使繁殖活动得以顺利进行的本能活动，使神经和内分泌系统处于积极状态。当这些活动衰退或被新“入侵者”超过时，常导致繁殖进程中断。孵卵多由雌鸟担任，雄鸟衔食饲喂孵卵雌鸟，也有两性孵卵或雄鸟孵卵的情况。

哺乳动物到了性活动期会出现易激怒、好殴斗的行为变化，即所谓“性激动”。特别是雄性动物在求偶过程中与同性相遇，多因争偶而激烈争斗，如不严密看管，往往造成伤亡。有的雌性动物因性腺发育不成熟而拒配，与追逐的雄性进行殴斗，也会造成伤残。很多动物平时表现很驯顺，进入繁殖期则一反常态，连饲养员也很难接近。现以吴家炎先生总结的白唇鹿在繁殖期的行为表现为例，加以系统说明。

发情期行为：可分为标记行为和驱逐及攻击行为两类。标记行为：随着发情期的到来，雄鹿通过自我显示建立自己的优势地位。标记行为是自我显示的一种方式，在鹿科动物中均较常见，包括泥浴及蹭、摔角、踢趴等行为。雄性白唇鹿泥浴行为均发生在雄鹿互相攻击时，显然这种自我标记行为是白唇鹿个体间相互进攻的一种间接方式。驱逐及攻击行为：低头和抬头显示是大多数鹿科动物，特别是鹿属共同具有的威胁方式。嚎叫声是白唇鹿舌部颤动时发出的较低沉的“Muwar”声，包括有呻吟声、低音及高音三个部分，平均持续2.4s，意味着即将向对方进行攻击。咆哮声是白唇鹿发出的最响亮的声音，50m远仍能听到，持续4.5～6s，由间隔0.5s的3～5个音节组成，几乎仅有优势雄鹿发出，是对其他雄鹿进行恐吓的自我宣扬行为。站立不动是次位雄鹿在首位雄鹿进行恐吓时做出的；走开、跑开则是典型的降服行为，冲击是首位雄鹿的强力攻击行为，撞击和格斗是成年雄鹿间的最强烈暴力接触性攻击行为。

求偶行为：包括卷唇、尾随、颏压、爬跨、逐群、交配等。

抚仔行为：哺乳时，母鹿和幼鹿均发出微弱的叫声。幼鹿向母鹿接近时或母鹿接近幼鹿时，这种叫声更加频繁，是雌鹿与小鹿之间的呼唤信号。

（2）食性：性活动期内的动物食欲普遍下降，主要依靠消耗体内贮存的物质。有很多动物在此期间出现食性上的变化，如食植物的鸟类在性活动期有时也食虫类，很多肉食性动物在性活动期内也采食部分植物性食物，以补充体内维生素的不足。动物在繁殖期内食性上的变化是与繁殖机能密切相关的，当不能满足要求时，就会出现繁殖力降低。

2. 繁殖期饲养管理 大型兽类动物在繁殖期的饲养管理一般划分为配种前期、配种期和配种后期三个阶段。

（1）配种前期：也叫配种准备期：此时期动物食欲旺盛，质健体壮。在饲养管理上要按配种要求使动物保持良好的配种体况，即中上等肥满度的健康体质。在饲料中提高蛋白质成分含量，并补充各种维生素。为使性腺细胞能充分发育，食植物性的动物要给予一定量的动物性食物，肉食性动物补给一些植物性食物配种准备期的另一重要工作，就是对参加配种的动物进行有计划的训练。特别是初配动物，往往工作难度较大，要通过训练使动物熟悉配种活动的环境，指挥信号（灯光、音乐、颜色或其他指挥工具），克服惊恐、碰撞和奔跑情况，并力求减少外界刺激引起动物的骚动和体质的消耗。

（2）配种期：此时期的动物性腺发育已成熟，体内性激素水平达高潮，极易受外界刺激而产生性冲动。食欲普遍降低，多喜饮水和洗浴。动物发情和交配活动对体质有很大的消耗，易产生疾病、创伤和死亡。所以，加强这时期的饲养管理尤为重要。在饲料质量上要少而精，应注意补充全价营养。对配种能力较差的动物，增加肉、蛋、乳等催情饲料的比重。要密切观察动物的发情症候，进行适时放对配种，特别是首次参配的动物更要注意。在配种时要力求保持环境安静，避免外来干扰，防止拒配、假配而造成空怀。

（3）配种后期：动物交配之后即进入怀卵（怀孕）、产仔和哺乳时期。各种动物在这个阶段的活动，千差万别，不易统一划分。在这一时期内，雄性处于恢复体质，雌性处于怀孕（或妊娠），无论是生理上或行为上都与配种期明显不同。通过雌、雄分群管理，要特别加强对雌性动物的饲养工作，争取较高的产仔率和后代有强壮的体质。如果饲养管理不当，则可能出现停育、胚胎吸收、流产或产仔数减少等情况。

3. 提高繁殖成活率的措施　提高繁殖成活率是中药动物饲养的主要生产指标。如果饲养管理不当，不但不能提高，往往比野生环境下还低，这是由于动物不适应人工环境而导致内分泌机能失调所致。要想解决这个问题，达到增产的目的，除了要加强一般性饲养管理和繁殖技术工作之外，还可以采取以下几种措施：

（1）驯化：通过驯化使动物逐步适应人工环境，改善动物的行为表现，从而使得神经—内分泌系统对生殖器官的机能进行正常调节，使动物恢复正常的繁殖机能。在营养充足的情况下，牛、羊等家畜可从野生种类的单动情周期改变为多动情周期。这样的成功事例，在许多种野生动物驯养中已得到证实。如紫貂人工繁殖成功，即是如此。野生鹌鹑有抱窝习性，每年仅产卵 20 枚。人工驯化采取“强制换羽法”，即在产蛋率将至 40% 以下时，突然停止光照，同时停喂饲料 4 ~ 7 天，但不停水。此时，鹌鹑会很快停产，随后出现大量羽毛脱落，等羽毛基本脱光后，开始恢复饲料供应，并逐渐提高饲料营养水平。20 天羽毛换齐，并恢复产蛋。通过长期人工驯化，克服抱窝习性，产卵力可提高十几倍。另外，通过群体驯养，还可以使动物群发情集中，缩短配种和产仔时间，从而降低生产现场的劳动管理强度。北方养鹿场通过长期驯化，使马鹿、梅花鹿的雌性个体能在一个较短的时间内进入同步发情、交配、产仔。

许多野生动物具有诱导发情和刺激排卵的特性，当环境不安定时，雌雄虽然交配，但刺激程度未能诱发排卵，受精率低也会导致动物空怀，或产仔数减少。现在有许多野生动物饲养场研究繁殖期动物的驯化，已初见成效。繁殖期的驯化，是一种意义深远的工作，它将为多种新繁殖技术的应用创造条件。

（2）补充生活条件：野生动物在饲养条件下，不能正常繁殖，说明该生活条件未达到其基本要求。通过人工补充生活条件的方法，则可以恢复或提高其繁殖能力，主要是补充光照、温度、湿度、营养、氧气等条件。如汉森（1975）证明，水貂在交配前后增加光照，配种期内提高环境温度，都可以使妊娠期缩短。过去饲养水貂繁殖力很差，通过控光（不同时期的光照有增、有减）而使1年1胎的水貂达到了两年产3胎。在配种准备期，通过实行光控，可以促进种狐提早进入发情期。通过人工控制温度、湿度和改善营养条件，可以打破土鳖虫的冬眠习性，使之不停地生长发育，使生长周期由23～33个月缩短为11个月左右，做到了人工快速繁殖、大幅度提高产量。在河蚌培育期间，要定期施肥注水，促进亲蚌性腺的成熟。根据各种中药动物在不同情况下的需要，有针对性的通过人工补充生活条件，如食物、光照、温度、湿度、氧供应等，不但可以打破休眠，还可以加快生长发育速度和提高繁殖率。

（3）补充外源激素：补充外源性激素以调整动物的内分泌机能、提高繁殖力也有许多成功经验，在养鸡业、野生动物饲养业上应用较多。如通过注射垂体激素，促进种鱼的性腺发育，提前产卵，可以培育出大规格的鱼苗；通过注射雄性激素而使母鸡醒抱和提高产卵量。乌鸡具有很强的就巢（抱窝）习性，连续产蛋10枚后即就巢，就巢时间可达25天，每年仅产蛋50枚左右。就巢行为的产生是因为其机体内催乳素水平升高，改变了生理过程，使血液流动加快，体温上升，性情安定，并产生孵卵行为。试验证明，用丙酸睾丸酮1.25mg/kg肌内注射，每天1次，连续两次，可很快解除乌骨鸡就巢性，使其恢复产卵，年产卵可达100枚以上。通过注射促黄体释放激素（LRH）来提高紫貂和水貂繁殖力的试验，不仅获得明显成功，而且已经应用于生产实践。

动物繁殖科学技术的发展，大体上可分为从观察动物的繁殖现象和性行为，到从解剖学和细胞学的深度去了解动物生殖系统内各种器官的构造、生理机能以及生殖细胞的超显微结构和微观变化，进而从生物化学角度来认识激素及其他体液的化学特性和生理活性，阐明动物的生殖生理等几个阶段，并同时发展各种现代化繁殖技术。

目前，我国动物繁殖科学的发展已经迈进一个新的时期，即繁殖生物工程学（繁殖控制）时期。繁殖生物工程学包括一系列内容，在哺乳动物中，有配种控制（人工授精）、发情控制（同期发情）、排卵控制（超数排卵）、妊娠和发育控制（胚胎移植）、分娩控制（诱发分娩）、胎数控制（诱产多胎）、配种年龄控制（早期配种）和哺乳期控制（早期断乳、人工哺乳）等。这些技术都可以选择引用到中药动物饲养业上，特别是药用脊椎动物的繁殖实践中。

六、育种

动物育种是研究如何运用生物学的基本原理与方法，特别是运用遗传学、繁殖学、发生学等理论与方法来改良动物的遗传性状，培育出更能适应于人类各方面要求的高产类群、新品系或新品种，以满足人类生活的需要。

野生动物（包括中药动物在内）的育种实践是随着人类将动物从野生变为驯养的过程同时开始的。这一实践活动已有几千年的历史，在长期对动物驯养过程中，培育出了许多驯化和半驯化的动物品种。我国中药动物养殖和育种工作现状大体有以下4种情况：一是已经培育出了优良品种的中药动物，如乌鸡（单一品种）、鹌鹑（如日本鹌鹑、朝鲜鹌鹑、中国鹌鹑）、蜜蜂（如中国蜜蜂、意大利蜜蜂、高加索蜜蜂等）、家蚕（多品种）等；二是已经培育出优良类群尚未达到品种标准的中药动物，如梅花鹿中的吉林双阳鹿、龙潭山鹿和东丰兰杆鹿等类群；三是发现了优良野生种群并进行了驯养的中药动物，如吉林长白山林蛙种群、内蒙古阿尔山马鹿种群等。四是与野生型无明显差异仅初步驯养的中药动物，占大多数。

目前在中药动物养殖业中，多数尚未有明确的育种目标、实施计划、组织机构和育种谱系等安排，育种仅是为了增加产品收获量、提高生活力而进行个体或群体的选育工作。科学的育种工作应是有目标、有计划、有组织、有步骤地进行，从工作内容上大体分为性状分析、选择（选种和选配）、繁殖（交配、产仔等）、培育（驯变与饲养）等步骤。

（一）遗传性状

动物品种的形成，除遗传因素具有决定性影响外，生态条件和人工选育均具有重要作用。我国幅员辽阔，地形、植被及气候类型复杂多样，环境条件和营养条件差异很大，加之人类对动物的选育目标各式各样，于是使驯养动物出现了具有不同遗传特点和生产性能的各种品种、品系或类群。所以，动物品种的形成是在有目标、有计划的人工选择和精心培育下实现的。选择的目的是保存和发展优良性状，淘汰不良性状。这里包括对动物遗传基因的分析、组合和对环境条件的控制、运用，才能使动物产生符合人类要求的性状。构成动物表型的各种性状共分为两大类，即质量性状和数量性状。

1. 质量性状 质量性状多由1对或少数几对基因所决定，每对基因都在表型上有明显的可见效应，也就是各质量性状之间有明显的质的区别，不易混淆。所表现的变异多是不连续性变异，即使出现有不完全显性杂合体的中间类型也可以区别归类，这一类性状称为质量性状。质量性状包括的种类很多，如野生动物的毛色、耳型、血型、畸形及各种遗传疾病等。

2. 数量性状 数量性状往往由多数基因所控制，每个基因只有较小的效应，在表型上并不明显可见，因而在实际研究中很难确定每对基因的作用。对这样的性状只能用数量遗传的理论、数理统计的方法进行分析和研究，并用来指导育种工作。

数量性状包括动物的体型大小、体重、毛的长短和密度、毛色的深浅、产仔力、抗病力、生活力和生长速度等。这些都是生产上很重要的经济性状，也是动物育种的主要选择性状。数量性状的遗传虽然与质量性状的遗传有共同之处，但也有根本性差异，所用的育种方法也不同。数量性状的特点有以下几个方面：①在一个群体中，数量性状往往表现为一些没有明确界线的类型；②在一个数量性状有明显差异的两个群体交配时，所产生的子代，其数量性状的差异常常表现出介于两个群体之间的中间型；③数量性状的遗传基础由多基因控制；④数量性状对环境条件的反应敏感，它的表型往往受到环境条件的影响，同样的遗传性和基因型会因环境条件的差别而表现不同。

（二）选择

选择是人类改良物种的手段，通过选择可以保存和发展动物的某些优良基因，也可以淘汰某些不良基因，从而改变了群体的基因频率和基因组合，并导致动物体产生变异。作为育种手段的人工选择，包括选种和选配两个方面。

1. 选种 选种是对参加配种的动物，无论雌雄，进行种质优劣、生产力高低、性状好坏的有计划选择，从而不断提高后代的质量，并使其朝着人类需要的方向发展。选种的方法首先是对动物的体质、外形和生产力的综合鉴定，但这样选种存在着主次不分的弊病，应以全面鉴定为基础，在各方面都达到标准的前提下，集中力量选择几个主要生产性状，才能加速遗传进展和提高选种效果。选种方法有：①个体选择，又称大群选择，是一种较老、较普遍、常用的选择方法；②系谱选择，在育种学上占有重要地位，是从遗传规律的角度，分析动物祖先和后代的关系，认为优秀的祖先会产生优秀的后代；③后裔测验，是根据后代的表现来测定亲本的优劣，并作为依据来确定对亲本的保留和淘汰，后代优秀的雄性亲本可以通过人工授精来扩大其配种范围；④同胞选择又称家系选择，是根据动物旁系亲属的表现来估计动物个体的育种价值，评定其优劣，此法不受世代间距的影响，在一定时间内取得的遗传进展快，特别是对于遗传力较低性状的选择是很有效的。动物性状的选择，往往并不仅仅着眼于一个性状，而是同时改进几个性状，如体长、体重同时改进，才能影响体型大小。但在进行选择时，为了提高选择效率，必须在注意各种性状改进的同时，集中突出某个主要性状的选择。对多种性状的选择可以采用单项选择法或独立水平法。①单项选择法，虽然在选种目标上是要改良几个性状，但在一段时间内，仅以一种性状为选择目标，直到这个性状达到标准后，再进行第二个性状的选择，依此类推。②独立水平法，同时进行几个性状的选择，给每个性状都独立规定一个最低的表现水平，将没有达到其中任意一项性状规定水平的动物都淘汰，只选择全部能达到规定水平的动物留作繁殖用种。

2. 选配 选配就是对动物的配对加以人工控制，使优秀个体能获得更多的交配机会，并使优良基因更好地重新组合，促进动物的改良和提高。选配时，要对参加配种的动物个体或群体在年龄上、体质上、雌雄比例上、配种方式和方法上进行优选，充分发掘动物的生产潜力，发挥最大的繁殖效能。选配大体可分为个体选配和群体选配。个体选配主要考虑配偶双方的品质对比和亲缘关系；群体选配则主要考虑配偶双方所属种群的特性，以及它们的异同在后代中可能产生的作用。选配是改良动物种群和创造新种群的有力手段。

中药动物在人工饲养条件下，为了进行良种繁殖，不断提高种群生产力，必须进行选种和选配；大型动物可以进行个体选种和选配；而小型动物则只能进行群体选种和选配。群体选种的方法可以采取三群制：①育种核心群，核心育种群的主要任务是使动物不断地朝着人类所希望的培育目标发展，逐步走上品种化，主要担负起繁衍后代的任务，受到精心培育和驯养；②生产群，生产群的主要任务是生产商品，在饲养标准上，要比育种核心群低，往往在一个饲养场内占有最大的数量比例，是产品的主要来源，饲养场的产品生产和产值收入、单产与总产的多少都受到生产群的制约，生产群往往仅在产品生产期进行精心饲养；③淘汰群，淘汰群是由老、病、弱动物等个体所形成，从生产价值上看，暂时尚保留有产品和利润收入，但已需要逐步淘汰，淘汰群仅能受到粗放饲养。从三种群的关系上看，育种核心群在质量上不断提高，在数量上不断扩大，并且每年有一定数量未达到选择标准的个体转入生产群，而生产群也每年进行产品生产力的选择，生产力下降的个体转入淘汰群。这种每年朝着一定方向的个体流动过程，也就是群体选育过程。每个饲养场都可以采用这种制度。

（三）交配

交配是动物的有性繁殖过程，有三种基本方式：①随机交配，在一个种群中，一种性别的任何个体都有相等的几率同另一种性别的个体进行交配；②表型组合交配，这类交配是以表型组合为基础，一种情况是表型相似的个体间进行交配，称为同质交配，另一种情况是表型不相似的个体间进行的交配，称为异质交配；③基因型组合交配，根据雌雄体间的亲缘关系进行的一种交配方式，其中，凡是亲缘关系较近的个体之间的交配称为近亲交配，亲缘关系超过了平均群体关系的交配通称为远亲交配。基因型交配是最科学的有性繁殖方式，对子代性状的遗传可以作出科学的分析和判断，是系统育种最快速有效的方式。育种过程中，根据目的不同，近亲交配和远亲交配均可被选用。

1. 近亲交配与近亲育种 近亲交配是一种亲缘较近、随机交配的一种交配方式。近亲交配增加了基因的纯合性，并可以产生纯种或培育近亲系。在特定目标的育种或以质量性状为目标的育种工作中，主要应用这种方式。

近亲交配和近亲育种可导致近亲衰退，主要表现在生产速度下降、繁殖率下降、生活力下降，在实验动物中出现很多内脏器官发育不良或不完全的个体。育种过程中必须控制近亲衰退现象。

2. 远缘交配和杂交 远缘交配要求交配的两性个体要在一定的世代内（如10代以上）无亲缘关系，无共同祖先。根据个体间亲缘的远近，远缘交配可以分为以下几种：①品种内杂交：即品系间杂交，如泉州乌鸡系与泰和乌鸡系的杂交；②品种间杂交：如朝鲜鹌鹑的杂交；③亚种间杂交：如东北原麝与西南原麝亚种间的杂交，因为亚种是种以下的自然分类单位，比品种间杂交的亲缘关系更远一些；④种间杂交：一般是属内的不同种的杂交，如梅花鹿与马鹿之间、梅花鹿与水鹿（黑鹿）之间的杂交。种间杂交是动物中所能进行的最远杂交，称为远缘杂交。远缘杂交由于基因的杂合性增加，纯合性减少，给动物带来了一系列与近亲交配不同的表型效应。这种效应中最主要的和最根本的是出现杂种优势。杂种优势表现最明显的性状是繁殖力和生活力的提高，杂种一代表现出最高的繁殖力，如交配能力、产仔率和子代成活率等，因此利用杂种优势提高繁殖力是育种的一个主要方面。杂种优势也使杂种一代的个体增强了生活力，生长得更为健壮，对不良环境、对疾病都有更强的抵抗力。杂种优势在目前动物生产中，是广泛应用来提高产量的一种手段。

（四）培育

在育种工作中，除了选择（选种和选配）的作用之外，对子代的后天培育也是非常重要的。如果培育工作跟不上，则优良性状在子代中也不一定能显现出来。前面谈到很重要的数量性状，如产仔力、抗病力、生活力和生长速度等都对环境条件的优劣反应敏感。营养状况可以直接影响子代发育的体形和体重。同样，基因型的表现型可因营养条件而变化。所以，在育种、饲养过程中，要切实掌握基因型、环境和表型三者之间的关系，使选择和培育工作有效地结合起来。

（董诚明　金国虔）

下篇

中药栽培养殖技术的应用

第五章 解表药

要点导航

1. 掌握：白芷、薄荷、菊花原植物分布区域、生态习性、生长发育规律、种质资源状况、栽培与药材采收加工技术。

2. 熟悉：细辛、防风生长发育规律、栽培与采收加工技术。

3. 了解：荆芥、柴胡栽培技术；已开展栽培（养殖）的解表药种类。

凡能疏肌解表、促使发汗，用以发散表邪、解除表证的药物称为解表药。根据药性和主治差异，一般将其分为发散风寒药和发散风热药两类。

第一节 发散风寒药

发散风寒药多属辛温，故又名辛温解表药，适用于风寒表证。常用中药有麻黄、桂枝、细辛、紫苏、荆芥、防风、羌活、藁本、白芷、苍耳子、辛夷、鹅不食草、生姜、香薷、胡荽、柽柳等。本节仅介绍荆芥、防风、白芷、细辛的栽培技术。

荆　芥

荆芥为唇形科植物荆芥 *Schizonepeta tenuifolia* Briq. 的干燥全草。果穗亦可单独药用，称为荆芥穗，功效与荆芥同。荆芥始载于《神农本草经》，原名“假苏”。其味辛，性微温；归肺、肝经；具有祛风解表、止血等功效；用于治疗外感风寒、发热恶寒、无汗、风疹瘙痒、疮疡、便血等症。现代研究证明，荆芥主要含有挥发油、右旋薄荷酮、荆芥苷等成分，具有解热、镇痛、抗病原微生物、止血等药理活性。

荆芥分布区域很广，主产于河北、江苏、浙江、江西等地。

一、形态特征

一年生草本植物，高 60 ~ 80cm，有强烈香气。茎直立，基部稍带紫色，上部多分枝，全株被短柔毛。叶对生，叶片 3 ~ 5 羽状深裂，裂片条形或披针形，长 1.5 ~ 2cm，宽 0.2 ~ 0.4cm，全缘，两面均被柔毛，下面有凹陷腺点。6 ~ 8 月开花，轮伞花序，多轮密集于枝端，形成长穗状花，长 3 ~ 8cm。花冠二唇形，上下唇近等长，淡红白色。小坚果 4 枚。卵形或椭圆形，棕色，有光泽。

二、生态习性

野生于路边、沟塘边、草丛与山坡阴坡，喜阳、喜温和湿润气候，较耐高温。种子细小，20℃～30℃可正常发芽，发芽最适温度为25℃。幼苗喜湿润，怕干旱；成株耐旱怕涝，地内积水或雨水过多，均会影响正常生长，甚至导致烂根死亡。

三、生长发育规律

幼苗生长速度较慢，前两个月处于长根发叶和萌枝初期，从第三个月开始，茎、枝、叶生长速度逐渐加快。7～8月份，茎、枝、叶、根生长旺盛并达到高峰期。6～8月份为花期，轮伞花序顶生，果期8～9月。果穗棕色，长3～8cm。

四、种质资源状况

荆芥同属植物约有250多种，广布世界各地，我国有50种及21个变种。在古今本草中，皆以荆芥全草或果穗药用。此外，同属植物假荆芥、土荆芥、裂叶荆芥、多裂叶荆芥、藏荆芥、密叶荆芥的全草，在不同地区亦作荆芥入药。荆芥种质资源研究，尤其是新品种选育工作进展缓慢。

五、栽培技术

（一）选地与整地

宜选阳光充足、土层深厚，疏松肥沃、排水良好、pH 6～8的砂质壤土、壤土地块种植。前茬作物收获后，亩施腐熟农家肥2000～4000kg、磷酸二铵等复合肥10～15kg，深耕25cm以上，随后耙细整平、调畦，畦宽120cm，畦长依地形而定。荆芥种子细小，土地一定要精细整平，以利于出苗。

（二）繁殖方法

用种子繁殖。撒播或条播，以条播为好。多春播，待植株长到150～200cm高、处于花期时收获，荆芥药材的产量高、质量好。或在6月份，待油菜、小麦收获后播种，到秋季植株能长到120cm高，但药材产量与质量较低。播种方法：按行距20cm开0.5cm深的沟，将种子均匀撒入沟内，覆一薄层细土，亩用种1.5kg。撒播要求播匀、覆土要浅，亩用种2.5kg。

（三）田间管理

1. 间苗、定苗与补苗　苗高5cm时，按株距5～10cm间苗、定苗、补苗，保证全苗。补苗后及时浇水，确保成活。

2. 中耕除草　幼苗生长缓慢，出苗后应结合间苗、定苗、追肥，以及杂草生长和降雨、灌溉情况，经常松土除草。封垄后停止松土，有草时人工拔除。

3. 追肥　需氮肥较多，但为使秆壮穗多，应适当追施磷、钾肥。一般在苗高10cm时，每亩追施人粪尿1500kg。20cm高时施第二次，第三次在苗高30cm时，每亩撒施腐熟饼肥60kg，并配施少量磷、钾肥。土壤水分不足时，应结合追肥适时灌水。

4. 灌溉、排水　幼苗期应经常浇水，成株后抗旱能力增强，要适当少浇。忌水涝，雨水过多时应及时排水。

（四）病虫害及其防治

1. 病害及其防治　主要有立枯病、茎枯病和黑斑病等。立枯病发病初期植株茎基变褐，后收缩、腐烂、倒苗。茎枯病为害茎、叶和花穗，茎秆受害后出现水浸状病斑，后向周围扩展，形成绕茎枯斑，致上部枝叶萎蔫，逐渐黄枯而死；叶片发病后，似开水烫伤状，叶柄有水渍庄病斑，花穗发病后呈黄褐色、不能开花。黑斑病为害叶片，产生不规则形褐色小斑点，后扩大，叶片变黑枯死；茎部发病呈褐色、变细，后下垂、折倒。

防治方法：实行轮作；发现病株及时拔除，集中烧毁；发病初期喷洒50%多菌灵、50%甲基拖布津、65%退菌特等药剂。

2. 虫害及其防治 主要有地老虎、蝼蛄、银纹夜蛾等。防治方法：栽植前用辛硫磷等进行土壤处理；蝼蛄可用毒饵诱杀；地老虎和银纹夜蛾在幼虫发生期喷BT乳剂、灭幼脲等，发生严重时喷洒菊酯类农药。

六、采收加工

（一）采收

在开花初期至花盛开时采收，香气浓，质量最好。选晴天露水干后，用镰刀割下全株，阴干，即为全荆芥。摘取花穗，晾干，称荆芥穗，其余地上部分于茎基部收割，晾干，即为荆芥梗。

（二）加工干燥

荆芥与荆芥穗均不能在烈日下曝晒，应在阴凉处晾干。南方阴雨地区可烘干，但温度应控制在40℃以下。

以身干茎细，色紫，穗多而密，香气浓烈，无霉烂虫蛀者为佳。

（王泽永）

防　风

防风为伞形科植物防风 *Saposhnikovia divaricata*（Turcz.）Schischk. 未抽花茎植株的干燥根。属于传统中药，始载于《神农本草经》，被列为上品。其味甘、辛，性温；归膀胱、肝、脾经；具有解表祛风，胜湿止痛，止痉等功效；用于治疗感冒头痛、风湿痹痛、风疹瘙痒、破伤风等病症。现代研究证明，防风主要含有多种香豆素类成分，如补骨脂素、佛手柑内酯、前胡内酯、珊瑚菜素、石防风素等，具有解热、镇痛、镇静、抗菌消炎、抗过敏等药理活性。

防风分布于东北、内蒙古、河北、山东、河南、山西、陕西、甘肃、湖南等省区，主产于黑龙江、四川、内蒙古等地，习称关防风。其中，黑龙江省以杜尔伯特为中心的西部草原地区，是我国最大的防风产区，所产防风当地习称“小蒿子防风”。

一、形态特征

多年生草本，高30～80cm。根粗壮，茎基密生褐色纤维状叶柄残基。茎单生，2歧分枝。基生叶三角状卵形，长7～19cm，2～3回羽状分裂，最终裂片条形至披针形；叶柄长2～6.5cm；顶生叶简化，具扩展叶鞘。复伞形花序，顶生；小伞形花序有花4～9朵，小总苞片4～5，披针形；花瓣5，白色，倒卵形；子房下位。双悬果卵形，幼嫩时具疣状突起，成熟时裂开成2分果，有棱。花期8～9月；果期9～10月。

二、生态习性

野生于草原、丘陵地带的向阳山坡、灌丛、林缘或田边路旁。耐寒性强，可耐受－30℃低温。成株较抗旱，但高温会使叶片枯黄脱落或生长停滞。怕涝，土壤过湿或雨涝，易导致植株根部和基生叶腐烂。喜阳光充足、凉爽气候条件。土壤以疏松、肥沃、土层深厚、排水良好的砂质壤土为好。

三、生长发育规律

野生状态下，一般需10年左右植株才能开花结实；栽培条件下，2～4年就可开花结实。属深根性植物，第一年幼苗只形成叶簇，不抽薹开花，根长13~17cm；第二年仅部分植株开花结实，根长可达50cm；第三年植株开花结实，且种子萌发能力强。根据植株茎叶和根的生长情况，可将其生长过程划分为三个阶段：4月上旬~6月上旬为茎叶生长期；6月中旬~9月下旬为根部快速生长期；10月上旬~11月下旬为生长发育末期。植株一旦开花，根部就会木质化、中空，以致全株枯死。种子发芽率较低，寿命较短。新鲜种子发芽率一般为50%~75%，贮藏1年以上发芽率显著降低。在20℃时，种子约1周出苗，15℃~17℃时需2周出苗，干旱时需1个多月才能出苗。根部有萌生新芽、产生不定根和繁殖新个体的能力，可进行根插繁殖。

四、种质资源状况

商品药材常根据产地划分，除“关防风”（也称“东防风”）外，还有内蒙古西部及河北承德、张家口产的“口防风”，河北保定、唐山及山东产的“山防风”（也称“黄防风”、“青防风”）。除正品防风外，还有一些地方习用品种。如川防风（短裂藁本 *Ligusticum brachylobum* Franch.），分布于四川、贵州、云南等地；竹叶防风（竹叶西风芹 *Seseli mairei* Wolff），分布于云南、四川、贵州等地；云防风（松叶防风 *Seseli yunnanense* Franch.），产云南、四川；新疆防风［细叶防风 *Seseli iliense*（Reg. et Schmalh.）Lipsky］，产新疆等。由于栽培历史较短，生产中尚无优良品种选育出来。

五、栽培技术

（一）选地整地

宜选地势高燥的向阳土地，土壤以疏松、肥沃、土层深厚、排水良好的砂质壤土最适宜，黏土、涝洼、酸性大或重盐碱地不宜栽种，否则植株根短、支根多，药材质量差。整地时施足基肥，一般施有机肥3000~5000kg/亩及过磷酸钙15~20kg/亩。深耕30cm以上，耙细整平，作60cm宽的垄，最好秋翻、秋起垄。或作高畦，宽1.2m，高15cm。

（二）繁殖方法

1. 种子繁殖　春播或秋播，以秋播为好。春播在4月中、下旬；秋播采种后即可进行。秋播次春出苗，但出苗整齐。春播时，先在35℃温水中浸种24h，捞出晾干后播种。秋播可用干籽。开沟条播，行距25~30cm，覆土2cm左右，稍加镇压。播种量1.5~2kg/亩。浇透水，如遇干旱要盖草保湿，播后20~25天即可出苗。亦可育苗移栽。

2. 插根繁殖　收获时取直径0.7cm以上根条，截成3~5cm长根段作插根，按行距30cm、株距15cm开穴栽种，穴深6~8cm，每穴垂直或倾斜栽入1个根段，栽后覆土3~5cm。栽种时，应保持头部向上，不能倒栽。用根量50kg/亩。

（三）田间管理

1. 间苗、定苗　苗高5cm时，按株距7cm间苗；苗高10~13cm时，按株距13~16cm定苗。

2. 除草培土　6月份前需多次除草，保持田间无杂草。封行时，为防止倒伏、保持通风透气，可先摘除老叶，后培土壅根。入冬时，结合场地清理，再次培土保护根部越冬。在苗出齐或返青后，一般少浇水。经常浅锄松土，有利于根部深扎，提高药材质量和产量。

3. 追肥　每年6月上旬和8月下旬，结合中耕培土各追肥1次，施有机肥1000kg/

亩、过磷酸钙15kg/亩。

4. 摘薹 播种当年只形成叶丛，一般不抽薹，第二年抽薹开花。除留种地外，发现抽薹要及时齐基部摘除掉。植株开花结种后，根部木质化，不宜药用。

5. 排灌 播种或栽种后至出苗前，需保持土壤湿润，保证出苗整齐。成株抗旱力强，一般不需浇水。雨季注意及时排水，防止积水烂根。

（四）病虫害及其防治

1. 病害及其防治 ①白粉病，夏秋季危害叶片。被害叶片两面呈白粉状斑，后期逐渐长出小黑点，严重时叶片早期脱落。防治方法：增施磷钾肥提高抗病力；注意通风透光；喷洒0.2～0.3波美度石硫合剂，或50%甲基托布津800～1000倍液，或25%粉锈宁1000倍液。②叶斑病，危害叶片。被害叶片两面病斑呈圆形或近圆形，直径2～5mm，褐色，上生黑色小点，后期叶片局部或全部枯死。防治方法：选用无病种子；拔除病株并烧毁；发病初期喷洒1:1:120波尔多液1～2次。

2. 虫害及其防治 主要虫害为黄凤蝶，幼虫危害花、叶，6～8月份发生。防治方法：幼龄期喷洒80%晶体敌百虫800倍液，或青虫菌（每克含孢子100亿），或40%乐果乳油1000～1500倍液。严重时每5～7天喷1次，不同农药交替喷洒，连续2～3次。

六、采收加工

第二年或第三年，10月上旬植株地上部枯萎时或春季萌芽前采收。春季根插者，若长势好，当年就可收获。因根部入土较深，且松脆易折断，采收时要深挖。挖取后的根部去除地上部分及泥土杂质，晒干。在晒至半干时，去掉须毛，按粗细分级并扎成小捆，再晒至全干。

以根条肥大、平直、皮细质油，断面有菊花心者为佳。

（刘学周）

白　芷

白芷为伞形科植物白芷 *Angelica dahurica*（Fisch. ex Hoffm.）. Benth. et Hook. f. 或杭白芷 A. dahurica（Fisch. ex Hoffm.）Benth. et Hook. *var. formosana*（Boiss.）Shah et Yuan 的干燥根，是我国常用中药材之一，始载于《神农本草经》，被列为中品。其性温，味辛；归肺、胃经；具有祛风散寒、通窍止痛、消肿排脓、燥湿止带等功效；主要用于治疗感冒头痛、眉棱骨痛、鼻塞、牙痛、白带、疮疡肿痛等病症。现代研究证明，白芷主要含有挥发油、香豆素及其衍生物等成分，具有抗炎、镇痛、解痉、抗癌、降压、平喘等药理活性。除药用外，白芷还是著名的香料和调味辅料。

白芷主要分布于黑龙江、吉林、辽宁、河北、山西、内蒙等地，主产于河南、河北、浙江、四川等地。河南禹州、长葛等地产者称禹白芷，河北安国、定州等地产者称祁白芷，浙江余杭、永康等地产者称杭白芷，四川遂宁、达县等地产者称川白芷。杭白芷和川白芷是白芷类药材的主流商品，川白芷约占全国商品白芷产量的70%。不同产地白芷的原植物可能不同，此处仅介绍白芷的栽培技术。

一、形态特征

多年生高大草本，高2～2.5m。根粗大，近圆锥形，外皮黄褐色。茎粗壮中空，近圆柱形，近花序处有短柔毛。茎下部叶有长柄，基部叶鞘有显著膨大的囊状鞘。叶为二至三回三出羽状全裂，裂片卵形至长卵形；复伞形花序。总苞片1~2，通常缺；小总苞片5~10枚，线状披针形，膜质；花白色；花瓣5，倒卵形；雄蕊5。双悬果长圆形至卵圆形，黄棕色，背棱扁，厚而钝圆。花期7~9月，果期9~10月。

二、生态习性

分布于东北及华北等地海拔200m~1500m的地区，野生于林下、林缘、溪旁、灌丛和山谷草地。耐寒，喜温和湿润、阳光充足环境。种子发芽温度10℃~25℃，适宜生长温度为15℃~28℃，在24℃~28℃生长最快，不耐30℃以上高温。冬季在土壤湿润的条件下，幼苗能耐受-6℃~-8℃低温。在黄河以北地区，冬季地上部分枯萎，以宿根越冬，而在长江以南地区，冬季地上部分仍能存活。幼苗期叶片全部基生，株高变化主要取决于叶柄长度变化。繁育类型为兼性异交，自交亲和，需要传粉者。传粉昆虫主要为蜂类、蝇类、昆虫。

三、生长发育规律

植株生长发育可分为幼苗期、叶生长盛期、根生长盛期、生长停滞期、开花结果期等5个时期。①幼苗期，从出苗至翌年3月初，生长中心为叶，根干物质积累很少；②叶生长盛期，3月上旬至5月上旬，叶片仍为生长中心，此时根长、根粗开始较快增长，根干物质积累速度开始增快；③根生长盛期，5月上旬至6月中旬，根为生长中心，光合产物迅速而大量的向根转移，根长和根粗加速增长，根干物质积累急剧增加；④生长停滞期，6月中旬至7月下旬，鲜叶数持续减少，最终全部枯萎，生长中心为根，根长和根粗增长缓慢；⑤开花结果期，花期为5月中下旬至7月上旬，单株花期约30天，单花花期1~2天，6月下旬果实逐渐成熟，根部逐渐腐烂变空。

四、种质资源状况

我国白芷种质资源丰富，有学者以川白芷混杂群体为材料，系统选育出了新品种“川白芷1号”。该品种特点为叶柄紫色，株型紧凑矮健，生长健壮，早期抽苔率低，适应性强，平均亩产量为324.20 kg，药材优级商品率达84%，欧前胡素含量为0.25%以上，醇浸出物含量在26.90%以上。

五、栽培技术

（一）选地整地

全国各地均有栽培。宜选土层深厚、疏松肥沃、湿润而又排水良好的沙壤地种植，在土质过黏、过沙、土层浅薄土壤中种植主根小而分叉多，不宜与伞形科作物连作。前茬作物收获后，每亩施堆肥、草木灰10kg，圈肥2500~4500kg，磷肥50kg作基肥，及时深翻33cm以上，曝晒数日后再耕翻一次，耙细整平，作高畦，畦宽100~200cm、高16~20cm，畦沟宽26~33cm。畦面表土层要求疏松细碎。

（二）繁殖方法

多采取种子直播。移栽根部多分叉，影响药材产量和品质。

1. 播种时间　分春播和秋播。秋播比春播产量高、质量好，故生产上多用。北方地区在白露后5~10天播种，南方地区可在霜降前后播种。播种过早，当年生长过旺，第二年多数植株抽苔开花，根部空心腐烂，不能药用；播种过迟，幼苗出土后易遭冻害，以保持越冬前幼苗5~7叶最佳。

2. 播种方法　选用当年种子，以45℃温水浸泡6h，沥干水分备用。播前畦内浇透水，待水渗下后，播种，穴播或撒播。穴播按行距33～35cm、株距25～30cm开穴，穴深6～10 cm。播后采用水浇、洒水或覆草的方法，保持土壤湿润。每亩用种1 kg，播后20天左右出苗。

（三）田间管理

1. 水分管理 在干旱、半干旱地区，播前必须浇水，翻地保墒，播后经常保持土壤湿润，以利幼苗生长。小雪前灌水，防止幼苗冬天干死。第二年春天，在清明前后浇水，过早则因地温低、水寒，苗不长。以后每隔10天浇1次水，夏天每隔5天浇水1次，特别是芒种到谷雨前，水少主根不能下伸，须根多，影响药材产量。雨季及时排水。

2. 及时间苗 幼苗生长缓慢，播种当年不疏苗。第二年早春返青后，苗高5～6 cm时间苗。间苗分3次进行，逐步加大株距。苗高13～15cm时定苗，每穴留壮苗1～2株。间苗时除去茎呈青白色、黄绿色及叶片集中在上部生长的大苗，以减少抽薹发生率。

3. 中耕除草 幼苗期结合间苗、定苗进行中耕除草。定苗前应拔草或浅锄，中耕不能过深，否则伤及主根易产生分叉，影响药材质量。定苗时，松土除草要彻底，封垄后不能再行中耕除草。除草次数视杂草生长情况而定。

4. 合理追肥 追肥量直接影响植株长势和药材产量。适量施肥，植株生长粗壮，根肥大、皮细坚硬、光滑、抽沟浅。但施肥不能过多，否则易抽苔开花，降低药材产量。①施肥时期，第二年4～5月壮苗期可追肥3～4次，第一、第二次在间苗、中耕后进行，第三、第四次在定苗后和封垄前进行。第一次施肥宜薄宜少，亩施稀人畜粪200kg，此后可逐渐加浓加多至400～600kg；封垄前的一次可配施过磷酸钙20～25kg、硫酸钾20kg，促使根部粗壮。②施肥种类，白芷对氮、磷、钾的需求比例为N∶P_2O_5∶K_2O＝1.7∶1.0∶2.0，按照每亩施用量N 10kg、P_2O_5 9kg、K_2O 12kg确定施肥量。③施肥方法，结合培土，开沟施入。

5. 摘心 5～6月份，应通过摘心来控制植株长势。当植株茎尖形成明显的生长点时，选晴天用竹刀将茎心芽摘去，以去掉顶芽为好。田间发现抽薹时，要及时去除花薹。

6. 抽薹原因及控制 抽薹是影响白芷药材产量和品质的重要因素。控制方法：①采集植株一级分枝所结种子，主茎顶端花苔所结种子抽苔率最高，二、三级枝上所结种子抽苔率低，但播后出苗率和成苗率也较低，一级枝所结种子质量最好，其出苗率和成苗率最高，抽苔率也低；②适时采种，老熟种子易提前抽苔开花；③适时播种，播种过早，幼苗长得快，第二年抽苔率高；④春前控制肥水，施肥过多，植株生长过旺，易导致提前抽苔开花。

（四）病虫害及其防治

1. 病害及其防治 ①斑枯病，又叫白斑病。叶片发病，初期呈暗绿色小斑，逐渐扩大，病斑受叶脉限制呈多角形，直径1～3cm，浅褐色，后变灰白色，上面密生小黑点，多数病斑汇合连片，严重发生时植株叶片自下而上变褐枯死。叶柄和茎则产生条斑。防治方法：发现病株及时拔除，集中烧毁；发病初期用1∶1∶100波尔多液或65%代森锌可湿性粉400～500倍液喷雾；加强田间管理，适量适用氮肥。②紫纹羽病，为害根部，发病时有白色物质缠绕在主根上，后期变成紫红色，最后根部腐烂。在排水不良或潮湿的低洼地及田间湿度大的雨季易发病。防治方法：作高畦以利排水；整地时用70%敌克松可湿性粉剂1000倍液进行土壤消毒；发病初期用25%多菌灵可湿性粉剂1000倍液喷雾；雨季及时疏沟排水，降低田间湿度。

2. 虫害及其防治 ①黄凤蝶，幼虫咬食叶片，造成缺刻或仅留叶柄。防治方法：人工捕杀幼虫和蛹；90%敌百虫800倍液喷雾，每5~7天喷1次，连续3次；幼虫三龄以后用青虫菌（每克菌粉含孢子100亿）500倍液喷雾。②蚜虫及红蜘蛛，危害叶片，导致叶片卷缩或畸形，影响叶片光合作用，造成种子减产并严重影响种子质量。危害初期叶片出现黄色斑点，引起植株长势衰弱，后期叶片焦枯，甚至全株枯死。防治方法：冬季清园，然后喷1波美度石硫合剂；4月开始喷0.2~0.3波美度石硫合剂或25%杀虫脒水剂500~1000倍液，每周1次，连续数次；危害初期用10%吡虫啉1500倍液，或4%杀螨威乳油2000倍液，或20%杀灭菊酯2000倍液，或50%抗蚜威1500倍液喷雾，每7~10天喷药1次，连喷2~3次。

六、采收加工

（一）采收

春播白芷当年9月中、下旬采收，秋播白芷第二年8月下旬叶片呈枯萎状态时采收。采收时，选晴天将地上茎叶割去，依次将根挖起，抖去泥土，运至晒场，进行加工。

（二）加工干燥

将主根上残留叶柄剪去，摘去侧根，晒1~2天，再将主根依大、中、小三级分别曝晒。晒时切忌雨淋，否则易烂或黑心。亦可烘炕或烘房烘干，烘烤时应将头部向下、尾部向上摆放，注意分开大小规格，根大者放在下面，中等者放在中间，小者放在上面，侧根放在顶层，每层厚度以7 cm左右为宜，温度保持在60℃左右；烤时不要翻动，以免断节，一般经过6~7天全干，然后装包，存放于干燥通风处即可。

以独支、皮细、外表土黄色、坚硬、光滑、粉性足、香气浓者为佳。

（祝丽香）

细　辛

细辛为马兜铃科植物北细辛 *Asarum heterotropoides* Fr. Schmidt *var. mandshuricum* (Maxim.) Kitag.、汉城细辛 *Asarum sieboldii* Miq. *var. seoulense* Nakai 和华细辛 *Asarum sieboldii* Miq. 的干燥根和根茎，前两种习称辽细辛。其味辛，温；归心、肺、肾经；具有祛风止痛、通窍、温肺化饮等功效；用于治疗风寒感冒、头痛、牙痛、鼻塞流涕、鼻鼽、鼻渊、风湿痹痛等病症。现代研究证明，细辛含挥发油，挥发油主要成分为甲基丁香油酚，其它还有黄樟醚、β-蒎烯、优葛缕酮、酚性物质等，具有局部麻醉、解热、镇痛、抑菌及降压或升压等药理活性。辽细辛主产于东北三省的东部山区，销全国并有出口。华细辛主产于陕西中南部、四川东部和湖北西部山区以及江西、浙江、安徽等省，多自产自销。此处仅介绍北细辛的栽培技术。

一、形态特征

多年生草本。根状茎横走，茎粗约3mm，下面着生黄白色须根，有辛香。叶通常1~2枚，基生，叶柄长5~18cm，常无毛；叶片卵状心形或近肾形，长5~12cm，宽6~15cm，先端急尖或钝，基部心形或深心形，两侧圆耳状，全缘。花单生，从两叶间抽生，花梗长2～5cm；花被筒部壶形，紫褐色，顶端3裂，裂片外向反卷，宽卵形；雄蕊12，花药与花丝近等长；子房半下位，近球形，花柱6，顶端2裂。蒴果浆果状，半球形。种子多数，种皮坚硬，被黑色肉质附属物。花期5月，果期6月。

二、生态习性

属于阴生植物，多生长在疏林下、林缘、灌木丛和山沟的阴湿地上，6月中旬前可耐自然强光照射，6月下旬至9月中旬适宜透光率为40%～50%，透光率低于30%时，植株生长缓慢，但在烈日长时间直接照射下，易灼伤叶片，造成植株死亡。根为须根系，在土壤中分布较浅，不耐干旱。在地温8℃时植株开始萌动，10℃～12℃时出苗，17℃开始开花，休眠期能耐-40℃严寒。

三、生长发育规律

（一）种子生长发育

鲜种子千粒重17g左右。种子寿命短，新鲜种子出苗率在90%以上，如干燥保存，发芽率会随贮藏期延长而降低，贮藏期超过60天，基本丧失活力。因此采种后应立即播种，如不能及时播种，可用湿沙（1份种子拌3～5份湿沙）埋藏贮存，保存1～2个月后发芽率仍可在90%以上。种子具有形态后熟和上胚轴休眠特性。自然成熟种子，种胚处于胚原基或心形胚初级阶段，播种后，在适宜条件下需要经过46～57天来完成形态后熟，之后还需要经历一个持续约50天的0℃～5℃低温阶段来解除上胚轴休眠，才能在适宜条件下出苗。因此播种后当年只长胚根，不能出苗，必须经过一个冬天，到第二年春季才能破土出苗。

（二）植株生长发育

通常从播种到新种子形成需6～7年，以后年年开花结实。在6～7月播种后，第二年春天出苗，只生2片子叶，直到秋季枯萎休眠。第二年至第三年早春出苗后，可长出1片真叶，其叶片随生长年限延长而增大，第五年至第六年以后可长出2片真叶，并能开花结实。栽培细辛由于养分充足，促使根茎上的侧芽及根茎节上的潜伏芽于越冬前形成较大的芽胞，春季均能萌发生长，抽生新叶。因此，栽培细辛根茎顶端分枝多，一株可抽出多枚叶片。

植株年生长发育规律为：每年4月下旬出苗，出苗后展叶，伴随展叶现蕾开花；花期为5月中下旬，野生细辛每株只有1～3朵花，果实数量也少，人工栽培5～6年植株开花达几十朵，结果数量也多。一天中细辛开花集中在11～17时，可占日开花数的70%～80%。果实一般在6月中下旬成熟，果熟后种子易落，应分批及时采收。6～9月上中旬为果后生长期，9月下旬地上部枯萎，随之进入休眠。

四、种质资源状况

细辛除以北细辛、汉城细辛和华细辛为正品外，其同属多种植物的根及根茎均有药用价值，在产地多以细辛或土细辛为名使用。如杜衡 *Asarum forbesii* Maxim. 在江苏、浙江等地使用，大花细辛 *A. maximum* Hemsl. 在四川等地使用，花叶细辛 *A. geophilum* Hemsl. 在广东、广西等地使用，圆叶细辛 *A. caudigerum* Hance 在广西使用，盆草细辛 *A. himalaicum* Hook. f. et Thoms. ex（又名毛细辛）及双叶细辛 *A. caulescens* Maxim. 在四川、陕西使用，长花细辛 *A. longiflorum* C. Y. Cheng et C. S. Yang 在陕西使用，茨菇叶细辛 *A. insigne* Diels 在湖北、广西使用，金耳环 *A. longipedunculatum* O. C. Schmidt 在广西使用等。

细辛优良品种选育工作已经开展，有人比较了“北细01”“北细02”和“北细03”3个细辛品系的单株鲜重、单株根鲜重、发育芽数及挥发油含量等，发现各品系产量、挥发油均在第5年增长最快；“北细03”产量、发育能力均高于其他2个品系；挥发油含量高于“北细01”，低于“北细02”。

五、栽培技术

（一）选地与整地

1. 林下栽培 选择排水良好、温凉湿润、土层深厚、疏松肥沃的腐殖质土地块，如有坡度，以15°以下的北坡为宜，其次为东坡、西坡，不宜选南坡，以阔叶林、针阔混交林的林间空地或林缘为好。选好地后，间伐过密的林木，林间透光度以40%～55%为佳。斜山或顺山走向耕翻，翻地深度20cm左右，拣出树根、杂草和石块，然后作畦，畦宽不应超过1.5m，畦高15～20cm，作业道宽50～80cm。为方便排水，每50m左右设一排水沟。结合翻地施入1500～2000kg/亩充分腐熟厩肥作基肥。

2. 农田栽培 选择排水良好、土质疏松肥沃的砂质壤土地块，山区多选择靠近山边的坡耕地、山下平地、河边冲积地等，易涝、易旱、重黏土质和盐碱地块不宜选用。前茬以禾本科、豆科作物为好。深翻20～25cm，结合翻地施入3000～5000kg/亩充分腐熟厩肥作基肥。作成宽1.2～1.5m的畦，畦高15～20cm，作业道宽60cm。

（二）繁殖方法

1. 种子直播 主要繁殖方式为种子直播。将采收的细辛种子，趁鲜直接播种，小苗生长3～4年后，收获入药。种子要趁鲜播种，播期一般是7月上中旬，最迟不宜超过8月上旬。常用播种方法有撒播和条播两种：①撒播，在畦面上挖3～5cm深的浅槽，用筛过的细腐殖土把槽底铺平，然后播种。播种时，应将种子混拌上5～10倍细沙或细腐殖土，均匀撒播。播后用筛过的细腐殖土覆盖，厚度为0.5～1cm，鲜种用量为8～10kg/亩。②条播，在整好的畦面上横向开沟，行距为10cm，沟宽为5～6cm，沟深为3～5cm，种子间距2cm播种，覆土0.5～1cm，播量为6～8kg/亩。上述两种方法在播种覆土后，需在畦面上再覆盖一层落叶或草，以保持土壤水分，防止床面板结和雨水冲刷。如畦面过于干燥还要及时浇水，保持适宜湿度。翌春出苗前撤去覆盖物，以利出苗。

2. 育苗移栽 林间播种后，6～8年才能大量开花结果，为合理生产，多数地方都采用育苗移栽的方式，即先播种育苗2～3年，然后移栽，移栽后生长3～4年收获加工。①育苗，选地、整地、播种、管理等措施与种子直播相同，只是播量大，种子间距为1cm，到第二至第三年秋起收移栽。②移栽，移栽时间分春秋两季，春季5月，秋季10月，移栽时按大、中、小三类苗分别栽种。为防止和减少病害发生，栽种前可将小苗用50%代森锌800倍+10%多菌灵200倍混合液浸苗2～4h。栽植时在畦面上横向开沟，行距为15～20cm，沟深为10cm，以株距5～10cm摆苗，栽后覆土3～5cm。春天移栽，应在芽胞未萌动前进行，如果移栽时已出苗展叶，移栽后需要大量浇水，并需要较长时间缓苗。

3. 分株繁殖 一般在种苗不足的情况下使用，在多年生细辛收获时，选择无病虫害的粗壮根和根茎，切成4.5～6cm长的小段，每段应带有2～3个芽孢。或把根茎长、芽孢多的细辛植株，分割为单株作栽，每株具1～2个芽胞、根茎3cm、须根15～20条。栽法同育苗移栽。

（三）田间管理

1. 松土除草 每年要进行3次松土除草，5月上旬出苗至展叶期进行第一次，第二次在6月上中旬，第三次在7月上中旬。松土深度，行间达到2～3cm，根际达到1.5～2cm。结合除草、松土，向根际培土。

2. 调节光照 细辛一年生和两年生苗抗强光力弱，遮阴可稍大些，郁闭度以0.6～0.7为宜。三年生和四年生植株抗强光力增强，遮阴适当小些，郁闭度以0.4为宜。林间或林下栽培的，可适当疏整树冠；利用荒地、参地栽培的，可搭棚遮阴；也可种植玉米、向日葵等作物遮阴，透光度同上。

3. 追肥 在施足基肥的基础上，每年还要进行3次追肥。第一次在5月上中旬，第二次在7月中下旬，第三次在土壤封冻前。第一、二次追肥一般以磷肥和钾肥为主，每亩施15～20kg。第三次结合防寒越冬，施一次“盖头粪”，可每亩施厩肥4000kg、过磷酸钙40kg，既可提高土壤肥力，又可保护芽孢安全越冬。此外，每年尚可喷施2～3次叶面肥料。

4. 浇水 细辛根系浅，不耐干旱，特别是育苗地，种子细小，覆土浅，必须经常检查土壤湿度，土壤干时及时浇水，以保证苗全、苗壮。

5. 摘蕾 植株开花结实，会消耗大量养料，影响药材产量。因此，除留种地外，在现蕾期要将花蕾摘除。

6. 覆盖越冬 不论是直播还是育苗移栽，于土壤封冻前，在畦面上追施腐熟过筛厩肥，厚度为1.5～2cm，既能起到追肥的作用，又能起到防寒、保水的作用。然后用枯枝落叶或不带草籽的茅草覆盖床面，待次年春季解冻后即可撤去。

（四）病虫害及其防治

1. 病害及其防治 ①立枯病，多发生在多年不移栽地块。防治方法：加强田间管理，保持通风透光，及时松土，保持土壤通气良好，多施磷钾肥，提高植株抗病力；在重病区，可用1%硫酸铜溶液消毒。②叶枯病，主要为害叶片，也可侵染叶柄和花果。叶片病斑近圆形，浅褐色至深褐色，具有明显同心轮纹，病斑边缘有黄褐色或红褐色晕圈。严重时穿孔，整个叶片枯死。叶柄病斑梭形，黑褐色，逐渐扩大并凹陷，造成植株枯萎。花果感病后，病斑圆形，黑褐色，凹陷，萼片变黑，果实早期脱落。在高湿条件下，发病部位可生出褐色霉状物。防治方法：发病初期用50%扑海因800倍液、50%速克灵1200倍液或50%万霉灵500倍液喷雾，每7～10天喷1次，连喷3～5次。③细辛菌核病，主要为害根部，也为害茎、叶和花果。先从地下部开始发病，逐渐侵染至地上部分。发病初期，地上植株无明显变化，只是逐渐由绿变黄，后期出现萎蔫，此时地下根系内部组织已腐烂溃解，只存外表皮。表皮内外附着大量黑色菌核。该病为低湿病害，温度低、湿度大、排水不良、密植、草荒有利于发生流行。防治方法：病区用5%石灰乳消毒，也可用50%多菌灵1000倍液加50%代森锌800倍液喷雾或向根际浇灌。④细辛疫病，主要为害叶柄基部和叶片。叶片上病斑较大，水渍状，圆形，暗绿色。雨季空气湿度大，病斑上产生大量白色霉状物。叶柄上病斑暗绿色，长条形，水渍状。多雨、高湿条件下，病情进展很快，叶柄软化折倒，叶片软腐下垂，植株成片死亡。防治方法：雨季前每7～10天用1∶1∶120波尔多液、80%代森锌600倍液或45%代森铵1000倍液喷洒1次，连续进行3～4次。

2. 虫害及其防治 黑毛虫，是细辛凤蝶幼虫，为细辛专食性害虫，主要咬食叶片，在我国东北三省细辛产地都有分布。细辛凤蝶在吉林省一年发生一代，以蛹态越冬。4月中旬开始羽化。卵成块产于植株叶部背面。幼虫于6月末至7月初陆续化蛹越冬，蛹多隐藏于落叶背面。防治方法：每亩用1~1.5kg 2.5%敌百虫粉撒施，也可用80%敌百虫湿性粉剂1000倍液喷雾。

六、采收加工

（一）采收

种子直播者3~5年收获。育苗移栽者，如移栽的是二年生苗，栽后3~4年采收；如是三年生苗，栽后2~3年采收；如为采收种子可延至5~6年采收。采收时间以8~9月份为宜。采收时用锹、镐或四齿叉子挖出全草，抖去泥土，运回后应在阴凉通风处摊开堆放，不可堆成大堆，以免伤热造成叶片变黄，甚至霉烂。

（二）加工干燥

将采挖后的细辛，去掉杂物、枯叶及泥土。每10株捆1把，吊挂阴干，当达七成干时（约1周），将须根和叶柄捋直装盘，继续阴干即可。

以根多、香气浓、味麻辣者为佳。

（刘学周）

第二节　发散风热药

发散风热药多属辛凉，故又名辛凉解表药，适用于风热表证，代表药物有薄荷、牛蒡子、蝉蜕、淡豆豉、葛根、柴胡、升麻、桑叶、菊花、蔓荆子、浮萍、木贼等。本节仅介绍薄荷、柴胡、牛蒡子、菊花的栽培技术。

薄　荷

薄荷为唇形科植物薄荷 *Mentha haplocalyx* Briq. 的干燥地上部分。其性辛，味凉；具有宣散风热、清头目、透疹等功效；用于治疗风热感冒、风温初起、头痛、目赤、喉痹、口疮、风疹、麻疹及胸胁胀闷等病症。现代研究证明，薄荷全草主要含有挥发油，主要由醇、酮、酯、萜烯、萜烷类化合物构成，其中最主要的成分为左旋薄荷醇和左旋薄荷酮。另外，还含有黄酮类和萜类成分。具有抗病毒、镇痛、止痒、抗刺激、止咳、杀菌、抗着床、抗早孕、利胆等药理活性。全国各地多有栽培，其中江苏、安徽为传统地道产区，称“苏薄荷”，也产于江西、四川、云南、贵州等地。近年来薄荷栽培面积日益减少，但目前在陕西和新疆等地大面积栽培欧洲（椒样）薄荷 *Mentha piperita*，用来提取薄荷油。

一、形态特征

多年生草本，高50~130cm。根状茎细长，白色或浅绿色；地上茎方形，直立，具分枝，被倒生柔毛和腺点。单叶对生，叶柄2~15mm，披针形，有时卵形或长圆形，长3~7cm，宽2~3cm，先端锐尖或渐尖，基部楔形，边缘有锯齿。轮伞花序腋生，花萼钟形，外被白色柔毛及腺点；花冠淡红紫色，唇形花冠，其花萼五裂片，顶端分离，基部连合成管状，绿色或黄绿色；雄蕊4枚，着生在花冠壁上，花丝白色，略带微紫，花药淡紫色；雌蕊1枚，花柱顶端2裂，子房上位4裂。小坚果长卵球形，淡褐色。花期

7～10月，果期8～11月。

二、生态习性

全国各地均有分布，对环境适应能力较强，海拔2100m以下地区均可生长，但以海拔300～1000m最适宜。

（一）温度适应性

根茎宿存越冬，能耐－15℃低温。春季地温稳定在2℃～3℃时，根茎开始萌动，地温稳定在8℃时出苗，早春刚出土幼苗能耐－5℃低温。生长最适宜温度为25℃～30℃。气温低于15℃时生长缓慢，高于20℃时生长加快，在20℃～30℃，只要水肥适宜，温度愈高生长愈快。秋季气温降到4℃以下时，地上茎叶就枯萎死亡。生长期间昼夜温差大，有利于薄荷油和薄荷脑的积累。

（二）光照适应性

为长日照作物，性喜阳光。日照长，可促进开花，且有利于薄荷油、薄荷脑积累。在整个生长期间，光照越强，叶片脱落越少，精油含量也愈高。尤其在生长后期，连续晴天、强烈光照，有利于高产；生长后期雨水多、光照不足，是造成减产的主要原因。

（三）水分适应性

喜温暖湿润环境，生育期不同对水分的要求不同。“头刀”薄荷的苗期、分枝期要求土壤保持一定湿度。到生长后期，特别是现蕾开花期，对水分的要求则减少，收割时越旱越好。“二刀”薄荷的苗期，由于气温高、蒸发量大，所以需水量大。因此，伏旱、秋旱是影响“二刀”薄荷出苗和生长的主要因素。“二刀”薄荷封行后，对水分的要求也逐渐减少，尤其在收割前要求无雨，才有利于高产。薄荷在收割前遇到大雨或连续阴雨，则会造成叶片大量脱落。同时，雨水多、空气湿度大，易造成植株中、下部发病，叶片霉烂，从而影响产量。

（四）土壤适应性

对土壤要求不十分严格，除过沙、过黏、酸碱度过重及低洼、排水不良的土壤外，一般土壤均能种植，但以沙质壤土、冲积土为好。土壤酸碱度以pH 6～7.5为宜。

（五）养分适应性

在氮、磷、钾三要素中，氮素营养对薄荷产量、品质影响最大。适量氮可使植株生长繁茂，收获量增加，出油率正常。氮肥过多，会造成茎叶徒长，节间变长，通风透气不良，植株下部叶片脱落，甚至全株倒伏，出油量减少。缺氮时，叶片小，色变黄，叶脉和茎变紫，地下茎发育不良，产油量低。钾对薄荷根茎影响最大，缺钾时，叶边缘向内卷曲，叶脉呈浅绿色，地下茎短而细弱，但对薄荷油和薄荷脑含量影响不大。

三、生长发育规律

（一）根的生长发育

1. 主根和侧根 生产上一般看不到主根和侧根，只有用种子繁殖出来的实生苗上，才能看到生长缓慢的主根和侧根，其垂直深度较浅，对植株生长发育不起主要作用。

2. 气生根 在田间湿度大时，地上直立茎离地面0～20cm高的节上和节间会生出气生根，长2cm左右，在天气干旱时，气生根会自行枯死，它对植株生长发育也不起主要作用，反而消耗养分，故生产上应尽量减少气生根的产生。

3. 须根 须根的产生主要有以下3种方式：①地下茎播种后，在湿度、水分等条件适宜时，其顶端或节上的芽向上长出幼苗，中柱鞘及薄壁组织分裂，向下长出许多须根；②植株生长到一定时期会产生新的地下茎，在地下茎上也产生较多的须根；③地上直立茎基部入土部分，在适宜条件下也能长出许多须根。上述 3 种须根均是从茎节上产生的，因此都为不定根。在一般栽培条件下，这些须根都集中分布在表土层 15cm 深度内，主要功能是吸收土壤养分和水分。

（二）茎的生长发育

植株茎主要有 3 种：地上直立茎，俗称薄荷秸；地面匍匐茎，俗称薄荷藤子；还有地下茎，俗称种根。

1. 直立茎 直立茎又称主茎，高 80 ~ 130cm，其上有节和节间，有 30 节左右。二刀薄荷主茎 50 ~ 70cm，有 20 节左右。直立茎断面呈方形，质脆，有棱边，断面白色，髓部中空。茎表面有茸毛，茸毛多少因品种而异。茎上有少量油腺细胞，其精油含量甚少。直立茎的粗细和茎基部长短是衡量苗势和抗倒伏的形态指标，与产量密切相关。直立茎粗，基部节间短，幼苗健壮，抗倒伏能力强，原油产量高。

2. 地面匍匐茎 当地上直立茎生长到 20cm 左右、7 ~ 9 节时，茎基部和表土层节上的腋芽萌发，形成沿地而横向匍匐生长的茎。它比直立茎细、软、质脆，髓部较充实，其上也有节和节间，每个节上都有 2 个对生的芽鳞片和潜伏芽，可以长出不定根。匍匐茎的颜色、数量、长度、粗细常因品种和生长条件不同而有变化，匍匐茎主要用作繁殖播种材料，也有一定的吸收、贮藏、运输和支撑作用。

3. 地下茎 地下茎呈白色或黄白色，鲜嫩多汁，外形似根，是播种材料，百姓习称为“种根”。通常地上部生长到一定高度（8 节左右）时，在土壤浅层的茎基部开始长出地下茎，并逐渐伸长，其上也有节和节间，每个节上有 2 个对生的芽鳞片和潜伏芽，潜伏芽也可长出地下茎的分枝，形成数目较多的地下茎，集中在土壤表层 15cm 左右。地下茎中柱鞘和薄组织分裂，也能长出许多须根，形成根系。地下茎每节上的腋芽，在土、水、温度适宜时都能萌发，没有休眠期，因此，地下茎只要具备 2 节以上，脱离母体后，在适宜条件下，均能发育成新的植株，并保持原品种的种性。种植在肥沃土壤中时，地下茎发育好，数量多，作为播种材料有利于壮苗、齐苗、早发。

（三）叶的生长发育

幼苗期叶片为圆形、卵圆形全缘，中期生长的叶片为椭圆形，后期生长的叶片为长椭圆形，衰老期的叶片为披针形。叶面微皱或平展，叶色有绿色、暗绿色、灰绿色等，叶脉为羽状网脉，叶基为楔形，叶缘多为锯齿形。叶的主要功能有贮藏精油、制造养分、吸收水肥及蒸腾等 4 个方面。收割时植株有叶片 30 对左右，叶片通常前期生长缓慢，中期最快，后期又较慢。中、后期植株开始落叶，到收割时只有 10 ~ 15 对叶片。“二刀”薄荷一生只有 20 对左右的叶片，前期生长较快，在传统种植地区后期往往遭遇秋旱而生长较慢，收割时只有 10 ~ 15 对叶，且叶片较小。由于叶片多少与产油量密切相关，因此，在生产上如何增加叶片数，减少或延缓叶片脱落，防止病虫危害，提高叶片质量，是增产的重要措施。

（四）分枝

分枝是由主茎叶腋内的潜伏芽长出来的。当植株长到一定高度和生出一定数量叶片时，潜伏芽就萌发并逐渐发育成分枝。着生在主茎上的分枝为第 1 次分枝，其上腋芽发育成的分枝为第 2 次分枝，在条件适宜时，还可长出第 3 次、第 4 次分枝。分枝一般两侧对称，其上分化出对生的叶片。不同的品种分枝能力和节位不同，有的品种分枝着地，有的品种分枝节位较高，有的品种单株分枝能力强，有的则弱。密度高的田块分枝节位较高，单株分枝能力弱；反之，分枝节位低，单株分枝能力强。分枝的多少与土壤肥力水平有关，肥力高的分枝多。有的分枝，特别是早期分枝，在高密度种植时，往往到收割时死亡，变成无效分枝。

（五）花的发育

萼钟形，花冠唇形。正常花朵有雄蕊 4 枚（有的品种雄蕊不露或仅留痕迹），着生在花冠壁上，花丝白色，略带微紫，花药淡紫色；雌蕊 1 枚，花柱顶端二裂，位于花朵的中央，由子房、花柱、柱头 3 部分组成，子房上位 4 裂。开花时，雌蕊柱头先伸出花冠，当花完全开放时，雄蕊花药的高度超过雌蕊的柱头，花药裂开后，雌蕊柱头的长度又超过雄蕊。

（六）果实、种子的发育

小坚果，4 个，长圆卵形，藏于宿萼内。

四、种质资源状况

根据茎杆颜色不同及叶片形状，可将薄荷分为：①紫茎紫脉类型，幼苗期茎为紫色，中后期茎秆中、下部为紫色或淡紫色，上部茎为青色。幼苗期叶为椭圆形，中、后期为长椭圆形。叶脉幼苗期为紫色，中、后期中、下部叶片的叶脉呈现明显的紫色，上部叶片的叶脉呈淡绿色。幼苗期叶片为暗绿色或微紫色，叶缘锯齿浅而稀且呈紫色，中、后期叶片为绿色。花冠为淡紫色，雄蕊不露，大部分品种结实率低。大部分生长势和分枝能力较弱，地下茎及须根入土浅，暴露在地面的匍匐茎较多，抗逆性差，原油产量不稳定，但质量好，原油含薄荷脑量高。②青茎类型，幼苗期茎基部紫色，上部绿色，中后期茎基部淡紫色，中、上部绿色。叶脉淡紫色或青白色，略下陷。幼苗期叶为圆形或卵圆形，中、后期为椭圆形。幼苗期叶片为绿色，中、后期叶片呈深绿色。花冠为白色微蓝，雌雄蕊俱全，大部分品种结实率高。地下茎和须根入土深，暴露在地表的匍匐茎较少，分枝能力和抗逆性强，原油产量较稳定，但质量不如紫茎类型。

建国后，苏薄荷产区主要沿用农家品种如“小叶黄”、“水晶薄荷”以及“黄薄荷”等，但是品种退化均很严重，从 20 世纪 50 年代起，开展了新品种选育研究，先后培育出 60 多个品种并在生产上推广应用。目前应用较广的品种主要有：“江西一号”“江西二号”“409”“68－7”“73－8”“海香系列”“皐油系列”“上海（亚洲）39 号”“351”“海选”等。

五、栽培技术

（一）选地与整地

对土壤要求不严，但为获得较高产量，应选择土质肥沃，保水、保肥力强的壤土、沙壤土，土壤 pH 以 6～7 为好。过黏、过沙、酸碱度过重，以及低洼、排水不良的土壤不宜种植。忌连作，前茬以玉米、大豆为好。

前茬收获后及时翻耕，深度在 30cm 左右，除去杂草、石块，每亩施饼肥 30～40kg 或磷肥 25～30kg 作为基肥。耕翻后耙碎土块，将地整平，然后作畦。畦宽 100～120cm，畦间距 30～45cm，畦高 15～20cm，呈龟背形。

（二）繁殖方法

有根茎繁殖、扦插繁殖、种子繁殖三种。生产上一般只采用根茎繁殖，种子繁殖只在育种时使用，扦插繁殖多用于育苗及急速扩大种植面积。

根茎繁殖的播种材料为地下根茎。种茎来源有两种：一是夏插繁殖的种茎，5～6月选择叶面肥厚、开花早、含油量高的品种，将地上茎枝切成10cm长的插条，在整好的苗圃里按行、株距20cm、10cm扦插，插后及时浇透水，并用麦秸覆盖保墒，待出芽后再清除麦秸，此法获得的根茎粗壮发达、白嫩多汁，质量普遍较好；二是薄荷收获后遗留在地下的地下茎，但需剔除老根、黑根、褐色根，把黄白嫩根选出来作播种材料。

播种时间分为春秋两季，其中秋季播种较为常用。黄淮薄荷产区在10月上中旬到12月中旬播种较合适。南方也可在春季4月播种，如采用地膜等措施，播种也可提前至3月下旬，种茎长度可控制在7～10cm，在条件允许的情况下，除过长的种根需剪断外，一般种根以不剪断播种为好，秋播一般每亩用白色根茎50～70kg。

播种应尽量采用条播或开沟撒播。按25～33cm行距开沟，株距约10cm，沟深5～10cm，要随开沟、随播种、随覆土。秋播后要经受冬季低温和雨雪，管理不当或伤害种根，会影响第二年出苗。一般采取镇压防冻，有条件的地方可在寒流来前灌水护苗，但要注意随灌随排。

（三）田间管理

1. 查苗补缺 春季出苗后要及时查苗，断垄长度在50cm以上就要移栽补苗。如果补苗迟，移栽苗晚发会造成收获时叶片幼嫩、产量少、出油率低。补苗可采取育苗移栽方法，也可采取本块田内移稠补稀方法。补苗后要注意浇水保成活。“头刀”薄荷密度在2万株/亩左右，管理上省力，易创高产。在稀植情况下，要求高水肥，精耕细作，以肥促苗。在高密度情况下，要以肥控苗。“二刀”薄荷适宜密度为4万～7万株/亩。

2. 去杂去劣 田间若混有野杂薄荷将严重影响薄荷油的品质、香味、色泽和产量，因此必须除去田间混有的野杂薄荷。最好在春季植株8对叶前，选取雨后田刚干时拔除，务必拔得干净彻底，不残留地下茎。一般要去野杂苗2～3次。“二刀”薄荷密度高，地下茎交错密集，去杂较为困难，因而必须争取在“头刀”薄荷期彻底去杂。

3. 中耕除草 夏秋季温度高、雨水多时，土壤易板结，杂草易生长，严重影响薄荷产量和质量。中耕除草要早，苗齐后即要进行。封行前中耕除草2～3次，封行后要在田间拔除大草，收割前拔净田间杂草。“二刀”薄荷中耕除草困难，应在“头刀”收后，结合平茬清除杂草，拣拾残留茎茬和杂草植株，清理通道，出苗后多次拔草。

4. 施肥 ①头刀肥：薄荷药用部位是茎叶，生长量大，所以需肥也较多，要因时因地合理施肥。施肥要点为“前控后促”，即轻施、少施苗肥与分枝肥，重施保叶肥。一般肥力较高的土地，在3月底到4月上、中旬苗高5～10cm时，施提苗肥尿素1.5～2kg亩，5月中旬植株分枝达60%时施分枝肥尿素3～4kg，6月中旬前（收割前5～6周）施保叶肥尿素7～8kg。②二刀肥：“二刀”薄荷生育期短，施肥原则与头刀不同，可称为“前促后控”，即重施苗肥和生长期肥，生长后期轻施肥，前后期施肥比在8∶2，在头刀薄荷收割后，每亩施饼肥40kg，8月初出苗后，每亩施尿素7.5kg，8月中旬施尿素7.5kg，8月底至9月上旬施尿素5kg作为保叶肥。此后在收割前1个月内禁止再施肥，否则会使薄荷成熟期推迟，影响产量和质量。

5. 摘心 在种植密度严重不足或与其他作物套、间种的情况下，可采用摘心的方法增加鲜草产量。摘心可在5月下旬至6月上旬左右进行，栽培密度低，摘心时间早，摘心应选择晴天中午进行。密度较大时不用摘心，摘心后收获期会推迟1周左右，品质也有不同程度下降。

6. 排水灌溉 薄荷喜湿怕涝，一方面其枝大叶多，蒸腾量大，另一方面地下茎和须根入土较浅，耐旱性和抗涝性均较弱。在干旱时应及时灌水，积水时须及时排水，收割前3~4周应停止灌水。

（四）病虫害及其防治

1. 病害及其防治 主要病害有锈病、黑茎病、病毒病、白粉病、白星病等。①薄荷锈病，主要危害叶片和茎。初发病时，在叶片或嫩茎上形成圆形至纺锤形的疱斑，后变肿大，内生锈色粉末状锈孢子。发病后期，病部长出黑褐色粉末状物，即冬孢子。被害叶片初期生长不良，且由于叶面附着黄色孢子，严重影响光合作用，发病后期，叶片逐渐枯萎脱落，以致全株枯死。防治办法：加强田间管理，改善通风条件；降低株间湿度，增强抗病能力；发现病株立即拔除；发病前喷洒1:1:200波尔多液，发病初期交替喷洒25%粉锈宁1200倍液，或20%三唑酮乳油1000~1500倍液，或65%代森锌可湿性粉剂500倍液，或30%固体石硫合剂150倍液。发病较重时，每隔10~15天喷1次，连喷2~3次。②薄荷茎枯病，初发时小病斑为浅褐色，后渐向四周扩展。天气干燥时扩展很慢，条件适宜时，病菌扩大侵染。病斑绕茎一周时，表皮渐渐变黑，严重影响水分和养分输导，使植株处于缺水状态，严重时枯死。第一次发病高峰在5月中、下旬，雨天有利于病害发展。防治办法：忌连作；选择脱毒薄荷种植；选择壮苗栽培；发病前喷洒70%代森锌WP 800倍液，每周1次，发病初期喷雾37%多菌灵草酸盐1000倍液，每周1次，连喷2~3次。③斑枯病，为害叶部，初期叶部病斑圆形，暗绿色，以后逐渐扩大变为暗褐色，中心灰白色，呈白星状，上生黑色小点，逐渐枯萎脱落，夏、秋两季发病重。防治方法：注重轮作；发现病叶及时摘除烧毁；收获后及时清除田间病残体；发病初期喷1:1:100波尔多液或65%代森锌可湿性粉剂500倍液，或50%退菌特800倍液，7~10天1次，连续2~3次。

2. 虫害及其防治 主要有地老虎、造桥虫、蚜虫、红蜘蛛、棉铃虫等。①小地老虎、大地老虎、黄地老虎、白边地老虎和警纹地老虎等，多在幼苗心叶间或叶背上啃食叶肉，3龄以后白天潜伏于表土层下，夜间活动为害，可咬断嫩茎，将嫩头拖入土穴中取食，食量大。防治方法：清除田间杂草，防止地老虎成虫产卵；田间设置黑光灯诱杀成虫；用棉籽饼或菜饼炒香后加入敌杀死拌匀，于傍晚撒于田间诱杀幼虫。②造桥虫，幼虫6月中下旬至7月上旬对“头刀”薄荷为害最严重，对“二刀”薄荷为害最严重的是在9月中旬。此虫在连续阴雨或梅雨季节，为害尤盛。为暴发性害虫，可在几天之内把植株吃成光秆儿，造成绝收。防治技术：用黑光灯等诱杀成虫；喷洒2.5%敌杀死20~25ml/亩，或2.5%功夫菊酯10~15ml/亩，连喷2~3次。③蚜虫，5月为害“头刀”薄荷，9月为害“二刀”薄荷。多群集在叶片背面，吸取汁液，使叶片向背面卷缩，心叶被害后变成“龙头”状，使嫩头不能萌发新叶，植株萎缩，生长停滞，叶片大量脱落。防治技术：早春清除杂草，消灭越冬蚜虫；当寄主杂草发芽时，用辛硫磷喷雾，把蚜虫消灭在寄主上；喷洒敌百虫及杀螟松等。

六、采收加工

(一) 采收

花期收割原油产量高于蕾期，更高于营养期。蕾期以前以营养生长为主，叶片内油腺细胞尚未形成，在开始现蕾以后逐渐转入以生殖生长为主，叶片内的油腺细胞开始大量形成并增多，到盛花期，植株生命力旺盛，叶片内的油腺细胞形成最多，原油和原油中薄荷脑的含量也达到高峰。“头刀”薄荷在盛蕾期到初花期收割，时间一般在7月下旬；“二刀”薄荷在始花期到盛花期收割，时间一般在10月下旬。薄荷原油和原油含量不仅受生育时期影响，也与气候、时间和环境关系密切。晴天收割，光照强、温度高、原油产量也最高，是收割的最好天气。在每天之中，上午10点时至下午3点时收割出油最多。因此生产上可以选择在晴天上午10点时至下午3点收获为宜。采收时用锋利的刀齐地面平割。收割第一次时，割茬不能过高，若割茬过高，二刀薄荷萌芽数量多，田间密度大，通风透光不良，植株细弱，易倒伏，使含油量降低，且易发病害。

(二) 加工干燥

鲜薄荷割回后，立即曝晒，至7~8成干时，扎成小把，继续晒干，注意切勿雨淋或夜露，防止变质发霉。

以身干满叶、叶色淡绿、茎紫棕色或淡绿色，香气浓郁者为佳。

(姜卫卫)

菊　花

菊花为菊科植物菊 *Chrysanthemum morifolium* Ramat. 的干燥头状花序，属于传统中药。其味甘、苦，性微寒；归肺、肝经；具有疏风、清热、明目、解毒等功效；主治头痛、眩晕、目赤、心胸烦热、疔疮、肿毒等病症。现代研究证明，菊花主要含有挥发油、黄酮类等成分，具有扩张冠脉、增加冠脉流量、抗病原微生物等药理活性。我国大部分地区有栽培，按产地和加工方法不同杭菊、亳菊、滁菊、贡菊和祁菊等之分。

一、形态特征

多年生草本，株高60~150cm，全株密被白色茸毛。茎直立，具纵沟棱，基部木质化，上部多分枝。单叶互生，具叶柄，叶片卵形或窄长圆形，边缘有短刻锯齿，基部宽楔形至心形。头状花序大小不等，顶生或腋生，直径2.5~5.0cm，总苞半球形，绿色；舌状花着生花序边缘，舌片白色、淡红色或淡紫色，无雄蕊；雌蕊1；管状花位于花序中央，两性，黄色；聚药雄蕊5；雌蕊1，子房下位。瘦果柱状，无冠毛，一般不发育。花期10~11月，果期11~12月。

二、生态习性

(一) 对光照的适应

短日植物。在不同生育阶段，对光照时数有不同需求。幼苗阶段，光照不足易造成弱苗。栽后至花芽分化前，一般不需要强烈直射光，每天日照时数6~9h即可满足生长需求。进入花芽分化阶段，对日照时数与光照强度的要求较为严格，这一时期如果日照时数过长，容易妨碍花芽分化和花蕾形成；日照弱，则易徒长、倒伏，降低抗逆能力，发生病害，并造成花期推迟，泥花增多，品质下降。所以喜阳光、忌荫蔽、通风透光是菊花高产的重要条件。

（二）对水分的适应

较耐旱，怕涝。在苗期至孕蕾前，是植株发育最旺盛时期，适宜较湿润的条件，若遇干旱，发育慢。花期则以稍干燥为好，如雨水过多，花序就因灌水而腐烂，造成减产；但太旱，花蕾数量大大减少。

（三）对温度的适应

喜温暖湿润气候，但亦能耐寒。植株在0℃～10℃下能生长，并能忍受霜冻，但最适生长温度为20℃～25℃。花能经受微霜，而不致受害，花期能忍耐－4℃低温。降霜后，地上部停止生长。根茎能在地下越冬，能忍受－17℃低温，但在－23℃时，根将受冻害。在幼苗生育期间，分枝至孕蕾期要求较高气温，若气温过低，且持续时间较长时，部分幼苗顶芽和叶片就易遭冻害，而后又会刺激下部幼芽大量簇生萌发，并多数成为无效苗，徒然消耗地下茎的营养贮备。

（四）对土壤的适应

对土壤盐分要求比较严格，以中性偏碱富含有机质的砂壤土最为适宜。忌连作。

三、生长发育规律

全生育期（从移栽至菊花采收）需150～180天，期间需要光照1200～1800h，积温4500～5000℃，降雨量800mm以上。以宿根越冬，根状茎仍在土中不断发育。开春后，当气温稳定在10℃以上时，在根际茎节萌发出芽丛，随着茎节伸长，基部密生许多须根。苗期生长缓慢，苗高10cm后生长加快，苗高50cm后开始分枝；在日照短于13.5h、夜间温度降至15℃、昼夜温差大于10℃时，开始从营养生长转入生殖生长，即花芽开始分化，此时植株不再增高和分枝；9月下旬，当日照短于12.5h、夜间气温降到10℃左右，花蕾开始形成，此时茎叶、花进入旺盛生长时期。10月中、下旬始花，11月上、中旬盛花，花期30～40天，头状花序花期为15～20天，朵花期5～7天，开花时自上而下，依次开放；每个花枝，也是自顶循序而下开放。授粉后种子成熟期50～60天，1～2月种子成熟。瘦果柱状，黄褐色。种子细小，千粒重仅1g左右。种子无胚乳，寿命不长。通常11～12月采种后，3～5月播种，其发芽率较高。自然条件下存放半年就会丧失发芽力，但在密封条件下，种子生命力能维持3～4年。

头状花序一般由200～400朵小花组成，花序被总苞包围。外缘小花舌状，一般有5～10层，约50～300朵，雌性；中央的盘花管状，数量5～200朵，两性。从外到内逐层开放，每隔1～2天开放1层，由于管状小花开放时雄蕊先熟，故不能自花授粉，杂交时也不用去雄。小花开放后15h左右，雄蕊花粉最盛，花粉生命力1～2天，雄蕊散粉后2～3天，雌蕊柱头开始展开，展开时间一般在上午9～10时，展开后2～3天凋萎。

四、种质资源状况

菊属植物共有30余种，主要分布在东亚，我国产19种，其中可药用的有11种、3变种及9栽培变种。菊花原产我国，世界各地广泛栽培，已培育出1000多个园艺品种。我国药用菊花因栽培历史悠久，栽培地区广泛，迄今已分化成较为稳定的具明显地方特色的栽培类型。据调查，我国药用菊花有栽培变种9个：①贡菊，主产安徽歙县，栽培于海拔200～600m的向阳山坡，头状花序平均直径4.62cm，舌状花白色，约15层，内外层比为0.53，管状花无或少。②湖菊（又称软杆），主产浙江桐乡市，栽培于杭嘉湖平原，现湖北、江苏部分地区有引种，是著名地道药材杭白菊中的优良品种，头状花序平均直径4.82cm，舌状花白色，7~8层，内外层比为1.0，管状花盘平均直径1.51cm。③小白菊（又称小洋菊，硬杆），主产浙江桐乡市，栽培于杭嘉湖平原，是杭白菊原始品种之一，头状花序平均直径4.84cm，舌状花白色，约5层，内外层比为0.95，管状花盘平均直径1.20cm。④大白菊（又称大洋菊，洋菊花），主产浙江桐乡市，栽培于杭嘉湖平原，是杭白菊品种之一，头状花序平均直径5.80cm，舌状花白色，7~9层，内外层比0.95，管状花盘平均直径1.60cm。⑤小黄菊，主产浙江海宁、桐乡等地，栽培于杭嘉湖平原，是杭黄菊的最主要品种，头状花序平均直径4.38cm，舌状花黄色，约5层，内外层比0.97，管状花盘平均直径1.01cm。⑥滁菊（又称“全菊”），主产安徽全椒，栽培于江淮之间的丘陵地带，是著名地道药材滁菊的唯一品种，头状花序平均直径5.42cm，舌状花白色，7~8层，内外层比0.65，管状花盘平均直径1.57cm。⑦亳菊（又称济菊，嘉菊，小怀菊，祁菊），主产于安徽亳州，栽培于淮北平原，是地道药材亳菊的优良品种，河南、河北、山东等地栽培的药用菊花也均为此栽培变种，因产地不同，有不同的名称，如河南武陟等地栽培的称“小怀菊”，山东嘉祥栽培的称“济菊”或“嘉菊”，河北安国栽培的称“祁菊”，其头状花序平均直径4.21cm，舌状花微黄至白色，约10层，内外层比0.93，管状花盘平均直径0.78cm。⑧大马牙，主产于安徽亳州，其它地区有零星引种，栽培于淮北平原，头状花序平均直径7.25cm，舌状花白色，约8层，内外层比0.92，管状花盘平均直径1.62cm，是亳菊较次的品种。⑨大怀菊，主产河南武陟，栽培于平原地区，是怀菊的原始品种之一，头状花序平均直径5.52cm，舌状花淡黄色，盛开后变白，约5层，内外层比0.92，管状花盘平均直径1.93cm。菊花的9个药用栽培变种形成了不同的地道药材，以地区和商品名称分为杭菊、滁菊、亳菊、贡菊、怀菊、济菊、祁菊及川菊等，以花的颜色分为白菊和黄菊，以花期分为早熟菊和晚熟菊等。目前形成的栽培品种至少已有20多个。

五、栽培技术

（一）选地和整地

一般排水良好的农田均可栽培，但以地势高爽、排水畅通、土壤有机质含量较高的壤土、砂壤土、黏壤土为好，前茬以水稻、油菜、大麦及蚕豆为宜。选地如是冬闲地，则应冬前耕翻，耕深在20cm以上。栽种栽前每亩施入充分腐熟的厩肥2000~3000kg，并加过磷酸钙20kg作基肥，耕翻20cm深、耙平。在南方，按南北向作成高30cm、宽2m左右的高畦，沟深20cm；北方则多作平畦。

（二）繁殖方法

分根繁殖或扦插繁殖，少数地区还沿用压条繁殖或嫁接繁殖。分根繁殖虽然前期容易成活，但因根系后期不太发达，易早衰，进入花期时，叶片大半已枯萎，对开花有一定影响，花少而小，还易引起品种退化；扦插繁殖虽较费工，但扦插苗移栽后生长势强，抗病性强，产量高，故目前生产上常用。

1. 分根繁殖　在4月20日至5月上旬，待越冬种株发出新苗约15~25cm高时分株移栽。分株时，一般选择阴天，将全株挖出，轻轻抖落泥土，分为数个分株，选择粗壮和须根多的种苗，剪除过长的根和老根以及苗的顶端，每株苗应带有白根，根保留6~7cm长，地上部保留15cm长。按穴距40cm、行距30cm开6~10cm深的穴，每穴栽1株。栽后覆土压实，并及时浇水。每亩栽5500株左右。

2. 扦插育苗　3月下旬至4月上旬，5~10cm日平均地温在10℃以上时进行。①苗床准备，选向阳地，于冬前12月深翻冻垡，施充分腐熟厩肥3000～4000kg/亩作基肥，深翻25cm。育苗前，细耙整平，按宽1.5～1.8m、长4～10m作平畦。②扦插方法，选无病斑、无虫口、无破伤、无冻害、壮实、直径在0.3～0.4cm粗的春发嫩茎作为种茎，切取种茎上部10～15cm长，去除下部1/2的叶片，同时保证上部留有4～6片叶子的嫩茎作为扦插枝，随切随插。将种茎按3cm×5cm的株行距以75°～85°的向北夹角斜插在准备好的苗床上，扦插枝入土1/3～1/2，插后立即浇足水分。③苗期管理，扦插后，在苗床上应搭建40cm高的荫棚用以遮阳。荫棚材料可就地取材，常用芦帘，透光度控制在0.3～0.4。正常情况下，晴天上午8～9时至下午4～5时遮阴，其他时间包括晚上和阴雨天应撤去遮阴物。育苗期间要保持苗床土壤湿润，浇水宜用喷淋。10～15天待插枝生根后即可拆去荫棚，以利壮苗。④移栽，一般苗龄控制在40～50天、苗高20cm时移栽。移栽应选阴天或晴天进行，雨天或雨后土壤过湿都不能种植。扦插繁殖时，如遇连续雨天，而秧龄已到，可将苗头剪掉，推迟几天再移植。在移栽前一天，先将苗床浇透水，起苗时带土移栽。移栽方法同分根繁殖法。

（三）田间管理

1. 中耕除草 移栽后经7～10天缓苗期，即可进入正常生长，此时应及时中耕除草。中耕不宜过深，只宜浅松表土3～5cm，使表土干松，底下稍湿润，促使根向下扎，并控制水肥，使地上部生长缓慢，俗称“蹲苗”。一般中耕2～3次，第一次在移植后10天左右，第二次在7月下旬，第三次在9月上旬。此外，每次大雨后，为防止土壤板结，可进行1次浅中耕。

2. 追肥 根系较为发达，入土较深且细根多，需肥量大，尤其对钾的需求量相对较高。应注重平衡施肥，前期氮肥不宜过多，以防徒长，后期易染病而减产。肥料应集中在中期用，促使发根，增加花枝。实际生产中应贯彻氮、磷、钾肥相结合，农家肥与化肥相结合的原则。追肥主要分3个时期进行，分别称为促根肥、发棵肥和促花肥。①促根肥，移栽20天、缓苗后10天左右第一次追肥，以利发根，肥源以氮肥为主，尿素和42%复合肥各10kg/亩，穴施，穴深5～6cm。②发棵肥，在7月中旬第一次打顶后，为促进植株分枝追施第二次肥，肥源以氮肥和有机肥为主，用尿素10kg/亩，选阴雨天撒施，同时用厩粪水1000kg/亩，选晴天浇施。③促花肥，在9月中旬现蕾前追施第三次肥，以促进植株现蕾开花，肥源以磷钾肥为主，用42%以上的复合肥20～25kg/亩，于阴雨天撒施，同时每隔7天，用2%磷酸二氢钾溶液喷施1次，连续3～4次。

3. 打顶 是促使主秆粗壮、分枝增多、减少倒伏、增生花朵、提高产量的关键措施之一。除移栽时要打一次顶外，在大田生长阶段一般要打3次顶。第一次在7月中旬，应重打，用手摘或用镰刀打去主干和主侧枝7～10cm，留30cm高；第二次在7月下旬至8月上旬，第三次在8月20～25日，第二次和第三次则应轻打，摘去分枝顶芽3～5cm。打顶过迟会影响花蕾形成。打顶宜在晴天露水干后进行。此外，还要摘除徒长枝条。

4. 培土 培土可保持土壤水分，提高抗旱能力，同时可增强根系，防止倒伏。第一次打顶后，结合中耕除草，在植株根际培土15～18cm。

5. 抗旱排涝 扦插或移栽时，应灌水以保证幼苗成活；缓苗后要少浇水，6月下旬后天旱要多浇水，追肥后也要及时浇水。蕾期干旱应注意浇水，雨季应及时清沟排水，防止积水烂根。

（四）病虫害及其防治

1. 病害及其防治 ①枯斑病，又名叶枯病。一般于4月中、下旬开始发生，一直为害到收获。植株下部叶片首先出现圆形或椭圆形紫褐色病斑，大小不一，中心呈灰白色，周围褪绿，有一块褐色圈。后期叶片病斑上生有小黑点，严重时病斑汇合，叶片变黑干枯。4～9月雨水较多时，发病严重。防治方法：采摘完毕后割去地上部，集中烧毁；选健壮无病种苗；适施氮肥，雨后开沟排水，降低田间湿度；发病初期，摘除病叶，并交替喷施1:1:100波尔多液和50%托布津1000倍液，每隔7～10天喷1次，续喷3次以上。②枯萎病，俗称“烂根”。6月上旬至7月上旬始发，直至11月才结束，尤以开花前后发病最重。受害叶片变为紫红色或黄绿色，由下至上蔓延，以致全株枯死，病株根部深褐色呈水渍状腐烂，地下害虫多、地势低洼积水地块易发病。防治方法：选无病老根留种；轮作，不重茬；作高畦，开深沟，及时排水，降低湿度；选用健壮无病种苗；拔除病株，并在病穴中撒施石灰粉或用50%多菌灵1 000倍液浇灌。③霜霉病，被害叶片出现一层灰白色霉状物，一般于在3月中旬出苗后发生，到6月上、中旬结束；第二次发病在10月上旬。遇雨流行迅速，染病植株枯死。防治方法：种苗用40%霜疫灵300～400倍液浸10分钟后栽种；发病期喷40%疫霜灵200倍液或50%瑞毒霉500倍液；实行轮作，加强田间管理。④花叶病，叶片出现黄色相间的病斑，对光有透明感。病株矮小或丛枝，枝条细小，开花少，花朵小，产量低，品质差。发生危害时间较长，蚜虫为传毒媒介。防治方法：选育抗病优良品种；及时防治蚜虫；发病后喷25～50 mg/L的农用链霉素溶液。

2. 虫害及其防治 ①菊天牛，又名菊虎。成虫将茎梢咬成一圈小孔并在圈下1～2cm处产卵于茎髓部，致使茎梢部失水下垂，易折断。卵孵化后幼虫在茎内向下取食。有时在被咬的茎秆分枝处折裂，愈合后长成微肿大的结节，被害枝不能开花或整枝枯死。防治方法：在产卵孔下3～5cm处剪除被产卵的枝梢，集中销毁；成虫发生期于晴天上午在植株和地面喷5%西维因粉，5天喷1次，连喷2次；清除杂草；7月间释放肿腿蜂进行生物防治；5～7月，早晨露水未干前捕杀成虫。②臀脊金龟子，以若虫（俗称蛴螬）地下钻洞并咬食植株地下部根皮，破坏根部组织。防治方法：用90%敌百虫1000倍液喷杀或人工捕杀。③菊小长管蚜，9～10月间集中于菊嫩梢、花蕾和叶背为害，吸取汁液，使叶片皱缩，花朵减少或变小。菊蚜一年发生20多代。防治方法：清除杂草，忌与菊科植物连作和间套作；发生期喷40%乐果2000倍液，每隔7天喷1次，连喷2～3次。④菊花瘿蚊，一般于4月中旬出现第一代幼虫，并形成虫瘿，5月随着菊花苗移栽，把虫瘿带入大田，苗田中发育的成虫也可飞迁到大田产卵，5～6月在大田发生第二代，7～8月发生第三代，8～9月发生第四代，此时正值花蕾期，受害最重，10月上旬发生第五代，受害植株虫瘿成串，植株矮小。防治方法：从育苗田向大田移栽时，应先摘剪虫瘿后再移栽，摘剪下的虫瘿要集中深埋或烧毁，也可用开水烫；8月中下旬开始现蕾时用40%乐果乳油1000倍液喷雾。其它害虫尚有绿盲蝽、斜纹夜蛾、棉大造桥虫、茶小卷叶蛾、管蓟马等。

六、采收加工

（一）采收

因产地或品种不同，各地采收时期和方法略有不同。浙江和江苏一带的杭菊开花有先后，一天中展瓣也有迟早，因此要分期、分批采收，过早或过晚都会影响产量和品质。采花标准为花瓣平直，有80%的花心散开，花色洁白。如遇早霜，则花色泛紫，加工后等级下降。通常在晴天露水干后或午后采收，将花头手工摘下置竹篓或竹筐中带回加工地及时加工。不宜采露水花，以免露水流入花瓣内不易干燥而引起腐烂。一般分三次采摘，种植当年11月上旬第一次采摘，占总产量的50%～60%，隔5～7天采摘第二次，约占产量的30%，再过7天左右采收第三次。安徽和河南等较北产区的亳菊和怀菊等的采收时间则较为集中，一般当一块田里花蕾基本开齐、花瓣普遍洁白时收获，采收时在花枝分杈处将枝条折断，随手将花枝扎成小把后带回。

（二）产地加工

因产地或品种类型不同，所采用的加工方法有较大差异。杭菊产区是采用传统的蒸煮杀青工艺进行产地加工，采收后的鲜花首先进行分级，大小花朵分开，将黄白色好花与烂花分开，并将分好的花在芦帘或竹帘上摊晾2～3h，散去花头表面水分，特别是露水花或雨水花一定要晾干后再加工。加工步骤为上笼、蒸煮、晒干，方法简便，但技术性强，稍有疏忽，就会影响色泽或质量，降低等级，减少收入。①上笼，将已散去表面水分的花头放入直径30cm左右的小蒸笼内，花心向外，拣去枝、叶等杂质；厚度一般以4朵花厚，3～4cm为宜。过厚难以晒干，且中部花朵易发霉变质。②杀青，上笼后即放在蒸汽炉上蒸煮，保持笼内温度90℃左右，1～2min后将蒸笼一起取出。时间过长，花太熟；时间过短则花不熟，均会降低商品等级。③晾晒，将已蒸煮杀青过的菊花立即倒在竹帘或芦席上晾晒，保持色泽清白，形状完整。日晒1～2天后翻花1次，3～5天后至7成干时置通风的室内摊晾。经2～3天后，再置室外晒至干燥即成。

以身干、色白（黄）、花朵完整不散瓣、香气浓郁、无杂质者为佳。

（纪宝玉）

柴 胡

柴胡为伞形科植物柴胡 *Bupleurum chinense* DC. 或狭叶柴胡 *Bupleurum scorzonerifolium* Willd. 的干燥根。由于性状不同，前者习称为北柴胡，又名硬柴胡，后者习称为南柴胡，又名软柴胡、红柴胡、香柴胡。柴胡属于传统中药，始载于《神农本草经》，被列为上品。其性辛、苦、微寒；归肝、胆、肺经；具有疏散退热、疏肝解郁、升举阳气等功效；主要用于治疗感冒发热、胸胁胀痛、月经不调等病症。现代研究证明，柴胡主要含有柴胡皂苷a、c、d及侧金盏花醇、柴胡醇、白芷素、多种甾醇、挥发油、多糖等成分，具有解热、镇静、镇痛、保肝、降压、抗菌、抗炎、预防消化道溃疡、抑制流感病毒及促进肝细胞核的核糖核酸和蛋白质合成等药理活性。野生柴胡分布于我国长江以北、海拔2300m以下干旱向阳的山坡或沙质草原的灌缘、路边、草丛、疏林间。近年来，柴胡的人工栽培面积逐渐扩大，主要种植于甘肃、山西、陕西、黑龙江、内蒙古等省区。此处仅介绍柴胡的栽培技术。

一、形态特征

多年生草本，高40～70cm。主根质坚硬，有较多侧根。茎直立，2～3个丛生，稀单生，略呈“之”字形弯曲。基生叶线状倒披针形或倒披针形，茎生叶剑形、长圆状披针形至倒披针形。花序多分歧，腋生兼顶生，复伞形花序，伞梗4～10，小伞梗5～10；花瓣黄色；花柱基扁平。双悬果广椭圆形至椭圆形，果棱明显。花期7～9月，果期9～10月。

二、生态习性

分布于中国、朝鲜及前苏联沿海边疆地区。我国主要分布于东北、华北、西北及华东等地区，多生长在山区、丘陵、荒坡、草丛、路边、林中隙地和林缘。对土壤、气候要求不严格，喜温暖、湿润、冷凉气候，抗严寒，较耐干旱，忌高温多雨，怕低洼积水，适宜在中性或偏酸性的壤土或砂质壤土中生长。

三、生长发育规律

一年生植株主要是营养生长，不抽茎，只有基生叶，10月中旬逐渐枯萎进入越冬休眠期。第二年全部开花、结实，秋后便可采收入药。从开花到种子成熟需要45~55天，成株年生长期185~200天。

种子千粒重1.3g，寿命为1年。有生理后熟现象，层积处理能促进后熟，但在干燥情况下，经4~5个月也能完成后熟过程。发芽适温为15℃~25℃，发芽率可达50%~60%。植株生长适宜温度为20℃~25℃。

四、种质资源状况

柴胡属全球有120多种，我国有40多种17变种，其中的绝大多数均在产地作为柴胡药用，如东北的长白柴胡 *Bupleurum komarovianum* Linez. 和大叶柴胡 *B. longeradiatum* Turez.，东北、内蒙古、河北的兴安柴胡 *B. sibiricum* Vest，河北、山西、陕西、甘肃、四川、云南、青海的长茎柴胡 *B. longicaule* Wall. ex DC.，云南、四川、贵州、陕西的膜缘柴胡 *B. marginatum* Wall. ex DC.，四川、云南、贵州、湖北的小柴胡 *B. tenue* Buch. -Ham. ex D. Don，新疆的金黄柴胡 *B. aureum* Fisch.，四川、甘肃、内蒙古的多脉柴胡 *B. multinerve* DC. 等等。这也造成了药用柴胡使用品种混乱、品质不稳的现象，今后应加强栽培柴胡种质纯化和新品种选育研究。

五、栽培技术

（一）选地与整地

1. 育苗地 宜选背风向阳、光照良好的平地，土质以土层深厚、疏松、肥沃、湿润、排水良好的砂质壤土为佳，施足基肥、翻耕，耙平整细作畦。

2. 种植地 选土质疏松肥沃，排水良好的壤土、砂质壤土或偏砂性的轻黏土为种植地，坡地、荒山、荒地均可，不宜选低湿地。忌连作，前茬可选甘薯、小麦和玉米地等。选好地块后，翻耕20~30cm深，整地前施入充分腐熟的农家肥3000~5000kg/亩，配施少量磷肥和钾肥，整细耙平，作成宽1.2~1.5m的畦。

（二）繁殖方法

1. 种子处理 当年种子秋播时无需任何处理，结合整地，当时播种，既经济实用，出苗率又高。春播时将种子用30℃温水浸泡24h，中间更换1次水，同时除去漂浮瘪粒、小果柄等杂质。若用0.1%高锰酸钾溶液浸种，还可起到杀菌作用。然后在15℃~25℃条件下催芽，至种子露白后再播，更有利出苗。

2. 种子直播 分为秋播、春播。秋播应在霜降前，春播宜在3月下旬~4月上旬。按行距20cm，深度1cm左右开沟。柴胡种子细小，播种时要拌入2~3倍细湿沙，保证种子撒播均匀，且不至于密度太大。播后覆土，稍加镇压。播种量1.5kg/亩左右。无论秋播还是春播，播种后若盖上细软的草帘子，除有保湿功能外，还能有效防止土壤干燥结块，小苗即将出土前撤去草帘。由出苗到齐苗需10~15天。播种后到出苗期间要保持土壤湿润，防止因干旱造成根芽干瘪。灌溉时间应选择气温较低的清晨进行，小苗出齐后要适当控制水量，避免徒长。

3. 育苗移栽　育苗应在3月下旬至4月中上旬进行。作畦，畦高5cm，畦宽1.0～1.2m。行距10～15cm，条播，其他措施与直播相同。保持土壤湿润，高温时注意通风，育苗移栽最大优点是小苗比直播苗可提前生长30天左右。移栽应在小苗长出4～5片真叶或高度在5～6cm时进行，在整好的移栽地上按行距20cm开沟，沟深10cm，移出苗须带土，按株距5～10cm栽植，灌溉，7～10天可正常生长。

（三）田间管理

1. 间苗、除草和松土　幼苗生长缓慢，此时各种杂草生长较快，应及时松土除草。株高5～6cm时间苗，按株距5～10cm定苗，缺苗要补栽。7、8月份是植株生长旺盛期，要对根部进行少量培土，防止倒伏。

2. 追肥　第一年5月下旬，追施少量氮肥；8月上旬、下旬再进行2次叶面喷肥，以磷、钾肥为主，如浓度为0.3%～0.5%的磷酸二氢钾，或用1%～2%的磷、钾肥水溶液浇灌根部。第二年返青前可撒盖腐熟有机肥，用量为1000kg/亩；6月下旬、7月中旬再进行以磷、钾肥为主的叶面喷肥。

3. 灌溉排水　出苗前要保持畦面湿润，在多雨季节应注意排水，防止积水烂根。雨天过后要及时松土，提高土壤透气性，减少病害发生。

4. 平茬　当年抽茎的植株在孕蕾期将其割去，以促进根的生长发育。第二年8月以后开花所结种子往往不够饱满，可进行平茬，即将花序顶端割除，这不但能提高留种质量，还能促进根的生长发育和营养物质积累，提高药材产量。

5. 盖土防寒　上冻前加盖一层防寒土，可保证植株顶芽安全越冬。

（四）病虫害及其防治

1. 病害及其防治　①斑枯病，主要危害叶片，叶片上病斑近圆形或圆形，边缘较深，上面生有黑色小点，严重发病时，病斑连成一片，导致叶片枯死。防治方法：植株枯萎后清园，或烧或深埋；合理施肥、灌水，雨天及时排水；发病前喷洒1∶1∶160波尔多液；发病后喷施40%代森锌1000倍或50%多菌灵600倍液，每7～10天1次，连续2～3次。②根腐病，多发生在高温季节，发病初期只是有个别支根和须根变褐腐烂，后逐渐向主根扩展，终至全部腐烂，只剩下外表皮，最后植株成片枯死。防治方法：定植时严格剔除病株，所选种苗根部用50%托布津1000倍液浸根5min，晾干后再栽植；雨天及时排水，改善田间通风透光，降低田间湿度；发病后喷施40%代森锌1000倍或50%多菌灵600倍液，每7～10天1次，连续2～3次。③锈病，多发生在5～6月份，危害茎叶。叶背和叶基有锈黄色夏孢子堆，破裂后有黄色粉末随风飞扬。被害部位造成穿孔，茎叶早枯。防治方法：收获后将残株病叶集中烧毁；发病初期喷洒80%代森锰锌可湿性粉剂1∶800～1∶600倍液或敌锈钠400倍液。

2. 虫害及其防治　①黄凤蝶，6～9月份发生，幼虫危害叶、花蕾，咬成缺刻或仅剩花梗。②赤条椿象，6～8月份发生危害。成虫或若虫吸取茎叶汁液，使植株生长不良。防治方法：黄凤蝶幼虫和赤条椿象都可用80%晶体敌百虫800倍液，或40%乐果乳油1000～1500倍液防治。③蚜虫，危害茎梢，常密集成堆吸食内部汁液。防治方法：及时清理田间杂草与枯枝落叶；田间悬挂刷有不干胶的黄板进行粘杀；喷洒40%乐果1000～1500倍液。

六、采收加工

1～2年即可采收，以2年采收为宜。在种子成熟后或地上部分枯萎时，选择晴朗天气，先割下地上部分，再采挖全根，采挖时尽可能避免断根。抖净泥土后，从根冠处剪去芦头和基生叶，晾晒至干。

以质地坚实、根长、洁净、无芦头残存者为佳。

（刘学周）

第六章 清热药

要点导航

1. 掌握：栀子、黄连、生地黄、金银花原植物分布区域、生态习性、生长发育规律、种质资源状况、栽培与药材采收加工技术。

2. 熟悉：知母、黄芩、龙胆、玄参、牡丹皮、大青叶（板蓝根）、穿心莲、青蒿原植物生长发育规律、栽培与药材采收加工技术。

3. 了解：夏枯草、苦参、连翘、射干、银柴胡栽培技术；已开展栽培（养殖）的清热药种类。

凡以清解里热为主要功效的药物，称为清热药。清热药的药性都属寒凉，主要用于治疗各种热证。根据药性及适应证的不同，一般分为清热泻火药、清热燥湿药、清热凉血药、清热解毒药和清虚热药五类。

第一节 清热泻火药

清热泻火药以清泻气分实热及肺、胃、肝经实火为主要作用，主要用于大热、大渴、大汗、脉洪大有力的气分实热证，以及肺热喘咳、胃火牙痛、肝火目赤等证。常用中药有知母、芦根、天花粉、竹叶、淡竹叶、栀子、鸭跖草、夏枯草、决明子、夜明砂、谷精草、密蒙花、青葙子、乌蛇胆等。本节仅介绍知母、栀子、夏枯草的栽培技术。

知 母

知母为百合科植物知母 *Anemarrhena asphodeloides* Bge. 的干燥根茎，属于传统中药，始载于《神农本草经》。其味苦、甘，性寒；归肺、胃、肾经；具有清热泻火、生津润燥等功效；主要用于治疗外感热病高热烦渴、肺热燥咳、骨蒸潮热、内热消渴、肠燥便秘等病症。现代研究证明，知母主要含有知母总皂苷、菝葜皂苷元、芒果苷等成分，具有解热、抗病原微生物等药理活性。主要分布于我国东北三省、河北、山西、内蒙古、陕西、甘肃、宁夏、山东等省区。家种知母主产于河北省安国市、安徽省亳州市；野生毛知母主产于河北张北、易县、赤城、来源、阜平，山西榆社、五台、代县、寿阳，内蒙古扎鲁特旗、西乌珠穆、东台珠穆、林西、科尔左中旗、阿荣旗，辽宁铁岭、阜新等地。

一、形态特征

多年生草本，地下根茎横走。叶自根头处丛生，广线形，质稍硬，长20～70cm、宽3～6mm。花茎从叶中生出，不分枝，不长叶；长穗状花序，花被6片排列成两轮，花小，有短梗，呈紫红色；单雌蕊单生、雄蕊3枚，花药淡黄绿色，背着药，半下位子房。角果长圆柱形，内有3～6粒近椭圆形、两头尖、中间大的三棱翅黑色种子。花期7月至8月中旬，果期8月中旬至10月中旬。

二、生态习性

野生于向阳山地、丘陵及固定砂丘上，常与杂草成片混生，适应性较强，喜温暖，耐寒，抗旱能力极强。在疏松肥沃、排水良好的中性砂土或腐殖质壤土上生长发育良好，适宜海拔高度在140～2100m。低洼积水和过黏的土壤均不宜栽种。可在土层深厚的小坡荒地种植，根系发达，固沙固土能力很强，是封山绿化和避免水土流失的好品种。

三、生长发育规律

（一）种子萌发

种子吸水膨胀后开始萌发，胚轴及胚根首先穿出种皮，幼根伸出种皮后即向下生长，这时子叶仍留在种皮内。由于子叶基部固定在胚轴上，而尖端仍留在种子内吸收胚乳中的养分，所以播种出苗初期子叶弯曲呈钩状。种子萌发时，在一定范围内，随温度升高、萌发速度加快。新收种子室温浸种24h，在25℃条件下，3天开始萌发，5天发芽率达67%。8月上旬播种新种子，6～7天即可出苗。而清明前后播种，20～30天才能出苗。

（二）生长发育分期

知母生长发育过程可分为以下几个时期：①萌芽期，从种子吸水膨胀萌发开始，到子叶伸出地面止。一般从清明播种到4月底或5月初出苗，大约需要1个月左右。二、三年生知母，3月底越冬芽开始生长，逐渐生出新叶，露出地面。②展叶期，从子叶伸出地面起，叶片逐渐增加，到7月份叶片增加到14～17片，长达30～60cm，中心生长点转化为花苔原基或不再生长，叶片数目不再增加。③花期，7月下旬～8月，花由下而上陆续开放。二、三年生知母，花期从5月起能延续到9月末，花期较长。④果熟期，从7月末到10月上旬，果实陆续成熟。⑤地下茎增长期，7、8月份果实成熟后到回苗止。⑥休眠期，霜降以后，温度渐低，地上部分枯萎，地下茎和根也停止生长，进入休眠，到次年3月末，越冬芽和根才开始活动。

（三）根的生长

为不定根系，由粗壮须根和毛细根组成。80%的根分布在35cm以内的土层内。根由新生地下茎底面生出，开始仅着生1列，随着地下茎生长，须根逐渐增多，排列密集。二、三年生植株根系发达，数量较多。根系鲜重一般占整株鲜重的1/3。除在新生地下茎底面生长新根外，其他部分一般不生须根。

（四）地下根茎的生长

地下茎横生，前端生长点分化形成叶芽和花芽。由于花果消耗大量养分，抽苔开花后营养器官生长相对减弱，地下茎生长缓慢，腋芽多不生长。若将花苔及时剪去，叶片生长转旺，叶片数量增多，地下茎生长就会加快，同时腋芽也分化生长，形成新的地下茎，在适宜条件下，还能分化形成新的花芽，继续抽苔开花。因此，一年内可多次抽苔。剪苔能增加地下茎数量，且生长粗壮，可提高药材产量。地下茎一般有二个腋芽保持分化发育优势，呈二歧分枝，同时形成二个茎头。其它腋芽成为潜伏芽，潜伏芽在失去顶端优势控制或受到刺激也可萌动生长。根据这一特性，可将地下茎短截进行无性繁殖。

（五）花与果实发育

冬前已分化的花苔原基，于次年5月中旬抽苔，5月下旬花自花序下端依次向上开放，夜开昼合。由于花苔抽出时间不同，花期由5月下旬持续到9月下旬。花后形成具六棱形的蒴果，3室，每室1~2粒种子。

四、种质资源状况

野生知母资源逐年减少，河北、安徽、山西和东北三省及内蒙古等地已实现野生变家种，从而缓解了市场供应的严重不足。调查发现，现存知母种质存在有明显的叶变异类型（宽叶和窄叶）和不同花色类型（白花和紫花），经对22个不同地区知母种源的分析研究，发现其活性成分含量存在明显差异，东部地区产者菝葜皂苷元含量较高，其中河北易县、涿鹿，北京松山和黑龙江泰康产者含量最高可达2.4%，西部地区11个产地的平均含量为0.77%。

五、栽培技术

（一）选地与整地

选择排水良好的沙壤土或富含腐殖质的壤土地，耕深20~25cm，除去石块，耙细耙平，每亩施充分腐熟厩肥2500~3000kg作基肥，撒匀耙平。畦作，畦宽70~80cm，高15~20cm为宜。

（二）繁殖方法

1. 种子繁殖 ①种子催芽，3月上、中旬，将种子用40℃温水浸泡8~12h，捞出，晾干外皮，再与种子两倍量的湿沙拌匀，在向阳温暖处挖浅穴，将种子堆于穴内，上面覆土厚5~6cm，再用薄膜覆盖，周围用土压好。若平均气温为13℃~15℃，则25~30天开始萌动；若气温在18℃~20℃，则14~16天萌发。待多数种子露白时即可播种。②播种，分为直播和育苗移栽，二者又有春播和秋播之分。春播在4月初，秋播在10~11月份，以秋播为好。直播按行距20~25cm条播，开沟深度1.5~2cm，播种量0.5~0.8kg/亩，把种子均匀撒入沟内，覆土盖平、浇水。出苗前保持湿润，约10~20天出苗，待苗高5~6cm时，按株距8~10cm定苗。育苗移栽的播种方法与直播法基本一致，但播种密度相对较大，行距为10cm，播种量1kg/亩。

2. 分株繁殖 秋季植株枯萎时或翌春解冻后返青前，刨出两年生根茎，分段切开，每段长5~8cm，每段带有2个芽，作为种栽。

3. 移栽与定植 移栽在春季或秋季均可，移栽按行距25cm开沟，沟深5~6cm，将挖出的知母苗地上叶子保留10cm左右，多余部分剪掉，按10cm株距栽入沟内，覆土压紧，然后灌透水。分株繁殖移栽方法与上相同。

（三）田间管理

1. 中耕除草 苗高7~8cm时开始进行中耕除草，松土宜浅。生长期保持土壤疏松、无杂草。

2. 追肥、浇水　苗期若气候干旱，应适当浇水。发芽前每亩追施腐熟马牛猪粪1000kg、磷酸二氢铵50kg，追肥后浇水1~2次。移栽后，当苗高15cm时，每亩追施过磷酸钙20kg、硫酸铵13kg。在行间开沟施入，施后结合松土将肥料埋下。7~8月份，植株进入生育旺盛期时，每亩喷洒1%硫酸钾溶液80~90kg或0.3%磷酸二氢钾溶液100~120kg，每隔12~15天喷1次，连喷2次。

3. 覆盖　生长一年的苗在松土除草后，或生长1~3年的苗在春季追肥后，每亩顺沟覆盖稻草、麦秸之类杂草800~1200kg，每年1次，连续覆盖2~3年，中间不需翻动。

4. 摘苔　播种后翌年夏季开始抽花苔，高达60~90cm，消耗大量养分。为使根茎发育良好，除留种者外，在开花之前将花苔一律剪掉。

（四）病虫害及其防治

1. 病害及其防治　①立枯病，主要发生在出苗展叶期，为害茎基部。受害苗在茎基部呈现褐色环状缢缩，导致折倒死亡。防治方法：栽前土壤用多菌灵消毒；发病初期用70%硝基苯或多菌灵200倍液浇灌病区。②锈病，主要危害根部和芽苞。防治方法：用石灰水或多菌灵溶液浇灌病穴3~5次。

2. 虫害及其防治　主要有蛴螬、蝼蛄。防治方法：用灯光诱杀；用75%敌百虫1000倍液浇灌根部；毒饵诱杀。同时注意追施的厩肥要充分腐熟。

六、采收加工

栽植后2~3年收获。种子繁殖者于第三年，分株繁殖者于第二年的春、秋季采挖。采挖后除去枯叶和须根，烘干或晒干，即为“毛知母”。趁鲜削去根茎外皮，烘干或晒干，即为“知母肉”。

以肥大、质硬、表面被金黄色绒毛、断面黄白色者为佳。

（刘　谦）

栀　子

栀子为茜草科植物栀子 *Gardenia jasminoides* Ellis 的干燥成熟果实，又名黄栀子、山栀子等，属于传统中药，始载于《神农本草经》。其味苦，寒；归心、肺、三焦经；具有泻火除烦、清热利湿、凉血解毒等功效，主要用于治疗热病心烦、黄疸尿赤、血淋涩痛、血热吐衄、目赤肿痛、火毒疮疡等病症。现代研究证明，栀子主要含有黄酮类、三萜类、环烯醚萜甙类等成分，具有护肝、利胆、降压、镇静、止血、消肿等药理活性。栀子主要分布于长江以南各省，主产于江西、四川、湖北、福建、湖南、广西、广东等地。江西樟树、抚州、新干、丰城为主要道地产区。

一、形态特征

常绿灌木或小乔木，株高50~250cm。叶对生或三叶轮生，革质，深绿色，叶形有椭圆形、倒卵圆形、长圆状披针形等，全缘，两面光滑，基部楔形；托叶膜质，基部合成一鞘。花单生于枝端或叶腋，白色，有浓郁香气；萼管卵形或倒卵形，上部膨大，先端5~6裂；花冠旋卷，高脚杯状，花冠管狭圆柱形，裂片5或更多；雄蕊6，着生花冠喉部；子房下位1室，花柱厚，柱头棒状。果实倒卵形、长椭圆形或椭圆形，表面有翅状纵棱5~8条，成熟后呈黄色或黄红色，为肉质或带革质的浆果，种子多数，扁椭圆形，棕红色。花期5~7月，果期8~12月。

二、生态习性

属于阳性树种，幼苗耐荫蔽，成株喜阳光。生长在向阳坡地时植株矮壮，发棵大，结实多；生长在阴坡山地时植株瘦高，发棵小，结实少。喜温暖湿润环境，不甚耐寒，适宜在年平均气温17℃左右，年降水量1200mm左右，年日照数平均2000h左右，全年无霜期250天以上的环境条件下生长。忌积水，较耐旱，5~7月开花座果期间，如降水过多，落花落果明显。对土壤适应范围较广，在粘性较强的紫色土、黄壤、红壤土中均能生长，但以土层深厚、质地疏松、排水透气良好的冲积土、砾质土为好，盐碱地不宜栽培。土壤pH以5.1~8.3为宜，对地势要求不严，平原和海拔400m以下的丘陵山坡均可种植。

三、生长发育规律

四季常绿。春分前后当气温达到12℃时，表土层10cm内的根系开始生长。一年中，根系生长有三个高峰期，第一个高峰在春梢停止生长后至夏梢抽发前，此次发根量最多，伸长较快；第二个高峰在夏梢抽发后，发根数量次之，伸长最快；第三次在秋梢停止生长后，发根数量较少，伸长也较慢。在年生长周期中，枝梢的生长发育有春梢、夏梢、秋梢之分。春梢多在3月下旬至5月下旬抽发；夏梢在6月至8月初于春梢顶端抽生，是扩大树冠的主要枝条；秋梢在8月至9月抽生，是来年的主要挂果母枝，11月上旬以后，枝梢停止生长。

3月上旬现蕾，5月下旬始花，6月上旬盛花，6月下旬至7月中旬进入开花末期。随着开花时间的推移，花色由白色变成黄棕色。群体从初花至终花约经55天，多集中于蕾后15天开放。果期7~11月。从开花到果熟约经150天，根据果实发育状态，分为4个阶段，即生理落果期、果实膨大期、果实着色期和果实成熟期。生理落果多在6月中下旬谢花后的幼果期，落果率达28.2%~41.6%。果实膨大期在7~8月，此期果实膨大迅速。9月初进入果实着色期，10月底至11月初果实完全成熟，颜色变成黄色至金黄色或黄红色。

四、种质资源状况

栀子属植物广泛分布于热带及亚热带地区，全世界有250种左右，我国仅有5种，主要分布于长江以南各省。生长在不同环境的栀子，生长习性、叶形及大小、果形及大小等均发生了一些变异。因此，栀子种质资源从叶型、果实颜色、果实大小、果实形状、果实成熟期、宿萼长度及开张程度、树形开张程度等可分为多种不同类型。根据叶的变异可分为长卵形叶、卵形叶和披针形叶等类型；根据果实颜色的变异可分为红色、黄色、红黄色、紫红色等类型；根据果实大小的变异可分为大果、中果、小果等类型；根据果形的变异可分为卵圆形、圆形和长形等类型；根据果实成熟期的变异，可分为早熟、中熟和迟熟等类型；根据果实宿萼长度的变异可分为长萼、中萼和短萼等类型；根据果实宿萼开张程度的变异可分为开张、平行和闭合等类型；根据树形开张程度的变异可分为直立、开张和匍匐等类型等。

五、栽培技术

（一）选地与整地

1. 育苗地 育苗地应选择东南向的山脚处或半阳的丘陵地段。土壤以疏松肥沃、透水、通气性良好的砂壤土为宜。播种前深翻土地，耕细整平，作成宽1.0～1.2m，高约17cm的苗床。

2. 种植地 种植地应选择土壤疏松、肥沃、偏酸的砂性土，干湿适中、缓坡向阳、交通方便、无污染源的丘林山坡地。要先除去地内杂草，就地烧灰作肥。在头年冬季将地翻耕整好，要求深耕20cm以上，作好梯田式畦，畦宽视山的地势而定。在坡度超过15°的山地应进行等高开垦，以防水土流失。依据原地大小和地势，规划排灌水沟，留好机耕道，道宽一般4～6m，园地周边留好防护林隔离带，或人工营造防护林，隔离带、防护林地宽一般为10m左右。

（二）繁殖方法

可用种子、扦插、分株、压条等方法进行繁殖，生产上常用种子繁殖和扦插繁殖。

1. 种子繁殖 3月中、下旬播种。①选种，挑选树势健壮，树冠宽阔丰满、枝条分布均匀、呈圆头形，叶片中等大小，叶色淡绿或较深绿，枝条节间较短，结果多且果实饱满、色泽鲜艳的植株，待其鲜果充分成熟时采摘。②种子处理，果实采后晒至半干再浸入40℃左右温水中浸泡，待果壳软化后用手揉搓，将籽揉散，去掉漂浮在水面上的果壳、杂质和瘪籽，捞出沉于水底的饱满种子，晒干贮藏，也可用细砂拌匀贮藏备播。播种前用45℃温汤浸种12h。③播种育苗，春季3～4月或秋季9～11月播种，在整好的苗床上，按行距15cm，开深1cm左右的沟，将处理后的种子均匀撒入沟内，盖火土灰至畦面，再盖上稻草或薄膜，保持土壤湿润。每亩用种2～3kg。出苗后除去薄膜或揭去盖草，进行松土除草、追肥、灌溉、间苗、定苗等常规管理，一年后即可移栽。

2. 扦插繁殖 分为春插和秋插。春插在3月上旬至4月中旬，秋插在9月至10月，以春插成活率高。选生长健康的2～3年生枝条，截取10～15cm作为插穗，剪去下部叶片，顶上两片叶子可保留并各剪去一半，按株行距10cm×15cm，将插穗长度的2/3斜插入苗床，注意遮荫和保持一定湿度，培育一年即可定植。插穗一般1个月可生根，在80%相对湿度、20℃～24℃条件下约15天即可生根。若用吲哚丁酸浸泡24h，效果更佳。

3. 定植 在秋季寒露至立冬间或春季雨水至惊蛰间定植。选择苗干通直、完全木质化、高度在30cm以上，根系发达、主根短而粗、侧须根多，无病虫害，叶绿色，健壮的苗木，按株行距1.5m×1.5m，定点挖穴，穴坑深、宽各30cm左右，穴内施磷肥和生物有机肥各约0.25kg与土拌匀，每穴栽健壮苗1株。

（三）田间管理

1. 中耕除草 定植成活后每年春、夏、冬季各中耕除草1次。春季在植株萌芽展叶时，夏季在6～7月，春夏两季都以除草为主，进行浅中耕，避免伤根。冬季除草中耕较深，增施有机肥，促使土壤熟化，并结合根际培土，以利于保温防冻。

2. 追肥 定植后每年至少要追肥2次。第一年春季浇稀熟人畜粪2～3次，冬季挖穴埋肥1次，每亩用生物有机肥50kg；第二年4～5月份追肥1次，每亩施生物有机肥50kg，12月份施厩肥1000～2000kg和生物有机肥50kg，结合冬耕进行。进入结果期后，一般年施肥4次，即春肥、夏肥、秋肥和冬肥。春肥在3月底至4月初，追施用尿素或碳酸氢氨，每株用量20～40g，以促进树势恢复和枝叶生长；夏肥应在花朵受精完的6月下旬进行，施复合肥或人畜粪以提高座果率，促进果实生长；秋肥一般在8月上旬施入，穴施尿素并配施人粪水，以促进花芽分化，为翌年丰产奠定基础；冬肥是在采摘果实后，结合清洁田园进行，施农家肥并加拌磷肥，补充植株所消耗的大量养分和提高地温，增强植株越冬能力。

3. 灌溉、排水　栀子喜温暖湿润气候，适宜生长在疏松肥沃、排水良好、轻粘性酸性土壤中，遇到久旱不雨或连绵阴雨天气时，要做好灌溉和排涝工作。尤其在孕花座果期应防止落花落果，避免影响栀子产量。

4. 整形修剪　在定植当年或次年进行整形修剪，多采用单主干三分枝自然行的整形方法。定植当年将离地20cm处的非主干剪去，待第二年夏梢抽长20cm时，在三个不同方向选取强壮枝作三个主枝。次年在各主枝叶腋间留3～4个强壮分枝作为副主枝，经2～3年整形后，修剪成内外立体结果的树冠，确保树形小乔木化。对结果树的修剪，在春秋两季进行，根据植株长势，适当剪去下垂枝、纤细枝、过密枝，剪去全部病虫枯枝，以保证树冠通风透光，调节生长、发育、抽枝、开花、结果之间的平衡关系，减少养分无用的消耗，增加结果面积，提高产量。对夏季抽发的旺长枝要进行短截或回缩，使其抽发结果枝。

（四）病虫害及其防治

1. 病害及其防治　①褐斑病，主要发生在植株中、下部叶片，发病从下部叶片开始，多从叶尖和叶缘处发生，病斑呈现不规则形，褐色或中央淡褐色，边缘褐色，有显著的同心轮纹，几个病斑愈合后形成不规则大斑。中部叶片的病斑变小，初显圆形或近圆形，淡褐色，后期病斑上散生小黑点，发病严重时叶片枯萎脱落。3～11月份都可发生，特别是温度高、湿度大、生长密集、通风不良的地块发病重。当气温在25℃以上，遇连续降雨，多年生地块可普遍发生。防治方法：每次修剪后集中枯枝病叶烧毁，减少越冬病源；增施生物有机肥和农家肥，或喷药时结合叶面施磷酸二氢钾，提高抗病能力；发病初期，喷洒50%多菌灵800～1000倍液或1∶2∶100波尔多液。②炭疽病，主要危害叶片，从叶尖或叶缘上开始产生不规则形或近圆形褐色病斑。有时整个叶片变褐色，严重时造成全枝枯死。高温、高湿、通风不良地块发病重，4～10月均可发生。防治方法：多施磷钾肥，促植株生长健壮，提高抗病力；加强管理，冬季做好清园工作；发病初期喷洒1∶2∶200波尔多液或50%多菌灵可湿性粉剂800倍液。③黄化病，危害叶片，轻度发病时，先是枝端幼嫩叶片褪绿，叶肉呈黄色或淡黄色，但叶脉仍呈绿色，扩展后全叶发黄，进而变白。叶片边缘开始变灰褐色坏死，植株生长衰弱。以植株顶部叶片受害最重，下部叶片正常或接近正常，受害严重者最后枯死。防治方法：增施生物有机肥，改善土壤性状，增强通气性，促进根系发育，提高其吸收铁元素的能力；增施硫酸亚铁、硼砂、硫酸锌等，或叶面喷施0.2～0.3硫酸亚铁溶液，每周1次，连喷3次。

2. 虫害及其防治　①栀子透翅天蛾，3龄前幼虫取食嫩叶，使叶片成麻点和孔洞，4龄后食量增大，暴食叶片，数量多时常将叶片食尽。防治方法：人工捕捉幼虫和成虫；冬季垦复，破坏蛹室，使蛹冻死；成虫期采用黑光灯诱蛾；幼虫幼龄阶段及时喷用白僵菌、绿僵菌。②桃蛀螟，幼虫蛀人果内为害，并有转果蛀食习性。老熟幼虫在被害果内化蛹或由果内钻出，在果柄附近化蛹。被害果孔口附有大量虫粪，并能招致其它病菌为害，可造成栀子腐烂。防治方法：摘掉虫果，及时收集落果作销毁处理；在树干周围和枝、果上喷洒白僵菌粉；用苏云金杆菌乳剂100倍液加3%苦楝油喷雾；大发生时喷洒40%乐果乳油或50%杀螟松乳油800～1000倍液。③龟蜡介壳虫，以若虫、雌虫为害枝梢和叶片。防治方法：若虫期喷40%乐果1000倍液+50%马拉松1000倍液喷雾；若虫期和雌虫期喷施1∶10松脂剂。④栀子卷叶螟，以幼虫为害春、夏、秋梢，使翌年花芽萌发减少，产量显著下降。防治方法：喷施90%敌百虫1000倍液或用每克含孢子100亿的杀虫菌1∶100倍液。

六、采收加工

在果皮呈红黄色时，选择晴天采收。采收过早果皮青绿色尚未成熟，加工折干率低，产量不高，且质量差；采收过迟，则干燥困难，加工时容易霉烂，不但难保管，且质量亦差。采摘时应成熟一批采收一批。采摘后的栀子应及时加工，如来不及加工应摊晾在通风处，并注意不可堆积过高，以免引起发热霉变，影响栀子质量。将去除果柄、杂物的栀子置于沸水中泡煮约3min，或置蒸笼中蒸至顶端出汽为宜。蒸煮后的果实放置通风处，待内部水分散发后，再放到日光下暴晒，或用40～60℃热风烘干，反复3～4次，待果干燥坚硬为止（含水量在12%以下），再筛选分级处理，挑去破碎、杂质和青果，一般青果率在2%以下。水蒸法处理的栀子黄色素损失少，干燥快，质量较好。

以个小、完整、仁饱满、内外色红者为佳。

（朱玉野）

夏枯草

夏枯草为唇形科植物夏枯草 *Prunella vdgaris* L. 的干燥果穗，因“夏至后即枯”而得名，属于传统中药，始载于《神农本草经》，被列为下品。其味苦、辛，性寒；归肝、胆经；具有清火、明目、清肝、散结及消肿等功效；主要用于治疗目赤肿痛、头痛眩晕、瘰疬、瘿瘤等病症。现代研究证明，夏枯草含有三萜皂苷、甾醇、黄酮、香豆素、有机酸、挥发油和糖类等成分，具有降压、降糖、抗菌、抗炎、抗过敏、抗病毒等药理活性。主要分布于华东、华中、华南、西南地区及陕西、甘肃、新疆等省区，主产于江苏、四川、安徽、浙江、河南等地。21世纪以前，商品夏枯草主要以野生为主，大约从2000年开始“野生转家种”，目前已实现规模化种植。

一、形态特征

一年或二年生草本，高10～30cm，全株被白色长柔毛。茎方形，基部匍匐。叶对生，匙形或倒卵状披针形，长3～11cm，宽0.8～3cm；叶柄具狭翅。轮伞花序有花6～10朵，排成间断的假穗状花序；苞片叶状，花萼钟形，5齿裂；花冠唇形，淡蓝色、淡紫红色或白色。花期3～7月，果期5～11月。

二、生态习性

野生者零星分布于荒坡、草地、溪边、路旁等湿润地区，少见成片分布，海拔高度可达3000m。耐寒性强，植株在0℃以上能生长，并能忍受霜冻，在－15℃以内能自然越冬。幼苗期需适度遮阴，以42%光照生长最好，成株期需要全光照。生殖生长期田间持水量65～70%，有利于物质积累及花穗产量提高，田间持水量80～85%可促进熊果酸和齐墩果酸积累。

三、生长发育规律

种子发芽适温为20～23℃，发芽率88%。整个生育期100～120天，可分为幼苗期、抽穗期、开花期、枯萎期。秋播15天左右出苗，以幼苗越冬。翌年3月下旬返青，幼苗期以叶片生长为主，4月上旬进入拔节期，株高明显增加，从植株基部茎节产生大量茎枝。5月中下旬开始进入抽穗期，出苗至抽穗需40～48天，在此期间，主茎和分枝顶端依次出现花穗，从开始抽穗至抽穗盛期需7～8天。抽穗期与开花期同时出现，5月中旬为初花期，10天后进入盛花期。单花花期1～2天，主茎花序花期7～14天。6月下旬至7月上旬进入枯萎期，植株地上部分停止生长。

四、种质资源状况

夏枯草属植物全球有15种，广泛分布于欧亚大陆的温带地区、非洲西北部及北美洲等地。中国产4种、3变种。自二十世纪开始，商品药材逐渐实现了依靠栽培来满足需要，但由于栽培历史很短，种质资源主要来源于野生植株，目前尚未选育出优良品种。

五、栽培技术

（一）选地整地

喜温暖湿润气候，耐严寒，栽培时宜选阳光充足、排水良好的砂质壤土，其次为粘壤土和石灰质壤土，低洼易涝地块不宜栽培。播种或移栽前每亩施腐熟厩肥2000kg，深耕土壤25cm以上，耙细整平，作平畦，宽1.2m。结合整地，每亩施尿素25kg、过磷酸钙6kg、硫酸钾45kg。

（二）繁殖方法

采用种子繁殖或分株繁殖。

1. 种子繁殖 分春播和秋播。春播在4月上中旬，秋播在8月中下旬。秋播当年幼苗越冬，翌年长势旺，产量高。但秋播过晚，出苗缓、长势弱，易受冻害，导致药材产量下降。春播过晚，生长期明显缩短，也影响药材产量。为便于管理，多采用条播。在整好的畦内按行距25cm开浅沟，将种子拌细沙或草木灰混匀后撒入沟内，覆土，以盖过种子为度。播后保持土壤湿润，约14～18天即可出苗。每亩用种约250g。

2. 分株繁殖 春季植株发芽时，将老根挖出进行分株，每分株带2～3个幼芽，按行距25cm、株距25cm栽种，随挖随栽，栽后浇水，保持土壤湿润。分株繁殖生长快，药材产量高，且易于管理。

（三）田间管理

1. 间苗定苗 出苗后，幼苗过于稠密要拔除过密、瘦弱苗。株高6～10cm时，按株距25cm定苗，保证苗齐苗壮。

2. 中耕除草 生长前期春雨较多、气温适宜，杂草容易生长，要及时拔除、防止草荒。封行后只除草，不中耕。中耕宜浅，勿伤根部。

3. 施肥 根系发达，分枝多，生育期短，需肥量大。施肥以基肥为主，结合进行追肥。生育期内对氮磷钾的吸收比例为$N:P_2O_5:K_2O=1:0.22:1.77$，钾吸收量最多，其次为氮，磷最少。幼苗期养分吸收量最低，拔节期至现蕾期氮、磷、钾吸收量最大，是氮、磷、钾最大效率期。依据养分吸收规律，追肥分为发枝肥和促花肥。发枝肥在出苗后15～20天追施，以氮肥为主，每亩用尿素或硝酸铵25kg；促花肥在出苗后40～45天追施，以磷钾肥为主，每亩追施磷酸铵50kg、硫酸钾15kg。追肥均采用行间开沟施入，覆土后浇水。

4. 灌溉排水 播种与分株栽种后，要保持土壤湿润，以利出苗、缓苗和发根。缓苗以后少浇水，追肥后及时浇水。灌溉量视降雨量和土地湿度而定，土壤含水量控制在70%左右为宜。雨季注意清理排水沟系，以便及时排水防涝。

（四）病虫害及其防治

因种植历史较短，夏枯草病虫害很少。零星发生的病害主要有立枯病、褐斑病，防治方法：加强田间管理，适时清洁田园；发病前及时喷洒代森锌600倍液、粉锈宁1000倍液、1∶1∶200波尔多液。虫害主要是菜青虫、蚜虫，采用10%吡虫啉可湿性粉剂3000倍液或80%敌敌畏乳油1500倍液喷雾防治。

六、采收加工

终花期至果实成熟期采收。选晴天露水干后，分期分批剪下棕红色果穗，除去杂质，及时晒干。

以色紫褐、穗大者为佳。

（祝丽香）

第二节　清热燥湿药

该类中药以清热燥湿、泻火解毒为主要功效，用于治疗湿热蕴结所致的黄疸、泻痢、带下、淋痛、热痹，以及实火热毒引起的目赤、咽肿、疮痈、疔毒等病症。常用中药有黄芩、黄连、黄柏、龙胆草、秦皮、苦参、白鲜皮、椿皮等。本节仅介绍黄连、黄芩、龙胆草、苦参的栽培技术。

黄　连

黄连为毛茛科植物黄连 *Coptis chinensis* Franch.、三角叶黄连 *C. deltoidea* C. Y. cheng et Hsiao 或云连 *C. teeta* Wall. 干燥根茎，分别习称为“味连”、“雅连”、“云连”，属于传统中药，始载于《神农本草经》。其味苦、性寒，归心、脾、胃、肝、胆、大肠经，具有清热燥湿、泻火解毒等功效，主要用于治疗湿热痞满、呕吐吞酸、泻痢、黄疸、高热神昏、心火亢盛、心烦不寐、心悸不宁、血热吐衄、目赤、牙痛、消渴、痈肿疔疮等病症。现代研究证明，黄连主要含有小檗碱、黄连碱、甲基黄连碱、巴马亭、药根碱等成分，具有抗病原微生物、抗心律失常、降压、降糖等药理活性。味连分布于重庆、湖北、四川、贵州、湖南、陕西南部，主产于重庆石柱和湖北利川，其产量占全国的90%左右，多为栽培。雅连分布于四川峨眉、洪雅一带，有少量栽培，野生已不多见。云连分布于云南西北部和西藏东南部，缅甸等地亦有分布。由于目前三角叶黄连、云南黄连的种植面积很小，产量低，市场上主要以黄连作为商品药材，因此以下仅介绍黄连的栽培技术。

一、形态特征

多年生草本，高15～25cm。根茎黄色，常分枝，密生须根。叶基生，叶柄长6～16cm，无毛；叶片稍带革质，卵状三角形，宽达10cm，3全裂；中央裂片稍呈菱形；两侧裂片斜卵形，比中央裂片短；上面沿脉被短柔毛，下面无毛。花茎1~2，与叶等长或更长；二歧或多歧聚伞花序，生花3~8朵；苞片披针形，3~5羽状深裂；萼片5，黄绿色，长椭圆状卵形至披针形；花瓣线形或线状拉针形，先端尖，中央有蜜槽；雄蕊多数，花药广椭圆形，黄色；心皮8~12。蓇葖果6~12，具柄，长6~7mm。种子7~8，长椭圆形，长约2mm，褐色。花期2~4月，果期3~6月。

二、生态习性

喜阴湿凉爽气候，一般栽培在海拔1200~1800m的高寒山区。其主产区年平均气温为10℃左右，7月绝对最高气温不超过31℃，1月绝对最低气温-18℃左右。年平均降水1300~1700mm以上，空气相对湿度70%~90%。年无霜期170~220天。

（一）温度适应性

较耐寒，在-18℃下可正常越冬。气温3℃~4℃都能生长，以15℃~25℃生长迅速，低于6℃或高于35℃时生长缓慢，超过38℃时受高温伤害而死亡。7~8月高温季节，白天多呈休眠或半休眠状态，夜晚气温下降恢复正常生长。早春如遇寒潮，易冻坏花苔和嫩叶，影响产量。叶芽的新叶在10℃以上发生并随温度升高而加快；2.4℃时开始抽葶开花，在2.4℃~8.5℃随气温升高而加快；散粉温度为8℃~13℃。在温度较高的低山区栽培，幼苗期虽枝叶生长快，但根茎生长缓慢，且易感染病毒。

（二）光照适应性

阴性植物，怕强光，喜弱光和散射光，其光饱和点只有全日照的20%左右。在强光直射下易萎蔫，叶片焦黄，发生灼伤，尤其是幼苗期。但过于荫蔽时，叶光合能力差，叶片柔弱，抗逆力差，根茎不充实，产量和品质均低。生产上多搭棚遮荫或林下栽培，前期适光度为20%~40%。随着株龄增长，对光照强度适应性增强，故可逐渐增加光照，以加速光合作用、积累更多的干物质。收获当年可揭去全部遮荫物，让其在自然光照下生长。

（三）水分适应性

喜湿润，忌干旱，尤其适应较高的空气湿度。主产区多为多雾、多雨，夏季阵雨多，降雨频率大的地区，年降水量在1300mm以上，大气相对湿度在80%~90%。黄连为浅根系植物，干旱会严重影响植株生长，尤其是幼苗根系细弱，更不耐旱，因而在苗期要保持土壤湿润，移栽宜在春季或夏初进行，注意荫蔽才能保证育苗成苗率和幼苗成活率。在干旱的育苗地上播种，种子很容易丧失发芽能力。但水分过多也不利于生长，在低洼、含水量高的地块不宜种植。

（四）土壤适应性

对土壤要求严格，以表土疏松肥沃、土层深厚、排水和透气性良好、富含腐殖质的壤土或沙壤土为佳，土壤pH 5~7为宜。

三、生长发育规律

自然成熟种子播种后，第二年出苗，实生苗在人工栽培条件下，一般4年开始开花结果。

幼苗生长缓慢，从出苗到长出1~2片真叶需30~60天，生长一年后多数有3~4片真叶，株高3cm左右，生长良好的有4~5片真叶，株高约6cm。一年生黄连根茎尚未膨大，须根少，移栽第二年主根茎开始膨大，基部分生出1~3个分枝，移栽后第三年，在二年生黄连分枝的基础上再分枝，这时有分枝4~8个，随生长年限增加，至6~7年收获时根茎少则10余个，多则20~30个。根茎分枝的多少和长短与栽培条件有关，若覆土培土过厚，则分枝细而长，形成“过桥杆”，影响产量和质量。3~4年生植株叶片数目增多，叶片面积增大，光合积累增多。

植株生长4年后才开始开花结实，其花芽一般在头年的8~10月分化形成。第二年1~2月抽苔，2~3月开花，4~5月为果期。四年生植株所结种子量少且不饱满，发芽率低；五年生植株所结种子青嫩，发芽率也低；6~7年生植株所结种子质优，留种以六年生植株所结种子为佳，其次为七年生植株，种子千粒重为1.1~1.4g。自然成熟种子具有胚形态后熟和生理后熟特性，需在5℃~10℃冷藏，经6~9个月完成种胚形态后熟，胚分化完全，种子裂口，但播种后仍不能发芽，须在0℃~5℃低温下经1~3个月完成生理后熟，才能正常发芽。

四、种质资源状况

黄连人工种植已有600多年历史，生产中已经形成了7~8个种质类型，各类型间主要区别在于叶缘、叶面、花被颜色等方面。其中重庆石柱黄连主要有如下栽培类型：①革大叶，叶缘具粗齿，叶面亮绿色，小叶片间及末回裂片间空隙呈线形，果实黄色或紫色；②革花叶，叶缘具锯齿，叶面深绿色，叶脉末端有黄色或白色斑，小裂片间及末回裂片间空隙较宽，花萼紫色，花瓣黄色，果喙具白色绒毛；③革细叶，叶面深绿色，叶脉在叶面显露，沿叶脉具稀疏黄褐色绒毛，小裂片间及末回裂片间的空隙呈条状，花被淡紫色，少有绿色或黄色；④纸大叶，叶缘具粗齿，小裂片间与末回裂片间的空隙呈线状，沿叶脉及小叶柄均有白色短绒毛，花被紫色，少有淡紫色或黄色；⑤肉纸叶，叶面有蜡质样光泽，黄绿色而嫩柔，叶脉在下面不明显，沿叶脉具黄褐色短柔毛，花被黄紫色，少有紫色或黄色；⑥纸花叶，叶面暗绿色，叶脉末端具黄色斑块，花萼紫色，花瓣黄色；⑦纸细叶，叶面暗绿色，沿叶脉具密生白色短柔毛，小裂片宽度为小裂片间宽度的2倍以上，边缘具锐齿，花被暗紫红色，果为暗紫色。通过单株实验和小区试验研究，证明肉质叶和纸花叶比其它类型产量高，活性成分含量达到《中国药典》标准。

五、栽培技术

（一）选地与整地

1. 育苗地 宜选土壤肥沃、富含腐殖质、土层深厚、排水良好、通透性能良好的林地或林间空地、半阴半阳地，坡度15°~25°为好，土壤以微酸性至中性为宜。忌连作。地选好后，于播种前清除灌木杂草，堆集烧毁作基肥，然后翻耕25cm，整细耙平，作高床育苗。若选用熟地，则于翻土前每亩施腐熟农家肥4500kg作基肥，整细耙平，作成1.2m宽的高床，床高25cm，沟宽40cm，深20cm，四周开好排水沟。

2. 种植地 选地与育苗地相同，整地可分为下述三种情况。①生荒地栽连，于头年夏秋季或栽种当年3~4月砍倒灌木杂草，竹、木材可作搭荫棚材料。选晴天将表土7~10cm的腐殖质土挖起，用土块拌和落叶、杂草等点火焚烧，保持暗火烟熏，见明火即加土。经数日，火灭土凉后翻堆。如腐质层较厚，则只将地表腐殖土挖松，不必熏土，即所谓“本土栽连”。土地翻耕深约15cm，整细耙平，以荫棚桩为中心作畦，畦宽1.5m，沟宽40cm，深20cm，畦长随地形而定。作畦后，将所熏泥土铺于畦面上，厚约20cm。②熟地栽连，整地前每亩施腐熟厩肥或土杂肥4000~5000kg，深翻20cm，耙平作畦。

其整地方法与生荒地栽连相同。③林间栽连，选择松木或阔叶混交林地，树高4～5m左右。砍去过密树枝，使林间荫蔽度保持70%左右，若透光度过大，可搭棚遮荫。整地方法同生荒地栽连。

（二）繁殖方法

主要采用种子繁殖，亦可分株繁殖。

1. 种子繁殖　①选种、采种及种子处理，选择生长健壮、无病虫害、6～7年生植株作为采种植株。立夏前后将成熟果枝采下，堆放于室内阴凉处的竹席垫上2～3天，待果皮全部裂开抖出种子，用筛子将种子筛出，备藏。种子休眠期长达9个月以上，需经一个低温阶段才能打破休眠而发芽，同时，种子一经干燥就会丧失发芽能力。因此，必须进行湿沙层积贮藏。在贮藏过程中需经常检查，尤其是前2个月，需每隔3～5天检查1次，发现霉变应立即将种子淘洗后再与湿沙土混合贮藏。9月份后，气温逐渐下降，可1个月检查1次。②播种，每年10～11月份播种。将处理过的种子拌20～30倍的细腐殖质土，均匀撒于苗床上，播后用木板稍加压实，然后再盖稻草或秸杆，次年早春气温回升、幼苗出土后揭除覆盖物。每亩用种2.5～3kg。③苗期管理，播种后要搭棚遮荫，遮蔽度要达到80%左右。幼苗生长十分缓慢，其育苗期一般为3年。3～4月当幼苗长出2片真叶时，即进行第一次除草，结合除草进行间苗，保持株距1cm左右，以后视杂草生长情况及时除草。第一次除草间苗后，每亩施腐熟人畜粪水1000kg，或尿素3kg加水1000kg。6～7月再追施上述肥料1次，施后在畦面上撒厚约1cm的腐殖细土，便于幼苗扎根。10～11月再追肥1次，每亩用饼肥50kg或干厩肥粉150kg，撒于床面。到第三年春天，再施清淡粪水或尿素3kg加水1000kg，促使幼苗生长。这时的幼苗称为“当年秧子”，可选壮苗移栽。每次起苗后，苗床必须进行追肥管理，这样可以多次选合格苗移栽。

2. 分株繁殖　3～4年生植株根茎有10个左右分枝，可将分枝分离出来作为繁殖材料进行栽种。

3. 移栽　①遮荫，植株光饱和点为全日照的20%左右，生长前期要求荫遮度60%～80%，后期为40%左右，收获当年要求全日照。因此，前期需搭遮荫棚或利用树林遮荫，搭棚时间多在移栽上年的10～12月份。②定植，一年中有三个移栽期，最早是2～3月，此时新叶还未发出，称为“栽老叶”，多用四年生苗，只适于气候温和的低山区；第二个移栽期为5～6月，此时新叶已长出，称为“栽登叶”，多用三年生苗，栽后易成活，生长亦好，为最适栽植期；第三个移栽期为9～10月，栽后不久即进入霜冻期，易受冻害，成活率低，因此也只适于气候温和的低山区。移栽时，选择具有4～5片真叶，高9～12cm的粗壮幼苗，剪去过长须根，留根长约3cm。在整好的畦面上，按行株距10cm开穴，穴深6cm左右，将苗直立放入，覆土稍加压实。每亩栽苗6万株左右。分株繁殖除苗源不同外，其移栽时间和方法与种子苗相同。

（三）田间管理

1. 补苗　在移栽当年秋季和翌年春季各补苗1次。补栽用苗要求是株高8cm、有6片以上真叶的健壮大苗。

2. 中耕除草　人工除草，同时用竹木撬松畦面表土。移栽后的一、二年内，每年除草4～5次，林间栽连在第二年春季结合除草进行1次树旁断根；移栽后的第三、四年，每年除草3～4次，林间栽连在第三年春季结合除草，进行1次树旁断根；栽后第五年春季除草1次。

3. 追肥 除施足基肥外，每年都要追肥，前期以氮肥为主，以利提苗，后期以磷、钾肥为主，并结合农家肥，以促进根茎生长。在移栽后的7日内，施1次稀薄粪水或腐熟饼肥水，每亩1500kg。栽后约1个月，每亩可用尿素7kg或15kg碳酸氢铵拌土撒施。10～11月再施肥1次，俗称“越冬肥”。第二年3月，每亩施厩肥1500kg，或尿素10kg，或碳酸氢铵20kg；5～6月每亩施厩肥1500kg，或熏土2000kg；10～11月，每亩施厩肥2000kg，过磷酸钙100kg。第三、四年施肥量应适量增加。第五年若不收获，追肥方法同第四年，若收获则只施春肥，不施秋肥。

4. 培土 黄连根茎有向上生长的特点，为保证根茎膨大必须年年培土，覆土厚度1～1.5cm，不能太厚，以免根茎细长，影响品质。

5. 摘除花苔 除留种者外，从移栽后第二年起，均应在抽苔之始摘除花苔，以利提高产量。

（四）病虫害及其防治

1. 病害及其防治 ①白粉病，主要为害叶片，因荫蔽度过大和地内积水过湿引起。气候干旱，雨后骤晴，有强光照射也易发病。一般在7～8月发生，7月下旬至8月上旬为发病盛期。发病时如遇潮湿，叶片正面有一层白粉状物，叶背为红黄不规则病斑，后变成水渍状暗褐色斑点，严重时叶片凋落枯死。如遇干旱，叶背面呈现红黄不规则病斑，其上散有小黑点，渐渐扩大成大病斑，叶正面呈现黄褐色不规则病斑，严重时叶片枯死。防治方法：调节荫蔽度，适当增加光照；冬季进行清园，降低棚内湿度，并注意清沟排水；发病初期将病株拔除烧毁；发病时用25%百里通可湿性粉剂，或20%粉锈宁可湿性粉剂，或25%多菌灵可湿性粉剂500～1000倍液喷雾。②白绢病，4月下旬发生，6～8月上旬为发病盛期，高温多雨易发此病。发病初期，地上部分无明显症状，随温度增高，根茎内的菌丝穿出土层，密布于根茎及四周土层，最后在根茎和土表形成先乳白色、淡黄色，最后为茶褐色油菜籽大小的菌核。被害植株顶端凋谢，下垂，最后整株枯死。防治方法：与禾本科、豆科作物轮作；每亩用石灰500kg翻入土中进行土壤消毒；发现病株及时带土移出棚外深埋或烧毁，病穴用生石灰消毒；发病初期用50%石灰水浇灌，或用50%多菌灵可湿性粉剂500倍液淋灌，或用20%保安500倍液喷洒植株和周围土壤。③炭疽病，4～6月发病，25℃～30℃、相对湿度80%时易发此病。发病初期，在叶脉上产生褐色略下陷的小斑，病斑扩大后呈黑褐色，中部褐色，并有不规则轮纹，上面着生小黑点。叶柄常出现深褐色水渍状病斑，后期略向内陷，造成枯柄落叶。防治方法：收获后清理园地，将残枝枯叶及杂草集中烧毁；发病后立即摘除病叶，用施保功50%可湿性粉剂1500倍液喷雾，7～10天1次，连续2次。④霉素病，4～5月开始发病，7～8月气温高、雨多湿度大、荫棚过密、棚内湿度大的条件下发病严重。发病初期叶或叶柄上出现暗绿色不规则病斑，后病斑变深色，患部变软，叶片像开水烫过一样，卷曲、扭曲、呈半透明状，干燥或下垂。该病多出现于轮作地或幼苗期。防治方法：调节荫蔽度，增加光照强度；清沟排水，保持土壤疏松；发病后及时摘除病叶，集中烧毁；用75%百菌清可湿性粉剂加水喷雾病株。⑤根腐病，4～5月开始发病，7～8月进入盛期，8月以后逐渐减轻。在地下害虫活动频繁，以及天气时晴时雨，土壤黏重，排水不良，施用未充分腐熟农家肥，植株生长不良时易发此病。发病时，须根变黑，干腐脱落。叶面初期从叶尖、叶缘产生紫红色不规则病斑，逐渐变暗紫红色，布满全叶；叶背由黄绿色变紫红色，叶缘紫红色。病变从外叶逐渐发展到新叶。若病情继续发展，则枝叶呈萎蔫状，严重时干枯至死。防治方法：合理轮作，熟地栽连忌连作或与易感染此病的作物轮作，若与豆科、禾本科作物轮作，则需 3～5 年后才可栽黄连；移栽前结合整地每亩施用生石灰 500kg 进行土壤消毒；生长期注意防治地下害虫；发现病株，及时拔除，并用生石灰对病穴进行消毒；发病初期，喷洒 75% 百菌清可湿性粉剂水溶液。

2. 虫害及其防治 ①蛴螬类，有大黑金龟子、铜绿丽金龟和黑绒金龟子等，咬食叶柄基部，严重时成片幼苗被咬断。防治方法：栽植前，于冬季清除杂草，深翻土地，消灭越冬虫卵；施用的农家肥应充分腐熟；栽植前 15 天，每亩用 500kg 石灰进行土壤消毒；人工捕捉或黑灯光诱杀成虫；危害期每亩用 90% 敌百虫可湿性粉剂 1000～1500 倍液浇注。②小地老虎，常从地面咬断幼苗，并拖入洞内继续咬食，或咬食未出土的幼芽，造成断苗缺株。防治方法：3 月下旬至 4 月上旬，清除周围杂草和枯枝落叶，集中烧毁，消灭越冬虫源；清晨日出之前，发现新被害苗附近土面有小孔，立即挖出捕杀幼虫；危害盛期用 48% 乐斯本 1000 倍液，或 25% 溴氰菊脂 2000 倍液喷雾，也可每亩用 90% 敌百虫晶体粉 100g 拌切碎的新鲜嫩草撒在厢面诱杀。③黏虫，5～6 月幼虫为害嫩叶，将叶吃成不规则缺刻；也为害花苔，严重时被吃成光杆。防治方法：掌握幼虫入土作蛹期，挖土灭蛹；用糖 3 份、醋 4 份、白酒 1 份、水 2 份配制成糖醋液，洒在厢面毒杀；根据产卵习性，用枯萎的草根放上一点醋，诱集捕杀成虫；在幼虫低龄阶段，喷洒 80% 敌敌畏乳油 500～1000 倍液，在卵期或为害盛期，用 10% 氯氰菊脂乳油 2000～4000 倍液喷雾。

六、采收加工

（一）采收

移栽 5 年后采收较为适宜，以每年的 10～11 月为佳。选晴天，用二齿耙将植株挖起，抖去沙泥，剪去须根、叶柄及叶片。运回后，将鲜黄连直接置于烘房内烘干，当烘至黄连一折就断时，趁热放到容器内撞去泥沙、须根和残余叶柄。

以身干、肥壮、连珠形、无残茎毛须、质坚体重、断面红黄者为佳。

（龙　飞）

黄　芩

黄芩为唇形科植物黄芩 *Scutellaria baicalensis* Georgi. 的干燥根，属于传统常用中药，始载于《神农本草经》。其味苦，性寒，归心、肺、胆、大肠、小肠经，具有清热燥湿、泻火解毒、止血、安胎等功效，主治湿温、暑温、胸闷呕恶、湿热痞满、泻痢、黄疸、肺热咳嗽、高热烦渴、血热吐衄、痈肿疮毒、胎动不安等病症。现代研究证明，黄芩主要含有黄芩素、黄芩新素、黄芩苷、汉黄芩素、汉黄芩甙等成分，具有抗菌、抗病毒、抗炎、抗变态反应、降血脂、保肝、利胆、抗氧化、抗癌等药理活性。野生黄芩广泛分布于西北、东北、华北北部和内蒙古草原东部，大致在东经 110°～130°、北纬 34°～57°范围内，分布界北起大兴安岭山脉，南到河南中南部，西至鄂尔多斯高原。主产于河北、山东、陕西、内蒙古、辽宁、黑龙江等省区，河北承德为道地产区，所产黄芩质地坚实，色泽金黄纯正，俗称“热河黄芩”。

一、形态特征

多年生草本，茎基部伏地，高（15）30～120cm。主根粗壮，略呈圆锥形，棕褐色。

茎四棱形，基部多分枝。单叶对生；具短柄；叶片披针形，全缘。总状花序顶生，花偏生于花序一边；花唇形，蓝紫色。小坚果近球形，黑褐色。花期7~10月，果期8~10月。

二、生态习性

喜生于高山地或高原草原温凉、半湿润、半干旱环境。耐寒，地下部在-35℃仍能安全越冬，35℃高温不致枯死，但不能经受40℃以上连续高温。喜光，光饱和点为1302μmol/（m^2·s），光补偿点为101.5μmol/（m^2·s），净光合速率日变化呈双峰曲线状，有典型的光合“午休”现象。耐干旱，不耐积水，在植株花前营养生长期要进行1次补水，使土壤相对含水量达到50%；生殖生长阶段一般不需补水；花后营养生长阶段，以根系生长为主，要及时排水，防止根部腐烂。土壤以肥沃的壤土和砂质壤土为好，酸碱度以中性和微酸性为佳。适宜野生黄芩生长的气候条件为：年太阳总辐射量在26.3~36.3kJ/cm^2，年降水量要求在400~600mm，土壤要求中性或微酸性，并含有一定腐殖质层，以淡栗钙土和砂质壤土为宜。

三、生长发育规律

（一）根的生长

直根系，主根在前三年长度、粗度、鲜重和干重均逐年增加，黄芩苷含量较高。其中第一年以根长增加为主，根粗、根重增加较慢；第二、三年则以根粗、根重增加为主，根长增加较少。第四年以后，生长速度开始变慢，部分主根开始出现枯心，以后逐年加重，八年生家种黄芩几乎所有主根及较粗侧根全部枯心，且黄芩苷含量也大幅度降低。

（二）茎、叶生长

出苗后，主茎逐渐长高，叶数逐渐增加，随后形成分枝并现蕾、开花、结实。在河北承德，一年生黄芩主茎可长出30对叶，其中前5对叶，每4~6天长出1对，其后叶片每2~3天长出1对。1~15对主茎叶的功能期由10天逐渐增加到50天，变化较大；15~30对主茎叶的功能期趋于稳定，维持在50~54天。二年生以上黄芩主茎可长出40~50对叶，出叶速度较稳定，一般每1~2天长出1对叶，不同部位差别不大。各部位叶片的功能期大体为1~11对主茎叶由11天增加到61天，第11对以后各主茎叶维持在61~55天。总体认为，黄芩第1~15对主茎叶为光合面积形成期，是为开花、结实、增加根重打基础的时期，其出叶速度、功能期及寿命，均随叶位上移而增加；第15对叶以后为光合面积保持期，其出叶速度、功能期和寿命均趋于稳定，是影响果实及经济产量的主要时期。

（三）开花结果

一年生植株出苗后2个月开始现蕾，二年生及其以后植株多于返青出苗后70~80天开始现蕾，现蕾后10天左右开始开花，40天左右果实开始成熟，如环境条件适宜，开花结实可持续到霜枯期。在河北承德中部地区，在5月下旬之前播种且适时出苗的，当年均可开花结实，并能收获成熟的种子；而7月之前播种适时出苗的，当年可开花，但难以获得成熟的种子。

四、种质资源状况

黄芩属植物约有300种，我国有102种，南北方均有，多为野生。除正品黄芩外，在不同的地区，同属一些植物的根部也作黄芩入药。如粘毛黄芩（*S. viscidula* Bge.）、甘肃黄芩（*S. rehderiana* Diels）、滇黄芩（*S. amoena* C. H. Wright）、丽江黄芩（*S. 1ikiangensis* Diels）、连翘叶黄芩（*S. hyperifolia* Levi.）、韧黄芩［*S. tenax* W. W. Smith *var. patentipiosa*（H. –M.）C. Y. Wu］等。近年来，一些学者对不同产地黄芩的种质进行了比较研究，发现产地对活性成分积累有影响，不同种源的黄芩在相同条件下栽培，其花期、株高、分枝数及地上鲜重均有显著差异。黄芩的优良品种选育工作正在进行中。

五、栽培技术

（一）选地整地

选择排水良好、阳光充足、土层深厚、肥沃的砂质土壤，地势低洼、排水不良、质地粘重的土壤不宜栽培。忌连作，最好实行3年以上轮作，前茬以马铃薯、油菜、豆类、禾本科作物为好。黄芩主根粗壮，需肥量较大，每亩施用腐熟厩肥2000～2500kg作基肥，深翻30cm左右，耙细整平。

（二）繁殖方法

主要用种子繁殖。茎段扦插和分株亦可，但生产中很少应用。

1. 种子繁殖　①直播，直播黄芩根系直、根叉少，商品外观品质好，同时省工，生产中最常应用。多于春季进行，一般在地下5cm地温稳定在12～15℃时播种，北方地区多在4月上中旬前后。可采用普通条播或大行距宽播幅的播种方式。普通条播一般按行距30～35cm开沟条播。大行距宽播幅播种，应按行距40～50cm，开深3cm左右、宽8～10cm，且沟底平的浅沟，将种子均匀撒入沟内，覆湿土1cm左右，并适当镇压。对于春季土壤水分不足，又无灌溉条件的旱地，应视当地土壤水分情况，播后采用地膜或碎草、树叶覆盖，确保适时出苗，实现全苗、齐苗、壮苗。普通条播每亩用种1kg左右；宽带撒播每亩用种1.5～2kg。为加快出苗，播前将种子用40～45℃温水浸泡5～6h或冷水浸泡10h左右，捞出放在20～25℃条件下保湿，待部分种子萌芽后即可播种。②育苗移栽，该法可节省种子，延长生长时间，利于确保全苗，但较为费工，同时主根较短，根杈较多，商品外观品质差，一般在种子昂贵或旱地缺水直播难以出苗保苗时采用。具体方法：选择疏松肥沃、背风向阳、靠近水源的地块，每平方米均匀撒施7.5～15kg充分腐熟农家肥和25～30g磷酸二铵，拌肥整地作面宽120～130cm、埂宽50～60cm、长10m左右的平畦，3月底至4月初，在作好的畦内浇足水，水渗后按6～7.5g/m^2干种子均匀撒播，播后覆盖0.5～1cm厚的过筛粪土或细表土，并适时覆盖薄膜或碎草保温保湿。出苗后及时通风去膜或去除盖草，及时疏苗和拔除杂草，并视具体情况适当浇水和追肥。苗高7～10cm时，按行距40cm和每10cm交叉栽植2株的密度进行开沟栽植，栽后覆土压实并浇水，也可先开沟浇水，水渗后再栽苗覆土。旱地无灌水条件者应结合降雨栽植。育苗面积和大田移栽面积之比一般为1∶20～30。此外，也可于7、8月份大田加大播种量育苗，翌年春季萌芽前栽植。

2. 扦插繁殖　生产中很少采用。扦插成败的关键在于扦插季节和取条部位。扦插时间以春季5～6月份为佳，插条应选茎尖半木质化的幼嫩部位，扦插成活率可达90%以上。扦插基质用砂、砂掺蛭石或砂质壤土均可。扦插时，剪取茎端6～10cm长嫩茎作插条，将下部叶去掉，保留3～4片叶，按行株距10cm×5cm插于准备好的苗床，时间以阴天为好，忌晴天中午前后扦插，要随剪随插，保持插条新鲜，插后浇水，并搭荫棚

（荫蔽度50%～80%）遮阴，每天早晚浇水，水量不宜过大。插后40～50天即可移栽大田，行株距30cm×15cm。

3. 分株繁殖 在收获时进行。采收时选取高产优质植株，切取主根留作药用，根头部分供繁殖用。冬季采收者可将根头埋在窖内，第二年春天再分根栽种。若春季采挖，可随挖随栽。根据根头大小和自然形状，用刀劈成若干个单株，每个单株保留3～4个芽，按行株距30cm×20cm栽于大田。分株繁殖虽然生长快，但繁殖系数低。

（三）田间管理

1. 间苗、定苗 直播时，当幼苗长到4cm高时要间去过密和瘦弱的小苗，按株距10cm定苗。育苗地不必间苗。

2. 中耕除草 幼苗出土后，应及时松土除草，并结合松土向幼苗四周适当培土，保持疏松、无杂草，一年需除草3～4次。

3. 追肥 苗高10～15cm时，追施人畜粪水1500～2000kg/亩。6月底至7月初，每亩追施过磷酸钙20kg+尿素5kg，行间开沟施下，覆土后浇水1次。次年收获的植株待枯萎后，于行间开沟每亩追施腐熟厩肥2000kg、过磷酸钙20kg、尿素5kg、草木灰150kg，然后覆土盖平。

4. 灌溉排水 雨季注意排水，田间不可积水，否则易烂根。遇严重干旱时或追肥后，可适当浇水。

5. 摘除花蕾 在抽出花序前将花梗剪掉，可减少养分消耗，促使根系生长，提高产量。

（四）病虫害及其防治

1. 病害及其防治 ①叶枯病，高温多雨季节易发病，主要为害叶片。防治方法：秋后清理田间，除尽带病的枯枝落叶；发病初期喷洒1：1：10波尔多液，或用50%多灵菌1000倍液喷雾，每隔7～10日喷药1次，连用2～3次；实施轮作。②根腐病，栽植2年以上者易发此病，根部呈现黑褐色病斑以致腐烂、全株枯死。防治方法：保持土壤排水良好，或将畦面整成龟背形，以利排水；及早拔出病株烧毁，病穴用石灰消毒；清除枯枝落叶及杂草，消灭过冬病原；发病前或发病时用120倍波尔多液或65%～80%可湿性代森锰锌500～600倍液喷雾或浇灌，每隔7～10日1次，连续3～4次。③白粉病，主要为害叶片，田间湿度大时易发病。防治方法：喷波美0.1～0.3度石硫合剂，或50%托布津可湿性粉剂800倍液，或50%代森铵600倍液。

2. 虫害及其防治 ①黄芩舞蛾，主要为害叶片。防治方法：秋后清园，处理枯枝落叶及残株；发病期用90%敌百虫或40%乐果乳油喷雾。②菟丝子病，缠绕茎杆，吸取养分，造成早期枯萎。防治方法：播种前精细选种；生长期发现菟丝子随时拔除；喷洒生物农药鲁保1号灭杀。

六、采收加工

通常种植2～3年后收获，在秋季茎叶枯黄到土壤土冻前或春季土壤解冻后，选择晴天将根挖出。要深挖，避免伤根和断根。将挖取得根部去掉茎叶，抖落泥土，晒至半干，去外皮，然后迅速晒干或烘干。在晾晒过程中要避免因阳光太强、晒过度而发红，同时还要防止被雨水淋湿，受雨淋后根先变绿后发黑，都会影响质量。

以条长、质坚实、色黄者为佳。

（王泽永）

龙 胆

龙胆为龙胆科植物龙胆 *Gentiana scabra* Bunge、条叶龙胆 G. manshu Yica Kitag.、三花龙胆 G. triflora Pail. 或滇龙胆 G. rigescens F－ransh. 的干燥根及根茎，属于传统中药，始载于《神农本草经》。其性寒，味苦；归肝、胆、膀胱经；具有清热燥湿、泻肝胆火、健胃等功效；主要用于治疗下焦湿热、阴肿阴痒、带下、尿赤、黄疸、肝火头痛、目赤耳聋、高热惊厥等病症。现代研究证明，龙胆主要含有龙胆苦苷、獐牙菜苦苷、龙胆碱等成分，具有保肝、利胆、健胃、抗菌等药理活性。以下仅介绍龙胆的栽培技术。龙胆主要生长于低山丘陵的林缘、山坡、路旁或荒山草丛中。黑龙江为龙胆的道地产区，目前在齐齐哈尔、北安市、富裕等地都有大面积栽培，其质量和产量均处于全国首位。

一、形态特征

多年生草本，高 30～60cm。根茎短，其上丛生多数细长的根。花茎单生。叶对生；无柄；下部叶成鳞片状，基部合生，中部和上部叶近革质，叶片卵形或卵状披针形。花多数，簇生枝顶和叶腋，无花梗；花萼钟形，先端 5 裂，常外反或开展，不整齐；花冠筒状钟形，蓝紫色，先端 5 裂，裂片卵形；雄蕊 5，着生于花筒中部；子房狭椭圆形，花柱短，柱头 2 裂。蒴果长圆形，有柄。种子多数，褐色，有光泽，具网纹，两端具宽翅。花期 8～9 月，果期 9～10 月。

二、生态习性

（一）对温度的适应

喜温和凉爽湿润，可耐－30℃低温。怕炎热、干旱和烈日曝晒，在高温干旱季节，叶片常出现灼伤现象。最适生长温度为 20℃～25℃，高于 30℃时生长缓慢。

（二）对光照的适应

喜光照充足。生于阳坡或草地时，茎粗状，叶厚，根系发达；生于林缘时，茎细，叶薄，根系不发达，而在林下则未见分布。野生龙胆一年生苗不抽茎，多生长于植物群落底层，为群落弱势种，依赖高层植物为其提供遮荫条件，光照强度约 2000lx；二年生龙胆上升到群落中层，接受到较强光照；多年生龙胆上升到群落上层，在全光下可正常生长、开花结实。人工种植龙胆，苗期需遮光，荫蔽度为 50%；成苗期荫蔽度 20%～30%。

（三）对水分的适应

生长期对水分要求不严格，但喜湿润而怕涝，苗期水分要充足。以土壤含水量 40% 左右、空气相对湿度 80% 为宜。

（四）对土壤的适应

对土壤要求不严，除低洼易涝的黏土，沙质过大、易干旱的沙土、盐碱土外，其他土质均能种植。但最适宜的土壤为富含腐殖质的壤土或砂质壤土及森林腐殖土。土壤 pH5.5～6.8 为宜。

三、生长发育规律

每年 5 月上旬返青，8 月上旬～9 月上旬开花，9 月上旬～10 月上旬果熟，10 月中旬枯萎。年生育期为 100～180 天。

（一）根的生长

种子萌发后，当年胚根发育成主根。每年5月开始在根茎处形成1至数条新根，使根数逐年增加，形成不同龄的须根系。第一年须根长10～12cm；第二年须根长可达15～20cm，直径1～2mm；第三年须根长达25～35cm，直径2～3mm。随着每年地上茎的更新和根的新生，根茎也逐年增大，老龄根逐年消亡。

（二）茎的生长

一年生苗没有地上茎，为莲座状叶丛。第二年5月上旬长出地上茎，常单一直立生长，通常不分支，但在栽培条件下，往往会生长出许多条茎。二年生苗株高30cm左右，三年生以后株高30～60cm。每年4月萌动，5月出苗，6月茎叶快速生长。

（三）叶的生长

播种后15天即可出苗，首先长出1对子叶，之后每10～15天长出1对真叶，到秋季可长出4对真叶。二年生苗11～16对叶。栽培龙胆叶片较宽，长达7～10cm，宽达0.35～1.4cm，叶片基部常抱茎，叶脉较多，最多可有5条叶脉。

（四）花的发育

植株两年开花，每株有花3～8朵。多年生植株花达10余朵，最多可达30朵。二年生苗开花稍晚，一般8月下旬开花，10月上旬停止，三年生以上植株8月上中旬开花，9月下旬停止，花期约45天。单花期为4～5天。主茎顶端先开花，叶腋花序由上至下开放。花昼开夜合，阴雨天不开放。花开闭连续4～5天，花冠不再张开，单花期就此结束，花被枯萎但不脱落。

（五）果实与种子的生长发育

果实在闭合的花冠中发育，花后22天左右成熟。成熟期为9月份。果实成熟后自然开裂，种子伴随果实开裂散出。

种子为黄褐色，条形，细小，长1.6～2.3mm，宽0.4mm左右。种皮膜质，向两端延伸成翅状，胚乳椭圆形，位于种子中央。胚条状，位于胚乳中心，与长轴平行，胚率为70%，千粒重仅为30mg左右。寿命较短，不耐贮藏。在自然条件下贮存5个月，发芽率由80%降低到30～40%，40℃高温下贮藏40天，种子将全部丧失发芽力。所以须在5℃以下低温保存，在室内一般条件下沙藏可延长寿命。种子萌发需要光，为光敏性种子。种子萌发要求较高的温湿度，如湿度合适，25℃～28℃下约4天即可发芽，28℃发芽率可达70%，如低于此温度，发芽率显著下降。

三、种质资源状况

同科同属植物三花龙胆 *G. triflora* Pall.、条叶龙胆 *G. manshurica* Kitag.、坚龙胆 *G. rigscens* Franch. 的根与根茎，亦可作为龙胆药用。由于种植历史较短，生产中尚未选育出优良品种。

四、栽培技术

（一）选地与整地

1. 育苗地　种子育苗可分为室内育苗和室外育苗。室内苗床：在温室或室内用育苗盆（直径33～40cm，高10cm）或育苗箱（60cm×30cm×10cm）装满培养土（腐殖土∶田土∶细沙为2∶1∶1），刮平后用压板压实待播。苗土稍低于箱边2～3cm。室外育苗地宜选择背风向阳、靠近水源、地势较高的地方，忌低洼地，土壤以腐殖质丰富的砂质壤土为宜，微酸性（pH5.5～6.8）、土层深厚、疏松肥沃的荒地或二荒地较好。若是熟地，前作以玉米、豆类为好。播种前，结合整地，每亩施厩肥2000～3000kg，耙细整平，作成宽1.2m、高15cm的畦。

2. 种植地 宜选温暖潮湿、背风向阳的平地或缓坡地，土壤以土层深厚、富含腐殖质的沙质土壤或森林腐殖土为宜。忌连作，前作以玉米为好，不宜选择菜田或马铃薯田。播种或移栽前，结合深翻，每亩施充分腐熟农家肥2000～3000kg，然后耙细、整平作畦。畦宽1.2～1.5m，高20cm，长度适中，畦间距50cm。

（二）繁殖方法

以种子繁殖为主，也可扦插繁殖和分根繁殖。

1. 种子繁殖 龙胆种子细小，萌发时需较高温度和较大湿度，同时又需一定光照，所以直播不易成功，须采用育苗移栽的方法。①育苗，分为秋播和春播，秋播在10月中下旬，春播在4月上旬至5月上旬。如室内播种可适当提前，当平均温度在8～10℃时就可在已作好的畦上播种。首先浸种催芽，即将种子喷透水包于布内，再放到平盘上，在25℃～28℃催芽，经常翻动种子并喷水保持湿度，4～7天即可发芽。催芽时白天将布包打开见一定量的光照，每天漂洗2次。用500mg/kg赤霉素溶液浸泡种子0.5～1h能代替光敏效应，提高发芽率。当种子有50%露小白芽时，将其放入配制好的保水剂悬浮液或清水中用大孔喷壶或水泵将种子均匀喷洒在播种畦上，播种量2～3g/m²，播后不覆土，覆盖1层苇帘、草帘或松针等，用来保温、保湿、遮阴，便于种子萌发和幼苗生长。经常用小喷雾器喷水并覆盖，始终保持土壤湿润。长出1对子叶时将草帘架起，长出3～4对真叶后可撤帘，二年生以后的植株不需再盖帘，任其自然生长。②苗期管理，主要是对温湿度和光照进行合理控制。种子萌发和幼苗生长最适温度为20℃～25℃，可采用通风和盖帘等方法控制温度和光照。土壤含水量要保持在40%左右，此外可通过覆盖物保湿，也可再采用喷雾保持畦内土壤湿度。切忌在苗床上直接浇水，否则会造成幼苗倒伏死亡。在种子未扎根前最好不喷水，缺水严重可用喷雾器喷向空中再落到畦面上，注意雾滴要细小。室内的育苗盆或育苗箱应放在盛水的容器内从底孔处或箱缝处润水。幼苗期怕直射光，要保证透光率在30%左右，可在苗床上盖透光1/3的竹帘或遮阴网以避开强光。此外，要勤锄草、间苗。③移栽，在温度适宜时，播种后7～10天出苗，一年生小苗除1对子叶外只长3～6对基生叶，无明显地上茎。到10月上旬叶枯萎，越冬芽外露，小苗根端粗约1～3mm，根长10～20cm，此时移栽成活率低。可在第二年春或秋季移栽。在准备好的畦上按行距15～20cm开沟，沟深25～30cm，将苗按5cm株距摆于移栽沟内，顶芽低于畦面2～3cm，然后覆土、镇压、浇水。上面盖1层马粪或枯草、树叶等，利于保湿防寒。

2. 分根繁殖 植株生长3～4年后，随着各组芽的形成，根茎也有分离现象，形成既相连又分离的根群。挖起后掰开，分成几组根苗，再按种子繁殖移栽法栽植。

3. 扦插繁殖 6月份剪取地上茎，每3～4节截为一插条，将下部叶剪掉，用100mg/kg萘乙酸溶液浸泡插条基部24h，取出后，按行株距10cm×5cm扦插于插床内，深约3cm，保持土壤湿润并适当遮阴。3～4周生根，7月下旬定植。定植方法同种子繁殖移栽法。

（三）田间管理

1. 撤帘 出苗后将覆盖的草帘架起来，当小苗长出3～4对真叶时全部撤掉。

2. 中耕除草 从5月上中旬开始，在移栽地，用小锄在行株间松土除草3次，每7~10天1次。

3. 灌溉、排水 5~6月份春旱时要及时浇灌，一次浇透为好。7~8月雨季，如发生水涝时应及时排水。

4. 追肥 生长期应追肥2~3次，每次每亩可施厩肥1000kg，并配合施用过磷酸钙15~20kg，以促进根的发育。

5. 摘蕾 植株出现花蕾后，除留种田外应及时摘除，以减少不必要的养分消耗，促进根系发育，可显著提高产量。

6. 间作 在两畦间种植2行玉米，玉米株距80~100cm，可起到遮阴作用。

（四）病虫害及其防治

1. 病害及其防治 ①斑枯病，主要危害叶片。发病初期叶片上出现枯斑，随病情发展病斑加大，叶片枯死。发病初期对植株影响较小，但当病情指数大于60时，药材产量及质量将明显下降。防治方法：移栽前用50%甲基托布津或50%多菌灵500~800倍液浸种3~4h，然后定植；在5月初开始定期喷药，可选用50%代森锌500倍液；与高秆玉米等作物间作，可明显减轻发病率；采用合理轮作，搞好田间卫生，秋季彻底清园，把残枝落叶彻底烧毁。②立枯病，多发生在1对子叶的苗期，导致幼苗折倒死亡。防治方法：用50%多菌灵15g/m^2播前土壤消毒，出苗后喷70%甲基托布津1000倍液，每7天1次，连续3次；冬季清园，处理病残株，减少越冬菌源。

2. 虫害及其防治 虫害主要有花蕾蝇，幼虫危害花蕾，导致花不能结实。防治方法：成虫产卵期喷40%乐果1500~2000倍液，每7~10天喷1次，连续喷2~3次。

六、采收加工

种植3年后可采收，春季或秋季均可。秋季采收以10月中旬至封冻前最佳。采收时，从畦的一端开始起挖，抖净泥土，去除地上茎叶，用清水洗净后阴干。至7成干时，将根条顺直，捆成小把，每把0.25~0.5kg，再阴干到全干。

以根条粗长、黄色或黄棕色、无碎断者为佳。

（张 芳）

苦 参

苦参为豆科植物苦参 Sophora flavescens Ait. 的干燥根，又名苦骨、苦槐、水槐、地槐、野槐、白茎、虎麻、禄白、陵郎等，属于传统中药，始载于《神农本草经》。其味苦，性寒；归心、肝、胃、大肠、膀胱经；具有清热燥湿、杀虫、利尿等功效；主要用于治疗热痢、便血、黄疸尿闭、赤白带下、阴肿阴痒、湿疹、湿疮、皮肤瘙痒、疥癣麻风等病症，外治滴虫性阴道炎。现代研究证明，苦参根含多种生物碱，如d-苦参碱、d-氧化苦参碱、槐花醇、1-甲基金雀花碱及槐果碱等，还含有黄腐醇、异黄腐醇、3，4，5-三羟-7-甲氧-8-异戊烯基黄酮、8-异戊烯基山柰酚等黄酮类物质，具有抗菌、抗炎、抗肿瘤、抗心律不齐等药理活性。苦参产我国南北各省区，生于山坡、沙地草坡灌木林中或田野附近、海拔1500m以下。印度、日本、朝鲜、俄罗斯西伯利亚地区也有分布。太行山区的山西、河北，秦岭山区的陕西、甘肃等省区，野生苦参资源丰富。

一、形态特征

草本或亚灌木，高1m左右，稀达2m。茎具纹棱。羽状复叶；托叶披针状线形；小叶6～12对。总状花序顶生，长15～25cm；花多数，疏或稍密；花冠比花萼长1倍，白色或淡黄白色，旗瓣倒卵状匙形，翼瓣单侧生；雄蕊10；子房近无柄，被淡黄白色柔毛，花柱稍弯曲，胚珠多数。荚果长5～10cm，种子间稍缢缩，呈不明显串珠状，稍四棱形，成熟后开裂成4瓣，有种子1～5粒；种子长卵形，稍压扁，深红褐色或紫褐色。花期6～8月，果期7～10。

二、生态习性

系深根植物，喜温暖气候，多生于湿润、肥沃、土层深厚的阴坡、半阴坡或丘陵，也生长于沙漠湿地、灌木草丛。适应性强，以土层深厚、肥沃、排水良好的砂壤土和壤土为佳，低洼易积水之地不宜种植。

三、生长发育规律

一年内随着季节、气候变化，经历着萌芽、抽梢、现蕾、开花、结实、根系生长等时期。4月份长出新叶。无性繁殖者7月出现花蕾，花期半月左右；10月种子成熟，11月开始脱落。有性繁殖者生长缓慢、矮小，参差不齐，当年大多不能开花结实。进入冬季，植株开始枯萎、倒苗，次年3月又重新发芽长枝。翌年春，茎芽横生形成水平地下茎并发育形成地上植株。第二年秋末，地下茎萌生若干茎芽。第三年春，横生形成地下茎网络，向上形成地上株群。第二年可开花结实。花为风、虫媒花，可自花或异花授粉。根系发达，地上植株长得越粗壮，地下根系越发达。

四、种质资源状况

不同产地来源苦参植株的茎秆、叶数、叶干质量、根生长动态基本一致，叶数和叶干质量均在8月下旬达到高峰，而根干质量在10月下旬达最高。不同来源苦参生长量存在差异，河北承德苦参株高最低，根干质量最高，叶在前期生长较快，后期衰老也较快，表现出早熟特性；甘肃苦参株高最大，茎叶繁茂，后期落叶速率较慢，具有晚熟、产量中等的特性；河南卢氏苦参产量最低。苦参种质资源圃已经建立，已对不同种质苦参植物学、生物学特性、产量、品质及适应性等相关性状进行了比较研究。

五、栽培技术

（一）选地与整地

选择土层深厚、肥沃、排水良好的砂质壤土，每亩施堆肥或厩肥2000～3000kg，深耕20～25cm，整平耙细，作宽120～130cm的平畦或高畦。

（二）繁殖方法

1. 有性繁殖　①种子处理，种子有硬实性，必须经过处理才可播种，否则出苗极不整齐。种子处理方法：A. 砂纸磋磨，将种子用细砂纸磋磨，至表面失去光泽为止；B. 用60℃以上热水甚至开水烫种；C. 用98%浓硫酸浸泡种子30分钟。②大田直播，4月中旬至5月上旬进行，按行距50～60cm，株距30～40cm开穴，每穴播种4～5粒，用细土拌草木灰覆盖，15～20天后出苗。待苗高6～10cm时定苗，每穴留壮苗2株。③育苗移栽，在露地或者保护地建苗床，苗床按宽150cm作畦。畦与畦之间留工作道。落水下种，点播或撒播，覆盖细土0.5～1.0cm，覆盖地膜或遮阳网保温保湿，幼苗出土后及时揭去薄膜及覆盖物。大棚育苗一般是冬末育苗，春末移栽；露地育苗，晚春育苗，秋末移栽。

2. 无性繁殖 ①地下茎分割繁殖，苦参植株生有大量横生地下茎，其上生有不定根，生产中结合采挖可剪取地下茎，每段地下茎带1～2芽。播种时将地下茎水平放置，芽向上，覆盖湿润细土。②芦头分割繁殖，秋末或早春采挖时将芦头切下，视芦上的越冬芽及须根切块繁殖。每个切块要有1～2个壮芽，并带有须根。按规定株行距挖穴栽培即可。

（三）田间管理

1. 间苗和补苗 当苗高5～10cm时，按株距5cm间苗。苗高10～15cm时，按株距15～20cm定苗。穴播者每穴留苗2株。发现缺苗，及时用间下的幼苗补栽，保证苗齐苗全。

2. 中耕除草 齐苗后进行第1次中耕除草，以后每隔1个月除草1次，生长期保持地内无杂草。每年追肥3次，第一次在5月中下旬苗高15cm时，结合除草每亩施稀薄人、畜粪水1500kg，第二次在7月苗高50～70cm时，再追肥1次，每亩施人畜粪水2500kg、过磷酸钙50kg。第三次在冬季苗枯后，结合中耕，每亩施腐熟厩肥或堆肥1500～2000kg、饼肥50kg或过磷酸钙50kg，于行间开沟施入，施后用畦沟土盖肥，与畦面齐平。

3. 摘蕾摘花 除留种田外，5月份及时摘除花苔，使养分集中于地下，促进根部生长，有利于增产。

4. 留种 选取健壮植株留种，一是加强水肥管理，二是适当疏花、去掉侧枝花序，同时对主花序去顶（1/3～1/4），以便获取饱满的籽粒。当果实由绿变黄褐色或棕褐色时采收，稍加晾晒，人工或机械脱粒，除净果皮等杂物，晾晒5～7天，置通风干燥处存放。

（四）病虫害及其防治

1. 病害及其防治 ①苦参白粉病，主要发生于叶片正面，开始出现极小的白色稀疏粉状物，随着病害发展，粉状霉层不断加厚，病斑面积不断扩大。受害部位由绿变褐，无霉层覆盖部位逐渐变黄，致使全叶卷曲，最终脱落。7月中下旬开始发病，9月中旬达高峰期。防治方法：烧毁残株落叶，减少越冬菌源；发病初期、中期及后期各喷药1次，用25%粉锈宁4000倍液喷雾。②苦参叶斑病，发病初期叶片出现褐色小点，后病斑扩大、变白，病斑呈圆形，直径3～8mm。病斑上出现黑色小颗粒，颗粒物排列成同心轮纹。发病叶片在病斑以上逐渐变黄，提早脱落。一般仅在7月发病。防治方法：轮作；及时除去病组织、集中烧毁；从发病初期开始喷药，常用药剂有20%硅唑·咪鲜胺1000倍液，38%恶霜嘧铜菌酯800～1000倍液，4%氟硅唑1000倍液，50%托布津1000倍液，50%克菌丹500倍液等。

2. 虫害及其防治 ①苦参野螟，6月出现幼虫，初龄幼虫取食叶片下表皮，造成圆形天窗；8月下旬～9月上旬，大龄幼虫取食叶片边缘，造成缺刻，或将叶片吃光仅残留叶柄。防治方法：及时清除田间残枝落叶；喷洒0.5%甲氨基阿维菌素苯甲酸盐微乳剂2000～3000倍液+4.5%高效顺式氯氰菊酯乳油1000～2000倍液，或22%氰氟虫腙悬浮剂2000～3000倍液，或15%阿维·毒乳油1000～2000倍液，或2%阿维·苏云菌可湿性粉剂2000～3000倍液，始花期开始用药，视虫情隔5～7天喷1次。

六、采收加工

种子繁殖二、三年可以采收，采收时间分为秋季和春季。秋季在植株枯萎之后采收，春季在植株萌芽之前采收。采收时，先除去枯枝，再从一端采挖，挖全根系，除净泥土，剪去残茎和细小侧根，晾晒，至七成干时扎把，再晾至完全干燥为止。

以色黄、味苦、粗壮、质坚实、无枯心为佳。

（乔永刚）

第三节 清热凉血药

该类中药多为咸寒之品，咸以入血、寒能清热，故有清解血分热毒的作用。主要用于热入心包、内陷营血的血分实热证，见高热不退、斑疹吐衄、神昏谵语、舌绛而干者。常用中药有生地黄、玄参、牡丹皮、赤芍、紫草等。本节仅介绍生地黄、玄参、牡丹皮的栽培技术。

生地黄

生地黄为玄参科植物地黄 *Rehmannia glutinosa* Libosch 的干燥块根，为传统中药之一，始载于《神农本草经》。其味甘，性寒；归心、肝、肾经；具有清热凉血，养阴，生津等功效；主要用于治疗热入营血，温毒发斑，吐血衄血，热病伤阴，舌绛烦渴，津伤便秘，阴虚发热，骨蒸劳热，内热消渴等病症。现代研究证明，地黄根茎主要含有β-谷甾醇、甘露醇及少量豆甾醇、菜油甾醇，还有地黄素、梓醇苷、生物碱氨基酸等成分，具有抗肿瘤、降血糖、抗衰老等药理活性。目前生地黄药材商品主要来自人工栽培，野生地黄一般不药用，我国栽培地黄的历史至少已有900余年。野生地黄分布于华北、西北、华东、中南地区及辽宁、贵州等省份，栽培药材主产于河南、山东，以河南省温县、孟县、沁阳、博爱、武陟等县栽培历史最长、产量最高、质量最佳，畅销国内外，俗称“怀地黄”，为著名的道地药材。

一、形态特征

多年生草本。株高25~40cm，全株密被灰白色长柔毛。根茎肥大，呈块状，茎直立。基生叶丛生，叶片倒卵形或长椭圆形，先端钝，基部渐狭下延成长叶柄；花成稀疏的总状花序，顶生；紫红色或淡紫红色，二唇状；雄蕊4，二强，着生于花冠筒的基部；子房上位。蒴果卵圆形，外为宿存花萼所包。花期5~6月。

二、生态习性

喜光植物，植地不宜靠近林缘或与高杆作物间作。当土温在11℃~13℃，出苗要30~45天，25℃~28℃最适宜发芽，在此温度范围内若土壤水分适合，种植后一周发芽，15~20天出土；8℃以下根茎不能萌芽。喜温和气候和阳光充足的环境，但有“三怕”，即怕旱、怕涝和怕病虫害。适宜在土层深厚、疏松肥沃、排水良好、微碱性的砂质土壤上种植，粘性大的红壤、黄壤或水稻土不宜种植。

三、生长发育规律

多用块根繁殖，从块根作为种栽播种到形成新的根状茎，其生长发育基本上分为以下四个阶段：幼苗生长期、抽苔开花期、丛叶繁茂期、枯萎采收期。

（一）幼苗生长期

种栽播种后，其芽眼萌动发芽适温为18℃～20℃，约10天出苗，如温度在10℃以下，块根不能萌芽，且易造成腐烂，因此应在早春地温稳定超过10℃时下种。

（二）抽苔开花期

出苗后大约20天左右就能抽苔开花，开花的早晚、数量与地黄的品种、种栽的部位和气候条件等因素相关。抽苔开花时要消耗营养物质而影响地上部的生长及地下块根的有效物质积累，所以在栽培时要选择优良品种、适期播种，并创造良好的生长环境，以控制或减少抽苔开花。一旦开花，要及早摘除花蕾，减少损失。

（三）丛叶繁茂期

7～8月期间，光照充分，地温一般在25℃～29℃之间，其地上部生长最为旺盛，地下块根也迅速伸长，是增产的关键时期。当地温在15℃～17℃左右，块根进入迅速膨大期，此时土壤水分过大，不利于块根膨大，且易造成块根腐烂，最适宜的土壤含水量在25%～30%，应注意做好雨季排水防涝工作。

（四）枯萎收获期

9月下旬，植株生长发育进入后期，生长速度放慢，地上部出现“炼顶”现象，即地上心部叶片开始枯死，叶片中的营养物质逐渐转移至块根。10月下旬生长基本停滞，此时期即为地黄采收期。

四、种质资源状况

我国地黄属植物有6个种，只有1种供药用，并有2个栽培变种，即怀庆地黄和苋桥地黄。目前大面积栽培的主要是怀庆地黄，由于种植历史悠久，目前人工选育出的主要优良品种有：①温85－5，株型中等，叶片较大呈半直立状，产量高．加工成货等级高，抗斑枯病一般，耐干旱，是怀药产区种植面积最大的品种；②北京1号，株型较小，整齐，对土壤肥力要求不严，适应性广，地下块根膨大较早，产量高，生长集中，便于收获，但抗斑枯病差，有花叶病，目前生产上有一定的种植面积；③金状元，为传统品种，块根粗长，皮细色黄个大，多呈不规则纺锤形，产量高，加工等级高，但抗病性差，折干率低，因该品种退化严重，生产上种植面积很小；④白状元，株型大、半直立，产量高但不稳定，抗涝性强，抗病能力差；⑤小黑英，植株较小，块根为球形，单株产量较低，可适当密植，抗病和抗涝性较强；⑥邢疙瘩，体形大，生育期长，抗逆性较差，需肥多，产量和折干率低，宜于疏松肥沃的砂质壤土上作早地黄栽培。

五、栽培技术

（一）选地与整地

宜选土层深厚、土质疏松、腐殖质多、地势干燥、能排能灌的中性和微酸性壤土或砂质壤土，在黏土中生长不良。忌连作，一般经6～8年轮作后方能再行种植，前茬以小麦、玉米为好，油菜、花生、棉花和瓜类等不宜作为前作或邻作，否则易发生红蜘蛛或感染线虫病。

地选好后，于秋季深耕30cm，结合深耕施入腐熟有机肥料4000kg/亩，次年3月下旬亩施饼肥约150kg。灌水后（视土壤水分含量酌情灌水）浅耕（约15cm），并耙细整平做成畦，畦宽120cm，畦高15cm，畦间距30cm。习惯垄作，垄宽60cm。由于地黄生长对水分要求较高，故在整地时要求设畦沟、腰沟、田头沟三沟相连，并与总排水沟相连，保证排水、灌水畅通。

（二）繁殖方法

块根繁殖和种子繁殖。块根繁殖是生产中的主要繁殖方法；种子繁殖主要用于复壮或防止品种退化。

1. 块根繁殖 选健壮、外皮新鲜、无病斑虫眼的块根作种栽，将其掰成2～3cm小段，每段至少有2～3个芽眼。种栽不宜太小或太大，太小虽然发芽出土快，但幼苗不茁壮，产量不高；太大，用种量大，容易腐烂而缺株。也不宜选择生长在土表下1寸左右的根茎（俗称串皮根）留种，否则易发生退化。多春栽，早地黄（或春地黄）河南产区4月上旬栽植，晚地黄（或麦茬地黄）5月下旬至6月上旬栽植。南方地区栽植期比北方要早。栽植时按行距30cm开沟，在沟内每隔15～18cm放块根1段（每亩6000～8000段，约20～30kg），然后覆土3～4.5cm，稍压实后浇透水，15～20天后出苗。

2. 种子繁殖 是在田间选择高产优质的单株，收集种子播在盆里或地里，先育1年苗，次年再选取大而健壮的块根移到地里继续繁殖，第三年选择产量高而稳定的块根繁殖，如此连续数年去劣存优，可以获得优良品种，产量往往高于当地品种的30%～40%。种子繁殖在3月中、下旬至4月上旬于苗床播种，播前先进行浇水，待水渗下后，按行距15cm条播，覆土0.3～0.6cm，以不见种子为度，出苗前保持土壤有足够水分。苗现5～6片叶时，就可移栽大田。移栽时，行距为30cm，株距15～18cm，栽后浇水，成活后应注意除草松土。种子繁殖后代不整齐，甚至混杂，生产上一般不采用。

（三）田间管理

1. 间苗、补苗 苗高3～4cm，即2～3片叶时，要及时间苗。间苗时去劣留优，每穴留1株壮苗。发现缺苗及时补苗。补苗最好选阴雨天进行。补苗要尽量多带原土并及时浇水，以利幼苗成活。

2. 中耕除草 封垄前经常松土除草。幼苗期浅松土2次。第一次结合间苗进行，注意不要松动块根处；第二次在苗高6～9cm时进行，可稍深些。地黄茎叶快封行、地下块根开始迅速生长时停止中耕，杂草宜用手拔，以免伤根。

3. 摘蕾、去“串皮根”和打底叶 为减少开花结实消耗养分，促进块根生长，当孕蕾开花时，应结合除草及时将花蕾摘除，并及时除去沿地表生长的“串皮根”。8月当底叶变黄时也要及时摘除黄叶。

4. 灌溉排水 植株生长发育前期，生长发育较快，需水较多，应视地情浇水1～2次，但注意不要在发芽出土时浇水，否则易回苗。进入伏天后，正常年景下不应再浇水，若必须浇水，应掌握“三浇三不浇”的原则，即久旱不雨浇水，施肥后浇水，夏季暴雨后用井水浇1次，天不旱不浇水，正午不浇水，天阴欲雨不浇水。在夏季三伏天浇水要特别慎重，只有在久旱土壤握不成团，叶片中午萎蔫，晚上仍不能直立时再浇水，否则不浇水。浇水须在早上9点以前、下午5点以后进行。

5. 追肥 追肥应采用“少量多次的追肥方法”，可分叶面追肥和根际追肥。①叶面追肥，在5片真叶以后叶面连续喷施150倍尿素水溶液3～4次，间隔7～10天。②根际追肥，在生产中视苗情可追肥3次，但以15片真叶时最为关键，一般追施尿素40kg/亩，过磷酸钙20kg/亩，硫酸钾40kg/亩。

（四）病虫害及其防治

1. 病害及其防治 ①斑枯病，又名叫青卷病，6月中旬初发，初期病情发展缓慢，

7月下旬进入第1个发病高峰期，8月由于高温的抑制作用，斑枯病处于缓慢发展期，进入9月随气温降低又有利于病害发展，形成第2个发病高峰，持续到10月上、中旬。如遇连阴雨天气骤晴，病害蔓延更快。基部叶片先发病，初为淡黄褐色，圆形、方形或不规则形，无轮纹，后期呈暗灰色，上生细小黑点，病斑连片时，导致叶缘上卷，叶片焦枯。防治方法：收获后，收集病叶，集中掩埋或烧毁；加强水肥管理，避免大水漫灌；雨季及时排水，降低田间湿度；增施磷钾肥，提高植株抗病能力；发病初期，先用80%比克600倍液喷洒，然后酌情喷洒50%多菌灵600倍或70%甲基托布津可湿性粉剂800倍液，间隔10天左右喷1次。②枯萎病，包括根腐病和疫病两种类型，根腐病表现为地上部叶片萎蔫，地下部茎基、须根和根茎变褐腐烂。疫病发生初期，病株基部叶片上先从叶缘形成半圆形、水清状病斑，后病斑愈合，蔓延至叶柄和茎基，导致整株萎蔫。在大田，两种病害混合发生，均导致地上部叶片枯萎。防治方法：起垄种植，垄高20~30cm；严格控制土壤湿度，特别是在6~8月份，严禁大水漫灌和中午浇水，开挖排水沟，防止雨季田间积水；播种时用奇多念生物肥，每株0.25g撒施，苗期淋灌，或苗期发病前用2%农抗120水剂200倍淋灌预防；播种时用10%多毒水剂每亩6kg或50%福美双可湿性粉剂每亩6kg处理土壤；发现病株，及时用50%敌克松500倍或5%菌毒清400倍加50%多菌灵500倍液喷淋2~3次，保证药液渗到茎基部，间隔7~10天喷淋1次。③病毒病，一般在6月初发病，发病时部分或整株叶片上出现黄白色或黄色斑驳，常呈多角形或不规则形，叶片皱缩。防治方法：采用脱毒种苗。除上述外，常见病害还有黄斑病、轮斑病、细菌性腐烂病、线虫病（土锈病）、胞囊绒虫病等。

2. 虫害及其防治　①小地老虎，幼虫多在心叶处取食，在苗期危害严重，常造成缺苗断垄。一年中可发生数代，成虫白天潜伏在土层中，夜晚活动、取食、交配、产卵，卵期一般7~13天，3龄以上幼虫危害严重。防治方法：早春清除田间及地头杂草，防止成虫产卵；5~6月份为害期，每日清晨检查，发现新被害苗时立即在其附近挖杀幼虫；采用黑光灯或糖醋液诱杀成虫或傍晚田间每隔一定距离放一泡桐叶诱集幼虫，早晨翻开叶进行捕杀；低龄幼虫发生时，可喷洒90%敌百虫1000倍液或50%辛硫磷800倍液毒杀。②甜菜夜蛾，初孵幼虫群居或散生于丝网下为害，三龄以后进入暴食期可转株为害，常将叶片咬成空洞状，严重时仅剩叶脉。6月下旬出现低龄幼虫为害，7~9月为害最重。防治方法：采用黑光灯诱杀成虫；各代成虫盛发期用杨树枝扎把诱蛾，消灭成虫；及时清除杂草，消灭杂草上的低龄幼虫；人工捕杀幼虫；在低龄幼虫发生期，轮换使用10%除尽、20%米螨等农药喷洒。除上述害虫外，还有牡荆肿爪跳甲、红蜘蛛和拟豹纹蛱蝶幼虫、棉铃虫和负蝗等。

六、采收加工

（一）采收

10月底，当叶逐渐枯黄，茎发干萎缩，苗心练顶，停止生长，根开始进入休眠期，块根变为红黄色时即可采收。采收时先铲去植株地上部分，在地边开一沟，深1尺左右，然后顺沟逐行挖掘。从田中刨出块根后，去净表面附着的泥土杂物，按大小分别挑选分堆，以便火焙加工。鲜地黄不宜长时间存放，应及时加工。

（二）产地加工

生地黄加工方法有烘干和晒干两种。

1. 烘干　将挑选好的鲜地黄，一、二级货装到母焙中，其余三、四、五级货堆放于子焙上，其厚度约45cm。装焙完成后，掌握火候是焙地黄的关键技术，50～60℃为宜，火候要稳定，切忌火候忽大忽小，以防地黄焙吹焙流；初焙1天或1天半时翻焙1次，以后每天翻焙1～2次，随翻焙随拣出成货，一般一焙需6～7天；焙好的生地，下焙后，要堆闷出汗3～4天，使表里干湿一致，再行传培3～4h，火候50℃为宜，下焙，方可成货；将焙好的地黄再用文火焙2～3h，火候60℃，全身发软时，取出，趁热搓成圆形，即为圆货生地。

2. 晒干 将采挖的块根去泥土后，直接在太阳下晾晒，晒一段时间后堆闷几天，然后再晒，一直晒到质地柔软、干燥为止。由于秋冬阳光弱，干燥慢，不仅费工，而且产品油性小。

以肥大、体重、断面乌黑油润者为佳。

（董诚明）

玄　参

玄参为玄参科植物玄参 *Scrophularia ningpoensis* Hemsl. 的干燥根，别名浙玄参、元玄参、乌玄参，为传统常用中药，始载于《神农本草经》。其性寒，味苦；归肺、胃、肾经；具有凉血滋阴、清热解毒等功效；主要用于治疗热病伤阴、津伤便秘、目赤、咽痛等病症。现代研究证明，玄参化学成分有50多种，主要含有环烯醚萜、苯丙素苷、有机酸及挥发油等，具有保肝、抗炎、抗血小板聚集等药理活性。随着研究逐步深入，玄参的应用范围越来越广，早期所用玄参以野生者为主，野生玄参主要分布在云南、四川、贵州、湖北、广西、安徽，随着市场需求量的不断增加，现在玄参主要商品来源于栽培，主产于浙江、重庆。

一、形态特征

多年生、深根性草本植物。株高60～150cm。根肥大，圆柱形或纺锤形，外皮灰黄褐色，纵皱极多，具皮孔，顶端具多数由白色鳞片包裹的芽。茎直立、方形。叶对生，叶片卵形或卵状椭圆形。聚伞花序疏散开展，呈圆锥状，花着生于枝茎上部。花萼具5萼片，卵圆形，先端钝，绿色；花冠暗红紫色，唇形，长约8mm，5裂。雄蕊5枚，4枚有花药，2强，1枚退化呈鳞片状；雌蕊1枚。花盘明显，子房上位，2室，花柱细长。蒴果卵圆形。种子多数，黑褐色。花期6～10月，果期9～11月。

二、生态习性

喜温暖湿润气候，耐旱、耐寒（能耐－16℃低温）。对土壤适应性强，以土层深厚、疏松肥沃、结构良好、含腐殖质多、排灌方便的砂质壤土为宜。土壤粘紧、排水不良的低洼地不宜栽种。

三、生长发育规律

秋季种植，地上部生长时间为3～11月，220～240天，要求有效积温为5885℃，降雨量为1276mm。芽头繁殖栽种后，于翌年春3月中旬开始萌芽，5月初可全面封行，6月底开始抽薹开花，10月底逐渐枯萎。完成1个生长周期可分为4个阶段：①萌芽期（3月中下旬至5月），3月中下旬气温开始升高，平均气温为12℃～13.6℃时开始发芽出苗；②旺盛生长期（5～7月），生长速度随气温升高而逐渐加快，平均气温达20℃～27℃，5月即可全面封行，6月底开始抽薹开花，地上部生长发育达高峰期，根部生长也逐渐加快；③块根膨大期（8～9月），此时期平均气温21～26℃是根部生长的最佳时期，根部明显增粗增重；④停滞期（10～11月），气温逐渐下降，生长速度缓慢，11月地上部开始枯萎。

四、种质资源状况

研究发现，不同产地或不同种群玄参遗传上发生了分化，生产中也出现了不同的农家品种，在此基础上经系统选育形成了恩玄参1号新品种，并通过了省级农作物品种审定委员会的审定。该品种特征特性为：植株直立，茎四棱形，叶对生，平均分枝5.5个，平均株高168.2cm，茎基粗1.6cm，最大叶长12.0cm、宽10.5cm，每株子芽6～10个、块根6～8个，单株鲜块根重量380～410g，鲜块根折干率24%左右。

五、栽培技术

（一）选地、整地

喜温暖湿润气候，抗肥水、抗旱等能力较强，较耐寒，茎叶能经受轻霜。对土壤要求不严，南北方均可生长，平原、丘陵以及低山地均可栽培，海拔对生长影响不显著，一般种植在低海拔（600m）地区，但也可在高海拔（1200m）地区种植，田间积水易造成根部腐烂而减产。沙质、腐殖质多、肥沃、土层深厚、结构良好、排灌方便的土壤有利于生长，粘土、排水不良低洼地不宜种植。吸肥力强，病虫害多，忌连作，轮作要在3～5年以上。选择好地块后深翻，施以足量基肥，配施适量磷肥、钾肥。通常深耕25cm，整平、细作后，作1.2～1.4m宽平畦。

（二）繁殖方法

主要有子芽繁殖、种子繁殖、分株繁殖和扦插繁殖，以子芽繁殖为主。

1. 子芽繁殖 根据地区和气候的不同分为冬种和春种。栽培前先挑选无病、粗壮、洁白的子芽留种，按行距40～50cm、株距35～40cm开穴，穴深8～10cm，每穴种1个芽头，芽朝上。冬种于12月中下旬至翌年1月上旬栽种，春种于2月下旬至4月上旬栽种。单垄种植模式：55cm宽开畦起垄，垄宽25cm，沟宽30cm，株距25cm。宽垄双行种植模式：80cm宽开畦起垄，垄宽50cm，沟宽30cm，株距33cm。厢栽平作模式：1.3m宽开厢，厢宽1m，沟宽30cm，行株距25cm×33cm。

2. 种子繁殖 春播或秋播。秋播幼苗于田间越冬，翌年返青后适当追肥，加强田间管理，培育1年即可收获。春播宜在早春将种子播种到阳畦中进行育苗，至5月中旬苗高5～6cm后定植，当年可收获。

3. 分株与扦插繁殖 分株与扦插繁殖应用较少。分株繁殖成活快；扦插繁殖的植株要生新根，成活慢，但成活后长势好，特别是根部发育好，根粗大、数量多。7月份用嫩枝扦插成活率可达75%，第3年收获，产量高。扦插繁殖可作为增加生产面积、提高产量的辅助繁殖方法。

（三）田间管理

1. 中耕除草 中耕不宜过深，以免伤根。从4月中旬至6月中旬进行3～4次。6月中旬以后植株生长旺盛，杂草不易生长，不必再中耕除草。

2. 培土 培土一般在6月中旬施肥后进行。培土可保护子芽，使白色子芽增多，芽瓣闭紧，减少花序、青芽、红芽，提高子芽质量，还有固定植株、防止倒伏、保湿抗旱和保肥作用。

3. 灌溉排水 一般不需灌溉，但干旱时要灌溉，使土壤保持湿润，有利于植株生长。雨季田间积水时应及时排水，可减少烂根。

4. 打顶 玄参药用部位是块根，开花结实要消耗大量养分，影响根部膨大，因此开花时（7~8月）要将植株顶部花序摘除，使养分充分集中到根部，促进根部膨大，提高药材产量。打顶通常分2次进行，第一次于7月中旬蕾末期至始花期，选晴天露水干后打顶，第二次打顶期间植株已高达1.5~2m，用镰刀将上部1/3茎杆及侧枝割去，20~30天后再将重新萌发出的侧枝处理1次。打顶不宜过早或过迟，过早会影响植株成长壮大，且易刺激形成大量赘枝，过迟则消耗养分过多。

（四）病虫害及其防治

1. 病害及其防治 ①斑枯病，4月中旬发生，6~8月发病较重，直到10月为止。防治方法：收获后，收集残株落叶集中烧毁；实行轮作；加强田间管理，增施磷钾肥，增强抗病力；发病初期喷1:1:100波尔多液，连续3~4次。②叶斑病，4月中旬开始发生，5~6月较重。7月后因气温上升病情逐渐减轻。防治方法：收获后，清除田间残株病叶；与禾本科作物轮作；加强田间管理，提高植株抗病力；从5月中旬开始喷晒波尔多液（1:1:100），每10~14天喷1次，连续4~5次。③白绢病，危害根部。一般发病于4月下旬，7~8月较重，9月停止。防治方法：实行轮作；拔除病株，病穴用石灰水消毒；加强田间管理，提高抗病力；选用无病子芽。

2. 虫害及其防治 ①蜗牛，舔食嫩叶或咬断嫩茎，3月中旬发生，4~5月较重。防治方法：清晨进行人工捕杀；及时清除地面杂草；喷晒1%石灰水。②棉红蜘蛛，在叶背面吸食叶汁，受害叶片出现白色斑点，严重时叶片全部变红、卷缩、干枯脱落，影响植株正常生长，甚至干枯死亡。5月下旬开始发生，7月下旬到8月中旬最为严重。防治方法：栽种前喷洒600~800倍三氯杀螨砜溶液，每亩75~100kg。

六、采收加工

11月中旬茎叶枯萎时采收。采收过早，根内干物质积累不充分，质嫩，折干率低，品质差；采收过迟，根茎上长出新芽，消耗养分，影响产量和质量。选晴天将全株挖起，抖去泥沙，掰下根茎和子芽，将块根摊放在晒场晒4~6天，经常翻动，使块根受热均匀，每天晚上堆积起来，盖好，避免受冻，受冻后块根空心影响质量。至半干时，修剪节头和须根，再堆积4~5天，然后再晒。经过反复堆晒，直至内黑身干。

以条粗、皮细、肉肥厚、体重、质坚实、外表灰色、断面黑色、柔润者为佳。

（刘 谦）

牡丹皮

牡丹皮为毛茛科植物牡丹 *Paeonia suffruticosa* Andr. 的干燥根皮，属于传统中药，始载于《神农本草经》，被列为中品。其性微寒，味辛、苦；归心、肝、肾、肺经；具有清热凉血、活血化瘀等功效；主治温热病热入血分、发斑、吐衄、热病后期热伏阴分发热、阴虚骨蒸潮热、血滞经闭、痛经、痈肿疮毒、跌扑伤痛、风湿热痹等病症。现代研究证明，牡丹皮主要含有牡丹皮原苷、牡丹酚、芍药苷及苯甲酸、植物甾醇等成分，具有镇静、降温、解热、镇痛、解痉、抗动脉粥样硬化、利尿、抗溃疡等药理活性。牡丹适栽范围广，耐日晒，抗湿性强，尤其适宜于江南广大地区种植。主要分布于湖北、安徽、山东、河南以及江南地区的江苏、浙江和上海等地，以安徽铜陵、南陵、宁国和上海、杭州等地为栽培中心。

一、形态特征

多年生落叶小灌木，高1~1.5m。根茎肥厚。枝短而粗壮。叶互生，通常为2回3出复叶；柄长6~10cm；小叶卵形或广卵形，顶生小叶片通常3裂，侧生小叶亦有呈掌状3裂者。花单生于枝端，大形；萼片5，覆瓦状排列，绿色；花瓣5片或多数，一般栽培品种多为重瓣花，变异很大，通常为倒卵形，顶端有缺刻，颜色多样；雄蕊多数，花丝红色，花药黄色；雌蕊2~5枚，绿色，密生短毛，花柱短，柱头叶状；花盘杯状。果实为2~5个蓇葖的聚生果，卵圆形，绿色，被褐色短毛。花期5~7月，果期7~8月。

二、生态习性

喜冬暖夏凉气候，耐旱怕渍，要求阳光充足、雨量适中环境，适宜在土层深厚、肥沃疏松、排水通气良好的中性或微酸性壤土、砂质壤土中生长。对土壤中微量元素铜颇敏感，盐碱地、黏湿地、荫蔽地均不宜种植。

三、生长发育规律

深根性植物，春季3℃~5℃时根开始活动生长，6℃~8℃时开始抽茎、放叶、显蕾，12℃~16℃根部生长加快，17℃~22℃时开花；夏季25℃~30℃时生长变慢，30℃以上呈半休眠状态；秋季气温降至25℃以下，根部又开始生长；4~5月开花，7月中旬果实成熟，10月上旬地上部分始渐枯萎；冬季气温降至3℃以下，根部停止生长。种子有上胚轴休眠特性，当年秋冬只有胚根发育成根，上胚轴仍处于休眠状态，经60~90天的0℃~10℃冬季低温后，才能打破休眠而于翌春发芽长出地面。种子寿命为1年。全年生育期约140~180天。

四、种质资源状况

牡丹栽培历史悠久，种质资源十分丰富，主要的药用栽培品系有以下几种：①凤丹，产于安徽铜陵地区凤凰山，品质最优；②瑶丹（姚丹），产于安徽南陵地区，品质亦优；③东丹，产于山东荷泽等地。以安徽铜陵、南陵的凤凰山、丫山、瑶山交界的“三山”地区所产者质量最佳，畅销海内外，俗称“凤丹”，为著名的道地药材。

五、栽培技术

（一）选地与整地

选择地势高、阳光充足、排水良好、土层深厚肥沃且含石英砂粒的壤土和坡度在15°~25°、地下水位较低的地块。前作以芝麻、玉米为好，忌重茬，隔3~5年方能再种。前作收获后，最好在夏天深翻晒土，整平耙细，每亩施腐熟厩肥或土杂肥5000kg。深翻60cm以上，作成宽1.3m、高30cm以上的高畦，畦沟宽40cm，四周开好排水沟。

（二）繁殖方法

以种子繁殖为主，亦可分株繁殖。

1. 种子繁殖 多采用育苗移栽。①采种与种子处理，8月中、下旬果实呈蟹黄色、开裂时采收，置室内阴凉处使其后熟，当充分开裂、种子脱出时，筛出种子立即秋播。如不能随采随播，可将1份种子与3~5倍湿砂混匀层积砂藏，切勿曝晒，种子一经干燥发芽力就会丧失。②播种育苗，播种前将种子进行水选，去掉浮水杂质及不成熟种子，选择籽粒饱满、无病虫害种子，播前用25ppm赤霉素溶液浸种2～4h，或用50℃温水浸种24h，使种皮变软，吸水膨胀，可促进萌发。如因下雨不能播种，勿将潮湿种子放在密闭容器中，以免霉烂。可将种子堆放在室内潮湿地面上，用湿布盖之，或将其用湿土或湿砂混拌后堆放，待天晴再播。育苗地地势应稍高，土质疏松肥沃，排水良好。播种方式有穴播和条播。条播按行距25cm、深6cm开横沟，将种子拌草木灰均匀撒入沟内，播幅宽10cm，覆盖细土厚3cm左右，畦面盖草或地膜保湿。翌年早春2～3月出苗后，揭去覆盖物，中耕除草、追肥。穴播，按行株距30cm×20cm、穴位呈品字形排列挖穴，穴深7～10cm，施入基肥与穴土拌匀，每穴播入种子10粒，散开呈环状排列。播后覆土压紧，浇水，盖草保温保湿。翌春出苗后，揭去覆盖物，锄松表土，适时浇水、追肥。一般培育2年，即可移栽。③9月中、下旬至10月上旬移栽，以早栽为好。在整好的种植地上，按行株距50cm×40cm挖穴，穴深20～25cm，每穴施入农家肥10kg，上盖细土5cm左右，栽入壮苗1株或细弱苗2株。栽时将芽头紧靠穴壁上部，理直根茎，舒展根部，覆土3～4cm，压紧。栽后浇施1次稀人畜粪水定根，盖细土略高出畦面，最后盖1层腐熟畜粪或枯草，防寒越冬。

2. 分株繁殖 在8～9月采收时，挖取3年生健壮、无病虫害植株，将大根切下供药用，中、小根作种。除去泥土，顺自然生长形状，用刀从根颈处分成2～4株，每株留芽头2～3个，尽量保留细根。于8月下旬至9月上旬，在整好的栽植地上，按行株距50～60cm×40～50cm挖穴，每穴栽入1株。栽后填土压紧，再盖细土至满穴。

（三）田间管理

1. 中耕除草 翌年春季萌芽出土后揭去盖草，扒开根际周围泥土，亮出根蔸，接受光照，2～3天后再培上肥土，开始中耕除草；第二次中耕除草在6～7月，第三次在9～10月，并结合培土。以后每年进行3～4次中耕除草。

2. 追肥 移栽第一年因已施有充足基肥，且移栽后有一复壮过程，所以第一年可不施肥。从第二年开始，每年施肥3次。春肥施用人畜粪水，秋肥施人畜粪水加适量磷钾肥，冬肥施用腐熟厩肥加饼肥、过磷酸钙、火土灰等肥料。挖穴或开沟施入，施后覆土盖肥。施肥量视植株大小酌定，遵循“春秋少，冬腊肥多”的原则。

3. 灌溉、排水 春季返青前及夏季干旱时灌溉，水温以近似气温为宜，切忌酷暑午时浇水。雨季应及时疏沟排水，防止积水烂根。

4. 摘蕾 除留者种外，于第三、四年春季将花蕾全部摘除，使养分集中于根部。摘蕾宜在晴天上午进行，以利伤口愈合，防止感病。

5. 修剪 每年于11月上旬，剪除枯枝，摘除黄叶，促进植株生长健壮和减少病虫害发生。

6. 培土 霜降前可在根部15cm左右盖土或覆一层草，以利越冬。

（四）病虫害及其防治

1. 病害及其防治 ①叶斑病，为害叶片。感染时，叶片上可见类圆形褐色斑块，边缘不明显，感染严重时叶扭曲，甚至干枯、变黑。茎和叶柄上的病斑呈长条形，花瓣感染严重时会造成边缘枯焦。防治方法：实行3年以上轮作；增施磷钾肥，提高抗病力；发病初期喷50%多菌灵800～1000倍液、50%托布津1000～1500倍液或1∶1∶100波尔多液，每隔10天1次，连续2～3次。②灰霉病，为害叶、茎和花。感染后，幼苗基部出现褐色水渍斑，严重时幼苗枯萎并倒伏；叶面上尤其是叶缘和叶尖出现褐色、紫褐色水渍斑；叶柄和茎上出现长条形、略凹陷的暗褐色病斑，花瓣变色、干枯或腐烂。气候潮湿、持续低温、过于密植、氮肥施用过多，易引发该病。防治方法：发现病叶、病株立即除去；合理密植，适量施用氮肥，雨后及时排除积水；发病初期用50%腐霉利40～50g/亩兑水喷雾，其它方法同叶斑病。③锈病，为害叶片。初期叶片背面生有黄褐色颗粒状夏孢子堆，破裂后孢子粉如铁锈，后期叶面出现灰褐色病斑，严重时全株枯死。防治方法：选地势高燥、排水良好的地块种植；发病初期喷97%敌锈钠200倍液，每7天1次，连喷2～3次。④白绢病，为害根、茎。初期无明显症状，后期白色菌丝从根茎部穿出土来，并迅速密布于根颈四周、形成褐色粒状菌核；最终导致植株顶端凋萎、下垂、枯死。防治方法：不宜与根茎类药材和薯类、豆科、茄科等作物轮作；用木霉菌防治。⑤根腐病，为害根部。感染后根皮发黑，呈水渍状，继而扩散至全根而死亡。防治方法：轻者挖开周围泥土，沿沟撒石灰粉；挖除病株，或用50%托布津1000倍液浇灌病株；与禾本类作物实行3年以上轮作；种苗用托布津1000倍液浸5～10分钟；增施磷、钾肥和“5406”抗生菌肥。⑥根结线虫，主要为害根部，被感染后根上出现大小不等的瘤状物，黄白色，质地坚硬，切开后可发现白色有光泽的线虫虫体，同时引起叶变黄，严重时造成叶片早落。在5～6月和10月份形成根结最多，5～10cm深处土层发病最多。防治方法：用15%涕灭威颗粒穴施，每株5～10g，穴深5～10cm，1年1次；及时清除田间杂草；发现受害病株后，可将病株根放在48℃～49℃温水中浸泡30分钟，或用0.1%甲基异柳磷浸泡30分钟。

2. 虫害及其防治 ①钻心虫，危害全株。多在春季发生，成虫在根茎处产卵，孵化后幼虫钻入根部，逐渐向上蛀食，造成叶枯黄，甚至全株死亡。防治方法：发现虫害后，可折断被感染根茎，杀死害虫；用80%敌百虫800～1000倍液喷雾，或用2.5%敌百虫粉剂喷洒。此外，危害根部的害虫还有蛴螬、地老虎、白蚁。蛴螬，金龟子幼虫，体乳白色，圆筒形，多皱纹，4、5月间用黑光灯诱杀成虫，每亩撒5%辛硫磷颗粒剂250g；地老虎，灰褐色，越冬前翻地，消灭幼虫、冬蛹，用乐果灌根；白蚁，啃食木质纤维，加强检疫，灭蚁巢。

六、采收加工

种子播种者生长4～6年，分株繁殖者生长3年即可收获。9月下旬至10月上旬植株地上部枯萎时将全株挖起，剪下鲜根，堆放1～2天，待失水稍变软后，摘下须根，晒干即为“丹须”。再用手握紧鲜根，用力捻转顶端，使根皮一侧破裂，皮心略脱离。然后，一只手捏住不裂口的一侧，另一只手捏住木心，把木心顺破裂口下拉，边分离边剥出木心，再把根条捋直，晒干即成“丹皮”。将皮色较差的根条，用玻片或碗片刮去外表栓皮，除去木心，晒干即成“刮丹皮”。将不便刮皮和抽心的细根直接晒干即成“粉丹皮”。加工干燥时，严防雨淋、露宿和接触水分，否则易发红变质。

以条粗长、皮厚、粉性足、香气浓、结晶状物多者为佳。

（胡　珂）

第四节　清热解毒药

多为苦寒清解之品，于清热泻火之中兼有解毒散结的作用。主要用于实火热毒所致的痈肿疔毒、喉痹痄腮、目赤咽痛、斑疹丹毒、热毒血痢、肺痈肠痈，以及蛇虫咬伤、癌肿等症。常用中药有金银花、连翘、蒲公英、紫花地丁、野菊花、蚤休、拳参、马鞭草、大青叶、板蓝根、鱼腥草、金荞麦、红藤、败酱草、白头翁、鸦胆子、雪胆、射干、山豆根、青果、锦灯笼、金果榄、木蝴蝶、白蔹、漏芦、穿心莲、千里光、四季青、半边莲、白花蛇舌草等。本节仅介绍金银花、大青叶（板蓝根）、连翘、射干、穿心莲的栽培技术。

金银花

金银花为忍冬科植物忍冬 *Lonicera japonica* Thunb. 的干燥花蕾或带初开的花，亦名双花、二花、银花，为我国常用中药材之一，始载于《名医别录》，被列为上品。其味甘，性寒；归肺、心、胃经，具有清热解毒、凉散风热等功效，用于治疗痈肿疔疮、喉痹、丹毒、热毒血痢、风热感冒、温病发热等症。现代研究证明，金银花主要含有绿原酸、异绿原酸、环烯醚萜苷、木犀草素、木犀草素－7－*O*－α－*D*－葡萄糖苷、金丝桃苷、挥发油等成分，具有抗菌消炎、解热、保肝利胆、降血脂等药理活性。忍冬分布区域很广，北起辽、吉，西至陕、甘，南达湘、赣，西南至云、贵，在北纬22°～43°、东经98°～130°之间均有分布。在上述范围内，又以山东、河南两省的低山丘陵、平原滩地、沿海淤沙轻盐地带分布较广而集中。山东平邑、费县，河南封丘、新密，为主要道地产区。

一、形态特征

多年生木质藤本。茎细、中空、多分枝，幼枝密生短柔毛，绿色或棕色。叶对生，卵形或长卵形，全缘、密被短柔毛。花成对腋生，初开时银白色，二、三日后变金黄色，气清香、长3～5cm；花柄基部有叶状绿色苞片2枚，花萼短小，浅绿色，5裂，裂片三角形，有毛，花冠筒状，先端唇形，上唇3裂向上反卷；花冠筒细长，密被柔毛。雄蕊5枚，黄色。雌蕊1枚，花柱细长与雄蕊均伸出花冠筒外。子房下位，无毛，近圆球形。浆果圆球形，直径3～4mm，成熟时黑色。

二、生态习性

忍冬原产我国，为温带及亚热带树种，适应性很强，喜阳、耐阴，耐寒性强，也耐干旱。对土壤要求不严，酸性、盐碱地均能生长，但以湿润、肥沃的深厚沙质壤土最好。根系繁密发达，萌蘖性强，茎蔓着地即能生根，固土保水性能良好。自然生长于山坡灌丛或疏林、乱石堆、山角路旁及村庄篱笆边，分布地海拔最高可达1500m，低洼积水处难以存活。日本和朝鲜等国家也有种植，在北美洲因其生命力旺盛，逸生为难除的田间杂草。

三、生长发育规律

忍冬植株年生长发育大体可分为6个阶段，即萌芽期、新梢生长期、显蕾期、开花期、缓慢生长期和越冬期。在萌芽期，枝条茎节处出现米粒状芽体，逐渐膨大、伸长，芽尖端松驰，叶片伸展。日平均气温达到16℃时进入新梢生长旺期，新梢叶腋露出总花梗和苞片，花蕾似米粒状。在显蕾期，花枝随着花总梗伸长，花蕾膨大。在人工栽培条件下，一年中从5月中旬至9月中旬能开4茬花，花期相对集中，第一、二茬花占总产花量的70%，第三、四茬花花量较少。秋季进入缓慢生长期后，叶片逐渐脱落不再形成新枝，但在主干茎或主枝分节处出现大量的越冬芽，此期为储藏营养回流期，当气温降至5℃时，生长处于极缓慢状态，越冬芽变为红褐色，但部分叶片冬季不脱落。

忍冬植株耐寒性强，在－10℃条件下，叶子不落，在－20℃条件下能安全越冬，来年正常开花，5℃时植株就开始生长，随温度升高生长加快，20℃～30℃为最适生长温度，花芽分化最佳温度为15℃，40℃以上只要有一定湿度也热不死。

忍冬植株根系发达，10年生植株根平面分布直径可达3～5m，深度1.5～2m，主要根系分布在地下0～15cm处，根系在4月上旬至8月下旬生长最快。实生苗侧根发达，主根不明显；扦插苗须根庞大，没有主根。扦插苗的根先从茎节处生出、且数量较多，节间和愈合组织处较少。

越冬芽形成的枝条为一级枝条，生长到一定程度，顶端生长点停止分化，由一级枝条分化形成二级枝条，依次形成三级、四级枝条。枝条有花枝、生长枝、徒长枝之分。徒长枝多生于植株下半部，枝条粗大，叶子肥硕，消耗大量养分，极少形成花芽。

四、种质资源状况

忍冬属植物共约200种，产北美洲、欧洲、亚洲和非洲北部的温带和亚热带地区。中国有98种，广布于全国各省区，而以西南部种类最多。该属均为常绿或落叶直立灌木或矮灌木，其中许多种类可以药用，与金银花药效相近的物种有近20种，均有清热解毒的功效。

忍冬已有数百年的种植历史，经长期种植，其植株在生长发育习性、外部形态特征等方面发生了明显变化，形成了不同的农家品种，大体上可以划分为墩花系、中间系及秧花系三大品系。①墩花系，枝条较短，较直立，上端不相互缠绕，整个植株呈矮小丛生灌木状，枝条上的花芽分化可达枝条顶部，花蕾比较集中；②中间系，枝条较长，上端有相互缠绕现象，整个植株株丛较为疏松，花芽分化一般在枝条的中上部，不到达枝条顶端，花蕾较为肥大；③秧花系，枝条粗壮稀疏，不能直立生长，多匍匐地面或依附它物缠绕，整个植株不呈墩状，花蕾稀疏、细长，枝条顶端不着生花蕾。经定向培育，目前已经选育出“亚特”“亚特立本”“亚特红”“九丰一号”等林木良种及“华金二号”等中草药良种，使金银花的产量与质量有了大幅度提高。

五、栽培技术

（一）选地与整地

1. 育苗地 宜选择背风向阳、光照良好的缓坡地或平地。以土层深厚、疏松、肥沃、湿润、排水良好的沙质壤土，中性或微酸性和有水源灌溉方便的地块为好。地选好后，在入冬前进行1次深耕，结合整地每亩施充分腐熟厩肥2500～3000kg作基肥。在播种或扦插前，再进行1次整地，作平畦，畦面宽1.5m。

2. 种植地 宜选择海拔在200～500m、背风向阳的山坡。在坡度小的地块按常规进行全面耕翻，如荒山、荒地坡度大，在改成梯地后再整地。在深翻土地的基础上，按株、行距1.2 m×1.5m～1.4 m×1.7m挖穴，穴径50cm左右，深30～50cm。挖松底土，每穴施土杂肥5～7 kg，与底土混匀，待种。

（二）繁殖方法

繁殖方式有播种、扦插、分株、压条等，在实际生产中多采用扦插。此处仅介绍扦插法。

1. 扦插时间 春、夏、秋三季均可进行，但以春、秋季为宜。春插宜在新芽萌发前进行，秋插于8月上旬至10月上旬进行。扦插时宜选择雨后阴天进行，扦插后成活率较高，小苗生长发育良好。

2. 扦插方法 于整好的育苗地上，按行距20cm开沟，沟深25cm左右，每隔3cm左右斜插入1根插条，插条长30cm左右，露出地面约15cm，然后填土盖平压实，栽后浇1遍透水。畦上可搭荫棚，或盖草遮荫，待插条生根后撤除遮盖物。若天气干旱，每隔2天要浇1次水，保持土壤湿润，半月左右即可生根发芽。

3. 定植 枝条在育苗地扦插成活后，属春季育苗的可于当年秋季移栽，秋季育苗的可于翌年早春移栽。移栽时，将种苗3~5棵栽于种植地上挖好的穴内，覆土压实，浇水，待水渗下后，培土保墒。

（三）田间管理

1. 中耕除草 在定植成活后的前2年，每年中耕除草3~4次，第一次在植株春季萌芽展叶时，第二次在6月，第三次在7~8月，第四次于秋末冬初。中耕时，在植株根际周围宜浅，其它地方宜深，避免伤根。第三年以后，视杂草生长情况，可适当减少中耕除草次数。进入盛花期，每年春夏之交，需中耕除草1次，每3~4年深翻改土1次，结合深翻，增施有机肥，促使土壤熟化。

2. 追肥 以有机肥料为主，配合使用无机肥料。有机肥料主要是圈肥、堆肥、绿肥、草木灰等土杂肥；无机肥料主要是磷酸氢二铵等。可土壤追施，亦可叶面追施。土壤追施宜用有机肥料，配合施用无机肥料；叶面追施宜用无机肥料。土壤追施宜在冬季进行，叶面追施宜在每茬花蕾孕育之前进行。土壤追施时，在植株基部周围40cm处，开宽30cm、深30cm的环状沟，将肥料施入沟内与土混匀，然后覆土；叶面追施，将肥料溶解于水，稀释至适宜浓度，喷洒于植株叶面，如施磷酸氢二铵，浓度宜控制在2~3g/L。追肥次数以在春季植株发芽后及一、二、三茬花采收后，分别施用1次，每年4次。

3. 灌溉、排水 忍冬植株较为耐旱，一般情况下不需浇水，但天气过于干旱时要适当浇水。特别是在早春萌芽期间和初冬季节，适当浇水可有效地促进植株生长发育，提高药材产量。雨季要注意及时排水。

4. 整形修剪 整形修剪分为休眠期修剪和生长期修剪。休眠期修剪在12月份至翌年3月上旬进行；生长期修剪在5月份至8月上旬进行。①幼龄植株修剪，一至五年生为幼龄植株，修剪要在休眠期进行，以整形为主，重点培养好一、二、三级骨干枝。一年生植株选择健壮枝条1~3个，保留其下部3~5节，上部和其它枝条全部去除；二年生植株重点培养一级骨干枝，从中选取3~6个枝条，继续保留下部3~5节，剪去上部；三年生植株重点培养二级骨干枝，从一级骨干枝中选留8~15个，保留其基部3~5节，上部及其它枝条全部去除；四年生植株重在培养三级骨干枝，选留二级骨干枝上长出的健壮枝条20~30个，保留其下部3~5节，剪去上部，培养成三级骨干枝，其它枝条全部去除；五年生植株注意选留足够的结花母枝，每个二级骨干枝留结花母枝2~3个，三级骨干枝留4~5个，全株留80~120个，每个结花母枝仍保留3~5节，上部剪去，其它枝条全部疏除。②盛花期植株修剪，5年以上、20年以下植株处于盛花期，修剪的主要任务是选留健壮结花母枝及调整更新二、三级骨干枝，达到去弱留强、复壮株势、丰产稳产的目的。盛花期植株修剪亦分为休眠期修剪和生长期修剪。休眠期修剪主要是疏除交叉枝、下垂枝、枯弱枝、病虫枝及不能结花的营养枝，对所有结花母枝进行短截，壮旺者要轻截，保留4~5节，中等者要重截，保留2~3节，做到枝枝均截，使结花母枝分布均匀。生长期修剪在每茬花的盛花期后进行，第一次在5月下旬修剪春梢，第二次在7月中旬修剪夏梢，第三次在8月中旬修剪秋梢。剪除全部无效枝，壮旺枝条留4~5节，中等枝条留2~3节短截。③老龄植株修剪，树龄20年以上的植株逐渐衰老，修剪时除留下足够结花母枝外，重在骨干枝更新复壮，以多生新枝。原则是疏截并重、抑前促后。

（四）病虫害及其防治

1. 病害及其防治 ①忍冬褐斑病，主要为害叶片，严重时叶片提早枯黄脱落。防治方法：发病初期及时摘除病叶，将病枝落叶集中烧毁或深埋土中；雨后及时排出田间积水，清除杂草，保证通风透光；增施有机肥料，提高植株抗病能力；从6月下旬开始，每10~15天喷洒1次1∶1.5∶300的波尔多液或50%多菌灵800~1000倍液，连喷2~3次。②叶斑病，主要为害叶片，严重时叶片脱落。防治方法：清除病枝落叶，减少病源；及时排出积水；增施有机肥料，增强植株抗病能力；选用无病种苗；发病初期喷洒50%多菌灵可湿性粉剂800倍液，或1∶1∶150倍的波尔多液，10天左右喷1次，连喷2~3次。

2. 虫害及其防治 ①胡萝卜微管蚜，以成虫和若虫密集于新梢和嫩叶的叶背吸取汁液，造成叶片与花蕾畸形，并导致煤烟病发生。防治方法：及时多次清理田间杂草与枯枝落叶；田间悬挂刷有不干胶的黄板进行诱蚜粘杀；保护和利用天敌；在树干下部刮环涂药；发生期间喷洒40%乐果乳油800~1000倍液。②金银花尺蠖，蚕食叶片，严重时将整株叶片和花蕾吃光。防治方法：合理修剪消灭越冬蛹，人工捕杀幼虫；于1~3代产卵期间，田间释放松毛虫赤眼蜂；5~10月，用青虫菌或苏云金杆菌100倍液喷雾；利用性信息素进行防治；在幼虫大量发生时，喷洒80%敌敌畏乳剂2000倍液或90%敌百虫800~1000倍液。③咖啡虎天牛与中华锯花天牛，前者为蛀茎性害虫，后者主要蛀食根部，二者均严重影响植株生长发育，并常导致植株死亡。防治方法：结合冬剪将枝干老皮剥除，造成不利于成虫产卵的条件；发现虫蛀枯枝及时清除、烧毁；在初孵幼虫尚未蛀入木质部之前，喷洒1500倍敌敌畏乳油溶液；人工饲养赤腹姬蜂与天牛肿腿蜂等天敌释放至大田。④柳干木蠹蛾、豹纹木蠹蛾，以幼虫在植株主干或枝条韧皮部钻蛀为害，致使树势衰弱，枝干易风折。防治方法：清理花墩，及时烧毁残叶虫枝；加强田间管理，促使植株生长健壮，提高抗虫力；对老龄植株及时更新；加强修剪，做到花墩内堂清、透光好；在幼虫孵化盛期用50%杀螟松乳油1000倍液加0.5%煤油，喷洒枝干。

六、采收加工

5~10月份均可采收，宜选择晴天早晨进行。忍冬以花蕾入药，不同发育时期花蕾的重量及活性成分含量是不同的，随着花蕾发育程度提高，重量不断增加，绿原酸含量不断降低，挥发油含量逐渐升高。传统上以采摘含苞待放的大白期花蕾为宜，但根据金银花药材外观性状与活性成分收率进行评价，以在花蕾由青转白的二白期采收最为适宜。采收后的金银花需要及时干燥，干燥方法有多种，但不同干燥方法加工出的金银花药材质量有较大差异。山东产区多晒干，河南、河北产区多烘干。

以花未开放、色黄白、肥大者为佳。

（张　芳）

大青叶（板蓝根）

大青叶为十字花科植物菘蓝 Isatis indigotica Fort. 的干燥叶，其根部亦可药用，药材名板蓝根，均属于我国常用中药材。菘蓝始载于《神农本草经》，被列为上品。大青叶味苦，性寒，归心、胃经，具有清热解毒、凉血消斑等功效，用于治疗温病高热、神昏、发斑发疹、痄腮、喉痹、丹毒、痈肿等症。板蓝根性味、归经同大青叶，具有清热解毒、凉血利咽等功效，用于治疗温疫时毒、发热咽痛、温毒发斑、痄腮、烂喉丹痧、大头瘟疫、丹毒、痈肿等症。现代研究证明，大青叶主要含色氨酸、靛红烷 B、葡萄糖芸苔素、新葡萄糖芸苔素、葡萄糖芸苔素 -1- 磺酸盐、靛蓝、腺苷、色胺酮等成分，具有抗病原微生物、抗炎、解热等药理活性；板蓝根主要含有靛蓝、靛玉红、腺苷及多种异氨基酸等，具有抗流感病毒、抗菌等药理活性。菘蓝分布区域很广，河北、江苏、安徽、甘肃、陕西、山西、内蒙古、黑龙江等地均有栽培，其中河北安国为板蓝根的主要道地产区。

一、形态特征

二年生草本。主根长圆柱形，肉质肥厚，灰黄色；茎直立略有棱，上部多分枝，高40~120cm；基生叶有柄，叶片倒卵形至披针形，蓝绿色，肥厚，先端钝圆，基部渐狭，全缘或略有锯齿；茎生叶无柄，叶片卵状披针形或披针形，有白粉，先端尖，基部耳垂形，半抱茎。复总状花序，花黄色，花梗细弱，花后下弯成弧形。短角果矩圆形，扁平，边缘有翅，长约 1.5cm，宽约 5mm，熟时黑紫色。种子 1 粒，稀多粒，呈长圆形，长 3~4mm。

二、生态习性

菘蓝原产我国北部，对气候适应性很强，从黄土高原、华北平原到长江以北的暖温带为最适生长区。喜温暖环境，耐寒冷，怕涝，宜选排水良好、疏松肥沃的砂质壤土。东北平原和南岭以南地区不宜栽种。对土壤的物理性状和酸碱度要求不严，一般以内陆及沿海微带碱性的土壤最为适宜。耐肥性较强，肥沃和深厚的土层是生长发育的必要条件。地势低洼易积水地带不宜种植。

三、生长发育规律

3 月上旬为抽茎期，3 月中旬为开花期，4 月下旬至 5 月下旬为结果和果实成熟期，6 月上旬即可收获种子。因地理纬度和气候差异，南部产区物候期提前；春季较冷的年份，物候期推迟。菘蓝为越年生长日照型植物，按自然生长规律，秋季种子萌发出苗后，是营养生长阶段。露地越冬经过春化阶段，次年早春抽茎、开花、结实而枯死，完成整个生长周期。但生产上为了利用植株根和叶片，往往要延长营养生长时间，因而多春季播种，秋季或冬初收根，期间还可以收割 2 次叶片，以增加经济收益。

四、种质资源状况

菘蓝属植物约 30 多种，根据叶型可分为白菜叶型、甘蓝叶型、芥菜叶型。近年对菘蓝四倍体育种研究比较多。发现甘蓝型、叶缘具齿四倍体菘蓝果实较二倍体菘蓝果实宽大，大约 8% 有单果双籽现象，四倍体净光合速率高于二倍体，同时靛蓝、靛玉红、还原性多糖含量也较高。由于大青叶、板蓝根是大宗药材之一，社会需求量很大。为提高产量、稳定品质，选育优质高产品种是今后需要研究的重要问题。

五、栽培技术

（一）选地与整地

宜选排水良好、疏松肥沃的砂质壤土及内陆平原和冲积土种植。播种前先深翻20～30cm，砂地可稍浅，施足基肥。基肥种类以厩肥、绿肥和焦泥灰为主。然后打碎土块，耙平。在北方雨水较少的地区作平畦，南方作高畦以利于排水，畦宽1.5～2m，高约20cm。

（二）繁殖方法

采用种子繁殖，4月上旬播种，常用宽行条播或撒播。播种前先把种子浸湿，晾干后随即拌泥或细砂播种，播后再施1层薄粪和细土，每亩用种1.5kg左右。播种后10天左右出苗。长江以北产区，如遇茬口安排困难，可在麦收后夏播。秋播留种田可在8月上旬至9月初播种（北方应早播），幼苗在田间越冬，第二年继续培育。

（三）田间管理

1. 间苗和定苗　苗高3cm时，按株距10cm、行距20cm进行间苗和定苗。

2. 中耕除草　中耕除草要及时，保证田间清洁无杂草。

3. 追肥　在间苗时配合施清水粪。结合中耕除草，追施一次氮肥，如腐熟稀人粪1000kg/亩或尿素4kg/亩。割第二次叶后，重施腐熟粪肥，对后期生长极为重要。

4. 灌溉、排水　生长前期水分不宜太多，以促进根部向下生长，后期可适当多浇水。多雨地区和季节，畦间沟加深，大田四周加开深沟，以利排水，避免烂根。如遇伏天干旱天气，可在早晚灌水。

（四）病虫害及其防治

1. 病害及其防治　①霜霉病，主要为害叶柄及叶片。发病初期，叶片产生黄白色病斑，叶背出现似脓样霉斑，随后叶片变黄，最后呈褐色干枯死亡。防治方法：清洁田园，处理病株；轮作；每7天喷洒1次1∶1∶100的波尔多液或40%乙磷铝2000～3000倍液，连续2～3次。②菌核病，为害全株，从土壤中传染。基部叶片先发病，然后向上为害茎、茎生叶、果实。发病初期呈水渍状，后为青褐色，最后腐烂。在多雨高温的5～6月间发病最重。防治方法：水旱轮作或与禾本科作物轮作；增施磷肥；开沟排水，降低田间温度；浇灌石硫合剂于植株根部；发病初期用65%代森锌、多菌灵可湿性粉剂600倍液喷雾，隔7天喷1次，连喷2～3次。③白锈病，受害叶面出现黄绿色小斑点，叶背长出一隆起的外表有光泽的白色脓包状斑点，破裂后散出白色粉末物，叶畸形，后期枯死。于4月中旬发生，直至5月。防治方法：不与十字花科作物轮作；选育抗病新品种；发病初期喷洒1∶1∶120波尔多液。④根腐病，发病适温29℃～32℃。防治方法：采用75%百菌清可湿性粉剂600倍液或70%敌克松1000倍液喷雾。

2. 虫害及其防治　①菜粉蝶，5月起幼虫危害叶片，尤以6月上旬至下旬为害最重。防治方法：用生物农药Bt乳剂，每亩100～150g或90%敌百虫800倍液喷雾。②桃蚜，一般春天为害刚出土的花蕾，使花蕾萎缩，不能开花，影响种子产量。防治方法：用40%乐果乳油1500～2000倍液喷杀。

六、采收加工

（一）大青叶的采收加工

春播者每年可收割大青叶2～3次，第一次品质最好。采收时间：第一次6月中旬，第二次在8月下旬前后。伏天高温季节不能收割大青叶，以免引起成片死亡。收割大青叶的方法：一是贴地面割去芦头的一部分，此法新叶重新生长迟，易烂根；二是离地面3cm处割去。另外，也有用手掰去植株周围叶片的方法，但比较费工。将采收后的大青叶运回晒场后，阴干或晒干。如阴干，需在通风处搭设荫蓬，将大青叶扎成小把，挂于棚内阴干；如晒干，需放在芦席上，并经常翻动，使其均匀干燥。无论是阴干或晒干的都要严防雨露，避免发生霉变。

以叶大、少破碎、干净、色墨绿、无霉味者为佳。

（二）板蓝根的采收加工

一般在秋季11月初采收，选择晴天将根挖出后，去净叶和泥土，用手顺直，晒至七、八成干时，捆成小把、再晒干。

以根长直、粗壮、坚实、粉性足者为佳。

（王泽永）

连　翘

连翘为木犀科植物连翘 *Forsythia suspensa*（Thunb.）Vahl 的干燥成熟或未成熟果实，前者称老翘，后者称青翘，均属于传统常用中药材，始载于《神农本草经》。其味苦，性微寒，归肺、心、小肠经，具有清热解毒、消痈散结之功效，主要用于治疗痈疽、瘰疬、乳痈、丹毒、风热感冒、温病初起、温热入营、高热烦渴、神昏发斑、热淋涩痛等症。现代研究证明，连翘主要含有连翘脂素、连翘苷、连翘酚、熊果酸、齐墩果酸、牛蒡子苷及其苷元等成分，具有抗菌、强心、利尿等药理活性。连翘在我国广泛分布于山西、河北、陕西、河南、湖北和四川等省区，其中以山西、陕西和河南分布最为集中。

一、形态特征

落叶灌木，高2~4m。枝开展或伸长，稍带蔓性，常着地生根，小枝稍呈四棱形，节间中空，仅在节部具有实髓。单叶对生，或成为3小叶；叶片卵形、长卵形、广卵形以至圆形，长3~7cm，宽2~4cm。花金黄色，先叶开放，腋生，长约2.5cm；花萼4深裂，椭圆形；花冠基部管状，上部4裂，裂片卵圆形。金黄色，通常具橘红色条纹；雄蕊2，着生于花冠基部；雌蕊1，子房卵圆形，花柱细长，柱头2裂。蒴果狭卵形略扁，长约15cm，先端有短喙，成熟时2瓣裂。种子多数，棕色，狭椭圆形，扁平，一侧有薄翅。花期3~5月。果期7~8月。

二、生态习性

适应性强，一般酸碱性土壤均可生长。性喜湿润、凉爽气候，较耐寒，幼龄阶段较耐荫，成年阶段阳光充足则枝壮叶茂，结果多，产量高。适宜生长发育的年平均温度为5.0℃~15.6℃，尤其以15℃左右为最好。在开花时如遇倒春寒将严重影响产量。植株开花前需要充足的光照，阴坡开花比阳坡晚。成龄树果实较集中的部位全天直射光照时间应在7h以上，在3h以下的部位结实很少。海拔高度对植株的开花结果也有重要影响，低于650m的地段只开花不结果，高于2000m的地段既不开花也不结果，800~1800m的地段枝繁叶茂、花艳果硕。

三、生长发育规律

落叶灌木，一生要经过幼树期、初结果期、盛果期、衰老更新期等4个时期。虽然每个时期的生长和结果情况不同，但生长发育过程都有年循环同期现象。年生长期为270～320天，遇霜即停止生长，从开花到果实成熟需要140～160天。3月初花开始萌动，持续大约10天；从花开放到盛花期时间为5天；盛花期持续15天；3月末4月初进入谢花期，4月10日花期基本结束，整个花期持续约40天。果实自4月20日后开始膨大，7月份膨大基本停止。8～10月果实成熟，11月落叶进入越冬期。连翘的花可分为两种，一种花柱长，柱头高于花药，称长花柱花，另一种花柱短，柱头低于花药，称短花柱花。在自然生长情况下，这两种不同类型的花并不生长在同一植株上，所以植株只开花而不结果。只有两者混杂种植、相互授粉时，才能既开花又结果。

四、种质资源状况

目前，连翘药材商品主要来源于野生，人工种植历史短、面积小，生产中尚未选育出优良品种。但相关研究结果显示，连翘不同种群间存在着丰富的遗传多样性，种群内遗传变异占总变异的72.57%，是变异的主要成分。种群间遗传距离与地理距离没有相关性。

五、栽培技术

（一）选地与整地

育苗地宜选水源好、排灌方便的砂壤土，要求土层深厚、土质疏松、肥沃。在施足基肥的基础上，深耕细作，作成1.3m宽的高畦，开好排水沟，待播。栽植地宜选土层深厚、土质疏松、背风向阳的缓坡地。先翻地，而后按株行距1.5m×2m挖穴，穴大0.8m×0.8m×0.7m。

（二）繁殖方法

采用种子、扦插、压条和分株繁殖。以种子、扦插繁殖常用。

1. 种子繁殖 ①采种，选生长健壮、枝条节间短而粗壮、花果密而饱满、无病虫害的优良单株作母树，于9月中、下旬到10月上旬采集成熟果实，阴干备用。②种子处理，播前将种子用25℃～30℃温水浸泡4～6h，捞出，掺3倍湿砂，用木箱或小缸装好，封盖塑料薄膜，置背风向阳处，每天翻动2次，保持湿润，10天后，种子萌芽即播种。③播种育苗，3月上、中旬播种。种子经处理萌芽后即行播种，8～9天可出苗。播时在畦面上开横沟条播，行距25～30cm，每亩用种3kg左右。播后覆土1cm左右，再盖草保持湿润。出苗后，随即揭草，苗高10cm左右时按株距3～4cm定苗。做好松土除草、追肥、排灌等管理工作。当年或翌年春即可出圃定植。

2. 扦插繁殖 秋季落叶后至发芽前扦插。在优良母株上，选用一、二年生健壮枝条，截成15～20cm长的插穗，留2～3个芽，将其下端近节处削成平面。用500 ppm生根粉（ABT）或500～1000 ppm吲哚丁酸（IBA）溶液浸泡插穗基部10s，取出晾干。按10cm×25cm株行距插入苗床，深度以露出床面1～2个芽为宜。插后立即浇透水，保持床面湿润，30天可生根。成活15天后追肥、松土锄草，秋后出圃定植。

3. 压条繁殖 3～4月，将植株上弯曲枝条压入土内，露出梢端，在入土处刻伤，用枝杈固定，覆盖细肥土，刻伤处能生根。如用当年生嫩枝，在5～6月间压条，不用刻伤，亦能生根。当年或翌年春可截离母体，定植。

4. 分株繁殖 秋季落叶后或春季萌芽前，挖取植株根际周围的根蘖苗栽植。

（三）移栽与定植

苗高50cm时即可出圃定植。栽植前先在穴内施肥，每穴施有机肥30～40kg，栽时要使苗木根系舒展，分层踏实，定植点要高于穴面。

（四）田间管理

1. 中耕除草 定植后到郁闭，一般需5~6年时间。郁闭前，应及时中耕除草，可间种农作物或蔬菜。

2. 追肥 郁闭前，每年4月下旬、6月上旬结合中耕除草各施肥1次，每次每亩施腐熟人粪尿2000~2500kg或尿素15kg。郁闭后，每隔4年深翻林地1次，每年5月和10月各施肥1次，5月以化肥为主，每株施复合肥300g，10月施厩肥，每株施30kg，均于根际周围沟施。

3. 灌溉 天旱时适当浇水，雨季及时排除积水。

4. 整形与修剪 通过整形修剪，使树形呈自然开心形和灌丛形为好。每年冬季要将枯枝、重叠枝、交叉枝、纤弱枝以及徒长枝和病虫枝剪除。生长期还要适当疏删短截。对已经开花结果多年，开始衰老的结果枝群，也要进行短截或重剪，可促使剪口以下抽生壮枝，以恢复树势，提高结果率。

（五）病虫害及其防治

1. 病害及其防治 由于栽培历史较短，病害发生不严重。

2. 虫害及其防治 ①钻心虫，幼虫钻入茎杆木质部髓心为害，严重时，不能开花结果，甚至整株枯死。防治方法：用80%敌敌畏原液沾药棉堵塞蛀孔毒杀。②蜗牛，危害花及幼果。防治方法：在清晨撒石灰粉或人工捕杀。

六、采收加工

果实初熟期在9月上、中旬，果皮呈青色时采下，置沸水中煮片刻或放蒸笼内蒸0.5h，取出晒干，外表呈青绿色，商品称为“青翘”。完熟期在9月下旬至10月上、中旬，果实熟透变黄、裂开时采收，晒干，筛出种子及杂质，称为“老翘”。

青翘以干燥、色黑绿、不裂口者为佳；老翘以色棕黄、壳厚、显光泽者为佳。

（董诚明）

射 干

射干为鸢尾科植物射干 *Belamcanda chinensis*（L）DC. 的干燥根茎，属于传统中药之一，始载于《神农本草经》，被列为下品。其味苦，寒，归肺经，具有清热解毒、消痰、利咽等功效，主要用于治疗热毒痰火郁结、咽喉肿痛、痰涎壅盛、咳嗽气喘等症。现代研究证明，射干主要含有黄酮类、醌类、酚类、二环三萜类、甾类等成分，具有抗炎、抗菌、抗病毒、利胆、抗过敏等药理活性。射干分布广泛，吉林、辽宁、河北、山西、山东、河南、安徽、江苏、浙江、福建、台湾、湖北、湖南、江西、广东、广西、陕西、甘肃、四川、贵州、云南、西藏等地均有分布，也产于朝鲜、日本、印度、越南、前苏联。地处大别山脉的湖北黄冈地区为射干的道地产区。

一、形态特征

多年生草本。根状茎为不规则的块状，斜伸，黄色或黄褐色；须根多数。茎高1~1.5m，实心。叶互生，嵌迭状排列，剑形。花序顶生，叉状分枝，每分枝的顶端聚生有数朵花；花梗细，长约1.5cm；花梗及花序的分枝处均包有膜质苞片；花橙红色，散生紫褐色斑点，直径4~5cm；花被裂片6，2轮排列；雄蕊3，着生于外花被裂片基部；

花柱上部稍扁，顶端3裂，子房下位，倒卵形，3室，中轴胎座，胚珠多数。蒴果倒卵形或长椭圆形；种子圆球形，黑紫色，有光泽。花期6~8月，果期7~9月。

二、生态习性

野生于林缘或山坡草地，大部分生于海拔较低的地方，但在西南山区海拔2000~2200m处也可生长。喜温暖和阳光，耐寒、耐旱、怕涝。对土壤要求不严，山坡旱地均能栽培，以肥沃疏松，地势较高、排水良好的沙质壤土为好。中性或微碱性壤土适宜，忌低洼地和盐碱地。

三、生长发育规律

种子在20℃~25℃、湿度充足的条件下开始萌发。5月份苗高10~15cm，叶片数增至4片，6月上旬苗高20~25cm。6~8月为地上部分生长旺盛期，平均生长速度为1cm/天。幼苗期，地下只有数条须根，长10~15cm，移栽后1个月，根茎逐渐膨大，同时长出数个乳白色不定芽。移栽2个月后，部分不定芽顶出地面形成地上茎；另一部分不定芽沿着水平方向向四周延伸形成根状茎。二年生植株能抽生地上茎5~6支；三年生植株能抽生地上茎10~15支；四年生者可达20支左右。二年生地上茎平均高度70cm，三年生地上茎平均高度在120cm左右，四年生地上茎高达160cm。育苗移栽植株有80%左右当年开花，用根状茎繁殖的植株当年全部开花结果。二年生植株平均每株结果11枚，三年生56枚。一般每个果实含种子20~30粒，多者达40粒。成熟时室背裂开，果瓣向外翻卷皱缩。

四、种质资源状况

射干种质资源遗传多样性丰富。如湖北产射干就可聚为5类：十堰地区与恩施地区射干聚为一类，两者均为野生类型，两产地地域之间生态环境差异大，但两者遗传变异相对较小；恩施地区栽培射干聚为一类，罗田地区野生射干单独聚为一类；团风县GAP基地栽培射干聚为一类，罗田地区栽培射干聚为一类。提示通过系统选育形成新的优良品种的潜力很大。

五、栽培技术

（一）选地与整地

1. 育苗地 选择土层深厚、有灌溉条件的砂质壤土，播种前施足充分腐熟的有机肥，用50%辛硫磷乳油拌成毒土撒施翻入土壤中预防地下害虫。肥料和农药摊撒均匀耕翻入土，然后整地作成3m×5m畦待用。

2. 种植地 宜选地势高燥、排水良好、土层较深厚的砂质壤土地，一般山地、平地也可种植，但不宜在粘土、积水地、盐碱地种植。整地时施足基肥，一般用人粪尿、草木灰和钙镁磷等肥料作基肥，每亩施人畜粪肥2500~3000kg，加适量草木灰捣细撒于地内，深耕21~24cm，耙细整平，作120cm宽、20cm高的畦。

（二）繁殖方法

种子繁殖或根茎繁殖，以种子繁殖多用。9月下旬至10月上旬，采收成熟种子后要及时用湿砂贮藏，或随收随播，忌强光曝晒，否则影响出苗。春秋两季播种。播种方法分育苗和直播。

1. 种子育苗 3月下旬至4月上旬，将种子均匀撒播于整好的畦内，覆土3cm，稍加镇压后盖上稻草。保持苗床湿润，约2周后出苗。每亩播种10kg。出苗后及时揭开稻草。秋播在霜降前后，播种方法同上，次春 4 月初出苗。苗床管理简便，灌水 2～3 次，见草就拔。

2. 种子直播 在备好的畦上，按株、行距 25cm×30cm 开穴，每穴施土杂肥或干粪肥少许，与底土拌匀，上再盖 2cm 细土，每穴撒入种子 5～6 粒，覆土，浇水，盖草保墒。每亩用种 2.5～3.0kg。

3. 定植 6 月初苗高 6cm 左右时，按株、行距 25cm×30cm 移栽定植到大田，然后灌水，成活率可达 90% 以上。

（三）田间管理

1. 间苗、定苗 间苗时除去过密苗、瘦弱苗、病虫苗，选留健壮苗。间苗宜早不宜迟，一般间苗 2 次，最后在苗高 10cm 时定苗，每穴留苗 1～2 株。缺苗及时补苗，大田补苗和间苗宜同时进行，选阴天或晴天傍晚进行，带土补栽，浇足定根水。每亩定植 1.2 万～1.5 万株。

2. 中耕除草、培土 春季应勤除草和松土，6 月封行后不再松土除草，而在根际培土，否则雨季容易倒伏，或从叶柄基部折断，影响根状茎和种子产量。

3. 追肥 栽植第二年早春于行间开沟，每亩施家畜粪 2000kg 或人粪尿 1500kg、草木灰 250kg 加过磷酸钙 15～25kg 作追肥。加施磷肥可促进根部生长，提高产量。

4. 灌溉、排水 出苗期需灌水保持田间湿润，幼苗高 10cm 以上时可少灌水或不灌水。雨季要特别注意排水。

5. 摘花茎 种子繁殖者次年开花结果，根状茎繁殖者当年开花结果。花期长，开花结果消耗养分多，故在不留种地块发现抽苔时应及时摘除，一般进行 2～3 次，以利根状茎生长。

（四）病虫害及其防治

1. 病害及其防治 ①射干锈病，主要为害茎叶。防治方法：秋后清理田园，除尽枯枝落叶；增施磷钾肥，提高抗病力；发病初期喷洒 25% 粉锈宁 1000～1500 倍液，或 20% 萎锈灵 200 倍液，或 65% 代森锌 500 倍液喷雾，每周喷 1 次，连喷 2～3 次。②叶枯病，主要为害叶片。防治方法：秋后清理田园，除尽带病的枯枝落叶；发病初期喷洒 50% 多菌灵 1000 倍液或 1∶1∶120 波尔多液，每隔 7～10 天喷 1 次，连喷 2～3 次。

2. 虫害及其防治 ①射干钻心虫，幼虫为害幼嫩心叶、叶鞘、茎基部，致使茎叶被咬断，植株枯萎。高龄幼虫可钻入土下 10mm，危害根状茎，常导致病菌侵入引起根腐。防治方法：成虫期用灯光诱杀；10 月底收刨时，把铲下的茎叶立即翻入 20cm 深的土内，将叶柄基部的蛹或幼虫同时带入土内，翌年成虫就不能出土羽化；人工摘除一年生蕾及花，可消灭大量幼虫；移栽时用 90% 敌百虫晶体 500 倍液浸根 20～30 分钟；4 月下旬和 8 月中旬钻心虫发生期，用 48% 毒死蜱乳油 1500 倍液，或 4.5% 氯氰菊酯 2000 倍液，或 90% 敌百虫晶体 800 倍液，喷洒在秧苗心叶处，每 7 天喷 1 次，连喷 1～2 次。②地老虎，主要为害根茎。防治方法：成虫产卵前利用黑光灯诱杀；采用毒饵诱杀，每亩用 90% 敌百虫晶体 0.5kg，或 50% 辛硫磷乳油 0.5kg，加水 8～10kg，喷洒到炒过的 40kg 棉仁饼或麦麸上制成毒饵，于傍晚撒在秧苗周围，诱杀幼虫；每亩用 90% 敌百虫粉剂 1.5～2kg，加细土 20kg，配制成毒土，顺垄撒在幼苗根际附近毒杀；或用 50% 辛硫磷乳油 0.5kg 加适量水喷拌细土 50kg，在翻耕地时撒施；幼虫发生期，用 4.5% 高效氯氰菊酯 3000 倍液或 50% 辛硫磷乳油 1000 倍液喷灌。③蛴螬，主要为害根茎。防治方法：冬前将栽种地块深耕细耙，减少幼虫越冬基数；每亩用50%辛硫磷乳油250g与80%敌敌畏乳油250g（1∶1）混合，或用5%毒死蜱颗粒剂900g拌细土30kg，均匀撒施田间后浇水，或用3%辛硫磷颗粒剂3～4kg混细沙土10kg制成药土，在播种时撒施；用90%敌百虫晶体或50%辛硫磷乳油800倍液灌根。

六、采收加工

种子直播者3年收获，根状茎繁殖者2年收获。于霜降前后植株茎叶枯萎时采收。挖出根茎后，去掉茎叶和泥土，晒或炕至半干，搓去须根，或放在铁丝筛内吊起，用火烧掉须毛，然后再晒或炕至全干。

以粗壮、质坚、断面色黄者为佳。

（李卫东）

穿心莲

穿心莲为爵床科植物穿心莲 *Andrographis paniculata*（Burm. f.）Nees 的干燥地上部分，属于现代中药。其性寒，味苦，归心、肺、大肠、膀胱经，具有清热解毒、凉血、消肿等功效，主要用于治疗感冒发热、咽喉肿痛、口舌生疮、劳嗽、泄泻痢疾、热淋涩痛、痈肿疮疡、毒蛇咬伤等病症。现代研究证明，穿心莲主要有含二萜内酯类和黄酮类化合物，如穿心莲内酯、新穿心莲内酯、脱水穿心莲内酯等，具有诱导细胞分化、保肝降酶、提高胆汁分泌量并改变其物理特性等药理活性。穿心莲原产印度、斯里兰卡、巴基斯坦、缅甸、印度尼西亚、泰国、越南等国，生于湿热的平原、丘陵地区。广东是全国最早引种和栽培穿心莲的地区，广西、福建、海南等省栽培较多，其他如华中、华北、西北等地区也有引种。

一、形态特征

多年生草本植物，在我国广东和福建北部及其以北地区为一年生植物。直根系，株高50～100cm。茎直立，具四棱，多分枝，节处稍膨大。茎叶味极苦，单叶对生，近于无柄，叶片卵状长圆形至披针形。总状花序顶生或腋生，集成大型圆锥花序，苞片和小苞片微小，披针形；萼有腺毛；花小，花冠淡紫白色，二唇形。雄蕊2，伸出，花药两室，药室一大一小，花丝有毛；子房上位，2室。子房上位，2室。蒴果扁长椭圆形，成熟时黄褐色至棕褐色，室背开裂。种子多数，细小，棕黄色。花期7～11月，果期8～12月。

二、生态习性

喜温暖环境。平均地温21℃时播种，15天出苗。平均地温28℃时播种，8天即出苗。出苗初期，由于气温低，生长缓慢。出苗后经1.5～2个月，生长加快，并长出一级分枝，6～8月为生长旺盛期。8月现蕾，9月开花，10月果实开始成熟。以后气温下降到7℃以下，叶变紫红，生长停滞；遇0℃左右低温或霜冻，植株全部枯萎。喜湿怕旱，幼苗期间更需要湿润、不能干旱。育苗地要经常洒水保持湿润；但不能积水，否则根系发育不良，且易感病。在速生期，需要充足水分。在采种季节，空气湿度过低，果实容易开裂，致使种子弹出损失。为喜光植物，阳光充足时生长良好。全日照下，蕾期叶中总内脂含量较遮阴下高10%～20%。荫蔽条件下，茎秆细弱，叶片变薄。幼苗用短日照处理能促进开花，处理时间以12h效果显著，可使开花、结果及成熟时间提早15～20

天。宜选肥沃、疏松、保水排水良好的砂壤土或壤土，以 pH5.6～7.4 的微酸性或中性土较好，在黏重土壤上植株易感染病害。喜肥，对氮肥尤其敏感，生长期多次施氮肥，能显著增产，留种地应增施磷钾肥，以促进开花、结果。

三、生长发育规律

生育期 160～200 天，从种子发芽到开花需 100～120 天，从花期到果熟需 60～80 天。播种出苗后，6 月份苗高可达 7～8cm，有 3～4 对真叶。8 月现蕾，9 月开花，10 月果实开始成熟。成熟种子生命可维持 3～4 年，种子发芽、幼苗生长与播种早迟、气温高低等因素有关。种子采收后在干燥条件下保存，最好在 2 年内播种，以确保种子的发芽率。

四、种质资源状况

目前生产中尚无品种区分，但广东产穿心莲可分为大叶型和小叶型两种生态类型，大叶型的茎叶干重及药用成分含量均明显高于小叶型。

五、栽培技术

（一）选地与整地

宜选地势较平坦、背风向阳环境及肥沃疏松、排水良好砂壤或壤土。重粘土、瘦瘠地、冷砂土、种过茄科作物的地，易感染青枯病，不宜选用。在山区可选择缓坡地、生荒地，也可在果木林下种植。前作以施肥多的作物为好，在菜园地种植能获得高产量。为充分利用土地也可与幼龄果树或其他树木类药材间作，但不宜在荫蔽和低洼积水地种植。可于头年冬季深翻土壤，使其风化熟化。春播前结合整地，每亩施腐熟厩肥或堆肥 2000～2500kg。耕耙 2 遍，使土壤尽量碎细，捡去草根石粒，整平，作成宽 1.3m 的高畦，沟宽 40cm，四周开好排水沟。

（二）繁殖方法

多采用种子育苗移栽，也可露地直播。种苗不足时，亦可扦插繁殖。

1. 育苗移栽　①采种，9～10 月，当果壳由青变黄或紫红色达到生理成熟时，分批采集种子，晒干。播种育苗前应先在装种子的布袋内装入细砂，揉搓擦去蜡质层、擦伤种皮，然后将种子放入 45℃温水中，浸泡 1～2 天，使之吸水。捞起摊开，用纱布覆盖保湿，待少量种子萌发后播种。②播种育苗，播种苗床有冷床、温床等几种，可根据气温情况选用，也有采用玻璃棚或塑料薄膜棚育苗的。春播在 2 月下旬至 3 月上旬，天气较寒冷的年份可推迟至 4 月上、中旬；秋播在 7 月上旬至 8 月下旬。播前先将整好的苗床浅锄 1 遍，然后整平。将种子与草木灰拌匀撒播于苗床上，盖上薄土，以不见种子为度，喷洒清水，再覆盖树叶或稻草保湿。播种量：7.5～10g/m^2。在气温较低地区，可在苗床上覆盖塑料薄膜，或播后及时洒水盖草、保温保湿。出苗后应选阴雨天逐步揭去盖草，并加强苗圃管理。幼苗出 2 对真叶时，施 1 次稀薄人畜粪水，一般播种育苗 1 个月左右即可移栽，此时幼苗有 4～5 对真叶，具完整根系。移栽畦要平整，表土细碎疏松。栽时要使幼苗根系舒展，垂直向下。定植前按株距 16～20cm，行距 20～25cm 挖小穴，小穴呈“品”字排列。每穴栽苗 1 株，栽后及时浇水，保持土壤湿润疏松。

2. 直播　4 月中旬至 5 月上旬进行，每亩施 5000～7500kg 厩肥，深翻整平，作成 1.3m 宽平畦。畦内再用四齿耙翻 1 次，整细土块，用平耙耙平。然后按行距 20cm 划深约 0.5cm 的浅沟，条播，并盖以细土和火土灰，以不见种子为度，稍加压紧，上面盖 1

层草，保温保湿。每亩播种0.25~0.5kg。苗出齐后应间苗1次，按株距9~12cm留壮苗1株。无论是移栽还是直播，栽培时最好分为种子田和商品田。种子田应在5~6月上旬移栽，行距50~60cm，株距30~35cm。

3. 扦插繁殖 选排水良好、疏松肥沃的土壤或沙壤土，或杂入清洁河沙，作成苗床。将茎枝切成10~13 cm长的小段，去除下部叶片，按行距15cm、株距6cm斜插入苗床内，必须有1个以上的节埋入土中，以便生根。适当荫蔽，防止烈日照射，早晚浇水，保持土壤湿润。在南方，插后8天即可生根，13~15天可移栽到大田。

（三）田间管理

1. 中耕除草 移栽成活后，每隔15~20天中耕除草1次，保持地内疏松无杂草。中耕宜浅，以免伤根。一般要进行3~4次。长至30cm高以上时，结合中耕除草培土，一方面加固植株，另一方面促进不定根生长，加强吸收水、肥能力。

2. 追肥 可结合中耕除草进行，初期宜淡，每亩施人畜粪水1500kg，以后每隔半月至1月松土锄草后施1次较浓的人粪尿，每亩2000kg，封行以后不再进行。

3. 间苗、补苗 直播苗高6~8cm时间苗，每穴留苗1~2株。间苗宜早不宜迟。缺苗时，要疏密补稀。保证植株健壮，生长整齐，通风透光良好。

4. 排灌水 栽种后，每天早、晚各浇水1次，连续3~5天，以保证栽种幼苗成活。生长前期，幼苗生长需水量较大，要保持土壤经常湿润，以利于枝叶生长繁茂，雨季要及时排除地内积水，以降低土壤湿度，防止病害发生。

5. 打顶培土 当苗高30~40cm时摘去顶芽，促使侧芽生长，以提高产量；同时结合中耕除草，在根部适当培土。

（四）病虫害及其防治

1. 病害及其防治 ①立枯病，俗称“烂秧”，多在4~5月发生，幼苗长出2对真叶时发病严重。发病幼苗茎基呈现黄褐色腐烂，地上部分倒伏死亡。发病较晚的，由于茎已木质化，呈立枯状死亡，故称“立枯病”。防治方法：土壤处理，每平方米用65%代森锌和50%多菌灵各8g拌15kg的半干细土，均匀撒入苗床；发病后用70%敌克松1 000~1 500倍液喷雾；盖地膜者，白天揭开地膜改善通透性，降低土壤湿度，抑制蔓延。②猝倒病，发病初期，幼苗根茎收缩、变褐、湿腐，地上部倒伏死亡。防治方法：注意通风，控制湿度；发病前喷洒1∶1∶120波尔多液。③黑胫病，发病植株茎基部生黑色长条状病斑，并向上下扩展，使茎干缢缩，严重时植株死亡。7~8月高温多湿时病重。防治方法：及时拔除病株，用石灰消毒病穴；发病初期喷1∶1∶100波尔多液或50%多菌灵1000倍液。④疫病，在高温多雨季节发生，叶片上产生水浸状暗绿色病斑，随后萎蔫下垂。防治方法：喷洒1∶1∶120波尔多液或敌克松500倍液。

2. 虫害及其防治 ①非洲蝼蛄和小地老虎，咬断幼苗，造成死苗；蝼蛄还在苗床土内钻成许多隧道，伤害根部，也会造成死苗。育苗和假植期间常见为害。防治方法：施用的粪肥要充分腐熟，最好高温堆肥；灯光诱杀成虫；发生期浇灌90%敌百虫1000倍或75%辛硫磷乳油700倍液。②斜纹夜蛾，9~10月以幼虫食害叶片，咬成孔洞或缺刻。防治方法：为害期用90%晶体敌百虫1000倍液喷雾。③象鼻虫，成虫咬食5~6月刚定植的幼苗叶片，被咬叶呈网状孔洞，严重者将叶片全部吃光。防治方法：结合田间管理，及时捕捉并杀死成虫；每亩用90%晶体敌百虫0.1kg拌小白菜、莴苣叶等蔬菜5~7kg，于傍晚投放地里诱杀。

六、采收加工

植株开花现蕾期为采收适期，收获时用镰刀在茎基2～3节处收割，晒干即可。全国各地区气候不一样，采收时间各异。如遇雨天应在室内摊开，不能堆积，保持通风，防止发热霉变。

以植株肥壮、带有花、无泥土者为佳。

（李明）

第五节　清虚热药

多为甘寒之品，主入肝肾二经，故有清退虚热的功效。主要用于治疗肝肾阴亏、虚热内扰所致的午后发热、五心烦热、口燥咽干、遗精盗汗、舌红少苔，以及热病后期邪热未尽、伤阴劫液、夜热早凉、热退无汗等病症。常用中药有青蒿、白薇、地骨皮、银柴胡、胡黄连等。本节仅介绍青蒿、银柴胡的栽培技术。

青　蒿

青蒿为菊科植物黄花蒿 *Artemisia annua* L. 的干燥地上部分，亦名草蒿、邪蒿、香蒿等，为传统中药之一，始见于春秋战国的《五十二病方》，药用历史悠久。其味苦、辛，性寒，归肝、胆经，具有清热解暑、除蒸、截疟等功效，主要用于治疗温邪伤阴、夜热早凉、阴虚发热、骨蒸劳热、暑邪发热、疟疾寒热、湿热黄疸等病症。现代研究表明，青蒿主要含有青蒿素、青蒿乙素、青蒿酸、东莨菪内酯等成分，具有抗疟、抗寄生虫、抗心律失常、抗组织纤维化、抗炎、平喘等药理活性。主要分布在我国吉林、辽宁、河北（南部）、陕西（南部）、山东、江苏、安徽、浙江、江西、福建、河南、湖北、湖南、广东、广西、四川（东部）、贵州、云南等地，朝鲜、日本、越南（北部）、缅甸、印度（北部）及尼泊尔等国也有分布。常星散生于低海拔、湿润的河岸边砂地、山谷、林缘、路旁等，也见于滨海地区。重庆、广西等地有栽培。

一、形态特征

一年生草本植物，高达2.0～2.5m，全株黄绿色，有臭气。茎直立，多分枝。茎基部及下部的叶多在花期枯萎，中部叶卵形，二至三回羽状深裂，上面绿色，下面色较浅，两面被短微毛；上部叶小，常一回羽状细裂。头状花序多数，球形，有短梗，下垂；总苞球形，苞片2～3层，无毛，小花管状，黄色，边缘雌性，中央两性。瘦果椭圆形，无毛。花期7～10月，果期9～11月。

二、生态习性

适应性较强，喜湿润，忌干旱，怕渍水，光照要求充足。土壤宜为向阳潮湿的冲积土或地质为二迭系的灰色厚层灰岩母质的紫红泥土。全生育期北方120天左右，在南方则超过150天。

三、生长发育规律

种子无休眠期，成熟后条件适宜即可萌发。种子萌发要求光照，变温条件下发芽率高于恒温，种子萌发率为99%；在15℃以下或30℃以上种子萌发率较低。温度10.5℃以上，种子7天出苗，12天长出第一对真叶。出苗后40天生长加快，苗高18cm；80天抽茎，出现第一次分枝；6 月中下旬第二次分枝。分枝的萌发力强，可达 80 个左右侧枝。9 月上旬进入花蕾期，生长停止。9 月中旬为始花期，9 月下旬为盛花期，9 月末为开花末期。开花顺序为自下而上，同一分枝由茎部向上开放，同一花序由外向内开放。花为管状花，外围均为雌花，中央为两性花。自花授粉率 5%，为异花授粉植物。在第一次分枝后生长加快，对杂草以压倒的优势而形成以青蒿为主的植物群落。具有较强的抗逆性，抗干旱，抗水涝，抗疫病。

四、种质资源状况

蒿属有植物约 300 多种。主产亚洲、欧洲及北美洲的温带、寒温带及亚热带地区，少数种分布到亚洲南部热带地区及非洲北部、东部、南部及中美洲和大洋洲地区。我国有 186 种，各地均有分布，其中以西北、华北、东北及西南省区最多。该属植物主要有一年生、二年生至多年生草本，还有少数半灌木或小灌木。除青蒿外，该属多种植物均可入药使用。

黄花蒿属于世界分布种，但不同产区青蒿素含量差别极大。随着广泛的人工栽培，其种质资源状况引起了人们的普遍关注。我国从 20 世纪 80 年代末起，通过各种人工选育技术，已培育出高产量和高青蒿素含量的品种，如“京厦 1 号”以及四倍体青蒿等。

五、栽培技术

（一）选地与整地

1. 育苗地 选背风向阳、地势平、土地肥沃疏松土壤，在晴天耕翻，亩施农家肥 5000kg，按长×宽 =10×1.3m 开沟成厢作成标准床。将苗床表层土耙平整细，床面施人畜粪水 5000kg、磷肥 50kg，再覆盖筛过的肥沃细土 1cm 厚左右。

2. 种植地 选择水源有保证，排灌良好的田块，深翻犁耙、碎土，亩施腐熟农家肥或土杂肥 1000～1250kg、磷肥 25～30kg 作基肥。开沟起厢种植。起厢规格为：宽 1.2m，沟宽 0.4m，沟深 0.2～0.5m。每厢种 2 行，株行距为 0.8m×0.8m。

（二）繁殖方法

种子繁殖为主。

1. 品种选择 选择青蒿素含量高、迟熟多叶的高产品种。

2. 播种 播种时，按 1 个标准床 2～3g 种子，用细泥沙 4～5kg 的比例充分拌匀，均匀撒播于整好的苗床上，再平铺地膜，以保温保湿，温度控制在 18℃～25℃。

3. 苗期管理 出苗后，注意防止低温、干旱，及时拔除杂草、间苗，株行距均为 5cm，苗高 3cm 时追 1 次磷酸二胺。移栽前 1 周每天上午 8～9 点揭膜，下午 4～5 点盖膜，逐步加大通风口直到全部揭开，反复炼苗。幼苗高 10～15cm 时移栽大田。

4. 移栽 实行浅垄栽植，选择阴天或晴天下午进行，栽后及时淋足定根水。亩植 1000 株左右。

（三）田间管理

1. 补苗、中耕除草 定植后 7～10 天查苗补缺。土面板结或杂草多时需中耕锄草，中耕宜浅不宜深，锄草要锄净，勿伤根部。

2. 打顶 株高 1m 左右时，摘去顶端 0.5cm 嫩尖，以促进多发侧枝、提高产量。

3. 灌溉、排水 以收获叶片为主，需要充足的水分，天旱时每天应灌水，以保持水分充足，雨季要及时排水防涝。

4. 施肥　以有机肥为主、化肥为辅，以基肥为主、追肥为辅，氮磷钾相结合。基肥不足的地块，应补充追肥。追肥切忌单施氮素肥料，否则影响植株抗病性及青蒿素含量。具体施肥分 2 次进行：第一次在移栽成活后，每亩用三元复合肥 7～10kg 撒施；第二次在封行前，每亩施尿素 10kg、磷肥 30kg、钾肥 10kg，其间可在第一分枝期用 0.3% 磷酸二氢钾 2kg 喷施，半个月后再喷施 1 次，对提高产量及活性成分含量有显著效果。

（四）病虫害及其防治

1. 病害及其防治　①茎腐病，发病初期根颈处变褐缢缩，严重时韧皮部受到破坏，根部呈褐色腐烂，致叶片黄化，植株死亡。防治方法：喷洒 1% 硫酸亚铁溶液、70% 甲基托布津 500 倍液，7～10 天 1 次，连喷 2～3 次。②白粉病，6～7 月份发生，主要危害叶片，病害由老叶向新叶发展，白粉遍布全叶。防治方法：用可湿性粉锈灵兑水 500～800 倍，或石硫合剂喷雾。

2. 虫害及其防治　①蚜虫，为害嫩梢。防治方法：在其迁飞扩散前用 40% 乐果 1000 倍液或 20% 速灭丁、蚜虱净等喷雾。

六、采收加工

7～8 月份，植株现蕾期即可收获。因蕾期青蒿素含量高，为收获适宜期，选连续晴天时逐株收割。收割后放在原地内晾晒半天至 1 天，再运送至晾晒场，暴晒至干。

以色绿、叶多、香气浓者为佳。

（李永华）

银柴胡

银柴胡为石竹科植物银柴胡 *Stellaria dichotoma* L. *var. lanceolata* Bge. 的干燥根，属于传统中药之一。其味甘，性微寒，归肝、胃经，具有清虚热、除疳热等功效，主要用于治疗阴虚发热、骨蒸劳热、小儿疳热等病症。现代研究证明，银柴胡主要含有甾体类、黄酮类、挥发油等成分，具有解热、抗动脉硬化、杀精子等药理活性。分布于陕西、甘肃、内蒙古、宁夏等地，主产于宁夏、内蒙古、陕西等地。

一、形态特征

多年生草本，高 20～40cm。主根圆柱形，外皮淡黄色，顶端有许多疣状的残茎痕迹。茎直立，节明显，上部二叉状分歧。叶对生；无柄；茎下部叶较大，披针形。花单生，花小，白色；萼片 5，绿色，披针形，外具腺毛，边缘膜质；花瓣 5，较萼片为短，先端 2 深裂，裂片长圆形；雄蕊 10，着生在花瓣基部；雌蕊 1，子房上位，近于球形，花柱 3，细长。蒴果近球形，成熟时顶端 6 齿裂。花期 6～7 月。果期 8～9 月。

二、生态习性

喜凉爽气候，耐寒、耐旱。野生于干燥高原、固定及半固定沙丘、向阳石质山坡及悬崖石缝中。要求年平均气温 7.9℃～8.8℃，极端最高气温 37.7℃，极端最低气温 -30.3℃。宜在阳光充足、质地较松的沙质壤土上种植，出苗前对水分要求较高，土壤须保持一定水分。苗出齐后，由于根系尚不发达，不耐旱，亦须及时浇水，但忌水分过多，否则造成根部腐烂。尤其二年生以上，一般靠自然降水和植物本身发达的根系，就可满足对水分的需求，水分过多则会造成主根上侧根增多，影响药材质量。刚出土幼苗可适当遮荫，其他生育期要求阳光充足。

三、生长发育规律

自然生长情况下，早春气温稳定在5℃以上时开始萌发，适宜生长温度为15～25℃，气温达到30℃以上时生长不良，秋后气温降至3℃以下时茎叶枯萎、进入休眠。4月中下旬播种，5月上旬出苗，7月上旬现蕾、中旬抽花苔、下旬始花，8月中旬开始结果，10月中旬地上部干枯。二年生以上实生苗，4月中下旬出苗，5月上旬苗出齐，5月下旬至6月上旬现蕾，中旬抽苔并开花，7月中旬盛花，同时开始结籽，8月上旬为结果盛期，8月中下旬籽粒成熟，10月中旬地上部干枯，10月下旬至翌年4月上旬地下根休眠。主茎一般有14个分枝，每分枝有8～12个侧枝，每侧枝有花蕾14～21个。

四、种质资源状况

由于银柴胡栽培历史较短，有关种质资源及良种选育研究工作尚在进行中。

五、栽培技术

（一）选地整地

选择土层深厚、疏松、肥力充足的沙质壤土，播前深耕，亩施农家肥4000～5000kg，氮、磷、钾复合肥50kg，耙细整平，作成小高畦，要求畦面平整，排水方便。畦高8～10cm，畦顶宽50cm，每畦播种2行，行距20cm，畦间距40cm。

（二）繁殖方法

1. 种子繁殖 一般产区种植不占用耕地，采用直播，省时省工，管理粗放，植株生长1年后，与野生一样，不需人工管理。占用耕地种植，采用育苗移栽：①种子处理，在室温下，将种子用清水浸泡2～4h后，将水控尽，待种子开口即可下种，能提前7天出苗。②播种时期，1月中下旬或8月至9月上旬播种，此时气候凉爽、地温低，根部不易腐烂，成活率高。

2. 育苗 条播或撒播。多采用条播，在畦内按行距15～20cm开沟，沟深3～4cm，将种子均匀撒入沟内，覆土2～3cm，稍压紧，亩用种1.5kg。撒播，在整好的畦内将种子均匀撒入畦面，用耙搂1遍，使种子拌入土中，然后浇水1次。也可将种子均匀撒入畦面，上面撒细土约2cm，浇水。在干旱产区种植，应选择雨后土壤潮湿的时候播种，播后用树枝或杂草覆盖，防止水分过分蒸发。待小苗发育较好时，再除去覆盖物。种子田采用直播，行距30cm，其方法同大田。

3. 移栽 4月下旬至5月上旬移栽，按行距15cm、株距3～5Cm开沟，随挖随栽，芦头埋入土中1～2cm，适当遮荫。移栽后浇水1次。

（三）田间管理

播种后保持畦面湿润，及时观察出苗情况，如地面干旱及时浇水。一年生苗全年浇水5次，二年生以上可不浇水，靠雨季自然降水。初冬均需浇1次防冻水。一年生全年除草4～5次，二年生以上全年除草2～3次，植株现蕾抽苔开花后有草拔除。在产区种植，由于自然条件恶劣，小苗自然淘汰率很高，故不间苗。从幼苗到成苗的过程中，管理手段粗放，只需时常除去杂草。

（四）病虫害及其防治

1. 病害及其防治 主要为根腐病，为害根部，根尖或侧根发病并向内蔓延至主根，发病初期叶发黄、枯萎，发病后期茎基部及主根均呈褐色干腐，拔起病株有臭味。降雨多或灌水后易发生，常造成植株成片枯死。防治方法：选择透水性良好的土壤种植；控制灌水量，田间不留明水，雨后及时排水。

2. 虫害及其防治 ①无翅黑金龟，幼虫食害根部，造成缺苗断垄，幼虫主要发生于4~5月以及秋季苗地，生活史一代，5~6月是成虫发生期，6月至第二年4、5月是幼虫危害期。防治方法：成虫活动期，喷5%西维因粉剂，每20天喷1次，连续2~3次；人工捕捉成虫。②银柴胡蚜，5~7月是危害期，造成植株成片丛矮、叶黄缩、早衰，局部干枯死亡。防治方法：危害期间喷洒90%敌百虫1000~5000倍液。

六、采收加工

种植后第三年9月下旬至10月上旬，开沟40~50cm，依次起挖，去净泥土、茎叶，顺放，捆成小把，晒干。

以根条细长、表面黄白色并显光泽、顶端有“珍珠盘”、质细润者为佳。

（姜卫卫）

第七章 泻下药

要点导航

1. 掌握：大黄原植物分布区域、生态习性、生长发育规律、种质资源状况、栽培与药材采收加工技术。

2. 熟悉：火麻仁原植物生长发育规律、栽培与药材采收加工技术。

3. 了解：千金子原植物栽培技术；已开展栽培（养殖）的泻下药种类。

凡能攻积、逐水，引起腹泻或润肠通便的药物，称为泻下药。其主要功用大致有三点：一是通利大便，以排除肠道内的宿食积滞或燥屎；二是清热泻火，使实热壅滞通过泻下而解除；三是逐水退肿，使水邪从大小便排出，达到驱除停饮、消退水肿的目的。根据泻下程度不同，又分为攻下药、润下药和峻下逐水药。

第一节 攻下药

多味苦性寒，既能通便，又能泻火，适用于大便燥结、宿食停积、实热壅滞等症。常用中药有大黄、番泻叶、芦荟等，本节仅介绍大黄的栽培技术。

大 黄

大黄为掌叶大黄 *Rheum palmatum* L. 、唐古特大黄 *R. tanggulicum* Maxim. ex Regel. 或药用大黄 *R. officinale* Baill. 的干燥根和根茎，亦名将军、生军、川军、黄良等，属于传统中药，始载于《神农本草经》，被列为下品。其味苦、性寒，归脾、胃、大肠、肝、心包经；具有泻下攻积、清热泻火、凉血解毒、逐瘀通经、利湿退黄等功效，主要用于治疗实热积滞便秘、血热吐衄、目赤咽肿、痈肿疔疮、肠痈腹痛、淤血经闭、产口瘀阻、跌打损伤、湿热痢疾、黄疸尿赤、淋证、水肿等病症，外治烧烫伤。现代研究证明，大黄主要含有大黄素、大黄酸、大黄酚、芦荟大黄素、大黄素甲醚、番泻苷等成分，具有泻下、利胆、保肝、促进胰液分泌、抑制胰酶活性、抗胃及十二指肠溃疡、止血、降血脂、抗病原微生物等药理活性。因原植物不同，其分布区域各异。掌叶大黄主要分布在甘肃东部及东南部、青海与四川西北部交界区域；唐古特大黄主要分布在青海东部和东南部、四川西北部；药用大黄主要分布在四川东北部、陕西南部与湖北西北部。大黄道地产区在四川、青海、甘肃三省交界地带。商品药材有两类：一是西宁大黄，多加工成圆锥形或腰鼓形，俗称蛋吉，主产于青海同仁、同德等地；二是铨水大黄，一般为长形，切成段块，个大形圆者常纵剖成片，主产于甘肃铨水、西礼等地。以下仅介绍掌叶大黄的栽培技术。

一、形态特征

多年生草本，高达2m。茎粗壮、中空、绿色、平滑、无毛，有不甚明显的纵纹。单叶互生，具粗壮长柄，柄上密生白色短刺毛；基生叶宽卵形或近圆形，长、宽达35cm，掌状5~7中裂，裂片窄三角形，叶柄粗壮；茎生叶互生、较小，托叶鞘大、膜质、淡褐色。大型圆锥花序顶生，花小、红紫色、花被片6枚，花期6~7月。瘦果三棱状、具翅。果期7~8月。

二、生态习性

野生掌叶大黄分布于我国西部年平均温度在10℃的高寒山区，海拔1400~4000m，耐冷凉，不耐涝，不耐旱。幼苗怕阳光直射，需要荫蔽度75%~85%；成苗要求阳光较好，荫蔽度可控制在35%左右，以后随着株龄增长要求较充足的阳光。适宜土壤含水量为20%~25%，水分过多，往往导致根部腐烂甚至全株死亡。在年平均降水量500mm左右，相对湿度60%~70%地区生长发育良好。为深根系植物，要求土层深厚、具有一定肥力。钾肥和腐殖质较多的微酸性至中性土壤，有利于肉质根生长，药材产量高。但土壤过于肥沃，会引起茎叶徒长，侧根发达，主根变小，药材产量下降。忌连作，需经4~5年轮作后方可再种。

三、生长发育规律

种子寿命可维持3~4年，在适温下种子须吸收相当其重量100%~200%的水分才能发芽，发芽适温18℃~20℃，2~3日即可萌发出苗，如温度低于0℃或超过35℃，则萌发受抑。播后第二年形成叶簇，每年3月返青，第三年5~6月开花结果，7月上旬种子成熟。野生植株可生长7~8年以上。全年生长期约240天。个体发育需要3个生长季节方能完成，可分为4个阶段：①幼苗期，从播种育苗到移栽，生长期为395~398天。②成药期，从当年春季移栽至第二年秋末、冬初采挖，生育期580天，是地上茎叶和地下根茎同时生长的时期，根系呈辐射状向四周扩展，根茎上部每年有“轮环”，据此可判断生长年限。③抽薹开花期，移栽后第二年、第三年春季抽薹开花，持续730天，花薹从上年秋季开始形成。④种子期，移栽后第二年、第三年春末夏初抽薹开花到种子成熟，持续时间30~37天。晚霜后，地上部分开始枯萎，若要采收，此时便可采挖，若要留种便可直接留在田间。

四、种质资源状况

大黄属植物全世界有60多种，主要分布在亚洲温带及亚热带高寒山区，我国为分布中心，共有41种和4个变种。有37种2变种及1变型集中分布于西北和西南一带，多数具有药用价值。但我国大黄属野生资源并不丰富，约有1/3属于稀少品种。掌叶大黄因栽培历史较短，种质资源研究报道较少，生产中尚未选育出优良品种。

五、栽培技术

（一）选地与整地

1. 育苗地 选择地势较高、背阴向阳、水源条件好、排灌方便的地块，要求土层深厚、疏松肥沃，以壤土或沙壤土为好。土壤要深翻，精耕细耙，施足基肥，然后作宽1.2m的苗床。

2. 种植地 宜选海拔1000～2000m间的凉爽山地，以土层深厚、富含腐殖质、排水良好的砂质壤土为宜，黏重、地势低洼地块不宜种植。如为酸性土壤，耕作时可亩施石灰100～200kg。前茬以玉米、马铃薯等作物为好。在选好的种植地上，亩施3000～4000kg厩肥或堆肥作基肥，深耕30～40cm，作宽1.5～2m、高30～40cm的畦，四周开好排水沟，以备移栽种植。

（二）繁殖方法

种子繁殖或子芽繁殖。

1. 种子繁殖 分育苗移栽和直播。①育苗移栽，分春播和秋播。春播于土壤耕层解冻后进行，以秋播为好，因当年采收的种子发芽率高。春播种子宜进行催芽处理，即将种子放入18℃～20℃温水浸6～8h，捞出后用湿布覆盖，凉水冲1～2次/日，当有1%～2%种子萌发时即可播种。分条播和撒播。条播者横畦开沟，沟距25～30cm，播幅10cm，深3～5cm。将种子均匀撒入沟内或畦面，每亩用种条播3～4kg、撒播5～7kg，播后盖细土，以盖没种子为度，畦面再盖草。如土壤干燥，在播前3～4日浇水后再行播种，以利种子发芽。出苗后，揭去盖草，加强水肥管理，至苗高9～10cm，选择阴天移栽，按行株距55cm×55cm挖穴，穴深5～6cm，将苗立放穴内，用细土培实，穴面应低于地面以利于培土。②直播，初秋或早春进行，行距60～80cm，株距50～70cm，穴播。穴深3～4cm，每穴播种5～6粒种子，覆土2～3cm。亩用种约3kg。

2. 子芽繁殖 在9～10月份收获时，选择根茎侧面健壮且较大的子芽摘下种植，过小子芽可移栽于苗床，第二年秋再行定植。为防止子芽伤口处腐烂，栽种时可在伤口处涂上草木灰。然后按上述育苗移栽法种植。一般翌年开花，第三年即可收获。

（三）田间管理

1. 间苗、定苗 种子直播结合第一次中耕除草进行间苗，每穴选留健壮苗2～3株，条播者每10cm留1株。苗高10～25cm定苗，每穴留1株。

2. 中耕除草 苗高5cm时进行第一次中耕除草。秋季移栽者可于次年中耕除草3次，第一次在4月刚萌发时，第二次在6月，第三次在9～10月倒苗后。第三年只在春、秋各中耕除草1次。第四年只在春季萌发后进行1次中耕除草。春季移栽者于当年6月中旬中耕除草1次，8月中旬进行第二次，9～10月回苗后进行第三次，此后与秋季移栽者相同。

3. 追肥 掌叶大黄喜肥，需磷、钾肥较多。每次中耕除草后均应追肥。春、夏两季施饼肥或腐熟人畜粪尿，秋季用土杂肥或炕土灰覆盖防冻，在堆肥中加入磷肥效果更好。

4. 培土 因根茎肥大，且不断向上生长，故在中耕除草或追肥后均应培土，以利根茎生长，提高产量。在秋季第三次中耕后，将杂草、泥土等培于根旁，厚约10cm左右，以利根茎安全越冬。

5. 摘除花薹 栽后第三年、第四年的5～6月间常抽薹开花，消耗大量养分。因此，除留种地外应及早摘除花薹。

6. 灌溉排水 掌叶大黄耐旱、怕涝，除苗期干旱应浇水外，一般不必浇水。7～8月雨季，应及时排除田间积水，否则易烂根。

（四）病虫害及其防治

1. 病害及其防治 ①根腐病，主要危害根茎，发病后根茎呈湿润性不规则褐斑，后迅速扩大，深入根茎内部，并向四周蔓延腐烂，直至茎变黑，最后全株枯死。防治方法：保持排水良好；及早拔除病株烧毁，病穴用石灰消毒；清除枯枝落叶和杂草；发病前或发病时用120倍波尔多液或65%～80%可湿性代森锰锌500～600倍液喷雾或浇灌，每隔7～10日1次，连续3～4次；与豆类、马铃薯、蔬菜、玉米等作物轮作。②大黄轮纹病，主要危害叶片，从幼苗出土到收获均可发病。受害叶片可见病斑近圆形，红褐色，具同心轮纹，内密生黑褐色小点，严重时叶片枯死。防治方法：秋末冬初清除落叶并摘除枯叶销毁；加强早期中耕除草，增施有机肥，促进植株生长健壮；出苗2周后开始喷洒300倍波尔多液或代森锰锌600倍液。③霜霉病，主要危害叶片，4月中、下旬发病，5～6月严重。病斑呈多角形或不规则形，黄绿色，无边缘，背面生灰紫色霉状物。发病严重时，叶片枯黄而死。防治方法：同根腐病。

2. 虫害及其防治 ①金龟子，主要是铜色金龟子和铜绿丽金龟子，夏季咬食叶片，严重时仅留叶脉。防治方法：用90%敌融1000倍液浇灌，亦可在早晨成虫活动迟缓时捕杀或夜晚悬挂黑光灯诱杀。②蚜虫，主要是棉蚜和桃蚜，多在幼苗期发生，6～8月群集于叶部，吸食嫩叶汁液，影响植株正常生长。防治方法：20%乐果1000倍液喷雾。③甘蓝夜蛾，6～7月间，幼虫啃食叶片，严重时仅剩较粗的叶脉和叶柄；受害轻时叶子也被咬成大小不等的孔，影响产量。防治方法：喷洒90%敌融1000倍液。

六、采收加工

一般于栽后三、四年地上枝叶枯萎时采收。收获时，先将地上部分割去，刨开根茎四周泥土，将根茎及根全部掘出，抖去泥土，趁鲜刮去外表粗皮和顶芽，切成约1cm厚的薄片，小个的修成蛋形。晒干、阴干或烘干。

以外表黄棕色、体重、质坚实、锦纹及星点明显、有油性、气清香、味苦而不涩、嚼之发黏者为佳。

（张新慧）

第二节 润下药

多为种仁或果仁，富含油脂，具有润滑作用，使大便易于排出，适用于一切血虚津枯所致的便秘。常用中药有火麻仁、郁李仁等。本节仅介绍火麻仁的栽培技术。

火麻仁

火麻仁为桑科植物大麻 *Cannabis sativa* L. 的干燥成熟果实，又名大麻仁、火麻、线麻子。其味甘、性平，有小毒，归脾、胃、大肠经，具有润燥滑肠、利水通淋、活血祛风等功效，主治肠燥便秘、水肿、脚气、热淋、皮肤风痹、月经不调、疮癣、丹毒等病症。现代研究证明，火麻仁主要含有蛋白质、脂肪油、卵磷脂、葡萄糖醛酸、甾醇、钙、镁，维生素B_1、维生素B_2等成分，具有缓泻、降血压等药理活性。主产于广西、黑龙江、辽宁、吉林、四川、甘肃、云南、江苏、浙江等地。

一、形态特征

一年生草本，高1～3m。茎直立，表面有纵沟，密被短柔毛，皮层富纤维，基部木质化。掌状叶互生或下部对生，全裂，裂片3～11枚。花单性，雌雄异株；雄花序为疏散的圆锥花序，顶生或腋生；雌花簇生于叶腋，绿黄色，每朵花外面有一卵形苞片，花被小膜质，雌蕊1；子房圆球形，花柱呈二歧。瘦果卵圆形，质硬，灰褐色，有细网状纹，为宿存的黄褐色苞片所包裹。花期5～6月，果期7～8月。

二、生态习性

喜温暖湿润环境。生长期宜多水，成熟期宜干燥。对土壤要求不严，以砂质壤土为佳。幼苗期能耐－5℃～－3℃霜冻，生长适温为19℃～23℃。

三、生长发育规律

（一）根的生长

直根系，侧根多，细根密布根毛。苗期根系生长较快，5对真叶时主根长19.9cm，为茎高2倍多，侧根3～5根；12～13对真叶时，主根长30～40cm，侧根达40～50根；现蕾期主根长为株高的27%，侧根增加到60～80根；开花期以后，根系基本停止伸长，但根系仍继继增重；到收获期，根系鲜重为整株鲜重的12%～25%。

（二）茎的生长

茎直立，幼茎杆内部充满髓，后渐木质化，空心。茎节间数达30～45节，节间长度从根到梢呈抛物线分布。下部对生叶茎段各节长由下向上逐渐增长，上部互生叶茎段由下向上逐渐变短。株高和茎粗到开花始期就定型了。

（三）叶的生长

播种后，当气温10℃左右时，1对子叶出土，第二天长出1对真叶，5～6天后平展。6～9对真叶前为苗期，生长缓慢，每隔5～6天长出1对真叶，进入快速生长期后，每隔3～5天长出1对对生叶或1个互生叶片。一般子叶生长30～40天后就枯黄脱落，对生叶一般生长40～60天。

四、种质资源状况

我国利用和种植大麻的历史已有四、五千年之久。目前，我国大麻资源分布广泛，南起海南省的三亚、北到黑龙江的大兴安岭、西到新疆伊犁、东到浙江一带均有分布。种植规模较大的有安徽、云南、甘肃、黑龙江、内蒙古、广西、山西、四川、河南等省区，宁夏、陕西、河北、湖北、湖南、山东等省区有零星种植。因各地生态环境和栽培目的不同，形成了许多栽培品种，大体分为3大类：①纤维型，以安徽、浙江、江苏、河南等省区为主；②籽粒型，以甘肃中西地区、内蒙古、广西、四川等地为主；③兼用型，以云南、东北各省、山西、甘肃天水等地区为主。据不完全统计，全国各地大麻栽培品种约上百种。药用火麻仁只是大麻作为麻用、油用的一种附属产品，几乎所有大麻种子都可作为火麻仁药用。药用火麻仁主要产区有甘肃、云南、山西、内蒙古、四川等，山东、东北各省所产大麻种子也可作为火麻仁药材。

五、栽培技术

（一）选地、整地

性喜温暖湿润环境。生长期宜多水，成熟期宜干燥，耐瘠薄，抗病虫害。对土壤要求不严，宜选地势平坦、排水良好、阔叶杂草较少的沙壤土种植。整地应达到土壤细碎、无残茬、无土块的良好播种状态，将农家肥1000kg/亩、钙镁磷肥50kg/亩、复合肥15kg/亩、硫酸锌3kg/亩撒施在地面，翻耕起垄，垄距60cm，然后播种。

（二）繁殖方法

用种子繁殖。选生长健壮、结实多的雌株割下果枝，晒干，脱粒，备用。以火麻仁作为收获目标时，播种不宜过早，否则容易造成植株营养生长过旺，提前消耗养分，影响生殖生长和发育，导致种子产量偏低。适宜播种期为5月中下旬至6月上旬。在海拔较高、水浇条件好、土壤湿润的地方，可于5月中下旬播种；在烟区和早春玉米生产区域，可采用间套种的形式栽种，既能实施土地轮作、提高复种指数、增加农业综合收益，又能避开早播减产的弊端。

（三）田间管理

苗高6~10cm时间苗、定苗。每穴留苗3~4株。生长期间松土、除草2~3次，幼苗期宜浅锄，后期可深锄，并结合培土。可追施人粪尿或硫酸铵肥，后期增施过磷酸钙、草木灰。如遇到徒长植株，要及时打顶，防止部分植株过高浪费营养和影响其它植株生长。花序形成时除去大部雄株。

（四）病虫害及其防治

1. 病害及其防治 ①菌核病，用65%代森锌可湿性粉剂600倍液喷射；②斑枯病，发病初期用65%代森锌可湿性粉剂500倍液喷雾；③霜霉病，用百菌清600倍液喷雾。

2. 虫害及其防治 ①大麻跳甲，取食叶、种子、花序，造成孔洞。防治方法：清园、处理残株；秋冬季翻地，消灭越冬虫；发生期用50%西维因可湿性粉剂500~1000倍液喷雾。②大麻天牛，幼虫钻蛀茎秆，致使茎髓部中空，植株折断倒伏。防治方法：在成虫5月产卵活动期，用3%西维因粉剂喷洒；幼虫期释放天牛肿腿蜂进行生物防治。

六、采收加工

当植株叶片变黄，大部分种子成熟后，即可收获。如在全株种子成熟时再收获，则下部种子会开裂落地造成减产。收获时，将大麻结子部分枝条折断，集中翻晒，待基本晒干后敲打、脱粒，晒干。

以粒大、种仁饱满者为佳。

（刘　谦）

第三节　峻下逐水药

大多苦寒有毒，药力峻猛，服药后能引起剧烈腹泻，有的兼能利尿，能使体内潴留的水饮通过二便排出体外，消除肿胀。适用于全身水肿，大腹胀满，以及停饮等正气未衰之证。常用中药有甘遂、京大戟、芫花、牵牛子、商陆、巴豆、千金子、乌桕根皮等。本节仅介绍千金子的栽培技术。

千金子

千金子为大戟科植物续随子 *Euphorbia lathyris* L. 的干燥成熟种子，属于传统中药，始载于《开宝本草》。其味辛，性温，有毒，归肝、肾、大肠经，具有泻下逐水、破血消癥等功效，外用疗癣蚀疣，主要用于治疗二便不通、水肿、痰饮、积滞胀满、血瘀经闭等病症；外治顽癣、赘疣。现代研究证明，千金子主要含有脂肪油，含量为48%~50%，油中含多种脂肪酸，主要有油酸、棕榈酸、亚油酸、亚麻酸等，具有致泻、抗肿瘤、抗菌、抗炎、镇痛等药理活性。主要分布于黑龙江、吉林、辽宁、河北、山西、江苏、浙江、福建、台湾、河南、湖南、广西、四川、贵州、云南等地，栽培或野生。

一、形态特征

二年生草本，有乳汁，全株被白粉。茎直立，圆柱形。茎下部叶密生，线状披针形，上部叶对生，广披针形，先端渐尖，基部近心形。总花序顶生，呈伞状，伞梗2～4，基部有2～4叶轮生；每梗再叉状分枝，有三角状卵形苞片2，每分叉间生1杯状聚伞花序；总苞杯状，先端4～5裂，腺体4，新月形。蒴果球形。花期6～7月，果期8月。

二、生态习性

喜温暖湿润气候，耐干旱。宜选阳光充足、疏松肥沃、排水良好、富含腐殖质的壤土栽培，低洼地和粘土地不宜种植，否则易发生病害。

三、生长发育规律

一般在8月中下旬至9月中上旬播种，次年春暖后进入生殖生长期，5～6月份成熟，全生育期220～270天。开黄色小花，进入生殖生长期后，边抽生伞状分枝边开花结实，花果期一般3～5个月，果实成熟期不一致，先结先熟、后结后熟。

四、种质资源状况

20世纪80年代，美国加利福尼亚大学M. Calvin教授通过对续随子能源利用潜力评价研究发现，其种子油中含有30%～40%类似于石油的碳氢化合物，经处理可作为石油代用品，是一种很有开发前途的新型能源油料作物。近年来，国内有关部门分别进行了续随子种质资源的收集、核型、核心种质创新、新品种选育等研究工作，初步选育出优良新品系3个，并分别进行了示范栽培，平均产量达到150kg/亩左右，并通过酯交换反应生产出符合国家使用标准的续随子生物柴油，但作为药材的优良品种选育工作尚未开展。

五、栽培技术

（一）选地整地

对土壤要求不严，一般土壤都能种植，但要求地势高燥、排灌方便。种植前深翻土地25～35cm，耙平耙细。结合整地，每亩施腐熟农家肥3000～4000kg，氮磷钾复合肥40～50kg，钙镁磷肥50kg。

（二）繁殖方法

用种子繁殖。7～8月采收深褐色成熟果实，晒干备用。南方秋播，9月中旬～9月下旬进行；北方春播，3月下旬～4月上旬进行。穴播，按行株距30cm×30cm开穴，穴深5～7cm，每穴播5～6颗。条播，按行距40cm开沟，沟深5～7cm，将种子均匀播下。播后烧人粪尿，覆土2～3cm。

（三）田间管理

1. 间苗、定苗 续随子种皮较厚，出苗很慢，需15～20天才能出齐苗。在此期间，要保持土壤湿润。苗出齐后，10cm高时间去过密小苗，株高20cm时，按株距20～25cm定苗。

2. 及时排灌 根据旱情适当浇水，要保证上冻前、返青期和分枝期水分充足。雨季注意排水防涝。由于续随子主茎中空，结实后期植株上部重量很大，应停止浇水，以防倒伏。

3. 中耕除草 冬播者苗期已进入冬季，应以中耕松土、提温保墒为主。中耕次数视墒情而定，每次雨后或浇水后需中耕除草。一般冬前中耕2次，春季中耕2次。每次中耕时应注意勿伤茎皮，避免影响植株生长。翌年春季返青后，生长非常旺盛，这时中耕要注意给根部培土，以保护植株不倒伏。

4. 合理施肥 以底肥为主，返青期和分枝期结合浇水可每亩施稀释10倍的人粪尿1000～1500kg，或10kg尿素。续随子以籽实入药，可多施磷、钾肥，缺肥时在开花前期和结实初期，每亩用磷酸二氢钾200g兑水50～60kg各喷洒1次，可促使植株健壮、籽粒饱满，提高药材产量。

（四）病虫害及其防治

1. 病害及其防治 ①叶斑病，高温多雨季节易发病，初期叶片上出现圆形或椭圆形大小不等的黄色和紫褐色病斑，直径2～10mm；后期转为暗褐色，下陷的病斑中心为浅灰色，并生有黑色小点。严重时病斑合并，叶色变黄，随后发黑干枯悬挂在茎干上，并不脱落。防治方法：加强田间管理；适量浇水；施用彻底腐熟的农家肥；氮肥不能过量；种植密度不能过大；雨季及时排渍；保持株间通风透光；及时摘除病叶带到田外销毁；发病初期用1∶1∶100波尔多液或50%甲基托布津悬浮剂800倍液、75%百菌清可湿性粉剂600倍液喷洒，每隔10～15天喷1次，视病情防治3～5次。②枯萎病，发病突然，症状包括严重的点斑、凋萎或叶、花、果、茎或整株植物死亡。防治方法：农业防治同斑枯病；发病初期喷洒50%多菌灵可湿性粉剂500倍液，或用30%碱式硫酸铜悬浮剂400倍液灌根，每株灌0.5L左右，每隔10～15天灌1次，连灌2～3次。

2. 虫害及其防治 地老虎：常从地表处将茎咬断使植株死亡，造成缺苗。防治方法：早春清除田间地头杂草；喷洒来杀毙800倍液，或2.5%溴氰菊酯300倍液，或50%辛硫磷800倍液。

六、采收加工

6月上旬至7月上旬，籽粒开始陆续分批成熟，慢慢变干，当有2/3以上果实变褐色时就可收获。用镰刀割取整株或取有果实的茎枝，晒干、脱粒、扬净即可。

以粒饱满、种仁白色、油性足者为佳。

（刘 谦）

第八章 祛风湿药

要点导航

1. 掌握：徐长卿、木瓜、乌梢蛇原植物（动物）分布区域、生态习性、生长发育规律、种质资源状况、栽培（养殖）与药材采收加工技术。

2. 熟悉：独活生长发育规律、栽培与采收加工技术。

3. 了解：穿山龙原植物栽培技术；已开展栽培（养殖）的祛风湿药种类。

多为苦温辛散之品，故有祛风散寒除湿之功。主要用于关节疼痛，肌肉麻木，肢体重着，遇寒加重、得暖痛减的风寒痹证；有些药物兼入肝肾，强筋壮骨，适用于风湿日久，肝肾亏虚所致的腰酸腿软，筋骨无力，肌肉萎缩，关节强直，半身不遂等风湿重证；部分药物祛风湿而性凉清热，主治风湿热邪流注于关节经络所致的风湿热痹，症见关节局部红肿热痛者。常用中药有独活、威灵仙、川乌、草乌、海风藤、蚕砂、老鹳草、寻骨风、松节、伸筋草、路路通、枫香脂、雪莲花、雪上一枝蒿、丁公藤、雷公藤、蕲蛇、乌梢蛇、木瓜、昆明山海棠等。本章仅介绍独活、徐长卿、木瓜、穿山龙的栽培技术及乌梢蛇的养殖技术。

独　活

独活为伞形科植物重齿毛当归 *Angelica pubescens* Maxim. *f. biserrata* Shan et Yuan 的干燥根，属于传统中药，始载于《神农本草经》。其味辛、苦，性微温，归肾、膀胱经，具有祛风除湿、通痹止痛等功效，用于治疗风寒湿痹、腰膝疼痛、少阴伏风头痛等病症。现代研究证明，独活主要含有二氢山芹醇及其已酸酯、欧芹酚甲醚、异欧前胡内酯、香柑内酯、花椒毒素、二氢山芹醇、当归酸酯、挥发油等成分，具有解痉、镇痛、镇静、抗炎、抗菌等药理活性。重齿毛当归主要分布于安徽、浙江、江西、湖北、四川等地，四川、湖北、浙江及陕西等地的高山地区已有栽培。历史上独活药材有浙独活、川独活和资丘独活之分，其中川独活、资丘独活种植面积及产量最大，尤以鄂西北山区所产独活药材个大、根条肥壮、油润、香气浓郁、质地优良而享誉海内外，属于著名的道地药材。

一、形态特征

多年生草本。茎直立，带紫色，有纵沟纹。根生叶和茎下部叶叶柄细长，基部成宽广的鞘，边缘膜质。叶片卵圆形，2 回 3 出羽状复叶，小叶片 3 裂，最终裂片长圆形，先端渐尖，基部楔形或圆形，边缘有不整齐重锯齿。复伞形花序顶生或侧生，总苞片缺乏；花白色；萼齿短三角形；花瓣5，等大，广卵形，先端尖，向内折；雄蕊5，花丝内弯；子房下位。双悬果背部扁平，长圆形，基部凹入，背棱和中棱线形隆起，侧棱翅状。花期7~9月，果期9~10月。

二、生态习性

喜阴冷、湿润气候环境，年平均气温在8℃左右植株生长旺盛，气温过高或过低均会影响生长发育。一般生长于海拔1000~2100m的山区，年无霜期平均为150天，年降水量1200~1400mm，年日照时数为1600h。主要种植在地势平坦的山坡及山顶，幼苗期喜荫蔽，忌强烈阳光直射，荫蔽度宜在60%~70%，要求雨水均匀，雨量充沛，每年春季雨水丰富时，可移栽至大田。怕涝，水分过多易致根腐病。要求土层深厚、疏松肥沃、排水良好的腐殖质土，土壤酸碱度以微酸性或中性为好。疏松、土层深厚的土壤适宜植株生长，忌连作。

三、生长发育规律

植株整个生长期约900天。在个体发育中，由营养生长到生殖生长要经过2个阶段：一是春化阶段，要求0℃左右低温；二是光照阶段，要求6~8h的日照过程。植株生长周期包括3个阶段：①种子后熟阶段，种子采收后，需经室内低温贮藏或秋播到田间的过程，在此期间种子经过高温到低温的变温过程，种胚分化完全，经过生理后熟后才能萌发；②营养生长阶段，在此期间，种子萌发出苗，长出根茎叶，茎短缩并为叶鞘包被，极少部分生长旺盛的植株进入抽薹状态；③生殖生长阶段，在植株生长的第二至第三年，随着叶片增多，光合产物随之增加，地下根部开始伸长、膨大，茎节间开始伸长，抽出地上茎，形成生殖器官，并开花结实。地下根部每年萌动早于地上部分，有延续膨大生长的特性。第一年以主根生长为主，地下部分形成肉质根，并出现少许侧根及须根；第二年主根继续伸长膨大，向地下延伸，同时侧根开始膨大成二次根，形成丰富的须根体系进行营养物质积累和贮藏。此时如植株地上生长过于茂盛或过早抽薹开花，地下主根容易木质化而失去药用价值。

四、种质资源状况

独活同属多种植物根部均可药用，并在许多地区作为独活使用，应用比较混乱，如短毛独活 *Heracleum moellendorffii* Hance、永宁独活 *H. yungningensis* Hand - Mazz1、独活 *H. hemsleyanum* Diels、白亮独活 *H. candicans* Wall. ex DC.、多裂叶独活 *H. dissectifolium* K. T. Fu.、裂叶独活 *H. millofolium* Diels 等。由于重齿毛当归的种植历史较短，目前生产上尚未选育出优良品种。

五、栽培技术

（一）选地整地

宜选土层深厚、土壤肥沃、富含腐殖质、排水性好的壤土和砂壤土地块，忌土层浅、积水多的粘性土壤。前茬以马铃薯、豆类、小麦、玉米等作物为好，忌连作。前作收获后，深翻30cm以上，捡去杂草、石块，耙细整平，作成高畦，四周开好排水沟。结合整地施入充分腐熟农家肥3000~4000kg/亩、尿素15~20kg/亩、普通过磷酸钙30~40kg/亩。

(二)繁殖方法

采用种子繁殖,育苗移栽。

1. 育苗 ①种子选择,选当年生产的籽粒饱满、色泽鲜艳、无杂质、无霉变、无虫蛀种子。②苗床及培养土,苗床应设在近水源的地方,一般作成宽1.2~1.4m,高10cm的畦,长度不限。③适期播种,分春播和秋播。春播于3月中旬至4月上旬进行,秋播于10月上中旬进行。条播或撒播,条播时先在畦面上按10~15cm行距开沟,沟宽10cm,深3~5cm,将种子均匀撒于沟内,耙平;撒播时将种子均匀撒于畦面,覆盖1~2cm细土,轻拍压实。④苗期管理,播后在畦面均匀覆盖5cm的麦草,有条件者可灌透水1次,覆草期灌水应少量多次。苗高3~5cm(2~3片真叶)时,于阴天逐层揭去覆草,视墒情适量灌水,雨季注意排水,保持土壤湿润。苗齐后第一次中耕除草,苗高10cm时结合间、定苗第二次中耕除草,保苗密度为10万株/亩。结合中耕、灌水,撒施尿素1.5~2.0kg/亩,也可施入充分腐熟农家肥5000~7500kg/亩。

2. 移栽 ①整地施肥,春季土壤解冻后,将选好的移栽地深翻旋耕,耕深30cm以上,结合整地一次性施入优质农家肥2000~3000kg/亩、尿素15kg/亩、普通过磷酸钙30kg/亩。②移栽,选择一年生独活幼苗,按幼苗大小,于3月中旬至4月上旬用木犁开沟移栽,行距30~33cm,株距25cm,将幼苗斜靠摆放在犁沟中,用木犁翻出的土覆盖前垄沟,苗顶距地面3~5cm为好,对个别露出苗要重新覆土压实。栽植后耱平,保苗密度7000~8500株/亩。

(三)田间管理

春季移栽苗返青后、苗高20~30cm时,结合中耕除草追施尿素10kg/亩。当年5月份除草1次,6月份结合中耕除草适当培土,幼苗期中耕要浅,避免机械损伤。封垄后停止中耕除草。

(四)病虫害及其防治

1. 病害及其防治 ①根腐病,高温多雨季节易发生,主要症状为根部腐烂。防治方法:及时中耕除草、排水;选用无病种苗;用1∶1∶150波尔多液浸种,晾干后播种;发病初期用50%多菌灵可湿性粉剂1000倍液,或50%立枯净水剂100g/亩兑水750kg喷雾,每隔7天喷1次,连喷3~4次。②斑枯病,6月上旬开始发病,初期在叶面上产生绿褐色斑点,后逐渐发展成多角形,边缘呈褐色,中央灰白色。高温季节发病严重,可造成叶片枯萎。防治方法:及时清除病残组织;适当降低种植密度,保证田间通风透光;增施磷钾肥,提高植株抗病力;发病初期喷洒50%多菌灵可湿性粉剂1000倍液。

2. 虫害及其防治 ①蚜虫、红蜘蛛,导致嫩叶卷曲、生长发育不良。防治方法:用10%高效氯氰菊酯乳油1500倍液,或1.8%阿维菌素乳油2000~3000倍液喷雾。②食心虫,8~9月蛀食种子。防治方法:用10%吡虫啉可湿性粉剂1000倍液喷雾。③蛴螬,为害根部,用40%辛硫磷乳油800~1000倍液灌根。

六、采收加工

10~11月份,植株地上部分停止生长并枯萎时采挖。先割去地上茎叶,挖出根部,抖净泥土,除去须根、病根、残根,切去芦头,分摊于干净场地上晾晒,充分晒干后,装袋。也可待水分稍干后,堆放于炕房内烘烤,经常检查翻动,至六、七成干时堆放回潮,抖掉灰土后扎成小捆,再根头部朝下放入炕房内,用温火烘烤至全干。

以条粗壮、油润、香气浓者为佳。

（张　芳）

徐长卿

徐长卿为萝藦科植物徐长卿 *Cynanchum paniculatum*（Bge.）Kitag. 的干燥根及根茎。其味辛，性温，归肝、胃经，具有祛风化湿、止痛止痒等功效。用于治疗风湿痹痛、胃痛胀满、牙痛、腰痛、跌扑损伤、荨麻疹、湿疹等病症。现代研究证明，徐长卿含有牡丹酚、异丹皮酚等成分，具有镇痛、镇静、抗菌等药理活性。徐长卿适应性较强，分布广泛，主要分布于黑龙江、辽宁、河北、山东、江苏、江西、福建、河南、湖北、湖南、广东、广西、四川、贵州、云南等地。山东作为重点产区，其境内分布主要集中在鲁东南及胶东山区，开展人工种植的区域也集中在鲁东南的泰沂山区，特别是蒙阴县及其周围。

一、形态特征

多年生直立草本，高达1m，根细呈须状，形如马尾，具特殊香气。茎细，不分枝，无毛或被微毛。叶对生，无柄；叶片披针形至线形。圆锥聚伞花序，生近顶端叶腋，有花10余朵；花萼5深裂，卵状披针形；花冠黄绿色，5深裂，广卵形，平展或向外反卷；副花冠5，黄色，肉质，肾形，基部与雄蕊合生；雄蕊5，相连筒状，花药2室，花粉块每室1个；雌蕊1，子房上位。蓇葖果呈角状，表面淡褐色。种子多数，卵形而扁，暗褐色，先端有一簇白色细长毛。花期5～7月，果期9～12月。

二、生态习性

适应性较强，喜温暖、湿润环境，有一定耐旱、耐涝能力，但忌积水和持久干旱，长期水渍会烂根，长期干旱也会停止生长或落花落果。耐热、耐寒能力强，温度30℃以上仍能正常生长，在－20℃气温下，地下部分处于休眠状态，一旦环境适宜仍能生长发育。野生状态下，常生长在荫蔽度不大，土壤疏松的针阔混交灌木林或林缘茅草中，一般向阳山坡较多。要求土壤为有机质含量丰富、质地疏松肥沃、排水良好的微碱或中性腐殖质土。

三、生长发育规律

种皮较厚而坚实，吸收水分较慢，也不易霉烂，在18℃以上才能发芽。萌发时胚根自种子尖端伸出，子叶柄脱出，2片子叶仍留在种皮内。4～5天后，上胚轴上延出土形成幼苗，出苗后2片子叶仍留于种皮内。幼茎纤细，直径0.5～0.8mm，紫褐色，表面光滑无毛。随着幼苗增高，茎的颜色逐渐变为绿色。

露地越冬植株一般在4月中、下旬出苗，刚出土的嫩茎紫红色，密被白色绒毛，长至10cm以上时，茎杆逐渐光滑并转为绿色。5～6月份主要是营养生长期，株高与叶片数不断增长，7～8月份为开花结果盛期，营养生长缓慢，9～10月份为果实膨大和成熟时期。11月份，随着气温逐渐下降，地上部分枯萎转入休眠。全生育期约200～220天。

一年生苗少数开花结实，二年生以上植株均能大量开花结实，每株开花少则20～30朵，多至120～130朵，一般在80～90朵，多数花在开放后2～3天萎蔫而脱落，故结果率很低。二年生植株结果平均为2.5个，平均每个果实含种子60粒左右，种子千粒重3.2g左右，无后熟现象。

四、种质资源状况

徐长卿是萝摩科鹅绒藤属植物，有53种、5变种。由于徐长卿人工种植历史较短，生产中尚未选育出优良品种，但已有将徐长卿种子搭乘“神舟四号”宇宙飞船，利用太空宇宙辐射、微重力、高真空、超低温、交变磁场等因素对种子进行诱变，从中获得在地面辐射诱变中难以得到的和可能发生的具有突破性影响的罕见突变的报道，期望能够通过筛选和培育，获得高产、优质、抗逆性强的徐长卿新品种。

五、栽培技术

（一）选地整地

宜选富含腐殖质、土层深厚、肥沃、排水良好的砂质壤土或壤土。前茬应为禾本科、豆科作物，忌选农药施用量大的棉田，要有灌溉条件，保证阳光充足。

地块选好后，清除地内石头、树根及杂草。每亩施充分腐熟、经无害化处理的农家肥6000～10000kg、复合肥（含N、P、K各15%）60～80kg，将肥料均匀撒于地面，翻入土中，翻地深度30cm，耙细整平。四周开好排水沟，以利雨季排水。在耙细整平的地块上，作成宽1.2m的平畦。

（二）繁殖方法

采用种子繁殖。

1. 催芽 3月下旬左右，取一定量种子与适量已过筛的湿润细沙按1:20比例拌匀，表面覆盖1层塑料布，保持湿润，2～3天翻动1次。催芽温度保持在15℃～18℃，催芽种子堆放体积保持在100cm×80cm×50cm。约经2周，至70%～80%种子将要萌芽时及时播种。

2. 播种 播种日期在4月上旬至中旬。在整好的畦面上按行距30cm开浅沟，将拌砂的种子均匀撒入沟中，播后覆盖1层细土，以不见种子为度，搂平，畦面覆盖农用地膜。如果土壤干旱，可先行浇水，2～3天后再行播种。每亩用种约2.0kg。

（三）田间管理

1. 水分管理 播种后1个月以内注意保持土壤湿润，干旱及时浇水。生长期间避免田间积水，雨后及时排水。当年苗不需太多浇水，一般雨水即可满足；第二年植株需水量较大，干旱天气应适时浇水。

2. 除草 有草就除，做到除早、除小，以免伤害小苗或影响小苗生长。

3. 中耕松土 每年在行间进行3～4次中耕松土，深度保持在2～3cm。

4. 追肥 一般追肥3次。当年苗施用量宜少，二年苗可适当增加。第一次在苗高5～10cm时，每亩施1500～2500kg腐熟人畜粪水，或用尿素15kg兑水施于根部；第二次在5月中旬，每亩用尿素15kg、磷酸二氢钾1kg，或用优质三元复合肥8～10kg、腐熟饼肥25kg混匀施入；第三次在“芒种”前后，每亩用腐熟人畜粪水2000～2500kg，或尿素15kg兑水施于根部，并将1kg磷酸二氢钾配成0.1%～0.2%的溶液喷施。

5. 培土壅根 在一年生植株返青前，结合施肥将细碎的土杂肥或洁净不带杂草种子的土撒在畦面上，厚度不超过3cm。在苗高20cm左右时，可将行间的土壅起堆在植株基部。

6. 搭设支架 在苗高30cm后，在每行植株的两个畦端各埋2个间距10cm、高30cm的木柱，在它们之间分别架起两道绳索，以支持植株防止倒伏。

（四）病虫害及其防治

1. 病害及其防治 ①根腐病，危害根部。多于5～6月发生，先由须根变褐腐烂，后逐渐扩展至根部，使根皮层变黑腐烂，维管束变褐，根部丧失吸收水分和养分的能力，植株逐渐枯萎死亡。在土壤粘度大、田间水分多的情况下发病严重。防治方法：合理轮作，最好与禾本科作物轮作；加强田间管理，雨季及时排水；注意疏松土壤、防治地下害虫；合理施肥，多施有机肥，增施磷钾肥，提高植株抗病力；发病初期及时拔除病株，病穴用石灰处理，防止蔓延；播前用代森锰锌和多菌灵种衣剂浸种或用50%多菌灵500倍液浸种6～8min；发现病株用50%多菌灵或70%甲基托布津800倍液浇灌病穴。②黑斑病，危害幼苗，开始苗上出现小黑点，逐渐溃烂为凹陷斑，叶子变黄，直至全部脱落。防治方法：合理轮作，最好与禾本科作物轮作，间隔时间2～3年；加强田间管理，及时排除田间积水；合理施肥，增施腐熟有机肥，增强植株抗病能力；发现病株及时拔除，并烧毁深埋；用代森锰锌和多菌灵种衣剂，或这两种药物各0.02g、拌种15g，进行种子处理；苗期雨后及时用50%代森锰锌600倍液和50%扑海因500倍液喷雾2次，间隔10天；发病初期喷25%瑞毒霉1000倍液、58%瑞毒霉锰锌500倍液或25%甲霜灵600倍液，每10天喷1次，连续2～3次。③白粉病，主要危害叶片，地上部分均可受害，开始叶上形成白色粉状斑，严重时整个叶片覆盖一层白粉，后期叶变黄干枯。防治方法：加强田间管理，及时排除田间积水；秋后彻底清除田间病残体；合理施肥，实行配方施肥，增强植株抗病能力；发现病株及时拔除，并烧毁深埋；发病时用三唑酮可湿性粉剂5000倍液喷雾。

2. 虫害及其防治 ①红脊长蝽，成虫和若虫群集于幼嫩茎叶或幼果上，刺吸汁液，刺吸处成褐色斑点，严重时导致植株枯萎。防治方法：清洁田园，冬季清除田间枯枝落叶及杂草；人工摘除卵块；在若虫期或成虫刚迁入药材田时防治1～2次，选用20%杀灭菊酯1500倍液或2.5%溴氰菊酯3000倍液等药剂喷雾，间隔7～10天。虫口密度大时，喷雾2.5%溴氰菊酯2000倍液或21%增效氰马乳油4000倍液1～2次。②蚜虫，危害植株幼嫩茎叶，以刺吸式口器插入叶片内吸取汁液，导致叶片变黄或发红、枯萎、脱落。防治方法：适当早播；结合栽培措施用银色薄膜覆盖，可达到提高地温、保持土壤湿度和避蚜防病的目的；选择对天敌杀伤力较小的农药，减少对天敌的伤害；在迁入大田盛期选用20%杀灭菊酯2000倍液、50%抗蚜威1500倍液或2.5%溴氰菊酯2000倍液等喷雾，连喷3～4次。③小地老虎，幼虫危害幼苗，低龄阶段多在嫩叶、嫩茎上为害，咬断根或近地面的嫩茎，严重时造成缺苗断垄。防治方法：种植前深耕多耙，收获后及时深翻，以有利于天敌取食及机械杀死幼虫和蛹；清除田间杂草；发现新萎焉幼苗，可扒开表土捕杀幼虫；用50%辛硫磷乳油800倍液，90%敌百虫晶体600倍液或2.5%溴氰菊酯2000倍液喷雾；每亩用50%辛硫磷270ml拌湿润细土1kg，做成毒土使用；每亩用90%敌百虫晶体0.2kg加适量水拌炒香棉籽饼6kg做成毒饵，于傍晚顺行撒施于幼苗根际。

六、采收加工

采用种子直播后两年采收。一般在10月中旬，选晴天进行。从地头刨一深沟，向前顺序将全株连根掘起，趁鲜于流水中迅速洗净泥土，沥干水分，直接晾晒至半干后，扎成小把，再晒干即为徐长卿全草。若将植株地上部分剪除，将根部晒干即为徐长卿药材。

以香气浓者为佳。

（李　佳）

木　瓜

木瓜为蔷薇科植物贴梗海棠 *Chaenomeles speciosa*（Sweet）Nakai 的干燥成熟果实，属于传统中药。其性温，味酸涩，归肝、脾经；有平肝舒筋、和胃化湿等功效；主治风湿性关节炎、腰膝酸痛、肢体麻木、腓肠肌痉挛、中暑吐泻、脚气等病症。现代研究证明，木瓜含有氨基酸、微量元素、维生素 C，以及皂苷、黄酮等成分，具有护肝降转氨酶、提高人体免疫、抗炎、降血糖、降血脂等药理活性。分布于安徽、四川、湖北、浙江、湖南、河南、江西、福建等地。已有2000多年的栽培历史，以安徽宣城地区所产最为著名，有宣木瓜之称，为著名的道地药材。

一、形态特征

落叶灌木，自然丛生状，树高 1 ~ 3m；小枝圆柱形，紫褐色或棕褐色。单叶互生，叶片卵圆形或椭圆形。托叶大、革质，肾形或半圆形。花先叶开放；花梗短粗或近于无柄；萼筒钟状，花瓣倒卵形或近圆形，基部延伸成短爪，花淡红或紫红；雄蕊长约花瓣之半；花柱 5，基部合生，约与雄蕊等长。果实椭圆形，黄绿色。种子多数，卵形，褐色。花期 3 ~ 5 月，果期 9 ~ 10 月。

二、生长习性

喜温暖湿润、阳光充足、雨量充分的环境，对土壤要求不严，荒山野岭、田边地头、房前屋后均可种植，但以土层深厚、疏松肥沃、富含有机质的沙壤土为好。不耐水涝，忌湿耐旱。土壤水分过多，往往植株瘦弱，枝叶生长瘦薄，抗逆性明显降低。土壤排水不良和积水，常引起烂根，严重时植株窒息枯死。

三、生长发育规律

阳性树种，2 月中旬萌芽，宣城地区 11 月土壤温度大于 5℃，根系仍可生长，栽植最佳期应在上一年的 11 月，早栽缓苗期短、成活率高。对温度反应敏感，同一地方，栽在背风向阳的比背阴处要提前 4 ~ 6 天开花，在稍有荫蔽处仍能良好生长，正常开花。株形矮，树势弱，结果稍多易倒伏，生产上以主枝、短侧枝挂果，因而需密植。

四、种质资源状况

木瓜属植物药用木瓜有榠楂（光皮木瓜）、贴梗海棠（皱皮木瓜）2 种，是原产中国的温带木本植物，各地均有栽培，缅甸、日本、朝鲜也有分布。铁梗海棠的主要栽培区域有江苏、浙江、安徽、湖南等地，现已形成罗汉脐、芝麻点、苹果红、香木瓜 4 个品种。苹果红鲜果重 150 ~ 300g，果枝粗短，坐果密集，丰产稳产，产量可达 1000 ~ 1500kg/亩，鲜果适合制作中药材木瓜干。罗汉脐个大肉厚，单果重 200 ~ 600g，丰产性好，单产可达 1500 ~ 2000kg/亩，粗放管理易形成大小年。香木瓜果小，花深红色，是观赏种。品质以芝麻点最优，罗汉脐次之，苹果型最差。生产上一般将 2 个以上品种混栽，以利于品种间杂交。

五、栽培技术

（一）选地与整地

造林地应选择低山丘陵、土层深厚、湿润肥沃、排水良好的微酸性土壤，尤以土层厚度50cm以上、富含有机质的壤土、砂壤土为好。

整地前要进行林地清理，采用全垦或带状整地方式，整地深度25～50cm。坡度大于10°时，要整成梯田，宽度1.5～2.5m。穴的规格为40cm×40cm×35cm，精耕细作，结合整地施足基肥，每亩施土杂肥3000kg、尿素20kg、磷钾肥50kg，然后作成高畦，等待播种。整地时间为秋冬，造林时间一般为冬末或早春。

（二）繁殖方法

以扦插繁殖为主，也可分蘖繁殖和压条繁殖。

1. 扦插繁殖 选一年生，生长健壮、无病虫害枝条，截成20cm长的插穗，每个插穗带芽眼3个。下端削成马耳形，放入500ppm ABT生根粉溶液中浸泡一下，稍凉，按行株距15cm×10cm插入整好的畦面上。若采用塑料薄膜小弓棚培育更好。培育1年后即可移栽。

2. 分蘖繁殖 植株分蘖力极强，常发生许多根蘖苗，可于春季将根蘖苗连根挖出另行定植。

3. 压条繁殖 每年春秋两季，将近地面枝条压入土中，并将入土部分刻伤，待生根发芽后，截离母株，另行定植。

4. 移栽 冬春两季，将贴梗海棠苗按株行距1m×2m（333株/亩），或1.5m×2m（222株/亩），或2m×2m（167株/亩）移栽定植。配置方式为矩形或正方形，栽植时保留主根15cm长，须根20cm长，根系在土壤中舒展，每穴用腐熟农家肥垫底，栽植后分层踏实，土壤干燥时需浇定根水。栽植最好选择在雨前、雨后或阴天进行。

（三）田间管理

1. 中耕除草 成活齐苗后，应注意中耕除草。3～9月，幼林要进行3～4次除草，成林进行2～3次除草，深度10～15cm。深翻土壤可改善土壤理化性质，促进土壤熟化，为植株根系生长创造良好环境。深翻一年四季均可，以秋冬为宜，深度一般为30cm。深翻时要避免伤根，翻土可结合施基肥进行。

2. 施肥 基肥占全年施肥量的70%以上，以有机肥为主，如菜籽饼、鸡畜粪，要充分堆沤腐熟，在果实采收后的9月上旬，结合林地深翻施入。一般每株施菜籽饼0.25kg或鸡畜粪2～5kg。每年冬季追肥1次，亩施土杂肥3000kg、复合肥50kg。在生长季节根据树体的需要追加补充速效肥料，生长旺盛的幼树，宜在春梢萌发时追肥，促进抽梢，萌发新枝；结果树萌芽前追施氮肥，以尿素为主，幼树用量15kg/亩，大树25kg/亩；果实膨大期追施磷、钾和氮肥。

3. 灌溉、排水 干旱天气经常浇水，阴雨天气及时排水。平坦林地可采取灌、喷、浇水等，还可覆盖保湿，即用草、树叶、作物秸秆、地膜等覆盖，可减少蒸发。在山凹或易积水地块，一般采用暗沟排水和高垅沥水。

4. 整形修剪 密植栽培者树冠控制在高2.5m、冠径1.5m。树体以自然开心形为主，干高30cm，主枝2～3个，每主枝配置侧枝4～5个，主枝与侧枝基角45～50°，侧枝上着生结果枝，第一侧枝距主干20cm，第二侧枝距第一侧枝30cm，依次错开，并注意左右平衡，使其内空外圆，通风透光。幼树修剪定干30cm，呈120°角培养三主枝，促其高生长，扩大树冠。生长季节注意各主枝生长平衡，采取摘心扭枝等。抑制徒长枝或霸王枝，采取撑、拉等方法培养树形。冬剪合理保留侧枝、枝组和辅枝，剪除过密枝、病虫枝、过长枝、并生枝、重叠枝，短截下垂枝。

5. 其他措施　定植后前几年，可适当间作些矮杆作物，以便以短养长，如选择豆类、花生等有固氮作用的矮杆作物或中草药。为改良土壤，也可间种草木绿肥，于生长季节翻耕压青，以提高肥力。造林后要及时进行全垦抚育，清理林内杂草，保持土壤疏松。1年2次抚育分别于4～5月、6～7月进行。

（四）病虫害及其防治

1. 病害及其防治　①灰霉病，侵染幼苗嫩茎或叶以及大树上新萌发嫩梢，幼茎、嫩梢感病初为褐色小点，后扩散成一周，造成感病以上部位萎蔫，形成立枯或枯梢。防治方法：利用冬季修剪，清除病枝及病叶；育苗时做好土壤消毒，忌重茬圃地；冬季早播和地膜覆盖增温，促苗早出、早木质化；施足底肥，少用追肥，提高苗木抗病力；苗木出圃后，用1∶1∶1等量式波尔多液每周喷洒1次，连喷2～3周，或用70%甲基托布津1500倍液每10天喷1次，连喷2～3次；发病期间喷用65%代森锌可湿性粉剂或50%苯来特。②叶枯病，多数因气温骤变而感染发病，在4月下旬开始出现，造成叶枯干脱落死亡。防治方法：发病初期用1∶1∶100波尔多液或多菌灵喷射。③锈病，主要为害叶片及果实，受害叶片开始产生橙黄色细点，后扩大成圆斑，在叶背或果上先隆起继之产生灰黄色毛状物，造成落叶或落果，不落果者果面形成隆起病疤，影响品质。防治方法：清除种植地附近2～3km内的圆柏，阻断病源；每年3月底雨后天睛时喷15%粉锈宁1～2次。④轮纹病，为害枝干、果实和叶，当年枝干受害后初为红褐色、水渍状斑点，中心隆起呈疣状，并扩大成斑，当扩大至枝干的一半时，病斑处发脆，风吹或外力作用即折断。防治方法：冬季修剪病枝，清除僵果病叶，集中烧毁；冬季喷3～5°石硫合剂；4月底喷70%甲基托布津1000倍液，每隔10天喷1次；5月底至6月初喷75%百菌清500倍液2次以上。⑤炭疽病，为害果、枝叶。果实发病初为小褐点，迅速扩大成斑后至整果腐烂，湿度大时病果上产生粉红色黏液，失水后成僵果。防治方法同轮纹病。

2. 虫害及其防治　①桑天牛和光肩星天牛，幼虫蛀食枝干，造成枝干枯死，成虫为害枝叶。防治方法：进行林间抚育管理，清除杂草；对虫害枝干及时伐除烧尽；用20%杀灭菊脂500倍液喷射树干，或用辛硫磷蘸药棉堵塞蛀孔。②蚜虫，寄生在嫩梢嫩叶上，吸食汁液，使芽梢枯萎、嫩叶卷缩，3～4月受害最重。防治方法：喷洒20%杀灭菊脂3000倍液。③梨小食心虫，以幼虫蛀食嫩梢和幼果，受害果品质下降并易感染病害。防治方法：冬季林内深翻，破坏越冬场所；生长期做好测报，剪除受害梢；灯光诱蛾；喷洒敌杀死2000倍液、灭扫利2000倍液，每隔7天喷1次，连喷3次以上。

六、采收加工

（一）采收

定植3～5年后开花结果，7～8月小暑后外果皮呈青黄色并发出芳香味时，即可选晴天露水干后进行采收，采摘时注意勿使果实受伤或坠地。

（二）加工干燥

用铜刀（忌用铁刀，否则剖面变黑）对半剖开后投沸水中煮5～10min或蒸10min，然后放竹帘上晒干。先仰晒2～3天，然后翻过来复晒2～3天，再仰晒至全干。若经日晒夜露（防止雨淋）色更紫红。如遇阴雨，用无烟炭火慢慢炕干。也可将采摘的瓜果直接纵切两瓣，然后横切成2cm厚的薄片晒干。

以质坚实、味酸者为佳。

（胡　珂）

穿山龙

穿山龙为薯蓣科植物穿龙薯蓣 *Dioscorea nipponica* Makino 的干燥根茎。其味甘、苦，性温，归肝、肾、肺经，具有祛风除湿、舒筋通络、活血止痛、止咳平喘等功效，主治腰腿疼痛、风湿痛、风湿关节痛、筋骨麻木、大骨节病、跌打损伤、闪腰、咳嗽喘息、气管炎、支气管炎等病症。现代研究证明，穿山龙含有薯蓣皂苷等多种甾体皂苷，具有镇咳、祛痰、平喘等药理活性。穿龙薯蓣分布区域很广，内蒙古、黑龙江、吉林、辽宁、河北、河南、山西、陕西、甘肃、四川、贵州、湖北、湖南、山东、安徽、江苏、浙江、江西等地均有分布。主产于黑龙江、吉林、辽宁、内蒙古等省区，产量约占全国总产量的70%。

一、形态特征

多年生草本植物。根状茎圆柱形，木质，多分枝，栓皮层明显剥离。茎左旋，无毛，长达5m。单叶互生，掌状心形。花单性，雌雄异株，雄花序为腋生的穗状花序，雌花序穗状单生。蒴果成熟后呈黄色，三棱形，顶凹基部近圆形，每棱翅状。种子每室2枚，有时仅1枚发育，四周有不等的薄膜翅，种子棕褐色，扁平。花期6~8月，果期7~9月。

二、生态习性

常野生于山坡、林缘和杂灌木林中，适应性很强，耐旱，耐-40℃严寒。生长期温度为8℃~35℃，最适温度15℃~25℃。生长初期要求气温稍低8℃~20℃，开花结果期需20℃~28℃高温，开花结实期气温高有提早开花和加速果实增长的作用。同一花序从孕蕾至开花，气温15℃~20℃时需25天，20℃~28℃时需11~14天。幼苗耐旱性差，成株耐旱性强。强光对出苗及幼苗期生长不利，常引起叶片干枯和死亡，成株期强光照可促进薯蓣皂苷元累积。对土壤条件要求不严格，以中等肥力、呈弱酸至弱碱性的沙质壤土最好。

三、生长发育规律

成熟种子无休眠期，在土温20℃~30℃、土壤含水量16%~20%时，播种后20~25天即出苗。土温低于10℃或高于30℃，种子萌发受限制。种子繁殖的植株第二年春季开花，花株率约30%；无性繁殖者当年5月开花，花株率高达70%以上；生长2年以上的植株花株率100%。开花期迟早与气温有关，从现蕾至开花需11~25天，始花后2~8天开花最多，约占总开花数的80%以上。一天之内7~9时开花最多，午后、夜间开花极少。果实发育主要分三个阶段，即果实增长期、种子发育期、果熟期。不同开花期的果实发育所需时间不同，5月开花至果实成熟需60~70天，6~7月开花需50天，9月后开花所结果实胚发育不成熟。雌雄异株，栽培中应作适当搭配。根系活动从3月中旬开始，10月中旬结束，以8~9月增长迅速，其中无性繁殖者当年增长率167%以上，第二年90%以上；有性繁殖者增长速度较慢。根生长分横向生长和垂直生长，根系垂直分布在10~40cm，水平分布半径为21.5~66cm。

四、种质资源状况

薯蓣属植物600种以上，分布于热带和亚热带地区，我国有55种、11变种、1亚种，主产西南至东南，西北和北部较少。根据薯蓣属植物的用途分为山药类、萆薢类两类。由于穿龙薯蓣的栽培历史较短，生产中尚无优良品种育成。

五、栽培技术

（一）选地整地

平地、山地一般土质均可，壤土、轻粘壤土次之，以旱能浇、涝能排、土质疏松肥沃的砂质土地为最好。在北方春季解冻后，深耕施肥，每亩施有机肥（鸡、羊粪最好）3000kg、草木灰150kg、过磷酸钙50kg、磷酸二氢钾30kg，结合深翻土地30cm施入，耙平后栽种。

（二）繁殖方法

种子繁殖或分根繁殖，生产上以分根繁殖为主。

1. 种子繁殖 ①播种，春季在地温高于12℃～14℃时即可进行，播前将种子与湿沙按1∶1混合，放于10℃以下处理20～25天，促其提早出苗，并能保持出苗率在80%以上。采取条播，沟距8～10cm，沟深3～5cm，将种子按2cm左右的距离均匀撒于沟内，覆土1.5cm，轻度镇压后浇水，保持土壤湿润，半个月左右即可出苗。②苗期管理，待苗高达10cm、生出3～4片叶子时，拔掉过于密集的不良小苗，进行自然越冬。在越冬的苗床上覆盖一些树木枯枝，再加盖10余厘米厚的积雪更好。③移栽，到第二年春季发芽前移栽。在平整好、施过肥的土地上，按行距45～60cm、株距20～30cm移栽。

2. 分根繁殖 在深秋上冻前或春季土壤化冻后、植株萌发前，挖出根茎，选取健壮根茎，按长度3～4cm切成小段，放在50微克ABT1号生根粉溶液中泡1h备用，按行距45～60cm开沟，沟深10～15cm，再按株距30cm栽植根茎，盖土压实，5月末即可出苗。开沟种植、起垄种植或间作套种均可。

（三）田间管理

1. 搭架 植株生长量大，春季种植当年茎长可达2m以上，2～3年可达5m以上。为方便管理，在苗高达30～50cm时必须进行搭架。用2m长的竹竿和树枝作架材，人工扶茎逆时针（左转）上架。藤茎长到2～2.5m时要摘心。

2. 除草 对中耕要求不严，杂草应除早、除小、除了。如发生草荒，将严重影响植株生长，直接降低产量。

3. 追肥 植株旺盛生长期主要在7月份雨季来临后，所以夏季追肥非常重要。一般在降雨前后每亩追施复合肥50kg。如遇干旱，追肥须结合浇水。

4. 浇水 一般一年浇2次水即可，即播种前和过冬前。6～7月份如果特别干旱，也应及时浇水

（四）病虫害及其防治

1. 病害及其防治 ①黑斑病，主要为害植株叶片，致使叶片提早黄化，甚至提早脱落，导致果荚不能完全成熟，严重影响种子产量。地下根茎细短，药材产量也降低。6月中旬为始发期，田间开始有零星病斑出现；6月末至7月中、下旬为病害高发期，田间病斑大量增加，病情扩展迅速。防治方法：清理杂草、枯枝落叶，统一烧毁；床面覆盖松针、稻草等不露地面，可减少发病；生长期喷施生物叶面肥3～4次；苗出齐后，喷洒12.5%腈菌唑1000倍液配70%安泰生600倍液，或喷洒70%代森猛锌600倍液配15%三唑酮600倍液，每7～10天用药1次。

2. 虫害及其防治 主要有红蜘蛛、蓟马等，用阿维菌素类药剂+敌杀死防治。地下害虫在雨前或浇水前用丁硫克百威或地虫克星防治。

六、采收加工

一般在栽培后第三年采收。第一年因根茎生长量小、产量及皂素含量低，不宜收获。第二年具有一定的产量可以收获，第三年产量最高，是收获最佳年限。收获宜在晚秋茎叶枯萎后或次年早春化冻时进行，挖出根状茎，抖落泥土，晒干。

以根茎粗长，土黄色，质坚硬者为好。

（祝丽香）

乌梢蛇

乌梢蛇为游蛇科动物乌梢蛇 *Zaocys dhumnades*（Cantor）的干燥体，属于传统中药，始载于宋《开宝本草》，迄今已有1000多年的药用历史。其味甘，性平，归肝经，具有祛风、通络、止痉等功效，主要用于治疗风湿顽痹、麻木拘挛、中风口眼歪斜、半身不遂、抽搐痉挛、破伤风、麻风疥癣、瘰疬恶疮等病症。现代研究证明，乌梢蛇主要含有天冬氨酸、苏氨酸、γ－氨基丁酸等多种氨基酸及钙、铜、铁、钾等多种无机元素，还含有蛋白质、脂肪、果糖－1，6－二磷酸酯酶、蛇肌醛缩酶等成分，具有抗炎、镇痛等药理活性。乌梢蛇主产于湖北、安徽、浙江、江苏、四川、湖南、贵州、陕西、河南、云南、江西、广东、广西、福建、甘肃等省区，尤以湖北的英山、红安、恩施、利川、咸丰、鹤峰、浠水，安徽的全椒、宣城、岳西、霍山、宁国、南陵，浙江的嘉兴、长兴、绍兴、安吉、桐乡，江苏的吴县、如东、连云港，四川的乐山、达川、通江，重庆的酉阳、黔江、万州，湖南的慈利、沅陵、安化、龙山、古文、城步、新宁、凤凰、澧县，贵州的德江、沿河、榕江、从江、镇远、遵义、正安、务川、毕节、习水、息烽、贞丰等地盛产。

一、形态特征

体长110～230cm（雌蛇130～230cm，雄蛇110～200cm），头扁圆形，与颈部区分明显。尾细长；眼大而不陷、瞳孔圆形，眼上鳞宽大，长与额鳞前缘至吻端的距离相等；鼻孔大而椭圆，位于两鼻鳞间；吻鳞微露于头顶，鼻间鳞宽大于长，前额鳞宽大于长，外缘包至头侧，额鳞前宽后窄，略呈三角形；颊鳞1片，与第2、3两片上唇鳞相接；眼前鳞2片，上缘包至头背，咽喉鳞2片；颞鳞前后列各2片，前列狭而长；上唇鳞8片，第4、5两片入眼，第6片最大；下唇鳞10片，前5片与烟头鳞相接，第6片最大。颈部背鳞不起棱，从颈后起背部中央有2～4行鳞起棱，中央2行起棱显著，脊部高耸成金脊状（剑脊），背鳞行数一般14～18列，腹鳞186～205片，肛鳞2列，尾下鳞101～128对。背面颜色由绿褐、棕褐到黑褐，各鳞片边缘黑色，背中央的两行鳞片呈黄色或黄褐色，其外侧的两行鳞片则呈黑色纵线，成蛇个体的黑色纵线在体后部逐渐不显。上唇及喉部淡黄色，腹面灰白色，其后半部呈青灰色；幼蛇体色呈橄榄绿色，有4条纵行黑线，是我国蛇类中唯一具有偶数行脊鳞的种类。

二、生态习性

生活于丘陵、低山区一级平原田野间，常见于山野、田间、路旁、壕沟或庭院等地的草丛中或近水旁。为变温爬行动物，体温随环境气温的变化而变化，气温过高或过低都不利于其生长发育，适宜生长温度为20℃～30℃，当气温下降到10℃左右时即停止活动，入蛰冬眠，不吃不动、不排泄、不蜕皮，冬眠期大约半年左右。当气温上升到10℃

以上时则出蛰活动，以7～9月为活动高峰期；当环境温度高于45℃或低于零下15℃时便不能生存。性情温和，常主动躲避人畜，一般不主动伤人。其爬行迅速，行动敏捷，晚间最为活跃；稍有惊动就迅速逃窜。越冬前后，喜在树上活动，此时活动较为迟缓，其越冬场所因栖息环境不同而异。善食蛙类和鼠类，兼食鱼类及昆虫等活体动物，饥饿情况下也取食少量死物。

三、生长发育规律

饲养中的乌梢蛇体重和体长不断增加，但不同饲养阶段的乌梢蛇，其增重速度和体长增长速度有一定的差异。第一生长期蛇体重平均增长11g，全长平均增长54mm；第二生长期蛇体重平均增长66g，全长平均增长381mm；第三生长期蛇体重平均增长157g，全长平均增长433mm；第四生长期蛇体重平均增长215g，全长平均增长450mm。

乌梢蛇在活动期增重，在冬眠期失重，每年8月和9月为生长高峰期；乌梢蛇的生长速度与摄食量有密切关系，在适宜温度和湿度环境范围内，随着摄食量的增加，其生长速度加快；生长速度与环境温度密切相关，低于18℃时摄食量减少，甚至停止进食，生长几乎处于停滞状态。以一条重在200～400g的蛇为例，越冬期间体重消耗量多达60g；体重大于400g时，消耗量约达65g；幼蛇的失重消耗比例最大，低于400g的幼蛇，一冬下来要消耗40g。气温高于35℃时，虽然摄食量较大，但蛇体消耗量也大，生长速度反而减慢。而在24℃～32℃适宜温度内，随气温升高摄食量加大，生长速度也加快，提示在中温略偏高的温区内饲养效果较好。气温过高、过低，均不利于生长。乌梢蛇生长最适宜湿度为75%～90%，高于或低于此范围均不利于生长。

乌梢蛇幼蛇出壳后第10天第一次蜕皮，1个月后第二次蜕皮。大多数幼蛇第二次蜕皮后，便进入第一次冬眠，到第二年出蛰后再进行第三次脱皮。第二年共蜕皮4～5次。此后，每年蜕皮3～4次。乌梢蛇蜕皮时，先将头部在粗糙的灌木枝杈上磨擦，头部皮自吻尖处张开，然后利用枝杈夹住皮，身体慢慢往前爬行，数十分钟后，一张完整的蛇蜕就挂在树枝上，偶有在草丛中或砖缝中蜕皮的。

春末夏初时节，温度升到20℃左右时，成蛇出蛰活动，约经15～25天便开始交配。交配前雄蛇追逐雌蛇约20～35min，然后雌雄蛇体绞在一起，双双竖起头部，交配即开始，交配历时最短15min，最长48min。交配最适温度为22℃～27℃，湿度为68%～85%。交配后约40～65天开始产卵。环境条件适合时产卵于湿润的土壤里，不适合时也可产于地表。一般产卵8～12枚，最多产17枚。产卵最适温度为25℃～30℃，相对湿度为72%～88%。卵约经46～70天才能孵化，孵化最适温度为28℃～32℃，土壤湿度为15%～18%。初孵幼蛇体质娇嫩，约经7～10天才能摄食，多以蚯蚓和小虫为食，人工喂养可取食碎肉和蛋片或蝇蛆等物。1个月后食量大增，多动。孵出后摄食1～1.5个月的幼蛇越冬存活率较高，摄食时间不足1个月的幼蛇存活率较低。

四、种质资源状况

乌梢蛇野生资源逐年减少，但人工养殖历史较短，目前人工养殖技术尚待完善与提高，有关种质资源及优良品种选育研究尚未见报道。

五、养殖技术

（一）选址建场

室外建面积为150m^2（15m×10m）高2.5m的围墙作为养蛇单元，围墙内以灌木、杂草和农作物为主的绿化面积达90%以上，灌木以小叶女贞为主，并尽量不作修剪，让其自然生长；农作物主要是丝瓜和苦瓜，栽种在水池边上，并用竹架架在水池上方，这样既能为蛇场和水池遮荫，又能为各种昆虫提供食物和栖息场所。蛇场中央设有1个5m×3m水池，池中间较深（约40cm）而四周渐浅，池内常年盛满水，并栽种一些水草，要求水池的水质能够适合泥鳅、黄鳝及其它小型杂鱼的生长发育。水池设有1个进水管和1个出水沟，并尽量保持细水长流。出水沟贯穿整个蛇场，不仅排水效果好，而且是蛇的部分饲料动物如蛙类等理想的栖息场所。蛇场内还有一些能供蚯蚓栖息的阴暗潮湿、疏松肥沃的土壤。在蛇场内建有土堆式蛇窝数个。土堆式蛇窝地上部分保温土层为50～60cm厚，蛇窝建成上下相通的2层。蛇窝还设有进出口和通风口，蛇窝外面栽种杂草及灌木。此外，蛇场内还设有一些不规则乱石堆，以供仔蛇蜕皮及其它昆虫类栖息。试验蛇场的生态环境力求设计为适应于蛇类、蛙类、昆虫、蚯蚓、鱼类等动物都能生长繁衍的人工模拟生态环境，以建立一个稳定的多功能仿生态蛇场。

蛇卵平铺于孵化器内的细砂上，相连的卵不分开，卵上覆盖含水苔藓，缸口用尼龙网罩严。孵化取室内自然温度，不作加温与降温处理，湿度由含水苔藓和细砂调剂。蛇卵入孵到全部出齐，约2个月时间。采用半露天蛇池饲养幼蛇，饲养池长×宽×高为3m×3m×2.5m，背墙靠山，另3面墙用砖砌成。饲养池顶1/3以钢筋水泥制成雨棚，另2/3面积用铁丝网封严，制成天窗。池内地面上设有水池、蛇窝，种有草皮和灌木。

（二）饮食管理

幼蛇背面呈深绿色，有4条纵纹贯穿于全身，与成蛇明显不同，属狭食性蛇类，食量不大，其消化能力很强，需4～6天投饲1次。主要以食蛙类为主，其次是泥鳅和黄鳝；幼蛇食蚯蚓、小杂鱼，鹌鹑蛋等。乌梢蛇对死尸不太感兴趣，但食物缺乏时，也食部分死尸，但必须是刚刚死亡的，对腐败变质之物根本不感兴趣。

养殖乌梢蛇的最佳时期宜选在每年4月中下旬至10月中、下旬，以最大可能满足其营养所需并降低饲料成本，尽量结合蛇的食欲状况，合理选择、搭配饲料。每次投喂量应依据该蛇龄、性别、气候条件及两次投喂的间隔时间长短来灵活掌握。室内平均气温应控制在25℃～32℃，空气相对湿度控制在65%～75%，当室内温度低于15℃时，便进入不愿活动的状态。成蛇在产卵前10～15天或产卵后食欲均比较旺盛，要适当增加投喂次数和投喂量；当外界气温降至15℃左右时，便本能地入洞蜷曲成团、蛰伏冬眠了。在临近冬眠或出蛰后10～15天内，蛇基本上无进食欲望，可减少投喂次数和投喂量。投喂地点应固定。最佳投喂时间宜选在上午8∶00～10∶00，还可根据具体季节和投喂当天的气候适时调整。乌梢蛇离不开水，在蛇场内必须配备贮水池或贮水沟，以便蛇随时饮水，蛇场中水池（沟）必须经常注入新鲜饮用水，确保其日常所需。

（三）越冬管理

乌梢蛇是否具有良好的身体状况，是决定其能否安全越冬的物质前提，且必须满足其冬眠所需条件，否则会造成蛇体消耗，影响繁殖乃至死亡。在越冬前的1～2个月内（9～10月），应给予充足、多样的饲料，以增加蛇体营养物质和脂肪厚度，提高抗寒、抗病能力。可将大小相近数条乌梢蛇放在一起冬眠，群集冬眠可提高蛇体周围温度约1℃～2℃，同时有效减少水分散失。蛇窝应干燥、忌潮湿，必须有良好的保湿、保温性能，窝内温度宜保持在6℃～10℃，湿度宜在50%～60%之间。冬眠期间除定期检查窝内温、湿度变化情况外，还应定期检查蛇体健康状况。如发现病蛇，应及时隔离治疗，避免相互传染。

（四）疾病及其防治

乌梢蛇体内有多种寄生虫，轻者会削弱体质引起其他疾病，严重者常直接导致死亡。①裂头蚴，若寄生在蛇体表皮下，可用利刀剖开皮肤取出，然后在伤口涂1%～2%碘酊。②鞭节舌虫，寄生在蛇的肺部和气管中，能使蛇窒息致死。可用兽用敌百虫溶液灌入胃中，按体重0.01g/kg给药，连续灌胃3天。③棒线虫，寄生于肺泡腔内，多时密布患部，使肺部糜烂而死，可用四咪唑按体重0.1～0.2mg/kg灌服。④蜱虱，是由笼舍及饲养环境卫生条件差而引起的感染性疾病，使用四咪唑时可配加抗生素，如青霉素、头孢菌素或奎诺酮类，按体重0.1～0.5mg/kg灌服。

六、采收加工

于夏、秋二季捕得后，剖腹除去内脏，卷成圆盘形，干燥。其皮、胆、卵、脂肪和脱下的皮膜（蛇蜕）亦供药用。

以头尾齐全、皮黑肉黄、质坚实者为佳。

（金国虔）

第九章 化湿药

要点导航

1. 掌握：广藿香、砂仁分布区域、生态习性、生长发育规律、种质资源状况、栽培与药材采收加工技术。

2. 熟悉：厚朴生长发育规律、栽培与采收加工技术。

3. 了解：苍术栽培技术；已开展栽培（养殖）的化湿药种类。

化湿药性味大都辛温，归入脾胃，而且气味芳香，性属温燥或偏于温燥。可醒脾、温燥化湿、辛散利气，有宣化中焦湿浊、健运脾胃、疏通气机、消胀除痞、化湿醒脾、开胃进食的功效。部分中药还有散寒解表、祛暑除湿、和胃止呕、降气平喘、理气安胎、除痰截疟等作用。主要适用于湿困脾胃、身体倦怠、脘腹胀闷、胃纳不馨、口甘多涎、大便溏薄、舌苔白腻等症。此外，对湿温、暑温诸症亦有治疗作用。常用中药有苍术、厚朴、广藿香、佩兰、砂仁、佩兰、白豆蔻、草豆蔻、草果等。本章仅介绍广藿香、砂仁、苍术、厚朴的栽培技术。

广藿香

广藿香为唇形科植物广藿香 *Pogostemon cablin*（Blanco）Benth. 的干燥地上部分，为著名的岭南道地药材之一，始载于东汉《异物志》。其味辛、微温，入脾、胃、肺三经；具有芳香化浊、开胃止呕、发表解暑等功效，主要用于治疗湿浊中阻、脘痞呕吐、暑湿倦怠、胸闷不舒、寒湿闭暑、腹痛吐泻、鼻渊头痛等病症，被历代医家视为暑湿时令之要药。现代研究证明，广藿香主要含有挥发油，油中主要成分为广藿香酮、广藿香醇以及十六烷酸等。广藿香原产于菲律宾、马来西亚、印度等国家，后传入我国，以栽培为主，主产区为广东、海南等地。此外，广西、福建、台湾、四川、云南、贵州等省区也有栽培。

一、形态特征

多年生草本，高30~90cm，全体被毛，有清香气。茎直立，多分枝，老茎近圆形，外表木栓化，幼枝方形。单叶对生，厚纸质或草质，揉之有清淡的特异香气；叶片卵形或长椭圆形，叶缘具不整齐的粗钝齿，两面皆被茸毛。轮伞花序密集，组成顶生或腋生的穗状花序；苞片狭，椭圆形，外被绒毛，萼齿急尖；花冠淡红紫色，花冠筒长于花萼，近二唇形；雄蕊4，突出冠外，花丝被髯毛；子房上位，柱头2裂。小坚果4，近球形或椭圆形，稍压扁。花期4月。广藿香原产热带地区，引种到我国热带、南亚热带地区栽培，由于年积温比原产地低，很少见开花，开了花亦不结果。

二、生态习性

（一）对温度的适应

性喜温暖，在年平均气温19℃～26℃，终年无霜或偶有霜冻地区均可种植。年平均气温为24℃～25℃的地区最适宜生长，月平均气温28℃以上或低于17℃植株生长缓慢或停止，植株能耐0℃时的短暂低温。

（二）对水分的适应

喜欢雨量充沛、水分均匀、湿润的环境，要求年降水量1600～2400mm，在年降水量低于1600mm的地区须加强人工灌溉。苗期喜欢较多的降水，成株后喜欢多雾、湿度大的环境。在干旱季节及时进行灌溉能使植株生长旺盛，药材产量提高。但水分过多也会造成植株烂根死亡，故雨季应注意及时排水。

（三）对光照的适应

为喜光植物，在光照下比在荫蔽下生长苗壮，生长势较强，茎组织厚实，叶片较小而厚，茎叶干/鲜重比在荫蔽条件下高25%左右，出油率也高15%左右。但广藿香在苗期和定植初期必须有荫，一旦植株长出新根和新叶后即可除去荫蔽。在雨水充沛、光照充足的地方，植株生长最快，药材产量最高。如果水分跟不上、光照过强，植株就会停止生长或长势很差，叶片发红、枝条发硬，植株大量落叶。

（四）对土壤的适应

以土质疏松、微酸性、排水良好的沙壤土最适合植株生长，在壤土地上种植时药材品质好，出油率比沙质土壤高5%以上。但在壤土地上种植时，必须加强中耕、排水，防止土壤板结。

三、生长发育规律

秋种或春种。幼苗定植后1个月内，生长较慢，此后生长逐渐加快。幼苗生长与温度高低有很大关系，冬季或早春定植者苗返青需7～10天，春季3～4月定植者苗返青只需3～5天。同一时间定植的组培苗比扦插苗返青快。定植3个月时，株高40～60cm，植株冠幅30（40）×40（～50）cm，茎基部叶片开始变黄脱落，植株生长进入成熟期。无论栽种季节如何，一般在干旱少雨时生长缓慢，而在阳光充足、雨水充沛时则生长旺盛，同时植株体内的活性成分积累也最快。

四、种质资源状况

经长期栽培，在不同产地上形成了各自独具特色的药材商品，传统上分为牌香（广州产）、肇香或枝香（肇庆产）、湛香（湛江产）和南香（海南产）等。此4种不同类型广藿香原植物的形态特征具有一定差异。石牌藿香枝条稍曲折、枝叶茂密、密被短毛茸；主茎粗短，分枝较多，节较密集；叶厚纸质，叶面较皱缩，质油润。肇香和湛香藿香枝条较顺直，枝叶稍稀疏，毛茸较密；主茎粗而长，分枝较少，节稍稀；叶薄纸质，较平坦，其中肇香叶质稍润，湛香叶质干枯。南香枝条多弯曲、叶多脱落、毛茸较稀疏；主茎长，分枝多，节较密集；叶薄纸质，质干枯，叶面平坦。4种质类型药材挥发油GC－MS指纹图谱具明显区别，所表现出的“地貌”明确显示出石牌藿香、肇庆藿香、湛江藿香和海南藿香的成分特征。

五、栽培技术

（一）选地与整地

1. 育苗地 宜选避风的林间缓坡地，苗床基质最好选用细河沙或富含腐殖质的沙质壤土。地选好后，将细河沙或砂质壤土作成宽1m、高20cm～30cm的畦，畦沟宽30cm，畦长视地形而定。

2. 种植地 宜选阳光充足、排灌方便且避风的林间坡地、河旁冲积地、村前村后的五边地等，土壤以排水良好，富含腐殖质的砂质壤土为好。广东栽培常与水稻轮作，晚稻收割后即翻耕晒田，使土壤充分风化，增加肥力和地温，施以腐熟土杂肥、花生麸等有机肥或以火烧土肥作基肥，至翌年栽植前再耕翻耙细，作成高20～30cm、宽100～120cm的畦（畦沟30～40cm），再在畦上挖深、宽各50～60cm见方的大穴，把心土、表土分开堆放，施入腐熟有机肥30～40kg作基肥，拌匀待植。

（二）繁殖方法

扦插繁殖或组织培养繁殖，此处仅介绍扦插繁殖。

1. 插条选择和处理 选择当年生5个月以上，茎秆粗壮、节密、无病虫害枝条作插穗，其中以茎髓部呈白色、折之有响声、断面有汁液流出的枝条尤宜。取嫩枝顶梢，截成长8～15cm小段，每段2～3节，剪去下部叶片，仅留顶端2片叶和小的心叶。枝条下端斜剪成马蹄形切口。剪好的插条用生长素（生根粉）浸泡处理，以提高成活率。已剪去顶梢的枝条待抽出新芽后或新枝条长至15～20cm长时，又可再剪下作插穗用。

2. 扦插时间 春、秋两季是扦插繁殖的最好时节，成活率较高。春插宜在2～4月，此时气温回升，雨季开始，植物体内液体流动旺盛。秋季则在8～10月。同类枝条，因取苗时间不同，发根能力也不同，春季剪取的枝条发根力要比夏秋季剪的枝条发根力强。

3. 扦插方法 在整好的苗圃地上采用开沟条插，先在畦上按行距10cm开横沟，将插条按6～10cm株距斜倚沟壁，入土深为插条的1/2至2/3，仅让顶梢叶片露出土面，覆土按紧。扦插完后浇透水，一般10天左右开始生根，25～30天后即可移栽。

4. 苗木管理 ①淋水保湿，防旱，防涝。插后生根前，每天早晚淋水1次，以浇湿为度。防止积水，遇连续阴雨要疏通沟渠，排除积水。②遮阴，苗期要有适当荫蔽。幼苗长大后，在酷暑天也要适当荫蔽，荫蔽度以40%～50%为宜。③追肥，插后10天生根长出新叶后便可施肥，可选腐熟有机肥，如稀薄人畜粪尿水等。施肥时通常在晴天淋施。

5. 定植 扦插培育1年后，选高50cm以上、粗壮无病虫害的苗木，将分枝剪去，只留一主干，根长不要超过20cm。栽种时，将穴中挖出的表土先放入穴下，再加入栏肥、堆肥等作基肥，拌和后再入少量泥土。每穴栽苗1株，扶正，使须根向四周扩展，用细土培根踩实，最后覆土稍高于地面。栽后浇水，培土。春、秋两季均可定植，春植以春分前后为宜，秋植则以秋分前后较适宜。株行距30cm×30cm，每亩栽苗3000株左右。

（三）田间管理

1. 遮阴 苗期和定植初期均应在床面上盖遮阳网，可选用荫蔽度为50%的遮光网搭棚，荫棚高度以方便人工管理为度。为充分利用地力、空间、光能，可间作套种高秆作物、蔬菜等以达到遮阴的目的。此外，还可在植株行间先种上丝瓜、冬瓜、苦瓜等藤本植物，利用瓜棚为幼苗遮阴。

2. 中耕除草 生长过程中要经常松土和培土。春夏期间，雨量丰富，土壤也易板结，应结合锄草经常松土。同时为加速有机肥腐烂，保护植株生长，还要经常把沟内的烂泥挖起，培在植株基部周围，可促进植株多分枝。立秋后是生长盛期，此时大风经常侵袭，植株易倒伏，为防止植株被风刮倒，应进行大培土 1 次，使新根深扎于泥土中，植株苗壮而又稳固。

3. 施肥 移栽成活后便可施肥。在整个生长期，应以施氮肥和复合肥为主。一般每隔 1～2 月施肥 1 次。第一次施肥在移栽成活后进行，施 1∶10～1∶20 的人畜粪尿水，其后可施每亩 3000kg 的生物有机肥料，在定植后的返青期和壮苗期需增施部分尿素或含氮量较高的复合肥料。施肥时不要淋在茎基部，并掌握先稀后浓、薄施勤施的原则。

4. 灌排水 土壤水分不足时，植株易发生萎蔫，轻则减产，重则死亡；水分过多，则会引起茎叶徒长，甚至发生病虫害；若遇水涝，由于根系氧气不足，易造成中毒死亡。当畦面发白，便要引水灌溉，每 5～8 天 1 次，将水引入畦沟，深达畦高的 1/2～2/3为度，让水分慢慢渗透湿润畦面为止。如果无引水灌溉条件，每天早晚淋水 1 次以上，淋水要透。在雨季或遇大雨，要注意排水。

5. 防霜冻 特别是在夏秋季节定植的幼小植株，抗寒力差，故在有霜冻地区，到了冬初应盖草或搭棚防霜，或在当北风的面加盖稻草或塑料薄膜，保暖防冻害。最好在秋末施入猪牛栏粪肥，加入火土灰、火烧泥壅蔸保暖，保证安全越冬。

6. 补苗 种植后发现缺株，要及时补栽同龄苗，以保证苗全。

（四）病虫害及其防治

1. 病害及其防治 ①根腐病，主要为害根部，在茎与根的交界处易产生腐烂，然后逐渐蔓延至植株地上部分，致使皮层变褐、腐烂有酒精味，常流出褐色胶质，枝叶萎蔫而枯死。防治方法：加强农业综合防治措施，不连作，栽种前对土壤进行消毒，栽时用65%代森锌可湿性粉剂 100 倍液，或 50% 多菌灵 1000 倍液，或 1∶1∶100 波尔多液浸根 10 分钟；发病前每平方米浇灌 10kg 50% 多菌灵 200 倍液；局部发病时，及时挖除病株烧毁，病穴用石灰或波尔多液消毒，附近其它植株可用 50% 多菌灵 800～1000 倍液浇灌根部；发病期用 50% 甲基托布津 1000～2000 倍液，或 50% 多菌灵 500～1000 倍液浇灌病株，如果发生面积较大，可用百菌清浇灌病株。②斑枯病，主要危害叶片，开始呈水渍状病斑，后逐渐扩大成为多角形褐色病斑，严重时影响光合作用，造成叶片干枯脱落，使植株体质衰弱，产量降低。防治方法：加强农业综合防治措施，防止雨水浸渍，及时排除积水，调节光照或种植荫蔽作物，改善通风透光条件；间种作物要选择合理，不宜种植红豆、粉葛、黄瓜；展叶后，特别是进入雨季，喷洒 1∶1∶100～140 倍波尔多液，或 50% 多菌灵（展叶前用 500 倍液，展叶后用 1000 倍液），或 65% 代森锌可湿性粉剂 500 倍液，每 7～10 天喷 1 次，连续 2～3 次。

2. 虫害及其防治 ①蚜虫，主要为害叶片和嫩枝梢，造成叶片卷缩、变黄、枯焦脱落，影响植株正常生长，严重时把叶片甚至连同茎秆一起吃光，造成减产。防治方法：喷洒 40% 乐果或 80% 敌敌畏乳油 1000～1200 倍液，每 7～10 天 1 次，连续 2～3 次；或用 2. 5% 鱼藤精乳油 800～1000 倍液喷杀；或用烟筋骨水喷杀。②红蜘蛛，成虫群集于叶背面吸取其汁液，导致叶片皱缩卷曲、发黄，影响植株生长发育。防治方法：清洁田园，将病残体地上部分集中销毁；用 40% 乐果乳油 1200～1500 倍液、或 80% 敌敌畏乳油 1000～1200 倍液喷杀。③小地老虎和黄地老虎，主要咬食幼苗根茎，使植株倒伏死亡。防治方法：加强农业综合防治；施用充分腐熟的有机肥；及时清除田间枯枝杂草，集中深埋或烧毁；人工捕杀或撒毒饵诱杀幼虫；田间悬挂马灯或黑光灯诱杀成虫；大量发生时，用90%敌百虫1000倍液，或75%辛硫磷乳油700倍液浇灌植株根部。

六、采收加工

一般在落叶前采收，此时枝叶茂盛，花序刚抽出，质量最佳。采收时宜选择晴天露水刚干后，把全株挖起或拔起，除净泥土，切除根部。白天先晒数小时，使叶片稍呈皱缩状态，收回捆扎成把（每把7.5~10kg左右），然后分层交错堆置发酵。一般堆置厚度1.5~2m，上面用稻草覆盖，最好再加塑料薄膜覆盖。经过堆置后，可保持叶片不脱落或少脱落，香气也随之变浓。然后，夜晚堆置使其“发汗”，翌日白天再摊晒，反复进行，直至全干。

以叶多、香气浓者为佳。

（刘军民）

砂　仁

砂仁为姜科植物阳春砂 *Amoumum villosum* Lour.、绿壳砂 A. villosum Lour. var. xanthioides T. L. Wu et Seriyen 或海南砂 A. Longilignlare T. L. Wu 的干燥成熟果实，别名春砂仁，是我国著名的四大“南药”之一，有1300多年的应用历史，始载于唐·甄权《药性论》。其味辛，性温，归脾、胃、肾经，具化湿开胃、温脾止泻、理气安胎等功效，主要用于治疗湿浊中阻、脘痞不饥、脾胃虚寒、呕吐泄泻、妊娠恶阻、胎动不安等病症。现代研究证明，砂仁主要含有挥发油，油中主要成分为龙脑、右旋龙脑、醋酸龙脑酯、芳樟醇、橙花叔醇等，其中醋酸龙脑脂可作为评价砂仁药材质量优劣的指标之一，具有推进肠道运动、抗溃疡等药理活性。阳春砂主要分布于广东、云南；广西、贵州、四川、福建亦有分布，多为栽培。以广东阳春、信宜、高州产量大，质量好，为地道药材，尤以蟠龙金花坑产者品质最佳。以下仅介绍阳春砂的栽培技术。

一、形态特征

多年生草本。根状茎圆柱形，匍匐地面，直立茎高80~200cm，直径1~1.5cm，基部膨大球状。叶披针形或线形，边缘波状，具斜出平行脉；叶鞘开放，抱茎；叶舌膜质。松散穗状花序，每穗有花7~13朵；萼白色，顶端3浅裂；花冠白色，圆匙形；唇瓣中央有黄色、红色、紫色、绿色的斑点；雄蕊1枚，花药2室；子房下位，3室。果实初为绿色，后渐变为红色至紫红色，充分成熟时为深紫色，近球形或卵圆形，直径1.5~2cm，外面有柔刺。种子15~56粒，不规则卵形、长方形或多角形。4~6月开花，果期6~9月。

二、生态习性

喜温暖凉爽环境，适宜生长发育的年平均温度为22℃~28℃，能忍受0℃短暂低温，但较长时间0℃温度或有严重霜冻，会使直立茎受冻死亡。喜湿润，怕干旱，年平均降雨量为2500mm，孕蕾期至开花结实期，要求空气相对湿度90%以上。属于半阴生植物，忌阳光直射，1~2年生苗需荫蔽度为70%~80%，3年后植株进入开花结果期，荫蔽度以50%~60%为好。对土壤要求不严，以富含腐殖质的森林土壤为宜。除在花芽分化初期土壤含水量为15%~20%外，一般需22%~25%才有利于授粉结实。

三、生长发育规律

植株生长发育过程要经过幼年、成年和衰老3个阶段。①幼年阶段，从种子萌发出土到开花结实，第二~第三年是生长发育、繁殖，逐渐形成群体的阶段，此阶段营养生长十分迅速，植株增殖速度快，呈几何级数递增。②成年阶段，从第三至第四年开始到衰老前的旺盛时期，这一阶段延续时间长，一般达7~8年，长的可达10年左右；成年阶段营养生长和生殖生长同步进行，都达到旺盛时期，但营养生长较幼年时期缓慢。③衰老阶段，生长发育和开花结实均逐渐衰退，植株群体衰老，分株能力减弱，开花结实减少，产量下降，大小年现象明显，但可通过加强田间管理，促进植株苗群复壮，延缓衰老，提高产量。

种植后的前2年以分株为主，每个匍匐茎上可产生新的直立茎，即第一次分株，在第一次分株上又可产生匍匐茎，在这个匍匐茎上，又产生新的直立茎，即第二次新的分株，依次陆续不断地繁殖下去，因此迅速形成群体。一般每个母株可产生7~9次新分株，总计达到43~46株，母株相对死亡5~7株。这一阶段分株的消长规律是：新分株产生快，母株消亡慢。气温、水分对分株有很大影响。秋冬处于低温干旱阶段，此时抽的笋生长很慢，到了高温、高湿的春夏季节就迅速生长。不同年龄的分株，其生长也是不同的，老株比新株生长慢，即使在春夏季节，老株分株也是缓慢的。根据这一规律，必须在水肥管理上控制春夏季节的分株繁殖，减少营养消耗，促进开花结实。果实采收后，早抓秋管，恢复群体生长，促进秋笋生长，为翌年开花结果积累营养。

分株苗定植2年便可开花，种子繁殖植株开花期要推迟1年，花序的分化期及其数量随海拔、环境条件、管理状况和植株的发育阶段（年龄）的不同而有明显差异。在广州地区，冬春是花芽分化期，一般从11月中旬花芽开始露白，翌年4月中旬至6月上旬为开花期。而海拔较低的信宜山区，花芽分化以及开花期比广州推迟15天左右。花芽分化不仅要求一定温度，而且要有良好的透光条件。林缘处或林窗地段，荫蔽度在50%~60%时，花芽分化较早且数量显著增多，而荫蔽度在80%以上时，同等面积上只有90朵花。从年龄上看，枯株、老株、壮株、幼株和笋的根茎上都能分化出花序来，但以壮株和老株分化花序最多，其次是幼株和笋，枯株最少。花序上的花由上往下逐步开放，早开早谢，因而在一个花序轴上经常见到几个不同发育阶段的花。一般自第一朵花开放到最后一朵开完需7~19天，通常是12天。气温高时也有4~5天开完的。每天开1~3朵或4~5朵。随着气温上升，开花数量逐渐增多，随后又慢慢减少。所以开花期的物候明显地分化为初花期、盛花期和末花期。一朵花从开放到凋零仅1天时间。开放的时间，由于受气温差异影响，初花期由于气温较低，花开放的时间比盛花期要推迟一些，盛花期开放在清晨5:00~6:00时，7:00左右花冠全部开放，并开始有小量花粉露出，到9:00左右花粉囊全裂，散出大量花粉粒，如遇阴雨，花粉囊全裂的时间稍推迟。花授粉后3~5天，子房膨大成幼果，表皮出现红斑和小突起。以后小突起逐渐长成柔刺，整个果皮呈鲜红色或紫红色。幼果长大以授粉后10~20天最快。授粉后25天左右，果实基本定型不再增大。授粉后90天左右果实发育成熟，果肉与果皮容易分离，果皮易开裂，果肉味由酸变甜，柔刺变软。种皮黑褐色，种子坚实。

四、种质资源状况

《中国药典》（2010年版）砂仁药材来源于姜科三种植物，即阳春砂 *Amomum villo-*

sum Lour.，绿壳砂 *A. villosum* Lour. *var. xanthioides* T. L. Wu et Senjen 或海南砂 *A. longiligulare* T. L. Wu 的干燥成熟果实。其中绿壳砂，习称“西砂仁”，主要靠进口。

阳春县等产区将阳春砂分为“大青苗”和“黄苗仔”。黄苗仔茎矮，一般高 1～1.5m，耐阴不耐寒，结果多，产量高，且年年结果，一般在 8 月上旬成熟，果实较小而软，一端较平，略呈圆形，淡红色，果柄长，种子红褐色。大青苗茎高 1.5m 以上，植株耐寒、耐光能力较强，结果少，产量低，且有大小年之分，果实成熟较迟，一般在 8 月底至 9 月初成熟，果实较大而坚实、饱满，一端较尖，呈椭圆形，红色，果柄短，种子油润黑色。依据株高、果型、成熟期和品质差异，可将阳春砂分为长果子 1 号、长果 2 号、圆果 1 号和圆果 2 号等 4 个类型。长果 1 号植株较高大，果实长形，早熟；长果 2 号植株高中等，果实长型，迟熟；圆果 1 号植株较矮，果实圆形，早熟；圆果 2 号植株较矮，果实圆形，迟熟。其中长果 2 号株高和匍匐茎适中，农艺性状好，花芽多，每花序的花数量也多，果实大，品质好，果实含种子量多；特别是雌雄蕊与唇瓣的间距较宽，花粉量较多，且易散粉，故易于昆虫传粉，花期比一般类型迟 10 天左右，因而自然结果率较高。

五、栽培技术

（一）选地与整地

1. 育苗地 宜选背北向南、通风透光、土壤湿润、排灌方便、荫蔽条件良好的山坑新垦地，以疏松肥沃的砂质壤土为好。播种前翻耕，精细整地，每亩施过磷酸钙 20～25kg、厩肥或土杂肥 1250～1500kg 作底肥。整平耙细作床，高 15～20cm，宽 1m，长度视地形而定。苗床要求平坦、疏松，中间略呈龟背形，以防积水。苗床最好东西向，便于搭棚防晒；如果是老苗圃，则要进行土壤消毒。

2. 种植地 第二年 4 月底，在山区选择一面开阔、三面环山的坡地，坡度 15～30°，坡向朝南或东南，邻近有昆虫授粉，空气湿度较大，土壤疏松肥沃，排灌方便，并有阔叶杂木林作荫蔽的山坑、山窝。种植地需在移栽前 1 个月清理场地，清除地内杂草和矮小灌木，砍去过多荫蔽树。山区应根据地形地势开成梯田，全垦；丘陵平原耕翻作畦，畦宽 2m 左右，每隔一定距离开排灌沟。要保留种植地周围的林木，不足者应补种，可种植一些较阳春砂开花结果早的果树，以引诱传粉昆虫。

（二）繁殖方法

种子繁殖或分株繁植，以后者多用。此处介绍分株繁殖法。

1. 分株苗选择 选择当年生具 1～2 条带有鲜红色嫩芽的地下根茎，茎秆粗壮，具 5～10 片叶的植株作为繁殖用。过嫩、过老和瘦弱的分株苗，均不宜作繁殖用。分出的新植株可视天气和苗高情况适当剪去部分叶。最好当天挖苗，当天种植，以提高成活率。

2. 定植 春秋两季均可定植，但以春季 3～5 月为好；秋季 8～9 月亦可定植。定植前挖穴，穴的规格为 40cm×40cm×30cm。每穴栽 1 丛，栽后覆土压实。株行距 0.6m×1m，每亩共栽苗 800～1000 株。种植时将顶芽向下或向水平方向，老根茎覆土 6～9cm、压实，嫩根茎用松土覆盖，不可埋得过深，亦不能压实，否则根茎不易抽花结果。

（三）田间管理

1. 除草 定植后 1～2 年，每年除草 2～3 次。第三年开始进入开花结果期，一般每年除草 1～2 次，由于植株根茎沿地匍匐，故不能用锄头除草，只能用手拔。

2. 施肥培土 新种植植株每年要施肥 2～3 次，除施堆肥、牛栏肥、火烧土、过磷酸钙和猪粪水沤制的肥料外，还要适当增施氮肥。开花结实后，以磷钾肥为主，一般施沤制的火烧土、牛粪和过磷酸钙。秋季摘果后，用含有机质的表土，火烧土均匀地撒在地面，其厚度以盖没裸露的根状茎为度，促进植株多分蘖，株粗芽壮，使植株安全过冬。

3. 防旱排涝 新种植株要经常灌水或淋水，保持土壤湿润。进入开花结果年龄时，冬春花芽分化期要求水分少些，开花期和幼果形成期要求土壤湿润，空气相对湿在90%以上。如雨水过多，土壤过湿，则易造成烂果。

4. 调整荫蔽度 种植后1~2年就进入分株繁殖阶段，要求70%~80%的荫蔽度；进入开花结实年龄，荫蔽度可适当减少，以50%~60%为宜。

5. 人工辅助授粉 由于阳春砂花器构造较特殊，不能自花授粉，须进行人工辅助授粉。生产上常用两种方法，辅助授粉。①推拉法，正向推拉，以大拇指与食指夹住雄蕊与唇瓣，拇指将雄蕊向下轻拉，再将雄蕊向上推，使花粉擦在柱头上；反向推拉，方向与正向不同点是先推后拉，操作时用力要适当，太轻授粉效果差，太重则伤害花朵。②抹粉法，先用左手拇指和中指夹住花冠下部，右手食指（或用小竹片）挑起雄蕊，并将花粉抹在柱头上。人工授粉最佳时期是盛花期，最佳时间是早上8~10时。

6. 保护和引诱传粉昆虫 昆虫是最好的传粉媒介。据产区调查，传粉昆虫多的地段，自然结实率可高达50%~60%。传粉昆虫以彩带蜂效果最好，排蜂、小酸蜂是授粉的野生蜂，小酸蜂比排蜂易于驯养，可选作砂仁理想的授粉蜂。

7. 预防落果 在末花期和幼果期，喷5ppm的2,4－D水溶液，或者5ppm的2,4－D加0.5%磷酸二氢钾，可提高保果率14%~40%，用0.5%尿素喷施花、果、叶，或0.5%尿素加3%过磷酸钙溶液施花、果，保果率可提高52%~55%。

8. 补苗与割苗 定植后发现缺苗及时补种，收果后要进行适当修剪，除割去枯、弱、病残苗外，在苗过密的的地方，还应割除部分"春笋"，每平方米约保留40~50株，即一般山区每亩留苗2.5万株以下，丘陵平原地区3万株以下，而且分布均匀。

9. 衰退苗群更新 开花结果多年后，苗群明显衰退，老苗多，壮苗少，产量低，为恢复苗群长势，收果后将老苗离地面5cm处刈去，施经沤制过的混合肥，春季出苗后再追施适量氮肥，一般经过2~3年的精心管理，苗群复壮，产量提高。

（四）病虫害及其防治

1. 病害及其防治 ①苗疫病，主要为害幼苗，发病初期嫩叶尖或叶缘出现暗绿不规则病斑，随后扩大，颜色变深，病部变软，叶片似开水烫过，呈半透明状干枯或水渍状下垂，严重时迅速蔓延到叶鞘和下层叶片，最后全株叶片软腐或干枯而死。防治方法：育苗地用2%福尔马林溶液喷洒畦面消毒；3~4月间调整荫蔽度，搞好排水，增施火烧土、草木灰、石灰；发病初期及时剪除病叶集中烧毁，然后喷洒1:1:300波尔多液，每10天1次。②叶斑病，主要在叶片和叶鞘发病，初发病时叶片出现水渍状、不规则暗绿色病斑，后迅速扩大变成褐色，边缘棕褐色，中间灰白色，潮湿时病斑上布满黑霉层，叶片上常有数个或数十个病斑，扩大后相互融合，使叶片干枯。防治方法：收果后结合割枯老苗，清除病株集中烧掉；保持适宜荫蔽度；冬旱期要适时喷水，使植株生势健壮；发病初期用50%托布津1000倍液喷雾，每隔10天喷1次。③果疫病，主要为害果实，初时果皮出现淡棕色病斑，后扩大至整个果实，使之变黑、变软、腐烂，果梗受害后呈褐色软腐状，在潮湿环境下患部表面生有白色绵毛状菌丝。防治方法：及时把病果收获加工，减少病原菌传播；春季注意排水，增施草木灰、石灰，增强果实抗病力；幼果期，把苗群分隔出通风道，改善通风条件；收果前用1∶1∶150倍波尔多液喷施。每10天1次，连喷2~3次。

2. 虫害及其防治 ①黄潜蝇，被害“幼笋”先端干枯，直至死亡。防治方法：加强水肥管理，促进植株生长健壮，减少钻心虫为害；及时割除被害幼笋，集中烧毁；成虫产卵盛期用40%乐果乳剂1000倍喷雾，每隔5~7天喷1次，连喷2~3次。②老鼠、果子狸或其它动物，偷吃果实。防治方法：人工捕杀；毒饵诱杀。

六、采收与加工

（一）采收

种后2~3年，8~9月果实由鲜红转紫红色，果肉呈荔枝肉状，种子由白色变为褐色或黑色，坚硬，嚼之有浓烈辛辣味时即可采收。用小刀或剪刀将果序剪下，不宜用手摘，以防伤害匍匐茎的表皮，影响次年开花结果。

（二）加工

1. “焙干法” 加工过程分“杀青”“压实”和“复火”三个工序，即将鲜果摊在竹筛上，置于炉灶上以文火焙干。燃料用谷壳、生柴或木炭火，最好用樟树叶盖在火上，使其只生烟不生明火。当焙至果皮软时（约五、六成干），要趁热喷1次水，使皮壳骤然收缩，干后皮肉紧密无空隙，可以长久保存不易生霉。

2. 晒干法 分“杀青”和“晒干”两个工序，一般用木桶盛装砂仁，置于烟灶上，用湿麻袋盖密桶口，升火熏烟，至砂仁发汗（即果皮布满小水珠）时，取出摊放在竹筛或晒场上晒干。

以个大、坚实、仁饱满、气香浓者为佳。

（刘军民）

苍　术

苍术为菊科植物茅苍术 *Atractylodes lancea*（Thunb.）DC. 或北苍术 *A. chinensis*（DC.）Koidz. 的干燥根茎，别名有赤术、山姜、枪头菜、马蓟、仙术等，为我国常用传统中药，始载于《神农本草经》，与白术被统称为“术”，列为上品。其味辛、苦，性温，归脾、胃、肝经，具有燥湿健脾、祛风散寒、明目等功效，主要用于治疗湿阻中焦、脘腹胀满、泄泻、水肿、脚气痿躄、风湿痹痛、风寒感冒、夜盲、眼目昏涩等病症。现代研究证明，苍术主要含有桉叶醇、茅术醇、苍术酮、苍术素、多糖等成分，具有抗菌、抗炎、抗溃疡、提高免疫活性、促进胃排空、降血糖、利尿、抗肿瘤、抗心率失常及保护心肌等药理活性。

茅苍术，又名南苍术，主产于湖北、江苏、河南、安徽等地，其中江苏茅山一带所产苍术质量最好，湖北地区所产苍术产量最大。北苍术主要分布于黑龙江、辽宁、吉林、内蒙古、河北、山西、陕西、山东等地。近年来，随着茅苍术野生资源的日趋枯竭，内蒙古、河北、东北三省等地所产北苍术占全国苍术药材产量的比重越来越大。但从质量而言，北苍术挥发油含量总体低于茅苍术，经分析，湖北、江苏、安徽等地所产苍术挥发油含量为5%~9%，河南、陕西等地为3%~5%，黑龙江、吉林、辽宁、河北等地为1%~3%。纵观苍术分布区域，呈现越靠近北方、挥发油含量越低的趋势。此处仅介绍茅苍术的栽培技术。

一、形态特征

多年生草本，高 30 ~ 80cm。根状茎平卧或斜升，粗肥，通常呈疙瘩状。外表棕褐色，有香气，断面有红棕色油点。茎直立，圆柱形而有纵棱，上部不分枝或稍有分枝。叶互生，革质，卵状披针形或倒卵状披针形。头状花序单生茎枝顶端，有多数或少数（2 ~ 5 个）头状花序，基部具 2 层与花序等长的羽裂刺缘的苞状叶，总苞片 6 ~ 8 层。花全为管状，白色，两性花冠毛羽状分枝，较花冠稍短，雌花具 5 枚浅状退化雄蕊。瘦果倒卵圆状，羽状冠毛长约 0.8cm。花果期 8 ~ 11 月。

二、生态习性

喜凉爽气候，耐寒，怕强光和高温、高湿。北苍术野生山坡草地、林下、灌丛及岩缝隙中，对土壤要求不严，荒山、坡地、瘠薄土壤均可生长，以排水良好、地下水位低、结构疏松、富含腐殖质的砂壤土较好，忌水浸。主要分布于长江流域，年均气温为 14℃ ~ 17℃，年平均无霜期为 220 ~ 260 天左右，年日照在 1900h 以上，年降雨量 1000 ~ 1400mm 左右，海拔高度为 150 ~ 750m 的丘陵和低中山地区。适宜生长在土壤结构疏松、富含腐殖质的砂质壤中，若生于低洼地易浸泡烂根。

三、生长发育规律

茅苍术生长发育过程可分为萌发期、营养生长期、开花期、结果期、休眠期 5 个阶段。一般而言，2 月中旬至 3 月上旬种子发芽，3 月中旬至 4 月上旬出苗；5 月份开始进入营养生长期，基生叶开始迅速生长，随后茎秆开始发育，地上部分生长迅速；至 7、8 月，营养生长基本结束，8 月份大多数植株完成花芽分化，其花期为 8 月 ~ 10 月；其后进入结果期，10 月下旬即可收获种子；11 月份大部分植物已枯萎，开始进入休眠期。茅苍术为多年生，1 龄苗极少抽茎开花，2 ~ 3 龄发育正常的成株均能开花结实。主要依靠昆虫传授花粉。果实从授精到发育成熟 40 天左右，11 月中旬果实上的毛由黄色为变黄白色时采收种子，种子千粒重约 10.5g，成熟种子发芽率可达 90%。

四、种质资源状况

目前，苍术大体可以分为两大类，即北方所产的北苍术和南方所产的南苍术。在南苍术一类中，以江苏句容县产的茅苍术品质为佳。北苍术是一个混杂的概念，它不仅包括北苍术本种，而且也包括北方产的苍术属其他种类，如关苍术。关苍术与上述两种主要区别为：叶有长叶柄，上部叶 3 出，下部叶羽状 3 ~ 5 全裂，裂片长圆形，倒卵形或椭圆形，基部渐狭而下延，边缘有平伏或内弯的刚毛锯齿。花期 8 ~ 9 月，果期 9 ~ 10 月。

五、栽培技术

（一）选地与整地

1. 育苗地　选择海拔偏高的通风、凉爽环境及土质深厚、肥沃疏松的土壤。选择的地块最好有一定坡度，排水良好。播种前深翻，按照土壤肥力情况施用基肥。整细耙平后，条垄，垄宽 1m，长度不限，沟深 15 ~ 20cm，沟宽 30cm。

2. 种植地　选半阴半阳的荒山或荒坡地，通风要好。土壤以疏松、肥沃、排水良好的腐渣土或砂壤土为宜，黏性、低洼、排水不良地块不宜。前茬以禾本科作物为好。选好地块后，翻耕、耙细。一般在干旱地区作成平畦，在雨水充足地区作成高畦，畦宽 1 ~ 1.5m，长度不限，沟深 20 ~ 30cm，宽 30cm。垄向南北最好。带状地、梯地均应在靠上一块崖面处开沟，过长的带状地应在适当的地方横向开沟，以利排水。秋冬种植的田块，应及早翻；春季种植的田块，宜早冬耕地，以利疏松土壤和减少病虫害。种植前再翻耕1次，施足基肥。

（二）繁殖方法

种子繁殖或分株繁殖。

1. 种子繁殖 ①种子选择与处理，选颗粒饱满、色泽新鲜、成熟度一致的无病虫害种子作种。播前用25℃温水浸种，让种子吸足水分，严格控制温度在10℃～20℃。待种子萌动，胚根露白，立即播种。②播种，条播或撒播。条播在床面横向开沟，沟距20～30cm，播幅5～10cm，开深2～3cm浅沟，沟底宜平整，种子均匀撒入沟内，施入充分腐熟土杂肥或复合肥料，然后覆土压紧，上盖茅草或稻草，以保温保湿；撒播是将种子均匀撒入畦面，每亩用种4～6kg，播后应在上面盖1层杂草，经常浇水保持土壤湿度。一般秋播优于春播，秋播时间为10月底至11月初，种子萌发生根，翌年春季气温回升即可出苗，出苗整齐一致，且出苗率高。春播时间为2月底至3月。③苗期管理，出苗后及时揭去盖草，拔除杂草，间去过密苗、弱苗、病苗。当苗高2～3片真叶时，地下根茎开始形成，按株距3cm定苗。及早进行第一次速效肥料的追施。幼苗期，如遇干旱，早、晚用清洁水浇灌。既要保持土壤湿润，又要防止水分过多。根据苗情，7～8月再进行第二次追肥，注意不能过量施用氮肥，以免生长过旺，提早抽薹，若有抽薹者应及时摘除。遇干旱、日照过强干燥气候，没有遮荫植物时，可在厢面用遮阳网或树枝等遮荫，可明显提高出苗率和成苗率。种苗耐寒性较强，可以田间越冬。越冬前，应清除地上残枝落叶和杂草，适当培土，保护根芽。④移栽，适宜移栽时间为早春萌发前和深秋休眠期。起苗过程中尽量不要挖伤、碰伤种芽，移栽前拣除弱苗、病苗和坏苗。一般先开4～6cm深的沟，沟距30cm，然后将种苗按15～20cm株距放于沟内，尽量保证根芽朝上，覆土后镇压。移栽后及时浇透水，保证成活。

2. 分株繁殖 ①种根选择和处理，4月初，将芽刚萌发的根茎连根掘出，抖去泥土，用刀将每块根状茎切成若干小块，使每块上至少有1～3个根芽。待根茎伤口愈合，准备定植。②定植，按照育苗移栽的方法定植，阴天定植成活率更高。

（三）田间管理

1. 中耕除草 5～7月杂草丛生，应及早除草松土，先深后浅，不要伤及根部，靠近苗周围的杂草用手拔除。封行后浅锄除草，适当培土。

2. 追肥 “早施苗肥，重施蕾肥，增施磷钾肥”。“早施苗肥”是指4月上旬施速效氮肥1次，以促进幼苗迅速健壮生长；5～7月植株由营养生长盛期进入孕蕾期，可以适当增施1次氮肥，保持植株生长茂盛。7～8月，植株进入生殖生长阶段，地下根茎迅速膨大，是需肥量最大的时期，主要施钾肥，注意控制氮肥用量，避免植株生长过旺，降低抗病能力。开花结果期，可用1%～2%磷酸二氢钾或过磷酸钙溶液根外施肥，延长叶片功能期，增加干物质积累，对根茎膨大十分有利。

3. 灌溉、排水 天气过于干旱时要适当浇水。雨季注意及时排水，保持畦面无积水。

4. 摘蕾 孕蕾开花消耗大量养分，非留种田在植株现蕾尚未开花之前及时摘蕾。摘蕾时防止损坏叶片和摇动根系，宜一手握茎，一手摘蕾。

（四）病虫害及其防治

1. 病害及其防治 病害主要有黑斑病、轮纹病、枯萎病、软腐病、白绢病和线虫等，一般采用预防为主，主要措施有：忌轮作；深沟排水防涝；栽种前用多菌灵浸种。如果出现病虫害，用甲基托布津、多菌灵、代森锰锌等化学药剂，采取土壤消毒、种子处理、叶面喷洒、灌根等方式防治。

2. 虫害及其防治 虫害主要是蚜虫，应注意选用高效、低残留农药防治，优先选用生物农药，在虫害发生初期防治，将为害控制在点片发生阶段。

六、采收加工

野生苍术以春、秋二季采挖最佳。栽培品栽种年限应在2年及2年以上，于早春或晚秋采挖，以秋后至翌年初春幼苗出土前为最好。挖出后，去掉地上部分并抖落根茎上的泥土，晒至五成干时，装进筐中，撞去部分须根（或者用火燎的方法），然后晒至六七成干时，再撞1次，以去掉全部老皮，晒至全干时最后撞1次，使表皮呈黄褐色即可。干燥过程中，要注意反复“发汗”，以利于干透。

以个大，质坚实，断面朱砂点多，香气浓郁者为佳。

（李卫东）

厚　朴

厚朴为木兰科植物厚朴 *Magnolia officinalis* Rehd. et Wils. 或凹叶厚朴 *Magnolia officinalis* Rehd. et Wils. *var. biloba* Rehd. et Wils 的干燥干皮、根皮及枝皮，为传统中药之一，始载于《神农本草经》，被列为中品。其味苦、辛，性温，归脾、胃、大肠经，具有行气消积、燥湿除满、降逆平喘等功效，主治食积气滞、腹胀便秘、湿阻中焦、脘痞吐泻、痰壅气逆、胸满喘咳等病症。现代研究表明，厚朴含厚朴酚与和厚朴酚等木脂素类成分，还含有生物碱、黄酮和挥发油等成分，具有广谱抗菌、抗肿瘤、抗炎、保护心脑血管、抗溃疡以及抗凝血等药理活性。我国厚朴资源较少，野生厚朴、凹叶厚朴除在极少数地区尚有零星分布外，多数地区由于过度采伐或人工造林等因素造成野生资源严重匮乏或灭绝。厚朴已经被收载入我国第一批《国家重点保护野生药材名录》。厚朴主要分布于四川、贵州、湖北、江西、湖南、陕西、甘肃等省；凹叶厚朴主要分布于福建、浙江、江西、安徽、江苏、湖南广西、广东等省。

一、形态特征

凹叶厚朴为落叶乔木，高可达20m，胸径达40cm，树皮粗厚，外皮灰褐色或淡褐色。单叶互生，薄革质，狭椭圆状倒卵形，先端凹缺或成2钝圆浅裂（但幼苗或幼树的叶先端圆形），基部楔形。花大，单朵顶生，直径10～15cm，白色，味芳香，与叶同时开放；花梗粗短，密生柔毛，花被片9～12，稍肉质，披针状倒卵形或长披针形，雄蕊多数，雄蕊多数，螺旋排列，花丝红色，花药黄白色，心皮多数，心皮多数，螺旋排列于花托上，柱头尖而稍弯曲，聚合果圆柱状卵形，种子三角状倒卵形，外种皮红色，内皮黑色。花期5～6月，果期6～9月。

厚朴与凹叶厚朴的区别在于厚朴叶片先端圆形，有短突尖或钝尖。野生者与家种者主要区别是前者相对矮瘦，树皮厚，后者树形高大、生长快、树皮薄。

二、生态习性

种类不同对环境条件的要求也不尽相同。厚朴喜凉爽、湿润气候，高温不利于生长发育，宜种植在海拔800～1800m的山区。凹叶厚朴喜温暖、湿润气候，一般适宜在海拔600～800m的区域栽培。二者均适合山地种植，耐寒，向阳，但幼苗怕强光和高温。它们又都是生长缓慢的树种，一年生苗高仅30～40cm，幼树生长较快。厚朴10年生以下很少萌蘖，而凹叶厚朴萌蘖较多，特别是主干折断后，易形成灌木丛。厚朴树龄8年以上才能开花结果，凹叶厚朴5年以上就能进入生育期。种子干燥后会显著降低发芽能力，低温层积5天左右能有效地解除种子休眠，发芽适温为20℃～25℃。

低山种植厚朴时，树身高，胸径也粗，但树皮薄，质量差，且易受蚜虫、蚧壳虫侵害，影响正常生长发育；中山向阳坡地种植时，树形主干矮，上部多分枝，胸径小，主干树皮厚，含油高，质量好；山头风大、干燥、贫瘠一般不易生长；同一片山地，上坡要比下坡长得好，而朝东或朝西则次之，朝北则更次，而且树皮、根皮薄，含油少，易患根腐病和被白蚁蛀食，同一片林地上同一植株，向阳面比背阳面开花结果多，两排植株相向面比不靠近面开花结果少，疏松的黄壤土所种的厚朴根皮黄、直、质量较好，而石砾多和土质硬的地方，根多弯曲，质量差。

三、生长发育规律

植株在不同季节生长不均匀，春、夏季水分多长得快，而秋、冬季较干燥长得慢。不同年限植株生长快慢也不同，前五六年长得最快，以后减慢，15年以后树高就基本不增长了；主干直径生长也是前15年较快以后变慢，但树皮还会增厚。从1～17年的生长情况看，皮重增长从第10年开始到17年为最快。前10年生长缓慢，增加不显著。约到第20年左右，皮重年增长量会下降到与第l0年相近的水平。不同年份凹叶厚朴中厚朴酚、和厚朴酚总量以18年生者为最高。年份越低，含量越低；超过18年，含量也逐渐降低。

四、种质资源状况

厚朴 *Magnolia officinalis* Rehd et Wils 和凹叶厚朴 *Magnolia officinalis* Rehd et Wils var *biIoba* Rehd et Wils，在全国大部分地区均有种植。在凹叶厚朴中已经培育出新品种－－小凸尖厚朴，并于上世纪70年代开始在江南各省区推广种植。该品种适宜在较低海拔地区种植，含油量较高，俗称紫油厚朴。目前，福建闽西北山区、浙江磐安地区及江西、湖南、广西等地多种植该品种。

五、栽培技术

（一）选地与整地

1. 育苗地 以海拔250m以下，坡度10°～15°，坡向座西朝东，半阴半阳新开荒坡地或稻田，微酸性、土层深厚肥沃的沙质土壤为好，黄壤土或轻黏土亦可，但忌积水或粘重土壤。前茬不宜为菜地或地瓜地。地选好后，在入冬前进行1次深耕，深度25～30cm。结合整地每亩施充分腐熟厩肥2500～3000kg作基肥。播种或扦插前，再进行1次整地，作平畦，畦面宽1.2m，高20cm，四周开好排水沟。

2. 种植地（造林地） 厚朴宜选择海拔500～1000m的山地，凹叶厚朴宜选海拔300～800m的山地，尤以向阳避风，土层深厚，疏松肥沃、富含腐殖质的酸性至中性的坡地为佳。

（二）繁殖方法

多采用种子育苗移栽，亦可分株、压条、扦插。

1. 采种 采种，一般在白露前后，过早种子未熟透，发芽率低，过迟种子散落或被鸟鼠类咬食。果实采下后，拣除虫果，以防止种子感染。果实采回后晒2~3天，待果实开裂，筛出种子；也可堆放在地上，洒少量水，盖上麻袋，约1周待果棒全部裂开，挑出种子。选择籽粒饱满、乌润发亮、无病虫害的种子留种。

2. 种子处理 种子含油脂蜡质，种皮厚而坚硬，吸水性差，如果不去除，会影响种子发芽。种子去蜡质方法有2种：①水浸法，将种子置于容器内，加水，以种子不露出水面为度。浸4~7天，待皮层蜡质自行腐烂，捞出搓去脂壳，洗净。此法简单省工，适用于大量脱脂，但臭味难闻。目前主要以林场、药场使用为主。②碱洗法，将种子用开水对掺冷水加1%~2%烧碱或掺10%草木灰浸泡1~2h，搓去蜡脂洗净即可。

3. 种子储藏 种子脱脂后即可播种，如不立即播种要进行贮藏，防止种子脱水油化。方法是：将种子和沙（含水2%）共同堆积，一层种子一层沙，种子均匀铺放以不重叠为度。沙层厚约2cm，最上层沙厚8~10cm，种子与砂比例约为1:5。堆高一般不超过1m。注意透气，防止发热，堆中可适当插些有孔竹筒透气，并经常检查，发现堆内温度过高，则应翻堆以防早芽或霉变。

4. 播种 冬播或春播。冬播在寒露至霜降期间；春播在立春至清明期间。南方较北方早，大部分地区采取春播。方法：播前先作种子检查，首先检查种子外观新鲜程度，然后适当剥查种仁，看胚芽的完好率或做发芽率试验，以掌握种子的发芽率和播种量。一般就地采种，随采随播发芽率高，也宜于幼苗生长发育。条播或撒播，点播少。①条播，用2cm宽木板或小竹子在畦面上每隔20~25cm，压约0.5~3cm深的沟，在沟内每隔3~6cm下1粒种子，覆盖火烧土或黄土，厚约3cm，然后盖上稻草或麦杆，厚约3cm，以防太阳曝晒和雨水淋洗。②撒播，作好畦面，均匀撒上种子，然后盖上火烧土或黄土。③点播，用2cm厚木板，在板上每隔2cm锯成宽2cm、深3cm缺口，制成点穴板，在畦面每隔20cm压穴深至3cm，每穴下1粒种子，覆盖火烧土3cm。在播种畦面上覆盖稻草或麦杆，一可防止种子因雨水冲刷裸露而致鼠、鸟侵食；二可防止太阳直接曝晒，冬季具有保温、防冻作用。

5. 苗期管理 种子在日均温度达18℃~20℃时开始萌动，并陆续出苗。秋冬播种者也要到次年春才出苗，一般5月上旬（立夏）苗基本可以出齐。待苗出齐后，除去盖草，进行除草、清沟、培土，并薄施波尔多液防止病害。嫩苗期正值雨季，必须十分注意排水和拔除杂草，防止根腐病发生。嫩苗开始木质化时（约6~8cm高），要结合中耕除草施催苗肥，每亩施人粪尿250kg渗水500kg或尿素4.7kg（分3次，分别为1kg、1.5kg、2.2kg掺水1000~1500kg）。追肥后，结合除草松土看苗补肥。追肥应少量多次。高温干燥时要浇水，多雨季节要防止积水。深秋后应控制新叶生长，促进休萌芽形成，提高造林成活率。苗期可加施草木灰或火烧土，促进苗木木质化。当年苗高可达30~40cm，两年苗高达70~80cm。一般苗高在40cm以上时，即可出圃移栽。

（三）造林定植

厚朴造林可分为纯林和混交林两种。纯林一般厚朴株行距1.6m×2m，凹叶厚朴株行距2.0m×2.5m，每亩150~200株。若林地条件好，可稀植（套种其他作物），林地条件差时，则应稍加密植。

1. 整地 产区一般先劈草炼山后，按适宜株行距挖穴。大致在白露后开始劈草，到立冬后选晴天、小风天气围好火路，自上而下放火炼山。炼山和清除杂物后即挖穴。穴直径55cm，深45cm，每穴填入厩肥或火烧土适量作基肥。

2. 定植 苗木出圃后，剪短主根，大小分级运至林地，打好泥浆（泥浆中可加入适量生根粉或2，4-D），然后将成把的苗木根部浸入泥浆中，使粘足浆水保证根部湿润和促进根部伤口愈合。栽培时必须对正株行排列，保证树苗各有适当空间、地面，有利生长，便于管理和整齐美观。平坦地要种在穴中间，山坡地宜靠近上坡穴壁，根部应伸展不曲，入土要较原土痕深5～8cm，回填表土于穴内，然后手执苗木根茎稍作上提抖动，使根下部自然填土适度，然后踏紧，再上盖一些松土，以减少土壤水分蒸发，干旱的地方要浇定根水，然后再盖一些松土。

3. 混交林 有些产区为充分、合理利用林地资源，采用混交林种植，多与杉木或杜仲混交。与杉木混交种植特点是：厚朴幼树生长快，每年增高达60～100cm，五年内树高可达4～5m，五年后高生长转慢而粗生长加快。杉木在前5年生长相对缓慢，一般为2～3m。5～10年内杉木生长旺盛，树高达8m以上，这时林地空间易被杉木树冠占据，厚朴处于劣势，得不到足够阳光，影响发育或停止生长，严重时甚至枯死。从保护厚朴生长考虑，最好在造林后5～8年内适当间伐一些杉木，促进厚朴植株生长，同时在此期间也可适当间伐部分厚朴，使每亩密度降为80～100株。

（四）林间管理

1. 中耕除草 种植前期，每年冬、夏两季各进行1次中耕除草，每次中耕除草时在树干基部培些土，并及时除去基部长出的萌蘖苗。中耕深度约10cm，避免过深挖伤根系。

2. 追肥 结合中耕除草，及时施入尿素、过磷酸钙1次，冬季则在根基部施堆肥或土杂肥等。

3. 间伐 成林后注意植株密度，过密时应将根部分枝间伐剥皮，每株留1茁壮主株，也可适当修去部分过密树枝，以利主干生长。

（五）病虫害及其防治

1. 病害及其防治 ①根腐病，幼苗期发病严重。开始时根冠变黑，然后逐渐向上蔓延至根，而后根部开始腐烂，植株顶芽和嫩叶下垂，后期根韧皮部易剥落，剩下木质部，木质部变黑，然后全株枯死。防治方法：苗床和林地应选择排水良好的山坡地；严格检查种子、种源，剔除带病种子和苗木；苗床内发现根腐病，以多菌灵浇注根部，或及时拔除病株烧毁，在发病区域撒布生石灰或硫磺粉消毒；多施草木灰，增强苗木抗病能力。②叶枯病，发病初期病斑黑褐色，圆形直径2～5mm，后逐渐扩大密布全叶，病斑变为灰白色。潮湿时，病斑着生黑色小点。防治方法：冬季清除枯枝病叶；发病初期喷1∶100波尔多液，每隔7～10天1次，连喷2～3次。③煤污病，海拔300m以下、通风不良的阴坡地易发生。3月下旬至5月下旬，当植株新展嫩叶时，蚜虫、长绒绵蚧在叶面和嫩枝芽上吸食汁液，并大量排泄分泌物，导致真菌侵入并迅速繁殖蔓延，覆盖在叶面和嫩梢树干上，像盖了一层煤状物，不易脱落，影响叶面光合作用，发病严重时叶片枯萎凋落、枝梢干枯，使树势减弱，开花结果减少。防治方法：在蚜虫和蚧类发生期喷40%乐果1500～2000倍液，每隔7～10天喷1次，连喷2～3次；发病期喷洒1∶0.05∶（100～200）波尔多液，每隔10天喷1次，连喷2～3次。

2. 虫害及其防治 ①褐天牛，成虫咬食嫩枝皮层，造成枯枝，雌虫喜在5年生以上植株树干基部或粗枝上咬破树皮产卵，幼树受害较轻。产卵处的皮层常裂开突起。初龄幼虫在树皮下穿凿不规则的虫道或稍长后蛀入木质部，再向主根为害，形成不规则弯曲孔道，虫孔常排出木屑，被害植株逐渐因缺水凋萎枯死。防治方法：在5～7月成虫盛发期人工捕杀；从虫孔用钢丝钩杀或用药棉浸80%敌敌畏液塞入蛀孔用泥封口毒杀。②白蚁，常筑巢于温暖阴暗潮湿的土中或树下，为害植株根部，或沿树干筑蚁道为害皮层和树根。防治方法：用80%亚砷酸、15%水杨酸、5%氧化铁配成合剂施入蚁巢；顺蚁道挖寻地下主蚁道，将喷粉器改装细皮管，插入主蚁道注入灭蚁灵，把蚁群杀灭在巢穴中。

六、采收加工

（一）采收

定植15～20年就可采收树皮。采收时间以立夏至夏至较为合适，此时树干形成层细胞分裂快，树皮与木质部接触较松，易剥离。如果过早采剥，树皮未成熟，含油量少，质量差；过迟采剥，皮层粘贴木质部紧密，不易剥离，而且所剥树皮碎片多，规格等级差。

传统剥法（砍树剥皮法）：选生长正常20年以上植株，在离地面10～15cm处和再向上60cm处，用利刀环切树皮，再沿树干垂直割1刀，用扁竹刀剥下树皮。随后砍倒树木，砍去枝条，按40cm一段，从下而上分段剥下树皮，自然卷成筒状，然后以大套小，3～5筒成1卷，于室内通风干燥处井字型平放（切忌立放，以免树液从切口流失，影响发汗），阴干。此法采收的干树皮称"筒朴"，枝皮称"枝朴"，根皮称"根朴"，靠近根部的干皮和根皮称"靴筒朴"。

现代环剥法：选定植20年、树径20cm以上、树干较直的树剥皮，最好选择大气相对湿度70%～80%的阴天采收。在离地面20cm以上位置，用利刀环切1圈（注意不能切断形成层），根据商品规格需要的长度再向上环切1圈，并在两圈之间纵切1刀，切口斜度以45°～60°为宜，深度以不伤及形成层和木质部为准。用木刀将树皮撬起，慢慢剥下。并立即用10ppm吲哚乙酸、10ppm萘乙酸加10ppm赤霉素溶液处理树干创面，以加速新皮形成。并用塑料膜包湿黄泥把被剥处敷上，待自然愈合后可再剥。

（二）干燥加工

采收后的厚朴切忌曝晒、雨淋，防止破裂走油影响质量。一般采回后，将自然卷成筒状的厚朴用绳子捆扎，置于离地面1m高的架子上通风阴干，以后每天用手卷成双卷或单卷，然后将两头锯齐阴干即可。细小根皮、枝皮，除净泥沙自然阴干即可。供出口的按商品规格加工，双卷如果裂开，一般用红线绳扎捆。

闽北山区有将"筒朴"自然阴干后再"发汗"的传统。用钳夹住"筒朴"置开水锅中，不断舀开水浇淋，烫至变软，取出用青草塞住两端，直立于木桶或墙角，覆盖湿草或麻袋，"发汗"1昼夜。当内表皮和断面变得油润有光泽，呈紫褐色时，取出分开，大的卷成双筒，小的卷成单筒，两端用稻草捆紧，两头用刀削平齐，白天置放室外晾吹，夜间收回架成井字型，使其通风，直至干燥为止。干后分等级、规格捆好。枝朴、根朴、靴筒朴不"发汗"处理。

厚朴以皮厚、肉细、油性大，断面紫棕色、有小亮星、气味浓厚者为佳。

（范世明）

第十章 利水渗湿药

要点导航

1. 掌握：茯苓分布区域、生态习性、生长发育规律、种质资源状况、栽培与采收加工技术。

2. 熟悉：薏苡仁、泽泻原植物生长发育规律、栽培与药材采收加工技术。

3. 了解：车前子、金钱草原植物栽培技术；已开展栽培（养殖）的利水渗湿药种类。

该类中药具有渗利水湿、通利小便的功效。其性平，甘淡渗泄。主入膀胱、脾、肾经。药性下行，能通畅小便、增加尿量、促进体内水湿之邪的排泄。有些中药性寒凉，又有清热利湿、止泻止痢止带、利胆退黄、通淋止痛、利尿排石等作用。部分中药兼有健脾止泻、行滞通乳、清热逐痹等作用。根据药性和作用的不同，该类中药又可分为利水消肿药、利尿通淋药和利湿退黄药三类。

第一节 利水消肿药

性味多甘淡平或微寒，利水消肿，主治水湿内停之水肿、小便不利等证。主要用于脾不健运、水湿停留、肾及膀胱气化不行所致的水肿、小便不利、痰饮眩悸，以及水走大肠引起的水湿泄泻等证。常用中药有茯苓、猪苓、薏苡仁、泽泻、冬瓜皮、玉米须、葫芦、荠菜、枳椇子、香加皮、泽漆、蝼蛄等。本节仅介绍茯苓、薏苡仁、泽泻的栽培技术。

茯 苓

茯苓为菌物界多孔菌科茯苓 *Poria cocos*（Schw.）Wolf 的干燥菌核，属于传统中药，始载于《神农本草经》，被列为上品。其性平，味甘淡；归心、胃、脾、肺、肾经。茯苓部位不同，功效主治有所差异：茯苓皮长于利水消种，主治水肿、小便不利；赤茯苓长于清利湿热，主治湿热、小便不利；白茯苓长于利水渗湿、健脾补中、宁心安神，主治脾虚湿盛、小便不利、痰饮咳嗽、心悸失眠；茯神与茯神木，长于宁心安神，主治心悸失眠。现代研究证明，茯苓主要含有多糖、三萜、甾醇、卵磷脂、酶及氨基酸等成分，具有抑菌、保护肝脏、抗肿瘤、调节免疫、镇静等药理活性。野生茯苓分布很广，除东北、西北西部、西藏外，其余省份均有分布。生于海拔 1800m 以下的林中、灌丛下、河岸或山谷中，也见于林缘与疏林中。越南、泰国和印度也有分布。目前，茯苓药材基本依靠人工栽培满足需要，主产于云南、安徽、湖北，福建、湖南、四川、广东、广西、贵州等省区也有栽培。以云南产“云苓”质量最佳，安徽产“安苓”产量最大，行销全国各地及东南亚、日本、印度、欧美等国。

一、形态特征

为寄生或腐寄生真菌，菌丝体幼时为白色棉绒状，老熟时呈浅褐色；菌核形态不一，有椭圆形、扇圆形及块状等；大小不一，小似拳头，直径5～8cm，大者直径20～30cm；重量不等，一般0.5～5kg；鲜时质地较软，表面略皱，黄褐色；干后质地坚硬，表面粗糙，呈瘤状皱缩，深褐色；内部由菌丝组成，白色或淡粉红色；子实体小而平铺于菌核表面成一薄层，幼时白色，老熟后褐色，菌管单层。

二、生态习性

喜温暖、干燥、向阳、雨量充沛环境，适宜在坡度10°～35°、寄主含水量在50%～60%、土壤含水量为25%～30%、疏松通气、土层深厚并上松下实、pH为5～6的微酸性砂质壤土中生长，忌碱性土。野生茯苓从海拔50～2800m均可生长，但在600～900m松林中分布最广，喜生于地下20～30cm深的腐朽松根或埋在地下的松枝及段木上，因此在主产区多栽培于海拔600～1000m的山地，以松木及木屑中的纤维素、半纤维素及木质素为主要营养。菌丝生长温度为18℃～35℃，以25℃～30℃生长最快且健壮，小于5℃或大于30℃生长受到抑制，0℃以下处于休眠状态，能短期忍受－1℃～－5℃低温。子实体在24℃～26℃、空气相对湿度为70%～85%时发育最快，并能产生大量孢子；20℃以下孢子不能散发。

三、生长发育规律

茯苓的生活史在自然条件下可经过担孢子、菌丝体、菌核、子实体4个阶段，在栽培条件下主要经过菌丝体和菌核两个阶段。菌丝生长阶段，主要是菌丝从松木中吸收水分和营养，繁殖出大量菌丝体。到了生长中后期，菌丝体聚结成团，形成深褐色菌核，进入菌核生长阶段，即结苓阶段。

四、种质资源状况

目前茯苓有栽培和野生2种来源，现有的优质栽培菌种有5.78号、A号、H_3号、Z_1号、T_1号等。

五、栽培技术

主要采用段木栽培或树蔸栽培，其中以段木窖培为主，现介绍如下：

（一）选地与挖窖

选选排水良好、向阳、土层50～80cm、含砂60%～70%的缓坡地（坡度15°～20°），最好是林地、生荒地或3年以上的放荒地。一般于12月下旬至翌年1月底，顺山坡挖深20～30cm、宽25～45cm、长视段木长短而定（一般65～80cm）的长方形土窖，窖距15～30cm。将挖出的窖土保留在一侧，窖底按原坡度倾斜整平，窖场沿坡开好排水沟并挖几个白蚁诱集坑。

（二）备料

以松木为主，一般以7～10年生、胸径10～45 cm中龄树为好。老龄树木心大、树脂多，幼龄树木质疏松，均不是理想营养源。通常将合适的松树伐倒后取其松木、松根、枝条作为培养茯苓的原材料。一般在10～12月进行，最迟不得超过农历正月，否则松料脱皮不易干燥，接种时成活率低。砍伐后立即修去树桠并削皮留筋（相间削掉树皮，不削皮的部分称为筋），削皮要达木质部。削面宽3～6cm，筋面不得小于3cm，使树木内的水分和油脂充分挥发。此工作必须在立春前完成，然后干燥半个月，将木料锯成长约80cm的小段，在向阳处堆叠成"井"字形，约40天左右，敲之发出清脆响声，两端无松脂分泌时可供接种。在堆放过程中要上下翻晒1～2次，使木料干燥一致。

（三）培养菌种

商品茯苓菌种的培养一般采取无性繁殖，有4种方法：

1. 肉引　即用菌核组织直接作菌种。选新采挖的浆汁足、中等大小的壮苓（每个约250～1000g）切片作菌种。入窖时，将菌核切带皮的半球形一块，立即把切面贴到窖中段木上，位置常在段木较粗一端的截断面上或削去皮的部位，注意贴上后不能再移动，用土封窖。

2. 木引　将菌核组织接于段木，待菌丝充分生长后锯成小段作菌种。5月上旬选质地松泡，直径9～10cm的干松树，剥皮留筋锯成50cm长段木。每10kg段木窖用鲜苓0.5kg，选黄白色、皮下有明显菌丝、具香气的茯苓为好。把苓种片贴在段木上端靠皮处，覆土3cm，到8月可作木引。

3. 浆引　将菌核组织压碎成糊状作菌种。

4. 菌引法　①母种（一级菌种）培养，多用马铃薯－葡萄糖（或蔗糖）－琼脂（PDA）培养基，配方是：马铃薯：葡萄糖（或蔗糖）：琼脂：水＝20～25：2～5：2：100，pH6～7，按常规方法制成斜面培养基。选择品质优良的成熟菌核，表面消毒，挑取菌核内部白色苓肉黄豆大小，接入培养基中央，置25℃～30℃恒温箱或培养室内培养5～7天，待菌丝布满培养基时，即得纯菌种。上述操作均在无菌条件下进行，在培养过程中，发现有杂菌感染，应立即剔除。②原种（二级菌种）培养，母种不能直接用于生产，须进行扩大再培养。多采用木屑米糠培养基，配方是：松木屑55%、松木块（30mm×15mm×5mm）20%、米糠或麦麸20%、蔗糖4%、石膏粉1%。先将木屑、米糠、石膏粉拌匀；另将蔗糖加水（1～1.5倍）溶化，放入松木块煮沸30分钟，充分吸收糖液后捞出；再将木屑、米糠等加入糖液中拌匀，含水量为60%～65%，即手可握之成团不松散，但指缝间无水下滴为度；然后拌入松木块，分装于500ml广口瓶内，装量为4/5瓶，中央留一食指粗的小孔，高压蒸气灭菌1h，冷却后接种。在无菌条件下，挑取黄豆大小的母种，放入培养基中央的小孔中，置25℃～30℃中培养20～30天，待菌丝长满全瓶即得原种。培养好的原种，可供进一步扩大培养栽培种用。如暂时不用，必须移至5℃～10℃冰箱内保存，时间不宜超过10天。③栽培种（三级菌种）的培养，仍选择木屑米糠培养基，配方为：松木块（120mm×20mm×10mm）66%、松木屑10%、麦麸或细糠21%、葡萄糖2%或蔗糖3%、石膏粉1%、尿素0.4%、过磷酸钙1%，制备方法同上，分装于菌种袋内，装量为4/5袋，高压蒸气灭菌1h，冷却后接种。在无菌条件下，夹取1～2片原种瓶中长满菌丝的松木块和少量混合物接入袋内，恒温培养30天（前15天25℃～28℃，后15天22℃～24℃）。待菌丝长满全袋、有特殊香气时，即可接入段木。一般1支斜面纯菌种可接5～8瓶原种，1瓶原种可接数十袋栽培种，2袋栽培种可接种1根段木。④接种方法，接种就是将一定量纯菌种在无菌操作下，转移到另一已经灭菌并适宜于该菌生长繁殖所需培养基的过程。接种前将空白斜面培养基上部贴上标签，注明菌名、接种日期、接种人姓名。为保证获得的是纯培养，要求一切接种必须严格无菌操作，一般在无菌室超净工作台上进行。母种应选菌丝生长旺盛而均匀、有分泌乳白色乳珠的，淘汰菌丝生长稀拉、萎缩、不均匀的；选绒毛状菌丝多、分枝浓密而粗壮的，淘汰菌丝纤细的；选菌丝平铺于斜面的，淘汰菌丝向上长的；选菌丝色泽洁白的，淘汰菌丝灰色、棕色的；选无杂菌感染的，淘汰有杂菌的。原种和栽培种除按以上标准外，还要具有浓厚茯苓聚糖香味，若菌丝在瓶内萎缩呈一堆堆的块状，表示菌种已衰变，不能使用。⑤菌种测定，菌种制好后，要测定其是否成熟适宜下种，其标准和方法是：在常温下 25 天后菌丝长满瓶时取出木片，用力一掰能断或木片边缘剥得动，木片呈淡黄色，有一股浓厚茯苓聚糖香味，说明木片里有菌丝在分解木片的纤维素。另外还可在无菌条件下，从瓶内取出 1 ~ 2 片，刮去表面菌丝、米糠、木屑，放在已灭菌的培养皿或瓶内，在 25℃以上培养 20 ~ 24h，见木片上重新萌发菌丝，说明木片内有菌丝在分解纤维素。用以上方法测定的菌种，种下去后成活率高，如遇暂时干旱和多湿等不良条件也可抗御；若菌片上菌丝少，木片内无菌丝，掰不断，剥不动，则不能作种，因为这样的菌种尚未分解木片，勉强下种不易成活。

以上前三种方法需要消耗大量成品优质茯苓，其中“肉引”和“浆引”栽种一窑要耗费茯苓 0. 2 ~ 0. 5kg，用种量大，不经济；“木引”操作繁琐，菌种质量难以稳定，且产量不稳定；而菌引法可节约商品茯苓，降低成本，且高产稳产，是当前大面积栽培所广泛采用的方法。

（四）下窖与接种

1. 下窖　宜在春季 3 月下旬至 4 月上旬，与接种同时进行。选连续晴天土壤微润时，从山下向山上进行，将干透的松树段木逐窖摆入。一般直径在 4 ~ 5cm 的小段木每窖可放入 5 根，上 2 根下 3 根，呈“品”字形排列；中等粗细的段木 2 根 1 窖；单根 15kg 以上的粗段木单放 1 窖，一般每窖下 15 ~ 20kg。将两根段木的留筋面靠在一起，使中间呈“V”字形，以便传引。

2. 接种　首先在两段木的一端用利刀刮削出新伤口，将三级菌种袋划开，使其内长满菌丝的部分紧贴伤口，一起放入窖内，并可在另一端贴附一些菌核，诱导传引。也可用镊子将三级菌种袋内长满菌丝的松木块取出，顺段木的“V”形缝中平铺其上，撒上木屑，然后将一根段木削皮处紧压其上，使呈“品”字形；或用鲜松毛、松树皮把松木块菌种盖好。接种后立即覆土，厚 7 ~ 10cm，使窖顶呈龟背形，以利排水。

（五）苓场管理

1. 检查　接种后严禁人畜践踏苓场，以免菌丝脱落。7 ~ 10 日后检查，以后每隔 10 天检查 1 次，若菌丝延伸到段木上生长，显示已“上引”。若发现没有上引或污染杂菌，应选晴天将原菌种取出，换上新菌种（补引）。1 个月后再检查 1 次，2 个月左右检查时，菌丝应长到段木料底或开始结苓；若此时只有菌丝零星缠绕即为“插花”现象，将来产量不高；若窖内菌丝发黄，或有红褐色水珠渗出，称为“瘟窖”，将来无收。

2. 除草、排水　苓场保持干燥，无杂草丛生，雨后及时排水。苓窖怕淹不怕干，水分过多，窖地板结，通透性差，会影响菌丝生长发育。

3. 覆盖　窖顶前期盖土宜浅，厚 7cm 左右；开始结苓后，盖土可稍加厚，约 10cm 左右，过厚窖内土温偏低，昼夜温差小，透气性差，不利于幼苓迅速膨大；太薄幼苓易暴露或灼伤，苓形不佳，品质差。雨后或随菌核增大，常使窖面泥土龟裂，应及时培土填塞，防止菌核晒坏或霉烂。在北方寒冷地区栽苓，冬季可覆土 10cm 以防寒。

4. 辅助管理　早熟品种菌丝生长期短，喜高温，结苓早，苓贴木生长，因而栽培时窖宜浅，段木不宜深埋，以段木在畦沟面之上为宜，前期盖土厚度为 3～6cm，结苓后盖土以 6cm 左右为宜。迟熟品种菌丝生长时间长，结苓迟，结苓率低，且不贴木结苓，为了缩短迟熟种的菌丝生长时间，提前结苓，每窖木料应增加接种量，同时应在段木头尾两端都接种，如春季栽培也应浅埋木，浅盖土，直至开始结苓，保持较高的土温及良好的透气性，促使菌丝生长加快。在栽培中期开始结苓，土壤出现“裂缝”之后，仔细拔开土壤检查每窖结苓情况，一旦发现窖内结有 2 个以上小苓时，可将连结小苓的菌索在其贴木处摘断，小心移植到尚未结苓的段木上，将菌索断口处插入段木表面的菌丝茂盛之处或菌膜之下，贴紧后再稍压紧土壤。如此“嫁接”，可提高迟熟种的结苓率及产量。

（六）病虫害及其防治

1. 病害及其防治　生长期间常被霉菌侵染，侵染的霉菌主要有绿色木霉、根霉、曲霉、毛霉、青霉等，为害菌核，使菌核皮色变黑，菌肉疏松软腐，严重时渗出黄棕色粘液。防治方法：段木要清洁、干净；苓场要保持通风透气和排水良好；发现此病应提前采收；苓窖用石灰消毒。

2. 虫害及其防治　①黑翅大白蚁，蛀食段木，不能结苓。防治方法：苓场要选南或西南向，段木要干燥；接苓前在苓场附近挖几个诱集坑，每隔 1 个月检查 1 次，发现白蚁时，可用煤油或开水灌蚁穴，并加盖砂土，灭除蚁源；或在 5～6 月白蚁分群时，悬黑光灯诱杀。②茯苓虱，其形似臭虫，吸取茯苓浆汁。防治方法：实行轮作；在场地周围插上枫杨（麻柳树）、山麻柳（化香树）等枝条，防其进入场内。

六、采收加工

（一）采收

视培养材料、地区及培养基的不同采收时间有所差别。用段木栽培时，在温暖地区若栽培“肉引”窖苓，春季下窖，第二年 4～5 月第一次收获，第二次收获在 11～12 月份，以立秋后 8～9 月采挖质量好；在东北地区，每年夏季 6～7 月下窖，第二年 6～7 月起窖。若栽培“菌引”窖苓，在温暖地区，一般 4～5 月下窖，8 个月左右，即当年 10～12 月就可第一次收获，至次年 3～4 月陆续采收；冷凉地区，可适当采取人工加温措施提早接种，当年也可第一次收获。当苓场窖土凸起状并龟裂，裂隙不再增大时，表示窖内茯苓生长已停止，可以起挖。此时一般段木变成棕褐色，一捏即碎，菌核长口已弥合，嫩口呈褐色，皮呈褐色、薄而粗糙并且菌核靠段木处呈现轻泡现象。一般以茯苓外皮呈黄褐色为佳，若黄白色有待继续成熟，而黑色则为过熟，易烂。熟一批、收一批，一般第一批占产量 80% 左右。采收时注意选择晴天，雨天起挖的干后易变黑。起挖方法是用锄将窖掘开，取出表层茯苓，再移动段木料筒，取出其它茯苓。茯苓菌核多生长于料筒两端，有时可延伸到窖周围几十厘米处结苓，所以若起挖时窖内不见茯苓可在周围仔细翻挖方能找到，这样可取出茯苓而不移动料筒，然后再覆上土以利继续结苓。起挖时应小心仔细，尽可能不挖破茯苓，以免断面沾污泥沙，并按大小及完好破损程度不同分别存放。

（二）干燥加工

将采收的茯苓刷去泥土，置于不通风的房内或特制的炕沿，在缸、木桶等容器内分层排好，底层先铺松毛或稻草1层，然后将茯苓与稻草逐层铺迭，高度可达1m，最上盖以厚麻袋使其发汗。约5~8日后，视其表面生出白色绒毛（菌丝），取出摊放于阴凉处，待其表面干燥后，刷去白毛，把原来向下的位置转动一下，换一下部位向下堆好，再如上法进行二次“发汗”。如此反复3~4次，至表面皱缩，皮色变为褐色，再置阴凉干燥处晾至全干，刷去霉灰，即成商品个苓。一般每100kg鲜苓可加工成60kg个苓。在茯苓起皱纹时，用刀剥下外表黑皮，即为“茯苓皮”；切取皮下赤色部分称“赤茯苓”；菌核内部白色、细致、坚实的部分称“白茯苓”；若中心有一木心的称“茯神”，其中的木心称茯神木。然后分别摊于席上，晒干。

质量以身干、体重结实、皮细皱密、不破不裂、断面包白、质细、嚼之粘牙、香气浓者为佳。

（胡　珂）

薏苡仁

薏苡仁为禾本科植物薏苡 *Coix lacrymajobi* L. var. maguen（Roman.）Stapf 的干燥种仁，属于传统中药之一，始载于《神农本草经》，被列为上品。其味甘、淡，性凉，归脾、肺、肾经，具有健脾渗湿、清热排脓、除痹止泻等功效，主要用于治疗水肿、脚气、小便不利、湿痹拘挛、脾虚泄泻等病症。现代研究证明，薏苡仁主要含有薏苡仁酯、蛋白质、脂类、氨基酸等成分，具有抗肿瘤、增强免疫力、降血糖、抑制骨骼收缩、镇痛、解热、抗炎、诱发排卵等药理活性。薏苡起源于亚洲，主要分布于印度、缅甸和中国等地，全球热带、亚热带，非洲、美洲的热湿地带，均有种植或逸生。我国辽宁、河北、山西、山东、河南、陕西、江苏、安徽、浙江、江西、湖北、湖南、福建、台湾、广东、广西、海南、四川、贵州、云南等省区均有分布。商品薏苡仁多为栽培品，主产湖南、河北、江苏等省。

一、形态特征

一年生草本，须根黄白色。秆直立丛生，高1~2m，具10多节，节多分枝。叶片扁平宽大，基部圆形或近心形。总状花序腋生成束，直立或下垂，具长梗。雌小穗位于花序之下部，外面包以骨质念珠状之总苞，总苞卵圆形，珐琅质，坚硬，有光泽；第一颖卵圆形，顶端渐尖呈喙状，具10余脉，包围着第二颖及第一外稃；第二外稃短于颖，具3脉，第二内稃较小；雄蕊常退化；雌蕊具细长之柱头，从总苞之顶端伸出。外稃与内稃膜质；第一及第二小花常具雄蕊3枚，花药桔黄色，长4~5mm。花果期6~12月。

二、生态习性

多生于屋旁、池塘、河沟、山谷、溪涧或易受涝的农田等地，海拔200~2000m处常见，野生或栽培。适应能力很强，喜温暖湿润气候，忌高温闷热，怕干旱、耐肥。苗期、抽穗期和灌浆期要求土壤湿润，如遇干旱，则植株矮小、开花结实少、籽粒不饱满、严重减产。对土壤要求不严，但以向阳、肥沃壤土或粘壤为宜。忌连作，也不宜与禾本科作物轮作。在潮湿的水稻地上栽培，特别在抽穗扬花期给以浅水层，可显著增产。

三、生长发育规律

植株全生育期150~180天，分苗期、拔节期、孕穗期、抽穗扬花期和果期。从种子萌发到主茎顶花序分化前为苗期，生长中心为叶片增大增多，开始分蘖。拔节期从主茎顶花序开始分化前至基部节间开始伸长。幼苗出土后约50天植株进入拔节盛期，生长中心由叶片和分蘖生长转入穗部和茎秆。孕穗期从主茎顶花序处于性器官形成开始，主茎与分蘖上不断分化出小花序，进入孕穗期。孕穗期后3~5天开始抽穗扬花，抽穗扬花与果实灌浆期交错进行。种子在6℃~7℃发芽，但发芽速度极为缓慢，种子萌发适温为25℃~30℃。出苗时间与土壤温度密切相关。土壤温度10℃~12℃播后20~25天出苗；15℃~18℃，10~15天出苗；20℃，7~8天出苗。苗期气温低于4℃，幼苗受冻害。日平均气温高于18℃，植株开始拔节，24℃~27℃为抽穗开花期，籽粒形成期适宜温度为22℃~25℃，昼夜温差8℃~10℃有利于籽粒结实与灌浆。

（一）根的生长

根系为须根系，由胚根和次生不定根组成。初生根共4条：种子萌发时，胚根鞘先自种子底部的脐孔内长出第一条胚根，以后再渐次长出其它3条。次生根多条，胚芽出土后第一片不完全叶自芽鞘伸出时在其基部节上产生次生不定根，以后各节茎基均能萌发次生根，形成多层、兜状的强大根系。根系直径20~30cm，须根30~40条。生长在沼泽地的根茎在水中延伸，每节都可生根，形成长达数米的扁担状横走根系。

（二）茎的生长与分蘖形成

茎在8叶期以前生长缓慢，9叶时主茎顶端生长点开始幼穗分化，茎生长速度加快进入拔节期，节部明显外露。自4叶期开始分蘖，6~8叶为分蘖盛期。基部茎节的腋芽均能产生分蘖。一般有分蘖3~5个，最多可达10~13个，基部分蘖成穗率很高。第6叶以后为无效分蘖。主茎与分蘖的上部叶腋中可产生分枝，主茎分枝有5~12个，基部的分枝能产生花序，开花结实。

（三）叶片的生长

出苗后自芽鞘内伸出的不完全叶称鞘叶，从鞘叶内伸出第一片真叶。叶片生长与温度有关，随温度增高而加快。春播植株10片叶以前，平均5~6天产生1片新叶，第10叶以后每产生1片新叶需3天左右。

（四）花和果实的发育

植株产生第9~10叶时，穗部开始分化，生育中心转向生殖生长。幼穗分化分分枝分化、小穗分化和颖花分化。主茎顶端生长点一般直接进行小穗分化，随后颖花分化，不进行分枝分化。分枝由中、上部茎节上的腋芽发育而成。腋芽先是分化出包括叶原基在内的分枝原始体，然后各分枝原始体依次进行小穗、颖花分化。着生在主茎上的分枝为一级分枝，一级分枝上分出的为二级分枝，可以多到三级分枝，故属三级分枝系统的圆锥花序。每一小穗从小分枝的叶鞘中始抽出到全部抽出约经3~5天；同一小分枝内，一般有小穗3~5个。雄穗从抽出到开花间隔7~11天与此相适应，雌穗柱头存活时间也较长，约存活9天。单穗花期24~25天。雌花授粉后20~25天果实发育成熟。

四、种质资源状况

我国栽培薏苡的历史悠久，其植株在形态、生育特性等方面的多样性明显，各地已形成许多地方栽培品种。根据果壳可分为厚壳型和薄壳型两类：①厚壳型，厚壳坚硬，似珐琅质，外表光滑无脉纹，内含米仁（颖果）不饱满，出米率仅30%左右，百粒重为10~30g，野生类型多属此种；②薄壳型，壳薄易破碎，多数壳表有脉纹，内含米仁饱满，出米率60%~70%，百粒重6~15g，栽培类型多属此种。根据成熟期可分为早熟型和晚熟型两类：①早熟型，又称矮秆型。生育期100~120天，株高80~100cm，茎粗5~7cm，分蘖强，分枝多。果壳黑褐色，质坚硬。植株耐寒、耐旱，抗倒伏能力强。亩产量100~150kg，高者可达200kg，出米率55%~60%；②晚熟型，生育期150~170天，株高140~170cm，茎粗14~17cm，分蘖强，分枝多，抗风、抗旱能力弱。果壳黑褐色，质坚硬。亩产量150~200kg，高者可达350kg，出米率64%~73%等。

五、栽培技术

（一）选地整地

植株适应性强，对土壤要求不严格，各类土壤均可种植。选地势向阳、肥沃、有水源的地块或低洼地，前作以豆类、棉花、薯类为宜，忌连作。前作收获后，深耕、整细、耙平，作1m宽平畦。

为喜肥植物，施肥应掌握“基肥为主，种肥、追肥为辅；有机肥为主，化肥为辅”的原则，基肥用量应占总施肥量的60%~70%，以圈肥、厩肥、草木灰和腐殖质肥料为主，化肥以尿素、过磷酸钙、硫酸钾为主，结合整地施入。

（二）繁殖方法

采用种子直播。

1. 种子处理 播前把种子日晒2天，然后浸泡24h，捞出沥干水分，用20%粉锈宁，按种子量的0.4%浸种12h，预防薏苡黑穗病。

2. 播种方法 当日均气温稳定在15℃时即可播种，春播、夏播均可。春播4月中下旬，夏播5月下旬至6月上旬。按行距50~65cm开深3cm浅沟，沟底要平，将种子按株距10~15cm均匀撒入沟内，上覆细土，以盖没种子为度，然后覆土整平踩实。播种量为每亩2.5~3.5kg，田间基本苗在每亩25万左右为宜。大面积种植采取机械播种，保持行距50cm，亩用种2kg。

（三）田间管理

1. 间苗定植 幼苗长出2~3片真叶时，进行第一次间苗，拔除密生苗、病弱苗，保持株距4~7cm。幼苗5~6片真叶时，按株距20~25cm定苗。

2. 中耕除草 一般中耕除草2次。第一次在苗高6~7cm时进行，要求中耕浅、除草净，促使多分蘖；第二次苗高16~20cm时，结合施肥、培土进行。

3. 追肥 幼苗期生长慢，植株小，吸收养分少。拔节至开花期生长快且时值花穗分化期，吸收养分速度快、数量多，是植株需要养分的关键时期。生长后期吸收速度减慢、数量减少。根据养分吸收规律追肥分3次进行。①苗肥，苗高4~7cm、6~8叶时进行，每亩施稀人粪尿1000kg、尿素10kg，结合除草培土进行，促使幼苗生长，多分蘖，早分蘖；②拔节肥，拔节期施肥为促根、壮杆、增穗打好基础，施肥以速效肥为主，按照氮:磷:钾=1:1:1复合肥为佳，施肥量每亩30~45kg，结合培土施入。③穗肥，苗高35~55cm、10~13叶时进行，每亩施人粪尿1500kg、磷酸二氢钾10kg、尿素6kg；④粒肥，开花期每亩施磷酸二氢钾5kg。

4. 水分管理 以湿、干、水、湿、干相间管理为原则，即采用湿润育苗、干旱拔节、有水孕穗、足水抽穗、湿润灌浆、干田收获。旱地种植，必须注意浇水，采用“两头湿，中间干”的原则，即生长前期要求土壤湿润，促使苗齐、苗壮；分蘖后期排水搁田，控制无效分蘖；孕穗期及时灌水，增大灌水量；抽穗期应勤灌、灌足水，此时缺水造成不孕花数量明显增多，果实空壳。收获前10天可不灌水，便于收割。

5. 培土 在苗高35cm左右结合施肥进行，可防止倒伏，有利根系生长。

6. 辅助授粉 同一花序中雄花先成熟，与雌花不同步，往往需异株花粉受精。一般靠风媒即可授粉，如能在开花盛期以绳索等工具振动植株（上午10～12时）使花粉飞扬，对提高结实率有明显效果。

（四）病虫害及其防治

1. 病害及其防治 ①黑粉病，亦称黑穗病。主要危害种子，穗部被害后肿大成球形或扁球形的褐包，内部充满黑褐色粉末。防治方法：实行轮作；60℃温水浸种10～20min，再用布袋包好置于3%～5%生石灰水中浸2～3天，或用1∶1∶100波尔多液浸种24～72h；②叶枯病，主要危害叶和叶鞘，初现黄色小斑，不断扩大使叶片枯黄。防治方法：合理密植，注意通风透光；加强田间管理，增施有机肥料，增强抗病能力；发病初期喷施1∶1∶120倍波尔多液，每7～10天喷施1次，连续喷施2～3次；③经常进行田间检查，发现病株及时拔除并烧毁，病穴用5%石灰乳消毒；④建立无病留种田，种子单收、单藏。

2. 虫害及其防治 玉米螟：苗期以1～2龄幼虫钻入心叶中咬食叶肉或叶脉，被害心叶展开后可见一排整齐的小孔洞。抽穗期以2～3龄幼虫钻入茎内为害，形成枯心或白穗，易折断。防治方法：在早春玉米螟羽化前，把去年薏苡秸秆集中烧毁或沤肥处理，消灭越冬虫源；在5月和8月成虫产卵前用黑光灯诱杀成虫；加强植株心叶部位虫情检查，及时拔除枯心苗；心叶展开时，用杀螟粉200倍液或用90%敌百虫1000倍液灌心叶；抽穗前后，喷25%亚胺硫磷300～400倍液。

六、采收加工

籽粒成熟不一致，可在田间籽粒约80%成熟变色时收割。割下的植株可集中立放3～4天后再脱粒，脱粒后的种子经2～3个晴天晒干即可。用脱壳机械脱去总苞和种皮，得薏苡仁，出米率约为50%。

以粒大、饱满、色白、完整者为佳。

（祝丽香）

泽 泻

泽泻为泽泻科植物泽泻 *Alisma orientalis*（Sam.）Juzep. 的干燥块茎，为常用中药之一。其味甘、淡，性寒，归肾、膀胱经，具有利水渗湿、泄热、化浊降脂等功效，主要用于治疗小便不利、水肿胀满、泄泻尿少、痰饮眩晕、热淋涩痛等病症。现代研究证明，泽泻含有泽泻醇A、泽泻醇B、乙酸泽泻醇A酯、乙酸泽泻醇B酯和表泽泻醇A等三萜类及挥发油成分，具有利尿、降血脂等药理活性。分布于东北、华东、西南及河北、新疆、河南等地，野生品种多生于沼泽边缘。主产于福建、四川、江西，贵州、云南等地亦产。商品以福建、江西产者称“建泽泻”，个大，圆形而光滑；四川、云南、贵州产者称“川泽泻”，个较小，皮较粗糙。一般认为建泽泻品质较佳。

一、形态特征

多年生草本植物，高90～130cm。块茎卵圆形或球形，外皮棕褐色，密被多数白色须根。叶基生；叶柄多呈三出状重叠整齐排列，基部膨大呈鞘状；叶片椭圆形、卵状披针形或卵形，基部近圆形、宽楔形，稀浅心形，全缘。花葶1~5，由叶丛中生出，高75~100cm；花序长达50cm，通常有3~8轮分枝，集成大形的轮生状圆锥花序；总苞片狭三角形；花两性，外轮花被片3，绿色，萼片状；内轮花被3，花瓣状，倒卵形，边缘具粗齿；雄蕊6枚；花丝细，雌蕊心皮多数，离生，心皮扁圆形，17~23枚，轮状排列，花柱侧生，花托在果期平凸；花梗细。瘦果多数，扁平，排列整齐，椭圆形、倒卵形，黄褐色。花柱宿存。花期6~8月，果其7~9月。

二、生态习性

生于沼泽边缘。喜温暖湿润气候，幼苗喜荫蔽，成株喜阳光，怕寒冷，在海拔800m以下地区一般都可栽培。宜选阳光充足、腐殖质丰富、稍带粘性的土壤，同时有可靠水源的水田栽培，前作为稻或中稻，质地过砂或土温低的冷浸田不宜种植。

三、生长发育规律

全生育期在150~160天左右，其中苗期38~45天，大田成株期约120天。采用种子繁殖，育苗移栽。种子播种后，在30℃时2~5天发芽。气温在28℃以上时，种子发芽至第一片真叶长出需7~10天。一般培育40天后，苗高10~15cm，具有5~8片真叶的矮壮秧苗可以移栽。9月中下旬开始抽薹开花，12月份以后地上部分枯萎。根据植株生物学特性和生长发育规律，可将其整个生长过程划分为：播种期（7月下旬）、苗期（35~45天）、移栽期（9月5~13日）、营养生长期（约40天）、块茎形成膨大期（约40天）、块茎膨大充实期（约40天）和采收期（次年元月8日到立春）等7个生长时期。产区的霜期早晚，常影响生长期的长短。因此在霜降期早，气候较寒冷的山区，植株生长期短，块茎和地上部分生长差，产量低，种子易受冻害。若提前播种移栽，又易抽薹开花，商品质量差，产量又受到影响。

四、种质资源状况

经过人工栽培，泽泻的种质已经发生分化。目前生产中主要的栽培品种有2个，一是高叶品种，二是矮叶品种，生产中大面积栽培的是高叶品种。

五、栽培技术

（一）选地与整地

1. 育苗地 选肥沃、水源充足、灌能满、排能干的水稻田。育苗前3天，将苗地深耕细耙，施足基肥，最好以农家肥为主。用鱼藤精消毒苗地。然后把田耙平，并整理成宽100~130cm的育苗畦，两畦之间留30cm宽的小沟，畦面要求作成龟背形，以利排水。苗床的朝向以东西向为好。个别产区常先在畦面薄施1层草木灰，以防畦面板结龟裂。

2. 种植地 植株生长期短，喜温暖气候，所以，移栽的大田宜选阳光充足、土壤肥沃和水源方便的水稻田作为栽培田。移栽前3~4天，把选好的稻田进行翻土，给合犁田，可施足基肥，如人粪尿等，以农家肥为主，无机肥过磷酸钙等为辅。翻土后把田耙细耙平，保持浅水，即可移栽。

（二）繁殖方法

1. 留种 立春前后收获时，在大田里选择植株健壮，有7~8片以上圆而大的叶片，不弯曲，不开花，无病害的泽泻作为留种用的母株，从大田挖起，然后剪去部分须根，剪去叶片上部（留20cm叶柄），并切除部分球茎，切口蘸以草木灰放室内让其休眠3天后移栽到留种田里，留种田的选择与移栽后田间管理和大田栽培相同，株距以 35cm × 40cm，行距以 40cm × 50cm 为宜。最后一次追肥宜在抽薹开花之前，除施氮肥外，还应加施磷肥、钾肥。移栽后，大约在小满前后开花结籽。泽泻是边开花、边结籽、边成熟，因此，在夏至前后，以尾花花谢作为种籽成熟的标准，收种时，常剪除顶层嫩籽和底层过熟籽，剪下中层呈浅金黄色的作为种籽用。

2. 种子处理与播种 为促进种籽发芽，播前先将种籽用纱布袋装好，放入清水中浸渍 24h，后取出晾干种籽表面水分，再用 10 倍于种籽的细砂或细火烧土等与种籽混合拌匀，即可播种。选择晴天下午，把种籽均匀地撒在事先作好的苗床畦面上。每亩用种 500 ~ 750g。种籽撒下后，用竹扫帚轻拍畦面，使种子与泥土紧密结合，以种子入土为限。到第二天待畦面有些干燥时，即可灌水育苗。

3. 苗期管理 泽泻播种育苗正值高温多雨季节，为防止秧田水烫，播种后要给苗床搭棚遮阴保苗。遮阴度为 70%，同时要做到白天盖棚盖，晚上翻棚盖。育苗期间常遇大雨，雨前要把秧田的水灌满，以防大雨把播下的种籽打散或把幼苗打折。大部分地区，在育苗期间，常是晚上灌满水，白天排干水。种籽播种后约 3 天开始出芽，当苗高 6 ~ 10cm 时，即可逐步折除荫棚。苗床一有杂草应随时拔除。育苗苗龄各地不一致，但以 35 ~ 50 天为限。

4. 移栽定植 白露或寒露前后移栽。选健壮无病害苗，连根带泥从苗床拔（挖）起，按株行距 33cm × 33cm 或 40cm × 45cm 移栽到备好的大田中。每亩用苗 5000 ~ 6000 株。栽种的深浅视水田土层深浅而定，它对泽泻商品规格有一定影响，一般以浅栽 1.5cm 即可。栽后 3 ~ 5 天要及时检查，把没有栽好而浮起的幼苗重新栽好，并把缺苗补齐。

（三）田间管理

1. 中耕除草 整个生长周期内需要 3 ~ 4 次中耕除草。一般是耕田、除草和追肥同时进行。首次中耕除草可安排在移栽后 15 ~ 20 天，可放干田水进行。

2. 追肥 结合中耕除草应施 1 次高效速效无机肥。做到基肥要足，追肥宜早，每亩用尿素 7.5kg。以后每 20 天施 1 次肥，整个栽培期间共施 4 次肥。一般第二次施尿素 15kg，第三次施尿素 25kg，最后一次视泽泻出产情况施 1 次壮尾肥。施肥方法以点施法为好，以免伤害叶片。施肥前常把田水排掉，施肥 2 天后再灌浅水，以淹没地面为止。

3. 灌溉、排水 泽泻移栽后，在生长前期，应注意保持田间的浅水灌溉，即保持 3 ~ 4cm 深的浅水。

4. 摘芽除薹 生长后期常有花薹抽出，耗费大量养分，影响块茎膨大，应立即摘除，以免影响产量、质量。

（四）病虫害防治

1. 病害及其防治 ①白斑病，主要危害叶、叶柄等。8 ~ 9月高温高湿易发此病。发病初期，叶面产生很多细小圆形的红褐色病斑，病斑扩大后，中心呈灰白色，周缘暗褐色、病情发展后，叶片逐渐发黄枯死。叶柄上病斑黑褐色，梭形，中心下陷，逐渐延伸，导致叶柄枯萎。防治方法：选择抗病能力强的品种或未发生过该病害的田块；播前用 40% 甲醛 80 倍液浸种 5min，然后用清水洗净晾干后播种；发病初期，应立即摘除病叶，并用 1:1:1100 波尔多液喷洒叶面；发病期间，喷洒 65% 代森锌可湿性粉剂 500 ~ 600 倍液，或 50% 二硝散 200 倍液，或 50% 托布津可湿性粉剂 100 倍液，7 ~ 10 天喷 1

次，连续3次。②猝倒病，幼苗茎基腐烂而猝倒、枯死。防治方法：播种密度应适宜；肥料要腐熟；灌水深度宜在5cm以内；病害发生时，喷洒1∶1∶200波尔多液。

2. 虫害及其防治 ①泽泻缢管蚜，成虫群集于叶背和花薹上吮吸汁液，造成叶片枯黄。高温高湿时易发生。防治方法：喷洒40%乐果1500～2000倍液，每5～7天1次，连续2～3次。②银纹夜蛾，幼虫咬食叶片，造成孔洞状或缺刻。防治方法：人工捕捉，或喷洒90%敌百虫1000～1500倍液，或喷洒杀虫醚1000～1500倍液。

六、采收加工

植株枯萎后即可采挖，过早，过迟都会影响药材产量与质量。产区一般在采收泽泻前1个月，把田水放干进行烤田，促进块茎养分积累，以提高产量和质量。采收时常用镰刀或特制割刀在泽泻块茎周围划成三角形，以割断须根后拔出块茎（块茎要留有3～5cm茎基，以免在加工干燥时，顶端流出黑色汁液，干后块茎凹陷，影响质量和产量），洗去泥沙杂质，去除枯叶，晾干水分，置于烘烤房内，先用大火烘烤，后逐渐降低火力。烘烤约5～6天，随时上下左右翻动，待块茎表皮酥脆易脱时，盛入撞毛机内撞去须根及表皮。除去大部分须根及表皮后取出，堆放3～5天，待其表面返潮时，再根据大小进行分级挑选，分别烘烤至八成干，再置于撞毛机除去须根。然后集中堆置让其内心水分外渗，过几天后即可最后烤至干燥为止，并再次放到摇撞机内进行脱毛处理，使外皮、须根全部脱掉，变成光滑、淡黄白色商品，即可进行选级包装。

以个大、质坚、色黄白、粉性足者为佳。

（范世明）

第二节　利尿通淋药

该类中药性质寒凉，以清利湿热、利尿通淋为主要功效，用于热淋，小便频数灼热、短涩刺痛、尿血或有沙石，或小便混浊等症。常用中药有车前子、关木通、通草、瞿麦、萹蓄、地肤子、海金沙、石韦、冬葵子、萆薢等。本节仅介绍车前子的栽培方法。

车前子

车前子为车前科植物车前 *Plantago asiatica* L或平车前 *Plantago depressssa* Willd. 的干燥成熟种子。其味甘，性寒，归肝、肾、肺、小肠经，具有清热利尿通淋、渗湿止泻、明目、祛痰等功效，主治热淋涩痛、水肿胀满、暑湿泄泻、目赤肿痛等病症。现代研究证明，车前子含有桃叶珊瑚甙、车前粘多糖、消旋－车前子甙、车前子酸、琥珀酸等成分，具有利尿、祛痰等药理活性。车前生于山野、路旁、沟旁及河边，主产江西、河南，东北、华北、西南及华东等地亦产。此处仅介绍车前的栽培技术。

一、形态特征

多年生草本，连花茎可高达50cm。具须根；具长柄，几与叶片等长或长于叶片，基部扩大；叶片卵形或椭圆形；花茎数个，高12～50cm，具棱角，有疏毛，穗状花序为花茎的2/5～1/2；花淡绿色，每花有宿存苞片1枚；花萼4，基部稍全生，椭圆形或卵圆形，宿存；花冠小，膜质，花冠管卵形，先端4裂片三角形，向外反卷；雄蕊4，着生于花冠管近基部，与花冠裂片互生，花药长圆形，先端有三角形突出物，花丝线形；雌蕊1；子房上位，卵圆形。蒴果卵状圆锥形，成熟后约在下方2/5外周裂，下方2/5宿存。种子4~8颗或9颗，近椭圆形，黑褐色。花期6~9月，果期10月。

二、生态习性

自然分布广泛，全国均有，多生于山野、田边、路旁、河岸、园圃等地，喜温暖湿润、阳光充足的环境，耐寒，有一定抗旱能力。

三、生长发育规律

多秋季播种育苗移栽，次年初夏收获。秋分至寒露播种育苗，小雪前后移栽，翌年3~4月为生长盛期，4~5月持续抽穗，5月上中旬果实逐渐成熟。20℃~24℃种子发芽较快，5℃~28℃茎叶正常生长，气温超过32℃，地上幼嫩部分首先凋萎枯死，叶片逐渐枯萎。

四、种质资源状况

我国车前子药材的主流商品原植物为车前 *Plantago asiatica* L.、大车前 *Plantago major* L.，平车前 *Plantago depresssssa* Willd. 较少。江西栽培的车前子均为车前 *Plantago asiatica* L.，并且都来自吉安一带的栽培种群（凤眼车前）。研究结果显示，不同种子来源的车前植株形态、生长发育、生物学特性等方面的差异不明显，植株间某些性状如叶片大小、色泽等的差异是由于土壤肥力、光照等环境因素的不同引起的。因此，由于人工栽培历史较短，目前车前的种质分化尚不明显。

五、栽培技术

（一）选地整地

选择日光充足、地势平坦、土壤肥沃、湿润疏松、无污染的地块，可利用冬闲田、一季稻田、旱耕地等，最适宜沿江岸边富含腐殖质的冲积砂质壤土。应轮作，不宜重茬。将土地耕翻15~20cm，3犁3耙，整细耙平作畦，育苗畦宽0.8m，移栽畦宽1~1.2m，畦高15~20cm，长度以有利于排水为宜。作畦要求做到“肥、平、细、实、润”5个字，即施足基肥，畦面要平，土要耙细，耙后落实，土壤湿润。基肥主要利用充分腐熟的猪粪、牛粪等农家有机肥料，在翻耕土壤时施入，每亩用农家肥2000kg、火土2000kg、复合肥25kg、磷肥25kg。播种或移栽前10~15天，选用硫酸亚铁、福尔马林等进行土壤消毒。

（二）繁殖方法

采用种子繁殖。

1. 种子准备及留种技术 5月上中旬为车前子成熟期，在生长发育良好的大田中选择生长健壮、无病虫害、种子种脐（“凤眼”）明显的优势植株，剪取充分成熟、穗长且种子饱满的种穗，晾晒或阴干使种子脱粒，然后剔除空粒、瘪粒及杂质，选择质坚实、粒大饱满、光滑、呈黑褐色、无杂质者作种，充分晾干后，备用。

2. 播种育苗时间 秋分至寒露播种，即9月下旬至10月上旬为适宜播种期。

3. 播种育苗方法 播前用70%甲基托布津粉剂（或50%多菌灵粉剂）拌种，按1000g车前种子加2g70%甲基托布津，拌匀后置编织袋中封口闷24h。于晴天将处理好的种子拌草木灰和细沙，均匀撒播在苗床表面，然后撒1薄层草木灰或细火土灰覆盖。

每亩用种0.5～1kg。

4. 育苗管理 下种2～3天后浇水1次，以后每3～5天浇水1次，保持土壤湿润，促进发芽。出苗后，苗期约50天，期间分3～5次施尿素、磷酸二氢钾等叶面肥，浓度宜在0.2%左右。早期生长慢，应及时拔除杂草。若小苗过密，应尽早间苗。

5. 移栽 小雪前后移栽，即11月中旬至12月上旬为适宜移栽期。选择阴天或晴天傍晚移栽，株行距宜25～35cm×30～45cm。肥沃土壤宜稀，瘠薄土壤宜密。移栽幼苗要求达到高6～12cm，有5～6片叶。起苗时如果苗床过于干旱，应先浇水湿润。移栽后，应及时浇水。

（三）田间管理

1. 缓苗期管理及补植 移栽后约7天左右为缓苗期，要视天气情况及时浇水，如有植株死亡要及时补植。

2. 除草 返青后根据杂草生长情况及时除草。前期苗小，行间可用锄中耕，后期苗大后，以采用小工具或人工拔草为宜。抽穗封垄后不再中耕除草。视杂草和植株生长情况，整个生长期应除草2～3次。

3. 追肥 在生长期一般要追肥3次，时间分别为小寒至大寒、立春至雨水、惊蛰至春分。每次追肥应选择晴天，先中耕除草，后施肥。前期苗肥以氮肥为主，后期增施磷钾肥。

（四）病虫害及其防治

1. 病害及其防治 ①黑穗病，首先在穗尖发病，发黑枯萎，随后植株倒伏，4月中下旬至5月初发病严重。防治方法：忌连作；禁止使用未充分腐熟的人畜粪尿；控制施用氮肥；降低栽培密度，保证田间通风透光；经常喷波尔多液保护和预防；播种前对种子及土壤进行消毒；发现病株及时挖除；喷施50%多菌灵可湿性粉剂600倍液，50%托布津可湿性粉剂600倍液，75%百菌清可湿性粉剂600～800倍液。②白粉病，叶片上密布白色粉状物，严重时叶片枯萎死亡。防治方法：除施用有机肥外，适当增施磷钾肥，促进幼苗生长，提高抗病能力；苗期每隔10～15天喷波尔多液1次；发病后喷施0.3波美度石硫合剂，或50%甲基托布津1000倍液，7～10天1次，连续2～3次。③褐斑病，为害叶片，初期多在叶片前缘出现半圆形或不规则褐色病斑，随病害发展加剧，病叶枯萎脱落，高温高湿蔓延迅速。防治方法：发现病叶及时清除；发病初用65%代森锌500倍液等高效低度杀菌剂喷雾；经常喷洒波尔多液进行保护和预防。

2. 虫害及其防治 ①斜纹夜蛾，幼虫取食叶背面，致使叶片仅残留表皮和叶脉，严重时将叶片全部吃光，并咬断嫩芽。防治方法：清除田间杂草，人工捕杀幼虫；利用成虫趋光性，用黑光灯诱杀；对幼龄幼虫喷洒50%敌敌畏乳油或40%乐果乳油1000～1500倍液。②小地老虎，幼虫为害幼苗的嫩茎、叶片，导致幼苗枯亡，严重时造成缺苗断垄。防治方法：发现断苗捕杀幼虫；清除杂草，减少其食料来源；用糖醋酒液诱杀成虫；用40%乐果乳油600倍液防治4龄以上幼虫。

六、采收加工

5月中旬左右，当果穗呈黄色稍带紫黑色时采收，边熟边采。于晴天上午割取成熟果穗，置于室内堆放2天左右，然后晒干，脱粒后再晒干，除去杂质。

以质坚实、籽粒饱满、粒大、色黑、光滑、无杂质者为佳。

（朱玉野）

第三节 利湿退黄药

该类中药以清利湿热、利胆退黄为主要功效，主要用于湿热黄疸证。常用中药有茵陈蒿、金钱草、珍珠草、虎杖、地耳草、垂盆草等。本节仅介绍金钱草的栽培技术。

金钱草

金钱草为报春花科植物过路黄 *Lysimachia christinae* Hance 的干燥全草。其味甘、咸，性微寒，归肝、胆、肾、膀胱经，具有清利湿热、通淋、消肿等功效，主要用于治疗热淋、沙淋、尿涩作痛、黄疸尿赤、痈肿疔疮、毒蛇咬伤、肝胆结石、尿路结石等病症。现代研究证明，金钱草主要含有槲皮素、异槲皮甙、山奈酚等黄酮类成分，具有排石、抗炎等药理活性。分布于云南、四川、贵州、陕西南部、河南、湖北、湖南、广西、广东、江西、安徽、江苏、浙江、福建等地，分布的垂直上限可达海拔2300m，主产于四川。

一、形态特征

多年生蔓生草本。茎柔弱，平卧延伸，长20～60cm，表面灰绿色或带红紫色，全株无毛或被疏毛，幼嫩部分密被褐色无柄腺体。叶对生；叶柄长1～3cm，无毛；叶片卵圆形、近圆形以至肾圆形，稍肉质，透光可见密布的透明腺条，干时腺条变黑色。花单生于叶腋；花冠黄色，辐状钟形，5深裂；雄蕊5，花药卵圆形；子房卵球形，花柱长6～8mm。蒴果球形，直径3～5mm，无毛，有稀疏黑色腺条，瓣裂。花期5～7月，果期7～10月。

二、生态习性

喜阴湿，生于田野、林缘、路边、林间草地、溪边河畔或村旁阴湿草丛中。对土壤要求不严，但以疏松、肥沃、排水良好的砂质壤土为佳。适宜在温暖、湿润的气候条件下生长。果实具有硬实性。

三、生长发育规律

长江以南地区可露地越冬，为弱性、中性及耐半荫植物，对环境条件适应性较宽，在半荫蔽、疏林、林缘等地都能生长，但以土壤较为深厚、肥沃湿润、排水良好、pH值近于中性之地生长尤佳，微碱性至碱性之地亦能生长；繁殖力极强，生长发育极为迅速，春、秋两季为2个生长高峰期，但以春季表现最为突出，生长过程中节上常生出不定根，使植株紧贴地面生长，且蔓延扩展较快，叶色翠绿，植株表现为喜阳耐荫；早春返青时间比较早，秋季落叶迟，整个生长期可长达280天左右。

四、种质资源状况

因栽培历史较短，未见良种选育研究报道。经对种植在四川农业大学农场的金钱草种质的形态学性状进行分析，发现主茎长、主茎粗、主茎分枝数等8个形态学性状中只有主茎分枝数差异不显著，表现比较稳定，其余性状差异均达到极显著水平，且不同来源地金钱草种质资源间的变异大于同一来源地金钱草种质个体间的变异。

五、栽培技术

（一）选地整地

选择肥沃、疏松、富含腐殖质或山地潮湿的砂质壤土。秋冬耕翻，春季整地，每亩土地施腐熟农家肥3000～4000kg。整平整细，作成宽1.2m的畦。

（二）繁殖方法

由于种子很小，不易采集，苗期生长又较为缓慢，因此生产中常用的繁殖方法为扦插繁殖。

1. 扦插繁殖 南方在5～6月，北方在7～8月，植株生长茂盛时，将匍匐茎剪下，每3～4节剪成1段，作为插条。在整好的畦上，按行株距各约20cm开浅穴，每穴栽插2根，入土2～3节，露出地面1～2节，用土压紧，然后盖拌有人畜粪尿的重土1层，约1.5cm厚。扦插后，如天旱无雨，要浇水保苗，以利成活。

2. 种子繁殖 因种子有硬实性，一般硬实率为40%～90%，播种前需用砂磨3～5分钟或在80℃～90℃热水中浸2～3min，可明显提高发芽率。播种行株距保持在18～20cm，将种子均匀撒入穴中。因种子小，不能盖厚土，只能盖火土灰及薄土，以利于出苗。

（三）田间管理

1. 补苗 扦插植株长出新叶时，应进行检查。发现有缺苗者，应及时剪下较长的插条进行补苗。

2. 间苗 用种子繁殖时，在苗高约3cm时，应及时间苗，将过密的弱苗拔掉，每穴留壮苗2～3株。

3. 水分管理 若天旱应及时浇水，保持土壤湿润，以利于幼苗生长。

4. 中耕除草、追肥 扦插植株及播种苗的茎蔓长到约6cm时，应除草并追施稀薄人畜粪水1次。待茎蔓长到20～25cm时，中耕除草后，每亩追施稀薄人畜粪水1000kg。以后每年3～4月份及收获后，均应中耕除草，并追施人畜粪水。

（四）病虫害及其防治

1. 病害及其防治 ①斑枯病，在5～10月间发生，发病时主要为害叶部。防治方法：及时摘除病株并烧掉；用70%代森锰锌或75%百菌清500～700倍液喷洒，或用40%多菌灵胶悬剂800倍液喷雾。②锈病，主要为害叶和茎，在5～6月连续阴雨或过于干旱时易发病，发病严重时叶片枯萎。防治方法：用敌锈钠300倍液喷雾，收获前20天停止用药。

2. 虫害及其防治 ①蛞蝓，在苗期为害，咬食叶片、茎及幼芽。防治方法：发生期用鲜石灰粉喷洒；人工捕杀。②蜗牛，3月中旬开始为害，4～5月份为害较重，咬食嫩叶与茎。防治方法：清晨人工捕杀；5月份，在蜗牛产卵盛期，及时中耕除草、消灭卵粒；喷洒1%石灰水，或早晨、傍晚撒鲜石灰粉。③银纹夜蛾，用90%敌百虫1000倍液，或20%杀灭菊酯1500倍液喷雾。

六、采收加工

在栽种当年9～10月份即可收获。以后每年可收获2次，第一次在6月份，第二次在9月份，用镰刀在离地面7～10cm高处割下茎藤，除去杂质，晒干、晾干或炕干。

以叶大、须根少、无杂质者为佳。

（姜卫卫）

第十一章 温里药

要点导航

1. 掌握：附子原植物分布区域、生态习性、生长发育规律、种质资源状况、栽培与药材采收加工技术。

2. 熟悉：吴茱萸生长发育规律、栽培与采收加工技术。

3. 了解：已开展栽培（养殖）的温里药种类。

该类中药多味辛而性温热，以其辛散温通、偏走脏腑而具有温里散寒、回阳救逆、温经止痛等功效，适用于呕逆泻利、胸腹冷痛、食欲不佳、汗出恶寒、口鼻气冷、厥逆脉微等里寒之证。现代药理研究证明，温里药一般具有不同程度的镇静、镇痛、解热、扩张血管、健胃、驱风等作用，部分中药还能强心、抗休克、抗惊厥等。常用中药有附子、肉桂、干姜、吴茱萸、丁香、小茴香、胡椒、高良姜、花椒、荜茇、荜澄茄等。本章仅介绍附子、吴茱萸的栽培技术。

附　子

附子为毛茛科植物乌头 *Aconitum carmichaeli* Debx. 的子根加工品，属于常用中药，始载于《神农本草经》，被列为下品。其性大热，味辛、甘，有毒；归心、肾、脾经；具有回阳救逆、补火助阳、散寒除湿之功效；主要用于治疗阴盛格阳、大汗亡阳、吐利厥逆、心腹冷痛、脾泄冷痢等病症。现代研究证明，附子主要含有生物碱类成分，具有镇痛、抗炎、局麻、强心等药理活性。乌头主要分布于海拔 800～2000m 的坝区或山地，四川的江油、平武、绵阳等地及陕西为主要栽培产区。

一、形态特征

多年生草本。主根倒卵形，常生有数个侧根。茎直立，上部疏被柔毛。叶互生，具柄；薄革质，五角形，深三裂几达基部，两侧裂片再 2 裂，中央裂片再 3 浅裂。总状花序顶生；花序轴密生反曲而紧贴的短柔毛；萼片 5，蓝紫色，上萼片高盔形，侧萼片近圆形；花瓣 2，变态为蜜腺叶，头部反曲，基部有长爪，距长 1～3mm；雄蕊多数；心皮 3～5，离生。蓇葖果长圆形，含多数种子。花期 9～10 月，果期 10～11 月。

二、生态习性

（一）对气候的适应

在气候温和、润湿地区生长较好。在年降雨量为 1050～1200mm，年平均温度 15.9℃，无霜期大于 270 天，年日照量大于 1320h 的区域均可栽培。繁殖材料“乌药”

宜在气候冷凉的山区繁育。种子需在低温湿润条件下解除休眠。

（二）对土壤的适应

喜土层深厚、疏松、肥沃、排水良好又有灌溉条件的绵砂、细砂土壤，黏土或低洼积水地区不宜栽种。忌连作，一般需隔3～4年再栽种，可安排水稻、玉米、小麦、蔬菜为前茬作物。

三、生长发育规律

植株生长发育要经历须根生长发育期（从栽种至出苗）、叶丛期（从出苗至抽茎）、地上部分旺盛生长期（抽茎至摘尖扳芽）和块根膨大充实期（修二次根至收获）等4个时期，共240天左右。11月下旬，温度在10℃以上时栽种乌头，7天后发出新根。次年2月，地下10cm温度在9℃以上时，从地下茎节长出基生叶5～7片。抽茎后，地上部分生长加快，尤其是3月上、中旬（气温13℃～13.8℃）生长最快，茎每天增高0.6～0.71cm，叶片数也迅速增加，每4～5天可生出1片新叶，为地上部分生长旺盛期。3月上、中旬后，地下茎节生出扁平白色根茎，不久即向下伸长而形成块根。特别是5月下旬至6月下旬，气温在20℃～25℃，为附子膨大增长时期，5月下旬块根干重为10.2g/株；干物质日增长量为0.197g/株，6月中、下旬，当10cm土层地温为25.8℃左右时，块根生长最快，块根干重为19.9g/株，干重日增长0.65g/株，为5月下旬的3.3倍左右。9月中、下旬，气温18.4℃～20.6℃时，顶上总状花序出现小的绿色花蕾；10月上旬，日均气温为17.5℃左右，花蕾由绿变紫时开花。当主花序结果时，第一侧枝才开花，以后由上至下地开放到下部侧枝。11月上、中旬（气温在11℃左右），果实成熟开裂，散出大量种子。

四、种质资源状况

乌头属植物约350种，分布于北半球温带，主要分布于亚洲，其次在欧洲和北美洲。中国约有167种，除海南岛外，各省区都有分布，大多数分布于云南北部、四川西部和西藏东部的高山地带，东北诸省也有不少种类。目前已从乌头种质资源中经系统选育获得了优良品系ZYYK 1、ZYYK 2，并以这2个品系为材料，以当地大田生产常规品种为对照，在江油产区进行了品种比较试验，测定了不同品系植株叶片形态、地上茎性状、子根形态、子根产量等31个性状指标，经统计分析，发现有25个性状指标表现有多态性，其中ZYYK 1、ZYYK 2植株高大，株叶形好，子根较大，单株鲜产和干产较高，综合表现佳，是具有推广价值的优良品系。

五、栽培技术

（一）选地与整地

应选择阳坡、地势较高、阳光充足、土层深厚、疏松肥沃、排灌方便的地块，以中性油砂土、白砂土及灰包土为宜，忌连作。要求前茬作物为水稻、洋芋和玉米等，最多连续种植2年就要进行轮作，否则易产生白绢病、根腐病等，严重影响产量。以水稻为前茬最好，收获水稻后，放干田水，使土地充分熟化、增加肥力。从“大雪”开始，犁深20～30cm，3犁3耙，务必使土块细碎、松软，10月下旬（霜降）每亩施厩肥或堆肥3000～3500kg、硫酸钾20kg作底肥。如农家肥不足，可增施50kg复合肥（氮、磷、钾≥35%），浅翻入土。按宽1.2m（包括排灌沟）作畦，厢面宽1m，将过磷酸钙50kg、菜饼50kg碎细混合撒入厢面，搅拌均匀，拉耙定距，以备下种。厢面要作成瓦背形，同时要开好排灌水沟，以利排水灌水。

（二）繁殖方法

块根繁殖能保持母体优良性状，产量高，可提早收获，但长期块根繁殖会引起品种退化。种子萌发率低，药材产量低，一般不用，主要用于良种选育。此处主要介绍块根繁殖。

1. 块根选择预处理 “冬至”前收获乌药（当地药农习称乌头种为“乌药”）时，选择生长旺盛、根毛粗壮而长、无病虫害、未受伤、芽口新鲜饱满、个体完整的附子作种。无根毛或根毛少而短，根毛上长有根瘤、皮皱不展，甚至已经萎蔫了的附子不能作种用。将子块根摘下，栽前用50%退菌特0.5kg、尿素0.5kg，兑水250kg，浸种根3h。摊在室内干燥阴凉处，晾3~5天即可种植。

2. 栽种 “冬至”至“小雪”进行。按厢面宽1m，沟宽20cm、沟深10cm，成丁字形错窝栽植，株行距12cm×18cm，窝深10cm，每亩栽12000~14000窝左右。窝打好后，将选好的乌药种按大、中、小分级，背靠背地栽在窝中，中、大块根每窝栽1个，小块根每窝栽2个。每行适当多栽几窝，作为缺窝补苗用。栽种时芽苗向上，芽嘴低于窝口。随即刨土稳根，按20cm开沟，把厢沟里的泥土放到厢面盖种，厚约7~9cm，以盖没种芽即可。可在两侧套种萝卜、莴笋，翌年2~3月收获萝卜、莴笋，修根后套种玉米，收获玉米又可栽种结球甘蓝。

（三）田间管理

1. 耙厢、清沟及补苗 幼苗出土前，应将厢面上的大土块用锄头耙到沟里，整细整平，再提到厢面上，使沟底平坦不积水。第二年早春苗出齐后，发现病株拔出烧毁，利用预备苗带土移栽，及时补苗压实，并浇清水以利成活，且宜早不宜迟。

2. 中耕除草 幼苗出土前，耕地浅锄草1次，幼苗全部出土后至开花前，中耕1次，做到田间无杂草。

3. 打尖和摘芽 为控制地上部分徒长，防止养分消耗，让养分集中于根部，促进地下块根生长，防止倒伏，提高产量，在苗高35~45cm、叶片8~10枚时打尖。第一次摘高尖，7天后摘二类苗的尖，再过7天摘三类苗的尖。摘尖后腋芽生长快，应及时摘掉，每周至少摘1次。

4. 修根 一般修根2次，第一次在4月上旬，第二次在5月上旬。方法是用小铁铲或竹制铲轻轻刨开根部土壤，均匀地保留2~3个健壮新生附子，其余小附子全部切掉取出。注意每次修根不要损伤叶片和茎杆，否则会影响块根生长膨大。

5. 灌溉排水 植株生长期长，需要保持适当的土壤湿度，土壤过分干燥与潮湿，均会致生长不良。应根据气候情况和土壤湿度适时、适量灌溉和排水。幼苗出土后，若土壤干燥应及时灌水，以防春旱，以灌跑马水（即水从沟内跑过不停水）为宜。以后随气温逐步升高，应掌握厢土翻白就灌。6月上旬后，天气炎热应注意在夜晚灌溉，大雨后要及时排出田中积水，以免在高温、多湿环境下发生块根腐烂。

6. 合理施肥 施足基肥、合理追肥是提高块根产量的重要措施，通常要进行多次追肥。首先，翻地前每亩用油枯50kg，与畜圈粪肥3000~3500kg堆沤发酵，均匀撒于地表翻入土中作底肥。次年2月中旬，幼苗出齐，苗高约6cm、有2~4片小叶时追肥。每亩用人畜粪水2000~2500kg、尿素4~6kg，混合均匀后在株旁开沟或开穴施入根际，粪水风干后盖土；在刨土修根时，每亩用磷酸一铵15~20kg，与2000kg人畜粪水混匀后浇施，以促进子块根生长。以后每20～30天进行1次，用肥种类和数量与前相同。另外，在3～6月间根据土壤干湿度和天气情况，可间隔7～10天灌水1次，保持土壤正常湿度，以利根系生长发育，从而提高产量。

（四）病虫害及其防治

1. 病害及其防治 ①白绢病，主要为害植株茎与母根交界的部位。病株率可达37%～55%，损失严重。在四川江油的始发期为4月中旬至下旬，发病高峰期为5月下旬～6月上旬，高温多雨时发生危害重。防治方法：选无病乌药头；增强抗病能力；实行轮作；修根时，每亩用五氯硝基苯粉剂1kg，或50%多菌灵1kg与50kg干细土拌匀，施在根茎周围再覆土；发病初期及时清除病株，并用70%托布津可湿性粉剂800～1000倍液或50%多菌灵可湿性粉剂1000倍液，淋灌病株附近的健壮植株。②霜霉病，是苗期较为普遍而严重的病害，病株须根不发达，叶片狭小卷曲，叶背产生紫褐色的霜状霉层，发病后全株逐渐焦枯死亡。在四川江油的发生为害期为2～6月，主要为害叶片。防治方法：发病初期用69%安克锰锌可湿性粉剂600～800倍液，或72%克露可湿性粉剂500～700倍液喷雾。重病田隔7天施1次药，连施2～3次。③根腐病，主要为害根部，造成根、茎相邻处渐渐腐烂。在四川江油的发生为害期为3～6月。防治方法：修根时勿伤根茎；不过多施用碱性肥料；多雨季节注意排水；修根时，每亩用70%托布津1kg与50kg干细土拌匀，施在根茎周围再覆土；发病初期用50%多菌灵可湿性粉剂1000倍液，或95%绿亨恶霉灵4000倍液、55%敌克松800倍液淋灌病株附近的健壮植株。

2. 虫害及其防治 ①蛀心虫，4～10月发生，为害茎杆。防治方法：发现心叶变黑时，用90%敌百虫晶体1000倍液喷杀，或用药棉浸40%乐果塞入孔内，并用黄泥封口毒杀；用硫磺粉:生石灰:水（1:10:40）拌成石灰浆涂刷苗干，防止成虫产卵；黑光灯诱杀。②红蚜虫，3～4月始发，5～6月旺盛，主要在植株顶部的嫩茎、叶、花、果上为害，造成叶片卷缩、变黄或发红，枯焦脱落。防治方法：用40%乐果800～1500倍液或70%灭蚜松喷杀；利用天敌如七星瓢虫、食蚜蝇等以虫治虫。③叶蝉，4～5月大量发生，为害茎、叶，且能传播病毒。受害叶先变红，后逐渐呈紫红色，最后变色部分腐烂成黑色焦斑，茎杆也变褐色，严重时全株枯死。防治方法：用40%乐果1000～2000倍液喷杀。④金龟子，幼虫为害根部，将块根咬食成凹凸不平的空洞，植物萎蔫。防治方法：用90%敌百虫1000～1500倍液浇注毒杀；点灯诱杀成虫。

六、采收加工

（一）采收

6月下旬至8月上旬采挖。采挖时用特制的二齿耙从侧面挖下提起，注意不要损伤附子，除去茎秆，抖去泥沙，将母根与子根分开，去掉须根。母根晒干，即为“川乌”。子根即是泥附子，再按大小分开后进行产地加工。未受伤破者，可放置1夜；未除去须根者，可放3～4夜。

（二）加工干燥

附子有剧毒，需经加工后方能供药用。一般经清洗、浸泡、切片、蒸煮等过程，再加工成不同规格。①盐附子，选择个大、均匀的泥附子，洗净，浸入食用胆巴水溶液中过夜，再加食盐，继续浸泡，每日取出晒晾，并逐渐延长晒晾时间，直至表面出现大量结晶盐粒（盐霜）、体质变硬为止，习称“盐附子”。②黑顺片，取泥附子，按大小分别洗净，浸入食用胆巴的水溶液中数日，连同浸液煮至透心，捞出，水漂，纵切成厚约

0.5cm 片，再用水浸漂，用调色液使附片染成浓茶色，取出，蒸至出现油面光泽后，烘至半干，再晒干或继续烘干，习称“黑顺片”。③白附片，选择大小均匀的泥附子，洗净，浸入食用胆巴的水溶液中数日，连同浸液煮至透心，捞出，剥去外皮，纵切成 0.3cm 片，用水浸漂，取出，蒸透，晒干，习称“白附片”。

盐附子以个大、质坚实、灰黑色、表面光滑者为佳；黑顺片以片大、均匀、棕黄色、有光泽者为佳；白附片以片匀、黄白色、半透明者为佳。

（龙 飞）

吴茱萸

吴茱萸为芸香科植物吴茱萸 *Euodia rutaecarpa*（Juss.）Benth.、石虎 *Euodia rutaecarpa*（Juss.）Benth *var. officinalis*（Dode）Huang 或疏毛吴茱萸 *Euodia rutaecarpa*（Juss.）Benth. *var. bodinieri*（Dode）Huang 的干燥近成熟果实，属于传统中药，始载于《神农本草经》，被列为中品。其味辛、苦，性热；有小毒；归肝、脾、胃、肾经；具有散寒止痛、降逆止呕、助阳止泻等功效；主要用于治疗厥阴头痛、寒疝腹痛、寒湿脚气、经行腹痛、脘腹胀痛、呕吐吞酸、五更泄泻等病症。现代研究证明，吴茱萸主要含有生物碱、柠檬苦素、萜类、黄酮、香豆精、甾体、挥发油、木脂素、多糖等成分，具有驱蛔、兴奋中枢神经、收缩子宫、抗病毒等药理活性。分布于广东、广西、贵州、云南、四川、陕西、湖南、湖北、福建、浙江、江西等地，主产于贵州、云南、湖南、广西、陕西、浙江等省区。以下仅介绍吴茱萸的栽培技术。

一、形态特征

小乔木或灌木，高 3～5m，嫩枝暗紫红色，与嫩芽同被灰黄或红锈色绒毛。叶有小叶 5～11 片，薄至厚纸质，卵形，椭圆形或披针形，两面及叶轴被长柔毛，毛密如毡状，或仅中脉两侧被短毛，油点大且多。花序顶生；雄花序的花彼此疏离，雌花序的花密集或疏离；萼片及花瓣均 5 片，偶有 4 片，镊合排列。果密集或疏离，暗紫红色，有大油点，每分果瓣有 1 种子；种子近圆球形，一端钝尖，腹面略平坦，褐黑色，有光泽。花期 6～8 月，果期 8～11 月。

二、生态习性

对气候要求不严，但以海拔较低（200～4000m）、气候温暖向阳、冬季较暖和的地方生长较好；在冬季严寒、多风干燥地区生长不良；阴湿处病害多，结果少；海拔较高，温度过低，生长缓慢，果实成熟不良，品质差，产量低。对土壤要求也不严格，除过于黏重而干燥的死黄泥外，一般土壤均可种植，但以沙土、夹沙土等较肥沃、疏松的土壤为好。不耐涝，怕阴湿，故一般选用坡地或田地、宅旁、溪边、疏林下或林缘旷地栽培。为雌雄异株植物，种子不耐干藏，发芽适温为 12～16℃，但发芽率较低，根系极为发达，分蘖力很强，母株周围常萌生许多幼苗，侧根受到机械损伤或露出土面，便会萌生新植株。

三、生长发育规律

多年生木本植物，一般定植后 3 年开始开花结实，植株寿命为 20 年，管理好的可达 40 年。每年均有一个生长周期，2～3 月气温回升到 20℃时开始抽芽，5～6 月进入生长高峰期，11～12月开始落叶。

四、种质资源状况

吴茱萸属植物全世界约150种，分布于热带和亚热带地区，我国约有20种5变种，产西南部至东北。吴茱萸药材正品来源于吴茱萸、疏毛吴茱萸和石虎等3个种，但变种及混淆品、伪品较多。目前，生产中存在有大花、中花、小花3个品种，其中以中花品种为优，产量高，结果早。

五、栽培技术

（一）选地整地

选避风向阳、土层深厚肥沃、排水良好的砂壤土或壤土种植，除尽灌丛、杂草，全垦25～30cm深或不全垦。按行株距3m×3m，每亩60～90株开穴，穴大小据植株大小而定，一般穴径50cm、深40cm，每穴施腐熟厩肥或堆肥5～10kg，与穴土混匀作基肥。苗圃地要求土壤肥沃疏松，深耕，耙细整平，作宽1.3m的高畦。

（二）繁殖方法

1. 分株繁殖 植株分蘖能力很强，在母株周围常抽生出许多幼苗，待苗高60cm左右时，挖起移栽；为获得更多根蘖苗，可选3～5年生、健壮无病、产量高、品质好的优良母株，于冬季落叶后至早春萌芽前刨开离母树40～100cm处泥土，露出侧根，选粗3cm左右的侧根，每隔10～15cm砍一伤口，砍至皮层为度，然后施人畜粪水，覆土。1～2个月后，伤根处便会萌生许多幼苗，去掉过密、弱苗，施1次清淡人畜粪水，翌春苗高50cm左右时便可断根移栽。通常1株母树可获30～50株根蘖苗，且移栽成活率高。

2. 扦插繁殖 可枝插或根插。枝插在冬末春初休眠期进行，选健壮母株，采集1～2年生枝条，剪成20～25cm长插条，每插条须具2～3个芽眼，上端截平，下端剪成斜面。选阴天，在插床上按行距30cm开横沟，将插条按株距10cm斜放于沟内，覆土压实，浇水。扦插时以插条先端露出土10cm左右为宜。用稻草或枯枝、松叶散放于畦面，以保持土壤温度，也可搭拱形塑料膜，保温保湿。生根后培育1年便可出圃定植。根插选树龄4年生以上健壮植株，于早春2月，挖开树根，取出直径1cm左右侧根，剪成长20cm左右插条，插于苗床上，搭棚遮荫保湿即可。

3. 压条繁殖 早春2月，选取母株四周根茎基部发出的2～3年生小苗，在其节间用小刀剥去一指宽的表皮，压埋在土中5～10cm深，使枝梢尖端露出土面，每一腋芽可萌生一幼苗，次年即可切断移栽。

4. 定植 以上繁殖材料可于冬季落叶后至春季萌芽前定植，以早春为好。成片移栽定植，按行株距3m×3m开穴；若利用房前屋后等空隙地种植，可按2m株距定植。移栽覆土一半时，将苗子轻轻上提，以利根系舒展，再覆土压实。栽后立即浇透定根水，以利成活。

（三）田间管理

1. 中耕除草 植株不耐荒芜，故应适时中耕除草，保证田间无杂草。中耕时不宜过深，以免伤根，使表土疏松不板结为度。

2. 追肥 早春萌芽前，追施1次人畜粪水，促进春梢生长。一般3年生幼树每株施20kg，在离根际40cm处开沟环施。6～7月开花结果前，施1次磷钾肥，以利座果。冬季落叶后，施农家肥或草木灰，然后培土防冻。

3. 修剪整形 修剪一般于冬季进行。通过修剪整形，可保持一定树形，有利开花结果，减少病虫害发生，并可获得一部分作为繁殖材料的枝条。修剪时，应剪去病枝、弱枝、下垂枝、并生枝，保留枝梢肥大、芽胞椭圆形的枝条。

（四）病虫害及其防治

1. 病害及其防治 ①锈病，5～7月发生，主要危害叶片。发病初期叶片出现黄绿色近圆形、边缘不明显的小点，后期叶背出现橙黄色突起的疮斑（夏孢子堆），严重时叶片枯死。防治方法：发病初期用波美0.2～0.3度石硫合剂或65%代森锌可湿性粉剂500倍液，或97%敌锈钠300倍液（加洗衣粉150g）喷雾。②烟煤病，使叶片、枝条上覆盖着一层黑褐色煤状物，易剥落。剥落后，叶片仍为绿色。发生严重时影响光合作用。当蚜虫、介壳虫危害时，蚜虫的甜味分泌物常会诱发该病。防治方法：治蚜防病，5月上旬至6月中旬，蚜虫、介壳虫发生时，喷40%乐果乳油1000～1500倍液；发病初期喷雾1:0.5:150～200波尔多液，每隔10天1次，连续2～3次。

2. 虫害及其防治 ①褐天牛，幼虫蛀入树干，咬食木质部，形成不规则弯曲孔道。7～10月常在主干上发现胶质分泌物、木屑和虫便。防治方法：5～7月，成虫盛发期人工捕杀成虫；幼虫蛀入树干后，用钢丝从虫孔处捅杀；用40%乐果乳油蘸浸棉球塞入虫孔，并用黄泥封口毒杀。②蚜虫，危害新梢和嫩叶，吸食汁液，影响植株生长。防治方法：用40%乐果乳油800～1500倍液喷杀。③红蜡介壳虫，四季发生，多聚集于枝、叶、花、果，使植株受害叶变黄、落叶、落花、落果。防治方法：用40%乐果乳油800～1500倍液喷杀；春季叶萌发前用石硫合剂涂刷树干；人工刮除。④柑橘凤蝶，5～6月或8～9月发生，幼虫咬食幼芽、嫩叶造成缺刻。防治方法：人工捕杀；幼虫期用90%晶体敌百虫1000倍液喷雾。

六、采收加工

（一）采收

一般定植后2～3年始果。8～10月，当果实由绿色变为黄绿色或稍带紫色时，择晴天上午采摘。采摘时将果实成串摘（剪）下，注意不要损伤果枝，以免影响翌年结果。每株能产鲜果5～20kg。

（二）加工干燥

果实采回后及时摊晒，切勿堆放发酵，连续晒7～8天便可全干。雨天可用微火（温度不超过60℃）烘干。干后搓揉，使果实与果柄分离，筛除果柄即可。折干率30%左右。

以身干、籽粒饱满、质坚实、色黄绿、香气浓郁者为佳。

（童巧珍）

第十二章 理气药

要点导航

1. 掌握：橘红、沉香原植物分布区域、生态习性、生长发育规律、种质资源状况、栽培与药材采收加工技术。

2. 熟悉：枳壳原植物生长发育规律、栽培与药材采收加工技术。

3. 了解：木香栽培技术；已开展栽培（养殖）的理气药种类。

该类中药具有疏畅气机、调整脏腑、消除气滞的功效，主要用于治疗气滞、气郁和气逆等证。常用中药有橘红、青皮、枳实、木香、沉香、檀香、香附、乌药、川楝子、荔枝核、青木香、天仙藤、大腹皮、薤白、刀豆、柿蒂、甘松、佛手、香橼、娑罗子、八月札、玫瑰花、绿萼梅、九香虫等。本章仅介绍橘红、枳实、木香、沉香的栽培技术。

橘 红

橘红为芸香科植物化州柚 *Citrus grandis*‘Tomentosa’和柚 *C. grandis*（L.）osbeck 未成熟或近成熟干燥外层果皮，属于常用中药之一。其味辛、苦，性温；归肺、脾经；具有理气宽中、燥湿化痰等功效；主要用于治疗咳嗽痰多、食积伤酒、呕恶痞闷等病症。现代研究证明，橘红主要含有挥发油、黄酮类、香豆素类、多糖等成分，具有化痰、止咳、抗炎等药理活性。化州柚特产于广东省化州市，已有1000多年的栽培历史，属于传统道地药材，因其外果皮密被茸毛，故习称毛橘红。而柚外果皮光滑无毛，习称光橘红。化橘红是广东特产药材，广西玉林、宜山、横县等地也有栽培生产。此处仅介绍化州柚的栽培技术。

一、形态特征

为常绿乔木，高4～7m，枝干直立，枝条粗壮斜生，幼枝被浓密柔毛，并有微小针刺。单身复叶互生，叶片革质、长椭圆形，先端浑圆或微凹入，基部钝圆，边缘浅波状，两面主脉上均有柔毛，叶翼呈倒心形，有毛。花白色，多丛生，小伞形花序；花萼四浅裂，花瓣4片，雄蕊20～25个，子房圆形，有圆柱形的花柱及大柱头，花期2～4月；球形柑果，果径5～8cm，外果皮密被白色柔毛，淡黄绿色，多油腺点。

二、生态习性

喜温暖湿润气候，不耐干旱，年降雨量需900～1500mm。抗寒性差，年平均温度需在16℃以上，最低生长温度为11℃，生长最适温度为23℃～29℃，最低日平均气温需在5℃以上。较喜阴，尤喜散射光，年日照时数1200～1500h。宜选土层深厚、富含腐殖质、疏松肥沃的中性或微酸性土壤栽培，冲积土壤或红壤、黄壤、紫壤均可。

三、生长发育规律

果实纵径和横径在年生长发育中出现3次生长高峰：第一次出现在花后35天，此时开花期消耗的大量营养已基本恢复，且因生理性落果导致果实数量大大减少，致使营养供应相对比较集中；第二次出现在花后49～56天，此时气温开始回升，雨水充足，根系快速生长，从而促进了果实的快速发育；第三次出现在花后105～119天，此时果肉细胞膨大促进了中果皮海绵层、内果皮及肉质毛囊形成，果实横径的增长速度大于纵径。在3月14日至5月2日期间，不同花期和不同花量的化州柚均有2次落果高峰，早花在花后7～14天的相对落果率均比中花和迟花要大，可能与此时低温阴雨天气较多、早花易受影响有关；在花后35天的落果中，迟花>早花>中花，可能与迟花开花较迟，恰遇落果高峰有关；在此之后的相对落果率均呈现早花>中花>迟花的趋势，可能与不同花期果实发育状态不同有关。

四、种质资源状况

广东省化州市平定镇有5个化州柚品系，分别称为黄龙、正毛、密叶正毛、假西洋、副毛。各品系的植物学特征如叶柄长度、叶宽之间存在极显著差异，品系之间的有效成分也存在差异。

五、栽培技术

（一）繁殖方法

以营养繁殖为主，亦可种子繁殖，但后者易产生变异。营养繁殖主要方式有嫁接（枝接、芽接）、高空压条、插条繁殖等。其中高空压条繁殖的后代能保持母本优良性状，不产生变异，是繁殖苗木的理想方法。

1. 苗圃选择和苗床准备　①苗圃选择，宜选背风向阳、近水源的东坡或东南坡，土壤疏松、肥沃，排水良好且有一定遮荫条件的地段，以新开垦、无污染地段为好，每亩施充分腐熟厩肥3000～3500kg作基肥。②苗床准备，先行翻耕土壤，使其充分风化，再行细碎疏松，整地起畦高20～25cm，作成宽100cm的苗床，其上搭建25cm高的遮阳网。

2. 高空压条培育　①良种母树和枝条选择，应对化州柚物种及果实品质进行鉴定，良种化州柚果实外果皮表面密被白色茸毛，制后香气浓烈；叶片背面及树干嫩枝上可见稀疏白色茸毛，搓揉后有香气。在10～15年生的良种毛橘红母树中，选择直径15cm以上的1～2年生健壮枝条作为高空压条繁殖的材料。②环剥，在枝条基部10～20cm处环状剥皮，宽度5cm左右，刮去环剥处的形成层。③促生根，环剥1～2天后，用肥沃熟土加少量动物骨灰、鲜牛粪、水混匀（干湿适中）包在环剥处，外包2层塑料薄膜，两端用塑料绳捆扎紧。④截枝，高空压条1～2个月后，待环剥处长出2轮新根时，从枝条基部8～18cm处将枝条截离母株，移栽到苗圃育苗。

3. 育苗　株行距20cm×20cm，每亩育苗2700株左右。经常保持土壤湿润，淋水最好在早晨或傍晚进行，水要清洁。坚持尽早除草，减少杂草争夺水分和养分。育苗1～2个月，当顶叶稳定时，再移植大田。

（二）移栽定植

1. 种植地选择 生产基地应远离交通干道或周围设有防护林带，种植地应为未曾作为农田的丘陵坡地。

2. 防护林建设 山地开垦前留（造）好防护林，如山顶块状林、山脊林、公路林、边界林等，以防止水土流失，同时确保生物多样性。

3. 梯田开垦 根据种植地地形地势、坡度合理开垦。修筑梯田或环山行，环山行面宽15～20m，内倾12°～15°，用草皮土块垒筑梯田外壁，梯田外壁上的杂草和小灌木应予保留。环山行每隔3～5个穴留筑1条宽40cm的小土埂，起保土、水、肥作用。翻土整地，挖穴。

4. 定植 株行距5m×4m或6m×5m，植穴规格60cm×60cm×60cm。定植宜在春秋阴雨天进行，保持苗木根系舒展，分层回土压实，淋足定根水。

（三）田间管理

1. 补苗淋水 大田定植后10～15天要观察苗木的成活情况，及时补苗，确保全苗。定植后初期视天气情况，一般3天淋水1次，保持植穴周围土壤湿润，直至植株新芽生长稳定成活为止。

2. 行间覆盖 包括死覆盖和活覆盖。前者为定植后即在距幼苗基部3～5cm外至50cm处加盖茅草1圈，厚10～15cm。后者为定植后在株间间种白花灰叶豆或广金钱草3～5株。

3. 除草、松土 一年生幼苗于2月、4月、6月、8月、10月除草松土各1次，实施前将死覆盖的茅草移开，松土范围应远离幼苗基部5cm，松土深度10cm左右。

2. 施肥 以腐熟厩肥和绿肥为主，施前先堆制腐熟。化学肥料可选尿素、钙镁磷肥、磷酸一铵、磷酸二铵、硫酸钾。①基肥，定植前用表土回穴，回填时应在15～25cm土层中混入充分腐熟厩肥10kg，并与表土混合均匀，再在其上填入表土。回填后的定植穴应做成高出地面15cm左右的土墩，再在土墩中央的定植点挖出直径约30cm、深20cm的定植穴。②幼龄树施肥，幼龄树是指定植后至结果前的幼苗树。定植第一年以施水肥为主，每隔20～30天，每株施沤制腐熟稀薄人畜粪水5～10kg，或花生麸500g、尿素100g，兑水50kg，沤制半月后每株施5～10kg。定植第二年，在春梢抽发前10～15天（2月上旬），在树冠滴水线外侧挖施肥沟，沟的规格为50cm×30cm×25cm（长×宽×深），每株施腐熟厩肥10kg、尿素50g。施肥时先将厩肥倒入施肥沟内，再施尿素，然后回填部分表土，在施肥沟内充分混匀，再将剩余土壤填回施肥沟。到春梢顶芽自枯至新叶转绿期（3月下旬）施第二次肥，每株施尿素50g，以促进春梢充实老熟。施肥方法是在原来的施肥沟内拨开表层土壤5～10cm，将尿素撒入施肥沟内，混匀，再回土填满。第三次施肥时间在5月上旬，每株施尿素50g，以促进夏梢生长，施肥方法同上（以下施肥方法均相同）。到夏梢顶芽自枯至新叶转绿期（5月下旬）进行第四次施肥，每株施尿素50g，以促进夏梢充实老熟。第五次施肥在8月上旬，每株施尿素50g，以促发秋梢。到秋梢顶芽自枯至新叶转绿期（9月下旬）进行第六次施肥，每株施尿素50g、钙镁磷肥100g（或过磷酸钙100g+硫酸镁50g）、硫酸钾100g（或氯化钾100g），以促进秋梢充实老熟。定植后第三年的施肥与第二年基本相同，不同的是施肥沟应挖在定植穴的另一侧，施肥量比第二年增加25%。开花结果前一年，还应在秋梢前（8月上旬）施入钙镁磷肥200g（或过磷酸钙200g+硫酸镁100g）、沤制腐熟花生麸0.5kg。新梢抽发至3cm左右时应施1次壮梢肥（尿素100g、硫酸钾或氯化钾100g）。每次新梢转绿前可对树冠喷0.3%～0.5%尿素液作根外追肥，以促进新梢早日转绿。新梢停长时停止施肥，以免抽发晚秋梢，冬季受冻。③结果树施肥，在2月上旬每株施腐熟肥10kg、尿素100g作为花前肥，在原来施肥沟外侧再挖一新施肥沟，施肥方法同前述。在3月下旬每株施尿素100g、钙镁磷肥100g（或过磷酸钙100g+硫酸镁50g）、硫酸钾100g作为稳果肥，施肥方法是在原来施肥沟内拨开表层土壤5～10cm，将肥料撒入施肥沟内，混匀，再回土填满，初结果树及树势壮坐果少者可少施或不施。在4月中旬施尿素100g、钙镁磷肥100g（或过磷酸钙100g+硫酸镁50g）、硫酸钾100g作为壮果肥，施肥方法如前所述。5月下旬每株施尿素100g、钙镁磷肥100g（或过磷酸钙100g+硫酸镁50g）、硫酸钾100g作为采果肥，施肥方法如前所述。在9月上旬施壮树肥，每株施腐熟厩肥6kg、尿素100g、钙镁磷肥200g（或过磷酸钙200g+硫酸镁100g）、硫酸钾200g，在上述施肥沟相对的另一侧再挖一新的施肥沟，施肥方法如前所述。结果树施肥应根据树冠壮大情况和结果量多少，逐年增加15%～20%的施肥量。

3. 修枝整形和打顶 每年冬春之间修去枯、老、病、徒长枝，促进果枝生长。三年生植株应打顶，以利于通风透光、树冠平衡、矮化、促进果枝生长。

（四）病虫害及其防治

1. 病害及其防治 ①炭疽病，主要危害叶片、枝梢和果实，引起落叶（果）、枯梢。叶片受害，病斑近圆形或不规则形，呈浅褐色，边缘深褐色，病健部交界明显，病斑常发生于叶缘或叶尖。防治方法：加强栽培管理，增施有机肥和磷、钾肥，冬季清园；发病前或发病初期喷洒50%甲基托布津可湿性粉剂800倍液，或75%百菌清可湿性粉剂500倍液，或80%代森锰锌可湿性粉剂600～800倍液，每次抽梢后各喷1～2次，每次间隔7～10天。②疮痂病，主要危害新梢、叶片和幼果。受害叶片最初出现水渍状圆形小斑点，逐渐扩大成木栓化、圆锥性疮痂，并彼此愈合成瘤群，多向叶背突出而叶面凹陷，叶片畸形扭曲。果实受害后发育不良，表面粗糙，果小，皮厚，畸形。感病嫩梢变得硬短、扭曲、僵化。防治方法：清洁田园，冬季剪除病枝，清除落叶；修剪过密枝条，保证通风透光；严格检疫，对来自病区的苗木用50%苯莱特或多菌灵可湿性粉剂800倍液浸苗消毒30min；梢芽或嫩梢长1～2cm时喷药保护，选用药剂有70%甲基托布津，50%多菌灵可湿性粉剂1000倍液，50%苯莱特可湿性粉剂2000～2500倍液，75%百菌清可湿性粉剂800～1000倍液等。③溃疡病，主要危害叶片、新梢和幼果，引起落叶（果）、枯枝。受害叶片开始时出现黄色油渍状圆形小病点，后逐渐扩大，叶片正反面隆起，病部表面破裂，木栓化，呈灰褐色。表皮粗糙，病斑周围有黄色或黄绿色晕圈，严重时病部穿孔。枝梢上的病斑木栓化严重，叶片脱落，枝梢枯死；果实上的病斑木栓化突起，坚硬粗糙。防治方法：严格检疫，加强栽培管理，冬季清园；合理施肥，搞好夏秋抹芽控梢工作；成年树谢花后10天、30天各喷1次药，选用药剂为50%菌毒清可湿性粉剂500倍液，或30%氧氯化铜600～800倍液，或50%代森氨水剂500～800倍液等。

2. 虫害及其防治 虫害严重，发生数量多且危害严重的有潜叶蛾、红蜘蛛、凤蝶，其次为介壳虫、天牛、蚜虫等。①潜叶蛾，幼虫蛀入嫩叶、嫩茎表皮取食叶肉，留下表皮，形成弯弯曲曲的银白色虫道。受害叶片皱缩，变硬，叶片脱落，降低光合作用。防治方法：加强肥水管理；合理修剪；适时抹芽控梢；及时清理受害的残枝枯叶，集中烧毁；冬季清园并全园喷 1 次 1 波美度的石硫合剂；喷药保护，连续 2～3 次，每次间隔 5～7 天，常用药剂有 20% 氰戊菊酯乳油 2000 倍液、20% 好年冬乳油 1500～2500 倍液、10% 氯氰菊酯 1000～2000 倍液等。②红蜘蛛，危害叶片、嫩梢、果实，以叶片受害最甚，被害后产生许多灰色小斑点，引起落叶（花、果）、枯梢。防治方法：提高栽培管理水平，加强预测预报；冬季清园，全园喷 1 波美度石硫合剂或 1% 机油胶体硫乳剂 100 倍液；在春梢和秋梢叶片转绿前，定期查螨情及时喷药防治，选用能同时杀卵、成螨、若螨的农药连喷 2～3 次，每次间隔 5～7 天，常用药剂有 73% 克螨特乳油 1500～2500 倍液，34% 金牌速螨銼乳油 1500～3000 倍液，20% 甲氯氰·三唑磷乳油 800～1200 倍液。③凤蝶，幼虫咬食嫩叶。防治方法：人工捕杀；在幼虫发生高峰期、幼虫 3 龄前喷药，常用药剂为 20% 氰戊菊酯乳油 2000 倍液，或 90% 敌百虫结晶粉 1000 倍液，或 80% 敌敌畏乳油 1000 倍液，或 20% 杀灭菊酯乳油 2500～4000 倍液。④介壳虫类，若虫、幼虫聚集在叶片、枝条、果蒂部吸食汁液，使叶片褪绿变黄、枝梢枯萎、落叶（果）、整株死亡。防治方法：严禁使用有介壳虫苗木，苗木出圃前进行消毒处理，可用 3～4 波美度石硫合剂浸苗 10～20 分钟，取出用清水洗净；冬季清园结合喷药，用 10～15 倍松脂合剂或 1% 机油乳剂 100～150 倍液；修剪病虫枝、过密枝和干枯枝，集中销毁；保护与引进天敌；喷洒 40% 速扑灭乳油 1000～1500 倍液，高龄幼蚧使用 700～800 倍液，28% 蚧宝乳油 800～1000 倍液，5% 蚧螨灵机油乳油 250～300 倍液。一般连喷 2 次，每次间隔 10～15 天。⑤天牛，以幼虫危害植株。防治方法：加强管理，人工捕捉；加强管理；选用 45% 阿锐宝乳油 1500～3000 倍液、20% 赛虫特乳油 1500～3000 倍液喷洒或涂抹。

六、采收加工

（一）采收

通常分为幼果、青果、青熟果进行采收。①幼果，每年 4～5 月收集疏果或刚脱落幼果。②青果，每年 5～6 月采收未成熟果。③青熟果，每年 6～7 月采收近成熟果。

（二）加工干燥

采用传统的开水漂烫杀青——烘干工艺进行加工。

1. 毛橘红珠加工 幼果置沸水中漂烫 5min，未成熟或近成熟果置沸水中漂烫 8 分钟捞出，滤干水后置烘干机烘至六成干，用木槌轻打至有弹性，压入大小合适的竹筒内，两端打压成平面，再置于烘干机烘干，干缩后幼果从竹筒内滑出，即成圆柱状成品化橘红珠。碾成圆柱形，两端打压成平面，再阴干或烘干。

2. 毛橘红片加工 将近成熟果置于 80℃ 热水浸至果皮柔软，捞起晾干，用薄利刀将果皮割为七瓣（七爪），去果肉，对折，压结，碾压实，再置烘干机烘干干燥。

以皮薄、片大、色红、油润者为佳。

（李　明）

枳　壳

枳壳为芸香科植物酸橙 *Citrus aurantium* L. 及其栽培变种的干燥未成熟果实。酸橙的栽培变种主要有黄皮酸橙 *Citrus aurantium* ‘Huangpi’、代代花 *Citrus aurantium*’ Daidai’、朱栾 *Citrus aurantium* ‘Chuluan’、塘橙 *Citrus aurantium* ‘Tangcheng’。其味苦、辛、酸，

性微寒；归脾、胃经；具有理气宽中、行滞消胀等功效，用于治疗胸胁气滞、胀满疼痛、食积不化、痰饮内停、脏器下垂等病症。现代研究证明，枳壳主要含有挥发油及黄酮苷类成分，具有增加脑血流量、利尿等药理活性。枳壳是我国传统常用中药，始载于《神农本草经》，被列为中品，在国内外久负盛名。枳壳在我国栽培历史悠久，分布广泛。主要分布于我国长江流域的四川、重庆、湖南、江西、江苏、浙江、湖北、福建、广东、贵州等地。湖南分布最多，产量最大，占全国产量的40%以上。江西产质量最好，其中尤以清江县、新干县的枳壳最著名，为全国传统地道药材。此处仅介绍酸橙的栽培技术。

一、形态特征

常绿小乔木，枝有刺。单生复叶，互生，叶柄有狭长形或狭长倒卵形叶翼，叶片倒卵状椭圆形或卵状长圆形，有半透明油点，背面叶脉明显。花蕾椭圆形或近球形。总状花序具花少数，花单生或数朵簇生于叶腋，白色；大小不等；花萼杯状，花瓣5，雄蕊20或更多，雌蕊1，比雄蕊略短，子房球形，花柱圆柱形，柱头头状；柑果圆球形或扁球形或椭圆形，橙黄色，果皮厚，外表粗糙。果肉味苦而后微酸。花期4~5月，果期6~12月。

二、生态习性

宜生长在气候温暖、阳光充足、雨量充沛、排水良好的沙质或砾质壤土上。土壤以土层深厚、质地疏松、排水透气好、具微酸至微碱（pH 6.0~7.5）的河湖冲积土、砂质壤土为好。多栽于林旁路边、房前屋后或山坡。

三、生长发育规律

种子室温袋藏1年后发芽率为零，生产上宜沙藏，发芽有效温度为10℃以上，一般在年平均温度15℃以上生长良好。生长适宜温度为20℃~25℃，在-5℃~-10℃之间，如持续时间短，还不致发生冻害，若气温骤然下降，冰冻持续时间长，则容易遭受冻害。在水分充足条件下，最高可忍耐40℃高温而不落叶。

四、种质资源状况

酸橙在我国栽培历史悠久，生产上形成了众多栽培变种，作为枳壳药用的主要有黄皮酸橙 *Citrus aurantium* Huangpi、朱栾 *Citrus aurantium* Chuluan、塘橙 *Citrus aurantium* Tangcheng 及代代 *Citrus aurantium* Daidai、香园 Citrus wilsonii Tanaka。酸橙主要分布于我国长江流域的四川、湖南、江西；代代分布于江苏，浙江。由于品种不一样，所产枳壳商品药材也有区别，主要有以下几类：①绿衣枳壳，为枸橘近成熟果实，产福建、陕西等地；②酸橙枳壳，又名川枳壳、江枳壳，为酸橙近成熟果实，产四川、江西、浙江等地；③香圆枳壳，又名江枳壳、川枳壳，为香圆近成熟果实，产四川、江西、浙江等地；④玳玳花枳壳，又名苏枳壳，为玳玳花近成熟果实，产江苏，等等。

五、栽培技术

（一）选地与整地

1. 选地 育苗地宜选择阳光充足、排水良好、靠近水源的平地或坡度15°~20°的南面山地或丘陵，要求土层厚度30~40cm以上、土壤疏松肥沃、通气性良好的中性或微酸性砂壤土。种植地以定植前三年垦荒翻耕，未种植过柑橘类苗木的土地为佳。

2. 整地 育苗地整地前施足基肥，每亩用腐熟有机肥4000kg，深翻25～30cm。播前耙平，作成1m宽的畦。定植地整地前施足基肥深翻，播前耙平作畦，畦宽1m左右，四周开12～15cm深的排水沟。坡地要先搞好水土保持工程，如修建梯田和竹节沟等。按定植点开挖近1m3大小的穴，每穴分层均匀填埋稻草7.5～10kg、石灰1.5～2.5kg、磷肥1.5～2.5kg及农家肥等作基肥。

（二）繁殖方法

种子繁殖或嫁接繁殖。种子繁殖者树冠高，进入丰产的年限长，单株产量高。嫁接繁殖者单位面积丰产性好，产品质量稳定，但丰产年限短。

1. 种子繁殖 采集壮年树上结的成熟果实中的种子，阴干后混三成沙，埋于沙坑中贮藏。冬播在当年采种后，春播在翌年3月上、中旬。按株行距（3～6）cm ×30cm条播，播后覆肥土厚约0.5cm，轻压使种子与土接合，并盖麦秆浇水，保持苗床湿润。出苗后，揭去盖草并除草，施稀腐熟粪水。秋天按株距7～8cm间苗或补苗。待苗生长3～4年后，选无病虫害壮苗定植。

2. 嫁接繁殖 嫁接用砧木可用种子繁殖2～3年的幼株。由于枝接成活率低，一般采用芽接法。寒露前后，选2～3年生无病虫害良种壮枝，摘叶留柄，再把枝芽和一小块木质部一齐削成盾形的接穗，然后再把砧木树干横向割断树皮（不伤及木质部），再在其中央向下割1刀，使成丁字形。把接穗的木质部去掉以后，立即嵌到砧木割口里，捆扎固定。接活后把接部以上的砧木割去，只让接穗生长。在嫁接后第二～三年定植。

3. 高枝压条 在12月前后，选壮树上2～3年生的枝，环切1条宽约1cm的缝，剥去树皮，并敷湿泥，外用稻草包好，每天或隔天浇水1次，半个多月可生根，壮树每树可接6～10枝，约2个月后切断，栽于地里，待成活后定植。

（三）定植移栽

春、秋两季均可定植，选无风或雨后晴天进行。以实生苗移栽，按株行距3.5m×5m，每亩栽25～30株；以嫁接苗矮化密植栽培，按株行距3m×3.2m或4m×2.2m，每亩栽74～84株。移栽时，穴内施足腐熟堆肥，每穴植苗1株。根要伸直，填土后将苗轻提，然后压实，覆松土，浇水。定植后，在每株侧插立柱，扎稳苗木，防止倒伏，植株长稳后撤除。

（四）田间管理

1. 中耕除草 杂草过多易与植株争养分，也会影响光照。因此，幼龄树一年进行3～5次，成龄树一年进行1～2次，成林园要求无草。春季应多锄浅锄，防止积水烂根；夏季应深锄，以利抗旱；秋季宜深翻越冬，有利风化土壤和冻死越冬害虫。如果间作有短期农作物，可结合间作作物田间管理进行。

2. 追肥 采用环状施肥法，在树冠下围绕基部挖一条宽7～8cm、深约3cm沟，于开花前、果如指大（生理落果已定后）和采果后各施肥1次，用人粪尿、塘泥、草木灰、骨粉、厩肥等，每株每次约25～35kg。幼树每年结合中耕除草追肥3次，以腐熟粪水、饼肥、有机肥为主，辅以少量石灰和磷肥。成年树每年追肥4次，即春肥（春分前后）、壮果肥（谷雨）、采果肥（大暑）和冬肥（寒露至霜降）。施春肥时，把护蔸土扒开，沿树冠开深12～15cm的沟，每株施入腐熟粪水50kg或有机肥7～10kg，促使花芽分化和抽发春梢；壮果肥也宜沟施，每株施入氮磷钾复合肥300g，以减少因营养不良而引起的落果，提高坐果率；采果肥宜盘施，沿树冠开圆盘，深12cm左右，每株施入腐熟粪水100kg加尿素100g和过磷酸钙2kg，以促进抽发秋梢，增强抗旱能力，防止落叶，翌年多开花、结果；冬肥结合扩穴改土，挖50cm深、40cm宽的沟，施入腐熟厩肥或土杂肥等。

3. 灌溉、排水 定植初期植株根系很不发达，吸水能力差，叶面水分蒸腾量大，易造成缺水。因此要及时浇灌水，以免死苗。天气干旱时也要及时浇灌水，以免过旱导致死苗。多雨季节又要注意排水，以免积水造成烂根。

4. 修枝 目的是使树干分布均匀、树叶繁茂、内空外圆、通风透光。整枝修剪常在春季进行，主要是剔除病虫枝条及枯枝，剪去重复枝、交叉枝和密生枝，其次是修除下垂枝、及结过果的老果枝，促使长出发育枝和结果母枝。原则为：剪横不剪顺；剪吊不剪翘；剪弱不剪强；剪阴不剪阳；剪密不剪稀。

（五）病虫害及其防治

1. 病害及其防治 ①柑橘溃疡病，危害叶片、枝梢和果实。叶片上先出现针头大小浓黄色油渍状病斑，接着叶片正反面隆起，呈海绵状，随后病部中央破裂，木栓化，呈灰白色火山口状。病斑多为近圆形，常有轮纹或螺纹，周围有一暗褐色油腻状外圈和黄色晕环。果实和枝梢上的病斑与叶片上的相似，但病斑的木栓化程度更为严重，山口状开裂更为显著。枝梢受害以夏梢最严重，引起叶片脱落、枝梢枯死。苗木和幼树受害特别严重，造成落叶、枯梢；果实受害重者落果，轻者带有病疤不耐贮藏。防治方法：严格检疫，防止传播蔓延；发现病株立即销毁；培育无病苗木；减少果实和叶片损伤；及时防治潜叶蛾等害虫；在夏秋梢抽发期和幼果期，喷洒液，或波尔多液0.2～0.3波美度的石硫合剂，或72%农用链霉素可湿性粉剂2500倍液，或3%金核霉素水剂300倍液等；冬季清园。②煤烟病，发生在枝梢、叶片和果实上，发病初期表面出现暗褐色点状小霉斑，后扩大成绒毛状黑色或灰黑色霉层。后期霉层上散生许多黑色小点或刚毛状突起物。防治方法：冬季清园；清除已发生的煤烟病；喷洒敌死虫乳油或机油乳剂200～250倍液；叶面撒施石灰粉；喷洒0.5∶1∶100（硫酸铜∶石灰粉∶水）波尔多液，或70%甲基托布津可湿性粉剂600～1000倍液，6～7月改喷1∶4∶400铜皂液，6月中、下旬和7月上旬各喷1次；合理修剪，使通风透光。

2. 虫害及其防治 星天牛，幼虫蛀害树干基部和主根，严重影响树体生长发育。成虫咬食嫩枝皮层形成枯梢，食叶形成缺刻。防治方法：用布条或废纸等沾80%敌敌畏乳油或40%乐果乳油5～10倍液塞入蛀洞，或用兽用注射器将药液注入；用56%磷化铝片剂（每片约3g），分成10～15小粒（每份约0.2～0.3g），每一蛀洞内塞入1小粒，再用泥土封住洞口。

五、采收加工

（一）采收

宜在7月上旬至7月下旬（小暑至大暑间）采收。过早，果实小、产量低；过迟，果皮变薄、果瓤心大、干后个大皮薄、质地轻泡、质量差。在6月（小暑）前采收或捡拾风吹落或自然掉落的幼果，干燥后即为枳实。

（二）加工干燥

采回后对半切，晒干或烘干，6～7成干时，再堆放，外盖麻袋等保温材料，使之发汗后，再继续烘干或晒干。枳实采回后直接（个大者可切成两半）晒干或烘干。

枳壳以外果皮色绿褐、果肉厚、质坚硬、香气浓者为佳。枳实以外果皮绿褐色、果肉厚、色白、瓤小、质坚实、香气浓者为佳。

（范世明）

木 香

木香为菊科植物木香 *Aucklandia lappa* Decne. 的干燥根，属于传统中药，始载于《神农本草经》，被列为上品。其味辛、苦，性温；归脾、胃、大肠、三焦、胆经；具有行气止痛、健脾消食等功效；主要用于治疗胸脘胀痛、泻痢后重、食积不消等病症。现代研究证明，木香主要含有挥发油，油中主要成分为木香内酯、去氢木香内酯等，此外尚含生物碱、氨基酸等成分，具有解痉、利胆等药理活性。生长于较高的山地，原产印度，我国陕西、甘肃、湖北、湖南、广东、广西、四川、云南、西藏等地有引种栽培。云南省自 1935 年开始人工栽培木香，目前已成为云南道地中药材之一，故有“云木香”之称，而丽江市又是云南省木香的主要产区。

一、形态特征

多年生高大草本。主根粗壮，圆柱形，外表褐色；支根稀疏。根生叶三角状卵形或长三角形；叶柄长为叶片的 1.5～2 倍。花茎高 30～200cm，有细棱，被短柔毛；花茎上的叶有短柄或无柄抱茎；头状花序，单一，顶生及腋生，或数个丛生于顶端；总花梗短或无；总苞片约 10 层，三角披针形；花全为管状花，暗紫色。瘦果线形，先端平截，上端着生一轮黄色直立的羽状冠毛，果熟时多脱落，果顶有时有花柱基部残留。花期 7～9 月，果期 8～10 月。

二、生态习性

幼苗怕强光，需适当遮荫，或与其他作物间作，否则易死亡。成苗后在荫蔽或裸露环境条件下，均能正常生长发育。温度是影响云木香正常生长的主要因子，喜冷凉，春秋季节生长快，高温多雨季节生长缓慢。在年均气温 5.6℃～11.1℃、极端最高气温 27℃，极端最低气温 -14℃，7～8 月平均温度 20℃～22℃时，植株生长良好，夏季超过 30℃时生长受到影响。正常生长发育需要湿润环境，但耐干旱，怕积水。土壤湿度在 25%～30%，空气相对湿度为 87%～89% 时，生长良好，产量较高。植株根部一般入土 30～50cm 或更深，宜选择 pH6.5～7.0 中性土壤，以土层深厚、疏松、肥沃、不积水的砂质壤土种植为好。连作 1～2 次生长情况正常，但应注意增施肥料。适于海拔 1500～3600m 的高山地区，但以海拔 1600～3300m 的区域为好。

三、生长发育规律

在海拔 1680m 左右的区域种植时，9 月播种，10～14 天开始出苗，15～30 天为出苗盛期，当年只长 2～3 片叶，第二年也只有基生叶，第三年起抽薹开花。3 月中旬至 4 月中旬播种，15～30 天开始出苗，25～40 天为出苗盛期，当年只长出较大叶片，从第二年开始每年开花结果。年有效生育期约 8 个月。

四、种质资源状况

云木香属仅有云木香 1 种。由于种植历史较短，生产中尚未选育出优良品种，也未见有种质分化的研究报道。生产用种是从三年生植株中选留生长健壮、发育整齐、无病虫害者作种株，让其开花结实，9～10 月当花梗变黄、总苞由绿变为黄褐色、冠毛接近散开时，将整个花序摘回，放在通风处，使总苞松散开，打出种子，去掉杂质，晒干。

五、栽培技术

（一）选地整地

选土层深厚、疏松肥沃、排水良好、富含腐殖质的砂质壤土，水分不低于30%，轮作期3年以上，平地、缓坡地均可。翻耕前，亩施腐熟农家肥2000～3000kg、复合肥50kg。施用基肥后，适时深耕35cm以上，随后整平耙细，拣出石块、杂草，作成宽1.2～1.5m高畦。

（二）繁殖方法

种子繁殖，有直播与育苗移栽2种方式。

1. 直播　条播或点播。4月下旬至5月中旬，雨季来临前10～20天播种。选用当年收获、有光泽、饱满、无霉病、发芽率在80%以上的种子，播前在阳光下晒3～4h，再用0.1%石灰水浸种24h。①条播，在整好的土地上开沟，沟深10cm、行距30～35cm。土壤潮湿宜开浅沟，土壤干燥可开深沟。将处理好的种子每隔25～30cm放2～3粒于沟内，覆土2～3cm。②点播，在整好的畦面上开穴，穴深5～10cm，株、行距25×30cm，每穴点播种子3～5粒，覆土2～3cm。

2. 育苗移栽　以春播为主，可撒播育苗。育苗地选择在背风向阳处，播前整地，将种子均匀撒在种植地上，覆土厚度以不见种子为宜。育苗地应覆盖农家肥，保温、保湿，第二年春季起苗移入大田。

（三）田间管理

1. 间苗定苗　播种后及时灌溉，一般15天左右出苗。幼苗遮阳度应达30%左右，幼苗长出2片真叶、高3～5cm时间苗。育苗地按株、行距5cm间苗，条播地按株。距15cm间苗。苗高9cm时，按株、行距25～30cm定苗。点播地每穴留2株健壮苗，如有缺苗，选择阴天及时补苗，一般每亩按5000～7000株定苗。

2. 中耕除草、追肥　幼苗生长较快，要及时中耕除草。长出5～6片真叶时进行第一次除草，第二、三次除草分别在7月和9月进行。第二年新叶出土后，有3片叶时松土除草，并施农家肥1000～1500kg/亩和尿素20kg/亩，培土盖肥。7月进行第二次除草，适当追施磷、钾肥；第三次除草在8月。第三年可适时除草。

3. 剪除花薹　播种1年后即开始抽薹开花结实。将花薹剪除，可提高产量4%～10%。

4. 培土　第一、二年秋末地上部分枯萎后，割去枯枝叶，各培1次土，厚约10cm左右，以提高产量和品质。

5. 排水防涝　雨后必须及时排除田间积水，避免高温下诱发根腐病。

（四）病虫害及其防治

1. 病害及其防治　病害主要是根腐病，多发生于高温高湿的夏季。发病后根部逐渐腐烂、变黑，地上部分枯萎而死。防治方法：选用排水良好的地块种植，并注意排水；及时拨除病株，集中烧毁；挖去病株周围泥土，在病穴内撒入生石灰，并用70%多菌灵可湿性粉剂800倍液或50%甲基托布津800～1000倍液喷洒周围，防止感染其它植株。

2. 虫害及其防治　①蚱蜢，啃食植株叶片。防治方法：幼龄期以90%晶体敌百虫800倍液喷杀。②蚜虫，危害植株叶片及嫩茎，影响植株生长发育。防治方法：用40%乐果乳油800～1500倍液喷雾。③地老虎和蛴螬，食害幼苗及根叶，用90%敌百虫晶体

100g/亩拌麦麸制成毒饵诱杀。

六、采收加工

直播者种植第三年、移栽者二年，霜降后地上部分开始枯萎、地温低于10℃时，选择晴天从地块的低处开始按顺序翻挖，挖出后抖去根部泥土，置地边晾晒至微软运回，置于通风干燥处，避免阳光曝晒，铺展开晾晒2～3天，至根全部变软、八成干时，抖去其余泥土，修剪支根，按规格分别晾晒。晾晒时应适时翻动，拣出霉烂变质者。用刀切去芦头，按10～20cm长的标准切成段，根粗者纵切成2～4块，晒干或风干，干后装入麻袋或竹筐中撞去粗皮即可。

以色黄白、质坚实、香浓者为佳。

（龙　飞）

沉　香

沉香为瑞香科植物白木香 *Aquilaria sinensis*（Lour.）Gilg 含有树脂的木材。其味辛、苦，性微温；归脾、胃、肾经；具有行气止痛、温中止呕、纳气平喘等功效；主要用于治疗胸腹胀闷疼痛、胃寒呕吐呃逆、肾虚气逆喘急等病症。现代研究证明，沉香主要含挥发油，其中主要成分为沉香螺醇、白木香酸、白木香醛、白木香醇、去氢白木香醇、白木香呋喃醛、白木香呋喃醇、β－沉香呋喃等，具有麻醉、止痛、肌松、镇静、平喘等药理活性。白木香是热带、亚热带常绿乔木，主产于海南、广东、广西、福建、台湾等地。广东在几百年前已成为沉香的重要产地，尤以当时海南产的“黎峒香”中的“东峒香”、东莞一带产的“莞香”中的“女儿香”品质最优。白木香现已被列为国家珍稀濒危三级保护植物及国家二级重点保护野生植物。

一、形态特征

常绿乔木，幼枝有疏柔毛。叶互生，革质，有光泽，卵形、倒卵形或椭圆形，先端短渐尖。伞形花序顶生或腋生，花黄绿色，芳香，花萼浅钟状，裂片5，两面均有短柔毛；花瓣10，鳞片状，有毛；雄蕊10，一轮；雌蕊子房上位，2室。蒴果木质，倒卵形，长2.5～3cm；种子基部有长约2cm的尾状附属物。花期3～4月，果期5～6月。

二、生态习性

喜生于土壤肥沃、深厚的山地、丘陵地的雨林或季雨林中及台地平原村边。喜高温，适宜年平均温度在20℃以上，最高气温37℃，最低气温3℃，冬季短暂的低温霜冻也能生长；喜湿润，耐干旱，年平均降雨量1500～2000mm。幼株喜阴，郁闭度以40%～60%为宜，成株喜阳，有充足的光照才开花结果并产高质量的沉香。对土壤要求不严，具抗瘠特性，野生分布在瘠薄黏土上，生长缓慢，但木材坚实，香味浓厚，容易结香；土层深厚、肥沃湿润的土壤，不利于结香。

三、生长发育规律

种子及时播种，发芽率可达80%以上，晒干或久藏都会降低发芽率。置通风干燥处阴干，不能日晒，经2～3天，果壳裂开，种子即可脱出。最好及时播种，如不能及时播种，宜与2倍种子重量的湿沙混合贮藏，但发芽率随贮藏时间的增加而下降。贮藏半个月后，发芽率为50%以下。贮藏3个月后，种子完全丧失发芽率。植株愈伤能力强，具有天然更新的特性。树皮容易整段剥落，但其再生能力很强，容易重新生长出新树皮，多次剥皮，会多次生皮；在风害引起断枝、断干或采伐后，基部能萌发出大量枝条继续长成大树。种子落地后发芽也能成苗。幼树需及时修枝，促进早形成树干，有利于提早结香。

四、种质资源状况

沉香属植物有15种以上，大多分布在印度、马来西亚、越南等地，我国只有1种，即白木香 *Aquilaria sinensis*（kuL）Gdg，其树脂习惯上称为国产沉香、土沉香或莞香。我国历史上野生白木香资源十分丰富，曾有过“交干连枝，岗岭相接，千里不绝”的记载。直至上世纪70、80年代，在海南、广东各地的山岭、野地仍可见野生白木香树。但上世纪90年代后，由于气候、生态环境的改变、人为毁灭性采伐等原因，各地野生林面积急剧减少，野生资源濒临灭绝，我国已于1999年将白木香列为国家二级重点保护植物。不同产地的白木香形态特征有差异。海南、电白、东莞及深圳产白木香树原植物形态特征方面存在明显差异。根据其叶的形态特征，有大叶种、中叶种和小叶种之分。

五、栽培技术

（一）选地整地

苗圃地应选有适当荫蔽，空气湿度较大，便于管理和运输，排水良好，水源洁净的低产田，或地势较平缓，土层深厚，接近水源的荒坡地。深翻整地后作畦，畦宽1m～1.2m，高20cm～25cm。育苗前整地，做到深耕细整，清除草根、石块，苗床面垫铺黄泥心土5cm。播种前用石灰粉进行土壤消毒。

（二）繁殖方法

一般采用种子繁殖。

1. 种子苗培育 要在5～15年以上树龄的母树上采选种子。一般在6～8月，当果实由青绿转黄白，种子呈棕褐色时，连果枝一并采下，放在通风处阴干，经2～3天，果壳开裂，种子自行脱出。最好及时播种育苗，否则要妥善贮藏，一般采用砂藏法。即采即播，发芽率可高达80%以上。如不能及时播种，则以1份种子与3份湿砂混匀，置于通风、低湿处贮藏，但最好不要超过7～10天。条播或撒播。按行距15～20cm开浅沟播种，或将种子均匀撒在苗床上，然后将种子轻压入土。宜稀播、浅播，播后覆盖厚1cm的火烧土或细砂，以不见种子为度，畦面盖草，淋水保湿。若无天然荫蔽，则应搭棚，保持50%～60%透光度。每亩播种量5kg，约45000粒，可培育1.2万～1.3万株壮苗。幼苗高6～10cm时，可疏去小苗和弱苗。注意除草，适当修剪分叉状的苗木，只留主干。当苗高10cm，经间苗后，可施稀薄人粪尿水。促进幼苗生长。培育1.5年，苗高70～100cm，春季气温稳定回升时即可出圃定植。起苗时应尽量多带宿土，之前应将幼苗下部侧枝及叶片剪去，只保留上部部分叶片，并将叶片剪去一半，修剪过长主侧根，蘸上鲜牛粪黄泥浆。栽植时苗要正、根舒展，分层填土、压实、踩紧，淋足定根水，最后覆层松土。

（三）间作

植株生长期长，在幼龄期间空隙较大，定植前3年可间作粮、油作物及短期药材如广金钱草、穿心莲等；当行间较郁闭时，可间作较耐阴的中药材如巴戟天、益智、草寇、高良姜等，以充分利用自然资源，调节植株生长环境。间作后根据不同对象要采用不同的栽培管理技术，以达到以地养地、以短养长、以间种代替抚育的目的。

（四）田间管理

1. 苗期管理　种子发芽迅速，幼苗又不耐旱，移苗后要早晚淋水1次，保持土壤湿润，如无天然荫蔽应搭棚遮荫。每年5～8月，每月除草1次，防止杂草盖住小苗。适当修剪分枝，以促使主树干生长。苗高15cm后，每2个月施稀粪尿水1次，以后随苗木生长适当加大浓度。育苗1～1.5年，待苗高50～80cm、裸根苗高1m以上即可出圃定植。

2. 定植后的管理　栽后每年要松土除草2次，于5～6月伏旱前和8～9月秋末冬初进行。将清除的杂草铺盖根际周围，逐年逐次翻埋入土，增加有机质。每年最少施肥1次，于2～3月间春梢萌动前，施入人畜粪尿水，可促进抽梢、发芽、加速生长。有条件的地方，在9～10月施腐熟有机肥，并把杂草翻埋，随着树龄增大，施肥量也要相应增加。为促进主干生长，有利于结香，一定要适时修剪，把下部的分枝、病虫枝、过密枝逐步剪去。

（五）病虫害及其防治

1. 病害及其防治　①幼苗枯萎病，发生于苗床，致幼苗枯萎死亡。老苗床、排水不良、种植密集易发病。防治方法：种前消毒苗床、合理密植；发病初期及时拔除病株并用70%敌克松1000～1500倍液、50%多菌灵800倍液喷淋土壤2～3次，每次间隔7～10天。②炭疽病，危害叶片，初为褐色小点，后扩展成圆形、椭圆形至不规则形斑，有些病斑呈轮纹状，严重时叶片脱落。阴雨潮湿、露水大时有利于该病发生。防治方法：发病初期喷80%炭疽福美600～700倍液或75%百菌清400～600倍液，每次间隔7～10天，连喷2～3次。

2. 虫害及其防治　①卷叶虫，夏秋之间幼虫吐丝将叶片卷起，并躲藏在内蛀食叶肉，致使光合作用减弱，影响正常生长。防治方法：发现卷叶及时剪除，集中深埋；卷叶前或卵初期，喷洒25%杀虫脒稀释500倍液，或80%敌敌畏乳油600～1000倍液，每5～7天1次，连续2～3次。②天牛，幼虫从茎干、枝条或茎基、树头蛀入，咬食木质部，严重时树干枯死。防治方法：人工捕杀卵块和幼虫；发现蛀孔，用注射器注入80%敌敌畏800～1000倍液，再用黄泥封口。③金龟子，常在抽梢和开花期危害幼芽、嫩梢、花朵。防治方法：人工捕杀或喷洒80%敌敌畏1000倍液。

七、采收加工

（一）采收

经过刺激结香。首先是看树干有无伤口、腐朽、残枝、断干或雷劈，其次是看树的外貌和长相。在正常情况下，出现枝叶生长枯黄、不旺，局部枯死等现象，大多数可断定已经有香。一年四季都可采收，但人工接菌结香以春季采收为宜，以便采收后有利菌种继续生长。具体采收方法：选取凝结黑褐色、带有芳香性树脂的植株连根挖起。

（二）加工干燥

把已结香的植株采回后，用具有半圆开形刀口的小凿和刻刀雕挖，剔除不含香脂的白色轻浮木质和腐朽木质，留下黑色坚硬木质。然后再加工成块状、片状，或小块状，置室内阴干。

以质坚体重、含树脂多、香气浓者为佳。

（李　明）

第十三章 消食药

要点导航

1. 掌握：山楂原植物分布区域、生态习性、生长发育规律、种质资源状况、栽培与药材采收加工技术。

2. 熟悉：莱菔子原植物生长发育规律、栽培与药材采收加工技术。

3. 了解：已开展栽培（养殖）的消食药种类。

该类中药以消积导滞、促进消化为主要功效，多味甘、性平，主归脾胃二经，除消化饮食、导行积滞、行气消胀外，还兼有健运脾胃、增进食欲的功效。现代药理研究证明，消食药一般具有不同程度的助消化作用，个别中药具有降血脂、强心、增加冠脉流量及抗心肌缺血、降压、抗菌等作用。常用中药有山楂、莱菔子、神曲、麦芽、谷芽、鸡内金、鸡矢藤、隔山消、阿魏等。此处仅介绍山楂与莱菔子的栽培技术。

山　楂

山楂为蔷薇科植物山里红 *Crataegus pinnatifida* Bge. var. major N. E. Br. 或山楂 *C. pinnatifida* Bge. 的干燥成熟果实，是中国特有的药果兼用树种，最早记载见于《尔雅·释木》。其味酸、甘，微温；归脾、胃、肝经；具有消食健胃、行气散瘀、化浊降脂等功效；主要用于治疗肉食积滞、胃脘胀满、泻痢腹痛、瘀血经闭、产后瘀阻、心腹刺痛、胸痹心痛、疝气疼痛等病症。现代研究证明，山楂主要含有黄酮类、糖类、蛋白质、脂肪、维生素 C、胡萝卜素、淀粉、苹果酸、枸橼酸、钙和铁等成分，具有降血脂、血压、强心、抗心律不齐等药理活性。山楂原产中国、朝鲜和俄罗斯西伯利亚，国内很多省区都有分布，华北、东北各省最多，主产于辽宁、山东、山西、河南、北京、天津等地。山里红为人工种植，山楂多系野生。一般所指山楂实际是山里红。此处仅介绍山里红的栽培技术。

一、形态特征

落叶乔木，树皮粗糙，暗灰色或灰褐色；小枝圆柱形，当年生枝紫褐色，无毛或近于无毛，疏生皮孔，老枝灰褐色；冬芽三角卵形，先端圆钝，无毛，紫色。叶片宽卵形或三角状卵形；叶柄无毛；托叶草质，镰形，边缘有锯齿。伞房花序具多花，总花梗和花梗均被柔毛，花后脱落，减少；花直径约 1.5cm；萼筒钟状，外面密被灰白色柔毛；花瓣倒卵形或近圆形，白色；雄蕊 20，短于花瓣，花药粉红色；花柱 3~5，基部被柔毛，柱头头状。果实近球形或梨形，深红色，有浅色斑点；小核 3~5，外面稍具棱，内面两侧平滑；萼片脱落很迟。花期5~6月，果期9~10月。

二、生态习性

一般生于山谷或山地灌木丛中，树势强健，适应性强，抗寒耐旱，在瘠薄的山坡地上也能生长，但以凉冷的小气候为宜。对土壤要求不严，以砂性土为好，在黏性土上生长较差，土壤以中性或酸性为宜。不同种类、品种对外界环境条件的要求亦有差异。

三、生长发育规律

早春土壤温度达2℃~3℃时，根系开始活动；当气温上升到8℃以上时，芽开始萌动。

幼苗定植后，2~3年即可结果。幼树长势较旺，枝梢先端2~3个侧芽一般比较饱满，可抽生2~3个强壮枝条。新梢年生长量达70~80cm，甚至1m以上，幼树枝叶茂密，发枝上强下弱，基部常不发枝。自然条件下生长的树冠，外围枝条多，容易郁闭，冠内光照不足，内膛小枝容易枯死。幼树生长快，枝叶量大，枝条角度容易开张，易出现偏冠现象。枝条分为结果枝和营养枝等。结果枝的顶芽及其以下1~4个侧芽常为混合芽，第二年抽生新梢开花结果。健壮树上的结果枝一般长5~15cm，幼树上的果枝更长一些。一年生枝条上的叶芽所抽生的新梢为营养枝，其长势一般较旺，是形成树冠的主要枝条。由副芽或隐芽所抽生的、发育不充实的枝条为徒长枝，一般不能形成花芽。根系分蘖力很强。

四、种质资源状况

栽培历史悠久，种质资源丰富，生产中已经选育出数量众多的新品种，概括起来有以下几种类型：①大果型，包括大金星、大绵球、敞口、红瓤绵、大货、歪把红、大五棱、大红袍等种质；②高糖型，包括甜红、红面楂、毛红、面红、秋里红等种质；③高维生素C含量型，包括毛红、银红、磨盘红等种质；④加工型，包括紫肉红、大红子、朱砂红、西丰红、辽红等种质；⑤矮化型，包括毛红、算盘珠、短枝金星、聂家峪1号等种质；⑥黄果型，包括大黄红子、面黄石榴、大黄面楂等种质。目前，在生产中主要推广应用的优良品种（品系）有甜红、面红、歪把红、五棱红、大绵球、大金星、敞口、艳果红、泽州红、红瓤绵、沂蒙红、燕丹等，使山楂产量与质量均有了大幅度提高。

五、栽培技术

（一）选地与整地

1. 育苗地　植株喜光、喜肥、喜水，耐寒、耐干旱，但怕涝。应选择排水良好、水源方便、地势高燥、土层深厚的平地作苗圃地，土质为壤土或砂壤土，前茬以豆科作物为宜。苗圃地选好后，深翻20~25cm，每亩施厩肥或人粪尿4000~6000kg。

2. 种植地　宜选背风向阳的平地或缓坡、pH6.5~7.5、总盐含量不超过0.30%、土层厚度不低于60cm的地块建园，土质以通透性良好的砂壤土或壤土为好。定植时，保持株、行距2~4m×4~6m，在土层深厚、立地条件较好的园地挖深60cm、直径80cm的定植穴，若土层浅、立地条件较差的园地挖深80cm、直径100cm的定植穴。挖松底土，每穴施土杂肥7~10kg，与底土混匀，待种。

（二）繁殖方法

繁殖方式有嫁接、分株、种子等，生产中以嫁接繁殖为主。

1. 嫁接繁殖　以芽接为主，春、夏、秋均可进行。实生苗或分株苗均可作砧木。砧木苗株、行距为10～15cm×50～60cm，当高至50cm以上时即可芽接。分株苗嫁接繁殖时，在春季将粗0.5～1cm根切成12～14cm长的根段，扎成捆，用赤霉素处理后，以湿沙培放6～7天，斜插于苗圃，灌水使根和土壤密接，15天左右萌芽，当年苗高达50～60cm时进行芽接。

2. 种子繁殖　种子须经沙藏处理，挖50～100cm深沟，将种子以3～5倍湿沙混匀放入沟内至离沟沿10cm为止，再覆沙至地面，结冻前再盖土至地面上15～30cm。当土壤化冻深10～12cm，气温达15℃左右时，地表深5cm土温5℃左右时，为播种适期。播前10～15天，将种子筛出沙子后，用清水浸泡5～7天，放在温室或大棚中催芽，温度保持在25～28℃，待种子90%以上裂嘴时播种。开沟条播，沟深5cm，宽10～12cm，沟底平整，深浅一致，宽度均匀，然后轻轻踏实，将种子用细河沙混匀（种：沙为1：1）撒入播种沟内，上覆厚2.5～3.0cm细土盖住种子，每亩播种量4～5kg，播种后镇压1次。

（三）田间管理

1. 中耕除草　早春土壤解冻后刨树盘，刨后平整保墒，深度在20cm左右，生长季中耕除草3～4次，清除根蘖。

2. 施肥　基肥以有机肥为主，深翻改土时或在秋季采果后结合果园深翻，及时施入，每亩施有机肥3000～4000kg，加施尿素20kg、过磷酸钙50kg、草木灰500kg。幼树应根据树冠和根系大小，每年施入基肥20～100kg/株，全年施纯氮0.2～0.5kg/株。一般山楂园土壤追肥有3次：第一次在萌芽后至开花前树液开始流动时，追施尿素0.5～1.0kg/株；第二次在谢花后2周，施磷酸二铵0.5～2.0kg/株；第三次于8月中下旬至果实采收、花芽分化前，施尿素0.5kg/株、过磷酸钙1.5kg/株、草木灰5kg/株。追肥时要结合灌水。叶面喷肥可结合喷药进行，每次加入0.3%尿素或0.3%磷酸二氢钾，生长前期以尿素为主，后期以磷酸二氢钾为主。

3. 灌溉、排水　每年浇4次水：第一次萌芽前浇解冻水，以促进肥料的吸收利用；第二次于花前2周，以提高坐果率；第三次果实硬核后浇促果水，以促进花芽分化及果实快速生长；第四次在霜降至立冬前浇封冻水，以利树体安全越冬。雨季注意及时排水。

4. 整形修剪　分为休眠期修剪和生长期修剪。休眠期修剪在12月份至翌年3月上，生长期修剪在5月份至8月上旬。休眠期修剪要疏、缩、截相结合，防止内膛光秃，疏去轮生骨干枝和外围密生大枝及竞争枝、徒长枝、病虫枝，缩剪衰弱的主侧枝，选留适当部位的芽进行更新，培养健壮枝组，对弱枝重截复壮和对光秃部位芽刻伤增枝。生长期修剪应及早疏除位置不当及过旺的发育枝，对花序下部侧芽萌发枝一律去除，克服各级大枝的中下部裸秃，防止结果部位外移。夏季对生长旺而有空间的枝，在7月下旬新梢停止生长后，应将枝拉平，促进成花。另外，5月上中旬，当树冠内膛枝长到30～40cm时，留20～30cm摘心，促进花芽形成，培养紧凑的结果枝组。环剥一般在辅养枝上进行，环剥宽度为被剥枝条粗度的1/10。

（四）病虫害及其防治

1. 病害及其防治　①白粉病，主要危害叶片、新梢及果实。防治方法：清扫病枝、病叶、病果，集中烧毁；加强肥水管理；发芽前喷石硫合剂，花蕾期及6月上旬各喷1

次25%粉锈宁可湿性粉剂，或50%托布津、50%多菌灵可湿性粉剂1000倍液。②花腐病，主要危害花、叶片、新梢和幼果。防治方法：加强肥水管理，增强树势；秋季彻底清扫果园，清除病僵果，集中烧毁；早春翻地，将地面病僵果深翻至15cm以下；4月底以前，果园地面，特别是树冠下地面撒石灰粉；50%展叶和全部展叶时喷药2次，药剂有25%粉锈宁可湿性粉剂1000倍液、70%甲基托布津可湿性粉剂800倍液，盛花期再喷1次。

2. 虫害及其防治 ①叶螨，主要危害叶片、新梢和幼果。防治方法：保护和引放天敌；休眠期刮除老皮；在树干基部培土，防止越冬螨出蛰上树；发芽前喷洒波美5度石硫合剂或45%晶体石硫合剂20倍液；花前喷洒50%抗蚜威超微可湿性粉剂3000～4000倍液、5%尼索朗乳油1000～2000倍液、73%克螨特乳油3000～4000倍液。②桃白小卷蛾，主要危害果实。防治方法：消灭越冬幼虫，在出蛰前结合刮除老树皮，连同束草和地面杂草、枯枝落叶等地被物一起清理干净，烧毁或深埋；深翻树盘，将表层土翻入深层；在卵盛期至幼虫孵化期施药，毒杀初孵幼虫和卵，选用50%杀螟松乳剂，或50%对硫磷乳剂。③桃蛀果蛾，主要危害果实。防治方法：秋冬压土灭茧，在越冬幼虫出土期，于树冠下的地面施药，常用50%辛硫磷乳剂，或25%辛硫磷胶囊剂，或50%对硫磷乳剂，或25%对硫磷微胶囊剂；重点毒杀卵及初孵幼虫，常用50%杀螟松乳剂1000倍液，或50%对硫磷乳剂1500～2000倍液，或25%对硫磷微胶囊剂1000倍液。

六、采收加工

（一）采收

成熟期后15天左右，果实达到固有色泽、果点明显、个头长足时即可采收，以人工采摘为主。

（二）加工干燥

采收后将山楂切片，放在干净的席箔上，在强日下曝晒并经常翻动，日晒夜收。晒到用手紧握，松开立即散开为度。

以果大、肉厚、核少、皮红者为佳。

（李卫东）

莱菔子

莱菔子为十字花科植物莱菔 *Raphanus sativus* L. 的干燥成熟种子。其性平，味辛、甘；归肺、脾、胃经；具有消食除胀、降气化痰等功效，主要用于治疗食滞胃脘、脘腹胀痛、积滞泻痢、大便秘结、喘咳痰壅等病症。现代研究表明，莱菔子主要含有脂肪油、挥发油，尚含莱菔素等抗菌物质，具有抑菌、化痰等药理活性。全国各地皆有栽培，且品种繁多。主产于河北、河南、浙江、黑龙江等地。

一、形态特征

直立草本植物，一年生或二年生。直根，长圆形、球形或圆锥形，外皮有绿色、白色或红色。茎上生有分枝，布有粉霜。基生叶和下部茎生叶长8～30cm，宽3～5cm，顶裂片形如卵状，侧裂片4～6对，长圆形，叶边有钝齿，粗毛疏生分布；上部叶亦为长圆形，上有锯齿或近全缘。总状花序顶生或腋生；萼片长圆形；4瓣花瓣，有白色、紫色或粉红色；雄蕊有6根，4根长、2根短；雌蕊1，子房钻状，柱头呈柱状。长角果圆柱形。种子卵形，表面为红棕色，质地坚硬；有油性。花期4～5月，果期5～6月。

二、生态习性

适应性较强，大致分布在北纬25°～35°的亚热带大陆东岸。我国大部分地区皆有种植。为半耐寒性作物，种子在2℃～3℃便能发芽，适温为20℃～25℃。茎叶生长温度为5℃～25℃，适温为15℃～20℃。肉质根生长温度为6℃～20℃，适温为18℃～20℃，当温度低于－1℃～－2℃时，肉质根会受冻。属于低温感应型植物，在种子萌动、幼苗、肉质根生长及贮藏等时期都可完成春化，温度范围因品种而异。适于肉质根生长的土壤有效水含量为65%～80%，空气湿度为80%～90%。种植以土层深厚、土质疏松与保水、保肥性能良好的砂壤土为好。土壤pH以5.3～7为宜。对营养元素的吸收以钾最多，其次为氮，再次为磷。生长期间日照充足植株健壮，光合作用强，物质积累多，肉质根膨大快，产量高。

三、生长发育规律

（一）营养生长期

植株营养生长阶段分为发芽期、幼苗期和肉质根生长期。

1. 发芽期 从种子萌动到2片子叶展开为发芽期，要求适宜温度和充足水分，时间需3～4天。

2. 幼苗期 幼苗第一片真叶展开到“破肚”为止，此期要求较高温度、较强光照和充足水分，约15天左右。由于真根不断生长，而外部初生皮层不能随着相应生长和膨胀，引起初生皮层破裂，称为“破肚”。

3. 肉质根生长期 由肉质根破肚到成熟为止，此期肉质根开始次生生长，细胞间隙不断扩大，而形成横向生长，因而肉质根由幼苗期的细长形状加粗变成粗壮形状，显示出品种特征。根据生长情况不同，此时期又可分为叶部生长旺盛期和肉质根生长旺盛期。

（二）生殖生长期

属于一年生或二年生植物，在阶段发育时只需感受低温完成春化阶段，苗端由营养苗端转为生殖顶端，然后在长日照和较高温度下抽苔、开花、结籽，完成其生长周期，一般需20～30天。花期生长变化大，一般30天左右，长的达40天，到种子成熟，还需30天左右。自抽苔开花，同化器官制造的养分及肉质根贮藏的养分都向花苔运转。经过抽苔开花，肉质根变为空心。为了保证种子产量与质量，这时期需要供给充足水分与肥料，当种子接近成熟时，适当干燥有利于种子的成熟。

四、种质资源状况

中国是莱菔的起源地之一，栽培历史悠久，种质资源丰富，根据地理位置和栽培习惯，大体分为6个种植区。①黄淮海地区，主要包括山东、山西、河南、河北及安徽、江苏两省北部。其中山东、河南两省主要为秋冬绿皮莱菔；江苏和安徽省以耐热抗病的红皮和白皮莱菔为主，有少量绿皮莱菔；山西以春夏红皮莱菔和秋冬绿皮莱菔为主；河北省以秋冬白皮莱菔为主；北京、天津以秋冬绿皮莱菔为主。②长江中下游地区，主要包括湖北、湖南、安徽、江西、浙江、江苏、上海，该地区属于亚热带季风性湿润气候，四季分明，雨量适中，可一年四季种植莱菔。③东北地区，包括黑龙江、辽宁、吉林三省和内蒙古大部，主要莱菔栽培类型为春夏和夏秋类型，春夏季节主要以红、白水莱菔为主，夏秋季节以红皮、绿皮莱菔为主，也有少数白皮莱菔。④西北地区，包括陕西、青海、甘肃、宁夏、新疆5个省（区），该地区地理环境复杂，自然气候差异大，生态条件各不相同，春夏莱菔以红、白水莱菔为主，秋冬以青皮莱菔为主。⑤华南地区，包括广东、广西、海南、福建及台湾5个省区，这个地区属于热带和亚热带季风气候，气温高、雨水多，夏季较长冬季较暖，适宜一年四季种植莱菔，主要季节有夏秋莱菔、秋冬莱菔和冬春莱菔。⑥西南地区，包括云南、贵州、重庆、四川、西藏，本地区有复杂多样的自然生态环境，有着丰富的莱菔种质资源，有红、浅红、浅绿、浅绿半白或白色，按生产季节分为夏秋莱菔、秋冬莱菔、冬春莱菔和四季莱菔。除红、白两品种种子可以入药外，青萝卜子亦可入药，山东产青萝卜子属于莱菔子道地药材。

五、栽培技术

（一）选地整地

喜温热、湿润环境。品种不同对栽培地有不同的要求。一般大型品种，要选择较深厚肥沃的砂质土壤，中小型品种则需选择土层较浅的地块。地选好后，应尽早深耕多翻，整平作畦，耕地深度26～40cm以上。采用深沟高畦，以利于排水。栽培期间如雨水过多而又排水不良，常发生根腐病。施肥要以基肥与磷肥交互配合的方式，一般在整地或播种前施入畜禽栏粪2500～4000kg、火土肥5000kg、过磷酸钙15～20kg。

（二）繁殖方法

采用种子繁殖。播种量因品种、播种方式和栽培季节不同而异。播前应严格检查种子质量。一般为每穴1粒或2粒，每亩播7600～8000穴，用种量为100～150g。先在地面覆盖薄膜中打眼，一般一畦种植2行，行距约20～25cm，株距15～20cm，每穴留1株，打眼约1.5～2cm深。播种后，掩埋事先准备好的细肥土，以薄膜平口，播完将穴面掩土用喷雾器喷洒少量水，以湿润为宜。

莱菔为二年生植物，如以采收种子作为栽培目的，一般是秋季待萝卜完全长成熟，选择品质最好的萝卜，于立冬前后用地窖储藏，具体方法是：首先整平地窖，将萝卜分层码放在地窖中，每放1层萝卜在其上覆盖1层土，一般在地窖中摆放2层萝卜，最后将上层萝卜覆盖1层薄土。当气温逐渐降低时，要在表面逐渐加一些土，每降1次温加1层土，当气温最低的时候，还要在地窖上面盖厚草席，防止萝卜被冻伤。同时，地窖里的温度也不能太高，保持在1℃～3℃为宜。到第二年春天，大约在3月上旬，可将萝卜从地窖中取出，这时萝卜刚好开始萌动，可直接定植到大田中。定植前首先整地作畦，施足底肥。畦高一般15cm左右，畦宽50cm左右，根据萝卜品种选择适当株距，一般为30cm，挖穴将萝卜种株埋入，深度以刚好埋下萝卜为准。

（三）田间管理

1. 分期追肥 一般追肥3次：第一次在栽植成活后及时追施发棵肥，亩施充分腐熟的人粪尿400～600kg，或尿素15kg，兑水浇施；第二次在开春后施返青肥，亩施充分腐熟的人粪尿600～750kg，或复合肥15～20kg；第三次在初花期，追施花肥，先后喷施1%尿素和0.2%硼砂混合液及1%过磷酸钙和0.3%磷酸二氢钾混合液各1次。

2. 清沟防渍 春季往往多雨，对种株生长不利。特别是田间土壤含水量高，会使根系生长受阻，茎叶发黄，严重时肉质根腐烂，全株死亡。受渍还会加重病害，加速种株衰亡。因此，要保持田间无积水，以防渍害。

3. 中耕除草 生长期间，特别是在幼苗期，如遇下雨或浇水造成土壤板结，应及时中耕除草，后期要结合根际培土。地膜覆盖栽培者只需及时除去行间、沟中的杂草，不需进行中耕。

4. 摘除尾花 花期长，每株开花期可达25～30天。后期开的花，不能结实或结实不良，应及时将不结荚的尾花趁晴天剪除，以集中养料，促进籽粒饱满，提高产量。

（四）病虫害及其防治

1. 病害及其防治 ①霜霉病，发病叶片开始出现不规则褪绿黄斑，后扩大为多角形黄褐色病斑，湿度大时，叶背或两面长出白霉，严重时病斑连片，致叶片干枯。防治方法：选用抗病品种；适时播种，早间苗，晚定苗，培育健壮植株；用25%甲霜灵可湿性粉剂拌种，用量为种子重量的0.3%；喷洒25%阿米西达悬浮剂1500倍液，或72%克露可湿性粉剂600～800倍液，或72.2%普力克水剂600～800倍液等。②黑斑病，叶片染病，多从叶尖或叶缘开始，出现不规则形深褐色病斑，周围组织略褪绿，湿度大时病斑上长出黑色霉层，严重时病斑汇合，叶缘上卷，叶片枯死。防治方法：选无病株留种；实行2年以上轮作；培育健壮植株；用50%福美双、40%拌种双、70%代森锰锌、75%百菌清、50%扑海因等拌种进行种子消毒，用量为种子重量的0.3%；发病初期及时喷洒25%阿米西达悬浮剂1500倍液、40%福星乳油8000～10000倍液。③黑腐病，主要为害叶和根，叶片感病叶缘呈“V”字形病斑，叶脉变黑，叶缘变黄，后扩展到全叶。根部感病后，导管变黑，内部组织干腐，后形成空洞。田间多与软腐病并发腐烂。防治方法：与非十字花科作物实行1～2年轮作；适时播种，不宜早播；采用50℃温水浸种30min进行种子消毒；发病初期喷洒72%农用硫酸链霉素可溶性粉3000～4000倍液。

2. 虫害及其防治 ①蚜虫，吸食植株汁液，并传播病毒。防治方法：喷洒5%除虫菊素乳油2000～2500倍液。②菜青虫，主要危害叶片。防治方法：幼虫三龄前喷洒10%除尽悬浮剂1500倍液，或2.5%菜喜悬浮剂1000～1500倍液等。③钻心虫，以幼虫为害，后期钻蛀为害造成根部腐烂。防治方法：喷洒5%除虫菊素乳油2000～2500倍液，或苏云金杆菌500～1000倍液等。

六、采收加工

夏季果实成熟时采割植株，晒干，搓出种子，除去杂质，再将种子晒干。

以粒大、饱满、油性大者为佳。

（童巧珍）

第十四章 驱虫药

要点导航

1. 掌握：槟榔分布区域、生态习性、生长发育规律、种质资源状况、栽培与采收加工技术。

2. 熟悉：使君子生长发育规律、栽培与采收加工技术。

3. 了解：已开展栽培（养殖）的驱虫药种类。

该类中药以驱除或杀灭人体寄生虫为主要功效。现代药理研究证明，驱虫药对寄生虫体有麻痹作用，使其瘫痪以致死亡。部分驱虫药有抗真菌、抗病毒及抗肿瘤作用。某些驱虫药还有促进胃肠蠕动、兴奋子宫、减慢心率、扩张血管、降低血压等作用。常用中药有使君子、苦楝皮、槟榔、南瓜子、鹤草芽、雷丸、贯众、鹤虱、榧子等。本章仅介绍槟榔、使君子的栽培技术。

槟　榔

槟榔为棕榈科槟榔 *Areca catechcu* L. 的干燥成熟种子，亦名榔玉、宾门、洗瘴丹、橄榄子、青仔等。槟榔始见于《南方草木状》，《名医别录》列为中品。其味辛、苦，性温，归胃、大肠经；具有杀虫、消积、行气、利水、截疟等功效；主要用于治疗绦虫病、蛔虫病、姜片虫病、虫积腹痛、积滞泻痢、里急后重、水肿脚气、疟疾等病症。现代研究证明，槟榔主要含有槟榔碱、异去甲槟榔碱、槟榔副碱、高槟榔碱、鞣酸等成分，具有驱虫、杀虫、增强肠胃运动、抑菌、抗病毒等药理活性。槟榔原产印度尼西亚、马来西亚等地，海南、台湾是我国槟榔主产区，云南、广东、福建、广西也有栽培。

一、形态特征

多年生常绿乔木，茎直立不分枝，有明显的环状叶痕。叶簇生于茎顶，羽片多数，两面无毛，狭长披针形，上部羽片合生，顶端有不规则齿裂。雌雄同株，花序多分枝；雄花小，无梗，具雄蕊 6 枚，花丝短，退化雌蕊 3 枚；雌花较大，具退化雄蕊 6 枚，合生；子房长圆形。果实长圆形或卵球形，橙黄色，中果皮厚，纤维质。种子卵形，基部截平，胚乳嚼烂状，胚基生。核果长椭圆形、椭圆形、圆形、圆锥形等。花期 4 ~ 8 月，果期 11 月至次年 5 月。

二、生态习性

喜高温湿润气候，耐肥，不耐寒，生长适温为 25 ~ 28℃，低于 16℃就有落叶现象，

5℃就受冻害。适宜在年降雨量1500～2200mm的地区生长。幼苗期荫蔽度50%～60%为宜，成年树应全光照。对土壤要求不高，但以土层深厚、有机质丰富的砂质壤土为宜，低山、谷底、岭脚、坡麓、平原溪边地、农村房屋和道路周围的闲置地均适宜种植，种子有果肉后熟特性。

三、生长发育规律

多年生常绿植物，植株最长寿命可达100年以上。从种子萌发出苗长成植株至开花结果约5～6年时间。其生命周期根据树龄可分为幼龄期、盛果期和衰老期。幼龄期果树产果少，一般年产果约100个，盛果期（20～30年树龄）平均年产果约200个，高产达300～400个以上，进入衰老期后产果略有下降，经济寿命一般可长达60年以上。种子具有果内后熟特性。

四、种质资源状况

槟榔属植物约60种，分布于亚洲热带地区和澳大利亚。我国有2种，分别为槟榔 *Areca catechcu* L. 和三药槟榔 *Areca triandra* Roxb.，作为中药使用的主要是槟榔，也是目前栽培的主要种，三药槟榔也有类似于槟榔的药理作用。

我国栽培槟榔已有2000多年的历史，由于长期栽培形成了许多变种、品种和类型。印度已经收集槟榔种质128份，形成了4大栽培品种。我国槟榔研究基础相对薄弱，对槟榔种质资源尚未进行明确划分，主要是根据种质来源、形态特征及长期进化出现的特异性进行分类。如根据果形划分，有长椭圆形、椭圆形、长卵形、卵形、倒卵形、圆形、圆锥形、纺锤形和枣形等；根据果色划分，有橙红色、橙黄色和黄色等；根据种质来源划分，有海南种、云南种、台湾种等。其中海南种和云南种果实较大，一般15～30个/kg，果形多为椭圆形、卵形；台湾种果实较小，35～40个/kg，果形多为枣形。经系统选育，目前已培育出热研1号、槟德1号和槟德2号等优良品种。

五、栽培技术

（一）选地与整地

对土壤要求不严，但由于槟郎属浅根性植物，不能选择地下水位很高的地方或者经常受水淹的田地，水位过高容易造成植株烂根死亡。一般选择背风向阳，土壤疏松肥沃的山坡谷地、河沟边、房前屋后、田头、地边种植。若在平常风大或台风必经之处种植，要营造防护林。选好地后，于雨季前砍山烧山。在坡度超过15°的山地，要挖宽1.5～2m，向内倾15°～20°的环山行。一般行距2.5～3m，株距2～2.5m。植穴80cm见方，60cm深，穴施基肥后回填表土，待雨季定植。每亩约100株。

（二）繁殖方式

主要是种子繁殖。

1. 种子选择 选择健壮、高产、无病虫害植株，最好是有20～30年树龄植株的槟榔果，要求果实饱满、无裂痕、无病斑、充分成熟、金黄色、大小均匀，鲜果20个/kg左右，果形为椭圆形和长卵形。

2. 催芽 一般收果后晒1～2天，使果皮略干，再行催芽。具体方法如下：选靠近水源并能起荫蔽作用的树底，在地上先铺1层河沙，再堆果实，堆高20cm，长度不限，但要便于淋水，再盖上厚度以不见果实为宜的稻草，每天淋水1次。7～10天果实表面开始发酵腐烂，即可取出种子用水洗净，重晒1～2天，晒时注意翻动，以提高发芽温度，然后继续堆放，重新盖稻草、淋水，20～30 天后，拣出具有白色小芽点的种子育苗。

3. 育苗 用高×宽=30cm×25cm 的塑料薄膜袋，底部打孔，先装入 3/5 营养土（表土: 火烧土: 土杂肥为 6:2:2），然后放进萌芽种子。芽点向上，再盖土至满袋，并撒少许细砂以免板结，上面再盖草，淋水至全湿为止。每天淋水 1 次，苗床上空架设遮阳网，以减少阳光直射。待苗有 4～5 片叶时，便可出圃移栽。

（三）田间管理

1. 遮阴 定植后的最初几年，根浅芽嫩，为保护幼苗不受烈日曝晒和减少地面水分蒸发，可在行间种植覆盖植物，或在周围间种经济作物、草本药用植物等，既可荫蔽幼树，又可压青施肥，防止土壤冲刷，保持林地湿润，还可增加收益。

2. 除草培土 幼龄期要保持植株周围无杂草，每年除草 3～4 次，并使土壤疏松。结合除草进行培土，把露出土面的肉质根埋入土中，以增强根系对养分和水分的吸收。除草培土后可将易腐烂的杂草覆盖回植株基部。

3. 施肥 幼龄期以营养生长为主，需要氮素较多，施肥以氮肥为主，植后第二年至结果前，每年要施 3 次肥，每株每次施堆肥 5～10kg、磷肥 0. 2～0. 3kg、尿素 0. 1kg，在植株旁边挖穴施下，盖土。

成龄植株营养生长和生殖生长同时进行，对钾肥要求较多。一般每年施肥 3 次：第一次为花前肥，在 2 月份花开前每株施腐熟厩肥 10kg、氯化钾 0. 15kg；第二次为青果肥，于 6～9 月每株施腐熟厩肥 15kg、尿素 0. 15kg、氯化钾 0. 1kg；第三次为入冬肥，以施钾肥为主，施肥量根据实际情况而定。

4. 保花保果 正常情况下，结果树 1 年内可开花、结果 3～4 次，并在每年的 4～9 月抽生新叶。整年的生长要消耗大量养分，且在开花、结果期易遭受病虫危害，容易造成落花落果现象，因此在生产上要注意改善栽培措施、加强肥水管理和病虫害防治，以提高坐果率，确保丰产。

（四）病虫害及其防治

1. 病害及其防治 ①黄化病，主要危害叶子，初期叶片上出现直径 1～2mm 半透明的梭形病斑，以后叶片顶端部变黄，并逐渐扩展到整个叶片，大部分感病株表现症状后 5 年枯顶死亡。防治方法：及时清除病株；加强栽培管理，增施草木灰等农家肥；在抽生新叶期间，喷施速灭杀丁、敌杀死等 1500～2000 倍药液。②炭疽病，病斑大，不规则形，灰褐色，具轮纹，边缘有双褐线围绕，其上密布小黑点，后期病组织破裂。防治方法：合理施肥，消灭荒芜；冬季清洁田园；用 1% 波尔多液或 70% 甲基托布津可湿性粉剂 1000 倍液或 80% 代森锌可湿性粉剂 800 倍液喷雾。③细菌性条斑病，主要危害叶子，初期叶片上病斑细条状，褐色，水渍状，半透明，周围有明显黄晕，而后病斑沿叶脉扩展并汇合形成较宽的长条斑，最后叶变褐枯死。防治方法：及时清除田间病死株，深埋或烧毁；发病初期喷 1% 波尔多液或 500ppm 链霉素或四环素，每 2 周喷 1 次。④果穗枯萎病，感病果枝呈暗褐色枯萎，果实上病斑呈灰褐色，略下陷，病部散生大量小黑粒，病果脱落。防治方法：参照炭疽病。

2. 虫害及其防治 红脉穗螟，主要钻食花穗和果实，偶见为害心叶。防治方法：在幼虫高峰期喷洒 20% 速灭丁 2000～4000 倍液或 2. 5% 敌杀死 4000 倍液。

六、采收加工

（一）采收

3～6月果实成熟即可采收。以成熟种子入药，果皮也是中药，称为大腹皮。采收方法是：植株较矮时，人伸手可及的直接采摘；植株较高，伸手不可及的可用镰刀捆在竹杆上采割，用编织网承接，以免摔坏。

（二）加工

采收后的成熟果实，晴天晒3～4天，捶破或用刀具剖开取出种子，晒干。阴雨天放入烘房烘7～10天，待干后剥去果皮，取出种子，烘干。

以果大体重、坚实、不破裂者为佳。

（李永华）

使君子

使君子为使君子科植物使君子 *Quisqualis indica* L. 的干燥成熟果实，始载于《南方草木状》。其味甘，性温，有小毒；归脾、胃经；具有杀虫消积之功效；主要用于治疗蛔虫病、蛲虫病、虫积腹痛、小儿疳积等病症。现代研究证明，使君子主要含有使君子酸、精氨酸、葫芦巴碱、C－氨基丁酸、使君子酸钾等成分，具有驱蛔虫、驱蛲虫、抗皮肤真菌等药理活性。分布于江西、福建、台湾、湖南、广东、四川、贵州和云南等省区，浙江南部及杭州、诸暨也有引种栽培。

一、形态特征

落叶攀援状灌木，嫩枝和幼叶有黄褐色短柔毛。叶对生，薄纸质，矩圆形、椭圆形至卵形，顶端渐尖，基部圆形或阔楔形，全缘，两面均被黄褐色柔毛。穗状花序顶生；苞片线状披针形，被毛，早落。花两性，萼筒绿色，细管状，顶端5齿裂，外被黄色柔毛；花瓣5，着生于花萼管口，两面被细毛，初开时白色，后变红色，椭圆形或倒卵状椭圆形，雄蕊10，2轮排列，着生于萼筒上部；子房下位，被毛，花柱线形，柱头略平。朔果橄榄形，具5棱，熟时黑色。种子1，白色。花期5～7月，果期7～10月。

二、生态习性

喜温暖、阳光充足的环境，怕风寒，需中等肥沃的砂质壤土，栽培或生于山谷林缘、溪边及平原地区较向阳的路旁。为严格的虫媒植物，白薯天蛾是其高效能的授粉昆虫，中华蜜蜂也有一定授粉作用。叶片形态结构及水分状况表明，使君子是介于旱生与湿生之间的中生植物类型。使君子产量是生物因子与物理因子合理配置的结果，其中荫蔽度和土壤水分是其生长发育的重要生态因子。

三、生长发育规律

早春（气温平均18℃～20℃）开始发新叶，随后现蕾开花，整个花期约5个月。由南向北，因气温不同，各地花期略有差异。分株定植后2～3年开花，一年分夏秋两季开花。夏季花期约30天（5月下旬至6月下旬），秋季花期8～9月。开花顺序先是顶生花穗，后为自下而上的侧生花穗，当年生枝上的顶生花穗几乎与去年生枝的上部侧生穗同时开。开花时间，依不同季节略有差异，从5月中旬至9月上旬，由每天的17:30时至19:30时，即太阳下山前后半h左右开始开花。通常在1～1.5h内开完当天花。花后

5～10天，通常7天在子宫顶端产生离层而花凋谢。

四、种质资源状况

该属植物主产于热带非洲和热带亚洲，全世界约17种，我国有2种。研究结果显示，不同产地使君子植株的叶色、叶形、萌芽时间、开花时间、花瓣特征等方面都有明显差异。从重庆、广东、广西三地品种中筛选出重庆地方品种，其抗逆性强，适应性较广，平均亩产量760kg，比广西地方品种高23%，比相对产量较高的广东地方品种高20%，可以推广应用。较深入的使君子良种选育工作正在进行中。

五、栽培技术

（一）选地整地

育苗地宜选择东西向的山脚或半阴的丘陵，以排灌方便、肥沃、疏松通气的砂土为好。定植地宜选有机质多、排水良好的砂质壤土，要求阳光充足、地势高、排水良好、pH6～7。地选好后，深翻耙平，剔除老草、稻茬，作龟背形畦，要求平直，保持通畅。育苗地于育苗前细耙整平作成宽1～1.2m、长6～10m的畦，沟深30cm，沟宽30cm；定植地于移栽前深翻40～50cm，平整，作成宽180cm的畦，沟深30cm，沟宽30cm。

（二）繁殖方法

可用播种、分株、枝插、压条和根插等方法繁殖。

1. 播种法 一般播后6～7年才能开花结果。最好在秋季（9～10月）采后即播，或采后将果实埋入稍湿润的沙中，次年春2～3月播种（可先在约30℃～40℃温水浸1天催芽）。苗床宽宜120cm，行距18～22cm，株距10cm，下种时种子尖端向下，果柄一端向上，斜插入土，厚约3cm的再盖细土，保持湿润，约1个月后发芽出土．苗期注意锄草，苗高10～15cm时即可带土移栽，或来年春天移栽。

2. 分株法 冬、春季将根部所发生的萌蘖连根分株移植，3～5年可结果。

3. 扦插法 在2～3月或5～8月进行。将藤剪下长约150～200cm，盘成小圆后，埋入土中2/3（留1/3在地面上），不需再移栽，3年后即可开花结果。将枝剪成长约30cm的短段，扦插，约埋2/3，亦可成活，育苗第二年春定植。

4. 压条法 春初选长藤弯在地上，使成波状，每隔30cm埋入土中一截，待生根，次年截段分栽。

5. 根插法 10～12月挖出部分根，选直径约3cm的根，剪成长约20cm的插条，进行扦插育苗。成片栽培者株行距可保持200～300cm，穴深30cm，宽60～100cm，栽后覆土压紧，浇水，每年除草2～3次，花前施肥1次，苗长200cm以上时要有攀附的地方，采果后最好能剪枝，使分布均匀，便于来年多结果。

（三）田间管理

1. 灌溉排水 春夏多雨季节及时开沟排水，沟深保持30～35cm。高温季节，田间过于干旱时应及时浇水。

2. 中耕除草 每年人工除草2次，第一次在5月上中旬，选晴天进行中耕，第一年深度可达10～15mm，以后宜浅，结合除草，施入春肥。第二次在8月上中旬，除去杂草覆盖于植株基部周围。

3. 枝条修剪 每年修剪1～2次，第一次在早春，枝条未萌芽时进行，第二次在采果后，以枝条分布均匀为原则。修剪宜在晴天进行。

4. 施肥 定植时将基肥施入定植穴，每穴施商品有机肥300g、草木灰400g、菜籽饼肥45g。每年春季新芽萌发后，5月上中旬，结合除草，施化学复合肥（氯化钾型）于植株周围，15～20kg/亩。在开花前和花谢结果初期各追肥1次，选傍晚或阴天，采用环状沟施，浇灌人畜粪水750～1000kg/亩。

5. 安全越冬 在霜降前须用稻草或塑料薄膜遮盖茎基；在冰冻前用稻草包裹藤蔓，并顺其伸展方向就地挖沟埋土50～60cm深，保护其安全越冬，翌年幼芽萌动前再掘出，去除覆盖物，引上支架，以待生长。

（四）病虫害及其防治

病害较少，虫害主要是舞毒蛾。舞毒蛾的防治方法为：加强管理，铲除杂草，整枝修剪，剪除枯枝、残枝、病虫害枝，并集中烧毁；人工摘除卵块，集中烧毁；灯光诱杀成虫；释放舞毒蛾天敌，如广大腿小蜂、舞毒蛾平腹小蜂；喷2.5%敌百虫粉剂或50%杀螟松乳油1000倍液。

六、采收加工

定植后3年开始开花结果。采收时间为10月下旬，当果壳由绿变棕褐色或黑褐色时，用长竹竿击落成熟果实并收集。采收后的果实放在篮、筐等容器内，置于通风处阴干或用微火烘干，以摇动有响声为度。忌在阳光下暴晒，以免果皮开裂，降低质量。

以个大、果皮色黄、果仁饱满者为佳。

（李　明）

第十五章 止血药

要点导航

1. 掌握：三七分布区域、生态习性、生长发育规律、种质资源状况、栽培与采收加工技术。

2. 熟悉：白及生长发育规律、栽培与采收加工技术。

3. 了解：地榆、艾叶原植物栽培技术；已开展栽培（养殖）的止血药种类。

该类中药以制止体内外出血为主要功效。味多苦涩，性有寒温之别。主归心、肝二经，兼归肺、胃、大肠等经。因其性有寒、温、散、敛之别，故有凉血止血药、化瘀止血药、收敛止血药及温经止血药之分。现代药理研究证明，多数止血药分别具有促进局部血管收缩、缩短凝血时间，改善血管壁功能、增强毛细血管对损伤的抵抗能力，降低血管通透性、抑制纤维蛋白溶酶活性等作用。

第一节 凉血止血药

该类中药甘苦寒凉，多数专入血分。能清泄血分之热而有止血作用，适用于血热妄行之各种出血症。常用中药有大蓟、小蓟、地榆、槐花、侧柏叶、白茅根、苎麻根、羊蹄等。本节仅介绍地榆的栽培技术。

地 榆

地榆为蔷薇科植物地榆 *Sanguisorba officinalis* L. 或长叶地榆 *S. officinalis* L. var. *longifolia*（Bert.）Yü et Li 的干燥根，后者习称“绵地榆”。地榆始载于《神农本草经》，被列为中品。其味苦、酸、涩，性微寒；归肝、大肠经；具有凉血止血、解毒敛疮等功效；主要用于治疗便血、痔血、血痢、崩漏、水火烫伤、痈肿疮毒等病症。现代研究证明，地榆主要含有皂苷类、酚酸类、黄酮类、甾体及其苷类等成分，具有止血、抗菌、抗炎、消肿、止泻和抗溃疡等药理活性。地榆广布于欧洲、亚洲北温带，国内分布广泛，主产于东北三省。此处仅介绍地榆的栽培技术。

一、形态特征

多年生草本。根粗壮，多呈纺锤形，稀圆柱形，表面棕褐色或紫褐色。茎直立，有棱。基生叶为羽状复叶，叶柄无毛或基部有稀疏腺毛；小叶片有短柄，卵形或长圆状卵形；茎生叶较少；基生叶托叶膜质，褐色，茎生叶托叶大，草质。穗状花序椭圆形、圆柱形或卵球形；苞片膜质，披针形；萼片4枚，紫红色，椭圆形至宽卵形；雄蕊4枚，花丝丝状；子房外面无毛或基部微被毛，柱头顶端扩大，盘形。果实包藏在宿存萼筒内，外面有4棱。花果期7～10月。

二、生态习性

喜温暖湿润环境，耐寒，对土壤要求不严，宜选腐殖质壤土或砂质壤土栽培。高温多雨季节生长最快，怕干旱。多生长于草原、草甸、山坡草地、灌丛中、疏林下、路旁或田边，海拔30～3000m。

三、生长发育规律

多年生草本，根系发达。种子休眠属种壳休眠，破除休眠可采用98%浓硫酸处理，以酸蚀30分钟为宜，发芽率为85.33%；最适萌发温度为20℃；200mg/L赤霉素浸种，发芽率可达到86.67%。由于人工栽培历史较短，未见有关植株生长发育规律的研究报道。

四、种质资源状况

除地榆外，同种内还有4个变种，它们的主要区别在于基生小叶及花色的差异。①腺地榆，本变种茎、叶柄及花序梗或多或少有柔毛和腺毛，叶下面散生短柔毛，花果期7～9月，产黑龙江、陕西、甘肃，生山谷阴湿处林缘，海拔630～1820m；②粉花地榆，本变种与原变种区别在于花粉红色，产黑龙江、吉林等地；③长叶地榆，基生叶小叶带状长圆形至带状披针形，基部微心形，圆形至宽楔形，茎生叶较多，与基生叶相似，但更长而狭窄，花穗长圆柱形，花果期8～11月，产黑龙江、辽宁、河北、山西、甘肃、河南、山东、湖北、安徽、江苏、浙江、江西、四川、湖南、贵州、云南、广西、广东、台湾，生山坡草地、溪边、灌丛中、湿草地及疏林中，海拔100～3000m；④长蕊地榆，本变种与长叶地榆十分相近，但花丝长4～5mm，比萼片长0.5～1倍，花果期8～9月，产黑龙江、内蒙古。生沟边及草原湿地，海拔100～1300m。地榆的人工栽培刚刚开始，种植面积不大，生产中尚未见有选育优良品种的报道。

五、栽培技术

（一）选地与整地

春播或秋播。北方露地栽培，可从春季至夏末直播。种植前，选排水良好、土层深厚、疏松肥沃土地，若地力贫瘠宜多施基肥，一般施腐熟农家肥2500kg/亩，深耕20～25cm，耙细整平后作畦，畦宽120～150cm。条播或穴播均可。

（二）繁殖方法

播种或分株繁殖。

1. 播种繁殖 条播时，按行距40cm开深1～2cm沟，将种子均匀播入沟内，覆土，稍加镇压，再浇水。穴播时，株距25cm，每穴2～3粒种子，覆土1cm。出苗前保持土壤湿润，约2周出苗。每亩播种3kg。

2. 分株繁殖 多在春季萌芽前或秋季采挖时，将粗根切出入药，用带茎、芽的小根作种苗，每株可分成3～4小株，穴植，每穴栽1株，按行距30～40cm、株距25cm挖穴。穴深视种苗大小而定，栽后覆土，浇足定根水。

（三）田间管理

1. 间苗 幼苗高5～7cm时，按株距10cm间苗，待苗高10～13cm时，按株距20～

25cm 定苗。

2. 中耕除草 幼苗期间可结合间苗进行除草、松土。为防止倒伏，松土后可在根部培土压根。

3. 施肥 生长期间施肥要做到少施勤施，宜施腐熟人粪尿。

4. 灌溉 虽然植株生长环境粗放，也少见病虫害，但若长期干旱，会使植株提早抽薹开花，趋向野生状态。为获得品质好、产量高的药材，需经常灌溉，使土壤保持见干见湿状态。

（四）病虫害及其防治

少见病虫害，有时会发生根腐病。发病时，根中下部出现黄褐色锈斑，之后逐渐干枯腐烂，植株枯死。防治方法：发现病株，及时拔除烧掉；喷洒50%退菌特1000倍液，每15天喷药1次，共3～4次。

六、采收加工

春季发芽前或秋季苗枯萎后采挖，除去茎、叶和须根，洗净，晒干。

以条粗、质坚。断面粉红色者为佳。

（李卫东）

第二节　化瘀止血药

该类中药性味多苦辛甘平，具有辛散苦泄之性。既能止血，又能化瘀，部分中药尚有消肿定痛之效。常用中药有三七、茜草、蒲黄、降香等。本节仅介绍三七的栽培技术。

三　七

三七为五加科植物三七 *Panax notoginseng*（Burkill）F. H. Chen ex C. H. Chow 的干燥根和根茎，亦名田七、田三七、参七、参三七、金不换、滇七等。其味甘、微苦，性温；归肝、胃经；具有散瘀止血、消肿定痛等功效；主要用于治疗咯血、吐血、衄血、便血、崩漏、外伤出血、胸腹刺痛、跌扑肿痛等病症。现代研究表明，三七主要含有三七皂苷、三七素、三七多糖A、黄酮类等成分，具有止血、抗血栓、保护心肌、防止脑组织损伤及扩血管、降压、镇痛、抗炎等多种药理活性。本种仅见人工栽培，迄今未发现有野生分布。主要栽培于云南、广西两省区，广东、福建、江西、湖北、四川以及浙江等地也有引种栽培，为我国名贵中药之一，云南和广西是三七的主要道地产区。

一、形态特征

多年生草本，高30～60cm。主根肉质，呈倒圆锥形或圆柱形。根茎短粗，俗称“羊肠头”。地上茎直立，光滑无毛，单生，不分枝，有纵条纹。叶为掌状复叶，3～6枚轮生茎顶，具长柄；小叶3～7片，形态变化较大，中间1片最大，长椭圆形至倒卵状长椭圆形。伞形花序单生于茎顶，花多数，两性，初开时黄绿色，盛开时白色；花萼、花冠各5枚。浆果肾形，成熟时鲜红色，内有白色种子1～3粒，扁球形。花期7～9月，果期9～11月。

二、生态习性

喜温暖、稍阴湿环境。对光敏感，喜斜射、散射、漫射光照，忌强光、直射光照，一般透光度以30%左右为宜。光照过弱，植株徒长，叶片柔软，主根增长缓慢，容易得病；光照过强，植株矮小，叶片容易灼伤。喜潮湿，但怕积水，土壤含水量以22%～40%为宜。生长适宜温度18℃～25℃，夏季气温不超过35℃，冬季气温不低于零下5℃。对土壤要求不严，适应范围广，但以疏松、排水良好的砂壤土为好，土壤pH 4.5～8。凡过黏、过砂以及低洼易积水的地段不宜种植，忌连作。

三、生长发育规律

多年生宿根草本，从播种到收获，一般需要3年以上。一年生三七只有1枚掌状复叶，通常作为种苗；二年生有2～3枚掌状复叶，每枚复叶常由3～7片小叶构成，开始抽薹开花；三、四年生三七一般生3～5枚掌状复叶，每枚多数由7片小叶构成，少数多达9片小叶。五年以上三七复叶数可达6枚。营养充足，发育条件适宜，掌状复叶数多。

两年生以上的三七，在产区是2～3月出苗，出苗期10～15天。出苗后便进入展叶期，展叶初期茎叶生长较快，通常15～20天株高就能达到正常株高的2/3，其后茎叶生长缓慢。一般在7月现蕾，8月开花，9月结实，10～11月果实分批成熟。在生长周期内有2个生长高峰，分别为营养生长高峰（4～6月）和生殖生长高峰（8～10月）．在整个生长周期内，干物质累积呈增长趋势，4～8月为干物质累积最快时期，12月达到最大值。

在自然条件下，种子寿命仅为15天左右。种子具后熟性，保存在湿润条件下，才能完成生理后熟而发芽。种子发芽适温为20℃左右，低于5℃或高于30℃种子都不能萌发。种子不耐干燥，一经干燥就会丧失生命力。因此，宜随采随播，或作层积处理。

四、种质资源状况

人参属共有植物约11种，分布于亚洲东部、中部及北美洲，我国有10种。三七野生种已绝种，栽培种主产云南和广西。三七近缘种有姜状三七、疙瘩七、屏边三七等。三七没有品种之分，在长期的栽培过程中通过人工选育和提纯复壮，已具有品种的基本特性，并在大田生产中产生了一些特殊的变异类型，如绿茎三七（茎秆绿色）、紫茎三七（茎秆紫色）、过度型茎三七（茎秆颜色介于绿色与紫色之间），绿三七（块根断面绿色）和紫三七（块根断面紫色）等变异类型。绿茎三七在生产上表现为植株高大、块根大、产量高等优良农艺性状，绿三七的折干率高于紫三七，淀粉含量比紫三七高38.07%，而紫三七总皂苷含量比绿三七高48.52%。因此，三七的优良品种选育应以绿茎、紫块根为主要对象。

五、栽培技术

（一）选地与整地

选海拔400～1800m，坡度在5°～15°，排水良好的缓坡地，土质以富含腐殖质的壤土或砂壤土为宜。农田地前作以玉米、花生或豆类为宜。地块选好后，要休闲半年至1年，多次翻耕，深15～20cm，促使土壤风化。有条件的地方，可在翻地前铺草烧土或每亩施石灰100kg，作土壤消毒。最后一次翻地每亩施充分腐熟厩肥5000kg、饼肥50kg，整平耕细，作畦，畦向南，畦宽1.2～1.5m，畦间距50cm，畦长依地形而定，畦高30～40cm，畦周用竹竿或木棍拦挡，以防畦土流坍，畦面呈龟背形。

（二）繁殖方法

以种子繁殖为主。

1. 选种 选用生长旺盛、长势健壮、抗逆性强的3~4年生植株所结种子，在每年10~11月果实成熟呈紫红色时，采收果大、饱满、无病虫害的红果作种用。

2. 种子处理 种子应随采随播。将采收的红果放入竹筛，搓去果皮，洗净，晾干表面水分。用65%代森锌400倍液，或50%托布津1000倍液，浸种10分钟进行消毒。

3. 播种育苗 11月上旬至下旬播种。按行株距6cm×5cm点播，每穴放种子1~2颗，覆土1.5cm，浇足水，畦面盖1层稻草，保持畦面湿润和抑制杂草生长，约2个月即可出苗。每亩用种约10万粒，折合果实约12kg。

4. 苗期管理和移栽 天气干旱时应经常浇水，雨后及时排除积水，定期除草。苗期追肥一般以磷肥为主，通常追施3次。第一次在3月份苗出齐后，后2次分别在5月、7月。苗期天棚透光度要根据不同季节光照度变化加以调节。育苗1年后移栽，时间一般在12月至翌年1月，要求边起苗、边选苗、边移栽。起根时，严防损伤根条和芽胞。选苗时要剔除病、伤、弱苗，并分级栽培。根据根的大小和重量，三七苗分三级：千条根重2kg以上的为一级；千条根重1.5~2kg的为二级；千条根重1.5kg以下的为三级。移栽行株距：一、二级为18cm×18cm，三级为15cm×15cm。种苗栽前要消毒，多用300倍代森锌浸蘸根部，浸蘸后立即捞出晾干并及时栽种。

（三）田间管理

1. 除草和培土 为浅根植物，根系多分布于15cm地表层，因此不宜中耕，以免伤及根系。幼苗出土后，畦面杂草应及时除去，在除草的同时，如发现根茎及根部露出地面时应进行培土。

2. 淋水、排水 干旱季节要经常淋水保持畦面湿润。淋水时应喷洒，不能泼淋，否则造成植株倒伏。在雨季，特别是大雨过后，要及时排除积水，防止根腐病及其它病害发生。

3. 搭棚与调节透光度 植株喜阴，栽培时需搭棚遮荫，棚高1.5~1.8m，棚四周搭设边棚。棚料就地取材，一般用木材或水泥预制行条作棚柱，棚顶拉铁丝作横梁，再用竹子编织成方格，铺设棚顶盖。透光过少，植株细弱，易发生病虫害，且开花结果少；透光过足，叶片变黄，易出现早期凋萎现象。一般应掌握“前稀、中密、后稀”的原则，即春季透光度大，夏季透光度稍小，秋季气温转凉，透光度又逐渐扩大。

4. 追肥 要掌握“多次少量”的原则。一般幼苗萌动出土后，撒施2~3次草木灰，每亩用50~100kg，以促进幼苗生长健壮。4~5月施1次混合有机肥（厩肥、草木灰2∶1），每亩用2000kg。留种地块加施过磷酸钙15kg，以促进果实饱满。冬季清园后，每亩再施混合肥2000~3000kg。

5. 打薹 为防止养分无谓消耗，集中供应地下根部生长，植株于7月出现花薹时，应摘除全部花薹。打薹应选晴天进行。

（四）病虫害及其防治

1. 病害及其防治 ①立枯病，主要为害种子、种芽及幼苗等。防治方法：结合整地用杂草烧土，或每亩用1kg氯硝基苯作土壤消毒处理；施用充分腐熟农家肥，增施磷钾肥，以促使幼苗生长健壮，增强抗病力；严格进行种子消毒处理；未出苗前用1∶1∶1倍波尔多液喷洒畦面，出苗后用苯并咪唑1000倍液喷洒，7~10天喷1次，连喷2~3次；

发现病株及时拔除，并用石灰消毒处理病穴；用50%甲基托布津1000倍液或50%腐霉利1000倍溶液喷洒，5~7天喷1次，连喷2~3次。②根腐病，主要为害根部，造成根局部腐烂坏死，地上部分枯死。防治方法：喷洒10%叶枯净+70%敌克松+50%多菌灵+水（1:1:1:500）；及时清理病株，对其周围环境进行消毒处理。③黑斑病，全株均可被感染，尤其是茎、叶及幼嫩部分最易发病，受害也较严重。防治方法：清除病株和杂草，降低植株间的空气湿度；喷洒40%菌核净500倍溶液和58%腐菌利1000倍溶液，交替使用。④三七疫病，主要为害叶子，受害叶子呈暗绿色水渍状。防治方法：冬季清园后用2波美度石硫合剂喷洒畦面，消灭越冬病菌；发病前喷洒1:1:200倍波尔多液，或65%代森锌500倍液，或50%代森铵800倍液，每隔10天喷1次，连喷2~3次；发病后喷洒50%甲基托布津800倍溶液，每隔5~7天喷1次，连喷2~4次。

2. 虫害及其防治 ①小地老虎，幼虫在植株叶背取食，将叶片吃成小孔、缺刻或取食叶肉留下网状表皮。防治方法：人工捕捉；以鲜蔬菜:冷饭或蒸熟的玉米面:糖:酒:敌百虫按10:1:0.5:0.3:0.3比例混合配成毒饵诱杀，早晚各1次。②蚜虫，为害茎叶，使叶片皱缩，植株矮小，影响生长。防治方法：用40%乐果乳油1500倍液喷杀，7~10天喷1次，连喷2~3次。③短须螨，群集于叶背吸取汁液，使其变黄、枯萎、脱落，花盘和红果受害后萎缩干瘪。防治方法：清洁田园；喷0.2~0.3波美度石硫合剂，每隔7天喷1次，连喷2~3次；发病盛期喷20%三氯杀螨砜800~1000倍液。④蛞蝓，咬食幼苗、花序、果实。防治方法：冬季翻晒土壤；发生期于畦面撒施石灰粉或喷洒3%石灰水。

六、采收加工

（一）采收

一般种植3年以上即可收获。7~8月开花前收获者，称为“春七”，质量较好，若7月摘去花薹，到10月收挖更好。12月至翌年1月结籽成熟采种后收获者，质量较差，称为“冬七”。收获前1周，在离畦面7~10cm高处剪去茎秆，收获时，用铁耙挖出全根。

（二）加工

根部挖回后摘除地上茎，洗净泥土，剪去芦头（羊肠头）、支根和须根，剩下部分称“头子”。将“头子”暴晒1天，进行第一次揉搓，使其紧实，反复多次，直到全干，即为“毛货”。将“毛货”置麻袋中，加粗糠或稻谷往返冲撞，使外表呈棕黑色光亮，即为成品。如遇阴雨，可在50℃以下烘干。

以体重、质坚、表面光滑、断面色灰绿或绿色者为佳。

（李永华）

第三节 收敛止血药

该类中药以收敛为特长。味多苦涩，性属寒凉。因其性主收涩，为出血之对证之品。常用中药有白及、仙鹤草、藕节、棕榈炭、檵木等。本节仅介绍白及的栽培技术。

白 及

白及为兰科植物白及 *Bletilla striata*（Thunb.）Reichb. f. 的干燥块茎，亦名连及草、甘根、白给、箬兰、朱兰，为常用中药之一。其味苦、甘、涩，性微寒；归肺、肝、胃经，具有收敛止血、清热利湿、消肿止痛等功效；临床上广泛用于治疗咳血、吐血、外伤出血、疮疡肿毒、皮肤皲裂、肺结核、吐血溃疡病出血等病症。现代研究证明，白及主要含有联苄类、二氢菲类、菲类、黄酮类、2－异丁基苹果酸、葡萄糖氧基苄酯类、多酚类等成分，具有止血、保护胃粘膜等药理活性。分布于河南、陕西、甘肃、山东、安徽、江苏、浙江、福建、广东、广西等地，野生于海拔 100～3200m 的常绿阔叶林或针叶林下、路边草丛或岩石缝中。主产于贵州、四川、湖南、湖北、安徽、河南、浙江、陕西，云南、江西、甘肃、江苏、广西等地亦产。以贵州产量最多，质量亦好，销全国并出口。

一、形态特征

多年生草本球根植物，株高 18～60cm。假鳞茎扁球形，上面具荸荠似的环带，富粘性。茎粗壮，劲直。叶 4～6 枚，狭长圆形或披针形。花序具 3～10 朵花，常不分枝或极罕分枝；花序轴或多或少呈“之”字状曲折；花苞片长圆状披针形，开花时常凋落；花大，紫红色或粉红色；萼片和花瓣近等长，狭长圆形；花瓣较萼片稍宽；唇瓣较萼片和花瓣稍短，倒卵状椭圆形，白色带紫红色，具紫色脉；唇盘上面具 5 条纵褶片，从基部伸至中裂片近顶部，仅在中裂片上面为波状。花期 4～5 月。

二、生态习性

白及野生于海拔 500～1500m 的山坡草丛、沟边及疏林下，喜温暖、阴湿环境。稍耐寒，耐阴性强，忌强光直射。

三、生长发育规律

块茎扁球形，带 2～3 个芽眼。冬季温度低于 10℃，块茎基本不萌发。来年 2 月块茎开始萌动，萌发缓慢。种子萌发先出根后出芽，靠根的伸长把子叶顶出土表，随后种皮脱落，子叶展开，并由淡黄色转变为绿色。日平均温度达 15℃～20℃时，20～25 天后陆续出苗。3 月下旬少数开始展开第一片叶，先端渐尖，基部收狭成鞘并抱茎，之后 10～15 天开始抽薹展开 3～4 片叶。4 月初植株叶子已展开完成，呈狭长圆形。叶片4～5 片，叶长约 12cm，叶宽约 3cm，4 月底为全苗期。至 5 月中旬，花朵开始凋谢，部分开始结实。地上部分生长集中在 6 月前，从开始萌发到出苗平均每月生长约 7cm。其中，尤以 4～5 月生长最快，月生长量达 8. 13cm，7 月后苗高基本不再变化。9 月叶片开始发黄枯萎，10 月基本倒苗。来年 2 月底块茎又重新萌发，3 月下旬又开始展开第一片叶。

四、种质资源状况

白及属植物有 9 种，均分布于东亚地区，从亚洲的缅甸北部经中国至日本。我国产 4 个种，包括白及 *B. striata*（Thunb.）Reichb. f. 、小白及 *B. yunnanensis* Schltr. 、黄花白及 *B. ochracea* Schltr. 和华白及 *B. sinensis*（Rolfe）Schltr. 。有变种白花白及，花白色，园艺品种尚有蓝、黄、粉红等色。目前尚未见白及种质分化的研究报道，生产中也无优良品种育成。

五、栽培技术

（一）选地整地

选疏松肥沃的砂质壤土和腐殖质壤土，温暖、稍阴湿环境。在排水良好的山地栽种时，宜选阴坡生荒地。不宜选排水不良、粘性重的土壤栽种。

栽前翻耕土壤20cm以上，施厩肥和堆肥，每亩施农家肥1000kg，没有农家肥时可撒施三元复合肥50kg，再翻地使土和肥料拌均匀。栽植前浅耕1次，把土整细、耙平，作宽130～150cm的高畦。

（二）繁殖方法

采用块茎繁殖。9～10月份收获时，选大小中等、芽眼多、无病块茎，每块带1～2个芽，沾草木灰后栽种，随挖随栽。开沟，沟距20～25cm，深5～6cm，按株距10～12cm放块茎1个，芽向上，填土，压实，浇水，覆草，经常保持潮湿，3～4月出苗。较为寒冷的地区，在开春3～4月栽种。每亩用种苗约100kg。

（三）田间管理

1. 中耕除草 在生长过程中，每年要多次中耕除草。第一次在4月苗出齐后；第二次在6月植株生长旺盛期，同时也是杂草生长最快的时期，有草就除，保持田内无杂草；第三次在8～9月份；第四次在10月份，如果实行间作可结合收获间作物进行。中耕宜浅，避免伤根。

2. 追肥 在生长发育期间，每年要追肥多次，通常是3次。前2次分别在4月、6月中耕除草时进行，每次每亩施用稀薄人畜粪水1500～2000kg。8～9月份追施1次浓人畜粪水2000kg，施后再用厩肥1000kg、过磷酸钙30kg混合沤制后拌草木灰1000kg，撒在畦面上，结合第三次中耕除草，盖草压在畦土内。

3. 排灌 喜阴湿，栽培地要经常保持湿润，遇天旱要淋水，保持畦土湿润。又怕涝，大雨后要及时疏沟排水，排除积水，防止块茎腐烂。

4. 越冬保护 不耐寒，通过盖马粪或覆土可起到冬季防寒、抗冻保温的作用。

5. 间作 植株矮小，栽培周期需4年，为充分利用土地，可在第一、第二年冬季与蔬菜等间作套种。

（四）病虫害及其防治

1. 病害及其防治 ①黑斑病，主要为害叶片。防治方法：喷洒70%甲基托布津湿性粉剂1000倍液。②根结线虫病，主要为害根部。防治方法：用3%呋喃丹颗粒剂处理土壤。

2. 虫害及其防治 常见有地老虎、金针虫为害。防治方法：人工捕杀和诱杀或拌毒土；将地虫绝施入苗床上，或用50%锌硫磷乳油700倍液液浇灌畦面。

六、采收加工

一般栽后4年可采收，多在8～10月采挖。挖出块茎后，除去残茎、须根。在清水中浸泡1h后，洗净泥土，放沸水中煮5～10min，取出烘至全干。去净粗皮及须根，筛去杂质。

以个大、饱满、色白、半透明、质坚实者为佳。

（童巧珍）

第四节　温经止血药

该类中药味多苦辛，性多温涩，以温脾固冲、温经止血为主要功效，兼有温中散寒、止泻止痛之作用。适用于脾不统血、冲脉失固之虚寒性出血病症。常用中药有艾叶、炮姜等。本章仅介绍艾叶的栽培技术。

艾　叶

艾叶为菊科植物艾 *Artemisia argyi* Lévl. et Vant. 的干燥叶，属于传统中药，始载于《神农本草经》。其味辛、苦，温；有小毒；归肝、脾、肾经；具有温经止血，散寒止痛，外用祛湿止痒等功效；主要用于治疗吐血，衄血，崩漏，月经过多，胎漏下血，少腹冷痛，经寒不调，宫冷不孕，外治皮肤瘙痒。现代研究证明，艾叶主要含有挥发油等成分，具有抗菌、平喘、利胆、抗过敏等药理活性。艾分布广，除极干旱与高寒地区外，几遍及全中国，蒙古、朝鲜、前苏联（远东地区）也有。以湖北蕲州（今蕲春县）产者为佳，称“蕲艾”，属于道地药材。

一、形态特征

多年生草本，茎具明显棱条，上部分枝，被白色短绒毛，单叶互生，卵状三角形或椭圆形，有柄，羽状深裂，两侧 2 对裂片，椭圆形至椭圆状披针形，中裂片常 3 裂，裂片边缘均具锯齿，上面暗绿色，密布小腺点，稀被白色柔毛，下面灰绿色，密被白色绒毛，茎顶部叶全缘或 3 裂。头状花序排列成复总状，总苞卵形，密被灰白色丝状茸毛，筒状小花带红色，外层雌性花，内层两性花，瘦果长圆形，无冠毛。花期 7～10 月，果熟期 11～12 月。

二、生态习性

喜温暖、湿润气候，在潮湿肥沃土壤上生长发育良好。生于低海拔至中海拔地区的荒地、路旁河边及山坡等地，也见于森林草原及草原地区，局部地区为植物群落的优势种。

三、生长发育规律

生长繁盛期气温为 24℃～30℃，高于 30℃时植株茎杆易老化，抽生分枝，病虫害加重。冬季气温低于 -3℃时，当年生宿根生长不好。

四、种质资源状况

至今未见有关艾种质资源的研究报道，生产中也无优良品种育成。

五、栽培技术

（一）选地与整地

1. 育苗地　选土层深厚、疏松、肥沃、排水、透气、保肥能力较强，富含腐殖质的砂质壤土作为苗床地，三犁三耙，将土层整松，厢面充分整平压实，并结合整地每亩施充分腐熟厩肥 1500～2000kg。

2. 种植地　以土层深厚、通透性好、有机质丰富的中性土壤为好。根据种植地土层结构特点，适度掌握犁耙次数，结合整地每亩施充分腐熟厩肥 1500～2000kg，均匀混合翻入土层，然后修沟做厢待种。

（二）繁殖方法

种子、根状茎或分株繁殖。此处仅介绍种子繁殖法。

1. 播种 立春后进行。由于种子细小且轻，播前将装种的布袋在25℃～28℃温水中浸泡30分钟，然后摊开与细土充分混合，选无风日，均匀轻撒播种，每亩用种0.5kg。播后不能填土覆盖，只能选择保温、保湿、通风透气能力较好的光亮稻草（不能选择烂、霉稻草）薄层覆盖。

2. 苗期管理 注意观察苗床墒情，以土壤含水量60%为度；幼苗出芽率达80%，长出7～8片真叶，苗高达3～4cm时揭草，动作要轻。追施尿素1次，每亩用量2～4kg；除草3次，第一次于出苗现出2～3片真叶没有揭草时，用手轻拔，第二次于揭草时手工轻拔，第三次于间苗时视草情轻锄，间下来的弱、瘦、残苗带离田园深埋。

3. 出圃定植 出圃时间为4月上旬。出圃方法：从厢面一头顺势深掏，起苗时达到不伤皮、不伤叶、不伤根，保证主根完整、须根不折。出圃苗须迅速移植，按株行距40cm×50cm定植。

（三）田间管理

1. 中耕除草 在栽种当年中耕除草3次，即5月、7月及11月收获后除草。以后每年在春季萌发后，于6月第一次收获和11月第二次收获后各锄1次。

2. 追肥 栽植成活后，苗高30cm时，每亩施尿素6kg作提苗肥。阴雨天撒施，晴天叶面喷施。11月上旬，施农家肥、厩肥、饼肥等作为基肥。

3. 灌溉、排水 厢面整成龟背形，使排水沟通畅。干旱季节，苗高80cm以下时叶面喷灌，苗高80cm以上时全园漫灌。

（四）病虫害及其防治

艾由于含挥发油较多，气味浓郁，穿透性强，生产中几乎未发现有病虫害。但采收期之后，由于叶片挥发油含量降低，气温升高（日均温30℃以上），自然界虫口密度增大，未采收的艾叶有瓢虫咬食现象。为预防病虫害发生，可采取如下措施：每次收获后及时清场，去除残枝败叶，集中深埋或焚烧；在采收后的空地上，植株未出芽前，地表喷洒多菌灵或甲基托布津；每年冬季深翻土壤，杀灭虫卵，阻止虫卵在土中越冬。

六、采收加工

（一）采收

端午节前后1周，选晴天12:00～14:00采收。此时生长旺盛，茎杆直立未萌发侧枝，未开花，挥发油含量最高，药材质量最好。

（二）加工干燥

采收时，先割取全株，人工清除杂质，将艾叶脱下，摊在竹席上置于室内阴干。1～2天翻动1次，以免沤黄。先期要勤翻，待至七成干时，可3天翻1次，九成干时可1周翻动1次。叶片含水量小于15%时即可。

以叶厚、色青、背面灰白色，绒毛多、香气浓郁者为佳。

（李卫东）

第十六章 活血化瘀药

要点导航

1. 掌握：川芎、丹参、红花、土鳖虫分布区域、生态习性、生长发育规律、种质资源状况、栽培（养殖）与采收加工技术。

2. 熟悉：延胡索、牛膝、水蛭生长发育规律、栽培（养殖）与采收加工技术。

3. 了解：五灵脂、穿山甲原动物养殖技术；已开展栽培（养殖）的活血化瘀药种类。

该类中药味辛、苦，性温、平，主归肝、心经，入血分，善走散通行，具有疏通血脉、祛除血瘀等功效，临床主要用于治疗瘀血阻滞所引起的疼痛、瘀阻等症。现代研究证明，该类中药药理作用广泛，尤以对心血管和血液系统作用较强，能够改善心功能，调节心肌代谢，扩张冠状功脉，降低冠脉阻力；抑制血小板聚集，提高纤维蛋白溶解酶活性，改善血凝状态，预防血栓形成，促进血栓溶解。此外，尚有抑制病原微生物，增强巨噬细胞及单核细胞的吞噬功能，调节体液免疫及细胞免疫，减轻渗出及炎症反应等作用。根据其功效差异，又分为活血止痛药、活血调经药、活血疗伤药、破血消癥药等四类。

第一节 活血止痛药

该类中药大多具有辛行辛散之性，活血每兼行气，有良好的止痛作用，主治气血瘀滞所导致的痛证，如头痛、胸胁痛、心腹痛、痛经、产后腹痛、痹痛及跌打损伤瘀痛等。常用中药有川芎、延胡索、郁金、姜黄、乳香、没药、五灵脂等。本节仅介绍川芎、延胡索的栽培技术及五灵脂的养殖技术。

川芎

川芎为伞形科植物川芎 *Ligusticum chuanxiong* Hort. 的干燥根茎，属于传统中药，始载于《神农本草经》，被列为上品。其气辛，味温；入肝、胆经；具有行气开郁、祛风燥湿、活血止痛等功效；主要用于治疗风冷头痛眩晕、胁痛腹疼、寒痹筋挛、经闭、难产、产后瘀痛、痈疽疮疡等病症。现代研究证明，川芎主要含有挥发油、生物碱、内酯等成分，具有镇静、扩张冠状和血管、增加冠脉血流量、改善心肌缺氧状况、抑菌等药理活性。分布于四川、贵州、云南一带，多为栽培，主产四川（灌县、崇庆）。云南亦产，称作“云芎”。

一、形态特征

多年生草本。地下茎呈不整齐的结节状拳形团块。茎直立，圆柱形，中空，表面有纵直沟纹。叶互生，2~3回单数羽状复叶，小叶3~5对，边缘又作不等齐的羽状全裂或深裂，裂片先端渐尖；叶柄长9~17cm，基部成鞘抱茎。复伞形花序生于分枝顶端，有短柔毛；总苞和小总苞片线形；花小，白色；萼片5，线形；花瓣5，椭圆形；雄蕊5，与花瓣互生，花药椭圆形，2室，纵裂，花丝细软，伸出于花瓣外；雌蕊子房下位。双悬果卵形。花期7~8月，幼果期9~10月。

二、生态习性

喜温暖、雨量充沛、日照充足的环境，生长于海拔600~1000m的坝区或丘陵，年平均气温15℃左右，年降雨量700~1400mm，平均相对湿度80%，无霜期300多天。幼苗期怕烈日、高温。在高温季节，雨水过多，湿度过大，根易腐烂。适宜生长于土壤耕层深厚、土质疏松肥沃、排水良好、腐殖质含量丰富、中性或微酸性的砂质壤土，最适宜土壤为灰潮油沙土。忌涝洼地及连作。

三、生长发育规律

生育期280~290天，分育苓期、苗期、茎发生生长期、倒苗期、二次茎叶发生生长期、根茎膨大期。每年12月底至次年7月为育苓期，在川芎产区的中山地带海拔1000~1500m的向阳坡地，培育川芎苓种。8月中旬栽种至9月底发叶和根，为苗期，进入茎发生生长期后，茎发生并迅速生长。从12月下旬至次年2月初进入倒苗期，茎叶逐渐枯黄、凋落，进入越冬阶段。二次茎叶发生生长期从翌年2月初至4月中旬，长出新叶、发生新茎并快速生长。4月中旬至5月下旬进入根茎膨大期，根茎干物质积累多，且迅速增大。根在生长前期以吸收作用为主，后期主要起贮藏干物质的作用，茎既是无性繁殖材料，又起运输作用，茎、叶都有两个生长较快的时期。川芎营养元素含量、积累量因生育时期不同存在明显差异。干物质积累量在各生育期的差别大，前期茎叶干物质积累量比根茎大，后期根茎积累干物质量比茎叶大。

四、种质资源状况

藁本属植物约60种，分布于北半球，我国约30种，大部分地区均有分布。川芎有上千年的栽培历史，四川省是主要栽培地，云南、贵州、广西、湖北、湖南、江西、浙江、江苏、陕西、甘肃等地也均有引种栽培。经调查，至今未找到川芎野生类型，各地所产均为久经栽培的引种品。四川主产区都江堰市和彭州市所栽培的川芎，在坝区5月、山区7~8月采收时，从植株形态上观察，多数川芎植株地上近节部茎有红色或淡红色，少数植株茎纯绿色，除此之外，没有其他差异，未能找到形态较为特异的类群。四川以外的类群，如江西的“抚芎”，以及日本的“东川芎”，与四川川芎相比，形态差异显著，属于不同的栽培品种，而是否属于不同的物种，尚需准确的遗传学分析。

五、栽培技术

（一）选地与整地

1. 苓种培育地　选择海拔1000m以上，气候阴凉的高山阳山，或半阴半阳的低山生荒地或粘壤土。栽前除尽杂草，就地烧灰作基肥，挖深30cm，耙细整平，作成宽1.5m左右的畦。

2. 大田栽植地 平坝地区栽培，前作多是早稻，早稻前茬最好是苕子、紫云英等绿肥。早稻收割后铲去稻桩，开沟作畦，畦宽约1.6m，沟宽30cm、深约25cm，表土挖松整成鱼背形。最好每亩先用堆肥或厩肥2500kg撒施畦面，与表土混匀。

（二）繁殖方法

1. 培育苓种 ①繁殖苓子，于12月下旬至翌年1～2月上旬，将坝区川芎挖起，除去须根和泥土，然后运到海拔1000m以上的山区培育“苓子”。立春前，耙细畦面，抚芎按大、中、小分级栽种。分别按株行距：30cm×30cm、25cm×25cm、20cm×20cm见方挖穴，穴深6～7cm，每穴栽大的抚芎1个，小的2个，芽口向上，栽稳压实，施堆肥或水肥，覆土填平穴面。②育苗管理，齐苗后进行1次中耕除草疏苗；扒开土壤，露出根茎顶端，选留粗细均匀、生长健壮的杆茎8～10根，其余全拔除。3月下旬至4月底各中耕除草1次，中耕宜浅，避免伤根。结合中耕除草追施，每次每亩施用腐熟粪水2500kg和菜子饼100kg。③收获苓子，于7月中、下旬，当茎节盘显著膨大、略带紫色、茎杆呈花红色时，选晴天早晨采挖。收挖后，选留健壮植株，除去叶片、根茎，称“山川芎”，亦可供药用。将所收茎杆捆成小捆运往阴凉山洞贮藏作繁殖材料。④苓子的贮藏，苓子在阴凉处贮藏，先在地面上铺一层茅草，将茎杆交错堆放其上，再用茅草盖好。7～10天上下翻动1次。立秋前取出，按节的大小，切成3～4cm长的短节，每节中间必须留有节盘1个，即成“苓子”。每100kg“抚芎”可产“苓子”200～250kg。

2. 大田种植 ①选种及苓子处理，山地运回的苓种，放于阴凉干燥处摊开放置一周，剔除有虫孔、节盘中空和节上无芽的芎苓子。将选好的苓子用50%多菌灵500倍液或1∶150倍大蒜液浸种20min，取出晾干，备用。②栽种，于立秋前后进行，不得迟于8月底。选晴天进行栽种，按苓子大小分级栽种，当天栽完为好。栽时在畦面上横向开浅沟，行距30～40cm，深3cm左右。按株距17～20cm将苓子斜放入沟内，芽头向上轻轻按紧，外露一半在土表。同时在行与行之间的两头各栽苓子两个，每隔10行的行间再栽1行苓子，以作补苗之用。栽后用腐熟粪水或土杂肥混合堆肥覆盖苓子的节盘。最后在畦面上盖1层稻草遮光。每亩用苓子30～40kg。主产区四川药农多采用栽苓专用工具“菩耙子”栽种，速度快，质量好。

（三）田间管理

1. 中耕除草 一般进行3次。第一次在8月下旬齐苗后，浅锄1次；间隔20天第二次中耕除草，宜浅松土，切勿伤根；再隔20天第三次除草，此时正值地下根茎发育盛期，只拔除杂草，不宜中耕。翌年1月中、下旬当地上茎叶开始枯黄时清理田间枯萎茎叶，在根际周围培土，以利根茎安全越冬，产区药农称“媷冬药”。

2. 追肥 川芎栽种后的2个月内需要集中追肥3次，可结合中耕除草进行。第一次亩施腐熟粪水1000～1500kg、腐熟饼肥25～50kg，加3倍水稀释，混合均匀穴施；第二次每亩用腐熟粪水1500～2000kg、腐熟饼肥30～50kg，兑2倍水稀释施入；第三次在霜降以前，每亩先施入腐熟粪水2000～2500kg，兑1倍水稀释施入，过后用饼肥、火土灰、堆肥、腐熟粪水等500kg混合成干肥，于植旁穴施，施后覆土盖肥。翌年元月“媷冬药”时，结合培土再施1次干粪，2～3月返青后，再增施1次稀薄腐熟粪水，可促使生长发育，提高产量。

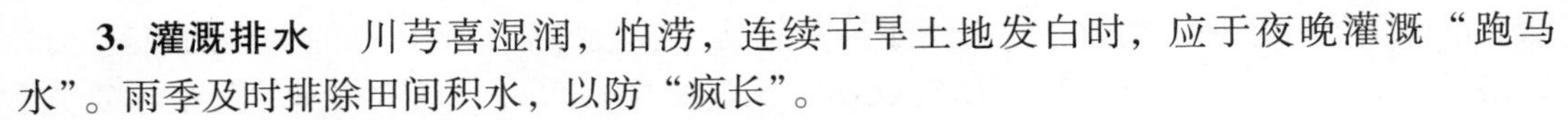

3. 灌溉排水　川芎喜湿润，怕涝，连续干旱土地发白时，应于夜晚灌溉“跑马水”。雨季及时排除田间积水，以防“疯长”。

（四）病虫害及其防治

1. 病害及其防治　①叶枯病，多在5～7月发生。为害叶片。发病时，叶部产生褐色、不规则的斑点，随后蔓延至全叶，致使全株叶片枯死。防治方法：发病初期喷65%代森锌500倍液、50%退菌特1000倍液或1:1:100波尔多液防治，每10天1次，连续3～4次。②白粉病，7～10月发生，高温高湿时发病严重。主要为害叶片。发病初期，叶背和叶柄上出现灰白色的白粉，后期病部出现黑色小点，严重时使茎叶变黄枯死。防治方法：收获后清理田园，将残株病叶集中烧毁；发病初期，用25%粉诱宁1500倍液或50%托布津1000倍液喷洒，每10天1次，连喷2～3次。③根腐病，在生长期和收获时发生。主要为害根部。发病根茎内部腐烂成黄褐色软腐状，有特殊臭味，地上部分叶片逐渐变黄脱落。防治方法：在收获和选种时，剔除有病的“抚芎”和已腐烂的“苓子”，栽种前用50%多菌灵500～800倍液浸种20min；注意排水，尤其是雨季，防治地面积水；③发生后立即拔除病株，集中烧毁，以防蔓延。

2. 虫害及其防治　①川芎茎节蛾，整个生育期为害茎、根状茎，以幼虫蛀入茎杆，咬食节盘，为害苓子，造成缺苗，严重时多半绝收。防治方法：在育苗和芽子贮藏期，喷洒90%敌百虫1000～1500倍液；栽种前用40%乐果1000倍液浸泡苓子3h，然后下种；幼虫钻入前或钻入初期，喷洒40%乐果1000倍液。②蛴螬，为金龟子幼虫，9～10月为害幼苗。防治方法：灯光诱杀，或人工捕杀；用90%敌百虫1000～1500倍液浇注根部周围土壤；将石蒜鳞茎洗净捣碎，追肥时每挑腐熟粪水放3～4kg石蒜浸出液浇灌。③种蝇，幼虫为害根状茎、苓盘，造成根腐而全株死亡。防治方法：用90%敌百虫800倍液浇灌根部。

六、采收加工

（一）采收

栽后第二年5月下旬或6月上旬采收，山区在7月中旬采收。夏季当茎上的节盘显著突出，并略带紫色时采挖。采收过早根茎不够充实，质量和产量低；过晚则气温高，雨水多，根茎易腐烂。采收时，选晴天挖出根茎，抖掉泥土，除去茎叶，分开大小。在田间晾晒3～4h后运回加工。节盘（芎苓子）留作种用。

（二）加工干燥

晒干或烘干均可。撞去表面泥土，平铺在炕床上，自炕床下吹入无烟煤（不能用有烟煤）燃烧的热风，烘干过程应注意时常翻动，使之受热均匀。8～10h后取出，堆积发汗，再用小火烘5～6h，直至用刀砍开中心不软。放冷后，撞去表面残留须根和泥土即可。烘干过程要严格控制温度，火力不宜过大，温度不得超过70℃。

以个大饱满、质坚实、断面色黄白、油性大、香气浓者为佳。

（龙　飞）

延胡索

延胡索为罂粟科植物延胡索 *Corydalis yanhusuo* W. T. Wang 的干燥块茎，又名延胡、玄胡索、元胡索、元胡，是我国常用中药之一。其味苦、辛，性温；归肝、脾经；具有活血散瘀、行气止痛等功效；主要用于治疗胸胁、脘腹疼痛、胸痹心痛、经闭痛经、产后瘀阻、跌扑肿痛等病症。现代研究证明，延胡索主要含有延胡索甲素、延胡索乙素、延胡索丙素、延胡索丁素、掌叶防已碱、二氢血根碱等生物碱类成分，具有镇痛、催眠、镇静、抗心律失常、抗口腔溃疡等药理活性。野生延胡索主要分布于东经112°~121°、北纬29°~33°长江中下游两岸的丘陵地区，包括浙江北部、江苏南部、安徽中南部、河南南部和江西北部地区。栽培延胡索主产于浙江磐安、东阳、缙云、永康等地，以磐安最多。此外，陕西、甘肃、四川、云南和北京等地均有引种栽培。

一、形态特征

多年生草本，块茎圆球形，质黄。茎直立，常分枝，基部以上具1鳞片，有时具2鳞片，通常具3~4枚茎生叶，鳞片和下部茎生叶常具腋生块茎。叶二回三出或近三回三出，小叶三裂或三深裂；下部茎生叶常具长柄；叶柄基部具鞘。总状花序疏生5~15花。苞片披针形或狭卵圆形，全缘。花梗花期长约1cm，果期长约2cm。花紫红色。萼片小，早落。外花瓣宽展，具齿，顶端微凹，具短尖。上花瓣瓣片与距常上弯，距圆筒形，下花瓣具短爪，向前渐增大成宽展的瓣片。柱头近圆形。蒴果线形，具1列种子。花期7~8月，幼果期9~10月。

二、生态习性

分布于海拔200m~800m丘陵山区的半阴坡，生长于落叶乔木林下湿润的、夹土的石丛中，或同样土质的落叶小乔木林中。喜温暖湿润气候，畏强光照射。耐寒，怕旱，忌水淹。生长季节短，对肥料要求较高。

三、生长发育规律

为根浅、喜肥植物，生长季节短，一般在“冬至”前后出苗，“惊蛰”前后开花，“立夏”前后收获。生长发育阶段不同对温度有不同的要求。一般情况下，各阶段的适宜温度为：根生长发育及顶芽萌发适温为18℃~20℃；地下茎生长为6℃~10℃；出苗为6℃~8℃；地上部分生长为10℃~16℃；地下根茎增长为14℃~18℃。根状茎在10月初萌芽，11月初开始伸长，沿水平方向略向上生长。11月下旬形成根状茎第一个节，继续长出第二个节、第三个节，至2月上旬根状茎基本形成。2月下旬母元胡形成后，子元胡才开始逐渐形成，其形成和发育大约需50天。3月下旬为子元胡膨大时期，3月下旬至4月下旬为块茎重量增长最快期。地上部分在1月下旬至2月上旬出苗，气温7℃~10℃出苗最快，刚出苗时叶片弓形弯曲，叶色紫红，随气温升高渐伸展成掌形状叶，光照后变成深绿色或绿色。花期一般在2~3月，幼苗期一般仅2~3枚叶片，以后逐渐增多。植株生长后期地上茎的叶片可达10片以上，叶片覆盖整个厢面。4月下旬至5月上旬地上部分枯死。

四、种质资源状况

紫堇属植物约有428种，广泛分布于除北极地区以外的北温带地区。我国有288种，南北各地均有分布，以西南地区最集中。该属生物多样性突出，由于其地下器官的性状较地上器官稳定，学者们惯用地下器官划分属下类群。1999年出版的《中国植物志》第32卷在属下设41组，我国产39组。药用延胡索主要来源于实心延胡索组。此外薯根延胡索组和叠生延胡索组一些植物的球茎在民间也作延胡索使用。

经过长期栽培，延胡索种质出现了明显分化，形成了一些农家品种。目前生产上可利用的延胡索农家品种有大叶型、小叶型及混合型三种。其中，大叶型延胡索生长旺盛，植株高大，块茎均匀，一级品率及百粒重较高，适宜在生产中推广应用。

五、栽培技术

（一）选地与整地

选阳光充足、地势较高、排水良好、表土层疏松而富腐殖质的砂质壤土和冲积土，以近中性或微酸性为宜。忌连作，一般需间隔3~4年再种，前茬以禾本科或豆科作物为好。深翻20~25cm，精细耕耙，使表层土疏松。调成宽100~110cm、深20cm的龟背形高畦，沟宽40cm，以利排水。

延胡索生长期短，根浅喜肥，施足基肥是增产的关键。每亩一般要用15%三元复合肥50~75kg或过磷酸钙50~60kg，加碳酸铵75~100kg、氯化钾12.5kg作基肥。

（二）繁殖方法

以块茎进行无性繁殖。在植株地上部分枯死前选择生长健壮、无病虫害的地块作为留种地。收获时选当年新生的直径1.2~1.6cm左右无病虫害和伤疤的块茎为种茎。先置于室内通风处摊放数天，待块茎表皮稍干时，置干燥阴凉的室内进行沙藏待种。

种茎于9月下旬至10月播种。播种时间宜早不宜晚，主产区药农有“早下种胜施一遍肥”之说。播种方法有条播、撒播、点播3种。撒播和点播虽然块茎分布均匀，但管理不便。现今多采用条播，便于中耕除草。具体方法为：按行距10~15cm，开深5~7cm浅沟，在沟内按株距5~8cm，将种茎交互排成2行栽入沟内，芽头向上，边栽种、边施肥、边覆土，播种后每亩再施栏肥800~1000kg作为盖种肥，然后栏肥上再覆盖细土，厚度以掩没栏肥为度。最后轻轻刮平畦面，每亩用种60~75kg。

（三）田间管理

1. 中耕除草 为浅根作物，地下块茎沿土表生长。一般不中耕，只用手拔除杂草。在10月中、下旬块茎生长初期可进行1次浅松土。翌年春季萌发后，见草就除，一般用手拔除，做到田间无杂草。遇有缺株，以畦边壮苗补栽，做到全苗、壮苗。

2. 追肥 除基肥外，应重施腊肥，在12月上、中旬，每亩施入人粪肥1500~2000kg、氯化钾20~40kg。2月上旬适当追施苗肥，催苗生长，亩施人粪肥1000kg。此外，3月下旬叶面喷施2%磷酸二氢钾溶液有利于块茎膨大。遇连绵阴雨，撒施草木灰5~10kg，每周撒施1次，不但有肥效，还有杀菌防病作用。

3. 灌溉、排水 栽种后遇天气干旱要及时灌水，每次灌水宜漫灌急退，不要淹没垄面，不能使灌水在田间内停留过长时间，更不能过夜。降雨多时，要加强排水，保持土壤湿润而不积水。4月下旬后接近收获时，要停止灌水。

（四）病虫害及其防治

1. 病害及其防治 病害主要有霜霉病、菌核病和锈病等，以霜霉病分布地区较广、危害较为严重。①霜霉病，主要危害叶部。发病初期，被害叶片产生褐色小点，病斑边缘不明显，后病斑逐渐密布全叶。当湿度较大时在叶背生成一层灰白色霜状物。防治方法：低温多雨时及时开沟排水；播前用50%苯骈咪唑400倍液浸种10min；发病初期喷洒50%甲基托布津800倍液，每亩75~90kg，7天1次，连喷4~5次。②菌核病，3月中旬开始发病，4月发病严重。主要危害植株接近表土的茎叶基部，产生黄褐色或深褐色棱形病斑。湿度较大时，茎基软腐，植株倒伏，发病叶片初呈圆形水渍状病斑，后变青褐色，严重时成片枯死，土表布满白色棉絮状菌丝和大小不同的不规则形状的黑色鼠粪状菌核。防治方法：水旱轮作；增施磷、钾肥；及时排水降湿；清除病株病土；撒施1:3石灰和草木灰混合物；出苗前喷洒1:1:300倍波尔多液，出苗后每亩喷洒5%氯硝胺粉剂2kg；发病初期喷洒50%速克灵，或50%扑海因，或50%农利灵可湿性粉剂1000～1500倍液，每7～10天1次。③锈病，主要危害茎、叶，发病初期在叶面出现不规则黄绿色暗斑，后期病斑明显，呈橘黄色，病斑处略凹陷。叶背病斑处隆起，并着生有橘黄色凸起胶状物。防治方法：水旱轮作，3～4年轮种1次；增施磷钾肥；雨季及时排水；3月上、中旬开始，喷洒50%二硝散制成的200～250倍药液，每7～10天用药1次；发病初期喷洒20%粉锈灵1000倍液，每隔7～10天喷1次，连喷2～3次。

2. 虫害及其防治 主要有小地老虎、金针虫等，咬食幼苗。防治方法：用敌百虫药液浇注；撒施敌百虫毒饵诱杀；人工捕捉。

六、采收加工

一般在4月至5月中旬，当地上茎叶枯黄时采收。选晴天挖掘块茎，除去须根，擦去老皮，过筛、分级。倒入沸水中煮沸，不断搅拌，大块茎煮4～5min，小块茎煮3min，煮至无白心为度，捞起，晾晒。晒3～4天后，堆放室内2～3天，反复2～3次即可干燥。亦可在50℃～60℃温度下烘干。

以个大、饱满、质坚、色黄、内色黄亮者为佳。

（李效贤）

五灵脂

五灵脂为鼯鼠科动物复齿鼯鼠 *Trogopterus xanthipes* Milne－Edwards 或飞鼠科动物小飞鼠 *Pteromys volans* L. 的干燥粪便，始载于《开宝本草》。其味甘，性温，无毒；入肝经；具有疏通血脉、散瘀止痛等功效；主要用于治疗血滞、经闭、腹痛、胸胁刺痛、跌扑肿痛和蛇虫咬伤等病症。现代研究证明，五灵脂主要含有焦性儿茶酚、苯甲酸、3－蒈烯－9，10－二羧酸、尿嘧啶、五灵脂酸、间羟基苯甲酸、原儿茶酸、次黄嘌呤、尿囊素等成分，具有降低心肌耗氧量、抗凝血、缓解平滑肌痉挛、抗结核等药理活性。复齿鼯鼠分布于河北、山西、青海、甘肃、云南等地，小飞鼠分布于东北、内蒙古、河北、山西、新疆等地。两种五灵脂均以河北、山西为主产地。此外，甘肃、吉林、新疆、北京郊区亦产。此处仅介绍复齿鼯鼠的养殖技术。

一、形态特征

复齿鼯鼠体长268～300mm，尾长260～270mm，后足长50～60mm，耳长30mm或更长。体背面黄褐带赤褐色或浅淡土黄色杂以灰色；前后足背面鲜黄褐色，有时带浅淡赤色；眼圈赤褐色或黄褐微带赤色，耳簇毛长而黑，体腹面白色，毛基部灰色；尾灰色带黄褐色调，有的上面远端有许多黑色长毛，下面远端2/3呈黑色。后足蹠垫裸露，位于足底内侧，呈卵圆形。第二上前臼齿较大，其齿冠比任一上臼齿的都大。第一上前臼齿小，紧靠在第二上前臼齿的前内侧，故从外侧看，被遮盖起来。第一到第三上臼齿大小约相等，其珐琅质型式复杂和不规则，经磨损后即形成一复杂的珐琅质系统。由于它的臼齿齿冠珐琅质型式甚为复杂，故名复齿鼯鼠。

二、生态习性

复齿鼯鼠是夜行性动物，白天伏于巢内，夜间出洞活动，尤以晨昏活动最为频繁。

复齿鼯鼠性情孤僻，喜安静，一般一洞一鼠独居，除哺乳期外很少2~3只在一起，复齿鼯鼠活动起来动作灵敏，向上窜爬尤如松鼠一般敏捷，由高处向下可利用本身特有的飞膜滑翔，远可达百余米。复齿鼯鼠素有“千里觅食一处屙”的习性，即不管到多么远的地方觅食，大小便总是回到自己固定的洞穴里排泄，此排泄洞穴多在其居住的洞穴附近，但比其居住的洞穴要大得多，所存积的粪便常年堆积不霉烂，排泄洞穴常有尿液沿壁流下，时间长了形成一条条“铁锈色”尿痕，所以复齿鼯鼠的粪便很容易被发现和掏取。

复齿鼯鼠主要生活在海拔1360~2750m的山区。常在陡峭山崖的岩洞或石隙内营巢，洞口一般离地高30m以上。洞间距近者为1~2m，远者可达10余米。洞内有巢窝，以苔草类枝叶构成，通常一巢一鼠。排粪在距洞口10~15m处，粪便集中在一处。多以侧柏、油松、栎树的枝叶、籽实以及山杏、山核桃、白屈菜、石黄莲等为食。其粪便的颜色和味道与其摄入的食物种类有关。比如，以侧柏枝叶、籽实为主食者，其粪便光亮乌黑，有柏树的气味，味苦；以偏重油松，兼顾栎树、白屈菜为主食者，粪便则偏黄红，干燥无光泽、无苦味。由于五灵脂需求量较大，而野生品采集不易。现河北、山西山区一带，推广人工饲养采集，在兼顾药用的同时，还保护了五灵脂资源的可持续利用。

三、生长发育规律

复齿鼯鼠每年繁殖1次。12月下旬至1月为发情期。从发情到交配需4~6天。妊娠期74~82天（也有3个半月的），每胎通常1~2仔，偶尔有3~4仔。初生幼仔体长30~50mm，体重20~80g，全身裸露；5天后开始长出稀毛，20~30天开始睁眼；45天毛长全，体重约100g；90天左右能出窝吃植物的叶；90~120天断奶，体重可达160g。幼鼠到90天换好胎毛。2岁以上者春秋季换毛2次，先由头部向后脱换。复齿鼯鼠寿命达10年以上。

四、种质资源状况

复齿鼯鼠是中国的特有种，共4个亚种。①指名亚种，又叫河北复齿鼯鼠 *Xanthipes xanthipes* Milne－Edwards，体型较小，体背面鲜黄褐赤色，喉及体腹面白色，前后足背面鲜黄褐色，分布于河北西部平山、涉县山区，辽宁，吉林，山西和陕西南部秦巴地区的洛南、商州、山阳、柞水、安康、宁陕、石泉和西乡等地。②湖北亚种，身体较大，体背面鲜黄褐色，体腹面白色，足背面赤褐色，分布于湖北的宜昌和四川的城宾、苍溪、万源、达县、南充、万县、巫溪、南江、平武、黑水、二郎山、理县、金川、灌县、峨眉、宜宾、屏山、筠连、叙永、秀山等地。③云南亚种，体毛色较灰，头和体背面浅淡呈土黄色而非鲜黄褐色，也有的是呈灰色，分布于云南西北部丽江一带以及四川的巴塘等地。④藏南亚种，分布于西藏南部措美等地。因复齿鼯鼠养殖历史较短，养殖生产中尚无品种出现，更未见优良品种选育研究报道。

五、养殖技术

（一）野生鼯鼠捕捉

在采集五灵脂的同时，发现有鼯鼠居住的洞，即可伸手或爬入洞内捕获。不同的捕捉季节，对鼯鼠的成活率有很大关系。捕捉死亡率最高在5~8月。繁殖在山西省，复齿鼯鼠12月下旬开始发情交配，翌年3~4月产仔，4~7月间幼鼠处于哺乳期，还不能独立觅食，此时捕捉的幼鼠大都死亡。雌鼠1~4月为怀胎期，如进行捕捉，易引起流产或遭误伤，引起内脏出血而致死。另一方面，鼯鼠在6~8月份从海拔较高且凉爽的山区被捉后，移到山下或室内饲养，因气温、环境突然改变也会大量死亡。因此，捕捉鼯鼠的最适时间在9~11月份为宜。

（二）饲养室设置

根据野生鼯鼠的生活习性，饲养室应以土窑洞饲养比较适宜，土窑洞夏天一般比砖房凉爽，冬天保温。室内用木板或纸箱筑成长60cm，宽和高各30cm的长方体饲养箱，便于鼯鼠单独居住，箱内放些垫草。室内的较高处设排便板，并竖几根木椽，便于鼯鼠上下活动。在室内角落放一盛水的浅水缸。

（三）饲料与喂养

鼯鼠在野生状态中是一种植食性动物，主要吃多种树叶、籽仁。在家养条件下还可以吃各种水果、煮熟的玉米面。并且食盐也是鼯鼠必不可少的食用成分除给鼯鼠饮淡水外，还可加饮浓度1%~2%的淡盐水或将食盐撒于地上。加喂食盐比不喂食盐的鼯鼠体质健壮，抗病力强。适时调节鼯鼠的饲料，可增加食欲。在发情前1~2个月到怀胎以至哺乳期间，喂一些含维生素多的食物，如萝卜、梨、山果类及煮熟的玉米面，对发情、交配、产仔及仔鼠的生长发育是有益的。

（四）繁殖技术

鼯鼠的发情期一般从12月下旬开始到翌年1月中旬结束，大约一个月左右。发情开始鼯鼠相互追逐叫唤，此时雌雄生殖器均外翻挺出呈红色状，持续1~4天后，即可自行交配，数h内可连续交配多次。交配时，雌雄鼠发情必须同时达到高潮才会受精，否则会发生咬伤等现象。雌鼠如果没有受精怀孕，几天后还要发情，重新交配。交配后怀胎约70~90天即可产仔。产仔多在夜间进行。整个鼠群的产仔期可从3月上旬一直延续到4月下旬约二个月时间。生下的仔鼠一个月后睁眼，40天身上开始长毛，并逐渐暂离母体外出活动。哺乳期一般在100~120天，有的可长达150天。雌鼠每年产仔一次，每胎1~3只，雌鼠一般可哺乳2只仔鼠，超过2只，会因缺乳而造成全部或部分死亡。因此，如雌鼠产仔超过2只，就必须将余下的仔鼠取出，另找“义母”代养。

（五）度夏和越冬管理

复齿鼯鼠性喜安静、清洁，干燥通风，夏季凉爽，冬季温暖的环境。人工饲养时，窝内常年均要垫草，夏季宜薄，冬季或产仔前后应垫厚些，并保持垫草干燥，以适于鼯鼠的生长繁殖。夏季饲养室内高温、高湿，通风不良加之跳蚤大量繁殖，鼯鼠日夜不得安宁，抗病力降低，可造成死亡。冬季只要饲养室温度保持在10℃以上，鼯鼠便可安全越冬。

六、采收加工

全年可采收，但以秋冬采收为多，春采者为佳。五灵脂采集后，将砂石、泥土等杂质除净，按形状分为灵脂米和灵脂块两类供用。

灵脂块以块状、黑棕色、有光泽、油润而无杂质者为佳；灵脂米以表面粗糙，外黑棕色、内黄绿色，体轻无杂质者为佳。灵脂块的质量优于灵脂米。

（金国虔）

第二节 活血调经药

该类中药大多辛散苦泄，以活血祛瘀为主要功效，尤善调畅血脉而以调经为其特点。主治血瘀痛经、经闭、月经不调以及产后瘀滞腹痛等病症，亦可用于瘀血所致的其他痛症、癥瘕及跌打损伤、疮痈肿毒等。常用中药有丹参、红花、桃仁、益母草、泽兰、牛膝、鸡血藤、王不留行、月季花、凌霄花等。此处仅介绍丹参、红花、牛膝的栽培技术。

丹 参

丹参为唇形科植物丹参 *Salvia miltiorrhiza* Bge. 的干燥根及根茎，为常用中药之一。其味苦，性微寒；具有祛瘀止痛、活血通经、清心除烦等功效；主要用于治疗月经不调、经闭痛经、癥瘕积聚、胸腹刺痛、热痹疼痛、疮疡肿痛、心烦不眠、肝脾肿大、心绞痛等病症。现代研究证明，丹参含有丹参酮ⅡA、隐丹参酮、丹参酮Ⅰ、迷迭香酸、原儿茶酸、丹酚酸等成分，具有抗肿瘤、抗炎、保护心肌、抗氧化、保肝以及抑制中枢神经系统等药理活性。丹参适应性较强，全国大部分省区均有分布。常野生于林缘坡地、沟边草丛、路旁等阳光充足、空气湿度大、较为湿润的地方。现全国大部分地区均有栽培，主产于河南、山东、四川、江苏、安徽等地。

一、形态特征

多年生草本，全株密被黄白色柔毛及腺毛。根细长圆柱形，外皮朱红色。茎直立，方形，表面有浅槽。单数羽状复叶，对生，有柄；小叶片卵形、广披针形。总状花序，顶生或腋生；小花轮生，小苞片披针形；花萼带紫色，长钟状，先端二唇形；花冠蓝紫色，二唇形；发育雄蕊2，花丝柱状，药隔细长横展，丁字着生，花药单室，线形，伸出花冠以外，退化雄蕊2，花药退化成花瓣状；子房上位，花柱伸出花冠外，柱头2裂，带紫色。小坚果4，椭圆形，黑色。花期5~8月，果期8~9月。

二、生态习性

性喜温暖气候，在年平均气温12.5℃~17.1℃地区可正常生长发育，生长最适温度为20℃~25℃，高于32℃时生长发育受阻，越冬期温度低于-15℃时会遭受冻害。喜光，生长期内要求年日照时数1700~1900h，旺长期要求日照时数6~8h。耐旱，怕涝，要求年降水量650~880mm，空气相对湿度65%~75%，大于80%或小于60%对植株生长发育都有一定影响。播种期要求降水量20~25mm，才能保证正常出苗。移栽期降水量宜大于30mm，旺盛生长期（6~8月）降水量宜大于350mm。对土壤要求不严格，中性、微酸、微碱均可，但以土层深厚、中等肥沃、排水良好的砂壤土为宜。忌连作，也不宜与豆科作物轮作。

三、生长发育规律

种子细小，播后约15天出苗，当年种子出苗率较高，陈年种子发芽率极低。以根段无性繁殖时，当地温达15℃~17℃时，根开始萌发，根条上段比下段发芽生根早。植株年生长发育分为三个阶段：3~7月为地上茎叶生长旺季，植株开始起苔、陆续开花结果、茎分枝；8~11月为地下根系生长旺季，根系加速分枝、膨大，大部分根发育成肉质；11月底至翌年3月初为越冬期，平均气温10℃以下时，地上部分开始枯萎，地下部分生长缓慢。7～8月若连续出现30℃以上高温天气，地上部分茎叶易枯死，此后由植株基部长出新的茎叶。

四、种质资源状况

目前，在丹参品种选育研究方面已经开展了大量工作。如有人通过收集与纯化山东、河北两地的丹参种质资源，筛选出了圆叶、狭叶、矮茎、高茎4个品系，并用统计学方法比较了其生物学性状和产量差异，发现矮茎丹参在生产性状上优于其他种质，圆叶丹参单果产籽率最高，高茎丹参容易感染病害。丹参的单倍体育种、多倍体育种、辐射育种、太空育种等工作均有开展，选育出的一些优良品种已经通过地方品种审定。

五、栽培技术

（一）选地与整地

1. 育苗地　选择地势较高、土层疏松、灌溉方便的地块，翌春播种前翻耕2次，结合整地，每亩施充分腐熟厩肥或土杂肥1000kg、磷酸二铵10kg，整细耙平后，作成高25cm、宽1.2m的畦，畦沟宽30cm，四周开好排水沟，以待播种。

2. 种植地　宜选择向阳、土层深厚、疏松、肥沃、地势较高、排水良好的砂质壤土地块；若在山地种植，则宜选向阳低山坡，坡度不宜太大。前茬作物收获后，每亩施农家肥1500～2000kg，深翻30cm以上，耙细整平，作成宽80cm、高25cm的畦，畦沟宽25cm。四周开好排水沟。

（二）繁殖方法

可采用种子繁殖、分根繁殖、扦插繁殖和芦头繁殖，生产上多采用种子繁殖。

1. 种子繁殖　直播或育苗移栽。①采种及种子处理，6～7月上旬，当果穗2/3果皮变枯黄时，剪下果穗，捆扎成束，置通风处晾3～5天，脱粒，然后用水清洗种子，晾干。若不及时播种，可将种子置于阴凉、干燥处保存。②种子直播，7～8月或翌年3月播种。条播或穴播。条播：在整好的种植地上开深2～3cm的沟，将种子均匀撒入沟内，覆土，播种量0.5kg/亩。穴播：在种植地上按行距30～40cm、株距20～30cm挖穴，每穴播入5～10粒种子，覆土。如天气干燥，播种前浇透水再播，15天左右即可出苗，苗高7cm左右时间苗。③育苗，6月底或7月初，种子收获后即可播种。将种子与2～3倍细土混匀，均匀撒播于苗床上，用扫帚拍打使种子和土壤充分接触，覆盖稻草，浇透水。每亩用种2.5～3.5kg，播后15天即可出苗。齐苗后揭去覆盖物，若幼苗瘦弱，每亩追施尿素5kg。苗高6～10cm时间苗，并按株距5cm左右定苗。

2. 分根繁殖　选择一年生健壮无病虫害的鲜根作种根，根粗1～1.5cm。将种根切成5～7cm长的根段。在苗床上按行株距25cm×20cm开穴，穴深7～9cm，每穴施入粪肥或土杂肥约0.5kg，并与底土拌匀，然后将种根栽入穴内，每穴栽1～2段，覆土2～3cm。栽后60天左右即可出苗。

3. 芦头繁殖　选择无病虫害的健壮植株，留长2～2.5cm的芦头作种苗，按行株距25cm×20cm挖穴，穴深约5cm，每穴栽入种苗1株，芦头向上，覆土以盖住芦头为度，浇水。栽后40天左右即可生根发芽。

4. 扦插繁殖　南方于4～5月，北方于7～8月进行。选择无病虫害、生长健壮的枝条，切成长约10cm的小段，保留部分叶片。在畦面上按行株距20cm×10cm开沟，将插穗斜插入土中1/2～1/3。插后保持畦面湿润，搭棚遮阴，20天左右即可生根。当根长3cm左右时即可移栽。

5. 移栽　一般在3月初进行。在整好的种植地上，按行株距20～25cm×20～25cm开穴，穴深以种苗根能伸直为宜。若苗根过长，则剪掉一部分，保留10cm长即可。将种苗直立于穴中，培土、压实至微露心芽，栽后浇水。根茎、芦头和扦插繁殖的栽种时间一般在11月上旬或2～3月进行。

（三）田间管理

1. 中耕除草　移栽后，当苗高10cm时松土除草1次，6月中旬杂草生长速度加快时应除草1次，8月下旬再进行1次。

2. 摘除花蕾　除留种田外，其余地块均应及时摘除花蕾，以促进根部生长。摘蕾时避免损伤茎叶。

3. 追肥　除施足基肥外，还需追肥3次。第一次在返青时，每亩施入粪水1500kg，或尿素5kg；第二次在摘除1次花蕾后，每亩施腐熟人粪尿1000kg、饼肥50kg；第三次在6、7月间施长根肥，每亩施入浓粪尿1500kg、过磷酸钙20kg、氯化钾10kg。追施以沟施或穴施为好，施后即覆土盖没肥料。

4. 灌溉、排水　5～7月为植株生长盛期，需水量较大，如遇干旱应及时灌溉，保持土壤湿润。怕积水，雨季应及时排除田间积水，以防烂根。

（四）病虫害及其防治

1. 病害及其防治　①根腐病，5～11月发生，6～7月为害严重。开始个别根条或地下茎部分受害，继而扩展到整个根系。被害部分发生湿烂，外皮变黑色。防治方法：实行水旱轮作；采用高垄种植，防止积水，发现病株及时拔除；发病时用50%托布津800倍稀释液喷雾，7～10天1次，连续2～3次。②菌核病，5月上旬开始发病，6～7月尤为严重。病菌首先侵害茎基部、芽头及根茎部，逐渐腐烂，变成褐色，最终植株枯萎死亡。防治方法：发病初期用井冈霉素、多菌灵合剂喷雾，或用50%利克菌1000倍稀释液喷雾或浇注。③叶斑病，5月初到秋末发病，叶片上出现深褐色病斑，近圆形或不规则形，严重时叶片枯死。防治方法：注意开沟排水，降低田间湿度；摘除茎部发病老叶；发病前后喷洒1:1:150波尔多液。

2. 虫害及其防治　①蛴螬、小地老虎，4～6月发生，咬食幼苗根部。防治方法：用50%辛硫磷乳剂1000～1500倍液或90%敌百虫1000倍液浇根。②金针虫，5～8月大量发生，使植株枯萎。防治方法：同蛴螬。③银纹夜蛾，5～10月为害，尤以5～6月危害严重，将叶子咬成孔洞状，严重时叶片被吃光。防治方法：用90%晶体敌百虫1 000倍液，或25%杀虫脒水剂300～350倍液喷雾。

六、采收加工

（一）采收

种植一年或一年以上即可采收。10月下旬至11月上旬地上部分枯萎时，选晴天采挖。采挖时先将地上茎叶割除，在畦的一端开一深沟，使参根露出，顺畦向前挖出完整根条，防止挖断。抖净泥土，剪除残茎。将直径0.8cm以上的根从母根处切下，顺条理齐，暴晒至七八成干时，扎成小把，再晒至全干，即成条丹参。如不分粗细，晒干去杂后称为统丹参。

以条粗壮、色紫红者为佳。

（刘　谦）

红　花

红花为菊科植物红花 *Carthamus tinctorius* L. 的干燥花，始载于《开宝本草》。其味辛，性温；归心、肝经；具有活血通经、散瘀止痛等功效；主要用于治疗经闭、痛经、恶露不行、癥瘕痞块、胸痹心痛、瘀滞腹痛、胸胁刺痛、跌扑损伤、疮疡肿痛等病症。现代研究证明，红花主要含有黄酮醇及其苷类、查耳酮类、链烷双烯类、脂肪酸类、聚炔类、甾体类等成分，具有降压、抗疲劳、镇痛、镇静、抗炎、促进免疫等药理活性。全国大部分地区均有栽培，主产于新疆塔城地区（裕民县和额敏县）、新疆吉木萨尔县、河南新乡县、四川简阳县、云南巍山县等地，以新疆栽培面积最大。

一、形态特征

多为一年生草本植物。茎直立，基部木质化，上部多分枝，白色或淡白色，光滑无毛。单叶互生，质硬，近无柄，基部略抱茎；卵形或卵状披针形，两面光滑。头状花序大，顶生。花球由苞片及管状花组成，总苞片多列，外面 2 ~ 3 列呈叶状，披针形，边缘有针刺；内列呈卵形，边缘无刺而呈白色膜质；花托扁平，上面覆盖许多白色刺毛，在刺毛间长有管状花；管状花多数，通常两性，橘红色；雄蕊 5，花药聚合；雌蕊 1，花柱细长，伸出花药管外面，柱头 2 裂，裂片短，舌状，子房下位，1 室。瘦果白色，倒卵形。花期 5 ~ 7 月，果期 6 ~ 8 月。

二、生态习性

性喜温暖稍干燥气候，较耐旱、耐寒、耐瘠薄、耐盐碱，适宜在排水良好、中等肥沃的砂质土壤上生长，但怕高温，怕涝；属长日照植物，生长中后期如有较长时间的阳光照射，将促进植株多开花多结实。从播种到成熟需要≥5℃积温 2270℃ ~ 2470℃。生育期 110 ~ 140 天。

植株通常在早晨开花授粉，以上午 8∶00 ~ 12∶00 开花最盛，花粉最多。温度较高、空气干燥时，开花较早较多；低温、空气潮湿时，则开花较晚较少。开花时，主茎顶端花球先开放，而后是一级分枝顶端花球沿主茎由上而下逐渐开放。每一个分枝的开放也是由接近分枝顶端的二级分枝先开放，由外向内逐渐开放。主茎顶花与由上向下的 2 个分枝顶端花球开放的时间稍长，主茎顶花开放时间为 3 天，距主茎顶部的 2 个分枝顶端的花球开放时间为 2 天，其他一级分枝和二级分枝顶端花球开放时间一般为 1 天。在盛花期 1 天内可有 4 ~ 5 个相邻分枝不同位置的花球同时开放。每个花球内的小花开花顺序是由边缘向中央依次开放，属于向心花序。

三、生长发育规律

种子无休眠特性，容易萌发，发芽适温为 15℃ ~ 25℃，发芽率为 90% 左右。大多数红花品种幼苗能耐 -6℃低温，种子寿命为 3 年。根据根、茎、叶、分枝的生长及干物质累积动态与生长中心的转移规律，可将植株生育期划分为莲座期、伸长期、分枝期和种子成熟期。

（一）莲座期

绝大多数红花品种在出苗以后其茎并不伸长，叶片紧贴于地面，接连长出许多叶片，状如荷花，故称此阶段为莲座期。其长短取决于品种、播种期、温度和日照长短。同一个品种，秋播时莲座期可达 3 ~ 4 个月，而春播一般只有 1 ~ 2 个月，特别是晚春播种者莲座期可能缩短到4周，甚至没有。影响莲座期的最根本因素是温度和日照。温度高，莲座期就短；温度低，莲座期就长。此时，植株生长中心为叶片和根，叶重占全株干重的90%以上。

（二）伸长期

此期为植株快速生长阶段，期间分枝开始形成，肉眼可见，但分枝不伸长。其主要特征是植株节间显著加长，每天伸长4cm左右，植株高度达1m左右。植株对肥料和水分的需要也开始增加，生长中心为茎、叶和根，叶片大量形成。此期要根据土壤肥力和长势情况及时追肥和灌溉，并注意防止倒伏。

（三）分枝期

此期植株顶端几个叶腋长出侧芽，并逐渐长成第一级分枝。茎的顶端和每一分枝的顶端，均着生一花球。分枝越多，花球也就越多，单株花和种子产量也越高。分枝数目依品种和环境条件不同而异，高温和长日照有利于分枝生长。分枝多少还受播种期、植株密度、水分、肥料状况等因素影响。此时，叶片全部形成，叶面积达最大值，其生长中心转移到分枝和花蕾。

（四）开花期

当有10%的植株主茎上的花球开放时，即进入始花阶段，花期可持续25天左右。红花属于自花授粉植物，此期生长中心为花蕾，植株高度不再增加，绿叶数量逐渐减少，叶面积下降。

（五）种子成熟期

植株在完成授精后，花冠凋谢，进入种子成熟期。种子自开花到成熟经历时间的长短，受品种、温度、湿度等因素影响。此期持续约15天左右，生长中心为种子，干物质由分枝和花蕾转移至种子中，种子不断充实直至成熟。

四、种质资源状况

红花栽培历史悠久，种质资源丰富，目前栽培的品种类型很多。按照形态特征分为无刺红花和有刺红花两大类，以无刺红花花色好、产量高，但含油量相对较低。按照主要用途分为药用红花和油用红花两类，药用红花以花为主要生产目标，油用红花以种子为主要生产目标，其油兼有食用、药用价值。

近年来，我国对全世界50多个国家和国内20多省市的近3000份红花种质资源（包括品种、农家种、近缘野生种）进行了系统研究，建立了红花种质资源库，先后培育出了新红1号、新红2号、新红3号、新红4号、新红6号、新红7号、吉红1号、裕民无刺等油用及花油兼用新品种。各地区应根据当地生态环境特点和生产目标选育适合的品种类型。

五、栽培技术

（一）选地、整地

宜选地势高燥、排水良好、土层深厚、中等肥沃的砂壤土或轻黏质土种植。忌连作，前茬以豆科、禾本科作物为好。整地时施用农家肥2000kg/亩左右，配加过磷酸钙20kg和硫酸钾8kg作基肥，耕翻入土，耙细整平，作成宽1.3~1.5m的高畦，作畦时要视地势、土质及当地降雨情况确定是作高畦还是平畦。北方种植可不作畦，选择平整和排水良好的地块即可。

（二）繁殖方法

用种子繁殖。播种期对产量和品质有较大影响，一般坚持“北方春播宜早，南方秋播宜晚”的原则，具体时间因时因地而异。春播在3月中下旬至4月上旬，旬平均气温达3℃和5cm地温达5℃以上时即可播种，播种深度为5～8cm。适期早播可延长幼苗的营养生长时期，利于培育壮苗，为中后期的生长发育奠定良好基础。播种期早晚对株高、生育期长短和单位面积产量等影响极大，还对种子含油率、壳的百分率、蛋白质含量和碘质有明显影响。秋播在10月中旬至11月上旬为好，过早幼苗长势旺，易导致越冬苗过大而冻死，且翌年抽薹早，影响产量；过晚则出苗不齐，难越冬，同时会因营养生长时间不足而导致减产。

播种方法分条播、穴播、点播和撒播。根据土壤墒情可直接播种，或播前用50℃温水浸种10分钟，转入冷水中冷却后，取出晾干待播。条播行距为20～30cm，沟深5cm，播后覆土2～3cm。穴播行距同条播，穴距15～20cm，穴深5cm，穴径10cm，穴底平坦，每穴播种5～6粒，播后覆土，耧平畦面。点播行距为20～30cm，株距8～10cm，采用精量点播机进行播种。撒播要均匀，播后用机械镇压耧平或用耙子耧平。干旱地区播种后可覆盖塑料膜。用种量：条播3～4kg/亩，穴播2～3kg/亩，撒播4～5kg/亩。

（三）田间管理

植株生长发育分为莲座期、伸长期、分支期、开花期和种子成熟期等5个阶段，要因地制宜，对各生育阶段科学管理，是获得高产优质的基础。

1. 莲座期　此期生长缓慢，田间杂草容易滋生。一般中耕除草2～3次，注意防治地老虎；在幼苗具3～6片真叶时间苗，拨除病弱、过大或特小的苗，留中等壮苗。条播者保持株距10cm，穴播者每穴留壮苗1～2株，撒播保持株距15cm。最好不灌溉或推迟灌溉。

2. 伸长期　该期植株生长迅速，肥料和水分需求增加。要根据土壤墒情和苗势，灌溉和追肥1次。苗高8～10cm时，条播者按株距20cm定苗，穴播每穴定苗1～2株。中耕除草1～2次。株高超过1.5m时打顶，促进多分枝，使其蕾多花大，提高产量。

3. 分枝期　分枝多少除受品种、密度等因素影响外，主要受水分和肥料影响。此期植株生长迅速，叶面积快速增加，对肥料和水分的需求量也增大。另外，分枝阶段若遇暴风雨或浇水后遇大风，易倒伏。因此，应重追肥，施用尿素15～20kg/亩，同时灌水，以促进茎秆健壮、多分枝、花球大。现蕾前还可根外喷施0.2%磷酸二氢钾溶液2～3次。在植株封行前进行最后一次除草。

4. 开花期　此期要求有充足的土壤水分，但空气湿度和降雨量均不能大，否则会导致病虫害发生、影响药材品质。开花期遇雨对授粉也不利，影响开花结实。因此，要根据气候条件和土壤墒情灌溉1～2次，每次60～80m^3/亩，但要避免田间积水。

5. 种子成熟期　盛花期过后，对水分的需求量迅速减少，干燥的气候有利于种子发育。由于绝大多数品种的种子没有休眠期，在成熟期如遇上连续下雨就会导致花球中的种子发芽、发霉和脱落，严重影响种子产量和品质。

（四）病虫害及其防治

1. 病害及其防治　①锈病，主要危害叶片、苞叶等。幼苗被害后，子叶、下胚轴及根部出现蜜黄色病斑，病组织略肿胀，病斑上密生针头状黄色颗粒，严重时引起死苗。叶片受侵染后背面散生锈褐色或暗褐色微隆起的小病斑，病株提早枯死。防治方法：收获后及时清除田间病株残体，集中烧毁；选择地势高燥、排水良好的地块种植，雨季及时开沟排水；适当增施磷、钾肥；秋耕冬灌，轮作倒茬或选用抗病早熟品种；播前用25%粉锈宁按种子重量0.3%～0.5%拌种或选用隔年陈种子，或用50～60℃温水浸种；幼苗期结合间苗拔除病苗并带出田外深埋；发病初期喷洒25%粉锈宁800～1000倍液或25%百理通1000倍液喷雾，每7～10天喷1次，连喷2～3次。②根腐病，多在5～6月发生，主要危害根和茎基部，发病初期主根变褐色腐烂，扩展后引起支根基部维管束变黑褐色，发病严重时植株茎、叶由下而上萎缩变黄，3～5天全株枯死。防治方法：选用无病良种或抗病品种；播前用50%多菌灵300倍液浸种20～30分钟；选择地势高燥、排水良好的田块种植；花期追施1次复合肥；及时排水；发病初期清洁田园，拔除病株集中烧毁，并撒施石灰消毒；用1∶1∶120倍波尔多液、50%多菌灵灌根。③红花褐斑病，在生长中后期发生，主要危害叶片。病初叶部出现褪绿小点，后病斑逐渐扩大形成圆形或近圆形黄褐色斑，病部变薄，病斑外围有一黄色晕圈，中心部位颜色较深。防治方法：清洁田园和深耕，轮作倒茬；收后将病残体集中销毁或深翻；与其他作物轮作2～3年；用75%百菌清可湿性粉剂250～500倍液，或70%代森锰锌可湿性粉剂500～1000倍液，或20%病易克2000倍液，或70%甲基硫菌灵700倍液喷雾，每隔7～10天喷1次，连喷2～3次。

2. 虫害及其防治　①红花指管蚜，主要危害幼叶、嫩茎、花轴，吸取汁液，被害处常出现褐色小斑点，严重时减产40%～60%，苗期至孕蕾期为害最严重。防治方法：选用抗蚜品种，充分利用天敌；孕蕾前用10%吡虫啉1000～1500倍液，或50%抗蚜威1000倍液喷雾。②红花潜叶蝇，主要是幼虫潜入叶片，吃食叶肉，形成弯曲、不规则、由小到大的虫道。为害严重时，虫道相通，叶肉大部分被破坏，以致叶片枯黄早落。防治方法：5月初喷1.8%阿维菌素乳油3 000倍液，或2.5%溴氰菊酯乳油3000倍液，或90%敌百虫1000～1500倍液，前2次连续喷，以后可隔7～10天再喷1次，共喷3～4次。③棉铃虫，主要以幼虫直接咬食叶和钻蛀花蕾。防治方法：杀虫灯诱集成虫；喷施35%赛丹乳油、威克达1%乳油、杜邦安打15%悬浮剂等。④地老虎，一般发生在4～5月，初孵幼虫啃食叶肉，3龄后的幼虫可咬断主茎，造成缺苗断垄。防治方法：毒饵诱杀；喷洒50%辛硫磷1000倍液，或90%敌百虫1000倍液，或50%敌敌畏1000倍液，连续2～3次。

六、采收加工

春栽红花当年7～8月，秋栽红花第二年5～6月，当花色由黄转红时采摘。每个头状花序可连续采收2～3次，每隔2天采1次。采下的花应晒干或在阴凉通风处晾干，忌曝晒，不能搁置或翻动，以免霉变发黑。也可用微火烘干（40℃～60℃）。

以花色红黄、鲜艳、干燥、质柔软者为佳。

（董诚明）

牛　膝

牛膝为苋科植物牛膝 *Achyranthes bidentata* bl. 的干燥根，药材名怀牛膝，属于传统中药，始载于《神农本草经》。其性平，味苦；归肝肾经；具有补肝肾、强筋骨、逐瘀通经、引血下行等功效；主要用于治疗腰膝酸软、筋骨无力、经闭症瘕，肝阳眩晕等病症。现代研究证明，牛膝主要含有三萜皂甙、齐墩果酸、蜕皮甾酮、牛膝甾酮、豆甾烯醇、红苋甾酮等成分，具有抗炎镇痛、改善肝功能、降低血浆胆固醇等药理活性。栽培或野生于山野路旁。分布于河南、山西、山东、江苏、安徽、浙江、江西、湖南、湖北、四川、云南、贵州等地。栽培牛膝主产于河南省焦作市武陟、温县、沁阳、博爱等地（古“怀庆府”一带），河北、山西、山东等省亦有引种栽培。以河南产质量最佳，产量最大，为著名道地药材“四大怀药”之一。

一、形态特征

多年生草本。根圆柱形，土黄色。茎有棱角或四方形，节膨大。单叶对生，叶片膜质，椭圆形或椭圆状披针形。穗状花序项生及腋生，花期后反折；总花梗有白色柔毛；花多数，密生；苞片宽卵形，小苞片刺状；花被片披针形；雄蕊长 2～2.5mm；退化雄蕊先端平圆，稍有缺刻状细锯齿。胞果长圆形，黄褐色，光滑。种子长圆形，黄褐色。花期 7～9 月，果期 9～10 月。

二、生态习性

喜光、喜肥，适宜土壤为两合土或偏沙质的壤土，在粘重土壤中地上部分虽能正常生长，但地下部分较短、细。耐旱，怕涝。喜温和气候，不耐严寒。生长期间如遇较低气温，则生长缓慢。气温降低到 -17℃，植株大多数要受冻死亡。适宜温度为 22℃～27℃。牛膝属于深根性植物，耐肥性强，喜土层深厚而透气性好的砂质壤土，并要求富含有机质，土壤肥沃，含水量 27% 左右，pH 7～8.5。耐连作，连作时根部生长良好，根皮光滑，须根和侧根少，主根较长，产量高。

三、生长发育规律

全生育期 100～130 天，分为幼苗生长期、植株快速生长期、根条膨大开花期、枯萎采收期 4 个时期。不同生长期对水分的要求不同，播种到出苗及秋季根膨大期，应适当浇水。生长中期如水分过多，常徒生，不利于根系发育，主根短小，多分叉。生长后期应适当浇水。种子在 21℃～23℃条件下，如果有合适湿度 4～5 天即可发芽。一般一年生植株结的种子发芽率低，二年生植株结的种子发芽率高，生产上多用二年生植株的种子繁殖。

四、种质资源状况

河南产怀牛膝有核桃纹、风筝棵、白牛膝等农家品种。风挣棵（怀牛膝 2 号）为药农传统当家品种，株型松散，主根细长，芦头细小，中间粗，侧根较多，外皮土黄色，肉白色，茎紫色，叶椭圆形或卵状披针形，叶面较平，喜阳光充足、高温湿润气候，不耐严寒，生育期 100～120 天，适宜于土层深厚、肥沃的砂质壤土，因其产量高，品质优而大面积种植。核桃纹（怀牛膝 1 号），亦为药农传统当家品种之一，株型紧凑，主根匀称，芦头细小，中间粗，侧根少，外皮土黄色，肉白色，茎紫色，叶圆形，叶面多皱，喜阳光充足、高温湿润气候，不耐严寒，适于土层深厚、肥沃的砂质壤土，生育期 100～125 天。

五、栽培技术

（一）选地与整地

宜选土质肥沃、富含腐殖质、土层深厚、排水良好、地下水位低、向阳的砂质壤土地块。对前茬要求不严格，多选麦地、蔬菜地。前作收后休闲半年，次年再种为宜，但不宜选洼地或盐碱地。可与玉米、小麦间套作。前茬收获后，立即深翻30～40cm，每亩施基肥（堆肥或厩肥）3000～4000kg，加入25～40kg过磷酸钙。耕后耙细、耙实，作宽1m左右的畦，并使畦面土粒细小。

（二）繁殖方法

多用种子繁殖。种子分秋子、蔓薹子。秋子发芽率高，不易出现徒长现象，且产品主根粗长均匀，分杈少，产量高，品质较好。播前将种子在凉水中浸泡24h，然后捞出，稍晾，使其松散后播种。

将处理过的种子拌入适量细土，均匀地撒入畦中，轻耙1遍，将种子混入土中，然后用脚轻轻踩一遍，保持土壤湿润，3～5天后出苗。如不出苗，须用水浇1次。每亩用种0.5～0.75kg。播种时间不能过早，也不能过晚。过早播种，地上部分生长过快，则开花结籽多，根易分杈，纤维多，木质化，品质不好；过晚播种，植株矮小，发育不良，产量低。例如河南、四川两地宜在7月中、下旬播种，北京地区宜于5月下旬到6月初播种。无霜期长的地区播种可稍晚，无霜期短的地区宜早播。若需要在当年生的植株上采种，播种期应在4月中旬；若于6月或7月播种，植株所结种子不饱满，不能作为繁殖用种。

（三）田间管理

1. 间苗与除草 幼苗期怕高温积水，应及时松土锄草，并结合浅锄松土，将表土内的细根锄断，有利于主根生长。苗高60cm左右时间苗1次，拔除过密、徒长、茎基部颜色不正常的苗和病苗、弱苗。

2. 定苗 苗高17～20cm时，按株、行距13～20cm或株距13cm定苗。同时结合除草。

3. 浇水与追肥 定苗后浇水1次，配合追肥1次。河南主产区的经验是“7月苗，8月条”。因此追肥必须在7～8月内进行。8月初以后，根生长最快，此时应注意浇水，特别是天旱时，每10天要浇1次水，一直到霜降前，都要保持土壤湿润。雨季应及时排水，否则易染病害，并应在根际培土防止倒伏。缺肥时，可施稀薄人粪尿、饼肥或化肥（每亩施过磷酸钙12kg、硫酸铵7.5kg）。

4. 打顶 植株高40cm以上、长势过旺时，应及时打顶，防止抽薹开花，消耗营养。打顶可多次进行，使株高45cm左右为宜。打顶要结合施肥，以促进根部生长。

（四）病虫害及其防治

1. 病害及其防治 ①白锈病，低温多雨时易发生，主要危害叶片，感病后的叶片正面有褪绿发黄的小斑点，叶背面对应处长有许多圆形或多角形的小白疱，病叶枯死或早落。防治方法：收获后，收集残株烧毁；发病初期喷洒80%比克600倍液，或58%甲霜灵锰锌可湿性粉剂500倍液，每周1次，连续2～3次。②叶斑病，危害叶片，感病后叶上病斑初期为淡褐色，多为不规则形或圆形，后期呈暗褐色，形状不规则，无晕圈，病健交界明显，稍凹陷。防治方法：适时适量浇水，雨季及时排水；发病初期喷洒50%多菌灵500倍液，或70%甲基托布津800倍液。

2. 虫害及其防治 ①棉红蜘蛛，为害叶片。防治方法：清洁田园，收挖前将地上部收割、销毁；发生期喷洒40%水胺硫磷1 500倍液，或20%双甲脒乳油1 000倍液。②银纹夜蛾，幼虫咬食叶片，使叶片呈现孔洞或缺刻。防治方法：捕杀；喷洒90%敌百虫800倍液。

六、采收加工

霜降后地上部分枯萎即可进行采收。采收时，用镰刀割去地上部分，留茬口 3cm 左右，先在地的一端挖槽沟，将植株全根挖起，注意勿挖断根条。采挖后，去掉根部表面附着泥土、不定根及侧根，按粗细长短捆扎成把，悬挂于向阳处晾晒至干。

以条长、皮细肉肥、色黄白者为佳。

（董诚明）

第三节　活血疗伤药

该类中药多具辛散苦泄之性，主归心肝血分，善于活血化瘀、消肿止痛、止血生肌，主要用于治疗跌打损伤、瘀肿疼痛、骨折筋伤、金疮出血等伤科病症。常用中药有土鳖虫、苏木、骨碎补、血竭、儿茶、刘寄奴、水红花子、马钱子等。本节仅介绍土鳖虫的养殖技术。

土鳖虫

土鳖虫为鳖蠊科昆虫地鳖 *Eupolyphaga Sinesis Walker* 或冀地鳖 *Steleophaga plancyi*（*Boleny*）的雌虫干燥体，又名地鳖虫、土元、地乌龟等，属于传统中药，始载于《神农本草经》。其味咸，性寒；有小毒；归肝经；具有破血逐瘀、续筋接骨等功效；主要用于治疗跌打损伤、筋伤骨折、血瘀经闭、产后瘀阻腹痛、癥瘕痞块等病症。现代研究证明，土鳖虫主要含有活性蛋白及蛋白酶、氨基酸、不饱和脂肪酸、微量元素、生物碱和脂溶性维生素等成分，具有抗肿瘤、抗突变、抗血栓、抗缺血缺氧、调节血脂、保肝以及提高免疫力、保护血管内皮细胞等药理活性。地鳖在全国大部分地区均有分布，冀地鳖主要分布于河北、河南、陕西、甘肃、青海及湖南等地。主产于江苏苏州、南通，浙江杭州、海宁，湖北襄阳，湖南双峰、涟源，河南信阳、新乡等地，以江苏产者为佳。此处仅介绍地鳖的养殖技术。

一、形态特征

地鳖隶属于昆虫纲、蜚蠊目、鳖镰科、地鳖属，属于雌雄异体，雄虫有翅，雌虫无翅。雌虫长 3～3.5cm，宽 2.5～3cm，身体扁平，呈卵圆形。头比较小，并且向腹部弯曲，采食时伸出。口器为咀嚼式，大并且坚硬，触角丝状，长而多节。复眼发达，呈肾形，环绕在触角基部。单眼位于复眼上方，有 2 个。体背稍微隆起，黑色，腹面深棕色，背腹均有光泽。前胸背板大如盾状，前狭后宽盖在头上，上面有密而且短的细毛，中间有细小花纹，中胸和后胸较窄，两侧及外后角向下方延伸。腹部 9 节，底 1 腹节非常短，2～7 节宽窄相同，第 8、9 节藏于第 7 节之内。腹末端有 1 对尾须。足强劲有力，胫节多刺。肛上板扁平，横向近长方形，其后线平直，与侧源有显著角度，后线中央有小切口。雄虫比雌虫小一点，长 3～3.5cm，宽 1.5～2cm，呈淡褐色，没有光泽，但是比雌虫鲜艳。头比雌虫小，触角粗壮。前胸呈波纹状，有缺刻。有 2 对翅，长在腹部，前翅革质，后翅膜质。腹部第 1 节非常短，第 9 腹板有腹刺 1 对。

二、生态习性

地鳖是陆生性昆虫，分布在树根烂草、屋中墙角松土里面及潮湿的地方。白天隐藏，晚上出来采食活动。一般生活在距表层15cm左右的松土中，白天潜土深，晚上潜土较浅，冬季潜土深，夏季潜土浅。在自然情况下，要求土壤含水量为20%，适宜相对湿度为50%～80%，表土层过干对卵孵化、若虫蜕皮及成虫生长发育都有很大影响。最适生长温度为25℃～35℃，低于0℃或高于38℃就会死亡，降到12℃以下时就会冬眠。

三、生长发育规律

地鳖属于不完全变态发育昆虫，完成1个世代需要2～4年，要经过卵、若虫、成虫3个阶段。第一年孵化的幼虫不产卵，第二年或第三年雌虫性成熟后进入产卵期。产卵盛期2～3年，第4～5年产卵量逐渐下降。产卵期在4月下旬至11月上旬，7～10月是交尾、产卵盛期。每年9～10月份产的卵鞘，到第二年6月底至7月上旬陆续孵化出1龄若虫，到11月20日左右进入越冬休眠期。第三年4月上旬左右开始活动，9～10月份雄若虫羽化，羽化后经7～30天死亡。雌若虫在11月下旬又进入越冬休眠期，第二年5～6月份雌若虫陆续羽化，羽化后3天开始交尾，7～15天开始产卵。到此为止完成1个世代，历经大约4年。之后，雌虫第5年死亡。如果是第一年5～9月份上旬产的卵，当年就能孵化，完成1个世代的时间为2～3年。个体寿命大约为5～6年。

四、种质资源状况

土鳖虫野生品主产于湖南、湖北、江苏、浙江、安徽、河南等省区，其他省区也有，但产量很小。市场上常见土鳖虫的原动物除了地鳖外，还有冀地鳖、金边地鳖、云南地鳖和西藏地鳖。冀地鳖，长2.2～3.7cm，宽1.4～2.5cm，背面为黑棕色，一般边缘带有淡黄褐色斑块及黑色小点，以整齐不碎、显油润、有光泽的为佳；金边地鳖，呈扁椭圆形而弯曲，长约3cm，宽约2cm，背部黑棕色，腹面位红棕色，前腹背板前缘有一黄色镶边。常见伪品为东方潜龙虱，呈长卵形，全体有光泽，背部黑色，鞘翅边缘有棕黄色狭边，除去鞘翅后能看见1对浅色的膜质翅，腹部红褐色至黑褐色，有横纹，质松脆，味微咸，气腥。有关土鳖虫的种质资源及良种选育研究工作尚少，但已有不同品种的报道，如“中农9号”等。

五、养殖技术

（一）养殖方式

1. 缸养　室外缸养或室内缸养。选择内壁光滑的大口缸，缸口直径50～100cm，缸深30～50cm。首先对缸进行清洗消毒，缸底先铺1层6～9cm厚的小石子，再铺10cm左右的湿土，把土夯实，湿土上面再放20cm左右厚的饲养土。中间竖立1根直径约5cm、能通水的长竹筒，竹筒可垫1小块砖，筒长要高出饲养土10cm左右，这样可以加水调节土的湿度。投放种地鳖后，把缸口用纱布盖紧系牢，防止敌害入侵和地鳖虫逃走。适于较小规模的饲养和种地鳖的饲养。

2. 池养　室内池养或室外池养。室内池养要选择比较阴湿的旧房或草房作为饲养室；室外池养要选择坐北朝南、隐蔽、通风阴凉处作为饲养室。池子的规格根据饲养规模和室内外面积来定。每池面积一般为1～2m^2，池深0.5m左右，池底可用石灰和黏土混合铺地，要夯平，也可用砖铺，池壁用砖砌，并用水泥抹缝。池盖除喂食处有木板制作的活动门外，其余均用水泥板封闭，但要留能通气又不让地鳖虫跑出来的气孔。室外建池应注意池底要有坡度，以有利于排水。排水孔要用铁丝网密封，雨天要用塑料布盖好。适合较大规模和5龄以上若虫及成虫的饲养。

3. 箱养 可用木质饲养箱，箱板厚1~2cm，箱长60~100cm、宽40~60cm、高30~50cm。箱盖可自由开合，并留有能防止地鳖虫外逃的通气孔。

无论是缸养、池养，还是箱养，都可进行立体式多层饲养。用水泥板、石板、木板或钢筋做骨架，制成3~5层饲养台，把缸、池或箱放在架子上或建在架子上。

（二）繁殖方法

雄虫性成熟从若虫到长出翅膀约需8个月，雌虫性成熟到能产卵约需9~11个月（不包括越冬期）。交尾旺期为6~9个月。交尾前雄虫要选择和追逐雌虫，雌虫在发情前也会放出气体引诱雄虫。当有1只雄虫交尾时，其它追赶的雄虫就散去。交尾时间约30分钟，交尾后雄虫翅膀破碎，几天后死去。交尾1次雌虫终生产卵，直到死亡。未经交配的雌虫也能产卵，但卵不孵化。

交尾后7~15天开始产卵。一般地鳖虫的卵产在表土层，下层不多，雌虫的产卵习性是成块产卵。在4月下旬到11月上旬的产卵期，气温对产卵数量有一定影响，气温高时产卵数量多，气温越低产卵数量越少。每只雌虫交尾1次就能陆续产卵。一般4~6天产1个卵鞘，管理适当，气温较高时产卵间隔时间短，3天可产1个卵鞘。反之，则可能7~10天产1个卵鞘。随着产卵数量的增加，雌虫的体重日益减轻，体表的光泽变暗，食量减少，胸足残缺，最终衰老而死。一般产2年卵的雌虫，出土率比产1年卵的要降低30%左右，而且死亡率高。

卵鞘要经过40~60天左右才能孵化出房。卵鞘在26℃以上胚胎开始发育，最适宜孵化温度是30℃~35℃、湿度70%~80%。在气温适宜条件下，5月到8月中旬产的卵鞘，按照先后顺序在7月上旬至11月中旬依次孵化完，8月下旬至越冬前产的卵鞘，到次年6月上旬至7月中旬陆续孵化。

22天后基本发育成虫形，26~27天略现眼点及前后脚背板，30天时眼点呈淡黑色，前胸背板呈淡棕色，35天时开始孵化出若虫。一般1kg卵鞘能孵出1kg的1龄若虫。

刚孵化出的蜕去卵壳的若虫体色微白，稍息片刻，自行入土，开始新的生活，以后每隔25天左右蜕皮1次。从孵化出若虫到长成成虫，雄虫蜕皮8次，雌虫蜕皮10~11次。蜕皮时，地鳖虫先在背部裂开1条缝，再从头部慢慢蜕皮。若虫蜕皮后呈乳白色，逐渐变成米黄色、浅棕色、棕褐色，历时约4~6h，体质较弱的有时需12h才能完成1次蜕皮，表土层干燥时，蜕皮时间长达1~2天。每次若虫蜕皮之后行动迟缓，经过数h后才开始取食，48h后进入暴食期。6~9月份温度较高，地鳖虫生长快，蜕皮次数较多，是生长繁殖的有利时期。雄若虫繁殖期250~300天左右，雌若虫400~500天左右。当雌若虫发育到6~8龄时，同期孵化的雄若虫就已经进入成虫期，因此这批雄若虫只能与比它早孵4~6个月的雌若虫交尾。雌若虫蜕完最后1次皮的第三天开始交尾，再经7~15天开始产卵。每年4月上旬地鳖虫开始活动，到11月下旬停食进入冬眠。

（三）饲养管理

地鳖虫仔不同的生长期需要不同的营养和条件，因此应该分池饲养，这样不仅有利于地鳖虫的生长发育、方便管理和虫体的采收，而且可减少混养引起的相互残食。

1. 幼龄若虫期 刚孵出的若虫觅食和抵抗能力差，既不能栖息到窝泥深处，又不能咀嚼一般饲料，所以此时期的窝泥要细、肥、疏松、薄，饲料以精料为主，适当配一些优质、易消化的青绿饲料，如植物的花、嫩菜叶等。第一次蜕皮的若虫，加喂一些加少量水的干牛粪，拌上一些切的非常细的青饲料，均匀地撒在饲养池中。第一次蜕皮之后，活动能力稍微增强，但咀嚼能力较差，可将植物花、青菜叶、南瓜丝等切细之后拌入麦麸中，进行饲喂，此时期的若虫白天也可出来觅食，应该少喂勤添。注意避光遮阴，保持湿度。每隔2～3天清除池中剩食和杂物1次，保持卫生。饲养密度为每平方米20万只。

2. 中龄若虫期　此时期的若虫抵抗能力增强，饲料中可提高青饲料的比例，饲料品种可以多、杂，以保证营养全面。饲料蛋白质含量不低于16%，还可加1%食油下脚料及适量鱼肝油、麦芽粉、酵母粉等帮助消化、促进生长。投喂青绿多汁饲料时，应预先晾干一点，减少水分，拌料时尽量搓匀。应该用料盘喂食，每日喂1次，4～6月份气温低时，可2～3日喂1次，注意保暖。饲养3个月后的中龄若虫可长至黄豆大小，饲养密度为每平方米2万～3万只。

3. 老龄若虫期　前期饲养管理与中龄若虫相差不大，后期虫体将由若虫变为成虫，由生长期转入生殖期，营养需求提高，需要增加精料和蛋白质的比例。由于虫体增大，食量增加，窝泥表层容易积聚较多的虫粪，因此此时期一定要注意卫生。应该在每次蜕皮后，结合清除衣壳，刮去表层0.5cm内的虫粪和窝泥，窝泥厚度可适当增加到15cm左右，刮除后要及时补充。当雌虫进入9龄期，雄虫也逐渐成熟，若继续饲养，将会长翅，失去药用价值。此时是去雄留种的时刻，可按照100∶20～30的雌雄比例留足雄虫，多余的雄虫在出翅前拣出加工处理。

4. 成虫及繁殖期　因为繁殖的需要，饲料应该以精料为主，粗料为辅，蛋白质成分含量在22%以上，提高鱼肝油、骨粉、贝壳粉的比例。由于地鳖虫进入成虫期的时间不一致，往往有的已经产卵，有的尚未完成最后1次蜕皮，所以要随时清查，仔细分辨，将个体大、发育成熟的雌虫分批转入成虫池中饲养。饲养密度为每平方米0.8～1万只。种用雄若虫长翅变为成虫时，应及时转入成虫池内与雌虫交配。产卵期间应该每隔1周取表层3cm以内的窝泥过筛，取出卵鞘，移入孵化池孵化或装入陶瓷容器保存以备孵化。产卵盛期过后，除了留够产卵种虫外，其他雌虫应逐步分批采收。

5. 孵化期　使用孵化池孵化，窝泥与卵鞘的比例为1∶1，湿度为15%～20%。窝泥和卵鞘需每天翻动1次，从而保证温湿度均匀，有利于胚胎发育，达到出虫快而整齐的目的。孵化后期，有大量幼虫破卵壳而出，这时需要每2天收取若虫1次。方法是：先用3.04mm的筛子筛出卵鞘，再按1∶1的比例拌入新鲜窝泥，放入孵化池中继续孵化。筛下的若虫和窝泥再用8.5mm的筛子筛去细小泥粒，弃去粉螨，筛中的若虫和窝泥移入若虫池中饲养。

（四）病虫害及其防治

1. 病害及其防治　①绿霉病，霉菌感染，梅雨时节气温高、湿度大时易发。初期病地鳖不入土，夜间不觅食，行动迟缓，后期腹部出现霉状物，腿缩短，体柔软，触角下垂，腹朝上死亡。防治方法：清除病虫体，更换新泥窝；喷洒0.5%福尔马林；用0.25g氯霉素拌入0.25kg麦麸中投喂2～3次，直到痊愈。②大肚病，因投喂变质饲料或卫生状况不良而引起，症见腹胀破，虫体变大，变黑，光泽减退，行动迟缓，摄食量减少，种虫停止产卵。防治方法：在0.5kg饲料中拌入食母生1片、复合维生素2片投喂，每日3次。③线虫病，由线虫寄生引起，症见行动迟缓，腹部发白，吐水。防治方法：用

5%盐水拌料喂服。④卵鞘曲霉病，因孵化缸高温高湿、曲霉菌繁殖而感染，症见卵和幼龄若虫大批死亡。防治方法：窝泥曝晒或消毒，每隔3天筛取1次幼龄若虫转移饲养，忌在孵化缸中投喂饲料。

2. 虫害及其防治 ①螨病，症见虫体逐渐消瘦变小，以致死亡。在胸腹部及腿基节薄膜处可发现螨虫。防治方法：立即更换新窝泥；用香油拌和面粉，或用炒熟的咸肉、骨头、鱼等作香食，放在池内引诱，每隔1～2h清除（用开水冲泡）1次，连续多次；用0.125%的三氯杀螨砜溶液拌入饲料和窝泥内防治。②蚁害，蚂蚁对若虫尤其是蜕皮期若虫危害较大。防治方法：在建池之前池底表层未整实前用氯丹粉或氯丹乳油处理，养殖过程中用氯丹粉拌湿土撒于饲养池四周，或在饲养池四周开沟注水，防止蚂蚁侵入；池内发现蚂蚁，用肉骨头、油条等诱出池外捕杀。

此外，老鼠、蟑螂、蟾蜍、青蛙、蜘蛛、鼠妇虫、壁虎、鸡、鸭、猫等也会造成危害。防治措施是盖好池盖，堵塞漏洞，杀虫灭鼠。

五、采收加工

（一）采收

地鳖虫以雌成虫和雄性老龄若虫入药。雄若虫在最后一次蜕皮前留足种虫，多余的部分就可以采收了。雌成虫在产卵盛期过后，除留够种虫外，可以分批采收。一般分为2批：第一批在8月中旬前，采收已超过产卵盛期尚未衰老的成虫；第二批在8月中旬至越冬前，凡是前一年开始产卵的雌成虫，可按产卵先后依次采收。如果饲养规模较大或全年加温饲养，在不影响种用的情况下，只要能保证虫壳坚硬，随时都可以采收。无论什么时候采收，都应该避开蜕皮、交尾、产卵高峰期，以免影响繁殖。采收方法是：用1.1mm筛子连同窝泥一起过筛，筛去窝泥，拣出杂物，留下虫体。

（二）加工干燥

地鳖虫鲜体和干体均可入药。干体加工方法是，先将虫中杂物去尽，饿虫一昼夜，消化体内食物，排净粪便，使其空腹。随后用冷水洗净虫体污泥，再倒入开水烫3～5min，烫透后捞出用清水漂洗。最后置于阳光下曝晒，直到干而有光泽，完整不破碎。若遇阴雨天，可用锅、烘箱或其他干燥设施烘烤，温度保持在50℃～60℃，但不能烤焦。干燥后的虫体，可用纸箱、木箱或其他硬质容器盛装。如果暂时不出售，应密封放在干燥通风的地方保存，注意防潮、虫蛀和霉变。

以虫体完整、个头均匀、体肥、色紫褐者为佳。

（刘　谦）

第四节　破血消癥药

该类中药味多辛、苦，兼有咸味，具有散泄之性，咸入血分。大多药性强烈，故能破血逐瘀、消癥散积。主治瘀血较重的癥瘕积聚，亦可用于血瘀经闭、瘀肿疼痛等症。常用中药有莪术、三棱、水蛭、虻虫、斑蝥、穿山甲。本节仅介绍水蛭、穿山甲的养殖技术。

水 蛭

水蛭为水蛭科动物蚂蟥 *Whitmania pigra* Whitman、水蛭 *Hirudo nippponica* whitman 或柳叶蚂蟥 *Whitmania acranulata* Whitman 的干燥全体，属于传统中药，始载于《神农本草经》。其味咸、苦，性平；有小毒；归肝经；具有破血通经、逐瘀消癥等功效；用于治疗血瘀经闭、癥瘕痞块、中风偏瘫、跌扑损伤等病症。现代研究证明，水蛭主要含有水蛭素、磷脂类、糖脂类、甾醇类、氨基酸等成分，具有抗凝血、抗血、抗肿瘤、脑保护、抗纤维化、抗炎、抗神经损伤等药理活性。主产于河北、山东、湖北、湖南、安徽和江苏等省。山东主产地为南四湖（微山湖，昭阳湖，南阳湖，独山湖），其中以微山湖面积最大，水蛭产量多，年产 10000kg 左右。近年由于连续超量捕捞及水体环境污染，野生资源锐减。此处仅介绍蚂蝗的养殖技术。

一、形态特征

蚂蝗背腹扁平，前端较细，体呈叶片状或蠕虫状。体型可随伸缩的程度或取食的多少而变化。身体分节，前端或后端的几个体节演变成吸盘，具有吸附和运动的功能。前吸盘较小，围在口的周围，后吸盘较大，呈杯状。蚂蝗的身体由口前叶加上 33 个体节，共有 34 个体节组成。由于末 7 节愈合成后吸盘，因此一般可见 27 节。每体节又分为几个体环。蚂蝗的头部不明显，在头背方有数对眼点，他们的数目、位置和性状是鉴别不同种类的依据。蛭类为雌雄同体，具有生殖带；异体受精。雄性生殖器官有精巢数对至 10 余对、输精管、贮精囊、射精管、阴茎等。阴茎可自雄性生殖孔伸出。雌性生殖器官有卵巢一对，输卵管一对，阴道开口为雌性生殖孔。当生殖季节交配时，以阴茎将于射精管末端膨大处由前列腺分泌物形成的精荚送入对方的雌性生殖孔内。受精卵产出于生殖带分泌的卵茧内，直接发育。

二、生态习性

生于湖泊、水库、池沼、水田和河沟等静水或水流缓慢处。既能入水游泳又能在陆地爬行，行动活泼，平时极少游动，常停留于水边、水底或水生植物上，或钻入水边多腐殖质的软泥，白天常躲在隐蔽处，夜间活动繁忙。以河蚌、螺类、水草以及水中的浮游生物为食，人工养殖也可投喂螺蛳、灭菌蝇蛆、猪牛鸡等禽畜的内脏、血块及下脚料等。

三、生长发育规律

蚂蝗是高度特化的营半寄生生活的环节动物，其运动行为可分成游泳、尺蠖式运动和蠕动。游泳时，波浪式向前运动，而在岸上或植物体上爬行时通常采用尺蠖式和蠕动式运动方式。11 月底潜入深土中越冬，翌年 4 月下旬到 5 月上旬，平均水温 10℃ ~13℃时开始出土活动、觅食；15℃ ~28℃时蚂蝗的活动能力最强，新陈代谢旺盛，生长发育迅速，食量大增；水温高于 35℃以上时，蚂蝗进入昏迷状态，约 1h 大量死亡。

四、种质资源状况

蚂蝗在动物学上属环节动物门的蛭纲，全世界有数百种之多，我国也有近百种，《中国药典》上收载的品种有 3 个，即水蛭科动物宽体金线蛭（蚂蟥）、日本医蛭（水蛭）和尖细金线蛭（柳叶蚂蟥）。有关蚂蝗的种质资源及良种选育研究工作正在进行中。

五、养殖技术

（一）养殖模式

水泥池和土池塘养殖。土池塘应建在水源充足、无污染、避风向阳和比较僻静的地方，池塘面积以200～500m^2为宜，要求水深1m，进水、排水方便。池底应放一些石块、瓦片和树枝等物质，水面上要放养适量的浮水植物，以供蚂蝗栖息；在池塘的四周还要建造高出水面20～30cm、面积约为5m^2的产卵平台，产卵平台要求表土松软、含有较高腐殖质。进水口、排水口用20目铁丝网或尼龙网遮拦，池塘四周设防逃网或防逃沟。土池塘渗水的情况下采用水泥池饲养。新建好的水泥池需经过长20d左右的浸泡去除碱性并在消毒后才能投放种苗。池内壁要用水泥抹成麻面，池壁上口要向内砌成“冂”型，池内放30～40cm厚泥土，并栽植水草。

大水面网箱养蚂蝗还未见报道。蚂蝗网箱只是设置在池塘内，主要是防逃、防敌害和易收获方面。网箱采用聚乙烯网布制作，幼蛭网布规格80目，成蛭网布规格30～40目。网箱长度可根据场地大小和蛭苗种规格而定，一般幼蛭期网箱长50m、宽3m，成蛭期网箱规格长80m、宽4.5m。网箱高度为80～85cm、上口设长15cm“7”字防逃设施；网箱固定桩间距3～4m，网箱与池塘四周距离3～4m，网箱间距1m左右；用适量泥土进行网箱压底；网箱中央放一些浮性水草或空心菜，供蚂蝗栖息和夏季降温，水草或空心菜占网箱养殖水面的40%。

近些年，很多生态养殖蚂蟥的成功经验，在养殖药用蚂蟥的池中，种植一些水草，水位保持在30～50cm，水面上的池壁至少保留25cm高（供药用蚂蟥产卵）。每平方米水面投入种蚂蟥0.5kg、种田螺1kg及浮萍0.5kg，组成一条环环相扣的食物链，可取得较好的经济效益。王树林报道，在农村种植茭白和莲藕的池塘、沟渠、水田经改造后均可作为放养池。一般种植茭白、莲藕等水生植物面积占整个面积的三分之一，可作为蚂蝗栖息场所；也可人工在池底放些不规则的石块或树枝，供蚂蝗栖息。在与水面相平处设进水、排水口各1个，并用网布拦住，以防蚂蝗外逃。新开池还要投入一些牲畜粪水，以培养浮游生物等调节水质和提高池底腐殖质含量。李顺等进行蚂蝗－藕混养，平均亩产水蛭500kg，经济效益明显。

（二）环境调控

蚂蝗有较强的适应性，对水质和环境要求不严，养殖水体要保持“肥、活、嫩、爽”。应通过施肥、换水等措施保持水体透明度在25～35cm，及时清理已死亡漂浮于水面的螺，减轻对水的污染。养殖环境适宜的pH为5.8～7.7（中性偏酸），因此消毒时不宜用生石灰，可用强氯精，用量为0.3～0.5g/m^3。另外，蚂蝗对化肥农药敏感。研究发现，五氯酚钠、敌百虫、磷胺、西维因、林丹、马拉硫磷、硫酸酮、石灰、石灰氮、氨水、烟末等都对蚂蝗具有趋避和杀灭作用。谭恩光等报道，速灭杀丁、叶蝉散乳油、杀虫双、乐果、三氯杀螨醇对海南山蛭有毒杀作用。在蚂蝗养殖过程中，要注意对水源的选择，避免被污染的水体引入养殖池，生态养殖要特别注意化肥农药的施用。水温对蚂蝗的生长有较大影响。水温在10℃以下时，蚂蝗进入潮湿泥土冬眠；13℃以上时，开始摄食；20℃～25℃时，生长速度明显上升；水温继续升高到30℃时，蚂蝗生长显著下降，并且有部分个体死亡；温度高于35℃时，表现烦躁不安或逃跑，因此蚂蝗最适宜的温度是20℃～25℃。溶解氧是影响水生生物生存、生长、繁殖的关键因素之一。蚂蝗的耗氧率随着水温的升高而上升，体重与耗氧率呈负相关，与耗氧量呈正相关，窒息点与温度和体重呈负相关。平均体重为10g的蚂蝗，在15℃～35℃变温条件下耗氧率为0.049～0.094mg/（g·h），窒息点为0.90～1.51mg/L，20℃条件下窒息点为1.40～1.57mg/L。因人工养殖水体小、密度高，水质要保持清洁，溶解氧不低于3.0mg/L。

（三）饲料投喂

水蛭种类不同对饲料的要求略异。蚂蝗以摄取田螺、螺蛳、福寿螺和河蚌等软体动物为主，也摄食植物碎屑、有机质、微生物、蠕虫和水蚯蚓等。可一次性投放饵料，如各种螺类、贝类、蚯蚓、草虾等，每亩投放量20～30kg，使池塘中水草－田螺－蚂蝗组成一条环环相扣的食物链。在蚂蝗人工繁殖的季节，田螺开始大量繁殖，当小蚂蝗大量孵化出土时，大量的小田螺正好是小蚂蝗捕食的对象，从而使水草和浮萍植物性饲料通过田螺转化为动物性饲料，满足了蚂蝗的需要。

（四）繁殖方法

蚂蝗雌雄同体，异体受精。在长江流域，蚂蝗于3～4月份出土，天气转暖后，一般在4月下旬至5月初，水温达到14℃时种蛭开始交配。在水温等条件适宜的条件下，亲蛭交配1个月左右，平均地温为20℃时开始产卵茧，卵茧一般产在岸边土质疏松、土壤含水量为30%～40%的土层中。种蛭先在土内钻一穴道，穴道长5～8cm，直径为1.5cm左右。整个产茧过程历时0.5h左右。此时若有惊扰，就可停产、半产或产出空茧。一条种蛭一次可产卵茧1～3个，最多4个。卵茧在土层中自然孵化，外界条件适宜时经20天幼蛭即可孵出。温度在孵化过程中同样起着重要的作用。当温度低于15℃时蚂蟥孵出量极低，超过35℃时不能孵化，25℃左右孵出量最高，且25℃卵的孵出时间较室温条件下约提前1周左右。孵化期间稳定的水位是保持所需湿度的关键因素。当天气干旱、水位下降时，就应向池中灌水达到产卵时的水位，否则卵在茧中干死；当遇大雨水位上升时，又易浸湿卵茧，致卵烂掉。

（五）疾病及其防治

蚂蝗的适应性和抗病能力很强，野生状态下很少有疾病发生。但在养殖过程中，由于环境的变化、饲养密度的提高，蚂蝗的疾病也不断增加。蚂蝗常见病症主要为软体、水肿、出血和皮肤硬结等。引起该症状的病原菌为大肠杆菌、沙门菌和变形杆菌。这三种细菌均为环境常在菌，又称条件致病菌。由于各种应激因素，如气温的突然改变、水体受到污染等环境因素的影响都会使蚂蝗的抗病力降低，诱发条件性传染病的发生，导致死亡。经研究发现，在水温为20℃时用0.4mg/kg的呋喃唑酮全池泼洒，保持5天左右不换水，可有效地预防蚂蝗细菌性传染病的发生。国内外关于蚂蝗疾病的诊断与治疗研究很少，在养殖过程中主要以预防为主。在放养种蛭前要彻底清塘消毒，放养时要对蚂蝗进行消毒。在日常管理过程中要做到以下几点：①常巡塘，根据蚂蝗活动及水色变化及时采取改善措施；②定期施用光合细菌或EM菌可以改善水质；③投饵要做到少量多次，并及时清除残饵；④夏季高温季节要采取遮阳、换水等措施控制水温在20℃～25℃。

六、采收加工

（一）采收

一年可进行2次，第一次在6月中、下旬，采收已繁殖两季的种蛭；第二次是在9～10月份，采收部分当年饲养的蚂蝗。采收方法有3种。①在丝瓜络或稻草把上浸动物血，晾干后放入水中诱捕，经1～2h取出稻草把或丝瓜络，抖出蚂蝗，留大去小，如此反复多次即可。②将家畜、家禽大肠切成小段，套在木棒上，放到水中诱引蚂蝗，定时收集，反复进行多次。③网具捕捞，捕捞前放出部分水，再将水搅动，蚂蝗因搅水声而聚集，再用网具捕捞。

（二）加工干燥

捕捞的蚂蝗先要经过水洗去污后再行粗加工。粗加工方法有：①生晒法，用铁丝或绳子将蚂蝗穿起来，在阳光下曝晒；②水烫法，将蚂蝗放入盆中，注入开水，闷20min，取出日晒；③酒闷法，盛有蚂蝗的容器中，加入高度白酒，闷30min，取出洗净、晒干。④面碱法，将食用面碱撒在装有蚂蝗的容器中，边翻动边揉搓，杀死蚂蝗，悬于日光下晒干。⑤生石灰法，将蚂蝗埋入生石灰中，20min后筛去石灰，洗净日晒。⑥烘干法，在70℃条件下烘干。

以大小一致、条形完整、颜色棕黑、虫体干燥、无杂质者为佳。

（全国虔）

穿山甲

穿山甲为鲮鲤科动物穿山甲 *Manis pentadactyla* Linnaeus 的鳞甲，始载于《名医别录》，属于药用历史悠久的名贵中药。其味咸，性微寒；归肝、胃经；具有通经下乳、消肿排脓、搜风通络等功效，主要用于治疗经闭癥瘕、乳汁不通、痈肿疮毒、关节痹痛、麻木拘挛等病症。现代研究证明，穿山甲含有氨基酸、硬脂酸、胆甾醇、二十三酰丁胺、挥发油、水溶性生物碱、无机元素等成分，具有镇痛、增加血流量、降低血管阻力、抗癌等药理活性。穿山甲分布在非洲和亚洲各地。亚洲地区分布在中国（湖南、江苏、浙江、安徽、江西、贵州、四川、云南、福建、广东、广西、海南）、泰国、印尼、菲律宾、越南、老挝、柬埔寨、马来西亚、印度，以及台湾中低海拔之山麓至海拔1000m左右的山区。

一、形态特征

穿山甲属于哺乳纲、鳞甲目、鳞鲤科，它外形奇特，全身披鳞带甲，头细、眼小、舌长、无齿，身长50～100cm，体重22～37kg，不同个体的成年穿山甲身长和体重差异很大，有弓背行走的特点。从头背、体侧至尾端均被以覆瓦状排列的硬角质鳞片，鳞片呈黑褐色或灰褐色，鳞片间杂有稀疏硬毛。前肢略长于后肢，前后肢均5趾，趾短具有坚硬而锐利的爪，强健有力的趾爪是它挖土挖穴的工具。穿山甲有较长而扁平的尾，尾长28～33cm。腹面自下颌、胸、腹直至尾基部都没有鳞片，只有稀毛。幼龄穿山甲的形态与成年穿山甲相似，只是鳞甲的角质化程度和颜色深浅有差异，随着年龄的增长，幼年穿山甲的鳞甲逐渐角质化变硬，颜色变深。穿山甲的性别鉴别主要看肛门，雄性的肛门后有一凹陷，而雌性没有。

二、生态习性

穿山甲属夜行性动物，多修筑洞穴于泥土地带。挖洞居住，洞道较长，末端有巢。一般多栖息于500～1000m山麓、丘陵或灌丛杂树林、小石混杂泥地等较潮湿的中等地带。穿山甲随季节变化而改变居住地点，冬春季节，多住在山坡下层草丛中，冬季睡在洞的深处，居住洞中时间较长；夏秋两季，多住在上坡上层较为凉爽、不易被流水冲刷的地段，每年4～9月，炎热多雨，穿山甲栖息于离洞不远的浅窝中。穿山甲白天多卷缩于洞内酣睡；晚间多出外觅食，行动活跃，能爬树。遇敌或受惊时常蜷成球状、易捕捉。其主要食物为白蚁，此外也食其他蚁及其幼虫、蜜蜂、胡蜂和其它昆虫幼虫等。

三、生长发育规律

穿山甲发情交配一般在夏季，在此期间，雄兽翻山越岭四处寻找配偶，常在穿越的山脊处拉屎撒尿，并用趾爪地面，以此引诱雌兽，被人称为“放骚”，穿山甲每年冬季繁殖1次，每胎只产1仔，成活率低，仔的体重约100g，闭眼，无鳞，色浅白。半月后体重250g，并开始睁开眼睛，1个月后鳞甲开始逐渐角质化，并变为黑褐色，体重增到500g。2个月后，仔兽扒在母颈背上随母外出觅食，半年后体重增到1500～2000g重，仔兽离母体营窝独立生活。穿山甲母性强，有幼仔时外出不远离，在这期间母兽外出后每天仍回原地。

四、种质资源状况

穿山甲是我国14种重要的药用濒危野生动物之一，被列为国家二级重点保护野生动物，并被《中国濒危动物红皮书·兽类》定为易危级（V），国际组织世界自然保护联盟（IUCN）将穿山甲所有种列入《华盛顿公约》（CITES）附录Ⅱ。由于滥捕猎杀和栖息地的任意破坏，已造成穿山甲野生资源数量急剧下降，甚至到了枯竭边缘，根据福建省药材部门1982～1994年穿山甲鳞片收购量情况进行推算，估计福建省野生穿山甲资源的储量为5000～20000头，2000年广东省穿山甲的资源量仅为8409～20136头。

五、养殖技术

穿山甲人工养殖研究始于1980年，江西、广东、湖南、广西、福建及贵州等地均曾先后进行过野生穿山甲的驯养繁殖，但穿山甲是一种生活习性复杂的动物，对野外生态自然系统，特别对温度、食物等因素的依赖性大，驯养繁殖难度大、死亡率很高，所以其养殖技术尚待进一步充实完善。

（一）选址建场

饲养场地按每只穿山甲10m^{2}左右设计，建造饲养场宜选择荫凉、潮湿无砂石的地方。修建时要先挖出表土，直至硬底层为止，用水泥或沙灰浆砌石块或红砖铺地之后，再用水泥抹面。四周筑起2m高的封闭式围墙，内墙用水泥抹面，使其光滑，以防穿山甲越墙逃走。然后将挖出的表土放回墙内做成假山。在假山上种植树木、杂草，以创造荫凉环境。新建的养殖场，在树木还未成长茂盛时，亦可搭简易遮荫棚。注意树枝、树桩不能靠近围墙，以防止穿山甲爬走。还应在假山旁设置小水池。

（二）种源及饲养环境

饲养种源目前仍然依靠捕捉野生获得，捕到的穿山甲放入饲养处后，为了使其在短时间内适应新的环境，必须保持饲养场地内清洁卫生和安静环境条件。同时饲养场内做到冬暖夏凉，温度保持在16℃～32℃之间，最为理想的温度为22℃以上。研究表明，温度与穿山甲的生长有着密切关系，温度在18℃时停止生长，冬季低温体重下降，而在最佳气温下月增重可达250～300g。所以，采取有效措施调节好饲养场内温度，有利于穿山甲生长发育。

（三）饲料及投喂

穿山甲是肉食性动物，以白蚁为主要食物，有时也食一些蚂蚁、蜂及昆虫蛹卵。觅食时，先用前肢的长爪抓住蚁巢，然后用嘴插入蚁洞内，用黏性及善于伸缩的舌头舔食白蚁或其他蚁类。饲养穿山甲要准备有充足的饲料，其饲料分为活体饲料和单品种饲料两种，在饲养过程中以活体饲料为主，单品种饲料为补。活体饲料可通过以下途径获得：①人工诱集白蚁，在长有松木林的山坡上挖若干个深50cm、宽50cm的坑，坑内放入鸡毛、鸡骨和松叶，以招引白蚁进入觅食和建巢，每隔一段时间采集白蚁作穿山甲饲料；②灯光诱虫，在饲养场安装黑光灯，晚上诱来飞蚁和各种昆虫，供穿山甲选食。

穿山甲饲料应定时、定点、定量进行投喂，使之形成习惯，到时便到投放点觅食。通常每天投放1次，在下午4时投喂，投喂时按穿山甲体重的3%左右为宜，成年穿山甲每只每天投放100g左右。穿山甲对喜欢的饲料一般能自己取食，如白蚁及其它一些昆虫等活体饲料，但是对单体饲料往往刚开始还不会自行取食，可通过引诱方法而达到最终自己取食的目的。方法是左手按住穿山甲的尾部，将一小块塑料薄膜放入口吻处，用塑料吸管吸取兑好的食物，挤压吸管，食物顺嘴角流到薄膜上，穿山甲受到刺激伸出舌头舔食薄膜上的食物，然后把盘放到薄膜上，穿山甲便会自己舔食，通过数天的诱食，穿山甲就会采食喜欢的单体饲料。

（四）繁殖

穿山甲一年四季均可繁殖，但以夏季最多，此期，雌雄穿山甲的活动频繁，1只雌穿甲年产仔最少2胎，每胎1~2只，育雏期间仍然可以受孕。穿山甲配偶一般是1公配多母。人工饲养时，以1只雄性配合3~4只雌性为宜。穿山甲的雌雄鉴别方法是雌性胸部有2对乳头，雄性则无。穿山甲于雌雄交配3~4个月后，在初春或秋季产仔。新生穿山甲体呈白色、无鳞，靠母乳养育，自卫能力差。幼仔出生1个月以后，身上渐渐起鳞片变为黑褐色，体重约200g，半年后幼仔体重可达2kg，开始独立生活。

（五）病害及其防治

每天清扫洞舍，夏秋适时消毒，不喂霉变饲料。经常观察穿山甲动态，如发现异常迅速隔离，对症治疗。已发现的常见病有肠炎、肺炎等。在场内堆积一些消毒的河沙，在河沙里拌入90%晶体敌百虫1000倍液，混合均匀后，让穿山甲沙浴，可预防病害发生，并使穿山甲磷片光洁、丰满，更符合质量标准。

六、采收加工

人工饲养的穿山甲，若作为种兽出售，以半年后能独立生活时为佳；如果作为商品穿山甲，则以12个月出栏为宜。穿山甲自从可离开母兽自己觅食，独立生活半年后体重可达2.3kg以上，饲养1年后便可出售。成年体重最大可达7kg，一般在4.8~6.5kg，体长可达65~110cm。全年均可捕捉，以春夏为多。捕得后，先将头敲昏，倒吊起来，割舌取血、剖腹、剥皮、去净残肉、晒干，称甲张。将甲张放在开水中，鳞（甲）片会自行脱落，或将甲张放入石灰水中，烂去皮肉，洗净晒干后即可得到甲片。

以片匀、色青黑、无腥气、不带皮肉者为佳。

（金国虔）

第十七章 化痰止咳平喘药

要点导航

1. 掌握：桔梗、浙贝母分布区域、生态习性、生长发育规律、种质资源状况、栽培与采收加工技术。

2. 熟悉：半夏、瓜蒌原植物生长发育规律、栽培与药材采收加工技术。

3. 了解：罗汉果栽培技术；已开展栽培（养殖）的理气药种类。

化痰药以祛痰或消痰为主要功效，止咳平喘药以制止或减轻咳嗽和喘息为主要功效。化痰药多兼能止咳，止咳平喘药也多兼有化痰作用。药理研究证明，该类中药多有祛痰、镇咳、平喘、抗菌、消炎等作用。部分中药还有补碘、抗癌、强心、利尿、降低血中胆固醇及扩张冠状动脉的作用。该类中药又可分为温化寒痰药、清化热痰药及止咳平喘药三类。

第一节 温化寒痰药

该类中药偏于温燥，具有温肺祛寒、燥湿化痰的作用，主要适用于寒痰停饮犯肺，咳嗽气喘，口鼻气冷，吐痰清稀；或湿痰犯肺，咳嗽痰多，色白成块，舌苔白腻者；以及痰浊上壅，蒙蔽清窍所致的癫痫惊厥、中风痰迷等症。常用中药有半夏、天南星、白附子、白芥子、皂荚、桔梗、旋覆花、白前等。本节仅介绍半夏、桔梗的栽培技术。

半　夏

半夏为天南星科植物半夏 *Pinellia ternate*（Thunb.）Breit. 的干燥块茎，又名麻芋头、三步跳、野芋头，入药首见于《五十二病方》。其味辛，性温；归脾、胃、肺经；具有燥湿化痰、降逆止咳、消痞散结等功效；主要用于治疗痰多咳喘、痰饮眩晕、痰厥头痛、呕吐反胃、胸脘痞闷、梅核气等病症，生用外治痈肿痰核。现代研究证明，半夏主要含有胆碱、L－麻黄碱、烟碱、挥发油、天门冬氨酸、谷氨酸等成分，具有镇咳、抑制腺体分泌、镇吐、抗生育等药理活性。半夏为广布种，国内除内蒙古、新疆、青海、西藏未见野生外，其余各省市均有分布。主产于四川、湖北、河南、贵州、安徽等地，其次产于江苏、山东、江西、浙江、湖南、云南等省区。

一、形态特征

多年生草本植物，株高15～40cm。地下块茎球形或扁球形，直径0.5～4.0cm。叶幼时单叶，2~3 年后为三出复叶。实生苗和珠芽繁殖的幼苗叶片为全缘单叶；成年植株叶 3 全裂。肉穗花序顶生，花序梗常较叶柄长；佛焰苞绿色。花单性，雌雄同株。浆果卵圆形，顶端尖，成熟时红色，内有种子 1 枚。种子椭圆形，两端尖，灰绿色。花期 4~7 月，果期 8~9 月。

二、生态习性

为浅根性植物，对土壤要求不严，除盐碱土、砾土、重黏土及易积水之地不宜种植之外，其他土壤基本均可种植。以疏松、肥沃、深厚，含水量在 20%~30%，pH 为 6~7 的砂质壤土较为适宜。喜温和、湿润气候，怕干旱、高温。夏季适于在半阴半阳条件下生长，怕强光。在阳光直射或水分不足的情况下，容易发生倒苗现象。耐阴，耐寒，块茎能自然越冬。

三、生长发育规律

块茎、珠芽、种子均无生理休眠特性。冬播或早春播种块茎，当 1~5cm 的表土地温达 10℃~13℃时，叶开始生长，此时若地表气温持续低于 2℃，叶柄即在土中开始横生，横生一段并可长出一代珠芽。地、气温差持续时间越长，叶柄在土中横生越长，地下珠芽长得越大。当气温升至 10℃~13℃时，叶直立长出土外。不同居群对高温胁迫反应差异明显，出苗率、出苗期、出苗整齐度差异也较大。

一年生植株有 1 心形单叶，第二年至第三年开花结果，有 2 或 3 裂叶生出，一年内可多次出苗。在长江中下游地区，第一次为 3 月下旬至 4 月上旬，第二次在 6 月上中旬，第三次在 9 月上中旬。每年平均有 3 次倒苗，分别为 3 月下旬至 6 月上旬、8 月下旬、11 月下旬。出苗至倒苗的天数，春季为 50~60 天，夏季为 50~60 天，秋季为 45~60 天。第一代珠芽在 4 月初萌生，4 月中旬为高峰期，4 月下旬至 5 月上旬为成熟期。6 月中下旬总苞片发黄，果皮呈白绿色，种子浅茶色、茶绿色，此时可采种。成熟种子含水量较低（7%）左右，吸水迅速，可快速萌发，不属于顽拗性种子。温水浸种、赤霉素处理均可提高种子发芽率。

四、种质资源状况

栽培历史较短，但为广布种植物，为适应不同的产地生态环境，加之栽培过程中的人为选择，植株形态发生了较大变异，如叶型、珠芽数量和着生位置、块茎大小和形状等方面。不同叶型半夏在生长习性、活性成分含量及光合效率上存在差异。研究表明，线性叶型的半夏形成珠芽数量最多，芍药叶型的半夏形成珠芽数量最少。种茎越大，形成珠芽就越多，产量越高。土中形成的珠芽的重量明显高于地上形成的珠芽。因此，生产中应注意种质类型的优选。

五、栽培技术

（一）选地与整地

宜选湿润肥沃、保水保肥力强、质地疏松、排灌良好的砂质壤土或壤土地种植，也可选择半阴半阳的缓坡山地。涝洼地、盐碱地不宜种植。前茬以豆科作物为宜，可与玉米、油菜、小麦、果木、林木进行间、套种。地选好后，于头年 10~11 月深翻土地 20cm 左右，除去石砾及杂草，使其熟化。半夏根系浅，一般不超过 20cm，且喜肥，生长期短，基肥对其有重要作用。结合整地，每亩施农家肥 5000kg、饼肥 100kg 和过磷酸钙 60kg，翻入土中作基肥。播前再耕翻 1 次，然后整细耙平。南方雨水较多地区宜作成宽1.2～1.5m、高30cm的高畦，畦沟宽40cm，长度不宜超过20m，以利于灌溉。北方浅耕后可作成宽0.8m～1.2m的平畦，畦埂宽、高分别为30cm和15cm。畦埂要踏实整平，以便进行春播催芽和苗期覆盖地膜。

（二）繁殖方法

生产上以块茎繁殖和珠芽繁殖为主，也可用种子繁殖，但种子繁殖周期长，一般不采用。近年来为解决半夏繁殖力低及品种退化等问题，生产上也采用组织培养技术进行繁殖。

1. 块茎繁殖　秋季或春季均可种植，以春栽为好。春栽宜早不宜迟，一般早春5cm土温稳定在6℃～8℃时，即可进行种茎催芽，待种茎芽鞘发白时即可栽种。选择直径0.5～1cm、生长健壮、无病害的中小块茎作种茎。在整细耙平的畦面上开横沟条播，行距12～15cm，株距5～10cm，沟宽10cm，深5cm左右，沟底要平，在每条沟内交错排列2行，芽向上摆入沟内。栽后，上面施1层混合肥土，每亩施用量2000kg左右。然后用沟土覆盖，厚5～7cm，搂平，稍加镇压。也可结合收获在秋季播种，一般在9月下旬～10月上旬进行，方法同春播。每亩需种茎50～60kg，适当密植生长均匀且产量高。过密则幼苗生长纤弱，除草困难；过稀，则苗少草多，产量低。栽后若遇干旱，要及时浇水，始终保持土壤湿润。若进行地膜覆盖栽培，栽后要立即盖地膜。地膜宽度视畦的宽窄而定。4月上旬至下旬，当气温稳定在15℃～18℃、出苗达50%左右时，揭去地膜，以防膜内高温灼伤小苗。去膜前，应先炼苗。方法是中午从畦两头揭开膜通风散热，傍晚封上，连续几天后再全部揭去。采用早春催苗和苗期地膜覆盖，可早出苗20天，同时可增产83%左右。

2. 珠芽繁殖　植株每个叶柄上至少长有1枚珠芽，数量充足。夏秋间，当老叶将要枯萎时，珠芽已成熟，即可采摘叶柄上成熟的珠芽进行条播。按行距10cm，株距6～9cm，条沟深3cm播种。然后覆盖2～3cm的细土及草木灰，稍加压实。也可按株行距8cm×10cm挖穴点播，每穴播种2～3粒。亦可在原地盖土繁殖，即每倒苗1批，盖土1次，以不露珠芽为度，同时施入适量混合肥。

3. 种子繁殖　因出芽率较低，种植周期长，生产上一般不采用。夏季采收的种子可随采随播，秋末采收的种子可沙藏至次年3月播种。按行距10cm开2cm深的浅沟，将种子撒入，搂平，覆土1cm左右，浇水湿润，并盖草保温保湿，半个月左右即可出苗。苗高6～10cm时，即可移植。

（三）田间管理

1. 中耕除草　生长期间要经常松土除草，避免草荒，中耕深度不超过5cm。撒播者要拔除杂草，除草可结合培土同时进行。

2. 追肥　半夏属于喜肥植物，生长过程中应适当多施肥料。施肥应以农家肥为主，不可施用氯化钾、氯化铵、碳酸氢铵及硝态氮类化肥。特别是出苗早期应多施氮肥，中后期多施钾肥和磷肥。出苗后每亩撒施尿素3～4kg，每次倒苗后亩施腐熟粪水2000kg，随后培土。生长的中后期，可视生长情况每亩叶面喷施0.2%磷酸二氢钾溶液50kg。

3. 灌溉、排水　播前应浇透水。生长期间干旱时多浇水，雨季及时排水。干旱时浇水最好浇湿土地而不能漫灌，以免腐烂病的发生。

4. 培土　培土的目的是盖住珠芽和杂草幼苗。珠芽在土中才能生根发芽，因此有成熟的珠芽和种子落于地上时，要进行培土，厚1～2cm。培土后若无雨，应及时浇水。由于珠芽不断形成，故培土也应视情况及时进行。

（四）病虫害及其防治

1. 病害及其防治　①根腐病，多发生在高温高湿季节和越夏种茎贮藏期间。发病后，地下块茎腐烂，地上部分随即倒苗枯死。防治方法：选用无病种栽，雨季及时排水；播种前用木霉分生孢子悬浮液处理块茎，或以5%草木灰溶液浸种2h，或用1份50%多菌灵加1份40%乙膦铝300倍液浸种30分钟；发病初期拔出病株，并用5%石灰乳淋浇病穴或浇灌根部；及时防治地下害虫。②病毒性缩叶病，多在夏季发生，为全株性病害，发病时叶片产生黄色不规则斑，表现为花叶症状，叶片变形、皱缩、卷曲，植株生长不良，地下块茎畸形瘦小，质地变劣。蚜虫大量发生时易发此病。感病块茎在贮藏期间及运输途中易腐烂，加工成商品品质也差。防治方法：选无病植株留种，实行轮作；应用组织培养法培养无毒种苗；播前进行土壤消毒，及时防治害虫；施足有机肥，适当追施磷肥、钾肥，增强抗病力；出苗后喷洒40%乐果2000倍液或80%敌敌畏1500倍液，每隔5～7天喷1次，连续2～3次；发现病株立即拔除，集中烧毁深埋，病穴用5%石灰乳浇灌。

2. 虫害及其防治　①芋双线天蛾，食叶性害虫，大田危害率可达80%以上。每年发生3～5代，其蛹在土中越冬，8～9月幼虫发生数量最多。成虫白天潜伏在荫蔽处，黄昏时开始取食花蜜，趋光性强。卵散产于叶背面，幼虫孵化后取食卵壳，并在叶背取食叶肉，仅残留表皮。防治方法：结合中耕除草捕杀幼虫，利用黑光灯诱杀成虫；幼虫发生时喷洒50%辛硫酸乳油1000～1500倍液，或90%晶体敌百虫800～1000倍液，每5～7天喷1次，连续2～3次。②红天蛾，主要在5～10月造成危害，尤以5月中旬～7月中旬发生量大。幼虫咬食叶片，发生严重时将叶片咬成缺刻或吃光。防治方法：参考芋双线天蛾。

六、采收加工

（一）采收

用种子繁殖的于第三、四年，块茎繁殖的于当年或第二年采收。夏秋季茎叶枯萎倒苗后采挖，过早影响产量，过晚难以去皮和晒干。采收选择晴天进行，从地块一端用爪钩顺垄挖沟，小心将块茎挖出，避免损伤。

（二）加工干燥

收获后的新鲜块茎要及时去皮，堆放时间长则不易去皮。将鲜半夏洗净，再按大、中、小分级，分别装入麻袋内，在地上轻轻摔打几下，然后倒入清水缸中，反复揉搓，或将块茎放入筐内或麻袋内，在流水中用木棒撞击或穿胶鞋用脚踩去外皮，也可用去皮机除净外皮。取出晾晒，并不断翻动，期间不能遇露水。晒至全干。也可拌入石灰，促使水分外渗，再晒干或烘干。若采用炭火或炉火烘干时，温度一般控制在35℃～60℃。

以个大、皮净、色白、质坚、粉足为佳。

（李思蒙）

桔　梗

桔梗为桔梗科植物桔梗 *Platycodon grandiflorum*（Jacq.）A. DC. 的干燥根，又名铃铛花、道拉基、四叶菜，为常用中药之一，始载于《神农本草经》，被列为下品。其味苦、辛，性平；归肺经；具有宣肺利咽、祛痰排脓等功效；主要用于治疗咳嗽痰多、胸闷不畅、咽痛音哑、肺痈吐脓等病症。现代研究证明，桔梗主要含有皂苷类，如桔梗皂苷、远志皂苷、远志酸等成分，还含有α-菠菜甾醇、菊糖、桔梗聚糖等，具有祛痰镇咳、抗炎抗溃疡、降血糖降血脂、镇静镇痛、扩张血管等药理活性。桔梗为广布种，在北纬23°~55°、东经100°~145°之间均有分布。其中以华北、东北产量最大，称为北桔梗；华东地区品质最佳，称为南桔梗。以山东、安徽、内蒙为主要产区。

一、形态特征

多年生草本，全株光滑无毛，有白色乳汁。高30~120cm。主根纺锤形或长圆锥形，表皮淡黄白色，易剥离。茎直立。叶片卵状披针形，3~4片轮生、对生或互生。花单生茎顶或数朵集成假总状花序；花冠阔钟状，蓝色或蓝紫色，蒴果倒卵圆形或近球形，成熟时顶端5瓣裂，外皮黄色。种子多数，狭卵形，有3棱，黑褐色有光泽。花期7~9月，果期8~10月。

二、生态习性

野生桔梗多自然生长于砂石质的向阳山坡、草地、稀疏灌丛及林缘。喜光，喜温润凉爽气候，耐寒，耐干旱，20℃左右最适宜生长，根能在严寒下越冬。对土壤要求不严，但在疏松肥沃、排水良好的壤土或砂壤土上生长良好，不宜在低洼地、盐碱地、重黏土、白浆土种植。忌积水，土壤过潮易烂根。在荫蔽条件下生长发育不良。怕风害，遇大风易倒伏。

三、生长发育规律

多年生宿根植物。种子在10℃以上即可萌发。20℃~25℃时7~8天萌发，15天左右出苗。种子萌发后，胚根当年主要为伸长生长，一年生主根长可达15cm，二年生长可达40~50cm，并明显增粗。苗期植株生长缓慢，高度至6~7cm，此后进入生长旺盛期。6月中旬现蕾，7月初开花，一年生植株开花较少，二年生开花较多。10~11月中下旬，地上部开始枯萎倒苗，根在地下越冬，进入休眠期，至次年春出苗。整个生育期内，6~9月为根的快速生长期。

喜凉爽气候，能耐寒，最低能耐受-20℃低温。10℃~20℃为适宜生长温度，最适宜生长温度为20℃。当日平均气温在15℃以下时，植株地上部分枯死。生长期间喜光照，荫蔽环境对生长不利。发育阶段不同对水分要求差异很大，萌芽期和苗期要求土壤保持湿润；成株耐旱性强，但干旱会导致植株生长缓慢，影响根部发育。怕涝，土壤过潮导致烂根。

四、种质资源状况

桔梗在种内存在许多变异类型，如按花色不同可分为紫花、粉花、白花和黄花等，按花瓣可分为半重瓣和重瓣，按茎秆特性可分为直立型和倒伏型等。经定向培育，目前已选育出“九桔兰花”“鲁梗1号”“鲁梗2号”“太桔1号”等优良品种，使药材产量与质量均有了大幅度提高。

五、栽培技术

（一）选地与整地

植株怕风害，在荫蔽条件下易徒长，应选避风向阳的地段。为深根作物，应选土壤深厚、疏松肥沃、有机质含量丰富、湿润而排水良好的壤土或砂质壤土，适宜pH为6~

7.5。前茬作物以豆科、禾本科作物为宜。黏性土壤、低洼盐碱地会影响根部发育，收获时采挖困难，根易折断。整地时每亩施腐熟农家肥3500kg、草木灰150kg、过磷酸钙30kg作为基肥，深耕30～40cm，使肥料与土壤充分混合，整平耙细作畦，畦高15～20cm，宽1～1.2m。

（二）繁殖方法

以种子繁殖为主，生产上分为直播和育苗移栽。直播产量高，根直，分叉少，便于刮皮加工，质量好，生产上多用。

春播、夏播、秋播或冬播均可，以秋播最佳。秋播于10月中旬以前进行；春播一般在3月下旬至4月中旬，华北及东北地区在4月上旬至5月下旬；夏播于6月上旬小麦收割完之后进行；冬播于11月初土壤封冻前进行。播前将种子用0.3%～0.5%高锰酸钾溶液浸泡24h消毒，也可用40℃～50℃温水浸泡24h，覆以湿纱布，每天早晚各用温水淋1次，3～5天后种子萌动即可播种。

1. 直播　条播或撒播，以条播多用。条播时在整好的畦面上按行距20～25cm开横沟，播幅10～15cm、沟深2.5～3.5cm，铲平沟底，将种子拌草木灰均匀撒于沟内，播后覆盖细土约0.5～1cm厚，压实。撒播是将种子拌草木灰均匀撒于畦面，撒细土覆盖压实，以不见种子为度。在播后的畦面上盖草或地膜保温保湿。条播每亩用种0.5～1.5kg，撒播每亩用种1.5～2.5kg。

2. 育苗移栽　育苗方法同直播。一般培育1年后，在当年茎叶枯萎后至次春萌芽前移栽，以3月中旬为移栽适宜期。栽前将种根小心挖出，勿伤根系，以免发杈，除去病、残根，按大、中、小分级栽植。按行距20～25cm开横沟，沟深20cm左右，株距5～7cm，将根垂直舒展地栽入沟内，覆土应高于根头2～3cm，稍压，浇足水。每亩苗应保持在5万株左右，适量密植，有利增产。

（三）田间管理

1. 间苗、定苗和补苗　出苗后及时移除盖草或地膜。在苗高4cm左右时，按株距4cm间苗，拔去弱苗、病苗和过密苗；定苗在苗高8cm左右时进行。遇有缺株，宜在阴雨天补苗。

2. 中耕除草和追肥　幼苗期生长缓慢，而杂草生长较快，因此从出苗开始，应勤除草松土。松土宜浅，以免伤根。苗h须人工拔草而不宜中耕除草，以免伤害小苗。定植以后适时中耕除草，植株长大封垄后不宜再中耕除草。夏秋季应拔去田间大草，防止杂草种子成熟落地。生长期内一般追肥4～5次：第一次在齐苗后，每亩施腐熟人畜粪水2000kg或尿素30～35kg，以促进壮苗；第二次在5月下旬～6月中旬，此时根部快速生长，亩施腐熟人畜粪水2000kg及过磷酸钙30kg，以促进地上部分生长和根部积累营养物质；第三次在开花初期，亩施腐熟人畜粪水2000kg及过磷酸钙50kg，追肥后要向茎基部培土。入冬后施越冬肥，亩施草木灰或杂土肥2000kg及过磷酸钙30kg。收获前要少施氮肥，多施磷钾肥以促进茎秆生长，防止倒伏，促进地下根部发育充实，有利增产。

3. 灌溉和排水　播种后至苗期，要保持土壤湿润，以利于出苗和幼苗生长。植株长成后，一般不需浇水，但遇干旱时要及时浇水保苗。由于种植密度较大，高温多雨季节要及时清沟排水，防止积水引起根部腐烂。

4. 疏花疏果　花期长达3个多月，开花会大量消耗养分而影响根部生长。除留种

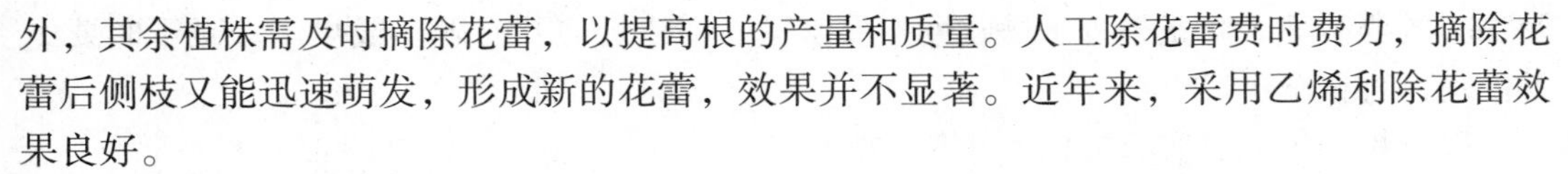

外，其余植株需及时摘除花蕾，以提高根的产量和质量。人工除花蕾费时费力，摘除花蕾后侧枝又能迅速萌发，形成新的花蕾，效果并不显著。近年来，采用乙烯利除花蕾效果良好。

（四）病虫害及其防治

1. 病害及其防治 ①枯萎病，对二年生植株危害尤为严重，高温高湿易发病。发病初期芦头及茎基产生粉白色霉，后变褐呈干腐状，最后全株枯萎。防治方法：与禾本科作物轮作3～5年；发病季节，加强田间排水；除草时避免伤及根及茎基部，防止感染；及时拔除病株并集中烧毁，病穴及周围植株撒以石灰粉，防止蔓延；发病初期用50%多菌灵800～1000倍液，或50%甲基托布津1000倍液喷洒茎基部。②轮纹病，6月开始发病，7～8月发病严重，受害叶片病斑褐色近圆形，具2～3圈同心轮纹，上密生小黑点。多数病斑使病部扩大成不规则形，或扭曲成三角形突出，严重时叶片枯焦或提早落叶，导致植株长势较弱，影响质量和产量。防治方法：增施磷钾肥，提高植株抗病力；收获后清园，收集枯枝病叶及杂草集中烧毁；雨后及时排水，降低土壤湿度；发病初期用1:1:100波尔多液，或65%代森锌600倍液，或50%多菌灵可湿性粉剂1000倍液，或50%甲基托布津1000倍液等喷洒，每7～10天喷1次，连喷2～3次。③斑枯病，危害叶部，受害叶两面出现圆形或近圆形病斑，灰白色，后期变褐并密生小黑点。严重时病斑汇合成大斑，叶片枯死。防治方法：同轮纹病。④紫纹羽病，为害根部，一般7月开始发病，从须根开始蔓延至主根，病部初呈黄白色，后呈紫褐色。根皮表面密布红褐色网状菌丝，后期形成绿豆大小的菌核，病根由外向内腐烂，破裂时流出糜渣。根部腐烂后仅剩空壳，地上植株枯萎死亡。湿度大时易发生。防治方法：多施基肥，增强抗病力；注意排水；实行轮作和消毒；亩施石灰粉100kg，可减轻发病；发现病株及时清除，并用50%多菌灵可湿性粉剂1000倍液，或50%甲基托布津的1000倍液等喷洒2～3次。

2. 虫害及其防治 ①蚜虫，吸食嫩叶、新梢上的汁液，导致植株萎缩，生长不良，4～8月为害。防治方法：发病时用吡虫啉10%可湿性粉剂1500倍液，或飞虱宝25%可湿性粉剂1000～1500倍液，或蚜虱绝25%乳油2000～2500倍液，或赛蚜朗10%乳油1000～2000倍液等喷洒全株，并在5～7天后再喷洒1次。②小地老虎，从地面咬断幼苗，或咬食未出土的幼芽。防治方法：人工捕捉；将玉米面、糖、酒、敌百虫等按适当比例混合制成毒饵诱杀。③红蜘蛛，以虫群集于叶背吸食汁液，危害叶片和嫩梢，使叶片变黄脱落；花果受害造成萎缩干瘪。蔓延迅速，危害严重，以秋季天旱时为甚。防治方法：收获前将地上部分收割销毁，减少越冬基数；发病时用40%水胺硫磷1500倍液，或20%双甲脒乳油1000倍液喷雾。

六、采收加工

（一）采收

采收年限一般为2年，因地区和播种期不同而有所不同。秋季地上部分枯萎后至次年春萌芽前进行，以秋季采收体重质实、质量好。过早采挖，根不充实，产量低，品质差；过迟，根已老熟，剥皮困难，且不易晒干。采收时，先割去茎叶，从畦的一端起挖，顺行依次深挖取出，切勿伤根，以免汁液外溢，根条变黑；更不要挖断主根，降低等级和品质。

（二）加工干燥

采收的鲜根应摘除须根及较小侧根，清洗后趁鲜用竹刀或瓷片等把栓皮刮净。来不及加工的要砂埋，防止外皮干燥收缩不易刮除。刮皮后应及时晒干或烘干，晒干时要经常翻动，直至全干。

以条粗均匀、坚实、洁白、味苦者为佳。

（张建逵）

第二节　清化热痰药

该类中药药性寒凉清润，以清热化痰、润燥化痰为主要功效，某些中药还兼有软坚散结的作用，主要用于治疗热痰壅肺，咳嗽气喘，吐痰黄稠，舌红苔黄腻者；或燥邪犯肺，干咳少痰，咯痰不爽，舌红少苔者；以及痰火郁滞，瘿瘤瘰疬等症。常用中药有瓜蒌、贝母、前胡、竹茹、天竺黄、竹沥、海蛤壳、瓦楞子、海藻、昆布、黄药子、胖大海、猴枣等。本节仅介绍瓜蒌、浙贝母的栽培技术。

瓜　蒌

瓜蒌为为葫芦科植物栝楼 *Trichosanthes kirilowii* Maxim. 或双边栝楼 *Trichosanthes rosthornii* Harms 的干燥成熟果实，又名天瓜、药瓜等，属于常用中药。其味甘、微苦，性寒；归肺、胃、大肠经；具有清热涤痰、宽胸散结、润燥滑肠等功效；用于治疗肺热咳嗽、痰浊黄稠、胸痹心痛、结胸痞满、乳痈、肺痈、肠痈、大便秘结等病症。现代研究证明，瓜蒌主要含有三萜皂甙、有机酸、树脂、糖类和色素等成分，具有提高冠脉血流量、抗菌、抗肿瘤等药理活性。栝楼为瓜蒌的主要原植物，主产于山东肥城、长清，河南安阳等地，属于山东著名的道地药材。华北、西北、华东及辽宁、湖北、江西、湖南、广西、广东、贵州、四川、云南等省区也均有分布。此处仅介绍栝楼的栽培技术。

一、形态特征

多年生宿根，草质藤本植物。块根圆柱形、葫芦形或不规则形，肉质肥厚，外皮淡黄色，有多数横状瘤状突起。雌雄异株。茎攀援，多分枝，表面有浅纵沟，腋生细长发达的卷须，卷曲。单叶互生，叶片卵状心形或扁心形，边缘有疏齿，基部心形。雄花数朵生于总花梗上部，呈总状花序状，或单生，花冠顶端细裂成流苏状，雄蕊 3；雌花单生，子房下位。瓠果近球形或椭圆形，熟时橙黄色。种子多数，压扁状，长方卵形或阔卵形，熟时棕色。花期 5 ~ 8 月，果期 6 ~ 9 月。

二、生态习性

喜温暖气候，较耐寒，但寒冷地区根容易受冻。喜阳光，能耐阴，但生产中需阳光充足，否则不易开花结实，块根也难于膨大，产量低且品质不高。喜湿润气候，不耐旱，但怕涝。具有喜光、耐阴特性，野生在半遮荫的大树空隙中也能生长良好，但若光照不足 2h 时，挂果极少。当光照为 6h 左右时，植株生长基本正常，但果实成熟期略延长，果皮呈青黄花色，糖化程度低。充足的阳光可促进果实籽粒饱满、正常成熟，盛花期如遇长期阴雨天气、光照不足时，将会大幅度减产。适于种植在土质肥沃疏松、透水通气良好、含细砂比率为 50% 以上的砂质壤土，土层深度要求在 50cm 以上，忌黏性大的土壤。对温度适应性较强，在无霜期 200 天左右的地方生长良好。通风是丰产措施之

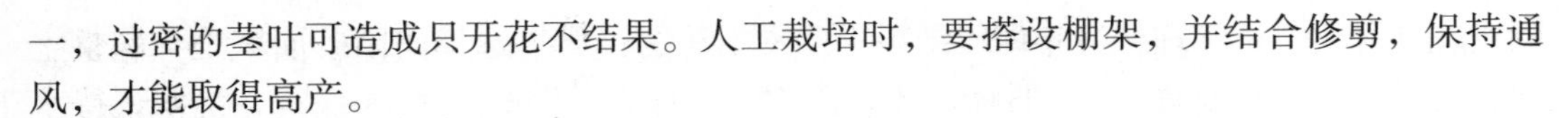

一，过密的茎叶可造成只开花不结果。人工栽培时，要搭设棚架，并结合修剪，保持通风，才能取得高产。

三、生长发育规律

多年生植物。用种子繁殖时，多数植株当年不能开花结果；而采用根段繁殖时，当年就能开花结果。植株年生长发育可分为4个时期。一般于每年4月上、中旬出苗，至6月初为生长前期，期间茎叶生长缓慢。从6月开始至8月底为生长中期，地上部生长加速，6月后陆续开花结果。8月底至11月茎叶枯萎为生长后期，茎叶生长趋缓至停止，养分向果实或地下部运转，10月上旬果熟。从茎叶枯死至次春发芽为休眠期，地下部休眠越冬。年生育期为170～200天。

早春当气温上升到10℃时，多年生老根开始萌芽生长；气温25℃～35℃时，进入生长旺盛时期并开始开花挂果；超过38℃时，开花挂果锐减，秧蔓基本停止生长。如持续高温超过40℃，部分叶子出现枯焦，当气温回落到25℃时又重现抽茎开花挂果。9月份气温下降到约20℃时，开花挂果基本结束，仅少量雄花开放。

四、种质资源状况

栝楼广泛分布，人工种植区域较广、面积较大。由于雌雄异株，在经常采用种子繁殖的情况下，种质很容易发生分化，从而形成了众多的农家品种。山东产区主要有下述几种：①仁瓜蒌，果实圆球形或椭圆形，长7～10cm，直径5～9cm，近果柄处渐尖，果顶柱基短小，表面红棕色或橙红色，有明显突起的纵棱线13～21条，果皮革质而厚，果瓤橙黄色或黄色，浓稠，与种子黏结成球状。②糖瓜蒌，果实直径7～11cm，果皮黄色或橙黄色，光滑，不皱缩或少皱缩，果皮薄易碎，种子数量较少。③牛心瓜蒌，果实长椭圆形，两端略尖，长8～15cm，直径7～10.5cm，表面棕红色或橙红色，皱缩，有明显的纵棱线10～12条，柱基长约5mm，种子100余粒。④小光蛋，果实类球形或椭圆形，长5～7cm，直径5.5～7cm，表面黄色，光滑，基部钝圆，皮薄易碎，糖分少，种子约120粒。⑤地瓜蒌，果实梭状卵形或卵状椭圆形，长7～15cm，直径约10cm。表面棕红色或红棕色，粗糙，微见纵向维管束脉理，顶端稍尖，有长约1cm的尖突，果皮厚，种子60～80粒。在上述几个农家品种中，以仁瓜蒌产量高、质量优。

五、栽培技术

（一）选地与整地

选择通风透光、土层深厚、疏松肥沃、排水良好的砂质壤土地块，以南北方向，平均行距1.5m，打深×宽＝0.5m×0.5m、长度以地形而定的壕，壕内施足基肥，每亩用农家肥2000～3000kg，与土混匀，平壕，灌水，划锄松土，等待播种。

（二）繁殖方法

以种子、块根繁殖为主，少用压蔓繁殖。

1. 种子繁殖 可大田直播，亦可育苗移栽。①采种，9～10月采摘株势健壮、无病虫害、个大、壮实、果柄粗短的成熟果实，悬挂于阴凉、通风、干燥的室内晾干，留作种用。②播种，3月上、中旬直播或育苗移栽。直播：在整好的栽植地上，按约1m株距，挖深5cm左右的穴，浇水，待水渗下后，每穴播入种子5～7粒，种尖或裂口向下，播后覆盖细土2～3cm，盖草保温、保湿，出苗后揭去盖草，苗高10cm左右时间苗，每穴留壮苗2株。育苗移栽：通常采用温床育苗，能提前50天左右移栽，可延长生长期，促进花芽分化，若管理好当年即可结果。基本方法为：早春选择向阳砂质壤土，翻整土地，施足基肥，作成宽1.2m的畦，按行距15～20cm、开深3～5cm横沟，浇水，待水渗下后，按株距7cm左右，将种子的种尖或裂口向下按入土内，覆盖细土约3cm厚，畦面覆盖塑料薄膜，保温保湿。3月下旬幼苗长出2～3片真叶时，挖取移栽。

2. 块根繁殖　选择结果3～5年生、健壮无病虫害的良种植株（每亩配植10株雄株），在3月下旬至4月上旬挖出块根，挑选直径3～5cm、断面白色无黄筋者，切成10cm长的小段，草木灰涂抹伤口，稍晾后栽种。在整好的种植地上，按株距1m挖穴，穴深10cm左右，每穴平放种根1段，覆盖3～5cm厚的细土，用脚踏实，再培土7～9cm使成小土堆状。或栽后覆盖地膜，在幼苗出土后，及时破膜开孔，引苗出膜。

3. 压蔓繁殖　植株藤蔓具有生长不定根的特性，可在雨季将老蔓茎节压入土中，待生根后，截离母体，另行栽植。

4. 定植　经培育需要移栽的各类幼苗，在整好的栽植地上，按株距1m左右于春季移栽定植。栽后覆盖细土，压紧根部，并浇施充分腐熟的清淡人畜粪水。

（三）田间管理

1. 中耕除草　春、秋季各中耕除草1次，生长期见草就除，保持田间无杂草。

2. 追肥　在苗高15cm以上时开始追肥，亩施腐熟人畜粪尿2500kg；6月中旬追施1次尿素，每亩20kg；8月上旬再追施1次复合肥，每亩25kg。从第二年开始，每年追肥2次，第一次在苗高30cm时，亩施腐熟厩肥1000kg、饼肥50kg、尿素15kg，于植株根际周围开沟施入，浇水，待水渗下后覆土与畦面平；第二次于6月中旬开花前，亩施腐熟厩肥1500kg、过磷酸钙50kg、土杂肥500kg，按第一次施肥方法施下。施肥要注意各种养分的平衡，施用有机肥或养分全面的复合肥，可有效地提高产量，若过多施用氮肥会导致植株营养生长过盛，果实产量反而会降低。

3. 搭设棚架　在植株茎长30cm以上时，每株保留粗壮茎蔓2条，其余都剪除，当即搭设棚架。棚架高约1.5m，以长1.8m的水泥柱或木柱作主柱，一行栝楼一行柱子，柱间距2～2.5m，上部用铁丝拉网，高粱杆、竹竿编织，搭架面积约占总面积的90%以上。在每个植株旁插2根小竹竿，上端捆在架子顶部横杆或铁丝上，将茎蔓牵引其上，用细绳捆住，以利茎蔓上架。

4. 整枝摘芽　茎蔓上架后，要及时摘除生长过密和细弱的分枝、徒长枝等，使茎蔓分布均匀，保持通风透光。过多的腋芽及分枝也应除去、使架上枝条分布均匀，以利多开花、多结果。

5. 人工授粉　在盛花期，尤其是在阴雨天气及雄性植株数量不足时，必须进行人工授粉。早晨8～9时，用新毛笔、棉花等蘸取雄花花粉，逐朵涂抹到雌花柱头上。人工授粉可显著提高座果率，是一项有效的增产措施。

6. 灌溉排水　植株不耐旱，特别是在生长盛期需水量较大时，若天旱要及时浇水。植株也怕涝，雨季要及时排除田间积水，保证植株能够正常生长。

7. 越冬管理　在寒冷地区封冻前，每株留30cm长的茎，盘起，堆积30cm高的土堆，以防止冻害。翌年春季将土堆扒开，植株即重新抽芽生长。

（四）病虫害及其防治

1. 病害及其防治　①病毒病，发病后上部叶片沿叶脉失绿，叶片皱缩卷曲、质地变硬，生长受抑。由蚜虫传播，高温干旱利于发病。防治方法：加强田间管理，提高植株抗病力；发病初期喷1.5%植病灵乳剂1000倍液，每隔5～7天喷1次，连续喷2～3次；喷40%乐果乳油2000倍液预防蚜虫。②斑枯病，受害初期，叶片出现褐色至灰白色小点，后逐渐扩大，形成大小不一的病斑，由于受叶脉限制，病斑呈多角形或不规则形，有时许多病斑相衔接，形成不规则大病斑，严重者引起整个叶片枯死。6月开始发生，7～8月为发病盛期，9～10月为发病末期。防治方法：秋季植株地上部分霜打枯萎后，立即清洁田园，减少越冬病源；选无病健康株留种，选远离发病地点的地块种植；加强田间管理，提高植株抗病能力；发病初期，在摘除病叶的同时，喷洒1∶1∶200波尔多液，或50%退菌特可湿性粉剂800倍液，7～10天喷1次，连喷2～3次。③根腐病，主根及侧根变黑腐烂，茎髓部变褐色，最终地上部分霉烂枯萎。一般5月以后开始发生，7～8月高温高湿期发病较重。防治方法：及时拔除病株烧毁，并以石灰消毒病穴；雨后及时排水，常松土，增强土壤通透性，低洼地宜起垄或高畦栽培，忌连作；选用抗病品种；用50%多菌灵1000倍液，或50%甲基托布津可湿性粉剂500倍液灌根。④根结线虫病，主根、侧根和须根上生有大小不等的瘤状虫瘿，侧根和须根最易受害，地上部分生长不良，叶萎黄，剖视瘤内部可见许多椭圆形虫卵或白色小梨状物（雌线虫）。土温25℃左右，含水约40%，砂壤土，且天气干旱少雨时，易发病。防治方法：清除病残体集中烧毁；实行水旱轮作；利用高温杀死线虫，即在夏季5～7月铺盖地膜压实，使土壤5～10cm地温上升至40℃～60℃，保持10～15天；块根栽种前，用4%甲基乙硫磷乳油800倍液浸渍15min，晾干后下种。

2. 虫害及其防治　①黄守瓜，成虫结群咬食叶片，幼虫半土生，在土中咬食根部，甚至蛀入根内为害，导致植株枯萎。6～8月为幼虫为害盛期。有时可见黑足黑守瓜，为黄守瓜的近缘种，为害情况基本同前。防治方法：浇水后或雨后土未干时，在叶片及附近地面上撒草木灰或锯末，防止成虫产卵；消灭成虫用80%敌敌畏乳油1000倍液喷雾，防治幼虫用90%敌百虫晶体1000倍液灌根；利用成虫的假死性进行人工捕杀。②栝楼透翅蛾，初孵幼虫从叶柄基部及叶节蛀入嫩茎，再向上或向下蛀食，蛀入处常肿胀膨大，有时呈瘤状，茎蔓受害后易被风吹折断。6月出现成虫，7月上旬幼虫孵化。防治方法：冬季封冻前翻土，将越冬虫茧暴露于土表冻死；7～9月下旬撒施西维因粉剂，消灭羽化的成虫和入土作茧越冬的幼虫。③豌豆潜叶蝇，幼虫潜入叶表皮下蛀食叶肉组织或栅栏组织，形成数条弯曲的白色潜道，重者叶片枯萎、早期脱落；雌性成虫以产卵器刺破叶组织产卵，而且雌、雄成虫都要从刺破口吸食汁液，在叶上形成许多小白点。防治方法：剪除被害枝叶，烧毁；幼虫期用25%辛硫磷乳油800～1000倍液，或1.8%齐螨素乳油3000～4000倍液喷雾；成虫用糖醋液诱杀。

六、采收加工

（一）采收

栽培当年结果少，第二年较多，第三年进入盛果期。9～10月，当果实外皮由青变为橙黄色，表面开始上粉时，即可分批采收。采收过早，肉皮不厚，种子不成熟；过晚，果皮变薄，降低产量。采摘时，每个果实均要保留果柄及部分茎蔓，以利编结成串。

（二）加工干燥

先堆积屋内2～3天，再悬挂于阴凉通风处晾干（2个月左右）或烘干，以烘干质量较好。烘干时将果实辫先于干燥通风处阴干至果皮由绿色变成黄色时（约需1个月），然后小心移挂于烘房内，40℃～45℃烘干，一般约需10天。干燥后的瓜蒌先剪去果柄，用纸逐个包裹，以防变色和因伤破裂。

皮皱、色红、个大、仁多、糖分充足为佳。

（刘　谦）

浙贝母

浙贝母为百合科植物浙贝母 *Fritillaria thunbergii* Miq. 的干燥鳞茎，别名象贝、浙贝、大贝、珠贝，是著名道地药材“浙八味”之一，始载于《神农本草经》，被列为中品。其味苦，性寒；归肺、心经；具有清热化痰、止咳、解毒散结、消痈的功效；主要用于治疗风热咳嗽、痰火咳嗽、肺痈、乳痈、瘰疬、疮毒等病症。现代研究证明，浙贝母主要含有贝母碱、去氢贝母碱、浙贝宁、浙贝丙素、浙贝酮等甾体类生物碱成分，具有镇咳、解痉、镇静、镇痛及兴奋子宫平滑肌等药理活性。野生浙贝母分布于浙江北部及江苏南部，现主要为栽培种。浙江宁波是浙贝母的主要道地产区，江苏、湖南、湖北和四川等地也有少量栽培。

一、形态特征

多年生草本。鳞茎由2（～3）枚鳞片组成，直径1.5～3cm。叶在最下面的对生或散生，向上常兼有散生、对生和轮生的，近条形至披针形，先端不卷曲或稍弯曲。花1～6朵，淡黄色，有时稍带淡紫色，顶端的花具3～4枚叶状苞片，其余的具2枚苞片；苞片先端卷曲；花被片长2.5～3.5cm，宽约1cm，内外轮相似；雄蕊长约为花被片的2/5；花药近基着，花丝无小乳突；柱头裂片长1.5～2mm。蒴果，棱上有翅。花期3～4月，果期5月。

二、生态习性

喜温和湿润、雨量充沛的海洋性气候，较耐寒、怕水浸。自然生长于湿润的山脊、山坡、沟边及村边草丛中。平均气温在17℃左右时，地上部茎叶生长迅速，超过20℃生长缓慢并随气温继续升高而枯萎，高于30℃或低于4℃则生长停止。地下鳞茎于10℃～25℃时正常膨大，高于25℃地下鳞茎进入休眠，－6℃鳞茎受冻。年生长季节长3个半月左右。以在阳光充足、土层深厚、肥沃、疏松、排水良好的微酸性或中性砂质壤土栽培为宜。土壤含水量25%最适生长，酸碱度以pH 5.5～7为宜。

三、生长发育规律

多采用鳞茎种植，秋种夏收。9月下旬至10月上旬栽种，10月中旬发根，根的生长温度在7℃～25℃。11～12月萌芽，地下鳞茎略有膨大。2月上旬，平均地温达6℃～7℃时出苗，2月下旬至5月中下旬为鳞茎膨大的主要时期，3月中、下旬地上部生长最快，除有1个主杆外，还可抽出第二个茎秆（称“二秆”），现蕾开花，适宜开花温度为22℃左右。4月上旬凋谢，4月下旬至5月上旬植株开始枯萎，5月中、下旬种子成熟，鳞茎停止膨大，全株枯萎，6月鳞茎越夏休眠，9月解除休眠。种子在5℃～10℃下，约2个月或经自然越冬可解除休眠。因此生产上多采用秋播。种子发芽率一般在70%～80%。

四、种质资源状况

与其他药用植物相比，浙贝母繁殖系数较低，故其产地和栽培面积相对稳定。经长期人工栽培，浙贝母出现了许多变异类型，如狭叶贝母、宽叶贝母、多籽贝母等。其中，以狭叶浙贝种植面积最广，占90%以上，已被浙江省非主要农作物品种认定委员会认定为“浙贝1号”新品种。

五、栽培技术

（一）选地与整地

选择土层深厚、疏松肥沃、向阳温凉、排水良好的带砂质轻黏土壤地为宜，前作以玉米、黄豆、西瓜、茄类等为好。整地时施足基肥，深翻土地25～30cm，碎土耙平，作龟背形畦，畦宽100～120cm，沟宽20～25cm，沟深20～25cm。

（二）繁殖方法

多以鳞茎进行繁殖。

1. 选种 选鳞片紧密合抱，芽头饱满，无虫害损伤，大小匀称，直径3～5cm的鳞茎作种，亩用种量为175～250kg。

2. 栽种 时间以9月中旬至10月中旬为宜，最迟不能过霜降。按20cm间距在畦上开横沟，沟深根据种用地（商品田）与鳞茎大小确定，种用地10～12cm深，商品田5～8cm深。种鳞茎大的适当深，反之浅。鳞茎芽朝上，种鳞茎较小的放畦边，靠畦边缘略深，以免雨水浇灌种茎裸露。开第二行沟时用土盖好第一行沟，依次“开一行、栽一行、盖一行”，覆细松土，平整畦面并加盖稻草保温、保湿，保持土壤疏松，在12月底出苗前将稻草烧毁。种用地密度一般为20cm×16cm，亩栽15000～16000株。商品田，据用种鳞茎大小而定，如种鳞茎直径5cm，一般间距20cm×30cm，亩栽12000～13000株；种鳞茎直径3cm～4cm，一般间距20cm×15cm，亩栽12000～17000株；种鳞茎直径3cm以下，一般间距18cm×13cm，亩栽20000株以上。

（三）田间管理

1. 施肥 在施足基肥、种肥的基础上，巧施追肥。追肥分为冬肥、苗肥、花肥，以氮、钾肥为主，适当配施磷肥。①基肥，翻地时亩施堆肥或腐熟厩肥1500kg～2000kg。②种肥，下种时亩施钙镁磷肥30～40kg+焦泥灰500kg，钙镁磷肥量视土壤肥力而定。③冬肥，一般在12月上旬到冬至前后施用，施用量与产量成正比，以迟效性的农家肥、厩肥（1500kg～2000kg/亩）、饼肥为主，适施速效性的人畜肥（1000kg/亩）。施用方法是，在畦面上开3cm深的浅沟，沟距20～30cm，先施人畜肥，后施入饼肥、农家肥。④苗肥，齐苗后立即施肥，以速效肥为主，亩用10%～15%浓度腐熟人粪尿500～800kg或三元复合肥（15:15:15）7kg。间隔10～15天，再施1次。第一次苗肥施后2～3天施草木灰300kg或硫酸钾5kg。⑤花肥，现蕾时亩施尿素5kg、硫酸钾5kg。摘花后，视长势和土壤肥力，亩施稀薄人粪尿1000～1200kg或三元复合肥（15:15:15）10kg，生长茂盛的应少施氮肥。生长后期视长势亩用磷酸二氢钾100g，兑水制成浓度0.2%的溶液根外追肥。

2. 中耕除草 贝母出土前或植株生长前期，结合施肥进行中耕除草，中耕宜浅。除草要做到早除、小除，植株封行后，为避免弄伤鳞茎，选晴天露水干后人工拔草。

3. 摘花打顶 在植株有2～3朵花开放时选晴天露水干后摘花，将花连同顶端花梢一并摘除，以减少养分消耗，增强光合作用。

4. 灌溉、排水 为旱地作物，一般不需灌溉，但旺盛生长期需水量较大，若遇久旱则需适当灌溉。雨后及时排水，保证田间无积水，以防鳞茎腐烂。

（四）病虫害及其防治

1. 病害及其防治 ①浙贝灰霉病，发生普遍，危害严重。叶、茎、花、果实均能受害，以叶片症状最为显著。多在4月发生。初期叶片病斑为暗绿色小点，病斑扩大后，中央呈现黄褐色，外围暗绿色，病斑周围有黄色晕圈，有时病斑上长出灰色霉状物。防治方法：实行轮作，轮作2年以上最好；及时清除病残株，集中烧毁；增施磷钾肥，增强植株抗病力；发病初期用50%多菌灵800～1000倍液，或1∶1∶100波尔多液喷雾，每隔7～10天1次，连续2～3次。②浙贝黑斑病，常与灰霉病混合发生，主要为害叶片。从叶尖开始发病，叶色变淡，呈现水渍状褐色，渐向叶基蔓延，与健部界限明显，接近健部有晕圈，一般3月下旬开始发病，多雨年份易发生。防治方法同浙贝灰霉病。③浙贝干腐病，田间生长和储藏期间均可发生，主要为害鳞茎，受害鳞茎呈现褐色皱褶状，基部呈现青褐色，有时鳞片腐烂成空洞。连作重茬地、排水不良的粘重地和低洼地，或受太阳西晒的阳坡地易发病。防治方法：播种前用40%福尔马林30倍液浸种1h，或用50%多菌灵1000倍液浸种鳞茎30min。④浙贝软腐病，田间和贮藏期间都会发病，危害期长，主要为害鳞茎，受害鳞茎水渍状，后期呈豆腐状，土壤过湿、田间积水易发生。防治方法同干腐病。

2. 虫害及其防治 主要虫害有蛴螬等。4月中旬起为害鳞茎，11月中旬停止为害。受害鳞茎呈麻点状，严重时被咬碎。防治方法：喷洒90%敌百虫800～1000倍液。

六、采收加工

5月上、中旬地上部枯萎后采收，选晴天进行。将挖出的鳞茎洗净，除去杂质。大小分开，大者除去芯芽，习称“大贝”；小者不去芯芽，习称“珠贝”。或取鳞茎，大小分开，洗净，除去芯芽，趁鲜切成厚片，干燥，习称“浙贝片”。干燥方法：①石灰蛤粉加工法，把鲜贝放入加有蚌壳灰的机动撞船里来回撞击至表皮脱净、浆液渗出为止，粘上蚌灰，随即取出，摊开，日晒，晴天晒3～4天，稍停1～3天，再晒，如此反复，使其内潮外透再晒至全干。②鲜切烘干干燥法，将鳞片茎切成3～4mm厚的薄片，稍用水冲浆液后，直接用蔬菜脱水机脱水，装入70℃～80℃烘箱，烘6～12h，至完全干燥后取出，折干约25%～26%。

以鳞叶肥厚、表面及断面白色、粉性足者为佳。

（李效贤）

第三节　止咳平喘药

该类中药多为辛宣苦降之品，分别具有宣肺祛痰、润肺止咳、降气平喘等功效，适用于外感、内伤等多种原因所致的咳嗽喘息病症。常用中药有杏仁、百部、紫苑、款冬花、紫苏子、满山红、桑白皮、葶苈子、枇杷叶、马兜铃、白果、矮地茶、华山参、洋金花、罗汉果等。此处仅介绍款冬花、罗汉果的栽培技术。

款冬花

款冬花为菊科植物款冬 *Tussilago farfara* L. 的干燥花蕾，属于传统中药，始载于《神农本草经》，被列为中品。其味辛、微苦，性温；归肺经；有润肺下气、止咳化痰之功效；用于治疗新久咳嗽、喘咳痰多、劳嗽咳血等病症。现代研究证明，款冬花主要含有萜类、黄酮类、甾醇类、生物碱、有机酸和挥发油类成分，具有止咳、祛痰、平喘、抗炎、呼吸兴奋、降血糖等药理活性。款冬多生于海拔1000m左右的山区，在2000m左右高山阳坡及800m左右阴坡亦有生长，野生资源主要分布于山西、甘肃、宁夏、新疆、陕西、内蒙古准格尔旗等地，家种主产于山西、四川、陕西、湖北、河南等省。

一、形态特征

多年生草本，高10～20cm，根状茎横生，叶基生，具长柄；叶片圆心形或肾心形，先端近圆形或钝尖，基部心形。花冬季先叶开放，花葶数枝，高5～10cm，被茸毛；苞叶椭圆形，淡紫褐色，10余片，密接互生于花葶上；头状花序单一顶生，总苞片20～30片，排列成1～2层，被茸毛；边花舌状，雌性，雌蕊1个，子房下位；中央花管状，雄性，花冠先端5裂，雄蕊5个。瘦果长椭圆形，有明显纵棱，具冠毛。花期2～3月，果期4月。

二、生态习性

喜冷凉，耐严寒，忌高温，在气温9℃以上就能出苗，气温在15℃～25℃时生长良好，超过35℃时茎叶萎蔫，甚至会大量死亡。冬、春气温在9℃～12℃时，花蕾即可出土盛开。喜湿润，怕干旱和积水，在半阴半阳的环境和表土疏松、肥沃、通气性好湿润的壤土中生长良好。忌连作，连作后长势较弱，植株矮小，根系不发达，在生长后期（8月以后）易罹病害。宜与玉米马铃薯等轮作。适宜生长在土壤肥沃、有机质含量高、土层疏松的土壤中。

三、生长发育规律

自出苗至开花结籽可分为5个时期：①幼苗期，3～5月，从出苗至5片叶时，期间幼苗生长缓慢；②盛叶期，6～8月，从6片叶开始至叶丛长齐，直至外叶分散呈平伏状态时，期间根系发达，根横向伸展30～70cm，地上茎叶生长迅速；③花芽分化期，9～10月，地上部分逐渐停止生长，除心叶外，一般茎叶下垂平伏，变为黄褐色；④孕蕾期，10月至翌年2月，花芽逐渐形成花蕾；⑤开花结果期，2～4月，从茎中央抽出花梗，长出紫红色花蕾，逐渐开放，头状花呈黄色，花谢结籽。

四、种质资源状况

曾有人对不同产地款冬花活性成分含量及遗传性进行过比较研究，发现均有一定差异，但生产中良种选育工作相对滞后，至今未见有新品种育成。

五、栽培技术

（一）选地整地

低山区多选择坡地，高、中山区选择阳坡低地。对土壤适应性强，以土质疏松肥沃、排水良好的砂质壤土为佳。山地以东南坡向最适宜，粘重土壤或低洼易积水地不宜种植。冬季土壤结冻前或春季土壤解冻后进行深耕、整平、耙细，并结合耕翻施足基肥，亩施腐熟厩肥或堆肥2000kg左右，均匀撒于土表，然后耕深20cm，把肥料翻入土中，再耙细整平作畦。根据当地气候和地势高低作平畦或高畦，并开排水沟。

（二）繁殖方法

一般以根茎繁殖，生产上很少采用种子繁殖，因种子成熟度差、栽培年限长。秋末冬初选择粗壮多花、颜色较白、无病虫害的根茎作种栽，较老的根茎或过于细长的根茎都不宜作种栽。春栽或冬栽，春栽于2月上旬至3月下旬，冬栽于10月上旬至11月上旬进行。春栽的种苗可于上年冬季收花时将作种栽的根状茎就地埋于土中贮藏，也可室内堆藏或窖藏。冬栽可与收获相结合，随挖收随栽种。挖起植株后，先把花蕾摘下，再把健壮无病虫的根茎掰下，集中在一起待栽。栽前把根茎剪成10cm左右节段，每段有2~3节，摊开使伤口晾干水气即可栽种。条栽或穴栽。条栽按行距27~33cm开8~10cm深的沟，每隔15cm左右放根茎1段，再覆土5~6cm。穴栽按30cm左右见方挖穴，每穴按三角形放3个小段，同样盖土。干旱地区栽后需及时浇水。一般栽后15~20天出苗，每亩用根茎25~30kg。

（三）田间管理

1. 补苗、定苗　幼苗出土后应经常检查，发现缺苗及时补苗。补苗后立即施以稀粪水，促苗成活。4月底、5月初定苗，视苗情留壮去弱、留大去小。

2. 中耕除草　出苗后至封垄前中耕除草3~4次。第一次于4月上旬出苗展叶后，结合补苗进行，此时苗根生长缓慢，应浅松土，避免伤根；第二次在6~7月，苗叶已出齐，根系亦生长发育良好，中耕可适当加深；最后1次（8月）中耕除草可适当培土，以免花蕾露出地面变绿而影响质量，培土不宜太厚，否则会使地里的花蕾伸长、变细，而影响质量和产量。

3. 追肥　生长前期一般不追肥，以免生长过旺，易罹病害。如土质较差可于苗出齐后每亩追施600~800kg稀人畜粪尿或尿素10kg，4~5月份再追施1次磷铵复合肥25~30kg。生长后期要加强肥水管理，9月上旬每亩追施灶灰或堆肥1000kg；10月上旬，每亩追施堆肥1200kg与过磷酸钙15kg，于株旁开沟或挖穴施入。

4. 疏叶　6~8月为盛叶期，此时高温多湿，叶片过密会造成通风透光不良而影响花芽分化和招致病虫危害，要及时剪去基部枯黄和病烂叶片。疏叶时用剪刀从叶基部剪下，切勿用手掰，以免伤害主茎。

5. 灌溉排水　喜湿润，但怕涝，春季苗出全后，如不太干旱不必浇水，如栽在高燥地，天气干旱应适当浇水，以保成活。“立秋”以后要适时浇水，经常保持湿润，夏季阴雨季节应注意排水防涝，如湿度太大易生病烂根。

6. 培土　培土是在生长后期，即在9月和10月间，结合施肥和中耕除草，将茎干周围的土培于植株窝心。培土时要注意撒土均匀，每次培土以能覆盖茎干为宜，被培土要求透气性良好。

（四）病虫害及其防治

1. 病害及其防治　①款冬褐斑病，叶面病斑圆形，或近圆形，中心部褐色，边缘紫红色，不整齐，其上生褐色小点，7~8月发生。雨后突然天晴，温度升高，湿度过大及积水的地块易发病。防治方法：清除病残组织，减少越冬菌源；注意排水，降低田间湿度；发病初期喷洒波尔多液（1:1:100），或65%代森锌可湿性粉剂500~600倍液，或50%多菌灵800~1000倍液。②款冬菌核病，发病初期病株地上部分无明显症状，根部出现白色菌丝逐渐向主茎上延，叶面呈褐色病斑。植株地下部逐渐发黄腐烂，闻有酸气，末期根部黑褐色，植株枯萎。6~8月高温多湿时发生。防治方法：与禾本科作物轮作；雨后及时疏沟排水，降低田间湿度；发现病株及时拔除，并铲除其植株周围表土；出苗后喷5%氯硝铵粉剂，每亩2kg，发病后喷波尔多液（1:1:100）或65%代森锌可湿性粉剂500~600倍液。③萎缩性叶枯病，病斑由叶缘向内延伸，黑褐色不规则，致使局部或全叶枯干，严重时可蔓延至叶柄。高温多湿易发病。防治方法：收获时要清除残叶病株，深埋或烧掉；及时开沟排水，降低田间湿度；发病初期剪除病枯叶，喷洒65%代森锌可湿性粉剂600倍液或50%多菌灵800倍液，7~10天1次，连喷4~5次。

2. 虫害及其防治 主要为蚜虫，5~6月发生。密集于嫩梢、叶背吸取汁液，使叶片皱缩。防治方法：清除田间周围菊科植物等越冬寄主，消灭越冬卵；冬季清园，将残株深埋或烧掉；发生期喷洒40%乐果乳油1500~2000倍液，每隔7~10天喷1次，连续2~3次。

六、采收加工

（一）采收

栽培当年秋末冬初地冻前（立冬前后），花蕾出土、苞片呈紫药色时采收，高海拔地区亦可推迟至翌年2月。过早采挖，花蕾小，产量低；采收太晚，花蕾已开放，质量降低。有的产区分多次采收，采收时把株旁表土扒开，采大留小，采2~3次，花蕾质量好，产量高，但比较费工。多数产区在蕾期每年只采收1次，较省工。采收时挖出全部根状茎，仔细摘下花蕾，去净花梗和泥土，放筐里运回，防止挤压揉搓，亦不可用水洗，若花蕾上带泥，等干后自掉，防止受雨、露、霜、雪淋湿，否则造成花蕾干后变黑，影响质量。

（二）加工干燥

将摘下的花蕾薄薄地摊在席上，置通风干燥处晾干，在晾晒时勿用手翻动，可用木耙或木棍翻动。晚上或遇阴雨天时收于室内，防止受潮变色或霉烂。晒干后轻轻过筛，筛去泥土即可。如遇连续阴天，可用木炭或无烟煤以文火烘干，温度控制在40℃~50℃。烘时花蕾摊放不宜太厚，约5~7cm即可。烘干时间不宜过长，干透即止。干燥时不宜过多翻动，尤其是即将干燥的花蕾，否则外层苞片易破损，影响质量。烘干的款冬花，色泽鲜艳，质量好，折干率高。

以朵大、色紫红、无花梗者为佳。

（乔永刚）

罗汉果

罗汉果为葫芦科罗汉果属植物罗汉果 *Siraitia grosvenorii*（Swingle）C. Jeffrey ex Lu et Z. Y. Zhang 的成熟干燥果实，亦名汉果、拉汉果、青皮果、罗晃子、假苦瓜等，素有良药佳果之称，属于药食两用品种和重要出口中药品种，始载于《岭南采药录》。其味甘，性凉；归肺、大肠经；具有清热润肺、利咽开音、滑肠通便等功效；主要用于治疗肺热燥咳、咽痛失音、肠燥便秘等病症。现代研究证明，罗汉果主要含有罗汉果甜苷、葡萄糖、果糖及多种维生素等成分，具有止咳、祛痰、泻下、保肝和增强免疫等药理活性。分布于广西、广东、海南、江西、湖南、贵州等地，常生长于海拔400~1400m以上的山坡林下及河边湿地或灌木丛中，广西是罗汉果的主要道地产区。

一、形态特征

多年生草质藤本；根多年生，肥大，纺锤形或近球形；茎枝有棱沟。叶片膜质，卵形心形、三角状卵形或阔卵状心形，先端渐尖或长渐尖，基部心形，弯缺半圆形或近圆形，边缘微波状，叶面绿色，叶背淡绿；卷须稍粗壮。雌雄异株。雄花序总状，6～10朵花生于花序轴上部，花萼筒宽钟状，花冠黄色，被黑色腺点，裂片5，雄蕊5，插生于筒的近基部，两两基部靠合，1枚分离，花药1室。雌花单生或2～5朵集生于总梗顶端，花萼和花冠比雄花大，雄蕊5枚，退化，子房长圆形，柱头3。瓠果球形或长圆形，成熟淡黄色。花期5～7月，果期7～9月。

二、生态习性

喜阴凉、湿润多雾及昼夜温差较大的环境，怕寒，不耐高温，忌水涝，适宜生长温度为18℃～32℃；喜光而不耐强光，每天有6～8h的光照就能满足其生长发育需要；枝叶茂盛，植株营养面积大，花期和挂果时间长，需从土壤中吸收大量水分，需要湿润的生长环境，空气湿度75%以上，土壤田间持水量60%～80%；对土壤要求不很严格，除砂土、粘土以外，黄壤、黑壤均宜，特别是含腐殖质深厚的土壤。

三、生长发育规律

在广西产区，3～4月平均温度15℃以上，块茎颈部休眠芽开始萌动，低丘陵地区比中山区早萌芽，阳坡比阴坡早萌芽；4月中、下旬抽梢，新蔓开始生长较慢；5～8月平均温度25.0℃～28.4℃，藤蔓迅速生长，每天可伸长3.3～10.3cm；6～9月平均温度25.5℃～28.5℃，陆续现蕾、开花，7月为盛花期，9月下旬以后由于气温下降至24℃以下，所开的花为无效花，果实不能膨大，全花期持续105～125天，8～11月果实分批成熟，果实生长发育期60～85天，11月中旬后，平均温度降至15℃，地上部逐渐枯萎倒苗，全生长期240～246天。开始结果年龄因品种、栽培管理技术而有差异。

四、种质资源状况

栽培历史悠久，经长期种植，因有性繁殖与枝芽的自然变异，植株在生长发育习性、外部形态特征等方面发生了明显变化，形成了不同的农家品种，主要有青皮果、拉江果、长滩果、红毛果、冬瓜果、茶山果等6个品系。目前，在生产上广泛应用的品种以圆果型的青皮果为主，尽管该品种品质中等，但具有抗逆性强、适应性广和产量高等特点，是人工栽培的首选品种。

五、栽培技术

（一）选地与整地

选择海拔400～1400m、背风向阳、无污染、土层深厚肥沃、腐殖质丰富、疏松湿润、通气良好的黄壤土、红壤土或缓坡生荒地作为果园地。生荒地在上一年8～9月砍去杂木，四周开好防火道，用火烧山炼地，让土壤曝晒，加速土壤熟化，秋季进行全垦，深挖30cm以上，清除树根、杂草、石头，每亩撒100kg生石灰，以大坯过冬。翌年2～3月再深耕1次，将土块打碎，起畦高15～20cm，宽130～150cm，长度随地形而定。按行距1.5～1.7m，株距1～1.3m挖坑，每坑施腐熟厩肥5kg，覆土以待种植。对于熟地，于上一年10～11月深翻30cm，土壤曝晒越冬。如在平地种植，要深翻曝晒并整成东西向的深沟高畦，四周开好排水沟，以便排灌。

（二）繁殖方法

繁殖方式有种子、压蔓、嫁接及组织培养等。传统栽培以压蔓繁殖为主，此处仅介绍压蔓法。

1. 压蔓时间 根据当地气候条件而定。一般以旬平均温度25℃～28℃，即在白露至秋分为适宜。

2. 压蔓材料选择及培育 ①非定向培育，选择棚架上下垂且生长势旺盛、粗壮、节间长、叶片小、梢端圆形、淡绿色的枝蔓作压蔓材料，成活率高，块根增长快，须根多；②定向培育，在早春茎基萌生侧蔓中选留粗壮的1条，让其爬地生长到80～100cm时摘心，促进抽出3～4条侧蔓，培育作为压蔓材料。或当年种的块茎不让藤蔓上棚，留其地上攀爬，及时摘心，促其生长侧蔓，择健壮、高产、无病虫害的藤蔓作为压蔓材料。

3. 压蔓方法 常就地压蔓，即在压蔓材料就近的地方挖坑进行压蔓。按照压蔓材料的多少，确定挖坑的宽窄，一般每坑1～4条蔓，在畦上挖长25cm，宽10～20cm、深10cm的坑，将藤蔓引入坑内，蔓的顶端放到坑的2/3的地方，每条蔓相距3～4cm，盖上细土并高出畦面3～4cm，并覆盖稻草，淋水保持土壤湿润，促进新根长出和块茎膨大。

4. 移栽定植 在白露至秋分压的蔓，经50～60天生长后，在主蔓端将藤蔓剪断，拨开泥土取出块茎，按照大、中、小分级，放入木箱中沙藏（沙含水量在5%～6%），防止霜冻，次年当旬温稳定在15℃以上时开始定植。定植按行距1.7～2.0m，坑距1.6～2.0m，每坑2株，亩栽400株左右。挖坑长、宽、深各30～35cm，每坑放2.5～3.0kg腐熟猪牛粪与表土拌匀作基肥，覆盖10cm厚细土隔离，以免块根直接接触肥料引起烧伤。定植时块茎平放，顶芽朝外，基部朝里稍低，上覆细土3～5cm，露出顶芽。罗汉果为雌雄异株植物，种植时需配足雄株，一般500株以下的果园雌雄株比例100:4～5，1000株以上雌雄株比例100:3～4，以确保有足够授粉用的雄花数量。

（三）田间管理

1. 搭棚 棚架应在定植种苗前搭好。以杉木、杂木条、竹尾、铁丝等材料搭棚，棚高一般为1.5～1.7m，以便于在棚下耕作为宜。搭法：从上坡逐排往下搭，每排支柱立于畦的中线，支柱间隔视横条长度及粗细而定，一般2～3m/柱，棚架上放竹尾，竹尾的尾部朝坡的上方，竹尾主干间隔60～90cm左右。或用细铁丝代替竹尾拉成网状架。

2. 藤蔓管理 对罗汉果的藤蔓整形修剪是提高产量的关键。当果苗长至15cm时，在果苗旁插1根竹子，及时将主蔓引绑上棚，并将棚下主蔓上萌发的叶芽全部抹除，以利主蔓生长健壮。罗汉果的二、三级侧蔓是主要的结果蔓。主蔓上棚后留10～15节顶端摘心，促使抽出6～8条一级侧蔓，向两侧生长留20～25节摘心，促使抽生3～4条二级侧蔓，二级侧蔓留15～20节摘心，抽生2～4条三级侧蔓，各级侧蔓均匀合理分布在棚架上。平时要注意及时清理病蔓、弱蔓、老叶等，保证棚架的透光通风。

3. 肥水管理 ①基肥，定植前要施足基肥，基肥以经发酵或沤制过的生态有机肥为主，用厩肥（包括猪粪、牛粪、鸡粪）、人粪尿、桐麸各1/3，按千分之二比例加高效生物发酵菌剂，混合后加水拌匀沤制，每周翻堆1次，堆制30～40天即可。每坑5kg，均匀，施后覆土。②追肥，罗汉果根系发达，吸收养分能力强，为满足罗汉果生长需要，全年应追肥4～5次，第一次追肥，应在谷雨至立夏期间主蔓长30～40cm时进行，每株施人粪尿0.5kg或罗汉果复合肥0.2kg加水1kg。第二次追肥在主蔓上棚时，每株施人粪尿0.5kg或罗汉果复合肥0.2kg加水1.5kg，促使分生侧蔓，提早现蕾，提早开花。第三次追肥在6月下旬，此时为盛花期。为提高座果率，可加大施肥量，每株施人粪尿1kg或罗汉果复合肥0.5kg加水2kg。第四次追肥在8月中旬至9月上旬，此时大量果实处于迅速发育长大阶段，应再追肥1次。③叶面肥，追施时间宜在早晨或傍晚进行，肥料以生物有机液肥为主，苗期喷绿叶先锋或圣奥美露2～3次，喷洒部位应以叶片为主，间隔时间以7天左右为宜。④灌溉与排涝，罗汉果生长前期4～6月正处南方梅雨季节，降雨较多，容易内涝积水，应及时做好开沟排水工作，坡地应避免雨水冲刷地面传播病源或造成水土流失每年7～9月罗汉果开花、结果旺盛时期，是大量需水的时期，必须进行灌溉。灌水量要以浸透根系分布层（30～50cm）为准，达到田间最大持水量的60%～80%。灌水可采用滴灌、穴灌或结合施肥进行。

4. 花果管理 ①花期人工授粉，罗汉果为雌雄异株植物，一般栽培品种都要进行人工授粉才能结果。人工授粉须在清晨5～7时，采摘含苞待放的雄花，放在阴凉处备用。授粉方法是在花朵开放时，用竹签从花药内刮取花粉，将花粉轻轻地涂抹在雌花柱头上。一朵雄花的花粉可授20～30朵雌花。②花果期喷施叶面肥，花期前后喷1～2次圣奥美露，能明显提高罗汉果开花数量与座果率。同时喷施2～3次红果巨星，可显著提高产品品质。③疏花疏果，疏花即疏去过多过密的花序和畸形花序，疏果即去除畸形果、虫果、小果。

5. 越冬管理 立冬过后，将主蔓用刀在茎部上10～15cm处割断，将藤蔓轻轻压倒，每蔸施腐熟的牛栏粪3～5kg，与土拌匀后施在株蔸周围35cm范围作保温肥，将藤蔓和块茎覆盖土20cm，再用杂草盖在薯蔸上，在草上再盖土15cm，如遇霜雪交加，上面可盖塑料薄膜（要留气孔），以保温防冻。同时疏通果园排水沟，防渍水泡根、烂薯。此外，冬季要将棚架上干枯的枝蔓清除，集中烧毁，并用农药喷棚消毒，消灭越冬害虫，减少虫源。

（四）病虫害及其防治

1. 病害及其防治 ①根结线虫病，主要为害薯根，为害严重的薯根会腐烂，导致整株枯死。防治方法：选择无病植株繁殖种薯；严格检疫，防止病害扩散蔓延；选用新开荒地种植，下种前必须翻土2～3次，让日光曝晒杀死虫卵；在生长季节，每年晒块茎2～3次；用波尔多液（即生石灰0.5kg，硫酸铜0.5kg，兑水50kg）淋蔸。②疱叶丛枝病，主要为害叶片，导致嫩叶退绿、新叶畸形，叶片变厚粗硬、黄化，严重抑制植株生长，果实整齐度差，降低产量和品质。防治方法：选择无病种块茎（苗）；增施磷钾肥料；定期喷洒40%乐果2000倍液或敌百虫1000倍液；发现病株及时拔除，集中烧毁。③白绢病，主要为害茎基和块茎，严重时导致植株枯萎、死亡。防治方法：加强排水和中耕除草，防止土壤板结；春季晒块茎；挖出病块茎，削去病斑和腐烂部分，用万分之一的高锰酸钾溶液洗净，涂上桐油或用50%退菌特湿性粉剂500倍液浸病茎20～30min。④白粉病，主要为害叶，严重者植株死亡。防治方法：冬季清园；适当密植，增施磷钾肥；发病初期喷洒50%甲基托布津可湿性粉剂800～1000倍液，每7～10天1次，连续2～3次。⑤日灼病，是一种常见生理性病害，主要因强光照射所致，表现为藤蔓尖枯，一些花蕾、幼果变黑停止发育，叶子自下至上逐渐黄化，受害严重的植株浅层根系死亡而变成“老小苗”，严重影响产量和品质。防治方法：选择适宜种植地，幼苗期用芒萁草或搭棚遮荫。

2. 虫害及其防治　①果实蝇、黄瓜虫，一般在7～9月为害果实。防治方法：用90%敌百虫50g、红糖1kg，兑水50kg喷洒，每5～7天喷杀1次，连续2～3次。②叶螨，为害叶片。防治方法：用杀螨蚬药液喷洒，先喷叶背，然后再喷叶面。③蝼蛄、蟋蟀、地老虎等，为害植株幼芽。防治方法：用1∶800倍敌百虫药液灌入害虫洞穴内，并用泥土封住洞口。

六、采收加工

（一）采收

成熟期因品种不同而异，长果形从受精到成熟需要70～75天，圆果形需要60～65天。采收时主要依据果色、果柄和果实弹性作为判断成熟的主要标准。果皮由浅绿转为深绿，间有黄色斑块，果柄近果蒂处变黄，用手轻轻捏果实时有坚硬并富有弹性的，为成熟果实。采收时用剪刀平果面将果柄剪断，避免互相刺伤果皮。将刚采回的果实平铺在室内通风阴凉处，可叠2、3层，3～4天翻动1次，让其水分自然蒸发和内部糖分转化。在室内需要7～10天，使果实表面有50%呈现黄色，果重降10%～15%，即可进入烤房烘烤。

（二）加工干燥

加工干燥一般采用烘烤法。将经过后熟的果子放进烤房或烘箱，烘烤6～7天左右，前2天温度控制在45℃～55℃，当果子均匀变色后从第三天起，将温度升至55℃～65℃，持续3天，第六天又将温度降至55℃直至烘干。果子烘烤过程中，每天上、中、下各层要互换位置1～2次，同时翻动果实，使其受热均匀，不出现“响果”。烘烤过程温度不能超过70℃，以防出现“焦果”“爆果”。

以外观棕黄色、完整、不破不裂、绒毛多者为佳。

（李永华）

第十八章 安神药

要点导航

1. 掌握：灵芝分布区域、生态习性、生长发育规律、种质资源状况、栽培与采收加工技术。
2. 熟悉：远志生长发育规律、栽培与采收加工技术。
3. 了解：已开展栽培（养殖）的安神药种类。

该类中药以安定神志为主要功效，用于治疗神志失常病症。药理研究证明，该类中药对中枢神经系统有抑制作用，具有镇静、催眠、抗惊厥等活性。某些中药还具有祛痰止咳、抑菌防腐、强心、改善冠状动脉血循环及提高机体免疫力等作用。依据性能与功用的不同，一般将安神药分为重镇安神药与养心安神药两类。

重镇安神药多为矿石、化石、介壳等，具有质重沉降之性，以镇安心神、平惊定志、平潜肝阳为主要功效，主要用于心火炽盛、痰火扰心、肝郁化火及惊吓引起的实证心神不宁、心悸、烦躁、失眠多梦及惊痫、癫狂、肝阳眩晕等。常用中药有朱砂、磁石、龙骨、琥珀等。养血安神药以种子、种仁等入药为多，具有味甘质润之性，有补益、滋养之长，能滋养心肝、益阴补血、交通心肾，而具有养心安神之功效。主要用于阴血不足，心失所养及心脾两虚、心肾不交等引发的虚证心神不宁、心悸怔忡、虚烦不眠、多梦健忘、遗精、盗汗等证。常用中药有酸枣仁、柏子仁、合欢皮、夜交藤、远志、灵芝、缬草等。

本章仅介绍远志、灵芝的栽培技术。

远　志

远志为远志科植物远志 *Polygala tenuifolia* Willd. 或卵叶远志 *Polygala sibirica* L. 的干燥根，属于传统中药，始载于《神农本草经》，被列为上品。其味苦、辛，性温；归心、肾、肺经；具有安神益智、交通心肾、祛痰、消肿等功效；用于治疗心肾不交引起的失眠多梦、健忘惊悸、神志恍惚，咳痰不爽，疮疡肿毒，乳房肿痛等病症。现代研究证明，远志主要含有皂苷、生物碱及糖酯类成分，具有镇咳祛痰、镇静催眠、降压、改善脑功能、促进体力和智力、抗炎、抗诱变等药理活性。远志主要分布于西北、东北、华北和西南地区，主产于山西、陕西、河北、河南、山东、辽宁、吉林等地。山西、陕西两省产量最大，质量好，为远志的主要道地产区。

一、形态特征

多年生草本植物。根圆柱形，木质，较粗壮。茎直立或斜上，多数，较细，由基部丛生，细柱形，质坚硬，绿色，上部多分枝。单叶互生，叶片线形或线状披针形，全缘，叶柄短或近于无柄。总状花序，花小，稀疏；萼片5，其中2枚呈花瓣状，绿白色；花瓣3，淡紫色，其中1枚较大，呈龙骨瓣状，先端着生流苏状附属物；雄蕊8，花丝基部合生；雌蕊1枚，子房倒卵形，扁平，2室，花柱线形，弯垂，柱头2裂。蒴果扁平，倒圆心形，边缘狭翅状，基部有宿存的萼片，成熟时边缘开裂。种子2枚，卵形，微扁，棕黑色，密被白色细茸毛，上端有发达的种阜。花期5~7月，果期6~8月。

二、生态习性

野生于山坡、沙质草地、灌丛中以及杂木林下。属于适应性很强的中旱生植物，全年太阳总辐射量为120~140kcal/cm^2；能承受-30℃低温，耐38℃高温，但持续时间过长，地上茎叶会提前凋萎，甚至影响种子成熟；年降水量300~500mm，最佳范围为200mm左右。植株自然生长缓慢，野生资源急剧减少，已被列入《野生药材资源保护管理条例》的三级保护物种名单。

三、生长发育规律

多年生草本植物，其年生长发育过程大体上可以分为6个阶段，即萌芽期、展叶期、显蕾期、开花期、生长期和休眠期。3月底开始萌芽，4月中、下旬展叶，5月初现蕾，5月中旬开花，花期较长，持续3~4个月，8月中旬仍有开花，但后期花的果实不能成熟，6月中旬主枝上的果实成熟开裂，10月初地上部分停止生长，进入休眠期。当年播种者根长可达25cm以上。

四、种质资源状况

远志属植物约有500种，分布于欧亚大陆和美洲的亚热带和温带地区。我国有42种，8个变种，多分布于西南和华南地区，资源较丰富。从地理分布来看，我国远志属植物的种类从北到南越来越多。西北的新疆、内蒙、青海等省只有1~2种，而华北和东北的种类也不多，越往南，远志属植物的种类越来越多，特别是西南的云南、贵州、广西品种最为丰富。目前市场上远志药材的主流品种是远志，此外有少量卵叶远志和瓜子金。

不同居群远志种质分化趋势明显，主要与区域有关。山西各气候区野生远志生境不同，其鲜根性状与药材性状在根的粗度、颜色、分枝、表皮纹理、韧皮部断面厚薄与色泽上均有差别，栽培种质与野生种质资源相比，鲜、干根性状特征差异犹为明显。远志野生变家种的时间不长，生产上缺乏育成品种。有人用$^{60}Co-\gamma$射线、EMS处理远志种子，进行了远志的诱变育种研究。还有人采用混合选择法进行了远志良种筛选研究，并筛选出“汾远1号”新品系，比对照增产17.5%，多糖与皂苷元含量均较高。

五、栽培技术

（一）选地与整地

应选择向阳、地势较高、排水良好的壤土或砂壤土栽种。翻地时须施足底肥，亩施腐熟厩肥2500~3000kg、过磷酸钙50kg，深翻25~30cm，然后耙平整细，作平畦。

（二）繁殖方法

种子繁殖为主，也可用根段繁殖。

1. 种子繁殖 直播或育苗移栽。①直播，春播在4月中、下旬，夏播在6~8月，秋播在9月下旬至10月上旬。一般先在整好的畦中浇足水，待水下渗后再播种。亩用种

1～1.5kg，播前用水或0.3%磷酸二氢钾水溶液浸种1昼夜，捞出后与3～5倍细沙混合，在畦内按行距20～30cm开约1cm浅沟，将混匀的种子均匀撒入沟中，上盖未完全燃尽草木灰1.5～2cm，以不露种子为宜，稍加镇压，视墒情浇水。秋播用当年种子，翌年春出苗。②育苗移栽，3月上、中旬进行，在苗床上条播，覆土约1cm，保持苗床湿润，温度控制在15℃～20℃为佳，播后约10天出苗，待苗高5cm时定植。定植在阴雨天或午后进行，保持株行距3～6cm×15～20cm。

2. 根段繁殖 选择健壮、无病害、色泽新鲜、粗0.3～0.5cm的根部，短截成1～1.5cm小段，在4月上旬开始下种。在整好的地内，按行距15～20cm开沟，每隔10～12cm放短根2段或3段，然后覆土。

（三）田间管理

1. 中耕除草 植株苗期生长缓慢，生长期要经常除草松土。根系较深，中耕可稍深，有利于消灭杂草，促进根系呼吸，加速土壤有机质分解和土壤风化，保持土壤水分，提高土壤温度，避免土壤板结和发生病虫害。

2. 追肥 多年生深根系植物，种植周期多年，基肥施足后从出苗到当年大冻之前不再施肥。其间根据墒情适时浇水，次数不宜过多。当年冬天地上茎枯萎后，再进行施肥并浇冬灌水。每亩施复合磷肥40～50kg，为第二年生长打好基础。每年6月中旬至7月中旬，每亩喷1%硫酸钾50～60kg或0.3%磷酸二氢钾80～100kg，每隔10天喷1次，连喷2～3次，喷施时间在下午5点以后为佳。喷钾肥可增强植株抗病能力，促进根部生长和膨大，提高产量。

3. 灌溉、排水 耐旱能力较强，种子萌发期和幼苗期须适量浇水，保证出苗顺利，生长后期通常不浇水。雨季注意及时清沟排水，防止田间积水，避免烂根死亡。

（四）病虫害及其防治

1. 病害及其防治 ①根腐病，多雨季节发生，为害根部。发病初期，根和根茎局部变成褐色、腐烂；叶柄基部发生褐色、棱形或椭圆形烂斑，最后叶柄基部烂尽、叶子枯死、根茎腐烂。防治方法：发现病株及时拔除、烧毁，病穴用10%石灰水消毒；发病初期用50%多菌灵1000倍液喷灌，隔7～10天喷1次，连喷2～3次。②叶枯病，高温季节易发生，为害叶片。先从植株下部叶片开始发病，逐渐向上蔓延。发病初期叶面产生褐色圆形小斑，随后病斑不断扩大，中心呈灰褐色，最后叶片焦枯、植株死亡。防治方法：喷洒代森锰锌800～1000倍液或瑞毒霉800倍液，每7天喷1次，2次可控制病害。

2. 虫害及其防治 ①蚜虫，5月下旬至6月上旬为害植株嫩叶，吸食汁液，使叶片皱缩卷曲，影响光合作用。防治方法：喷洒1.45%阿维吡可湿性粉剂0.1%溶液或40%乐果乳剂2000倍液，每7天喷1次，连喷2次。②豆芫菁，以成虫为害植株叶片，尤喜食幼嫩部位。将叶片咬成孔洞或缺刻，甚至吃光。防治方法：冬季深翻土地，消灭越冬幼虫；清晨网捕成虫；喷洒2.5%敌百虫粉剂，每亩1.5～2.5kg，或喷施90%晶体敌百虫1000倍液，每亩60～70kg，或用5～10mg/L的敌杀死喷杀，连喷2次，相隔5～7天。

六、采收加工

栽种2年以上即可收获，以3年为好。采挖时间以秋末春初为好，刨出鲜根，抖去泥土，趁水分未干时用木棒敲打鲜根，使其松软，抽掉木心，晒干即可。

以根粗壮、皮厚者为佳。

（朱玉野）

灵 芝

灵芝为担子菌类多孔菌科灵芝属赤芝 *Ganoderma lucidum*（Leyss. Ex Fr.）Karst. 或紫芝 *Ganoderma sinense* Zhao，Xu et Zhang 的干燥子实体，药材名灵芝、瑞草，属于传统中药，始载于《神农本草经》，被列为上品。其味甘，性平；归心、肺、肝、肾经；具有补气安神、止咳平喘等功效；用于治疗心神不宁、失眠心悸、肺虚咳喘、虚劳短气、不思饮食等病症。现代研究证明，灵芝含有灵芝多糖、多种氨基酸、甾类、三萜类、香豆精苷、挥发油等成分，具有镇痛、镇咳、降压、抗凝血、提高机体耐缺氧能力、降血糖、保肝解毒、抗过敏、抗肿瘤、抗衰老等药理活性。灵芝分布较广，在亚热带、温带都有分布，主要在中国、朝鲜半岛和日本。我国庐山、大别山是赤芝的发源地，以安徽霍山、长白山灵芝最为出名。主要分布于吉林、河北、山西、安徽、湖北、浙江、广西、贵州、台湾等省。野生灵芝资源数量有限，而且越来越少。我国对灵芝的大规模人工培养始于20世纪60年代，是世界上最早开展灵芝研究的国家，除每年可以满足大陆市场需求之外，还销售到日本、新加坡、韩国、中国香港、中国台湾等国家与地区，随后韩国、日本人工培植灵芝相继成功。

一、形态特征

灵芝由菌丝体和子实体组成。菌丝无色透明，具分隔及分枝，表面常分泌有白色草酸钙结晶。子实体由菌丝形成，由菌柄、菌盖及子实层3部分构成，成熟后的子实体变为木质化，皮壳组织革质化，有漆似的赤褐色光泽。生长时先长菌柄，后长菌盖。菌柄圆柱形，多侧生，少中生或偏生，色赤褐有光泽；菌盖肾形、半圆形或近圆形，黄褐色到红褐色，有光泽，具环状棱纹和辐射状皱纹，边缘薄而平截，常稍内卷；菌肉白色至淡棕色；内壁为子实层，孢子从子实层内产生，细小褐色卵形。

二、生态习性

灵芝在其生活史中，需要适宜的营养、温度、湿度、光照和酸碱度等条件才能生长发育良好。①营养，营腐生生活，也属于兼性寄生菌，野生于腐朽的木桩旁。营养以碳水化合物和含氮化合物为基础，碳氮比为22∶1。碳源如葡萄糖、蔗糖、淀粉、纤维素、半纤维素、木质素等，氮源如蛋白质、氨基酸、尿素、氨盐等，还需要少量矿物质如钾、镁、钙、磷，以及维生素和水等。②温度，为高温型真菌，适宜温度范围为12℃～32℃，以25℃～28℃为最佳。高于35℃，菌丝体生长易衰老自溶，子实体死亡；低于12℃，菌丝生长受到抑制，子实体也不能正常生长发育。温度不适，会产生畸形菌盖。③湿度，包括基质含水量和空气相对湿度。灵芝生长需要较高的湿度，不同阶段要求不同。菌丝生长阶段，培养基含水量以55%～65%，空气相对湿度以65%～70%为宜。水分过少，菌丝生长细弱，难以形成子实体；水分过多，菌丝生长受到抑制。子实体生长阶段，以培养料含水量60%～65%，空气相对湿度以85%～95%为宜，低于80%会生长不良。④空气，灵芝为好气性真菌，培养过程中要加强通风换气，增加新鲜空气，减少有害气体，才能正常生长发育，并减少霉菌和病虫害的发生与蔓延。若通风不良、二氧化碳积累过多（>0.1%），会造成菌柄长而长成鹿角状，不能形成菌盖，导致畸形或生长停顿。二氧化碳超过1%时，子实体发育极不正常。⑤光照，菌丝生长阶段不需要光照，强光对生长有明显抑制作用，黑暗下菌丝生长迅速而洁白健壮。子实体生长阶段，需要适量的散射或反射光，忌直射光，特别是幼芝对光照最敏感，光照过强或过弱均不利于子实体生长。⑥酸碱度，喜偏酸性环境，pH 在 3 ~ 7.5 之间，以 pH 5 ~ 6 最为适宜。

三、生长发育规律

灵芝的担孢子在适宜条件下萌发成芽管，经过质配、核配、减数分裂亲合过程，形成单核菌丝（初生菌丝），两个不同极的单核菌丝经过锁状联合，形成双核菌丝（次生菌丝）；双核菌丝生长到一定阶段，形成子实体原基，经生长发育形成子实体；当生理成熟后，从菌盖下的子实层菌管中散发出担孢子，又开始新的发育周期。

四、种质资源状况

世界上灵芝科的种类主要分布在亚洲、澳洲、非洲及美洲的热带及亚热带，少数分布于温带，地处北半球温带的欧洲仅有灵芝属的 4 种，北美洲大约 5 种。我国地跨热带至寒温带，灵芝科种类多而分布广，但并不是每种都能药用，其中包括不能食用的毒芝，药用价值较高的主要是赤芝、紫芝等。目前人工栽培的种类中，以赤芝产量高、质量佳，此处仅介绍赤芝的栽培技术。

五、栽培技术

（一）菌种制备与培养

1. 母种（一级菌种）培养 多采用马铃薯—葡萄糖（或蔗糖）—琼脂（PDA）培养基。配方是：马铃薯∶葡萄糖（或蔗糖）∶琼脂∶水 = 20 ~ 25∶2 ~ 5∶2∶100，外加磷酸二氢钾 3g、硫酸镁 1.5g、维生素 B_{12} 片，pH 6 ~ 7，按常规方法制成斜面培养基。①组织分离法，选菌蕾大、未木栓化的子实体，用 75% 乙醇表面消毒，在无菌条件下，取菌盖及近菌柄处菌管上方的组织，挑取 3 ~ 5mm 小块，接入斜面培养基。在 25℃ ~ 28℃ 避光培养 7 ~ 8 天，当小块组织的周围有白色菌丝长出时，即得母种。上述操作均在无菌条件下进行，在培养过程中，发现有杂菌感染应立即剔除。②孢子分离法，选生长良好并已开始释放孢子的子实体，在无菌条件下收集孢子，将孢子接种在培养基上。经过培养可获得一层薄薄的菌苔状的菌丝。挑取白色无杂的菌丝接种到新的斜面培养基上，继续培养，即得母种。

2. 原种（二级菌种）培养 多采用木屑或棉籽壳米糠培养基，配方有多种，如：①木屑 78%，玉米粉 20%，石膏粉 1%，尿素 1%；②棉籽壳 80%，麸皮 16%，蔗糖 1%，生石灰 3%。按配方称取原料，先将糖等辅料溶于水，其它原料混合搅拌，再加入糖水搅拌均匀，使料含水量达 60% ~ 65%（以手握之，指缝中有水而不滴下为度），调节 pH5 ~ 6。装入菌种瓶内，至瓶高的 2/3 处，中间打 1 孔至近瓶底，封口，灭菌，冷却后备用。在无菌条件下接种，1 支试管母种接 3 ~ 5 瓶原种，在无菌条件下，挑取黄豆大小的母种，放入培养基中央的小孔中，置 25℃ ~ 30℃ 中培养 20 ~ 30 天，待菌丝长满全瓶即得原种。

3. 栽培种（三级菌种）的培养 仍多采用木屑或棉籽壳米糠培养基，配方有多种，如：①木屑 73%，玉米粉 5%，麸皮 20%，蔗糖、石膏粉各 1%；②木屑 39%，棉籽壳 39%，玉米粉 20%，蔗糖和石膏粉各 1%；③棉籽壳 83%，玉米粉（谷皮）15%，石膏粉和蔗糖各 1%。含水量 58% ~ 62%。制备方法同上，分装于菌种袋内，装量为 4/5 袋，高压蒸气灭菌 1h，冷却后接种。在无菌条件下，夹取 1 ~ 2 片原种瓶中长满菌丝的混合物接入袋内，恒温培养25～30天后，菌丝长满全袋即可得栽培种。

（二）栽培方式

主要有袋栽法和段木栽培法。

1. 袋栽法 ①培养料制备，选用原种或栽培种的培养基配方，常选用规格为长36cm、宽18cm、厚约0.04mm的聚氯乙烯或聚丙烯塑料袋，将配好的培养料装至离袋口约8cm处，料要装实，袋口扎紧，常规灭菌，冷却后备用。②接种与培养，在无菌条件下接种，菌种与培养料要接触紧密，迅速扎好袋口。将菌袋置24℃～28℃，相对湿度90%～95%条件下避光培养，注意保持空气新鲜。③出芝管理，菌丝生长到30天左右，其表面会形成白色突起物，即子实体原基，又称芝蕾或菌蕾。这时要解开袋口，使芝蕾向外延长形成菌柄，约15天菌柄上长出菌盖，30～50天后成熟，菌盖开始散出孢子即可采收。生长期要注意管理，每天要定时换气，避免因气温的骤然变化造成灵芝畸形生长。子实体培养也可以埋于土中进行，称室外栽培、露地栽培、埋土栽培或脱袋栽培。挖宽80～100cm、深40cm的菌床，长度视地块条件和培养量而定。将培养好菌丝的菌袋脱去塑料袋，竖放在菌床上，间距6cm左右，覆盖富含腐殖质细土1cm厚，浇足水分。床上搭建塑料棚并遮阴，避免直射光，保持温度在22℃～28℃，空气新鲜，相对湿度85%～95%。10天后床面出现子实体原基，再经25天后陆续成熟，可以采收。

2. 段木栽培 有生段木栽培和熟段木栽培2种栽培方法，前者生产周期较长，从接种到产芝结束要2年，段木粗的要3年，产量稍低。自20世纪80年代末起，国内多采用熟段木栽培法，现介绍如下：①选料与处理，选用直径8～20cm的栎、栗、柞、柳、杨、刺槐、枫等阔叶树，砍伐后不必剥皮，锯成长为15～25cm的段木，如果树种含水较高，需堆积干燥，直至用木楔打进段木内，不见流出树液时备用。②灭菌与接种，将段木装入塑料袋内，袋口扎紧，灭菌10h。无菌条件下进行打孔接种或段面接种。在段木上打孔，直径1～1.2cm，深度1cm，行距约5cm，每行2～3孔，呈品字形错开排列。打孔后，立即接种，盖上木塞或树皮。段面接种需要将菌种均匀地涂在段木间及上方段木表面，袋口塞一团无菌棉花，扎紧。③菌材培养，将接好种的段木菌袋放在22℃～25℃下培养，光照、空气、湿度条件与袋料栽培同。段木表面菌丝不可成菌皮状，应长入菌材内部，此与袋内空气及菌材含水量有关。当袋内氧气严重不足时或菌材含水量过高，菌丝难以深入菌材内部，就会在表面形成皮状菌膜，菌丝生长缓慢，造成低产。所以当菌材表面菌丝出现上述现象时，就要放开扎紧袋口的绳子，但不要松动袋口。或者用大头针等在菌袋口（绳子扎口部位以下）处戳几个孔，穿孔数视菌袋大小和袋内菌丝生长情况而定，一般小袋穿5～6个孔，大袋8～10个孔。穿孔时要注意无菌操作。穿孔前，培养室内空间先用1%石炭酸（酚）喷雾。穿孔的部位在穿孔前先用75%乙醇擦拭，穿孔后袋上用清洁报纸覆盖，防止杂菌进入袋内。④子实体培养，选择土质疏松偏酸性、排灌方便处作培养场。翻土25cm，曝晒后作畦。畦宽1.5～1.8m，畦长以实际而定。畦上搭建塑料棚，覆盖草帘子，要求能保温、保湿、通气、遮阴。接种后40～50天，菌材上全部长满菌丝，菌材表面有瘤状菌蕾出现时，就可埋于土中栽培。将段木接种端朝下立于沟中，间距6cm左右，填土覆盖1～2cm，埋好后喷水1次。若天气干旱可喷水湿润土壤，遇雨天要注意排水，避免积水。埋土段木要有一定间隔以防止联体子实体的发生，埋土后10～15天可出现芝蕾。⑤出芝管理，控制棚内温度在24℃～28℃，相对湿度85%～90%。通过喷水、通气、遮阴、保温等措施。要控制短段木上灵芝的朵数，一般直径15cm以上的灵芝以3朵为宜，15cm以下的以1～2朵为宜。芝体不再增大即可采收，从芝体出现到采收约40余天，可连续采收2～3年。

（三）田间管理

1. 光照、通气控制　光线控制应为前阴后阳，前期光照度低有利于菌丝的恢复和子实体的形成，后期应提高光照度，有利于灵芝菌盖的增厚和干物质的积累。子实体的生长需要充足的氧气，在良好的通气条件下，可形成正常肾形菌盖。

2. 温、湿度控制　灵芝子实体形成为恒温结实型，最适范围为26℃～28℃。当菌柄生长到一定程度后，温度、湿度、光照度适宜时，即可分化菌盖。从菌蕾发生到菌盖分化未成熟前的过程中，要经常保持空气相对湿度在85%～95%之间，以促进菌蕾表面细胞分化。

（四）病虫害及其防治

1. 病害及其防治　易受青霉菌、曲霉、毛霉菌、根霉菌等杂菌感染。防治方法：轻度感染，用烧过的刀片将局部杂菌及周围刮除，再涂抹浓石灰乳防治或用蘸75%乙醇的脱脂棉填入孔穴中，严重污染的应及时淘汰。在埋木后如发现裂褶菌、桦褶菌、树舌等菌类，可用利器将污染处刮去，涂上波尔多液；如杂菌严重，应将杂菌菌木烧毁。

2. 虫害及其防治　主要有黑翅大白蚁。防治方法：在芝场四围每隔数米挖坑，坑深0.8m，宽0.5m，将芒萁枯枝叶埋于坑中，覆盖拌入灭蚁灵的毒土诱杀。

六、采收加工

（一）采收

子实体成熟的标准是菌盖边缘的色泽转红，直至与中央的颜色相同，但子实体成熟后还应继续培养7～10天，使菌盖增厚，质坚实。然后将灵芝用剪刀齐灵芝柄基部剪下，修整，菌柄保留2cm长，即可入药。采收后，应立即捡去培养基表面散落的菌膜，继续在上述条件下培养，还可产二茬灵芝，但产量低。若收集孢子粉供药用，可用纸袋将菌盖罩住收集，子实体发散孢子可延续1个月左右。

（二）加工干燥

灵芝采收后应立即晒干或烘干。将采收后整形的灵芝一个个平放在有架的苇帘上，腹面向下，一个个摊开，自然晒干。若遇阴雨天不能晒干，则应入烘房或烘箱（量少）烘烤。烘温不超过60℃。如灵芝含水量高，开始2～4h内烘温不可超过45℃，并要把箱门稍稍打开，使水分尽快散发。要求在2～3天内全干，否则腹面菌孔变成黑褐色，或霉变，都会降低品质。

（胡　珂）

第十九章 平肝息风药

要点导航

1. 掌握：天麻分布区域、生态习性、生长发育规律、种质资源状况、栽培与采收加工技术。

2. 熟悉：石决明原动物生长发育规律、养殖与药材采收加工技术。

3. 了解：已开展栽培（养殖）的平肝息风药种类。

该类中药以平肝潜阳、息风止痉为主要功效，用于治疗肝阳上亢或肝风内动病证。现代药理研究证明，该类中药具有镇静、抗惊厥、降压、解热、镇痛等药理活性。分为平肝潜阳药、息风止痉药两类。

第一节 平肝潜阳药

该类中药以平肝潜阳为主要功效，用于治疗肝阳上亢病证。常用中药有石决明、珍珠母、牡蛎、紫贝齿、代赭石、罗布麻、刺蒺藜等。本节仅介绍石决明的养殖技术。

石决明

石决明为鲍科动物杂色鲍（光底海决）Haliotis diversicolor Reeve 、皱纹盘鲍（毛底海决）Haliotis discus hannai Ino、羊鲍（大海决）Haliotis ovina Gmelin、澳洲鲍 Haliotis ruber（Leach）、耳鲍 Haliotis asinina Linnaeus 或白鲍 Haliotis laevigata（Donovan）的贝壳。味咸，性寒；归肝经；具有平肝潜阳、清肝明目之功效；用于治疗头痛眩晕、目赤翳障、视物昏花、青盲雀目等病症。现代研究证明，石决明含有碳酸钙、胆素、壳角质、无机元素等成分，具有清热、镇静、降血压、抗感染等药理活性。杂色鲍分布于浙江（南部）、福建、台湾、广东、海南、广西等地，为我国南方优良养殖种类之一。以下仅介绍杂色鲍的养殖技术。

一、形态特征

贝壳呈卵圆形，壳质坚实，壳顶钝，位于壳后端，螺旋部矮小，略高于体螺层的壳面，螺层约 3 层，缝合浅浅，自第 2 螺层中上部开始至体螺层边缘末端。壳表有 30 多个排成一列整齐而逐渐增大的突起和小孔，前端突起小而不显着，不开孔的突起顶部呈下陷凹窝；有 6 ~ 9 个突起特大，开孔与内部相通，形成呼水孔，有呼吸及排泄作用，亦可从孔道伸出触手。体螺层被突起和小孔隔成的螺肋区，成一宽大的倾斜面，占壳的绝大部分；其表面还生有不甚规则的螺肋和细密的生长线，随着贝壳的生长时期，发达的生长线逐渐形在明显的褶襞。壳表面为绿褐色，或掺有黄、红色形成的杂以斑。成体壳顶磨损部，显露珍珠光泽，壳内面银白色，珍珠样彩色光泽强。壳口卵圆形，与体螺层大小几相等。体柔软，头部背面两侧各有一细长的触角和有柄的眼各 1 对，在腹面有一向前伸展的吻，口纵裂于其前端，内有颚片和舌齿，足极发达，口与壳口相等，分为上足和下足两部，下足呈盘状，整个足部背面中央的肌肉降起呈圆柱状，构成大型的右侧壳肌，背面与贝壳相连。于右侧壳肌下缘，可见一般消化腺为深褐绿色；生殖季节的生殖腺，雌性呈灰绿色，雄性呈乳黄色。无厣。

二、生态习性

在自然界海区栖息于海水透明度大、盐度高、水流通畅、海藻丛生的岩礁地带，夜间四处觅食。幼鲍生长发育较慢。生活于暖海低潮线附近至 10m 左右深的岩礁或珊瑚礁质海底，以盐度较高、水清和藻类丛生的环境栖息较多，用宽大的腹足爬行或牢固地吸附于岩石上或潜伏于礁缝内。食物种类随生长发育的阶段不同而异，出膜后的担轮幼虫依靠卵细胞内的营养物生存，一直持续到面盘幼虫初期。面盘幼虫后期，经常栖息于基面上，只吞食少量单细胞藻类及有机物碎屑；发育至围口壳幼体后，借发达吻部的活动，以舔食的方式从基面上获得较多的单细胞藻类为食。当幼体进入底栖生活后，一般都以容易消化和便于吞食的底栖硅藻为食，常见的有舟形藻、角刺藻、卵形藻等。成鲍摄食的海藻有海带、裙带菜、鹅掌菜、马尾藻类和一些底栖硅藻等。对同一种海藻则喜欢吃幼嫩的部分。在生长发育过程中，小环境的影响很大，不同地区之间个体差异十分明显，甚至可相差 1 倍以上。开始繁殖的水温为 2℃，生长的适宜温度为 16℃ ~26℃，5℃ ~31℃均能生长。

三、生长发育规律

雌雄异体，体外受精，繁殖期因地区和种类而异，一般在 6 ~9 月。性成熟时，雄鲍性腺为奶黄色。幼鲍长至 2 ~3 龄时生殖腺发育成熟，开始具备繁殖能力。繁殖时，雌、雄鲍将卵与精子排入水中，卵在海水中受精发育。在海水比重 1.022，水温为 22.5℃的条件下，卵受精后约经 8 ~13h 发育至担轮期，破膜上浮（孵化），变态为浮游幼体。浮游幼体依次经过担轮幼体、前期面盘幼体、后期面盘幼体等几个发育阶段，月 2 ~3 天后再附着变态为匍匐幼体。匍匐幼体又经围口壳期、上足分化期等发育阶段，根据鲍的种类以及水温等的不同，大约在 24 ~42 天，壳长 2mm 左右时形成第一科孔，发育至稚鲍期。稚鲍再经过 2 ~4 个月的生长，壳长达 5 ~7mm，形态上变得与长鲍基本相似，为幼鲍。幼鲍再经过 0.5 ~1 年的继续生长，壳长可达到 2 ~3cm，即成为可供养殖及增殖用的鲍苗。

四、种质资源状况

古代本草记载的药用石决明为鲍科动物杂色鲍和皱纹盘鲍，历代推崇杂色鲍为石决明的优质品种。《中国药典》2010 年版规定，鲍科动物杂色鲍 *Haliotis diversicolor* Reeve、皱纹盘鲍 *Haliotis discus hannai* Ino、羊鲍 *Haliotis ovina* Gmelin、澳洲鲍 *Haliotis ruber* (Leach)、耳鲍 *Haliotis asinina* Linnaeus 或白鲍 *Haliotis laevigata* (Donovan) 的贝壳均可作为石决明药用。虽然杂色鲍已经人工养殖成功，但尚未见有优良品种选育研究的报道。

五、养殖技术

（一）选址

鲍为喜温喜盐性贝类，生活海域的环境要求为：水质清澈，透明度5m以上，潮流通畅，海水盐度长年保持在3%以上，海底为岩礁底质，并且有较丰富的大型饵料藻类生长，如褐藻、绿藻和红藻等。鲍有定居的习性，在饵料丰富的岩礁带，一般不会出现大的移动，但季节水温变化对其有所影响，如冬季水温低，向深水移动。春夏水温高，则向浅水移动。要求冬季海水不结冰。

（二）繁殖方法

1. 种鲍的选择 应选择活力强、无损伤的3～4龄个体，性腺外观极为丰满，并包住胃和肝脏的绝大部分，基部突出于壳缘，末端由于充满了生殖腺而变成钝圆。最好体长在6～7cm，个体过大，有可能偏老龄化；个体过小，产卵量少，卵的质量有时也难以保证。

2. 催产 刺激种鲍催产常用以下方法：①紫外线照射海水法，采卵最好在上半夜进行，种鲍在进入紫外线照射海水之前，先进行阴干刺激，效果更好。采卵时雌、雄分开，一个或数个放入采卵槽，注入紫外线照射海水，1h之内，若多数个体没有产卵，这时应更换紫外线照射水，不多久种鲍即可大量排精产卵。②过氧化氢法，1L海水加入30%过氧化氢0.3ml。采卵时，用塑料窗纱制成的网袋分别盛装选出的雌、雄鲍，浸入配好的过氧化氢海水中0.5～1h，取出用海水冲洗干净，分放采卵槽中，加23℃左右新鲜海水，1h内即可排精产卵。③变温刺激法，将鲍按2∶1～3∶1的雌、雄比，置于盛有过滤海水的孵化箱内，用70℃左右的海水缓缓加入，使水温提高2℃～3℃，约20min后，再输入低温海水，使水温比原来水温低2℃～3℃，与此同时进行充氧搅拌，只要性腺成熟度好，经变温刺激后，均可获得良好的催产效果。④干露和流水混合刺激法，将种鲍置于阴湿处干露0.5～1h，然后以3∶1的雌、雄比例放入催产箱内，保持箱内海水循环流动，种鲍受到干露和水流等变化刺激，1～2h后，便会大量排精产卵。

3. 受精 人工育苗时，精、卵排放后要分别收集，然后再进行人工受精。受精应在精、卵排出体外后尽早进行。每毫升海水中，卵的密度最好不超过100个，精子密度为10万～30万个，受精3～5min后要陆续洗卵3～5次以上，每次间隔30～60min。受精卵经洗卵后可移到孵化池内进行孵化，孵化密度为每毫升海水中10～50个。

4. 孵化和选育 通常在采卵槽中直接孵化即可。在正常情况下，自受精卵孵化出担轮幼体上浮，需13h，幼体上浮是因其有趋光性，利用这个特性，可把成活的幼体选择出来，把幼体和海水一并倒入另外的水槽中，剩下的底液还可以继续选育。

（三）培养与管理

1. 幼鲍培育和剥离 ①幼鲍培育，幼鲍培育的日常管理可以分为前期采苗板培育和后期网箱培育两个阶段；幼鲍的育成可以分为海上中间育成和陆上中间育成，以后者更为普遍些。②幼鲍的剥离，由饵料板向网箱过渡、网箱饲育期间个体选别、从室内向海上过渡，均需剥离。剥离有两种常用方法：一是化学麻醉剥离法，即用海水配制的10%氨基甲酸乙酯溶液或2%乙醇溶液都可以使幼鲍失去吸附力，剥离的幼鲍要尽快取出清洗，不要超过30min；二是温度刺激剥离法，即先将波纹板同幼鲍浸入高于培育水温8℃～10℃左右的海水中约0.5min，随后立即回到常温海水中，幼鲍就会剧烈活动，此时戴线手套用手即可剥下。

2. 鲍的养成 鲍的养成方法有以下几种：①海上筏式养殖，养殖器以多层式养鲍笼较好。多层式养鲍笼直径45～50cm，高100～200cm，4～10层塑料盘由铁棍及塑料套管联成一体，层间距20～30cm，外包有带拉链的网衣。投饵、管理、更换网衣等均很方便，饵料以海带等海藻为主。②海底沉箱式养殖，养殖器材为2m×2m×0.8m钢骨架大型网箱，下沉于海底进行养殖。也有的用上侧及两端开口、中间带若干交错排列的横隔板，开口部分有带拉链的网衣的水泥槽，下沉于海底进行养殖。饵料以投喂海带等海藻为主。此法鲍的栖息环境比筏式养殖稳定，生长效果也好，但投饵、管理难度较大。③海边围池式养殖，在潮间带选择条件适宜的地方，围堤建池，池内放置石块、水泥板、瓦片等作鲍的附着隐蔽物，向海一侧的池壁上部留有若干个通水口，作为涨落潮时池内、外海水的交换通道。落潮后应使池内海水保持1m左右的水深。饵料以海藻为主。④陆上人工养殖，有以下两种形式：一是多层式水槽养殖，即采用多层式长条形浅水槽，并与网筛、附着板等器材配套使用，水槽宽0.5～0.7m，深0.3～0.4m，长度一般在1～10m之间，层间距0.5m左右，饵料有的以海藻为主，有的以配合饵料为主，养殖密度3～5cm鲍每平方米200～400个，大于6cm鲍每平方米100～150个；二是池内塑料箱养殖，养殖池为面积20～40m^2，深1～12m的水泥池，塑料箱为长39cm、宽30cm、高12cm的专用养鲍箱，每5～7个箱上下叠为一叠并加以捆绑，各捆立放于池中并排列成排，各排间留有操作通道，日给水量不少于培育水体的6倍，24h连续通气，饵料为鲜海带或干海带。

（四）疾病及其防治

鲍类常见疾病有立克次体病、病毒病等。前者引起足、外套膜等上皮细胞的坏死脱落和溃疡及足肌的严重变性，结蹄组织细胞也受累及；后者为球形病毒感染。防治方法：禁止工厂化养鲍生产中养殖池水不经处理即排放；降低养殖密度；建立养殖水体微生态区系；使用抗生素药物；避免致病性生物进入养殖水体；严格种苗和种贝引进检疫制度。

六、采收加工

养殖鲍5～7cm、自然鲍6cm以上时，于夏、秋季捕捉。由于鲍的吸附力很强，充分吸附时很难取下，有时即使勉强取下也容易造成损伤。大量采收养殖鲍时可用3%～4%的酒精麻醉等方法来剥离；少量采收或采捕自然鲍时则必须乘其活动时迅速铲取。除去壳外附着的杂质，洗净，晒干。

（李　佳）

第二节　息风止痉药

该类中药以平肝息风为主要功效，主治肝风内动惊厥抽搐病证。常用中药有羚羊角、牛黄、熊胆、珍珠、玳瑁、天马、钩藤、地龙、白僵蚕、全蝎、蜈蚣等。此处仅介绍天麻、钩藤的栽培技术以及全蝎、蜈蚣的养殖技术。

天　麻

天麻为兰科植物天麻 *Gastrodia elata* Bl. 的干燥块茎，亦名赤箭、离母、鬼督邮等，属于常用中药之一，始载于《神农本草经》，被列为上品。其味甘，性平；归肝经；具有息风止痉、平抑肝阳、祛风通络等功效；用于治疗小儿惊风、癫痫抽搐、破伤风、头痛眩晕、手足不遂、肢体麻木、风湿痹痛等病症。现代研究证明，天麻主要含有天麻苷、天麻苷元、胡萝卜苷、天麻多糖、生物碱等成分，具有镇静、安眠、抗惊厥、镇痛、降压、耐缺氧、抗炎、抗衰老等药理活性。天麻属分布区域很广，中国、印度、泰国、不丹、尼泊尔、锡金、日本、斯里兰卡、马达加斯加、澳大利亚、新西兰、日本，以及朝鲜、菲律宾、前苏联远东的阿穆尔州等地区均有分布。在我国主要分布于吉林、辽宁、内蒙古、河北、陕西、陕西、甘肃、江苏、安徽、浙江、江西、台湾、河南、湖北、湖南、四川、贵州、重庆、云南和西藏，其中以贵州、云南、四川等省区的高中山丘陵地带分布较广而集中。贵州毕节和遵义、云南昭通、四川古蔺和叙永、陕西汉中、湖北恩施为天麻的主要道地产区。

一、形态特征

多年生腐生草本，植株高100~130cm，有时可达200cm；块茎肥大肉质，长圆形，长8~12cm，直径3~5（7）cm，有时更大，具较密的环状节，节上被许多三角状宽卵形的鞘。茎直立，橙黄色（红天麻）、黄色（黄天麻）、灰棕色（乌天麻）或蓝绿色（绿天麻），无绿叶，下部被数枚膜质鞘。总状花序长5~30（50）cm，通常具30~50朵花。茎单生直立，圆柱形，黄赤色。无根，叶退化为鳞片状，叶鞘抱茎。总状花序顶生，花黄绿色，花冠不整齐呈歪壶状，顶端5裂，合蕊柱1。蒴果长圆形，种子细小，粉末状，1个果中有种子3万~5万粒，千粒重约0.0015g。花期5~6月，果期6~7月。

二、生态习性

腐生植物，无根无绿叶，不能自养，必须依靠蜜环菌与其共生才能得到营养而生长。常野生于山区海拔400m~3200m的林下阴湿、腐殖土较厚的地方。天麻喜凉爽湿润气候，气温达10℃~15℃时开始萌动，20℃~25℃时生长最快，夏季温度不超过25℃的凉爽条件和年降雨量在1000~1600mm、空气相对湿度70%~90%、土壤含水量40%左右适宜天麻生长；湿度过大或过分干燥均不利于天麻生长。在约2年的生活周期中，除有性繁殖时间约70天在地表外，其余全部时间都潜居土中。蜜环菌喜相对湿度较高的新鲜空气及富含腐殖质的微酸性砂壤土（pH5~6）。土壤湿度一般要保持在50%左右，蜜环菌具有好气特性，在通气良好的条件下，才能培养好。蜜环菌和天麻生长都要求一定的湿度，土壤含水量过少，蜜环菌生长不良，天麻也长不好；水分过多，土壤中空气不足，不仅影响蜜环菌和天麻生长，甚至会造成天麻腐烂。

三、生长发育规律

天麻种子无外源营养供给不能发芽。因此，当年5~6月播种后，在适宜温度条件下，经20~30天即可发芽。发芽后的原球茎立即进行第一次无性繁殖，分化生长出似豆芽状7~8节的营养繁殖茎（简称营繁茎），长可达4~5cm，顶端长成细小米麻，节处长出侧芽。入冬前白麻生长到6~7cm长，直径达1.5~2cm，可达到作种麻移栽的程度。天麻播种当年，以白麻和米麻越冬。越冬后的白麻和米麻，进行第二次无性繁殖。当第二年早春土壤温度升高到6~8℃，蜜环菌索开始萌动生长与白麻接触，菌素萌生出分枝侵入白麻。当气温升高到15℃左右时，白麻顶端生长锥开始萌动生芽。被蜜环菌浸染生出的营繁茎短而粗，一般为1~1.5cm长。靠同化蜜环菌获得营养。冬季米麻或营繁茎前端长成白麻，而白麻营繁茎前端即发育成具有顶芽的箭麻，进入生殖生长阶段。若接不上蜜环菌，则营繁茎细长如豆芽状，新生麻比原母麻还小，逐渐消亡。天麻播种第二年，以箭麻，白麻或米麻越冬。

越冬后的白麻、米麻继续进行无性繁殖。箭麻为成品麻（也称商品麻），于种子播种的第三年4月下旬至5月初顶芽萌动、抽茎、开花。在自然条件下，天麻果实成熟后开裂，种子飞离果壳借风力散播于林间地面落叶层，由于林间地面半腐的落叶上感染有紫萁小菇 *Myeena osmundicola* 和石斛小菇等小菇属的真菌（萌发菌），天麻种子的原胚被其侵入后细胞开始分裂，种胚体积增大，播种后26天左右即发芽形成原球茎。6月份播种，7月份发芽形成的原球茎最多。

冬眠后的箭麻，春季气温回升，当地温到10℃时，顶芽开始萌动，地温达12℃以上时花茎开始出土，地温在15℃～17℃时达到出苗盛期，地温在19℃时开始开花，地温在20℃～22℃时，果实成熟。天麻的开花结实特点表现为：花茎生长初期地温低，出土缓慢，随着地温升高生长加快开花后期生长减慢，开花完成后生长停止。天麻为穗状花序，下部的花先开放，此后由下向上逐次开放，花开后必须由昆虫传粉，自花和异花均可授粉。在自然环境下，天麻的自然授粉率在37%～85%，可以进行人工授粉以提高结实率。在人工授粉条件下，每一花序从第一朵花开放到最后一朵花凋谢约10～15天。花未授粉可延长3～7天。通常花序顶端10%～15%的花不能结实。

四、种质资源状况

天麻属植物共约20种，产东亚、东南亚及大洋洲。中国有13种，广布于全国各省区，而以西南部种类最多。该属均为腐生草本植物，地下具肉质的根状茎或块茎，其中仅天麻 *G. elata* Bl. 可以药用。天麻存在以下变型：①红天麻 *G. elata* Bl. F. *elata*，为天麻原变型，花及花茎呈橙红色，成体块茎呈长椭圆形或圆柱状长椭圆形，节较密。广布于我国东北到西南、黄河和长江流域各省区，也是栽培最多的、商品中最常见的变型。②绿天麻 *G. elata*Bl. f. *viridis*（Makino）Makino，花及花茎呈淡蓝绿色；成体块茎呈长椭圆形或倒圆锥形，节较密，鳞片较多，含水量约70%。文献记载中国、朝鲜、日本有分布，但各产区均罕见。分布较多的是贵州大方和辽宁凤城。③乌天麻 *G. elata* Bl. F. *glauca* S. Chow，花呈蓝绿色，花茎灰棕色，带白色纵条纹；成体块茎呈椭圆形至卵状长椭圆形，节间较短，含水量常低于70%，甚至仅60%许。主产贵州西部至云南北部，四川、吉林等省区部分地区也有。由于折干率高，按传统性状鉴别来说商品外形好，贵州西部到云南北部作为主要栽培变型之一。④黄天麻 *G. elata* Bl. F. *flavida* S. Chow 花淡黄绿色，花茎黄白色；成体块茎卵状长椭圆形，含水量约80%。从我国东北到西南均有分布。在药材商品中不时看到，一般没有用于栽培。⑤松天麻 *G. elata* Bl. F. *alba* S. Chow，主产云南西部，药材商品中未见到。⑥毛天麻 *G. elata* Bl. f. *pilifera* Tuyama 仅产于台湾，药材商品中未见到。天麻野生变家种工作，自20世纪60年代开展，20世纪70年代获得成功并提供商品以来，天麻栽培技术与经验日臻完善。在天麻栽培品种中主要是红天麻，在贵州、云南、四川的一些地区，还有乌天麻和绿天麻，以及红天麻与乌天麻或绿天麻的杂交品。其他的变型商品中少见，但也是天麻重要的种质资源。

五、栽培技术

（一）选地整地

1. 选地 天麻喜凉爽、潮湿的环境，适合在海拔1200～1600m的山区栽种。在不同海拔高度的山区，也可通过选择一些小气候条件，适应天麻生长的需要。土壤质地对天麻生长有极大影响，蜜环菌喜湿度较大的环境条件；而天麻则不宜水浸土壤、黏性土壤、排水不良的土壤。特别是雨季穴中长期积水天麻会染病腐烂，因此宜选砂土和砂壤土种植天麻和培养菌种。

2. 栽培场地和栽培穴的准备 天麻栽培不以“亩”为单位，而是以“窝”“穴”或“窖”为单位。栽培场地不一定要求连片，根据小地形能栽几窝即可栽几窝，窝不宜过大，不能强求一致，可根据地形扩大或缩小。

对整地的要求不严格，只要砍掉地面上过密的杂树以便于操作，挖掉大块石头，把土表渣滓清除干净即可，不需要翻挖土壤，便可直接挖穴栽种。雨水多的地方栽培场地不宜过平，应保持一定的坡度，有利于排水。陡坡地区作小梯田后，穴底稍加挖平，但为了方便排水，也应有一定的斜度。

（二）繁殖方法

主要有有性繁殖和无性繁殖两种方法。有性繁殖即箭麻抽苔开花后，经过授粉产生种子，用种子培育。无性繁殖是用白麻、米麻（源于箭麻和白麻）或去芽的小箭麻进行营养繁殖。

1. 无性繁殖栽培 天麻无性繁殖技术操作简单成熟，为目前商品天麻的主要栽培方法。①蜜环菌的培养，培养好的“菌材”是提高天麻产量的关键。能生长蜜环菌的树种很多，常用的有柞树、桦树青杠、野樱桃、水橡树等。选直径3～7cm的新鲜树干，锯成30～50cm的小段，每一木段必须把树皮砍成深达木质部3mm左右的鱼鳞口2～3列。于每年封冻至次年春天树木开始生长以前采集木棒，以堆培、窖培等方法培养菌材，其中以窖培为好。选天麻栽培地附近较湿润的地方挖窖，深33～50cm，大小根据地势及菌材数量而定。将窖底挖松7～10cm，放入适量沙或腐殖土，平整底部松土后即可铺放木材、中间留有间隙，在鱼鳞口处接蜜环菌。一般用纯沙覆盖，材间可用沙或腐殖土充填缝隙超过木材1cm，覆沙或腐殖土要求实而不紧，之后再放另一层木材和菌种，依次堆4～5层，最后盖沙或腐殖土10cm，浇水保持穴内湿度。②栽培时间，适宜的栽植期是天麻增产的关键之一。可冬栽或春栽。在长江流域等天麻产区，冬、春两季都可栽培，在不同海拔高度地区适宜的栽培期略有早晚。一般春栽以早春解冻后栽培越早越好。③栽培层数和深度的确定：通常栽培两层，一般穴顶覆沙或腐殖土10～15cm。高山地区雨水多空气相对温度较大，土壤湿润，温度低，宜浅栽；东北地区为了能提高栽培层温度，不宜栽深，一般覆土6～10cm，但最好能有塑料薄膜覆盖，冬季应加强保温措施。④栽培方法，用作无性繁殖的种麻材料米麻、白麻栽前必须进行严格选择，其标准是：无机械损伤、色泽正常、无病虫害、以有性繁殖后的第1～3代的米麻、白麻。种麻应摆在两棒之间靠近菌棒，种麻的放置数量以米、白麻的大小而定，但要有一定间隔，但棒两头放应各放1～2个，大的米麻或小的白麻一般每穴栽种麻500g左右。米麻和白麻分开栽植为好，栽培米麻的菌床，棒间距离应稍窄些，两棒相距1.5～2.0cm，在两棒之间均匀放米麻15～20个，每穴播种米麻100～150g。

2. 有性繁殖栽培 用种子繁殖是目前天麻先进的栽培技术，可得到生长势强、抗逆性也强的一代种麻，因而可大幅度提高天麻产量。①播种场地选择，播种场地的选择与无性繁殖培养菌床和栽培天麻场地的条件基本相同，但种子发芽和幼嫩原球茎喜湿润环境，因此，在选择播种场地时就应考虑到水资源。②菌材及菌床的准备，预先培养的菌材与菌床都可用来伴播天麻种子。选择蜜环菌培养时间短、菌索幼嫩、生长旺盛、菌丝已侵入木段皮层内，尤其是无杂菌感染的菌材、菌床播种天麻种子。并备好足够的生长良好的蜜环菌菌枝。③播种期的选择，天麻种子在15℃～28℃时都可发芽，春季播种期越早，萌发后的原球茎生长越长，接蜜环菌的概率和天麻产量越高。④播种量，一个天麻果中有万粒以上种子，而萌发后只有少数原球茎被蜜环菌侵染获得营养生存下来。一般60cm×60cm的播种穴，播5～8个果子。⑤播种深度，天麻播种穴一般播两层，深30cm左右，上面覆土5～8cm，但在不同地区不同气候条件下，由于天麻、蜜环菌具有好气性，播种深度应有不同。⑥播种方法。菌叶拌种：播前先将已培养好的小茹属萌发菌的树叶生产菌种从培养瓶中掏出，放在洗脸盆、塑料薄膜或搪瓷盘中，每窝用菌叶1～2瓶，将黏在一起的菌叶分开备用。将成熟的天麻果撕裂，把种子抖出，轻轻撒在菌叶上，边撒边拌均匀。菌叶拌种工作应在室内或背风处进行。播种方法：利用预先培养好的蜜环菌菌床或菌材拌播。如是菌床，播种时应挖开菌床，取出菌棒，在穴底先铺一薄层壳斗科树种的湿树叶，然后将拌好种子的菌叶分为两份，一份撒在底层，按原样摆好下层菌棒，棒间仍留3～4cm距离，覆沙或腐殖土至棒平，再铺湿树叶，然后将另一半拌种菌叶撒播在上层，放蜜环菌棒后覆土8～10cm，覆沙或腐殖土同样要求实而不紧，穴顶盖一层树叶保湿。

（三）田间管理

1. 防寒 冬栽天麻在田间越冬，为防止冻害，必须在11月份覆盖沙土或树叶20～30cm以上，翌年开春后再除去覆盖物。

2. 调节温度 开春后，为加快天麻长势，应及时覆盖地膜增温，5月中旬气温升高后又必须撤去地膜，待9月下旬再盖上地膜，以延长天麻生长期。夏季高温时，要覆草或搭棚遮阴，把地温控制在28℃以下。天麻生长期间不必拔草、追肥。

3. 防旱排涝 春季干旱时要及时浇水、松土，使砂土的含水量在40%左右。夏季6～8月，天麻生长旺盛，需水量增大，可使沙土含水量达50%～60%。雨季要注意排水，防止积水造成天麻腐烂。9月下旬后，气温逐渐降低，天麻生长缓慢。但是蜜环菌在6℃时仍可生长，这时水分大，蜜环菌生长旺盛，可侵染新生麻。但这种环境条件下不利于天麻生长，而只有利于蜜环菌生长，从而使蜜环菌进一步侵入天麻内层，引起麻体腐烂。因此，9～10月份要特别注意防涝。

（四）病虫害及其防治

1. 杂菌感染及其综合防治 生长天麻的地方，一定会伴生大量蜜环菌。在麻穴中，当其他木腐性杂菌大量繁殖生长时，密环菌的生长受到抑制，严重时完全不能生长。从而出现空穴，导致欠收或绝收。①木腐性杂菌，是指能分解木材，以木材为营养源，引起木材腐朽的一类真菌。这类真菌主要危害菌材，与蜜环菌争夺营养，抑制密环菌生长，使蜜环菌生长势差而导致天麻得不到蜜环菌营养的正常供给而腐烂，甚至完全死亡。此外，杂菌菌丝体还会附着在麻体上，随着种麻的播种而传播蔓延扩大危害。②木腐性杂菌与蜜环菌的识别，正确地识别区分木腐性杂菌与蜜环菌，是防治和减轻杂菌危害的基础。杂菌与蜜环菌的主要区别：蜜环菌菌丝为粉白色，而杂菌为白色或其它颜色；蜜环菌菌丝大都分布在菌材皮层内，用手捻如同捻沙一样感觉，在菌材表皮外不易看到菌丝，偶尔在菌索断面可生长白粉色菌丝。而杂菌菌材表面可明显看到一片片白菌丝分布，有的可布满整段菌材，有的呈菌丝索状；蜜环菌呈不规则网状分布，菌索幼嫩部份浅红色，具白色生长点，老化后深褐色或黑色，圆柱形；而杂菌中有些具有菌索，在菌材上呈扇形分布，菌索为扁圆形，后端白色，前端浅红色，也具有白色生长点，有些具有枝状白色菌索，在菌材上呈不规则分布；蜜环菌菌丝在正常情况下发荧光，而杂菌则无发光特性；从生活方式看，蜜环菌具兼性寄生，可以在活段木上生长，而杂菌绝大多数具腐生特性，不能慢染活段木。③综合防治措施，主要有：注意培养场地及其周围环境的选择，一定要选择杂菌较少的生荒土地，同时应清除栽培场地及周围枯木杂草等杂物，减少杂菌危害；严格选用菌种，无论是一、二级菌种，还是用来培养菌枝、菌材、菌床时所用的三级菌种，一定要纯正无杂；加强对树枝木材的选择，要利用蜜环菌在新鲜树木上能生长的优势，使用时随砍随用，尽量不用干材培菌，同时树枝木段使用年限不宜过长，最好一年一收即可；培菌栽培床窖不宜过大过深，一般要控制在 10 ~ 200 根之间；适当加大接菌量，使蜜环菌在较短时间内形成优势占据主导地位，其他杂菌无法生存；及时处理杂菌污染，若发现局部污染，及时用小刀将污染部份刮掉，不能刮的少数杂菌材，可以及时取出弃之，也可将轻微染杂的菌材在太阳下晒 2 ~ 3 天，晒死表面杂菌和蜜环菌，而蜜环菌又可以从树皮再内发生，菌材仍然可以使用；控制和调节好床窖内的湿度。

2. 病害及其防治 天麻病害主要有天麻黑腐病、天麻锈腐病和蜜环菌病理侵染等。①天麻黑腐病，病原菌为尖孢镰刀菌。在培养基上菌落白色，菌丝茂密旺盛，底部淡紫或兰紫色。镜检可见大量镰刀形分生孢子，菌丝白色，常腐生在蜜环菌菌材表面，呈片状分布，生长速度快，由菌材感染天麻球茎，染病球茎早期出现黑斑，即称之为黑斑病。染病后期球茎出现腐烂，严重时部分至全部天麻变黑色，味极苦。防治方法：挑选好种麻，忌将带病种麻栽入培养好的菌床中，发现有局部甚至极小部分腐烂和微小黑斑的种麻，均应弃之不用；选择好优质菌材和适宜的菌床；加强田间管理，控制好湿度和调节好温度，防止积水漫渍或干旱发生；严禁在发生腐烂病害的场地及其周围继续栽培天麻。②天麻锈腐病，病原菌为暗梗孢科柱孢属真菌，病原菌沿中柱层维管束侵染，染病天麻横切面中柱层出现小黑斑，在种麻中最严重。防治方法：一旦发生，无药剂可以治疗。预防方法有：严禁在同一地方连续栽培，若栽培场地所限，也须进行消毒处理并换新的填充料；避免使用多代无性繁殖退化麻种，大力推广有性繁殖种麻；把好种麻质量关，严禁带病麻作种栽培；搞好栽培管理，创造适合天麻生长的生态环境条件。③蜜环菌病理侵染，指在适宜于天麻和蜜环菌生长条件下，天麻和蜜环菌均生长旺盛，天麻利用蜜环菌为营养，从而获得天麻高产。当条件只适宜蜜环菌生长，而不适宜天麻生长时，蜜环菌就会大量繁殖，将天麻作为它的营养源，危害天麻。天麻生长势强，可同化蜜环菌获得营养快速生长，当天麻种性退化，生长势衰弱或蜜环菌长势太盛或菌材营养不足时，蜜环菌反而侵入天麻球茎中柱层，消化天麻中的营养物质。防治方法为注意生长环境条件的控制，选用生长势强的优质种麻，并满足菌材需要量。

3. 害虫及其防治 主要有如蛴螬、蚂蚁等侵入窖内咬食菌材及天麻，高山地区常有地鼠等咬食天麻，均应注意防治。①蛴螬，成虫与幼虫都能为害，以幼虫为害最严重。幼虫是常见的地下害虫，以咬食根、地下茎为主，也咬食地上茎。成虫主要为害地上部分。防治方法：晚上用灯光诱杀成虫；发生期间用 90% 敌百虫 1000 倍液浇灌洞穴；用

25g氯丹乳油拌炒香的麦麸5公斤，加适量水配成毒饵，于傍晚撒于植株附近诱杀。②蚜虫，4~9月发生，4~6月虫情严重，“立夏”前后，特别是阴雨天蔓延更快。它的种类很多，形态各异，体色有黄、绿、黑、褐、灰等，蚜虫主要危害天麻花芽。为害时多聚集于茎顶部柔嫩多汁部位吸食，造成生长点卷缩，生长停止，花苔干枯。防治方法：彻底清除杂草，减少其迁入的机会；在发生期用40%乐果1000~1500倍稀释液或灭蚜松（灭蚜灵1000~1500倍稀释液喷杀，连喷多次，直至杀灭）。③蚂蚁，主要有红蚂蚁和白蚂蚁，它们在麻穴中大量孳生，以菌材、密环菌和幼嫩天麻为食，使密环菌和天麻遭到损害，易感染杂菌或病变、腐烂。蚂蚁一生分卵、幼虫、蛹、成虫四个时期。常见的小黄家蚁在室温25℃~27℃条件下，工蚁从卵到成虫约需37天，雄、雌蚁为40天左右。工蚁寿命不超过10周，雌蚁最多39周，雄蚁的寿命与生殖行为有关，一般不超过3周，但蚂蚁有些种类的工蚁寿命有7年，蚁后寿命可长达15年。防治方法：种植地环境治理：蚂蚁常在外草地、树桩、石块下、枯枝落叶下、墙基缝隙等处筑巢。及时清除周围的枯枝落叶、石块、瓦片等，平整草地，不留垃圾，减少蚂蚁孳生。化学防治应以毒饵诱杀为主，使蚂蚁将适口性好、驱避作用小的药饵搬入巢中，毒杀蚁后、蚁王和幼蚁，达到全巢覆灭的目的。常用的药饵为1%毒蜱、1%灭蚊灵、10%硼酸等。投放毒饵应掌握点多量少的原则，药物还可选择氯菊酯、氯氰菊脂等。

六、采收加工

（一）采收

天麻以块茎入药，其最佳采收期应在其休眠期。冬栽的第二年冬或第三年春采收；春栽的当年冬或第二年春采收。休眠期采收，加工折干率高，质量好。采收时，要细心起土，勿损伤麻嘴或块茎。待菌材现出后，先取菌材，再取天麻，将商品麻、种麻、米麻分开盛放。种麻留种，米麻和白麻继续培育，白麻应摘除营养繁殖茎后栽种；种麻也可埋入湿润砂土，放于3℃左右阴凉处保存备用。箭麻则按大小和形状分等级，洗净泥土后迅速加工入药。

（二）加工干燥

1. 分级、清洗　天麻的大小及完好程度直接影响到蒸煮时间和干燥速率。应根据天麻块茎的大小，可将其分为3~4个等级。150g以上的为一等，70~150g的为二等，70g以下的为三等，一些挖破的箭麻和白麻、受病虫害危害、切去受害部分的归于等外品。将以上四等天麻，分别用水冲洗干净，量少时可在水盆中刷洗，或装入竹篓在河水中淘洗，量多时运输困难，即可在竹篓中用水管冲洗，洗净泥土为原则。当天洗净的天麻，一定要在当天蒸煮完毕。

2. 蒸煮　洗净后的天麻分等级放在沸水中煮，要轻轻地翻动几次，使受热均匀。天麻大小不同，煮沸时间不同，一等大麻在下锅后，重新煮沸5~8min，以下均次减少。检验是否煮好的方法是：将天麻捞起后体表水分能很快散失；对着阳光或灯光看，麻体内没有黑心，呈透明状；用细竹插能顺利进入麻体。达到上述程度应及时出锅，放入清水里浸后即捞出，防止过熟和互相黏缩，扯伤表皮。

3. 烘干　蒸煮之后及时进行干燥，晒干或烘干均可。烘干时应慢火干燥，初温掌握在50℃左右，水汽敞干之后，可升温至60℃慢慢干燥，防止因表皮水分散失过快而形成硬壳，中间髓心。当烘至7~8成干时，取出用手压扁整形，堆起来外用麻袋等物盖严，使之发汗 1 ~2 天，然后再进烘房至全部干燥。

天麻的加工方法和烘干温度是保证天麻产品质量的关键，必须严格注意，否则易导致天麻有效成分含量降低。

以质地坚实沉重、有鹦哥嘴、断面明亮、无空心者（冬麻）为佳。

（魏升华）

第二十章 开窍药

要点导航

1. 掌握：麝香原动物分布区域、生态习性、生长发育规律、种质资源状况、养殖与药材采收加工技术。

2. 熟悉：蟾酥原动物生长发育规律、养殖与药材采收加工技术。

3. 了解：已开展栽培（养殖）的开窍药种类。

该类中药味辛，气芳香，善于走窜，入心经，具有通关开窍、启闭回苏、醒脑复神的功效，用于治疗温病热陷心包、痰浊蒙蔽清窍之神昏谵语，及惊风、癫痫、中风等卒然昏厥、痉挛抽搐等症。常用中药有麝香、苏合香、冰片、安息香、蟾酥、樟脑、石菖蒲等。此处仅介绍麝香、蟾酥的养殖技术。

麝 香

麝香为鹿科动物林麝 *Moschus berezovskii* Flerov、马麝 *M. sifanicus* Przewalski 或原麝 *M. moschiferus* Linnaeus 成熟雄体香囊中的干燥分泌物，《神农本草经》将其列为上品。其性温，味辛；归心、脾经；具有开窍醒神、消肿止痛、活血通经等功效；用于治疗热病神昏、中风痰厥、气郁暴厥、中恶昏迷、经闭、癥瘕、难产死胎、胸痹心痛、心腹暴痛、跌扑伤痛、痹痛麻木、痈肿瘰疬、咽喉肿痛等病症。现代研究证明，麝香主要含有麝香酮、降麝香酮、麝香醇、麝香吡喃、麝香吡啶、蛋白质、氨基酸、钠、钾、钙、镁等成分，具有抗炎、抗肿瘤、提高免疫力、抗早孕等药理活性。林麝主要分布于四川、新疆、西藏、青海、甘肃、贵州；马麝多生活在海拔 2000～4000m 以上的高山草原或密林中，主要分布在青藏高原；原麝在黑龙江的大小兴安岭、长白山、大别山有分布。以下仅介绍林麝的养殖技术。

一、形态特征

形状像鹿但比鹿小，前肢没有后肢长，头上无角。耳朵长而直立，上部为圆形。眼睛比较大，吻端裸露，尾巴较短。全身褐色，耳背、耳尖棕灰色，耳壳内面白色，下颌白色。颈下向后至肩有两条白纹。颈背、体背有 4～5 纵地土黄色斑点，腰部及臀部两侧的斑点明显而密集，无清晰的行次，腋下、鼠蹊部、四肢内侧和臀部周围浅棕灰色，四肢外侧深棕色，尾浅棕色。除了头部和四肢被软毛外，全身密被波形中空的硬毛，四肢趾端的蹄窄而尖，侧蹄特别长。

二、生态习性

性情胆怯，过独居生活；嗅觉灵敏，行动轻快敏捷。随气候和食料的变化垂直迁移，食物多以灌木嫩枝叶为主。雄麝上犬齿特别发达，犹如獠牙，锋利异常，长达10cm，是雄麝唯一的武器，但也只能在同类中派上用场：在发情争偶季节，雄麝间争偶决斗，便以獠牙撕裂对手的皮肉，但无法对付食肉兽，甚至小型食肉动物来袭也难以抵御。后肢长度远超前肢，站立时后高前低。后腿发达，蹄尖坚实，能于山崖峭壁之间蹦跳自如，碰上食肉兽追捕，可逃之夭夭。属于典型的山地动物，不栖息深山老林，多分布于松栎阳坡山地和疏林草坡上。夜行性，多在黄昏和夜间活动觅食。喜凉爽，怕暴晒，避暑热；行动敏捷，善爬悬岩陡壁；喜食苔藓、苔草、竹叶、蕨草及芳香性树叶嫩枝。在人工饲养条件下，白天多卧于舍内墙角或僻静处反刍打盹。

三、生长发育规律

麝在0.5岁之前生长最快，0.5岁之后至体成熟生长发育就会逐渐减慢。仔麝初生重达550g左右，生长发育以1月龄最快，2月龄次之。1月龄体重相对增重率为259%～278%，2月龄体重相对增重率为58%～62%。初生体重是0.5岁的9.2%，0.5岁是1岁的82.5%，0.5岁体重占成年麝的64%，2.5岁之后生长发育基本停止，转为肥育。

麝在出生后18个月开始性成熟，但并不能马上交配，因为早交配就早妊娠，影响麝的正常生长发育，降低生产性能。营养好、发育快的母麝，6～8月龄已达到性成熟，可交配受孕。个别发育慢的、营养不好的，1岁至1岁半还不能性成熟。在人工驯养下，配种必须在个体发育比较完全时才可进行。一般适宜配种年龄，公麝是3岁半，母麝发育好、体健壮的1岁半左右，最好在2岁半以后。

四、种质资源状况

我国曾是世界上麝类资源最为丰富的国家。麝科动物包含的所有种，在我国都有分布。近年来，由于栖息地被破坏和偷猎，导致野生数量急剧减少。目前，各种麝类动物已经从国家二级保护动物升格为一级保护动物，国家不仅建立了自然保护区，还大力发展人工养殖，极大地促进了对野生麝的保护。

五、养殖技术

（一）选址

圈舍是麝采食、反刍、饮水、排泄、繁殖、泌香、运动的场所，其作用是保证麝的正常发育和生产，一般分为舍式和棚式。舍式适合春、冬比较冷时使用，以防止刚生下仔麝来被冻死。棚式一般是三面有墙，并且把它隔成小间，隔墙高1.2m左右。棚舍多用于公麝和育成麝，每个棚舍可设4～6个圈舍，每个圈舍宽1.5m、长2～2.5m、高2～2.5m，舍门高1.6m、宽60cm，窗高50cm、宽70cm。圈舍墙厚24～50cm，圈舍的屋檐高2.5～3m，圈舍通向运动场的小门高52cm、宽36cm。

麝场围墙应结实，可是砖土结合的围墙，也可是铁丝围起来的围栏。如果是砖土结合的围墙需要用砖瓦覆盖，并向内伸出30cm左右，防止麝外逃。墙的高度以3m为宜，在每圈舍的正中距地面80cm处设一长、宽各为80cm的木窗，窗台宽35cm左右，供麝躺卧用。每个圈舍之间，可用铁丝网、竹栏、木板隔开。单个笼（箱）养的圈舍规格为：笼舍高2m、长3m、宽2m，门宽60cm、高80cm。

圈舍应建在地势高燥、排水良好、树木较多、背风向阳的地方，一般为南北或东南走向。圈舍前面要有一个运动场，麝可在其中活动或露宿，同时运动场中阳光充足，可以促进麝的新陈代谢，增进麝的健康。运动场的四周要设置围墙，墙高2.5～3m，墙头上设置向运动场伸出20~25cm左右的横檐，防止麝蹬墙逃跑。运动场大小依据麝的多少来定，一般每头麝需要$20m^2$左右的地方。如果每圈喂养5头麝，运动场面积以90~$100m^2$为宜。面积太小，密度大，彼此之间就会相互影响。

（二）繁殖方法

1. 麝的发情 麝是季节性多次发情动物，母麝发情期一般在10月下旬至来年3月初。在发情季节里，可出现3~5个发情周期，间隔19~25天出现1次发情，每次发情持续时间为36~60h，发情旺季多在开始发情18~20h以后。在发情期配种容易受孕，发情期过后性生活处于相对静止状态，直到来年秋季才能重新发情。母麝在发情初期，表现为烦躁不安、摇尾游走、食欲降低、外阴部略现红肿，阴道有少量黏液流出，此时虽然有公麝追逐，母麝暂时不接受交配。直到发情旺季，如果有公麝追逐，母麝就会站立不动或将臀抬起，接受爬跨。

2. 配种 包括单公单母配种法、单公群母配种法、群公群母配种法和群公群母一次合群法。①单公单母配种法，把发情母麝和经过挑选的公麝拨到指定圈，如配种圈或走廊进行单个配种。这种方法要根据麝场规模的大小、繁殖技术水平和人力、物力情况而定，应用时要特别注意隐形发情的母麝，对于挑选出的配种公麝要进行精液检查。②单公群母配种法，先根据生产性能、年龄、体质状况将母麝分成若干配种小群，把4~6只母麝作为一群，选定1头公麝配到底；或者每群12~15只母麝，按1∶5的比例选定公麝，一次只放1头公麝，每隔5~6天更换一次，到母麝发情旺季，每2~3天更换一次。如果一天之内公麝已经交配3~4次以上，而此时还有母麝需要交配时，应该换一只公麝，以便保证公麝的良好体况和提高后代品质。生产实践证明，性别配比为1∶5时的受胎率和双胎率最高，因此，在一个配种季节，1头公麝实际配3~5头母麝比较合适。③群公群母配种法，是指群公群母一次合群，中途不更换公麝的配种方法。公母按照1∶4~6的比例，从开始一次性将种公麝投入母麝群内进行配种，直到配种结束。如果中途有公麝患病、性欲不高、体质特别衰弱，起不到配种作用时，可以将公麝拨出，一般拨出后不再进行补充。④群公群母一次合群，配种期间更换种公麝的方法，将初次参加配种的3~4岁公麝放入母麝圈内，引诱母麝提前发情。配种初期按照1∶6的公母比例，到母麝发情旺季，按照1∶4~5的比例，换入优良公麝继续进行配种，配种旺期之后，如果有70%~80%的母麝已经完成配种，可以将体弱的公麝拨出，按1∶6的比例留公麝，直到配种结束。

3. 妊娠 麝的妊娠期为178~189天，平均为181天。麝的妊娠期与麝的种类、个体特点、胎儿性别、驯养方式及其它外界条件有关。母麝饲养良好，那么胎儿发育迅速、生命力强，母麝产仔就比较早；相反，如果母麝身体状况不好，饲养条件较差，胎儿发育就比较缓慢，母麝产仔就比较晚。初次参加配种的母麝比经产母麝的妊娠天数少，圈养的比放养结合的要晚2~3天，怀母羔比怀公羔要长2~4天，怀双羔的妊娠期最长，平均在184~188天。

4. 产仔 麝每年繁殖1次，每次产1~3仔。圈养麝产双仔的占80%，产3仔的极少。初产母麝多产1胎，产双胎仔麝的一般为1公1母，所产双仔多半体弱、发育较差。麝的产仔期为5~6月份，个别配种较晚的幼麝于9月初产仔。经产母麝产仔早，初产母麝产仔晚。产仔期持续1.5~2个月。

（三）饲养管理

1. 公麝的饲养管理 ①泌香期公麝的饲养管理，由于受泌香反应的影响，麝的活动减少，采食量下降，而此时期的麝需要充足的营养，因此必须饲喂适口性更强的优质饲料。泌香期麝的营养标准为：代谢能2800～3700kcal，精蛋白54～57g，粗纤维12～15g，钙1.1～1.3g，磷0.6～0.7g，赖氨酸1.9～2.5g，氨基酸+胱氨酸2.5～4.7g。公麝日粮是根据各场具体情况而定的，一般精料为黄豆60%、绿豆40%，粗料为干鲜树叶。青饲料中包括嫩桑叶、苦麻菜、甘薯叶、甘薯、胡萝卜、野菜等。1～4月，每日每头饲喂量726g，其中精料120g、青干树叶100g、多汁饲料500g、钙2～4g、食盐2g；5～7月，每日每头饲喂量约为1005g，其中精料120g、青干树叶50g、鲜饲料375g、多汁料450g、钙片2～4g、食盐2g、动物性饲料5g；8～10月，每日每头饲喂量726g，其中精料120g、青干树叶50g、鲜饲料500g、多汁饲料100g、钙片2～4g、食盐2g；11～12月，每日每头饲喂量701g，其中精料120g、青干树叶75g、多汁饲料500g、钙2～4g、食盐2g。精料需要煮熟后再喂，要注意防止饲料霉变。为了提高日粮的品质和适口性，要增加精料中黄豆和麦麸、绿豆、玉米的比例，供给充足的青饲料。②种公麝的饲养管理，种麝的日粮要着重提高饲料的适口性，以达到提高采食量、促进发情的目的，饲料要多样化，蛋白质饲料生物学效价要高。配种期的公麝喜欢采食甜、苦或含糖及维生素丰富的青绿饲料，此时最好喂给瓜类、根茎类、鲜枝叶、青草等多汁饲料。精料以黄豆、绿豆、玉米、麦麸等为主，这些饲料富含蛋白质和磷，能满足公麝营养上的需要，有利于精子的生成和提高性活动能力。每天喂含有丰富蛋白质和维生素A、维生素D、维生素C、维生素E的优质粗料700g左右，胡萝卜、甘蓝等多汁饲料250g左右，精料100～150g，以提高种公麝的配种能力。在饲养过程中，要不断改进配料技术和饲喂方法，增加饲料种类，尽量做到多样化。在饲喂瓜类、根茎类等多汁饲料时，应事先洗净、切碎，然后混在精料中饲喂。每天饲喂粗饲料3次，精饲料1次，夜间要多给些粗饲料。

2. 母麝的饲养管理 ①配种期母麝的饲养管理，日粮组成以容积较大的粗料与多汁饲料和青枝叶饲料为主，精料为辅。精料中有豆饼、黄豆、麦麸、玉米等。每天喂多汁饲料500g、精料100g、青干树叶75～100g、钙2～4g、食盐2g。配种前期母麝日喂3次，1次精料、2次粗料，夜间补喂枝叶和其它青干粗饲料。为使母麝提早或适时发情，应将仔麝按时断奶、及时分群。②妊娠期母麝的饲养管理，妊娠后期胎儿生长速度特别快，这时需要的营养物质增多。妊娠期饲料应该营养丰富、品质新鲜、适口性强、易于消化，定时饲喂。粗料每天3次，精料1次，每次喂给的量要固定，不能过多或过少，过少易导致营养不足，过多则影响下次食欲。日粮要多样化，但不能经常变更饲料种类。严禁用发霉、腐烂、露草、霜草和有毒、刺激性的饲料来喂妊娠母麝，用的草料、水、工具等要清洁卫生，以免造成流产、胚胎吸收或死胎等。③哺乳期母麝的饲养管理，既要考虑到本身营养的需要，又要考虑到供分泌乳汁营养的需要。母麝昼夜可分泌乳汁150～200ml，多者可达400ml以上。麝乳中含有36.24%的干物质，11.3%～12.7%的脂肪。泌乳期母麝采食量高，需水量大。泌乳母麝的采食量可比平时增加15%～25%，饲养标准相应提高。母麝临产前不太喜欢采食，但产后要及时喂给饲料，喂给饲料的数量与质量也应相应增加。为使母麝不断采食，加速乳汁分泌，哺乳母麝的精料日粮中蛋白质应占60%～75%，粗料日粮应以青绿多汁饲料为主，大量饲喂青饲料和多汁饲料有助于提高泌乳量和乳品质。母麝每天应喂给精料 130 ~ 160g、青树叶 50 ~ 70g、鲜饲料 350 ~ 380g、多汁饲料 450 ~ 500g、矿物质饲料 2 ~ 4g、食盐 2 ~ 4g。哺乳期母麝，每头每日喂食量 1006 ~ 1020g，圈养哺乳母麝每天饲喂 3 次粗料、2 次精料，夜间补喂 1 次。夏天时要注意保持环境卫生，预防微生物感染母麝乳房及乳汁引起仔麝发生疾病。对舍饲母、仔麝，要结合清扫圈舍工作，进行一定的调教和驯化。

3. 育成麝的饲养管理 从断乳到生长至性成熟时期的麝称为育成麝。2 月龄仔麝可以断乳，但最好在 3 月龄后断乳，有病、体弱者可推迟断乳。幼麝对饲料的消化能力弱，所以必须提供质量好的饲草，断乳后的饲料要和断乳前一致，不要马上更换。饲喂 1 个多月后，逐渐用新的饲料替换旧的饲料，一般断乳初期日喂 4 ~ 5 次，为使仔麝生长发育良好，需要每天补饲骨粉或矿物饲料 3 ~ 4g，食盐每天给 1 次，每次 5g 左右。断乳后一段时间内，因不习惯环境会在圈里四处奔跑，加上比较依恋母麝，食量会稍微下降，所以要很好的饲养。有病、体弱的要单养，使其能很快恢复、安全越冬。要让仔麝多晒太阳，增强仔麝体质。冬季要及时清扫积雪，保持圈内干燥，并在圈里避风处放些干软的树叶和草，供麝躺卧保暖。公、母麝要分开饲养，每圈不超过 3 ~ 4 头。加强对育成麝的管理，因为育成麝在配种期也有互相爬跨的发情表现，容易造成不必要的体力消耗，影响正常发育。

（四）病害及其防治

1. 仔麝佝偻病 主要是由于母麝缺乏维生素 D，致使乳汁内含量少。其原因为母麝饲料中维生素 D、磷、钙不足或磷、钙比例失调，缺乏在日光下的适当运动。另外，消化不良及内分泌紊乱也可导致本病发生。初期表现为发育迟缓，生长停滞，精神不振，不爱运动，喜卧；后期骨端变大，前肢多呈“X”或“O”字形，运动困难。治疗方法：对于哺乳仔麝应首先变换母麝饲料，喂给维生素 D 丰富的饲料，或喂鱼肝油。离乳仔麝喂给多汁青绿饲料、胡萝卜等含有维生素 D 的饲料，或者用富有维生素 D 及脂肪率高的牛奶喂养。

2. 仔麝缺硒病 初期仔麝活动逐渐减少，继而站立困难，起立时四肢叉开，头颈向前伸直或头下垂，脊柱弯曲，腰部肌肉僵硬，全身肌肉紧张，步态蹒跚，多数呈现跛行。呼吸迅速，心跳频率增加，体温正常。体温稍微下降，多数病例粪便变稀，有特殊酸臭味。心跳加速，节律不齐，没有食欲，卧地不起，呈现角弓反张，最终因心肌麻痹及高度呼吸困难而死亡。治疗方法：对病仔麝用 0.1% 亚硒酸钠治疗，每只肌内注射 4ml，注射 1 ~ 2 次即可（第一天注射后间隔 1 天再注射第二次）。亚硒酸钠为剧毒药品，使用时要防止仔麝中毒。

3. 营养性衰竭症 主要是由于机体营养供给不足，体力消耗增加引起的。最突出的特征就是消瘦，随着病情发展，全身骨架显露，被毛粗乱、易脱落、丧失固有光泽，皮肤干枯，弹性降低，黏膜呈淡红、苍白或发暗等不同变化，也有呈现黄疸者。全身重要的骨骼肌萎缩，肌腱紧张度下降，肌纤维震颤。发病时间长的卧地不起，但通常保持一定食欲，体温一般没有变化。治疗方法：在早期，如果能及时改善饲养，停止或减轻劳役，即使不给予治疗，也能慢慢恢复。如果呈现明显的营养衰竭症状，通常治疗比较困难。加强病麝护理，可以提高药物的疗效，秋季晴天时，应该牵出户外，多晒太阳，冬季麝舍应该保持温暖、干燥和适当通风，经常打扫、清除粪尿和污秽杂草。

六、采收加工

（一）采收

1. 活体取香 ①取香前的准备：一般需要3个人，1人抓麝，1人取香，1人辅助。取香时间：夏季趁凉取，上午10点之前、下午5点之后较好，可避免麝因为应激、受热和疲劳造成疾病。取香前，把野性比较强的公麝提前1～2h关入圈内小舍，以便捕捉。取香用具有挖勺、盛香盘、保定床、镊子、解剖剪、药棉等，药品有磺胺软膏、消炎膏、红药水等。②保定麝：1人抓住麝的后肢向上提起，使其前肢着地。抓麝者迅速跨骑在麝身上（不要坐），用两腿将麝夹住固定，或将麝固定在取香保定床上。驯化性能好的麝，可同时抓住四肢抱起。③取香：取香前使麝的腹部与操作者相对，略剪去覆盖囊口的毛，用酒精在香囊上消毒。操作者用左手食指和中指将香囊基部夹住，拇指压住香囊口，无名指和小指按住香囊体，使香囊口张开。右手拿挖勺，使挖勺的前端背面轻压囊口，挖勺即可深入囊内，最深不得超过2.5cm，随后慢慢转动挖勺并向外抽出，麝香便顺口落入盛香盘中。取香时不能用力过猛，以免挖伤香囊，遇到大块麝香不易挖出时，先用小勺在囊内将麝香压碎或在香囊外用手将香囊压碎，然后再挖。取香后用酒精消毒囊口，如果囊口有充血或破损时，可以涂上油剂青霉素或消炎油膏。刚取出的麝香，大多混有皮毛之类的杂质，应拣出来，称出产香湿重，用吸湿纸、干燥器或恒温箱干燥后称出干重，然后放入瓶中密封保存，防止受潮发霉。

2. 杀麝采香 麝是国家保护动物，严禁杀麝采香。该法仅适用于老弱病残的麝。杀死后立即割取其香囊（死后过久割取会降低质量与产量）。割取香囊时，切勿割破，也勿带肉过多，以利于干燥。

（二）加工干燥

1. 毛壳麝香 将割取的香囊去掉多余皮肉及油脂，将毛剪短。由麝孔放入纸捻，吸收其中的水分，纸捻要勤换。将麝香放入竹笼中，外面罩一层纱布，以防蚊蝇。将笼悬挂于温凉通风的地方，直到干透为止。切忌日晒，以防变质。在风干过程中如遇到阴雨天，可低温烘干，但烘烤不能间断，否则色、味均不易保持。

2. 麝香仁 阴干或用干燥器密闭干燥。

毛壳麝香（整香）以干燥、香囊大、边皮小、皮薄、有弹性、仁多饱满、香气浓烈者为佳。麝香仁（香肉）以颗粒色紫黑、粉末色棕褐、质软、油润、香气浓烈者为佳。

（刘　谦）

蟾　酥

蟾酥为蟾蜍科中华大蟾蜍 *Bufo bufogargarizans* Cantor 或黑眶蟾蜍 *B. melanostictus* Schneider的干燥分泌物，别名蟾蜍眉脂、蛤蟆酥、蛤蟆浆等，始载于《药性本草》。其性温，味辛；有毒；归心经；具有解毒、止痛、开窍醒神的功效；用于治疗痈疽疔、咽喉肿痛、中暑神昏、痧胀腹痛吐泻等病症。现代研究证明，蟾酥主要含有华蟾毒配基、脂蟾毒配基、蟾毒灵等结构类似强心甙而有毒性的蟾毒配基类化合物，以及蟾酥碱、蟾酥甲碱、去氢蟾酥碱等吲哚类生物碱，具有强心、麻醉、抗炎、抗肿瘤等药理活性。全国大部分省区均有分布，主产于江苏、山东、河北、湖北等地，以山东沂南县、江苏启东市为地道产区。此处仅介绍中华大蟾蜍的养殖技术。

一、形态特征

体长约10cm以上，雄性比雌性略小。皮肤裸露，富含腺体。身体背面的皮肤除头顶较平滑外，其余部分，布满大小不等的圆形瘰粒，极其粗糙。头宽大，口裂宽阔，吻端较圆，有显著的吻棱。近吻端有鼻孔1对。眼大而凸出，后方有圆形鼓膜。头顶部两侧各有大而长的耳后腺。口内既无犁骨齿，也无上下颌齿，舌端游离，无缺刻。躯干短而宽，在生殖季节，雄性背面多为黑绿色，体侧有浅色的斑纹，雌性背面颜色较浅，瘰粒乳黄色，有时从眼后沿体侧有斜行的黑色纵行斑纹，腹面不光滑，乳黄色，有棕色或黑色的细花斑。四肢强健，前肢有4指，指略扁，指侧微有缘膜，指间无蹼，指关节下方有成对的瘤状突起，掌突有2个，外侧者较大。后肢粗壮而短，具有5趾，趾间有蹼，适于水中游泳。胫跗关节前达肩部，趾侧有缘膜，内跖突长而大，外跖突小而圆。另外雄性无声囊，但在繁殖期内，前肢内侧第3指上长有黑色婚垫，垫上富有黏液腺或角刺，起加固抱对作用。

二、生态习性

（一）对温度、湿度、水质的要求

1. 温度 中华大蟾蜍的受精卵孵化期间喜欢安静、避风、向阳的水域，但不能经受阳光直射，最适水温为18℃～23℃。蝌蚪生长发育期最适水温为18℃～28℃，蟾蜍生长期适宜温度为20℃～32℃。当气温低于10℃时开始冬眠，气温达到12℃以上时，冬眠的蟾蜍活动量便开始增加。

2. 湿度 由于体外受精、不产羊膜卵、蝌蚪时期无四肢、用鳃呼吸等特性，决定了中华大蟾蜍的受精过程、胚胎发育及幼体时期都离不开水环境，即使短时间离开水也会造成死亡。而幼蟾蜍的习性是短时间内可以离开水体，但怕干燥和日晒，表现为既可在水中生活，也可在短时间内栖息于潮湿的陆地上。对于成蟾蜍而言，由于背部的皮肤角质化较明显，具有防止体内水分过度蒸发和散失的作用，所以能较长时间栖息于潮湿的陆地上，但也怕长期干燥和日晒。在生活中表现出了喜阴暗、喜潮湿、怕强光、趋弱光的习性，因而一般是昼伏夜出，阴雨天气活动频繁。虽然如此，但在自然条件下生活的中华大蟾蜍，也不能一年四季都生活在阴暗潮湿的地方，这是因为中华大蟾蜍性腺活动要受到每天日照时间长短的季节性变化的调节。研究表明，若将中华大蟾蜍长期饲养在黑暗条件下，性腺活动就会受到抑制或中断，生殖细胞得不到发育成熟，从而不能产卵排精，使繁殖受到影响。

3. 水质 水中溶氧量的多少对中华大蟾蜍成体影响不大，但对卵的孵化、蝌蚪的生长、变态以及幼体的发育影响却较大，水体适宜的溶氧量为6mg/L。另外，水体的pH值在6～8为宜。

（二）食性

刚孵出的蝌蚪依靠卵黄囊内储存的营养物质提供营养，2～3天后蝌蚪开始摄食，喜食水中的蓝藻、绿藻、硅藻等营漂浮性生活的植物性食物，随着蝌蚪的逐渐长大，将喜欢偏向动物性食物，如吃一些小鱼、小虾等。另外，中华大蟾蜍蝌蚪期摄食有明显的昼夜节律性，其饱满指数在21时和6时最高，9时和15时最低。蝌蚪变态成为蟾蜍后，主要捕食蚯蚓、甲虫、蜗牛、蛞蝓、地蚕、蝇蛆、白蚁、蟋蟀、蛾类、蝶类等多种活的小动物，食性为活的动物性食物。

（三）生活环境

中华大蟾蜍为水陆两栖动物，主要表现为繁殖期的抱对、产卵、排精、受精、受精卵的孵化及蝌蚪的生长发育都必须在水中进行，只有变态后的蟾蜍才开始水陆两栖生活。陆栖生活时，喜湿、喜暗、喜暖。白天活动较少，常栖息于水边草丛、砖石孔洞、沟塘、水渠、石穴、农田、草地、山间等阴暗潮湿的地方。

（四）冬眠习性

中华大蟾蜍由于心脏为两心房一心室，血液循环是不完全的双循环，从而导致组织细胞中物质的氧化效率不高，代谢甚为缓慢，产生的热量少，再加上没有完善的体温调节机制和良好的保温条件，因而其体温随外界温度的变化而改变，属于变温动物。当水温低于10℃时，就要入蛰冬眠。其冬眠场所一般是在水底淤泥里或烂草里，也可以在陆地上的泥土里越冬。冬眠期间，不吃不动，新陈代谢下降至最低水平，呼吸主要由皮肤完成，所需营养主要来自于体内脂肪体储存的营养物质。

三、生长发育规律

可分为胚胎发育、孵化、幼体生长、变态、性成熟等几个阶段。清明前后，当冰雪融化，水温回升至10℃以上时，性成熟的雌雄蟾蜍开始抱对，同时产卵排精，精卵在水中受精形成受精卵。受精卵在适宜的温度条件下，经过一系列胚胎发育过程（约需3～4天）便孵化出蝌蚪。蝌蚪经2个月左右的时间将变态为幼蟾蜍，从幼蟾蜍开始就可以上岸活动，行水陆两栖生活。幼蟾蜍再经过16个月的生长发育就可以达到体成熟和性成熟。中华大蟾蜍长至7cm左右，雄体出现婚垫，雌体卵巢内有成熟卵。成熟的蟾蜍每年春季繁殖，繁殖时雌雄蟾蜍抱对，雄性蟾蜍用后足掀动沟底的泥水向外排精，雌性蟾蜍随之进行排卵，精子和卵细胞在体外相遇使卵受精。每只雌蟾蜍一年产卵4～5次，可产卵约5000个。

四、种质资源状况

蟾蜍主产于中国、日本、朝鲜、越南等国家，广泛分布于我国南北地区，常见主要品种为中华大蟾蜍、花背蟾蜍和黑眶蟾蜍3种。花背蟾蜍头部无黑色角质棱，雄性背面多呈橄榄黄色，疣粒灰色，上面有红点。雌性背面多为浅绿色，上有美丽酱花斑，疣粒上多有土红色点。这几个品种均表现为个体大，体长10cm以上，背面多呈黑绿色，布满大小不等的瘰疣。上下颌无齿，趾间有蹼。雄蟾蜍无声囊，内侧三指有黑指垫。国家现行药典仅规定了中华大蟾蜍和黑眶蟾蜍为蟾酥的原动物，养殖过程中尚未选育出优良品种。

五、养殖技术

（一）建池

选择水源充足、排灌方便、向阳安静的地方建立养殖池。大规模养殖应建产卵池、蝌蚪池、成蟾池。①产卵池：是供蟾蜍产卵的场所，其面积占整个养殖场面积的1/30～1/20，每个产卵池的面积10～20m^2，长方形，水深30～40cm，并栽植些水草。②蝌蚪池：面积为20～30m^2，水深30～50cm。③成蟾池：面积1000m^{2}左右，空隙地和水面的比例为2～3∶1，池深80cm，坡比1∶2，池周筑高80cm以上的土墙并抹光滑，或使用其他材料制成防逃设施；池子上面搭遮阳棚，或在四周栽种丝瓜、佛手瓜、葡萄、扁豆等藤蔓类植物；墙内平地上垒大小不等的若干个洞穴，或放些破旧的空心砖，空隙地上栽种些玉米、大豆、蔬菜及耐阴湿花草等；池中稀植挺水性的经济植物。

（二）繁殖方法

在主产区，3 月下旬到 4 月下旬是蟾蜍产卵盛期。苗种培育方法：①在产卵季节雨后于静水处寻找蟾蜍卵块，捞回后在池中孵化，每平方米约放 2500 粒，保持温度 18℃～25℃，3 天就可孵出小蝌蚪，要注意必须选择同一天产的卵，并一次放足，否则会因孵化时间不一致，蝌蚪大小不一，而影响成活率。②惊蛰后气温稳定在 10℃以上时，到野外潮湿的地方或浅水边捕捉越冬蟾蜍成体，选择健壮无病、发育良好的个体，雌雄比按 3∶1 的比例放到产卵池内养殖，让其自行交配、产卵、受精；每天收集卵放到孵化池中孵化；产后的亲蟾要另池存放。③到养殖单位购买优良亲蟾或在野外采捕优良亲蟾，人工催产孵化；亲蟾每平方米放 2～3 只。

（三）饲养管理

刚孵出的小蝌蚪，常吸附在卵壳或水草上，靠自身卵黄囊供给营养。2～3 天后，小蝌蚪可吃水中藻类或其它食料。养殖池内要提前 1 周施入少量发酵的猪、牛粪，以繁殖浮游生物，蝌蚪入池后不能再泼洒粪尿。水质太瘦可投喂些菜叶、鱼肠和猪、牛血及淘米水或酵母粉，每天 1～2 次。经半个月培育，体可长达 3cm。

成蟾养殖方式有 3 种：①利用水沟、池塘精养，每平方米水面放幼蟾 40～50 只；②在玉米田、棉花田、稻田及菜地粗养，以自行捕食为主，不另投饵，每 1000m^2 放幼蟾 800～1000 只；③在果园、花卉、苗圃园中每 1000 ㎡放幼蟾 1000～1200 只。

蟾蜍喜食蜗牛、蚂蚁、蜘蛛、蝗虫、蝼蛄、蚊虫、叶蝉、金龟子、蜻蜓、隐翅虫等及螺、小虾等水生动物与藻类。幼蟾生长快，食量大。食物来源：①在养殖场上空装黑光灯，晚上开灯诱虫；②将畜禽粪堆积在养殖池陆地上一角，让其自行诱集与孳生虫子，供蟾蜍捕食；③寻挖蚯蚓或配套养殖蚯蚓；④在无农药处理过的厕所里捞取蝇蛆，冲洗干净消毒后投喂；⑤在果园或花卉苗圃中，将杂草与粪便堆积在树下，繁衍虫类供食用。如果饵料仍不足时，可用 30% 饼粕类、40% 屠宰下脚料、25% 麸皮、5% 大豆粉做成含蛋白质 30% 以上的配合饲料驯食投喂。

夏秋季池塘应根据水色变化及时灌住新水，保持水质清爽。果园里或旱作物田内挖 2m^2 的坑若干个，保持水深 15～20cm，供蟾沐浴。作物收获时，将蟾一同捕起，放在池内养殖待售或者取酥加工。霜降后，气温降到 10℃以下，蟾蜍隐蔽在土中或钻入洞穴中，也有的在池塘深水处集群冬眠。越冬期间，池塘要保持一定水位；陆地上洞穴要覆盖柴草保温。次年惊蛰水温回升到 10℃以上时，蟾蜍开始醒眠、活动、觅食，这时应抓紧投喂。

（四）病害及其防治

蟾蜍病少，主要是防止老鼠、蛇、鸟等危害。搞好围栏、巡查，冬天将其转移到地洞或水下泥土中安全越冬。

六、采集加工

（一）采集

养殖蟾蜍的主要目的是采集蟾酥。6～7 月是刮浆高峰期，每 2 周可采 1 次。先准备好铜制或铝制的夹钳、竹片、大口瓶或小瓷盆、竹篓等工具，后将蟾蜍身上的污渍用清水洗去。左手握信蟾蜍的后腹部，使耳后腺充满浆液，用夹钳适当用力夹裂耳后腺，将流出的白浆装入容器中。背上疣粒用竹片刮浆。刮浆时忌用铁器接触，否则浆液变黑。刮过浆的蟾蜍不要放在水中，要放在潮湿的地上，防止伤口感染。

（二）加工

刮出的浆液在12h内用60～80目尼龙筛绢或铜筛过滤除杂，过滤后的浆液放在通风处阴干或晒至七成干，然后放在铜或瓷盆中晒干制成“团酥”，也可放在60℃恒温箱中烘干。如将浆液均匀涂于玻璃板上或竹箸上晒干，称为“片酥”。

以色红棕、断面角质状、半透明、有光泽、沾水即泛白色者为佳。

（张永清）

第二十一章 补益药

要点导航

1. 掌握：人参、白术、鹿茸、蛤蟆油、当归、白芍原植物（动物）分布区域、生态习性、生长发育规律、种质资源状况、栽培（养殖）与药材采收加工技术。

2. 熟悉：党参、黄芪、蛤蚧、巴戟天、肉苁蓉、北沙参、石斛、麦冬生长发育规律、栽培（养殖）与药材采收加工技术。

3. 了解：太子参、杜仲、何首乌、百合、鳖甲原植物（动物）栽培（养殖）技术，已开展栽培（养殖）的补益药种类。

该类中药能够补充人体气血阴阳之不足，改善脏腑功能，增强体质，提高抵抗疾病的能力，消除虚证。现代研究证明，补益药能增强机体各种免疫功能，提高机体适应性、增强心肌收缩力、扩张血管、降压、抗心肌缺血等。根据功效与主治证候的不同，补益药又分为补气药、补阳药、补血药及补阴药四类。

第一节 补气药

该类中药以补气为主要功效，可治疗气虚病证。常用中药有人参、党参、西洋参、太子参、黄芪、白术、山药、扁豆、甘草、刺五加、绞股蓝、大枣、蜂蜜等。本节仅介绍人参、党参、太子参、黄芪、白术的栽培技术。

人 参

人参为五加科植物人参 *Panax ginseng* C. A. Mey. 的干燥根和根茎，属于名贵传统中药，始载于《神农本草经》，被列为上品。其味甘、微苦，微温，归脾、肺、心、肾经；具有大补元气、复脉固脱、补脾益肺、生津养血、安神益智等功效；用于治疗体虚欲脱、肢冷脉微、脾虚食少、肺虚喘咳、津伤口渴、内热消渴、气血亏虚、久病虚羸、惊悸失眠、阳痿宫冷等病症。现代研究证明，人参含有皂苷、挥发油、酚类、肽类、多糖、单糖、氨基酸、有机酸、维生素、脂肪、甾醇、胆碱、微量元素等成分，具有加强新陈代谢、调节生理机能、恢复体质、抗缺氧，抗疲劳、抗衰老等药理活性，近年报道还有抗辐射损伤、抑制肿瘤生长、提高生物机体免疫力的能力。栽培者俗称“园参”，野生者俗称“山参”，播种在山林野生状态下自然生长的称“林下山参”或“林下参”。园参经晒干或烘干称生晒参，蒸制后烘干称红参；山参经晒干称“生晒山参”。我国东北地区是人参的道地产区，栽培人参主要分布区域南起辽宁宽甸，北至黑龙江伊春。其中心产区为吉林省的抚松、靖宇、长白及集安一带，以及辽宁桓仁、宽甸，黑龙江宁安、东宁等地。

一、形态特征

多年生草本。主根肥大，肉质，黄白色，圆柱形或纺锤形，上端有横向凹陷的细纹，下面有分枝，支根上着生须根，须根上生有许多疣状小点。主根与茎的交接处为根茎，直立，根茎上着生不定根。茎圆柱形，直立，不分枝。茎枯死后芦头上便形成1个凹窝状茎痕，芦头上端侧面生有芽孢。掌状复叶，3~6枚着生于茎顶；小叶片3~5，中央一片最大，椭圆形至长椭圆形。伞形花序单个顶生；苞片小，条状披针形；萼钟状，5裂，绿色；花瓣5，卵形，淡黄绿色；雄蕊5，花丝短；子房下位，2室，花柱2，下部合生。果肾形或扁球形，成熟时鲜红色；种子2枚。花期6月，果期7~8月。

二、生态习性

野生人参多生于以红松为主的针阔混交林或杂木林中，在我国主要分布于长白山、小兴安岭的东南部，即北纬40°~48°、东经117°~137°的区域内。此区域年平均气温4.2℃，1月平均气温-18℃，7~8月平均气温20℃~21℃，年降雨量800~1000mm（7~8月降水量为400mm），无霜期100~140天。

人参属于阴生植物，喜阴冷湿润，怕干旱，怕积水。对土壤要求严格，适于生长在排水良好、土层深厚、富含腐殖质的微酸性（pH 5.8~6.3）砂质壤土中。为长日照植物，喜生于散射光的背阴坡或阳光不强烈的林间，森林覆盖率>70.0%，叶片不能忍受强光直射。光补偿点为250~400lx，光饱和点为15~35klx。

三、生长发育规律

（一）种子休眠

种子具有休眠特性，且休眠期较长，一般需5~6个月的人工处理才能打破休眠，在自然条件下则需10~22个月的时间。种子休眠与其具有形态后熟和生理后熟有关，种胚形态后熟适温为15℃~20℃（处理90~120天），生理后熟必须在种胚完成形态后熟后开始，低温是种子生理后熟的必要条件，自然状态下，完成形态后熟后的种子，在0℃~10℃、60~70天才能通过生理后熟。常规贮存1年种子生活力降低10%左右，贮存2年生活力只有不到5%。

（二）地上部生长发育

一年生植株地上只有1枚由三小叶组成的复叶，无茎，俗称“三花”；二年生植株绝大部分为1枚掌状复叶，生于茎顶，俗称“巴掌”；三年生植株多数为2枚掌状复叶，都生于茎顶，开始现蕾开花结实，但开花结实比例不大，俗称“二甲子”；四年生人参茎顶生有3枚掌状复叶和1个伞形花序，俗称“灯臺子”；五年生植株茎顶多生有4枚掌状复叶和1个伞形花序，俗称“四批叶”；六年生人参茎顶除伞形花序外，还有4枚或5枚掌状复叶，由于5枚掌状复叶居多，俗称“五批叶”；七年生以上植株茎顶多生有5枚或6枚掌状复叶，因6枚复叶居多，所以称之“六批叶”。植株年生育期为120~180天，可分为出苗期、展叶期、开花期、结果期、果后参根生长期、枯萎休眠期等6个时期。

（三）根的生长发育及越冬芽的形成

种子于5月萌动出苗；5~7月根长生长速度最快，增粗速度较慢；8~9月下旬根粗增加较快，长度生长不如5~7月快；9~10月参根干物重增加较明显，须根数量不多，也不太长。二年生参根，5~7月长度生长较快，8~9月粗度生长较快，干物质积累也较多，须根数量增多。三年生参根生长趋势与一至二年生基本一致，但须根多，根茎上开始长不定根（即艼）。四年以后参根一般是在移栽条件下生长，主根长度生长不明显，粗度逐渐增加，须根多，艼垂直地面生长。参根通常在1~6年生长速度较快，之后生长速度较慢，参根重一般在每年9月达到峰值，所以栽培人参多在6年左右采收且宜在9月收获。

越冬芽侧生于根茎最先端，呈白色、脆嫩鸽嘴状。人参种子在形态后熟过程中生长锥会分化成2个，其中1个锥状体分化出茎原基、叶原基，茎原基、叶原基以后发育成茎叶，而另1个锥状体形成休眠的越冬芽原基，以后发育成越冬芽即芽胞，越冬芽原基在6月上旬后分化成如前的2个锥状体，7月底分化结束，9月底形态基本建成，此时越冬芽成型，成型的越冬芽是由大、中、小3片半透明的鳞片包裹着翌年地上部的茎叶、花序的雏体和休眠的越冬芽原基形成的。成型后的越冬芽进入休眠，需经冬季低温后在来年继续生长分化（如不能满足越冬芽对低温的需求，在枯萎休眠后将不能萌发出苗），此后该过程周而复始进行，以保证茎叶的形成、生长和越冬芽的形成。生产中没有越冬芽或越冬芽未通过生理后熟者都不能出苗，因此应注意保护越冬芽不受损伤。

四、种质资源状况

人参规模种植已有400余年的历史，经长期种植形成了一些“农家品种”，主要有“大马牙”“二马牙”“圆膀圆芦”和“长脖”等。其中“大马牙”参根产量最高，根形特征是越冬芽大，根茎短粗，新茎痕肥大而明显，旧茎痕收缩深陷重叠，主根短粗肥大，支根少，须根多而细；“二马牙”主根较细长，支根明显，须根少，参根产量略低于大马牙，但其体形优美，商品价值较高；“圆膀圆芦”根茎细长，茎痕较明显，肩头圆形，近肩处呈圆柱形，主根体长、丰满，参根产量较低，但根形美观，商品价值也较高；“长脖”较前3种类型根茎更细长，茎痕清楚，主根长，有支根，须根长，生长缓慢，根部产量偏低，但根体优美，具有野山参的特征，商品价值很高；“长脖”类型根据根茎形态不同还可细分为“线芦”“竹节芦”“草芦”3种类型。生产中各类型常混杂生长，但林下参以“长脖”类型为主。目前，人参通过审定的品种有4个，分别是“吉参1号”“吉林黄果参”“宝泉山人参”和“康美一号”。

五、栽培技术

（一）选地与整地

1. 选地 栽培方式主要有伐林栽参、林下栽参和农田栽参。①伐林栽参，应选择以柞、椴为主的阔叶混交林或针阔混交林，林地土壤肥沃，有机质丰富，活黄土层厚的腐殖土、油砂土。以杨树、桦树、柳树为主的针阔混交林不宜选用，否则病害多、产量低。②林下栽参，选地同伐林栽参，林间郁闭度在0.6左右为好。③农田栽参，多选择土质疏松肥沃、排水良好的砂质壤土或壤土，前茬作物以禾谷类、豆科、石蒜科植物为好，忌烟草、麻、蔬菜等为前作。

2. 整地 ①伐林栽参，整地要在栽参前1~2年进行，首先在选好的地块上伐去树木，挖去树根，清除杂草，拣净石块。然后按40m左右长为一区段，划分成若干个区段（大区），区段和区段之间留2~3m间距。间距内的林地不刨翻。区段内刨起的树根、石块等杂物，堆砌在区段间间距的中央，筑成与横山方向成2°~3°的小坝，便于截水和排水。然后确定参床（畦床）的走向和各参床的位置，利用罗盘或指北针找出正南、正北向，再根据地势和地边植株等情况确定畦向与偏的度数，用木桩确定畦床和作业道的位置。一般地势均采用南北畦向。小区的宽度因地区和参棚种类等有所不同，集安一带参区为2.4~2.9m，抚松、靖宇、敦化等参区为3.0~4.0m。在播种移栽的上一年春季，进行翻刨地，一般用机器翻耕，深度15~20cm，除将腐殖质层翻过来外，也应将其下面带有砂性的活黄土翻上一部分。播种育苗的地块，要多刨翻些活黄土，但严禁把未熟化的黄土掺入腐殖质层内。翻刨地时，刨起的伐片可按确定好的畦向和畦宽沿畦向堆成大土垄，土垄都堆放在小区中间，左右对称。瘠薄的林地、荒地，结合翻地施入适量基肥，如猪粪、鹿粪、厩肥、半腐熟枯枝落叶等，一般5~10kg/m^2。在播种或移栽前要进行碎土作业，即把土垄中的土块打碎成细土，时间多在春夏干旱季节。结合碎土拣出树根、枯枝和石块，并施入适量过磷酸钙和微肥，碎土后重堆成土垄备用。②林下栽参，在林间树木空闲的地方刨土整地作床，床的大小按照林下空间来定，一般是边刨土、边碎土，然后堆成土垄待播。③农田栽参，选用农田栽参必须进行施肥改土。施用肥料有猪粪、鹿粪、马粪、绿肥、禽粪、腐熟落叶、豆饼、苏子、过磷酸钙、磷二胺、三料、骨粉、微肥等，最好施用混合肥，用量为15~30kg/m^2。土壤透性稍差的农田土，最好施入适量（1/5~1/3）河沙或细炉灰（锯木屑也可以）。

3. 作床（畦） 一般在整地后、播种或移栽前作床，方法为用堆成土垄的土作床，床的规格主要依地形、土壤种类、参棚规格等因素来定。通常育苗床宽1.0~1.2m、高26~30cm，作业道宽1m。移栽床宽1.0~1.2m、高20~25cm，作业道宽1m。

（二）繁殖方法

1. 种子处理 上年采收种子（干籽）应在6月上中旬处理，当年采收种子要立即处理。方法为：先将种子经筛选、水选后，用清水浸泡24h，浸种后捞出稍晾干（以种子和沙土混拌不黏为度），然后向种子中加入2倍量（以体积计算）的细湿沙混匀堆放，沙子湿度以手握成团、1m高处落地即散为宜。处理期间温度控制在15℃~20℃，前期18℃~20℃，后期为15℃~18℃。处理开始后，前期每15天倒种1次，后期10天左右倒种1次。经3~4个月，种子裂口率达80%以上，即可秋播或移入窖内冷藏。

2. 播种育苗 春播在4月中、下旬，多数播种冷冻贮存后的催芽籽，播后当年春季就出苗。夏播亦称伏播，采用的是干籽，一般要求在6月下旬前播完。秋播多在10月中、下旬进行，播种当年催芽种子，播后第二年春季出苗。播种方法有点播、条播和撒播，生产中常采用点播。点播的行株距为5cm×4cm或5cm×5cm，打穴播种，每穴内放1粒种子，覆土3~5cm，轻轻镇压，床面用秸秆或落叶覆盖。播种量：干籽15g/m^{2}左右，水籽30g/m^{2}左右，催芽籽30g/m^{2}左右。

3. 移栽与定植 ①栽培制度，多采用3∶3制（育苗3年，移栽3年），2∶4制（育苗2年，移栽4年）。②移栽时间，春栽4月中下旬，要适时早栽。秋栽从10月中旬开始。③起苗，要边起、边选、边栽，选择健康、完整、浆足的一、二等参栽栽植。选好苗后用50%多菌灵500倍液或100倍可湿性粉剂代森锌药液，浸泡参苗10分钟消毒。④移栽方法，移栽密度应根据移栽年限和参苗等级而定，年限长、栽子大的，行株距要大些，反之则小些。二年生一等苗，70株/m^{2}为宜，三年生一等苗50~60株/m^{2}为宜。常采用3种栽植方法：平栽，参苗在畦内平放或根芽略高；斜栽，参苗与畦底夹角为

30°；立栽，参苗与畦底夹角为60°。

（三）田间管理

1. 搭棚调光 通过搭棚调节光照和遮雨。目前生产中使用的参棚绝大多数都是单畦固定棚，而且也多是单透光棚（透光不透雨），多为脊形、拱形。现以拱形透光棚为例，来说明人参种植棚的搭建方法及调光方法。参床前后立柱等高，距床面80cm，上绑拱条，其最高点距床面120cm。拱架间距1.0～1.5m。上棚膜：采用6～8道参膜，宽度为220～240cm的蓝色抗老化参膜。上遮阳网：移栽地透光率50%～60%。育苗田透光率40%～50%。宽度为220～240cm，一般与参膜一致或略宽；将遮阳网抻开固定在棚上。参棚在6月中旬至8月中旬，上午10时直射光不能退出床面，将使茎叶发生日灼。为此，生产上必须调光，多采取漫黄泥、采不易掉叶的树枝插在参床的前床帮及棚的前檐，或在棚顶上稀疏撒放蒿草遮光，但目前多在棚膜基础上加遮阳网。

2. 松土除草，扶苗培土 一般松土除草3～4次，展叶末期松头遍土，夏至前后松二遍，以后隔20～30天再松1～2次。播种田只拔草不松土，每年拔草3～4次。近年普及透光棚后，采取床面覆落叶防旱，此类地块只松1遍土、拔3遍草。参棚边缘植株常伸出前立柱之外，易受强光危害或雨淋，应结合松土把伸出立柱外的参苗向内扶。移栽后随着年限增加植株渐次长大，移栽时的覆土厚度不能适应生长的要求，有时会被风吹倒或折断，所以还应在松土的同时从床边取土覆在床面上，每次厚1cm，大参总覆土厚度达8～9cm为宜。

3. 覆盖落叶 床面覆盖落叶可缓和土壤水分和温度的剧烈变化，减缓土壤板结速度，抑制床土表面病原菌传播，减少病害发生。床面覆落叶是在第一次松土追肥后进行，将干净的树叶一把一把的送入行间、株间，铺均铺平，床帮床头也要覆落叶，厚度5～10cm。用铡碎的稻草覆床面（厚度5～6cm），效果也很好。

4. 摘蕾疏花 植株3年以后年年开花结实，由于花果生长消耗大量营养，从而影响参根的产量和品质。所以，生产中除留种地块外，都要摘除花蕾（实际是伞形花序）。时间多在5月下旬，当花序柄长到5～6cm时，从花序柄的上1/3处将花序掐掉。五年生人参留种时，在6月上旬把花序中间的1/3到1/2摘掉，可使种子千粒重由23g左右提高到30～35g。

5. 水肥管理 人参既怕涝，又怕旱。水分过多，易造成积水烂根，应采取高作床、深挖排水沟、架设不透雨棚等措施控制土壤水分。近年因参棚常年不撤帘，易出现干旱，应采取适时早松土，松土后床面覆草或落叶，贴床帮子，填平排水沟，铲松作业道，冬季床面覆雪等措施来保墒。还可采用行间沟灌和浇灌的方法增加土壤水分，行间沟灌和浇灌要在上午9时前、下午5时后进行，方法是在两行人参间开一2～3cm深的浅沟，于沟内浇水，每次灌水15～25kg/m^2（干旱较重时增加至50kg/m^2），分2～3次浇入。最后一次浇水时，可在水中加入可湿性杀菌剂（10g/m^2）。追肥应采用腐熟有机肥、复合肥、生物肥、配方肥，于5月下旬～6月中旬、6月下旬或7月初分别进行。生长期可在叶面或床面喷洒2%过磷酸钙溶液。

6. 越冬防寒和清园 为保证安全越冬，防止缓阳冻，一般是往床帮、床面覆盖防寒物，厚度为10cm，并要随温度降低分次覆盖。当床土化透冻、越冬芽萌动时，将防寒土或草搂掉。在冬季参棚不下帘的参区，冬季积雪后，要把作业道上的积雪撮到床面、床帮上并盖匀，厚度15cm左右，这样既能防寒，又能减少床内水分损失。在春季化冻时，降到床面上的积雪或人工盖到床面上的雪必须及时清除。入冬前清除落叶覆草等杂物，搂平水沟、作业道。清除的杂物最好是深埋，然后进行田间消毒。田间消毒常用1%硫酸铜液，对棚盖、立柱、床面、床帮、床头、作业道、排水沟全面喷雾消毒，以药液湿透表土0.4cm为度。

（四）病虫害及其防治

1. 病害及其防治 病害主要有立枯病、猝倒病、黑斑病、疫病、菌核病及锈腐病等。防治方法：选用无病种子、种苗；适时移栽，边起、边选、边栽；加宽荫棚苫幅，防止潲雨和强光危害；控制好棚内光照强度，防止过强过弱；搞好参地水分管理，严防湿度过大、积水或参棚漏雨；及时覆盖和撤除越冬防寒物，防止缓阳冻；搞好田间卫生，及时清除间杂物及植株残体，深埋或烧掉；搞好药剂防治，如药剂浸种、拌种、种苗药剂处理、土壤消毒、生长期喷药、田间消毒等等。生长期喷药可选择：50%多菌灵600倍液，或65%代森锌500～600倍液，或75%百菌清500倍液，或1:1:120～160波尔多液，或70%代森锰锌1000倍液，或70%甲基托布津1000～1200倍液等，于发病前15～20天开始喷药，每10天喷1次，连喷5～6次。春季田间消毒使用1%硫酸铜溶液。

2. 虫害及其防治 虫害主要有金针虫、蝼蛄等。防治方法：用毒饵（80%晶体敌百虫与鲜草1:50～100）或药剂浇灌（50%辛硫磷乳油500倍液，80%晶体敌百虫700～1000倍液）。

六、采收加工

（一）采收

植株六至七年生时收获为宜。8月末至9月中旬茎叶变黄后开始收获，收获时先拆除参棚，起挖时不要损伤参根和芽胞，严防刨断参根、参须。要边刨、边拣，抖去泥土，装筐运回加工或出售。

（二）加工干燥

1. 生晒参 可分下须生晒参和全须生晒参。加工下须生晒参，要把需要加工的鲜参，除了保留芦、体和与主体粗细匀称的支根的中上部外，其它的艼、须全部掐掉。全须生晒只是去掉主体中上部位的细须根和过于粗大的艼。下须后洗刷，然后分级凉晒或烘干，烘干温度不宜过高，一般45℃～50℃为宜。烘干开始时每15～20min排潮1次，不然湿度过大，干后断面有红圈。当参根达9成干时，就可出室晾晒，然后分等入库。

2. 红参 准备加工红参的鲜参，在洗刷之前先整理下须，即将直径1mm的不定根、主根及支根的小须根等一并掐除，洗刷后分级，倒立装入铁框中，送进锅炉蒸气加热，装参关门后的5～10min，用小气加热，使罐内人参慢慢均匀受热。10min后逐渐给大气，使罐内温度在40～60min内达到98℃～104℃，然后减小供气量，使罐内温度恒定在98℃～104℃间，保持约100min，然后停止供气，使罐内参根利用余热慢慢熟透。停止加热30min后，可将罐门开个小缝，开缝5～10min后，再开门取出，把参摊开置于日光下晾晒一下，至参根冷却后再送入烤房进行烘烤，烘烤时温度由低到高再降低为宜。烘烤温度保持在45℃～80℃，直到参根充分干燥为止。

生晒参以条粗、体短横、饱满而无抽沟者为佳；红参以体长、棕红色或棕黄色、皮细而有光泽、无黄皮、无破疤者为佳。

（刘学周）

党　参

党参为桔梗科植物党参 *Codonopsis pilosula*（Franch.）Nannf.、素花党参 *C. pilosula Nannf. var. modesta*（Nannf.）L. T. Shen 或川党参 *C. tangshen* Oliv. 的干燥根，属于传统中药。其味甘，性平；归脾、肺经；具有健脾益肺、养血生津等功效；用于治疗脾肺气虚、食少倦怠、咳嗽虚喘、气血不足、面色萎黄、心悸气短、津伤口渴、内热消渴等病症。现代研究证明，党参主要含有甾醇类、糖类、苷类、生物碱、三萜、氨基酸、挥发油等成分，具有提高机体适应性、增强免疫功能、抗溃疡等药理活性。党参主要分布于华北、东北、西北部分地区，全国多数地区均有引种。商品有"潞党""东党""台党""西党""纹党""晶党""凤党"及"条党"等之分。山西产党参称"潞党"，东北产称"东党"，山西五台山野生者称"台党"。素花党参主要分布于甘肃、陕西、青海及四川西北部，商品称"西党"。甘肃文县、四川平武产者又称"纹党""晶党"，陕西凤县和甘肃两地产者则称"凤党"。川党参主要分布在湖北西部、湖南西北部、四川北部和东部接壤地区及贵州北部，商品原称"单枝党""八仙党"，因形多条状，又称"条党"。党参因分布区域广、产地多，质量差异较大，以山西潞党和台党、甘肃纹党、四川晶党、陕西凤党最著名，为地道药材。以下仅介绍党参的栽培技术。

一、形态特征

多年生草质藤本，具乳汁。根常肥大肉质，呈纺锤状圆柱形，表面黄色，上端5～10cm部分有细密环纹，而下部则疏生横长皮孔。茎缠绕，有多数分枝。叶在主茎及侧枝上的互生，在小枝上的近于对生；叶片卵形或窄卵形，基部近心形。花单生于枝端，与叶柄互生或近于对生，有梗；花萼5裂，裂片宽披针形或狭长圆形；花冠钟状，黄绿色，内面有紫斑，先端5裂，裂片正三角形；雄蕊5，花丝基部稍扩大，子房半下位，花柱短，柱头有白色刺毛。蒴果圆锥形；种子多数，细小，卵形，棕黄色。花期8～9月，果期9～10月。

二、生态习性

野生于荒山灌木草丛中、林缘、林下及山坡路边，喜气候温和凉爽环境，幼苗需阴蔽，成株喜阳光，怕高温，怕涝，在土层深厚、地势稍高、富含腐殖质的砂质壤土上种植为好，不宜在黏土、低洼地、盐碱地和连作地上种植。抗寒性、抗旱性、适生性都很强，全国大部分地区都有引种栽培。

三、生长发育规律

从种子播种到种子成熟一般需2年，2年以后年年开花结籽。从早春解冻后至初冬封冻前均可播种，春、秋季播种者一般3月底至4月初出苗，然后进入缓慢的苗期生长，至6月中旬苗高一般为10～15cm。从6月中旬至10月中旬进入营养生长快速期，一般一年生植株地上部分可长到60～100cm，低海拔或平原地区种植的党参，8～10月部分植株可开花结籽，但秕籽率较高；在海拔较高的山区，一年生参苗一般不能开花。10月中下旬植株地上部分枯萎进入休眠期。各产地由于海拔高度、气候等不同，生长周期略有差异。根的生长情况基本上是：第一年根主要以伸长生长为主，可长到15～30cm，根粗仅2～3mm；第二年到第七年，参根以加粗生长为主，特别是第二至第五年根的加粗生长很快，此时期植株正处壮年，参苗一般长达2～3m，地上部分光合面积大、光合产物多，根中营养物质积累多而快，根的加粗增重明显。八至第九年以后进入衰老期，参苗老化，参根木质化，糖分积累变少，质量变差。因此，三至第五年生党参产量高、质量好。

四、种质资源状况

党参属 *Codonopsis* 植物有 20 余种，其中大部分均可作为党参药用。在产地多、来源广的情况下，市场上党参药材商品多以性状、产地、加工特点来命名。由于药用部位相似，同属近缘植物地上部分外观相近，同种不同产地的种质十分相似，因此很难区分。经长期种植，生产中党参的植株形态出现了分化，在花色、茎色、茎长等方面生产了明显差异，并且已经有“渭党 1 号”、“渭党 2 号”等优良品种育成。

五、栽培技术

（一）选地与整地

1. 育苗地　育苗地宜选地势平坦，靠近水源，无病虫害，无宿根杂草，土质疏松肥沃，排水良好的砂质壤土，如排灌方便的河滩地带等。在山区应选择排水良好，土层深厚、疏松肥沃、坡度 15°～30°，半阴半阳的山坡地和二荒坡地，地势不应过高，一般以海拔 2200m 以下为宜。整地时，应根据不同地块特点采用不同方法。荒地育苗，应于头年冬季，深耕整平，作畦；熟地育苗，宜选富含腐殖质、背阳地，前茬以玉米、谷子、洋芋为好。前茬作物收后翻犁 1 次，使土壤充分风化，减少病虫害，提高肥力。播前再翻耕 1 次，每亩施入基肥（堆肥、厩肥）1500～3000kg，耙细整平作畦。作畦因地势而定，一般坡度不大、地势较为平坦的地块可以作成平畦或高畦，较陡的地一定要作成高畦。畦宽 1～1.3m，畦长因地势而定，畦四周开好排水沟，沟宽 24cm、深 15～20cm。

2. 栽培地　栽植地选择不严格，除盐碱地、涝洼地外，生地、熟地、山地、梯田等均可种植，但以土层深厚、疏松肥沃、排水良好的砂质壤土为佳。若选用生荒地，先铲除杂草，拣除石块、树枝、树根，将杂草晒干后堆起烧成熏土，再均匀撒在土表。熟地施足基肥，常用厩肥、坑土肥、猪羊粪等，每亩 3000～5000kg。深耕 30cm 以上，耙细，整平，作成畦或垄。山坡应选阳坡地，整地时只须做到坡面平整，按地形开排水沟，沟深 21～25cm 即可。

（二）繁殖方法

常用种子繁殖，以育苗移栽为好。

春播 3～4 月，秋播 9～10 月。将种子掺细土后撒播或条播，多采用条播，行距 10cm，亩用种 1kg，播后覆细土，盖 1 层玉米秆或草，幼苗出土后逐渐揭除覆盖物，苗高 5cm 时，结合松土分次以株距 30cm 间苗，春播苗于秋末或次年早春移栽，秋播苗于次年秋末移栽。繁殖时要用新种子，隔年种子发芽率很低，甚至无发芽能力。种子在温度 10℃左右，湿度适宜的条件下开始萌发，最适发芽温度 18℃～20℃。为使种子早发芽，播前在 40℃～50℃温水中浸种，边搅拌边放入种子，搅拌到水温和手温一样时停止，再浸 5 分钟；捞出种子，装入纱布袋中，用清水洗数次，再放在温度 15℃～20℃室内砂堆内，每隔 3～4h 用清水淋洗 1 次，1 周左右种子裂口后即可播种。播时畦面要浇透水，待水渗下撒播或条播。

移栽党参分春栽和秋栽两种。春季移栽于芽苞萌动前，即 3 月下旬至 4 月上旬；秋季移栽于 10 月中、下旬。春栽宜早，秋栽宜迟，以秋栽为好。移栽最好选阴天或早晚进行，随起苗、随移栽。一般每亩栽大苗16000株左右，栽小苗2万株左右，密植栽培每亩栽参苗4万株左右。在平原地区或低海拔山区多采用育苗1年的参秧移栽；在高海拔山区多采用二年生参苗移栽。每亩用参苗30～40kg。参苗以苗长条细者为佳。移栽时，不要损伤根系，将参条顺沟的倾斜度放入，使根头抬起，根梢伸直，覆土要以参头不露出地面为度，一般高出参头5cm左右。参秧以斜放为好，药材产量高、品质优。

（三）田间管理

1. 中耕除草 应勤除杂草，特别是早春和苗期。除草常与松土结合进行。封行后停止中耕，见草用手拔除。

2. 追肥 通常在搭架前追施1次厩肥，每亩1000～1500kg，也可在开花前根外追肥，亩施磷酸铵溶液5kg，喷于叶面。

3. 灌溉排水 移栽后要及时灌水，以防参苗干枯，成活后可以不灌或少灌水。雨季应及时排出积水，防止烂根。

4. 搭架 当苗高30cm左右时设立支架，以使茎蔓顺架生长。

（四）病虫害及其防治

1. 病害及其防治 ①锈病，主要危害叶片，6～7月发生严重，病叶背面略突起（夏孢子堆），严重时突起破裂，散出橙黄色夏孢子，引起叶片早枯。防治方法：收获后清园，销毁地上部病残株；发病初期喷25%粉锈宁1000～1500倍液或90%敌锈钠400倍液，每7～10天1次，连喷2～3次。②根腐病，主要危害地下须根和侧根，使呈黑褐色，后主根腐烂，植株枯萎死亡。防治方法：收获后清园，销毁地上部病残株；雨季及时排水；及时拔出病株，用石灰消毒穴窝；采取高畦种植；实行轮作；发病初期用50%托布津2000倍液喷洒或灌根，每7～10天1次，连续2～3次。

2. 虫害及其防治 ①菊小长管蚜，主要危害叶片及嫩梢，成虫及若虫群集叶片背面及嫩梢吸取汁液，被害叶片常背面卷曲、皱缩，干旱时危害更严重，造成茎叶发黄。5～6月发生严重，一般冬季温暖、春暖早的年份发生严重，高温、高湿不利于发生。防治方法：消灭越冬虫源，清除附近杂草，彻底清园；危害期喷洒40%乐果或灭蚜松乳剂1500倍液，或2.5%鱼藤精1000～1500倍液，每隔7～10天喷1次，连喷2～3次。②华北大黑鳃金龟，主要危害地下根茎及根。在幼苗期，地下根茎基部被咬断地上部分枯死；在成株期，根部被咬食形成空洞、疤痕，影响药材产量和质量。防治方法：施用腐熟有机肥；人工捕杀植株根际附近的幼虫；每亩用90%晶体敌百虫100～150g，或50%辛硫磷乳油100g，拌细土15～20kg制成毒土撒施。此外，还有地老虎、蝼蛄、红蜘蛛等害虫，主要危害地下根及咬断幼苗的茎，可采用毒饵诱杀幼虫，黑光灯诱杀成虫，或喷洒药剂。

六、采收加工

（一）采收

一般定植后当年秋季即可收获，也可第二年秋季收获，多在秋季地冻前采挖。采收时先割去茎蔓，再挖取参根，注意不要伤根，以防浆汁流失。

（二）产地加工

除去茎叶，抖去泥土，用水洗净，先按大小、长短、粗细分级，分别晾晒至三、四成干，至表皮略起润发软时（绕指而不断），再一把一把顺握或放木板上用手揉搓，如参梢太干可先放水中浸一下再搓，握或搓后再晒，反复3～4次，使皮肉紧贴、充实饱满并富有弹性。

以条粗壮、质柔润、气味浓、嚼之无渣者为佳。

（王惠珍）

太子参

太子参为石竹科植物孩儿参 *Pseudostellaria heterophylla*（Miq.）Pax ex Pax et Hoffm. 的干燥块根，素有人参之子之称，属于传统中药。其味甘、微苦，性平；归脾、肺经；具有益气健脾、生津润肺等功效；用于治疗脾虚体倦、食欲不振，病后虚弱、气阴不足、自汗口渴、肺燥干咳等病症。现代研究证明，太子参主要含有氨基酸、多糖、酚酸、黄酮、香豆素、三萜等成分，具有抗疲劳、抗缺氧等药理活性。野生太子参主要分布于江苏、辽宁、河南、湖南、湖北、陕西、安徽、河北、吉林、四川、山东、西藏、内蒙古等地，其中又以辽宁、安徽、福建分布较广而集中，生长于海拔800～2700m的山谷林下阴湿处。栽培品主产于江苏江宁、赣榆、泰兴、丹阳、句容、溧阳，安徽巢湖、滁县，浙江长兴、泰顺，福建福安、福鼎、霞浦，山东临沭、莒南，江西九江、武宁，上海崇明，贵州施秉、黄平、凯里等地。

一、形态特征

多年生草本。地下块根肉质、直生、呈纺捶形，上有疏生须根。茎单一，不分枝，下部带紫色，近方形；上部绿色。圆柱形，具明显膨大的节，光滑无毛。单叶对生，茎下部的叶小，倒披针形，基部渐窄成柄，全缘；叶向上渐大，在茎顶的叶片最大，通常4叶轮生状，长卵形，基部狭窄成柄，边缘略呈波状。花腋生，白色，近地面1、2节处有单生闭锁花，形小，无花瓣；蒴果近球形。花期4～5月，果期5～6月。

二、生态习性

性喜温和湿润环境。春季气温8℃以上时开始萌发；怕高温，夏季气温在30℃以上时生长停滞，进入休眠状态；性耐寒，具有在低温条件下发芽、发根的特性；畏强光，在烈日下易枯萎；喜荫蔽，在阴湿条件下生长良好；喜肥沃，怕涝。要求疏松、肥沃、含腐殖质丰富、排水良好的砂质壤土或轻壤土，pH 5～6.5。

三、生长发育规律

越年生植物，具有低温发芽特性，秋季栽种，冬季生根，春季先开花、后长苗，夏季在田间休眠。年平均温度在10～20℃时最适宜生长，所以长江流域和以南地区最宜种植。北方由于冬季寒冷、春季少雨干旱，不适宜种植。具有“茎节生根”的特性，栽植过深，块根虽肥大，但发根数量少、产量低。一般1个母参能生10多个子参。幼苗萌芽生长靠母参供给养分，植株枯萎后，母参已腐烂，子参分散生长于土中进入夏季休眠。

四、种质资源状况

孩儿参属植物共约15种，产亚洲东部和北部、欧洲东部。中国有8种，广布于长江流域以北省区。该属与太子参药效相近的物种尚有矮小孩儿参 *Pseudostellaria maximowicziana*（Franch. et Sav.）Pax。太子参已有20多年的种植历史，主产区农家品种产量、质量和抗逆性不断降低，经人工选育形成了不同的栽培品种，药材产量与质量得到了大幅度提高。目前主栽品种有安徽省的“宣参1号”、福建省的“柘参1号”和“柘参2号”、贵州省的“黔太子参1号”等，均表现出产量高、抗性强、综合性状优良的特点。

五、栽培技术

（一）选地整地

宜选排灌条件良好、土质疏松、较为肥沃的丘陵坡地及地势较高的新平地，向北、向东坡地为佳。熟荒地（抛荒地）、黑色沙土壤荒地可当年开垦、当年种植。低洼积水地、盐碱地、沙土、重黏板结土不宜选用。忌重茬，一般3年内不宜连作，可与其它农作物轮作，每隔1~2年轮作1次，可选禾本科作物为前茬，但前茬不宜为烟草或蔬菜。

早秋作物收获后，将土地深翻，耧细耙匀，作成1.2~1.5m宽、20cm高的畦，畦面保持弓背形，以利于生根、出苗、排水、灌水。

（二）繁殖方法

种子繁殖或块根繁殖。

1. 种子繁殖 ①种子采收及处理，蒴果成熟期不一致，成熟后即自行裂开，采收困难。在5~6月果实快成熟时，用剪刀连果柄一起剪下，装入透气好的口袋内，置于室内通风良好、干燥阴凉处阴干，然后脱粒、净选，最后将种子按1：3比例与湿沙混匀，装入木箱，盖2~3cm厚细河沙，置通风阴凉处贮藏。②播种育苗，春播或秋播。春播2月下旬至3月中旬；秋播于9月后进行。育苗地应选疏松、肥沃、排水良好的沙壤土或腐殖质壤土。耕作时亩施腐熟农家肥2000kg，土地深翻20cm以上，整细，拣去石块、树根、杂草等杂物，作成宽100cm或120cm的畦，畦沟深10cm，搂平畦面，均匀铺盖2~3cm细肥土。撒播，将经沙埋催芽处理好的种子，按1∶10比例与细土混匀，亩用种0.5kg，均匀撒在整好的畦面上，搂平后再盖1cm厚细土，最后盖少量稻草保湿保温，浇水保持土壤湿润，待出苗后除去稻草。

2. 块根繁殖 ①留种圃，宜选排水良好的缓坡地，于5月初，在行间套种春黄豆或蔬菜等夏秋作物。待植株枯黄倒苗时，夏秋作物已萌发生长，正好为参地遮荫、降低地温，有利越夏。②选种及种根，秋季10月采挖后栽种，也可于7月初采挖药材时，选择顶芽健壮、完整无损、参体肥大、大小整齐、无病虫害的块根，晾干表面水分后，与2~3倍、干湿适中的清洁河沙混匀，置室内通风干燥处贮藏。

3. 栽种 在10月下旬地冻之前栽种，以霜降前为适期。过早，地下块根提早萌发，易遭冻害；过迟，土地已封冻，不能栽种。栽种时，于留种地挖出种根或取出贮藏的种根，选择芽头完整、参体肥大、整齐无伤痕的块根，在整平耙细的畦面上按行距12~15cm间距横向开沟，深8~10cm，先将磷铵和钾肥均匀撒入沟内，覆盖细土，然后将种根平放在沟中两侧，保持株距8~10cm，种根芽头向上、朝一个方向而稍倾斜栽入，种参头尾近相连，用细土覆盖至与畦面平，压实。最后，畦面覆盖稻草保温保湿。亩用种根35kg左右。

（三）田间管理

1. 松土除草及追肥 齐苗后，结合除草进行1次浅松土，并追施1次稀薄人畜粪水，每亩1000~1500kg，或用尿素10kg，以促幼苗生长健壮。此后，见草就拔除，保持田间无杂草；5月上旬，植株封行后停止除草。

2. 培土 早春出苗后，将沟内的土提上畦面，撒于株旁，进行培土，有利根部生长发育。厚度要在1.5cm以下，不宜过厚，否则发根少，影响产量。

3. 排灌水 雨季及大雨后要及时疏沟排水；天旱时应注意浇水，经常保持土壤湿润，促使根部发育。

4. 间套作 可实行黄柏（幼林）—太子参、小米—太子参、太子参—甘薯、太子参—核桃（幼林）、太子参—玉米、太子参—黄豆等间套作，可较好地协调太子参与套种作物对光、热、水、气的要求，提高土地利用率及经济效益。

（四）病虫害及其防治

1. 病害及其防治 主要病害有叶斑病、根腐病、病毒病。①叶斑病，4～5月发生，危害叶片。先侵害下部叶片，后逐渐向上蔓延，叶片产生枯死斑点，严重时植株枯死。防治方法：收获后彻底清理枯枝残体，集中烧毁；严格实行轮作，不宜重茬；发病初期喷1∶1∶100波尔多液，每10天1次，连续2～3次；发病严重时喷50%多菌灵500～1000倍液，或70%托布津800倍液，7～10天1次，连喷2～3次。②根腐病，发病初期，先由须根变褐腐烂，逐渐向主根蔓延。7～8月高温高湿天气及田间积水发病严重。防治方法：雨后及时疏沟排水；栽种前块根用25%多菌灵200倍液浸种10分钟，晾干后下种；发病期用50%多菌灵800～1000倍液，或50%甲基托布津1000倍液浇灌病株。③病毒病，感病叶片呈花叶状，植株萎缩，叶片卷曲，严重影响生长发育。防治方法：选择无病植株留种；增施磷、钾肥，增强植株抗病力；注意防治传毒害虫。

2. 虫害及其防治 主要有蚜虫、蛴螬、蝼蛄、地老虎等。①蚜虫，常于4～5月发生，主要为害嫩梢嫩叶，造成节间变短、弯曲，幼叶畸形卷缩，影响植株生长，造成减产，同时传播花叶病毒病。防治方法：喷洒50%抗蚜威可湿性粉剂3000倍液，或2.5%溴氰菊酯乳剂3000倍液，或40%吡虫啉水溶剂1500～2000倍液或2.5%灭扫利乳剂3000倍液。②地下害虫，有蛴螬、蝼蛄、地老虎等，一般在植株生育后期危害块根，可配制敌百虫毒饵诱杀。

六、采收加工

（一）采收

6月下旬至7月大部分植株枯黄倒苗后立即采挖，若延迟不收，遇雨水多时，易造成腐烂。收获时，先除去茎叶，后用三齿小耙挖取块根，注意不要碰伤芽头，保持参体完整。

（二）加工干燥

用清水洗净泥沙，薄摊于晒场或晒席上晾晒，至半干时搓去须根，再直接晒干。或将参根运回后置通风干燥的室内摊晾1～2天，使根部失水变软后，再用清水洗净，取出立即摊放于晒场或晒席上曝晒，至半干时搓去须根，晒干即成。

以条粗、色黄白者为佳。

（魏升华）

黄芪

黄芪为豆科植物蒙古黄芪 *Astragalus membranaceus*（Fisch.）Bge. var. *mongholicus*（Bge.）Hsiao 或膜荚黄芪 *A. membranaceus*（Fisch.）Bge. 的干燥根，属于著名常用中药，已有2000多年的应用历史。其味甘，性微温；归肺、脾经；具有补气升阳、固表止汗、利水消肿、生津养血、行滞通痹、托毒排脓、敛疮生肌等功效；用于治疗气虚乏力、食少便溏、中气下陷、久泻脱肛、便血崩漏、表虚自汗、气虚水肿、内热消渴、血虚萎黄、半身不遂、痹痛麻木、痈疽难溃、久溃不敛等病症。现代研究证明，黄芪主要含有多糖、黄芪皂苷和黄酮等成分，具有提高人体免疫功能、增强机体耐缺氧及应激能力、抗病毒、强心、降血糖、抗肿瘤等药理活性。蒙古黄芪分布于黑龙江、吉林、河北、山西、内蒙古等省区；膜荚黄芪分布于黑龙江、吉林、辽宁、河北、山东、山西、内蒙古、陕西、宁夏、甘肃、青海、新疆、四川和云南等省区。以下仅介绍膜荚黄芪的栽培技术。

一、形态特征

多年生草本，主根肥厚，木质，常分枝，灰白色。茎直立，上部多分枝，有细棱，被白色柔毛。羽状复叶，有13~27片小叶；托叶离生，卵形，披针形或线状披针形；小叶椭圆形或长圆状卵形。总状花序稍密，有10~20朵花；花萼钟状，花冠黄色或淡黄色，旗瓣倒卵形，翼瓣较旗瓣稍短，龙骨瓣与翼瓣近等长；子房有柄，被细柔毛。荚果薄膜质，稍膨胀，半椭圆形，顶端具刺尖，两面被白色或黑色细短柔毛，果颈超出萼外；种子3~8颗。花期6~8月，果期7~9月。

二、生态习性

喜阳光，耐干旱，怕涝，喜凉爽气候，耐寒性强，可耐受-30℃以下低温。多生长在海拔800~1300m山区或半山区的干旱向阳草地上，或向阳林缘树丛间；植被多为针阔混交林或山地杂木林；土壤多为山地森林暗棕壤土。忌重茬，不宜与马铃薯、菊花、白术等连作。土壤黏重，根生长缓慢，主根短，分枝多，常畸形；土壤砂性大，根纤维木质化程度大，粉质少；土层薄，根多横生，分枝多，呈鸡爪形，质量差。在pH 7~8的砂壤土或冲积土中根垂直生长，长可达1m以上，俗称“鞭竿芪”，品质好，产量高。

三、生长发育规律

从播种到种子成熟要经过5个时期：幼苗生长期、枯萎越冬期、返青期、孕蕾开花期和结果种熟期。①幼苗生长期，种子萌发后，在幼苗五出复叶出现前，根系发育不完全，入土浅，吸收差，怕干旱、高温、强光。五出复叶出现后，根系吸收水分、养分能力增强，叶片面积扩大，光合作用增强，幼苗生长速度显著加快。当年播种者通常处于幼苗生长期不开花结果。②枯萎越冬期，地上部分枯萎到第二年植物返青前，此期约180~190天。9月下旬植株叶片开始变黄，地上部枯萎，地下部根头越冬芽形成。抗寒能力强，不加覆盖物也可安全过冬。③越冬芽萌发并长出地面称为返青。春天当地温达5℃~10℃时开始返青，先长出丛生芽，后分化出茎、枝、叶，形成新植株。返青初期生长迅速，30天左右即可长到正常株高，随后生长速度又减缓，此期受温度和水分影响很大。④孕蕾开花期，二年生以上植株一般在6月初出现花芽，逐渐膨大，花梗抽出，花蕾逐渐形成，蕾期20~30天。7月初花蕾开放，花期为20~25天。⑤7月中旬进入果期，约为30天。果实成熟期若遇高温干旱，会造成种子硬实率增加，使种子质量降低。根在开花结果前生长速度最快，地上光合产物主要运输到根部，而以后则由于生殖生长大量消耗养分，使根部生长减缓。

四、种质资源状况

同属多种植物根部均可药用。为科学评价黄芪质量及合理利用黄芪属植物资源，有人对18个产地的不同种黄芪的毛蕊异黄酮和黄芪甲苷含量进行了分析比较，并以含量作为化学特征变量进行了系统聚类分析，结果大多数蒙古黄芪和膜荚黄芪聚为一类。甘肃、陕西、山西、吉林等省产黄芪分析结果显示，不同来源黄芪中黄芪甲苷含量差异显著，其中以陕西凤县产者最高，推测黄芪药材质量与产地生态因子密切相关。山东等地在长期种植膜荚黄芪的基础上，已经选育出“文黄 11 号”等多个新品种。

五、栽培技术

（一）选地与整地

选土层深厚疏松、排水良好的砂质壤土，最好是有排灌条件、无荫蔽、阳光充足地块。整地时深耕 30 ~ 45cm，结合翻地亩施农家肥 2500 ~ 3000kg，过磷酸钙 25 ~ 30kg 作为基肥。春季翻地要注意保墒，然后耙细整平作畦或垄。一般垄宽 40 ~ 45cm，垄高 15 ~ 20cm。排水好的地方可作成宽 1.2 ~ 1.5m 的高畦。

（二）繁殖方法

以种子繁殖为主，大田直播或育苗移栽。

1. 种子处理 种子有硬实现象，播前应进行处理。①砂磨法，将种子置于石碾上，将种子碾至外皮由棕黑色变为灰棕色。生产上常将温汤浸种与砂磨法结合使用。②温汤浸种法，将种子置于容器中，加入适量开水，不停搅动约 1min，然后加入冷水调水温至 40℃，放置 2h，将水倒出，种子加覆盖物焖 8 ~ 10h，待种子膨大或外皮破裂后播种。

2. 大田直播 可在春、夏、秋三季播种。春播在清明到谷雨期间、地温达 5 ~ 8℃时即可播种，保持土壤湿润，15 天左右即可出苗；夏播在 6 ~ 7 月雨季到来时进行，土壤水分充足，气温高，播后 7 ~ 8 天即可出苗；秋播一般在“白露”前后地温稳定在 0℃ ~ 5℃时播种。一般采用条播或穴播。条播行距 20cm 左右，沟深 1 ~ 2cm，播种量 2 ~ 2.5kg/亩。播种时，将种子拌适量细沙，均匀撒于沟内，覆土 1cm，镇压。穴播多按 20 ~ 25cm 穴距开穴，每穴点种 3 ~ 5 粒，覆土 1cm，踩平，播种量 1kg/亩。播种到出苗要保持地面湿润或加覆盖物，以促进出苗。

3. 育苗移栽 选土壤肥沃、排灌方便、疏松的砂壤土，要求土层深度 40cm 以上，春夏季育苗，作育苗畦，以撒播为主，直接将种子撒在平畦内，覆土 2cm，亩用种 15 ~ 20kg。加强田间管理，促进苗齐苗壮。移栽一般在休眠期进行，可在秋季取苗贮藏到次年春季移栽，或在田间越冬次年春边挖、边分级移栽。平栽或斜栽，株行距 10 ~ 20cm。起苗尽量完整，避免损伤或折断。

（三）田间管理

1. 中耕除草与间苗、定苗 幼苗高 6 ~ 10cm 时按株行距 6 ~ 8cm 间苗，同时进行中耕除草，缺苗处及时补苗。苗高 8 ~ 10cm 时第二次中耕除草，苗高 15 ~ 20cm 时按株距 20 ~ 30cm 定苗，穴栽者每穴定苗 1 ~ 2 株。

2. 肥水管理 植株年生长量大，需肥量也大。定苗后追肥，一般每亩追施硫铵 15 ~ 17kg 或尿素 10 ~ 12kg、硫酸钾 7 ~ 8kg、过磷酸钙 10kg。花期每亩追施过磷酸钙 5 ~ 10kg、氮肥 7 ~ 10kg，促进结实和种熟。土壤肥沃时，尽量少施化肥。植株有 2 个需水高峰期，即种子发芽期和开花结荚期。幼苗期灌水需少量多次，小水勤浇；开花结荚期视降水情况适量浇水。故雨季应及时排水。

（四）病虫害及其防治

1. 病害及其防治 ①白粉病，主要危害叶片，初期叶两面生白色粉状斑；严重时，整个叶片被白粉覆盖，叶柄和茎部也有白粉，导致早期落叶，产量受损。防治方法：加强田间管理，合理密植，注意株间通风透光；施肥以有机肥为主，注意氮、磷、钾肥比例适当，不要偏施氮肥；实行轮作，尤其不要与豆科和易感染此病的作物连作；生长期发病用25%粉锈宁可湿性粉剂800倍液，或50%多菌灵可湿性粉剂500～800倍液，或75%百菌清可湿性粉剂500～600倍液，或30%固体石硫合剂150倍液喷雾，每7～10天喷1次，连喷3～4次。②白绢病，发病初期病根周围及附近表土产生棉絮状白色菌丝体，初为乳白色，后变米黄色，最后呈深褐色或栗褐色。被害植株根系腐烂殆尽或残留纤维状木质部，极易从土中拔起，地上部枝叶发黄，最终枯萎死亡。防治方法：合理轮作，轮作时间以3～5年为好；播种前施入杀菌剂进行土壤消毒，常用杀菌剂为50%可湿性多菌灵400倍液，拌入2～5倍细土，要求在播种前15天完成，也可用60%棉隆，但需提前3个月施用，10g/m^2与土壤充分混匀；发病期用50%混杀硫或30%甲基硫菌悬浮剂500倍液，或20%三唑酮乳油2000倍液浇注，每隔5～7天1次，也可用20%利克菌（甲基立枯磷乳油）800倍液于发病初期灌穴或淋施，每10～15天1次。③根结线虫病，根部被线虫侵入后，导致细胞受刺激而加速分裂，形成大小不等的瘤结状虫瘿，罹病植株枝叶枯黄或落叶。6月上、中旬至10月中旬均有发生，砂性重的土壤发病严重。防治方法：忌连作；及时拔除病株；施用的农家肥应充分腐熟。④根腐病，主根顶端或侧根先罹病，后渐向上蔓延。受害根部表面粗糙，呈水渍状腐烂，其肉质部红褐色，严重时整个根系发黑溃烂。5月下旬至6月初开始发病，7月以后发生严重。防治方法：整地时进行土壤消毒；对带病种苗进行消毒后再播种；药剂防治参考白粉病。⑤锈病，被害叶片背面生有大量锈菌孢子堆，常聚集成中央一堆。锈菌孢子堆周围红褐色至暗褐色。叶面有黄色病斑，后期布满全叶，最后叶片枯死。北方地区4月下旬开始发生，7～8月严重。防治方法：实行轮作，合理密植；彻底清除田间病残体；开沟排水，降低田间湿度；发病初期喷80%代森锰锌可湿性粉剂1:800～1:600倍液。

2. 虫害及其防治 ①食心虫，主要是黄芪籽蜂，对种子为害率一般为10%～30%，严重者达40%～50%。其他食心虫还有豆荚螟、苜蓿夜蛾、棉铃虫、菜青虫等，这四类害虫对种荚的总为害率在10%以上。防治方法：及时清除田间杂草，处理枯枝落叶，减少越冬虫源；种子收获后用多菌灵1:150倍液拌种；盛花期和结果期各喷乐果乳油1000倍液1次；种子采收前喷5%西维因粉1.5kg/亩。②芫菁，取食茎、叶、花，严重时可在几天之内将植株吃成光秆。防治方法：冬季翻耕土地，消灭越冬幼虫；清晨人工网捕成虫；喷洒2.5%敌百虫粉剂，每亩1.5～2kg，或喷洒90%晶体敌百虫1000倍液，每亩用药液75kg。③蚜虫，主要有槐蚜和无网长管蚜，为害茎叶，成群集聚于叶背、幼嫩茎秆上吸食汁液，严重者造成茎秆发黄、叶片卷缩、落花落荚、籽粒干瘪、叶片早期脱落，以致整株干枯死亡。防治方法：冬季清理田园；喷洒40%乐果乳油1500～2000倍液，或喷洒1.5%乐果粉剂，或2.5%敌百虫粉剂，每3天喷1次，连续2～3次。

六、采收加工

以生长3～4年者质量最好，但生产中一般都在1～2年采挖。在萌动期和休眠期活性成分黄芪甲苷含量较高，故应在春（4月末至5月初）、秋（10月末11月初）季采挖。采收时先割除地上部分，然后将根部挖出。注意不要将根挖断，以免造成减产和商品质量下降。除去泥土，剪掉芦头，晒至七八成干时剪去侧根及须根，分等级捆成小捆再阴干。

以根条粗长，表面淡黄色，断面外层白色，中间淡黄色，粉性足、味甜者为佳。

（乔永刚）

白 术

白术为菊科植物白术 *Atractylodes macrocephala* Koidz. 的干燥根茎，又名冬术、于术，属于传统常用中药，始载于《神农本草经》，被列为上品。其味苦、甘，性温；归脾、胃经；具有健脾益气，燥湿利水，止汗，安胎等功效；用于治疗脾虚食少、腹胀泄泻、痰饮眩悸、水肿、自汗、胎动不安等病症。现代研究证明，白术主要含有苍术醇、苍术酮、白术内酯甲、白术内酯乙、白术内酯丙等成分，具有调整胃肠运动功能、抗溃疡、保肝、增强免疫、利尿、降血糖等药理活性。野生白术自然分布多集中在浙江、安徽境内，但野生资源已濒临绝迹。白术栽培品分布区域很广，北起河北南部，南至两广北部，西至四川、云南，东至山东、江苏、浙江、福建，在北纬17°~37°、东经98°~122°之间均有分布。主产区为浙江、安徽的丘陵山地，湖南、湖北与江西交界的幕阜山丘陵山地。以浙江东部的磐安、新昌、东阳、天台、嵊州等地为主要道地产区。

一、形态特征

多年生草本。根茎肥厚呈团块状。茎直立，上部分枝，基部木质化。茎下部叶有长柄，叶片3裂或羽状5深裂，裂片卵状披针形至披针形，边缘具针刺状缘，茎上部叶柄短，狭披针形，分裂或不分裂。头状花序单生于枝顶，直径2~4cm；总苞钟状，苞片7~8层，基部叶状苞1轮，羽状深裂；花多数，着生于平坦的花托上，花冠管状，紫红色，长约1.5cm。瘦果长圆状椭圆形，密被黄白色绒毛，长约7.5mm。

二、生态习性

原产我国，分布于东部暖温带、亚热带地区，适应性强。野生白术多生于山区、丘陵的山坡林边及灌木林中。喜凉爽气候，怕高温多湿环境。耐寒，能耐受短期-10℃左右低温。种子在15℃以上即可萌发，18℃~21℃为最适宜发芽温度，幼苗出土后能耐受短期霜冻。地下根茎生长适宜温度为26℃~28℃。3~10月日平均气温在30℃以下时，植株生长速度随气温升高而加快。当日平均气温在30℃以上时，植株生长受到抑制。喜光照，但在7~8月应适当遮阴。土壤水分含量在30%~50%，空气湿度在75%~80%时，对生长有利。遇高温多雨天气植株发育不良，易发病害。对土壤要求不严，但在疏松肥沃、排水良好的砂壤土上生长良好，不宜在低洼地、盐碱地种植。道地产区海拔在500~800m。

三、生长发育规律

多年生草本植物。人工栽培时2年采收：第一年为幼苗阶段，植株发育缓慢，根茎小，开花少，种子发芽率低；第二年为成苗阶段，植株发育快，根茎生长迅速，开花多，种子发芽率高。二年生植株年生长发育大体上可以分为7个阶段，即萌芽期、叶龄期、抽苔期、现蕾期、开花期、果期和枯萎期。种子一般在2~3月日平均气温15℃以上时即可萌发，3~5月植株生长发育较快，进入叶龄期、抽苔期植物茎叶茂盛，分枝较多；现蕾期多在6月，开花期从7月持续到9月，整个花期长达4个月，此期间植株地上部分及根茎的发育均相对缓慢；8月~10月期间根茎增重最快，此时期如昼夜温差大，则更利于营养物质积累，促进根茎增重；9月~11月为果期，11月后根茎增重缓慢，12月根茎进入休眠期，地上部分枯萎。

四、种质资源状况

苍术属植物共约8种，产于东亚地区。中国有5种，广布于全国各地。该属均为多年生草本植物，全部种类均可药用并有燥湿健脾的功效。经多年栽培，形成了不同的栽培类型。从产地上看，形成了于术、浙东白术、歙术、祁术等类型，其中祁术外形多为如意状，栽培多年根茎不腐烂，质地坚实，挥发油含量高，被奉为佳品。从植株形态上看，在株高、叶裂、分枝等方面分化明显，形成了多种形态类型。在叶形方面有大叶单叶型、大叶三裂型、大叶五裂型、中叶三裂型、中叶五裂型、小叶三裂型和小叶五裂型等之分，其中大叶单叶型的株高、叶裂、分枝数和花蕾数都低于其他类型，而单个根茎鲜重、一级品率均高于其他类型，农艺性状表现良好。经系统定向培育，目前浙东白术已经选育出“浙术1号”、“浙术2号”等优良品种，大幅度提高了药材的产量与质量。

五、栽培技术

（一）选地与整地

在山区，一般选择排水较好、土层较厚、有一定坡度的砂壤土，有条件的地方最好选新垦荒地，不宜选用砂土或黏土地。在平原地区，宜选择排水良好、土质疏松、肥力中等、凉爽通风的砂壤土。土壤过肥，幼苗生长过旺，当年开花，会影响种栽质量。育苗地忌连作，间隔时间一般应在3年以上，前作以禾本科作物为宜，不能与花生、白菜、甘薯、玄参、烟草等轮作。移栽种植地的选择与育苗地相同，但对土壤肥力要求较高。

前作收获后及时冬耕，第二年春天播种或移栽前须再翻耕1次，同时施入基肥。育苗地一般施腐熟厩肥或堆肥1000～1500kg/亩，移栽地2500～4000kg/亩。可配施过磷酸钙50kg/亩。将肥料撒于土壤表面，耕地时翻入土内。耕后平整细碎土地，南方多作成宽120cm左右的高畦，畦长根据地形而定，畦沟宽30cm左右，为便于排水畦面宜呈龟背形。山区坡地的畦向要与坡向垂直，以免水土流失。

（二）繁殖方法

种子繁殖，实际生产中多采用育苗移栽，即第一年育苗，经贮藏越冬后移栽大田，第二年冬季收获。有些地区在春季直播，不经移栽，2年收获，但产量不高，很少采用。

1. 选种与种子处理　选生长健壮、叶大茎矮、分枝少、花蕾大、无病虫害的植株作为留种株。在现蕾期，保留每枝顶端发育饱满的5～6个花蕾，其余全部摘除，11月上中旬采收成熟种子，晒干后扬净冠毛和瘪籽，置阴凉通风处贮藏。隔年种子发芽率较低，一般不用。播种前，选择色泽光亮、籽粒饱满种子，先用25℃～30℃温水浸泡12～24h，再用50%多菌灵500倍液浸泡30min，捞出后置于湿布袋内于室内放置，每天用温水冲淋1次，待种子萌动、胚根露白时即可播种。

2. 播种时间和方法　播种时间因各地气候差异而不同。南方在3月下旬至4月上旬为宜，北方在4月下旬为好。播种过早易受霜害，过晚则会因温度高而影响幼苗长势，加之夏季易受病虫害及杂草危害，从而影响种栽产量。

播种主要有条播、穴播和撒播3种方式。①条播，在整好的畦面上开横沟，沟底要平，将种子均匀撒于沟内。行距为15～25cm，播幅7～10cm，沟深3～5cm。可先撒1层火灰土或草木灰，以盖没种子为度，再施过磷酸钙或肥饼，最后覆盖细土至畦平。在春旱比较严重的地区，畦面还应覆盖1层稻草，以保持土壤水分，利于出苗。至移栽前，每亩可培育种栽400kg左右。②穴播，在畦面上挖穴点播，株距为5cm，行距15～20cm，穴深3～5cm，每穴播种约3粒，覆盖火灰土或草木灰，再施过磷酸钙或肥饼，最后盖细土至畦平。③撒播，将种子均匀撒于畦面，覆盖火灰土或草木灰及肥饼，再覆以细土，最后覆以稻草保湿，亩用种3～8kg。

3. 苗期管理及起苗 播种后约15天出苗，出苗后应除去盖草，及时松土、除草及间苗，苗高约7cm时定苗，保持株距4～5cm。苗期一般追肥2次：第一次在6月上中旬结合中耕除草进行，亩施腐熟稀人畜粪尿1500kg；第二次在7月，亩施腐熟稀人畜粪尿2000～2500kg。如天气干旱应及时浇水，并在行间盖草，以减少水分蒸发；雨季及时疏沟排水，以防烂根。在生长后期，如发现植株抽薹及时剪除花蕾，以促进根茎生长。

起苗一般在10月下旬～11月上旬进行，当茎叶枯黄时，选晴天将根茎挖出，抖净泥土，剔除病、弱、破损苗，把茎叶及尾部须根剪去。在修剪时，切勿伤害主芽和根茎表皮，否则易染病并严重影响产量。按大小分级，剔除感病和破损根茎。将种栽摊放于阴凉通风处约3天，待表皮变白、水气干后贮藏。

4. 种栽贮藏 ①砂藏，南方多用。选凉爽通风的室内或干燥阴凉处，用砖或石头围成长方形池子，在池底铺4cm左右厚细砂，砂要干湿适中。上面铺10～15cm厚的种栽，再铺1层细砂，上面再放1层种栽，如此堆至约35cm高，最上面盖1层约5cm厚的细砂或细土，并在堆上间隔插1束草把以利散热透气，防止腐烂。每隔20天左右检查1次，发现根茎腐烂及时拣出。若有芽萌动要翻堆，避免影响种栽质量。②坑藏，北方多用。选背阴处挖1个深宽各约1m的坑，长度视种栽多少而定，坑底铺以5cm厚细沙，将种栽放坑内，约50cm厚，覆土5cm左右，随气温下降逐渐加厚盖土，让其自然越冬，到第二年春天边挖边栽。③麻袋贮藏，将晾晒后的种栽装入麻袋，在室内将麻袋竖放，覆以棉被保温。④就地越冬，较温暖地区也可不起苗，在畦面直接培土覆草或盖塑料薄膜。12月至翌年2月期间，边挖边栽。此法由于种栽侧芽萌动而影响产量，一般不采用。

5. 移栽与定植 选顶芽饱满、根系发达、表皮细嫩、顶端细长、尾部圆大的根茎作种栽。栽种时按大小分级，分开种植，这样出苗整齐，便于管理。为减轻病害发生，需用多菌灵或甲基托布津溶液对种栽进行消毒。移栽时间各地有所不同，南方一般在12月下旬到翌年2月下旬，以早栽为好，早栽根系发达，吸肥力、抗旱力较强，生长健壮。北方多在4月上中旬，也可在秋季，这样能避免种栽贮藏期间因管理不当造成的腐烂或病菌感染。移栽时可条播或穴播。穴播按行距25～30cm、株距15～20cm、穴深5～7cm挖穴，每穴栽1株。栽时芽朝上，土盖至芽上3～4cm为宜。盖土太浅易受冻害，侧芽较多，影响术形；盖土太深则出苗困难，术形纤细，影响质量。适当密植可提高产量，一般每亩用种栽50kg左右。春栽于清明前后出苗，冬栽于春分前后出苗，冬栽应在地面覆草或加盖地膜，以利提前出苗。

（三）田间管理

1. 中耕除草 幼苗期须勤除草、浅松土，通常要进行3～4次。第一次除草松土，植株旁宜浅锄，行间宜深锄，以利于根系伸展。之后的松土宜浅，以免损伤根部。初夏杂草生长迅速，需每隔半月除草1次，杂草宜用手拔除，做到地无杂草，土不板结。雨后或露水未干时不能锄草，否则易染病。封行后只除草、不中耕。

2. 追肥 植株生长期长，需肥量大，除在栽种前施足基肥外，还要追肥3次。幼苗出齐后第一次追肥，每亩施人畜粪尿750kg左右；5月下旬至6月上旬第二次追肥，亩施人畜粪尿1000～1250kg或硫酸铵10～12kg；7月中旬～8月中旬，摘除花蕾后5～7天第三次追肥，亩施人畜粪尿1000～1500kg、腐熟饼肥80～100kg和过磷酸钙25～30kg。此外，在采收前约40天左右，每10天用1%过磷酸钙或磷酸二氢钾溶液喷洒叶面，可提高产量。

3. 灌溉排水 植株怕涝耐旱，土壤湿度过大易遭受病害。2～7月植株需水不多，应重点做好排水工作，特别是雨季要及时清理畦沟、排水防涝。8月以后根茎迅速膨大增重，需要充足水分，若遇干旱天气要及时浇水，以保证产量和质量。

4. 摘蕾 除留种植株外，都要摘除花蕾，摘除花蕾可增产30%～80%。一般在7月上、中旬至8月上旬头状花序开放前摘除，可分2～3次摘完。摘蕾时，动作要轻，不要伤及茎叶，不要摇动根部。摘蕾要在晴天进行，雨天或露水未干时摘蕾易引起病害侵入。摘蕾后应施摘蕾肥。

（四）病虫害及其防治

1. 病害及其防治 ①立枯病，为害未出土幼芽、刚出土小苗及移栽后的幼苗。受害幼苗茎基部初期出现水渍状暗褐色病斑，地上部分呈萎蔫状，随后病斑很快扩散，病斑绕茎1周后，茎部坏死并缢缩成线状，病部产生淡褐色蛛丝状菌丝及大小不等的小粒状褐色菌核，随后幼苗萎蔫、死亡。防治方法：收获后及时清理田间枯枝烂叶，集中销毁；与高粱、玉米等禾本科植物轮作3～4年；选择地势较高、排水较好的砂壤土种植；用50%多菌灵在播种和移栽前消毒土壤，每亩用1～2kg；播前用种子重量0.5%的多菌灵拌种；适期播种，缩短易感病期；雨后及时挖沟排水；出苗后用50%代森锰锌或50%甲基托布津600～800倍液喷雾；发现病株及时拔除，并用5%石灰水淋灌；喷洒50%甲基托布津800～1000倍液，或25%瑞毒霉可湿性粉剂400倍液，每7～10天1次，连续2～3次。②斑枯病，主要危害叶片，引起叶片早枯。4月下旬发病，6～8月为发病盛期，雨季发病严重。发病初期叶片出现黄绿色小斑点，多自叶尖及叶缘向内扩展，逐渐扩大后因受叶脉限制呈多角形或不规则形，严重时病斑布满全叶，使叶片呈现铁黑色。病斑从基部叶片逐渐向上扩展至全株，致使植株成片枯焦似火烧。防治方法：收获后及时清理田园，集中销毁；播种前用50%甲基托布津1000倍液浸渍3～5分钟进行种子消毒；合理密植，降低田间湿度；发病初期喷洒1:1:200波尔多液或50%多菌灵600倍液，7～10天喷1次，连续3～4次。③白绢病，主要发病部位在根茎部，多见于成株期，4月下旬开始发病，6～8月为发病盛期，造成根茎腐烂，地上部逐渐萎蔫枯死。防治方法：与禾本科作物轮作，间隔3年以上；加强田间管理，合理密植；雨季及时排水，避免土壤湿度过大；选用无病健壮种栽，并用50%退菌特1000倍液浸泡3～5分钟，晾干后栽种；栽植前每亩用25%瑞毒霉颗粒剂1.5kg处理土壤；发现病株连同周围病土及时挖除，并用石灰消毒；用50%多菌灵或50%甲基托布津500～1000倍液浇灌病区。④根腐病，主要危害地下部分，多在4月中下旬发病，6～8月为发病盛期，受害植株细根变成黄褐色后腐烂，逐渐蔓延到根茎，并迅速向茎蔓延，使整个维管束系统发生褐色病变，地上部枝叶萎蔫。防治方法：选用抗病品种；与禾本科作物轮作3年以上；选择地势高燥、排水良好的砂壤土种植；中耕时不能伤及根系；播种前用50%多菌灵浸种5～8分钟，晾干后播种；发病初期用50%多菌灵或70%甲基托布津800倍液喷雾1～2次；及时防治地下害虫。⑤锈病，主要危害叶片，5月上旬发病，5月下旬至6月下旬为发病盛期，多雨高湿易流行。发病初期叶片产生黄褐色略隆起的小点，以后扩大为褐色梭形或近圆形，周围有黄绿色晕圈。叶背病斑处聚生黄色颗粒粘状物，破裂时散出大量黄色或铁锈色粉末，最后病斑处破裂成穿孔，叶片枯死或脱落。防治方法：雨季及时排水，降低湿度；收获后集中处理残株落叶，减少来年侵染菌源；发病期喷97%敌锈钠300倍液或65%可湿性代森锌500倍液，7~10天喷1次，连续2~3次。

2. 虫害及其防治 ①白术长管蚜，4~5月为害严重，6月以后术蚜数量减少，至8月虫口又略有增加，随后因气候条件不适，产生有翅胎生蚜，迁飞到其它菊科植物上越冬。术蚜喜集中于嫩叶、新梢上吸取汁液，使叶片发黄，植株生长不良。防治方法：铲除杂草，减少越冬虫害；发生期喷洒40%乐果1500倍液，10%吡虫啉1500倍液，3%啶虫脒1500倍液，每7天喷1次，各限用1次。②白术术籽虫，幼虫为害种子，还咬食花托，造成花蕾枯萎下垂。防治方法：冬季深翻地，消灭越冬虫源；实行水旱轮作；选育抗虫品种；成虫产卵前喷50%敌敌畏800倍液，或40%乐果1500~2000倍液，7~10天喷1次，连续3~4次。

六、采收加工

（一）采收

定植当年10月下旬至11月上旬，当茎秆由绿色转黄褐色、叶片枯黄时收获。收获过早干物质还未充分积累，品质较差，折干率低；收获过晚，则又萌发新芽，消耗养分，体轻泡不坚实，影响品质。选晴天将植株掘出，抖去泥土，剪去茎叶，及时加工。

（二）加工干燥

加工方法有晒干和烘干两种。前者称生晒术，后者称烘术。

1. 生晒术 将收获的鲜白术，抖净泥土，剪去须根、茎叶，必要时用水洗净，置阳光下晒干，一般需15~20天才能干透。日晒时要经常翻动，如遇阴雨天，要摊放在阴凉干燥处，切勿堆积或袋装，以防霉烂。

2. 烘术 将鲜白术放入烘斗内，每次150~200kg，最初火力宜猛，温度控制在100℃，待出现水汽时，将温度降至60℃~70℃，缓缓烘烤2~3h，然后上下翻动1次，再烘2~3h，至须根干透取出，在室内闷堆“发汗”5~6天，使其内部水分向外渗透，表皮变软。然后再烘5~6天，又堆放发汗1周，最后烘干至翻动时发出清脆响声，将残茎和须根搓去即可。

以个大、表面灰黄色、断面黄白色、有云头、质坚实、无空心者为佳。

（张建逵）

第二节 补阳药

该类中药味甘性温热，以补助人体阳气为主要功效，用以治疗或改善阳虚病证。常用中药有鹿茸、海狗肾、海马、淫羊藿、仙茅、巴戟天、胡桃肉、冬虫夏草、补骨脂、益智仁、菟丝子、沙苑子、葫芦巴、肉苁蓉、锁阳、蛤蟆油、蛤蚧、韭菜子、杜仲、续断、狗脊等。此处仅介绍鹿茸、蛤蟆油、蛤蚧的养殖技术及巴戟天、杜仲、肉苁蓉、补骨脂的栽培技术。

鹿 茸

鹿茸为鹿科动物马鹿 *Cervus elaphus* Linnaeus 或梅花鹿 *C. nippon* Temminck 已骨化的角或锯茸后翌年春季脱落的角基，分别习称“马鹿角”、“梅花鹿角”、“鹿角脱盘”。鹿茸药用历史悠久，始载于《神农本草经》。其味咸，性温；归肾、肝经；具有温肾阳、强筋骨、行血消肿等功效，用于治疗肾阳不足、阳痿遗精、腰脊冷痛、阴疽疮疡、乳痈初起、瘀血肿痛等病症。现代研究证明，鹿茸主要含有蛋白质、氨基酸、多胺、胆甾醇、雌二醇等成分，具有增强副交感神经末梢的紧张性、降低血压、增加血浆睾酮浓度、抗疲劳、兴奋离体肠管及子宫、增强肾脏利尿、抗氧化作用、增强胃肠蠕动等药理活性。马鹿是分布最广的鹿之一，亚洲、欧洲、北美洲甚至北非都有分布，我国广泛分布于东北、西北以及西南地区；梅花鹿分布于东亚，范围从西伯利亚到韩国、中国东部和台湾省以及越南，在日本西太平洋岛屿也有分布，我国东北、华东、华西等地山区均有。我国养殖梅花鹿历史悠久，早在3000年前西周时期，就已有圈养梅花鹿的记述。目前，我国人工饲养梅花鹿达80余万只，几乎遍布全国各地。以下仅介绍梅花鹿的养殖技术。

一、形态特征

陆栖兽类。属于中型鹿。体长125～145cm，肩高约1m，体重70～100kg。眶下腺明显。耳大直立，颈细长。四肢细长，尾长12～13cm。雄鹿有角，雌鹿无角。毛色鲜艳美丽，并随季节和生活条件变化而改变。夏毛薄，无绒毛。红棕色，全身有明显的白色斑点。体背斑点排成2行，体侧斑点自然散布，有黑色背中线。腹面白色，臀部生有白色斑块，尾背棕黄色或发黑。四肢外侧同体色，内侧色较淡。冬毛厚密，栗棕色，斑点由不明显到几乎消失。雄鹿第二年开始生角，不分叉，以后每年早春脱换新角，增生1叉，至生4叉。

二、生态习性

（一）栖息环境

生活于森林边缘和山地草原，白天多选择在向阳山坡，茅草丛较为深密并与其体色相似的地方栖息，夜间则栖息于山坡中部或中上部。活动主要在晨昏，多在离水源不远和食物较多的地方徘徊，活动范围大约5～15km。

（二）群居性

自然条件下群居，冬季的集群性更大，人工圈养时群居性仍没有改变，鹿群中的头鹿常会影响整个鹿群的行动。大部分时间结群活动，群体大小随季节、天敌和人为因素而变化，通常为3～5只，多时可达20多只。春季和夏季，群体主要是由雌兽和幼仔所组成，雄兽多单独活动，发情交配时归群。每年8～10月开始发情交配，大约要持续1个月左右。

（三）繁殖

繁殖期间雄兽饮食显著减少，性情变得粗暴、凶猛，为了争夺配偶，常常发生角斗。1只健壮雄兽通常可拥有10多只雌兽，在一个繁殖季节雌兽可多次发情，发情周期为5天，一旦受孕后便不再发情。妊娠期为230天左右，产仔于翌年5～6月，一般每胎仅产1仔，少数为2仔。产下的幼仔体毛呈黄褐色，也有白色斑点，几个h就能站立起来，第二天可随雌兽跑动。哺乳期为2~3个月，4个月后幼仔便可长到10kg左右。

（四）食性

食性广泛，能食400余种木本及草本植物。通常选择嫩枝、嫩叶、嫩草，在食物匮乏时才采食茎秆。喜盐，可以盐为诱饵进行捕杀。为多胃动物，可在短时间内采食大量食物，休息时再反刍细嚼。饲养时饲料要尽量多样化，饲料变化不宜突然。

（五）防卫性

在自然生存斗争中，鹿属于弱者，是肉食动物的捕杀对象。所以，鹿跑得快，跳得高，警觉性高，行动小心，一旦遇到敌害纷纷逃避。在家养条件下，鹿的野性并未根除，如不让人接近，遇到异声异物惊恐万分；产仔受惊时，扒、咬仔鹿；繁殖期公鹿对人攻击，由于乱跑乱撞造成伤亡、伤茸等，给生产带来损失。对鹿不断驯化，消弱其野性，仍是生产中需要重视的问题。

三、生长发育规律

（一）鹿的生长发育

鹿的生长发育取决于营养状况，通常分为以下6个时期。

1. 胚胎期 从受精母体怀孕到胎儿娩出，胚胎在母体内生长8个月左右（即妊娠期）。初生梅花鹿5kg以上。

2. 哺乳期 仔鹿出生至断奶的3个月左右时间，此时发育迅速，增重快。东北梅花鹿出生后3个月的重量是初生时的4倍左右。

3. 幼年期 出生后18个月龄左右性成熟。消化机能逐渐增强，食量不断增加。雄鹿出生后8~10个月开始生长初茸角。1岁雄性梅花鹿重55kg左右。

4. 青年期 1岁半至4岁期间，鹿机体组织器官的结构和机能发育逐渐完善，生殖器官发育接近成熟，体型基本定型。3岁雄性梅花鹿体重达110kg左右。

5. 成年期 4岁至8岁前后（有的超过10岁）。鹿的各组织器官及其生理机能完全成熟，性机能最为旺盛，生产性能达到最高峰。体型已定，雄性梅花鹿体重在120kg左右。

6. 老年期 一般在9岁后进入老年期（有的在10岁以后），各种器官生理机能逐渐衰退，直至死亡。鹿的寿命约为20年。

（二）鹿茸的生长发育

鹿角的生长发育与雄性激素有密切关系，雄仔鹿（东北梅花鹿长至8~10个月龄）的额顶部毛旋处开始突起，渐成角基（草桩），此后角基皮肤变软并破裂，生出柔软又有弹性的茸芽，逐渐长成初生茸。如不收取，于秋后茸皮自然脱落，形成骨化的锥形角。以后每年生茸前角基内部恢复新陈代谢机能，开始产生新茸的原生组织，将鹿角或锯茸后骨化的残留部分（花盘）顶掉，俗称脱角或脱盘。脱盘后鹿的角基部露出新生组织，随即茸的皮肤层向心生长，10天左右皮肤完全愈合（封口），新茸组织继续生长，逐渐隆起形成新的茸芽，至20天左右鹿茸长到一定高度，开始向前方分生眉枝。茸主干及眉枝不断伸长与增粗，至50天左右顶端膨大，开始分生第二侧枝，继续生长到70天左右时，由主干向内侧分生第三侧枝。雄鹿从角盘脱落到长成“花二杠茸”约50天，长成“花三岔茸”约70天。收取锯茸后，茸角基部锯口愈合，绝大多数雄鹿经50~60天左右又可长出具1~2侧枝的茸角（再生茸）。鹿茸的生长发育与鹿的种类、年龄及体况有关，同时也受饲养管理及温度、湿度、光照等外界条件的影响。

四、种质资源状况

鹿的驯养时间较短，只有几个世纪。世界上作为原始种的鹿科动物有47种，其中我国有16种。梅花鹿又分东北亚种、华北亚种、山西亚种、华南亚种和台湾亚种等几个亚种。现在人工养殖的东北亚种梅花鹿是梅花鹿几个亚种中数量最多的，其家养数量已在25万只以上。目前我国已经培育出的新品种有双阳梅花鹿、长白山梅花鹿、西丰梅花鹿等。

五、养殖技术

（一）选址建场

应根据气候、地形地貌、植被等自然条件及社会条件综合考虑。北方冬季寒冷，常受西北风侵袭，夏季多雨，宜选避风向阳、排水良好之处。山区可选择三面环山，南面临水或西北靠山，地势平坦，不超过5～10度的斜坡处建场。草原地区宜选择地势高燥，水源充足处建场，并在场地的西北方向栽植林带，以防风雪侵袭。饲料来源是选场的先决条件之一。山区或半山区应有可获取树叶的高龄柞林，可供采草的次生林、灌木林和草地，可开垦的饲料地，可放牧的疏林地、荒山及草甸子。草原地区应有足够的放牧地、草地和一定面积的耕地。鹿场要有质地良好、充足的水源。周围环境未受污染和无自然疫情。鹿场选定后，要根据饲养规模的大小，修建鹿舍、饲料库、辅助生产区及其它必要的管理设施。

（二）养殖方式

1. 放牧饲养 即野外放牧与圈养相结合的养殖方式。放牧是在驯化基础上进行的，通过放牧来巩固和深化驯化成果，从而改变其野生习性，便于管理。放牧能充分利用丰富的天然饲料，降低养殖成本，增强鹿的体质，促进生长发育，提高生产性能。放牧要根据鹿的年龄、性别分群，每群一般150头左右。春季，早春放阳坡，晚春放阴坡，每日5～6h。夏季，选顶风背阳处放牧，早出晚归，中午避暑，每日8～9h。秋季，选草地、灌木林、阴坡地、沟谷地或收割后的农田放牧，每日8～9h。冬季，以圈舍饲养为主，也可选背风向阳山坡或林间放牧，每日4～5h。

2. 圈养 即在圈内进行人工饲养及管理，必须备有充足的饲料，成本较高。

3. 半放养 在饲料丰富的大面积场地内，利用天然屏障或人工建造大范围的圈栏进行养殖。场内有简易鹿舍及必要的饲养管理设备。该方式省工，且饲养成本较低。

（三）繁殖方法

1. 选种 ①优良种公鹿的选择标准，根据系谱记录选择其双亲综合评定成绩在二等或二等以上的后代；根据个体记录选择综合评定成绩在二级或二级以上，茸型正规，茸质优良，体质强健，外貌无缺陷，生殖器官发育良好，出生日期在6月中旬以前，出生重二级以上，年龄在4～7岁的成年公鹿。②优良种母鹿的选择标准，根据系谱记录选择其双亲综合评定成绩在二等或二等以上的后代；根据个体记录选择综合评定成绩在二级或二级以上，温顺，健康，生殖系统和乳房发育无缺陷，初生日期在6月中旬以前，出生重二级以上，年龄在4～9岁的壮龄母鹿。经产母鹿，结合产仔记录进行综合选择。

2. 繁育 ①同质繁育，同一地方类型间繁育或同一血缘间繁育。②异质繁育，不同地方类型间繁育或不同血缘间繁育和系间繁育。

3. 配种方法 ①单公群母配种，该方法谱系清楚，操作简便，空怀率低，现广为应用。公、母比为1∶15～20，一配到底，中间尽量不替换公鹿。但该法对公鹿选择十分严格，除符合种公鹿基本条件外，还须对其精液品质进行检查，选用精液品质优良的公鹿作种用。同时配种期要定时观察公鹿的配种能力，并及时替换配种能力差的种公鹿，以防母鹿空怀。②人工授精法，鲜精人工授精或冻精人工授精。

4. 妊娠与分娩 妊娠期多在220～240天，9～10月配种后，母鹿怀孕进入妊娠期，翌年5～6月份分娩产仔。每胎1仔，少有2仔。

5. 泌乳与哺乳 分娩后最初几天，母鹿分泌的乳汁为初乳，其中含有丰富的营养物质，对仔鹿很重要。仔鹿3～4周龄左右，能随母鹿开始采食少量青饲料，3月龄左右可以不哺乳而独立生活。

（三）养殖管理

1. 一般养殖规程 ①饲养，精料按鹿不同生物学时期营养需要量喂给；饲喂要定时定量，不同饲料要按性质分别喂给，变更日粮要逐渐进行，饲料要精心保管，不喂发霉腐败和变质饲料。②饲料，有精料、粗料、多汁饲料、矿物质饲料等。精料要专库保管，仓库无鼠、无污染、干燥清洁、不霉不腐、无杂质；粗料要在固定场地保管，场地干燥、排水良好，堆放整齐有序，保证不变质。③饮水，供给充足清洁的饮水，并备有控制饮水的装置。北方冬季饮温水。④驯化，最基本的方法是食物引诱、驱赶、呼唤，使其温顺，任人驱赶。最好的方法是人工哺乳驯化，首先要使初生仔鹿吃到初乳，其次要保证乳汁清洁，做到定时定量定温。⑤舍饲，按性别和年龄，实行分区、分群饲养管理；保持圈舍清洁卫生，及时隔离治疗病鹿；圈舍要防风防雪，保持干燥；出入圈舍要关好圈门。⑥配种，按编制的配种计划适时配种；加强种公鹿和母鹿的饲养管理，多给青绿多汁饲料。⑦妊娠、分娩，母鹿妊娠后期应减少饲料容积，增加蛋白质饲料比例，日粮配合多样化；妊娠、分娩母鹿每圈饲养头数15～20只，保持环境安静、清洁干燥，临产母鹿可停止放牧，圈养产仔后再放牧，仔鹿留在圈内补饲驯化，经初步驯化的仔鹿随母鹿共同放牧；产圈内应设置产仔栏、仔鹿小床、饮水与补饲槽等；分娩期值班人员要昼夜看管，发现难产、扒羔、咬羔等要及时处理；吃不上奶的初生仔鹿，要及时找母鹿代养或人工哺乳；在仔鹿吃到初乳后称重、测尺、刻耳号；仔鹿培育，小床要有干燥垫草，仔鹿哺乳期60～110天，断乳仔鹿最好在原圈舍饲养，饲喂优质饲料。

2. 公鹿饲养管理 成年公鹿饲养可分为4个不同阶段：生茸前期、生茸期、配种期和恢复期。①生茸前期饲养管理要点：日粮应以干粗和青贮饲料为主，精饲料为辅；精饲料配比中逐渐增加蛋白质饲料的比例，豆饼（粕）类饲料应占15%以上；加强防寒，每7天换1次垫草，防止潮湿，建塑料大棚饲养老弱病鹿，确保安全越冬；尽量饮温水，防止水槽结冰；每天清扫圈舍1次，及时清除积雪；看槽饲养，每天上午驱赶鹿运动20分钟。②生茸期饲养管理要点：圈舍、走廊每天早晨清扫1次，料槽每次投料前清扫干净，水槽每天刷洗1次；每日上午在圈内驱赶鹿运动20分钟，鹿茸长成三杈型时停止驱赶运动；对迟迟不正常脱落的花盘，实行人工脱盘；看槽饲喂，细心观察，记录采食及粪便情况，发现异常及时解决；日粮配合必须科学，要保证日粮营养的合理性，提高日粮的适口性；增加精料时须缓慢进行，以保持其旺盛的食欲，防止因加料急而发生“顶料”；精饲料中豆饼（粕）不低于35%。③配种期饲养管理要点：加强看管，严防顶架等伤亡事故，配种记录准确无误；种用公鹿和非种用公鹿应分别饲养管理，对配种公鹿进行限制性饲养，保持适宜的配种体况（中等偏上膘情），对非配种公鹿更要限制饲养，控制在中下等膘情，以减少争斗发生伤亡；配种公鹿要做精液品质检查；配种期水槽应设盖，以便控制饮水；配种期前要做好圈舍检修。④恢复期饲养管理要点：加强防寒措施，每7天换1次垫草，防止潮湿；在配种结束后和进入严冬前分别调整1次鹿群，将膘情差和病残鹿只组成老弱病残鹿群，设专人管理；昼夜饮温水，严防水槽结冰和水温过高；每天上、下午各驱赶鹿运动20min；每天早晨清扫圈舍1次，及时清除舍内冰雪。

3. 母鹿饲养管理 母鹿饲养管理分为配种和妊娠初期、妊娠期、产仔泌乳期3个阶段。①配种和妊娠初期饲养管理要点：配种前对核心、生产、淘汰群进行调整，依据标准和计划选择、更新和淘汰；生产母鹿16个月即可参加配种；保持母鹿中等体况；配种期设专人看管，配种记录准确无误；掌握配种进度，及时发现和处理发情异常母鹿；精饲料中蛋白质饲料占30%～40%，禾本科籽实占50%～60%、糠麸类占10%；日粮配合以容积较大的粗饲料和多汁饲料为主、精饲料为辅，日粮中给予一定富含胡萝卜素、维生素E的根茎和块根类。②妊娠期饲养管理要点：保持圈舍内安静，防止惊群；冬季保证舍内有充足松软的垫草，每7天换1次，防止潮湿；及时清除冰雪和脏物，不喂冰冻和酸度高的饲料，饮温水；保证足够运动，每日上午在圈内驱赶运动20分钟；妊娠中期对所有母鹿进行1次检查，根据体质强弱和营养状况调整鹿群及饲养管理；4月底前做好人员组织、物质和设备等方面的产仔准备工作；在4月15日左右对母鹿舍进行1次彻底清扫，同时用10%石灰乳对圈舍和过道地面进行1次彻底消毒；精饲料中蛋白质饲料应占30%～40%、谷物饲料应占60%～70%。③产仔泌乳期饲养管理要点：产仔泌乳前期精饲料中蛋白质饲料应占30%～32%、谷物饲料占50%～55%、糠麸类占15%～18%，产仔泌乳中期蛋白质饲料应占35%、谷物饲料占50%～55%、糠麸类占10%～15%，产仔泌乳后期蛋白质饲料占40%、谷物饲料占50%、糠麸类占10%；圈舍和产仔栏每天清扫1次，7天消毒1次；水槽每天刷洗1次，保持饮水清洁；保持舍内安静，谢绝外人参观；建立值班制度，昼夜做好母、仔鹿的看管，及时发现难产、扒羔、咬羔、无奶、弃仔、弱仔等情况，采取相应措施予以处理；对产后的母鹿、仔鹿分群，每群母鹿和仔鹿以30～40头为宜。

4. 幼鹿饲养管理 ①饲喂方法：哺乳仔鹿20～30日龄后，每天上、下午各补饲1次精料，投在仔鹿槽内，自由采食；离乳仔鹿每天喂4次精料，粗料上、下午各饲喂2次，夜间补饲1次粗料，6～7月龄后可与育成鹿饲喂次数相同；育成鹿每天早、午、晚喂3次精、粗料，冬季夜饲1次精料。②管理要点：幼鹿运动场面积每只不得小于7m^2；圈舍每天清扫1次，冬季及时清除舍内冰雪；饮水保持清洁，水槽在夏、秋季每3天消毒1次，冬、春季每7天消毒1次；冬季饮温水；某些情况下（母鹿生后弃仔、生后母鹿死亡、母鹿缺乳、仔鹿体弱哺不上乳等）可人工哺乳；当初生仔鹿得不到亲生母鹿哺育时，可找代养母鹿代养，代养母鹿必须母性强、乳量足、性情温顺且分娩1～2天；离乳仔鹿15天后精神状态逐渐稳定，可进行调教运动，每天上、下午各运动10min；育成鹿停牧季节每天上、下午圈内各运动20分钟；合理分群，第一次分群在断乳时进行，按体形大小、体质强弱分群，每群50头，第二次分群在生后第二年4月中旬，按公、母分群，每群40头，第三次分群在产后第三年8月下旬，公鹿按产量分群，每舍35头，按周转计划将体质弱小的母鹿淘汰；仔鹿生后第一年冬季暖圈饲养，确保安全越冬和促进生长发育。

（四）疾病及其防治

1. 结核病　症见体表淋巴结肿大或化脓，常发生在下颌、颈部和胸前淋巴结，病鹿出现渐进性消瘦、弓背、咳嗽，初期干咳，后为湿咳，严重者呼吸困难，母鹿空怀，公鹿生畸形茸，产量降低，终因消瘦、衰竭而死亡。防治方法：加强检疫、隔离、免疫和消毒措施；对阳性开放型病鹿一律扑杀、焚烧、深埋；对阳性率5%以上场的阴性鹿和新生仔鹿彻底消毒并注射冻干卡介苗，以后每年注射1次，连续3年。

2. 布氏杆菌病　母鹿表现流产，流产旺期为3～6月，流产率高达60%。流产母鹿食欲减退，从阴道流出黄色分泌物，并出现死胎和烂胎。公鹿发病后一侧或两侧睾丸肿大，不能跑动，两后肢叉开站立，走路姿势异常，睾丸和附睾肿胀化脓。防治措施：清净鹿场，严格检疫；严格水源、牧场和饲草管理，防止水源、牧场和饲草与家畜、家禽及野生动物接触；定期（春、秋）检疫，对检出的阴性鹿群实行免疫接种，以后每年接种1次，连续数年。

3. 巴氏杆菌病　病鹿以败血症、出血性肺炎和肠炎为主要特征。败血型病鹿体温升高至41℃以上，呼吸和脉搏频数，眼结膜红紫出血，精神沉郁，鼻镜干燥，食欲废绝，反刍停止，眼球下陷，低头垂耳，独立一隅或伏卧不起，初期粪便干燥，后期严重腹泻，粪便带血，呼吸促迫，常从鼻孔流出泡沫样液体，经24～48h死亡；肺炎型病鹿，精神极度沉郁，步法不稳，喜卧不愿活动，鼻镜干燥，体温升高至41℃以上，呼吸促迫，咳嗽，严重者呼吸困难，头向前伸，鼻翼煽动，口吐白沫或有血样鼻漏，粪便稀或带血，一般经3～4天死亡；肠炎型病鹿，粪便变稀，不呈颗粒状，常呈牛粪样，有的粪便呈稀粥样，粪便中混有脓样黏膜及未消化饲料，严重者粪便带血，尤其最后便出的粪中带有鲜红色血液，一般病程为5～6天，然后死亡。防治措施：防止因营养不良、寒冷潮湿、污秽拥挤、过度疲劳等导致鹿机体抵抗力下降；严禁从疫区购入饲料、引进种鹿；认真观察，严格隔离病鹿；对病鹿积极治疗，用青霉素1500万U，加入250ml 5%葡萄糖溶液中，成年鹿1次静脉点滴，同时肌肉注射链霉素400万U，幼龄鹿酌减，每天1次，连用5～7天。

4. 肠毒血症　常发生在6～10月，病鹿呈现明显疝痛症状，四肢叉开，腹部向下用力，回头望腹，死前运动失调，后肢麻痹，口吐白沫，昏迷倒地死亡。防治措施：加强饲养管理，保持圈舍干燥，防止饲草和饮水被污染，禁止将饲草投放在地面；不从低洼地割草喂鹿，饲草不宜含水太多；对病鹿隔离治疗，同时严格消毒，防止蔓延；用青霉素和磺胺药治疗；早春3～4月接种“狂犬病和魏氏梭菌二联苗”，每头鹿肌内注射5ml，免疫期为1年，也可注射“羊快疫、猝狙、肠毒血症三联菌苗”，幼龄鹿1次皮下5ml，成年鹿1次皮下10ml，免疫期1年，发病鹿群可紧急接种上述疫苗。

5. 坏死杆菌病　主要发生在四肢，尤其蹄部最多见，患部出现肿胀、化脓和坏死，坏死组织向深部蔓延，外腔充满脓汁，坏死灶边缘凹，并有恶臭味。防治措施：防止和避免发生外伤；严格隔离病鹿，认真修整场地，严格进行消毒；早发现早治疗，局部要彻底消除患部坏死组织，暴露创面，用1%～5%高锰酸钾溶液冲洗患部，炎性肿胀严重者用鱼石脂酒精热绷带包扎；用100万U链霉素与20ml 0.25%奴夫卡因液混合，对患部周围实行封闭；坏死组织面积较大，侵害深部组织或形成瘘管时，灌注10%福尔马林酒精或10%碘酊。局部治疗视创液多少每天或隔天处理1次，直至治愈为止。在局部疗的同时须进行全身治疗，方法是成年鹿青霉素1500万U，幼龄鹿800万U肌内注射或放

5%葡萄糖溶液中静脉点滴，链霉素成年鹿400万U、幼龄鹿100万~200万U肌内注射，每天1次，连用7~15天。

6. 狂犬病 兴奋型病鹿，发病突然，离群尖声嘶叫，乱跑，不安，啃咬其它鹿只或自己躯体，在圈内顶擦围栏、墙壁或饲槽，甚至磨破头部皮肤，强行驱赶对人有攻击行为，站立时四肢叉开，呈母鹿排尿姿势，站立不稳，全身肌肉震颤，耳下垂，眼凝视，口流涎，呼吸粗励，鼻孔张开，泪窝开大，偶见前肢刨地，舐肛门，粪球小而干涸，排尿困难，频频努责，体温升高1℃~2.5℃，终因后躯麻痹倒地，四肢呈游泳状而死亡，病程1~2天。沉郁型病鹿，精神不振，呆立、拒食、跛行、头震颤、磨牙空嚼，偶尔嘶叫，后躯无力，下痢，回头望腹，步态蹒跚，卧地不起，流涎，最后死亡，病程3~5天。麻痹型病鹿，离群，食欲废绝，反刍停止，后躯无力，行步摇晃或呈母鹿排尿姿势站立，强行驱赶时以后肢拖地勉强支持躯体行走，有的病鹿嘶叫、攻击人，往往在攻击时跌倒，企图再站起来但站不起来，使劲挣扎，用头狠狠地往墙上撞击，眼浑浊，眼睑肿胀，口吐血沫，而后死亡，病程较长。防治措施：发病前或发病后接种疫苗，可用“狂犬病和魏氏梭菌二联苗”，不分大小一律肌肉接种上述疫苗5ml，免疫期1年；建立严格兽医卫生制度；禁止随意参观。

六、采收加工

（一）采收

收茸前做好准备工作，每天有组织地检查鹿茸生长发育情况，适时收茸；收茸在清晨饲前进行，事先消毒锯茸锯，锯茸速度要快，锯口平，留茬1.5cm，均匀涂上止血药。

（二）加工干燥

1. 梅花鹿三岔锯茸带血加工方法 ①将收取的鲜茸锯口向上立放，防止茸内血液流失。②将准备冷冻的茸浸入沸水中（锯口不沾水）30~40s，取出刷洗茸皮上的污物，检查茸体，如无异常现象，则继续煮炸4~6次，每次入水30~40s，茸的眉枝和主干下1/3处应减少水煮时间，水煮后擦干茸皮上的水分，冷凉1~1.5h。③将冷凉后的茸平放在-15℃~-20℃的电冰柜或冷库中冷冻，如不在24h后烘干，可将温度调至-10℃~-15℃进行较长时间的鲜茸冷藏。④将冷藏的茸按茸别、茸重取出，放在20~30℃温度下解冻10~20h，使茸体内外温度一致，解冻好的茸加工成成品茸后，茸的间质层和髓质层血色素分布均匀且血色一致，否则便出现2种颜色，茸的髓质层由于没有及时干燥易发霉变质。⑤烘烤：第一次烘烤，将解冻好的茸或未经冷冻的茸（用烧红的烙铁烧烫封好锯口）平放或锯口朝下立在70℃~80℃烘干箱中烘烤，使用电烤箱应在烘烤过程中进行通风排潮，烘烤时间视茸的大小、老嫩程度灵活掌握。一般茸烘烤2~3h后取出擦净茸表面污秽物，送到风干室锯口朝下立放或平放冷凉1~2h。第二次烘烤，将冷凉后的茸按第一次烘烤的温度和时间烘烤，然后取出轻轻擦掉茸上的油垢，送到风干室立放或平放风干到第二天。第二天至第五天，在烘烤前进行水煮3~5次，每次入水煮炸30~50s，冷凉后放入烤箱，每天按第一次烘烤的方法烘烤1次。第六天以后，隔日或隔几日水煮茸头后进行烘烤，烘烤温度70℃~80℃，烘烤1~2h，擦掉茸皮上的油垢，送到风干室中风干，至茸内含水量25%~30%（约八成干）时停止烘烤，以风干为主。⑥煮头，经过7次烘烤的茸，在风干过程中要注意检查，发现茸头发软或有黏性感，要及时煮头，每次煮炸茸头（锯口不要沾水）30~50s，煮炸5~8次，直到茸头有弹性为止。煮头的目的是保证茸头饱满，提高嘴片（蜡片）质量。⑦存放，将加工好的茸用温肥皂水擦净茸皮上的油垢，然后再用温水清洗（锯口不要沾水），擦掉茸皮上的水分，晾干质检，装入木箱或特制的纸箱内封箱，置于干燥处存放。

2. 梅花鹿二杠锯茸带血加工方法 二杠锯茸带血加工方法，可参照三岔锯茸带血加工方法进行，主要不同点是：因二杠锯茸重量轻、茸内含血量少，因此煮炸时间、入水次数及烘烤时间要比三岔锯茸减半，其次是二杠锯茸经加工后茸尖基本干燥时，需进行顶头整形加工，方法是把主干茸头和眉枝尖浸入沸水中2～4cm反复水煮，待茸头变软时擦掉茸体上的水，加工人员手握茸的主干，将茸头对着平整的台面，缓缓用力揉顶茸头，经2～3次煮头、揉顶，使之主干和眉枝2个茸尖分别向锯口方向呈握拳状。

以粗大、挺圆、顶端丰满、质嫩、毛细、皮色红棕、油润光亮者为佳。

（宗 颖）

哈蟆油

哈蟆油为蛙科动物中国林蛙 *Rana temporaria chensinensis* David. 雌蛙的干燥输卵管，俗称田鸡油、哈士蟆油，属于传统中药。其味甘、咸，性平；归肺、肾经；具有补肾益精，养阴润肺之功效；用于治疗阴虚体弱、神疲乏力、心悸失眠、盗汗不止、痨嗽咳血等病症。现代研究证明，哈蟆油主要含有蛋白质、睾酮、孕酮、雌二醇、多种微量元素等成分，具有抗疲劳、促进性成熟等药理活性。中国林蛙主要分布于黑龙江、吉林、辽宁、河南、贵州、甘肃、青海、河北等地，蛤蟆油主产于黑龙江、吉林。中国林蛙分为4个亚种，其中长白山亚种为蛤蟆油的原动物，以下仅介绍中国林蛙长白山亚种的养殖技术。

一、形态特征

（一）成蛙

与青蛙相似，但皮肤颜色随季节有所变化，夏季背部为黄褐色，秋季为褐色。头部扁宽，口阔，吻端钝圆，吻棱较钝，鼓膜为正圆形，黑色；头侧眼后缘及鼓膜处有三角黑斑，鼻位于吻眼之间；眼大，凸出。皮肤有很多细小痣粒，在肩部有一“Λ”形黑色条纹。背部及四肢背侧有显著黑色横纹；腹面皮肤光滑，雌性黄色或红黄色，有褐色或红褐色斑点；雄性灰白色或红黄色，有褐色斑点，下颚部近乳白色。前肢短壮，与后肢股部等长；四指指端圆，指较细长略扁；雄性第一指内侧有2个发达的灰色婚垫，交尾时用于抱住雌蛙腋部。后肢长，胫跗关节前达眼或略过之，跳跃性颇强；蹠部有显著的长圆形内蹠突起，外蹠突起消失；蹼发达，为膜状，第4趾最长，第3、5趾等长，关节下瘤小而明显，内跖突窄长，外跖突小圆。无外声囊，雄蛙有1对咽下侧内声囊。雄性成蛙躯干内侧较瘦，雌性成蛙躯干部肥圆。

（二）蝌蚪

身体扁平，吻端略尖；体背颜色开始为黑色，生出后肢后身体颜色变浅，呈灰绿色，可见明显黑色斑纹，腹面灰白色；尾细长，薄而透明，长出四肢后逐渐萎缩变成圆锥形，最后消失；头部两侧有外鳃2对，随着生长发育外鳃逐渐萎缩，由内鳃代替外鳃执行呼吸功能。此时蝌蚪已长出四肢，开始变态，尾逐渐萎缩、消失，蝌蚪随之变成幼蛙。蝌蚪口部构造为下唇乳突1排，在口角处有副突；口部有唇齿，下唇有3排长齿列，1排中间断开的短齿列；上唇有1排长齿、3排中间断开的短齿列；下唇齿均细长，角质颌较强。

二、生态习性

（一）环境要求

栖息生活于森林之中，春季在山间的小水塘中交配、产卵、繁殖，蝌蚪变态后进入林中生活，深秋在山间的河流或小溪中冬眠。其栖息地一般海拔 300～1000m，无霜期 130 天左右，年平均气温 4℃左右，年降水量 600～1300mm，日照时数 2300～2500h。

（二）陆栖生活

成蛙一般在春季 4 月上、中旬至 5 月初繁殖，经短暂生殖休眠，大约从 5 月初至 5 月中旬进入夏季森林生活期。到秋季，大约在 9 月下旬至 10 月中旬，气温降至 10℃以下时，进入河流开始冬眠，一直到第二年 4 月左右。一年中森林生活期大约占 5 个月，大体分为上山期、森林生活期、下山期 3 个阶段，营完全陆栖生活。

1. 上山期 完成生殖经短暂休眠后，在夜间陆续从休眠场所跳出，沿小溪、沟岔等处奔向山上森林，约 5～7 天完成上山期转入夏季森林生活期。

2. 森林生活期 是生活中最重要的阶段，其生长发育主要在这一时期进行。选择阔叶林、针阔混交林作为栖息地，一般郁闭度在 0.6 以上，林下相对湿度在 80% 以上，并且林下有灌木、草本植物及枯枝落叶层，以保持水分和利于昆虫栖息、繁衍，保证有充足食物来源。一般不生活在郁闭度和相对湿度较低的针叶林，特别是落叶松林中。山坡、荒地、农田也极少栖息。早春多喜欢栖息在森林南坡（阳坡），并经常在林缘、荒地里活动，随气温升高逐渐向北坡（阴坡）转移。其活动范围往往以冬眠和繁殖水域为中心，多在距离其冬眠场所 2000m 以内。跳跃、爬行、攀登、钻行能力很强，一跃可达 2～3m，成蛙可攀上 1m 高土墙，幼蛙可在垂直的玻璃板上爬行，阴雨天土地变软可钻入土下 30cm 左右，怀卵雌蛙可钻过 0.7cm 缝隙。机警灵敏，在 4～5m（甚至更远）即能发现敌人迅速逃离或潜伏于草丛中及枯枝落叶下不动。一般多在每天 10 时之前和 15 时以后捕食，中午多潜伏在草丛中及落叶下，很少活动，夜间也很少活动。其食性很广，食量也很大。据胃检，发现在其胃中检出的食物种类达 6 纲 13 目近 60 种，其中以昆虫纲为主，其次为蚯蚓、软体类和蜘蛛等。成蛙发现捕食目标的距离通常为 30～40cm，有效捕食距离在 10cm 以内。发现食物后便爬向食物，捕食方法与青蛙类似，到达有效距离时身体略向前倾斜并迅速伸出舌头，靠舌头分泌的黏液粘住食物，舌头翻转收回口腔，食物也一同卷入口腔，然后整个吞咽下去。幼蛙个体小，跳跃力差，所选择的食物是一些个体较小的昆虫。发现捕食目标的距离为 5～10cm，有效捕食距离在 3cm 左右。无饮水习惯，水的补充是通过体表渗透来实现的，所以要求生活在阴暗潮湿的林下。

3. 下山期 入秋后气温降低，一般在 9 月下旬至 10 月中旬便开始从山上向山下移动，准备入河冬眠，此时长白山林区的最低气温下降至 10℃以下。下山过程一般持续半个月左右，在雨中、雨后会集中大批下山，一般只有 3 天左右。下山一般在夜间进行，从傍晚开始一直到深夜。最初下山者并不马上冬眠，气温低时进入河中，气温升高时又会上岸活动，而且觅食旺盛，但跳跃能力较森林活跃期弱。当白天最高气温在 10℃以下，夜间最低气温低于 0℃，就进入河流冬眠。

（三）冬眠

冬眠时间一般从 10 月末至 11 月初直到第二年的 3 月末至 4 月初，长达 5 个月。由于生活在条件比较复杂的森林区，其冬眠方式与地点不尽相同，主要是在河中水下冬眠，少部分潜伏在林下枯枝落叶层或钻入地下冬眠。

1. 水下冬眠 根据水下冬眠状态可分为2个时期，即散居冬眠期和群居冬眠期。散居冬眠期自下山回河开始到10月末河流结冰为止，大约30天时间。主要特点是：分散地栖居于河流各处，急水或静水、浅水或深水中都有。潜藏在河底各种掩盖物里，如沙砾里、石块下、淤泥里和水草间、树根里。该期活动能力较强，游动迅速，初期常在夜间出来活动，寻找合适的栖居场所，中期较安定些，末期又开始游动选择理想的冬眠地点。群居冬眠期，自10月末至11月初气温降至－5℃～－10℃、河流结冻时，林蛙向深水区集中，转入长时间、深沉的群居冬眠，并一直持续到第二年的3月末至4月初，长达4个月。群居冬眠时四肢卷曲，头部向下低缩，双眼紧闭，呼吸缓慢，不食不动，个体之间互相拥挤堆积起来形成群居堆。

2. 地下冬眠 秋季大多数林蛙下山进入山间溪流冬眠，但也有少部分并不下山，仍留在林中，当气温降低便钻入林下枯枝落叶层和土壤中进行冬眠。地下冬眠者的状态基本上与水下群居冬眠者相似，所以选择地下冬眠的原因主要有：天气骤变，气温突然下降，来不及下山进入河中冬眠；秋季降雨量少，气候干旱，不利于下山；由于气候干燥等原因造成河流水流量小、水位低，不利于冬眠。地下冬眠并非理想的冬眠方式，长白山林区冬季气候寒冷、干燥，采取地下冬眠方式越冬时死亡率高，但地下冬眠是一种对不良自然环境的适应现象，有着重要的生物学意义。

（四）繁殖

1. 生殖腺的发育 ①雌蛙的生殖腺发育。一年生雌性幼蛙的生殖腺尚未发育成熟，处于萌芽状态，肉眼很难观察到。到第二年生殖腺发育加快，7月生殖腺就有明显变化，卵巢体积增大、重量增加，卵巢中有小而透明的卵泡，7月中下旬卵泡色素增加呈灰白色，到8月卵泡变得不透明呈黑色，8月末左右蛙卵的动物极和植物极开始分化，动物极呈黑色，植物极呈浅灰色，卵泡体积变大，卵巢中还能见有一些发育较慢的白色卵泡。输卵管在7月下旬开始发育，其长度、重量、体积逐渐增加，曲折逐渐增大，呈乳白色。三年生以上雌性成蛙，卵巢发育完好，卵粒数增多，输卵管粗大。产卵后卵巢体积变小，输卵管呈丝状，7月以后生殖腺逐渐发育，8～9月发育迅速加快。②雄蛙的生殖腺发育。一年生雄性幼蛙生殖腺未发育成熟，但精巢明显可见，体积小呈淡肉色。二年生蛙已发育到性成熟阶段，在非生殖季节精巢小呈淡黄色，在冬眠期精巢开始发育，临近繁殖期发育速度加快，到生殖季节精巢体积增大，颜色由淡肉色变为黄色。不同地区、不同年份性比有所不同，一般雄蛙稍多于雌蛙。③迭卵。雌蛙出河前7～10天开始迭卵，此时水温在3℃～4℃，低于2℃一般不能迭卵。其过程如下：卵细胞成熟后逐渐从卵巢迭落下来、落入体腔，借助体液流动、腹肌收缩及呈喇叭状的输卵管口周围纤毛的摆动而被吸入输卵管内。进入输卵管内的成熟卵细胞成堆地堆积在管壁变薄、管腔变大的输卵管前部，渐渐向输卵管后部移动。输卵管中后部管壁变厚、管腔变小，成熟卵细胞在输卵管内以一定间隔排列成行，移动时输卵管管壁上的腺体分泌黏液呈胶状物覆盖在卵细胞表面，卵细胞继续移动，最后全部进入子宫暂存，呈椭圆形、双球状，整个迭卵过程约需5～7天。

2. 出河 4月上中旬至5月初，随着春季到来、气温升高，冬眠结束，从河流中出来在附近寻找合适场所进行繁殖（该过程俗称“出河”）。出河的具体时间因地区与气候条件不同而有差异，并主要受天气影响，出河高峰多出现在气温较高、气压较低、湿度较大、无风或微风的天气，特别是夜间尤其是阴雨天或雨后的夜晚，林蛙集中从河中跳出来进入附近的小水塘寻找配偶（民间习称“跳湾”）。

3. 交配 进入小水塘后便开始寻找配偶进行交配。一般雄性先出河，进入小水塘后便狂热鸣叫，雌性随后出来，循雄蛙的鸣叫声而去，雌雄相会后便开始交配。交配时雄蛙爬到雌蛙背部，用前肢从雌蛙背后腋下借婚垫紧紧抱住雌蛙，后肢收缩盘曲，整个蛙体伏于雌蛙背部，停止鸣叫，腹部不停收缩（民间俗称“抱对”）。求偶交配情况与水温关系密切，一般水温在4℃以上方有求偶欲望，4℃以下则没有求偶要求，适宜温度则在8℃左右。

4. 产卵 雌蛙将卵产于林区内河流、小溪两岸（一般距离河道几百米以内）的小水塘中，如小型水洼、沼泽性水甸或春季融雪、降雨积水的临时性水洼（田边、路边的水坑、水沟、车辙积水处）等，主要选择在水较浅（水深大都不超过30cm）、水面较小的静水区（一般为水温相对较高的水塘边缘处）。排卵时，抱对的雄雌蛙有的头部露出水面、有的在水下，雄蛙后肢屈曲，用脚掌内突起迅速横向摩擦雌蛙泄殖腔附近皮肤，以刺激雌蛙排卵。摩擦数次之后即可引起雌蛙排卵，同时雄蛙泄殖腔向外翻并收缩，精液排于水中，在水中与卵子完成受精过程，时间一般在1min左右。排卵后，雄蛙随即松开前肢或1～3min后松开，停止拥抱游向别处。雌蛙原处不动，多经5min左右恢复体力后，登陆上岸进行生殖休眠。刚排出的卵团呈球形或橄榄形，直径4～5cm，卵胶膜透明而富有弹性，卵粒为黑色，卵粒间结合紧密不易分开。卵团的卵胶膜在产后吸水强烈，迅速吸水膨胀变大，3h之后逐渐减弱。卵团由开始的近球形变为近半球形，浮于水面，水面下部分呈半球形，水面上部分比较平整，直径在15cm左右，中间厚度在5cm左右。有时卵团因附着较多藻类植物而呈绿色。产卵时的水温要求在5℃以上，适宜水温为8℃～11℃。产卵时间一般从0时开始，5时前后是产卵高峰，到16时以后基本停止产卵。雌蛙每年产卵1次，每次1个卵团，每个卵团包含的卵粒数个体间差异很大。二年生雌蛙在800粒左右，三年生雌蛙在1500粒左右，四年生以上雌蛙可达2000粒左右。一个地区的蛙群产卵时间持续较长，从3月末一直持续到5月下旬，4月中旬至4月末是产卵较为集中的时期。

5. 生殖休眠 雄蛙排精、雌蛙产卵后，很快离开产卵场所上岸，到陆地上寻找适宜的休眠场所进行生殖休眠。进行生殖休眠时，大多数是钻入疏松土壤中5cm左右或钻到枯枝落叶、树根、石块下面，少部分会到有较大水面的水洼中，状态与冬眠相似。生殖休眠时间一般在15天左右，在此期间雌蛙很少死亡，雄蛙死亡达20%左右，主要是由于越冬、繁殖时营养消耗过大所致。一般在5月上中旬结束休眠，出来到森林中活动并开始捕食。此时若遇低温天气，还会重新钻入土中或进入水中，待天气转好后再进入森林生活。

（五）天敌

自然界中的天敌很多，并因生长发育时期不同而不同。蛙卵及蝌蚪期的天敌主要有鱼类、水蜈蚣、蜻蜓幼虫、青蛙及一些鸟类等，森林生活期的天敌主要有鹰、乌鸦、山喜鹊、狐狸、黄鼬、蛇类、鼠类等，水下冬眠期的天敌主要有水獭、鲶鱼、水蛭等。

三、生长发育规律

（一）胚胎发育

卵团中的受精卵一般在95%以上，其胚胎发育在水中进行，一般需要经过以下阶段：单细胞期（受精卵期）、2细胞期、4细胞期、8细胞期、16细胞期、32细胞期、粗囊胚期、细囊胚期、原肠胚早期、原肠胚中期、原肠胚后期、神经板期、神经褶期、神经沟期、神经管期、尾芽期、心跳期、孵化期、开口期、鳃盖褶期、右侧鳃盖闭合期、鳃盖完成期。早期胚胎发育对低温有较强的适应能力，特别是在卵裂阶段，水温在低于1℃甚至水面结冰时仍能正常发育。自然条件下，胚胎发育一般在12～20天。胚胎发育速度与外界温度关系密切，温度高、发育速度快，受精卵在18℃仅需7天即可孵化出蝌蚪。

（二）蝌蚪的生长发育

即从蝌蚪发育为幼蛙的过程。

1. 蝌蚪期　从鳃盖完成期到蝌蚪变态为止。胚胎发育到左侧鳃盖完全闭合后即发育成蝌蚪，开始进食，最初7天主要进食卵胶膜（前4天吃卵胶膜，后3天在吃卵胶膜的同时也吃水中的植物碎屑、藻类等），接下来以水中的藻类、浮游生物等为食。蝌蚪的摄食时间一般在25～30天，25天左右摄食量最大，之后采食量逐渐减少，变态前1周基本停止摄食。该时期适宜水温为18℃～25℃，低于10℃生长发育缓慢，高于28℃容易死亡。蝌蚪的集群性强，喜欢在阳光照射方向的沿岸浅水区活动，夜间一般分散伏于水底，极少活动。刮风、下雨、阴天时气温下降，大都分散沉入水下，活动减少，甚至停止活动。蝌蚪生长到20天左右时，体长1.2～1.3cm，尾长2.1～2.4cm；到25～35天，发育出后肢，体长1.3～1.5cm，尾长2.5～3.2cm；到40～50天，发育出前肢，体长1.4～1.8cm，尾长2.8～3.0cm。

2. 变态期　蝌蚪生长到42天前后进入变态期，大约持续7天，是由水生幼体到陆生成体的过渡时期，其个体发育是为适应陆地生活作准备。变态时，有些器官进一步发育，有些器官则退化。具体变化有：蝌蚪的尾和鳍褶完全退化；鳃被吸收，鳃裂闭合，咽部靠近食道处2个分离的盲囊向腹面突出，并逐渐扩大形成左右肺，开始肺呼吸。随着肺呼吸出现，循环系统相应由单循环变成不完全循环，心脏逐渐发育成2心房、1心室；唇齿（角质齿）全部脱落，口部形态发生变化，变成幼蛙口型，右下唇前缘出现蛙舌；消化管缩短，许多肠曲变直，前部分化出胃，后部分化出小肠和大肠，泄殖腔管退化；头部由圆形变为三角形，眼从头的背部突出并长出眼睑；中耳发育与第一咽囊相连，鼓膜发育，由圆形鼓膜软骨支持；皮肤结构也发生变化，色素增加，颜色发生改变并出现斑纹，体部出现侧褶；四肢发育增大并分化，运动状态也由鱼型运动转变为蛙类运动方式；尾部缩短，呈圆锥形，以后逐渐消失。

在蝌蚪发生变态时停止进食同时失水，体形变得瘦小，体重减少近一半。蝌蚪运动是靠尾部摆动，属鱼形运动方式；四肢出现后一段时间虽然也靠尾部摆动运动，但尾部缩短摆动力减弱，同时也靠四肢运动，运动方式属鱼蛙兼用型；尾部缩短到4mm以下时，其运动主要靠四肢，特别是后肢的弹跳力，属蛙型运动方式，变态为幼蛙。蝌蚪营水栖生活，变态后为水陆两栖生活。刚变态的幼蛙有时在水中游动，有时在岸边离水较近的地方爬行。一般刚变态的林蛙在水边生活1周左右后，多在夜间或雨天登陆进入山林，这时尾部基本全部消失，营完全陆栖生活。幼蛙在5月下旬左右就开始陆续进入山林中生活，一直会持续到6月中下旬左右，差不多有1个月左右的时间。

（三）林蛙的生长发育

刚变态的幼蛙体长一般在13～15mm，身长约为体长的1/3，体重0.5g左右，背部及体侧呈褐色，侧褶明显；前肢和后肢有浅褐色横纹，攀登能力较强，不耐日晒及干燥（阳光直射10～30min即能脱水致死）。一年生雄蛙身长2～4cm，体重3～5g；雌蛙身长3～6cm，体重4～8g。二年生雄蛙身长5.1～5.6cm，体重15～18g；雌蛙身长6.3～6.8cm，体重25～30g。三年生雄蛙身长5.9～6.5cm，体重20～22g；雌蛙身长7.1～7.5cm，体重35～45g。四年生雄蛙身长6.6～6.8cm，体重24～28g；雌蛙身长7.1～8.6cm，体重45～55g。三至五年生林蛙处在青壮年时期，身体健壮、性情活跃、动作灵活、繁殖能力强。六年生以上的林蛙体形肥大，皮肤呈黑褐色，生有许多细小疣突，行动迟缓，逃避天敌能力减弱。在蛙群中，五年生以上者所占比例极小。在风调雨顺的年份，其栖息地食物丰足，则生长发育良好，产量也大；若栖息地自然条件恶化（如自然灾害、人为破坏等），则生长发育缓慢，会有部分死亡或迁移。

四、种质资源状况

我国林蛙种类很多，动物分类学家初步将其划分为8个种，即中国林蛙、黑龙江林蛙、中亚林蛙、阿尔泰林蛙、昭觉林蛙、桓仁林蛙、日本林蛙和昆仑林蛙。不同产地的中国林蛙在形态学，染色体组型、C带、银带等方面均有显著差异，据此中国林蛙又被划分为4个亚种，即中国林蛙长白山亚种、中国林蛙甘肃亚种、中国林蛙康定亚种和中国林蛙指名亚种。其中中国林蛙长白山亚种产于长白山区域，为正品哈蟆油的原动物。吉林省舒兰市分布的中国林蛙长白山亚种以褐背黄腹型为主，具有生长速度快、适应能力强、出油率高等特点。

五、养殖技术

（一）选地建场

1. 放养场的选建 选择远离村屯、公路、工厂、矿山，较偏僻的地方，避免畜禽危害及人类活动影响。最好还要远离水库，以免林蛙下山进入水库不便捕捉。①地形，两山夹一沟或三面环山，沟向以南向、东南向或西南向为好，山脊海拔在800m以上，与山脚海拔相差在150m左右。坡长不小于1000m，并集中在海拔300～800m范围内。沟内要有常年不断的河流或小溪，在河流或小溪岸边林缘附近应有适当平坦地块，以便修建繁殖场设施。②植被，林蛙主要在森林中栖息，成蛙和幼蛙在森林里摄取食物并完成生长发育过程，因此要有良好的植被条件。要求为阔叶林或针阔混交林，乔木树龄在20年以上，树高10m以上，并要有一定密度，树冠相接，林下郁蔽度要在0.8以上，林下有灌木、草本植物且密度较大，地面有较厚的枯枝落叶层。③水源，林蛙繁殖在水中进行，冬眠基本也在水中。在其繁殖、冬眠阶段水源应充足、无污染，水体pH 6～7，河宽平均应在2～5m以内，水深20～50cm，流量在0.05m^3/s，冬季冰下有一定厚度的不冻层，水流不断。④气候条件，年降水量平均600～1300mm，年平均气温3.5℃～4℃，全年日照2300～2500h，无霜期140天左右，夏季林下相对湿度在80%以上。

2. 设施 ①蓄水池，在距离河道较近处修建，面积一般在100m^2左右，深1m以上。孵化阶段处在早春，河流内水温较低，修建蓄水池可提高水温。将水从河道引入蓄水池2～5天后，再从蓄水池引入产卵池、孵化池、饲养池。每孵化100万只蝌蚪需修建

1 个 80～100m^3 的蓄水池。②产卵池、产卵箱，产卵池面积为 10～20m^2（2m×5～10m），深0.5m，注水水深控制在15～20cm，池坝高60～80cm，入水口、出水口开于池子的同一侧，由于新引入池内的水温较低，以此来尽量保持池内水的稳定以及减少水体更新对水温的影响。为防止卵团粘上泥沙沉入水底（俗称“沉卵”）影响孵化，池底应铺设直径1～5cm的鹅卵石或塑料薄膜。为控制林蛙产卵及选育良种，可用产卵箱。产卵箱为木制框架结构，规格为60cm×70cm×50cm，四周围以塑料薄膜，底用16目尼龙筛网制成。使用时将其斜放于产卵池内，一侧水深15～20cm，另一侧水深10cm左右，箱与箱间距离20cm。③孵化池，面积为20～40m^2（4～5m×5～8m），深0.8m左右，池内水深20～30cm。为减少污染、调控水温，各孵化池之间既要能单排单灌，又能串灌。在入水口的同侧及对面均设排水口，排水口低于入水口，口上设拦网。④饲养池，面积为40～100m^2（4～5m×10～20m），池埂宽度80～100cm，有25°～35°坡度，以方便蝌蚪活动及变态后上岸。池深0.8m左右，池内白天水深25～30cm，夜间35～40cm。在入水口的同侧及对面均设有出水口，入水口和出水口均设有拦网。⑤变态池，在沟内沿河道每隔300～500m修建变态池，一般距河道15m左右，距离放养山林5m以内。为锅底形，面积30～40m^2，中间水深25～35cm，边缘水深10～15cm，并留有出水口，出水口设有拦网，以防降雨时冲毁变态池及变态蝌蚪从出水口逃跑。⑥贮蛙池，在沟内距离河道及看护房较近的地方修建贮蛙池，面积10～40m^2，水深80～100cm，能入能排，排水口设有拦网，池底设隐蔽物。⑦越冬池，在沟内，沿河道边缘修建越冬池，每隔500～1000m修建1个；或将河道内的深水区改造成越冬池，面积50～100m^2。水深应根据当地冬季最低气温而定，一般2～2.5m，以确保冰面下有1m以上的流水。入水口距离池内水面应有0.5m左右的落差，产生流水声，可吸引林蛙回归。池底应使用石块之类设置隐蔽物，不能用树枝、树叶、杂草等，以避免腐烂污染水质及消耗水中的氧气。为方便看护，也可在室内修建过水窖供林蛙越冬用。过水窖用水泥修建，深1.5m，入水口在顶部，出水口在底部，并设拦网，拦网孔径1～2cm。底部铺5～10cm厚河沙，河沙之上铺1层石块，水深保持在80cm，水面上盖10cm厚的稻草。水从河道内引入，从底部排出，水要保持不断流动。⑧房屋，包括人员起居室、简单的实验室、仓库、看护房等，应建于繁殖区的下游地势较高处，以减少生活垃圾等对场区环境的污染。在场区生活的工作人员，对有害生活垃圾，如废电池、废试验药品、废塑料制品等要带出场外处理。⑨养殖场布局，养殖场设施一般都在河道岸边地势平坦、距河道较近处修建，以便引水和排水，引、排水过程通过设施间的落差来完成。繁殖区（包括产卵池、孵化池、饲养池）根据地形情况尽量建于养殖场的中、下游地带。蓄水池建于距繁殖区较近的上游，以便引水。繁殖区的中心是产卵池，依次为孵化池、饲养池。变态池、越冬池按要求沿河道修建。贮蛙池在看护房附近修建。房屋设施建于繁殖区下游。

（二）种蛙的选择、贮存、运输

可在自己蛙场商品蛙中选择，也可从其它蛙场或地区引种。若本场种蛙种群退化，则必须从其它蛙场或地区引入优良种群。可引入种蛙，亦可引入种卵，引种一般在春季繁殖阶段进行。

1. 选留种蛙　10月末至11月初或第二年3月末至4月初进行，要求发育良好，身体健壮，无损伤，动作灵活。雌蛙二至三年生，体重30～40g，身长6.5～7.5cm；雄蛙二年生以上，体重18～30g，身长5.5～7cm。雄蛙、雌蛙比例为1～1.2:1。

2. 种蛙的贮存 秋季选留的种蛙可雌雄混在一起先置于贮蛙池，然后移入越冬池内贮存越冬；春季选择的种蛙贮存时要雌雄分开，避免贮存过程中产卵。

3. 种蛙的运输 种蛙、种卵应根据其习性采用相应方法运输，避免运输过程中造成损伤。①种蛙运输，用枝条编制的条筐或四周有孔的木箱（规格60cm×70cm×30cm），内衬麻袋或编织袋，底部垫上树叶、稻草或苔藓，运输时淋水保持湿润。秋季可雌雄混合运输，春季要雌雄分开运输，密度为500只/箱。运输途中温度应保持在8℃以下，可向箱内加冰块（将冰块放入塑料袋内并加入少量水，封口后放入）降温。同时，也要注意防冻，特别在夜间，可用草袋、毡布、塑料薄膜等覆盖保温。到达养殖场后先进行疫病预防，方法是将种蛙先放入3%～4%氯化钠溶液中5～8min，再置于10mg/kg漂白粉（或20mg/kg高锰酸钾）溶液中浸30分钟，然后用清水冲洗干净。②种卵运输，从其它蛙场引种的种卵，若短距离运输（时间在2h内），用干净盆或桶盛装，不必加水，直接运送至孵化池；若长距离运输，最好用装海鲜的泡沫塑料箱（规格40cm×60cm×40cm），内衬无毒塑料袋，为防止卵团间相互粘连影响孵化，每箱塑料袋内加水15L左右，卵团密度为100～120个/箱，塑料袋封口（剩余空间充满空气）后加上箱盖。运输途中温度保持在10℃以下，必要时可在泡沫塑料箱和塑料袋之间放入冰块降低温度。运输途中每天将塑料袋打开换气1次，以防缺氧，时间在5～10min，换气后再将塑料袋封口，盖好箱盖。到达目的地后，将卵团用清水冲洗2～3次，尽快放入孵化池。事先孵化池水温应进行调整，使其与卵团温度相差不超过3℃，然后再缓慢升温至孵化温度。

（三）繁殖方法

1. 交配 交配产卵在4月上旬至5月末，4月中旬至5月初是交配产卵较集中时期，尤其是气温较高、气压较低、湿度较大、无风或微风的天气，特别是夜间尤其是阴雨天或雨后的夜晚。将种蛙先放人3%～4%氯化钠溶液5～8min（或10mg/kg漂白粉溶液30min或20mg/kg高锰酸钾溶液30分钟）消毒及疫病预防，捞出用清水冲洗干净，将大小相近种蛙按雄、雌比例为1～1.2:1分次投入产卵池或产卵箱。产卵池每平方米投放3～4对种蛙，产卵箱投放种蛙30～40对/箱。水温控制在8℃～10℃。

2. 产卵 林蛙交配时间从几小时到2天左右，随即产卵。1只雌蛙每次产1个卵团，重20～28g，卵粒数600～1800。每0.5～1h用小型捞网捞取1次卵团，避免卵团吸水膨胀后相互粘连。捞取卵团时动作要轻，以免惊动正在产卵的种蛙。

3. 产卵进程调控 4月中旬至5月初是交配产卵较集中时期，在此期间交配产卵的种蛙占50%～70%，4月中旬之前产卵者占20%以下，5月上旬以后产卵者占20%左右。延缓种蛙交配、产卵的方法是降低越冬池或过水窖内的水温，反之提高越冬池或过水窖内水温可促使种蛙交配、产卵。

4. 生殖休眠管理 产卵后的林蛙有10～15天休眠期。产卵后应及时捞出，送到距离产卵区较近的林缘或林中枯枝落叶较厚、土壤疏松的地方进行生殖休眠。

5. 孵化 卵团捞出后立即送孵化池孵化，孵化水温白天最高为15℃～22℃，一般在18℃左右；夜间最低为10℃～15℃，一般在12℃左右。受精卵孵化率一般为85%～90%。每平方米孵化池投放5个卵团。一般4月下旬前，气温较低、变化大，为保持水温宜采用串灌方式，并从入水口同侧的排水口排水。池内水体保证5天左右更新1次。蝌蚪在孵化池生长到10天后，疏散到饲养池。

（四）蝌蚪的饲养管理

1. 食料控制 孵化出的蝌蚪开始取食卵胶膜，4日龄后开始吃水中浮游生物。饲养池内最好有较厚黑土（腐质土）层，以利于藻类生长发育、供蝌蚪食用。蝌蚪10日龄后应转移至饲养池中进行人工喂养，饲料有豆渣、玉米面、青饲料、动物性饲料等。每天9~11时和14~16时各投放一半饲料，每次投放饲料应保证上1次投放饲料吃完。随蝌蚪生长，投食量可适当增加，每5天投放饲料量增加20%左右。

2. 密度控制 开始饲养密度为1000~1500只/m^2，20天后饲养密度降至800~1000只/m^2。

3. 温度及池水控制 开始时开放入水口同侧的出水口，使水沿池一侧边缘流动，池水大部分呈稳水状态以保持水温，白天最高水温控制在15℃~20℃，夜间最低10℃~15℃，池内水体保持2~3天更新1次。蝌蚪在饲养池生长到20天后，生长发育迅速，耗氧量较大，排泄物增多，同时气温升高，有机物分解加速，此时白天最高水温控制18℃~25℃，夜间最低15℃~18℃，池内水体1~2天更新1次。

4. 蝌蚪发育进程控制 蝌蚪发育进程一般应控制在5月下旬变态的占10%左右，6月上旬左右变态的占30%左右，6月中旬以后昆虫大量出现、变态者应占到50%左右，6月中旬以后变态者占20%左右。如遇低温或高温年份，可根据实际情况作适当调整。

（五）放养管理

刚变态的幼蛙体质较弱，上岸时如果地面干燥、阳光直射，易造成幼蛙脱水死亡，晴天要定时在变态池岸四周洒水或用嫩青草、潮湿草帘覆盖。为降低幼蛙上岸死亡率，可将幼蛙用桶装载，选择较好生境、人工放于林地之中。种蛙繁殖后经生殖休眠自行进入山林。越冬池中的幼蛙根据气温、植被情况在4月下旬以后取出放于河道内，自行疏散到林地之中即可。每公顷有效森林放养刚变态幼蛙10~15kg（1800只左右/kg幼蛙），当年幼蛙放养密度为3000~5000只/hm^2有效森林；二年生以上成蛙放养密度为3000只左右/hm^2有效森林。蛙群中一年生幼蛙与二、三年生成蛙比例为7:3左右。放养3年回捕（收）率（商品蛙数量/幼蛙放养数量×100%）为3%左右。

（六）越冬管理

东北地区南北气候有一定差异，林蛙越冬时间也有差异，一般在9月下旬至10月中旬、气温降至10℃以下、河水温度在8℃以下，开始下山进入河流中，雨中会集群回河，回捕一般在回河后进行。

回捕林蛙先置于贮蛙池中暂存，贮蛙密度为500~800只/m^2。贮蛙时池底设隐蔽物，池水应保持流动，池内水体保持3天左右更新1次，贮存时间9月下旬至11月中旬。11月上、中旬移入越冬池，越冬密度为每平方米50~60只成蛙；幼蛙密度可适当增加，一般每平方米100~300只，池底应按要求设隐蔽物。若在室内过水窖越冬，室温保持在5℃~10℃，水温在2℃左右，池内水体保持3天左右更新1次，贮蛙密度每平方米800只左右。

商品蛙、种蛙、幼蛙应分开越冬，若在同一个越冬池（室内过水窖）越冬，可用10目尼龙筛网将商品蛙、种蛙、幼蛙隔开。防范水獭、鲶鱼等天敌吞食冬眠林蛙。第二年3月下旬至4月上旬、夜间最低气温在5℃左右、白天最高气温达10℃以上结束冬眠，开始出河抱对、产卵，此时取出种蛙进行繁殖。幼蛙在4月下旬以后取出放于河道内即可。

（七）疾病及其防治

1. 疾病预防 ①设施消毒，9月上旬将养蛙设施内的水放尽，清除杂草，晾干后，将表土层刮掉3cm，日晒7天，用生石灰或漂白粉消毒。生石灰用量为700kg/hm^2，均匀撒在表面；漂白粉用量为5kg/hm^2，配成1.5mg/L溶液均匀喷洒在表面。②种蛙疾病预防，引种种蛙放入养殖场前先进行疫病防疫，将种蛙放入3%～4%氯化钠溶液浸10min，再置于10mg/kg高锰酸钾溶液浸30min，取出后置于清水中洗去药液，然后放入养殖场中。③种蛙交配前，在3%～4%氯化钠溶液浸洗5～8min，放入10mg/kg漂白粉溶液浸洗30min，投入20mg/kg高锰酸钾溶液中浸洗30min。

2. 疾病治疗 半人工管理下的种群复壮技术养殖林蛙很少发生疾病，若发生疾病要在专门的治疗池中治疗。病蛙治疗后，用清水洗去体表残留药液，放入清水池中，每天彻底换水1次，反复3～5次，治愈后再植入相应设施中。蝌蚪皮下鼓胀病，多发生在蝌蚪发育中后期，表现为蝌蚪体部鼓胀，似有气体，浮于水面不易下沉。治疗方法：立即将蝌蚪转移至新饲养池，放掉池水，除去池内壁表面泥土，彻底消毒清洗，最好用漂白粉，方法同前。接下来要降低蝌蚪密度、加速水体更新。预防方法：控制好饲养密度、池水更新速度，保证每次投入的饲料当次吃完，剩余食物残渣及时清理。蝌蚪皮下鼓胀病症见蝌蚪聚在一起，不愿活动，皮下有暗红色出血点，并逐渐增多、扩大，最后死亡。治疗方法：用维生素C和维生素K或丙硫咪唑治疗。③红腿病，病蛙伏地呈犬坐姿势，精神不振，大腿内侧、腹下出现红斑或出血点，具传染性，繁殖期、休眠期发病。治疗方法：病蛙用20%磺胺咪溶液浸泡48h，或用5%高锰酸钾溶液浸泡24h，设施用1mg/kg高锰酸钾溶液喷洒消毒。④烂皮病，病蛙初期眼部瞳孔出现黑色粒状突起，很快整个眼部变白、失明，同时背部出现皮肤失去光泽、脱落，导致出血性死亡、休眠。病因主要是坏死杆菌（梭状菌）感染，病情进展快，治疗较困难。预防方法：设施使用前彻底消毒，向水中加入维生素A（维生素A先用酒精溶解），浓度为5mg/kg左右。对于越冬池，从入水口加入，用量5g/m^3，2个月1次。发现病蛙立即处死，并及时隔离。⑤曲线虫病，病蛙焦躁不安，头部向一侧倾斜，跳跃方向也偏向一侧，发病于繁殖期和休眠期，因感染曲线虫所致。治疗方法：病蛙用硫酸铜与硫酸亚铁（5∶2）合剂（浓度0.7mg/L）溶液浸洗20～30min，取出用清水冲洗掉体表残存的药液。注意，硫酸铜与硫酸亚铁合剂溶液要装于适当容器对病蛙进行治疗，用后连同清洗蛙体的污水要一起运进养殖场，以免Cu^{2+}污染场区。预防办法：设施使用前统一彻底消毒，发现后及时隔离，对病蛙进行治疗。⑥黄皮病，皮肤变为黄色，很快死亡。发病于冬眠期及产后休眠期。目前尚无有效防治方法，发现病蛙应立即处死，并采取隔离措施。

六、采收加工

（一）采收

采用半人工管理下的种群复壮技术养殖，一般养殖周期为3年，一部分二年生蛙亦可达到商品蛙规格。商品蛙捕捉从9月下旬开始，此时气温降低，林蛙开始下山回河，一直持续到10月下旬封冻前，俗称“回捕”。常用回捕方法有：

1. 草把诱捕法 林蛙有钻进隐蔽物中冬眠的特性，在其冬眠河封冻前，将树枝、蒿草、瓜秧等做成草把放入河底，引诱林蛙钻进其中冬眠。每隔2天左右取出草把1次，捕捉其中的商品蛙。

2. 灯光诱捕法 林蛙在夜间有趋光习性，在其下山回河冬眠时，于河岸边挖1m左右深的土坑，将麻袋或丝袋放入其中，袋口张开，与坑口相平。夜间在其中间挂一盏灯，林蛙被灯光引诱跳入袋中，然后捕捉。

3. 翻石捕捉法 林蛙回河后会钻入石块缝中冬眠。河水封冻前翻动石块，受到惊扰的林蛙从石块下逃出，用手或网捕捉。

4. 套窝捕捉法 河底为砂质的河流，林蛙在其中冬眠时会钻入沙砾中，形成圆形中央突出的小砂窝，可以此判断其藏身之处，然后捕捉。

5. 鱼篓捕捉法 林蛙回河后，为寻找冬眠场所会顺水下游。此时，在其冬眠的河流选择坡度大、水流急处用石块、树枝筑成小坝，使水流集中从坝顶开口处形成瀑布流出，在瀑布下放置鱼篓，林蛙就会顺流进入鱼篓，根据情况每隔一段时间取出鱼篓，捕捉其中的商品蛙。

6. 拦河网捕法 在其冬眠的河流选择坡度大、水流急处用石块、树枝筑成小坝，使水流集中从固定在坝中间的网袋中流出，中国林蛙长白山亚种就会顺利进入网袋，根据情况每隔一段时间取出网袋，捕捉其中的商品蛙。

7. 挖沟捕捉法 一般用于水库区养殖林蛙的捕捉。水库养殖林蛙冬眠不便捕捉，可在其下山进入水库的必经之处，挖深50cm左右、宽40cm左右、内壁垂直的沟，下山冬眠的林蛙跳进沟里而不能跳出，从而予以捕捉。

8. 拦截捕捉法 在林蛙回河的必经之路（靠近河道的山脚下）设置障碍物，通常是建围栏，材料一般用塑料薄膜，高度为30~50cm，将塑料薄膜固定在木桩上并埋入土中30cm左右，向内倾斜60°~70°。林蛙受到围栏阻拦后会伏在围栏下，此时予以捕捉。

9. 越冬池捕捉法 9月中旬以后越冬池开始蓄水，林蛙回河时相当部分会进入越冬池。每隔10天左右将越冬池内的水放干，然后人员下到越冬池内，用捞网或直接用手捕捉。

10. 其他方法 河水封冻后捕捉较困难，可在其冬眠的河流深水转弯处，凿开一个窟窿，大小以方便捕捉为宜，用长竿拨动水底石块，并用带长柄的网捞取受惊扰从石块下钻出的商品蛙。

无论用哪种方法捕捉，都要捉大放小。春季处于繁殖期的林蛙不能用于加工蛤蟆油。

（二）蛤蟆油加工

蛤蟆油产地加工应采用干剥法。

1. 商品蛙标准 商品蛙应为三年生以上、发育正常、健康无伤的雌性林蛙。按大小分为四等：一等蛙每500g 10~12只，二等蛙每500g 13~15只，三等蛙每500g 16~17只，四等蛙每500g 18~20只。

2. 商品蛙运输 将600只左右的商品蛙装于80cm×120cm的编织袋内，扎紧口、淋上水后，置于80cm×60cm×40cm、四周有孔的木制或塑料箱内运输，到达目的地后，应立即倒入贮蛙池。运输时间应控制在48h以内。

3. 穿蛙 将商品蛙从贮蛙池内捞出，用12#铁丝将同等大小的活商品蛙从双目横穿，每串35只左右，将铁丝两端系于竹竿上。铁丝长140~160cm，竹竿长120~130cm。

4. 晾晒（干燥或干制） 商品蛙在干燥、通风处缓慢阴干，避免曝晒。晾晒场地应光照、通风良好，平整、无灰尘、无杂草。将穿好蛙的竹竿架于木架上晾晒，竹竿间纵向距离为35~40cm，横向距离为20~30cm，最下层距离地面80~100cm。在被干燥的商品蛙完全死亡之前，由于活动可能相互聚在一起，应注意用铁钩分开，保持蛙间距离在3cm左右。注意防冻、防雨淋。白天、天气晴好时在室外，雨天、夜间将蛙串移至室内，按同样要求架于木架上。室内晾晒时要保持保持通风良好，保证在干燥过程中水分比较缓慢地蒸发。已干燥的商品蛙（习称“蛙干”，含水量在15%左右）置于库房内的木架上，可以排放得紧密一些，注意防潮、防鼠。

5. 软化 蛙干经适度吸水软化后，可避免剥制时因输卵管破碎造成损失及药材品质下降。原始的软化方法是，将蛙干用温水润湿，堆放在一起，表面用湿麻袋覆盖，闷12h左右。此法存在软化时间长，软化程度不好控制，污染较严重等问题。规范的软化方法是利用软化箱软化，软化时将蛙干串架于软化箱内支架上，纵向距离30cm左右，横向距离8cm左右，软化温度40℃~60℃，相对湿度90%以上，时间3~4h。软化好的蛙干（含水量35%左右）从铁丝上取下，置于无毒塑料袋内封好，注意保温，防止水分蒸发。

6. 剥制 ①环境及人员卫生要求，剥油车间墙壁应平整、洁净，地面平整、光滑，工作时保持潮湿，但不得有积水。内设紫外灯，工作前照射1h，每晚下班后照射1h，同时用乳酸蒸汽熏蒸灭菌。工作台面要光滑，工作前用75%酒精擦洗消毒。剥油用具（手术剪刀、镊子）、盛油容器（不锈钢盘）使用前用75%酒精消毒处理，使用后及时清洗、擦干。剥油工人应该穿白色连体工作服，戴工作帽、戴口罩，每次工作前流水洗手后，再用75%酒精消毒。②剥制方法，剥油时，取软化好的蛙干用剪刀在其腹部最下端剪“十”字形口，将下肢向背后折至头部，将腹部两侧外皮向两侧剥起，充分暴露输卵管，然后用镊子轻轻取下，尽量不要使之破碎，将上面的卵粒去除干净后置于盛油容器中。

7. 干燥 将剥取的蛤蟆油进一步挑选，除去杂质，置于搪瓷或不锈钢盘中，在40℃~50℃下干燥6~12h，含水量控制在12%~14%，即成商品。

以块大、肥厚、黄白色、有光泽、无皮膜者为佳。

（宗　颖）

蛤　蚧

蛤蚧为壁虎科动物蛤蚧 *Gekko gecko* Linnaeus 去掉内脏的干燥体，属于著名传统中药，始载于《开宝本草》。其性平，味咸；归肺、肾经；具有补肺益肾、纳气定喘、助阳益精等功效；用于治疗虚喘气促、劳嗽咳血、阳痿遗精等病症。现代研究证明，蛤蚧主要含有甾体类、脂肪酸类及氨基酸等成分，具有增强免疫、抗应激、平喘、抗炎等药理活性。野生蛤蚧主要分布于北回归线附近的亚热带石灰岩地区，生活在植被覆盖率80%以上，年最高气温36℃~37℃，最低气温6℃~7℃，年降水量1200mm左右，相对湿度40%~90%的地方。在广西主要分布于西南部左、右江流域的崇左、龙州、大新、上林、天等、德保、靖西等地。广东阳江、阳春，云南的西双版纳，贵州、江西的局部地区有少量分布。在国外，越南、泰国、老挝均有分布。由于蛤蚧野生资源枯竭，从20世纪60年代起我国开始立项进行蛤蚧人工养殖研究，并取得了一定进展。

一、形态特征

陆栖爬行动物，全长约34cm，体尾等长。头呈三角形，长大于宽，吻端凸圆。鼻孔近吻端，耳孔椭圆形，其直径为眼径之半。上唇鳞 12～14 片，第一片达鼻孔；吻鳞宽，不达鼻孔；吻鳞后缘有 3 片较大的鳞，头及背面鳞细小，成多角形，尾鳞不甚规则，近于长方形，排成环状；大而突起的鳞片成行的镶嵌在小鳞片中，行距间约有 3 排小鳞，分布在躯干部的有 10～12 纵行左右，在尾部的有 6 行；尾侧有 3 对隆起的鳞；胸腹部鳞较大，均匀排列成复瓦状。4 足 5 指趾，指、趾间具蹼；指趾膨大，底部具有单行劈褶皮瓣，第一指趾短小无爪，余者末端均具小爪。雄性有 20 余枚股孔，左右相连；尾基部较粗，肛后囊孔明显。体背为紫灰色，有砖红色及蓝灰色斑点；液浸标本成为深浅相间的横斑，背部约有 7～8 条；头部、四肢及尾部亦有散在；尾部有深浅相间的环纹 7 条，色深者宽；腹面近于白色，散有粉红色斑点。

二、生态习性

栖息在山岩或荒野岩石缝隙、石洞或树洞内，有时也在人们住宅的屋檐、墙壁附近活动。听力较强，但白天视力较差，怕强光刺激，瞳孔经常闭合成一条垂直的狭缝。夜间出来活动和觅食，瞳孔可扩大 4 倍，视力增强，灵巧的舌还能伸出口外，偶尔舔掉眼睛表面上的灰尘。动作敏捷，爬行的时候头部离开地面，身体后部随着四肢左右交互地扭动前进，脚底的吸附能力很强，能在墙壁上爬行自如。原来认为它的脚下有吸盘，其实其趾端膨大的足垫并不是吸盘，而是在足垫和脚趾下的鳞上密布着一排一排的成束的象绒毛一样微绒毛，如同一只只弯形的小钩，所以能够轻而易举地抓牢物体，可以在墙壁甚至玻璃上爬行，微绒毛顶端腺体的分泌物也能增强它的吸附力。喜食活体昆虫，如蝗虫、蟑螂、蝼蛄、黄粉虫、土鳖虫、洋虫等，成体蛤蚧一次可吞食蟑螂 5 只，进食一次可 3～5 天不寻食。在极度饥饿时也进食少量死而不臭的昆虫。

三、生长发育规律

为变温动物，每年 11 月开始进入冬眠，到第二年 3 月底结束。活动期因气温不同而异，每年 3 月底至 11 月中旬为活动季节，5～9 月最为活跃。喜暖怕寒，当气温在 20℃ 左右时，开始活动并摄食，温度下降到 12℃时停止活动，呈冬眠状态。在冬眠季节人工升温，室内大部分蛤蚧出来活动，并取食。喜暗畏光，白天很少外出活动，在黄昏后陆续外出活动觅食，在 21～23 时最为活跃。满 3 岁后达到性成熟，每年 4～5 月发情交配，5～8 月为产卵期，6～7 月为产卵盛期。

四、种质资源状况

蛤蚧品种在分类学上至今仍没有作出定论。按区域划分为广西蛤蚧、泰国蛤蚧、海蛤蚧。广西蛤蚧主要分布于广西桂林西南石灰岩山区，越南也有分布；而泰国蛤蚧则主要分布于泰国。按商品划分为灰斑蛤蚧（通常指广西蛤蚧）、红斑蛤蚧（通常指泰国蛤蚧）。蛤蚧来源较少，价格昂贵，所以在市场上常常出现伪品，常见的伪品有壁虎、多疣壁虎、蜡皮蜥、西藏蛤蚧、红瘰疣螈等。

五、养殖技术

（一）选址建场

修建养殖场应选背风向阳、昆虫丰富、通风、阴凉干燥的地方，其中包括消毒池、孵化室、小蛤蚧养护室、种群繁殖室（含假山）、商品生产场（以假山为主）、养虫室、病蛤蚧隔离室。每一室都要在距屋顶 50～60cm 处开一个规格 50cm×40cm 的空气对流窗，并用铁丝网密封，防止蛤蚧外逃及天敌侵入。

1. 消毒池 砌一长60cm、宽30cm、高10cm的浅池，池内放吸水性较强的垫料，在池中倒入消毒液。

2. 孵化室 要求同小蛤蚧养护室。

3. 小蛤蚧养护室 设在养殖场中心出口处，用石灰石或干燥性较好的砖砌成10～15m^{2}的房屋，并设有通风透气窗，要求在冬季寒冷季节能密封保温。

4. 种群繁殖室 用石灰石或干燥性较好的砖砌成10～15m^{2}的房屋，要求墙面粗糙，墙高2/3处开通风透气窗。在养殖室的一侧设运动场，以一门相隔。运动场内砌便于蛤蚧运动的假山，假山周围用铁丝网围好。

5. 商品生产场 以露天假山结构为主，假山可用石灰石垒砌，周围用铁网围成，顶上安装黑光诱虫灯，在地面砌一长100cm、宽30cm、高8cm的浅水池。假山要求用石灰石砌成空心假山，分假山壁和假山心两部分；蛤蚧所栖息的石缝呈上下垂直方向，以避免日光直射及减少雨水流入缝穴内；石缝要求深为21～75cm，缝隙内走向为斜向上，防止雨水倒流，保持干燥；穴居洞宽15～30cm，高3～6cm。

6. 养虫室 用砖砌15m^{2}的房屋，在门对面墙上开窗，要求通风透气良好。

7. 病蛤隔离室 用石灰石砌10m^{2}养殖室，室内要求通风透气良好，也可用木板钉一木箱用于隔离病蛤。

（二）饲养技术

1. 引种和放养密度 ①引种，从别的养殖场引进的蛤蚧必须用0.1%高锰酸钾进行体表消毒，放入观察室观察1周，待稳定后转入饲养室（场）饲养。②饲养密度，按养殖室和养殖假山面积大小而定，一般每平方米放养成体20条左右，小蛤蚧50条左右。

2. 饲料 ①黄粉虫饲养，按精料（麦麸、米糠）为主、青料（青菜、果皮）为辅的原则，定时捡蛹，取卵粒孵化，在70cm×45cm×15cm规格的光滑木箱里饲养，每次可养1万～2万只，全年继代繁殖。②土鳖虫饲养，以肥土3份、沙1份比例作为饲养土，饲料以精料（麦麸、米糠）为主、青料（青菜、果皮）为辅，分龄期饲养，定期捡卵孵化，每平方米池养2万～3万只幼龄虫。③灯光诱虫，在养殖室或假山运动场顶上安装黑光诱虫灯诱虫，灯下设收集漏斗，漏斗管长一般50cm。诱来的昆虫也可经漏斗管落入蛤蚧场（室）内供蛤蚧捕食，漏斗管下端用塑料薄膜管套牢，薄膜管长50cm以上、宽6cm，要防止蛤蚧从管内外逃。晚上7时开灯，早上7时关灯，周围农作物喷洒农药时严禁开灯8～10天。黑光灯诱虫可获70多种昆虫。

3. 饲喂方法 ①饲养昆虫投喂，在没有安装黑光灯诱虫的蛤蚧饲养室，每天投喂活昆虫一次。7～8月是摄食最盛期，早、晚各投一次，晚餐比早餐多。按食量而定，一般每条蛤蚧每天投喂黄粉虫5～6只，约0.3～3g，和土鳖虫一起放入盒中供自由捕食。刚孵化出的小蛤蚧每天投喂小昆虫，如黄粉虫、幼龄土鳖虫、洋虫等。冬、春季每天投喂一次，按食量而定。入冬前喂足饲料，使其体质健壮，利于冬眠。来年气温回升18℃以上时，及时投喂饲料，使其较快恢复体质，减少死亡。黄粉虫营养丰富，是蛤蚧喜食的昆虫之一，用来喂蛤蚧的效果比喂蝗虫、黑光灯诱虫好。②黑光灯诱虫投喂，装有黑光灯的饲养室及活动场、假山，主要通过灯光诱虫供蛤蚧捕食。若诱得虫少时，应及时补喂饲养的昆虫；若诱得虫多时，应提供些给未装诱光灯的蛤蚧捕食。在冬、春季野外虫源少时，更应补喂饲养昆虫。室内的饮水盒要经常换洗。一般投喂多种昆虫比投喂单一昆虫蛤蚧生长快，成活率提高48.8%。

（三）繁殖方法

1. 种蚧的选择 蛤蚧种源可到饲养蛤蚧的养殖场购买，也可到野外山间捕捉。选择体型健壮，无损伤，无畸形的3～4年龄的蛤蚧为种蚧，于春季解蛰后捕获，装在铁丝笼或竹楼内运至养殖场所放养即可。一般木箱养殖，每箱放种蚧15～20条；柜式箱养，每柜放种蚧6～10条，5～10月，宜将饲养箱（柜）放在室内阴暗通风处，注意依法投食饲养。房养、假山饲养、放养场养则视规模大小而投适量种蚧养殖。

2. 雌雄搭配 蛤蚧繁殖期要控制雄蚧数量，不能过多，否则会出现争雌争食，咬断尾巴等现象，而且雄蚧还有吃卵和咬死小蛤蚧的恶习，故繁殖期的养殖群体中雄蚧数量要严加控制，一般认为以20～30条群体中配1条雄蚧为宜，多余的雄蚧应在入冬前或出蛰后淘汰，可供加工药用。

3. 产卵与授精 蛤蚧卵生，3～4龄性成熟，一般体长13cm，体重约50g。繁殖期5～9月，6～7月为盛期，但各地因气候不同而有所差异。雌体性成熟后，一般每年产卵1次；在繁殖期内，其左右卵巢各有1个成熟卵和7～8个未成熟卵，产卵1～2个，多数2个；第一卵产后，数分钟后产出第二卵，但也有数天才产出第二卵的。蛤蚧产卵潜力不只1次、2个，在加强饲养后有可能多产，优越饲养条件下产卵可增为3～4次，每次产卵4～6个，年产16～24只。蛤蚧夜间交配，交配时，雄性靠近雌性，并爬到雌性背上，几秒钟即完成交配，然后各自分开。蛤蚧先产出的第一卵黏附壁上，再产的第二卵则与第一卵相黏后才离开。刚产出的卵是软壳，软壳卵暴露在空气中约30min就变为硬壳卵，在壳硬化前，雌蚧始终守护着，壳硬后雌蚧便不再守护。

4. 孵化 蛤蚧卵不经雌蚧附着孵化，而是靠气温（30℃以上）自然孵化。蛤蚧卵为白色，受精卵约经20天左右变为浅肉色，约经60天变为浅灰褐色，经90天胚胎发育完成。蛤蚧卵的孵化期长短与产卵时间、气温有关，一般7月上旬及以前所产的正常受精卵，在当年10月份孵出小蛤蚧，孵化期最短90天，最长210天，平均约100～120天；在7月中旬以后所产的受精卵，由于达不到孵化所需温度，则要到翌年4月份以后气温上升时才能孵化出来。刚孵化出的幼体约长8cm，头大，身体纤小，背呈青色，具有黑、灰、白色相间的点状花纹，孵化率约80%。刚孵出的幼蚧2～3天内不食不动，3～5天后才开始自行觅食。

（四）饲养管理

1. 合理喂食 人工养殖蛤蚧，饲养食料合理而充分投喂，是促进其生长发育的关键。蛤蚧往往一开始不习惯人工饲料，可先进行投饵训练，其方法是将人工饲料做成糊状，涂在蛤蚧活动的壁缝上，但不投昆虫不给饮水，待蛤蚧饥饿时则开始少量食取，以后便逐渐适应人工饲料。投喂时间以傍晚为宜，先投人工饲料，后投昆虫饲料。在盛食期，饲料要投足，尤其是冬眠前的成体和小蛤蚧，更要注意喂足饲料，使其健壮，安全过冬。惊蛰后，蛤蚧刚刚经过冬眠，体内营养消耗大，加上很快进入繁殖期，亦要精心喂食，宜选高质量饵料，及时补充营养。夏、秋保证有清洁的淡水和咸水的供给。蛤蚧的饮用水和泳池水要经常更换，保持干净。

2. 清扫场地 蛤蚧养殖场地应经常打扫干净，使其在一个清洁卫生的环境条件下生长和繁殖，以减少疾病的发生。蛤蚧排出的粪便和剩余饲料要及时清除，同时更要注意对环境中蚂蚁、毒蛇等敌害的清除。

3. 控制温湿度 蛤蚧养殖场所应保持适宜的温湿度。冬季温度不低于13℃；夏季不超过32℃，超过32℃可泼水降温；冬季最好保持25℃左右，若用煤炉子加热要严防蛤蚧二氧化碳中毒。室内湿度保持70%~90%为宜。游泳池内要经常加满水，以便蛤蚧入池降温。养殖室内要保持空气新鲜，决不能混有炊烟味和农药味，空气稍有污染，蛤蚧则会乱蹦乱跳、鸣叫、逃逸等。

4. 繁殖管理 首先注意雌雄蛤蚧的鉴别。从尾部看，雄蚧尾基比较粗大；从腹面看，雄体在横裂的泄殖孔外下方两侧有稍明显的2个小突起，用指轻压肛后囊孔的稍后方，若见有一对赤色的半阴茎从泄殖孔两侧出现，则可确认为雄性，否则是雌蚧。繁殖期要控制蛤蚧雌雄比例，雌雄比20~30∶1适宜；产卵期注意将待产的雌蚧养在特制的笼箱内，并用纸格分开，纸格内贴一层薄纸，雌蚧产卵于薄纸上，注意检查护卵，若发现卵壳不变硬的畸形卵，应考虑入春起在饲料中添加钙、碘、蛋白质、盐类等物质。孵化期注意将卵集中在适宜的笼箱中，控制温度在30~33℃。初生的小蛤蚧应集中在小笼箱内单独饲养，放在蚊子等昆虫多的地方任其自由取食或辅以精料，待养到小指头粗时，再开笼进行大群饲养。

（五）疾病及其防治

1. 口腔炎症 蛤蚧易感染口角炎或口腔炎，轻则厌食，重则死亡。发病蛤蚧口腔表面粗糙，肿胀，口腔黏膜局部出现大小不一的红点，弥漫性发炎；口中分泌物为白色或灰白色，分泌物随病程扩展而增加，出现糜烂、溃疡，最后形成干烙样物沉固于齿龈及黏膜上，严重时，牙齿脱落，下颌骨引起脓疡断裂，口腔紧闭，无法张开，口腔周围肿胀，四肢无力，直到衰竭死亡。一般在4月开始发病，9月以后发病逐渐减少，在蛤蚧的各个阶段均可能发生。防治方法：通常采用预防为主、发现疾病及早治疗的原则，对于发病蛤蚧首先用0.1%高锰酸钾进行体表消毒，然后用磺胺类药物配制药膏涂擦口腔患处，严重者灌服磺胺药，每天1次，连续5~7天。

2. 夜盲症 发病后，眼球突出红肿，消瘦，15~20天后死亡。防治方法是：平时常喂给维生素A和维生素B。

3. 软骨病 多发生于小蛤蚧。脊柱弯曲，下颌骨软化，口不能合拢，爬行缓慢或不爬行，无法进食，直至衰竭死亡。一年四季均可发生。防治方法：预防为主，可将鸡蛋壳炒黑，磨成粉，拌料喂给软骨病蛤蚧，也可在人工饲料中多加些骨粉，还可在小蛤蚧的饮水中添加葡萄糖酸钙和鱼肝油。

此外，附近农田喷洒农药时，应关掉黑光灯，以免蛤蚧吃食带药昆虫而中毒。

六、采收加工

（一）采收

人工饲养的蛤蚧长至3~4龄，达到中条以上规格即可捕捉加工。

（二）加工干燥

蛤蚧加工一般分为撑腹、烘干、扎对3个工序。

1. 撑腹 蛤蚧捕到后，用锤击毙，剖腹除去内脏，用干布抹干血迹（不宜水洗）。先用两小圆竹条把两脚撑直，然后用晒干的薄竹片把腹面撑开，最后用一根长的小圆竹条从撑开的腹部薄竹片内穿至颈部，用纱布带把尾巴扎在小圆竹条上。

2. 烘干 在室内用砖砌一个长、宽、高约为150cm×100cm×60cm的烘炉，内壁离地面25~30cm，每隔20cm横架一条钢筋，炉的一面开一个宽18~20cm、高60cm炉门（炉门不封顶）。烘烤时，在炉内点燃两堆炭火，待炭火烘红没有烟时，用草木灰盖住火面，钢筋上铺放一块薄铁皮，铁皮上再铺一块用铁线编织成的疏孔网，把蛤蚧头部向下，一条条倒立摆在疏铁网上，数十条一行，排列数行进行烘烤。烘烤过程中不宜翻动，炉温保持在50℃~60℃。待烘至蛤蚧体全干（一般检查头部已烘干时，则全干），便可取出。

3. 扎对 蛤蚧烘干后，把两条规格等级相同的蛤蚧以腹面（撑面）相对合并，即头、身、尾对称，用纱布条把顶部、尾部扎成对，然后每10对交接相连扎成排。

以体大、肥壮、尾全、不破碎者为佳。

（金国虔）

巴戟天

巴戟天为茜草科植物巴戟天 *Morinda offinalis* How 的干燥根，简称巴戟，别名鸡肠风，为传统常用中药，也是我国著名的四大南药之一，有2000多年的药用历史，始载于《神农本草经》，被列为上品。其味甘、辛，性微温；归肾、肝经；具有补肾阳、强筋骨、祛风湿等功效；用于治疗阳痿遗精、宫冷不孕、月经不调、少腹冷痛、风湿痹痛、筋骨痿软等病症。现代研究表明，巴戟天主要含有糖类、蒽醌类、三萜类、氨基酸、环烯醚萜类及有机酸类等成分，具有抗疲劳、促进皮质酮分泌等药理活性。巴戟天自然分布在热带、南亚热带，北纬19°~25°、东经107°~118°区域内。现广东、广西、海南、福建、江西、四川等省区野生家种均有，其中以广东高要、德庆栽培历史较长，产地加工经验丰富，等级品多，产品品质好，是畅销国内外的地道药材。

一、形态特征

缠绕性草质藤本。根肉质肥厚，扁圆柱形结节状，质地坚韧，不易折断。茎圆柱形，有纵棱，灰色或暗褐色；小枝初时褐色有小粗毛，后脱落。单叶对生，大小变异较大；叶片呈长椭圆形，先端急短尖或短渐尖，基部钝形或浑圆，表面深绿，嫩时被粗毛，后脱落，叶缘有稀疏小睫毛；叶柄短，被毛；托叶膜质鞘状。头状花序成伞状排列，每一花序上有2~10朵花，排列于枝端，花序梗被浅黄色短粗毛；花萼倒圆锥状，先端有不规则的齿裂或平截，花冠肉质，白色，花冠管喉部收缩内面密生短粗毛；雄蕊与花冠片等数。核果近球形，通常单个，有的数枚仅基部或中部以下连合成聚合果状，成熟时红色，顶端具宿存的筒状花萼，内有种子3~4粒，近卵形或倒卵形，背面隆起，具白色短绒毛。

二、生态习性

喜温暖，怕严寒。适宜年平均气温在20℃以上。年平均降水量1600mm，相对湿度80%左右。对光照的适应性较强，野生巴戟天在较荫蔽的山谷林下和阳光充足的地方都有生长。人工栽培时，幼苗怕阳光直射，需要70%~80%左右荫蔽，成苗荫蔽度控制在30%左右，以后随着植株增长要求较充足阳光。日照时数在2000h以内。土壤要求土层深厚、肥沃、湿润，过于肥沃的稻田土、含氮素过多的土壤会引起地上部分徒长，肉质根反而很少生长，产量也不高。钾肥和腐殖质较多的微酸性至中性土壤，有利于肉质根生长，产量高。生于林缘或疏林下。

三、生长发育规律

多年生植物，定植第一年地上部分生长主藤蔓，第二年后主藤蔓继续生长，并从茎基部和主藤的节间抽生新藤蔓。每年均有一个生长周期，藤蔓从早春2月气温回升到18℃时开始生长，夏季高温前藤蔓生长进入第一个高峰期，进入高温干旱季节生长缓慢；秋雨季节又进入第二个生长高峰期。到了冬季地上部老藤蔓部分枯萎落叶。由于产地无霜期长，很少出现0℃以下的低温冻期，整个植株仍保持大部分绿色藤蔓，未进入完全休眠。植株藤蔓条数与根条数大致呈正比，一般藤茂根亦旺。二年生植株即可开花，在第二年的果枝节上现蕾，4月开花，5~6月为盛花期，11月果实成熟。一生中可多次开花。

地下部分的根每年开始萌动时间早于地上部分，有延续膨大的特性。第一年以主根生长为主，有的可形成肉质根，并出现侧根；第二年主根或肉质根开始或继续膨大，侧根开始膨大成二次根，进行物质积累贮藏养分，并由新的支根代之吸收养分。以后几年，由于根中有形成层，可连续生长增大肉质根，增多侧根，增大体积。一般前三年根深比根幅大，三年后根幅大于根深；主根三年后生长缓慢，支根则相反。

四、种质资源状况

巴戟天野生转家栽后，在长期栽培过程中形成了小叶种及大叶种两大农家类型，其中大叶种包括玻璃薯、光管薯、长茎薯、萝卜薯、豆角薯等。不同的农家类型在原植物形态特征及农艺学性状上均具有一定的区别。①小叶种，叶片深绿色，嫩时被粗毛，后脱落。叶片较窄小，长约6.2cm，宽约2.4cm，叶面硬毛粗而明显。贮藏根粗大，肉厚，木质髓心细小，直径1.5mm，产量比大叶种高2~3倍。②玻璃薯，叶片黑绿色，较薄，宽卵形，长约9~10cm，宽约3~5cm；节间长约5~10cm，叶正反面均无毛，幼叶叶缘有小细齿，叶柄、藤有毛。新长芽白色。具有多条主根，分枝多，木心白，细，产量较高，约为小叶种的两倍。③光管薯，叶片深绿色，叶片干后稍革质，长卵形，长约10~13cm，宽约4~6cm；叶上表面叶脉深陷；叶上下表面均无毛，叶柄、茎藤有毛。该品种不耐肥、旱，适应保水能力强的土壤。根较脆弱，生长期较长，五年后产是量是小叶薯的两倍。地下根粗而长，分枝少，木心较大，耐旱，可高产。④长茎薯，叶稍长卵形，长约8~11cm，宽约2~3cm；叶上表面有毛，叶柄亦具较多毛茸，叶缘有小细齿，节间长7~17cm。根细长，须根多，木心较大，根茎细长，分枝多。五年后，可高产，但不耐旱、不耐水肥，抗病性差。⑤萝卜薯，叶宽卵形，长8~10cm，宽约3~6cm；叶正面光滑，叶背面粗糙，节间长4~8cm，全缘。根系发达，有主次之分，主根粗大，木心粗，红色，耐旱、耐水肥，抗病力强，高产。⑥豆角薯，叶面稍粗糙，宽卵形，长约8~9cm，宽约3~5cm，叶缘有明显稀疏细齿，根细长，分枝多，木心大，白色，肉质差，不高产。目前，巴戟天药材生产基地种植以及市场销售的主要品种为小叶种，而大叶种在种植和应用中则较少。

四、栽培技术

（一）选地与整地

1. 育苗地　宜选背风向阳、近水源的东坡或东南坡，土壤疏松、肥沃，排水良好，且有一定遮荫条件的地段，以新开垦无污染地段为好，每亩施充分腐熟的厩肥2000~3500kg作基肥。先行翻耕土壤，使其充分风化，再行细碎疏松，作成宽1m，高20cm的苗床，床面盖火烧土。

2. 种植地　宜选择林中空地或山坡中下部，土层深厚，疏松的砂质壤土。若灌木丛生的林地，应在冬季，将林木杂草清除烧灰作肥料，也可保留一部分树木作遮荫，如遇有山苍子、樟树等含挥发性物质的树根，严重危害巴戟天生长，要通过深翻土壤，拔除干净。移栽前提前整地，让土壤熟化。先将地块内灌木杂草砍伐、清除，再把土块打碎，沿等高线按 1～1.2m 的宽度作成梯地，畦面宜外高内低，成微倾斜，内侧开设排水沟，然后按株距 30cm 挖穴，穴内施火烧土和经沤熟的过磷酸钙等混合肥。

（二）繁殖方法

繁殖方法主要是播种和扦插，生产上主要以扦插为主，此处仅介绍扦插法。

1. 插条选择与截取 选择 2～3 年生无病虫害、粗壮的成熟藤茎，从母株剪下后，截成长 10～15cm 的双节枝条作插穗。插穗上端节间不宜留长，剪平，下端剪成斜口，剪苗时刀口要锋利，切勿将剪口压裂，上端 1 节保留叶片其他节的叶片剪除，随即扦插。为了促进生根和提高成苗率，可将插穗每 100 条捆成一把，浸于具有生根粉的黄心土中，可提高扦插苗的成活率。

2. 扦插时间 2 月下旬至 3 月上旬，此时气温回升，雨量渐多，扦插苗易于成活。

3. 扦插方法 按行距 15～20cm 开沟，然后将插穗按 1～2cm 的株距整齐斜放在沟内，插的深度，以挨近第一节叶柄处为宜，插后覆盖黄心土或经过消毒的细土，插穗稍露出地面，一般插后 20 天即可生根，成活率达 80% 以上。不能及时插完的插条，用草木灰黄泥浆浆根，放在阴湿处假植。如不经过育苗直接栽于生产地，可按株距 40～50cm 开穴，每穴栽 3～5 段插穗，露出土面不要超过 2cm，以免插穗因水分散失过多而致干枯，插后压实土壤。

4. 苗木管理 ①遮荫，在苗床上插芒箕遮阴或搭遮阴棚，使荫蔽度达 80%；随着苗木生根成活和长大，应逐步增大透光度，育苗后期荫蔽度控制在 30% 左右。②淋水、除草与施肥，经常保持土壤湿润，淋水宜在早晨或傍晚进行。除草坚持除早除了，以减少杂草争夺水分和养分。在苗木生长期间适当施用石灰、草木灰、火烧土。③摘顶芽，待苗高 30cm 时，应将顶芽摘去，以促进分枝、枝条粗壮、须根发达，并可缩短苗期，提高移栽成活率。

5. 定植 春、秋两季均可定植，以春季为好，春分前后，雨水充足，定植后容易恢复生机；秋季以立秋至秋分前雨后进行。宜选阴天定植。起苗前，剪去先端部分，只保留 3～4 节的枝条，叶片也可剪去一半，以减少水分消耗。起苗后用黄泥浆浆根。一般按行距 70～80cm，株距 30～50cm 种植，每亩种 2000～2700 穴，每穴种 2～3 株苗，把种苗根系伸展在穴内，覆土压实。

（三）田间管理

1. 中耕除草 定植后前 2 年，每年除草 2 次，即在 5 月、10 月各除草 1 次。由于巴戟天根系浅而质脆，用锄头容易伤根，导致植株枯死，靠植株茎基周围的杂草宜用手拔，结合除草进行培土，勿让根露出土面。

2. 施肥 待苗长出 1～2 对新叶时，可开始施肥，以有机肥为主，如土杂肥、火烧土、腐熟的过磷酸钙、草木灰等混合肥，每亩 1000～2000kg。忌施硫酸铵、氯化铵，猪、牛尿。如种植地酸性较大，可适当施用石灰，每亩 50～60kg。

3. 修剪藤蔓 巴戟天随地蔓生，往往藤蔓过长，尤其 3 年生植株，会因茎叶过长，影响根系生长和物质积累。可在冬季将已老化呈绿色的茎蔓剪去过长部分，保留幼嫩呈红紫色茎蔓，促进植株的生长，使营养集中于根部。

（四）病虫害及其防治

1. 病害及其防治 ①茎基腐病，主要为害茎基部，发病初期，离地面2～3cm处出现白色斑点，茎皮多纵裂，常有褐色树脂状胶质溢出；茎基皮层变褐，病斑不定形，后扩展为大病斑，皮层腐烂变质；植株逐渐萎黄，叶片脱落，甚至死亡。植株从几株蔓延至整片。根部也可以感染此病。防治方法：在巴戟天生长期间，加强田间管理，增强抗病能力，调节土壤酸碱度，减轻病害发生。多雨季节，应及时排水；施肥以火烧土、土杂肥，加适量过磷酸钙，经过沤熟后施用。不可追施氮肥；中耕松土时要避免病菌从伤口侵入，最好是春秋季拔草，夏季用草遮荫，以降低地表温度，保护根茎皮层不受损伤；发病后，把病株连根带土挖掉，并在坑内施放石灰杀菌，以防病害蔓延。可用1∶3的石灰与草木灰施入根部，或用1∶2∶100的波尔多液喷射，每隔7～10天喷1次，连续2～3次。药剂防治可用粉诱灵，浓度为1∶700倍液。近年来还开展了生物防治试验，通过土壤微生物的拮抗作用，可抑制该病的发生。②轮纹病，主要危害叶片，受害部分开始出现淡黄色晕圈，后由褐色变暗褐色，随后病斑不断形成轮纹斑，即同心圆，中央脱落穿孔，严重时叶片枯黄脱落。防治方法：清除落叶、病枯枝以减少病原；用1∶2∶100的波尔多液，或用50%多菌灵500倍液喷射防治，每隔7～10天喷1次，连续喷2～3次。③煤烟病，主要危害叶片、嫩枝及果，在病株上形成黑色霉层，似煤烟，严重时叶片和嫩枝表面覆满黑色烟煤状物，逐渐扩大成黑色的霉层。防治方法：消灭虫媒蚧壳虫、蚜虫，用50%退菌特800倍液喷射，每隔7～10天喷1次，连续2～3次，可用木霉菌剂进行防治。

2. 虫害及其防治 ①蚜虫，成虫和若虫主要集中在巴戟天抽发的新芽、新叶上为害。此虫可使幼芽畸形，叶片皱缩，天气干旱时危害更严重，造成茎叶发黄。防治方法：可用40%乐果乳剂稀释1500倍，每隔7～10天喷1次，连续2～3次。②蚧壳虫，成虫、若虫聚集而相互重叠，紧贴寄主吸食茎叶汁液，影响生长，致使叶片脱落，并可引起煤烟病。防治方法：幼龄期用40%乐果乳剂稀释放500～2000倍，或煤油0.05～0.1kg，兑水750kg喷杀，每隔7～10天喷1次，连续喷2～3次。③红蜘蛛，成虫、若虫群集叶背或嫩芽吸食汁液并拉丝结网，使叶变黄，最后脱落。防治方法：冬季用波美3～5度石硫合剂，杀灭在枝叶上越冬的成虫、若虫和卵；发生时，可用40%乐果乳剂稀释2000倍，每隔10～15天喷1次，连续喷2～3次。

六、采收加工

（一）采收

通常在定植2～3年后采收。传统是以定植5年后采收为好。过早收获，根不够老熟，水分多，肉色黄白，产量低。全年均可采收，但以秋冬季采者为佳。挖取肉质根时要尽量避免断根和伤根皮。

（二）加工干燥

采收后除去表面泥土，去掉侧根及芦头，晒至六、七成干，待根质柔软时，用木棰轻轻棰扁，或用机器压扁，但切勿打烂或机压使皮肉碎裂，按商品要求剪成10～16cm

的短节，再按粗细分级后分别晒至足干，即成商品。老产区常用开水泡烫或蒸约半 h 后才晒，则色更紫，质更软，品质更好。

以条大、肥壮、连珠状、肉厚、色紫者为佳。

（刘军民）

杜 仲

杜仲为杜仲科植物 *Eucommia ulmoides* Oliv. 的干燥树皮，别名丝棉皮等，属于传统中药材之一。其味甘，性温；归肝、肾经；具有补肝肾、强筋骨、安胎等功效；主要用于治疗肝肾不足、腰膝酸痛、筋骨无力、头晕目眩、妊娠漏血、胎动不安等病症。现代研究证明，杜仲主要含有杜仲胶、氨基酸、脂肪酸、糖甙、生物碱、果胶、树脂、有机酸、醛糖、绿原酸、维生素及微量元素等成分，具有降压、利尿等药理活性。杜仲系第四纪冰川孑遗植物，为中国特有，遗存分布限于我国黄河以南，五岭以北，秦岭淮河一线以东地区，在陕西、甘肃、河南、湖北、四川、云南、贵州、湖南、浙江等省区均有分布，现各地广泛栽培。贵州的遵义、湄潭、正安等县（市）为杜仲的主要道地产区。

一、形态特征

落叶乔木，高达 15～20m，枝条斜向上伸，树皮为灰色，小枝光滑，黄褐色。叶椭圆状卵形，长椭圆形，长 6～17cm，宽 3.5～6.5cm，先端渐尖，基部宽楔形或近圆形，表面无毛，微皱，背面沿脉上被疏生长柔毛，侧脉 6～9 对，边缘锯齿锐尖，叶柄长 1.2～2cm。花单性，雌雄异株，无花被，常先叶开放，生于小枝基部；雄花具短梗，花药条形，花丝极短；雌雄具短梗，子房狭长，顶端有叉状柱头，1 室，胚珠 2。翅果狭椭圆形，长 3～4cm，先端有缺刻。花期 4 月，果熟期 10 月。

二、生态习性

（一）对光照的适应

杜仲为喜光性植物。生长环境内光照时间的长短及光照强弱，对其生长发育影响较明显。在树龄相同、生态环境（海拔高度、土壤、气候、坡向）基本一致的地方，散生林在树高、胸径、冠幅等方面优于林缘木，而林缘木又优于林内木。在密植的杜仲林中，通过砍伐透光，即可使保留树的直径生长立即回升。

（二）对水分的适应

成龄杜仲主根长度最深可达 1.35m，侧根、支根分布面积最大可达 $9m^2$。因此，杜仲具有较强的耐旱能力，在产区一般自然降雨能满足其需水量。但在幼龄树期，因根系尚未发育成熟，在干旱时吸收不到较深土层的水，此时若供水不足，易造成缺水，从而影响幼树生长发育，造成小老树，推迟进入结果期。一般 3 月土壤解冻后，进行 1 次灌水，可促进树体萌芽、抽枝、生长。入冬前进行 1 次灌溉，以促使树体进入冬眠，安全越冬。

（三）对土壤的适应

杜仲对土壤的适应性较强，但如土层过薄、肥力过低、土壤过干、pH 过小或过大则不利于生长，主要表现为顶芽、主梢枯萎，叶片凋落、早落，生长停滞，最终导致全株死亡。最适宜杜仲生长的土壤应满足以下为：土层深厚，肥沃，湿润，排水良好，pH

5.0～7.5。

（四）对温度的适应

杜仲产区分布横跨中亚热带和北亚热带，主要属于我国东部温暖湿润的气候型。杜仲对气温的适应性较强，在年平均气温为11.7℃～17.1℃，1月均温为0.2℃～5.5℃，7月均温为19.9℃～28.9℃，绝对最高温33.5℃～43.6℃，绝对最低温－19.1℃～4.1℃的一些地区均能正常生长发育。成年树更能耐严寒，在新引种地区能耐－22.8℃低温，根部能耐－33.7℃低温。

三、生长发育规律

（一）开花与种子萌发

杜仲为风媒花，雌雄异株。一般定植10年左右才能开花，在植株性未成熟前，难以从种子、苗木和幼树的外部形态来区别杜仲性别。雄株花芽萌动早于雌株，雄花先叶开放，花期较长，雌花与叶同放，花期较短。在杜仲林中，一般雄株占10%左右，即可保证雌株受粉。开始结实的年龄，孤立木为6年，散生木为7～8年，林木为9～10年；树龄20～30年为结实盛期，一般株产果实10～15kg。50年生以后及环剥皮的雌株虽能结实，但种子极不充实，不能用来播种育苗。

杜仲种子较大，千粒重80g左右，种子寿命半年至1年。果皮含有胶质，阻碍种子吸水，具有休眠特性，用砂藏处理打破休眠后，在地温8.5℃时开始萌动，在15℃条件下，2～3周即可出苗。其种子最适萌发温度为11℃～17℃，大于32℃时发芽受抑制。

（二）萌芽

杜仲是萌芽力很强的树种。根际或枝干，一旦经受创伤，如采伐、机械损伤、冻伤等，休眠芽立即萌动，长出萌芽条。一根伐桩，一般可发10～20根枝条，有的可达40根。不加人为干预，自然地最后只能留存1株或2、3株。这种萌生幼树生长迅速，叶片一般长20cm，宽9.5cm，较实生树大1～1.5倍，最长的还可达36cm。贵州遵义调查，一般25年生杜仲树，冬季砍伐后，由伐桩萌发出的一株4年生萌生幼树，树高达5.5m，胸径达8.5cm，超过同一生态环境条件下12年实生树的生长速度。

老龄杜仲采伐后，其根的萌芽力弱，壮年树、幼年树萌芽力强；冬季采伐，开春萌芽，当年秋季即可木质化；春、夏采伐，亦能萌芽。此外，生长在光照充足、田坎边的杜仲树，侧根露出或靠近土表、或因受机械损伤，也可萌发出根蘖条，一株成年杜仲树，一般可由侧根另萌1～2株根蘖树，最多可达4～5株。

（三）茎的生长

1. 茎高生长 杜仲生长速度在1～10年内较慢，特别在播种后的2～3年内，树高仅有1.5～2.5m。因其树干的直立性强。这一段时间只有主干，基本上不分枝。4年生后生长开始加快，主干出现分枝。生长最快的时期为生长10～20年之间的时期，此期称为速生期。此间，其年均生长量为0.4～0.5m。20～30年生树的生长速度逐渐下降，年均生长量为0.3m。30年生以后，生长速度急剧下降。在30～40年之间，年均生长量为0.1m，50年以后，其生长量趋于零，基本上处于停滞状态。在年生长期中，成年植株春季返青，初夏进入旺盛生长期，入秋后生长逐渐停止。

2. 茎粗生长 杜仲胸径与药用部位的生长过程基本一致。10年生以前，胸径增长较慢，其生长速度大大低于树高的生长。2～3年生树，其高可达1.5～2.5m，而胸径仅有2cm左右。8年生者，高3m以上，胸径约6cm。直到进入速生期后（即10年生以后)，胸径的增长开始加快。根据对树干的解剖分析，25 年生的杜仲树为胸径增长的高峰期，胸径可达 15cm，其基径（树干离地面 10 ~ 20cm 处）的树皮厚度可达 1cm。

杜仲树皮产量（质量）虽然随树龄变化而异，但与环境条件及栽培管理技术也存在一定的相关性。例如，同为 22 年生杜仲树，生长在土层深厚、肥沃和光照充足的环境条件下的单株树皮（所收获的树干皮和树枝皮），其鲜重为 34. 93kg；而生长在土壤干燥、含石多和光照条件差的环境下的，其单株树皮的鲜重只有 8. 15kg，两者相差甚大。

（四）根系生长

随着生长地区条件不同，特别是土壤的差异，根系生长发育情况不尽相同。杜仲正常的根系发育特点：有明显的深根性的垂直根（主根）和庞大的侧根、支根、须根系。在老粗根（主根和侧根）上也密布着一至数厘米直径的小支根，支根顶端发生大量根毛。主根长度最深可达 1. 35m，侧根、支根分布面积最大可达 $9m^2$。但当杜仲生长在土壤过于板结黏重（如黄壤）和含石砾较多，且体积较大（如紫色粗骨土、砾质粉砂土等）的地方时，主根发育受到阻滞，侧根得到充分发育，形成无明显主根的浅根系。由于侧根和支根趋肥、趋水性强，它们可以绕过石砾和穿过大石块间隙生长出来，因而整个根系的深度仍能到达 70 ~ 90cm，从而能固着并支持地上部分不致被风吹倒。

杜仲根系较为庞大，其生长发育因地而异。侧根主要分布在土壤表层，深度在 5 ~ 30cm 之间；支根分布则从上到下从主根到侧根处都有分布，总趋势是向着水多、肥多处发展。因此，杜仲旺盛的生命力显然与其根系的发育有着密切的相关性。

（五）树皮再生

树木一般剥掉皮后，树皮不能再恢复生长，如对树木主干进行环剥，则使树木很快死亡。杜仲的树皮有很强的再生能力，即使对主干某一区段树皮进行全部环剥，只要及时采取保护措施，短期内在剥掉皮的木质部上又可长出新的树皮，3 ~ 4 年后即可赶上未剥皮部分树皮的厚度。通过环剥皮还可以促进树株直径的生长。杜仲树树皮这一再生特性，对杜仲树皮的永续利用及杜仲资源保护提供了有利的条件。杜仲不管幼树或老树都存在树皮再生能力，以幼、壮龄树再生能力最强。

四、种质资源状况

杜仲系第四纪冰川孑遗植物，地球仅存 1 属 1 种，但因长期适应环境及自然杂交，形成了不同的变异类型。如根据树皮的形态特征可以分为粗皮杜仲（青冈皮）和光皮杜仲（白杨皮）。前者树皮幼年呈青灰色，不开裂，皮孔显著，成年后树皮为褐色，皮孔部分消失，开始发生裂纹，随年龄增加，裂纹由下至上发生深裂，呈长条状或龟背状，不脱落，树皮外层及内层分明，外皮粗糙，类似栎类树皮，故称其为“青冈皮”。后者树皮幼年特征同粗皮类型，成年后树皮变为灰白色，皮孔部分消失，20 年后，除树干基部 1m 内渐次发生浅裂、较粗糙外，其余枝、干皮光滑，树皮内外层不明显，类似响叶杨树皮，故称其为“白杨皮”。另外，介于上述两种类型之间，还有一种“中间类型”，称为浅裂杜仲，其树皮比光皮类型的稍粗、比粗皮类型的稍光。目前，生产中已经选育出的杜良品种有华仲 1 号、华仲 2 号、华仲 3 号、华仲 4 号、华仲 5 号等。这些品种的产叶量比普通杜仲提高 42. 6% ~62. 7%，产皮量提高 151. 8% ~214. 8%，树皮、树叶活性成分也明显高于普通杜仲。

五、栽培技术

（一）选地整地

1. 苗圃地的选择与整理 苗圃选择向阳、肥沃、土质疏松、富含腐殖质、以微酸到中性壤土或砂质壤土为好。春播于立冬前深翻土地，立冬后浅犁放入基肥。每亩施腐熟的厩肥5000kg，草木灰150kg，与土混匀、耙平，做成高15～20cm，宽1～1.2m的高畦。低洼地区要在苗圃四周挖好排水沟。

2. 定植地的选择与整理 杜仲可零星或成片栽植。成片营林，最好选择土层深厚、疏松肥沃、酸性或微碱性、排水良好的向阳缓坡、山脚及山坡中下部地段，低洼涝地不宜种植。定植前清理好土地，除去杂草、灌木及石块等杂物。深翻土壤，施足底肥，耙平，按行株距2～2.5m×3m挖穴，深30cm，宽80cm，穴内施入厩肥、饼肥、过磷酸钙、骨粉、火土灰等基肥少许，与穴土拌匀，备用。

（二）繁殖方法

可用种子、扦插、伤根萌芽、余根等方法繁殖。种子繁殖方法简便实用，生产上多用。

1. 种子繁殖 ①种子选择与处理，杜仲种子属短命种子，在常温下只能储存半年，超过一年便丧失发芽能力。播种前选出子粒饱满、成熟度好的种子。由于杜仲果皮含有胶质，阻碍水分的吸收，因此未处理的种子发芽率低。种子处理方法有：层积法，将种子与干净湿砂混匀或分层叠放在木箱内，经过15～20天，种子开始露白后即可播种；热水浸泡法，先用60℃的热水浸种，不停搅拌到水冷却后，再用20℃的温水浸泡2～3天，每天换水2次，待种子软化后，捞出晾干再播种；浸泡层积法，先用清水浸泡2～3天，捞出，与湿砂混合堆放，覆盖塑料薄膜保湿，待种子露白后播种。②播种方法，一般在春季2～3月，月均温度达10℃以上时播种，将已处理好的种子在苗圃地上按20～25cm的行距条播，开沟深2～4cm，种子均匀撒入后，覆盖1～2cm的疏松肥沃细土。浇透水后盖一层稻草，保持土壤湿润，以利种子萌发。幼苗出土后，于阴天揭除盖草。每亩用种量7～10kg，可出苗2万～3万株。

2. 扦插繁殖 选择当年新生、木质化程度较低的嫩枝作插穗，扦插前5天剪去顶芽，这样可使嫩枝生长得更加粗壮，扦插后也容易发根。插穗剪成6～8cm长，每枝只保留2～3片叶，插入湿砂或珍珠岩等基质3cm，插后每天浇水2～3次，经15～40天可长出新根，生根后幼苗应及时移入苗圃地，培育一年后定植。

（三）田间管理

1. 苗圃管理 杜仲幼苗不耐干旱，在苗出齐后于阴天将盖草移到行间，并保持土壤湿润。多雨季节要清理好排水沟，及时排除积水，以免土壤过湿，影响幼苗生长。除草要做到随生随除，保持苗圃无草。中耕3～4次，在幼苗长出3～5片真叶时按6～8cm株距间苗。间苗后及时追肥，4～8月为追肥期，每次每亩用充分腐熟的人粪尿1000kg、硫酸铵或尿素5～10kg，加水稀释后施入，每隔1个月追肥1次。立秋后追施草木灰或磷肥、钾肥各5kg，以利幼苗生长和越冬。

2. 定植园管理 定植当年要经常浇水，保持土壤湿润，每年春、夏季中耕除草1次，将杂草晒干后埋于根际附近作肥料。为获得通直的主干，对定植1年生的苗，弯曲不直的可于春季萌动前15天将主干剪去平茬。平茬部位在离地面2～4cm处，平茬后剪口处的萌条，除留一粗壮萌条外，其余除去。留下的萌条在生长过程中腋芽会萌发，必须抹去下部腋芽（苗高1/2～1/3以下）。结合除草，每亩每年追施厩肥2000kg，另加过磷酸钙20～30kg、氮肥和钾肥各10kg，秋冬季节结合园地深翻施基肥，每亩施腐熟厩肥2000kg。

定植后3～5年的植株较小，林间可套种豆类、玉米或其他矮秆作物或药用植物。每年冬季修剪侧枝与根部的幼嫩枝条，使主干粗壮。

（四）病虫害及其防治

1. 病害及其防治 ①立枯病，多在土壤黏重、排水不良的苗圃地或阴雨天发病。其症状：发芽前的种子和发芽后的嫩芽腐烂死亡；幼苗出土个月内根茎叶萎蔫腐烂；根皮和细根腐烂。防治方法：选择疏松、肥沃湿润、排水良好，pH 5～7.5的土壤，忌用黏重土壤和前茬为蔬菜、瓜类、马铃薯等作物的土壤；用1%～3%硫酸亚铁液4.5 kg/m^{2}喷洒土壤，7天后播种，或用福尔马林50ml加水至6～12kg浇土1m^2，用草袋覆盖，10天后揭去草袋再过2天播种；将种子在催芽前用1%高锰酸钾浸泡30分钟；用1∶1∶200波尔多液（每2.5kg加赛力散10 g）喷洒，10～15天喷1次，共3次，或用50%托布津400～800倍液、退菌特500倍液、25%多菌灵800倍液喷洒。②角斑病，一般4～5月开始发病，7～8月为发病盛期。为害叶片，病叶枯死早落，病斑多分布在叶片中间，出现不同规则暗褐色多角形斑块，叶背面病斑颜色较浅。秋天到来后，病斑上长灰黑色霉状物。随后叶片变黑脱落。防治方法：加强抚育，增强树势；冬季清除落叶，减少传染病原；初发病时及时摘除病叶；发病后每隔7～10天喷施1次1∶1∶100波尔多液，连续3～5次。③褐斑病，一般4～5月开始发病，7～8月为发病盛期。为害叶片，病叶枯死早落。病斑处为黄褐色斑点，然后扩展成红褐色长块状或椭圆形大斑，有明显的边缘，上生灰黑色小颗粒状物，即子实体。防治方法：参照角斑病防治方法。④灰斑病，4月下旬开始发病，5月中旬至6月上旬梅雨季节病害迅速蔓延，6月中旬至7月下旬为发病高峰期。为害叶片，病斑先从叶缘或叶脉处产生，初为紫褐色或淡褐色，近圆形，后扩大变成灰色或灰白色凹凸不平的斑块，病斑上散生黑色霉层，即分生孢子梗和分生孢子。防治方法：参照角斑病防治方法，还可在孢子萌发前喷0.3%五氯酚钠或一定浓度的石硫合剂。

2. 虫害及其防治 ①刺蛾，幼虫危害杜仲叶片，将叶吃成孔洞，缺口或不规则形状，严重时仅剩叶脉。7月中旬至8月下旬为幼虫发生期。防治方法：消灭越冬虫茧；灯光诱杀；释放赤眼蜂；用钾酸铝200倍液，或青虫菌（含孢子量100亿个/g）500倍液加少量90%敌百虫喷雾。②木蠹蛾，为蛀干性害虫，木蠹蛾幼虫蛀入树干树枝的韧皮部、形成层至木质部，形成空洞，使林木生长势衰弱。严重时，树干内形成较密、较长的空洞以致树干折断而死。以老熟幼虫在树干内越冬，少数在根部越冬。翌年4月上旬越冬幼虫开始危害，危害期约一个月。防治方法：冬季清除被害树木，并进行剥皮处理，以消灭越冬幼虫；根据排出的新鲜粪便找出虫道，再将蘸有辛硫磷、敌百虫原液的棉花球塞入虫孔，用黄泥封口后熏杀；取磷化铝片0.5～1片塞进虫道，用黄泥封口；幼虫孵化初期，在树干上喷洒40%的乐果乳剂400～800倍液；在成虫羽化初期、产卵前利用白涂剂涂刷树干，可防产卵和杀死虫卵。③梦尼夜蛾，幼虫啃食叶片，食性单一，食量大，取食后使树叶表面呈白色网状板块，形成孔斑，之后形成孔洞和缺刻，危害严重则能吃光整株叶片，仅剩下叶脉。其危害蔓延扩散快，危害期长，从杜仲树发芽开始危害至秋季叶片变黄。防治方法：营造混交林，控制该虫的危害与发生；秋冬季节翻挖林地，即可消灭大部分越冬虫茧，降低虫口密度；在发生期，使用溴聚酯毒笔，在树干上画两个圈，间隔距离3~5cm，消灭3龄以上幼虫；用敌马油剂和BT乳剂，超低量喷雾杀死幼虫；灯光诱杀成虫。④金龟子，主要以幼虫危害幼苗。幼苗高15cm以下时，根系幼嫩，幼虫在土内2~5cm处啃食幼根，并将主根咬断；幼苗高10~30cm时，幼虫则以啃食幼根皮为主，在土内2~10cm处啃食主根，经过4~7天，使主根呈不规则缺刻状，使地上部分萎蔫、顶梢下垂，最后导致幼苗死亡。防治方法：在选择苗圃地时，应调查了解虫情，若幼虫量大，每亩用50%辛硫磷颗粒剂2~3kg处理土壤；成虫盛发期，用灯光诱捕；以金龟芽孢杆菌每亩用含活孢子10亿/g菌粉100g，均匀撒入土中，使幼虫感染发病而死；幼苗期虫害用50%辛硫磷乳剂1000倍液灌注根际。

六、采收加工

（一）采收

1. 整株采收 采收季节在4~7月，先在地面处锯一环状切口，深达茎的木质部，按商品规格所需长度向上量，再锯一环状切口，并用利刀纵割一刀，用竹片剥下树皮，然后砍倒树木，按前法继续剥皮，剥完为止。

2. 环剥采收 ①环剥时期及气候，杜仲剥皮后，树皮再生成功率与形成层活动旺盛程度有关。各地最佳环剥时期不同，但大致时期在5月上旬至7月上旬。环状剥皮除选择适当时期外，还应选择天气。在雨天剥皮，暴露在木质部表层的细胞会吸水胀破或孳生病菌，不能很好地形成新皮（剥皮后5h要避免雨害）；在晴天剥皮，未成熟的木质部细胞会直接暴露在烈日下，使水分急剧蒸腾而脱水或被紫外线灼伤，不能形成新皮。因此，阴而无雨的天气环剥最好。②环剥方法，选择长势旺盛的杜仲树，先在树干分枝下面横割一刀，再纵割一刀，呈“T”字形，深达韧皮部，但不要伤害木质部，然后橇起树皮，沿横割的刀痕向下撕至离地面10cm处，再割下树皮。剥皮时动作要轻，不能戳伤木质部外层的幼嫩部分。更不能用手触摸，否则会变黑死亡。10年生杜仲环剥后经过3年新皮能长到正常厚度，又可再行剥皮。③加速剥皮再生的方法：由于剥皮后遇到异常天气（烈日或阴雨），再生新皮所需时间较长，品质不佳。以透明塑料薄膜包裹者不仅形成层发生较早，而且分化也较迅速，一般在21天左右就可以见到形成层向内分化的木质部和向外分化的韧皮部。

（二）加工干燥

剥下的树皮用开水烫后，叠放在垫草的平地上，上盖木板，加石块压平，四周覆盖稻草使其“发汗”。1周后堆中杜仲的内皮变为黑褐色或紫黑色，取出晒干，刮去粗皮即可。

以质脆，易折断，断面有细密、银白色、富弹性的橡胶丝相连，气微，味稍苦者为佳。

（魏升华）

肉苁蓉

肉苁蓉为列当科寄生植物肉苁蓉 *Cistanche deserticola* Y. C. Ma 或管花肉苁蓉 *Cistanche tubulosa*（Schrenk）Wight 的干燥带鳞叶肉质茎，又名大芸，蒙药名查干高要，属于传统中药，始载于《神农本草经》，被列为上品。其味甘、咸，性温；归肾、大肠经；具有补肾阳、益精血、润肠通便等功效；主治腰膝酸软、筋骨无力、阳痿、女子不孕、肠燥便秘等病症。现代研究表明，肉苁蓉主要含有苯乙醇苷类、苁蓉多糖和环烯醚萜类等成分，具有提高人体性功能、抗疲劳、保肝、调节免疫功能、抗老年痴呆、抗衰老等药理活性。肉苁蓉主要分布在我国西北沙漠、荒漠地区，如乌兰布和沙漠、腾格里沙漠、巴丹吉林沙漠、河西走廊沙地、塔克拉玛干沙漠和古尔班通古特沙漠等，主产于内蒙古、新疆、宁夏、甘肃等省区。肉苁蓉的主要寄主植物为梭梭 *Halocylon ammodendron*（C. A. Mey）Bunge，专性寄生于梭梭的根部。以下仅介绍肉苁蓉的栽培技术。

一、形态特征

多年生寄生草本。茎肉质、圆柱形、下部稍扁。叶分肉质茎鳞叶、苞片和小苞片 3 种，茎鳞叶变态成肉质鳞片，呈淡黄白色，在茎上呈螺旋状排列。主茎下部的鳞片宽而短，宽卵形，排列紧密；主茎上部的鳞片狭而长，披针形，排列稀疏。花序为穗状花序，呈圆柱形。花序密生多数花，小花密集螺旋状排列在花轴上。花两性，基部有 1 个苞片，两侧各有 1 个小苞片。花萼呈钟状，5 浅裂。花冠呈管状钟形，淡黄白色。雄蕊 4 枚，2 枚较强，着生在花冠下部 1/4 处。柱头近球形，花柱顶端内折，基部有黄色蜜腺，子房椭圆形，白色。蒴果椭圆形。种子呈不规则梨形，种皮胶质呈黑褐色，有光泽。

二、生态习性

原产于荒漠、沙漠地区，原产地气候特征为干旱少雨、风大沙多、蒸发量大、冬季严寒、日照时数长、温差大等，属于极端典型的大陆性气候。故肉苁蓉喜干旱少雨气候，适宜生长于沙漠、荒漠地区的沙地、固定沙丘、半固定沙丘、干涸老河床、湖盆低地等轻度盐渍化的松软地上。耐盐碱，在土壤含盐量 0.2% ~0.3% 时生长良好，土壤含盐量在 3% ~5% 时仍能生长。土壤类型为灰棕荒漠土、棕漠土，黏重、板结、干硬的土壤不适宜肉苁蓉生长。

肉苁蓉生长所需水分来自于梭梭，土壤缺水有利于肉苁蓉生长。自然环境下，沙漠、荒漠地区的年降雨量少，土壤含水量很低，一般为 2% ~3% 左右，通气性好。土壤含水量高，如连续降雨，肉苁蓉容易腐烂死亡。肉苁蓉生长土层的土壤含水量，以不超过土壤田间持水量的 50% 为宜。肉苁蓉能忍耐 -42℃ ~42℃ 的极端温度，但生长的适宜温度为 25℃ ~30℃。

肉苁蓉的叶子很小，像鳞片一样螺旋状排列，叶内不含叶绿素。因此，无法进行光合作用，自身不能制造营养。肉苁蓉的根由初生吸器和吸根毛构成，不具有直接从土壤吸收水分和营养的功能。为了生存，它侵入梭梭根，在侵入的部位形成了一个明显膨大的器官（吸器），使梭梭根和肉苁蓉茎的维管束连在一起，从梭梭体内摄取营养物质和水分。自然环境下，一年生梭梭接种肉苁蓉后，会严重影响梭梭的生长，甚至导致梭梭死亡。一般认为，寄主梭梭的株龄应在 3 年以上。梭梭株龄和长势及配套措施也是影响肉苁蓉生长重要因素。

三、生长发育规律

肉苁蓉的一生分为播种寄生期、肉质茎生长期、孕蕾开花期、裂果成熟期。播种寄生期指从肉苁蓉播种到完全寄生到梭梭根上的一段时间，约 30 天左右。通常肉苁蓉的芽长出 7 ~8 片幼小鳞叶、芽体直径达到 0.15 ~0.30cm。促进肉苁蓉与梭梭根接触和寄生，提高肉苁蓉接种率是这一阶段的主要任务。肉质茎生长期：指肉苁蓉寄生到梭梭根上至肉苁蓉出土3～5cm的一段时间。这一时期是肉苁蓉营养生长时期，一般需要2～3年，有时更长可达5～6年以上。具体时间视肉苁蓉埋土的厚度而定，埋土越厚年限越长。促进梭梭光合作用、物质生产和对肉苁蓉的营养供应，提高肉苁蓉产量和质量是这一阶段的主要任务。孕蕾开花期：指肉苁蓉的肉质茎露出地面3～5cm到肉苁蓉穗状花序开花的一段时间，持续期25天左右。裂果成熟期指从开花、蒴果开裂直到种子采收的一段时间。1个蒴果从授粉受精到成熟约需30天。花序上的蒴果成熟，从基部向上部顺序成熟，持续期约20天。孕蕾开花期和裂果成熟期的主要任务是采用人工授粉等技术提高肉苁蓉种子产量和质量。

肉苁蓉整个漫长的营养生长过程均在地下完成，只有短暂的生殖生长过程在地上完成。而且，掩埋愈深，营养生长年限愈长，单株就越大。肉苁蓉茎的伸长速率一般为10～20cm/年。因此，一般埋深20cm，当年即可出土收获；埋深40～50cm，收获需2～3年；70～80cm需3～4年。有流沙掩埋的地方，肉苁蓉株高可达2～3m以上。

四、种质资源状况

肉苁蓉属植物共约22种，分布于欧亚温暖的干燥地区，自欧洲的伊比利亚半岛，经非洲北部、亚洲的阿伯半岛、伊朗、阿富汗、巴基斯坦、印度北部，到我国西北部、前苏联中亚地区和蒙古。我国肉苁蓉属植物有4种1变种，分别为肉苁蓉 *Cistanche deserticola* Y. C. Ma、盐生肉苁蓉 *C. salsa*（C. A. Mey.）G. Beck、管花肉苁蓉 *C. tubulosa*（Schenk）R. Wight、沙苁蓉 *C. sinensis* G. Beck 及白花盐苁蓉 *C. salsa*（C. A. Mey）G. Beck *var. albiolofora* P. F. Tu et Z. C. Lou。目前管花肉苁蓉是肉苁蓉的主要基源植物，其次为肉苁蓉和盐生肉苁蓉，白花肉苁蓉因分布少、产量低，已很难见到。

五、栽培技术

（一）选地与整地

因肉苁蓉专性寄生于落叶小乔木梭梭树上，因此这里介绍梭梭树的根系特征及其选地整地要求。

1. 梭梭根系特征及对土壤的要求 梭梭根系发达，主根很长，深达3～5m而扎入地下水层，以充分吸收地下水。梭梭侧根也很发达，长达5～10m，往往分上下两层。上层侧根分布于地表层40～100cm之间，可充分吸收春季土壤上层的地表水；下层根系一般分布于2～3m土层，便于充分吸收下层土壤内的水分。梭梭茎枝内含盐量高达15%左右，抗盐性强，对土壤含盐量有一定要求，适宜的土壤含盐量为0.2%～0.3%，而在0.13%以下时反而生长不良。土壤含盐量为1%时仍能较好生长，甚至3%时成年树仍能生长。喜疏松、干燥的土壤环境，在低洼、潮湿、通气不良的土壤容易发生根腐病。

2. 选地整地 ①育苗地，一般应选择背风向阳、水源方便、地势较高、平坦的地块，土壤含盐量不超过1%，地下水位1～3m的砂土和轻壤土最为适宜，不宜在通气不良的黏质土壤、盐渍化过重的盐碱地和排水不良的低洼地上育苗。梭梭苗在潮湿、通气不良的土壤上容易发生根腐病。梭梭育苗对整地和土壤肥力要求不高。播种前浅翻细耙，除去杂草，灌足底水即可。在灌溉条件方便的地区以高床为好；在灌溉条件较差的地区平床育苗即可。床式和规格不限，根据具体情况而定，采用小床、大垄、大田育苗均可。但要求床面平坦，表土细碎。大面积春播育苗要就地建床，苗床北面要设挡风障，以提高地温和保护幼苗。②种植地，人工栽培梭梭林，应选择地势平坦、土壤含盐量不超过2%、地下水位3m以上的砂土和轻壤土。用推土机平地，然后挖移栽沟，移栽沟深度40～60cm，宽度根据当地实际情况确定。底肥可以施在移栽沟内，然后与沟内土混合好，以防肥料烧根。用量为每亩有机肥1000～2000kg、复合化肥（如磷酸二铵）20～30kg。移栽行距2～3m，株距1～2m，密度一般为100～300株/亩。

（二）繁殖方法

种子繁殖或无性繁殖。新种植肉苁蓉的地方，须采用种子繁殖法。已经种植肉苁蓉的地方，采用种子繁殖或无性繁殖均可。

1. 种子繁殖 ①播种期，一般在4月中下旬。②种子播前处理，因肉苁蓉种子具有深休眠、发芽率低的特性，故一般应选用贮藏3～5年的种子，并于播种前进行前处理。方法很多，效果不一，各地应按具体情况选用。晒种即播种前将肉苁蓉种子在室外曝晒1～2周，有利于种子萌发。生根粉有刺激种子萌发和刺激梭梭生根两个方面的作用。营养液和保湿剂也能增加肉苁蓉的寄生率。③播种，一般采用沟种和坑种两种方法。梭梭集中且平整的林地宜采用沟种，便于管理。梭梭稀疏且凹凸不平的林地，采用坑种法。沟种一般在距梭梭行50～80cm处，挖宽40cm、深50～80cm的长沟，找到健壮的活根，浇水5L左右，待水渗下后在梭梭根部放置5～10粒种子，用湿砂埋住种子，然后覆土，稍低于地面，以便于浇水。每株寄主附近点播5～19穴，播种后一般灌1次透水，灌水量以接种层达到土壤田间持水量的60%～70%为宜。坑种一般在寄主附近挖5～10个坑，坑直径50cm，深50～60cm，将肉苁蓉种子点播于底部，每坑点播种子5～10粒，覆盖砂土，稍低于地面，浇水至湿透，其他管理方法同沟种。此外，为了提高肉苁蓉的寄生率，生产上还采用接种纸和诱导沟法播种肉苁蓉。

2. 无性繁殖 肉苁蓉的无性繁殖法又称为分枝诱导法。收获肉苁蓉时，在肉苁蓉与梭梭根连接处留下5～10cm长的肉质茎。这个残留肉质茎的上部鳞叶内能发生不定芽，不定芽继续长成肉苁蓉。

（三）田间管理

1. 灌水 肉苁蓉水分的亏缺取决于寄主植物梭梭体内的含水量。梭梭是典型的沙生耐干旱植物，扎根深，一般情况下不需要补充水分也可维持肉苁蓉的生长发育。但在肉苁蓉快速生长的时期，为了促进肉苁蓉的生长，可于每年4～6月春旱季节，在梭梭植株不种肉苁蓉的一侧，喷灌或沟灌1～2次，以扶壮梭梭。灌水量50～60m^3/亩。

2. 施肥 矿质营养缺乏是梭梭生长地区土壤的普遍问题，应注意扶壮梭梭。每年施肥一次，结合灌水进行。在梭梭植株不种肉苁蓉的一侧，挖坑深度40cm左右，混合施肥。亩施有机肥1000kg左右，氮磷钾复合肥20kg。

3. 人工辅助授粉 肉苁蓉自然授粉率低，故预留种的肉苁蓉，在其开花季节，应进行人工授粉，因花期较长故授粉应分多次完成。

（四）病虫害及其防治

1. 病害及其防治 ①梭梭白粉病，主要危害嫩枝，严重时同化枝上形成白粉层。防治方法：发病时期可用石硫合剂、多硫化钡药液喷洒，每隔10天喷1次，连续3～4次。或用Bo－10生物制剂300倍液或25%粉锈宁4000倍液喷雾防治。②梭梭根腐病，多发生在苗期。雨水多、土壤板结、通气不良，易引发此病。防治方法：选排水良好的砂性土种植，加强松土；发病期用1∶1∶200波尔多液喷洒，或用50%多菌灵

1000倍液灌根。③梭梭锈病，危害梭梭同化枝。在幼嫩同化枝上可见点状分布的锈孢子，在老枝条上常形成大的包状凸起，上面布满锈病孢子。防治方法：发病期用25%粉锈宁4000倍液喷雾防治。④肉苁蓉根腐病，发病时常使肉苁蓉肉质茎腐烂，尤其是春季采挖肉苁蓉的季节，温度逐渐上升，肉苁蓉肉质茎体积大、营养丰富、含水量较高，易引发此病害。防治方法：注意控水，对发病株作彻底清理并进行土壤处理。

2. 虫害及其防治 ①棕色鳃金龟子，肉苁蓉寄生后，幼虫在地下啃食长出的小苁蓉。防治方法：肉苁蓉接种时沟内撒施3%辛硫磷颗粒剂4～8kg/亩。②肉苁蓉蛀蝇，肉苁蓉出土开花季节，幼虫为害嫩茎，钻隧道，蛀入肉质茎，影响植株生长及药材质量。防治方法：用90%敌百虫800倍液浇灌根部或地上部喷雾。

六、采收加工

（一）采收

肉苁蓉接种后，第三年开始采收。一般地面略凸起、有裂缝处即有苁蓉，宜在肉苁蓉即将露出地面或刚露出地面时采收。因为肉苁蓉出土前，肉质茎营养丰富、柔嫩滋润，一旦出土开花，养分转向生殖器官，肉质茎开始木质化，至果实成熟期，肉质茎常因木质化程度高而中空，且营养物质消耗殆尽，药用价值很低。采收时，用铁锹在距苁蓉30～50cm处挖土，将干、湿砂土分开堆放，接近寄生盘时，要特别小心，改用手刨开肉苁蓉周围砂子，充分暴露肉苁蓉株群。选取高大粗壮的肉质茎，在寄生盘以上5～10cm处割断或掰断，然后将寄生盘底部砂子适当刨出，将寄生盘摆正并稍稍下放，然后覆土、整平。幼小、瘦弱的肉苁蓉，待下季或隔年采收，注意不要碰伤小芽体。全年可分二次采收，分别于春季3～5月和秋季10～11月。春季采收的肉苁蓉称春大芸，秋季采收的肉苁蓉称秋大芸，以春大芸质量为佳。

（二）加工干燥

1. 淡苁蓉 春季肉苁蓉采收后置砂土中半埋半露，1个多月后晒干，肉质茎由黄色变成棕褐色，即为淡苁蓉，亦称为甜苁蓉，质量上乘。现在加工淡苁蓉多采用将鲜苁蓉直接切段后晒干或用开水烫后晒干的方法。

2. 盐苁蓉或咸苁蓉 秋季采收的肉苁蓉含水量高，难以干燥，一般都加工成盐苁蓉或咸苁蓉。方法是将肉苁蓉投入盐湖中淹1～3年，或在地上挖50cm×50cm×120cm的坑，在气温降到0℃时，把肉苁蓉放入等大不漏水的塑料袋内，用当地未经加工的土盐，配置成40%的盐水腌制，至第二年3月，取出晾干。由于用盐水浸泡，盐苁蓉肉质茎所含的氨基酸及其他有益成分流失，质量较差。因此，此类加工方法不宜采用。

以条粗壮、密生鳞叶、质柔润者为佳。

（张新慧）

第三节　补血药

该类中药多属甘温滋润之品，多入心、脾、肝、肾经，以补肝血、养心血为主要功效，主要用于治疗血虚证。常用中药有熟地黄、何首乌、当归、白芍、阿胶、龙眼肉、楮实子等。此处仅介绍何首乌、当归、白芍的栽培技术。

何首乌

何首乌为蓼科植物何首乌 *Polygonum multiflorum* Thunb. 的干燥块根，属于传统中药，始载于《开宝本草》。其味苦、甘、涩，性微温；归肝、心、肾经；具有解毒、消痈、截疟、润肠通便等功效，主要用于治疗疮痈、瘰疬、风疹瘙痒、久疟体虚、肠燥便秘等病症。现代研究证明，何首乌主要含有大黄酚、大黄素、大黄酸等蒽醌类成分，以及黄酮类、酰胺类、葡萄糖苷类成分，具有抗衰老、促进免疫、降血脂、促进肠蠕动、降低血糖、保肝等药理活性。野生于海拔 500～2 200 m 的山坡路旁、山谷水边或灌丛中，其分布几乎遍及全国，主产贵州、四川、广西、广东等地。

一、形态特征

多年生草本，块根肥厚，长椭圆形，黑褐色。茎缠绕，多分枝，具纵棱，无毛，微粗糙，下部木质化。单叶互生，卵形或长卵形；托叶鞘膜质，抱茎，无毛。花序圆锥状，顶生或腋生，分枝开展，具细纵棱；苞片三角状卵形，具小突起，顶端尖，每苞内具2～4 花；花梗细弱；花被5 深裂，白色或淡绿色，花被片椭圆形，大小不相等，外面3 片较大，背部具翅，结果时增大，花被果时外形近圆形；雄蕊 8，花丝下部较宽；花柱 3，极短，柱头头状。瘦果卵形，具3 棱，黑褐色，有光泽，包于宿存花被内。花期8～9 月，果期 9～10 月。

二、生态习性

何首乌喜温好光、怕严寒。温度低于 8℃时，块根上的潜伏芽处于休眠状态，温度高于 8℃，休眠芽开始萌发，低于 12.5℃时生长不良，气温在 14.6℃以上，生长旺盛，块根膨大期间要求温度在 25℃～30℃，低于 10℃时，块根停止膨大。光照充足，有利于苗期形成较大的营养体，合成积累较多的营养物质，有利于块根膨大期间营养物质的转化，光照不足，会使下部叶片早衰。喜湿润，忌积水，在年平均降水量 1200mm 左右、相对湿度 75%～85%的地区生长发育良好，水分不足影响幼苗生长、发棵缓慢，水分过多，特别是在块根膨大期间，造成通气不良，影响块根膨大，严重时烂根。块根可深达土中 40cm 以上，含钾和有机质较多的微酸性至中性土壤有利于块根生长，产量高，土层浅薄、易于板结的土壤，块根生长不正常、产量低，过于肥沃的稻田土容易引起地上部徒长，块根小，产量不高。

三、生长发育规律

3 月份气温达到 14℃～16℃时，藤蔓开始生长，随着气温上升和雨季到来，茎蔓生长进入高峰期，高温干旱季节生长变得缓慢，秋雨季节到来茎蔓生长进入第二个高峰期，到冬季后，地上茎蔓开始枯萎落叶，进入休眠期。定植后第一年地上部分生长主藤蔓，第二年后主藤蔓继续生长，并从茎基部和主茎藤的节间抽生新枝藤蔓。茎具有易生根特性，在适当湿度和土壤条件下，茎节处很容易生根，并能长成独立的植株。叶喜光忌蔽，光照充足，空气通畅，叶片生长旺盛，光照不足，群体郁蔽，会使下部叶片提早衰亡。一年生植株即可开花结果。种子细小，千粒重只有 2～3g，成熟后为黑褐色，常温下能保存一年。发芽适温为 22℃～25℃。

四、种质资源状况

由于种植历史较短，生产中尚未见种质差异及良种选育的研究报道。

五、栽培技术

（一）选地整地

应在排水良好、结构疏松、土层深厚的腐殖质丰富的砂质壤土或黄壤土上种植。育苗地应选择地势平坦，水源方便的壤土或砂壤土，也可选人工搭建的温室大棚。若春季种植，在前一年冬天深耕1次，若秋季种植，在种植前半个月深耕1次，耕深30cm以上，深耕的同时每亩施入腐熟厩肥2500～4000kg，有机复合肥100kg，磷肥35～50kg。然后耙碎整平，作畦，畦面高20～30cm，宽70cm。

（二）繁殖方法

种子繁殖、扦插繁殖及压条繁殖。由于种子细小，不易采收，而且从播种到收获块根年限较长，生产上一般不采用。压条繁殖育苗量较少，生产上也很少采用，目前，生产上广泛使用的是扦插繁殖。

1. 种子繁殖 在3月上旬至4月上旬播种，条播行距30～45cm，开5～10cm深的浅沟，将种子均匀的撒在沟中，然后覆土3cm，稍加镇压，保持湿润，20天左右就可出苗。每亩需种子1～2kg。也可撒播，先育苗，再移栽。移栽一般在春季或秋季，选雨后晴天或阴天起苗，在整好的畦面上按株距30cm，行距35cm开穴，每穴1株，将苗根系伸展在穴内，回填土，压实，并浇透定根水。

2. 扦插繁殖 一般在春季3～5月或秋季9～10月扦插育苗。采集生长健壮的何首乌植株采集一年生木质化或半木质化枝条，剔除嫩枝、细小的分枝和病枝，把选好的枝条剪成15～20cm的小段，每个小段上保持2～3个节，上切口距上节5cm，剪成平面，下切口距下节3cm，剪成斜面。扦插条用750倍50%可湿性多菌灵溶液消毒，为促进其生根可用生根剂溶液浸泡处理。扦插时，在整好的畦面上按行距10cm，开深8～10cm的浅沟，将处理好的扦插条按株距3cm，芽头朝上，往下插紧，并斜靠在沟壁上，然后填平，压实，浇透水，并保持苗床湿润。

3. 压条繁殖 在雨季，选择一年生的健壮藤蔓拉于地下，在茎节上压土，每节压一堆土，待其生根成活后，将节剪断，加强管理，促发新枝。次年春天即可进行定植。

（三）田间管理

1. 间苗、定苗 何首乌种子播种出苗后，当苗高5cm的时候，趁阴天进行间苗和补苗。疏去过密苗、病弱苗。缺苗的地方要补苗，以株距4～5m为宜。

2. 中耕除草 间苗时都应结合中耕除草。扦插育苗地在扦插后第二个月就要开始中耕除草，每半月除草1次，做到见草就除。移栽后，为避免伤根，要浅锄，植株周围杂草要用手拔掉。一般生长期间每2个月除草1次，冬季休眠期不用除草。

3. 追肥 何首乌生长年限长，耗肥多，每年应根据其生长特点和需肥规律，进行追肥，保证其正常生长。一年生何首乌在8～9月份结合中耕除草追施1次有机复合肥，每亩用肥量100kg左右。两年生何首乌应在春季和秋季其生长高峰期各追肥1次，每亩可施有机复合肥100kg。施肥方法可沟施、穴施或结合灌水撒施。

4. 排灌 定植成活后，应根据土壤和天气状况，及时灌水和排水。天气连续干旱时，要及时灌水。雨季应及时检查排水沟是否清理疏通，确保田间不积水。

5. 搭架 定植成活并长至20cm高时，在两棵苗之间插一根长2m、直径1.5～3cm的竹竿，然后行间上端用绳子捆住，搭成“人”字形架。当何首乌藤长高至40cm时，人工将茎蔓顺时针方向缠绕到搭好竹竿上。

6. 修剪 当茎蔓长至2m时，要打去茎蔓顶芽，促进地下块根生长，同时抹去下部不见光的老叶，能够改善田间通风透光条件。当侧枝生长过旺过密时，要适当剪除侧枝。由于开花结果消耗大量营养物质，所以，除留种田外，何首乌生产田在何首乌现花蕾时要用枝剪去掉花蕾，防止其消耗营养，保障高产。

（四）病虫害及其防治

1. 病害及其防治 ①叶斑病，主要为害叶部。发病初期叶片产生黄白色病斑，后期变褐色，中心部分破裂，脱落成孔洞，病斑上生黑色小点，严重时病斑连成一片，整片叶变褐枯死。5月开始发病，6～8月为发病盛期。防治方法：及时剪除过密茎蔓和老、病叶，改善田间通风透光条件；清洁田园，减少田间病源菌的积累和传播；发病初期，摘除病叶，用1∶1∶120的波尔多液或65%代森锌500～800倍液喷雾1～2次。②锈病，初期叶表面出现圆形黄绿色病斑，叶背面逐渐隆起形成针头大小的疱斑，疱斑破裂后散发出黄锈色粉末状夏孢子，以叶背面受害为主，严重时可蔓延至茎蔓，病叶蜷缩、破裂、穿孔，以致脱落，整个植株枯萎。一般5月后随气温上升、雨水增多蔓延危害。防治方法：摘除植株下部老病叶，清除田间枯枝落叶，减少越冬病原；增施磷钾肥，提高植株抗病力；发病初期喷25%粉锈宁1500倍液或代森锌500倍液1～2次。③根腐病，发病初期地上茎叶不表现症状，只是须根变褐腐烂，随着根部腐烂程度加剧，叶逐渐变黄，地下病部逐渐向主根扩展，最后致全根腐烂，植株由下而上逐渐枯死。一般发生在夏季高温多雨季节。防治方法：雨季及时排水，防止田间积水；发病初期用50%多菌灵1000倍液或50%甲基托布津800倍液浇灌根部。

2. 虫害及其防治 主要虫害为蚜虫。在何首乌整个生育期均可危害，吸食嫩梢和嫩叶汁液，造成叶片皱缩卷曲，新梢生长停滞，在苗期造成死苗，并传播病毒，导致病毒病发生和流行。防治方法：保持土壤湿润，干旱时适当灌水，可抑制蚜虫繁殖；保护利用蚜虫天敌，如瓢虫、草蛉等；用10%吡虫啉2000倍液喷雾，每周1次，连续数次。

六、采收加工

（一）采收

何首乌定植生长2年后就可收获。在秋季落叶后或早春萌发前采挖，以秋季落叶后采收最好。采收时先拆除藤架，剪除茎藤，然后从离根际较远的地方开始采挖，不要损伤块根。完整挖出后，抖去泥土，去掉根须和芦头，按大小分级后运回等待加工。

（二）加工干燥

清除带有损伤的块根，捡净残叶、茎藤及其他杂物，按个体大小分级，洗净黏附的泥沙，用不锈钢剪去掉块根两端的细根和须根，晒或在50℃～60℃下烘至含水量40%～50%时，回汗1～2天，再晒或烘至含水量14%以下。大个何首乌可在回汗后横切成厚1.3～1.5cm的片，然后再晒或烘烤至含水量14%以下。

以个大、体重、质坚、粉性足、中心无空裂者为佳。

（张永清）

当　归

当归为伞形科当归属植物当归 *Angelica sinensis*（Oliv.）Diels. 的干燥根，又名秦归、云归、西归、岷归等，属于传统中药，始载于《神农本草经》。其味甘、辛、微苦，性温；归肝、心、脾经；具有补血活血、润燥滑肠、调经止痛、扶虚益损、破瘀生新等功效；主要用于治疗血虚萎黄、眩晕心悸、月经不调、经闭痛经、虚寒腹痛、风湿痹痛、跌扑损伤、痈疽疮疡、肠燥便秘等病症。现代研究证明，当归主要含有挥发油、有机酸、多糖、氨基酸、微量元素、胆碱及维生素等成分，具有抗心律失常、降低血小板聚集、抗血栓、降血脂、抗辐射损伤、抗肿瘤、抗炎镇痛等药理活性。当归野生资源分布于甘肃宕昌、漳县、岷县、舟曲境内人迹罕至的高山丛林。主产于甘肃、云南、陕西、贵州、四川、湖北等地。以甘肃当归栽培历史悠久，产量大，质量佳。

一、形态特征

多年生草本。高 0.4～1 m。茎直立，有纵直槽纹，无毛，茎带紫色。基生叶及茎下部叶卵形，2～3 回三出或羽状全裂，最终裂片卵形或卵状披针形，3 浅裂，叶脉及边缘有白色细毛；叶柄有大叶鞘；茎上部叶羽状分裂。复伞形花序；伞幅 9～13；小总苞片 2～4；花梗 12～36，密生细柔毛；花白色。双悬果椭圆形，侧棱有翅。花期 7 月中下旬，果期 8 月中下旬。

二、生态习性

原产于高山地区，性喜凉爽，海拔 1 500～3 000m 的高寒山区生长适宜，在低海拔引种常因夏季高温危害难以成活。喜湿润气候，对水分要求比较严格，抗旱性和抗涝性都弱，以土壤含水量 25% 左右最适生长。水分过多，不利生长，且易发生根腐病。幼苗忌烈日直晒，透光率以 10% 为宜，人工育苗须大棚遮光。第 2 年耐光力增强，充足光照可使植株生长健壮，产量提高。但如果在低海拔的地区，气温高、光照强会引起死亡。对土壤要求不严格，但以土层深厚肥沃、富含有机质微酸性或中性的砂壤土、腐殖土为好。

三、生长发育规律

植株个体发育要在 3 个生长季节内才能完成。从播种到采收，需跨 3 年，全生育期约 500 日，生产上可分为 3 个时期：育苗期（第一年）、移栽成药期（第二年）和留种期（第三年）。前两年为营养生长阶段，主要形成肉质根（商品药材），第三年转入生殖生长阶段。但有一些当归在第二年移栽后植株提前抽薹开花，称为早期抽薹，早期抽薹往往导致根部木质化，失去药用价值。5 月下旬抽薹现蕾，6 月上旬开花，花期约 1 个月。花落 7～10 日出现果实。花序弯曲时种子成熟。种子于 6℃ 左右萌发，20℃ 时种胚吸水和发芽速度最快。在日均温达 14℃ 时生长最快，只需 10 日左右出苗。

四、种质资源状况

当归种植历史悠久，种质出现了明显分化，在此基础上，选育出了一些优良品系或品种，如经重离子处理种子育成了新品系 DGAr2000－03 和 DGAr2000－02，前者产量最高，较对照增产鲜当归增产率 19%，后者抗病性较强，麻口病发病率较对照品种降低 0.4%～0.8%。经系统法选育的新品种 9002 也已通过省级审定，并在生产中大面积推广，显著提高了药材产量与品质。

五、栽培技术

（一）选地整地

1. 育苗地 宜选阴凉潮湿的生荒地或熟地。以土质疏松肥沃、结构良好的砂质壤土、黑土为好，以微酸性和中性为宜。熟地以豆科植物前茬为好，忌重茬。最好在前一年的秋季整地，深耕25～30cm，使土壤充分熟化，播种前耙平，并清除枯枝落叶、作物根茬、杂草根及石块。按宽1～1.5m，高约25cm，畦沟宽30～40cm整理苗床。

2. 移栽地　应选择土层深厚，质地疏松肥沃，富含腐殖质，排水良好，前茬为小麦、马铃薯、豆类、亚麻、油菜为宜。当归不宜连作，轮作周期应在三年以上。选好地后结合深耕施入基肥，每亩施1000～3000kg优质腐熟农家肥，入冬前或早春结合深耕，翻埋土中，耙平地表，清除杂草及石块。

（二）繁殖方法

1. 育苗移栽　①播种，育苗时一定适期播种，保证使幼苗苗龄控制在110～120天，百苗重不超过80g，以苗子根直径在0.46～0.65cm。一般5月下旬至6月上旬播种，分条播和撒播两种。播种前3～4天先将种子用水浸24h，然后保湿催芽，种子露白时拌灰，播种量5kg/亩。播种后，覆土，以不见浮子为度，然后稍加镇压，使种子和土壤紧贴。条播按行距15～20cm开横沟，沟深3～5cm，将种子均匀播入沟内，覆土0.5～1cm。整平畦面，盖草保湿遮光。②苗期管理，一般播后10～15天出苗，苗高1～2cm时，选阴天或傍晚抖松覆草，使苗长在草下。1个月后，将覆草揭去出现旱情要及时喷灌，出现积水时要及时排水。在整个幼苗期要及时除草并结合中耕疏去过密的弱苗。苗间距最小约3cm，平均6cm。10月上中旬，当苗子的叶片刚刚变黄、气温降到5℃左右，即可采挖。将挖出的苗子抖掉一部分泥土，去掉残叶，保留1cm的叶柄，去除病、残、伤、烂苗后，按大、中、小分开，捆成直径5～6cm小把（每把约100株），晾在阴凉、通风、干燥处，使鲜苗外皮稍干，根体开始变软（含水量60%～65%），叶柄萎缩后就可贮藏。③种苗贮藏，可堆藏、窖藏、密闭储苗和冷冻储苗。堆藏选择地势高燥、通风良好、不生火、阴凉干净的房间或墙角等地，先在地面上铺一层厚约5cm的生干土，然后上面摆一层扎成小把的当归苗，苗头向外，根朝内，用土填满空隙，压实，上面铺一层半干细土1～2cm，如此摆苗盖土5～7层，最后在苗堆周围覆土20cm，形成一个高约80cm的梯形苗土堆。如果苗的数量少，可用竹篓放一层细沙一层苗把，分层储放，上盖草帘防寒，置室内阴凉避风处。窖藏选择干燥阴凉、无鼠洞、不渗水的地方挖窖，窖深1m，宽1m，长视苗子的多少而定。窖内底部铺一层厚约5cm的新土，土上摆放一层扎成小把的当归根苗，面上盖3cm厚半干土，依次摆放6～7层，然后在上面堆土至高出地面，防止积水。密闭储苗，是选择密闭的容器（如木桶、瓷缸、塑料桶、铁桶或塑料袋等），备储的苗子一层、土一层装入容器内，埋苗土壤含水量控制在80%以内，填满压紧密封，置室外阴凉处。另外，采用冷冻储苗可有效降低当归的早期抽薹率，一般冷冻适宜温度为-10℃左右。④移栽，有平栽、垄栽和地膜覆盖3种方法。次年3月下旬至4月上旬为移栽适宜期。过晚，则种苗芽子萌动，移栽时易伤苗，成活率低。地膜栽植比露地栽植提早5～7天，一般在春分后5～10天进行。栽时，选健壮、无病虫感染、无机械损伤、少侧根、表面光滑、质地柔软种苗。平栽将地整平，按株行距25cm×30cm开穴，穴深15～20cm，每穴种2株，在芽头上覆土2～3cm。沟垄栽即在整好的畦面上横向开沟或起垄，沟垄距40cm，深15cm，按15cm的株距，芽头低于地面2cm，盖土2～3cm。地膜栽培分为两种，即膜上栽培和膜侧栽培。膜上栽培，选用膜宽为80cm的黑色或白色地膜，覆膜后在地膜上品字型开穴栽植。膜侧栽培，选用膜宽30cm的黑色地膜，覆膜后在膜侧品字型开穴种植。平栽、垄栽保苗密度为6000～7000株/亩，地膜覆盖栽培保苗密度为7000～8000株/亩。

2. 直播 秋季直播结合播种地段的海拔高度适当提前或延后，在气温低的高海拔地区，宜于7月下旬至8月上旬播种，在气温稍高的低海拔地区宜于8月中旬至9月上旬播种。虽然秋季直播当归的单根重略低于育苗移栽，但群体密度可适当加大，仍可获得较高产量。春季直播是当年种、当年收，不经过冬季，无法满足春化阶段对低温的要求，所以不会早期抽薹，但用该方法种植的当归产量低、品质差。冬直播由于在越冬期间，种子尚处于未萌动状态，不能感受冬季低温进行春化阶段，故也能防止早期抽薹，产量要高于春季直播。在整好的畦上按行距30cm、株距25cm，三角形错开挖穴，穴深5cm，每穴点入种子3～5粒，盖土2cm以内，耙平后盖草保温保湿。苗出齐后揭去盖草。播种量1～2kg/亩。

（三）田间管理

1. 间苗、定苗 育苗移栽和直播者均要进行间苗，如有缺苗，应及时补栽。在阴天或傍晚带土移栽，栽后及时灌水，备用苗宜选用中、小苗。直播者，在苗高3cm时，对生长过于稠密的穴行进行间苗。如有缺苗现象，可将间出的壮苗移栽到缺苗处。待苗高10cm时定苗，穴栽的每穴留苗1株，沟栽的株距15cm。地膜覆盖栽培每穴留1～2株定苗。

2. 中耕除草 苗高5cm时进行第一次中耕除草，要早锄浅锄。苗高15cm时进行第二次锄草，要稍深一些。苗高25cm时进行第三次中耕除草。立秋后当归根系多已肥大，含有丰富的糖分，一旦损伤容易引起烂根，此时，如有杂草，应及时拔除。总体来看，苗子幼小和立秋后都不宜深锄。中耕结合培土，增产效果更好。

3. 追肥 7月中下旬根增长期前，应追施K肥和N肥，通常用磷酸二氢钾、磷酸二铵和其它氮、磷、钾复合肥。微量元素钼、锌、镁、硼的施用也会起到增产效果，同时也可提高品质。每亩用钼酸铵0.2kg、硫酸锰2kg，但要注意与当地土壤中微量元素监测结合起来，做到合理施用。

4. 控制早期抽薹 控制早期抽薹的主要措施有：①选留良种，为提高苗子品质，降低早期抽薹率，必须在现行的三年生采种田，选采根体大，生长健壮，花期偏晚，成熟度适中、均一的种子留种。②选择育苗地，选择光照日数短，阴凉湿润，土壤疏松肥沃的地块作苗床。③适时播种、起苗贮藏，合理施肥，控制苗龄和苗重。育苗期间生长期较长易形成大苗和高龄苗，而大苗和高龄苗是产生早期抽薹的有利因素。④降低苗子贮藏温度，如把贮藏温度降低至0℃以下时抽薹率降低。⑤直接摘除花薹，一般在返青后约40天，即5月中旬至6月上旬，往往有抽薹发生，6月中旬进入抽薹盛期，发现后立即摘除。

（四）病虫害及其防治

1. 病害及其防治 ①褐斑病，5月下旬开始发病，危害叶片，7～8月较重，一直延至10月，高温多湿条件有利发病，初期叶面上产生褐色斑点，之后病斑扩大，外围有褪绿晕圈，边缘呈红褐色，中心灰白色，后期出现小黑点，严重时全株枯死。防治方法：冬季清园，烧毁病残株；发病初期及时摘除病叶，并喷1∶1∶120～150波尔多液，7～10天喷1次，连续2～3次。②根腐病，主要危害根部，受害植株根部组织初呈褐色，进而根尖和幼根腐烂呈黑色水渍状，随后变黄脱落，主根呈锈黄色腐烂，最后仅剩下纤维状物；地上部叶片变褐至枯黄，变软下垂，最终整株死亡。5月初开始发病，6月为害严重。防治方法：与禾本科作物轮作，忌连作；高垄栽种，雨后及时排除积水；选用无病健壮种苗，并用65%可湿性代森锌600倍液浸种苗10min，晾干栽种；或育苗时用多菌灵、托布津按种子重量的0.3%～0.5%拌种；发病初期及时拔除病株，集中深埋，并用石灰消毒病穴；用50%多菌灵1000倍液全面浇灌病区或50%托布津800～1000倍液全面喷洒病区，以防蔓延。③麻口病，主要危害根部，发病后根表皮出现黄褐色纵裂，形成累累伤斑，内部组织呈海绵状、木质化。防治方法：选生荒地、黑土地或地下害虫少的地块种植；对土壤进行消毒处理；种、苗用含杀虫剂和杀菌剂的种衣剂浸沾；施用腐熟农家肥；合理轮作、深耕；在育苗、起苗及栽培管理中尽量减少根部创伤，每亩用40%多菌灵胶悬剂0.25kg或托布津0.6kg加水150kg，每株灌稀释液50g，5月上旬和6月中旬各灌1次。④菌核病，危害叶部，植株发病初期叶片变黄，低温高湿条件下易发生，病原菌以菌核在土壤表层或种子内越冬，在12月至翌年2～3月形成子囊果，产生子囊孢子，借风雨飞散，扩大为害，7～8月为害较重。防治方法：秋收后，彻底清除田间残茬杂草、病虫危害植株等；不连作，与禾谷类作物实行轮作；种苗移栽前用0.05%代森铵浸泡10min；在发病前15天用1000倍50%甲基托布津喷药，约隔10天喷1次，连续3～4次。⑤白粉病，发病初期，叶面上出现灰白色粉状病斑。后期病斑上出现黑色小颗粒，病情发展迅速，全叶布满白粉，逐渐枯死。防治方法：实行轮作，避免连作；及时拔除病株，集中深埋；种子经福尔马林500倍液浸泡5min或闷种2h；发病初期，每隔10天左右喷洒1000倍50%的甲基托布津或50倍65%代森锌溶液，连续3～4次。

2. 虫害及其防治 ①种蝇，又名地蛆，以幼虫为害，蚕食根茎。当归出苗时从近地面处咬孔钻入根部取食，蛀空根部并导致腐烂，引起植株死亡。防治方法：施肥要用腐熟肥，施后用土覆盖，减少种蝇产卵；发现种蝇为害，用40%乐果1500倍液，或90%敌百虫1000倍液，或80%敌敌畏2000倍液灌根，7天灌1次，连续2～3次。②黄凤蝶，以幼虫为害，幼虫于夜间咬食叶片，造成缺刻，严重时将叶片吃光。防治方法：幼虫较大，初期和3龄期以前人工捕杀；用90%敌百虫800倍液喷杀，7～10天喷1次，连续2～3次。③蝼蛄，以成虫和若虫取食种子和幼苗。蝼蛄活动形成的隧道又可使幼苗的根与土壤分离，而失水干枯死亡。防治方法：用50%辛硫磷乳油拌煮好的谷子或炒香的豆饼、棉籽饼、麦麸等制成毒饵，于无风闷热的傍晚成小堆分散施入田间，或用50%辛硫磷乳油1500倍液灌根。④蛴螬，幼虫咬食根部。防治方法：清除杂草，消灭越冬虫卵；施用腐熟厩肥、堆肥，施后覆土，减少成虫产卵量；利用趋光性紫光灯诱杀；危害期用90%敌百虫1000～1500倍液浇注，亦可用50%辛硫磷乳油1000倍液灌根。

六、采收加工

（一）采收

移栽当年（秋季直播的在第二年）10月中下旬寒露与霜降之间，地上部分开始枯萎时即可采挖。收获前割去地上部分，留3～5cm短茬，以便收挖时识别。割后在阳光下晒3～5天，抖净泥土，挑出病根，除去残茎，置通风处晾晒。

（二）加工干燥

1. 晾晒 采收运回后，不能堆置，应放干燥通风处晾晒数日，直至侧根失水变软，残留叶柄干缩为止。

2. 扎捆 将侧根理顺，切除残留叶柄，扎成小捆，大的2～3支，小的4～6支，每把鲜重约0.5kg。

3. 熏干 传统干燥主要采用烟火熏烤，在设有多层棚架的烤房内进行。熏烤前，先把扎好的根把在烤筐下部平放1层，中部立放1层（头朝下），上部再平放3~4层，使其总厚度不超过50cm，然后将此筐摆于烤架。也可按上述要求直接摆于烤架。熏烤以暗火为好，忌用明火。生火用的木材不要太干，半干半湿利于形成大量浓烟，既起到上色作用，还有利于，减少成分损失。室内温度控制在50℃ ~60℃，温度过高，则会散失油分，降低质量。熏烤期间，要定期停火降温，使其回潮，还要定期翻堆，使其干燥均一。同时注意排潮，利于缩短干燥过程，提高加工质量。一般需熏烤10~15天，待根内外干燥一致，用手折断时清脆有声，外皮赤红色、断面乳白色时为好。

4. 修整 干后，搓去泥沙毛须，修去过细根。

以主根粗长、油润、干净、无虫霉，外皮黄棕色，断面黄白色，香气浓郁者为质优。

（王慧珍）

白　芍

白芍为毛茛科植物芍药 *Paeonia lactiflora* Pall. 的干燥根，属于传统中药，始载于东汉《神农本草经》，被列为中品。其味苦、酸，性微寒；归肝、脾经；具有养血调经、敛阴止汗、柔肝止痛、平抑肝阳等功效；用于治疗血虚萎黄、月经不调、自汗、盗汗、胁痛、腹痛、四肢挛痛、头痛眩晕等病症。现代研究证明，白芍主要含有芍药苷、牡丹酚、芍药花苷、芍药内酯苷、挥发油等成分，具有抗菌、抗炎、增加冠状动脉流量、改善心肌营养血流、抑制血小板聚集、镇痛、解痉、抗溃疡、调节血糖等药理活性。主要分布于东北、河北、山西、内蒙等地，现栽培于安徽、浙江、山东、四川等地。产于安徽亳州者称“亳白芍”，产于浙江杭州者称“杭白芍”，产于四川中江地区者称“川白芍”或“中江白芍”。

一、形态特征

多年生草本，根肥大，通常呈圆柱形或略呈纺锤形。茎丛生，直立，无毛。叶互生，具长柄。茎下部为二回三出复叶，上部为三出复叶，小叶狭卵形、披针形或椭圆形，先端渐尖或锐尖，基部楔形，全缘，叶缘骨质细乳突。花大，单生于茎的顶端，萼片3~4，叶状，花瓣10片或更多，白色、粉红色或紫红色，雄蕊多数，心皮3~5，分离。蓇葖果3~5，卵形，先端外弯成钩状，无毛。花期5~6月，果期7~8月。

二、生态习性

适应性强，栽培或野生于平坝、丘陵或较低山地。喜气候温和、阳光充足、雨量中等的环境，耐寒暑性强，在-20℃气温下能露地越冬，在42℃高温下能越夏。喜湿润，怕涝，水淹6h以上易死亡。以土层深厚，疏松肥沃，排水良好，中性至微碱性的砂壤土或壤土为好，盐碱地不宜栽种。

三、生长发育规律

为宿根性植物，每年3月萌发出土，4月上旬现蕾，4月底至5月上旬开花，开花时间比较集中，1周左右。5、6月根膨大最快，5月间芍头上已形成新的芽苞，7月下旬至8月上旬种子成熟，8月高温植株停止生长，9月上旬地上部分开始枯萎并进入休眠期。9月下旬至11月为发根期，10月发根最盛。种子具有休眠习性，低温、赤霉素处理可打破休眠。种子宜随采随播，或用湿沙层积于阴凉处，不能晒干，晒干就不易发芽。

四、种质资源状况

芍药有悠久的栽培历史，园艺品种众多。但药用芍药品种相对单一，花色主要为红色或粉红色。据调查，亳州和荷泽地区培育了4个农家栽培类型，如线条型、蒲棒型、鸡爪型、麻茬型。从栽培面积和产量看，线条型占70%，蒲棒型占20%，其他2种合占10%。以线条型为优，其特点是根条长、体质实、粉性足、产量高；蒲棒型的特点是根条短粗、体质松、产量较高；鸡爪型和麻茬型，根条多而短，品质较次。

五、栽培技术

（一）选地与整地

宜选向阳、地势干燥、土层深厚、排水良好、疏松肥沃、富含腐殖质的土壤、砂土壤或沙淤两合土栽培。芍药不宜连作，一般需间隔2～3年后再栽种，前茬选择豆科作物为好，产区多与高粱、紫菀、红花、菊花轮作。栽种前应精耕细作，结合耕地每亩施腐熟的厩肥或堆肥3000～4000kg，然后深翻土地30～60cm，耙平作畦，畦宽1.2～1.5m，高30～40cm，沟宽30cm。在栽培地四周，还要开设排水沟，以利排水。

（二）繁殖方法

主要有芍头繁殖、分根繁殖和种子繁殖。

1. 芍头繁殖 收获时切下根部加工成药材，选取形体粗壮、芽苞饱满、色泽鲜艳、无病虫害的芽头作繁殖用。切下的芽头以留有4～6cm的根为好，过短难以吸收土壤养分，过长影响主根生长。然后按芍头大小、芽苞多少，切成2～4块，每块有2～3个芽苞。将切下的芍头置室内晾干切口，便可种植。若不能及时栽种，也可暂时沙藏或窖藏。沙藏方法：选平坦高燥处，挖宽70cm、深20cm的坑，长度视芍头多少而定，坑底放6cm厚的沙土，然后放上1层芍头，芽孢朝上，再盖1层沙土，厚约5～10cm，芽孢露出土面，经常检查贮藏情况，保持沙土不干燥。至9月下旬～10月上旬取出栽种。栽时按行、株距60cm×40cm开穴，穴深10～15cm，穴径15～20cm，栽前先在穴底施入适量腐熟厩肥或火土灰，肥上覆1层薄土，每穴放入健壮芍芽1～2个，芽苞朝上，以芽头在地表以下3～5cm为宜。栽后施以腐熟人畜粪水，再盖熏土和原土，将畦面整成龟背形即可。每亩栽芍头2500株左右。

2. 分根繁殖 收获时切下粗壮根部加工成药材，选择笔竿粗细的芍根，按其芽和根的自然形状切分成2～4株，每株留芽和根1～2个，根长18～22cm，剪去过长的根和侧根，供栽种用。每亩用种根100～120kg。

3. 种子繁殖 8月中、下旬，采集成熟而籽粒饱满的种子，随采随播。若暂不播种，应立即用湿润黄沙（1份种子，3份沙）混拌贮藏于阴凉通风处，至9月中、下旬播种。播种可采用条播法，按行距20～25cm开沟，沟深3～5cm，先在沟内淋入清淡粪水，将种子均匀地撒入沟内，覆火土灰和细土将畦面整成龟背形，再铺盖1层薄草，保温保湿。翌年4月上旬，幼苗出土时，及时揭去盖草。2～3年后定植，亩用种30～40kg。

（三）田间管理

1. 中耕除草 早春松土保墒。芍药出苗后每年中耕除草和培土3～4次。10月下旬，在离地面5~7cm处割去茎叶，并在根际周围培土10~15cm，以利越冬。

2. 施肥 每年追肥3~4次，春夏以人粪尿及碳酸铵为主，秋冬以土杂肥、栏肥为主。施肥量在第一、二年较少，第三、四年用量应增多。施肥应在植株两侧开穴施入。

3. 排灌 严重干旱时，宜在傍晚浇水。多雨季节应及时排水，防止烂根。

4. 亮根 生长2年后，每年在清明节前后将其根部的土扒开，使根露出一半晾晒，此法俗称"亮根"，晾5~7天，再培土壅根，这不仅能起到提高地温、杀虫灭菌的作用，而且能促进主根生长，提高产量。

5. 摘蕾 为了减少养分损耗，每年春季现蕾时应及时将花蕾全部摘除，以促使根部肥大。

（四）病虫害及其防治

1. 病害及其防治 ①灰霉病，危害叶、茎、花部。叶片发病后，先从叶尖或叶缘开始出现淡褐色、圆形或不规则形病斑，病斑上有不规则轮纹，在天气潮湿时长出灰色霉状物；茎部被害，出现褐色、梭形病斑，致使茎部腐烂。5月开花后开始发病，6~7月较重。防治方法：轮作或下种前深翻土地；合理密植，并增施磷钾肥；加强田间管理，雨后及时排水；发病初期喷50%多菌灵800~1000倍液，或喷1:1:100波尔多液，每隔10~14天1次，连喷3~4次。②叶斑病，危害叶片。发病初叶正面为褐色近圆形圆斑，后逐渐扩大，呈同心轮纹状。湿度大时，病斑背面产生黑绿色霉状物。防治方法：收获后清除残株病叶，集中烧毁；深翻土地，实行3年以上轮作，增施磷钾肥；发病初期喷50%多菌灵800~1000倍液，或50%托布津1000倍液，在梅雨季节选晴天喷药1次，9月上旬和中旬各喷1次。③锈病，危害茎叶，初期叶片背面出现黄色至黄褐色颗粒状物，后期叶面出现圆形、椭圆形或不规则形的灰褐色病斑，被害茎叶弯曲、皱缩，植株生长不良。5月上旬开花后发生，7~8月严重。防治方法：实行3年以上轮作；收获后清洁田园；开花前喷1:1:100波尔多液1次，开花后继续喷防2次，每次间隔10~15天；发病初期喷25%粉锈宁或65%代森锌500倍液，每3~7天1次，连喷3~4次，两药交替喷雾。

2. 虫害及其防治 ①蛴螬，危害种子、幼苗期的根茎基部、成株期的根。防治方法：可选用40%甲基异柳磷乳油或50%辛硫磷乳油250~300ml/亩拌适量细土施用，在田间湿度较大年份应提倡使用微生物农药BT乳剂（100亿孢子/ml）300~350ml/亩。②地老虎，幼虫咬食幼苗嫩叶，造成孔洞缺刻。3龄以后，幼虫长大进入暴食期，常从地面咬断幼茎，造成缺苗断垄。防治方法：铲除杂草；用98%敌百虫晶体1000倍液，或5%杀虫菊酯乳油3000倍液，或50%辛硫磷乳油1000倍喷雾。

六、采收加工

（一）采收

一般种植3~4年后采收，采收时间多在8~10月。采收时，宜选择晴天割去茎叶，起挖中务必小心，谨防伤根。亳白芍因品种不同，采收时间亦不同，"线条"型芍药一般在栽后4~5年采收；"蒲棒"型芍药一般在栽后第三年收获。

（二）加工干燥

1. 传统白芍加工法 挖出全根，去净泥土，修去头尾和支根，按粗细分为大、中、小3档，清水洗净，放入沸水中烫煮，不断翻动。粗根煮约15min，中根煮10min，细根煮约5min，待芍根表皮发白，有香气，手能捏动，竹签能不费力穿透或能用手将根折断，内外色泽一致，即表明已煮透。将煮透的芍根迅速捞出浸入凉水中，用竹片或不锈钢刀刮去外皮。去皮后，切齐头尾及时出晒干燥。晒时要经常翻动，切忌强光曝晒，通常上午晒，中午收回，下午2点以后再晒，晒至7~8成干，装入麻袋或堆放室内，用草包或芦席盖上，闷2~3天，使内部水分蒸出，然后再晒3~5天，至内外完全干燥。

2. 生晒芍加工法　生晒芍主要出口日本及东南亚国家。有全去皮、部分去皮和连皮3种规格。全去皮：即不经煮烫，直接刮去外皮晒干；部分去皮：即在每支芍条上刮3~4刀皮；连皮：即采挖后，去掉须根，洗净泥土，直接晒干。

以根粗、坚实、无白心或裂隙者为佳。

（胡　珂）

第四节　补阴药

该类中药多甘寒质润，主入肺、胃、肝、肾经，主要具有滋养阴液、生津润燥等功效，用于治疗阴虚证。常用中药有北沙参、南沙参、明党参、玉竹、黄精、石斛、麦门冬、天门冬、百合、枸杞、桑葚、黑芝麻、墨旱莲、女贞子、鳖甲、龟甲、银耳、燕窝、鱼鳔胶等。此处仅介绍北沙参、石斛、麦门冬、百合、枸杞的栽培技术及鳖甲的养殖技术。

北沙参

北沙参为伞形科多年生草本植物珊瑚菜 *Glehnia littoralis* Fr. Schmidt ex Miq. 的去皮干燥根，为传统常用中药，因产地不同又名莱阳沙参、海沙参、辽沙参等。其味甘、微苦，性微寒；归肺、胃经；具有养阴清肺、益胃生津等功效；用于治疗肺热燥咳、劳嗽痰血、胃阴不足、热病津伤、咽干口渴等病症。现代研究证明，北沙参主要含有香豆素类（如佛手柑内脂、补骨脂素）、聚炔类（如法卡林二醇、人参醇）、木脂素类及异木脂素类、黄酮类（如槲皮素、异槲皮素、芦丁）、酚酸类（如水杨酸、绿原酸）、单萜类等成分，具有镇咳祛痰、免疫抑制、抗肿瘤、抗菌、抗氧化、镇痛、镇静等药理活性。分布于亚洲东部和美洲，我国以东南沿海和部分内陆省（区）栽培较多。主产于山东莱阳、文登、海阳、日照，辽宁辽阳、阜新，河北安国、任丘，内蒙古赤峰等省区。现今内陆安徽、河南、山西、吉林，沿海的江苏、浙江、福建、台湾、广东等省均有不同面积的栽培生产。

一、形态特征

全株有毛。直根系，主根和侧根区分十分明显，主根圆柱形，细长，肉质致密，外皮黄白色，须根细小。茎为草质，密被灰褐色绒毛，部分在土中，部分露出地面，直立，不分枝。叶基生、互生，长叶柄鞘状。复伞形花序，顶生。每个伞形花序有小花15~20朵，白色，有白色绒毛。花萼齿裂，裂片三角披针形，疏生粗毛。花瓣5枚，卵形，先端内卷，背面疏生粗毛。雄蕊5枚，雌蕊1枚，子房下位，花柱2，基部短圆锥形。双悬果球形或卵形，果棱木栓化，翅状，5棱，有棕色刺状软毛。油管多数，紧贴种子周围。种子细小，呈扁圆状，种皮黄褐色有毛，种脐绿白色。花期5~7月，果期6~8月。

二、生态习性

喜光，忌荫蔽。光照充足时，叶片厚，色浓绿；荫蔽条件下，叶片失绿变黄，发育不良，甚至死亡，病害也严重。种子萌发需要经历低温，营养生长期需要气温温和，开花结果需要温度较高，根部能在严寒条件下越冬。喜湿润气候，忌水涝，耐干旱。耐盐碱，中性或微酸性土壤也能正常生长发育。忌连作。

三、生长发育规律

从种子萌发至开花结果近2年。一般可分为6个时期：从种子萌发至生出5片叶为幼苗期；生长期地下根迅速生长；9月初至次年3月为越冬休眠期；翌春4月芽茎开始萌动，逐渐露青进入返青期；翌年5~7月植株生长旺盛，进入开花结果期，小满前后抽苔，抽苔后约1周开花；翌年7~8月为种子成熟期。9月开始进入下一休眠期。多年生植株在炎热夏季有短期休眠，地上部枯黄，末伏后重新长出新枝叶。种子具种胚后熟的低温休眠特性。一般在5℃以下，约需4个月才能完成种胚后熟。种子寿命短，隔年种子发芽率显著下降，3年后几乎丧失发芽能力。

四、种质资源状况

分化类型少，尚无公认的选育品种。山东莱阳参农根据形态特征不同将珊瑚菜分为两个农家品种：一是“白银条”，叶柄为绿色，叶片革质，叶面光亮，根部细长、白色、粉性足、产量高，适于加工出口产品；二是“大红袍”，植株粗壮，叶柄红色，叶色绿，叶片革质、光亮，叶面无粉状物，根部比较粗大、白色、粉性足，药材产量比“白银条”更高，且更耐干旱。但这种划分并不严格，实际上还存在着许多中间类型，如叶柄颜色、叶缘缺刻等特征的变化呈现出连续状态。个别地区还有小叶沙参和大叶沙参之分。小叶沙参植株高20~30cm，叶密、叶片较小、叶柄稍短，播种后当年不开花结实，根条长且表皮光滑，产量高，品质好，为理想栽培品种；大叶沙参植株矮小（15~20cm），纤细、分枝少、叶宽大，当年开花结籽，俗称“花参”或“籽参”，根的产量低、质量差。

五、栽培技术

（一）选地整地

选择向阳、地势平坦的地块。以土层深厚，土质疏松、肥沃，保水性好且排水良好的砂质土壤为好，有利于根深扎，根条长而无分杈。忌低洼积水、土层薄、质地粘重、板结的土壤。前茬以小麦、玉米、谷子或生荒地为好，忌花生、甜菜和蔬菜茬。

精细整地，深翻40cm以上，清除根茬和石块，结合整地，施入农家肥5000kg亩作基肥，作成1.5m宽平畦或高畦，四周开排水沟。

（二）繁殖方法

用种子繁殖。秋播、冬播或春播，冬播一般在上冻前，山东产区在立冬至小雪前，春播在清明后。秋冬播种，需提前20天左右湿润种子，至种仁发软，润种过程中应常翻动检查，防止发热霉烂。春播，需在上年秋季采收种子后作低温处理。冬季将湿润的种子放在室外潮湿处、埋在土中、挂在井内水面以上或砂藏处理等。为防止病害，播前可用多菌灵等拌种。

播种方法以条播为主，有窄幅条播和宽幅条播两种方式。窄幅条播，行距12~15cm，播幅4cm，沟深4~5cm；宽幅条播，行距25cm，播幅15cm，沟深4~5cm。种子撒播要均匀，种子间距2～4cm。春播用种量3～4kg/亩，秋播可增加1kg种子。播种后覆土3～5cm。为保墒，播后及时镇压或踩垅。秋播的要在封冻前浇封冻水1次，翌年春出苗前轻耧地表，打破板结层，以利出苗。

（三）田间管理

1. 越冬前的管理　秋季播种者，当年不能出苗，在越冬之前如果土壤干旱，应进行灌溉，保持土壤湿润有助于第二年春天幼苗的发芽出土。

2. 间苗　2～3片真叶时间苗1次，保持株距2～4cm。

3. 中耕除草　苗齐后，结合除草，及时中耕松土。6月份后，由于植株较密，且茎叶脆嫩，中耕松土困难，应用手拔除杂草。

4. 追肥　植株高达4～6cm时，结合浇水，追施尿素10kg/亩，以促进苗的生长。6～7月份生长旺盛期，以氮磷钾复合肥、农家肥为主，施肥2次。不要偏施速效性氮肥，避免植株徒长，地下根生长不良，且不利于多糖等活性成分积累。

5. 灌溉排水　生长期一般不浇水，但遇干旱应及时浇水，否则，根系生长不良，易分叉，根皮皱而厚。雨后应及时排水，若土壤积水，易患根腐病、锈病等。收获前半月，要浇1次透水，利于后期生长和采挖收根。

6. 摘蕾　除留种植株外，出现花蕾要及时摘除，以减少养分消耗，促进根部生长。

（四）病虫害及其防治

1. 病害及其防治　①根腐病，受害初期，植株根尖和幼根呈现水渍状，随后变黄脱落，主根呈锈黄色腐烂。地上部植株矮小黄化，严重时死亡。5月开始发病，6～7月为发病盛期。重茬、高温、高湿、多雨、土壤积水或地下害虫多时发病严重。防治方法：实行轮作，注意排水。土壤可用多菌灵、敌克松或五氯硝基苯等灭菌预防；发病初期应拔除病株销毁，用退菌特、甲基托布津、敌克松或甲霜灵等喷杀2～3次。也可用敌克松等灌根防治。②锈病，5月开始发病，立秋前后危害严重。为害叶片、叶柄、茎和花穗等部位。发病初期形成黄绿色病斑，发展成棕褐色斑，后期叶片穿孔至整叶枯死，叶柄和茎弯曲，花穗不能结实，甚至枯死。高湿、多雨、土壤积水时发病严重；过多施用氮肥、植株嫩弱、也易感病。防治方法：选无病老根留种；轮作，不重茬；作高畦，开深沟，排水降低湿度；发病初期及时拔除病株，并在病穴中撒施石灰粉或用50%多菌灵1 000倍液浇灌；增施有机肥、磷钾肥，以促进北沙参的生长发育，增强植株抗病性。③病毒病，5月以后发病。由蚜虫带毒传染。一年生播种田发生较轻，二年生留种田发生加重。发病后植株矮小、叶片皱缩畸形、地下根萎缩畸形，最后叶心丛生，白化死亡。防治方法：防治蚜虫，切断毒源。选用无病毒种子或种栽进行繁殖。一旦发现病株，及时清除烧掉。可用病毒A、植病灵等喷洒防治。

2. 虫害及其防治　①钻心虫，幼虫钻入植株各个器官内部，导致中空，不能正常开花结果。危害轻者，叶片枯萎，产量低，品质差；危害重者，全株枯萎，甚至死亡。防治方法：种子田要选健壮无病虫的参苗栽种，一年生植株出现花蕾时应及时掐除，收刨时注意消灭残株中的幼虫，收刨后要进行深耕翻土等；在产卵盛期或幼虫孵化盛期用80%敌百虫200～400倍液或40%乐果乳剂1000～2000倍液喷雾；在成虫发生盛期，尤其是第三、四代成虫发生盛期（7～8月），用黑光灯诱杀。②蚜虫，以成虫、若虫吸食植株茎、叶、花中的液汁，并传播病毒。一般在气温22℃～26℃、湿度60%～80%的条件下发生猖獗。防治方法：清除田间残株、杂草，减少虫源；在田间施放饲养草蛉或七星瓢虫；发生期于叶片正、背面均匀喷洒药剂。③大灰象甲，以成虫取食的幼芽及幼苗叶片，被害部分造成孔洞或缺刻，影响植株生长。2 年发生 1 代。防治方法：早春在北沙参地边四周种白芥子，引诱大灰象甲吃白芥子幼苗；进行人工捕杀（清晨或傍晚）；或用药剂诱杀，15kg/亩鲜萝卜条加 90% 结晶敌百虫 10g 撒于地面。

六、采收加工

（一）采收

生长 1 ~ 2 年的根质量好，4 年以上的根易空，质量差。1 年收者在白露至秋分之间进行，2 年或 3 年收者在夏至前后 5 天内进行。采挖时，于参田一端开挖深沟，使参根部露出，小心采挖，勿伤断参根。抖掉泥土，去掉地上部及须根。最好选择晴天，当天采挖，当天加工并及时晒干，以防霉变。来不及加工的，可埋在干砂土中 2 ~ 3 天后加工。

（二）加工干燥

传统的产地加工方法是先将参根洗净，并按粗细长短分级，分别扎成直径 15 ~ 20cm 的捆，然后将参根尾部先放入沸水中略烫 8 ~ 10s，再解捆全部放入沸水中，并不时翻动，煮至能用手剥下参皮为度。火过，参条易变面；火欠，皮难剥。烫好后捞出，散热后趁湿剥去外皮，晒干或用火炕烘干。干燥后的参根垛在室外，日晒夜露，数月后，参根增白，称“毛沙”。出口沙参要在普通加工的基础上，再经过拣、蒸、搓、刮等工序。

由于活性成分欧前胡素、异欧前胡素主要分布在根皮中，去皮加工不仅直接造成药材的损失，也降低了欧前胡素、异欧前胡素等成分含量，但不去皮时，干燥速度较慢，药材外观不好。

以细长、圆柱形、均匀、质坚、外皮色白者为佳。

（刘　谦）

石　斛

石斛为兰科植物金钗石斛 *Dendrvbium nobile* Lindl. 、鼓槌石斛 *D. chrysotoxum* Lindl. 或流苏石斛 *D. fimbriatum* Hook. 的栽培品及其同属植物近似种的新鲜或干燥茎，属于传统中药，始载于《神农本草经》，被列为上品。其味甘，性微寒；归胃、肾经；具有益胃生津、滋阴清热等功效；主要用于治疗热病津伤、口干烦渴、胃阴不足、失少干呕、病后虚热不退、阴虚火旺、骨蒸劳热、目暗不明、筋骨痿软等病症。现代研究证明，石斛主要含有石斛多糖、生物碱、氨基酸等成分，具有增强机体免疫力、抗肿瘤、促进消化液分泌、抑制血小板凝聚、降血脂、降血糖、抗氧化、抗衰老和退热止痛等药理活性。此处仅介绍铁皮石斛的栽培技术。

铁皮石斛分布于我国江西、广西、广东、贵州、云南、安徽、浙江、湖南、陕西、河南、福建等地，生长于海拔 500 ~ 1500m 之间，附生在悬崖峭壁上或阔叶树的树干上及石灰岩上，属国家二级保护植物，因表皮呈铁绿色而得名，位居“中华九大仙草”之首。

一、形态特征

茎直立，圆柱形，不分枝，具多节，常在中部以上互生 3 ~ 5 枚叶；叶二列，纸质，长圆状披针形；叶鞘常具紫斑。总状花序常从落了叶的老茎上部发出，基部具2～3枚短鞘；花序轴回折状弯曲；花苞片干膜质，浅白色，卵形；萼片和花瓣黄绿色；侧萼片基部较宽阔；萼囊圆锥形，末端圆形；唇瓣白色，基部具1个绿色或黄色的胼胝体；唇盘密布细乳突状的毛，并且在中部以上具1个紫红色斑块；蕊柱黄绿色，先端两侧各具1个紫点；药帽白色，长卵状三角形。蒴果椭圆形，成熟时黄绿色。花期3～6月。

二、生态习性

附生于海拔500～1500m悬崖峭壁上或阔叶树的树干上及石灰岩上，喜温暖湿润气候和半阴半阳的环境，通常与地衣、苔藓类、蕨类植物互生，对环境条件要求苛刻。适宜生长温度为20～32℃，空气相对湿度要求70%以上，耐干旱耐严寒，但长时间的低温或高温都会造成其死亡。

三、生长发育规律

有性繁殖或无性繁殖。开花期主要集中在5月至6月下旬，花期3～6个月，蒴果于10月至翌年2月陆续成熟。种子细小，胚胎发育不完全，无胚乳，自然状态下萌发率极低。繁殖主要依靠无性繁殖，从根部不断分蘖或从茎的上部茎节生根长出新植株。铁皮石斛茎寿命一般5～6年，一年生新茎萌发须根，春夏季是生长高峰，秋季进入休眠后，叶不脱落，属于常绿生活型。两年生茎主要是积累营养和孕花，一般不再伸长生长。三年生茎开花结果，开花茎有叶或落叶，落叶后一般不再萌生新叶。四年生茎丧失分蘖能力，五年生或六年生茎相继枯萎死亡。

四、种质资源状况

石斛属约有1000种，主要分布亚洲热带和亚热带地区与大洋洲，我国有74种2变种，主产秦岭以南各省区，尤其是云南南部为多。该属植物均为附生草本，其中许多种类可以药用，药效相近。铁皮石斛实现全人工栽培是20世纪90年代，时间较短。经对不同地区的自然居群进行形态与解剖观察，可将铁皮石斛划分为F型和H型，其中F型的茎相对短而柔软，具黏性，适合加工成铁皮枫斗；H型茎较长，质地较硬，黏性差，不适合加工成铁皮枫斗。至今，浙江省已先后认定了“天斛1号”“仙斛1号”“森山1号”“仙斛2号”等多个优良品种。

五、栽培技术

主要有仿野生栽培、半野生栽培和设施栽培等3种模式。仿野生栽培是指选择通风较好、树皮较厚且裂痕较多的成片树林，采用捆绑方式将铁皮石斛固定在树干或石头上，生长全过程没有任何保护措施，基本处于自然状态下的栽培模式；半野生栽培是指利用自然树林、树段或其他未经加工的自然物体作为附着物，将铁皮石斛捆绑在这些物体上，栽培地搭建简单的挡雨遮阳设施的栽培模式；设施栽培是指根据铁皮石斛的生长特性，人为设计适合生长的各种设施，将种苗种植于人工配制的基质中，该方法实现了铁皮石斛生长的光、温、水、肥以及通风等要素的全人工调控，创造了最适合生长的条件，目前也是使用最为广泛的栽培模式。此处仅介绍设施栽培的大棚床式栽培。

（一）栽培设施准备

1. 大棚搭建　棚的大小要根据种植规模的大小合理设计，一般长30m，宽6～8m，肩高1.8m，总高4m左右。搭建材料可选择钢架、水泥柱、竹木等，棚顶覆盖塑料薄膜和遮荫度为70%左右的遮荫网，大棚四周和入口装上防虫网。棚内最好安装自动或手动控制的喷雾系统（喷雾、喷肥、喷药）。

2. 栽培床准备 棚内搭建高架栽培床，使其能够轻松控制水分与透气性。一般用角钢、木条等材料作为苗床框架，栽培床长度跟大棚长度等同，宽1.2m，架空高度40cm左右。床与床之间配有通道，以便操作。栽培床底部一般采用钢丝网铺设，为了使基质不从空隙间漏出，在钢丝网上铺设一层40目的防虫网。

3. 栽培基质准备 栽培基质是影响移栽成活率、生长、繁殖和产量的关键。铁皮石斛的生物学特性要求基质既有良好的保水性，又有良好的通风透气性。常用基质材料有碎石、水苔、花生壳、苔藓、椰子皮、松树皮、刨花、木屑、木炭、木块等等，可根据规模化生产的需要，因地取材。将准备好的基质倒于栽培床上，厚度为7~15cm为宜。

（二）繁殖方法

有种子繁殖、分株繁殖、扦插繁殖、压条繁殖以及组织培养繁殖等等。利用外植体进行组织培养，可以获得与母体性状相同的大量高整齐度的新植株，是目前铁皮石斛规模化栽培的主要繁殖方式。此处仅介绍组织培养繁殖。

1. 外植体选择与处理 选择植株健壮、丰产性好、无病虫的植株的茎尖、茎段等器官作为组培的外植体，在超净工作台上进行表面灭菌，先用浸润75%乙醇的纱布擦拭材料表面，再用0.1%L汞消毒15min，最后用灭菌水清洗4次后备用。

2. 培养方法 以MS为基础培养基，将灭菌过的外植体接入1/2MS+6-BA1.0/(mg·L)培养基诱导产生原球茎；将原球茎转入MS+6-BA3.0/(mg·L)+NAA1.0/(mg·L)+KT1.0/(mg·L)+3%香蕉提取液培养基中培养获得丛生小苗；将丛生小苗转入1/2MS+NAA0.5/(mg·L)+3%香蕉提取液+0.5%活性炭培养基中培养获得生根苗。

3. 炼苗假植驯化 当培养瓶中丛生铁皮石斛小苗每丛有3~5株，每株有根3条以上，根系长到2cm左右，叶3~5片，茎粗0.3cm以上，茎高3~5cm时，可移至室外。方法是逐渐打开培养瓶口进行炼苗，炼苗时间1~3个月不等，以叶色翠绿，茎段肥厚粗壮且茎秆稍硬化时为宜，可以出苗假植。取出小苗洗净培养基中的琼脂等，阴干根系水分至根部发白时，将苗移栽至苗床（苗床基质与栽培床基质基本相同，最好经过高温消毒）按250丛/m^2进行假植驯化，驯化期间每周叶面喷施0.3%磷酸二氢钾等肥料1次，假植驯化3个月以上，以苗茎段肥厚粗壮、嫩叶鲜绿、老叶浓绿且革质化、根蔸芽少量显露为宜，可以移栽定植。

4. 移栽定植 经假植驯化后的铁皮石斛苗，根据苗的大小和健壮程度分级，按8cm×10~15cm株行距、80~100丛/m^2移栽至大棚栽培床定植栽培。

（三）大棚管理

1. 栽培基质管理 随着栽培年限的延长基质将不断被消化，每年需添加基料1~2次，以满足铁皮石斛正常生长所需要的基质厚度。

2. 光照和温度管理 铁皮石斛属于阴生植物，耐旱而喜阴凉湿润环境，怕直射光，光线过强会抑制石斛生长，叶子黄化脱落。夏季大棚要遮蔽70%光线，冬季要遮蔽30%光线，同时避免因光照不足而造成植株生长不良；要通过调控大棚的通风设施，使大棚内温度控制在15~30℃，铁皮石斛可以短时间耐-5℃低温或38~40℃高温，长时间过低或过高温度会导致铁皮石斛生长不良直至死亡。

3. 水肥管理 水肥管理是铁皮石斛栽培的技术关键。水分管理要求保持基质湿润，但不能积水，大棚内湿度70%左右。基质表面很容易失水，造成缺水假象，如果在这种情况下浇水，可能会因基质渍水引起烂根和病害发生，影响植株正常生长。通常当基质厚度6～8cm处干燥时浇水为宜，浇水时要一次性浇透，采用细水喷灌，以防冲走茎基部基质，使根裸露，忌茎基部积水。夏天气温高，蒸发量大，2～3天浇水1次，并在早晚喷雾；冬天温度低水分不易散失，约10～15天浇水1次。铁皮石斛生长缓慢，肥料需求量不多，从小苗移栽半个月后开始施缓释肥，以后每月施1次，冬天植株停止生长时，亦停止施肥。在植株生长期间每周喷施1次磷酸二氢钾和有机养分浸出液叶面肥。

4. 摘除花芽 一年以上铁皮石斛茎条具有开花能力，要及时摘除茎条上的花芽，防止开花消耗植株养分导致生长不良和品质下降。

（四）病虫害及其防治

1. 病害及其防治 ①黑斑病，发生在3～5月。症状为嫩叶上出现褐色小斑点，以后扩大成近圆形黑褐色病斑，其边缘呈放射状黄晕。严重时病斑相连成片，直至叶片枯黄而脱落。防治方法：发病前期用50%多菌灵1000倍液预防和控制；若有植株发病，要及时清理病枝落叶，减少病害侵染来源，并用20%戊唑醇2000倍液防治。②叶斑病，为害叶片，症状是嫩叶上出现褐色小斑点，斑点周围黄色。严重时整个叶连成片，直至全叶枯黄、脱落。防治方法：用50%多菌灵1000倍预防和控制，用代森锰锌500倍液或75%百菌清600倍液防治。③煤污病，常发生在3～5月或多雨天气。防治方法：用50%多菌灵1000倍液或甲基硫菌灵1000倍液预防和控制。④软腐病，该病通常在5～6月发生。症状主要是植株茎杆水渍状由上往下软腐而腐烂，造成死亡。防治方法：做好控水工作；严重时用农用链霉素4000倍液和百菌清1000倍液混合或农用链霉素4000倍液和扑海因1000倍液喷雾。⑤猝倒病，主要发生在组培苗移载苗床后，由于地表温度过高，湿度大，易诱发猝倒病，严重时组培苗成批枯萎死亡。防治方法：加强通风，降低温度和湿度，拔除受害苗株立即烧毁，再用50%多菌灵可湿性粉剂500倍液处理栽培基质。

2. 虫害及其防治 ①介壳虫，危害叶背、叶腋和假鳞茎基部。使叶片变黄，枝梢枯萎，严重时造成整株死亡。防治方法：发现少量介壳虫时用软牙刷擦落或用40%氧化乐果乳油1000倍液、速灭松乳剂800倍液喷洒，每半月喷1次。②粉虱，为害叶片，造成叶片褪色、变黄、枯萎，严重时植株枯死。防治方法：三唑锡2000倍+阿维菌素4000倍+20%啶虫脒2000倍或乐斯本2000倍液，每隔7～10天喷1次，连续3次。③红蜘蛛，被害叶片汁液被吸之后，形成皱纹状的白斑，受害严重植株呈灰色。防治方法：危害初期用三唑锡2000倍+阿维菌素4000倍或2%农螨丹1000倍液喷洒，注意交替使用。④夜蛾，主要以咀嚼式口器危害幼嫩的叶和茎。防治方法：少数发生时，可于晚上人工捕杀；大面积危害时，用阿维菌素4000倍液、乐斯本1500倍液在傍晚混合喷洒于叶面。

六、采收加工

（一）采收

当铁皮石斛茎段生长年限达到1年以上时就可采收，采收的最佳时间是冬季停止生长至翌年春开花前。采收时用剪刀从基部缩窄处留5～7cm根头，剪老留嫩，以利继续采收。

（二）加工

铁皮石斛可进行多种产品加工，此处仅介绍枫斗加工。

1. 整理石斛 鲜石斛原料去根、叶、花序梗并剥去叶鞘，短条留用，长条切成10cm左右的茎段；

2. 烘焙 低温烘焙，温度不超过60℃，除去水分并软化，边烘烤边扭成螺旋形或弹簧状，并用纱纸或稻草秆捆绑固定。同时在软化过程中，尽可能除去残留叶鞘。

3. 分档处理 干燥后的枫斗，按规格进行分档，并根据客户需要进行外表拉毛或打光处理，密封保存。

干品以色金黄、有光泽、质柔韧者为佳。

（李永华）

麦 冬

麦冬为百合科沿阶草属植物麦冬 *Ophiopogon japonicus*（L. f）Ker－Gawl. 的干燥块根，属于传统中药，始载于《神农本草经》，被列为上品。其味甘、微苦，性寒；归心、肺、胃经；具有养阴生津，润肺清心等功效；主要用于治疗肺燥干咳、阴虚痨嗽、喉痹咽痛、津伤口渴、内热消渴、心烦失眠、肠燥便秘等病症。现代研究证明，麦冬主要含有麦冬皂苷、麦冬多糖等成分，具有抗心肌缺血、免疫调节、抗衰老、降血糖、抗肿瘤等药理活性。麦冬分布于广东、广西、福建、台湾、浙江、江苏、江西、湖南、湖北、四川、云南、贵州、安徽、河南、陕西（南部）和河北（北京以南），日本、越南、印度也有分布。主要栽培于浙江、四川、广西等地。

一、形态特征

多年生草本。根较粗，中间或近末端常膨大成椭圆形或纺锤形的小块根，淡褐黄色。茎很短，叶基生成丛，禾叶状，边缘具细锯齿。花葶长6～15（～27）cm，通常比叶短得多；花单生或成对着生于苞片腋内；苞片披针形，先端渐尖；花被片常稍下垂而不展开，披针形，白色或淡紫色；花药三角状披针形，基部宽阔，向上渐狭。种子球形。花期5～8月，果期8～9月。

二、生态习性

麦冬喜温暖湿润、降雨充沛的气候条件，耐寒、耐湿、耐肥，怕旱，忌强光和高温，野生于海拔2000米以下的山坡阴湿处、林下或溪旁。

三、生长发育规律

麦冬是常绿越年生草本植物，生育期约330～350天，休眠期很短。开花的麦冬植株，表明营养充足，块根产量高，寸冬多。其生长发育可分为以下几个阶段：①返青期，4月栽种麦冬种苗后，植株逐渐长出新根，地上部分茎叶返青成活并开始生长。②分蘖与营养根形成期，在6月下旬至7月下旬，麦冬植株抽生新的萌蘖1～4个，同时从老苗基部或老根抽生出细而长的营养根，一般不会膨大形成块根。③贮藏根形成期，8～10月，麦冬植株从萌蘖苗或老苗基部下面第二次抽生出短而粗壮的贮藏根，这类根的先端会膨大形成块根。机械刺激可显著刺激麦冬植株萌生贮藏根。④块根膨大期，11～12月是块根发育最快的时期，此期地上部分发育相对减慢，一般不再产生萌蘖。⑤植株生长停顿期，1～2月，整个植株生长和块根膨大发育减缓甚至趋于休眠状态。⑥块根膨大充实期，3～4月，植株生长，块根继续发育膨大充实。

四、种质资源状况

沿阶草属植物约50余种，分布于亚洲东部及南部，我国有33种，分布甚广，西南尤盛。因此，我国麦冬类植物资源丰富，分布广泛，几乎遍布全国。目前，市场上流通的商品麦冬有杭麦冬、川麦冬等，它们均来源于麦冬 *Ophiopogon japonicas*（L. f）Ker－Gawl.。杭麦冬集中栽培于浙江东南杭州湾一带的慈溪、余姚、萧山等县，生长周期2～3年。川麦冬集中栽培于四川涪江流域的绵阳、三台等县市，生长周期仅1年，但产量高。目前，生产中已经形成了不同的栽培品系，主要有直立型品系和匍匐型品系，以直立型为优良品系。

五、栽培技术

（一）选地与整地

选择地势高，肥沃、疏松、土层深厚、排水良好的中性或微碱性沙质壤土，忌连作。选好地后，深翻30cm，多次犁耙，锄细土块，做到疏松、细碎、平整。

每亩施农家肥4000kg，配施100kg过磷酸钙和100kg腐熟的饼肥作基肥。耙匀起畦，畦宽1～1.2m，高约20cm。

（二）繁殖方法

采用分株繁殖法。

1. 备苗　①选苗，选择健壮、无病虫且未抽嫩叶的优质种苗。②切苗，选好的种苗切去下部根状茎、块根和须根后，保留1 cm以下的茎节，以叶片不散开、根状茎基横切面呈现白色放射状花纹（俗称“菊花心”）为佳。切好的合格种苗清理整齐后，以直径50cm为一捆，及时栽种。③养苗，种植前种苗用清水浸10～15min，使之吸足水分，以利生根。边浸种边种植。如不能及时下种，可选阴凉处假植，即在阴湿处的疏松土壤上，种苗周围覆盖土壤护苗，种苗根部保持湿润，时间不超过7天，必须保持土壤湿润。

2. 栽种　①种植时间，清明至5月上旬。气温不低于18℃，选阴天栽种为宜。②种植密度，密度因收获年限不同栽种密度也不同。浙江2年收获的麦冬，株距16cm，行距26cm，每穴栽苗8、10株。3年生收获的麦冬，株距20～26cm，行距26～32cm。四川产区1年收获的麦冬，株距6～8cm，行距10～13cm，每穴栽4～6株苗。栽后浇一次定根水。

（三）田间管理

1. 中耕除草　栽后半个月除草1次；5～10月杂草容易滋生，每月需除草1～2次；入冬后杂草少，可减少除草次数。除草时结合松土，防止土壤板结。7～8月和9～10月，浅中耕2次，中耕深度≤5 cm，以不伤根系和植株为度。

2. 灌溉、排水　麦冬生长期需要充足的水分，尤其在栽种后和块根形成期，不能缺水，必须及时灌溉，保持土壤湿润。但不宜积水，故灌水和雨后应及时排水。如遇冬春干旱，则应在2月上旬前灌水1～2次，以促进根块生长。

3. 追肥　麦冬为耐肥植物，生长期较长，需肥较多，除施足基肥外，还应及时追肥。栽后1个月，结合灌溉每亩追施腐熟人粪尿750kg，以提苗促壮；7～8月，每亩追施 100kg 腐熟饼肥和适量草木灰，以利块根膨大；11 月份，每亩根际撒施 2000～2500kg 牛马粪和 100～150kg 草木灰，增强植株抗寒性，促进冬季块根生长。

4. 摘花打顶 为减少养分消耗，7～8 月及时摘除花葶。

5. 间作和轮作 麦冬宜与玉米、大蒜、萝卜等作物间作，主要间作模式有：麦冬 + 玉米，麦冬 + 夏玉米 + 大蒜。宜与禾本科作物轮作，与水稻轮作最佳。主要轮作模式有：苕子（绿肥）－麦冬－水稻，水稻－麦冬－秧田－蔬菜，马铃薯－麦冬－秧田，水稻－小麦－麦冬－秧田。切忌与烟草、紫云英、豆角、瓜类、白术、丹参等作物轮作。

（四）病虫害及其防治

1. 病害及其防治 ①根结线虫病，为害早期，细根端部膨大，呈球状或棒状，在较大根上多呈结节状、瘤状。结薯根被害，常可造成结薯根短缩、膨大。为害晚期，被害根表面变粗糙、开裂、呈红褐色，折断粗根结节状膨大处，可见大量乳白色如针尖大小发亮的球状物。防治方法：选择不带根结线虫及其虫卵的土地种植；实行 1 年以上轮作，最好与水稻轮作；合理套种，上半年可与花生、大豆、芋头套种，下半年最好不套种；用 20% 三酮唑可湿性粉剂 800 倍液灌根，每 10 天 1 次，连续 2 次。②黑斑病，发病初期，被害叶褪绿，叶尖及叶缘发黄，逐渐向叶基蔓延，后期呈灰褐色及灰白色，病健交界处紫褐色，有时叶片上产生水渍状退绿斑。病害多由叶片外缘向内蔓延，最终导致全株枯黄死亡。防治方法：用 50% 代森锰锌 500 倍液浸种根 5min；移除田间病株，并喷洒 1∶1∶100 波尔多液或 50% 多菌灵 300 倍液；每亩喷施 80% 代森锰锌可湿性粉剂 150g，每 5 天喷施 1 次，连续 2～3 次。

2. 虫害及其防治 ①蛴螬，咬食根茎，以春、秋二季为害严重，常常造成缺苗断垄。防治方法：与水稻轮作；每亩用呋喃丹 2kg 拌匀 20kg 湿沙闷 1 天后撒施；用敌百虫加水 150 倍，淋蔸。②蝼蛄，3～4 月中旬危害，成虫和若虫咬断苗根，造成缺苗，被害处常呈丝状。防治方法：90% 晶体敌百虫每亩 50g 喷雾，每 10 天喷 1 次，连续 3 次。

六、采收加工

（一）采收

四川麦冬栽种后第二年 4 月即可收获。收获时选晴天，用锄或犁耕翻 23～26cm，将麦冬全株翻出土面，然后抖落根部泥土，用刀切下块根和须根，分别放入箩筐中，置于流水中，洗净泥沙，运回加工。浙江麦冬则在栽后第三年或第四年收获，方法与四川麦冬产区相似。

（二）加工干燥

四川产区是将洗净的根放在晒席上或晒场上曝晒，晒干水汽后，用双手轻搓（不要搓破表皮），搓后又晒，晒后又搓，反复 5～6 次，直到除去须根为止。待干燥后，用筛子或风车除去折断的须根和杂质，选出块根即可。浙江产区是将洗净的块根放在晒具上晾晒 3～5 天后，须根由软到硬逐渐干燥，放箩筐内闷放 2～3 天，然后再翻晒 3～5 天，此时要一堆一堆晒，且需经常翻动，以利干燥均匀。此后再闷 3～4 天，再晒 3～5 天，这样连续反复 3～4 次，块根干燥度达 70%，即可剪去须根再晒至干燥。在天气不好时，采用 40℃～50℃ 微火烘干，先烘 15～20h 后，拿下来放几天再烘至干燥。

以个大、肥壮、半透明、质柔、色黄白、有香气、嚼之发粘、干燥无须根者为佳。

（李效贤）

百　合

百合为百合科植物卷丹 *Lilium lancifolium* Thunb.、百合 *L. brouwnii* F. E. Brown *var. viridulum Baker* 或细叶百合 *L. pumilum* DC. 的干燥肉质鳞叶，属于传统中药。其味甘，性微寒；归肺、心经；具有润肺止咳、清心安神等功效；主要用于治疗阴虚久咳、痰中带血、虚烦惊悸、失眠多梦、精神恍惚等病症。现代研究表明，百合主要含有生物碱、蛋白质等成分，具有镇咳、镇静、祛痰等药理活性。生于山坡灌木林下、草地、路边或者水旁，海拔400～2500m。主要分布于江苏、浙江、安徽、江西、湖南、湖北、广西、四川、青海、西藏、甘肃、陕西、山西、河南、河北、山东和吉林等地。全国各地均有栽培。日本、朝鲜也有分布。以下仅介绍卷丹的栽培技术。

一、形态特征

多年生草本植物。鳞茎近宽球形，鳞片宽卵形，白色。茎高0.8～1.5m。叶散生，矩圆状披针形或披针形。花3～6朵或更多；苞片叶状；花梗紫色，有白色绵毛；花下垂，花被片披针形，反卷，橙红色，有紫黑色斑点。蒴果狭长卵形，长3～4cm。花期7～8月，果期9～10月。

二、生态习性

喜土层深厚、排水良好、肥沃、富含腐殖质的砂质壤土或壤土，忌黏土。宜酸性至微酸性土壤，稍耐碱性或石灰岩土。对气候要求不甚严格，喜温暖气候，稍冷凉的气候也能生长。耐寒力较强，耐热力较差，一般生长温度在5℃～30℃，最适宜生长温度为25～28℃。具有较好的耐旱性，不耐水涝，在酷热高温多湿的环境中生长不良，容易引发病害。在生长盛期和开花期需要充足的水分。喜半阴半阳的环境，在过于遮荫或长时间阳光直射的情况下，生长均受抑制。

三、生长发育规律

为秋植鳞茎植物，秋凉后生根，新芽不生出，鳞茎以休眠状态在土中越冬。春暖后由鳞茎中心迅速长出茎、叶，至开花。气温低于10℃时，生长受到抑制，幼苗在气温低于3℃以下时易受冻害。6月上旬现蕾，7月上旬开花，7月中旬盛花，7月下旬为终花期，果期8～10月。8月上旬地上茎叶进入枯萎期，鳞茎成熟。6～7月为干物质积累期，花凋谢后进入高温休眠期。

四、种质资源状况

卷丹的变种有：大卷丹 *var. splendens*，花大，橙红色；毛卷丹 *var. fortuni*，茎密被绒毛。日本发现有野生三倍体植株，花大美丽。该种也是百合类花卉的育种材料，与川百合 *L. davidii* Dacharte 等近缘植物杂交形成了许多园艺品种。在主产地湖南省龙山县卷丹野生品种较少分布，以栽培品种为主。其栽培品种是于1959年从江苏宜兴地区引种的，为卷丹的宜兴百合品种，经过40余年的引种驯化，现已分化形成适于龙山县的高海拔山区气候条件的龙山百合品种。其他栽培品种少见。

五、栽培技术

（一）选地与整地

应选择土壤肥沃、地势高爽、排水良好、土质疏松的砂质壤土栽培，前茬以豆类、瓜类、蔬菜或禾本科作物为好，每亩施有机肥3000～4000kg或复合肥100kg作基肥，施50～60kg石灰或50%地亚农0.6kg进行土壤消毒。精细整地后，做高畦，畦面宽3.5m左右，沟宽30～40cm，深40～50cm，以利排水。

（二）繁殖方法

无性繁殖和有性繁殖均可。

1. 无性繁殖 主要有鳞片繁殖、小鳞茎繁殖和珠芽繁殖。①鳞片繁殖，繁殖系数最高。秋季收获时，选健壮无病、肥大鳞片，在1∶500的多菌灵或克菌丹溶液中浸30min，取出后晾干，基部向下，将1/3～2/3鳞片插入苗床中，株行距3～4cm×15cm，插后盖草遮阴保湿，约20天后，鳞片下端切口处便会形成1～2个小鳞茎。②小鳞茎繁殖，收集无病植株上的小鳞茎，消毒后按行株距25cm×6cm播种。经1年的培养，一部分可达种茎标准（50g），较小者继续培养1年再作种用。③珠芽繁殖，夏季采收成熟珠芽，与湿润细沙混合，贮藏在阴凉通风处。当年9～10月，在苗床上按行距12～15cm、深3～4cm播种芽，覆3cm细土，盖草。翌春出苗后揭去盖草，培育二年后，可移栽定植。

2. 有性繁殖 秋季将成熟的种子采下，在苗床内播种，第二年秋季可产生小鳞茎。此法时间长，种性易变，生产上少用。

3. 移栽与定植 ①栽种时间，以9月栽植为宜，此时平均气温在20℃左右，可促进地下鳞茎萌发新根，能充分利用冬前的有效温度，使其在越冬期间形成良好的根系，以利于翌春尽早出苗、出壮苗。若栽种过早，夏季暑热高温容易造成鳞茎灼伤。②种鳞茎选择，对收获后准备作种用的鳞茎去除枯皮，切除老根，置于室内摊晾数日，以促进鳞茎表面水分蒸发和伤口愈合。摊晾时间一般以5～7天为宜。栽种时要选择抱合紧密、色白形正、无破损、无病虫害的鳞茎作种，并按大小分档。一般每亩用种300～400kg。③种鳞茎处理，栽植前可将选好的种鳞茎用50%多菌灵或甲基托布津可湿性粉剂1kg加水500倍，或用20%生石灰水浸种15～30min，晾干后播种。也可将杀虫药加土拌匀后，撒在种球上，然后再盖土。④栽种密度，株行距为15cm×25cm。⑤栽种深度，根据种鳞茎大小而定，小的为3～5cm，大的为5～8cm。⑥种植方法，栽种前先按行距开深9～12cm的沟，锄松沟底土，将种鳞茎底部朝下摆正，覆土。盖草防冻和保持土壤湿润，以利于发根生长。

（三）田间管理

1. 中耕除草 一般中耕除草与施肥结合进行。锄草2～3次，宜浅锄，以免伤鳞茎。植株封行后可不再中耕除草。

2. 追肥 第一次在3月下旬，每亩追施三元复合肥30kg、尿素15kg；第二次于4月下旬，每亩追肥三元复合肥30kg、尿素25kg；第三次于6月中旬，每亩叶面施肥0.2%磷酸二氢钾和0.1%钼酸铵100kg。

3. 灌溉、排水 卷丹怕涝，春夏多雨高温，土壤易板结，极易引发病害，故要结合中耕除草和施肥，经常疏沟排水。如遇久旱无雨，亦应适度灌溉。

4. 摘花蕾和珠芽 5～6月植株孕蕾期间，除做留种外，其余花蕾要及时摘除。同时摘除珠芽，避免养分的无效消耗，影响鳞茎生长。

5. 盖草 出苗后，应铺盖稻草，可保墒和防治杂草滋生，不使土壤板结，保持湿润，并可防止夏季高温而引起鳞茎腐烂。

（四）病虫害及其防治

1. 病害及其防治　①病毒病，为全株性病害，受害植株生长缓慢，植株矮小，早期枯萎，出现黄绿相间的花叶，叶面凹凸不平，并有黑斑，花朵发育不良，严重时全株枯死。病毒主要在鳞茎内越冬，成为第二年初侵染来源。田间再侵染主要是由蚜虫传播引起的，在带病鳞茎多，天气干燥、蚜虫发生数量多时发病严重。防治方法：选用抗病品种及无病种鳞茎；异地育种或换种；连片地尽量一茬种完，如果是坡地要自下而上栽种，以减少病毒流传；增施磷钾肥，促使植株健壮，增强抗病能力；及时施药，消灭蚜虫、种蝇等传毒媒介，可用10%吡虫啉20g兑水30kg，喷雾。②立枯病，多发于鳞茎及茎、叶上。鳞茎受害后，逐渐变褐，鳞片上形成不规则的褐色病斑，最后腐烂。成株受害后，叶片从下而上变黄，直至全株变黄立枯而死。防治方法：选择排水良好、土壤疏松的地块种植；加强田间管理，改善通风、光照条件，增施磷钾肥，避免过量施用氮肥；实行水旱轮作；出苗前喷施1∶2∶200波尔多液1次，出苗后喷50%多菌灵600倍液2～3次；发病后，及时清除病株，病区用50%石灰乳消毒。③灰霉病，主要因田间湿度过高引发，严重时往往造成叶片枯萎，直至全株死亡。高发期间叶背病斑处可见灰色霉状物。防治方法：合理密植，注意通风；在病害易发季节，用70%速克灵1000倍液，或50%扑海因可湿性粉剂1000～1200倍液，或40%施加乐可湿性粉剂1000～2000倍液喷雾，每隔7～10天喷施1次。

2. 虫害及其防治　①蚜虫，常群集在嫩叶花蕾上吸取汁液，使植株萎缩，生长不良，开花结实均受影响。防治方法：清洁田园，铲除田间杂草，减少越冬虫口；发生期间喷杀灭菊酯2000倍液，或40%氧化乐果1500倍液，或50%马拉硫磷1000倍液。②蛴螬，危害鳞茎、基生根。防治方法：施用充分腐熟的农家肥；每亩用90%晶体敌百虫100～150g，或50%辛硫磷乳油100g，拌细土15～20kg做成毒土撒施，也可用辛硫磷溶液灌根。

六、采收加工

移栽后第二年秋季，当茎叶枯萎时选晴天挖取，除去茎叶，将大鳞茎作药用，小鳞茎作种栽。将大鳞茎剥离成片，按大、中、小分别洗净泥土、沥干水滴，然后投入水中烫煮一下，大片约10min，小片5～7min，捞出，在清水中漂去黏液，摊晒在席上，晒至全干。

以瓣匀肉厚、色黄白、质坚、筋少者为佳。

（李思蒙）

鳖　甲

鳖甲为鳖科动物鳖 *Trionyx sinensis* Wiegmann 的背甲，是一味名贵的传统中药。其味咸，性微寒；归肝、肾经；具有滋阴潜阳、退热除蒸、软坚散结等功效；主要用于治疗阴虚发热、骨蒸劳热、阴虚阳亢、头晕目眩、虚风内动、手足瘈疭、经闭、癥瘕等病症。现代研究证明，鳖甲主要含有动物胶、角蛋白、多种氨基酸、维生素D、钙盐、碘盐、磷盐等成分，具有抗肿瘤、增强免疫及抗疲劳等药理活性。鳖在我国分布广泛，除新疆、西藏和青海外，其他各省均产，尤以湖南、湖北、江西、安徽、江苏等省产量较高。

一、形态特征

水栖卵生爬行动物，吻端尖，伸出之吻突长，吻长大概是眼间距的三倍，吻端有一对鼻孔。眼镜较小，瞳孔为圆形。颈基没有颗粒状疣。腹部和背部骨板小，腹面黄白色，有淡绿色斑；背面为橄榄绿色或黑棕色，表皮形成的小疣排列成纵行，边缘部分柔软，一般称为裙边。背腹骨板间没有边缘板连接。前肢五指，内侧三指有爪，后肢与前肢相同。指、趾间都有蹼。

鳖与其它海龟的壳不同之处在于：骨质壳没有周边骨板，高纹理表层，没有角状外骨板以及松散连接的腹（腹甲）。躯干略呈卵圆形，吻长，鼻孔开口于吻端，背部隆起有骨质甲。四肢粗短稍扁平，为五趾型，趾间有蹼膜，雌体尾一般不达裙边外缘，雄体大都伸出裙边外。

二、生态习性

鳖是变温动物，为水陆两栖，用肺呼吸。主要生活在湖泊、池塘、水库、三角湾和流动缓慢的河里。其生活习性可归纳为“三喜三怕”，即喜静怕惊，喜阳怕风，喜洁怕脏。鳖对周围环境的声响反应灵敏，只要周围稍有动静，鳖即可迅速潜入水底淤泥中。在自然环境中，甲鱼喜欢栖息于水质清洁的江河、湖泊、水库、池塘等水域，风平浪静的白天常趴在向阳的岸边晒太阳（俗称晒背），利用阳光中的紫外线杀死体表的致病菌，促进受伤体表的愈合，通过晒背提高体温，促进食物消化。水质的好坏对鳖的生长繁殖非常重要，水质要稳定，半透明的绿色肥水最合适，水中含有浮游生物最好。水质要保持清新，一般来说，冷水河井水不太适合鳖的生长。水温对鳖的繁殖也非常重要。鳖生长繁殖的适宜温度为20℃～35℃，30℃最佳，但当水温低于15℃时，就潜入池底淤泥开始冬眠。土质最好为黏土或黏壤土，因为这两种土质保水性能好，适合鳖的生长。鳖生性凶猛好斗，群体间恃强凌弱现象很普遍，食物缺乏时会残食同类。鳖是以肉食为主的杂食性动物，主要食物为小鱼、小虾、蝌蚪、螺、蚌、水生昆虫。鳖既贪食又耐饿，一次时食后很长时间不吃东西，也不会死亡。当然，这是靠它自身积蓄的营养来维持生命活动的，在人工养殖时一定要供给它充足的食物，以加快它的生长。鳖食蚯蚓、动物内脏等，同时也兼食蔬菜、草类、瓜果等。在食物不足时，同类可互相残食，亦可摄食动物尸体。

三、生长发育规律

鳖的生长可分为稚鳖、幼鳖、成鳖、亲鳖四个阶段。稚鳖是指刚孵出的当年鳖至越冬时，幼鳖是指2龄至越冬前的鳖，成鳖指第二年越冬后的鳖，亲鳖指性腺成熟达到产卵年龄，用于产卵的鳖。

鳖有极强的生命力，一般能活30～50年。自然情况下，4龄以上的鳖性腺开始成熟并进行交配产卵。鳖第一次发情交配的时间在4月份下旬到5月份上旬，水温在20℃以上，一般在浅水区进行。交配时，雄鳖爬到雌鳖背上，尾巴向下弯曲，雄性生殖孔与雌性生殖孔相接，将精液输入雌性体内，雄鳖的精液可以在雌鳖体内存活很长一段时间，直到第二年的5～8月份仍有活力。鳖的繁殖期在5～9月份之间，气温在25℃～32℃，水温在28℃～30℃为产卵的最佳温度。在此期间。一只雌鳖可产卵3～6次，每次产卵10～20颗。鳖的产卵除与温度有关外，还与气候有关，如果气候恶劣，如刮风、下雨、打雷或久晴不雨、天气干燥、气温骤升骤降，都会影响鳖的产卵率。产卵的鳖离开水面后，爬到岸边游沙土的地方，用后肢刨一个直径约7cm，深12～15cm的坑，然后产卵于坑中，5～10分钟之后，产卵完毕，将卵用沙土埋上，在上面跳一跳，拍打几下，将沙土压紧，然后离去，鳖属于冷血动物，没有护幼行为，对于后代是否能顺利的孵化出，亲鳖一概不加理会。

由于鳖的生长周期长，生长缓慢，在自然条件下，鳖长满一年才会达30～40g左右，两年120g左右，三年才300g左右，四年才达560g左右，七年才达2kg，初步达到产优质卵的要求。鳖的冬眠时间长，10℃以下即进入冬眠状态，在5℃以下进入完全麻痹状态。

四、种质资源状况

鳖属种类广泛，分布于亚洲、非洲及北美洲等地，共有16种，我国产2种，即鳖和山瑞鳖。我国除宁夏、甘肃、青海、新疆、西藏以外的其他省、市、区均有鳖的分布。山瑞鳖分布于广东、广西、海南、云南、贵州等南方省区。在鳖的分类上，有学者曾主张将我国南部（长江流域）、台湾省所产的鳖称为中华鳖，北方所产的称为北鳖，云南、广东、海南等地所产的鳖称为圆鳖，但上述3种鳖的形态极为相似。

目前，鳖的来源很多，除原产于我国大陆的鳖品种之外，台湾及泰国、越南、孟加拉、马来西亚、美国都有出产。国内常见的有以下几种：①中华鳖，形似龟，体近圆形，比较扁薄，体暗绿色，无黑斑，无疣粒，腹部灰白，有的鳖呈黄色，颈部无瘰疣。以长江水系、珠江水系的江河、湖泊、水库野生中华鳖亲本繁育的子代种质较好，生长快，疾病也比较少，群体产量、经济效益也较高。②泰国鳖，每年有4000万～5000万只泰国鳖苗进入我国，其亲本情况不明。尽管其价格较便宜，但在养殖中死亡率较高。③台湾鳖，台湾商人利用台湾鳖早熟的特点和成熟的技术，利用时间差进行大规模人工繁殖和高温催化，将大量的鳖苗输入大陆出售，其生长情况与泰国鳖相似。④沙鳖，产于湖南一带水域，其背面深绿、较黑，背部隆起，腹部为黄色，初步认为是一杂交品种，也可能是中华鳖的变异品种。其个体小，生长慢，商品鳖味道差，在养殖过程中易染疾病。最适宜的养殖品种为中华鳖。

五、养殖技术

（一）选址

根据鳖的生态习性和生长发育规律，养殖场首先要考虑充分的水源，排灌方便，水质要好，其次要向阳，以利于保温，同时还要考虑交通方便，环境安静。根据使用目的和防止以大欺小、弱肉强食现象的出现，可建成亲鳖池、成鳖池、幼鳖池和稚鳖池，

1. 亲鳖池　亲鳖池的大小可根据鳖的数量和产卵能力而定，同时，亲鳖产卵时喜欢安静，亲鳖池应建在养殖场最僻静的地方。一般池的面积以100m^2为宜，鳖是用肺呼吸，所以需水量不大，池深只需1～1.5m，水深0.8～1.3m即可。池底铺一层软质的水田表层土最好，细沙、软泥土次之，池底的软泥厚度为25～30cm，便于亲鳖进行冬眠。池边要有堤坡，坡度以30°为宜，并设一些曲折的小道或堆少许乱石块，也可栽种少量的矮灌木。在堤坡上应建有产卵场，产卵场应占整个池面积的四分之一左右，产卵场要有防雨设施，产卵场的沙粒最好选直径小的细沙，一半沙一半土，沙土厚30～40cm，面积以每0.1m^2一只鳖为宜。

2. 稚鳖池　由于刚孵出的稚鳖体积小，对外界的抵抗力差，因此最好选择温水饲

养，或者一部分搭在室内，一部分搭在室外，也可以在池的上部搭建一个遮荫棚，以便遮阳避雨，但是要背风向阳。池深 50cm，水深 20cm 即可，池底铺 10cm 厚的细沙，在池底和内壁的一侧，还可修建 30 度的斜坡，坡顶与池壁之间要留出 30cm 宽的平面作为休息场，休息场要占全池面积的五分之一。

3. 幼鳖池 幼鳖池最好采用加温养殖，水温保持在 30℃左右，池底有隔热材料更好。一般面积为 10 ~ 20m^2，幼鳖池也可兼做养成池，池深应有 0.8 ~ 1m，水深 0.3 ~ 0.4m，底面铺 5cm 厚的细沙，静水或微流水养殖，池的两边也应设置与稚鳖池相似的休息场。

4. 养成池 要求清凉、安静，除了不设产卵场外，其他与亲鳖池相似，面积大约 50m^2左右，池深 1.5m，水深 1m，池底铺 10 ~ 2.5cm 厚的软质表层土或细沙，

5. 蓄养池 用于暂时存放从养成池中挑好的鳖的地方，池深 1m 左右，池底铺 20 ~ 30cm 厚的细沙，并在池中的水面上罩以金属网，以防逃跑，在暂养期间不投喂饲料，时间为 7 ~ 10 天。

（二）繁殖方法

1. 亲鳖的选择 在北方鳖一般 5 ~ 6 龄性成熟，而在热带 3 ~ 4 龄性成熟，繁殖用的亲鳖一般应在 6 龄以上，最好 16 ~ 20 龄之间，体重 1 ~ 1.5kg 以上，这样的雌鳖每批可产卵 50 个，年产卵 200 个以上，且卵子较大，孵化率高。亲鳖应无病无伤、体质健壮、体形正常，背甲后缘裙边较厚，行动敏捷有力，将其掀翻在地，能迅速逃跑；或者在鳖的后部紧贴盖下用手指卡住鳖的后腿窝将鳖提起，鳖颈能自然伸出，并向四周灵活转动，四肢不停地蹬动，表明该鳖未被钓钩伤过，可以留作亲鳖使用。雌雄亲鳖的比例应为 3 ~ 5:1，这样避免占用池塘和消耗饵料，还能避免繁殖季节为争夺配偶而发生咬伤。

2. 产卵 在产卵期来临之前要做好准备工作，池水调整至产卵沙床界面以下，沙床厚度在 15cm 以上。产卵期间，每天清晨检查产卵场，顺着鳖的脚印寻找，发现比较潮湿有翻过痕迹的地方即为产卵穴，做上标记，一般等 24 个 h，胚胎就能固定，这时就可以采集。凡一端（动物极）有规则圆点和白色亮区的为受精卵，要记录好产卵时间，以便分批孵化。

3. 孵化 孵化箱可采用 65cm × 45cm × 15cm 规格的木箱或塑料箱，孵化室要求通风良好，有条件的可设置多层控温孵化箱架，层间距控制在 50cm 以上，在孵化箱底均匀地铺 1 层 5cm 厚湿细沙，箱子上要贴好标签，记录好只数和日期。孵化分为常温孵化和控温孵化：①常温孵化，隔 1 天洒 1 次水，从而保证一定湿度，但是不能让底部积水；②控温孵化，就是通过调温设施将温度控制在 30℃左右，每天向沙上洒水控制湿度。孵化温度不得高于 36℃，也不得低于 22℃。要注意防止鼠害和蚊害。定期检查，发育正常的卵取出后外壳沙粒很快脱落，白色亮区不断扩大，以后变成淡红色，至出壳前变成青灰色。常温孵化需要 50 天，控温孵化需要 40 天。稚鳖即将出壳前几天在孵化箱内放一小盆，盆口与沙面水平，盆内放清水，稚鳖出壳后就会慢慢爬入盆中。

（三）饲养管理

1. 稚鳖、幼鳖的培育 刚出壳的稚鳖体长 3cm 左右，比较娇嫩，应该暂养 3 ~ 5 天再放入稚鳖池中，暂养时用木盆、塑料盆，盆中加入 5cm 的清水，每平方米放养 150 只，投喂一些红虫或者掰碎的蛋黄，投喂量为鳖体重的 10% 左右，分两次投喂，每半天换一次水，水温与盆中温度相近。①控温培育，开始时 100 只/m^2，经过 1 个月的饲养

后体重可达 10～25g，根据体重的大小分池饲养，放养密度变为 80 只/m^2；体重 50～75g 时，密度降为 50 只/m^2；体重 100～120g 时，密度降为 30 只/m^2；150～200g 时，密度降为 15 只/m^2。温度控制在 30℃左右，室温要略高于水温，否则升起的水汽不利于鳖的生长。升温和降温要循序渐进，使鳖有一个适应的过程。②常温养鳖，放养密度为 100 只/m^2，早期鳖苗要 1 个月分一次鱼塘，按大小分养，密度为 50 只/m^2。晚期出壳的鳖苗由于气温低，要先在室内加温养殖 1 个月，然后再逐步降温越冬，常温条件下，稚鳖经过越冬到第二年底可长至 100g 左右，按 5～10 只/m^2 放养。稚鳖的生长除了需要适宜的温度外，还有饵料。鲜活饵料日投喂量为鳖体重的 8%～5%，配合饵料为 3%～5%，早上投喂 30%，以 4h 吃完为宜，晚上投喂 70%。每周换水 2～4 次，交替泼洒生石灰和漂白粉调节水质，每 15 天 1 次，使池中的生石灰浓度为 10mg/kg，漂白粉为 2mg/kg，室外稚、幼鳖池可种植覆盖率为 20% 的水生植物。

2. 成鳖养殖　①控温养殖，放养密度根据鳖种规格而定，同一鳖池规格力求一致，要不断调整放养密度。在苗种不足时开始就稀放，直至出池。池水温度控制在 30℃左右，要用一个中间调节池，在外界温度低于 0℃时，调节池水温 40℃，外界温度高于 0℃时，调节池水温 40℃。加水前底部先排水，进水口离池底 30cm 左右。池水要每天充气增氧 8h，经常换水，每隔 15 天施一次生石灰。浓度为 10～15mg/kg,。要注意水质、水温和水位的变化。饵料最好用成鳖专用饵料或养殖成鳗的饵料，使用时添加 3% 的植物油，1%～2% 的蔬菜汁，也可以用动物性饵料为主的鲜活饵料，分两次投喂，早上 30%，晚上 70%。②常温养殖，每平方米的鳖池用 0.25kg 的生石灰清池，水深 0.8～1.2m。放养适宜在 20℃以上进行，鳖重为 100～150g 时，水面放养 4～5 只/m^2，300～400g 时，水面放养 2～3 只/m^2。放养前鳖要用 3% 的食盐水消毒，刚开始不投食，等鳖适应 1 天后再投喂，一般投天然饵料，6～9 月份为生长旺季，日投料量为体重的 9%～15%，5 月 6%～9%，4 月、10 月 1.5%～3%，每天分 2 次投喂，早上 30%，晚上 70%。水温降到 18℃以下时不再喂食。生长期内，每 15 天施 1 次生石灰。

（四）疾病及其防治

1. 腐皮病　由产气单乳菌、假单胞菌和无色杆菌等引起。四肢、颈部、尾部、裙边等外部皮肤腐烂坏死，以后面积逐渐扩大，严重者颈部肌肉和四肢骨骼外漏。防治方法：隔离病鳖，用磺胺类药物浸洗病鳖 48h，反复进行几次；或每隔 3～4 天，用 2mg/kg 的漂白粉浸洗病鳖 3～4 次。

2. 红脖子病　由嗜水气单胞菌引起。初期腹甲出现红斑，继而颈部出血发炎，不摄食，随后裙边及全身水肿，脖子红肿不能缩回。防治方法：立即隔离病鳖，用红霉素或磺胺类药物拌饵投喂，第一天剂量为 0.2g/kg，第二天剂量减半；或用硫酸铜溶液洗浴，用药 8～10g/m^3，浸洗 10～20min。

3. 疥疮病　由点状产气单胞菌点状亚菌引起的。初期背甲等除长有绿豆大小的白脓包，周围充血，逐渐扩散，向外隆起突出，最终破裂，内容物呈脓汁状，疥疮内容物凝固、自行脱落后留下空洞。防治方法：用 0.1% 的呋喃西林溶液浸洗病鳖 15～30min，并用红霉素软膏涂抹患处；也可挤出病灶内容物，用生理盐水冲洗干净，涂抹红霉素或金霉素软膏。

4. 白斑病　由霉菌引起。先在裙边出现块状白斑，以后扩大到颈尾和四肢等处，寄生处表皮坏死，并逐渐脱落。防治方法：全池遍洒食盐和小苏打混合剂（1∶1），浓度达

0.1%；或用10mg/kg的漂白粉浸洗病鳖4h；或用1mg/kg的高锰酸钾溶液全池泼洒；或将病鳖置于阳光下30～60min，每天1次，反复数次。

六、采收加工

（一）采收

人工养殖鳖的捕捞时间为10～11月份，起水规格为每只400～600g。可以徒手捕捉、探测齿耗捕捉、竹篮诱捕；捕量大时可用围网捕捞或干池捕捞等。

（二）加工干燥

捕得后，砍去鳖头，将鳖身入沸水内煮1～2h，至甲上硬皮能脱落时，取出，剥下背甲，刮净残肉后晒干。

以块大、无残肉、无腥臭味者为佳。

（刘　谦）

第二十二章 收涩药

要点导航

1. 掌握：山茱萸分布区域、生态习性、生长发育规律、种质资源状况、栽培与药材采收加工技术。
2. 熟悉：五味子、芡实原植物生长发育规律、栽培与药材采收加工技术。
3. 了解：刺猬养殖技术，已开展栽培（养殖）的收涩药种类。

该类中药味多酸涩，性温或平，主入肺、脾、肾、大肠经，具有固表止汗、敛肺止咳、涩肠止泻、固精缩尿、收敛止血、固崩止带等收敛固脱功效，用于治疗久病体虚、正气不固、脏腑功能衰退所致的自汗、盗汗、久咳虚喘、久泻、久痢、遗精、滑精、遗尿、尿频、崩带不止等滑脱不禁病证。现代药理研究证明，该类中药多含大量鞣质。鞣质味涩，是收敛作用的主要成分。由于它与黏膜接触后，能与组织蛋白结合，并在黏膜表面形成保护层，减少有毒物质对肠黏膜的激惹而止泻。若鞣质与创伤面接触，则与血液凝固、堵塞止血口而发挥止血作用；可与蛋白质形成保护膜，覆盖患部；对分泌细胞亦有同样作用，可使其干燥，此外，尚有抑菌、消炎、防腐、吸收肠内有毒物质等作用。根据作用特点的不同，又分为固表止汗、敛肺止咳、固肠止泻、涩精止遗及固崩止带等几类中药。

固表止汗药能行肌表，调节卫分，顾护腠理，而发挥固表敛肺止汗的功效，用于治疗肺脾气虚、卫阳不固、腠理不密、津液外泄的自汗证及肺肾阴虚、阳盛则生内热、热迫津液外泄的盗汗证，常用中药有麻黄根、浮小麦、糯稻根须等。敛肺止咳药酸涩收敛，主入肺经，具有收敛肺气、止咳平喘的功效，主要用于治疗咳喘久治不愈、肺虚喘咳、动则气促，或肺肾两虚、摄纳无权、呼多吸少的肺肾虚喘等，常用中药有五味子、乌梅、诃子、罂粟壳、五倍子等。涩肠止泻药酸涩收敛，主入大肠经，具有涩肠止泻止痢治功效，主要用于治疗脾肾虚寒、久泻久痢、肠滑不禁、腹痛喜按喜温、舌淡苔白等证，常用中药有赤石脂、禹余粮、肉豆蔻、石榴皮、芡实、莲子等。涩精止遗药酸涩收敛，甘温补虚，主入肾、膀胱经，具有固肾涩精、缩尿止遗之功效，主要用于治疗肾虚失藏、下焦不固或肾虚不摄，膀胱失约所致的遗精滑精、遗尿尿频等证，常用中药有山茱萸、桑螵蛸、金樱子、覆盆子、刺猬皮等。固崩止带药酸涩收敛，具有收敛止血止带之功效，主要用于治疗冲任不固、带脉失约所致的崩漏下血、带下等证，常用中药有海螵蛸、鸡冠花等。此处仅介绍五味子、山茱萸、芡实的栽培技术及刺猬皮的养殖技术。

五味子

五味子为木兰科科植物五味子 *Schisandra chinensis*（Turcz.）Baill. 的干燥成熟果实，

别名北五味子、辽五味子、山花椒等，属于常用中药之一，始载于《神农本草经》，被列为上品。其味酸、甘，性温；归肺、心、肾经；具有收敛固涩、益气生津、补肾宁心等功效；主要用于治疗久嗽虚喘，梦遗滑精，遗尿尿频，久泻不止，自汗盗汗，津伤口渴，内热消渴，心悸失眠等病症。现代研究证明，五味子主要含有五味子醇甲、五味子醇乙、五味子甲素、五味子乙素、五味子酯甲等木脂素类成分，以及挥发油、五味子多糖等，具有调节神经系统、抗疲劳、保肝、抗溃疡、祛痰镇咳、抗氧化以及调节免疫功能和心血管功能等药理活性。五味子主要分布于辽宁、吉林、黑龙江、内蒙古、山东、河北、山西、陕西、宁夏等地。其中以东北三省产量最大，质量最佳，是五味子的主要道地产区。野生资源集中分布在北纬22°~43°、东经98°~130°之间，即东北三省的小兴安岭和长白山区域。

一、形态特征

多年生木质藤本；幼枝红棕色，老枝灰褐色，皮孔明显，全株近无毛。叶多生在幼枝上，单叶互生，叶柄细长，幼时红色；叶片卵状椭圆形或倒卵形，先端急尖或渐尖，基部楔形，边缘疏生有腺状细齿。花单性，雌雄同株或异株，花黄白或粉红色；雄花被6~9片，具雄蕊5枚，无花丝，着生在细长雄蕊柱上；雌花花被6~9片，卵状长圆形，离生心皮多数，幼时聚成圆锥状，花后花托延长成穗状，1~4朵集生于叶腋。浆果球形，成熟时深红色，内含种子1~2粒。种子肾形，深褐色或红褐色，坚硬而有光泽。花期5~6月，果期8~9月。

二、生态习性

适应性很强，喜湿润，喜光、耐阴，耐寒性强，也耐干旱，要求土层深厚、疏松肥沃、富含腐殖质、透气性、保水性及排水良好的的壤土或砂壤土。地下根茎横走，根茎上发出许多不定芽及须根，生出许多地上茎，可进行无性繁殖，但无性繁殖成活较困难，长势也不如实生苗。种子胚后熟要求低温和湿润条件，种皮坚硬，不易透水，播种前需低温沙藏及种子处理。自然生长于山沟、溪流两岸的小乔木及灌木丛间和针阔混交林下，缠绕其他树木上，或生长在林缘及林中空旷的地方。分布地海拔最高可达1500m，低洼积水处、日照强烈处均不宜存活。

三、生长发育规律

多年生木质藤本植物，其年生长发育大体上可以分为8个阶段，即树液流动期、萌芽期、展叶期、新梢生长期、花期、果期、落叶期和越冬期。从春季树液流动开始到萌芽期间是树液流动期，此时植株从伤口或剪口分泌伤流液，所以也称伤流期，根系已经开始从土壤中吸收水分。4月中下旬芽开始萌发膨大、鳞片松开、颜色变淡，芽先端幼叶露出，是为萌芽期。在展叶期，幼叶从芽孢中抽出，展开，一般在到5月中旬叶的展开速率逐渐变慢，继而枝快速生长。风媒花，一般5月上旬至6月初开花，雄花先开，花期3~5天，雌花后开，花期7~9天。如雌雄同株，雄花多在植株下部，雌花多在植株上部；阳面早于阴面，野生植株早于人工栽培植株。花的雌雄比例是变化的，受植株年龄大小、长势强弱、营养状况和光照等因素的影响很大。比如，生长在贫瘠土壤上的植株或野生的老龄植株多开雄花，土壤肥沃、光照充足、湿润条件下生长的幼龄植株多开雌花。6月上旬至7月上旬结果，8月末至9月初果实成熟，栽培条件下成熟期比野生提前5~7天。不同品种成熟期相差较大，早熟类型8月中旬即可完熟，而晚熟类型则需到9月下旬才能完熟。9月末至10月中旬，气温降低，叶片逐渐脱落，从而进入越冬期。

四、种质资源状况

五味子属植物共约30种，主产于亚洲东部和东南部。中国约有19种，6个变种，1个变型。广布于全国各省区。该属均为木质藤本，多数种类可以药用，与五味子药效相近的物种有10余种。五味子种质资源较为丰富，经长期培育，其生长发育习性、果穗重等均有明显分化，形成了不同的栽培品种，主要有红珍珠、红珍珠2号、早红（优系）、优红（优系）和巨红（优系）。①红珍珠，树势强健，抗旱性强，萌芽率高。栽培第三年结果。平均穗重12.5g，粒重0.6g，成熟果深红色，适于药用、酿酒及制果汁。②红珍珠2号，早产丰产，适应性强，价值高。栽培第二年结果，产量较高。③早红（优系），枝条硬度大、开张，叶色较浓，抗病性强，丰产稳定性好。栽培第二年结果，是早熟品种。平均穗重23.2g，粒重0.97g，成熟果球形深红色。④优红（优系），抗病，丰产稳定，但枝蔓过于柔弱，树体通风透光性较差。栽培第二年结果。平均穗重14.4g，粒重0.7g，成熟果球形红色。⑤巨红（优系），果穗及果粒大，树势强，丰产稳定。栽培第二年结果。平均穗重30.4g，粒重1.2g，成熟果肾形红色。另外，还培育出了凤选一号、凤选二号、凤选三号、凤选四号等优良株系。

五、栽培技术

（一）选地与整地

选疏松肥沃、灌溉方便、排水良好的砂质壤土或林缘熟地，于秋冬季将土壤深翻20~25cm，整平耙细，清除枯枝、树根、石砾等杂物。将厩肥或堆肥按每亩2000~3000kg翻入土内作基肥。育苗地作高畦，宽1.2m，高15cm，长10~20m。移植地穴栽。

（二）繁殖方法

野生五味子主要靠地下横走茎繁殖。人工栽培主要用种子繁殖，亦可压条和扦插繁殖，但生根困难，成活率低。

1. 种子繁殖 种子的选择，在秋季当果实变软时采集，选留无病虫害、果粒大、均匀一致的果穗作种。单独晒干保管，放通风干燥处贮藏。种子处理，分为两步，一是室外处理，二是室内处理。室外处理：秋季将选作种用的果实，用清水浸泡至果肉涨起时搓去果肉，同时将浮在水面的瘪粒漂去。将种子捞出沥干与2~3倍湿砂混匀。然后在室外向阳干燥处挖深0.5m、大小适宜的坑，将混砂的种子埋入坑中，覆以10~15cm厚细砂，再盖上柴草或草帘子，进行低温处理。至次年4~5月裂口即可播种。室内处理：在2~3月间，将经过湿砂低温处理的种子移入室内，装入木箱中砂藏，温度保持在10℃~15℃之间，2个月后，再置于0~5℃处理1~2个月，至种子裂口即可播种。播种育苗，一般在5月上旬~6月中旬播种，将经处理已裂口的种子条播或撒播。条播行距10cm，覆土1~2cm。每亩播种量5kg左右。也可于8月上旬~9月上旬播种当年鲜籽。播后将土压实，并搭0.6~0.8m高的棚架，盖草帘或苇帘等遮阴。透光度为40%，浇水，使土壤湿度保持在30%~40%。待小苗长出2~3片真叶时可逐渐撤掉遮阴帘，增大透光度，并可进行中耕除草。当年冬季应盖草防寒，翌年春季或秋季即可移栽定植。

2. 扦插繁殖 于早春萌动前，剪取无病虫害、坚实健壮的枝条，截成长12~15cm、有2~3个芽的段，下端用100mg/L萘乙酸处理30分钟，稍晾干，斜插于苗床，深度为插穗长度的1/2～1/3，行距12cm，株距6～10cm，搭棚遮阴，控制温度在20～25℃，相对湿度在90%左右，土壤含水率在20%左右，促使生根成活，次年春天移栽定植。

3. 压条繁殖 于早春植株萌动前，选取无病虫害、生长健壮的枝条，将其外皮割伤部分埋入土中，经常浇水以保持土壤湿润，待枝条生出新根后，于晚秋或次春将枝条与母枝剪断分离，进行移栽定植。

4. 根茎繁殖 于早春植株萌动前，将母株周围横走茎刨出，截成6～10cm一段，每段上要有1～2个芽，按行距12～15cm、株距10～12cm栽于苗床上，成活后，次春萌动前在大田移栽定植。

（三）移栽定植

第二年4月下旬或5月上旬移栽，也可在秋季叶发黄时移栽。按行株距120cm×50cm挖穴。为使行株距均匀，可拉绳定穴。穴深30～35cm、直径30cm，穴底要平整，每穴栽1株，栽时要使根系舒展，防止窝根与倒根。栽后覆土至比原根系入土深稍高一点即可，踏实后灌足水，待水渗完后用土封穴。15天后查苗，未成活者补苗。秋栽者于翌年春季苗返青时查苗补苗。

（四）田间管理

1. 中耕除草 每年2～3次。第一次在春季出苗后，当苗高5cm以上时，浅松土，勤除草，注意不要伤及根系，以免死苗；第二次在7～8月开花后，此时杂草较多，应及时除尽；秋末冬初进行第三次除草，可适当深锄，以保水防旱。

2. 灌排水 生长期需要充足的水分，特别是孕蕾、花果期需水量大，应保证水分供给。雨季及时排除积水，以防烂根，引起落叶落果，甚至植株死亡。越冬前灌1次封冻水有利于越冬。

3. 追肥 喜肥，除施足基肥外，应结合松土除草，可追肥2～3次，第一次在展叶期结合中耕除草进行，以利抽生枝梢。第二次在开花后进行，促进植株生长健壮，果实饱满，增强抗病力。每次施厩肥每株5～10kg，加过磷酸钙50g。在株旁距根部30cm处开环形沟施入，沟深15～20cm。施入追肥后覆土。第三次追肥在入冬前进行，同时对根基进行培土，以利植株安全越冬。

4. 搭架 移植后第二年应搭架，可用木杆、水泥柱或角钢作立柱，立柱规格为10cm×10cm×250cm，每隔2～3m立1根。用8号铁丝在立柱上部拉4横线，间距30cm，将藤蔓用绑绳固定在横线上。然后按左旋引蔓上架，开始可用绳绑，之后可自然缠绕上架。

5. 整形剪枝 整形以多蔓式为宜。定植后，留4～5个饱满芽，其余均去掉。主蔓数量以4～8条为宜，并保持其在架上呈扇形分布。移栽后2～3年，每年能从株旁萌发大量徒长的基生枝，消耗大量养分，且枝条大多纤细，影响花芽分化。此时除选1～2条健壮枝条留作更新外，其余应全部剪除。春、夏、秋三季均可剪修，春剪一般在枝条萌发前进行，主要剪掉多开雄花的短果枝、生长过密的中、长果枝和枯枝，剪后枝条疏密适度，有利于多结果。超过立架的可修剪去顶，使之矮化，促进侧枝生长；夏剪在6月中旬～7月中旬进行，主要剪掉基生枝、茎生枝、膛枝、重叠枝、病虫细软枝等，对过密的新生枝也应疏剪或剪短；秋剪在落叶后进行，主要剪掉夏剪后的基生枝和病虫枝，因短枝多开雄花，也应剪掉。

6. 保花保果 在花谢3/4时和幼果期，喷施10mg/L绿色植物生长调节剂（GGR）

加0.2%磷酸二氢钾，或以50mg/L赤霉素加0.5%的尿素进行根外追肥，均可起到保花保果的作用。

（五）病虫害及其防治

1. 病害及其防治 ①根腐病，7～8月发病，开始叶片萎蔫，茎基部以下变黑腐烂，几天后整株死亡。防治方法：选排水良好的土壤种植，雨季及时排除田间积水；发病期用50%多菌灵500～1000倍液浇灌根际。②叶枯病，6～7月发生，发病初期，先由叶尖和边缘产生病斑，逐渐扩大到整个叶面，叶片干枯脱落，随后果实萎蔫皱缩，造成早期落果，影响产量。防治方法：加强田间管理，通过春夏季修枝改善通风透光度，增强同化作用；增施磷钾肥，增强植株抗病力；发病前喷洒1∶1∶120波尔多液，每7天喷1次；发病初期喷洒50%甲基托布津1000倍液，喷洒次数视病情而定。③白粉病，主要危害叶片，果实受害少。发病初期在叶面上出现褪绿色小点，扩大后呈不规则粉斑，上面生有白色絮状物。后期扩展至整个叶面，使叶组织变黄干枯脱落，影响幼果膨大。防治方法：选择适宜的栽培密度，注意配方施肥和排水；在5月上中旬喷洒20%粉锈宁乳油1500倍液，或等量式波尔多液，或50%甲基托布津700～800倍液，每隔7～10天喷1次。④黑斑病，主要发生在叶片上，发病初期叶表面着生大小不等的圆形黑斑，后期多数病斑扩展连接成较大的不规则病斑，病斑背面着生黑色霉状物，整叶干枯或脱落。果实病变凹陷，呈褐色。防治方法：每年5月中上旬，用10%甲安唑、粉锈安生、25%爱谱、扑海因进行防治，每隔7～10天喷1次。

2. 虫害及其防治 ①卷叶蛾，以幼虫为害，造成卷叶。防治方法：喷洒50%辛硫磷乳油500倍液。②柳蝙蛾，幼虫蛀食枝条，严重时导致地上部分死亡。防治方法：冬季及时清除园内杂草，集中深埋或烧毁；及时剪除被害枝；5月下旬至6月上旬幼虫在地面活动期，及时喷洒50%对硫磷乳油1000倍液。③红蜘蛛，生存在叶片背面，吸食汁液，破坏叶绿素，使叶片呈灰黄色斑，叶片枯黄脱落。防治方法：冬季清除田间枯枝落叶；发病时喷洒螨危4000～5000倍液或20%螨死净可湿性粉剂2000倍液。④食心虫，5月下旬至8月下旬为害果穗。防治方法：喷洒50%辛硫磷1000倍液。

六、采收加工

（一）采收

9～10月果实变软呈紫红色时采收。一般在晴天上午露水消退后，剪下果穗放入筐内，运送至加工场地加工，防止挤压。

（二）加工干燥

将病果、烂果、杂质、非药用部位除去，摊放在席上晾晒。为防止霉变，晾晒过程中要经常翻动。若遇阴雨天要用微火烘干，温度不能过高，一般以35℃左右为宜，否则易烘成焦粒。干至手攥成团、有弹性，松手后能恢复原状为好。

以粒大、果皮色紫红、肉厚、有油性及光泽、柔润者为佳。

（张建逵）

山茱萸

山茱萸为山茱萸科植物山茱萸 *Cornus officinalis* Sieb. et Zucc. 的干燥成熟果肉，别名萸肉、山萸肉、药枣、枣皮，属于传统中药，始载于《神农本草经》。其味酸、涩，微温；归肝、肾经；具有补益肝肾，收涩固脱等功效；主要用于治疗眩晕耳鸣、腰膝酸痛、阳痿遗精、遗尿尿频、崩漏带下、大汗虚脱、内热消渴等病症。现代研究证明，山茱萸主要含有糖甙类及甙元、鞣质、有机酸、维生素等成分，具有利尿降压、对抗肠管痉挛、抑制痢疾杆菌及金黄色葡萄球菌等药理活性。主要分布于陕西、山西、河南、山东、安徽、浙江、四川等地；主产于浙江等地。

一、形态特征

落叶乔木或灌木；树皮灰褐色；小枝细圆柱形。叶对生，纸质，卵状披针形或卵状椭圆形，脉腋密生淡褐色丛毛；叶柄细圆柱形，上面有浅沟，下面圆形，稍被贴生疏柔毛。伞形花序生于枝侧，有总苞片4，卵形，厚纸质至革质，开花后脱落；总花梗粗壮，微被灰色短柔毛；花小，两性，先叶开放；花萼裂片4，阔三角形，与花盘等长或稍长；花瓣4，舌状披针形，黄色，向外反卷；雄蕊4，与花瓣互生，花丝钻形，花药椭圆形，2室；花盘垫状，无毛；子房下位，花托倒卵形，密被贴生疏柔毛，花柱圆柱形，柱头截形；花梗纤细，密被疏柔毛。核果长椭圆形，红色至紫红色；核骨质，狭椭圆形。花期3～4月；果期9～10月。

二、生态习性

适宜在温暖、湿润地区生长，畏严寒，正常生长发育要求平均温度为5℃～16℃，10℃以上的有效积温是4500℃～5000℃，全年无霜期190～280天。花芽萌发需气温在5℃以上，最适宜温度为10℃左右，如温度低于4℃则受害。喜阳光，透光好时植株坐果率高。根系比较发达，耐旱能力较强。对土壤要求不严，能耐瘠薄，但在肥沃、湿润、深厚、疏松、排水良好的砂质壤土中生长良好。冬季严寒、土质黏重、低洼积水及盐碱性强的地方不宜种植。

三、生长发育规律

从种子播种出苗到开花结果一般需7～10年。若采用嫁接苗繁殖，2～3年就能开花结果。根据树龄可分为幼龄期（实生苗长出至第一次结果，一般为7～10年）、结果初期（第一次结果至大量结果，一般延续10年左右）、盛果期（大量结果至衰老以前，一般持续百年左右）、衰老期（植株衰老到死亡）。

属于近浅根性树种，根系较大，侧根较粗而多，须根和根毛较发达。春季根系于枝叶萌发前开始生长，地上部落叶之后停止，土壤有机质增加有利于根系生长。花芽为混合芽，5月底至6月初开始分化，分化过程分为花序形成阶段和花形成阶段，各阶段需时1个多月，至8月花序分化基本完成。花蕾经过越冬于翌年春季开放，初花期一般在3月初。整个花期约1个月左右，此时日均气温应高于5℃。若在开花期遇到低温或雨雪天，则坐果率极低。先花后叶，花期过后，一般在3月上旬展叶，4月下旬初步形成，4月底叶的生长速度减慢，5月上旬停止生长。果实生长期在4月上旬至10月中下旬，历时200余天。4月下旬至5月底是果实迅速生长期，干旱或养分不足将导致大量落果。

四、种质资源状况

山茱萸种内变异丰富，根据果实性状不同，可分为椭圆形果型、长圆柱形果型、圆柱形果型、短圆柱形果型、纺锤形果型、长梨形果型、短梨形果型等农家栽培类型，其中椭圆形、圆柱形、长梨形果型为优良栽培类型。

五、栽培技术

（一）选地或选址

1. 育苗地 大多栽培在山区，育苗地宜选土层深厚、疏松、肥沃、湿润、排水良好的砂质壤土，中性或微酸性，有水源、灌溉方便、背风向阳、光照良好的缓坡地或平地为好，不宜重茬。地选好后，在入冬前进行1次深耕，深30～40cm左右，耕后整细耙平。结合整地每亩施充分腐熟厩肥2500～3000 kg，播种前再进行1次整地并作畦。北方地区多作平畦，南方多作高畦，均应挖好排水沟。畦宽1.5m，畦长根据具体情况而定。

2. 栽植地 对土壤要求不严，以中性和偏酸性、具团粒结构、透气性佳、排水良好、富含腐殖质、较肥沃的土壤为最佳。选择海拔200～1200m，坡度不超过20°～30°，背风向阳的山坡，二荒地，村旁、水沟旁、房前屋后等空隙地。高山、阴坡、光照不足、土壤黏重、排水不良等处不宜栽培。坡度小的地块全面耕翻；坡度25°以上的地段按坡面一定宽度沿等高线开垦；坡度大、地形破碎的山地或石山区采用穴垦，主要形式是整成鱼鳞坑。垦复后挖穴定植，穴径50cm左右，深30～50cm。挖松底土，每穴施土杂肥5～7kg，与底土混匀。

（二）繁殖方法

1. 有性繁殖 ①种子处理，种皮坚硬，内含透明的黏液树脂，影响种子萌发，且存在后熟现象。因此，在育苗前必须进行处理，否则需经2～3年才能萌发。种子处理如下：A. 浸沤法：用温水（50℃左右）浸泡种子2天后，挖坑闷沤，沤坑选向阳潮湿处，挖好后将砂、粪（牛、马粪）混合均匀铺坑底约5cm厚，再放3cm厚的种子，如此层层铺之，一般5～6层即可，最后盖土粪约7cm厚，呈馒头状。4个月后开始检查，如发现粪有白毛、发热、种子破头应立即晾坑或提前育苗，防止芽大无法播种。若没有破头，则继续沤制。B. 腐蚀法：每1kg种子用漂白粉15g，放入清水内拌匀，溶化后放入种子。根据种子多少加水，水高出种子12cm左右，每日用棍搅拌4～5次，让其腐蚀掉外壳的油质，使外壳腐烂，浸泡至第三天，捞出种子拌入草木灰，即可育苗或直播。C. 砂贮催芽覆膜法：经脱肉加工的种子用清水浸泡后，再用洗衣粉或碱液反复搓揉，并用清水反复清洗至表皮发白，晾干。种子与沙分层交替贮藏催芽，第二年春播后覆盖薄膜育苗。②育苗移栽，按行距25～30cm开沟，沟深3～5cm，将种子均匀播入沟内，覆土耧平，稍镇压，上盖1层草，保持畦面湿润，播后1周出苗。若水肥供给及时，管理良好，幼树可长65～100cm高，当年即可定植；如生长不好，2～3年才能定植。移植宜在冬季落叶后或春季发芽前进行，山东地区在11月间封冻前进行，浙江在春节期间定植，北京地区多在春季。定植时，按2.5m×2m或3.3m×3.3m行株距挖穴，穴内放入土杂肥，再填少许熟土，混合后再定植；最好阴天起苗，带土团定植成活率高。定植后将茎基部丛生的枝条剪去，只留中间主枝，如地干还要浇1次水，然后培土。③直播，在栽培地按株行距1.7～2m，开深约6cm的穴，施入厩肥或堆肥，每穴播种子3～4粒，覆土0.6～1cm。

2. 无性繁殖 无性繁殖可提早6～8年结实，并保持所选母树的优良特性。选择果大、果多、皮厚、出皮率高的植株作母树。①压条繁殖，秋季收果后或在地解冻萌动前，将近地面的二、三年生枝条弯曲至地面，在近地处将枝条切割至木质部1/3，将枝条埋入已施腐熟厩肥的土中，盖15cm砂壤土。绑在木桩上，固定压紧，枝条先端露出地面。勤浇水，春季施腐熟稀淡人粪尿。压条第二年或第三年春将已长根枝条的压土扒开，割断与母株连接部分，另地定植。②扦插繁殖，5 月中、下旬取无病害、健壮植株上无机械损伤、已木质化枝条，按 15～20cm 用消毒刀片斜切，上口横切，枝条上部保留 2～4 片叶，插入腐殖土和细砂混匀的苗床，行株距 20×8cm，深 12～16cm，覆土 12～16cm，压实。浇足水，盖塑料膜棚，保持气温 26℃～30℃，相对湿度 60%～80%，上部搭荫棚，透光度 25%，6 月中旬透光度调至 10%，保持床面湿润，避免强光照射。越冬前撤去荫棚，浇足水。次年适当松土拔草，加强水肥管理，深秋冬初或翌年早春起苗定植。

（三）田间管理

1. 苗期管理 出苗前保持土壤湿润，防止地表干旱板结。用草覆盖、旱时浇水，出苗后除去盖草。幼苗期常拔草，苗高 15cm 时可锄草并追肥 1 次。若小苗太密，在苗高 12～15cm 时间苗。幼苗松土施肥 2～3 次。当年幼苗达不到定植高度时，入冬前浇 1 次冻水，加盖杂草或牛马粪，以利保温保湿安全越冬。

2. 移植后的管理 ①灌溉：一年至少浇灌 3 次，第一次在春季发芽开花前，第二次是夏季果实灌浆期，第三次在入冬前。②树盘管理：每年秋季果实采收后或早春解冻后至萌芽前进行冬挖、深翻，夏季 6～8 月浅锄。耕作深度一般为 18～25 cm，掌握“冬季宜深，夏季宜浅；平地宜深，陡坡宜浅”的原则。树盘覆盖可减少地表蒸发，保持土壤水分，提高地温，有利于根系活动，从而促进新梢生长和花芽分化。树盘覆盖材料可用地膜、稻草、麦秸、马粪及其他禾谷类秸秆等，覆盖的面积以超过树冠投影面积为宜。③施肥：土壤施肥在树盘土壤中施入，前期追施以氮肥为主的速效性肥料，后期施肥则应以氮、磷、钾，或氮、磷为主的复合肥为宜。④整形：山茱萸以短果枝及短果枝群结果为主，通过整形修剪，可调整树体、提高光能利用率，调节生长与结果、衰老与更新及树体各部分之间的平衡，达到早结果、多结果、稳产优质、提高经济收益的目的。树形有主干分层形、自然开心形和丛状形。⑤修剪：定植后第二年早春，当幼树株高达 80～100cm 时开始修剪，尽快培养好树冠的主枝、副主枝，加速分支，提高分支级数，缓和树势，为提早结果打下基础，要以疏剪（从基部剪除）为主、短截（剪去枝条的一部分）为辅。植株进入衰老期后，抗逆性差，易被病虫害侵袭、导致衰老死亡，因此必须更新修剪。其方法是：疏除生命力弱的枝条和枯枝，迫使树体形成新的树芽。充分利用树冠内的徒长枝，将其轻剪长放培养成树体内的骨干枝，促使徒长枝多抽中、短枝群补充内膛枝，形成立体结果。⑥疏花：根据树冠大小、树势的强弱、花量多少确定疏除量，一般逐枝疏除 30% 花序，即在果树上按 7～10cm 距离留 1～2 个花序，可达到连年丰产结果的目的，在小年则采取保果措施，即在 3 月盛花期喷 0.4% 硼砂和 0.4% 的尿素。

（四）病虫害及其防治

1. 病害及其防治 ①灰色膏药病，菌丝在皮层上形成圆形、椭圆形或不规则形的厚膜，似膏药贴附状。受害后树势衰退，严重的不能开花结果，甚至枯死。该病由介壳虫传染。防治方法：培育实生苗，并砍去有膏药病、树势衰弱的老树；用刀刮去菌丝膜，涂上石灰乳或波美 5 度石硫合剂，同时注意防治介壳虫；发病初期喷 1∶1∶100 波尔多液。②炭疽病，6 月上旬发病，绿色果实上初为圆形红色小点，病斑扩大后，呈黑色具紫红色边缘的凹陷病斑。病斑后期变黑，并生有小黑点，最后致全果变黑干枯脱落。防治方法：冬春季清园；发病初期喷 1∶1∶100 波尔多液或炭疽福美或甲基托布津，每隔半月 1

次，连喷3次；选育抗病品种，培育优良实生苗；苗木加强检疫，种前用0.2%抗菌剂401浸24h。③白粉病，被害植株叶片自尖端向内失绿，正面变灰褐色或淡黄色，背面生有白粉状病斑，后期散生褐色至黑色小颗粒，最后干枯。防治方法：合理密植；发病初期喷50%托布津1000倍液。④角斑病，危害叶片和果实。初期叶面出现暗紫红色小斑，中期扩展成棕红色角斑，后期病部组织枯死。果实发病，为锈褐色圆形小点，直径在1mm左右，病斑数量多时，连接成片，使果顶部分呈锈褐色。多在5月初发病，7月为发病高峰期。防治方法：增施磷钾和农家肥；5月树冠喷洒1:2:200波尔多液，每隔10~15天喷1次，连续3次，或喷50%可湿性多菌灵800~1000倍液。

2. 虫害及其防治 ①果蛾，8月下旬~9月初危害果实，以老熟幼虫入土结茧越冬，成虫具趋化性。防治方法：及时清除早期落果，果实成熟适时采收；8月中旬喷洒40%乐果乳剂1000倍液，每隔7天喷1次，连喷2~3次。②大蓑蛾，幼虫以取食叶片为主，也可食害嫩枝和幼果。多发生在10~20年生树上，尤以长江以南地区发生重。防治方法：冬季人工摘除虫囊；用青虫菌或BT乳剂（孢子量100亿个/g以上）500倍液喷雾。③木尺蠖，幼虫以叶为食，危害期长（7月上旬到10月上旬）达3个月。防治方法：开春后，在树干周围1m范围内挖土灭蛹；幼虫发生初期喷2.5%鱼藤精400~600倍液或90%敌百虫1000倍液。

六、采收加工

（一）采收

定植后4年开花结果，20~50年进入盛果期，能结果100多年。当果皮呈鲜红色时便可采收。一般认为经霜打后质量最佳，故宜在霜降到冬至采收。因各地自然条件和品种类型不同，采收时期有所不同，一般成熟时间为10~11月。

（二）干燥加工

1. 净选 除去枝梗、果柄、虫蛀果等杂质。

2. 软化 常见方法有：①水煮法，将果实倒入沸水中，上下翻动10min左右至果实膨胀，用手挤压果核能很快滑出为好。②水蒸，将果实放入蒸笼上，上汽后蒸5min左右，用手挤压果核能很快滑出为好。③火烘法，将果实放入竹笼，用文火烘至果膨胀变软，用手挤压果核能很快滑出为好。

3. 去核 将软化好的果实趁热人工挤去果核或用脱皮机去核。

4. 干燥 自然晒干或烘干。

以干燥、无核、果肉厚、色红、柔润者为佳。

（乔永刚）

芡 实

芡实为睡莲科植物芡 *Euryale ferox* Salisb的干燥成熟种仁，别名红莲子，鸡头米，始载于《神农本草经》，被列为上品。其味甘、涩，性平；归脾、肾经；具有益肾涩精、补脾止泻、除湿止带等功效；主要用于治疗肾虚遗精、滑精、尿频遗尿、脾虚泄泻、脾虚水肿白浊、带下等病症。现代研究证明，芡实含有淀粉、蛋白质、脂肪油、维生素及无机元素等成分，具有抗氧化、抗心肌缺血等药理活性。全国各地均有分布，主产于江苏、江西、湖南、山东、广东、安徽、福建、河北及东北各省。

一、形态特征

多年生大型浮叶型水生草本植物，具刺。具不明显根状茎，长有白色须根。初生叶较小，沉水，箭形或下部开裂的椭圆形，无刺；后生叶浮水，圆形，盾状着生，不开裂，叶柄中空有刺。叶片皱缩，叶面绿色，背面紫红色；叶脉显著凸起，叶脉分枝处均被尖刺；花自根状茎苞叶中抽出，萼片4枚，密被刺，花瓣多数，紫色；雄蕊多数，外部雄蕊逐渐变为花瓣状；子房卵球形，无花柱，柱头红色，10枚，放射状排列。果实圆球形，顶端有宿存突出的花萼，被有密刺，形似鸡头。花期7～8月，果期8～10月。

二、生态习性

喜温暖气候和光照充足的水生环境。宜选择水源有保障的田块、池塘、沟渠、沼泽地及湖边种植，水底土壤以疏松、中等肥力的黏土为好。不耐霜冻、干旱，最适水深为30～90cm，最适生长温度为20℃～30℃。

三、生长发育规律

生育周期为180～200天。清明前后气温达15℃以上时种子开始萌动，20天左右长出幼苗，每株可开花18～20朵。自花授粉，温度低于15℃果实不能成熟。成熟果实果壳腐烂后，种子散落水中。

四、种质资源状况

有北芡和南芡之分。北芡又称刺芡，果实密被尖刺，花紫色，为野生种，适应性强，分布广泛，可较早定植，时间为4月下旬至5月上旬，主产于江苏洪泽湖、宝应湖一带。南芡又称苏芡，果实少刺或无，品质较佳，花分白花、紫花两种，比北芡叶大。紫花芡为早熟品种，白花芡为晚熟品种。南芡可稍晚定植，时间在5月中旬至6月上旬，主产于江苏太湖流域一带。

五、栽培技术

（一）选地与整地

1. 育苗地 要求地平泥烂，土质肥沃。每亩大田准备苗床2～4m²，灌水10～15cm深。

2. 种植地 选择光照充足、水深适宜（30～90cm）、质地黏重、土壤肥沃、便于管理的堰塘、湖泊、沟渠或低湖田。砂质土壤或耕层浅薄的地方需加入大量塘泥和有机肥，带沙性的溪流和酸性大的污染水塘不可栽种。

（二）繁殖方法

一般用种子繁殖。

1. 种子处理 4月上旬平均气温达10℃以上时浸种催芽。将种子置于清水中，水深以浸没种子为度，每天换水，日晒夜盖。浸种时应保持一定水温，白天以20℃～25℃、夜间15℃以上为宜。经10天左右，大部分种子露白后即可播种。

2. 播种 将经催芽的种子从容器中轻轻捞起，放到盛有水的容器里，水要淹没种子，搬到苗床边播种。将种子一粒粒地均匀放入苗床面（也有的地方先用黏土将3粒左右种子包裹后沉入水底），种子的芽眼向上。

3. 移栽 播种后约30天，待苗长出2～3片叶、3～4条根时即可移栽。选阴天分苗，分苗前苗池精细平整，清除浮萍、藻类和杂草，四周筑30cm高的埂，灌水15cm

深。分苗时用平锹连土带籽挖出幼苗，放入盆中覆盖遮阴，运至移苗池，按株行距各50cm浅栽，一般将种子和根系全部栽入土中即可。栽后保持浅水，待幼苗扎根后，逐步加水。当天起苗当天定植。

（三）田间管理

1. 补苗 当幼苗叶片直径达10～12cm时，检查苗情，及时移密补稀，保证全苗。

2. 中耕除草 叶片封行前除草2～3次，剪除烂叶，打捞浮萍、青苔并塞入泥中作肥料。除草时防止碰伤芡叶、踩伤芡根，保持水体清洁，不能将水搅浑，以免淤泥埋没心叶造成烂叶。

3. 追肥 为防水中肥料流失，一般采用肥、泥混合成团的施肥方法。在晒半干的河泥中混入30%粪肥、化肥，堆沤几天后做成泥团，施入距植株根系10～15cm的土中，施肥量3～4kg/株。从7月下旬至8月中旬，一般追肥2～3次。开花结果期叶片封行时，可于晴天傍晚在叶面喷施2～3次0.2%磷酸二氢钾和0.1%硼肥混合液，促进植株健壮生长，提高产量和品质。

4. 灌溉、排水 应注意水田水深，幼苗时以40cm左右为宜，随植株生长应不断增加水深，但以不超过1m为宜。雨季水深超过1m时要进行排水。

（四）病虫害及其防治

1. 病害及其防治 ①叶斑病 叶片上产生许多圆形斑点，由暗绿色转为深褐色，易腐烂穿孔。防治方法：合理轮作；不偏施氮肥；发病初期叶面喷施70%甲基托布津800～1000倍液，或25%多菌灵400～500倍液。②叶瘤病 先在叶面形成黄斑，后逐渐隆起呈瘤状，瘤最后腐烂，散发黑色孢子。防治方法：初期叶面喷施70%甲基托布津800～1000倍液和磷酸二氢钾500～600倍液的混合液。

2. 虫害及其防治 ①食根金花虫，又称“地蛆”，5月上旬开始危害地下根部，吸取汁液，被害部位呈黄褐色凹陷，叶色黄，叶柄细，生长迟缓，甚至死亡。防治方法：及时清除田间和周边杂草；人工捕捉；喷洒90%敌百虫1000～1500倍液。②蚜虫，成虫群集于叶与叶柄上吮吸汁液，造成叶片枯黄。防治方法：喷洒40%乐果1500～2000倍液，每5～7天1次，连续2～3次。

六、采收加工

（一）采收

9月上旬到10月上旬，如见植株心叶收缩，新叶生长缓慢，叶面直径不到90cm，表面光滑，并在水面出现双花时，是早期果实已成熟的标志，便可开始采收。每隔1周采收1次，采收几次后，相隔3～5天采收1次。每株共可收13～20个果实，其中12～13个能完全成熟。下水采收时，用两头尖的竹刀将老叶划破（注意不要划破叶脉，以防进水引起腐烂）形成一条走道至株旁，用手摸找成熟果实的果梗，若果梗变软，手捏果实可听到“刹刹”的响声，表示种子已经成熟，即可将果实从水中拉出，用竹刀从果实基部劈取，要保留完整的果梗，以免水分进入，引起植株腐烂。

（二）加工干燥

用木棒等物锤击带刺的果皮，取出种子，除去硬壳，晒干。也可将果实堆放在地上，待果皮腐烂后，洗净晒干，然后再除去果壳，晒干。

以粒大完整、粉性足、无皮壳者为佳。

（范世明）

刺猬皮

刺猬为刺猬科动物刺猬 *Erinaceus europaeus* L. 或短刺猬 *Hemichianus dauricus* Sundevall 的干燥外皮，别名猬皮，属于传统中药，《神农本草经》将其列为中品。其性平，味苦、甘；归胃、大肠、肾经；具有收敛、止血、解毒、镇痛等功效；主要用于治疗病伤咳嗽、反胃吐食、痔疮便血、遗精阳痿、腹痛疝气、出血症等病症。现代研究证明，刺猬皮主要含有角蛋白、胶原、弹性硬蛋白、脂肪及微量元素等成分，具有清热、解毒、凉血、消炎、生肌等药理活性。分布于亚洲中部、北部和欧洲。我国黑龙江、吉林、辽宁、陕西、山西、河北、河南、山东、安徽、江苏、浙江、湖南等省均有广泛分布。以下仅介绍刺猬的养殖技术。

一、形态特征

身体肥短，体长 20 ~ 30cm，成体重约 500g 左右，头宽而吻长。眼小，耳短，其长度不超过周围棘刺之长。四肢短小，具 5 趾，有爪，爪较发达，前肢特别锐利适于掘土。尾粗短，全身被棘刺，棘刺长 1. 5 ~ 2. 5cm。棘刺由两类不同颜色组成：一为纯白色，为数较少；另一类为基部白色，中上部有一段棕褐色，棘尖棕褐色，因而使整个背部呈土褐色。脸部、身体腹面及四肢均被有细而硬的白色长毛，腹面边上有灰褐色的软毛。雌体有乳头 5 对。药材干燥的皮多呈三角形板刷状或直条状、筒状、盘状，表面密被错综交叉的硬刺。有特殊臭气。

二、生态习性

栖息于山地森林、丘陵和平原的灌木丛及草丛中。属于夜行性动物，喜静、怕光怕声，多在夜晚外出觅食，喜潮湿，常在潮湿的地方活动。嗅觉灵敏，遇到敌害时将身体卷曲成刺球，用刺自卫。白天雌雄刺猬栖息在树根下、枯木间、石缝间或墙洞中的巢穴内。虽属食虫目，但其食性较为复杂，除食昆虫及其幼虫、小形鼠类、幼鸟、鸟卵、蛙、小蛇、蜥蜴等外，有时也食植物性野果或瓜果蔬菜之类的农作物。

三、生长发育规律

冬畏寒冷，夏怕酷热，有冬眠习性。秋冬季气温降低时，便进入洞穴冬眠，至翌年春季天气转暖后才开始活动。长江中下游地区通常在每年 10 月至 11 月间开始冬眠，翌年 3 月出眠，大约持续 6 个月左右。冬眠结束后可立即进入动情期。刺猬的睾丸在繁殖季节才会下降到阴囊中，精囊腺、前列腺和尿道球腺随着性成熟及其性周期活动而有明显变化，属于双子宫体，阴道长 4 ~ 7mm，上端膨大。出生后 11 ~ 12 月龄达到性成熟，当年出生的第一胎仔，翌年春天便可以繁殖。2 ~ 4 岁为繁殖旺期，每年 3 ~ 5 月和 5 ~ 7 月为发情期。交配多在夜间进行，雄刺猬在求偶时发出呼呼声，时常用吻部冲撞并爬跨雌刺猬，经过几十分钟的求偶活动，雌刺猬做出反应，表现为身躯前弯，雄刺猬便爬到雌刺猬身上进行交配，几分钟后射精完成。第一次交配即可受孕，因此成年雌性刺猬大多在 4 月受孕，每年繁殖 1 ~ 2 胎，每窝产仔数 3 ~ 6 个，有时多至 8 个。寿命一般为 4 ~ 5 年，长寿者可达 7 ~ 8 年。

四、种质资源状况

除刺猬、短刺猬两个种（《全国中草药汇编》1996 年第二版中收载）作药用外，达呼尔刺猬、达乌尔猬、大耳猬的干燥外皮亦在全国不同地区作药用。人工养殖少，未见种质资源及良种选育研究方面的报道。

五、养殖技术

（一）选地

刺猬胆小易惊、喜静怕光，所以饲养场地应该选在有树木遮挡的僻静处。饲养方式有笼养、圈养和池养。

1. 笼养 用竹、木或塑料制成笼架，笼架长80cm、宽70cm、高50cm，内部设长30cm、宽20cm、高20cm的木制巢箱，巢内放一些软干草，一端设置供刺猬出入用的门，顶部设置活动盖门，这样有利于清洁卫生，饮食器具放在笼内。为充分利用空间，可进行立体式笼养。

2. 圈养 为防止刺猬逃跑，圈舍用砖或石头砌成50cm高的围墙，同时距离地面15~25cm处的墙面必须光滑，也可嵌入玻璃条。圈舍包括室内、室外两部分，室内设置巢穴并铺一些干草，面积为2~4m^2；室外5~8m^2，为运动场，地面种一些杂草、灌木，堆些土堆，供刺猬休息，上面搭遮阴棚。这种圈舍适合养5~6只刺猬，或哺乳期母子刺猬1窝。

3. 池养 冬季气温在0℃以上的南方适合用该法。养殖池采用水泥结构，可建成半地下或者全地下式，面积10m^2左右，池深50cm，池壁顶端有15cm向内平伸的沿，以防止刺猬外逃。池内种些灌木、杂草供刺猬休息，上方设置防雨防晒棚，冬天来临时可用塑料布或草帘覆盖防寒。这样的饲养池可放养5~6只刺猬或母子刺猬1窝。

（二）繁殖方法

1. 配种 每年3~9月是刺猬的繁殖季节，挑选健壮且不过肥的刺猬配种。可根据生殖孔离肛门的远近来判断雌雄，雄性生殖孔距离肛门远。雄刺猬只有发情季节睾丸才会下降到阴囊里，发情的雄刺猬之间常常发生争斗，雄刺猬发情期间活动增加，外阴部饱满，阴毛变得稀少。人工养殖刺猬的配种方式主要采用以下两种：①一雄多雌配种，把1只雄刺猬和4~5只雌刺猬合群饲养，自由交配，圈养时大多采用这种方法。②一雄一雌配种，根据雌刺猬的发情情况，及时将发情的雌刺猬抓到雄刺猬笼中饲养几天，期间每天检查交配受孕情况，可在交配次日的早上对雌刺猬阴道分泌物进行镜检，如果发现精子，证明交配成功。这时将雌刺猬抓出来换另一只发情的雌刺猬。雄刺猬一般隔天交配，在繁殖季节以每只雄刺猬配4~5只雌刺猬比较合适。

2. 妊娠 刺猬的妊娠期大概是35天。怀孕23天后体重明显增加，25天左右行动迟缓，会阴部轻度红肿。怀孕期间要注意刺猬的营养情况，增加动物性饲料和维生素的含量。临产前半个月胎儿发育特别快，需要每天增加1次喂食。临产前1~2天，雌刺猬表现为烦躁不安，寻草做窝，应及时提供干燥洁净、柔软的垫草放在巢外，供雌刺猬做窝。

3. 产仔 4~6月和6~8月为产仔期，每胎产仔3~6只，多的可达8~9只。刚生下来的刺猬13~15g，眼睛没有张开，身体光滑，皮肤粉红色，皮下有刺影。出生10h左右就会长出大概2mm的白色软刺，3日龄后刺长到大概10mm，并且变硬，肤色也由红变成灰色。5日龄身体可以卷曲，对外界的刺激也开始有反应，比如当触摸它时会发出吼吼声。15日龄左右睁眼，20~25日龄长出门齿，可以跟着母刺猬出去舔食。35日龄牙长齐后，就可以采食饲料。45日龄左右断乳。产仔期间要保持环境安静，避免惊扰，保证顺利生产并避免幼仔被吃掉。

（三）饲养管理

一般包括喂食、供水、打扫笼舍、消毒、检查健康状况、预防和治疗疾病、适时记录等，应根据雌雄性别、生长发育阶段、季节的不同区别对待。雄刺猬应该有良好的精液和旺盛的性欲，在配种阶段应该增加蛋白质、适量维生素E或含维生素E多的饲料。雌刺猬配种期应增加维生素E。在管理上，要了解健康状况，观察采食量有没有显著减少，排泄有没有异常，受刺激时身体卷曲的松紧，棘刺能否向四周竖起，体温是否过低，没有刺的部分有没有破损、发炎、脓肿、溃烂和异常，有刺的部分和皮肤是否洁净。应及时发现问题，及时采取措施予以处理。

1. 喂食 动物性饲料可以用家禽下脚料、鱼类、蚕蛹、黄粉虫、鼠肉及各种诱捕到的昆虫等；植物性饲料可以用麸皮、玉米粉及蔬菜、瓜果等。两者比例为5~6:2~3，蛋白质含量不少于25%，外加适量骨粉、食盐及畜用复合维生素、土霉素。其配方为：玉米粉15%、麸皮15%、鲜兔肉15%、鲜禽肝15%、蚕蛹20%、水20%，该配方的代谢能为950J，可消化蛋白质为26g。饲料要调匀，熟制饲喂。在驯养期间，动物性饲料要多一些，7~10天后可以逐渐转为一般饲料。

饲料要每天定时、定量投喂，通常在每天傍晚一次性投放日粮，每天清晨要及时清除剩余物。一般体重50~150g的刺猬日投料为50g，体重150~300g时日投量为75g，300~600g时日投喂量为100g。冬天投喂量应减少一些，妊娠和哺乳期应适当增加，特别是在夏季，饮水也必须保证充足、卫生，起到降温、增乳作用。

2. 哺乳期管理 整个哺乳期应特别注意加强饲养管理，哺乳母刺猬应以动物性饲料为主，早晚各喂1次，同时注意观察体况，当发现母刺猬缺奶或无奶时，要及时进行人工催乳，用王不留行1g，通草1g，加水40ml，煎煮20~30min，至水分剩下10ml时加入饲料中，一般服用2天即可见效。如果发现母刺猬有病或乳汁不足时，应及时寻找其它带仔少、产期相近的母刺猬代养部分仔刺猬。哺乳期母刺猬有舔食仔刺猬粪尿的习惯，要保持巢内卫生，以防发生疾病。仔刺猬按体重大小分群饲养，初期以动物性饲料为主，如各种蠕虫等，也可用面粉及牛奶调成较稀的奶糊饲喂，并添加钙粉和维生素等。奶糊要逐渐加稠，慢慢过渡到正常饲料。3月龄刺猬体重可达300g以上，这段时间是刺猬一生中生长发育最快的时期，应精心管理、加强饲养，以提高猬皮的质量。

3. 打扫笼舍 刺猬粪便很臭，必须及时清除。坚持每天清洗饮食器具，保持环境清洁，通风良好。圈养应保持圈内干燥不积水。

（四）病虫害及其防治

1. 病害及其防治 ①胃肠炎，由细菌感染引起，患病刺猬食欲减退甚至拒食，便稀，精神不振，行走无力，刺无光。治疗方法：肌内注射丁胺卡那霉素，剂量为5万~10万IU/kg，每天2次，连续3天。平时保持饮水清洁、饲料新鲜不变质。②肺炎，因气温骤变、感染、感冒等引起，症见呼吸急促，咳嗽，食欲不振，行走无力。治疗方法：用诺氟沙星注射液肌内注射，剂量为0.2ml/kg，每天2次，连续注射3天。③烂足，由足跟特别是后足破损感染引起。症见足部破溃，发展到小腿、整条腿坏死，甚至导致死亡。治疗方法：早期用碘酒多次涂擦，严重者注射青霉素，每天2次，每次8万~10万IU。

2. 虫害及其防治 ①体外寄生虫，主要有痒螨、疥螨等。寄生后刺猬消瘦，皮肤瘙痒、易被抓破。痒螨使皮肤出现粉末状小白点和皮屑，疥螨使皮肤生成黄色皮痂。镜检可见幼虫。治疗方法：用0.05%“克螨特”浸浴，每次3～5min，间隔7天，连续3次；或用伊维菌素注射液定期肌肉注射，用量为每千克体重注射0.2ml。②体内寄生虫，主要有泡翼线虫和裂头蚴。泡翼线虫寄生于十二指肠，使刺猬呕吐，呕吐物有时带有血液，排黑色稀粪。轻者刺猬消瘦、行动无力，重者可见整个肠胃都是寄生虫，堵塞食道、咽喉及其鼻孔而致死。泡翼线虫寄生于皮下、肌间隔、腹腔内脏、器官间结缔组织，轻度感染者一般不表现临床症状，严重感染时局部组织水肿、食欲不振，腹泻与便秘交替发生。治疗方法：用吡喹酮（剂量为5～10mg/kg）或氢溴酸槟榔碱（剂量为2～5mg/kg），口服1次即可，以后每年服用1～2次预防。

六、采收加工

当刺猬长到300g以上时，除留种外，其余的可在秋季捕杀取皮。处死刺猬后，将其四肢固定，腹面朝上，用快刀从腹部纵剖至肛门，割除四爪，剥皮并翻转，使刺向内，刮净肉和油脂，再用竹片撑开或在木板上展开后用钉子固定，置于阴凉通风处阴干，切忌曝晒。

以体干、肥大、皮厚、刮净肉脂、刺毛整洁者为佳。

（刘　谦）

第二十三章 其他中药

要点导航

1. 熟悉：木鳖子原植物生长发育规律、栽培与药材采收加工技术。

2. 了解：常山原植物栽培技术；已开展栽培（养殖）的其他中药种类。

除上述章节外，尚有涌吐药、解毒杀虫燥湿止痒药、拔毒化腐生肌药等，该教材一并作为其它药对待。涌吐药常用中药有瓜蒂、常山、藜芦等，解毒杀虫燥湿止痒药常用中药有雄黄、硫磺、白矾、蛇床子、大风子、土荆皮、蜂房、大蒜、木鳖子等，拔毒化腐生肌药常用中药多为矿石、金属类。本章仅介绍常山、木鳖子的栽培技术。

常 山

常山为虎耳草科植物黄常山 *Dichroa febrifuga* LOUl. 的干燥根，属于传统中药，始载于《神农本草经》。其味苦、辛，性寒，有毒；归肺、肝、心经；具有涌吐痰涎、截疟等功效；主要用于治疗痰饮停聚、胸膈痞塞、疟疾等病症。现代研究证明，常山主要含有黄常山碱乙、黄常山碱甲、常山碱丙、黄常山定碱等生物碱，以及4－喹唑酮、伞形花内酯、3β－羟基－5－豆甾烯－7－酮等成分，具有抗疟、抗阿米巴原虫、抗钩端螺旋体、解热作用、降压、催吐、抗肿瘤等药理活性。常山主要分布于江西、湖北、湖南、陕西、四川、贵州、云南、广东、广西、福建等地。主产于四川、贵州、湖南。此外，湖北、广西亦产。

一、形态特征

落叶灌木，高可达2m。茎枝圆形，有节，幼时被棕黄色短毛，叶对生，椭圆形、广披针形或长方状倒卵形，先端渐尖，基部楔形，边缘有锯齿，幼时两面均疏被棕黄色短毛；叶柄长1~2cm。伞房花序，着生于枝顶或上部的叶腋；花浅蓝色；苞片线状披针形，早落；花萼管状，淡蓝色。花瓣5~6，蓝色，长圆状披针形或卵形；雄蕊10~12，花丝长短不等，花药蓝色；雌蕊1，蓝色，子房半下位，1室，花柱4，柱头椭圆形。浆果圆形，有宿存萼和花柱。

二、生态习性

喜阴凉、湿润气候。多生长于海拔600~1000m之间的丘陵、山区的沟谷和小溪边。生长期气温应在10℃~35℃之间，以25℃左右为宜，年降水量在800~1400mm为最适宜，不宜种于干燥地区。土壤肥沃、疏松和排水良好，含有丰富腐殖质的夹砂土为好，黏重、干燥、瘦瘠和保水保肥力差的土壤不宜栽种。

三、生长发育规律

黄常山可采用枝条扦插进行繁殖，扦插40天就可生根。在不同的时间和用不同的基质进行扦插时，其扦插成活率差异极显著。用100%黄心土作扦插基质时，6月份扦插平均成活率为80%，10月份扦插平均成活率达93%，最高达95%；用50%营养土+50%黄心土做扦插基质时，平均成活率达83%，最高达85%；用50%细沙+50%营养土做扦插基质时，平均成活率达60%，最高达65%。10月上旬比6月上旬扦插的成活率高，可能与枝条木质化程度有关。黄常山与其他植物不同，6月上旬黄常山正处在旺盛生长期，枝条还未全部达到半木质化，致使有些插穗在扦插后容易发霉，影响成活率。

四、种质资源状况

常山属共13种，中国分布4种，产西南部至东部。其中，仅有黄常山入药。目前，黄常山栽培品种有5个，分别是白瓣黄蕊黄常山 *Dichrooa febrifuga* ‘Baibanhuangrui’、白瓣蓝蕊黄常山 *Dichrooa febrifuga* ‘Baibanlanrui’、紫瓣黄常山 *Dichrooa febrifuga* ‘Ziban’、白瓣白蕊黄常山 *Dichrooa febrifuga* ‘Baibanbairui’、细花黄常山 *Dichrooa febrifuga* ‘Xihua’。

五、栽培技术

（一）选地与整地

宜选土壤肥沃、疏松和排水良好，含有丰富腐殖质的夹砂土栽种。深耕30cm左右，条高10～14cm、宽1～1.4m的高畦，如用种子繁殖，每亩可施饼肥80～130kg及等量草木灰作基肥。

（二）繁殖方法

可用扦插、种子、压条、分株等方法繁殖，主要是用扦插繁殖，其次是种子繁殖。

1. 扦插繁殖法　扦插时期在每年11月至次年3月间，剪取15cm长带有3节健全芽的插条。按行距30cm开沟，深15cm，沟的一面稍倾斜平整，将插条以3～5cm的距离排好，覆土压紧。如开穴扦插，则每穴插入3根插条，行、株距30cm×30cm，插后覆土压紧。

2. 种子繁殖法　3月中、下旬播种。播前将种子拌和细土或细沙，均匀地撒播于苗床，稍加镇压后覆盖稻草一薄层，以保持土壤温度和湿度。幼苗生长培育至第二年秋季，按行株距30cm×30cm移栽。

（三）田间管理

育苗期经常浇水，保持土壤湿润。清除杂草，搭棚遮荫。苗高3～4cm时，追施稀薄粪水肥1次。过密时要间苗。定植后每年须中耕除草4次，并结合培土和追肥。追肥每亩用硫酸铵8kg，饼肥30kg，混合施用，或施人粪尿、过磷酸钙。在冬季则施厩肥或饼肥。

（四）病虫害防治

病害主要为叶斑病，在发病前喷射波尔多液预防。虫害有象鼻虫、花面天蛾幼虫、金花虫、猿叶虫，发现后进行人工捕杀。

六、采收加工

秋季采挖，除去茎苗及须根，洗净，晒干。

以质坚实而重、形如鸡骨，表面及断面淡黄色、光滑者为佳。

（龙　飞）

木鳖子

木鳖子为葫芦科植物木鳖 Momordica cochinchinensis（Lour.）Spreng. 的干燥成熟种子，属于传统中药，始载于《开宝本草》。其味苦、微甘，性凉，有毒；归肝、脾、胃经；具有散结消肿、攻毒疗疮等功效，主要用于治疗疮疡肿毒、乳痈、瘰疬、痔漏、干癣、秃疮等病症。现代研究证明，木鳖子主要含有木鳖子皂苷Ⅰ、Ⅱ，及齐墩果酸、木鳖子酸、甾醇、海藻糖、脂肪酸等成分，具有麻醉、降压等药理活性。分布于广西、四川、湖北、河南、安徽、浙江、福建、广东、贵州、云南等地。主产于广西、四川、湖北。此外，湖南、贵州、云南、广东、安徽亦产。南方大部分省区均有栽培。

一、形态特征

多年生草质藤本，根系发达，具块状根；茎有棱，无毛，卷须单一，与叶对生。叶互生，圆心形，3~5 中裂至深裂，裂片卵形或长卵形，先端急尖，边缘有微齿或稀全缘；叶柄顶端或叶片基部有 2~5 个腺体。花单性同株，单生于叶腋；雄花梗细长，每花具 1 大苞片，花萼黑褐色，有白色斑点，花冠浅黄白色，外侧 2 片基部有黄色腺体，内侧 3 片基部有黑斑，雄蕊 5，4 枚连合，1 枚分离；雌花梗短，苞片较小，子房下位，柱头 3 裂。瓠果长椭圆形，成熟红色。种子暗黑色，边缘波状微裂。花期 6~8 月，果期 8~11 月。

二、生态习性

木鳖子常生长于海拔 450~1100m 的山沟、林缘及路旁等土层较深厚的地方，喜温暖潮湿的气候和向阳的环境。适宜生长温度 20℃~30℃。在南方大多数地区宿根可安全越冬，翌年再萌芽生长。对土壤条件要求不严，排水良好、肥沃深厚的砂质壤土均生长良好。

三、生长发育规律

木鳖子为多年生草质藤本植物，实生苗当年栽培当年即可大量开花结果，宿根越冬后翌年 3~4 月萌芽生长。在南方一般 6 月上旬开花，花期可达 3 个月以上。果期 8~11 月，之后落叶枯蔓，宿根进入冬眠。木鳖子种子种皮厚，吸水性能差，用种子繁殖一般需进行催芽处理，提高萌芽率。

四、种质资源状况

苦瓜属有植物约 80 种。多数种分布于非洲热带地区。我国产 4 种，主要分布于南部和西南部。该属植物为一年生或多年生攀援或匍匐草本。作为药材使用的有木鳖子。

尽管木鳖子人工栽培具有悠久历史，但至今未见有相关的栽培品种报道。有关木鳖子的种质资源状况值得进一步深入研究。

五、栽培技术

（一）选地与整地

选择背风向阳、没有污染、土层深厚肥沃、排水良好的沙质土或黏质壤土的坡地或缓坡地进行栽培。翻土起畦，畦宽100～120cm，畦长依地形而定，畦面呈中高周低，以防畦内积水，然后挖坑施肥。按行株距3m挖坑，亩栽培70株左右，坑长、宽、深为60cm，基肥亩用量农家厩肥2000kg，过磷酸钙50kg，土杂肥3000kg，混合施入坑内，回填松土待定植。

（二）繁殖方法

繁殖方法以种子繁殖为主。

1. 选种　选用生长旺盛、长势健壮、抗逆性强的植株所结种子，在每年8～11月果实成熟时，采收果大、饱满、无病虫害的红果，剖开剥取种子，洗净晒干，留置翌年作种。

2. 催芽和播种　每年2月底至3月上旬为木鳖子播种时间。由于木鳖子种皮吸水性差，发芽迟缓，播种前最好进行种子处理，以促进种子发芽。处理方法：播前浸种24h，使种皮充分吸水软化，再置于28℃～32℃的温度下催芽，经4～6天萌芽后分批播种。采用营养钵装育苗土，播前先将育苗土浇足水，并在种子表面覆盖3～5cm厚的熟泥，泥上盖一层薄膜，外再盖小拱棚，增温保湿。

3. 苗期管理　①出苗后遇晴天应及时打开小拱棚两端进行通风降温，如此反复炼苗3～4天，出苗后5～7天棚膜要日揭夜盖；②出现第一片真叶时，要及时追肥，亩施腐熟稀薄粪水300～400kg，使用浓度1%，每株施入100～200ml；③一般在长出2～3片真叶后出苗定植，苗龄不宜超过45～50天。

（三）田间管理

1. 搭棚　棚架应在定植种苗前搭好。以杉木、杂木条、竹尾、铁丝等材料搭棚，棚高一般是1.5～1.7m，以便于在棚下耕作为宜。

2. 藤蔓管理　当苗有5～6片真叶、苗高达30cm时，就应立支架及时将主蔓引绑上棚，棚下主蔓上萌发的叶芽全部抹除，以利主蔓生长健壮。当主蔓上棚后要及时打顶，促使侧蔓生长。侧蔓间隔以15～20cm为宜，以不重叠缠绕，保证通风透光良好。雌花出现后，在雌花前留5～7片叶打顶，利于雌花发育，提高座果率。

3. 肥水管理　木鳖子生长期长，产量高，要求较多的肥水，尤其是进入抽蔓开花结果期后。苗期追肥施稀薄粪水保苗，或每亩用10kg尿素兑水淋施，或雨后开沟施入。雌花出现后增施1～2次钾肥。木鳖子喜温耐湿，耐旱也强，在雨季降雨量丰富时均能满足要求，但立秋后高温干旱应10～15天浇1次透水，以利开花坐果。

4. 越冬管理　木鳖子在热带及亚热带地区栽培可以宿根安全越冬，在翌年2～3月份萌芽时施1次重肥，以培肥地力，供一年萌芽和生长所需。一般每亩用腐熟农家肥2000～3000kg，磷肥50～100kg，三元复合肥100～150kg，钾肥30～50kg。基肥充足，在生长季节施1～2次速效氮肥即可。

（四）病虫害及其防治

1. 病害及其防治　病害主要是白粉病，为害叶片，严重者植株死亡。防治方法：冬季清园。冬季清除果园内枯枝落叶，并集中烧毁，减少越冬病原菌；适当密植，使果园内通气透光良好，植株生长中后期增施磷钾肥，少施氮肥，增强植株抗病力；药剂防治：发病初期喷洒50%甲基托布津可湿性粉剂800~1000倍稀释液，每7~10天1次，连续2~3次。

2. 虫害及其防治 ①瓜实蝇：成虫在幼果内产卵，幼虫蛀食果肉，使果畸形和腐烂。防治方法：用98%敌百虫晶体1000倍液加3%米醋诱杀成虫，或用25%速灭杀丁6000~8000倍液喷杀成虫，或用带性诱剂的黄色粘板诱杀。②黄守瓜：主要为害叶片、嫩茎和幼果，幼虫在地下专食瓜类根部，重者使植株萎蔫而死。防治方法：越冬成虫可用90%晶体敌百虫1000倍、50%敌敌畏乳油1000~1200倍喷杀，幼苗初见萎蔫时，用50%敌敌畏乳油1000倍或90%晶体敌百虫1000~2000倍液灌根，杀灭根部幼虫。

六、采收加工

（一）采收

9~11月，采收成熟红色的木鳖子瓠果。采收方法：用枝剪或刀具栽短果柄，注意不伤及木鳖子藤蔓。

（二）干燥加工

用刀具剖开果实，晒至半干时剥取种子；或将果实装进缸体，待果皮近腐败时，用清水淘洗，除去果皮、瓠肉，取出种子，晒干或烘干。

以籽粒饱满、不破裂、体重、内仁黄白色、不泛油者为佳。

（李永华）

参考文献

[1]陈士林，肖培根．中药资源可持续利用导论．北京：中国医药科技出版社，2006.
[2]邓明鲁．中国动物药资源．北京：中国中医药出版社，2007.
[3]高学敏．中药学．北京：人民卫生出版社，2000.
[4]郭巧生．药用植物栽培学．北京：高等教育出版社，2009.
[5]国家医药管理局中药材情报中心站．中国药材栽培与饲养．广州：广东科学技术出版社，1995.
[6]江西中医学院．药用植物栽培学．上海：上海科学技术出版社，1980.
[7]孔令武，孙海峰．现代实用中药栽培养殖技术．北京：人民卫生出版社，2000.
[8]林文雄，王庆亚．药用植物生态学．北京：中国林业出版社，2007.
[9]刘合刚．药用植物优质高效栽培技术．北京：中国医药科技出版社，2001.
[10]刘铁城．药用植物栽培与加工．北京：科学普及出版社，1990.
[11]罗光明，刘合刚．药用植物栽培学．上海：上海科学技术出版社，2008.
[12]任德权，周荣汉．中药材生产质量管理规范（GAP）实施指南．北京：中国农业出版社，2003.
[13]阮晓，王强，颜启传．药用植物生理生态学．北京：科学出版社，2010.
[14]幺厉，程惠珍，杨智．中药材规范化种植（养殖）技术指南．北京：中国农业出版社，2006
[15]姚宗凡，黄英姿，姚晓敏．药用植物栽培手册．上海：上海中医药大学出版社，2001.
[16]张永清，刘合刚．药用植物栽培学．北京：中国中医药出版社，2013.
[17]张永清，孙洪胜．药用植物施肥技术．北京：金盾出版社，2000.
[18]张永清，徐凌川．药材种植实用技术．北京：中医古籍出版社，1997.
[19]中国医学科学院药物研究所．中草药栽培技术．北京：人民卫生出版社，1979.
[20]中国医学科学院药用植物资源开发研究所．中国药用植物栽培学．北京：中国农业出版社，1991.
[21]周荣汉．中药资源学．北京：中国医药科技出版社，1993.